我审美故我在

生命美学论纲

潘知常 著

I APPRECIATE THEREFORE I AM
THE OUTLINE OF LIFE AESTHETICS

中国社会科学出版社

图书在版编目(CIP)数据

我审美故我在:生命美学论纲/潘知常著. —北京:中国社会科学出版社,2023.9
ISBN 978-7-5227-2188-0

Ⅰ.①我… Ⅱ.①潘… Ⅲ.①审美文化—研究 Ⅳ.①B83-0

中国国家版本馆 CIP 数据核字(2023)第 123753 号

出 版 人	赵剑英
责任编辑	郭晓鸿
特约编辑	杜若佳
责任校对	师敏革
责任印制	戴 宽

出 版	中国社会科学出版社
社 址	北京鼓楼西大街甲158号
邮 编	100720
网 址	http://www.csspw.cn
发行部	010-84083685
门市部	010-84029450
经 销	新华书店及其他书店
印刷装订	北京君升印刷有限公司
版 次	2023年9月第1版
印 次	2023年9月第1次印刷
开 本	710×1000 1/16
印 张	51.5
字 数	795千字
定 价	289.00元

凡购买中国社会科学出版社图书,如有质量问题请与本社营销中心联系调换
电话:010-84083683
版权所有 侵权必究

目 录

开篇　从"美学问题"到"美学的问题" ……………………………（1）

第一篇　美学：以"美的名义"关注人的解放

第一章　美学超越美学 …………………………………………（3）
　　第一节　超越美学的美学 …………………………………（3）
　　第二节　生命美学的重构 …………………………………（45）
　　第三节　巴黎手稿：生命美学的"真正诞生地和秘密"………（83）

第二章　生命美学三论题 ………………………………………（121）
　　第一节　生命美学第一论题：美学的奥秘在人 ……………（121）
　　第二节　生命美学第二论题：当代美学的四个转换 ………（143）
　　第三节　生命美学第三论题：生命视界、情感为本、
　　　　　　境界取向 ………………………………………（176）

第二篇　美学作为审美哲学初论

第三章　性质视界：审美的人 …………………………………（211）
　　第一节　审美活动的内在描述 ……………………………（211）
　　第二节　审美活动的外在辨析 ……………………………（247）

第四章　形态取向：美在境界 …………………………………（299）
　　第一节　审美活动的历史形态 ……………………………（299）

第二节　审美活动的逻辑形态 …………………………………… (347)

第三篇　美学作为审美哲学再论

第五章　根源层面："因生命，而审美" ……………………… (471)
　　第一节　审美活动的历史发生 …………………………………… (471)
　　第二节　审美活动的逻辑发生 …………………………………… (524)

第六章　方式维度："因审美，而生命" ……………………… (554)
　　第一节　审美活动的生成方式 …………………………………… (554)
　　第二节　审美活动的结构方式 …………………………………… (586)

第四篇　美学作为第一哲学

第七章　通过审美获得解放 …………………………………… (635)
　　第一节　"让一部分人先美学起来" …………………………… (635)
　　第二节　没有美万万不能 ……………………………………… (679)

第八章　美学与人类的未来 …………………………………… (715)
　　第一节　"天下归美" …………………………………………… (715)
　　第二节　人成之为人 …………………………………………… (738)
　　第三节　世界成之为世界 ……………………………………… (764)

附录　本书的基本参考文献 ……………………………………… (808)

后记　四十年磨一剑
　　——关于我的"生命美学三书" ……………………………… (813)

开篇 从"美学问题"到"美学的问题"

四十年以后，2022 年的时候，回想已经十分遥远了的 1982 年，我仍旧十分庆幸，从那时开始，我的美学研究做出了的就是一个正确的抉择。

1982 年，是我大学教师生涯的开始，也是生命美学研究的开始。从 1982 年到 2022 年，整整四十年的教学和科研工作，我始终初心未改。"生命美学：致敬未来！"这是我为自己题写的座右铭，也是我为自己规划的美学蓝图。

不过，其中也有不同。在我看来，关于生命美学的研究应该分为"美学问题"与"美学的问题"两个部分。用人们常说的"做正确的事与正确的做事"做个类比，"美学问题"类似"做正确的事"，"美学的问题"则类似"正确的做事"。英籍犹太裔物理化学家、哲学家波兰尼发现：一个学者的研究工作可以被分为两个层面，其一是可以言传的层面，他称之为"集中意识"；其二则是不可言传只可意会的层面，他称之为"支援意识"。显然，后者是指的在研究工作中的"何以"，与"美学问题"与"做正确的事"相近，前者是指的在研究工作中的"怎样"，与"美学的问题"与"正确的做事"相近。

四十年中，我首先完成的是关于"美学问题"的研究。其中包括对两个问题的思考，一个是百年中国美学的第一美学命题："以美育代宗教"。为此，借助与蔡元培先生对话的方式，我写了一本万字的专著《信仰建构中的审美救赎》（人民出版社 2019 年版）；还有一个是百年中国美学的第一美学问题："生命/信仰"。为此，借助与李泽厚先生对话的方式，我写了一本 71.9 万字的专著《走向生命美学——后美学时代的美学建构》（中国社会科学出版社 2021 年版）。

在我看来，上述两个问题堪称百年中国美学的两个"哥德巴赫猜想"。任何一个中国的美学学者要登堂入室研究美学，就要先回答这两个问题。首先，没有对于"以美育代宗教"这个百年中国美学的第一美学命题的讨论，就不可能意识到美学之亟待从关注文学艺术的"小美学"走向"超越文学艺术"的"大美学"、从美学家的美学走向哲学家的美学、从"作为学科"的问题走向"作为问题"的美学；其次，没有对于"生命/实践"这个百年中国美学的第一美学问题的讨论，也就不可能意识到美学之亟待从"启蒙现代性""实践""积淀""认识—真理""实践的唯物主义""自然人化""物的逻辑"的主体性立场转向"审美现代性""生命""生成""情感—价值""实践的人道主义""自然界生成为人""人的逻辑"的主体间性立场。

但是，这一切却又并非生命美学研究的结束。当然，作为"支援意识"的"何以"是非常重要的。它告诉我们，任何一个学者的研究工作其实都是非常主观的，而不是完全客观的。在一个学者全力思考的时候，"何以""主观"地在思考，很可能是为他所忽视不计的，然而，不论他忽视还是不忽视，这个"主观"都还是会自行发生着作用。因此，对学术研究中的主观属性不能不予以关注。这也就是说，在思考"美学问题"的时候，这个思考本身，也应该是美学的，所谓"美学"地思考美学。当然，它并不涉及怎样去思考，但是，它却会涉及应该去思考什么与不应该去思考什么。① 然而，美学研究毕竟还

---

① 《圣经》就曾说道："你们哪一个要盖一座楼，不先坐下算计花费，能盖成不能呢？恐怕安了地基，不能成功，看见的人都笑话他，说：'这个人开了工，却不能完工。'"[《圣经·路加福音》（第 14 章），见中文圣经启导本，香港海天书楼 1997 年版，第 1460 页。] 这就类似海德格尔所说的"地基"："奠基是对建筑计划本身的筹划，要使这个计划一开始就提供出指示，指明这个大厦要建立在什么之上以及如何建立。"[见孙周兴选编《海德格尔选集》（上册），生活·读书·新知三联书店 1996 年版，第 82 页。] 胡塞尔也指出："如果一个 a 本身本质（接下页）

需要直面"美学的问题"、直面美学本身。这就正如马克思在其名作《路易·波拿巴的雾月十八日》中曾引用的一句古谚语所说的:"这里就有玫瑰花,就在这里跳舞吧!"因此,也就必须还要转向研究工作中的"怎样"。于是,就有了现在的这本书,也就是关于生命美学研究的第三本书《我审美故我在——生命美学论纲》(中国社会科学出版社2023年版)。而且,尽管关于"美学的问题"我思考的比较早,也已经在1991年出版了《生命美学》(河南人民出版社)、1997年出版了《诗与思的对话——审美活动的本体论内涵及其现代阐释》(上海三联书店)、2012年出版了《没有美万万不能》(人民出版社),但是,关于这个问题的思考的阶段性的结束,应该是到现在的这本书为止了。①

"虽千万人,吾往矣。"严羽曾经自陈:"吾论诗,若那吒太子析骨还父,析肉还母。"应该说,四十年中,我所做的工作其实也就是

(接上页)规律性地只能在一个与 μ 相联结的广泛统一之中存在,那么我们就要说:"一个 α 本身需要由一个 μ 来奠基",或者可以说,一个 α 本身需要由一个 μ 来补充。"[[德]埃德蒙德·胡塞尔:《逻辑研究》(第2卷第1部分),倪梁康译,上海译文出版社1998年版,第285页。] 可惜的是,有些学者却不是如此,因为房子早晚要倒塌因此就不敢去盖了。结果,因为没有学者愿意去认真地"做正确的事"、去认真地盖美学的房子,以至于我们至今也没有盖出几所像样的美学的房子,美学的豆腐渣工程倒是屡见不鲜。为此,我们其实应该牢记狄德罗的告诫:"搜集事实和把事实联系起来,是两件很艰苦的事情;因此哲学家们对这两件事情就作了分工。有一些毕生从事于聚集材料,这些人是有用的、劳苦的工匠;另外一些人是骄傲的建筑师,专门忙于让人动手来操作。但时间已推翻了理性哲学直到今天所建筑起来的几乎所有的建筑物。那满身灰尘的工匠,从他在盲目挖掘着的地下,迟早会给这用脑力竖立起来的建筑带来致命的一下;它就倒坍了;而只剩下一些乱七八糟的材料,直到另外一个冒失鬼又企图来给它作一新的组合。对于建立体系的哲学家,自然也将过去对伊壁鸠鲁、路克莱兹、亚里士多德、柏拉图一样,给予一种很强的想象力,一种很好的口才,一种以动人的卓越的形象来表现自己的观念的技术,这样的哲学家多么幸福啊!他所建立的建筑物有一天可能倒下;但他的塑像将在废墟中仍然屹立着;而从山上滚下来的石头也不会砸碎它,因为它的脚并不是土做的。"([法]德尼·狄德罗:《狄德罗哲学选集》,江天骥、陈修斋、王太庆译,商务印书馆1959年版,第63—64页。)

① 我的关于"美学的问题"思考的四本专著,除了2012年出版的《没有美万万不能——美学导论》是在南京大学、澳门科技大学等校讲授美学的课堂实录,其余三本则不论根本思路抑或体系框架都是一脉相承的,都是关于生命美学的系统思考。不过,从1991年出版的《生命美学》到1997年出版的《诗与思的对话——审美活动的本体论内涵及其现代阐释》,其中的全部内容已经基本被改写了,而且篇幅也已经从24万字扩充到了30万字,至于现在的这本书,更是不但把《诗与思的对话——审美活动的本体论内涵及其现代阐释》中的全部内容基本改写了,而且篇幅也已经从30万字扩展到了70多万字。

"析骨还父，析肉还母"的工作。有点自找苦吃，有点不合时宜，有点逆流而上……为此，我把这三本书称作自己的"生命美学三书"。知我者，其唯"生命美学三书"乎！罪我者，其唯"生命美学三书"乎！不过，我所足可告诫自己的是：四十年磨一剑，我始终没有松懈过，也一直没有懈怠过。爱因斯坦说过："我不能容忍这样的科学家，他拿出一块木板来，寻找最薄的地方，然后在容易钻透的地方钻许多孔。"牟宗三先生在《为学与为人》中也告诫过我们：做学问就是要把自己生命中最为核心的东西挖掘出来。无疑，这也正是我所追求的境界。"老天偏爱笨小孩"，"聪明人要下笨功夫"，这是我时常告诫自己的话。因此，它肯定不是"计划学术""项目学术"的产物，不是以跟踪、模仿和附和别人为主的第二手研究，不是赝科研、伪科研、不是以发表C刊论文为目的的科研，总之，不是从"1到99"的学术表演，而是"从0到1"的学术自省，所谓"千里走单骑"、"独行侠"、壁立千仞、特立独行，而且，也是自己沉潜把玩、博学深思的结果。

当然，这也就将自己的学术研究逼上了美学的"风陵渡口"。金庸的小说《神雕侠侣》中有"风陵渡口初相遇，一见杨过误终身。"那么，我就应该是"风陵渡口初相遇，生命美学误终身"了？不过，倘若一切果真如此，那也只能如此了。

1984的岁末，我曾经写下生命美学的第一篇文章：《美学何处去》（1985年第1期《美与当代人》，后易名为《美与时代》），文章的最后说：

> 或许由于偏重感性、现实、人生的"过于入世的性格"，歌德对德国古典美学有着一种深刻的不满，他在临终前曾表示过自己的遗憾："在我们德国哲学，要作的大事还有两件。康德已经写了《纯粹理性批判》，这是一项极大的成就，但是还没有把一个圆圈画成，还有缺陷。现在还待写的是一部更有重要意义的感觉和人类知解力的批判。如果这项工作做得好，德国哲学就差不多了。"

我们应该深刻地回味这位老人的洞察。他是熟识并推誉康德《判断力批判》一书的，但却并未给以较高的历史评价。这是为什么？或许他不满意此书中过分浓烈的理性色彩？或许他瞩目于建立在现代文明基础上的马克思美学的诞生？没有人能够回答。

但无论如何，歌德已经有意无意地揭示了美学的历史道路。确实，这条道路经过马克思的彻底的美学改造，在 21 世纪，将成为人类文明的希望！

这其实就是我心目中的生命美学。

而且，同样还是在 1984 年，我还十分关注歌德的另外一句话："直到今天，还没有人能够发现诗的基本原则，它是太属于精神世界了，太飘渺了。"①

我愿意承认，我就是带着这样的梦想走向生命美学的研究道路的。

正如席勒所提示的："事物的被我们称为美的那种特性与自由在现象上是同一的。这一点还没有得到证明，这正是我们现在的任务。"② "这就是关于美的全部问题最后要归结到的真正要点，如果我们能够满意地解决这个问题，那么，我们同时也就找到了引导我们穿过整个美学迷宫的线索。"③

众所周知，席勒期待的是为"审美世界物色"一部美学"法典"。④ 在他看来，"这是一项要用一个多世纪时间的任务"。⑤

而荷尔德林期待的，却是一部《审美教育新书简》。

重要的问题是，毕竟还是要有人愿意去做。"百上加斤易，千上加两难"，这是谁都知道的事情，可是，学术的工作却又必然就是"千上加两难"的工作。因此，我们责无旁贷！

"子曰：'后生可畏，焉知来者之不如今也？四十、五十而无闻焉，斯亦不足畏也已。'"

我 28 岁的时候提出生命美学，算是"后生可畏"了？然而，会

---

① ［德］歌德：《诗与真》，刘思慕译，人民文学出版社 1983 年版，第 445 页。
② ［德］席勒：《美育书简》，徐恒醇译，中国文联出版公司 1984 年版，第 155 页。
③ ［德］席勒：《美育书简》，徐恒醇译，中国文联出版公司 1984 年版，第 98 页。
④ ［德］席勒：《席勒美学文集》，张玉能编译，人民出版社 2011 年版，第 225 页。
⑤ ［德］席勒：《席勒美学文集》，张玉能编译，人民出版社 2011 年版，第 238 页。

不会"四十、五十而无闻焉，斯亦不足畏也已"呢？我的"生命美学三书"就是回答！

辛弃疾《贺新郎·甚矣吾衰矣》词曰：

> 甚矣吾衰矣。怅平生、交游零落，只今余几！白发空垂三千丈，一笑人间万事。问何物、能令公喜？我见青山多妩媚，料青山见我应如是。情与貌，略相似。
>
> 一尊搔首东窗里。想渊明、《停云》诗就，此时风味。江左沉酣求名者，岂识浊醪妙理。回首叫、云飞风起。不恨古人吾不见，恨古人不见吾狂耳。知我者，二三子。

2022 年岁末，于南京卧龙湖，明庐

第一篇

美学:以"美的名义"关注人的解放

第一章　美学超越美学

第一节　超越美学的美学

一　从"美学热"到"热美学"

"美学热"与"美学冷",是考察"美学的问题"时首先就要面对的。

"美学热",是美学相对于自身学科的"越位"与"溢出"。这是人类历史中的一个奇观,也是美学学科的一个荣幸!突然之间,时代的聚光灯竟然聚焦于美学。美学,也再次凝聚而为全社会的高光时刻。

以西方的"美学热"为例,关于西方美学,美学界经常挂在嘴上的说法是"既古老而又年轻",意思是说,美学作为一门学科,应该是古已有之(尽管没有被正式命名),但是却直到鲍姆加登在1750年的为之命名,才算是正式诞生。但是,事实上,不论是在美学的古老年代还是在美学的年轻岁月,它其实都并没有过大红大紫的时刻。犹如众多的人文社会科学的学科一样,它始终都是"作为学科"而存在着,也发展着。但是,令人叹奇的是,自从康德在1790年出版了他的《判断力批判》,美学却迅即开始了自己的传奇般的历史,竟然一跃而上,成了与时代的命运密切相关的思想先锋、与人的解放密切相关的第一提琴手,以至于海德格尔会因此而郑重称之为"西方美学的二次发生"。我们看到:康德认定审美判断可以和谐想象力和知解力的方式运作;席勒坚信审美的"游戏冲动"可以协调"感性冲动"(本能)和"形式冲动"(道德)所导致的人性分裂;黑格尔憧憬"审美带有令人解放的性质"①；马克思提出人是"按照美的规律来构造"的；马尔库塞强调审美是通向主体解放的道路……在这背后，则无疑就是人所共知的在西方持续日久的所谓"美学热"！毫无疑问的是，彼时彼刻，美学既全然象征着一个即将到来的全新大时代的光耀四方的灯塔，又全然象征一个即将到来的全新大时代的融贯自身的水塔。换言之，它是一个即将到来的全新大时代所"播下的龙种"。也因此，对于它的热切期待，也就成为理所当然。

可是，同样令人叹奇的是，我们也看到了相反的情景：一俟所谓的美学学科得以建立，十分引人注目的是，人们却又不约而同而且毫不留情地视之如草芥、弃之如敝履。美学的建构远远未能尽如人意，显然也有负于一个即将到来的全新大时代。"古典主义美学这座巨大的纪念碑，无论它多么具有系统性、创造性、丰富性和精巧性，"这是古茨塔克·豪克的谆谆告诫："但由于它片面的出发点，今天显得陈旧了。"②帕斯默尔的断言也毫无商量余地："本来就没有什么美学"，"美学的沉闷来自人们故意要在没有主题之处构造出一个主题来。"③由此出发，埃克伯特·法阿斯的发现真可以视为学界的总结："艺术本身最终已经被一种非自然化的艺术理论毒害了，那种理论是由柏拉图、经过奥古斯丁、康德和黑格尔直到今天的哲学家们提出来的。"④至于那些哲学大家们，则更是一反常态。几乎是不约而同地改变了昔日的对于美学的热切期盼，并且步调一致地转向了对于美学的冷嘲热讽：维特根斯坦讥讽说："象'美好的'、'优美的'，等等……最初是作为感叹词来使用的。如果我不说'这是优美的'，只说'啊！'，并露出微笑，或者只摸摸我的肚子，这又有什么两样呢？"⑤

---

① ［德］黑格尔：《美学》第1卷，朱光潜译，商务印书馆1979年版，第174页。
② ［德］古茨塔克·豪克：《绝望与信心》，李永平译，中国社会科学出版社1992年版，第151页。
③ 转引自王治河《后现代哲学思潮研究》，北京大学出版社2006年版，第268页。
④ ［加拿大］埃克伯特·法阿斯：《美学谱系学》，阎嘉译，商务印书馆2011年版，第25、34页。
⑤ 蒋孔阳主编：《二十世纪西方美学名著选》下卷，复旦大学出版社1988年版，第82页。

阿多诺断言："美学不应当像追捕野雁一样徒劳无益地探索艺术的本质。"① "尼采对形而上学的批判包括了美学，或者说是从美学出发的。"德·曼发现："海德格尔也可以被认为是这样。"② 甚至就是连海德格尔也正式出面宣布过："最近几十年，我们常常听到人们抱怨，说关于艺术和美的无数美学考察和研究无所作为，无助于我们对艺术的理解，尤其无助于一种创作和一种可靠的艺术教育。这种抱怨无疑是正确的"。"这种美学可以说是自己栽了跟斗。"③ 甚至，他还不惜与所谓的"美学"划清界限："本书的一系列阐释无意于成为文学史研究论文和美学论文。这些阐释乃出于思的必然性。"④ 为此，他甚至不惜如此这般地去警示所有的后来者：去抵制那些"今日还借'美学'名义到处流行的东西"。这当然就是所谓的"美学冷"！难怪有学人竟然会激愤感叹："播下的是龙种，收获的却是跳蚤"。当然，斯语未免过激！"收获的却是跳蚤"，其实是意味着对于美学的期望之高。然而，斯语却也毕竟是道破了一个十分重要的美学现象！

再以中国为例，情况也是一样。众所周知，逝去的百年，走向现代的古老中国令人意外地出现过三次"美学热"。这同样无异于一个即将到来的全新的大时代所"播下的龙种"。同样毫无疑问的是，在百年的中国，彼时此刻，美学既全然象征着一个即将到来的全新大时代的光耀四方的灯塔，又全然象征一个即将到来的全新大时代的融贯自身的水塔。也因此，对于它的热切期待，也就成为理所当然。可是，一俟所谓的美学学科得以建立，十分引人注目的是，与近代的西方完全类似，人们却又不约而同而且毫不留情地视之如草芥、弃之如敝屣，因为美学的建构远远未尽如人意，显然也有负于一个即将到来的全新大时代。换言之，在百年的中国同样也出现了与西方近代社会类似的情况："播下的是龙种，收获的却是跳蚤"。

具体来看，古老中国的第一次的"美学热"是在20世纪的"五

---

① ［德］阿多诺：《美学理论》，王柯平译，四川人民出版社1998年版，第591页。
② 王逢振等编：《最新西方文论选》，漓江出版社1991年版，第215页。
③ ［德］海德格尔：《尼采》上卷，孙周兴译，商务印书馆2014年版，第91、89页。
④ ［德］海德格尔：《荷尔德林诗的阐释》，孙周兴译，商务印书馆2014年版，第2页。

四"前后。其中的口号,则更是闻名遐迩:"以美育代宗教"。遗憾的是,在经历了短暂的蜜月期之后,"美学热"就迅即沦落为"美学冷"。人们的视线转向了"革命与救亡""反帝反封建",转向了对于在"血与泪"之外的"铁与火"的热切关注。显然,能够无愧于那个时代的"龙种"美学的胎死腹中,是"美学热"转向"美学冷"的关键之关键。当然,其间也曾经出现了吕澂的《美学概论》(商务印书馆 1923 年版)、陈望道的《美学概论》(上海民智书局 1927 年版)、范寿康的《美学概论》(商务印书馆 1927 年版)等二十多部"作为学科"建构的美学专著,但是,试问现在还有谁愿意去购买这些美学专著?或者,试问现在还有谁愿意去翻阅这些美学专著?它们的存在,无非仅仅只是昭示着"美学冷"的到来而已。第二次"美学热",是在 20 世纪 50 年代。1949 年中华人民共和国成立,是一个全新的开始。这个全新的开始选择了美学作为它的起步,其中更是颇具深意。这无疑是一个即将到来的全新大时代在又一次地呼唤着"龙种"美学的诞生。遗憾的是,而今来看,其时对于美学的关注却十分可疑,因为它的内在逻辑归宿却是政治的批判。结果,来自时代的内在驱动却在转瞬之间就被扭曲了。于是同样的遗憾再次发生:能够无愧于那个时代的"龙种"美学再次胎死腹中,延续其间的,同样还是"跳蚤"美学。第三次"美学热"开始于 20 世纪 80 年代前后,一时间,美学再次凝聚为全社会的高光时刻,时代的聚光灯也再一次聚焦于美学。不难猜想,这当然又是因为一个即将到来的全新大时代而在竭力呼唤着"龙种"美学的出现。然而,令人同样遗憾的是,从 1985 年前后开始,"美学热"就再次每况愈下,迅速降温,并且再一次毫无意外地沦为了"美学冷"。众多的美学爱好者也一哄而散,开始转向了经济学、管理学、中西文化……的研究。美学成了一个无关紧要的边缘学科。"美学热"也再次无疾而终。延续其间的,无非还是"跳蚤"美学……换言之,"播下的是龙种,收获的却是跳蚤"。这样一幕曾经在西方出现的场景,竟然在中国也分毫不差地粉墨登场。一个即将到来的全新大时代的对于"龙种"美学的呼唤,最终导致的,同样是无一例外的"跳蚤"美学的问世。

当然，由于美学在中国的特殊际遇。或许还会有人为之辩解。他们会说：在西方，美学确实是早已经沦为边缘的边缘，也确实已经是"美学冷"，这是有目共睹的事实，因此也无可争辩。例如，米森就介绍过英国的大学的学科设置情况："由于美学研究中缺乏一种坚实而连续的传统，结果造成了英国任何大学都没有设置致力于美学研究的教席。"① 但是，在中国美学却毕竟还成功地确立了自身的作为二级学科的地位，而且也毕竟还成功地形成了一支在全世界也堪称庞大的美学研究的队伍。因此，这应当意味着中国的美学成绩。而且，这也只是"思想淡出，学术凸现"，是"美学热"的转型，而并非"美学热"的衰落。然而，被这种辩解所忽视了的却是：席卷世界的"美学热"期待着的并非是建构一个边缘的美学学科，也不是为几百个美学学者提供一个可怜的"饭碗"，而是要为一个即将到来的全新大时代提供思想准备，要让美学成为一个即将到来的全新大时代的主导者、引导者，成为一个即将到来的全新大时代的光耀四方的灯塔与融贯自身的水塔。换言之，一个即将到来的全新大时代热切期待着的是"龙种"的美学，而不是"跳蚤"的美学。遗憾的是，在这个即将到来的全新大时代，并不是没有美学的产生，但是却没有好的美学的产生、没有与时代彼此匹配的美学产生。我们当下的那种以"课题""话题"为主体的所谓美学根本就无法与一个即将到来的全新大时代彼此相互匹配。它充其量只是"跳蚤"的美学，而根本不是"龙种"的美学。因此，我们的美学是失职的、失败的，也是完全无法胜任于时代重负的。②

何况，这个失职的、失败的，也完全无法胜任于时代重负的美学还已经失去了读者。这一点，即便是从书店里的美学书籍的日渐减少就不难发现。在过去，书店里的美学书籍非常之多，经常要排满几个

---

① [英]米森：《英国美学五十年》，(中国社会科学院)《哲学译丛》1991年第4期。
② 据统计，仅仅是从1980—2002年，当代中国的美学学者们就贡献了241部美学原理类的著作（见刘三平《美学的惆怅——中国美学原理的回顾与展望》，中国社会科学出版社2007年版，第13页），耗费的人力与物力、财力都不难想见，但是，其中又有几部是堪与一个即将到来的全新的大时代彼此匹配的呢？答案是显而易见的。

书柜。可是，现在在书店里已经难找到美学方面的书籍了。当年摆满美学书籍的书柜已经逐渐地被服饰美容的书籍、爱情美学的书籍、公关礼仪的书籍逐渐将空间侵吞掉了。当然，也有人自我安慰说，这个失职的、失败的，也完全无法胜任于时代重负的美学在作家、艺术家中还有读者。其实，这完全就是一个谎言！因为我们至今也没有听说过哪个作家、艺术家的创作是因为受益于这类美学而成功的。不但没有，他们还经常嘲笑说：不看美学著作，我倒还会创作；一看美学著作，却反而不会创作了。当然，这种说法无疑比较偏激，但是，也确实不无道理。还有人自我安慰说，这个失职的、失败的，也完全无法胜任于时代重负的美学在大学生中还有市场，甚至，相关的美学著作还是有益于审美教育的。可是，平心而论，至今为止，又有哪个大学生是读了这个失职的、失败的，也完全无法胜任于时代重负的美学的书籍而提高了审美水平的？回想当年，在"美学热"的时候，例如在当年的1977级、1978级、1979级、1980级的文科大学生们上学的时候，美学热情确实是空前的高涨。一旦有美学讲座，偌大的报告厅里很早就会人头攒动、济济一堂。遗憾的是，现在却早已盛况不再！由此，我们中国明朝的一个学者李东阳说的一句话就尽管刺耳但却深刻："诗话作而诗亡。"西方的米勒也说："文学理论促成了文学的死亡。"①显然，这个失职的、失败的，也完全无法胜任于时代重负的美学的存在远不如审美活动与艺术创作的存在来得真实而且可信。所谓"爱美之心，人皆有之"，但是"爱美学之心，却人皆无之"。

何况，在相当一部分美学研究者那里，美学也早已不复是"美学热"之时的美学，而全然已经成了"为稻粱谋"的竞技场。当年在柏林物理学会举办的麦克斯·普朗克六十岁生日庆祝会上，爱因斯坦曾经说，要把"为的是纯粹功利的目的"的学人"赶出庙堂"，可是起码在当下的美学圈里，我们看到却是某些学人的大行其道。他们不关心"从0到1"的美学创新，而津津乐道于"从1到99"之间的学术戏法。他们也不做以解决重大核心问题为目的的攻关科研，却去乐此

---

① ［英］米勒：《文学死了吗》，秦立彦译，广西师范大学出版社2007年版，第53页。

不疲地从事以跟踪、模仿和附和别人为主的第二手科研、赝科研、伪科研、以发表 C 刊论文为目的的科研，就是他们的内在诉求。例如，《美学原理》之类的美学倒是一夜之间就炮制出来了数百本，可是倘若在知网上搜索一下，就会吃惊地发现，其中相当一部分的主编、副主编，甚至连一篇美学基本理论研究方面的专题论文都没有写过。美学论著自然也更是不断地被绵延不绝地制造出来，可是，随便一翻，就会发现，其中最常见的做法就是巧妙地把别人的创新、见解换一个名字术语，就堂而皇之地成了自己的新说，而且既不说明渊源，也从不致谢。而且，不仅某些青年学者这样做，即便是某些中老年学者也仍就是这样去做。这让人想起叔本华的那句妙讽：他们"总不过是证明着人们原已从别的认识方式完全确信了的东西。这就等于一个胆小的士兵在别人击毙的敌人身上戳上一刀，便大吹大擂是他杀了敌人"。① 更不要说为了配合某些著名刊物的指挥棒，有些学者甚至已经习惯了以追逐"学术热点"为乐。项目指南要求研究什么就研究什么，什么东西热就研究什么，什么东西好发表就研究什么，美学流行的时候俨然是美学专家，心理学流行的时候是心理学专家、文化学流行的时候俨然是文化学专家，艺术学流行的时候又俨然成了艺术学专家……上知天文、下知地理，法力无边，似乎是咏春拳、形意拳、八卦掌，铁头功……样样精通，因此自以为可以大嘴通吃而又丝毫不顾及难看的吃相。或者 C 刊尽管数目不少，可是，却大多是在外文资料里爬梳整理，充其量也只是研究综述，自己其实连一篇自成一家、自成一说的论文也举不出来。而美学学科却成了可以等价交换、过期作废的物品。爱因斯坦曾经批评说："我不能容忍这样的科学家，他拿出一块木板来，寻找最薄的地方，然后在容易钻透的地方钻许多孔。"然而，在美学界，这样的学人却并非个别的存在。"计划学术"、"项目学术"、有项目没学术的学术、人海战术的学术、攻关工程的学术、帽子工程的学术……不一而足。满足于争项目、争头衔、争奖励之类的美学内卷，满足于背离美学初心地去热衷炒作各种层出不穷的"话

---

① ［德］叔本华：《作为意志与表象的世界》，石冲白译，商务印书馆 1982 年版，第 123 页。

题"，并且蓄意去以"话题"驱逐"问题"。当然，自问自答、自娱自乐、自言自语式的蜻蜓点水、狗子撒尿类研究更是让人见惯不惊。就好比大草原上的一只老鼠，天天安逸地躲在洞里，胸无大志，也身无长技，却竟然还沾沾自喜地讥讽一只独自奔跑在大草原上的雄狮，讥讽它不会偷盗、不会打洞，甚至断言说：它很快就活不下去了——尽管在雄狮的心中装着全部的草原。如此一来，美学又岂能不"冷"？

也因此，我始终都不认为"美学冷"是因为时代的斗转星移所致。恰恰相反，在我看来，美学正是一个即将到来的全新的大时代所"播下的是龙种"，无数的困惑、无数的忧思、无数的疑难、无数的焦虑……都期待着它的回答。换言之，它是一个即将到来的全新的大时代所共同关注的核心问题，也是一个即将到来的全新的大时代所理应给出的回答。它提示着我们：一个即将到来的全新的大时代，就像每一个在人生路口徘徊的还乡者都会碰上的斯芬克斯一样，它"向每个这样的思想家说：请你解开我这个谜，否则我便会吃掉你的体系"。（普列汉诺夫）值此时刻，就当下的美学而言，关键的关键其实就并不在于它究竟是否美学，而在于它是否能够胜任一个即将到来的全新的大时代所赋予它的光荣使命。因此，"谁说站在光里的才算英雄"？值此时刻，唯有远离种种喧嚣、种种浮躁的沉默才会震耳欲聋！行走在时间里的美学家，责无旁贷地理应积极应对一个即将到来的全新的大时代的挑战，做一个美学的孤勇者，并且交出自己的不负前贤更不负时代的答卷。而且，时间如刀锋，也必将雕刻下他们的美学传说与思想足迹。

应该正是在这个意义上，阿多诺大声疾呼的"在奥斯维辛之后写诗是野蛮的"才会如此深得我心。他曾经激愤痛斥："奥斯维辛集中营无可辩驳地证明文化失败了"；"奥斯维辛集中营之后，任何漂亮的空话、甚至神学的空话都失去了权利"；"有人打算用'粪堆'和'猪圈'之类的话来使儿童记住使他震惊的事情，这种人也许比黑格尔更接近绝对知识"；"人们禁不住怀疑它强加于人们的生活是否变成了某种使人们发抖的东西，变成了鬼怪，变成了幽灵世界的一部分，而这幽灵世界又是人们觉醒的意识觉得不存在的。"这是因为，置身奥斯维辛之中的时候，有太多的诗人跪下去说：我忏悔；却有太少的诗人站起来说：我控诉；而从奥斯维辛挣脱而出以后，又有太多（原来跪着）的诗人站起来说：我控诉，却有太少的（原来站着）诗人跪下去说：我忏悔！而且，更加发人深省的是，事先竟然对于这样惨烈的人间悲剧从未察觉？或者，是否根本就无法察觉？显然正是基于这一系列的原因，阿多诺才会再次如此激愤地痛斥云：在罪恶面前，"生存者要在不自觉的无动于衷——一种出于软弱的审美生活——和被卷入的兽性之间进行选择。"但是"二者都是错误的生活方式。"确实，对于杀戮、兽行……竟然保持了一种"不自觉的无动于衷"，这种"软弱的审美生活"还不是一种"错误的生活方式"吗？更有甚者，人类之"诗"（审美）及其诗人竟从一开始就"保持一种旁观者的距离并超然于事物"，也"从一开始它就具有一种音乐伴奏的性质，党卫队喜欢用这种音乐伴奏来压倒它的受害者的惨叫声。"无疑，这应该就是人类之"诗"（审美）及其诗人的罪责的见证了！在此意义上，以旁观的姿态面对人类的苦难的人类之"诗"（审美）及其诗人实在是虚伪的，因此也实在是野蛮的。无论是自怨、自欺、自慰……都已经无法继续"诗"的谎言："在奥斯维辛之后你是否能够继续生活，特别是那种偶然地幸免于难的人，那种依法应被处死的人能否继续生活：他的继续生活需要冷漠，需要这种资本主义主观性的基本原则，没有这一基本原则就不会有奥斯维辛。"① 这，其实正是阿多诺对"美学冷"的时代所作出的绝望的判词。"冷漠"，不正是奥斯维辛之为奥斯维辛？"冷漠"，不也正是"跳蚤"们的美学之为美学？恩格斯一再告诫："每一个时代的理论思维，包括我们这个时代的理论思维，都是一种历史的产物，它在不同的时代具有完全不同的形式，同时具有完全不同的内容。"② 也就是说，都是"时代精神的精华"和"文明的活的灵魂"。但是，"跳蚤"的美学却并非如此，它不是这样的"历史产物"，更并非"时

---

① ［德］阿多诺：《否定的辩证法》，张峰译，重庆出版社1993年版，第363页。
② 《马克思恩格斯选集》第3卷，人民出版社2012年版，第873页。

代精神的精华"和"文明的活的灵魂"。它无视时代问题,无视生命困惑,无视以改造世界为基本指向的学术路向……更不要说,它在某些学者那里竟然早就已经等而下之地沦落了。在他们那里,美学还哪里是什么美学?充其量不过是在概念樊篱里套来套去的美学魔方,或者是在美学自身的合法性尚未得以确认的情况下就先行预设了思维取向与理论框架以及自身的天然合理的美学游戏。其结果,则恰恰类似苏格拉底在同希庇阿斯谈到美学的时候所感叹的:它把"我头脑弄昏了";也恰恰类似费尔巴哈在谈到黑格尔的学说时候所自我描述的:面对它,我已经在"战栗"和"发抖"!而且,这是彩蝶在蛹虫面前的战栗,是生命在死亡面前的发抖。如此一来,美学的终结也就必然指日可待。

二 "热美学"与"冷美学"

进而,在"美学热"与"美学冷"的背后,还潜在更为严峻的问题:"热美学"与"冷美学"。这是因为,美学的被时代赋予以高光时刻,还意味着时代的特定期待——期待美学能够成为一个即将到来的全新大时代的主导价值、引导价值的引领者。这也就是我在前面所提及的"与时代的命运密切相关的思想先锋、与人的解放密切相关的第一提琴手"。当然,这也并不容易。也因此,顺应了这一期待的,我们就称之为"热美学",反之,我们则称之为"冷美学"。

就以我为例,我的美学起步,是在20世纪的七八十年代之交,作为从"文革"艰难挣扎而出的一个"走资派"与"历史反革命分子"的后代,与当年众多的大学生一样,我理所当然地成了"美学热"的积极参与者。而且,我是如此热切地期待着中国的理应应运而生的自己的《判断力批判》、自己的《审美教育书简》、自己的《悲剧的诞生》……然而,几乎就是在我涉足"美学热"的同时,还是在起步之初,我就对自己当时所接触的美学深感困惑,因为,它距离我所憧憬的美学相差了何止十万八千里!而且,也正是因此,随着1985年开始的"美学热"的迅速冷却,我也开始在自己的论著里频繁使用着一个术语:"冷美学"。1985年,我发表了关于生命美学的第一篇文章:

《美学何处去》①，开篇伊始，我就提到了"冷美学"："美学成了'冷'美学。美是不吝赐给的。但是，摆在我们面前的，偏偏是理性的富有和感性的贫困——美的贫困。"继而，在1990年发表关于生命美学的另外一篇文章《生命活动：美学的现代视界》以及1991年出版的专著《生命美学》里，我又不断地提及所谓的"冷美学"。在我看来，我们的所谓美学，"似乎是一种无根的美学，似乎是一种冷美学，我所梦寐以求渴望着的似乎只是一个美丽的泡影。"② 因此，美学，我要把你摇醒！

在我看来，我们的美学已经迷失了自己的道路！它迷失在远离人的暗无天日的黑色森林里，成为既聋又瞎而且不会开口的对象世界的附庸。它笨拙地学舌着"历史规律""必然性""本质""合规律性与合目的性"之类的字眼，不但对人世间的杀戮、疯狂、残暴、血腥、欺骗、冷漠、眼泪、叹息和有命无运"无所住心"，不但对生命的有限以及由于生命的有限所带来的人生不幸和人生之幸"无所住心"，而且真心实意地劝慰人们在对象世界的泥淖中甘心情愿地承受种种虚妄，把自己变成对象世界的工具，并悲壮地埋入对象世界的坟墓。结果，我们虽然终于有了一部又一部美学教材，也虽然终于有了一个又一个美学体系，但却偏偏没有自己的美学。理由很简单，在这些美学教材和体系中，你能够看到生命的绿色，听到人们的欢乐和哭泣，感受到无所不在的挚爱、寻找到人类生存之根吗？……在令人眼花缭乱的历史中孤苦无告的灵魂在渴望什么、追寻什么、呼唤什么？在命运车轮下承受碾压的人生在诅咒什么、悲叹什么，哀告什么？尤其是，在无限瑰丽，辉煌的背景下展开的生命在超越什么、创造什么、皈依什么？这一切，竟然统统被我们的"美学"不屑一顾地抛在一边，统统被我们的"美学"漫不经心地忘却了，试问，这样的"美学"又怎么可以被称之为美学？

美学，从来就是人类精神家园的拳拳忧心，清醒地守望着世界，

---

① 刊登于《美与当代人》1985年第1期。
② 潘知常：《生命美学》，河南人民出版社1990年版，第1页。

是美学永恒的圣职。而我们的美学却冷漠地面对这一切，谁能说这不是一种美学自身的令人瞠目结舌的终结？谁又能否认，在这样的美学背景下，"美学热"静悄悄地冷却下去，不是一种历史和逻辑的必然？什么时代的呼唤、什么美学的呼唤，而今都早已被我们的美学抛在了脑后。我们的美学家似乎已经习惯于在字里行间、在范畴体系、在著作等身中"审美"了。他们先是用"文字障"蒙蔽生命、蒙蔽自己，然后又用"文字障"取代生命，取代自己，最后则干脆生息于"文字障"之中，让"文字障"成为生命，成为自己。或者说，他们先是抽干生命的血，剔除生命的肉，把他钉死在美学体系、美学范畴、美学论著及论文的十字架上，使之成为不食人间烟火而又高高在上的标本，然后站在一旁，像彼拉美指着十字架上的耶稣那样大声喊道："瞧，这就是美！"可是，当我们把自己的生命推入作为概念世界的美学体系、美学范畴、美学论著及论文之中，不也就把自己推入"人的消解"的困窘之中了吗？人所创造的对象世界竟然抽象了人，人所创造的美学体系、美学范畴、美学论著及论文竟然消解了人，这很有点滑稽，但却又是美学研究中的一个很有点滑稽的事实。……就是这样，美学研究在令人触目惊心的失误中挣扎着、扭曲着，也沉沦着。一方面是美学体系、美学教材的虚假的繁荣，另一方面是生命在这虚假的繁荣中被可怜地冰僵；一方面是"美学热"在少数人手中的病态的延续，另一方面是"美学热"在多数人心中的急剧的冷却；一方面是小楼斗室中对于美的粗制滥造，另一方面是街市商场上对于美的无情践踏。试问，面对此情此景，美学又怎么能够不走向"冷却"？

显然，这里的"冷美学"并不是"非美学"。它也是美学，但是，却只是"跳蚤"的美学，而不是"龙种"的美学。毋庸讳言，这正是中国生命美学的诞生的真实缘由。最初写下上述这些话的时候，是在1984年的岁末——1984年12月12日的一个寒冷的冬夜。1984年，在奥威尔的预言中，这应该是一个不祥的年份，但是，恰恰也就在那一年，我却固执地开始了自己的致敬未来的美学行程。这也就是我后来一再提及的：生命美学——致敬未来！

更何况，这其实也并非我一个人的感觉，无论中西，其实都已经有越来越多的学者开始意识到：所谓美学，其实无非是德国古典哲学遗留下来的一个学术怪胎。① 而且，"疑惑"的出现几乎可以说是与"美学"的出现同步。例如，还在18世纪末，作为早期浪漫派的代表的施勒格尔就在《浪漫派风格》中提示说："'审美的'［ästhetisch］一词，是在德国发明并在德国得以确立的。这个词的这个意蕴泄露了一点：这个词完全不了解它所描绘的事物及用来描绘事物的语言。这个词为什么还沿用至今？"② 确实，"'审美的'［ästhetisch］一词""在德国发明并在德国得以确立"乃至进入全世界（尤其是中国）以后，究竟是用来指称"感性学"抑或"美学"？再者，由此而构建的研究对象究竟是人类的感性生命还是文学艺术？无论西方还是东方，应该说，对此至今都仍旧争执不休。可是，恰恰也因此，令人更加奇怪的却是，在始终争执不休的同时，"'审美的'［ästhetisch］一词"却被一直"沿用至今"。这一点，我们只要重温一下20世纪初年贝尔在他的美学名著《艺术》的开篇中的感叹，就不难了然在心。他指出："在我所熟知的学科中，还没有一门学科的论述像美学这样，如此难于被阐释得恰如其分。"③ 显然，从18世纪末到20世纪初，尽管已经100年倏忽而去，然而，美学（"'审美的'［ästhetisch］一词"］却仍旧令人困惑。一方面，是希望"被阐释得恰如其分"，但是，另一方面又显然始终都是"如此难于被阐释得恰如其分"。

显然，犹如海德格尔所关注的"哲学的合法完成"，在这里，我们所遭遇到的，可以被称作：美学的合法完成。

当然，也完全可以无视这个问题。因为作为二级学科，美学本身可以无疑变幻出无穷无尽的"课题"或者"话题"——尽管很可能并非"问题"，有了这些"课题"或者"话题"，就足够一个人去奔波一生了，例如，就可以组织学术梯队，就可以撰写C刊论文，就可以去申请项目，就可以出版学术专著，就可以申报奖励，也就可以因为获得形形色色的头衔而弹冠相庆……既然如此，又为什么一定要去思考

---

① 刘小枫：《德语美学文选（上卷）》，华东师范大学出版社2006年版，第1页。
② 刘小枫：《德语美学文选（上卷）》，华东师范大学出版社2006年版，第2页。
③ ［英］克莱夫·贝尔：《艺术》，周金环、马钟元译，中国文联出版公司1984年版，第1页。

"美学的合法完成"问题呢？至于这些"课题"或者"话题"究竟有多少学术价值、甚至究竟是否学术泡沫，究竟是否解决了真问题，是否真解决了问题、或者是否问题根本就没有解决？其实全都无关紧要。平心而论，这无疑就是而今我们在美学界早已经见惯不惊的场景。

但是，"美学的合法完成"问题却不会因为我们的漠视而就不再存在。因为美学之为美学，其自身的特殊性恰恰在于：它首先就是作为一个即将到来的全新大时代的主导价值、引导价值的引领者而存在的，其次才是作为美学自身而存在的。也因此，倘若不能够把美学作为一个即将到来的全新大时代的主导价值、引导价值的引领者的问题思考清楚，美学之为美学其实也就无法存在。

这样一种把美学作为一个即将到来的全新大时代的主导价值、引导价值的引领者的美学思考，就是我所谓的"热美学"。最早谈及这一问题的，据我阅读所及，应该是伊格尔顿的名著《美学意识形态》里。他曾经在这部名著中一再提醒我们：

> 任何仔细研究自启蒙运动以来的欧洲哲学史的人，都必定会对欧洲哲学非常重视美学问题这一点（尽管会问个为什么）留下深刻印象。
>
> 德国这份比重很大的文化遗产的影响已经远远地超出了国界；在整个现代欧洲，美学问题具有异乎寻常的顽固性，由此也引人坚持不断思索：情况为什么会是这样？
>
> 不是由于男人和女人突然领悟到画或诗的终极价值，美学才能在当代的知识的承继中起着如此突出的作用。①

尽管其中存在着把美学狭隘化为意识形态的不足，但是伊格尔顿的"深刻印象"确实值得注意："都必定会对欧洲哲学非常重视美学问题这一点（尽管会问个为什么）留下深刻印象"，"情况为什么会是

---

① ［英］伊格尔顿：《美学意识形态》，王杰等译，广西师范大学出版社1997年版，第1—3页。

这样?"显然,这是出之于特定时代的特定呼唤,或者说,是"自启蒙运动以来"的德国、"自启蒙运动以来"的欧洲、"在整个现代欧洲"的特定呼唤,忽视了这个"特定"时代,一切其实也就都无从谈起。

同样的提醒,还来自英国的美学史家鲍桑葵:"西方现代化崛起的原因之一,就是德国哲学对于美学问题的高度重视。"[①]

也因此,我们亟待注意的是:"德国这份比重很大的文化遗产的影响已经远远地超出了国界","欧洲哲学非常重视美学"。现在,对"美学问题具有异乎寻常的顽固性"的,不是美学界,而是在美学界之外的"德国"乃至"欧洲哲学"。而且,备受关注的也不是美学自身的关于美、关于美感或者关于艺术的研究,而是美学"在当代的知识的承继中起着如此突出的作用"。

这个现象确实十分重要,也是我们从"美学热"继而考察"热美学"的一个关键节点。"自启蒙运动以来的欧洲哲学史"中,相当数量的重要思想家,都不约而同地关注到了美学,但是却又绝对不可仅仅只是被算作为一般意义上的美学家。在他们那里,美学,只是他们所发现了的一个根本的问题线索。这是一个时代的根本问题、也是一个时代的大问题。而且,他们的目的也是意在以美学解决人生的根本问题,意在提倡审美的人生态度,意在为一个即将到来的全新的大时代确立其自身的主导价值、引领价值,而根本未曾去关注及美学学科的种种学理探讨。例如,在他们看来,生命存在已经成为"断片"(席勒)、"痛苦"(叔本华)、"颓废"(尼采)、"焦虑"(弗洛伊德)、"烦"(海德格尔),那么,怎样才能回到对于存在的"亲近"?唯一的答案就是回到美学,并且期待美学能够成为一个即将到来的全新大时代的主导价值、引导价值的引领者。于是,哲学大家们纷纷给出了自己的答案:"游戏"(席勒)、"静观"(叔本华)、"沉醉"(尼采)、"升华"(弗洛伊德)、"回忆"(海德格尔)……

在这当中,最为重要的当然要推康德。众所周知,美学学科的诞生并非出自康德之手,在他之前,已经有了鲍姆加登的命名。因此,

---

① [英]鲍桑葵:《美学史》,张今译,广西师范大学出版社2001年版,第151页。

后者也就一直被称作"美学教父"。而且，康德也并非最早从事美学研究的学者，西方一般认为：第一篇美学论文是出自英国启蒙学者哈奇森《我们关于美与道德观念的起源研究》一书的前半部分，以及埃德蒙·博克的《对我们关于崇高与美的观念的起源的哲学研究》，还有休谟的著名论文《论趣味的标准》。正是在这篇著名论文里，休谟明确提出："美不是事物本身的性质。它仅仅存在于观照它们的心灵中"。须知，美学的从以柏拉图的"理念说"乃至从古典客观论毅然转向现代主观论，就是由此开始的。但是，后人却仍旧不约而同地坚持：只有康德，才配得上启动"美学热"的第一人的光荣称号，也才配得上"美学之父"的光荣称号。之所以如此，其实不仅仅是因为鲍姆加登等始终还只是在认识论的框架里打转，始终只是把感性作为理性的初阶，而且还更因为鲍姆加登等所关注的都只是美学本身。康德不同，在西方美学的历史上，正是他，开始了对于美学能够成为一个即将到来的全新大时代的主导价值、引导价值的引领者问题的关注。从而，也就第一次地赋予了美学以灵魂与生命。与鲍姆加登等鲜明区别的是，康德"醉翁之意不在酒"，貌似也在从事美学研究，但是其实却是借花献佛，借"美"谈"人"。人的解放，才是其中的底蕴。因此，对于康德美学而言，"非功利性说"其实只是表面，尽管此后的众多学人都被蒙蔽了双眼。正如海德格尔所批评的："康德本人只是首先准备性地和开拓性地作出'不带功利性'这个规定，在语言表述上也已经十分清晰地显明了这个规定的否定性；但人们却把这个规定说成康德唯一的、同时也是肯定性的关于美的陈述，并且直到今天仍然把它看做这样一种康德对美的解释而到处兜售。""人们没有看到当对对象的功利兴趣被取消后在审美行为中被保留下来的东西"，"人们耽搁了对康德关于美和艺术之本质所提出的根本性观点的真正探讨。"① 这意味着，在其中无论如何都不能"耽搁"的，应当是康德的旷世觉醒，也应当是康德为美学能够成为一个即将到来的全新大时代的主导价值、引导价值的引领者所奠定的"康德原则"。美学思考的

---

① ［德］海德格尔：《尼采》上卷，孙周兴译，商务印书馆2014年版，第129页。

真谛在于："人的自由存在"。因此，我们在关注康德的所谓"人为自然界立法"之时，应该关注的，就不是他如何去颠倒了主客关系，而是他的为"人的自由存在"的"立法"。"人的自由存在"，是绝对不可让渡的自由存在，也是人的第一身份、天然身份，完全不可以与"主体性"等后来的功利身份等同而语。所以，康德才会赋予人一个"合目的性的决定"，"不受此生的条件和界限的限制，而趋于无限"，①才会认定审美"在自身里面带有最高的利害关系"，②并且才会要求通过审美活动这一自由存在"来建立自己人类的尊严"。③而且，也正是借助审美，人类的生命才得以被"提升到地球上一切其他有生命的存在物之上"，④成为"作为本体看的人"⑤ 在审美中，人才被赋予一个"合目的性的决定"，才得以回到自由存在，"不受此生的条件和界限的限制，而趋于无限"，⑥"来建立自己人类的尊严"。⑦康德指出："人不仅仅是机器而已""按照人的尊严去看人""人是目的"。显然，这也正是西方美学家于斯曼断然将康德推上"现代美学第一家"的宝座的理由："它所提出的问题比它所给出的答案更重要，它开拓的前景更多于它所得出的生硬的结论，它本身只不过是未来的所有美学的序论"。⑧

更值得注意的是席勒。严格而言，席勒并没有自己的美学体系，也没有从事过系统的美学研究，依照今天的学科要求以及职称标准，他也不能算是一个美学教授。但是，恰恰是他，却偏偏能够毫无愧色地进入美学史，并且还能够跻身顶尖学者的行列。甚至，曾经有一位俄国学者就说过：人们在提到康德的名字之后立即就会提到他的名字。⑨ 无疑，

---

① [德] 康德：《实践理性批判》，韩水法译，商务印书馆1999年版，第177—178页。
② [德] 康德：《判断力批判》上卷，宗白华译，商务印书馆1964年版，第45页。
③ [德] 康德：《论优美感和崇高感》，何兆武译，商务印书馆2001年版，第3页。
④ [德] 康德：《实用人类学》，邓晓芒译，重庆出版社1987年版，第1—2页。
⑤ [德] 康德：《判断力批判》下卷，韦卓民译，商务印书馆1964年版，第100页。
⑥ [德] 康德：《实践理性批判》，韩水法译，商务印书馆1999年版，第177—178页。
⑦ [德] 康德：《论优美感和崇高感》，何兆武译，商务印书馆2001年版，第3页。
⑧ [法] 于斯曼：《美学》，栾栋等译，商务印书馆1995年版，第37页。
⑨ [俄] A. B. 古雷加：《德国古典哲学新论》，沈真等译，中国社会科学出版社1993年版，第12页。

此话并没有任何的夸张成分。这当然是因为，如果没有席勒，康德美学的传播乃至西方美学的传播或许都难以达到今天的程度。可是，情况何以又会竟然如此？唯一的原因，其实还是因为席勒较之康德，在期待美学能够成为一个即将到来的全新大时代的主导价值、引导价值的引领者的道路上，要远为彻底，也远为简洁明快。我们知道，在康德之后，黑格尔并没有从康德出发去"接着讲"，去进而完成康德的工作，而是逆向而动，重新回到了美学"作为学科"这一研究老路，更不要说他坚持从理性与感性的区别出发，执意把理性思维发展到极点，也把感性贬低到极点，从而一手将美学自身也推向了"终结"。但是，席勒却完全不然。他的宏大志向是："为审美世界物色一部法典"。① "这件事情应该完全取决于我们自己"② 并且，在他看来，这还将是美学之为美学的一项世纪工程："这是一项要用一个多世纪时间的任务"。③ 在他看来，"美必须作为人性的一个必要条件表现出来"，④ 因此，要"通过审美生活重新得到这种人性"，⑤ "只要审美趣味的魔杖一碰，奴隶制度的枷锁，就会从有生命的生物和无生命的东西之上脱落下来。"⑥ 在此意义上，席勒不惜大声疾呼："我们把美称作第二创造者"，⑦ 显然，席勒所关注的完全不是美学自身，而是期待美学能够成为一个即将到来的全新大时代的主导价值、引导价值的引领者。试图假道美学来解决现实社会政治问题，并且进而提出一个审美乌托邦构想，才是席勒心目中的美学的所能为与所欲为。而且，再进而，席勒更从康德又向前跨进了一大步，又关注到美学的主导价值、引导价值所建构的世界应该是什么。对此，他在《审美教育书简》中有着大量的论述，例如，"审美国家"（ästhetische Staat）、"审美假象王国"（Reich des ästhetischen Scheins）、"游戏和假象王国"（Reich des Spiels und des

---

① ［德］席勒：《席勒美学文集》，张玉能编译，人民出版社2011年版，第225页。
② ［德］席勒：《席勒美学文集》，张玉能编译，人民出版社2011年版，第237页。
③ ［德］席勒：《席勒美学文集》，张玉能编译，人民出版社2011年版，第238页。
④ ［德］席勒：《席勒美学文集》，张玉能编译，人民出版社2011年版，第246页。
⑤ ［德］席勒：《席勒美学文集》，张玉能编译，人民出版社2011年版，第272页。
⑥ ［德］席勒：《席勒美学文集》，张玉能编译，人民出版社2011年版，第295页。
⑦ ［德］席勒：《席勒美学文集》，张玉能编译，人民出版社2011年版，第272页。

Scheins）、"美的假象王国"（Reich des schönen Scheins）、"美的假象国家"（Staat des schönen Scheins）、"美的王国"（Reich der Schönheit……。"但是，真的存在着这样一个美的外观的国家吗？在哪里可以找到它？"① 在席勒看来，答案当然是肯定的。他并且把这一切看作"人性的馈赠"② 哈贝马斯说，"席勒用康德哲学的概念来分析自身内部已经发生分裂的现代性，并设计了一套审美乌托邦，赋予艺术一种全面的社会-革命作用"；"席勒把艺术理解成了一种交往理性，将在未来的'审美王国'里付诸实现"，③ "对席勒来说，只有当艺术作为一种交往形式，一种中介——在这个中介里，分散的部分重新组成一个和谐整体——发挥催化作用，生活世界的审美化才是合法的。"④ 因此，我们有充分的理由，可以将席勒的《审美教育书简》视作一部深思熟虑的政治学文献。而且，这也正是席勒本人的明确选择："为了解决经验中的政治问题，人们必须通过解决美学问题的途径，因为正是通过美，人们才可以走向自由。"⑤

当然，席勒的思考也有不足。为此，我们同样也还甚至可以说，如果没有席勒，康德美学乃至西方美学的被误读或许也就难以达到今天的程度。这就正如席勒自己所曾经强调过的：他自己的思考"大部分是以康德的原则为依据的；然而，如果您在这些研究的过程中想到另一种特殊的哲学流派，那么请您把这归于我的无能，而不要归于那些原则。"⑥ 这无疑堪称席勒本人的自知之明。由此，黑格尔认为"席勒的大功劳就在于克服了康德所了解的思想的主观性与抽象性，敢于设法超越这些局限，在思想上把统一与和解作为真实来了解，并且在艺术里实现这种统一与和解。"⑦ 这无疑是不正确的，因为黑格尔自己

---

① ［德］席勒：《席勒美学文集》，张玉能编译，人民出版社2011年版，第295页。
② ［德］席勒：《席勒美学文集》，张玉能编译，人民出版社2011年版，第271页。
③ ［德］于尔根·哈贝马斯：《现代性的哲学话语》，曹卫东等译，译林出版社2004年版，第52页。
④ ［德］于尔根·哈贝马斯：《现代性的哲学话语》，曹卫东等译，译林出版社2004年版，第58页。
⑤ ［德］席勒：《席勒美学文集》，张玉能编译，人民出版社2011年版，第225页。
⑥ ［德］席勒：《席勒美学文集》，张玉能编译，人民出版社2011年版，第224页。
⑦ ［德］黑格尔：《美学》第1卷，朱光潜译，商务印书馆1979年版，第76页。

的美学研究也偏离了康德所开辟的正确方向,因此他对于席勒的从"康德的原则"转向"另一种特殊的哲学流派"才会秉持如此明确的赞同态度。其实,我必须说,席勒的从"康德的原则"转向"另一种特殊的哲学流派",恰恰是一种"审美主义"的失落!当然,这无疑与启蒙运动在德国从社会政治层面向个体精神文化层面有关,法国的卢梭们的改造社会变成了德国的席勒们的改造人性。然而,在1793年席勒首次提出美育问题的时候,他所沿袭的思路,却仍旧还是法国的卢梭们的社会原罪的思路。这样一来,康德美学中的精神性的、超验性、形而上的东西就不见了,康德美学中的对于自由以及对于人之为人的不可让渡的尊严、权利的维护也不见了,康德的终极关怀、康德的经验与超验的对立被他转而阐释为感性与理性的对立。"感性冲动"、"理性冲动"、"游戏冲动"以及"活的形象"等一系列的概念都是这样被推出的。于是,美学的成为政治的,审美成为改造社会的工具,美育也就顺理成章地成为改造社会的重要手段。可惜,这也正是审美沦落为"审美主义"的开始。因为社会现代化进程中的关键并不在于感性与理性的对立——对于这一对立,审美虽然可以加以协调,但究其根本而言,其实也无足轻重,事实上,社会现代化进程中的关键在于:人与物的颠倒。也就是马尔库塞所抨击的所谓"痛苦中的安乐""不幸中的幸福感"。[①] 而这却恰恰需要通过借助于审美的见证自由以及对于人之为人的不可让渡的尊严、权利的维护来实现。因此,克罗齐将席勒"游戏冲动"评价为"不幸的命名",并且认为:"到底什么是审美活动,席勒并未说清楚"。[②] 这看法无疑极具睿智!

真正继承了康德美学的,是尼采。尼采的出发点与席勒不同。他关注的不是感性与理性之间的是否协调,而是因为"最高价值的自行贬黜"而导致的人的生命沉沦以及这一生命沉沦的被赎回。在他看来,审美活动,意味着对于自己所希望生活的以审美方式的赎回。人注定为人,但是却又命中注定生活在自己并不希望的生活中,而且也

---

① [美]赫伯特·马尔库塞:《单向度的人》,张峰等译,重庆出版社1988年版,第7页。
② [意]克罗齐:《作为表现的科学和一般语言学的美学的历史》,王天清译,中国社会科学出版社1984年版,第129页。

始终处于一种被剥夺了的存在状态。它一直存在，但是却又一直隐匿不彰，以致只是在变动的时代中我们才第一次发现，也才意识到必须要去赎回，然而，因为已经没有了彼岸的庇护，因此，这所谓的赎回也就只能是我们的自我救赎，也就是所谓的审美赎回——审美救赎。所以尼采强调审美与"用艺术控制知识"，把审美与艺术当成可以取代理性主义哲学的新文化，这当然是因为审美与艺术比知识更有力量。理查德·罗蒂就说："尼采对康德和黑格尔的反动则是那样一些人所特有的，他们想用文艺（而且尤其是文学）来取代科学作为文化的中心，正如科学早先取代宗教作为文化中心一样。从那些追随尼采把文学当作文化中心的知识分子观点来看，那代表着人类超越自身和重新创造自身的人是诗人，而不是教士、科学家、哲学家或政治家。"[①] 那么，为什么会"把文学当作文化中心"？又为什么"代表着人类超越自身和重新创造自身的人是诗人"？正是因为"文学"能够成为一个即将到来的全新大时代的主导价值、引导价值的体现，也正是因为"诗人"能够成为一个即将到来的全新大时代的主导价值、引导价值的引领者。

由此我们看到，在"康德以后"，其实并不仅仅只有尼采才对审美与艺术倍加青睐。席勒之外，为人们所熟知的，还有叔本华，就同样对审美与艺术情有独钟。不过，在叔本华，审美与艺术之为审美与艺术，却并不构成所谓的审美救赎。在叔本华，尽管与尼采一样，也深刻地洞悉了存在的虚无，但是他是完全对存在的意义予以拒绝的，在他那里，艺术只是被作为对于存在的虚无的逃避。尼采就不同了。面对存在的虚无，在他看来，却正是审美与艺术足以去大显身手之处。因此，当然完全无须像过去那样，从否定感性生命的超验之物出发去虚构一套否定感性生命的价值形态，也完全无须像叔本华那样去借助审美与艺术去逃避虚无的追逐，而应该进而从感性生命出发，去创构一个完全肯定感性生命的价值形态，这就是审美与艺术，也就是文学的主导价值、引导价值。审美与艺术"是使生命成为可能的伟大手

[①] ［美］理查德·罗蒂：《哲学和自然之镜》，李幼蒸译，生活·读书·新知三联书店1987年版，第13页。

段,是求生的伟大诱因,是生命的伟大兴奋剂。"① "没有什么是美的,只有人才是美的:在这一简单的真理上建立了全部美学。它是美学的第一原理。我们立刻补上美学的第二原理:没有什么比衰退的人更丑了——审美判断的领域就如此限定了。"② 在这里,决定人类的根本也不是适者生存、自然选择、变异进化。在尼采看来,那都是一些"衰退、虚弱、疲惫、受谴责的生命",③ 也就是下降的、颓废的生命。尼采的生命是世界的存在根据,因此摒弃了生命的外在规定,完全是生命的自我立法、自我成就、自我创造、自我拯救。由此,尼采要实现的,也是生命的"第二次无辜"。他曾自述:自己与叔本华的"分手"就是源于要为生命辩护,也是要远离"死的说教""死的思想"。它是人类的梦醒——在传统美学,仅仅是知识的梦醒,在尼采,则是生命的梦醒,也是美学成为一个即将到来的全新大时代的主导价值、引导价值的引领者的梦醒。由此,十分显而易见的是,尼采心目中的美学已经远远溢出了美学自身,而成为现代文化的救赎方案,成为人类自身的自我谋划,因而,也就进而成了一个生命政治学的问题、文化政治学的问题、一个第一哲学的问题。这样,在尼采那里,审美与艺术也就溢出了传统的樊篱,成为人类的生存本身。我审美故我在,审美、艺术与生命成为一个可以互换的概念。而且,区别于叔本华,审美与艺术不再是镇静剂,而成为兴奋剂。审美与艺术也成了生命的"反力量",不是弱化生命,而是强化生命。值得注意的是,自康德开始,审美与艺术已经复苏了自身的创造本性,但是,在他那里,"美的艺术"与"生活世界"毕竟仍旧是分离的。审美是审美,艺术是艺术,可是,生活却是生活,它们之间的界限的打破,是从尼采开始的。从此,审美与艺术成为生命的本源,也成为"上帝死后"的生命的自我创造、自我呈现、自我救赎。④ 因此,"艺术无非就是艺术!它乃是使生命成为可能

---

① [德] 尼采:《悲剧的诞生——尼采美学文选》,周国平译,上海人民出版社 2009 年版,第 385 页。
② [德] 尼采:《悲剧的诞生》,李长俊译,湖南人民出版社 1986 年版,第 204 页。
③ [德] 尼采:《偶像的黄昏》,周国平译,光明日报出版社 1996 年版,第 32 页。
④ 尼采曾经有过一段否定自己的艺术形而上学思路的时期,但是后来从《快乐的科学》开始,尤其是在《权力意志》中,他又回到了自己所固执的艺术形而上学。

的壮举,是生命的诱惑者,是生命的伟大兴奋剂。"① "艺术的根本仍然在于使生命变得完美,在于制造完美性和充实感;艺术本质上是对生命的肯定和祝福,使生命神性化。"② 在这里,康德的伦理应然的设定让位于审美生存的设定,一个即将到来的全新大时代的主导价值、引导价值由此得以应运而生。天地人生,审美为大。审美与艺术成为生命的必然与必需,人生也无非一次审美与艺术的实验,是"重力的精灵"与"神圣的舞蹈"。在痛苦也就是在审美与艺术中,人生享受了生命,也生成了生命。

这样,因为尼采,前此的纸上谈兵的美学业已成了一场声势浩大的政治实践、哲学变革。审美与革命、艺术与革命,更成了时代的最强音。美是"增强生命之物""给予我们美的感受,也就是增强强力感的感受",③ 尼采说:"艺术不只是对自然现实的模仿,而且是对自然现实的一种形而上补充,是作为对自然现实的征服而置于其旁的。"④ 为此,尼采不惜将这一"形而上的补充"称为"形而上的美化",即是说,艺术之于形而上学,是通过一种"美化"的方式来达到一种"补充",艺术既是对自然现实的显现、揭示,也是通过"形而上的美化"赋予自然现实以价值,置于自然现实之旁,以克服自然现实带给人的恐怖与苦难。由此,尼采在直面审美与艺术的时候,往往会从生物学角度入手,作为精神活动的审美与艺术干脆被他生物学化了。审美与艺术禀赋着了生物学的功能,而且,他也确实不断地把自己的生命美学命名为"艺术生理学""应用生理学",甚至还拟定过一个"艺术生理学"提纲。但是,这并不意味着他就是一个社会达尔文主义者,而是意味着他试图从生物学、生理学的角度讲清楚审美与艺术在人的解放中的重大意义与功能,在一个即将到来的全新大时代

---

① [德]尼采:《权力意志——重估一切价值的尝试》,张念东等译,商务印书馆1994年版,第43页。
② [德]尼采:《权力意志——重估一切价值的尝试》,张念东等译,商务印书馆1994年版,第543页。
③ [德]尼采:《权力意志——重估一切价值的尝试》,张念东等译,商务印书馆1991年版,第305页。
④ [德]尼采:《悲剧的诞生》,周国平译,生活·读书·新知三联书店1986年版,第105页。

的主导价值、引导价值的建构中的重大意义与功能。无疑，在摒弃了康德"无功利关系说"之后，这未尝不是一种权宜之计。为此，海德格尔在《尼采》中也提示我们，要从精神的、心理学的角度去理解尼采的深刻思考。因为这绝不仅仅是在谈论美学自身的建构，而是在谈论一个即将到来的全新大时代的主导价值、引导价值的建构，是在寻求针对现代文化的救治方案。就此而言，审美活动早已经不再是问题的一个方面、一个环节，而是问题的全部和核心所在。因为审美活动对于人的生存而言具有着本体论的意义，因此，具有艺术化的生存当然才是真正属人的生存；而审美的艺术对于文化而言，也不再是众多文化符号中的一个符号，而是文化的顶点，其他文化符号只有在审美的层面上才能够得到说明和理解。正如尼采提示的："很长时间以来，无论是处世或是叛世，我们的艺术家都没有采取一种足够的独立态度，以证明他们的价值和这些价值令人激动的兴趣之变更。艺术家在任何时代都扮演某种道德、某种哲学或某种宗教的侍从；更何况他们还是其欣赏者和施舍者的随机应变的仆人，是新旧暴力的嗅觉灵敏的吹鼓手……艺术家从来就不是为他们自身而存在"。① 无疑，尼采要改变的现状就是这个。最终，审美与艺术就被推到了历史的前台，成了人的解放的重要途径，也成为生命的最高境界。我们知道，西方文化在历史上曾经寻求过对现实—自然的阐释——宗教解释、科学解释，等等，但却始终没有寻求过审美解释，更没有寻求过以美学作为一个即将到来的全新大时代的主导价值、引导价值的引领者。自古以来，审美与艺术似乎就只能是取悦生命的形式，却没能成为建构世界的一种方式。而今，哲学却成了美学的派生物，引人瞩目的"审美转向"出现了："第一哲学在很大程度上变成了审美的哲学"。② 这正如巴雷特所指出的："哲学家必须回溯到根源上重新思考尼采的问题。这一根源恰好也是整个西方传统的根源。"③ 也正如像米歇尔·泰纳发现的那样：有一个闪闪发光的概念，"它于尼采的第一部作品中首次亮相，并且直

---

① [德]尼采：《论道德的谱系》，谢地坤译，漓江出版社2000年版，第78页。
② [德]沃尔夫冈·韦尔施：《重构美学》，陆扬等译，上海译文出版社2006年版，第58页。
③ [美]威廉·巴雷特：《非理性的人》，杨照明等译，商务印书馆1995年版，第318页。

到最后一部作品依然存在，所有的一切都是基于这个标准最终得到评判。这就是：生命。"① 因此，海德格尔确实堪称尼采的知音："尼采知道什么是哲学。而这种知道是稀罕的。唯有伟大的思想家才拥有这种知道。"② 斯语曾经给我以最为震撼的警示，同样，也曾经给我以最为深刻的启迪。③

令人遗憾的是，过去我们往往只是从美学的自身研究去关注，结果却偏偏漏过了"尼采以后"——尼采所带来的十分重大的美学转向。事实上，在"尼采以后"，对于美学作为一个即将到来的全新大时代的主导价值、引导价值的引领者的关注，才体现着美学之为美学的方向。这就是生命美学的崛起！"我们处在传统模式的形而上学的终结之时，同时又在思考我们要终结科学本身，这就是生命哲学的兴起。每一种新的拓展都要抛开一些形而上学的成分，更加自由独立地去开拓。上一代人中有一些主导力量形成了。叔本华、瓦格纳、尼采、托尔斯泰、罗斯金、梅特林克逐一对青年一代发生影响。他们与文学

---

① ［英］米歇尔·泰纳：《尼采》，于洋译，译林出版社2011年版，第83页。
② ［德］海德格尔：《尼采》，孙周兴译，商务印书馆2008年版，第5页。
③ 在尼采那里，美学与哲学是一致的，是美学哲学，也是哲学美学。时下关注的往往都是尼采的"悲剧的哲学"，其实，尼采研究的却是"悲剧哲学"。它萌芽于赫拉克利特、帕斯卡尔，完成于尼采。1869年，尼采指出："悲剧时代的伟大思想家思考的不是其他现象，而是艺术所涉及的现象。" 1873年，尼采提出的自己的研究计划是："何为哲学家？哲学家与文化特别是与悲剧文化的关系如何？"后来，他又说："希腊的音乐和哲学是并肩发展起来的，他们都是希腊性的证明。因而是可以互相比较的。"（［德］尼采：《尼采遗稿选》，虞龙发译，上海译文出版社2005年版，第3、89、159页）尼采还认为："从整体上看，哲学家反映了希腊的背景和艺术的结果。" "我必须知道希腊人在他们的艺术时代是如何进行哲学思考的。"（［德］尼采：《哲学与真理——1872—1876年笔记选》，田立年译，上海社会科学院出版社1993年版，第180、32页）这就是尼采所谓的"悲剧智慧"："这是来自未来世界的声音，那个世界真正需要艺术，而且也能向艺术期待真正的满足。"（［德］尼采：《瓦格纳在拜洛伊特》，见周国平编《悲剧的诞生——尼采美学文选》，生活·读书·新知三联书店1986年版，第171页）换言之，悲剧哲学就是第一哲学！美学就是第一哲学！尼采走出的，是走出作为第一哲学的"知识论"；尼采走向的，是作为第一哲学的"生命论"。于是，生命如何自救、生命的价值与意义，也就转而成了关注的核心。在这个意义上，"美学的合法完成"也就是"哲学的合法完成"；同样，"哲学的合法完成"也就是"美学的合法完成"。美学的哲学深度与哲学的美学深度由此被同时提上了研究日程。一方面是美学的哲学阐释，"长歌当哭"，从哲学角度解释审美活动，是作为形而上学的审美；另一方面，是哲学的美学阐释，"长哭当歌"，从审美活动阐释哲学，是作为审美的形而上学。毫无疑问，唯有如此，才是美学研究的正途学。当然，这也是我在完成了"生命美学三书"之后所面对的"百尺竿头更进一步"或者"千上加两"的全新工作！

的天然联系加强了他们的冲击力,因为诗的问题就是生活的问题。"①真正禀赋着"冲击力"的,真正"逐一对青年一代发生影响"的,就是生命美学,也就是作为一个即将到来的全新大时代的主导价值、引导价值的引领者的美学。为人们所熟知的是,佩尔尼奥拉在《当代美学》中就曾经指出:西方当代美学"将美学的根基扎在了四个具有本质意义的概念领域中,即生命、形式、知识和行为。"他并且指出,在这里,前面两个就是跟"康德以后"有关,是康德美学的发展,后面两个则是与黑格尔美学有关。而其中的"生命美学获得了政治性意义",并且"已悄然出现并活跃于生命政治学"之中,②更是从"康德以后"到"尼采以后"的典型例证。显然易见,所谓的法兰克福学派美学,其实不仅仅是"康德以后"的传人,而且还是"尼采以后"的传人。他们所完成的,也就正如斯宾格勒所概括的:无非"把尼采的展望变成了一种概观"。③

例如马尔库塞,他曾经公开表示:"即使是最精致的经济之鞭也难以保证生存斗争能在今天已过时的社会组织中持续下去",④"我期望不久能更适当地研究某些问题,特别是那些属于美学理论的问题。"但是看一下他的研究结果,就不难发现,从表面看,尽管他天天都是把马克思与弗洛伊德挂在嘴上,但是,在骨子里,他却已经全然就是"尼采以后"的直接继承人。马尔库塞所关注的,是超现实主义所憧憬的"难道不能也用梦来解决基本的生命问题吗?"因此,他呼唤"美感、游戏和歌唱的生产力",呼唤"世界正在趋向于美"。席勒的目标"借助审美功能的解放力量,来重建文明",在他是完完全全地予以赞同的。他指出:只有"审美功能在改造文明过程中才具有举足轻重的作用"。⑤不

---

① 转引自刘小枫《诗化哲学》,山东文艺出版社1986年版,第156页。
② [意大利] 佩尔尼奥拉:《当代美学》,裴亚莉译,复旦大学出版社2017年版,第2页。
③ [德] 奥斯瓦尔德·斯宾格勒:《西方的没落》,齐世荣、田农等译,商务印书馆1963年版,第6页。
④ [美] 赫伯特·马尔库塞:《爱欲与文明》,黄勇、薛民译,上海译文出版社2012年版,第2页。
⑤ [美] 赫伯特·马尔库塞:《爱欲与文明》,黄勇、薛民译,上海译文出版社2012年版,第2、134、148、149、163、168页。

言而喻，美学之为美学，在他看来，无疑就理应成为作为一个即将到来的全新大时代的主导价值、引导价值的引领者的美学，而不能仅仅局限于美学自身。希望生命能够从窒息理性的使人不成其为人的"铁笼"（马克斯·韦伯）中破"笼"而出，毅然转向审美的人与艺术的人，则就是他眼中的美学之为美学。也因此，他更是从席勒的阴影中毅然走出，转而投入了尼采的怀抱。以审美作为生命的存在方式，而且生命被阐释为自我创造，阐释为生命形而上学。因此拯救审美也就是拯救生命，拯救生命也就是拯救审美。审美与艺术成了生命超越的最后营垒。与之相应，不是审美与艺术被转换成为现实，而是现实被转换成为审美与艺术。并且，只有审美与艺术改造过的现实才是现实，也只有被审美与艺术所憧憬的未来才是未来。为此，他不惜以化工具理性为审美理性，将改天换地的重任赋予了审美与艺术。由此，马尔库塞的美学也就不是有关学科建构，而是有关美学问题——事关通过审美的拯救文明之路、事关物质基础之下的物质基础——心理结构的重塑、事关异化物化社会的审美否定的大问题。最终，马尔库塞也就与批判学派的其他美学家一起，毫无例外地通过尼采而重返康德的维护自由的美学、维护人之为人的不可让渡的尊严与权利的美学。"自从艺术变得自律以来，艺术就一直保留着从宗教中升华出来的乌托邦因素。"① 这"乌托邦因素"，"在它拒绝社会的同一程度上反映社会并且是历史性的，它代表着个人主体性回避可能粉碎它的历史力量的最后避难所。"② 因此，马尔库塞瞩目的是借助审美与艺术的对于生命的拯救，而且，"它们的解放，不论是本能的解放还是理智的解放，都是一个政治问题"。马尔库塞说："艺术，在其内在发展中，在其与自身幻象的抗争中，逐步加入与现存权力（无论是心灵还是肉体）的斗争中，加入反控制和反压抑的斗争中。"③ "作为现存现实的异在，它

---

① 曹卫东编选：《霍克海默集》，上海远东出版社2004年版，第214页。
② ［美］弗雷德里克·詹姆逊：《语言的牢笼：马克思主义与形式》，钱佼汝等译，百花洲文艺出版社1995年版，第27页。
③ ［美］赫伯特·马尔库塞：《审美之维》，李小兵译，广西师范大学出版社2001年版，第5、184页。

是一种否定的力量。"① "艺术的真理,就在于它能打破现存现实(或那些造成这种现实的东西)的垄断性,就在于它能由此确定什么东西是实在的。艺术在这种决裂中,即在它的审美形式获得的这个成果中,艺术虚构的世界,表现为真实的现实。"② 正是艺术,才"揭示出那些在日常生活中尚未述说、尚未看见、尚未听到的东西"③ 显然,如此的思路绝非席勒式的审美主义,而是尼采式的审美救赎。这让人联想到沃林曾经称本雅明的美学为"救赎美学",其实,马尔库塞的美学也是"救赎美学"。推而广之,全部的法兰克福学派的美学也都是"救赎美学"。其根本目的,就是赎回"最虔诚、最善良的人来"。④ 也正是因为这个原因,福柯才会深受启迪,以至于竟然如此大发感慨:"假如我能早一点了解法兰克福学派,或者及时了解的话,我就能省却许多工作,不说许多傻话,在我稳步前进时会少走许多弯路,因为道路已经被法兰克福学派打开了"。⑤ 而这已经"被法兰克福学派"打开了的"道路"?其实就正是作为一个即将到来的全新大时代的主导价值、引导价值的引领者的美学道路,也是真正的美学道路。它经过席勒的推动,从康德的"美学革命"——"审美王国",到尼采海德格尔法兰克福学派的"革命美学"——"审美乌托邦",再到福柯的"生命美学"——"审美异托邦"……我们已经看到,西方的"热美学"的步伐就是这样分秒不差地到来于世。

中国的"热美学"也是一样,堪称与西方的"热美学"异曲同工。

在中国,对于美的关注自古已有之,而且,与西方不同的是,中国的宗教色彩、科学色彩始终都不太浓郁,也因此,审美在其中的主导地

---

① [美] 赫伯特·马尔库塞:《审美之维》,李小兵译,广西师范大学出版社2001年版,第181页。

② [美] 赫伯特·马尔库塞:《审美之维》,李小兵译,广西师范大学出版社2001年版,第197页。

③ [美] 赫伯特·马尔库塞:《审美之维》,李小兵译,广西师范大学出版社2001年版,第181页。

④ [德] 本雅明:《本雅明论教育》,徐维东译,吉林出版集团有限责任公司2011年版,第44页。

⑤ [法] 福柯:《结构主义和后结构主义》,载杜小真编《福柯集》,上海远东出版社1998年版,第493页。

位、引导地位也就一直或隐或现地存在。但是，因为自古以来并没有美学这个学科的独立存在，因此也就不存在所谓的"热美学"的问题，更不存在对于美学成为一个即将到来的全新大时代的主导价值、引导价值的引领者的关注。只是在 20 世纪的初年，美学，才第一次地在中国成了一个时代的万众瞩目的焦点，第一次在中国成了一个亟待直面的问题。这是中国美学的前所未有的高光时刻。它一跃而上，成了与百废待兴的时代命运密切相关的思想先锋、与人的解放密切相关的第一提琴手。然而，过去为我们所忽视了的，却恰恰是：此美学不同于彼美学。这意味着，20 世纪的初年，在中国，对于成为一个即将到来的全新大时代的主导价值、引导价值的引领者的美学的关注，才是"热美学"的题中应有之义，或者说，名动天下的，其实是对于成为一个即将到来的全新大时代的主导价值、引导价值的引领者的美学的关注。其中的原因，当然是出自特定时代的呼唤。这个呼唤，就恰如鲁迅先生所发现的："东方发白，人类向各民族所要的是'人'。"① 当岁月进入 20 世纪的初年，不能不看到，人类向中华民族所要的也是人。因此，鲁迅的发现，其实也正是整整一代人的发现。它意味着百年现代中国美学的主题：人的解放。由此，我们不难理解，龚自珍为什么描述中国的衰世景象时会说："履霜之属，寒于坚冰，未雨之鸟，戚于飘飖，痹瘝之疾，殆于痛疽，将萎之华，惨于槁木。"② "日之将夕，悲风骤至，人思灯烛，惨惨目光，吸饮暮气，与梦为邻。"③ 同时，我们还不难理解，为什么当时的维新派人士"初读《定庵文集》，若受电然"，梁启超又为什么会回顾说："光绪间所谓新学家者，大率人人皆经过崇拜龚氏之一时期。"龚自珍推崇"心力"与"剑气箫心"，率先以"心力"对抗"天命"，力主自我和创造，推崇自我的尊严与个性的解放，其中酝酿的，正是一场亘古未有的生命观的彻底变革。有数千年文明史的古老中国何以积贫积弱到如此地步？正是生命的萎靡不振所致！再者，"生命的萎靡不振"更折射着中华民族所遭遇的意义困惑、

---

① 《鲁迅全集》第 1 卷，人民文学出版社 1981 年版，第 322 页。
② 《龚自珍全集》，上海人民出版社 1975 年版，第 7 页。
③ 《龚自珍全集》，上海人民出版社 1975 年版，第 87 页。

作为终极关怀的信仰维度层面在中国传统文化中的缺席以及西方宗教（尤其是基督教）文化的大举入侵这三重时代课题。毫无疑问，美学之为美学，在中国也正是因此而闪亮登场。蔡元培先生的提倡"以美育代宗教"，作为百年来中国美学的"第一命题"，显然正是对于20世纪初中华民族所遭遇的意义困惑、作为终极关怀的信仰维度层面在中国传统文化中的缺席以及西方宗教（尤其是基督教）文化的大举入侵这三重时代课题的敏锐回应。这敏锐回应，即便在百年后的今天来看，也是极富意义、颇具价值的。一个显然已经毋庸置疑的事实是：中国的灵魂旅程已经必须在宗教之外来完成。以哲学、科学、伦理、主义为手段，去实施全新的灵魂重建，则是中国人为此而提出的最佳方案。所针对的，都是人与灵魂的维度。正值国人的价值困境和信仰缺失，宗教精神阙如，儒家礼乐传统崩解，蔡元培以美育为手段，以审美去救赎合法性规范崩解，实施中国人的价值重建，实在功莫大焉。为此，蔡元培甚至声称："我说美育，一直从未生以前，说到既死之后，可以休了。"[①] 而且，对于美育的孜孜以求也确实已经成了他的毕生功课。[②] 为什么会如此？显然是因为以什么来取代宗教的问题恰恰是百年中国的发展瓶颈。这个问题，梁漱溟先生干脆称之为"中国问题"之外的"人心问题"，无疑很有见地。显然易见的是，蔡元培所提出的"以美育代宗教"，无异于中国美学史上的第一个世界性的美学命题，而这一美学命题在百年中国的长盛不衰，也都一再证明着这一美学命题以及审美救赎在东方中国的强大生命力。在这一"第一美学命题"的背后，是美学与社会的关系，也是美学与人的解放的关系，更是美学与一个即将到来的全新大时代的主导价值、引导价值的建构的关系。无疑，唯其如此，美学才会"热"，也才会大"热"，否则，美学则必然会"冷"。不了解这一点，就不了解中国20世纪初年的"热美学"，也不了解真正的美学。因此，尽管蔡元培的"以美育

---

① 聂振斌编：《中国现代美学名家文丛·蔡元培卷》，浙江大学出版社2009年版，第103页。
② 蔡元培以"以美育代宗教"作为"于我国有研究价值之问题"，并且为此做出了毕生的研究。而且，还曾草拟出了具体的条目，准备撰写专著。在为萧子升所著的《居友学说评论》作序时，也曾经自陈："此五条目时往来于余心"。

代宗教"令人遗憾地存在着更多地偏向于席勒的审美主义的嫌疑，而且与尼采的审美救赎同样，也绝非完善，但是，它却毕竟可以因为是非西方的中国的第一个关于"人心问题"的美学方案而永垂青史。它并不完美，但是，却也毕竟堪称一个完美的开始，也完全堪称一个可以"接着讲"的完美的开始。

在中国，发生在20世纪的第二次、第三次的"热美学"也同样如此。

我必须说，后面的两次也仍旧是百废待兴的中国的思想先锋与第一提琴手。因此，美学的一再独领风骚，绝非偶然。具体到第二次的"美学热"，那是因为解放之初的面临社会关系的变动与重组。社会主义运动、社会主义新文化建设，美学责无旁贷地成了时代的先声，成了一个即将到来的全新大时代的主导价值、引导价值的引领者。因此从表面看，是关于美学自身的种种争论，但是，在主观与客观、唯物与唯心激烈争论的背后，我们必须注意到：人的主题始终都在若隐若现。马克思的《1844年经济学哲学手稿》作为当代中国美学的圣经的地位更是已经呼之欲出。这说明，在关于美学自身的争论的背后，"美学"已经"溢出"美学樊篱且已经引起全社会的关注，在认识论主题背后，逐渐凸显的是人的主题，所涉及的其实也是关于立国之本、立人之本的根本问题。因此，那个时候的美学学者们所欲言又止的，其实正是作为一个即将到来的全新大时代的主导价值、引导价值的引领者的美学。在这个方面，吕荧的拍案而起乃至冤死，以及高尔泰的被长期流放甘肃夹边沟，就是无可避讳的例证。

第三次"美学热"出现于20世纪中国的黄金时期——80年代，准确地说，是1979—1985年。这是一个空前绝后的时期。异常神奇然而又是异常必然的是，美学，又一次地"溢出"了学科，走到了时代的最前列。从1979—1985年，据不完全统计，发表的美学论文约千余篇，出版的论著约数十种。而且，区别于中华人民共和国成立之初的"美学热"的"犹抱琵琶半遮面"，这一次的"美学热"完全担负起了意识形态的使命。一叶知秋，也一"美"知天下，可以说，彼时的"美学热"显然准确无误地触及了改革开放中的现代化道路探索的根本命脉。人的解放、人的自由、人的尊严，俨然成了其中的最强音；"第五个现代化"——人的现代化，也俨然成了其中的重中之重。从阶级性回到人性，从昔日的"文化工作者"转换为而今的"自由知识分子"，借美学以建构自己的叙事框架，以美学作为潜在的人的解放的能指，也就成为理所当然，同时也就成为理所必然。回想一下关于"异化"学说的探索与"伤痕—反思"文学之间的隐秘关联，以及人性复归的探索与"美学热"之间的一脉相承，无疑对此也就会立即恍然彻悟。至于人性、主体性、人道主义，更是深刻地构成了朱光潜、李泽厚、高尔泰等著名美学家们的美学探索的共同背景，例如朱光潜的著名檄文《关于人性、人道主义、人情味和共同美问题》，李泽厚的高论"主体性实践哲学"、高尔泰的影响深远的《异化及其历史考察》，再抑或是刘再复的"性格组合论""主体论""新方法论"……都远远不是在谈美学自身，而是在关注作为一个即将到来的全新大时代的主导价值、引导价值的引领者的美学。其中浸透着的，全然是人的主题，也是人的解放的主题，而绝非纯粹的美学学理探讨。何况，就他们本人而言，其实也都是自觉或者不自觉地以社会代言人或者社会良心自居的。① 遗憾的是，1985年以后，曾经一统天下的实践美学迅速辉煌不再，"热美学热"转瞬之间就被"冷美学"取而代之。这使得而今的众多的美学学人不惜迁怒于当时"热美学"，认为正是"热美学"的大而无当、放言粗疏导致了"冷美学"。其实，尽管20世纪的最后一次"热美学"不复存在，但是，这却完全不是"冷美学"得以出现的内在原因。在我看来，除了时代的幡然转换之外，未能从发扬光大作为一个即将到来的全新大时代的主导价值、引导价值的引领者的美学的角度去继续开疆拓土、高歌猛进，才是其中的内在原因。同样的是，转而远离作为一个即将到来的全新大时代的主导价值、引导价值的引领者的美学，而且还不加反省乃至越陷越深，也才是"冷美学"得以出现的内在原因。

综上所述，正如沃林所指出的："从浪漫主义时代以来，在'唯

---

① 1983年2月—1984年6月，我在北京大学哲学系进修美学与中外美学。一次，我到朱光潜先生家去拜访，至今记忆犹新的是，当时，他说得最多的偏偏不是美学，而是他关于人道主义的思考。

美主义'的幌子下,美学越来越多地假定了某种成熟的生命哲学的特征。正是这个信念把从席勒到福楼拜,再到尼采,再到王尔德,一直到超现实主义者的各个不同的审美领域的理论家们统一起来了。尽管这些人之间存在着种种差异和区别,但他们都同意这样一个事实:审美领域体现了价值和意义的源泉,它显然高于单调刻板日常状态中的'单一生活'。从这个方面来说,在现代世界美学已经变成工具理性批判的最重要的武器库之一。"① 显然,所谓美学不但理应作为"某种成熟的生命哲学"、生命美学出现(这是后话),而且也理应"体现了价值和意义的源泉"、理应"变成工具理性批判的最重要的武器库",这其实也就是成为一个即将到来的全新大时代的主导价值、引导价值的引领者。例如,在西方,是通过批判理性束缚、市场泛滥的"铁笼"以维护人的自由与尊严,在中国则是通过批判封建愚昧、人权泯灭的"铁屋"以维护人的自由与尊严……对此,伊格尔顿就曾经在名著《美学意识形态》里一再提醒我们:

> 美学对占统治地位的意识形态形式提出了异常强有力的挑战,并提供了新的选择。
> 本书倒是试图在美学范畴内找到一条通向现代欧洲思想某些中心问题的道路,以便从那个特定的角度出发,弄清更大范围内的社会、政治、伦理问题。②

这无疑是"已经远远地超出了国界"的"德国这份比重很大的文化遗产"乃至"自启蒙运动以来的欧洲哲学史"的"这份比重很大的文化遗产"的"在当代的知识的承继中起着如此突出的作用"的更为引人注目之处,也是中外"热美学"的真正引人注目之处:"美学对占统治地位的意识形态形式提出了异常强有力的挑战,并提供了新的

---

① [美]理查德·沃林:《存在的政治——海德格尔的政治思想》,周宪等译,商务印书馆2000年版,第216—217页。
② [英]伊格尔顿:《美学意识形态》,王杰等译,广西师范大学出版社1997年版,第1—3页。

选择。"或者,"试图在美学范畴内找到一条通向现代欧洲思想某些中心问题的道路,以便从那个特定的角度出发,弄清更大范围内的社会、政治、伦理问题。"康德曾经发现:"通过一场革命或许很可以实现推翻个人专制以及贪婪心和权势欲的压迫,但却绝不能实现思想方式的真正改革;而新的偏见也正如旧的一样,将会成为驾驭缺少思想的广大人群的圈套。"① 而现在,我们发现,这恰恰是为美学的成为一个即将到来的全新大时代的主导价值、引导价值的引领者、也为美学的对于人的解放的关注提供了强有力的支持。中外"美学热"所亟待完成的,也都是借助"美学对占统治地位的意识形态形式提出了异常强有力的挑战,并提供了新的选择",或者是"试图在美学范畴内找到一条通向现代欧洲思想某些中心问题的道路,以便从那个特定的角度出发,弄清更大范围内的社会、政治、伦理问题"。

尽管伊格尔顿的美学有其过于"意识形态"化的狭隘不足,但是,他所发现的道路,却启示着我们:这正是美学之为美学的魅力之所在,也正是美学之为美学的必经之途。犹如王国维所发现的所谓"词至李后主而眼界始大",在我看来,美学之为美学,不论是西方近代美学还是中国的百年美学,都是因为"热美学"而"眼界始大"。恩格斯曾经这样评价青年谢林的思考:"敞开推究哲理之门,在抽象思想的斗室内散发出自然界的新鲜气息;和煦的春光撒落在范畴的种籽上,在它们身上唤醒了一切沉睡着的力量。""青春之火在他身上化成了热情之焰","自由地、无畏地航行于开阔的思想海洋",② 这无疑也是我们所特别想给予"热美学"的评价!也因此,只有"接着""眼界始大"的西方近代美学和中国的百年美学讲,才有未来的美学。换言之,沿着这条道路,有美学乃至为有为人类贡献至大的美学,离开这条道路,则没有美学,或者,起码是没有好的美学。

三 美学之为美学的天命

关于"美学热"与"美学冷"以及"热美学"与"冷美学"的

---

① [德]康德:《历史理性批判文集》,何兆武译,商务印书馆1990年版,第24页。
② 《马克思恩格斯全集》第41卷,人民出版社1982年版,第265页。

考察，无疑给我们以诸多为我们所曾经忽视了而现在却又务必予以关注的启迪。

首先，为我们所曾经忽视了而现在却又务必予以关注的是，存在着哲学家的美学与美学家的美学。

无论是在西方近代社会还是在百年的中国，始终都是思想家、哲学家在提倡美学，"始作俑者"都是思想家、哲学家而不是美学家、美学教授。例如，伊格尔顿就已经注意到了：为我们始终忽视了的而现在却务必要关注的是，在"德国"、在"在整个现代欧洲"，都是哲学家在提倡美学，"始作俑者"都是哲学家而不是美学家。例如康德、黑格尔、克尔凯格尔、叔本华、尼采、马克思、弗洛伊德、海德格尔、卢卡奇、阿多诺……这些人我们无疑都耳熟能详，但是也确实没有一个是美学家，而应该说，这就犹如一个哲学家的"家族"，或者一个哲学家的"星丛"。而且，也正是由于哲学家们的共同努力，才造就了美学之为美学在史上的第一次的高光时刻，也才使得美学开始被全社会关注，这是哲学家对于美学的呼唤，也是哲学家"播下的龙种"，而美学家们却与此并无关系。这样，犹如不能"以常人之心度天才之腹"，"以美学家之心度哲学家之腹"也是不行的。

我们进入美学界的时候，都是被康德、尼采这样的美学大家"感召"进来的——就好像西方基督教所说的"召唤"，我们都是被美学大家"召唤"进来的，但是，进来以后我们却发现：他们都在哲学教研室，而我们却在美学教研室。跟我们一起工作的，都是另外一些人，他们并没有"感召"过我们。那么，前者与后者有什么区别呢？前者诸如康德、尼采等都是思想家，后者诸如我们的那些同事等却只是教授。当然，教授也很好，我并没有贬低教授的意思，但是，两者毕竟并不相同。我们是被思想家带入美学界的，可是我们做的却是教授的工作，这是一个所有从事美学研究的学者必须一入门就思考清楚的，否则，你"入门"就不"正"，就可能研究了一辈子最后却发现：竟然是黄粱一梦。

这其实也就是说，当我们遭遇"美学冷""冷美学"的时候，是指的美学教研室从事的美学研究必然会是"美学冷""冷美学"，但是我们并不能说：哲学教研室发起的美学研究也必然会是"美学冷""冷美学"。不但不能，而且我们还要说，回顾历史，我们不难看到，"美学热"出之于哲学家之手，"美学冷"却是出之于美学家之手；"美学的崛起"出之于哲学家之手，"美学的衰落"却是出之于美学家之手。导致美学走向"冷美学"的是美学家，推动美学的走向"热美学"的却是哲学家。换言之，真正的"美学"是哲学家的美学，而不是美学教授的美学。真正的"美学"是哲学教研室的美学，而不是美学教研室的美学。这是一个亟待严格区分的问题。确实，倘若我们把康德、尼采这些人抛开，把海德格尔、阿多诺这些人抛开，美学也就立即就会一无是处，而且一无可取之处。因为它失去了与生俱来的理论魅力。

由此就可以解释"美学的终结"！"美学终结"，是很多人喜欢挂在嘴上的。尤其是一些从来就并非美学的始作俑者的美学学者，几乎都在十分卖力地不断地宣布着"美学的终结"，从而为自己的忽而"心理学"、忽而"文化学"、忽而"艺术学"……制造着根据。实际的状况却是：一方面到处都在宣布着美学的终结，另一方面，却又到处都在关注着美学热的崛起；一方面，几乎所有的人都敢于宣布美学并不存在，但是，另一方面，所有的人却又连一分钟都不敢无视审美的存在。尤其是，几乎所有的大思想家、大哲学家都始终在热切地关注着美学，倒是那些美学学者在不断地在声嘶力竭地宣布着"美学的终结"……其实，美学始终还是美学，美学永远还是美学。只是，它也确实并非美学学者们所期待着的那般模样。在哲学家那里，美学有着自己的性质，自己的运思方式、自己的表达方式，它代表着对人、对世界的全新理解，也推动着美学由此而进入了一个全新的境界。当然，这并非美学之不幸，而是美学之大幸。在它的背后，是对思的真诚期待，也是对人的奥秘、美学的奥秘以及人的命运、美学命运的真诚期待。它所开启的，只能是和必须是一条深刻理解美学的全新思路。由此我们发现，美学的终结并不等于值得思想的问题就已经不复存在，而是思想终于有机会面对那些被美学学者的特定追问方式所错过了的问题，并且以真正深刻的方式去追问的问题——哲学家的问题。

其次，为我们所曾经忽视了而现在却又务必予以关注的是，存在着"作为问题"的美学与"作为学科"的美学。

美学当然是一个学科，对于"美学是什么"的追问也是需要的，而且，无疑也有理由存在。但是，在美学研究中需要"美学地"加以追求的知识毕竟十分有限，一味这样去做，难免很快就会接近思想的限度，最终，美学难免成为喋喋不休的呓语，美学家也难免成为"靠舌头过活的人"（阿里斯多芬）、"精神食粮贩子"（柏拉图）。更为严重的是，生命维度被遮蔽，生命向度被取消，知识向度则大大凸显而出。这就恰似莎士比亚《哈姆雷特》里的一句台词："霍拉旭，天地间有许多事情，是你们的哲学里所没有梦想得到的呢。"显然，天地间关于审美的"许多事情"，也是在"作为学科"的美学里"所没有梦想得到的"。于是，犹如巴别塔的倒塌，"作为学科"的美学巴别塔也倒塌了。不但曾经的美学爱好者一哄而散，而且美学学者自己也开始一头扎进纯学术的泥沼，玩起了螺蛳壳里做道场的把戏，以"纯学术"自欺而且欺人。

美学首先必须是"作为问题"而存在，这是为美学学科的特殊存在背景所决定的。任何一种美学都与历史有关，任何一种美学实际上也都不是一个结论而是一个前提。任何一种美学也都是与一定时代、一定历史息息相关（都是历史化的），放之四海而皆准的美学其实只是被绝对化的必然结果。这样，我们也就必须认识到，美学是因哲学家们的关注与首倡而起，但是，历史上哲学家们对于美学的关注与首倡，从来就不是意在"作为学科"而存在的美学，而是意在"作为问题"而存在的美学。美学的得以被关注，也从来就不是因为"作为学科"的美学本身，而是因为溢出了美学学科的"作为问题"的美学本身，是美学超出了自身的结果。从"特定的角度出发，弄清更大范围内的社会、政治、伦理问题"，才是美学之为美学所亟待去加以关注的。因此，不是"为美学而美学"，而是"为未来而美学""为价值重建而美学"。也因此，"作为学科"的美学并不重要，"作为问题"的美学才是问题的关键。遗憾的是，我们往往没有能够看到"作为问题"的美学的诞生，而只看到了"作为学科"的美学的诞生。我们往往去关注的，也只是"作为学科"

的美学，长期以来，"作为问题"的美学却一直都是被遮蔽了的。

美学被时代赋予以高光时刻绝不是偶然的。而任何从这个问题的倒退，都是绝对无法接受的。因此，美学之为美学，必须从回到"问题"开始，美学应该去关心那些能够被称为美学的问题，而不是那些只是被声称为美学的问题；应该去关心怎样去正确地说一句话而不仅仅是怎样说十句正确的话，因为好的美学与坏的美学之间的区别恰恰在于能否正确地说话，美学与非美学之间、美学与伪美学之间的区别恰恰也在于能否正确地说话。

无疑，正是在这一思考中，美学才形成了自己的特殊视界、特殊取向、特殊性质、特殊价值。

对于美学而言，重要的不是放弃思想，而是学会思想，并且比过去更为深刻地去思想——尽管它已经不是"作为学科"的思想，而是"作为问题"的思想。

海德格尔说："有待去思的东西实在是太重大了"，确实如此！

再次，为我们所曾经忽视了而现在却又务必予以关注的是，存在着关注文学艺术的小美学与关注人的解放的大美学。

把美学研究等同于艺术学研究，是一个美学的误区，也是一个美学的温柔乡。严格而言，这当然也不能算错。因为美学与艺术学之间确实存在着千丝万缕的说不清道不明的血缘关系。何况，前面还有黑格尔的选择在先。可是，我必须要提醒的是，在他那里，美学仅仅是走向了艺术哲学，而并没有走向艺术学。更何况，即便是黑格尔，在这个问题上也是铸下大错的。对此，比梅尔已经做出了总结："过去，人们往往把对艺术的考察还原为一种美学的观察，但这样的时代已经终结了。"① 确实，把美学看作关于艺术的理论，实在是缺乏远见的，也是十分危险的。因为与美学研究的要走向哲学截然相反，艺术学的研究亟待走向的应该是具体的门类艺术。在艺术学领域大谈哲学、大谈美学，那是十分危险的。更不要说，艺术学领域最为切忌的就是夸夸其谈。也因此，或者是从哲学的角度去考察艺术，去考察艺术在人

---

① ［德］比梅尔：《当代艺术的哲学分析》，孙周兴等译，商务印书馆2004年版，第1页。

的解放中的根本意义，那它本身就是美学，而完全无须刻意地去走向艺术学，或者是从门类艺术的角度去考察艺术，去做一个真正的艺术学专家，而不是去做一个跑到艺术学领域去泛泛而谈的艺术学过客。用俄国学者巴精金的话说："诗学关注的是审美客体是用什么形式什么材料创造出来的。"① 从这个意义上来看，所谓诗学其实是艺术工艺学"，它所关心的并非艺术的价值与使命，而在于通过总结和梳理那些艺术杰作的法则而掌握"创造艺术的艺术"。俄罗斯语言学家雅各布森在一份报告中明确表示："诗学的目的首先就是要回答这样一个问题：是什么使包含信息的字句变成了一件艺术品的？"② 两者的分野恰如海德格尔所指出的：或者是着眼于"艺术之为艺术的那个根本性的东西"；或者是"对艺术家的活动应从手工艺方面来了解。"③ 也因此，如果根本不懂得任何一门门类艺术，却要去奢谈艺术问题，而且人为地认定，在具体的门类艺术之上，还存在着抽象的艺术学问题，那无疑是把美学界的螺蛳壳里做道场的把戏又带去了艺术学界。

在这里存在着的其实仍旧是我们自身的作为美学研究者的尴尬处境。毋庸多言，长期以来，我们每一个美学学者都有一个痛楚的、甚至是痛苦的焦虑，这就是："我们的工作的意义是什么"？或者，"美学存在的意义是什么"？而且，堪称奇葩的是，似乎唯有作为美学学者的我们，才竟然要不断地为自己所从事的美学研究辩护，不断地为为什么要研究美学辩护。可是，我从来没有看到一个研究物理学、研究化学、研究地质学的学者也会如此口干舌燥、喋喋不休地去跟人家解释物理学的重要性、化学的重要性、地理学的重要性。这正如布洛克所说的："地质学家能在两分钟之内向我们说清楚什么是地质学，但究竟什么是美学，至今众说纷纭莫衷一是。"④ 因此，贬低美学者会质疑："美学的问题"为什么竟然可以作为哲学的一章而与哲学共存？

---

① ［法］达维德·方丹：《诗学：文学形式通论》，陈静译，天津人民出版社2007年版，第6页。
② ［法］达维德·方丹：《诗学：文学形式通论》，陈静译，天津人民出版社2007年版，第5页。
③ ［德］马丁·海德格尔：《林中路》，孙周兴译，上海译文出版社1997年版，第42—43页。
④ ［美］布洛克：《美学新解》，滕守尧译，辽宁人民出版社1987年版，第1页。

"美学的问题"为什么竟然能够作为一个二级学科而独立存在？关注美学者又会询问：在中西方的"美学热"中，"美学的问题"又为什么竟然能够作为第一哲学而存在？……令人遗憾的是，这一切却偏偏并不在我们自己的研究范围之内。因为，在我们的心目中，美学，就是一个"谋食"的"饭碗"，就是一个鸡肋一般的哲学二级学科，弃之，无疑绝对不可，因为一旦如此我们就将无处存身。因此我们也就一定要驳斥那种贬低美学的论调。但是，抬高也万万不可，因为一旦如此我们又将要继续为美学的存在而辩护。可是，这却是我们所始终难以胜任的。当然，这也许就是很多美学学者公开或者悄悄地走向了艺术学研究的内在原因。因为他们毕竟可以说：美学就是研究艺术问题的，于是，一切对于美学的贬低与抬高也就似乎都全无必要了，那个令每一个美学学者都有的痛楚的、甚至是痛苦的焦虑也就不复存在（遗憾的是，美学学者走向艺术学研究其实应该是"改换门庭"，而且已经与美学自身的拓展无关）。

我们一直未能自觉意识并且一直未能胜任愉快的是：美学亟待从"小美学"走向"大美学"。这是一个美学之为美学的根本问题。怀特海心仪的实用主义哲学家威廉·詹姆士在《多元的宇宙》中说："在像哲学这样的一种学科里，不和人性的原野联系起来，而且只按行规的传统来思考，确实是致命的。"① 怀特海恰恰因此而规避了"致命"的"行规的传统"，把他的哲学与人性的原野密切联系起来了。我们也必须去规避美学的"致命"的"行规的传统"。美学的从少年到白头，关注的都是人。转而关注人类的命运，去回应即将到来的全新的大时代的挑战，也才是美学之为美学的题中应有之义。美学的被时代赋予以高光时刻，美学的必将成为时代的主导价值、引导价值的引领者，乃至美学的"合法完成"，关键的关键就统统都在这里。"这就是关于美的全部问题最后要归结到的真正要点，如果我们能够满意地解决这个问题，那么，我们同时也就找到了引导我们穿过整个美学迷宫的线索。"众所周知，这是席勒在1795年发出的召唤，迄至今日，我

---

① ［美］威廉·詹姆士：《多元的宇宙》，吴棠译，商务印书馆2012年版，第9页。

们已经再没有任何理由不再去回应这一"呼唤"。

美学要以"人的尊严"去解构"上帝的尊严""理性的尊严"。过去是以"神性"的名义为人性启蒙开路，或者是以"理性"的名义为人性启蒙开路，现在，却是要以"美"的名义为人性启蒙开路。这样，关于审美、关于艺术的思考就一定要转型为关于人的思考。由此，美学不应当是"小美学"，而应当是"大美学"。美学与人的解放，才是它的主题！美学因此也就不是人们所习惯的围绕着文学艺术的小美学，而是围绕着人类生命存在的大美学、关注人类文明的大美学，是"超越美学的美学"（韦尔施），是审美哲学与艺术哲学的拓展与提升。因此，美学也是面向未来的美学——是未来哲学。它要揭示的，是包括宇宙大生命与人类小生命在内的自组织、自鼓励、自协调的生命自控系统的亘古奥秘。荷尔德林曾经决定，要把自己哲学书信命名为《审美教育新书简》，在一定意义上，对于美学，应该也可以这样命名。①

总之，"熟知非真知"（黑格尔）。对于美学，长期以来都始终存在着误解，也都往往以为是一门关于文学艺术的学科，甚至或者是一门关于美化生活的学科。其结果，就是美学偏偏"收获的却是跳蚤"，并且成为"跳蚤"美学。它只是"项目美学""论文美学""教材美学"……梁启超曾经痛斥"学者一无所志，一无所知，惟利禄之是慕，惟帖括之是学"。而这也是我们在美学研究越来越多地看到的困窘。

胡塞尔曾经追问：如何才能成为一个有价值的哲学家？而今我们也要追问：如何才能成为一个有价值的美学家？美学，实际上是一个更为艰难的思想领域。但是，这却无论如何都不是四散逃亡的理由。没有出路，也许才是寻找出路的最大机遇。美学界充满了无数的假问题、假句法、假词汇，值此之际，我们所亟待要做的，其实应该是不要再提供假问题、假句法、假词汇，而且亟待走上正确的思想道路。美学界亟待真正具有原创性思想的思想者的出现，唯其如此，才能够走出思想的迷津，也才能够开辟出真正的思想道路。

---

① 我所提倡的生命美学可以简单称之为："万物一体仁爱"的生命哲学＋"情本境界论"的审美观＋"知行合一"的美学践履。

美学，必然是对于审美活动的关注不同于文艺学对于文学问题以及艺术学对于艺术问题的关注。它借美思人，借船出海，借题发挥，是借助对审美活动的关注去关注"人"。在这个意义上，美学其实就是一个通向人的世界、洞悉人性奥秘、澄清生命困惑、寻觅生命意义的最佳通道。通过追问审美活动来维护人的生命、守望人的生命，弘扬人的生命的绝对尊严、绝对价值、绝对权利、绝对责任，这正是美学之为美学的天命。借助于审美的思考去进而启蒙人性，是美学之为美学的责无旁贷的使命，也是美学之为美学的理所应当的价值承诺。

记得鲁迅在五四以后曾经非常沉痛地说："五四"给我们这个民族带来的只是"小改革"，我还记得，鲁迅在"五四"以后还曾非常沉痛地环视世界而问："我的新的战友在哪里呢？"我不想掩饰，在将近四十年的时间里，我也每每会回想起鲁迅的这个追问。并且，我甚至把它当作一个郑重的"世纪邀约"。因为我觉得，这其实就是鲁迅所发布的新时代的"寻人启示"！有幸成为鲁迅先生的"新的战友"，则是我真正的光荣——也是我们所有美学学者的真正的光荣。何况，我还要说，事实上，除了成为鲁迅先生的"新的战友"之外，我们至今也没有、更不可能有任何别的更大的光荣了！确实，在百年中国，沿着三次"美学热"顺论而下，这个世界已经变得令人眼花缭乱，也已经有很多的人都不再以成为鲁迅的"新的战友"为荣，而是以成为别的什么什么的"新的战友"为荣了，例如，以成为"跳蚤"美学的"新的战友"为荣。可是，我却宁愿以逆向而行的方式来回应鲁迅先生的"世纪邀约"与"寻人启示"。这就是：回应五四以来的那个即将到来的全新的大时代的呼唤，并且成为"龙种"美学的"新的战友"。

"虽千万人，吾往矣！"

这无疑就是当年我居然地毅然与当时的主流美学逆向而行的根本原因，也是我当年刚刚在美学研究领域起步之初就另立门户转而提倡生命美学的根本原因。因为未免年轻气盛的我要以生命美学去为当时的主流美学致一篇美学的悼词，并且去预告它的行将寿终正寝。当然，"跳蚤"美学其实也无可非议，"作为学科"的美学也有其存在的必要，但是，一个即将到来的全新大时代毕竟"播下的是龙种"，它所期待着的,也毕竟是对于眼泪、苦难、绝望、不幸、死亡的回应,因此,美学绝对不应当对眼泪、苦难、绝望、不幸、死亡漠然视之,也绝对不能对根本与人类毫不相关的规律、法则却忧心如焚,否则,美学就会在结束一种神话的同时又变成了一种神话。

第二节 生命美学的重构

一 美美与共

生命美学出现于1985年,迄今已经是第37年,已经问世三分之一世纪了。熟悉美学史的都知道,在中国美学的漫长历史中,尽管一直都关注着"生命"问题,但是"生命美学"四个字却始终未曾出现。"生命美学"的被命名,应该是从我开始的,① 至今已经将近四十年。2022年7月28日顺手查一下,涉及这四个字的百度搜索,已经是3280万条,在中国知网,涉及这四个字的主题论文也已经有1534篇,如果知道目前国内在这两个数字统计上能够百度搜索相关名称"破千万"或者相关主题论文"破千"的当代美学的各家各派中仅仅只有实践美学和生命美学,则就应该知道,这是一个从"零"到千到千万再到几千万的一个十分了不起的成绩。② 而且,生命美学在经过了三十七年的相当时间长度的沉淀淘汰之后,也已经推出了自己的代表人物、代表作,也已经形成了自己的在师生传承之外的广泛学术团队,多年以来,除了我自己的生命美学研究,还可以看到王世德、聂振斌、张涵、朱良志、成复旺、司有仑、封孝伦、刘成纪、范藻、黎启全、姚全兴、雷体沛、杨薏琪、周殿富、陈德礼、熊芳芳……以及古代文学研究大家袁世硕先生以及哲学大家俞吾金的大量研究论述。同时,我

---

① 在国内改革开放新时期中出现的当代美学的各家各派中,早于"生命美学"命名的,有"文艺美学",但是其实这并非大陆学者的贡献,而是台湾学者王梦鸥在1971年的命名。早于"生命美学"的问世的,还有"实践美学",但是却并非出自李泽厚先生本人,而是出现在1981年,由李丕显先生命名。

② 程颢曾经自负地说:"吾学虽有所受,天理二字却是自家体贴出来的。"(《河南程氏外书·卷十二》,《二程集》第2册,王孝鱼点校,中华书局1981年版,第424页)同样的是,"吾学虽有所受","生命美学"四字"却是自家体贴出来的"。

也看到了刘纲纪先生的《周易》生命美学、陈伯海先生的生命体验美学、陈望衡先生的境界美学、曾繁仁先生的"生命美学的生态美学""生生美学"、吴炫先生的"中华生命力美学"……诸多生命美学新说的大量研究论述。这些美学新说或者从生命美学的"生命""体验"领域加以拓展,或者从生命美学的"美是自由的境界""境界本体""境界美学"领域加以拓展,或者从生命美学的"广生—仁爱—大美"中的"生生"领域加以拓展……而且,即便是1994年以后出现的杨春时先生的超越美学中所大力弘扬的核心范畴——"超越",我在1991年出版的《生命美学》中也已经有过大量的专门阐释。因此,作为改革开放以来的最早出现的美学新学说、美学新学派,作为改革开放以来的重要收获、重要成果之一,生命美学的贡献无疑都是当之无愧的,也都是已经被公认了的。

但是,生命美学也并不是"空穴来风",更不是"天外来客"。我多次说过,在这方面,中国20世纪初年从王国维起步的包括鲁迅、宗白华、方东美、朱光潜(早期)在内的生命美学探索堪称先驱,① 源远流长的中国古代美学则当属源头。同时,西方19世纪上半期到20世纪上半期出现的生命美学思潮,更无疑心有灵犀。遗憾的是,这一切却很少有学人去认真考察。例如,李泽厚先生就是几十年一贯制地开口闭口都把生命美学的"生命"贬之为"动物的生命"。而且,作为中国当代最为著名的美学大家,后期的他尽管一直生活在美国,不屑于了解中国自古迄今的生命美学也就罢了,但是对于西方的生命美学也始终不屑于去了解,这就有点令人困惑不解了。当然,这也并非孤例,例如,德国学者费迪南·费尔曼就发现:"就是在今天,生命哲学对许多人来说仍然是十分可疑的现象:最常听到的批判是生命哲学破坏理性,是非理性主义和早期法西斯主义。"② 为此,他更不无痛

---

① 生命美学在百年南京大学的一脉相传值得注意!除了当代的生命美学,南京大学(中央大学)曾经还有宗白华、方东美、唐君毅、陈铨四大名师,都是生命美学的传人!而且,从北方的北京《新青年》/实践美学(梁启超—李泽厚)到南方的南京《学衡》/生命美学,这其中也蕴含着时代深层的秘密。

② [德]费迪南·费尔曼:《生命哲学》,李健鸣译,华夏出版社2002年版,第2页。

心地警示:"如果到现在还有人这么想问题,应该说是故意抬高了精神的敌人。"①

毫无疑问的,生命美学应该是"美学热"的产物,更应该是"热美学"的传人。这一点,即便是从我在1985年发表的《美学何处去》中对于"冷美学"的激烈抵触与全然抗拒,应该也就不难想见。至于生命美学的对于实践美学的激烈批评,也只有从后者未能与"美学热"相伴始终,未能从"热美学"一路向前,才能看出其中的深意。甚至,为了与实践美学彼此相互区别,生命美学在表述自己的美学思考的时候,往往也采用的是与之相互比较的方式。例如,我说过,生命美学在起步之初就是围绕着"生命/实践"这一美学的"哥德巴赫猜想"——百年中国美学的"第一美学问题"展开的。它是对这一问题的反思,也是对这一问题的回应。生命美学是从实践美学的立足于"启蒙现代性""实践""积淀""认识—真理""实践的唯物主义""自然人化""物的逻辑"的主体性立场转向立足于"审美现代性""生命""生成""情感—价值""实践的人道主义""自然界生成为人""人的逻辑"的主体间性立场。或者,生命美学以"实践的人道主义"区别于实践美学的"实践的唯物主义"、以"自然界生成为人"区别于实践美学的"自然的人化",以"爱者优存"区别于实践美学的"适者生存",以"我审美故我在"区别于实践美学的"我实践故我在",以审美活动是生命活动的必然与必需区别于实践美学的以审美活动作为实践活动的附属品、奢侈品……。

不过,这毕竟只是权宜之计,而并非正式的界定、正面的阐释。其实,生命美学的历史渊源与理论贡献远非实践美学所可以比拟。生命美学,是新时期以来较早破土而出并逐渐走向成熟的美学新学说、新学派,也是新时期以来涌现的一种更加人性、也更具未来的新美学。生命美学认为:世界万物都是一个自组织、自鼓励、自协调的生命自控系统。它向美而生,也为美而在,既关涉宇宙大生命,又主要是其中的人类小生命。根本的区别,在于宇宙大生命的"不自觉"("创

---

① [德]费迪南·费尔曼:《生命哲学》,李健鸣译,华夏出版社2002年版,第2页。

演""生生之美")与人类小生命的"自觉"("创生""生命之美")。至于审美活动,则是人类小生命的"自觉"的意象呈现,亦即人类小生命的隐喻与倒影。它是生命的导航,也是生命的动力。因此,美学对审美活动的关注不同于文艺学对于文学问题以及艺术学对艺术问题的关注,也不同于"作为学科"的关注而是"作为问题"的关注,它借美思人,借船出海,借题发挥,是借助对审美活动的关注去关注"人",关注包括宇宙大生命与人类小生命在内的自组织、自鼓励、自协调的生命自控系统的亘古奥秘。

而且,为实践美学所远为不如的是,生命美学在中国有着深厚的传统。自古以来,儒家有"爱生",道家有"养生",墨家有"利生",佛家有"护生",这是为人们所熟知的。牟宗三在《中国哲学的特质》一书中的第1讲《引论:中国有没有哲学?》中也指出:"中国哲学以'生命'为中心。儒道两家是中国所固有的。后来加上佛教,亦还是如此。儒释道三教是讲中国哲学所必须首先注意与了解的。两千多年来的发展,中国文化生命的最高层心灵,都是集中在这里表现。对于这方面没有兴趣,便不必讲中国哲学。对于以'生命'为中心的学问没有相应的心灵,当然亦不会了解中国哲学。"① 也因此,一种有机论的而不是机械论的生命观、非决定论的而不是决定论的生命观,就成为中国人的必然选择。在其中,存在着的是以生命为美,是向美而生,也是因美而在。甚至,在中国竟然是没有创始神话的,无非是宇宙天地与人的"块然自生""怒者其谁邪"。一方面,是天地自然生天生地生物的一种自生成、自组织能力,所谓"万类霜天竞自由";另一方面,也是人类对于天地自然生天生地生物的一种自生成、自组织能力的自觉,也就是能够以"仁"为"天地万物之心"。而且,这自觉是在生生世世、永生永远以及由前生、今生、来生看到的万事万物的生生不已与逝逝不已所萌发的"继之者善也,成之者性也""参天地、赞化育"的生命责任,并且不辞以践行这一责任为"仁爱",为终生之旨归、为最高的善,为"天地大美"。这就是所谓:"一阴一阳之谓

---

① 参见牟宗三《中国哲学的特质》,上海古籍出版社1997年版。

道"。重要的不是"人化自然"的"我生",而是生态平等的"共生",是"阴阳相生""天地与我为一,万物与我并存",是敬畏自然、呵护自然,是守于自由而让他物自由。《论语》有言:"罕言利,与命与仁。"在此,我们也可以变通一下:罕言利,与"生"与"仁"。在中国,宇宙天地与人融合统会为了一个巨大的生命有机体。而天人之所以可以合一,则是因为"生"与"仁"在背后遥相呼应。而且,"生"必然包含着"仁"。生即仁、仁即生。因此,中国的源远流长的古代美学其实就是生命美学,这是为所有学者所公认的。而且,更为重要的是,在中国古代社会,它还始终都是作为一门主导价值、引导价值的引领者而存在的。

西方的情况复杂一些。最初,美学只是辅助性的学科,也都只是宗教与科学的附属品,因此也就主要只是着眼于文学艺术的阐释。所以又间或被称之为"艺术哲学"。如是,也许应该说,传统美学从一开始就有其先天不足:错误地把审美活动视作宗教体悟或者科学抽象的附庸、辅助,或者是人性服从于神性、对象服从于自我、存在服从于思想,以主观的合目的性尺度来解释审美活动,或者是人性服从于物性、自我服从于对象、思想服从于存在,以客观的合规律尺度来解释审美活动,而没有能够意识到审美活动其实恰恰是一种与宗教体悟或者科学抽象截然不同的生命活动。既然如此,当然也就更不可能对这种与宗教体悟或者科学抽象截然不同的生命活动作出认真的考察了。幸而,进入近现代社会,西方的生命美学也应运而生。因而,也就得以与中国美学的取向殊途同归,并且意外地在"生命"这一焦点上出现了彼此可以对话、共商的美学空间。

一般而言,在西方,对于生命美学的提倡,最早的源头,也许可以追溯到奥古斯丁的《忏悔录》。而在18世纪下半叶,德国浪漫主义美学家奥古斯特施莱格尔和弗里德里希·施莱格尔兄弟在《关于文学与艺术》和《关于诗的谈话》中则都已经用过生命哲学这个概念。而且,小施莱格尔在他的《关于生命哲学的三次讲演》中也提到了生命哲学。当然,按照西方美学史上的通用说法,在西方,到了19世纪上半期,生命美学才开始破土而出。不过,有人仅仅把西方的生命美学称之为一个学派,其中包括狄尔泰、齐尔美、柏格森、奥伊肯、怀特海等,或者,再加上叔本华和尼采。我的意见则完全不然。在我看来,与其把西方生命美学看作一个严格意义的学派,不如把它看作一个宽泛意义上的思潮。这是因为,在形形色色的西方各家各派里,某些明确提及生命美学的美学,其实也并不一定完全具备生命美学的根本特征,而有些并没有明确提及生命美学的美学,却恰恰完全具备了生命美学的根本特征。

这是因为,西方美学,到尼采为止。一共出现过三种美学追问方式:神性的、理性的和生命(感性)的。也就是说,西方曾经借助了三个角度追问审美与艺术的奥秘:以"神性"为视界、以"理性"为视界以及以"生命"为视界。正是从尼采开始,以"神性"为视界的美学终结了,以"理性"为视界的美学也终结了,而以"生命"为视界的美学则正式开始了。具体来说,在美学研究中,过去"至善目的"与神学目的都是理所当然的终点,道德神学与神学道德,以及理性主义的目的论与宗教神学的目的论则是其中的思想轨迹。美学家的工作,就是先以此为基础去解释生存的合理性,然后,再把审美与艺术作为这种解释的附庸,并且规范在神性世界、理性世界内,并赋予以不无屈辱的合法地位。理所当然的,是神学本质或者理性本质牢牢地规范着审美与艺术的本质。显然,这都是一些神性思维或者"理性思维的英雄们",当然,也正如叔本华这个诚实的欧洲大男孩慨叹的:"最优秀的思想家在这块礁石上垮掉了"。① 康德的重要,就恰恰因为他置身于新的思想转折的出现的中间地带。他开始于理性之梦的觉醒——"知识的觉醒"。康德发现:在自然人和自由人之间,有审美人。这当然十分重要,堪称即将出现的生命美学的序曲。康德指出:"人不仅仅是机器而已""按照人的尊严去看人""人是目的",诸如此类,在西方美学史上更完全就是石破天惊之论。然而,无论如何,康德毕竟还是把道德神学化了。过去是把神学道德化,现在康德离开了"神性"思维的道路,转而走上理性思维的道路,但是却把道

---

① [德] 叔本华:《自然界中的意志》,任立等译,商务印书馆1997年版,第146页。

德神学化了。① 而尼采的重要性就恰恰在于对此的突破。无疑，这就是我所经常强调的从"康德以后"到"尼采以后"。在尼采看来，所谓宗教其实是"投毒者"，所谓道德则是"蜘蛛织网"。而且，就像米歇尔·泰纳发现的那样：有一个闪闪发光的概念，"它于尼采的第一部作品中首次亮相，并且直到最后一部作品依然存在，所有的一切都是基于这个标准最终得到评判。这就是：生命。"② 当然，注意到这一点的不只是米歇尔·泰纳，像凯文·奥顿奈尔也注意到：尼采所力主的"超人的所作所为是为了解放和提升生命，而不是践踏大众。"③ 在尼采那里，康德的"伦理应然"让位于尼采的"审美生存"。正如尼采提示的："很长时间以来，无论是处世或是叛世，我们的艺术家都没有采取一种足够的独立态度，以证明他们的价值和这些价值令人激动的兴趣之变更。艺术家在任何时代都扮演某种道德、某种哲学或某种宗教的侍从；更何况他们还是其欣赏者和施舍者的随机应变的仆人，是新旧暴力的嗅觉灵敏的吹鼓手……艺术家从来就不是为他们自身而存在"。④ 无疑，尼采要改变的现状就是这个："艺术家从来就不是为他们自身而存在"。巴雷特指出："既然诸神已经死去，人就走向了成熟的第一步。""人必须活着而不需要任何宗教的或形而上学的安慰。假若人类的命运肯定要成为无神的，那么，他尼采一定会被选为预言家，成为有勇气的不可缺少的榜样。"⑤ 确实，这正是尼采的发现。在他看来，审美和艺术的理由再也不能在审美和艺术之外去寻找，这也就是说，神性与理性，过去都一度作为审美与艺术得以存在的理由，可是

---

① 所以，他也并没有比过去的把神学道德化的道路走得更远。尽管在康德那里没有了"必然"的目的，但是，"应然"的目的却仍旧存在。所以阿多诺说，要拯救康德，并且提示：还存在着"无利害关系中的利害关系"。显然，在康德美学中存在着矛盾。这就是：在自然人和自由人之间，在唯智论美学的独断论和感性论美学的怀疑论之间，在"美是形式的自律"与"美是道德的象征"之间，也在"愉悦感先于对对象的判断"和"判断先于愉悦感"之间，出现了巨大的裂痕。

② ［英］米歇尔·泰纳：《尼采》，于洋译，译林出版社2011年版，第83页。

③ ［英］凯文·奥顿奈尔：《黄昏后的契机》，王萍丽译，北京大学出版社2004年版，第102页。

④ ［德］尼采：《论道德的谱系》，谢地坤译，漓江出版社2000年版，第78页。

⑤ ［美］巴雷特：《非理性的人》，杨照明等译，商务印书馆1999年版，第183页。

现在不同了，尼采毅然决然地回到了审美与艺术本身，从审美与艺术本身去解释审美与艺术的合理性，并且把审美与艺术本身作为生命本身，或者，把生命本身看作审美与艺术本身，结论是：真正的审美与艺术就是生命本身。人之为人，以审美与艺术作为生存方式。"生命即审美""审美即生命"。也因此，审美和艺术不需要外在的理由——我说得犀利一点，并且也不需要实践的理由。审美就是审美的理由，艺术就是艺术的理由，犹如生命就是生命的理由。

在这个意义上，从"康德以后"到"尼采以后"，倘若说康德美学是西方人的知识的梦醒，尼采美学则是西方人的生命的梦醒，倘若说康德为"现代认识型"的代表，尼采美学则是"当代认识型"的代表（福柯语）。换言之，康德代表了西方现代美学的童年，而尼采则代表了西方现代美学的成年。西方人第一次彻悟：情感先于理性、意志先于知识、自由先于必然。在理性思维之前，还有先于理性思维的思维，在传统美学所津津乐道的我思、反思、自我、逻辑、理性、认识、意识之前，也还有先于我思、先于反思、先于自我、先于逻辑、先于理性、先于认识、先于意识的东西。只有它，才是最为根本、最为源初的，也才是人类真正的生存方式。因此，美学也就必须把理性思维放到"括号"里，悬置起来，而去集中全力研究先于理性思维的东西，或者说，必须从"纯粹理性批判"转向"纯粹非理性批判"，必须把目光从"认识论意义上的知如何可能"转向"本体论意义上的思如何可能"。而这当然也就是——"生命"的出场。

于是，西方美学终于发现：天地人生，审美为大。审美与艺术，就是生命的必然与必需。在审美与艺术中，人类享受了生命，也生成了生命。这样一来，审美活动与生命自身的自组织、自协同的深层关系就被第一次地发现了。因此，理所当然的是，传统的从神性的、理性的角度去解释审美与艺术的角度，也就被置换为生命的角度。在这里，对于审美与艺术之谜的解答同时就是对于人的生命之谜的解答的觉察，回到生命也就是回到审美与艺术。生命因此而重建，美学也因此而重建。生命，是美学研究的"阿基米德点"，是美学研究的"哥德巴赫猜想"，也是美学研究的"金手指"。从生命出发，就有美学；

不从生命出发,就没有美学。它意味着生命之为生命,其实也就是自鼓励、自反馈、自组织、自协同而已,不存在神性的遥控,也不存在理性的制约。当然,否定了人是上帝的创造物、理性的创造物,但是却并不意味着人就是自然界物种"进化"的结果,事实上,人是借助自己的生命活动而自己把自己"优化"成人、"生成为人"的。美学之为美学,则无非是从生命的自鼓励、自反馈、自组织、自协同入手,为审美与艺术提供答案,也为生命本身提供答案。也因此,对于审美与艺术之谜的解答同时就是对于人的生命之谜的解答。生命因此而重建,美学也因此而重建。也许,这就是西美尔为什么要以"生命"作为核心观念,去概括19世纪末以来的思想演进的深意:"在古希腊古典主义者看来,核心观念就是存在的观念,中世纪基督教取而代之,直接把上帝的概念作为全部现实的源泉和目的,文艺复兴以来,这种地位逐渐为自然的概念所占据,17世纪围绕着自然建立起了自己的观念,这在当时实际上是唯一有效的观念。直到这个时代的末期,自我、灵魂的个性才作为一个新的核心观念而出现。不管19世纪的理性主义运动多么丰富多彩,也还是没有发展出一种综合的核心概念。只是到了这个世纪的末叶,一个新的概念才出现:生命的概念被提高到了中心地位,其中关于实在的观念已经同形而上学、心理学、伦理学和美学价值联系起来了。"①

波普尔说过:"我们之中的大多数人不了解在知识前沿发生了什么。"② 同样,在我看来,"我们之中的大多数人"也不了解在当代美学研究"知识前沿发生了什么"。可是,倘若从生命美学思潮着眼,却不难发现,在"尼采以后",西方美学始终都在沿袭着"生命"这一主旋律。例如,柏格森、狄尔泰、怀特海等是把美学从生命拓展得更加"顶天";弗洛伊德、荣格等是把美学从生命拓展得更加"立地";海德格尔、萨特、舍勒等是把美学从生命拓展得更加"内向";马尔库塞、阿多诺等是把美学从生命拓展得更加"外向";后现代主

---

① [德]西美尔:《现代文化的冲突》,自刘小枫编《现代性中的审美精神》,学林出版社1997年版,第418—419页。
② [英]波普尔:《客观知识》,舒炜光等译,上海译文出版社1987年版,第102页。

义的美学则是把美学从生命拓展得更加"身体"。而且，其中还一以贯之了共同的东西，这就是：从生命存在本身出发而不是从理性或者神性出发去阐释生命存在的意义，并且以审美与艺术作为生命存在的最高境界；或者，把生命还原为审美与艺术，并且进而在此基础上追问生命存在的意义。而在他们之后，诸如贝尔的艺术论、新批评的文本理论、完形心理学美学、卡西尔和苏珊·朗格的符号美学……也都无法离开这一主旋律。而且，正是因为对这一主旋律的发现才导致了对于审美活动的全新内涵的发现，尤其是对审美活动的独立性内涵的发现。不可想象，倘若没有这一主旋律的发现，艺术的、形式的发现会从何而来？

　　由此不难想到，海德格尔晚年在回首自己的毕生工作时，曾经简明扼要地总结说："主要就只是诠释西方哲学"。确实，这就是海德格尔。尽管他是从对西方哲学提出根本疑问来开始自己的独创性的工作的，然而，他的可贵却并不在于推翻了西方哲学，而是恰恰在于以之作为一种极为丰富的精神资源，从而重新阐释西方哲学、复活西方哲学，并且赋予西方哲学以新的生命。显然，我们的美学研究也同样期待着"诠释"。作为一个内蕴丰富的文本（不只是文献），事实上，中国古代的生命美学传统与西方近代开始的生命美学正是一种极为丰富的精神资源，不但不会枯竭，而且会越开掘就越为丰富。也因此，越是能够回到中国古代的生命美学传统与西方近代开始的生命美学的历史源头，就越是能够进入人类的当代世界；越是能够深入中国古代的生命美学传统与西方近代开始的生命美学之中，也就越是能够切近21世纪的美学心灵。这样，不难看到，重新阐释中国古代的生命美学传统与西方近代开始的生命美学，复活中国古代的生命美学传统与西方近代开始的生命美学，并且赋予中国古代的生命美学传统与西方近代开始的生命美学以新的生命，或者说，"主要就只是诠释中国古代的生命美学传统与西方近代开始的生命美学"，无疑也应成为我们的根本追求，其重大意义与学术价值，显然无论怎样估价也不会过高。

　　由此出发，回顾20世纪，其中以西方生命美学思潮作为参照背景对中国美学予以现代诠释，应该说，就是一个最为值得关注而且颇值大力开拓的思路。① 从王国维到鲁迅、宗白华、方东美，再到当代的众多学人，无疑也都走在这样一条思想的道路之上。他们都是从生命存在本身出发而不是从理性或者神性出发去阐释生命存在的意义，并且以审美与艺术作为生命存在的最高境界；或者，都是把生命还原为审美与艺术，并且进而在此基础上追问生命存在的意义。也因此，他们也都是不约而同地一方面立足于中国古代的生命美学，另一方面从西方的生命美学思潮起步，② 也都是不约而同地在"接着讲"。③

二　各美其美

毫无疑问，我所提倡的生命美学正是行走在从王国维到鲁迅、宗白华、方东美，从"康德以后"到"尼采以后"，再到当代的众多学人这样一条思想的道路之上，这无疑正是所谓的"美美与共"。但是，倘若认真说来，那也必须承认，其中也存在着明显的不同。毕竟，任何的"接着讲"都是开放的，也都是没有最终答案的，而且其实都只是一个不断地"对话"、不断地"阐释"、不断地"释义"和不断地"赋义"的过程。在这当中，在过去的阐释背景中所无法显现出来的那些新性质有可能会被充分显现出来，被阐释的各方也都会被共同带入富有成果的相互启发之中，这显然会使得关于生命美学的思考从蒙

---

① 120年前的1902年10月16日，梁启超在《新民丛报》第18号发表的《进化论革命者颉德之学说》一文，第一次向国人介绍了尼采，或许就象征着这个十分关键的开始。

② 西方生命美学思潮，是西方美学传统的终点，又是西方现代美学的真正起点，既代表着对西方美学传统的彻底反叛，又代表着对中国美学传统的历史回应，这显然就为中西美学间的历史性的邂逅提供了一个契机。抓住这样一个契机——中国美学在新世纪获得新生的一个契机，无疑有助于我们真正理解西方美学传统，也无疑有助于我们真正理解中国美学传统，更无疑有助于我们真正地实现中西美学之间的对话，从而在对话中重建中国美学传统。这就犹如中国人接受佛教思想的影响，犹如吃了一顿美餐，而且这顿美餐被中国人竟然吃了一千年之久。其中，最为重要的成果则是佛教思想中的大乘中观学说在中国开出的华严、天台、禅宗等美丽的思想之花。因此，在比拟的意义上，我们甚至可以说，西方生命美学思潮就正是当代的大乘中观学说，也正是悟入中国思想与西方思想之津梁。

③ 在这方面，值得注意的是朱光潜。他在晚年时曾经公开痛悔，因为他的起步本来就是从叔本华、尼采开始的，但是，后来却因为胆怯，于是才转向了克罗齐。由此，我甚至愿意设想，以朱先生的天赋与造诣，如果始终坚持一开始的选择，不是悄然退却，而是持续从叔本华、尼采奋力开拓，他的美学成就无疑应该会更大。

蔽走向澄明，也走向意义彰显与自我启迪，并且更不断向未来敞开，不断达到新的古今中外的"视界融合"。在这个意义上，其实，"接着讲"也是"自己讲"，甚至是"另外讲"或者"对着讲"。

37年的时间，三分之一世纪的思考，矢志不渝，不言而喻，就我所提倡的生命美学而言，也就不但是中国古代的生命美学传统与西方近代开始的生命美学以及中国现代美学"美美与共"，而且还"各美其美"，也有着自己的理论创新与美学贡献。

其中的关键，是明确地将美学作为一个即将到来的全新大时代的主导价值、引导价值的引领者来思考。"美学热"与"热美学"，遥遥指向的，在我看来，其实就是美学亟待成为一个即将到来的全新大时代的主导价值、引导价值的引领者，但是，诸多的美学前贤尽管已经意识到美学面对的不是一个"学科"，而是一个"问题"，已经意识到了美学自身的"溢出"，已经意识到美学不是关注文学艺术的小美学而是关注人的解放的大美学，它已经远远溢出了传统的美学的领域，而成为现代文化的救赎方案，成为人类自身的自我谋划，因而，也就进而成了一个生命政治学的问题、文化政治学的问题、第一哲学的问题。"生命美学获得了政治性意义"，① 那么，作为主导性、引导性价值，美学的意义何在？这才是其中关键。而许多大思想家的走向审美与艺术，道理也在这里。何况，诸如此类的蛛丝马迹，早就可以看到，缺少的只是整合。而其中的主旋律，则是背后所折射出的根本转换：宗教作为一个主导价值、引导价值的引领者、科学作为一个主导价值、引导价值的引领者，已经退出了历史舞台。曾经"溢出"了自身的上帝退回了教堂、曾经"溢出"了自身的科学也退回了殿堂，而今我们所面对的已经是美学自身的"溢出"，已经是美学亟待成为一个即将到来的全新大时代的主导价值、引导价值的引领者。每个时代都有每个时代自己的美学问题。我们这个时代的美学问题无疑就是：美学何以能够主导一个时代、引导一个时代？美学如何作为一个即将到来的全新大时代的主导价值、引导价值的引领者而登场？或者，而今已经

---

① ［意］马里奥·佩尼奥拉：《当代美学》，裴亚莉译，复旦大学出版社2017年版，第2页。

该美学登场！谁敢于面对这个问题，谁能够回答这个问题，谁就是真正的美学家。而且，也只有回答了这个问题的美学，才堪称真正的美学。遗憾的是，在中国，尽管美学自古就是引导价值、主导价值的引领者，但是却被严重混淆在伦理道德与"天人合一"之中，美善根本不分，因此还需要加以现代提升。不但要把美学价值从伦理道德价值中剥离出来，还要从"天人合一"走向"天人共生"。在西方，这个问题则长期被有意无意地忽视了，直到近代的生命美学出现以后，才开始有所意识，例如，怀特海就发现："的确，如果美学论题得到了充分的探讨，那是否还有什么东西需要讨论就是可疑的了。"韦尔施曾提醒：古已有之的诗歌与哲学的论争，"其解决之道是偏向着美学——这是我们的先辈不敢相信的。""真理很大程度上变成了一个美学范畴。""反对审美化的那些'理性'辩护，在它们自己的领域亦早就失却根基了""伦理学本身正在演变成美学的一个分支"，美学应该是一个跨学科的学科、超学科的学科，这也就是说，其他的学科，其中也包括哲学，归根结底，都"正在演变成美学的一个分支"。① J. M. 费里也曾经预言："无足轻重的事件可能会决定时代的命运：'美学原理'可能有一天会在现代化中发挥头等重要的历史作用；我们周围的环境可能有一天会由于'美学革命'而发生天翻地覆的变化……生态学以及与之有关的一切，预示着一种受美学理论支配的现代化新浪潮的出现。这些都是有关未来环境整体化的一种设想，而环境整体化不能靠应用科学知识或政治知识来实现，只能靠应用美学知识来实现。"② 但是，却毕竟还没有人去直面美学的作为一个即将到来的全新大时代的主导价值、引导价值的引领者的登场，也没有系统、全面地予以理论的说明。

首先要解决的是：作为主导价值、引导价值的美学价值究竟是什么？西方的生命美学，从康德开始，尽管都关注到了"审美拯救世界"这一命题，也都意在将审美视作推动世界发展的重要的动力，尽管都十分重视"美学作为问题"以及美学与人的解放的关联，但是较

---

① ［德］沃尔夫冈·韦尔施：《重构美学》，陆扬等译，上海译文出版社2002年版，第32—33页。

② J. M. 费里：《现代化与协调一致》，载《神灵》（法国）1985年第5期。

多关注的只是美学的批判维度，例如法兰克福学派就自觉地以美学为利器，去批判资本主义社会，批判理性至上，批判技术霸权，并且孜孜以求于"艺术与解放"的提倡，但他们却没能意识到，美学不仅仅要关注对于当下的批判，而且还要关注对于未来的构建，我在前面引述过伊格尔顿对这一奇特现象的关注"任何仔细研究自启蒙运动以来的欧洲哲学史的人，都必定会对欧洲哲学非常重视美学问题这一点（尽管会问个为什么）留下深刻印象。"①"美学对占统治地位的意识形态形式提出了异常强有力的挑战，并提供了新的选择。""试图在美学范畴内找到一条通向现代欧洲思想某些中心问题的道路，以便从那个特定的角度出发，弄清更大范围内的社会、政治、伦理问题。"② 但是，我们也必须看到：这条"通向现代欧洲思想某些中心问题的道路"在西方生命美学的探索中却始终晦暗不明，因为他们毕竟仅仅意识到美学的在已经结束了的宗教时代、科学时代的救赎作用（自律、非功利性），但是却未能意识到在这一切的背后的时代的转换，没有意识到美学的"溢出"还是新时代即将诞生的信号。因此他们对美学的关注也就只能是天才猜测，而无法落到实处。结果，一方面是正确地往审美转，另一方面却又没有准确地予以定位。因此美学的重大意义也就无法落到实处。历史上的"唯美主义""审美乌托邦""审美主义"……就是由此而来。

其实，对于审美的普遍关注，是因为在宗教时代、科学时代之后的美学时代的到来。这是一个全新的时代，昔日的宗教价值、科学价值，都存在着决定者——上帝或者理性，人自身则是被决定的，无非就是工具、机器。究其本质，宗教价值、科学价值也都是出之于同样的思维方式：抽象思维、本质思维。因此或者是"见神不见人"，或者是"见物不见人"。当然，在一定的历史条件下，这也都是人的一种解放，但是，却毕竟是片面的，或者把人本身转嫁到神的身上，或者把人本身转嫁到

---

① ［英］伊格尔顿：《美学意识形态》，王杰等译，广西师范大学出版社1997年版，第1—3页。
② ［英］伊格尔顿：《美学意识形态》，王杰等译，广西师范大学出版社1997年版，第1、3页。

自然的身上。在此基础上，尽管也曾经构建了宗教的世界与科学的世界，但是，却无一不是偏颇、片面的。生命活动本身往往只能处于一种（放弃成长性需要）的尴尬境地，因此也都是对人的本体、人的自由意志的否定。美学时代却不然。宗教时代、科学时代的终结，意味着不论是宇宙大生命还是人类小生命，都是一个自控系统，都没有决定者。"块然自生""怒者其谁邪"。一切都不是上帝规定的，也不是理性指定的，而是自控系统自我生成的，因此也都是出自生命的合力，靠的是耦合作用。① 这一点，只有从审美活动才能得到合理的阐释。一方面，是"因生命，而审美"；另一方面，则是"因审美，而生命"，总之，是"我审美故我在"！因此，在新的时代——美学时代，美学才被称之为"第一哲学"，也才能够成为全新价值的构建者。犹如海德格尔的引入"存在"，现在，我们要引入的是："美学"。于是，一个以美学价值作为主导价值、引导价值的"美学时代"姗姗而来。时代的最强音也已经从"让一部分人先宗教起来""让一部分人先科学起来"转向了"让一部分人先美学起来"，而且，也已经从"上帝就是力量""知识就是力量"转向了"美是力量"。这是宗教的觉醒、科学的觉醒之后的第三次觉醒：美的觉醒！是从"信以为善"到"信以为真"再到"信以为美"。现在，已经不是"美丽"，而是"美力"。而且已经进入了"扫（美）盲"时代，亟待着"全世界爱美者联合起来"。因此，西方生命美学尽管十分重视美学与人的解放的关联，但是就美学的意义而言，却毕竟仅仅意识到美学的在行将结束的科学时代的救赎作用，但是却未能意识到美学在即将到来的美学时代的主导作用、引导作用。因此他们对美学的关注也就只能出之于天才猜测，而无法落到实处。与此相应，中国的生命美学的先驱们对美学在即将到来的美学时代的主导作用、引导作用同样也关注得不够，而这却恰恰是我所提出的生命美学以及当代中国的生命美学的理论探索的重中之重。因为，美学价值一旦成为主导价值、引导价值，无疑也就会导致根本性的价值重

---

① 耦合：指两个或两个以上的体系或两种运动形式之间通过各种交互作用而彼此影响，从而联合起来产生增力，协同完成特定任务的现象。

建，随之而来的，理应是完成主导价值、引导价值的建构。

其次，美学还要关注美学的主导价值、引导价值所建构的世界应该是什么。这意味着："天下归美"（类似孔子呼唤的"天下归仁"），也意味着马克思的"按照美的规律建造"的理想的实现。在这个方面，席勒的构想无疑让我们记忆犹新。在他看来，存在着"人与人以法则的威严相对立""法则的神圣王国"，这是"使社会成为可能"的"动力国家"，也存在着"人与人以力量相遇""力量的可怕王国"，这是"使社会成为必然"的"伦理国家"，还存在着"人与人就只能通过自由游戏的对象面面相对""游戏的外观的快乐的王国"，这是使"使社会成为现实"的"审美国家"。他还矢志不渝地呼唤着"审美国家"。理查德·罗蒂说："尼采对康德和黑格尔的反动则是那样一些人所特有的，他们想用文艺（而且尤其是文学）来取代科学作为文化的中心，正如科学早先取代宗教作为文化中心一样。从那些追随尼采把文学当作文化中心的知识分子观点来看，那代表着人类超越自身和重新创造自身的人是诗人，而不是教士、科学家、哲学家或政治家。"[①] 杜威也提出过自己的美学设想：使艺术从文明的美容院变成文明本身。并且，他满怀信心地笃信："艺术的繁盛是文化性质的最后尺度"，[②] 因此有人认定，假如杜威没有写出这本美学著作，他的全部思想体系将是不完整的。而当他写出这本书以后，他的全部理论努力所达到的目标，他从改造哲学，改造教育，直到改造社会和人的全部思路，就清晰地显露了出来。荷兰学者菲利普·M.策尔特纳曾这样写道："杜威的哲学就是他的美学，而所有他在逻辑学、形而上学、认识论和心理学中的苦心经营，在他对审美和艺术的理解中被推向了顶点。"[③] 还有马尔库塞，更是坚定地相信：审美"在重建文明中起到决定性的作用"[④] 卡西尔也同样：

---

① ［美］理查德·罗蒂：《哲学和自然之镜》，李幼蒸译，生活·读书·新知三联书店1987年版，第13页。
② ［美］杜威：《经验即艺术》，高建平译，商务印书馆2005年版，第345页。
③ 转引自高建平为［美］杜威的《经验即艺术》写的序言，高建平译，商务印书馆2005年版，第19页。
④ ［德］马尔库塞：《审美之维》，李小兵译，生活·读书·新知三联书店1989年版，第56页。

"艺术的形式并不是空洞的形式。它们在人类经验的构造和组织中履行着一个明确的任务。生活在形式的领域中并不意味着是对各种人生的问题的一种逃避;恰恰相反,它表示生命本身的最高活力之一得到了实现。如果我们把艺术说成是'越出人之外'的或者'超人的',那就忽略了艺术的基本特性之一,忽略了艺术在塑造我们人类世界中的构造力量。"① 为我们所熟知的还曾谈到他自己的美学探索的,是沃尔夫冈·韦尔施:"本书的指导思想是,把握今天的生存条件,以新的方式来审美地思考,至为重要。现代思想自康德以降,久已认可此一见解,即我们称之为现实的基础条件的性质是审美的。现实一次又一次证明,其构成不是"现实的",而是"审美的"。迄至今日,这见解几乎是无处不在,影响所及,使美学丧失了它作为一门特殊学科、专同艺术结盟的特征,而成为理解现实的一个更广泛、也更普遍的媒介。这导致审美思维在今天变得举足轻重起来,美学这门学科的结构,便也亟待改变,以使它成为一门超越传统美学的美学,将"美学"的方方面面全部囊括进来,诸如日常生活、科学、政治、艺术、伦理学等等。"② 这其实也是我所提出的生命美学以及当代中国的生命美学的所思所想。而且,在这个方面,我所提出的生命美学以及当代中国的生命美学始终都在直面"我们称之为现实的基础条件的性质是审美的",直面"美学丧失了它作为一门特殊学科、专同艺术结盟的特征",直面美学与人的解放之间的密切关联,在"审美思维在今天变得举足轻重起来"的时代,担当起了时代领航者的光荣使命。同时,我所提出的生命美学以及当代中国的生命美学已经"成为一门超越传统美学的美学,正在将"美学"的方方面面全部囊括进来",因此而开始的,无疑就是把世界与人生都"按照美的规律建造"(马克思)成为一个"有形式的意味"世界、一个"外观的王国"。其中首先是客观世界的建造:世界成之为世界。这意味着按照"美的规律"形成的价值观——美学的主导价值、引导价值所建构的客体世界,意味着

---

① [德]恩斯特·卡西尔:《人论》,甘阳译,上海译文出版社2013年版,第286页。
② [德]沃尔夫冈·韦尔施:《重构美学》,陆扬等译,上海译文出版社2002年版,第1页。

以"美的名义"重建自然，以"美的名义"重建社会，以"美的名义"重建艺术。这是世界的美学维度，也是美学的世界维度。其次是主体世界的建造：人成之为人。这意味着按照"美的规律"形成的价值观——美学的主导价值、引导价值所建构的主体世界，意味着以"美的名义"重建自我，这是自我的美学维度，也是美学的自我维度。在审美活动，使生命回归为生命（生命建构的前提），使生命提升为生命（生命建构的方向），使生命拓展为生命（生命建构的基础）。总之，重建自然、重建社会、重建艺术、重建自我，世界成之为世界——人成之为人，无疑就弥补了昔日的生命美学的一个"价值真空"，也开启了全新的生命美学的"价值重估"。它是全新世界的建构，也是未来世界的瑰丽蓝图与行动纲领。

其中的关键，是美学评价的觉醒。价值观念的改变至关重要：具体来说，世界观、哲学、科学都有价值论、人生论层面，"世界应如何？"狄尔泰在其所著《世界观的类型及其在形而上学体系中的发展》一书中指出：各种世界观都包含着同样的结构，即以概念语言来把握本体，同时又暗中赋予其意义和价值，含蓄地表达制约于生命的某种道德愿望。从狄尔泰对"世界观"的概括，我们可以大致看出"世界观"一词所包含的上述两个方面的内容。世界观中的人生观、价值观往往是在对与肯定性价值与否定性价值的体验中提炼出自己的理性观念的。同时也会转而对人们对与价值对应物的体验产生影响。

美学之为美学，存在某种"语义向心主义"的错误，或者说，存在某种对语言功能的某种误解。他们把美与美所指的对象混为一谈，把语言与语言所指的事物混为一谈，把概念与概念所代表的实体混为一谈。这样，"美"成为"美者"，对"美"的考察被偷换为对"美者"的考察。而对我们来说，所考察的，却应该是"美"而不是美者"。因为，就语言而论，一个能指可以指向不同的所指，所以在所指为何上，会出现很多差异。不同文化背景、不同美学趣味的人所说的丑也可以截然不同。假如由此入手去考察丑，无疑就只能是对"美者"的考察。但是另一方面，在这里能指却具有一种跨文化的共同性，而且与所指的客观事物没有什么关系。它是一种相同的评价态度、一种极为普遍的经验。从常识的角度，没有人会怀疑自己的辨别美的能力，然而很少有人会意识到在评价层面的自己的评价美的态度。常识角度只是着眼于逻辑形式，是对对象的属性作出判断，所谓"是什么"或"不是什么"，但是并不去评价对象。同时，常识角度也只是一种事实判断，是主体对客体的服从，是根据客体的规律去认识客体。评价角度却在逻辑形式的基础上更着眼于价值标准，而且要领悟对象对人类的意义，并作出评价。因此，评价角度是一种价值判断，是客体对主体的服从，是根据主体的需要来评价客体。它固然要以前者为基础，但前者尤其要以它为动力。这意味着：不但要关注"是什么"或"不是什么"，还更要关注"应当是什么"或"不应当是什么"。毋庸置疑，我们要考察的就是这样一种具有共同性的评价"美"的态度，而不是一种客观实在的"美者"。

　　从评价态度的层面考察美，意义极为重大。须知，评价态度是人类心理成熟的特定方式。在人类之初，生命冲动是肆无忌惮的、盲目混乱的、贪婪无度的，既可以走向光明，也可能走向黑暗。而要使之走向光明，就必须通过价值评价的方式把它表达出来，使它现实化。因此，在还没有形成一种评价态度的时候，人类就还只是一群野蛮人。所谓"天不生仲尼，万古长如夜"，说的就是这个道理。在这方面，我们可以从神话中得到许多启迪。远古的神话，实际上就是一种表达自身的生活经验的评价态度。它把引起混乱、痛苦、疾病、死亡等的东西，都采用形象的价值评价的方式表现出来。于是过去只能以个别的、生理的方式被体验到的东西，现在可以通过形象被意识到。这形象因此具有了一种能够指导人类作出正确反应的文化功能。进入文明社会之后，人类不再采用形象的方式而是改用范畴的方式，例如真假、善恶、等等。然而以范畴的价值评价的方式把引起混乱、痛苦、疾病、死亡等的东西，都表现出来，从而使得它因此而具有了一种能够指导人类作出正确反应的文化功能，却是完全一致的。马克思指出："自古以来'条件'就是这些人们的条件；如果人们不改变自身，而且如果即使要改变自身而在旧的条件中又没有'对本身的不满'，那末这些条件是永远不会改变的。"① 在这里，对"条件"、"对自身的不满"，正是由评价态度引起的。在此意义上，可以说，所谓评价态度，就是以一定方式来满足自己的心理需要的价值评价意识的觉醒的标志。

在美学中也是如此。它代表着一种评价态度，都是对于前此未曾领会的一种价值关系的领会，道出的是人类原来无法道出的东西。只是我们往往对它们见惯不惊，甚至会以为是天经地义的而已。审美需要强烈得几乎遍及一切人类活动。我们不仅力争在可能的范围内得到审美愉快的最大强度，而且还将审美考虑愈加广泛地运用到实际事物的处理中去。② 对于前此未曾领会的一种价值关系的领会，道出的同样是人类原来无法道出的东西。

严格地说，美学的所谓评价，实际上是人类自我创造、自我赋予的一种生存的澄明境界。一切有利于生命存在的东西都最终在某种意义上以这种或者那种方式被美所肯定，一切不利于生命存在的东西都最终在某种意义上以这种或者那种方式被丑所否定。美学就是以这样的方式统摄着人类的生命存在活动。例如，我们说丑是一种否定性的评价态度，无非是因为，所谓丑，是对一切不利于生命存在的东西的美学领会。丑指的是生活中那些令人厌恶、反感的东西，它们本身无疑是坏的。然而当它们一旦被引入美学的价值内涵，成为美学上的丑，并因此有了指称和价值授予的功能，就不再单纯地指"坏"这个事实，而成为人类自身的一次评价态度的觉醒了。当我们说某对象是丑的，意味着对于否定性的审美活动的某种评价与判断的形成，审美活动中的负面因素的否定性价值的形成。人类原来无法道出的某种东西被道出了，原来未曾领会的某种价值关系被领会了。可见，丑是对审美活动的负面因素所蕴含的否定性价值的意识。因此，就丑的评价过程而言，虽然它所导致的价值内涵、身心体验、生命意义都是否定的，但是它给予人类的指导意义却恰恰是肯定的。在丑中，本来只能够被

---

① 《马克思恩格斯全集》第3卷，人民出版社1960年版，第440页。
② ［德］德索：《美学与艺术理论》，兰金仁译，中国社会科学出版社1987年版，第53页。

感觉到的东西被明晰地说了出来，这意味着人类从此有了关于丑的美学意识，将对丑者作出正确的审美反应。于是，对当事人来说，人类终于可以以文化、美学的方式实现对生命冲动的压抑、限制、修正，并以判断对象为丑这一方式，来暗示主体自身：这对象最终是与痛苦、死亡、毁灭联系在一起的，从而使得主体在否定性评价中感觉到羞耻、恐惧、痛苦、负罪，以致可以在不伤害生命的条件下成功地实现对生命冲动的控制。对后人来说，则使得生命可以被人意识化，使得后人不必亲历这一过程，就可以通过自己有限的经验而内在地体验到它，从而指导自己的行动。而且，更为重要的是，这并不是说人类从此就变成了丑，也不是说人类因此就可以视丑为美或者懂得了以丑衬美，而是说人类从此开辟了全新的美学语境，禀赋了辨别丑的能力，开始了在美丑两极的拓展中开拓生命的艰难历程，开始了人类走向更为广阔、更为深刻的文明的艰难历程。① 这意味着：人类从此不但开始了对世界的批判，而且开始了对于自身灵魂的自我批判。

　　从社会学的角度，马克思曾有间接的提示：他指出：资本主义的特殊性矛盾表现为："单个无产者的个性和强加于他的生存条件即劳动之间的矛盾。"② 这意味着，劳动者的劳动不会使劳动者致富，而只会使资本致富，不会使劳动者文明，而只会使劳动的对象文明。这无疑就是人们常说的所谓人的异化。而能够"认识到产品是劳动能力自己的产品，并断定劳动同自己的实现条件的分离是不公平的、强制的，这是了不起的觉悟，这种觉悟是以资本为基础的生产方式的产物，而且也正是为这种生产方式送葬的丧钟，就像奴隶觉悟到他不能作第三者的财产，觉悟到他是一个人的时候，奴隶制度就只能人为地苟延残喘，而不能继续作为生产的基础一样。"③ 请注意这里的"了不起的觉悟""送葬的丧钟""觉悟到他是一个人"！在这里，"了不起的觉悟"，其中就包括评价的觉悟，而且是对"丑"的评价的觉悟。我们知道，

---

　　① 恩格斯曾经批评说："但是，费尔巴尔就没有想到要研究道德上的恶所起的历史作用"，（《马克思恩格斯选集》第4卷，人民出版社2012年版，第244页）在我看来，就是这个意思。
　　② 《马克思恩格斯全集》第3卷，人民出版社1960年版，第87页。
　　③ 《马克思恩格斯全集》第46卷（上），人民出版社1979年版，第460页。

自然、文明的退化，是一个不容忽视的课题。同样，美的退化，也是一个不容忽视的课题。一般而言，在任何的美中应该都蕴含着丑。任何一项社会进步，从直接的角度看是取得了肯定性的价值，但是从间接的角度却也同时导致了否定性的价值。即便是美本身，虽然在直接形式上是肯定价值，但是在这种肯定性形式中也同样蕴含着否定性的东西。例如在资本主义社会中出现的从19世纪出现的商品异化到20世纪出现的文化异化，就是如此。所以对"丑"的评价的觉悟，就其本质而言，正应是对此的觉悟。而从心理学的角度，弗洛姆曾经指出：人的超越性由创造性与破坏性两种本能构成。在这里，所谓破坏性正与丑对应。而破坏性则正是与自然、文明中的"退化"现象以及人类的本质力量的被束缚密切相关。不难看出，丑作为一种评价态度，不但与美不同，而且与恶不同。恶的内涵来自伦理学，针对的是对他人的伤害。丑的内涵来自美学，对他人并无伤害，而只是针对自身缺乏生命的力度、自身的非自由状态。《浮士德》中的靡非斯特称之为"否定的精神"，很有道理。现实中确实充满了非人性的本质，然而之所以如此，关键正是人类自身充满了非人性的本质；现实对人的异化，关键正是由于人自己对人的异化，而丑正是这一事实的美学揭示。卡西尔在揭示儿童最初的对于范畴的使用时说过："一个儿童有意识地使用的最初一些名称，可以比之为盲人借以探路的拐杖。而语言作为一个整体，则成为走向一个新世界的通道。"① 波普尔也发现：生命就是发现新的事实、新的可能性。美学作为人类生命的诗化阐释，正是对人类生命存在的不断发现新的事实、新的可能性的根本需要的满足，也正是人类生存"借以探路的拐杖"和"走向一个新世界的通道"。"这个孩子开始用一种新的眼光来看待世界了。她懂得了，词的用途不仅是作为机械式的信号或暗号，而是一种全新的思想工具。一个新的天地展现在眼前，从今以后这个孩子可以随心所欲地漫步在这无比宽广而自由的土地上了。"②

---

① [德]恩斯特·卡西尔：《人论》，甘阳译，上海译文出版社2013年版，第227页。
② [德]恩斯特·卡西尔：《人论》，甘阳译，上海译文出版社2013年版，第59页。

三 美学时代的到来

美学的评价态度无疑就是对世界的一种解释,而且,这种解释无疑也并不是一蹴而就的。

例如,世界的"万物一体"是一种客观存在,而且也似乎构成了某些人的所谓哲学,最有代表性的是张世英先生,但是,其实这一切对人类而言却并不构成任何的关系。世界之为世界,还必须被我们的生命需要——也就是"仁爱"的需要组成起来,没有这个生命需要——也就是"仁爱"的需要,世界万物就不会进入我们的解释。没有解释的存在,则世界万物就并不存在。维特根斯坦曾经感叹:令人感到神秘的,不是世界怎样存在,而是世界竟然存在。而在此几百年前莱布尼茨也曾经感叹:"为什么有一个世界,而不是没有这个世界?"在这里,"竟然存在"期待着"为什么有一个世界"的解释。人们以"认识到某物如此这般"——"要使某物如此这般"以及"应然的世界已经存在"——"应然的世界必将出现"来解释世界。从"已经如此"——"希望如此""希望不如此",就是对于世界的解释。不是"从何而自由",而是"为何而自由",才是人类得以存在的真实根据。世界万物何以来?何以在?何以归?以及心何以安?魂何以系?神何以宁?都期待着解释。因此,没有自在之物,也不存在"先验的本质",而只存在"解释的本质"。世界的存在决定于我们的解释。没有世界,只有解释;没有事实,只有解释。世界不在解释之外。非解释的世界并不存在。世界的本质就是阐释的,解释的意义就构成了本质。尼采曾经说:世界是"塞入"的,也就是解释的,至于对它的认识、反映之类,则只是"找出"。这意味着尼采的恍然大悟,也象征着人类的恍然大悟。当然,因此所谓的"解释"也就不是真理体系,而是价值体系。科幻作家阿西莫夫指出:"当人们认为地球是扁平的,他们错了;当人们认为地球是球形的,他们也错了。但如果你以为这两种观点的错误程度是一样,那么,你的错误比二者加起来还严重。"这就是一种价值体系。海森堡指出:"在物理学发展的各个时期,凡是由于出现上述这种原因而对以实验为基础的事实不能提出一个逻辑无可指责的描述的时刻，推动事物前进的最富有成效的做法，就是往往把现在所发现的矛盾提升为原理。这也就是说，试图把这个矛盾纳入理论的基本假说之中而为科学知识开拓新的领域。"① 这还是一种价值体系。他们的发现，从价值体系的角度看，无疑是存在的，也是十分重要的。就犹如我们所谓的世界观、哲学观、宗教观、科学观乃至美学观，都其实是一种价值论。所以狄尔泰在其所著《世界观的类型及其在形而上学体系中的发展》一书中指出：各种世界观都包含着同样的结构，即以概念语言来把握本体，同时又暗中赋予其意义和价值，含蓄地表达制约于生命的某种道德愿望。显然，在狄尔泰对"世界观"的概括中，就是指向着价值观的层面的。而且，此时此刻，他所指向的已经不是一般而言的价值观体系，而已经是生命动力的最高价值的建构。

　　进而，所谓解释，又毕竟是"对于我而言"。所谓解释，就是对"世界对于我而言是什么"的回应。世界的客观性是隐含在无数个"对于我这是什么"的总和之中的。因此，对世界的解释也就必然又是多元的，而不只是一元的。解释必然是一个复数。这是因为，每个人都有解释的自由，都有根据自己的生命需要而拓展自己的价值需要的自由。价值之为价值，因此也就都是相对的，所以，解释也是多元的，没有绝对客观的解释可言。而且，正是世界的无限可解释性、万物一体仁爱关系的总和，构成了世界的所谓客观性。这客观性就来自"所有个人的视界融合"。因此，显而易见的是，越是每个人的主观性被充分加以弘扬，也就越是客观。当然，其中也有内在的标准，这就是满足生命的需要。尽管并不存在唯一正确的解释，但是却毕竟存在更加适应生命需要的解释。在此基础上，对世界的解释理应是立足于宇宙大生命与人类小生命的生命共同体的肯定性价值与否定性价值的体验，理应是关于世界的总根据、总原因、总说法、总说明。丹尼尔·贝尔在《后工业社会的来临》中提示："一个社会对于正在发生的事情找不到语言来表达是可悲的。"② 对世界的解释，就是"一个社

---

① 转引自童庆炳《艺术创作与审美心理》，百花文艺出版社1990年版，第8页。
② [德] 丹尼尔·贝尔：《后工业社会的来临》，高铦等译，商务印书馆1984年版，第327页。

会对于正在发生的事情"所找到的"语言""表达"。而且,这个"语言""表达"还是动态的、与时俱进的,是对过去的种种解释的狭隘属性的克服——尽管它并不反对过去的对世界的种种解释,但是却反对继续用这样的种种解释来建构世界,因为,这种种解释往往忽视了更为广阔的生命本身。世界"正在发生的事情"期待着对全新的生命能力的满足,例如享受生命的能力、拓展生命的能力、创造生命的能力,等等。而这满足,却又必须从解释的改变而开始自己的改变。由此,我们看到了对世界的解释的否定生命价值但是肯定形上价值、肯定生命价值就是形上价值、否定生命价值也否定形上价值、否定形上价值但是肯定生命价值……的缤纷图景与整体跃迁。这正如马克思所指出的:"无论哪一个社会形态,在它所能容纳的全部生产力发挥出来以前,是决不会灭亡的;而新的更高的生产关系,在它的物质存在条件在旧社会的胎胞里成熟以前,是决不会出现的。所以人类始终只提出自己能够解决的任务,因为只要仔细考察就可以发现,任务本身,只有在解决它的物质条件已经存在或者至少是在生成过程中的时候,才会产生。"① 联想到黑格尔所强调的:"哲学的工作实在是一种连续不断的觉醒"。② 对于我们所看到的对于世界的解释缤纷图景与整体跃迁,我们应该也不难心领神会,因为它无非就是"一种连续不断的觉醒"。

  解释与文化的一脉相承也因此而生。其实,"解释"就是"文化"。世界万物自然而然,没有必要也没有可能天然地符合人的本性,但是人却必须要从自身的生命需要出发去对之加以改造,这也就是文化世界的建构。因此,我们说:人是文化的存在。显然,人因此而与动物最终区别开来。我们常常所说的"理想与事实""可能性与现实性",就是指的这个区别。卡西尔曾经引用歌德的名言:"生活在理想的世界,也就是要把不可能的东西当作仿佛是可能的东西那样来处理"。他的意思,当然是认为:人之为人就在于,在于总是生活在

---

  ① 《马克思恩格斯选集》第2卷,人民出版社2012年版,第3页。
  ② [德]黑格尔:《哲学史讲演录·导言》,贺麟等译,生活·读书·新知三联书店2014年版。

"理想"的世界,也总是与"可能性"一路同行。而动物却只能被动地接受直接给予的"事实",也永远无法超越"现实性"。那么,人何以能够如此?卡西尔指出,关键就在于人发明了"符号"这个武器。人有与动物不同的"感受器系统"和"效应器系统",并且在此基础上形成了自己的作为自身生命特殊标志的新系统——"符号系统",正是这个系统,使人从动物的进化"反应"走向人的优化"应对"。卡西尔指出:"人的本质不依赖于外部的环境,而只依赖于给予他自身的价值。"① 这一点无疑十分重要。动物始终只能停留在物理世界所给予它的"信号"之中被动行事,何为"理想"?何为"可能"?它根本一无所知。人却不然,他能够创造出符合自己的生命需要的"理想世界"。因此,人是自然的一部分,但是也还存在超出自然的一部分。就后者而言,无疑不能用自然的方式来表达,而只能用精神的方式去阐释。或者说,只能是自己规定自己,而不能被他物所规定,也只能是超越作为他物规定的规定,也就是来自精神的自我规定,来自对自身的精神的自我反思。这样一来,真正意义的人,也就只能是文化的人。文化作为人的超生物的要素而出现。文化也作为人的超生物的要素与人类共生。我们常常说,人类所有的进步都是文化的进步。人类的历史就是文化的历史……也正是出于这个原因。因此,人是被文化化了的,是以文化为手段的优化方式取代了以本能适应的生物进化方式的。当然,在卡西尔提出的信号世界和符号世界之外,弗雷泽也提出了外在世界、精神领域、意义世界的问题,波普尔也提出了世界一、世界二、世界三的问题,同样也给我们以深刻启迪。

因此脱颖而出的,还有为人们所十分关注的从"纯粹理性批判"到"历史理性批判"的巨大转换,或者,从康德的"理性的批判变成文化的批判"(卡西尔)的巨大转换。就康德而言,还主要是"认识论的转向"。从笛卡尔到康德,人类所谓的知识仅仅是数学、物理学之类,从"认识论的转向"开始,就无疑是要大大扩展了。康德也已

---

① [德]恩斯特·卡西尔:《人论》,甘阳译,上海译文出版社2013年版,第13页。

经提示说:"我们必须尝试一下,如果我们认定对象必须符合于我们的知识,看看在形而上学中这样做,我们会不会有更多的成就。"① 这"更多的成就",就来自康德"想使我们认识和把握我们理性的前提及其基本力量",② 这显然是一个开创性的发现,只是康德却把它局限在理性领域,这就有点过于狭隘了。我们亟待去做的,是继续康德所开辟的道路,不但向实践理性、判断力领域拓展,而且更要向全部文化领域拓展。人永远只能认识自己构造出来的东西。同时,人的本质也从来就不是先在的,而是自我构建出来的。但是,这又是如何自我建构出来的呢?康德的"纯粹理性批判"限定了理性的界限,这是人们的共识,但是,在限定了理性的界限以后,人们却忽视了,恰恰应该由此而进一步地将视线扩展到理性之外的广大领域,扩展到文化。这也就是从理性批判到文化批判。由此我们发现,人性并没有先验的本质、永恒人性,而只是人的自我建构——而且还是无限的自我建构。人的本质是永远处在"建构"之中的,因此,也就是永远处在人不断创造文化的辛勤劳作之中。当然,这就是卡西尔的重要发现:"《符号形式的哲学》是从这样的前提出发的:如果有什么关于人的本性或'本质'的定义的话,那么这种定义只能被理解为一种功能性的定义,而不能是一种实体性的定义。我们不能以任何构成人的形而上学本质的内在原则来给人下定义;我们也不能用可以靠经验的观察来确定的天赋能力或本能来给人下定义。人的突出的特征,人的与众不同的标志,既不是他的形而上学本性,也不是他的物理本性,而是人的劳作(work),正是这种劳作,正是这种人类活动的体系,规定和划定了'人性'的圆周。语言、神话、宗教、艺术、科学、历史,都是这个圆的组成部分和各个扇面。因此,一种'人的哲学'一定是这样一种哲学:它能使我们洞见这些人类活动各自的基本结构,同时又能使我们把这些活动理解为一个有机的整体。"③ 人类的所有活动都是文化活动,所有活动的产品也都是"文化产品"。尽管它们各不相同的,趋

---

① [德]康德:《纯粹理性批判》,韦卓民译,华中师范大学出版社1991年版,第17—18页。
② [德]恩斯特·卡西尔:《符号·思想·文化》,李小兵译,东方出版社1988年版,第7页。
③ [德]恩斯特·卡西尔:《人论》,甘阳译,上海译文出版社2013年版,第115页。

向于不同的方向并且服从着不同的原则。但是却又并不意味着不一致、不调和，它们之间恰恰都是相辅相成的，只是各自开启了一个新的地平线并且向我们显示了人性的一个新的方面，而且都是在向着一个共同目标而努力工作。这个"共同目标"就是创造一个"文化的世界"，并且在创造一个"文化的世界"的同时把人自身创造成为一个"文化的人"！这就是人的真正本质，也就是人的唯一本性。"神话、宗教、艺术、科学只是人在意识、反思和解释生命时采取的一些步骤。其中每一步骤都是我们人类经验的一面镜子，而这些镜子事实上又各有其折射的角度。"①

例如神话。西方学者曾经在神话领域大做文章，意在以神话为突破口去冲击理性主义。这是因为，只要证实了神话有其独立的价值与功能，并且也是人类生命活动的一种，自然也就打破了理性主义的束缚。因此，他们才不辞辛苦地去面对神话、解释神话，去为神话正名，卡西尔指出：神话自带"自身内部各有其特殊而合适的光源"，不需要理性的照耀。神话是自具光源、自我澄明的符号形式，理性之光或其他光源的照亮，其实与神话的现身方式无关，因为它自有其现身方式。如此一来，倘若搞清楚了神话独特的"发光"方式，并且使它严格区别于"科学之光""语言之光""神话之光"等，无疑也就有效地解构了理性的一统天下。我们看到，卡西尔曾经从神话作为思维形式、神话作为直觉形式、神话作为生命形式三个方面对"神话之光"加以讨论。并且指出：在神话中"人将最深处的情感客观化了。他打量着自己的情感，好像这种情感是一个外在的存在物。"② 因此也就揭示了神话之为神话的前逻辑、前理性的属性，揭示了神话得以存在的独立性。这自然是康德的时代所未尝发现的。因此重要的也不仅仅是找到了考察前逻辑、前理性文化的突破口，而且还昭示着从"理性批判"到"文化批判"的拓展。与此相关的，科学、语言、宗教、审美"也

---

① ［德］恩斯特·卡西尔：《语言与神话》，于晓等译，生活·读书·新知三联书店1988年版，第174页。
② ［德］恩斯特·卡西尔：《语言与神话》，于晓等译，生活·读书·新知三联书店1988年版，第153页。

都各有一种独特的方式,也都在自身内部各有其特殊而合适的光源,"① 这一特征也就被揭示而出。卡西尔指出:"所有这些形式都不是靠他物映像而发光,它们具有自身的光源。它们是光的根本源泉。假如我们以这种方式去理解问题,那么,毋庸置疑,所有包容在语言、艺术、科学以及神话的或宗教的思维中的纷纭繁复的符号体系,不仅可以和哲学分析相互沟通,而且还迫切要求这种哲学分析。这些符号体系不要仅仅被理解为和解释为趋于多种不同方向而且弥散于我们精神生活领域的人类心灵的简单表露。"② 结论是:世界的真正光源在人的生命,而且,世界存在着神话之光、宗教之光、语言之光、艺术之光,等等。

但是,卡西尔的发现其实也有不足。而且,这不足还恰恰正是生命美学的逻辑起点。这是因为,在卡西尔那里,未能意识到在这个文化的"组成部分和各个扇面"之中,其实还始终存在一种主导性、引导性的文化。必须看到,某一文化的成熟并不能够与某一个文化时代的成熟等同而言。某一文化的成熟意味着在某一个文化时代它自身的脱颖而出,以至于成了某一个文化时代的象征者、领航者,成了某一个文化时代的第一提琴手。人们以它的是非为是非,也唯它的马首而是瞻。换言之,作为一种社会取向的价值选择,也作为一种社会发展的动力选择,在社会转折的大幕即将拉开之际,应该先"什么"起来?永远都是一个最为根本也极为重大的战略抉择,也必然是一个横亘在人们面前而且亟待回答的严峻问题。它构成了人们孜孜以求的核心价值,也凝聚了人们的目光与期待,更是人们集结起来并且再次出发的价值选择与动力选择。它涉及的,是社会取向的价值选择与社会发展的动力选择,也是社会取向的价值选择与社会发展的优先级与胜负手。

因此,对我们而言,对于在不同的文化时代所出现的不同的文化的成熟,就尤为值得关注。爱因斯坦发现:"这个世界不会通过运用

---

① [德]恩斯特·卡西尔:《语言与神话》,于晓等译,生活·读书·新知三联书店1988年版,第39页。

② [德]恩斯特·卡西尔:《符号·神话·文化》,李小兵译,东方出版社1908年版,第23页。

导致这一状况的同一种思维而度过当前的危机。"① 在不同的文化时代同样不存在着"同一种思维"的成熟文化。因此，一个十分重要的结论也就必然是：不但在文化的"组成部分和各个扇面"之中始终存在一种主导性、引导性的文化，而且这样一种主导性、引导性的文化还是不断地变化着、更新着的。潘能伯格说："人超越自然世界的开放性是否具有如下的意义，即人只能通过把自然世界转化为一个人为的世界，从而在自己的创造中获得满足呢？人注定要有文化吗？今天，这种看法似乎已经流传很广。但是，即使在自己的创造中，人们也没有得到持久的安宁。人们不仅把自然转变为文化，而且又不断地用新的文化塑造来代替旧的文化塑造。人即使通过自己的创造也并没有得到最终的满足，而只是把这种创造当作追求过程中的一个中间点，不久就把它抛在后面。这种情况的前提在于，人的使命也超越了文化，既超越了现存的文化，也超越了任何一种尚待塑造的文化。只有当人们看到自己的动力超越了任何成果，各种成果只是通往未知目标的道路上的一个阶段时，文化塑造过程自身在人的创造性财富中才是可以理解的。"② 过去，人们在这段话中只看到了文化的"组成部分和各个扇面"的"不断地用新的文化塑造来代替旧的文化塑造"，以及"把这种创造当作追求过程中的一个中间点，不久就把它抛在后面"，其实现在发现，我们更应该看到的是在文化的"组成部分和各个扇面"之中始终存在着的那种主导性、引导性的文化的"不断地用新的文化塑造来代替旧的文化塑造"，以及"把这种创造当作追求过程中的一个中间点，不久就把它抛在后面"的现象。由此，如果我们坚信"作为一个整体的人类文化，可以被称作人不断解放自身的历程。"③ 那么我们就不能仅仅把以"自然界生成为人"为主线的人的解放——人成之为人乃至世界成之为世界的关注看作是在"人类动物园"里的思考，而亟待转而看作文化的"一种连续不断的觉醒"，看作文化世界

---

① 转引自王治河等《第二次启蒙》，北京大学出版社2011年版，第1页。
② ［德］潘能伯格：《人是什么》，李秋零、思薇译，生活·读书·新知三联书店1997年版，第7页。
③ ［德］恩斯特·卡西尔：《人论》，甘阳译，上海译文出版社2013年版，第389页。

的建构过程中的不断积累与推陈出新的统一,看作人类智慧更加聪颖、更加智慧的一个永远的"现在进行时"。

何况,人类从"轴心时代""轴心文明"与"新轴心时代""新轴心文明"的急剧进展也已经把对于这个"现在进行时"的把握十分严肃地摆在了我们的面前。

"轴心时代""轴心文明"是德国哲学家雅斯贝斯的发明。他出生之年十分凑巧,恰恰是马克思去世的1883年,而在此后的1949年,他出版了《历史的起源与目标》一书,并且正式提出了"轴心时代""轴心文明"的哲学命题。他的声名鹊起无疑也与此密切相关。在他看来,公元前800—公元前200年之间,尤其是公元前600—前300年间,是人类的"轴心时代""轴心文明"。"轴心时代""轴心文明"发生的地区大概是在北纬30度上下,就是北纬25度至35度区间。这段时期是人类文明精神的重大突破时期。在轴心时代里,各个地域都出现了伟大的精神导师——古希腊有苏格拉底、柏拉图、亚里士多德,以色列有犹太教的先知们,古印度有释迦牟尼,中国有孔子、老子……他们提出的思想原则塑造了不同的文化传统,也一直影响后世的人类社会。毋庸置疑,在这当中,美学也应运而生,并且起着至关重要的作用。不过,我们又毕竟要说,人类的"轴心时代""轴心文明"更具体体现为人类的宗教时代与科学时代。美学在其中只是起着辅助的作用。这是因为,在"轴心时代""轴心文明",人类面对的主要是物质生产,因此形成的,也是一种"非生命模式"。"非生命模式"奉行的是"物的逻辑""物的价值"。"非生命模式"与"物的逻辑"、"物的价值"的"越界""溢出"则导致了"见物不见人""见物不见生命"的轴心价值的形成。从"对象"的角度、"抽象"的角度去考察世界,也从"自然""物""神"的角度去界定世界。在这当中,"救世主"的观念起着重要的作用。或者是上帝,或者是理性,或者是"上帝的人",或者是"知识的人",总之根本模式都是一样的,都是必须有一个彼岸,都必须有一个外在的推动者。其中涉及的,则是物性与人性之间的抗衡,而且也因为这个抗衡,两极化的片面形式无疑是必然的,一方面,人的本性被肢解为神性,另一方面，人的本性又被肢解为物性，或者，世界是精神的，只是单纯的精神关系，是"见山不是山，见水不是水"的"应如此"；或者，世界是物质的，只是单纯的存在关系，是"见山是山，见水是水"的"是如此"。毫无疑问，在人类尚无法自由地把握自身的生命之时，这一切都是必然的。这类的"语言""表达"的动态、与时俱进，应该都不难理解。但是，也毕竟存在着用"神化""物化"去解释生命、去压制生命动力的缺憾，因此也就遏制了生命的源头。这无疑正是宗教与科学世界文化的谬误。然而犹如"房间里的大象"，这一切往往已经为人们习焉不察。它们隐身在人类历史的风云变幻之中，只有借助"大文明""大文化"的眼光，并且由此入手，才能够得见真容。

宗教，是在文化的"组成部分和各个扇面"之中首先成了主导性、引导性的文化的。人们常说，基督教的存在意味着"人的生活无可争辩的中心和统治者"，也意味着"人生最终和无可置疑的归宿和避难所。"① 或者，"对于中世纪的人来说，宗教与其说是一种神学体系，不如说是始终包围着个人从生到死整个一生的一个坚固的精神模子，它把个人的一生所有寻常的和非常的时刻都予以圣洁化并包含在圣餐和宗教仪式之中。失去教会，就是失去整个一套象征物、偶像、信条和礼拜模式，这些东西具有直接体验的心理效果。迄今为止，西方人的整个精神生活安稳地包含在这种体验之中，他就可以毫无约束地同这个世界的全部无理性的客观现实打交道。然而，在这样一个世界中，他必然感到无家可归，这个世界已不再满足他的精神需要。家，是习惯上包含着我们生活而为人们公认的组织。一个人失去精神容器，就将无所适从，随波逐流，成为茫茫大地上的一个流浪者。② 这意味着，宗教已经"溢出"了自身的学科，成了主导价值、引导价值，也就是所谓的"人的生活无可争辩的中心和统治者"、"人生最终和无可置疑的归宿和避难所"、"精神容器"或"精神模子"。因此，"生命充

---

① ［美］威廉·巴雷特：《非理性的人》，杨照明等译，商务印书馆1995年版，第24页。
② ［美］威廉巴雷特：《非理性的人》，杨照明等译，商务印书馆1995年版，第24—25页。

满了宗教经验",① 就正是宗教时代的形象说明。

其次是科学时代,在这个时代,宗教当然并非不再存在,而是作为主导性、引导性的文化已经不复存在。这是时代的转变使然,而不是宗教本身使然。其间当然也存在着宗教与科学的激烈较量,但是,随着宗教的抽身退出,随着宗教的回到教堂,较量也就随之结束。巴雷特发现:在科学时代,"人在寻求自身的人类完善时,就将不得不自己去做以前由教会不自觉地通过其宗教生活这种媒介替他做的事。"② 显然,在过去,"由教会不自觉地通过其宗教生活这种媒介",意味着宗教就是主导价值、引导价值,而现在,这个"不得不自己去做"的"媒介"又是什么呢?当然就是科学。怀特海指出:"在一个表面上以各种无情的强制冲突为基础的世界,让人们理性地理解文明的兴起以及生命本质的脆弱性,这正是哲理性神学的任务。"③ 这其实就正是对于科学作为主导性、引导性的文化的发现。终于,科学,已经"是人的生活无可争辩的中心和统治者"、"人生最终和无可置疑的归宿和避难所"、"精神容器"或"精神模子"。因此,生命充满了科学经验,④ 就正是科学时代的形象说明。

而这也正是在人类"轴心时代""轴心文明"中我们已经看到的人的两次觉醒:宗教的觉醒—科学的觉醒。同时,也是我们已经看到的从宗教或者科学出发的对于世界的两次解释。这解释或者偏重于神性,或者偏重于物性,但是却都可以统称为"非生命模式"!宗教的觉醒—科学的觉醒;"向神而生"—"向真而生";神性原则—理性原则;神之为神—物之为物;"让一部分人先宗教起来"—"让一部分人先科学起来";"上帝就是力量"—"知识就是力量";自我

---

① [英]怀特海:《宗教的形成 符号的意义及效果》,周邦宪译,译林出版社2014年版,第30页。
② [美]威廉·巴雷特:《非理性的人》,杨照明等译,商务印书馆1995年版,第24—25页。
③ [英]怀特海:《宗教的形成 符号的意义及效果》,周邦宪译,译林出版社2014年版,第185页。
④ [英]怀特海:《宗教的形成 符号的意义及效果》,周邦宪译,译林出版社2014年版,第30页。

完善—自我认识;"信以为善"—"信以为真";"信仰的人"—"知识的人";以"宗教的名义"实现人的解放—以"科学的名义"实现人的解放……则是其中的一线血脉。因此,由于时代使然,"宗教"和"科学"也都成为一个形容词、一个副词:"宗教的"、"科学的"与"宗教地"、"科学地"。宗教地看世界、宗教精神、宗教态度;科学地看世界、科学精神、科学态度,俨然已经是一个时代的象征。由此,"神的逻辑"、"神的价值"与"物的逻辑"、"物的价值",或者宗教与科学的价值,也就成为"轴心时代"的光耀四方的灯塔与融贯自身的水塔。因此而产生的效应,可以被称之为:双塔效应。它们是"轴心时代"时代的主导价值、引导价值的象征。作为灯塔,它们让"普天之下,率土之滨"的人都能够看到这个时代的主体形象,作为水塔,它们则通过自身的核心主导与引导作用,使得"普天之下,率土之滨"的人类文化的每一个房间里都拥有了源头活水。至于美学,那暂时还完全是无足轻重的。无论是在"宗教时代""科学时代",都如此。作为宗教时代或者科学时代的附属品、奢侈品,是美学无可避免的历史命运。以柏拉图有关审美教育的途径的论述为例:"第一步应从只爱某一个美形体开始","第二步他就应该学会了解此一形体或彼一形体的美与一切其他形体的美是共通的。这就是要在许多个别美形体中见出形体美的形式",第三步,就要学会"把心灵的美看得比形体的美更可珍贵",这样一步一步地一以贯之下去,从"行为和制度的美"到"各种知识的美",最终达到的,正是彼岸的理念世界,"这种美是永恒的,无始无终,不生不死,不增不减"。显然,在这里,审美活动已经没有了自己的存在,更没有了自己的独立价值,而只是神学或者科学的附庸。

新"轴心时代"、新"轴心文明"的重出现,则意味着情况出现了根本的改变。进入新"轴心时代"、新"轴心文明",在西方,我们看到的是"上帝死了""科学死了",在中国,我们看到的则是"天塌了"。有人甚至认为,现代文明的灾难是自上个冰川时期以来的第一次全球性危机。所不同的是过去的危机来自自然,而如今却是来源于人类自身。因此,"我们完全可以设想将会出现又一个轴心时代",以便为人类的行为规范和价值系统"重新定向"① 取代过去的"轴心时代""轴心文明",这当然就是我们所谓的"新轴心时代""新轴心文明"。在这个方面,德国学者彼得·科斯洛夫斯基的看法值得注意:在他看来,"新轴心时代""新轴心文明"可以被看作一种"后现代"文化。而且,这样一种"后现代"文化不再以"技术模式"为导向,而是转而以"生命模式"为导向。② 20世纪50年代,奥地利学者路德维希·冯·贝塔朗菲(Ludwig Von Bertalanffy,1901—1972)则提出:生物学的世界观正在取代物理学的世界观,"19世纪的世界观是物理学的世界观",而"生物学对现代世界观的形成作出了根本性的贡献"。③ 甚至,物理学世界观向着生物学世界观的这一转换甚至还可以被称作人类文明史上的"第二次哥白尼革命"。因此,贝塔朗菲概括说:迄今为止,人类文明史上已经出现过的,大体有这样三种知识系统:神学知识系统、物理学知识系统、生物学知识系统。贝塔朗菲对它们的哲学概括分别是:"活力论""机械论""整体论"。

美学时代因此应运而生。我们看到,在"轴心时代""轴心文明",是背离生命、疏远生命;在新"轴心时代"、新"轴心文明",则是回到生命、弘扬生命。天地人成为一个生命共同体、一个生命大家庭。而在这样的"又一个轴心时代""又一次轴心巨变"中,无疑就会期冀着"规范观点和指导性价值的重新定向"。④ 于是,从宗教体悟、科学抽象走向了审美观照。在宗教与科学,都是单纯的精神关系或者单纯的自然关系,这样的关系都是抽象的,因此也是相互对立、彼此隔绝的,只能是"见神不见人"或者"见物不见人",而现在终于回到了人本身。不再是精神生命、自然生命,而是作为自然与精神的融合的人的生命。也不再是精神视界、自然世界,而是自然与精神的融合世界。现在,已经

---

① [美]大卫·雷·格里芬编:《后现代精神》,王成兵译,中央编译出版社2011年版,第129、135页。
② [德]彼得·科斯洛夫斯基:《后现代文化—技术发展的社会文化后果》,毛怡红译,中央编译出版社1999年版,第79页。
③ [奥]L. V. 贝塔朗菲:《生命问题》,吴晓江译,商务印书馆1999年版,第1页。
④ [美]大卫·雷·格里芬编:《后现代精神》,王成兵译,中央编译出版社1998年版,第135页。

是"见山还是山,见水还是水",而且也已经是"确实如此"。尼采宣称:"上帝死了",这是人们所熟悉的,但是尼采还说过一句话,人们却不太熟悉。这就是:在上帝之后,我们将如何安慰自己?而这也就正是美学之为美学的天命。美学从此被卷入了世界,人类的任务成了美学的任务。以美学的方式进入社会,以美学的方式回应时代,美学成了思想中把握的人类与思想中把握的时代。美学,也提供了根本原则、根本条件、根本准则、根本意义。于是,在"自然界生成为人"的过程中也终于有了人之为人、世界之为世界的可能。向美而在、为美而生成为必然与必需。彼得·比格尔指出:"艺术不是在宗教艺术的范围内占据一席地位,而是取代宗教。"① 这是时代的必然要求与内在呼唤。于是,我们看到:美学才"是人的生活无可争辩的中心和统治者"、"人生最终和无可置疑的归宿和避难所"、"精神容器"或"精神模子"。因此,生命充满了美学经验,② 就正是美学时代的形象说明。③

马克思指出:在过去的某一文化时代,"宗教是这个世界的总理论,是它的包罗万象的纲要"④。我们也可以相应指出:在过去的某一文化时代,科学也是"这个世界的总理论,是它的包罗万象的纲要。"而现在,美学已经是"这个世界的总理论,是它的包罗万象的纲要。"

---

① [德]彼得·比格尔:《先锋派理论》,高建平译,商务印书馆2002年版,第95页。
② [英]怀特海:《宗教的形成 符号的意义及效果》,周邦宪译,译林出版社2014年版,第30页。
③ 在美学时代,人类"把哲学(把问题)重新拿在手里并且以不同于科学的方式来考察",([德]叔本华:《作为意志与表象的世界》,石冲白译,商务印书馆1982年版,第129页)因此,尼采才把自己的"悲剧哲学"、"悲剧世界观"称为"一种艺术的世界观","一种反形而上学的世界观",([德]尼采:《权力意志》,孙周兴译,商务印书馆2007年版,第188页)"一般而言,艺术观点在其思想中是占有一根本地位的。这也是他一早就抛弃基督教世界观,而代之以悲剧世界观或艺术世界观的表现。"(刘昌元:《尼采》,联经出版事业股份有限公司2016年版,第35页)显然,对于全部世界与人生的根本问题的思考,就是美学。当然,这也并不意味着对于宗教与科学的彻底否定,因为宗教与科学作为世界观尽管失败了,但是却都证实了人的生命、人的尊严的存在,宇宙大生命与人类小生命的存在、头顶的星空与心中的道德律的存在,而且,也无非是将"世界是什么"、"人生是什么"转换为"世界有什么意义"、"人生有什么意义",无非是在科学不思之处去思,也在宗教不疑之处去疑。换言之,美学时代,就是要在否定宗教的同时仍旧维护人生的责任,也是要在否定理性的基础上仍旧维护起世界的责任。这就是宗教精神、科学精神之后出现的人文精神。美学,最终在自己的身上战胜了时代。
④ 《马克思恩格斯选集》第1卷,人民出版社2012年版,第1页。

无疑，这已经更加趋近于问题的答案。比较而言，作为主导性、引导性的文化，不论是宗教还是科学，都还只是不充分的文化形态，美学的作为主导性、引导性的文化，也确实是对于宗教与科学自身的狭隘属性的克服。当然，美学其实并不反对宗教与科学，美学反对的只是借助宗教与科学来构造世界并且指导生命。因为这无异于对更为广阔的生命本身的忽视。宗教无异于内在世界的"简化"，科学无异于外在世界的"简化"。在相当长的时间里，宗教与理性都是出于生命需要的对于世界的解释，但是没有绝对的价值。宗教被绝对化、理性被绝对化。结果，敌视生命的宗教与科学在"溢出""教堂"与"课堂"之后，已经把生命源头完全弄脏了。在新"轴心时代"、新"轴心文明"，尤为期待的是对于生命的解释，但是却不再是宗教的解释与科学的解释，而全然是美学的解释。美学必须成为最高价值。真正能够解释生命的，不是宗教和理性，而是被他们所一贯予以排斥的美学。而且，美学的合法性不再来自道德与神学，而是来自生命，美学不再是寓教于乐的辅助工具了。因此，也就可以更加真实地去解释生命的需要。由此，也就进入了美学时代。在这个时代，宗教退回教堂，科学退回课堂，美学却登堂入室，升堂挂帅。宗教的觉醒—科学的觉醒—美学的觉醒；"向神而生""向真而生""向美而生"；神性原则—理性原则—生命原则；神之为神—物之为物—人之为人；"让一部分人先宗教起来"—"让一部分人先科学起来"—"让一部分人先美学起来"、"上帝就是力量"—"知识就是力量"—"美就是力量"；自我完善—自我认识—自我欣赏；"信以为善"—"信以为真"—"信以为美"；"信仰的人"—"知识的人"—"审美的人"；以"宗教的名义"实现人的解放—以"科学的名义"实现人的解放—以"美学的名义"实现人的解放……则是其中的一线血脉。这样，由于时代使然，"美学"，成了一个形容词、一个副词，所谓"美学的"与"美学地"，美学地看世界、美学精神、美学态度，俨然已经是一个时代的象征。

尼采曾经说：我的时代还没有到来！美学也曾经如此。尽管从西方近现代的大哲学家诸如康德、席勒、叔本华、尼采……开始，都已经在不遗余力地呼唤美学，但是由于始终未能意识到美学时代的到来以及美学作为引领时代的主导性、引导性的文化的到来，而且也未能意识到从"大文明"的角度去观察"轴心时代""轴心文明"与新"轴心时代"、新"轴心文明"之间的根本差异与价值翻转，对于尼采所大声疾呼的"重估一切价值"也就未能从美学层面给以深刻阐释。而今看来，原来，美学的一热再热乃至"热美学"的到来，都是严格对应着新"轴心时代"、新"轴心文明"、对应着"生命模式"、对应着美学时代的。美学之为美学，恰恰就是"价值翻转"的阿基米德点。美学因此而不再是非美学，不再是神学的婢女，也不再是科学的附庸，不再是神性化或者理性化的。并且，相应而言，我们可以把美学时代的到来称之为人类精神继第一次觉醒（神性的觉醒）、第二次觉醒（理性的觉醒）之后的第三次觉醒（生命的觉醒）。从"非生命模式"（宗教时代、科学时代）到"生命模式"（美学时代），从轴心时代、轴心文明到新"轴心时代"、新"轴心文明"，是其中的隐性逻辑。美学，从此成了引领时代的主导性、引导性的文化。因此我们可以说，美学，是一门以审美活动为中心，通过审美活动来研究人以及人的解放的学科。因此，人的解放是不自觉的美学，美学则是自觉的人的解放。在其中，"时间的人道主义"解释是主旋律，"自然向人生成"是对人的解放与审美的解放的统一解释，"感觉变成理论家"则是人之为人的证明。在这个意义上，美学无疑是一种比思想更加深刻的思想，也无疑是人类文明的领航。这就正如德国学者沃尔夫冈·韦尔施所发现的，在这个时代，"第一哲学在很大程度上变成了审美的哲学"。[①]

而这也就是生命美学得以问世的全部理由！在我看来，在美学时代，回到美学也就是回到生命美学。因为生命美学就是美学，美学也就是生命美学。所谓生命美学，其实正是一个即将到来的全新大时代的理论表达，正是以美学的方式回答时代的挑战。在新"轴心时代"、新"轴心文明"应运而生的美学必然是生命美学。它是为人类的"美

[①] ［德］沃尔夫冈·韦尔施：《重构美学》，陆扬等译，上海译文出版社2002年版，第71页。

学时代"保驾护航的主导价值、引导价值的建构。新"轴心时代"、新"轴心文明"——生命模式；美学时代——生命美学——中华美学，超越文学的大美学——第一哲学……一切的一切都是这样的恰到好处，也都是这样的合乎逻辑，美学自身，从此也就离开了宗教神学的至善论或者理性的目的论，转而进入了生命论的历史航道。

美学的全新画卷，因此徐徐舒展。

美学的无比壮丽的凤凰涅槃也因此而迈出了至关重要的第一步！

第三节 巴黎手稿：生命美学的"真正诞生地和秘密"

一 人的解放的价值省察

还有待考察的，是马克思的美学。因为生命美学与马克思美学的关系是一个十分重要的话题。尤其是马克思的《巴黎手稿》（《1844年经济学哲学手稿》，以下简称《巴黎手稿》[①]），更是生命美学的"真正诞生地和秘密"。遗憾的是，由于对生命美学的不尽了解，在相当长的一段时间里，有些学者误以为生命美学仅仅是从中国古代美学与西方近现代生命美学"接着讲"，却忽视了生命美学其实更是从《巴黎手稿》"接着讲"，这无疑是完全不符合实际情况的。

事实上，自生命美学从1985年诞生开始，我就始终都在强调：《巴黎手稿》堪称生命美学的启示录。它是生命美学的思想宝典，也是生命美学的美学圣经。

"忽视"的出现，其实与对《巴黎手稿》的不同理解有关。众所周知，不论是在西方还是在中国，"美学热"与"热美学"都与《巴黎手稿》有着不解之缘。无人不谈马克思美学，无人不谈马克思《巴黎手稿》，更是堪称一大奇观。尤其是中国的实践美学，更是以马克思美学的传人自居，诸如"劳动创造了美"，诸如"自然的人化"，诸如"美是人的本质力量的对象化"……总之都是唯唯诺诺地走"实践

---

① 人们习惯把《1844年经济学哲学手稿》称为《巴黎手稿》。近年有学者认为，应该把《穆勒评注》置于"第一手稿"和"第二手稿"之间，与《1844年经济学哲学手稿》以及同时写成的几册经济学手稿一起合称《巴黎手稿》。本书仍沿袭旧说。

的唯物主义"的路子,而且都是无时无刻不作为"紧箍咒"去念上几遍的,即使"变法",也只敢走到"实践创造论""实践存在论""新实践美学"的实践边缘,从"实践"美学转向美学"实践",但是生命美学却不然。生命美学同样是从《巴黎手稿》出发,在生命美学看来,借用马克思在高度赞誉费尔巴哈著作时说过的话,毫无疑问应该承认,《巴黎手稿》是继费尔巴哈和黑格尔之后"包含着真正理论革命的唯一著作",①而且,在美学方面更是尤其如此。《巴黎手稿》中的美学宝藏确实琳琅满目,令人目不暇接。但是,其中的关键却根本不在"实践的唯物主义",而在"实践的人道主义"。②遗憾的是,由于《巴黎手稿》中的美学宝藏毕竟还只是"胚胎"与"基因",因此还有待辛勤地开掘与拓展。尤其是马克思美学的核心——"实践的人道主义",更是亟待予以深化。在这个方面,西方马克思主义美学的从《巴黎手稿》的"接着讲"因为未能予以深化就留下了自己的宝贵教训,并且从反面为所谓的"忽视"提供了理由。

问题的关键在于:马克思的美学是哲学家的美学还是美学家的美学?一般而言,人们往往都是把马克思美学理解为美学家的美学,例如实践美学就是如此,因此也就往往是从"美学作为学科"入手、从"小美学"入手,而未能从"美学作为问题"入手、从"大美学"入手。然而,这恰恰是一个根本性的失误。这是因为,马克思美学恰恰是不折不扣的哲学家的美学,他的美学思考,也完全是从"美学作为问题"出发、从"大美学"出发的。因此,从"美学作为学科"方面

---

① [德]马克思:《1844年经济学哲学手稿》,人民出版社2018年版,第4页。
② 马克思的美学思考主要体现在他的关于"实践的人道主义"的思考之中,这是我在研读马克思美学时逐渐形成的一个基本看法。在多年以前,我在《再谈生命美学与实践美学的论争》(《学术月刊》2000年第5期)中曾经提出:马克思美学是"实践的唯物主义"的美学。后来在深入学习中,对于这一看法很快就已经有所修正。在我看来,马克思的哲学思考其实是以"人的解放"为核心的,也是由"实践的唯物主义"与"实践的人道主义"两个维度组成的,而马克思的美学思考则主要不是体现在"实践的唯物主义"的维度,也主要不是体现在马克思关于"实践的唯物主义"的思考之中(因此,由此推演而出的实践美学则无疑有其先天的理论不足),而是主要体现在"实践的人道主义"的维度,体现在马克思关于"实践的人道主义"的思考之中。马克思美学是"实践的人道主义"的美学。我所主张的生命美学,也正是从马克思关于"实践的人道主义"的思考之中推演而出的。

入手，从"小美学"入手，其实是根本无法真正开掘出马克思主义美学的精髓的。例如，由于从"美学作为学科"与"小美学"入手，实践美学错误地过多关注了《巴黎手稿》中的马克思关于唯物主义历史观、政治经济学和科学社会主义的论述，也就是"实践的唯物主义"的方面，因此也就忽视了马克思美学的真正贡献。事实上，由于马克思本人的哲学家的身份，他恰恰是从哲学的角度去谈论美学的。因此，马克思的美学直接与马克思关于人的思考有关，也就是直接与马克思关于"实践的人道主义"的思考有关，而间接与马克思的唯物主义历史观、政治经济学和科学社会主义有关，也间接与马克思的"实践的唯物主义"有关。在这个意义上，重要的不是人类解放的历史求解——"实践的唯物主义"，而是人类解放的价值省察——"实践的人道主义"，也就是对"实践"的"人道主义"批判。必须强调，在对于《巴黎手稿》的理解中，这是一个十分重要的思想逻辑，万万不可忽视。昔日的许多解读之所以误入歧途，正是因为颠倒了这个思想逻辑的顺序。而在这个方面，西方马克思主义者倒是给我们树立了一个很好的榜样。卢卡奇、佛洛姆、马尔库塞……无一不是从马克思关于人的思考入手的。但是，离开马克思的美学思路，仍旧回到从人性、人的本质去考察审美活动，却是它们之间的通病。至于国内的美学研究，则除了生命美学之外，却包括实践美学在内都大多都始终未能关注到这个关键之点。他们偏偏把马克思美学"误读"成了美学家的美学，也就是"作为学科"的美学与"小美学"，然后费尽心机地去从马克思的实践唯物主义历史观、政治经济学和科学社会主义中去翻检搜寻，费尽心机地去从马克思的"实践的唯物主义"中去翻检搜寻，力求证明审美活动只是实践活动的附属品、奢侈品，是一个明显的例证，亦步亦趋地跟随苏联的实践美学之类假马克思美学的东西，也是一个明显的例证。前面批评的"跳蚤的美学"无疑也是来源于此。我们经常痛心疾首地感叹20世纪80年代的美学大发展的黄金时期和宝贵机遇的丧失，我们也经常感叹"播下的是龙种，收获的是跳蚤"，其实，根本原因就在这里。

生命美学从《巴黎手稿》起步，来自一个基本的判断：马克思美学是以"人的解放"为核心的,亦即是同时兼顾了"实践的唯物主义"与"实践的人道主义"的。当然,无法否认,《巴黎手稿》中也存在困惑。例如,其中就明显隐含着人文视界与科学视界、人文逻辑与科学逻辑,亦即人道主义的马克思主义与唯物主义的马克思主义、人本主义的马克思主义与科学主义的马克思主义的不同指向。引人瞩目的是,其中的后者,经过《德意志意识形态》乃至《资本论》,已经形成了马克思所谓的"唯一的科学,即历史科学"。可是,其中的前者却被暂时剥离了出来,停顿下来,以致至今都亟待拓展。它意味着与"历史科学"彼此匹配的"价值科学"的建构。① 而且,犹如作为"历史科学"之最高成果的《资本论》的出现,而今也无疑期待着作为"价值科学"的最高成果的出现。因此,在这方面,《巴黎手稿》确实是一个可喜的开始,但是,也确实并非一个完满的结束。它仅仅预示着:马克思美学并不直接与马克思的实践唯物主义历史观、政治经济学和科学社会主义相关,并不直接与马克思的"实践的唯物主义"相关,而是直接与前三者所无法取代的马克思的人学理论相关,直接与马克思的"实践的人道主义"相关。因此,在马克思那里,人不仅仅是实践活动的结果,还是实践活动的前提。离开实践活动研究人固然是不妥的,但是,离开人研究实践活动也是不妥的。人是实践活动的主体,也是实践活动的目的,实践活动毕竟要通过人、中介于人。人的自觉如何,必然会影响实践活动本身。没有人就没有实践活动的进步,因此马克思指出:"个人的充分发展又作为最大的生产力反作用于劳动生产力"。② 何况,实践活动的进步又必然是对人的肯定。这就是所谓的"以人为本""人是目的"。因此,从实践活动对人的满足程度来省察实践活动的进步与否,也是十分必要的。由此,

---

① 在马克思毕生的研究工作中存在着两个路向,一个路向是对于人的解放中人成之为人、世界成之为世界的客观层面的关注,对人的社会关系的解放的关注,还有一个路向是对人的解放中人成之为人、世界成之为世界的主观层面的关注,对人的精神关系的解放的关注,如果说,前一个路向是历史求解,构成了马克思所谓的"历史科学",后一个路向则是价值省察,构成了马克思所谓的"价值科学"。

② 转引自韩庆祥《现实逻辑中的人——马克思的人学理论研究》,北京师范大学出版社2017年版,第44页。

人的解放，也完全可以成为一个价值科学的研究对象。它所涉及的是：人性、人权、个性、异化、尊严、自由、幸福、自由、解放，"我们现在假定人就是人""通过人而且为了人""作为人的人""人作为人的需要""人如何生产人""人的一切感觉和特性的彻底解放""人不仅通过思维，而且以全部感觉在对象世界中肯定自己"，以及区别于"人的全面发展"的"个人的全面发展"……毫无疑问，这正是巴黎手稿所开辟的美学道路。而恰恰也就在这条道路的延长线上生命美学合乎逻辑地应运而生。通过追问审美活动来维护人的生命、守望人的生命，弘扬人的生命的绝对尊严、绝对价值、绝对权利、绝对责任，这正是生命美学的天命。然而，令人遗憾的是，所谓实践美学却恰恰不在这条道路的延长线上。

当然，我的说法也并非言而无据。

首先，不可否认的是，马克思是从人的问题起步，是从人学视角进入毕生的理论探索的。

这一点，已经被越来越多的学者关注。例如日本学者城塚登指出："18 世纪法国的启蒙思想，具体地说，人道主义，是马克思思想的最初一个出发点。"① 在这个方面，与恩格斯的区别是非常重要的。万万不可把恩格斯误读为马克思。无疑，恩格斯关注的并非人的问题，也并非人的视角，例如，康德自由观，就没有引起他的特别关注。在恩格斯看来，还是认为自由是对于必然的认识。可是我们知道，康德早已经意识到：如果在现象的范围内认识了自然必然性或自然规律，人就达到了自由，人岂不会蜕变成"上紧发条的一个木偶或一架沃康松式的自动机。"这已经在提示我们：真正意义上的自由，一定是会关涉到生命、情感、信仰、责任、善恶、良知，也就是一定会关涉到人，否则就谈不上自由。至于对于必然的认识的自由，在康德那里只关涉到思辨理性，也只关涉到自然规律或自然必然性，其实还仅仅是关涉到现象而已；真正意义上的关涉到生命、情感、信仰、责任、善恶、

---

① ［日］城塚登：《青年马克思的思想：社会主义思想的创立》，求实出版社 1988 年版，第 34—35 页。

良知的自由所关涉到的，是实践理性、是自在之物。这两者是完全不同的："事实上，人的行为，在他属于时间之中的人的规定的时候，不但是作为现象的人的规定，而且是作为自在之物的人的规定，那么自由便会是无法拯救的了。人就会是由至上匠师制做和上紧发条的一个木偶或一架沃康松式的自动机。"在康德看来，当人面对自然必然性时，是不应该谈论自由的，因为"在现象里面，任何东西都不能由自由概念来解释，而在这里自然的机械作用必须始终构成向导。"① 人"属于时间之中的人"，属于现象领域，但是人又不"属于时间之中的人"，属于自在之物的领域，自由之为自由，肯定是只能在后者中谈论，即关涉到生命、情感、信仰、责任、善恶、良知时才谈论。但是，与恩格斯截然不同的是。马克思早在他的《博士论文》（1840—1841）中就已经借助对伊壁鸠鲁的原子偏斜说的讨论，进而正面切入了人的自我意识、人的自由。早在他的第一篇政论文章《评普鲁士最近的书报检查令》（1842）中，在剖析普鲁士政府的"虚伪自由主义"的表现时，马克思就正面切入了人的自我意识、人的自由："我是一个幽默家，可是法律却命令我用严肃的笔调。我是一个激情的人，可是法律却指定我用谦逊的风格。没有色彩就是这自由唯一许可的色彩。每一滴露水在太阳的照耀下都闪耀着无穷无尽的色彩，但是精神的太阳，无论它照耀着多少个体，无论它照耀着什么事物，都只准产生一种色彩，就是官方的色彩！"② 由此，再联想一下康德在《道德形而上学原理》（1785）中疾呼的："每个有理性的东西都须服从这样的规律，不论是谁在任何时候都不应把自己和他人仅仅当作工具，而应该永远看作自身就是目的。"③ 再联想一下费希特的《人的使命》、谢林的《对人类自由的本质及与之相关联的对象的哲学探讨》和黑格尔的《法哲学原理》，就不难发现，从人的问题起步，从人学视角起步，正是马克思从"康德以来"一脉相承的思想路径。尽管康德存在着把自然必

---

① ［德］康德：《实践理性批判》，蓝公武译，生活·读书·新知三联书店1957年版，第30、110页。
② 《马克思恩格斯全集》第1卷，人民出版社1956年版，第7页。
③ ［德］康德：《道德形而上学原理》，苗力田译，上海人民出版社1986年版，第86页。

然性与自由加以分裂、对立的不足，尽管黑格尔的自由观也仍旧未能从"必然"概念中区分出"自然必然性"和"历史必然性"，但是，道路已经开通。

更为重要的例证是费尔巴哈对马克思的影响。马克思的起步与费尔巴哈的影响直接相关。但是。费尔巴哈的影响主要何在？一般人以为是在唯物论，其实，是在费尔巴哈"打下真正的基础"的人学。马克思在《巴黎手稿》中对费尔巴哈就曾评论："费尔巴哈越是得不到宣扬，这些著作的影响就越是扎实、深刻、广泛和持久；费尔巴哈著作是继黑格尔的《现象学》和《逻辑学》之后包含着真正理论革命的唯一著作。"① 在《费尔巴哈与德国古典哲学的终结》的"1888年单行本序言"中，恩格斯甚至肯定，费尔巴哈"在好些方面是黑格尔哲学和我们的观点之间的中间环节"，并强调，"我也感到我们还要还一笔信誉债，就是要完全承认，在我们的狂飙突进时期，费尔巴哈给我们的影响比黑格尔以后任何其他哲学家都大。"② 我们看到，马克思所熟练运用的"类""类存在物""类本质"等，其实都是来自费尔巴哈，尽管其中已经有了社会关系的内涵。而只要熟读过马克思和恩格斯的早期著作，如《1844年经济学哲学手稿》《神圣家族》《关于费尔巴哈的提纲》《德意志意识形态》等，其中令人印象十分深刻的，一定也是人学。而且，事实其实也是如此，就"终结"德国古典哲学而言，费尔巴哈的不彻底的唯物主义学说并不是真正的深刻之处，他的深刻之处，恰恰在于人学思考。例如，上帝乃是人的本质的异化，神学的本质就是人类学，等等，如此这般的人学思考，无疑对马克思的起步产生了十分正面的影响。何况，马克思本人对此也从未掩饰："费尔巴哈把形而上学的绝对精神归结为'以自然为基础的现实的人'，从而完成了对宗教的批判。同时也巧妙地拟定了对黑格尔的思辨以及一切形而上学的批判的基本要点。"③ 这里的"完成"和"拟定"，显然对马克思的进一步的思考产生了重大的影响，而且也充分

---

① ［德］马克思：《1844年经济学哲学手稿》，人民出版社2018年版，第4页。
② 《马克思恩格斯选集》第4卷，人民出版社2012年版，第218页。
③ 《马克思恩格斯全集》第2卷，人民出版1957年版，第177页。

表明，对马克思而言，费尔巴哈的重要的理论遗产是人学，而不是唯物主义。因此，我们不能因为晚年的马克思的对于费尔巴哈的人学思想的清理，就忽视了他在起步时期的对于费尔巴哈的人学思想的关注。

由此，我们再看马克思所强调的"我们的出发点是从事实际活动的人"①，也就不会觉得十分突兀了、十分来路不明了。更不要说马克思所憧憬的，在未来共产主义社会中，"每个人的自由发展是一切人的自由发展的条件"。② 这样的一种"个人全面发展"③ 的理论。在某种意义上，已经十分清楚地昭示着：马克思的哲学，就是一种关于人的解放的哲学，因此也是一种蕴含着"实践的人道主义"的关于人的解放的哲学。

其次，马克思因此也就是从"价值科学"起步、从价值问题起步的，是从价值视角进入毕生的理论探索的。

在众多学者看来，谈马克思，就要谈唯物主义，而对马克思对于人的关注却避之唯恐不及，这一点，仍旧还是可能因为恩格斯本人的不理解所导致，同时，也与众多学者的竭力予以掩饰有关。在《路德维希·费尔巴哈和德国古典哲学的终结》中恩格斯认为："这样，对于已经从自然界和历史中被驱逐出去的哲学来说，要是还留下什么的话，那就只留下一个纯粹思想的领域：关于思维过程本身规律的学说，即逻辑和辩证法。"④ "留下"的只有"逻辑和辩证法"？这样一来，在康德、费希特、谢林和黑格尔那里已经起步了的关于人、自由、异化、历史必然性等问题的深刻思考又被置于何地？可是，倘若我们能够意识到人的解放在马克思的思考中的核心作用，则就不难意识到，在马克思那里，人的主题、人的解放、自由、"本质的人"，其实是一个根本线索。抓住根本线索，就不难发现马克思对于人的发现，不难发现马克思与人道主义的关联，以及马克思对于人的存在、人的本质的价值评价，其实，马克思在价值层面的关于人的思考，根本就没有

---

① 《马克思恩格斯全集》第3卷，人民出版社1960年版，第30页。
② 《马克思恩格斯选集》第1卷，人民出版社2012年版，第422页。
③ 《马克思恩格斯全集》第46卷上，人民出版社1979年版，第104页。
④ 《马克思恩格斯选集》第4卷，人民出版社2012年版，第264页。

什么可以"谈人色变"之处,而且,马克思本来就是"以人为本"的,也本来就是从价值层面切入去对人进行深刻思考的。

例如,马克思关于人道主义的思考,就可以视作马克思的建立一门相对于"历史科学"的"价值科学"的努力。

其中最为引人瞩目的,就是《巴黎手稿》中影响最大的概念:"异化"。卢卡奇认为:"异化"是我们时代的关键问题,也是马克思主义复兴的重要生长点。①阿格尔在20世纪70年代写的《西方马克思主义概论》的序言中也说:"因为异化存在,所以马克思主义存在,而且必然存在。"②这就类似后来的沃勒斯坦所说:如果马克思描述的其他所有东西都失效了,只要异化还存在,马克思主义就仍旧能存在下去。因为,"正是异化构成了我们时代怨愤的基础"。③吉登斯说得更为精辟:如果在现代社会中思考"自我"问题的作者都事实上共享着一个主题的话,"那么这个主题便是个体在联系到一个差异性和宽泛的社会世界时所体验到的那种无力的感受。假定在传统的世界中,个体实质上控制着形塑他的生活的许多影响,那么在与此相对立的现代社会中,这种控制已让位于外在的代理机构(agencies)了。正如马克思所认定的,在分析这个问题时,异化(alienation)的概念起了核心的作用"④显然,这是马克思的一个重要发现,也是一个极为重要的思想酵母。而且,这也正是从"价值科学"的角度去思考的必然结果与思想结晶。何况,只要我们想到卢卡奇在没有看到手稿的时候就独自发现了"物化",马克思也在没有看到黑格尔的专著之前就猜到了"异化",无疑就会知道,"异化"的出现完全是必然的。

遗憾的是,晚期的马克思未能对此予以拓展。不过,认为马克思在

---

① 参见[匈牙利]卢卡奇《关于社会存在的本体论·下卷——若干最重要的综合问题》,白锡堃等译,重庆出版社1993年版,第786页。
② [加拿大]本·阿格尔:《西方马克思主义概论》,慎之等译,中国人民大学出版社1991年版,第1页。
③ [美]伊曼纽尔·沃勒斯坦:《苏联东欧剧变之后的马克思主义》,载俞可平主编《全球化时代的"马克思主义"》,中央编译出版社1998年版,第24页。
④ [英]安东尼·吉登斯:《现代性与自我认同》,赵旭东等译,生活·读书·新知三联书店1998年版,第225页。

晚期已经放弃了"异化",也是不正确的。我们看到,"异化"这个概念不但早在他的《博士论文》里就已经出现了。在晚期,尽管马克思的主要精力转向了"价值科学"之外的视角,也就是所谓的第二路向——"历史科学",但是,却仍旧是意在"异化"问题的彻底解决的。因此也只是暂时将之剥离出来而已。例如,我们在《资本论》就看到了"疏离""分化",这其实仍旧是在谈论"异化"。而且,我们完全可以预见的是,在与"历史科学"彼此匹配的"价值科学"中,"异化"问题必将得到彻底的解决。因此,必须看到的是,对马克思本人而言,这其实只是无暇如此去做而已,却绝非对人学角度的放弃。

进而,我们应该谈到的,就是马克思美学的"实践的人道主义"。因为,马克思的"实践的人道主义"无疑是"异化"问题的哲学源头。

首先,我们必须承认,关于人的思考,尽管离不开人道主义,但是却也不限于人道主义。例如,在马克思看来,实践唯物主义就"在理论方面体现了和人道主义相吻合"① 因此,即便是在《巴黎手稿》里,也确实并非完全就是人道主义的视角。倒是国民经济学的视角,才更是显而易见的。例如,"人的本质是人的真正的社会联系"。② 而且,尽管"类意识""类存在"这样的费尔巴哈式的术语在《巴黎手稿》中随处可见。但是,马克思的思考却远远地超过了费尔巴哈。在这个方面,我们所看到的"个人是社会存在物""工业的历史和工业的已经产生的对象性的存在,是一本打开了的关于人的本质力量的书,是感性地摆在我们面前的人的心理学",③ 等等,这无疑都并不是费尔巴哈可以比拟的,而且无疑也都是从国民经济学批判中抽绎而出的。至于后来的经济基础、社会关系、物质活动、阶级斗争、国家与革命,其重要性就更是远远超出了人的价值问题、主体问题。显然,马克思关注的是人的现实解放,也是从历史科学的角度去入手的。到了1845—1846年,在《德意志意识形态》里,人的生产的社会物质条

---

① 《马克思恩格斯全集》第2卷,人民出版社1957年版,第160页。
② 《马克思恩格斯全集》第42卷,人民出版社1979年版,第24页。
③ 《马克思恩格斯全集》第42卷,人民出版社1979年版,第122、127页。

件,更是成为人的解放的根本:"只有在现实的世界中并使用现实的手段才能实现真正的解放……'解放'是一种历史活动,而不是思想活动,'解放'是由历史的关系,是由工业状况、商业状况、农业状况,交往关系的状况促成的。"① 由此,马克思进而关涉的也已经是历史唯物主义学说和剩余价值学说,因此起码是从表面上看,已经是更加远离了人道主义。

其次,也没有必要轻率地就以此来认定是马克思在晚期已经抛弃了人道主义。这样一种干脆一股脑地把人性、人文主义、人道主义都推给西方资产阶级的做法,是完全不可取的。就类似于人们喜欢津津乐道两个马克思:青年的与老年的马克思;不成熟的与成熟的马克思,甚至,在某些人那里,"马克思何时成为马克思"都还是一个问题。其实,在我看来,就只是一个马克思。《巴黎手稿》中的马克思与《资本论》中的马克思,就是同一个马克思。有些人,例如塔克尔,在《卡尔·马克思的哲学与神话》中认为:"原来的,'人道主义'的马克思主义才是马克思不朽的、具有宝贵价值的重大创造,而(马克思的那个)对个人不加考虑的成熟思想体系,则是一种倒退。"鲍亨斯基在《苏俄辩证唯物主义》中也认为:马克思主义"具有动摇于强调人的作用和重视宇宙而贬低人的作用之间"这种"思想的本质的对立性"。还有些人则认为青年马克思是不成熟的,只有老年马克思才是成熟的。显然,两种看法的共同之处在于:存在着"两个马克思"。但是,在我心目中却只有一个马克思,只有一个毕生去追求一个真正合乎人性的社会的马克思。无论青年的马克思还是晚年的马克思,都始终如一地把人的全面解放作为自己的出发点和最终目标。毫无疑问,他在青年时代的一段著名论述是众所周知的:"共产主义是私有财产即人的自我异化的积极的扬弃","私有财产的积极的扬弃,也就是说,为了人并且通过人对人的本质和人的生命,对象性的人和人的产品的感性的占有,不应当仅仅被理解为直接的,片面的享受,不应当

---

① 这段话的中文版未在正式出版物上发表。参见中山大学《研究生学刊》(文科版)1983年第3期。

仅仅被理解为占有、拥有，人以一种全面的方式，也就是说，作为一个完整的人，占有自己的全面的本质。"① 这是青年马克思——1844年的马克思，也是以人的彻底解放为目的马克思屹立在怎样建设一个合乎人性的理想社会的高度所奉献的宝贵思考。其中最具魅力的正是他对恢复被扭曲和离异了的人性，使人最终"作为一个完整的人，占有自己的全面的本质"的美学意义的终极关怀。并且，马克思终其一生都没有抛却、忘怀这样一种美学意义上的终极关怀。在《共产党宣言》中，他宣布："代替那存在着阶级和阶级对立的资产阶级旧社会的，将是这样一个联合体，在那里，每个人的自由发展是一切人的自由发展的条件。"在《资本论》中，他指出：资本主义"狂热地追求价值的增殖，肆无忌惮地迫使人类去为生产而生产，从而去发展社会生产力，去创造生产的物质条件，而只有这样的条件，才能为一个更高级的，以每个人的全面而自由的发展为基本原则的社会形式创造现实基础。"② 因此，"两个马克思"的神话是不存在的，存在的只是一个马克思。这个马克思在青年时代就具备了对人类命运的美学意义上的终极关怀，但是，由于他未遑建立科学社会主义，未遑构筑完备的无产阶级革命的战略，未遑完成对现实社会经济形态的深刻理解，所以，尚未解决实现"一个更为高级的，以每个人的全面而自由的发展为基本原则的社会形式"的现实途径。老年的马克思正是一个为完成自己对人类命运的美学意义上的终极关怀而寻求现实途径的马克思。众所周知，马克思的寻求是卓有成效的。他发现这个现实途径可以概括为"个人必须占有现有的生产力总和"，也就是必须实现物的解放。"个人力量（关系）由于分工转化为物的力量这一现象，不能靠从头脑里抛开关于这一现象的一般观念的办法来消灭，而只能靠个人重新驾驭这些物的力量并消灭分工的办法来消灭"。在马克思看来，这种"占有"受到三个方面的制约："首先受到必须占有的对象所制约"，"其次，这种占有受

---

① 《马克思恩格斯全集》第42卷，人民出版社1979年版，第120、123页。
② 《马克思恩格斯全集》第23卷，人民出版社1972年版，第649页。

到占有的个人的制约",最后,这种占有"还受实现占有所必须采取的方式的制约"①。它们就构成了对"本身就是个人自由发展的共同条件"即正确途径的共产主义的阐述。在这个意义上,"共产主义对我们说来……不是现实应当与之相适应的理想。我们所称为共产主义的是那种消灭现存状况的现实的运动。这个运动的条件是由现有的前提产生的。"② 至于雇佣劳动、剩余价值、资本、货币、利息、历史规律、社会主义、阶级斗争、无产阶级专政之类,则统统不过是马克思为完成自己对人类命运的美学意义上的终极关怀而寻求正确途径中留下的闪闪发光的理论路标。就是这样,老年的马克思不但仍旧深切关怀着人类的命运,而且使这种深切关怀成为人类有史以来最为深刻、最为全面的关怀——"实践的人道主义"的关怀。正如别索诺夫在《在"新马克思主义"旗帜下的反马克思主义》一书中所指出的:"马克思将启蒙运动时期的人道主义和德国唯心主义的精神遗产同经济的社会的实际状况联系起来,从而为一门有关人和社会的新型科学奠定了基础。这门科学既是经验科学,同时又具有西方人道主义传统的精神。"③ 不过,马克思又远远地超出了历史上的人道主义者的对人类命运的空泛的终极关怀。在他那里,人道主义的终极关怀和"着手唯物地分析现代社会关系并说明现今剥削制度的必然性"④ 是一致的;人对自我异化的扬弃与现实的共产主义运动是一致的;对于"现实的、有生命的个人"的瞩目与对现实的无产阶级的瞩目是一致的,"把人当作人来看待"与把人当作"一定的阶级关系和利益的承担者"是一致的;"个人本身力量发展的历史"与"生产力的历史"是一致的;把人放在优先地位与把社会放在优先地位是一致的……总而言之,在马克思那里,人道主义与历史唯物主义、历史求解与价值省察、审美活动与实证追求是一致的,而"没有马克思及其对世界的影响,那么

---

① 《马克思恩格斯全集》第3卷,人民出版社1960年版,第76页。
② 《马克思恩格斯选集》第1卷,人民出版社2012年版,第166页。
③ [苏]别索诺夫:《在"新马克思主义"旗帜下的反马克思主义》,德礼译,中国人民大学出版社1983年版。
④ 《列宁选集》第1卷,人民出版社1972年版,第165页。

既不可能有世界东方的自我意识,也不可能有世界西方的自我意识。"应该承认,事实确乎如此。

因此我们必须坦率承认:马克思是人类历史上最伟大的人道主义者。这并不辱没马克思,因为这才是最为值得珍贵的称呼。当然,后来因为要与其他形形色色的人道主义划清界限,马克思才转而采用了"共产主义"的说法。但是,不论从他的出发点来看,还是从他的目的来看,他都始终高举着人道主义的旗帜。我们看到,早在学习期间,他就"深信其正确的思想"①就正是康德的"人是目的,决不仅仅是手段。"并且,这一思想也就成了他的思想的拱心石,为此,马克思的好友鲍威尔曾经吃惊于他在写作《博士论文》中的"火气过旺",其实,"火气过旺"才恰恰是马克思的可贵。因为他就是新时代的普罗米修斯,因此又怎能不"火气过旺"?马克思指出:"正像无神论作为神的扬弃就是理论的人道主义的生成,而共产主义作为私有财产的扬弃就是要求归还真正人的生命即财产,就是实践的人道主义的生成一样;或者说,无神论是以扬弃宗教作为自己的中介的人道主义,共产主义则是以扬弃私有财产作为自己的中介的人道主义,"②在马克思那里,则是"从自身开始的即积极的人道主义",③或者,是"实现了的人道主义",④是"彻底的人道主义":"彻底的自然主义或人道主义,既不同于唯心主义,也不同于唯物主义,同时又是把这二者结合起来的真理。"⑤显而易见,在马克思那里,"自由""人道主义""共产主义"都是完全内在一致的。从《博士论文》一直到《巴黎手稿》,"人道主义"就像一条红线,是完全一以贯之的!诸如"通过人"、"为了人"、"对人的本质的真正占有"、"解放全人类"、解放"有个性的个人"、"自由人的联合体"、"每个人的自由发展是一切人的自由发展的条件"、"有意识的活动的个人"、"自由个性"……为此,马克

---

① 《马克思恩格斯全集》第40卷,人民出版社1982年版,第6页。
② [德]马克思:《1844年经济学哲学手稿》,人民出版社2018年版,第110页。
③ [德]马克思:《1844年经济学哲学手稿》,人民出版社2018年版,第110页。
④ [德]马克思:《1844年经济学哲学手稿》,人民出版社2018年版,第80页。
⑤ [德]马克思:《1844年经济学哲学手稿》,人民出版社2018年版,第102页。

思甚至说:"共产主义本身并不是人的发展的目标,并不是人的社会形式。"① 其中的原因还不是因为:所谓共产主义是也仅仅是"实践的人道主义的生成"的起点,而绝对不是"实践的人道主义的生成"的终点。而且,马克思1818年出生,1841年博士毕业,1844年26岁的时候就写作了《巴黎手稿》。这充分证明,马克思确实是一个天才的思想家。年纪轻轻,就走完了别人一生甚至几生也难以走完的道路。也因此,至于其中的"不成熟",在我看来,也不能被等于"不正确"。马克思确实只提出了一个理论轮廓,也确实没有完成自己的全部所思所想,亦步亦趋地奉为教条——所谓"发现了一个真正的马克思"甚至变成攻击晚年马克思的根据——自然不可取,不屑一顾地轻率否定也同样不可取。哪怕是马克思在此后的40多年仍旧没有再专门谈及自己的"实践的人道主义",也并不重要。重要的是,我们必须看到:马克思已经为我们提供了正确思想的思路、钥匙与线索。马克思的"不成熟"也只是所思所想未能完成之前的"不成熟"。对此,理应赢得的只是被我们倍加尊重,我们所理应继续去做的也只是去大力加以发挥、弘扬。

二 "历史科学"与"价值科学"是一门科学

还需要说明的是,在《巴黎手稿》中,"历史科学"与"价值科学"还理应是一门科学。因此,误以为"历史科学"并不需要"价值科学",则实在是难以想象的。事实上,就历史科学而言,亟待注意的,无疑是自然的"属人的本质";就价值科学而言,亟待注意的,则是人的"自然的本质"。而且,不论是"历史科学"或者"价值科学",都既要符合"物的尺度",更要遵循"人的尺度"("美的尺度")。根本无法想象的是,在面对资本主义的种种血腥、种种罪孽、种种惨无人道,马克思竟然可以丝毫不为所动。难道马克思在批判资本主义社会的时候,竟然是可以脱离开价值视角的?因此,在《巴黎手稿》中,价值视角并不存在一个是否存在的问题,而只存在一个怎

---

① [德]马克思:《1844年经济学哲学手稿》,人民出版社2018年版,第90页。

样存在的问题。例如，马克思指出："全部人类历史的第一个前提无疑是有生命的个人的存在。因此，第一个需要确定的事实就是这些个人的肉体组织以及由此产生的个人对其他自然的关系。当然，我们在这里既不能深入研究人们自身的生理特性，也不能深入研究人们所处各种自然条件——地质条件、山岳水文地理条件、气候条件以及其他条件。"① 显然，马克思是意在侧重研究种种"关系"，也就是"全部人类历史"的客观原因，因此"在这里既不能"深入身体、本能等种种方面，也就是"全部人类历史"的主观原因，但是，这却绝对不意味着它们的不存在。因为，"这些条件不仅决定着人们最初的，自然形成的肉体组织，特别是他们之间的种族差别，而且直到如今还决定将肉体组织的整个进一步发展或不发展。"② 因此，倘若去面对身体、本能……乃至精神，等等，那无疑也就与叔本华、尼采等的生命哲学遥遥相望了。

例如，"实践的唯物主义"并不适宜于价值科学的思考。

"实践的人道主义"是从价值科学、人文视角入手的，因此直面的必然是"有意识的生命活动"，这是从主观方面去理解的，也是从内在方面去理解的，不如此，就无法真正地理解人之为人的"有意识的生命活动"。"实践的唯物主义"则不然，它关注只是社会的物质生产活动。人，不仅仅是实践活动的结果，而且还是实践活动的前提。换言之，在马克思看来，是把人的"有意识的生命活动"视为人的"内在本质"，而把人的"实践力量"视为人的"外在本质"的。在这里，涉及了马克思关于"武器的批判"与"批判的武器"的思考，也涉及马克思关于"唯人"与"唯物"的思考。因此，当我们把"实践活动"扩大化地视为先在于因而也是外在于人的无批判的前提时，我们实际上也就把"实践活动"抽象化了、神秘化了，而忘掉了"实践活动"正是"人的生命活动"。这就正如马丁·杰伊所反思的："马克思过分强调劳动作为人类自我实现的中心，是其

---

① 《马克思恩格斯选集》第1卷，人民出版社2012年版，第146页。
② 《马克思恩格斯选集》第1卷，人民出版社2012年版，第146页。

中的一个主要理由，对此霍克海默早在《黄昏》中就提出过质疑。他认为把自然异化为人类剥削的领域，实际上已暗含在把人还原为劳动的动物之中了。如果按照马克思的思路，全部世界将被转换成'大工作车间'。"①结果，不是"人"及其"生命活动"，而是外化、物化的"实践活动"成了根据和目的。那么，实践活动为了人还是人为了实践活动？实践活动是人的目的还是人的手段？实践活动是人自身还是与人自身有所差异的东西？实践活动为什么在一定历史阶段成为异化劳动？为什么在历史上人像逃避瘟疫一样地逃避实践活动？至今实践活动对于多数人为什么也还只是谋生的手段？人最自由地表现自己的活动为什么不是生产劳动而是艺术创造？为什么人要把"节约劳动时间"和获取更多的"自由时间"作为社会目标？等等，诸如此类的问题也就都会成为无解的难题了。"工人只有在劳动之外才感到自在，而在劳动中则感到不自在，他在不劳动时觉得舒畅，而在劳动时就觉得不舒畅。因此，他的劳动不是自愿的劳动，而是被迫的强制劳动。因此，这种劳动不是满足一种需要，而只是满足劳动以外的那些需要的一种手段。劳动的异己性完全表现在：只要肉体的强制或其他强制一停止，人们就会像逃避瘟疫那样逃避劳动。外在的劳动，人在其中使自己外化的劳动，是一种自我牺牲、自我折磨的劳动。最后，对工人来说，劳动的外在性表现在：这种劳动不是他自己的，而是别人的；劳动不属于他；他在劳动中也不属于他自己，而是属于别人。在宗教中，人的幻想、人的头脑和人的心灵的自主活动对个人发生作用不取决于他个人，就是说，是作为某种异己的活动，神灵的或魔鬼的活动发生作用，同样，工人活动也不是他的自主活动。他的活动属于别人，这种活动是他自身的丧失。"②对于马克思的这一发现，是完全实事求是的，可是我们如果缺少对于实践活动的反思而把它当作不言而喻的理论前提，并且推进到价值科学，那无疑也就必然会置实践活动于尴尬境地，并且

---

① [美]马丁·杰伊：《法兰克福学派史》，单世联译，广东人民出版社1996年版，第294页。
② [德]马克思：《1844年经济学哲学手稿》，人民出版社2018年版，第50—51页。

还会陷入对实践活动的"拜物教"。

　　显而易见的是，马克思本人对此是有着清醒的觉察的。而今我们看到的是关于《巴黎手稿》的"实践的唯物主义""历史唯物主义""现代唯物主义""交往实践唯物主""主体唯物主""信物主义""辩证的历史的实践人道的唯物主义"，等等，其中最为夺目的，也是必不可少的，就是"唯物主义"。一时间，俨然"唯物主义"就是一块金字招牌。谁不"唯物"，而是"唯人"，似乎就一定是大逆不道。可是，其实马克思本人从未把自己的思考与"唯物主义"放在一起，如此去做的，只是列宁与斯大林。甚至，在《巴黎手稿》中马克思还特意鲜明指出，他的"积极的人道主义"也就是"实践的人道主义"，根本"不是唯物主义"。当然，在《德意志意识形态》中马克思曾经提到"我的观点与唯心主义历史观不同"，这也许勉强可以作为马克思提出了"唯物主义历史观"的例证。但即使如此，我们也要强调，马克思对此只是在"历史科学"意义上提及的，而不是在"价值科学"意义上提及的。而且，不论是研究人的物质生活资料的生产，还是研究"人的生产"和"家庭生产"，或者是研究人与人之间的生产关系，都是"历史科学"的研究而不是"价值科学"的研究，马克思在《政治经济学批判序言》中提出的"历史唯物主义"公式也是一样，即生产力决定生产关系、经济基础决定上层建筑、社会存在决定社会意识，这显然都是在进行"历史科学"的研究而不是在进行"价值科学"的研究。否则，人的价值在其中何以体现？难道人只是工具？或者，人只是配角？当然，承认物质生产对社会的基础作用乃至承认社会存在的经济基础都是必要的，但是倘若非要夸张到"经济基础决定论"或"唯经济主义"的地步，这除了重蹈第二国际的领袖们的覆辙，又还能有什么意义？还有就是恩格斯在马克思墓前讲过的马克思的"两大发现"，其一，就是唯物史观，但是这也是在"历史科学"的意义上讲的，因此他用的是"发现"而不是"发明"。对于人活着首先要解决衣食住行的强调，其实也没有什么错误，但是，如果只是如此，那应该也并非恩格斯的本意。毕竟，"人是目的"要远为重要，"价值科学"也远为重要。试想,"唯物"如果不以人的意志为转移,"唯人"如果被不屑一顾。那么,人又岂能为人?世界又岂能为世界?马克思在《资本论》痛斥的也有不少竟然都是"唯物主义",例如"最粗俗的唯物主义""最卑劣的唯物主义""肮脏的唯物主义""下流的唯物主义""把妇女视为性欲工具的唯物主义""交换价值的唯物主义""神秘的拜物教的唯物主义"……可见即便是马克思本人,也并没有陷入"拜物"("商品拜物教""货币拜物""资本拜物教""利润拜物教")的"唯物主义"。可见,马克思关注"唯物"的层面,其实只是为了揭露"资本主义"的"以资本物为本"与"物物关系"而已,揭露的都是"资本主义社会"的客观事实,"唯物史观"与资本社会的"人依赖物"有关,"剩余价值理论"与"资本物"剥削工人有关。但是,却毕竟都不是马克思的"唯人"的层面,在这个层面,呈现的才是马克思的"价值科学"。它指向的恰恰是从"以资本物为本"的"物物关系"中解放出来,是"以人为本",是"把人的本质和人的关系还给人自己",是走向以人的全面发展为基础的"自由个性"社会与"自由人联合体"的社会。因此,在这里"以物为本"的"唯物史观"与"以人为本"的"人的自由发展观"、"以物为本"的"实践本体论"与"以人为本"的"实践人道主义"的分别源自"历史科学"和"价值科学",都是清清楚楚的。

因此,《巴黎手稿》中的"历史科学"也恰恰都是与"价值科学"密不可分的。

例如,《巴黎手稿》是移居巴黎的26岁的马克思开始转向对国民经济学的深入研究的开始,[①] 这当然是受了恩格斯和赫斯的影响,但

[①] 在"当时著作界中唯一还有生命跳动的领域——哲学思想领域",(《马克思恩格斯全集》第1卷,人民出版社1956年版,第45页)也仍旧存在着误以为"把自由从现实的坚实土地上移到幻想的太空就是尊重自由"(《马克思恩格斯全集》第1卷,人民出版社1956年版,第84页)的谬误。马克思是在《莱茵报》中讨论自由的时候涉及了自由与实际的物质利益的,恩格斯回忆说:马克思因此而转向研究经济关系。(《马克思恩格斯全集》第39卷,人民出版社1974年版,第446页)因此严格区别于戴着睡帽的德国式的自由,马克思走向了对于市民社会的批判。这是马克思与其他思想家的根本区别。

是也是意在对前此所受黑格尔和费尔巴哈哲学的影响的某种清算。因此，一方面，马克思认为如果还是像过去一样把应当阐明的东西当作前提，就会再次"使问题坠入五里雾中"，①过去的学者"当他想说明什么的时候，总是置身于一种虚构的原始状态。这样的原始状态什么问题也说明不了。"②正确的做法应该是"从当前的国民经济事实出发"，③因此，"我的结论是通过完全经验的、以对国民经济学进行认真的批判研究为基础的分析得出的"；④另一方面，马克思又毕竟"全靠费尔巴哈的发现给它打下真正的基础"，因为"只是从费尔巴哈才开始了实证的、人道主义的和自然主义的批判"。⑤这样，《巴黎手稿》也就必然隐含着"历史科学"与"价值科学"的差异，也必然隐含着人文视界与科学视界、人文逻辑与科学逻辑亦即人道主义的马克思主义与唯物主义的马克思主义、人本主义的马克思主义与科学主义的马克思主义的不同指向。有人误以为写作《巴黎手稿》的马克思与写作《德意志意识形态》的马克思存在着"不成熟"与"成熟"之分，甚至存在着根本性的断裂。例如阿尔都塞就认为在马克思的思想发展中存在着"认识论断裂"，断裂的位置是写作《德意志意识形态》的1845年，并把1845年以前称作意识形态阶段，1845年以后称作科学阶段。其实是毫无道理的。如此处理，只能将目的、价值、情感等东西推到纯粹主观的领域中，乍看起来，是消弭了矛盾，其实却会出现马克思自己打自己的脸的尴尬，因为早年马克思就批判过旧唯物主义丧失能动性，现在，这个批判却反过来成为马克思的自我批判。这显然不是事实。还有人发现，马克思对生命的哲学思考，在《1844年经济学哲学手稿》、《关于费尔巴哈的提纲》和《德意志意识形态》三篇

---

① [德] 马克思：《1844年经济学哲学手稿》，人民出版社2018年版，第47页。
② [德] 马克思：《1844年经济学哲学手稿》，人民出版社2018年版，第47页。
③ [德] 马克思：《1844年经济学哲学手稿》，人民出版社2018年版，第47页。
④ [德] 马克思：《1844年经济学哲学手稿》，人民出版社2018年版，第3页。
⑤ [德] 马克思：《1844年经济学哲学手稿》，人民出版社2018年版，第4页。费尔巴哈的唯物主义是人本主义的唯物主义，是关于人的唯物主义，不是关于自然的唯物主义。这是他的贡献。但是却是直观的。马克思用"感性活动"取代费尔巴哈的"感性直观"。在马克思看来，并不是宗教使人异化，而是社会使人异化，因此在精神上才会折射到宗教。这无疑要比费尔巴哈高明许多。

重要文献中清晰可见。但是，在后来的著作中，人的生命、有意识的生命或生命活动等概念却在马克思的论述中不翼而飞了，因此有人认为，马克思后来已经放弃了这些概念。其实不然。事实是，在其后的著作中，马克思将人的生命、有意识的生命或生命活动等概念都具体化为生产力和生产关系、经济活动和政治活动之类的概念，亦即具体化为于人的生命表现的具体探讨。

在马克思看来，"历史科学"与"价值科学"是根本互不矛盾的，既可以做价值考察也可以做现实剖析，一切都视具体情况而定。"历史科学"的角度，自然是侧重于国民经济学的、侧重物质生产劳动的；在这个方面，马克思是"唯物主义"的，是从资本主义生产方式以及与它相适应的生产关系和交换关系入手去揭示资本的秘密，也是从"思想上的共产主义"转向"现实的共产主义行动"。而在马克思《巴黎手稿》以后的著作中，人的"有意识的生命"更是被具体化为"实际生活过程"。而且马克思也不再提及《巴黎手稿》，这当然是因为在他看来，这一切在《资本论》都说得更加清楚。"价值科学"已经退居幕后。毕竟"资本主义"的"以资本物为本"与"物物关系"所带来的尊严与屈辱的来源，是只有在"历史科学"中才是能够说得更加清楚的。而在《资本论》等著作中，马克思已经做到了："必须推翻使人成为被侮辱、被奴役、被遗弃和被蔑视的东西的一切关系"，① 毕竟，由于具体的历史条件的制约，在马克思主义的理论宝库中，最为成熟、最为丰富、最为详尽的只是对人类命运的政治、经济的"历史科学"的考察，而并非"价值科学"的考察。但无论如何，价值判断都仍旧是有意义的。改变人、培育人、改造人、引导人、发展人、完善人、激励人、健全人、培养人，以及人的生命的异化和异化的扬弃，都始终是永恒的主题，而且也始终没有离开马克思的视线。"价值科学"是"以人为本"的，是"人是目的"。马克思始终都没有放弃这一切。只是，在他而言，关注的更多的是人怎么从现实的物质关系中获得解放。换言之，他关注的更多的并不是纯粹思想的领域，

---

① 参见《马克思恩格斯选集》第1卷，人民出版社2012年版，第10页。

而是社会现实领域,是现实斗争的参与和对政治经济学的深入研究。所以,人、市民社会、实践、自在之物、历史意识乃至"唯物主义",才是他更多地去关注的。然而,无论如何,人是历史的主体,也是历史的目的。因此,历史进步与否,也亟待从历史对人的满足程度来衡量。① 人性、人权、尊严、责任、自由、解放……"轻视人,蔑视人,使人不成其为人"② 的现象的铲除,当然不可能离开生产力的极大发展,但是也同样不可能离开人的能力的全面而充分的发展。因此,韩庆祥认为:马克思"认为自然界是人表现其内在本质力量所需要的对象;劳动是人的内在本质力量的自我确证;社会历史无非是人的本性的不断改变而已;自然科学通过工业实践进入人的生活,为人的解放做准备;共产主义是人的解放的社会形式,其基本原则是每个人自由而全面的发展;生产力和生产关系无非是人的发展的两个不同方面;个人能力充分发展是最大的社会财富和社会生产力;等等。更为重要的是,马克思总是从'物'的东西的深层和背后,力图揭示出'人'的东西及人的本质。比如,他力图从物的经济关系(劳动和资本)中揭示出人和人(工人和资本家)的关系,从财富的'物'的形式中揭示出'人'的形式,等等。这些表明,马克思的人学在其思想体系中是有一席之地的。"③ 这个看法无疑是十分精辟的。

---

① [德]马克思在《1844年经济学哲学手稿》(人民出版社2018年版)中有大量的描述:"工人在精神上和肉体上被贬低为机器","人变成抽象的活动和胃"(第9页),"工人只有牺牲自己的精神和肉体才能满足这种欲望"——"致富的欲望"(第10页),"不得不出卖自己和自己的人性"(第11页)"使工人陷于贫困直到变成机器"(第12页),"对人的漠不关心"(第31页)"工人把自己的生命投入对象;但现在这个生命已不再属于他而属于对象了"(第48页)"他给予对象的生命是作为敌对的和相异东西同他相对立。""劳动生产了美,但是使工人变成畸形。"(第49页)(第51页)异化劳动"使他的生命活动同人相异化"(第52页),"放弃生产的乐趣和对产品的享受"(第55页)"不是神也不是自然界,只有人自身才能成为统治人的异己力量"(第56页)"异化的生命"(第57页)"生命的活跃表现为生命的牺牲"(第59页)"他不是作为人,而是作为工人才得以存在"(第61页)"敌视人"(第71页)"一切肉体的和精神的感觉都被这一切感觉的单纯异化即拥有的感觉所代替。"(第82页)"人作为人更加贫穷"(第117页)"私有制不懂得要把粗陋的需要变为人的需要。"(第118页)"把人本身,因而也把自己本身看作可牺牲的无价值的存在物。"(第127页)"对人的蔑视"(第127页)……

② 《马克思恩格斯全集》第1卷,人民出版社1956年版,第411页。

③ 韩庆祥:《现实逻辑中的人——马克思的人学理论研究》,北京师范大学出版社2017年版,第27页。

不过，我们又毕竟要说，在"价值科学"的方面，马克思的思考还是远远不够的。借助"历史科学"与"价值科学"的区分，马克思成功地为自己的"历史科学"研究划定了界限，那就是："生产的经济条件方面所发生的物质的""变革""可以用自然科学的精确性指明"的领域，但是对"人们借以意识到这个冲突并力求把它克服"的领域也就是属于非"科学"对象的"意识形态"领域则亟待采用"其他方式"去进行研究。① 因而我们看到，与《巴黎手稿》直接以共产主义作为论证目标不同，马克思在《资本论》中没有去论证未来理想社会的必然实现，而是脚踏实地，具体通过利润率下降的规律来论证资本主义的不可能性。因此，尽管在商品经济、自由市场的积极意义方面马克思重视得不够，但是，他在"历史科学"的贡献方面却是众所公认的。问题是，在"价值科学"的方面，他却没能来得及深入论述和全面展开，甚至，其中的诸多重要课题，他根本就未能予以足够的关注。对于这一缺憾，恩格斯在晚年也已经有所察觉，并明确指出过，可惜未能引起应有的重视。② 值得注意的是，随着社会物质文化的突飞猛进，这一缺憾已经引起了广泛的注意。

例如人的精神关系的解放。马克思最早提及"人的解放"，是在《德法年鉴》上的两篇文章。其中包括了人的物质关系的解放与精神关系的解放。这是因为，解放，是一个只有人才会面对的问题。人要超越必然性（自然必然性与社会必然性），成为"自由存在"，其中涉及合规律性与合目的性矛盾的解决。因此，解放的方式也就有两种：一方面，是物质关系的解放，包括社会关系，经济关系，政治关系，等等；另一方面，是精神关系的解放，包括心理关系，伦理关系，道德关系，审美关系，等等。这就是《巴黎手稿》所指出的："私有财产的积极的扬弃，作为人的生活的确立，是一切异化的积极的扬弃，

---

① 《马克思恩格斯选集》第 2 卷，人民出版社 2012 年版，第 2—3 页。
② 马克思在《德意志意识形态》中提出与黑格尔思辨的历史哲学相对立的"历史科学"概念，标志着与"价值科学"的剥离。从《德意志意识形态》到《资本论》，马克思的"历史科学"臻于成熟。同时，"历史科学"的成熟，亟待建立一门与之相匹配的"价值科学"的历史任务也就被提上了议事日程。

从而是人从宗教、家庭、国家等等向自己的合乎人的本性的存在亦即社会的存在的复归。宗教的异化本身只是发生在人内心深处的意识领域中，而经济的异化则是现实生活的异化，——因此异化的扬弃包括两个方面。不言而喻，在不同的民族那里，这一运动是从哪个领域开始，这取决于该民族的公认的生活主要地是在意识领域中进行还是在外部世界中进行，这种生活更多的是观念的生活还是现实的生活。"①请注意，虽然马克思在这里所谈到的只是"宗教的异化"和"经济的异化"，但却可以进而看作马克思对物质关系的异化和精神关系的异化的集中表述。其中涉及的，正是精神关系的解放。不难想象，如果马克思进而构建自己的"价值科学"，所要解决的，就应该是人如何从精神关系中获得自由和解放。这当然是从理想本性的角度讨论人的解放："任何一种解放都是把人的世界和人的关系还给人自己，"②显然，要考察的是人的"类本质"或"类特征"在现实的个人那里是否得到充分发展和实现，人的"类的力量"是否不再是与现实的个人相分离的力量，等等。

再如，人的物质关系的解放与精神关系的解放又可以表现为两个角度：宏观的社会解放以及微观的心理解放。宏观的社会解放，马克思已经进行了认真的研究，他称之为"人的全面发展"；但是，宏观的社会发展却也离不开个体来实现、来推动，一切的一切都要通过人、中介于人，人的自觉如何，必然会极大的影响。人是前提，也是结果。没有它就没有社会进步，而社会进步又必然是对它的肯定。因此马克思指出："个人的充分发展又作为最大的生产力反作用于劳动生产力"。③ 对此，他称为"个人全面而自由的发展"，而且是一以贯之的。在《德意志意识形态》中他指出：共产主义是"个人的独创的和自由的发展不再是一句空话的唯一的社会"，"个人的全面发展……正是共产主义者所向往的"，"不可避免的共产主义革命……本身就是个人自

---

① [德] 马克思：《1844 年经济学哲学手稿》，人民出版社 2018 年版，第 78—79 页。
② 《马克思恩格斯全集》第 1 卷，人民出版社 1956 年版，第 443 页。
③ 转引自韩庆祥《现实逻辑中的人——马克思的人学理论研究》，北京师范大学出版社 2017 年版，第 44 页。

由发展的共同条件。"① 在《共产党宣言》中他指出："每个人的自由发展是一切人的自由发展的条件";② 在《经济学手稿》（1857—1858年）中他指出："建立在个人全面发展和他们共同的社会生产能力成为他们的社会财富这一基础上的自由个性"③，在《资本论》中他指出：共产主义是"以每个人的全面而自由的发展为基本原则的社会形式"④，在《歌达纲领批判》他指出："随着个人的全面发展，他们的生产力也增长起来……"⑤ 因此，心理解放当然应该是我们密切关注的对象。而且，心理解放与社会解放也并不是一回事。它们之间可以同步，但是也还可以不同步。可见，解放是社会问题，也是心理问题，并且是互为因果的。社会解放当然可以作用于心理解放，犹如心理解放也可以反作用于社会解放。相对于社会解放，心理解放是必要的演习、也是未来的预兆。由于社会的解放毕竟要通过心理的解放来完成，因此社会的解放往往会先由心理的解放来完成。换言之，历史的实现也往往先由个体来实现。社会的和历史的东西往往要先转化为个体的东西。这就是马克思所发现的：人的"感觉变成理论家"。"全部人类历史的第一个前提无疑是有生命的个人的存在"⑥，"社会结构和国家总是从一定个人的生活过程中产生的"⑦，人类历史是"个人本身力量发展的历史"⑧，"人们的社会历史始终只是他们的个体发展的历史，而不管他们是否意识到这一点。他们的物质关系形成他们的一切关系的基础。这些物质关系不过是他们的物质的和个体的活动所借以实现的必然形式罢了"⑨。因此，人的解放涉及宏观史学，是合规律性与合目的性问题的历史统一，但是也涉及微观诗学，是合规律性与合目的性问题的理想统一。而且，社会的解放，需要历史条件的成熟；心理的解放，

---

① 《马克思恩格斯全集》第3卷，人民出版社1960年版，第516、330、516页。
② 《马克思恩格斯选集》第1卷，人民出版社2012年版，第422页。
③ 《马克思恩格斯全集》第46卷（上），人民出版社1979年版，第104页。
④ 《马克思恩格斯全集》第23卷，人民出版社1972年版，第649页。
⑤ 《马克思恩格斯选集》第3卷，人民出版社2012年版，第365页。
⑥ 《马克思恩格斯选集》第1卷，人民出版社2012年版，第146页。
⑦ 《马克思恩格斯选集》第1卷，人民出版社2012年版，第151页。
⑧ 《马克思恩格斯全集》第1卷，人民出版社1960年版，第81页。
⑨ 《马克思恩格斯选集》第4卷，人民出版社2012年版，第409页。

则不需要历史条件的成熟。而这也就为人类的审美与艺术活动留下了自由的天地。毫无疑问的是,在这个方面,存在着广阔的研究空间。遗憾的是,马克思着重研究的是社会的解放,而对心理的解放却还没有来得及详细研究。而这,也就为生命美学的诞生留下了广阔的空间。

三 "实践的人道主义" 才是美学之为美学的主旋律

因此,生命美学的美学思考命中注定的理应是马克思的美学思考的继续。

这就意味着:马克思的"实践的人道主义"才是美学之为美学的主旋律。不妨设想,倘若马克思还有余暇腾出手在价值层面以及"价值科学"的延长线上推进自己的美学思考,他将会从何开始自己的美学思考?毫无疑问的是,"实践的人道主义"一定是他的美学思想的起点。而这也就提示我们:没有任何的理由一定要将人道主义大方地拱手相让给西方资产阶级,让人道主义成为他们的专利。社会主义本来就是以鼓舞人心的人道主义旗帜吸引了无数的仁人志士。这完全是社会主义的无上光荣。而就中国而言,仁道主义也是鲜明的人文特征。唐君毅就提示过:中华民族的根本特色始终就是"依天道以立人道,而使天德流行于人性、人伦、人文之精神仁道。"① 当然,需要指出的是,但是也不宜简单地将人道主义去等同于人学、人性之类的研究。因为只有弘扬了对于人的价值的尊重的,才可以被称之为人道主义。显然,所谓人道主义应该是对人的解放的价值省察。

人的解放,固然离不开经济基础的发展,但是,无论什么发展,又必须要吻合人的发展方向,因为无论什么发展又都是通过人而且都是为了人的。何况,人有人脑,社会却还没有大脑。这或许就是科学家所发现的"生命汤"。所有的发展实际都只能是非自觉、非设计的,所谓自组织、自鼓励、自协调,而且,也是不断试错的。萨缪尔森指出:市场及其价值规律是一个无人设计而自行演化推进的体系。② 当

---

① 唐君毅:《中华文化之精神价值》,台北:正中书局1953年版,第478页。
② [德] 保罗·萨缪尔森:《经济学》上册,高鸿业译,商务印书馆1988年版,第61页。

然，这里存在着人的物质关系的历史求解，但是也存在着人的精神关系的价值省察。而且因为一切的发展都是与人自身密切相关的，因此其中的人的精神关系的解放也就越发须臾也不可或缺。这就犹如我们所时常言及的：自由的实现，一方面需要生产力的极大发展，但是另一方面，也需要人的能力的全面而充分的发展，它们而且是互为因果的。马克思说："历史的全部运动，既是这种共产主义的现实的产生活动，即它的经验存在的诞生活动，同时，对它的能思维的意识说来，又是它的被理解和被认识到的生成运动。"① 在这里，"被理解到和被认识到的生成运动"，就是精神方面的"生成为人"，也就是精神关系的解放。马克思又说："正是在改造对象世界中，人才真正地证明自己是类存在物。这种生产是人的能动的类生活。通过这种生产，自然界才表现为他的作品和他的现实。因此，劳动的对象是人的类生活的对象化：人不仅像在意识中那样在精神上使自己二重化，而且能动地、现实地使自己二重化，从而在他所创造的世界中直观自身。"② 不难看出，这里存在着两重的"二重化"：精神上的二重化与实践的二重化。而人恰恰是只有在这二重化的对象中才能直观自身，才能得到自我的肯定和享受。

无疑就是出于这个原因，在考察人的发展的过程中，马克思尽管是以历史求解为主的，但是却也无时无刻不在关注着人的精神关系的解放，例如，他强调要借助有意识的生命活动把人同"动物的生命活动直接区别开来。"③ 人能够把自己的活动作为自己认识的对象、评价的对象和欣赏的对象。其中，"自然界生成为人"的"合规律性"即真也就是认识的对象；"自然界生成为人"的"合目的性"即善也就是评价的对象，"自然界生成为人"的自我鼓励、自我欣赏即美也就是欣赏的对象。因此马克思是绝对无法认同什么"吃饭哲学"的。在他而言，即便是吃饭，也是必须提升为"食物的人的形式"的，提升为"需要的人的本质"的。因为"个性因而是人类整个发展中的一环，同时又使个人能够以自己特殊活动的媒介而享受一般的生产，参

---

① ［德］马克思：《1844 年经济学哲学手稿》，人民出版社 2018 年版，第 78 页。
② ［德］马克思：《1844 年经济学哲学手稿》，人民出版社 2018 年版，第 54 页。
③ ［德］马克思：《1844 年经济学哲学手稿》，人民出版社 2018 年版，第 53 页。

与全面社会享受",这"是对个人自由的肯定"①。马克思还说过:"这些器官同对象的关系,是人的现实的实现(因此,正像人的本质规定和活动是多种多样的一样,人的现实也是多种多样的),是人的能动和人的受动,因为按人的方式来理解的受动,是人的一种自我享受。"② 私有财产之下的社会现实中,"一切肉体的和精神的感觉都被这一切感觉的单纯异化即拥有的感觉所代替"③。"需要和享受失去了自己的利己主义的性质,"④ 在这里,"参与全面社会享受"意味着精神关系的解放,因此"享受"的失去或者获得,例如人如何"才不致在对象里面丧失自身"⑤,如何才能"不仅通过思维,而且以全部感觉在对象世界中肯定自己"⑥,也就成为必需、必然。而"实践的人道主义"的价值省察因此也就尤其重要。

值得注意的是,此时此刻的"实践的人道主义"事实上已经就是美学。只是,这并非传统的关于文学艺术的"小美学",而是超出于文学艺术的"大美学"。因此其实也恰恰就在提示着美学自身的从"学科"的"溢出"。不如此,就无法理解马克思的美学思考,更无法从马克思的美学思考"接着讲"。显然,在马克思的美学思考之中,人的全面发展、人的解放与人类的审美生成已经是同一的。因为人的精神关系的解放与美学已经是同一的。美学作为主导价值、引导价值的引领者的的地位由此而得以凸显。由此,我们再回过头去重温马克思所孜孜以求的"历史之谜"的真正解答,也就不难看出,这不但是历史求解的真正解答,其实同时也就是价值省察的亦即美学的真正解答。共产主义最终实现的是"通过人并且为了人而对人的本质的真正占有"⑦,不言而喻,这也就是社会的与人自身的美学重建,也就是让世界成为世界以及让人成为人,也就是"无论在主体上还是在客体上

---

① 《马克思恩格斯全集》第46卷(下),人民出版社1980年版,第472页。
② [德]马克思:《1844年经济学哲学手稿》,人民出版社2018年版,第82页。
③ [德]马克思:《1844年经济学哲学手稿》,人民出版社2018年版,第82页。
④ [德]马克思:《1844年经济学哲学手稿》,人民出版社2018年版,第82页。
⑤ [德]马克思:《1844年经济学哲学手稿》,人民出版社2018年版,第83页。
⑥ [德]马克思:《1844年经济学哲学手稿》,人民出版社2018年版,第83页。
⑦ [德]马克思:《1844年经济学哲学手稿》,人民出版社2018年版,第78页。

都成为人的"①，也就是"人的一切感觉和特性的彻底解放"②。

如此一来，美学之为美学，从本体论的层面，也就必定是"生命"的。马克思曾经设问："生命如果不是活动，又是什么呢？"③ 但是，"活动"不是"生命"又是什么？而且，针对"活动"，怀特海指出："活动一语是自生的别名。"④ 这也就是说，要离开抽象的"神性""理性"而回到"生命"本身。因此马克思和恩格斯在合著的《德意志意识形态》中指出："全部人类的历史的第一个前提无疑是有生命的个人的存在。因此，第一个需要确认的事实就是这些个人的肉体组织以及由此产生的个人对其他自然的关系。"相对于宗教时代和科学时代，我们不难发现，他们的思路简洁明快，就是回到"有生命的个人的存在"，而且回到这个与"有生命的个人的存在""对其他自然的关系"，这其实也就是回到不自觉的宇宙大生命与自觉的人类小生命互动共生。当然，其中最为重要的是人类小生命的"自觉"。马克思称之为上升为"人的本质"的人，在这里，"自然界的人的本质"同时也是"人的自然的本质"，也就是人的"有意识的生命"，自由自觉的生命。显然，这样一来，整个自然史作为"人的本质"的"自然界生成为人"的过程也就与审美活动的生成过程彼此一致了。因此，人也就必然是"我审美故我在"的。毫无疑问的是，正是从这里开始，马克思开始离开了西方美学传统的错误道路，也没有如中国的实践美学所理解的，仍旧仅仅将审美活动的位置限定在某种特定的把握方式上，某种实践活动的附属品、奢侈品上，而是进而把审美活动的位置拓展到自由的生命活动的角度，从而也就把美学转换为揭示审美活动在人类生命活动中的所处的本体地位上。审美活动是生命活动的必然与必需，是生命的享受，也是生命的生成。而且，它与马克思所阐释的"人的本质力量的对象化"思想的历史

---

① ［德］马克思：《1844年经济学哲学手稿》，人民出版社2018年版，第82页。
② ［德］马克思：《1844年经济学哲学手稿》，人民出版社2018年版，第82页。
③ ［德］马克思：《1844年经济学哲学手稿》，人民出版社2018年版，第51页。
④ ［英］怀特海：《宗教的形成 符号的意义及效果》，周邦宪译，译林出版社2014年版，第22页。

求真路径无关，而来自马克思所强调的"自我确证"思想的价值省察路径，是关于"自由地实现自由"的思考、关于"生命的自由表现"的思考。

马克思指出：从现实的层面来看，在理想社会之前的"人类史前社会"，劳动"是生命的外化"，"我的劳动不是我的生命"①，"他的生命表现为他的生命的牺牲，他的本质的现实化表现为他的生命的失去现实性"②，"你表现你的生命越少"，"你的外化的生命就越大"，③"劳动不过是人的活动在外化范围内的表现，不过是作为生命外化的生命表现"④。"工人把自己的生命投入对象；但现在这个对象已不再属于他而属于对象了。因此，这个活动越多，工人就越丧失对象。凡是成为他的劳动产品的东西，就不再是他本身的东西。因此，这个产品越多，他本身的东西就越少。"⑤ 在这个时期，甚至"放纵的欲望、古怪的癖好和离奇的念头"，也是"人的本质力量的实现"⑥。只有在理想社会即"真正的人类历史时期"，"自主劳动才同物质生活一致起来"，"劳动向自主活动的转化"⑦。而从逻辑的层面来看，"生命的外化"与必然王国相对应，"生命的自由表现"则与自由王国相对应。正如马克思所说："不管怎样，这个领域始终是一个必然王国。""自由王国只是在由必需和外在目的规定要做的劳动终止的地方才开始；因为按照事物的本性来说，它存在于真正物质生产的彼岸。"⑧ 因而，在马克思看来，不论从现实的角度看，还是从逻辑的角度看，都只有审美活动才可以被称之为"生命的自由表现"。

这一点，我们从无论早期还是晚期的马克思在谈到"由必需和外在目的规定要做的劳动终止的地方才开始"的"自由王国"、谈到人

---

① 《马克思恩格斯全集》第42卷，人民出版社1979年版，第38页。
② 《马克思恩格斯全集》第42卷，人民出版社1979年版，第25页。
③ 《马克思恩格斯全集》第42卷，人民出版社1979年版，第135页。
④ 《马克思恩格斯全集》第42卷，人民出版社1979年版，第144页。
⑤ 《马克思恩格斯全集》第42卷，人民出版社1979年版，第91页。
⑥ 《马克思恩格斯全集》第42卷，人民出版社1979年版，第141—142页。
⑦ 《马克思恩格斯选集》第1卷，人民出版社2012年版，第210页。
⑧ 《马克思恩格斯全集》第25卷，人民出版社1974年版，第926页。

的自由而全面的充分发展的领域时都是指的审美活动（"真正自由的劳动，例如作曲"①）中，可以得到重要的启示。因此，当马克思谈到在"生命的自由表现"中"个性的劳动也不再表现为劳动，而表现为活动本身的充分发展"②，我的器官"成了我的生命表现的器官"（马克思），"在活动时享受了个人的生命表现"，"我的劳动是自由的生命表现"，"我在劳动中肯定了自己的个人生命"③，以及"人的一种自我享受"时④，显然都是对于劳动的理想状态即审美活动的描述⑤。在理想社会即"真正的人类历史时期"之前，劳动始终被分裂为现实状态与理想状态，而劳动的理想状态只能在审美活动中实现。这是审美活动之所以产生的根本原因，然而也是实践美学所一直忽视了的一个关键前提。因此，正如我已经指出的，人们往往把理想寄托于未来的社

---

① 《马克思恩格斯全集》第46卷（下），人民出版社1980年版，第113页。
② 《马克思恩格斯全集》第46卷（上），人民出版社1979年版，第287页。
③ 《马克思恩格斯全集》第42卷，人民出版社1979年版，第37—38页。
④ 《马克思恩格斯全集》第42卷，人民出版社1979年版，第124页。
⑤ 马克思在《1844年经济学哲学手稿》（人民出版社2018年版）中有大量的描述："人把自身当作现有的、有生命的类来看待"，（第53页）"产生生命的生活"（第53页）"动物和自己的生命活动是同一的。动物不把自己同自己的生命活动区别开来。它就是自己的生命活动。人则使自己的生命活动本身变成自己意志的和自己意识的对象。他具有有意识的生命活动。"（第53页）"使劳动获得人的身份和尊严"（第58页）"通过人并且为了人而对人的本质的真正占有"（第78页）"对私有财产的积极的扬弃，作为对人的生命的占有，是对一切异化的积极的扬弃，从而是人从宗教、家庭、国家等等向自己的合乎人性的存在即社会的存在的复归。"（第79页）"人如何生产人"、"生产作为人的人"，"社会也是由人生产的。活动和享受，无论就其内容就其存在方式来说，都是社会的活动和社会的享受。"（第79页）"为了人并且通过人对人的本质和人的生命、对象性的人和人的产品的感性的占有，不应当仅仅被理解为直接的、片面的享受，不应当仅仅被理解为占有、拥有。人以一种全面的方式，就是说，作为一个完整的人，占有自己的全面的本质。"（第81页）"对私有财产的扬弃，是人的一切感觉和特性彻底解放"，"都成为人的"，例如，"眼睛成为人的眼睛"，"感觉在自己的实践中直接成为理论家"，"在实践上按人的方式同物发生关系"，"需要和享受失去了自己的利己主义性质"，（第82页）"成为我的生命表现的器官和对人的生命一种占有方式"（第83页）"人的眼睛与野性的、非人的眼睛得到的享受不同，人的耳朵与野性的耳朵得到的享受不同"（第83页）"只有当对象对人来说成为人的对象或者说成为对象性的人的时候，人才不致在自己的对象中丧失自身。""我的对象只能是我的一种本质力量的确证"。（第83页）"使'人作为人'的需要成为需要"（第86页）"艺术宗教"（第95页）"正像无神论作为神的扬弃就是理论的人道主义的生成，而共产主义作为私有财产的扬弃就是要求归还真正人的生命即人的财产，就是实践的人道主义的生成一样"，（第110页）"劳动只是人的活动在外化范围内的表现，只是作为生命外化的生命表现"（第131页）。

会，但实际上未来的社会也仍旧只是一个现实的社会①。于是，真正的理想社会其实仅仅只存在于审美活动之中，真正的生命活动也是一样，其实也仅仅只存在于审美活动之中。

同时，美学之为美学，从生成论的层面，同样就必定是"生成"的。不过，这里的"生成"主要还不是指的时下所津津乐道的区别于"积淀"的"生成"（例如"实践存在论"美学所关注的"生成"）。这个"生成"，生命美学从1985年就已经关注了，后来的超越美学也从1994年就开始关注了。如今再谈，其实已经谈不上什么创新。或者，只有在强调自己的看法已经区别于实践美学的时候才有少许创新，但是就美学基本研究本身而言，由于它早已被生命美学、超越美学在批评实践美学时提及，因此其实已经算不上什么创新。而且，更为重要的是，在马克思的美学中，这类的"生成"其实并非重点。在马克思那里，关于"生成"，意义远为重大。因为它指的是全新的美学道路的开辟。

我们知道，此前的美学——包括生命美学，最为根本的缺憾就是只知道从人性、人的本质入手去解释审美活动的"生成"。因此或者仅仅在"美学作为学科"的层面去研究美学，或者是尽管意识到了从"美学作为问题"的层面去研究美学的重要意义，但是却苦于寻觅不到登堂入室的路径。例如，西方生命美学的根本缺憾就在这里。而马克思的深刻之处恰恰就在于：不是从人性、人的本质入手去解释审美活动的"生成"，而是从经济基础入手去解释审美活动的"生成"。在他看来，纯粹美学的推演以及无聊的自由玄思，只和思维材料打交道，以为"脱离了作为它们基础的经验的现实，就可以象手套一样地任意翻弄"②，诸如此类，其实都只是美学教授们为职称、头衔、项目……之类"稻粱谋"而玩弄的小把戏，其实，犹如根本就没有什么"天赋人权"，犹如离开了经济基础随意去解释人性、人权完全就是笔墨游戏，对审美活动的解释也是如此。例如，其实卢梭就已经发现：原始人无所谓平等与否。马克思恩格斯也反复提示："在自发的公社中，

---

① 人们常说的物质产品的"极大丰富"以及"按需分配"究竟是否可能，在我看来还是需要认真予以讨论的。

② 《马克思恩格斯全集》第3卷，人民出版社1960年版，第374页。

平等是不存在的，或者只是非常有限的、对个别公社中掌握全权的成员来说才是存在的。"① 只有建立在市场经济基础上才能产生出"个人关系和个人能力的普遍性和全面性"，"留恋那种原始的丰富，是可笑的"②。平等观念的形成"需要全部以往的历史"③ "自由不过是自由竞争基础上的必然产物"④。因此，真正的自由来自商品交换，"每个人在交易中只有对自己来说才是自我目的；每个人对他人来说只是手段；最后，每个人是手段同时又是目的，而且只有成为他人的手段才能达到自己的目的，并且只有达到自己的目的才能成为他人的手段"，因而，"每个主体都作为全过程的最终目的，作为支配一切的主体而从交换行为本身中返回到自身，因而就实现了主体的完全自由"⑤。这也就是说，从抽象人性、人的本质去推演美学是此路不通的，否则动物为什么不自觉地从事审美活动，也就根本无从谈起了。因此马克思提示我们："商品本性的规律通过商品所有者的天然本能表现出来。"⑥ 恩格斯也提示我们：价值规律"是一个以当事人的盲目活动为基础的自然规律。"⑦ 美学的思考也是同样，从表面看，是人性、人的本质的"天然本能表现"，"是一个以当事人的盲目活动为基础的自然规律。"但是其实却是出自"自然界向人生成"的漫长"优化"过程中的人的"自觉"。这就类似马克思所说："原始共产主义不知道什么价值"，价值"只适用于能够谈得上价值的那个社会发展阶段"⑧，人的"权利决不能超出社会的经济结构以及由经济结构制约的社会的文化发展"⑨。而审美活动无疑也只是它的"另一次方"⑩。

---

① 《马克思恩格斯全集》第20卷，人民出版社1971年版，第668—669页。
② 《马克思恩格斯全集》46卷（上），人民出版社1979年版，第108—109页。
③ 《马克思恩格斯全集》20卷，人民出版社1971年版，第671页。
④ 《马克思恩格斯全集》第4卷，人民出版社1958年版，第457页。
⑤ 《马克思恩格斯全集》第46卷（下），人民出版社1980年版，第472—473页。
⑥ 《马克思恩格斯全集》第23卷，人民出版社1972年版，第104页。
⑦ 《马克思恩格斯全集》第23卷，人民出版社1972年版，第92页。
⑧ 《马克思恩格斯"资本论"书信集》，人民出版社1976年版，第573页。
⑨ 《马克思恩格斯选集》第3卷，人民出版社2012年版，第364页。
⑩ 《马克思恩格斯全集》第46卷（上），人民出版社1979年版，第197页。也参见《马克思恩格斯全集》第46卷（下），人民出版社1980年版，第477页。

这样，从1985年至今生命美学对于"生成"的孜孜以求，其内在用心也就不难看出了。从表面看，生命美学十分看重审美活动的"象一个人似地立足于社会"，"把别人也当人看"①，但是，这却并非纯粹的美学推演或者自由玄思，而是类似于"实践的人道主义"借助自由、平等、尊重、人权、个性、良心、博爱去表达对现存生产方式的态度，但是其实却是特定经济基础条件下产生的一种善恶评价的价值省察，其根本标准是是否有利于生命存在、是否有利于生命尊严。因此是以人的主观意识体现出来的社会进化的客观要求。所以，"它们不仅相等，而且必须确实相等，还要被承认为相等"②，"正像交换价值是社会存在一样，平等表现为社会产物③。"人类的审美活动也必然是有感而发、应物而动的，是"自然界向人生成"过程中催发的价值评价。其中充溢着历史蕴含、历史内容。在这里根本就没有外在的上帝或者理性的推动，"被抽象地理解的、自为的、被确认为与人分隔开来的自然界，对人来说也是无"④，被抽象地理解的审美活动"对人说来也是无"。人没有先在的本质，也没有先在的审美活动，所谓审美活动其实只是在与自然界的关系中全面生成的。马克思指出，只有"社会主义的人"才能认识到"整个所谓世界历史不外是人通过人的劳动而诞生的过程，是自然界对人说来的生成过程"⑤。由此，美学的诞生也就并非花前月下的小把戏，关注的自然也不是文学艺术，而是人的解放。尤其是在美学时代，人的精神关系的解放也已经进入了新"轴心时代"、新"轴心文明"的前台，"自然界向人生成"的漫长"优化"过程中的价值省察以及对于现存生产方式的价值省察，无疑也就更加重要。因此，作为人类社会的保护神，美学自然也就更加当仁不让。

最终，美学之为美学，从创造论的层面，还也必定是"生产"的。

---

① [美]汤·彼彻姆：《哲学的伦理学》，雷克勤译，中国社会科学出版社1990年版，第294页。
② 《马克思恩格斯全集》46卷（上），人民出版社1979年版，第193页。
③ 《马克思恩格斯全集》46卷（下），人民出版社1980年版，第476页。
④ [德]马克思：《1844年经济学哲学手稿》，人民出版社2018年版，第114页。
⑤ [德]马克思：《1844年经济学哲学手稿》，人民出版社2018年版，第89页。

从"实践的人道主义"出发，不难看出，美学之为美学，其实无关吟风弄月，而是人类世界乃至人类自身的"生产"。马克思当年谈到的美学设想："按照美的规律来构造"①，正是从"种的尺度"和"内在的尺度"的根本差异的角度这一"生产"的精辟阐释。遗憾的是，人们往往是从"实践的唯物主义"的角度去理解，因此也就是无法登堂入室，洞悉其中的真谛。但是，倘若我们从"实践的人道主义"的角度去理解，则就不难意识到，这正是美学远离"美学作为学科"的美学死胡同转向"美学作为问题"的康庄大道的集中体现。为此，马克思提出了"全面生产"的理论："动物的生产是片面的（einseitig），而人的生产是全面的（universell）；动物只是在直接的肉体需要的支配下生产，而人甚至不受肉体需要的支配也进行生产，并且只有不受这种需要的支配时才进行真正的生产；动物只生产自身，而人再生产整个自然界；动物的产品直接同它的肉体相联系，而人则自由地对待自己的产品。"②"动物的生产"和"人的生产"，"片面的"生产和"全面的"。动物只是在直接的肉体需要的支配下生产，而人甚至不受肉体需要的支配也进行生产，并且只有不受这种需要的支配时才进行真正的生产；动物只生产自身，而人再生产整个自然界；动物的产品直接同它的肉体相联系，而人则自由地对待自己的产品。在马克思那里，"全面的"生产并不是一个偶然出现的观念。在《德意志意识形态》中，当马克思谈到个人的精神财富取决于他的现实关系的财富时，进一步指出："仅仅因为这个缘故，各个单独的个人才能摆脱各种不同的民族局限和地域局限，而同整个世界的生产（也包括精神的生产）发生实际联系，并且可能有力量来利用全球的这种全面生产（人们所创造的一切）。"③ 由此，我们看到的正是"历史科学"与"价值科学"的统一。"实践的唯物主义"的历史求解与"实践的人道主义"的价值省察在这里完全已经是一致的。在马克思看来，世界向美而在，人类向美生成、人的解放、人的本质的全面生成以及共产主义社会，其实都是完全一致的，都是"通过人"和"为了人"

---

① ［德］马克思：《1844年经济学哲学手稿》，人民出版社2018年版，第53页。
② 《马克思恩格斯全集》第42卷，人民出版社1979年版，第96—97页。
③ 《马克思恩格斯全集》第3卷，人民出版社1960年版，第42页。

的，也都是"历史之谜"的真正解答。美学理应主动主导着时代的主导价值、引导价值，推动着人类去"生产作为人的人"、也去生产作为人的社会，因为，"社会也是由人生产的"①。

由此，人类势必离开物质生产的传统轨道，借助"人如何生产人""通过人而且为了人""作为人的人""人作为人的需要"的价值省察，按照美的规律去生产产品。马克思在《穆勒评注》中指出："假定我们作为人进行生产。在这种情况下，我们每个人在自己的生产过程中就双重地肯定了自己和另一个人：（1）我在我的生产中是我的个性和我的个性的特点对象化，因此我既在活动时享受了个人的生命表现，又在对产品的直观中由于认识到我的个性是对象性的、可以感性地直观的因而是毫无疑问的权力而感受到个人的乐趣。（2）在你享受或使用我的产品时，我直接享受到的是：既意识到我的劳动满足了人的需要，从而使人的本质对象化，又创造了与另一个人的本质的需要相符合的产品。（3）对你来说，我是你与类中间的媒介，你自己认识到和感觉到我是你的自己本质的补充，是你自己不可分割的一部分，从而我认识到我自己被你的思想和你的爱所证实。（4）在我个人的生命表现中，我直接创造了你的生命表现，因而在我个人的活动中，我直接证实和实现了我的真正的本质，即我的人的本质，我的社会的本质。"②马克思还指出："如果抛掉狭隘的资产阶级形式，那么，财富岂不正是在普遍交换中造成的个人的需要、才能、享用、生产力等等的普遍性吗？"在这里，"人不是在某一种规定性上再生产自己，而是生产出他的全面性"③，包括"个人关系和个人能力的普遍性和全面性"④。"真正的财富就是所有个人的发达的生产力"⑤。至此，马克思的美学才得以露出真实的容颜。原来，马克思的美学不但是批判的美学，而且还是建构的美学。人类的审美活动，在马克思看里，也不仅

---

① ［德］马克思：《1844年经济学哲学手稿》，人民出版社2018年版，第79页。
② 《马克思恩格斯全集》第42卷，人民出版社1979年版，第37页。
③ 《马克思恩格斯全集》第46卷（上），人民出版社1979年版，第486页。
④ 《马克思恩格斯全集》第46卷（上），人民出版社1979年版，第109页。
⑤ 《马克思恩格斯全集》第46卷（下），人民出版社1980年版，第222页。

表现在审美活动的本体化,还更表现在对于美的自觉创造。而且,这个"按照美的规律构建"的产品,作为马克思所提示的"财富",人们也始终缺乏准确而且深刻的理解。其实,它意味着马克思的超前思考。事实已经证明:物质的世界无法充分满足人,人的解放也无法靠物质的改造来加以实现,那么,何去何从呢?唯一的良策只能是:"换道超车"。这就明显区别于实践美学的"弯道超车"或者"行车检测"。人类需要的不是物质的无限丰富,而是利用物质来创造一种精神形式,使得情感可以在其中自由展现。这无疑是一种比自然物质、人工物质更为高级的全新物质形态,不再为人类物质欲望服务,而是为表现人的自由情感服务。因此,它是以自由情感为内容、以物质为形式的。换言之,马克思眼中的"产品"其实是形式化的物质,马克思眼中的"按照美的规律构建"也其实是一条超越物质的道路。当然,这并非抛弃物质,但却是让物质成为人的解放的媒介。由此,我们立即会联想到席勒当年所畅想的"外观的王国"。让我们记忆犹新的是,席勒最终连自己都对此缺乏自信:"但是,真的存在着这样一个美的外观的国家吗?在哪里可以找到它?"① 然而,这个"外观的王国"无疑是存在的。它其实就是"有形式的意味"世界,也就是按照打造艺术品的方式来打造世界、打造人生。这当然不是马尔库塞的"非压抑的文明",但是却是"超压抑的文明",也当然不是西托夫斯基所谓的为满足物质欲望而生产的"防御性产品",但是却是西托夫斯基所谓的为满足精神需要而生产的"创造性产品"。

总之,马克思的美学是"生命"的、"生成"的、"生产"的。它是"实践的人道主义"的集中体现,也是"完成了的人道主义"的理论表达。

1966年,美学学者胡克曾预言"马克思的第二次降世",这当然是指的瞩目于"价值科学"的"马克思的第二次降世"。这样一个作为"价值科学"的美学,却实在是一个美学的"哥德巴赫猜想",因为它在马克思本人那里毕竟还是未完成时,因此,也就有待后人的不

---

① [德] 席勒:《席勒美学文集》,张玉能译,人民出版社2011年版,第295页。

懈努力。而它的王冠,在我看来,则非生命美学莫属!

列斐伏尔说:"这种努力将决定哲学的生命。"①

当然,这种努力也将决定美学的"生命"——尤其是生命美学的"生命"!

---

① 复旦大学哲学系现代西方哲学研究室编译:《西方学者论〈1844年经济学哲学手稿〉》,复旦大学出版社1983年版,第201页。

第二章　生命美学三论题

第一节　生命美学第一论题：美学的奥秘在人

一　"人是人"

犹如海德格尔对"哲学的合法完成"的孜孜以求，生命美学也孜孜以求于美学的"合法完成"。

维特根斯坦指出："只有存在问题的才可能存在着怀疑，只有在存在着答案的地方才可能存在着问题，而只有存在着某种可以言说的东西的地方才可能存在着答案。"① 美学亘古存在，无疑一定是因为美学的困惑也亘古存在。

37 年的漫长探索，生命美学实事求是，不唯上、不唯书、不唯教条，逐渐形成了自己的基本思路：美学的奥秘在人—人的奥秘在生命—生命的奥秘在"生成为人"—"生成为人"的奥秘在"生成为"审美的人。或者，自然界的奇迹是"生成为人"—人的奇迹是"生成为"生命—生命的奇迹是"生成为"精神生命—精神生命的奇迹是"生成为"审美生命。再或者，"人是人"—"作为人"—"成为人"—"审美人"。

总之，生命美学对审美的阐释其实也就是对人的阐释。人，才是生命美学的主语，一个民族要真正站立起来，其中就必然隐含着要在

---

① ［奥］维特根斯坦：《战时笔记：1914—1917 年》，韩林合编译，商务印书馆 2005 年版，第 151 页。

美学上也立站起来，也要成为"思想中所把握的时代"。而且，也犹如黑格尔所声称的"哲学家论证了人的尊严，人民将学会享有这种尊严，将不再只具有受践踏的权利；而是通过自己去争取人的权利。"①毋庸讳言，生命美学所希冀"论证"的也是"人的尊严"。因此，生命美学其实就是在以美学的名义推进人的解放，并且，最终把人失落的本质在美学中归还给人。人的诞生，必然呼唤着生命美学的诞生；生命美学的诞生，无疑也正是人的诞生。

首先，美学的奥秘在人（"人是人"、自然界的奇迹是"生成为人"）。

美学所面对的，从表面看是审美的困惑，其实是人的困惑。因此，重要的不是直面"审美"，而是直面"人为什么非审美不可"。② 破解审美的奥秘就是破解人的奥秘。美学从少年到白头，关注的其实都不是"美"，而是"人"。美学问题不同于文学问题或者艺术问题，是人的问题。这样，就美学而言，美学是什么与人是什么无非就是一个问题的两面。从美学去考察人与从人去考察美学是内在一致的。如何理解自己，也就如何理解美学；如何理解美学，也就如何理解自己。在这个意义上，不难看出，人不但是一种现实的存在，而且还是一种理论的存在。在人类的行动背后，一定存在如此而不如彼的理论根据。它可能是自觉的，也可能是不自觉的，但是却也一定是存在着的。因此人类的觉醒也就一定伴随着理论的觉醒。人一旦自觉到自己是人，是与动物不同的人，也就一定会自觉到哲学，进而自觉到美学。人类的自觉一定是要通过哲学的理论方式——尤其是美学的理论方式去加以实现的。因此，意识到了人是人，也就意识到了哲学；意识到了人是审美的人，也就意识到了美学。美学的自觉，无非就是审美的人的自觉。美学，无非是在从理论上解放人，从精神上说明人，无非是在以理论的方式再造审美的人。美学的诞生意味着人的第二次诞生——

---

① ［奥］黑格尔：《黑格尔书信集》德文版，译文转引自《读书》1982年第5期何新的文章《在合理性与现实性之间——读〈黑格尔政治著作选〉》。

② 传统美学都热衷于说明"审美活动无功利性"，因此也就远离了人的困惑。生命美学要说明的是"审美活动的无功利性的功利性"。因为，过去关注的只是审美活动与生命活动的区别，是出于二元的传统思维，其实，亟待关注的倒是审美活动与生命活动的内在一致，也就是审美活动作为生命活动的必然与必需这一根本特征。

精神的人、自由的人的诞生。而且，人类的未来要借助美学的塑造，人类的未来也要在美学中去求解。当然，这也就是我称美学为生命美学的全部理由。

美学面对的是人类的审美活动，表达的却是对人类自身的看法。美学为了理解自己而理解审美活动，而且，美学理解审美活动也就是为了理解自己。"生命"，作为本体性的、根本性的视界因此得以脱颖而出。进而，从美学的生命与生命的美学的角度看，美学源于生命；从美学的存在与生命的存在的角度看，美学同于生命；从美学的自觉与生命的自觉的角度看，美学为了生命。试问，这样的美学，如果不是生命美学，那它又是什么？

这样一来，美学的思考就必须从"人是人"开始。"人是什么"，这是一个充满哲学意味的追问。人是自然的产物，但却又是对自然的超越；人是物，但却又是对物的超越。对于人，是无法对于机器那样去认识、去把握的，因为人什么都不是，而只是"是"。人是 x，人是未定性，是"未完成性""无限可能性""自我超越性""不确定性""开放性""创造性"。人所邂逅的，是一场西西弗斯式的没有尽头的殊死博弈。因此，只有人，而并非动物，才出现了"是人""像人""人味""人样"的问题。尤其是，人自身还是神奇的二律背反，因此根本无法用"神性"和"理性"的方式去把握。无疑，这就使得人成了茫茫宇宙中最喜欢提问的动物。而且，对于人类而言，亟待回答的又何止是"十万个为什么"。例如，"我是谁"？动物显然不会这样提问题。动物是谁，是早已被他们自身物的属性所决定的。人却不同，"人是人"，意味着人的本质不是给定的，不是前定的，也不是固定的，而是由人去自我规定、自我生成的。动物的确定性与人的未完成性，是截然不同的。在自然界的生成之中，只有人能够摆脱一切听从必然、听从本质的动物命运，只有人能够自己主宰自己，自己规定自己，自己支配自己。正如有学者所指明的：人无法忍受单一的颜色、无法忍受凝固的时空、无法忍受存在的空虚、无法忍受自我的失落、无法忍受有限的束缚……因此，也只有人才会去追问"我是谁"，因为只有人才需要自己安顿自己的生命，自己选择自己的未来，自己创造自己的本质。"我是谁"的追问,问的是人的未来,也就是去问人身上所禀赋着的超出动物的所在。这一问,问的不是人的过去,而是问的人的未来,也不是问的"人是什么",而是问的"人之所是"。由此,也就不难深刻理解康德首先提出的"人是人自身的目的"的观点。人无疑是来自非人,或许是动物,也许是神,但是人最终成为人却绝对与非人的力量无关,而是凭借自身的活动,是自身的活动才把自身造就为人的。人是被自己创造出来的。为什么"狗改不了吃屎"?为什么"狗嘴里吐不出象牙"?道理在此。为什么"士别三日当刮目相看"?为什么"知人知面不知心"?又为什么对人要"盖棺论定"?道理还是在此。

在这个方面,中国的中医智慧给我们以深刻的启迪。借助对中医典籍的学习,我在《身体问题的美学困局》[①]一文中说过:单纯的生物学的身体,与其称之为"身体",不如称之为"躯体"。例如只关注解剖学的医学就被称之为"尸体医学",因为它把"躯体"误作生命。其实,"躯体"如果有生命,我们可以称之为"身体",如果没有生命,那只能被称之为"尸体"。"躯体"是不会生病的,只有"身体"才会生病,"身体"生病,那一定就是"人"在生病。医学难道可以通过解剖"尸体"去了解生命吗?不可能!要知道,病灶并不是病因,而是结果。医生如果借助解剖而知道结果,也只知道去治疗结果,糟糕的效果是可想而知的。因为病因还仍旧存在,只是不断转移而已、不断跟我们玩捉迷藏而已。一味强调身体美学,其实也类似于只去治疗结果,而不去寻找病因。然而,不是明明是人在生病而不是尸体在生病吗?同样,我们必须牢牢记住:是人在审美,而不是身体在审美(离开了有生命的人,身体就是尸体)。这就类似一台电脑,"躯体"是电脑硬件,"程序"是电脑软件,所谓"美盲",究竟是"躯体"出了毛病?还是"人"出了毛病?究竟是电脑硬件出了毛病?还是电脑软件出了毛病?身体美学一味在"硬件"也就是"躯体"上"上穷碧落下黄泉"地找原因,这顶多只能算是"头疼医头,脚疼医脚",却

[①] 潘知常:《身体问题的美学困局》,《郑州大学学报》2021年第1期。

绝对算不上高明。而且，电脑出现了病毒，如果只是把电脑大卸八块，在硬件里去寻找病毒，显然是无济于事的。何况，人是一个整体，它当然是由局部构成的，但是因为人的缘故，局部却已经不再是局部，就好比头部的病因却不一定在头，脚部的病因也不一定在脚。

而这当然也就亟待首先从"物的逻辑"转向"人的逻辑"。37年前，我首倡生命美学之初，也正是从这里起步。在我看来，"见物不见人的"的思维方式，是美学研究的大敌，犹如直线的、片面的、孤立的形而上学思维方式是美学研究的死敌。人的存在逻辑不同于物的单一维度存在逻辑，显然不宜以"属加种差"的"物的逻辑"去把握。倘若如此，无异于在人之外去理解人，借助外在尺度去把握人。人之为人，突破了物的存在形式，也超越了物的本质规定，如果仍旧以规定物的方式去规定人，就会导致对人的抽象化规定乃至对人的抽象化表达。所谓人的先定本质就是这样出笼的。诸如非人的、抽象的、自在的、先在的、外在的，等等，关注的是本质的前定性、预成性、普遍性、不变性的规定之类"物种"的规定方式。这其实是试图从人的初始本原去理解人，是试图把人还原成为物，从物的根本性质去理解人、说明人，[①] 单极思维的形式逻辑因此而大行其道。或此或彼，非彼即此，是即是，否即否，排中律、同一律、不矛盾律充斥于众多的美学论著的字里行间。然而，事实上，形式逻辑的方法对人是无效的。不见人、敌视人乃至失落了人，就是它的必然结果。例如，究其本质，关于物的本性的规定方式是与关于人的本性的规定方式并不相同。一旦突破了物的规定方式去规定人，无疑也就超越了物的本质规定。可是，如果再转而以物的方式去规定人，那其实就是对人的本质规定的抽象化。这样一来，无论是物化的人、神化的人还是理性化的人，也就无非都是对人的本质的抽象表达。物化，是把人抽象化成了外在对象；神化，是把人抽象化成了幻想对象，理性化，表面看起来是对人的把握，其实也仍旧是对人的抽象化的把握，是把人抽象化

---

① 这当然是一种把人"物化"为外在对象的逻辑。其中。神化的方式是把人作为幻化的外在对象，理性化的方式是把人作为直观外在对象。

为固定的对象。结果,就都是误解了人、扭曲了人。其中的共同的缺憾,则是都出自一种先在的本质规定。人既然不是动物,非人的、抽象的、自在的、先在的、外在的规定,或者前定性、预成性、普遍性、不变性的规定,也就其实已经与人无缘了。那都完全是一种"物种"的规定方式、非人的规定方式,是试图把人还原成为物并且从物的本质去理解人、说明人。结果尽管嘴上一再宣传自己的美学探索是意在从人出发、意在弘扬人,结果,实际却是敌视了人,失落了人。

如此一来,"物的逻辑"与"形式逻辑"必然会使人的存在"片面化",也必然会不可避免地会使人"失落"、"物化"或"非人化"。也因此,在美学研究中,人也失落得太久了。生命美学期待的,则是建立一种能够全面理解和把握人的全新的生命逻辑、一种精神辩证法、生命辩证法、一种精神化了的逻辑、生命化了的逻辑,从根本上转变美学的视角、拓展美学的视野、更新美学的观念。当然,这也正是我1985年就要在实践美学一统天下、美学界万马齐喑的时候毅然突破实践美学、建构生命美学的原因。而且,在我看来,这其实也就是对美学的非美学困局的克服,也是把人重新理解为人而不是仍旧理解为物。美学不但不宜神学化,而且也不宜理性化,而应该生命化,应该从神本思维——物本思维——人本思维,就类似庄子所疾呼的"绝圣弃智",美学不是神学的婢女,也不是科学的附庸,美学,就是美学。显然,生命美学为自己所赋予的使命也正是:回到美学。

二 人的奥秘在生命

顺理成章的,第二,则是人的奥秘在生命("作为人"、人的奇迹是"生成为"生命)。

"人是人",涉及的是人与物的区别;"人作为人",涉及的是人与自身的区别。如前所述,"人是什么"的问题是一个重要的问题,因为我们关于某物的定义其实并不影响某物,例如"猴子是什么"就丝毫也不影响猴子的行为,但是"人是什么"的问题却不然,对于它的追问,会深刻影响人之为人与人的行为。因此,当我们问"人是什么"的时候,意味着这不是一个对于他者所提出的问题,而是一个对于自己所提出的问题，是一个关于自己的问题。英国作家乔治·奥威尔看到一个男童鞭打马匹时就曾经忽发奇想：马匹如果知道了自己的力气比人大得多，那么人就将对它再也无计可施。遗憾的是，马匹从没有追问过"我是谁"的问题。无疑，人如果不曾追问"我是谁"，那么也就难以走出动物的桎梏。一方面作为发问者，另一方面作为被问者，是自问，也是自答，人类正是借助这样的仰天而问，把自己"问"成了"人"。

"人是什么"，究其实质，问的应该是"人是怎样成为人的"。因为"人是什么"涉及的其实是"人如何存在"。而对这个问题的回答，也就自然而然地进入了"人的奥秘在生命"。因为"人是人"，因为人是不同于自然界的生命，因为人是自然界进化的奇迹——从自然界的生命进化为人的生命的奇迹。

首先要谈的是"自然界"。自然界分为非自控系统与自控系统，也就是"系综"与"系统"。前者是物质世界，没有"生命"，后者是宇宙世界，则是有"生命"的，我们可以称之为：生命共同体、生命联合体。美国哲学家怀特海明确提出："我的观点是，除非我们把物质自然和生命融为一体，作为'真正真实'（really real）的事物——宇宙就是由其相互联系和个体特征构成的——之本质的构成要素，否则二者都是不可理解的。"① "把物质自然和生命融为一体"，这无疑就是宇宙世界的内在奥秘，我们可以称之为一个生机勃勃的生命大家庭。当然，对于宇宙生命的承认，也就成为一种必须："自然在那里存在，它并不是由我们创造出来的。如果我们不重视这种自然权利，我们将在毁灭自然生命的同时毁灭我们自己的生命"，② 在这个方面，中国美学早就有着明确的认识，例如"生生之为易""天地之大德曰生"，等等，西方的认识就稍微慢了半拍。记得英国学者科林伍德就曾针对柏格森的生命哲学提出过尖锐的批评："物理学的无生命界，是压在柏格森的形而上学之上的一个重负。他除了试图将它在他的生命过程的

---

① ［美］怀特海：《思想方式》，韩东晖译，华夏出版社1999年版，第133页。
② ［德］彼得·科斯洛夫斯基：《后现代文化》，王怡红译，中央编译出版社1999年版，第24页。

胃中消化掉外别无他法，可是事实证明，他是消化不了的。"① 但是，无论柏格森还是科林伍德，都毕竟还生得早了点，没有赶上20世纪60年代才兴盛起来的生态学。否则，他们就无疑会发现：宇宙生命是一个客观存在，而且，还是一个与人类生命相互对应的存在。我们可以称宇宙生命为"大生命"，称人类生命为"小生命"。只是，宇宙生命是不自觉的，人类小生命则是自觉的。但是，同属一个共同的自控制生命系统，则是它们的共同之处。而且，它们并非神创，也没有预设的答案。无非是自生成、自组织、自调节、自鼓励，奉行的"两害相权取其轻，两利相权取其重"的"损有余而补不足"的"天道"逻辑。生物学家弗朗索瓦·雅各布（Francois Jacob）称之为："生命的逻辑"。它意味着"整体大于部分总和"，生命的自生成、自组织、自调节、自鼓励都来自生命的合力。类似"三个和尚没水喝""三个臭皮匠，顶得上一个诸葛亮"，前者只是一个系统内部的所有组成要素组合拼盘，不存在内生动力，后者却是一个系统内部的所有组合要素的关联耦合。科学家告诉我们，所谓耦合，是指两个或两个以上的体系或两种运动形式之间通过各种交互作用而彼此影响，从而联合起来产生增力，最终协同完成特定任务的现象。恩格斯也曾指出"世界不是既成事物的集合体，而是过程的集合体"，这其实也是说"从来就没有什么救世主，也不靠神仙皇帝要创造人类的幸福，全靠我们自己"。人类小生命是这样，宇宙大生命也是这样。因此，怀特海在《符号的意义及效果》中把"活动"解释为"自生"（self-production），并且说："活动一语是自生的别名。"② 自控系统没有决定者。中国古代哲学家则称之为："块然自生""怒者其谁邪"。生命之为生命，就在于内部要素之间的相互作用。相互联系、相互作用的耦合而成，使得生命之为生命完全可以做到自生成、自组织、自调节、自鼓励，总是，完全可以做到自己决定自己。而且，这自生成、自组织、自调节、自鼓励，又体现为目的行为、体现为合目的性，以及对于目的偏离、

---

① ［英］科林伍德：《自然的观念》，华夏出版社1999年版，第133页。
② ［英］怀特海：《宗教的形成 符号的意义及效果》，周邦宪译，译林出版社2014年版，第22页。

增熵、随机涨落、振荡的反馈调节。

当然，在这之中，又存在宇宙生命的不自觉与人类小生命的自觉之别。在这当中，关键的关键就在于：人的生命存在方式的改变。马克思指出："一当人们自己开始生产他们所必需的生活资料的时候（这一步是由他们的肉体组织所决定的），他们就开始把自己和动物区别开来。"① "个人怎样表现自己的生活，他们自己也就怎样。因此，他们是什么样的，这同他们的生产是一致的。"于是，人的生命开始不再依赖环境而定了，自己的生命活动成了人类自己的主宰。动物的生命并非自主，人的生命却是自主的。在这个意义上，如果还一定要称人是一种存在，那就一定要立即补充说：人是一种特殊的存在。因为他是一种有自我意识的存在。② 借助马克思的发现：人是一种存在意味着"是自然存在物"；人是一种特殊的存在则意味着人还是"有意识的类存在物"。③ 严格而言，后者才是真正的生命存在，也才是生命美学所要面对的生命存在。无疑，这里的人已经今非昔比，也已经从"人是什么"的追问拓展而为"我是谁"的追问，并且因此而截然区别于动物。动物是不会这样提出"我是谁"的问题的，它们是谁的问题，已经被它们的动物属性所决定。人却不同，人需要自己安排自己的生活，自己选择自己的道路，自己创造自己的未来。在这个世界上，只有人能够摆脱一切听从自然主宰和安排的动物命运，可以享受到自己主宰自我生命，自己规定自我本性，自己支配自我生活的自由，这是人之为人的优越性。过去追问"人是什么"，是屈辱地将自己隶属于自然世界，是"被抛"，也是不得已而问，现在追问"我是谁"，却有了根本不同，是高傲地将自己剥离出自然系列，因此，是"自抛"。"我是谁"，已经不是在问人是什么，不是在问人是什么什么的动物（什么什么的动物，最终也还是动物），而是问人的未来，也就

---

① 《马克思恩格斯全集》第3卷，人民出版社1960年版，第24页。
② 因此美学有两重本性：与第一生命相关的科学（社会科学）本性以及与第二生命相关的宗教本性。然而，美学不是科学，也不是宗教，但是美学又是科学，也又是宗教。它是哲学，是反思性的学科。美学而且是第一哲学。
③ 《马克思恩格斯全集》第42卷，人民出版社1979年版，第169、96页。

是问那个人身上禀赋着的超出动物的所在。因此，这一问，问的不是人的起源，而是人的命运，是在问人终将如何去摆脱人的有限性？如何借助信仰去克服自身的有限性？无疑，"自然界生成为人"，"生成"的就是这样的人，因此才"人是人"。当然，这也就从"人是人"走向了"作为人"。而且，这也并不就意味着人就是自然界物种进化的结果，而是意味着人是借助自己的活动才最终得以自己把自己"生成为人"的。

进而，"生成为人"也就是"生成为"人的生命。大自然只塑造了人的一半，人不得不上路去寻找那另外一半，因此人生不是乐园，而是舞台。但是，恰恰又是人在自然赋予的本能生命基础上所创造的属于自为生命这个第二生命才是属于人的特有的生命，只有人在自然赋予的本能生命基础上所创造的支配本能生命的那个生命，才是属于人所特有的生命。这样，从"人的逻辑"出发，不难看到"人的生命"的重要。这是因为，就人而言，不但存在着与动物类似的第一生命的进化，所谓"原生命"；而且还更存在与动物生命截然不同的第二生命的进化，所谓"超生命"。进而，在人的生命这一神奇现象之上，我们看到了一种二重性的现象：原生命与超生命。因此，人的生命是原生命，也是超生命。这就类似于人的生命之中所实际存在着的两重死亡。心脏死亡与脑死亡。心脏死亡是物质生命的结束，脑死亡则是精神生命的结束。所谓"哀莫大于心死"，也说明动物只死一次，人却要死两次。例如，对奥德嘉而言，"根本的现实不仅是我而已，也不是人，而是生命，他的生命"。①"生命是个动名词而不是名词。"②对齐美尔而言，"生命比生命更多"和"生命超越生命"。生命是机会，生命是我自己加上我的选择。苏轼也慨叹"长恨此身非我有"，王国维则感叹"可怜身是眼中人"。因此苏格拉底才会说："不是生命，而是好的生命，才有价值。""追求好的生活远过于生活。"卢梭

---

① [西]奥德嘉·贾塞特：《生活与命运——奥德嘉·贾塞特讲演录》，陈昇、胡继伟译，广西人民出版社2008年版，第37页。

② [西]奥德嘉·贾塞特：《生活与命运——奥德嘉·贾塞特讲演录》，陈昇、胡继伟译，广西人民出版社2008年版，第27页。

才会说:"呼吸不等于生活。"尼采才会说:审美的人有"比人更重的重量"。老子也才会说:"死而不亡者寿"。而且,人的生命主要是一种精神性的生命存在,借助维特根斯坦的话说:"生理的生命当然不是'生命',心理的生命也不是'生命'。"① 它们仅仅只是以"人"的名义注册,但是却与人无关。柏拉图也发现:把桌子拆开以后再重新安装,它还是桌子;但是把一个青蛙解剖以后,却再也安装不起来。因为桌子是部分先于整体,但是青蛙的生命却是整体先于部分。何况是人的生命?这恰恰是因为,人的生命主要是一种精神性的生命存在。例如,植物人就是只有物质性的生命(可以呼吸,心脏跳动),而没有精神性的生命。所以,克尔凯戈尔才会说:人的基本概念是精神,不应当被人也能用双脚行走这一事实所迷惑。奥特和舍勒也才会说:"人的存在是精神的存在。"② 人是"生命"和"精神"的统一体:"虽说'生命'和'精神'有偌大的本质差别,然而这对原则在人身上是相互依赖的。"③ 显然,在这里,亟待把"生活"与"活着"区别开。"活着"并不是生活。所以,才"人各有命",也所以,人有做人之道,但是动物却不必有做动物之道。这就类似于生命美学为人之为人所下的定义:人是动物与文化的相乘。而且,人作为"会思想的芦苇",其生活"必需品"不仅仅是面包,还有尊严。或许,这才诱惑着尼尔·波兹曼在《技术垄断》一书中强调:技术能够告诉我们心脏什么时候开始跳动、宫外孕的胎儿有多高的存活率等等知识,但它永远无法为"什么是生命"这样的疑惑给予真正有意义的解释,更不能回答"人生的意义究竟是什么"这样的问题。可是,"我们怎能活着而不理会这些最大、最重要的问题呢?这世界从何而来往何处去?宇宙间的最后力量是什么?生命的根本意义是什么?"④

---

① [英]维特根斯坦:《战时笔记》,韩林合编译,商务印书馆2005年版,第228页。
② [瑞士]奥特:《不可言说的言说》,林克、赵勇译,生活·读书·新知三联书店1994年版,第67页。
③ [德]舍勒:《人在宇宙中的地位》,陈泽环、沈国庆译,上海文化出版社1989年版,第68页。
④ [西]奥德嘉·贾塞特:《生活与命运——奥德嘉·贾塞特讲演录》,陈昇、胡继伟译,广西人民出版社2008年版,第91页。

三　生命的奥秘在"生成"

继而，第三，当然也就是：生命的奥秘在"生成"（"成为人"、生命的奇迹是"生成为"精神生命）。

自然界进化为人的关键是进化为生命。然而，生命之为生命，又十分复杂。

首先，人的生命离动物很近，离上帝不远。人们常说的"一半是魔鬼，一半是天使"，无疑也并没有道破其中的真相。不过，人们也在逐渐自觉的是："人的生活并不遵循一个预先建立的进程，而大自然似乎只做完一半就让他上路了。大自然把另外一半留给人自己去完成。"① 人不是生来就是人，而是必须去"做人"，但是，好的生命，坏的生命……真假、善恶、美丑……其中存在着各种的可能性。可能成人，也可能不成人。"人基本上是开放着的可能性"②，"人本身即无明确的稳定性"③、"人的生活并不遵循一个预先建立的进程，而大自然似乎只做完一半就让他上路了。大自然把另外一半留给人自己去完成。"④ 例如，"禽兽不如"的生命也是生命，"道貌岸然"的生命也是生命，甚至，"学坏容易，学好难"。因此，此生命即非彼生命。"人类学家把这一特殊进程称为幼体延续（neotenia），意思是，我们人类诞生得显然太匆促，还没有完成全部进化就来到了这个世界上。我们就像是还未煮熟的粮食，在成为盘中餐之前，还要在微波炉里加热十分钟，或者在出锅前再多煮上一刻钟……某种意义上，人类出生时还都不成熟。"⑤ 人类学家还发现，人的成长与动物的生长不同。动物的生长旺盛期是在于胚胎与童年，后期就呈递减趋势。因此我们不妨说，动物的生长基本是在"子宫内完成的"。人却截然不同，从零到十六岁，要经历两个生长高峰。第一个是在出生的最初一年，在这

---

① ［德］兰德曼：《哲学人类学》，张乐天译，上海译文出版社1998年版，第7页。
② ［德］兰德曼：《哲学人类学》，张乐天译，上海译文出版社1998年版，第50页。
③ ［德］兰德曼：《哲学人类学》，张乐天译，上海译文出版社1998年版，第50页。
④ ［德］兰德曼：《哲学人类学》，张乐天译，上海译文出版社1998年版，第7页。
⑤ ［西］萨瓦特尔：《教育的价值》，李丽译，北京大学出版社2012年版，第3—4页。

一年里，他的大脑总量可以达到类人猿的三倍①，但随后就是二岁到九岁阶段的缓慢增长。第二个高峰，会在十岁到十六岁之间出现，而且速度是过去的两倍②。由此，我们不难发现，人的生长主要是在"子宫外完成的"，文化教育，包括审美教育，则堪称"子宫外的子宫"——"人类的子宫"。

而且，"人的自我完善并不必定意味着在一种极其肯定的意义上完善。它只意味着，人使自己完善起来并给自己以确定的形式。这可能是某种高级的或低劣的形式、丰富的或贫乏的形式。正是因为人的本质取决于他自己的决定，他才天生就是一种处于危险中的存在。既然动物不对它自己负责，那么它确实就不能高于自然为它选定的形式，但也不能低于这种形式。然而，人有一个更大的范围。正如古人已看到的，知识和德行的可能性也包含着错误和罪恶的可能性。人可能把自己提升为一种值得敬慕的、令人惊奇的事物，但'腐败了的最好的东西就是最坏的东西'（亚里士多德）；人也可能利用他自我形式的能力而'变得比任何野兽更野蛮'，像尼采所描绘的在人眼中的类人猿那样，在处于一个更高水平的人看来，人是'笑料，是丢脸的东西'。"③ 因此我们在历史上看到了著名的"克里希那穆提之问"：什么才能够从根本上改变人类的残暴、终结人类经历的战争以及人们冲突不断的生活？④ 在这当中，其实也就包含着对于从"生不为人"向"成长为人"的追问。人的"非专门化"⑤ 以及"人基本上是开放着的可能性"、"人本身即无明确的稳定性"⑥，于是，正如美国学者赫舍尔所发现的：人的存在总是牵涉到意义，他可能创造意义或破坏意义，但他不可能脱离意义而存在⑦。显然，人的生命之为生命，也并非只

---

① 人类的大脑的容量类似长颈鹿的身高。长颈鹿身高6米，比身高第二的非洲大象高出2米，人类的大脑容量也比第二名的类人猿高出很多。其中的奥秘值得深思。
② ［德］兰德曼：《哲学人类学》，张乐天译，上海译文出版社1998年版，第181页。
③ ［德］兰德曼：《哲学人类学》，张乐天译，上海译文出版社1998年版，第203页。
④ ［印度］克里希那穆提：《最后的日记》，张婕译，中国长安出版社2009年版，第154页。
⑤ ［德］兰德曼：《哲学人类学》，张乐天译，上海译文出版社1998年版，第172页。
⑥ ［德］兰德曼：《哲学人类学》，张乐天译，上海译文出版社1998年版，第50页。
⑦ ［美］赫舍尔：《人是谁》，隗仁莲译，贵州人民出版社1994年版，第47页。

是积极意义上的，同时还存在着消极的形式。也因此，人有"两次生成"：自然生成与自我生成。而且，"自然生成"的生命也亟待提升为"人为生成"的生命。

其次，人的生命又不但没有先在的本质，而且还没有后天的本质。永远都只能是在路上，永远都不断置身生成的过程之中。只有"盖棺论定"，也只能"死而后已"。在人的生命活动之前、之后、之外，都没有人的本质。一切的一切都是人的生命活动造成和生成的，人是人自己的生命活动的作品。也因此，人之生命也就不再仅仅只是为生命本身服务的，而且还更是为创造生命这一更高的目的服务的。正如古希腊诗人品达（Pindar）所谓的"成为你自己"。① 换言之，人的生命的本质并不是给予的，也不是前定的、固定不变的，而是由人自己的生存活动创生并且处于不断变化中的"自我规定"。什么样的"人"（person）才是"人"（human），亟待人自己通过自己的活动去创造、去完善、去实现。实现自己的目的，这是一种与物种的必然本性彼此对待的人之为人的"自由属性"。"何处是归程，长亭连短亭。""只问耕耘，不问收获"。无数的瞬间、无数的刹那、无数的迷津……独特、新异、唯一……对于人而言，写作《创世记》也确实是未免太早。不过是"人在旅途"，人无时无刻不在生成之中，过去是在生成之中，现在是在生成之中，将来也还是在生成之中，赫舍尔甚至强调："处世"（living in the world）要比"在世"愿为重要。就正如朗格指出的：在生命过程中，每种生命体都会以一种"必然的形式"即"永恒的形式"存在下去，生命物质总是要获得形式的永恒性。但形式的永恒性不是它最后的目标，而是一种不停地追求又总是在每时每刻已经达到的目标。因为这一目标完全依赖"生命"活动。而"生命"本身是一个过程，一个无休止的变化。如果生命停止，它的形式即行解体——因为永恒是一种变化形式。②

---

① 参见［西］奥德嘉·贾塞特《生活与命运——奥德嘉·贾塞特讲演录》，陈昇、胡继伟译，广西人民出版社2008年版，第37页。
② ［美］苏珊·朗格：《情感与形式》，刘大基、傅志强、周发祥译，中国社会科学出版社1986年版，第79页。

其中的奥秘无疑是：生成！

希腊神话中最具意义的一幕之一，莫过于爱比米修斯在为人类安排未来的时候竟然什么都没有给予，所谓"非专门化"①，以至于对此实在看不下去了的普罗米修斯立志要为人类盗取点什么。"我们天生为人，但这却是不够的；我们还必须付出努力真正变成人。"②人无疑来自非人——不管来自动物还是来自神，其实都是来自非人，但是，人之所以能够成为人，却并非非人的力量所致，而是主要凭借自身的活动。人是自己把自己造成为人的。在这里，"生成"才是关键。"生成"，是人为自己所找到的真实本性。这不是实践活动论，因此也不是"实践生成论"，而是生命活动论，因此是"活动生成论"。"生命在于行动，而每一个片刻我们都必须决定我们所采取的行动，人面对着他的环境犹如钢琴家面对着钢琴的琴键，虽然这架钢琴所发出的音响是固定的，但他却可以弹奏出变化无穷的旋律，而人生的戏剧便是人必须经常演奏，因为一旦他停止了触键，便意味着他停止了生活。"③因此，"人生自古谁无死"，是与动物的相同，"留取丹心照汗青"却是与动物的不同。其中的根本转换，就在于人的"生成"。人不是现成的，而是必须去"做人"，而且，"人各有命"。因此，人有做人之道，动物却没有做动物之道。

这也许就是我从1991年开始就强调的，人是"不断向意义的生成，向自我的生成"④。与神学世界，科学世界不同，在生命美学看来，人之为人的本性不是给予的，也不是前定的，而是在人的形成过程中自己创生的。人之为人的规定，不应该在人自身之外。如前所述，人是被人自己的活动造就成为人的，因此，也就只能从人自身的活动去认识人的本性，这就是康德首先开始提出的"人是人自身的目的"。这意味着，美学的思维方式发生了一个根本的变化：人不再被看作纯

---

① [德] 兰德曼：《哲学人类学》，张乐天译，上海译文出版社1998年版，第172页。
② [西] 费尔南多·萨瓦特尔：《教育的价值》，李丽等译，北京大学出版社2012年版，第2页。
③ [西] 奥德嘉·贾塞特：《生活与命运——奥德嘉·贾塞特讲演录》，陈昇、胡继伟译，广西人民出版社2008年版，第36页。
④ 潘知常：《生命美学》，河南人民出版社1991年版，第38页。

粹的被造物、也不再按照物种规定去理解人性,任何从外在的方面去寻找人的生成根源的努力都终将一无所获,转向从人的自身活动去理解人之为人,才是唯一的正途。这样,承认人的本性是由人自己的活动造成并随人的活动而不断变化,就是唯一的选择。人怎样去创造自己的生活,人也就有着怎样的本质。人是被人自己的活动造就为人的。"是"与"应是",生命的"时间性"、"超越性"和"创造性",因此而成了被关注的重点。"本质先在原则"的"前定本质论"、"实体本质论"和"本质不变论"被统统拒斥,"生命活动生成论"得以脱颖而出。从"本质"到"生成",则是其中的关键转换。人是自我生成的。不但是创造的,而且,人的本质也唯有在创造中才得以绽放、确认、呈现、展开。这决定了人只有借助"生成"才能够凭借一己之力独自去完成大自然留给人的另一半工作。"人是人的作品,是文化、历史的产物"① 因此,费尔巴哈提示:"真正的哲学不是创作书而是创作人"。"人是人的作品,是文化、历史的产物"同样,冯友兰也提示:"学习哲学的目的,是使人能够成为人,而不是成为某种人"。在此意义上,所谓美学,在生命美学看来,无疑同样不是"创作书"而是"创作人",也同样不是"成为某种人"而是"使人能够成为人"。

四　"生成"的奥秘在"生成为"审美的人

最后,第四,"生成"的奥秘在"生成为"审美的人(审美人、精神生命的奇迹是"生成为"审美生命)。

我们已经知道,人之生命,不但是"自然生成"的生命,而且更是"人为生成"的生命。在这里,"生成"就是"创造"。遗憾的是,过去的美学却未能去旗帜鲜明地研究这个"人为生成"的生命。尤其是这"人为生成"的生命中的审美生命。而生命美学的全部努力,则正是毅然为自己选择了"生命"作为必要的突破口,也毅然把自己的

---

① [德] 费尔巴哈:《费尔巴哈哲学著作选集》上卷,荣震华、李金山译,商务印书馆1984年版,第247页。

目标指向了"人为生成"的审美生命。这就是生命美学所一贯自我提示的终极使命:"成人之美"。

"文化是人的'第二自然'"。"在创造文化的过程中,人创造了自己。"① 因此,人的生命,无疑是人自己的生命活动的作品。兰德曼宣称:"其他存在物的特点是具有永恒的本性,而人却处在不断创造自己的状况中。既然人的基础只是无计划性,人就设计他自己。'人创造人'。人在对他自己的不断超越中永不会静态地存在:人一再被抛入纯洁的未来,不断地成为他想要成为的东西。"② 而且,"人为精神所指导"③ 但是,这又何其艰难?人可能成人,也可能不成人。以至于人们甚至尴尬地自陈:"成为真正的人,远比弹奏好钢琴难得多"④ 也因此,其中的后天学习也就十分重要。正是它,赋予了生命以目的性,也就是价值追求。而且,在这当中,创造自己、提升自己、实现自己的最佳途径——审美活动,也就进入了人的视线,而且理所当然地成了最好的途径,所谓"充实之谓美",李泽厚先生曾经六次公开批评生命美学,这也许在国内美学界是被他公开指名批评得最多的了。但是,这一则无疑是生命美学的光荣,因为恰恰说明了李泽厚先生对生命美学的念念不忘,二则当然也很遗憾地暴露了李泽厚先生自身知识的陈旧,以及对生命奥秘的一无所知。在他看来,生命美学的"生命"只是动物的"生命",因此,也就理所应当地铸下了大错。因为人类不但关于"生命"的看法早就超出了这一陈旧得不能再陈旧的疆域。例如政治生命、职业生命、学术生命……这一切都是人们最为熟知不过的。兰德曼也剖析过作为上帝的产物的人、作为理性存在的人、作为生命存在的人、作为文化存在的人、作为社会存在的人、作为历史存在的人、作为传统存在的人。而且,我们必须强调指出的是,其中还存在着被全世界几乎所有著名哲学家美学家所一直推崇的审美生

---

① [德]兰德曼:《哲学人类学》,张乐天译,上海译文出版社1998年版,第6、181页。
② [德]兰德曼:《哲学人类学》,张乐天译,上海译文出版社1998年版,第211页。
③ [德]兰德曼:《哲学人类学》,张乐天译,上海译文出版社1998年版,第181页。
④ [法]多米尼克·夏代尔:《音乐与人生》,卢晓等译,安徽教育出版社2005年版,第204页。

命,也就是:审美存在的人。

"我是谁?"我是审美的人!这是人类最最自豪的发现!

布罗茨基指出:人类首先是一种美学的生物,其次才是伦理的生物。① 这就是人类所特有的"审美优先"。须知,人有未定性,也有超越性。存在主义关注的只是"未定性",生命美学关注的却是"超越性"。未定性,是围绕着动物性的,也是中介性的;超越性,则是超越动物性的。未定性是肯定性的,超越性是否定性的。因此,在生命美学看来,仅仅"存在先于本质"还是不够的,还要"超越先于存在"。在这里,"本我"是动物性,"自我"是"未定性","超我"则是"超越性"。人之为人,根本的价值选择与评价不仅仅是"满足",而且还更应该是"追求"——追求"生成"。人之为人,有"喜欢",也有"想要",有"喜欢而且想要",有"想要但不喜欢",(例如毒品),但是也有"喜欢但不想要","喜欢但不想要",就是审美。而且,人类的生命活动与动物不同,它是一种目的性活动,而并非一种手段性活动。其中最高的价值选择与评价,因此也就是"生成为"人——尤其是生成为审美的人。这也就是人借助自己的活动去创造自己的本质,去实现自己的创造超生命本质这一更高的本质。正如马克思所指出的:"人的根本就是人本身。""人本身是人的最高本质。"② 当然,由于现实世界、此岸世界的限制,这一切都只能在象征、隐喻意义上去加以实现。因此马克思才强调:"我们现在假定人就是人,而人同世界的关系是一种人的关系。那么你就只能用爱来交换爱,只能用信任来交换信任,等等。如果你想得到艺术的享受,那你就必须是一个有艺术修养的人。如果你想感化别人,那你就必须是一个实际上能鼓舞和推动别人前进的人。你同人和自然界的一切关系,都必须是你的现实的个人生活的、与你的意志的对象相符合的特定表现。如果你在恋爱,但没有引起对方的反应,也就是说,如果你的爱作为爱没有引起对方的爱,假如你作为恋爱者通过你的生命表现没有使你成

---

① [美]约·布罗茨基:《文明的孩子》,刘文飞等译,中央编译出版社1991年版,第39页。
② 《马克思恩格斯全集》第1卷,人民出版社1956年版,第460、467页。

为被爱的人，那么你的爱就是无力的，就是不幸。"① 但是，象征、隐喻意义的存在也仍旧是真实的存在，犹如真虾不是艺术，齐白石的虾却是艺术；打仗不是艺术，京剧的武打却是艺术。而且正是所谓的"我审美故我在"。

由此，就还有必要再回到前面所提及的宇宙大生命与人类小生命。我已经一再指出，两者的相同在于同为"生命"，两者的不同则在于，前者是"不自觉"的，后者则是"自觉"的。这也就是说，"我审美故我在"即"我自觉故我在"。遗憾的是，众多的美学家却往往只是会说到"我审美"，但是却往往会忽视了"我自觉"，因此"我审美"也就悄然地与人生脱了钩，俨然成为文学艺术的欣赏，成为生活中的附属品、奢侈品。然而，倘若一旦回到宇宙大生命与人类小生命，却立即就会恍然彻悟：从宇宙大生命的"不自觉"到人类小生命的"自觉"，其中实在是大有深意。

在这里，至关重要的是，为宇宙大生命的所"不自觉"的但是却为人类小生命所"自觉"的是什么？

在我看来，为宇宙大生命的所"不自觉"的但是却为人类小生命所"自觉"的，是不论宇宙大生命抑或人类小生命，都是一个自控的生命系统。它意味着一个不再是"一分为二"的"一分为三"的世界，也意味着一个不再是"二值逻辑"的"三值逻辑"的世界，我们可以称之为"灰度世界"（因此所谓生命美学乃至生命哲学其实也可以被看作"灰度美学""灰度哲学"）。所谓"灰度"，是介于黑和白之间的一种状态。这也就是说，所谓的自控的生命系统，其间的万事万物的发展都并非非黑即白、黑白分明，而是黑白相间、即黑即白的广阔的灰色空间。这是世界的常态。非对即错、非成即败、非善即恶、非敌即友……诸如此类都是不存在的。存在的只是不确定性的灰度世界，只是物极必反、乐极生悲、急流勇退、"福兮祸所伏"、"祸兮福所倚"……因此为能够去做的也只是在灰度世界中的选择。而且至为关键的也不是完美答案的获得，而是最优解的

---

① ［德］马克思：《1844年经济学哲学手稿》，人民出版社2018年版，第142页。

寻觅。① 恰到好处、恰如其分、不偏不倚……这一切都意味着一个百分之百的结果之外的概率优势。② 它是一个概率分布而不是一个确定的数字，是对于各种可能性之下的平衡点与"度"的把握。就类似盲人摸象，无须去追求完美无缺，而只能通过不断的测试和反馈去实现迭代优化。③ 更何况，在一个非生命空间，主观选择的参与，导致的是可能性空间会随之而呈指数缩小，但是在一个生命空间，主观选择的参与，导致的却是可能性空间会随之而呈指数扩大。这是一个一切都展现于大于0小于1的概率空间、一个十分广阔的蕴含了世界的全部丰富性的可能性的空间。也正是因此，主观选择也就显得非常之重

---

① 活在黑白世界还是活在灰度世界，这就是加缪的"局内人"还是"局外人"所面对的世界。在灰度世界，人类惯常的"是"与"非"之类的思想已经山穷水尽。人类急需的，只能是加缪所强调的"荒谬的推理"。而且，一旦意识到了荒诞，生命也就幡然觉醒了。与荒诞同呼吸共命运，也就成为人类的命运。生命存在着，其实也就是荒诞存在着。在灰度世界，我们可以模仿一句陀思妥耶夫斯基的著名句式：如果我们相信，我们并不相信我们相信；如果我们不相信，我们不相信我们不相信。总之，在灰度世界，最终的结局，永远不是我们想要的结局。而且，在黑白世界，对于人的看法是悲观的，对于命运的看法却是乐观的；在灰度世界，对于命运的看法是悲观的，对于人的看法却是乐观的。因此，在黑白世界，存在着的是关于存在的哲学、形而上学的哲学、物的哲学。或者，是柏拉图式的乐观哲学、"理论乐观主义"，或者，是叔本华式的悲观哲学、"实践悲观主义"。这样，即便是叔本华本人的所谓"觉醒"，也仍旧是不敢去正视人类自己。在灰度世界，存在着的是关于价值的哲学、形而上的哲学、人的哲学。也许我们可以称之为："心学"。而且，人类只能自己去定义自己，这样，也就无所谓乐观哲学、"理论乐观主义"或者悲观哲学、"实践悲观主义"。因为，黑白世界之外的世界，毕竟才是真正值得我们去经历的。这，当然就是尼采的贡献！

② 因此是没有绝对的"公平"与"公正"的。行星有黑点，太阳有阴影，月亮有残缺，生命有终点……这是人生的常态。电影《这个杀手不太冷》里的小女孩玛蒂达问了杀手里昂一个问题："Is life always this hard, or is it just when you are a kid?"（人生总是那么痛苦吗？还是只有童年如此？）里昂回答："Always like this."（总是如此）。这无疑是一个充满了哲学意味的回答。而且，意识到了这个"Always like this"（总是如此），才会有哲学，也才会有美学。或者，才会有好的哲学、好的美学。

③ 在这里，必须牢记的是，世界存在着两类规律：精确的规律和统计规律。所谓精确的规律就是一定条件下的绝对精确化的规律，1就是1，2就是2，此次如此，永远如此；所谓统计规律则是混沌的概率规律，只具备概率的规律性，而并非严格精确绝对，只是"差不多""八九不离十"而已。在其中，是一个统计规律性。统计规律表明客体不是纯粹客体，只能是属人的、有人的认识条件参与的客体，不能再谈单独的时间性事件，也不能单独谈空间性的事件，统计规律中已经包括了"绝对规律"。物质性质的呈现不再是一元谓词能表述它的，而是多元谓词性的了，是关系算子式的了。于是事情本身充满了偶然性、函数性，关系变化性。必然事件的规律是那种绝对的精确化的规律，随机事件的规律是统计规律性的规律。对于随机事件的规律就不要去追求绝对化，精确化，那样的话，就是错误的。

要，而所谓现实也无非就是人类所主动选择的某种可能性的现实实现而已。甚至，很有可能的是，失之毫厘却差之千里。

　　由此，从宇宙大生命的"不自觉"到人类小生命的"自觉"也就至关重要。这就类似于从"船老大"到"船长"的转换。长江里的航船，只需要船老大，不需要船长，因为只需要凭经验判断就可以胜任，东边一个礁石，西边一棵大树……船到哪里，心里都非常清楚。但是置身浩瀚的太平洋就不同了，狂风恶浪随时都会汹涌而至，暗礁、旋涡更是四处密布，倘若没有航海图，没有罗盘，不知道经纬度，没有潮汐涨落和气候风向这些知识，再没有船长与大副、二副、轮机长之间的密切配合，那就不要说是"直挂云帆济沧海"了，简直寸步难行。其次，也类似于从炮弹到导弹的提升。炮弹的目标在远处可见，只要三点成一线即可，导弹的目标就不同了，根本就是肉眼所无法目睹的。因此也就只能靠导弹自己的不断的自我校正、自我调整。在这里，导弹的"红外制导"就十分关键。它是利用红外线作为能量媒介的一种制导方式，是通过红外探测器去捕捉所跟踪目标所带有的红外能量，从而在不断的反馈中去逐渐趋近打击目标。显然，人类小生命的"自觉"，就在于能够自觉完成从"船老大"到"船长"的转换以及从炮弹到导弹的提升。而且，其中更以审美活动为最。它是我们去把握"一分为三""三值逻辑"的"灰度空间"的最佳方式，也是我们直面概率分布、概率优势的最佳方式，还是我们直面最优解的最佳方式。因此审美活动就相当于导弹的"红外制导"系统。"Only the dead have seen the end of war"（只有死者才知道战争的结局），它推动着生命在多次耦合中自觉调整方向，就类似方向盘的左右打动而又始终能够沿着正确的方向行驶。只要想象一下灰度空间与三值逻辑的世界存在着的无穷无尽的目的偏离、随机涨落、增熵、振荡，就不难获悉反馈调节、超前效应、纠偏效应的重要。而且，也即不难想见审美活动的重要。因此，众多的美学学者喜欢提及的所谓"审美活动无功利"也就实在不堪一提了，审美活动当然是有功利的，而且是有大功利的。只是不过，它是二阶效应而已，亦即表面上看起来没有效应，其实却大有效应，因此是二阶的！

这样，美学之为美学，其中的奥秘也就犹如人之为人的奥秘一样真相毕露。狄尔泰指出："借助于分析审美效果来解决这个一般问题（诗的尝试，将会使研究者回到人类本性所具有的那些普通特征上去。"① 在生命美学看来，美学也唯有"使研究者回到人类本性所具有的那些普通特征上去"才是可能的。因此，我们再重温一下德国美学家盖格尔的发现，无疑就会异常亲切："对于有关人的存在的知识来说，美学比伦理学、逻辑学或者宗教哲学更为重要。与美学相比，没有一种哲学学说和科学学说更接近于人类存在的本质了，它们都没有更多地揭示人类存在的内在结构，没有更多地揭示人类的人格。"② 这样，就犹如海德格尔对"哲学的合法完成"的回答，美学的"合法完成"，生命美学的回答是：借助对审美的阐释，去回答生命如何可能。

"任何一种解放都是把人的世界和人的关系还给人自己。"③ 美学的解放无疑也是如此。但是，这也是一项十分艰巨的历史使命。"在人的条件已从视野中淡出的时代，我们需要人文学科来帮助我们对人的条件保持清醒。"④ 在这当中，美学的尤其是生命美学的"帮助我们对人的条件保持清醒"就尤其重要。生命美学所关注的人的解放，就恰恰是"把人的世界和人的关系还给人自己"！它的意义在于：从理论上解放人，从精神上说明人，并且力求推动着人自身得以以理论的方式再次诞生。生命美学的诞生，意味着人之为人的第二次诞生。借助于生命美学，精神的人、自由的人得以觉醒。同样借助生命美学，人类得以重新发现生命、认识生命、确证生命、丰富生命。生命美学既源于生命，也回到生命，更提升生命。在生命美学，人类不但"通过知识获得解放"⑤，更通过审美获得解放。生命美学把生命从肉体中剥离出来，并且与人之为人的绝对尊严、绝对权利、绝对责任直接相

---

① ［德］威廉·狄尔泰：《精神科学引论》第1卷，童奇志等译，中国城市出版社2002年版，第148页。
② ［德］盖格尔：《艺术的意味》，艾彦译，华夏出版社1999年版，第194页。
③ 《马克思恩格斯全集》第1卷，人民出版社1956年版，第443页。
④ ［美］安东尼·克龙曼：《教育的终结》，诸惠芳译，北京大学出版社2013年版，第181页。
⑤ ［英］卡尔·波普尔：《通过知识获得解放——波普尔关于哲学历史与艺术的讲演和论文集》，范景中、李本正译，中国美术学院出版社1996年版，第2页。

关。它以爱为纬,以自由为经,以守护"自由存在"并追问"自由存在"作为自身的美学使命,并且因此而一跃跻身于第一哲学(这就是杜夫海纳所指出的"美学对哲学的贡献")。

换言之,"奥斯威辛和广岛事件之后,哲学再不能依然故我。"①借助生命美学,一种与自由、尊严直接关联的全新的阐释审美与艺术的美学因此而得以建构起来。审美的人(审美生命)是"人"的理想实现。也因此,只有它,才是人类的最高生命。因此,生命即审美,审美也即生命。于是,美学之为美学,也就必然是这最高生命的觉醒与自觉,是这最高生命的理论表达。当然,美学之为美学,也就因此而必然应该是更加人性的,也同样就因此而必然应该是更具未来的。

"如果我告诉你我认为这可能取得成功,那么我就不够诚实了。但如果我不这样做,那么我又不够人道了。"② 斯诺曾经如是说。

而这,也正是我所想要说的最后一句话。

第二节　生命美学第二论题

综上所述,我讲到的,其实是生命美学之所以出现的思想背景。还只是生命美学得以产生的外在原因。可是,外因毕竟是变化的条件,内因才是变化的根据。因此,下面我们还要来进而讨论一下生命美学得以产生的内在原因。

生命美学得以产生的内在原因是四个转换。同时它也意味着:美学要走出四大误区。具体来说,美学要走出"自然的人化"的误区,走向"自然界向人生成"的转换;美学要走出"适者生存"的误区,走向"爱者优存"的转换;美学要走出"我实践故我在"的误区,走向"我审美故我在"的转换;美学还要走出审美活动是实践活动的附属品,奢侈品的误区,走向审美活动是生命活动的必然与必需的转换。

---

① [美]赫舍尔:《人是谁》,隗仁莲、安希孟译,陈维政校译,贵州人民出版社1994年版,第12页。
② [英]C. P. 斯诺:《两种文化》,纪树立译,生活·读书·新知三联书店1995年版,第254页。

首先，美学要走出"自然的人化"的误区，走向"自然界向人生成"的转换。

在中国，人们喜欢讲"自然的人化"，甚至出现了"实践拜物教"或者"劳动拜物教"（因此我经常建议年轻博士可以写一篇博士学位论文，去认真地反省一下当代中国美学的"实践"话语或者"劳动"话语），但是后来却遭遇了几乎是所有人的迎头痛击。最煞风景的是，连被奉为神圣的马克思的"劳动创造了美"也被改译为"劳动生产了美"。何况，这样一种把自然界与人蛮横无情地用"实践"去断开的方法也既不合情也不合理。其中，至少有四个没有办法解释的困惑。第一，自然科学早就证明了动物也制造工具，而且已经制造了好多万年，那么，为什么动物偏偏就没有进化为人？第二，本来已经被制造工具的实践积淀过的"狼孩"——就是被狼弄去养大的小孩，为什么无论如何教育都再也无法成为人了呢？第三，地震灾害降临的时候，众多动物中为什么最愚钝无知的偏偏是已经被制造工具的实践积淀过了的人类？第四，性审美肯定是出现在实践活动之前的，这无可置疑，那么，又怎么解释？

其实，物质实践与审美活动都是生命的"所然"，只有生命本身，才是这一切的"所以然"。人类无疑是先有生命然后才有实践。我们知道，宇宙的年龄大约是150亿年，地球的年龄大约是46亿年，生物的年龄大约是33亿年，而人类的年龄则大约是300万年。试问，在这300万年里，人类的生命无疑已经自始至终都存在着，可是，是否也自始至终都存在着人类的物质实践？如果有，无疑还需要科学论证；如果没有，那么，是否就是在断言：那个时候的人还根本就不是人？而且，马克思已经指出："任何人类历史的第一个前提无疑是有生命的个人的存在。"那么，生命难道不也是物质实践的"第一个前提"？更何况，人类是在没有制造出石头工具之前就已经进化出了手，进化出了足弓、骨盆、膝盖骨、拇指，进化出了平衡、对称、比例……光波的辐射波长全距在10的负四次方与10的八次方米之间，但是人类却在物质实践之前就进化出了与太阳光线能量最高部分的光波波长仅在400—800毫米之间的内在和谐区域；同时，温度是从零下几百度到零上几千度都存在的，但是人类的却在物质实践之前就进化出了人体最为适宜的与 20—30 摄氏度的内在和谐区域。再如，与审美关系密切的语言也不是物质实践的产物，而是源于人类基因组的一个名叫 FOXP2 基因，它来自 10 万—20 万年前的基因突变。

那么，何去何从？在我看来，只有转向"自然界生成为人"。

这个问题，我在 1991 年出版《生命美学》的时候就已经提出了。从来就没有救世主，也没有神仙皇帝，作为第一推动力的上帝与理性根本就不存在。我们或者可以把广义的自然可以称之为宇宙世界，而把狭义的自然称之为物质世界，前者涵盖人，后者却不涵盖人。因此，宇宙世界不但是物质性的，而且还是超物质性的。在这个意义上，它与人有其相近之处。不同的只是，我们把宇宙世界称之为宇宙大生命（涵盖了人类的生命，宇宙即一切，一切即宇宙）的创演，而把人类世界称之为与人类小生命的创生。创演，是"生生之美"，创生，则是"生命之美"。它们之间既有区别又有一致。"生生之美"要通过"生命之美"才能够呈现出来，"生命之美"也必须依赖于"生生之美"的呈现，但是，也有一致之处，这就是：超生命。或者叫作自鼓励、自反馈、自组织、自协同的内在机制，所谓"天道"逻辑——"损有余而补不足"，奉行的"两害相权取其轻，两利相权取其重"的基本原则，生物学家弗朗索瓦·雅各布（Francois Jacob）则称之为："生命的逻辑"。它类似一只神奇的看不见的手。只是，"生生之美"对于"生命的逻辑"是不自觉的，"生命之美"对于"生命的逻辑"则是自觉的。例如，查尔斯·伯奇和约翰·柯布在《生命的解放》中就指出："如果生命体的成分不发生变化哪怕一秒钟之短，它很快就会变成一摊摊生命的物理元素。"又说："新鲜感并不仅仅意味着变化，没有新鲜感就会衰败腐朽，这也是变化。"[①] 这意味着一种"生生之美"，或者一种不自觉的"生命之美"。约翰·霍兰则在《从混沌到有序》中把系统整体生成新性质的机制称为"涌现"。他说："涌现是

[①] ［澳］伯奇、［美］柯布：《生命的解放》，邹诗鹏、麻晓晴译，中国科学技术出版社 2017 年版，第 108—109 页。

一个宏观规律以及产生取代的受限生成过程。"对于"受限生成过程",霍兰解释说"它是一个范围很广的模型的精确描述。由于生成的模型是动态的,所以我称之为'过程';支撑这个模型的机制'生成'了动态的行为;而事先规定好的机制间的相互作用'约束'或'限制'了这种可能性,就像游戏的规则约束了可能的棋局一样。到目前为止,我们研究的这些系统都能够被描述成某种受限生成过程,也就是一定机制间的相互约束下动态地生成动态的模型。"这同样是一种"生生之美",或者一种不自觉的"生命之美"。怀特海在《思维方式》一书中把人类的创造称为"文明的最高的理智"和"文明的终极的良知",这其实是一种"生命之美",但是又可以被看作一种自觉的"生生之美"。因为正如怀特海所发现的:"创造的过程便是宇宙统一体的形式。"① 也正如卡尔·萨根所发现的:"宇宙不只有着令人震惊和令人着迷的宏伟壮丽,不仅仅能够让人理解,而且人类实实在在就是宇宙的一部分。我们生于宇宙,我们的命运也与宇宙深切交织在一起。最基本的和最细微的人类事物都可以溯源自宇宙和它的开端。"②

于是我们发现:世界是向美而生的。怀特海提示我们说:"宇宙目的论就是指向美的产生。"③ 中国的庄子更早就提示我们说:"原天地之美而达万物之理",我必须说,这其中大有深意。茫茫宇宙世界,本来就是一个有生命的存在。而且它并非"向神而生",也并非"向真而生",而是"向美而生"。这就是庄子所指出的"万物"生成之"理",也是怀特海所说的"文明的宇宙"。"怀特海形上学在其根本精神上乃是'审美的'(aesthetic)。"④ "怀特海的后期哲学是一种全新的努力,旨在发展出一种植根于审美价值经验的形而上学和宇宙论体系。"⑤ "事实上,怀特海的整个形而上学和宇宙论体系,最好被解读为关于整个世界价值论原理(即那些源于一般价值论的东西)的延伸

---

① [英]怀特海:《观念的冒险》,周邦宪译,译林出版社2012年版,第196页。
② [美]卡尔·萨根:《宇宙》,陈冬妮等译,广西科学技术出版社2017年版,第xxvi页。
③ [英]怀特海:《观念的冒险》,周邦宪译,译林出版社2012年版,第292页。
④ [美]唐力权:《脉络与实在》,宋继杰译,中国社会科学出版社1998年版,第27页。
⑤ [美]菲利普·罗斯:《怀特海》,李超杰译,中华书局2002年版,第1页。

和概括。关于他的哲学的任何东西——从他的方法论到他对语言一般的而有时是深奥的使用——都带有这种审美的、价值的取向。"① 显然，这些学者都已经发现了怀特海的发现——当然也是庄子的发现：世界向美而生。

同时，我们更发现：人类是为美而在的。怀特海还提示我们说：人类是"宇宙的产儿"。这无疑也是生命美学亟待倾力予以发挥的深刻思考。茫茫宇宙世界是依照美的规律自我生成的，是向美而在的。那么，作为"万物之灵"的人则必然是茫茫宇宙世界向美生成的最高成果（而"社会实践是美的根源"的观点则是极为狭隘的），换言之，作为"万物之灵"的人则必然是为美而在的。拉兹洛说："具有意识使人成了地球自然界所有系统当中独一无二的系统。""人的高度完美的监控系统就是他的大脑皮层：它蕴含有使用符号的能力，是全部意识过程的活动中心。"② 文化也是"作为帮助实现生物目的高度敏感性监控器官的进化所造成的一种东西而兴起。"③ 由此，过去的关注文学艺术的"小美学"的根本缺憾也就一目了然了。原来，效法众所周知的说法：不是歌德创造了《浮士德》，而是《浮士德》创造了歌德，也类似《周易》，其中的天道、地道、人道，还有天文、地文、人文，都是从世界出发，然后才归结为人。事实上，我们也可以说，不是人创造了美，而是美创造了人。世界向美而生，而人却是为美而在。在过去的宗教时代、科学时代，我们对此没有明确的意识。而现在一旦醒悟，当然也就理应去主动加以实现。怀特海提出要把"审美的、道德的、宗教的旨趣同来自自然科学的那些世界概念结合起来"④，应该就是这个意思。这也就是所谓的由美生人而不是由人生美。

而借助马克思的思考，也就是他所指出的自然界的社会的现实和人的自然科学或关于人的自然科学是同一的，我们则可以把这样一种

---

① ［美］菲利普·罗斯：《怀特海》，李超杰译，中华书局2002年版，第3页。
② ［美］E. 拉兹洛：《从系统论的观点看世界》，闵家胤译，中国社会科学出版社1985年版，第86页。
③ ［美］E. 拉兹洛：《从系统论的观点看世界》，闵家胤译，中国社会科学出版社1985年版，第89页。
④ ［英］怀特海：《过程与实在》，李步楼译，商务印书馆2011年版，第2页。

生命的创演与创生，生命的自鼓励、自反馈、自组织、自协同称之为"自然界生成为人"。并且，"自然界生成为人"过程中的合规律性就是"真"，"自然界生成为人"过程中的合目的性就是"善"，"自然界生成为人"过程中的自我欣赏、自我享受就是"美"。

关于世界的生成性，康德以来，在西方哲学中一直引起着关注。例如康德就曾经依据"星云"说，提出过"自然向人生成"的观点，尽管还是把最高创造者的位置留给了上帝。后来的赫尔德对于自然界生成为人更是有明确的说明。即便就是黑格尔。也还是在理性的封闭自循环中艰难地思索着生成性的问题。马克思早已说过："整个所谓世界历史不外是人通过人的劳动而诞生的过程，是自然界对人来说的生成过程。"同时他还进一步明确地说："历史本身是自然史的一个现实部分，即自然界生成为人这一过程的一个现实部分。"① 因此，马克思尖锐地批评在人对自然的关系上把自然和历史对立起来的观点："好像这是两种互不相干的'东西'，好像人们面前始终不会有历史的自然和自然的历史。"② 而且，马克思在论述"自然界生成为人"的自然观时提出了"人是自然界的一部分""自然界的人的本质""抽象的自然界对于人来说等于无"的观点，与此相应，恩格斯在阐释马克思"自然界生成为人"的自然观时也提出了人是"自然界的自我意识"以及"真正人的历史的史前史"的思想。例如，在《自然辩证法》中，恩格斯在批判沃尔弗的目的论时，就曾经提及康德关于自然界运动的"生成"观点，也就是在1775年提出的星云说："这个逐渐被认识到的观点，即关于自然界不是存在着，而是生成着和消逝着的观点"，③"在这种僵化的自然观上打开了第一个缺口"，康德把"地球和整个太阳系表现为某种在时间的进程中生成的东西"。"在康德的发现中包含着一切继续进步的起点。如果地球是某种生成的东西，那末它

---

① ［德］马克思：《1844年经济学哲学手稿》，人民出版社2018年版，第89、86—87页。这是根据刘丕坤的译本校订的。更早的何思敬译本的译文是："全部所谓世界史不过是人通过劳动生成的历史，不过是自然向人生成的历史。""历史本身是自然史的一部分是自然界生成为人这一过程的一个现实部分。"（见何思敬译本，第87、84页）

② 《马克思恩格斯全集》第3卷，人民出版社1960年版，第49页。

③ 恩格斯：《自然辩证法》，人民出版社2015年版，第15页。

现在的地质的、地理的、气候的状况，它的植物和动物，也一定是某种生成的东西"。① 这里的"生成"十分值得注意，因为正是在这个"生成"中无机界"生成"为有机界、"生成"动物。而且，"自然界获得了自我意识，这就是人"。② "随同人，我们进入了历史"。"人离开狭义的动物越远，就越是有意识地自己创造自己的历史"。③ 这正如恩格斯说的："生命是整个自然界的一个结果"，"蛋白质，作为生命的唯一的独立的载体，是在整个自然的全部联系所提供的特定的条件下产生的"。④ "事实上，进一步发展出能思维的生物，是物质的本性，因而凡在具备了条件（这些条件并非在任何地方和任何时候都必然是一样的）的地方是必然要发生的。"⑤ 首先是"自然存在物"，在此基础上，才生成为"人的自然存在物"和"社会存在物"。显然，"被抽象地理解的、自为的、被确定为与人分隔开来的自然界，对人来说也是'无'。"⑥ 因为人在自然界之中，自然界也在人之中，与人无关的、孤立的、抽象的自然界，根本就不存在。"自然界生成为人"的过程也是其自我生成的过程。自然界与人之间的有机联系是始终存在的。因此，马克思才提出了"自然界的人的本质"（或者"人的自然的本质"）⑦ 这个发人深省的概念。如果没有"自然界的人的本质"，"自然界生成为人"也就毫无可能。"自然界的人的本质"的存在，才使得自然界与人出现了有机联系，才使得自然界最终得以"生成为人"。由此，是人与自然界的关系才内在地决定着、呈现着人的本质，至于"社会关系的总和"，则不过是"自然界生成为人"的现实表现。可惜的是，对于这一切，我们却一直未能予以深究，更未能意识到亟待去以"自然界生成为人"去提升"自然的人化"。因此，我们忽视了，"自然界生成为人"，才是马克思主义哲学的核心，也是美学研究的理

---

① 恩格斯：《自然辩证法》，人民出版社2015年版，第14、15页。
② 恩格斯：《自然辩证法》，人民出版社2015年版，第21页。
③ 恩格斯：《自然辩证法》，人民出版社2015年版，第22页。
④ 恩格斯：《自然辩证法》，人民出版社2015年版，第68页。
⑤ 恩格斯：《自然辩证法》，人民出版社2015年版，第86页。
⑥ ［德］马克思：《1844年经济学哲学手稿》，人民出版社2018年版，第114页。
⑦ ［德］马克思：《1844年经济学哲学手稿》，人民出版社2018年版，第65页。

论基础。"自然的人化"只是马克思的劳动哲学、实践哲学。我们不能只注意到了其中的横向的联系,而且还不是全部——只是其中之一,却忽视了其中的纵向的联系。而其中一系列的区别是:不是"自然的人化",而是"自然界生成为人";不是"劳动创造了美",而是"劳动与自然一起才是一切财富的源泉";也不是"人的本质力量的对象化",而是"自我确证""自由地实现自由""生命的自由表现"。相比之下,倒是著名科学哲学家普里戈金更为睿智,因为"自然界生成为人"的思想在他那里是明确地予以褒扬的:"一个可以称为'历史的'自然,就是说能够发展和创新的自然"的"自然史的思想作为唯物主义的一个完整部分,是马克思所断言,并由恩格斯所详细论述过的。当代物理学的发展,不可逆性所起的建设性作用的发现,在自然科学中提出了一个早已由唯物主义者提出的问题。对他们来说,认识自然就意味着把自然界理解为能产生人类和社会的自然界。"①

众所周知,到了尼采、杜威、柏格森、怀特海等众多的大思想家那里,"自然界生成为人"更是被广泛而且深刻地予以弘扬。② 杜威指出:"我们需要根据一种时间上的连续体来形成一种自然论和一种关于人在自然中(而不是人对自然的联系)的理论。"③ "仅仅在近一百年的时间内(事实上比这还少一些),生物学、文化人类学和历史,特别是关于'物种'方面的历史这类科学已经发展到了这样一个阶段,把人类和他的业绩完完全全置于自然界以内了。"④ 怀特海则在《科学与近代世界》的第三章"天才的世纪"中发出了惊天一问:"有了物理学定理所规定的物质形态再加上空间的运动之后,生命机体应当怎样解释?"⑤ 他指出:"人,作为生命机体的最高范例,其重要性

---

① [比]普里戈金、[法]斯唐热:《从混沌到有序》,曾庆宏等译,上海译文出版社1987年版,第307页。
② 尤其值得注意的是达尔文关于审美在生物进化中的作用的发现,它为自然界的审美生成提供了科学的实证思考。
③ [美]杜威:《经验与自然》,傅统先译,江苏教育出版社2005年版,第161页。
④ [美]杜威:《经验与自然》,傅统先译,江苏教育出版社2005年版,第250页。
⑤ [英]怀特海:《科学与近代世界》,何钦译,商务印书馆2012年版,第49页。

是毋容置疑的。""人是宇宙的产儿。"① "那种将自然和人分别看待的学说,实在是一种错误的两分法。人是自然所包含的一种因素,这种因素最鲜明表现了自然的可塑性;自然可塑,则可出现新奇的规律。"② 现代著名天文学家卡尔·萨根说:"我相信未来取决于我们对宇宙的理解"。因此,"更大的可能是宇宙中满溢生命,只是人类并不知晓罢了。"③ 而在拉兹洛那里,我们也看到了具体的描述:"不管他拥有什么样的质,可以肯定,全是从以前那些低级的发展过程中得来的。"④ "同原子论的观点和行为主义的观点相反,系统论关于人的观点是把人同他生活在其中的世界联系在一起看了,因为系统论把人看成是从那个世界中产生出来的,并且反映出那个世界的一般特点"。⑤ 与此相应的,则是传统看法的节节败退。过去,"我们不相信:我们的生命是受大生命的哺育,我们各个人的生存得到大生存的支持,大生存必定比它所产生的一切具有更多地意识和更大的独立性。我们却习惯于把我们生命之外的东西只当作是生命的残渣和灰烬"。⑥ 但是,越来越多的学者已经认识到:现代哲学"不幸地""建立了一个能知的中心和主体以与作为所知的'自然'相对抗。所以'能知者'实际上变成了自然以外的东西。""这种在自然之外的能知'主体',与作为'客体'的自然世界相对抗"。⑦ 然而,这其实只是一种仅仅关注事物的外在关系的机械模式,我们亟待建立的,却是生命模式:它"是建立在内在关系基础上的。此模式认为生命有机体与环境紧密相关;也就是说,它们与所处环境的关系是他们之所以成为他们的构成因素。"⑧

---

① [英] 怀特海:《观念的冒险》,周邦宪译,译林出版社 2012 年版,第 30—31 页。
② [英] 怀特海:《观念的冒险》,周邦宪译,译林出版社 2012 年版,第 87、90 页。
③ [美] 卡尔·萨根:《宇宙》,陈冬妮等译,广西科学技术出版社 2017 年版,第 2 页。
④ [美] E. 拉兹洛:《从系统论的观点看世界》,闵家胤译,中国社会科学出版社 1985 年版,第 76 页。
⑤ [美] E. 拉兹洛:《从系统论的观点看世界》,闵家胤译,中国社会科学出版社 1985 年版,第 71 页。
⑥ [美] 威廉·詹姆士:《多元的宇宙》,吴棠译,商务印书馆 2012 年版,第 82 页。
⑦ [美] 杜威:《经验与自然》,傅统先译,江苏教育出版社 2005 年版,第 241 页。
⑧ [澳] 伯奇、[美] 柯布:《生命的解放》,邹诗鹏、麻晓晴译,中国科学技术出版社 2015 年版,第 107 页。

由此来看，不难发现实践美学的缺憾。这就在于：它所褒扬的"自然的人化"其实只能涉及"自然界生成为人"的"现实部分"，也就是"人通过劳动生成"这一阶段，但是"自然界生成为人"的"非现实部分"却无从涉及。例如，实践美学从实践活动看审美活动，主要思路就是美来自"自然的人化"，顺理成章的，人类社会之前也就无美可言了，至于自然美，被说成是"自然的人化"的结果。但是，自然的"天然"之美又何以解释？例如月亮的美？再例如，《美的历程》就只是人类文学艺术的历程吗？全部的自然界自我完成、自我创造的波澜壮阔的过程，才是一部真正的瑰丽无比的《美的历程》。它把"历史"也就是"社会史""世界史"都一并划归了"自然史"。因此，只看到"自然界生成为人"的"现实部分"，看不见"自然界生成为人"的"非现实部分"，实践也就被抽象化了，正如马克思所说的，陷入了"对人的自我产生的行动或自我对象化的行动的形式的和抽象的理解"。结果，实践活动成了世界的本体，成为人类存在的根源，也成了审美和美的根源。至于人类实践之前、人类实践之外的一切，则完全被忽略不计。其实，为实践美学所唯独看重的所谓"人类历史"应该只是自然史的一个特殊阶段。因此，马克思所说的"自然界的自我意识"和"自然界的人的本质"，我们都不能忽视。而且它们自身也本来就是互相依存的，后者还是前者得以存在的前提。这样，离开自然去理解人，离开自然史去理解人类历史，就无疑是荒谬的。换言之，人类历史其实是"自然界生成为人这一过程的一个现实部分"，它必须被放进整个自然史，作为自然史的"现实部分"。当然，是在"历史"中人类才真正出现了的，但是，这并不排斥在"历史"之前的"非现实部分"。彼时，人当然尚未出现，"自然界生成为人"的过程也没有成为现实，但是，无可否认的是，自然界也已经处在"生成为人"的过程中了。冒昧地将自然界最初的运动、将自然演化和生物进化的漫长过程完全与人剥离开来，并且不屑一顾，只是人类中心主义的傲慢，是没有根据的。而"自然界生成为人"则把历史辩证法同自然辩证法统一了起来，也是对于包括人类历史在内的整个自然史的发展规律的准确概括，更完全符合人类迄今所认识到的自然史运动过程的实际情况。

而且,从马克思所告诫的"自然界的人的本质"出发,从"自然界的人的本质"的客观存在出发,我们不难理解,那个"被抽象地孤立地理解的、被固定为与人分离的自然界"其实是不存在的,如此这般的自然界,对人来说只能是"无"。自然界往往被实践原则去加以抽象理解,却忽视了它始终都与人彼此相互关联,无从分离。在人生成之前和生成之后,都如此。可是,在由无生命到有生命直至最高的生命的"自然界生成为人"的过程里,实践活动却主要是在"由无生命到有生命"的阶段起到了重大作用(但也并非唯一),而在前此的"无生命"和之后的"最高的生命"阶段,却并非如此。由此,实践美学言必称"实践",似乎是领到了尚方宝剑,谁都奈何它不得,一切的一切都是缘起于实践也终结于实践,实践无所不能,实践也万能,其实,也无非就是把"劳动""实践"抽象化了、神秘化了。实践原则并不是万能的。倘若从实践原则发展到"唯实践""实践乌托邦",则也是不妥的。例如,认为只有在实践中与人发生关系的自然才是自然,这就难免落入实践唯心主义、实践拜物教。而且,在现实生活中,我们也已经领教了实践唯心主义、实践拜物教的危害。它将人与自然肆意分离,结果当然认为对待自然可以为所欲为,而且无论怎样去对待自然,都不会反过来伤害自身。"人有多大胆,地有多大产"就是这样出笼的。自然界是人的无机的身体,破坏自然界,当然也就是破坏"自然界的人的本质"、破坏人的本质。也就是把人变成"非人"。如此一来,美学也就无从立足了。

其次,美学要走出"适者生存"的误区,走向"爱者优存"的转换。

这意味着,作为高级的生命现象,人类已经意识到:变化、差异以及对多样性的追求,是对抗拒生命中熵流的瓦解和破坏的制胜法宝,而人类一旦从被动适应发展到主动适应,人类的自觉也就得以显现。因此,人才可以自觉地与宇宙彼此协同。并且把宇宙生命的创演乃至互生、互惠、互存、互栖、互养的有机共生的根本之道发扬光大,这就是生命美学所立足的生命哲学:"万物一体仁爱","生之谓仁爱"。爱,拉丁语是 Amor,指的是"我想存在"(拉丁语,volo ut sis)。因此,圣奥古斯丁说:用拉丁语说"我爱你",其实就是在告诉世人,"我希望你'是你所是'地存在。它要求我们把生命看做一个自鼓励、自反馈、自组织、自协同的巨系统,要求我们自由行善也自由行恶,并且最终得以由恶向善,要求我们以爱作为生命之为生命的忠实呵护者。爱,守于自由而让他人自由,是宇宙大生命与人类小生命自身的"生命向力"的自觉。周辅成回忆说:熊十力"觉得宇宙在变,但变决不会回头,退步、向下,它只是向前、向上开展。宇宙如此,人生也如此。这种宇宙人生观点,是乐观的,向前看的。这个观点,讲出了几千年中华民族得以愈来愈文明、愈进步的原因。具有这种健全的宇宙人生观的民族,是所向无敌的,即使有失败,但终必成功"。[①] 其实,这也是人类生命的共同境界。总之,爱,内在地靠近人类的根本价值,也内在地隶属于人类的根本价值。爱,是人类根本价值中所蕴含的作为最大公约数与公理的共同价值。

当然,这也就是生命美学所谓的"爱者优存"。或者,我们也可以把它称为"非零和博弈"。

"零和博弈",是"适者生存"的黄金法则。因此,任何时候自己都不能输,而只能是他者输,就是其中的根本要求。但是,这恰恰不是生命之为生命的发展方向。生命史上最完美的故事一定应该是合作的故事、互助的故事。我活着,首先就要让你活着;我不想做的,也首先不让你做。莎士比亚提示我们:"在命运之书里,我们同在一行字之间。""同在一行字之间",才是人类的共同命运,也才是人类的生命逻辑。因此,生命发展的推动力和最终趋向并不是你死我活的竞争关系,而是互利共赢的合作关系,即"非零和博弈"。柏格森称之为人类不可或缺的"生命冲力",[②] 是正数的互利利他、正数的利益总和。它是可以改变一切的"宇宙酸",也是共同进化的提升机。而且,人类生命的演进,也就是一部逐渐从"零和博弈"走向"非零和博弈"的历史。因此,罗伯特·赖特在《非零和博弈——人类命运的逻

---

① 周辅成:《回忆熊十力》,湖北人民出版社1989年版,第135页。
② [美]罗伯特·赖特:《非零和博弈——人类命运的逻辑》,赖博译,新华出版社2019年版,第6页。

辑》中指出：早在康德那里，就已经认定人类历史存在着"大自然隐秘计划"，也就是"爱者优存"或"非零和博弈"的"大自然隐秘计划"。"作出这种'设计'的并不是人类设计师，而是自然选择。"它是人类生命存在的"非零和动力"，是"人类命运的逻辑"。"地球上迄今为止的生命演变就是由这种驱动力塑造的。"因此，"唯有博弈论才能让我们看清楚人类自己的历史。""地球上生命的历史是一个好到难以书写的故事。但是，无论你是否相信这个故事背后有一个天外的作者，有一点是相当清楚的：这就是我们的故事。作为它的主角，我们无法逃避它的意义。"①

在这方面，值得注意的是达尔文的相关研究。达尔文有两本书，一本是《物种起源》，还有一本则是《人类的由来》，《物种起源》是他前期的工作成果。那个时候，达尔文认为物种的进化是靠什么呢？"适者生存"。也就是说，是"弱肉强食"。这当然都是我们所非常熟悉的。但是，这并不是真正的达尔文。达尔文的《人类的由来》是他后期的工作成果。在这本书里，出人意料的是，达尔文极少再用"适者生存"这个概念。有个学者做了个统计，达尔文在他的这本书里，"适者生存"这个概念一共只用过两次。其中还有一次是因为要批评"适者生存"。但是，有一个词，达尔文却用了九十多次，这就是"爱"。达尔文提示：事实上什么样的动物种群才能够进化呢？以"爱"作为自己的立身之本的动物种群。这无疑是一场赌博——一场豪赌。因为没有谁知道进化的最终结果，因此不同的动物种群实际上也就都是在豪赌：是自私自利？还是互相关爱？颇有意味的是：最终胜出的不是"适者生存"的动物种群，而是"爱者优存"的动物种群，是以"爱"作为自己的立身之本的动物种群最终胜出！因此，当年那个在怀特岛和达温宅埋头写作的达尔文，已经不但从动物进化的角度发现了"自然界生成为人"的根本奥秘（生命美学其实是在接着达尔文讲，希望从人的"优化"的角度发现"自然界生成为人"的根

---

① ［美］罗伯特·赖特：《非零和博弈——人类命运的逻辑》，赖博译，新华出版社2019年版，第22、7、8、4、426、425页。

本奥秘），而且也已经敏锐地预见到了未来的世纪主题——爱的主题。因为他坚定不移地相信：进化的推动力是"爱的基因"，而不是"自私基因"①。

从达尔文出发，去看"自然界生成为人"的历史，确实不难发现，爱，其实就是人类的亘古不变的信仰②。在这方面，哈佛大学的研究员爱德华·威尔逊就曾提出过被他称为"亲生命假设"的著名猜想。在他看来，生物间普遍存在一种与其他生物亲近的渴望，而人类更需要人与人之间亲密的联系。也曾经有这样一位考古学家，她带着学生挖出了一具人的尸体，并且那个人的腿是断了以后又接上的。于是，她对学生断言：这应该已经是文明社会。因为所有的动物和人一样，都怕受伤，一旦受伤，往往就失去了照顾，其结果就是因伤病而死。但是这个人不一样，尽管受了伤，但是却能够伤愈。这说明，他一定已经生活在一个互相关爱的社会。还有学者的研究发现：动物要生存，就必须依赖群体，黑猩猩的全体成员大约是 60 个，南方古猿的群体成员大约是 67 个，而人类的群体成员却可以无数。这无疑极大地增强了人类自身的力量。人类来自动物，身上潜存着自私基因，但是也潜存着利他基因。为此，霍布斯困惑于和平的解释，卢梭困惑于战争的解释，倒是托尔斯泰，以一部巨著《战争与和平》，就切中了人类自身的自私基因与利他基因共存的要害。作为没有力量也没有速度的存在，人类唯一的依赖，就只能是群体，由此，作为内在的凝聚力——爱——也就必然会被加以关注。当然，这意味着人类自身的利他基因的无限拓展。由此，人类才得以走出愚昧，在生存博弈中最终胜出，攀升到食物链的顶端。③ 而"自大约公元前 800 年至公元前 200 年起，在世界四个非同一般的地区，延绵不断抚育着人类文明的伟大传统开始形成——中国的儒道思想、印度的印度教和佛教、以色

---

① ［美］大卫·落耶：《达尔文：爱的理论——着眼于对新世纪的治疗》，单继刚译，社会科学文献出版社 2004 年版，第 21 页。
② ［美］马斯洛：《健全的社会》，欧阳谦译，中国文联出版公司 1988 年版，第 24 页。
③ 昔有鹦鹉飞集陀山，乃山中大火，鹦鹉遥见，入水濡羽，飞而洒之，天神言："尔虽有志意，何足云也？"对曰："常侨居是山，不忍见耳！"天神嘉感，即为灭火。这个故事，其实就是人类之所以得以进化的隐喻。

列的一神教以及希腊的哲学理性主义。这是佛陀、苏格拉底,孔子以及耶利米、《奥义书》的神秘主义者、孟子和欧里庇德斯生活的时代。在这一具有高度创造力的时期,宗教和哲学天才们为人类开创了一种崭新的体验。"① 这个时代。就是为生命美学所特别关注的人类的轴心时代。值得注意的是,在这个时代,人类的最为重大的发现,无疑仍旧是爱的发现:"轴心时代的人们都发现,富于同情的伦理规范卓有成效。这一时期创造出的所有伟大的思想传统一致认同博爱和仁慈的极端重要性。"② 佛陀说"让众生皆快乐。""'金规则'提醒那些轴心时代初出茅庐的人们:我尊重我自己如同你尊重你自己。假如每个人都认为自己拥有绝对重要的价值,人类社会就不可能存在下去,因此我们都必须学会互相礼让。"③ "轴心时代的各种信仰里都有一种共同的理想,即同情,尊重和普遍的关注。"④ "轴心时代的先哲们把放弃自私自利和提倡同情当作首要任务。"⑤ 在这方面,我们都很熟悉,"你要别人怎样待你,你就要怎样待人",这是西方提出的可以称之为以肯定性、劝令式的方式来表达的"爱的黄金法则";而"己所不欲,勿施于人",则是以否定性、禁令式的方式表达的中国的"爱的黄金法则",而且,还比西方早提出了500多年。还有印度,除了中国的"仁爱"、西方的"博爱",印度的宗教尽管是多神教,但是也孕育了"慈悲"的思想。

更为重要的是,"然而,这并不是故事的终结。轴心时代的先行者们已经为他人奠定了发展基础,每一代人都可以设法使这些原初的洞见适用于他们自身的特殊境况,而这应是我们当下的任务。"⑥ 时至今日,我们必须看到,不论是"博爱""慈悲"还是"仁爱",无疑都可以归结为:爱!爱,就是人类在此岸世界发现的一个秘密武器。人类由此真正找到了自我鼓励、自我协调的内在生命机制,而无须再假

---

① [英]凯伦·阿姆斯特朗:《轴心时代》,孙艳燕等译,海南出版社2010年版,第2页。
② [英]凯伦·阿姆斯特朗:《轴心时代》,孙艳燕等译,海南出版社2010年版,第5页。
③ [英]凯伦·阿姆斯特朗:《轴心时代》,孙艳燕等译,海南出版社2010年版,第456页。
④ [英]凯伦·阿姆斯特朗:《轴心时代》,孙艳燕等译,海南出版社2010年版,第448页。
⑤ [英]凯伦·阿姆斯特朗:《轴心时代》,孙艳燕等译,海南出版社2010年版,第450页。
⑥ [英]凯伦·阿姆斯特朗:《轴心时代》,孙艳燕等译,海南出版社2010年版,第8页。

道于宗教或者道德。而且，爱，从狭义说，它是守于自由而让他人自由；从广义而言，它是守于自由而让他物自由。因此，所谓爱，其实也就是指的将自由进行到底的无功利的相互玉成的"我—你关系"。伴随着新轴心时代的到来，伴随着人类的第二次的人道主义的革命——爱的革命，对于爱的关注，更是被提上了议事日程。我们看到，舍勒就提出了"爱的精神立场"。① "只有当我们爱事物时，我们才能真正认识事物。只有当我们相互热爱，并共同爱某一事物时，我们才能相互认识。"② 西方哲学家哈默因此称舍勒的现象学直观为"爱的本质直观"。不言而喻，"爱的"，这是胡塞尔现象学的本质直观所未尝出现过的一个定语，③ 因此，堪称一大进步。再如蒂利希，他也指出："生命是现实中的存在，而爱是生命的推动力量。在这两句话之中，爱的存在论性质得到了表达。"④ 他又指出："若没有推动每一件存在着的事物趋向另一件存在着的事物的爱，存在就是不现实的。在人对于爱的体验中，生命的本性才变得明显。"⑤ "只有爱，爱的力量能够使碎片整合形成为一个整体。"⑥ 法国哲学家巴迪欧也呼吁："捍卫爱，这也是哲学的一个任务。"吕克·费里则提示："爱将成为我们所有人无条件相信的唯一价值"。而在心理学家那里，爱，则被马斯洛称之为所谓的"似本能"，在他看来，爱，其实就是心理学家们所频繁关注着的"共情能力"。它关涉的不是"我—他"关系，而是"我—你"关系。在这种关系里，爱的交流是最为根本的。而且十分神奇的是，就心理需要而言，需要越高级，就越少自私。⑦ 弗洛姆更是如此。真正的爱的不是"我爱，因为我被人爱"而是"我被人爱，因为我爱人"，真正的爱的也不是"我爱你，因为我需要你"而是"我需要你，因为我爱你"，弗洛姆的这一看法众所周知。弗洛姆还说过："择其所爱，爱其

---

① [德] 舍勒：《舍勒选集》上，刘小枫选编，上海三联书店1999年版，第214页。
② [德] 舍勒：《爱的秩序》，林克译，生活·读书·新知三联书店1995年版，第120页。
③ 参见倪梁康《现象学及其效应》，生活·读书·新知三联书店1994年版，第304页。
④ 何光沪选编：《蒂利希选集》上卷，上海三联书店1999年版，第308页。
⑤ 何光沪选编：《蒂利希选集》上卷，上海三联书店1999年版，第308页。
⑥ 何光沪选编：《蒂利希选集》上卷，上海三联书店1999年版，第61页。
⑦ 参见 [美] 马斯洛《动机与人格》，许金声等译，华夏出版社1987年版，第114—116页。

所择","爱,真的是对人类存在问题的唯一合理、唯一令人满意的回答"。因此,关于爱的论述,在他那里是十分周详而且深刻的。例如,弗罗姆分析说,有几种方式可以达到人与人的结合,例如臣服于他人或统治他人,但是"只有一种感情既能满足人与世界成为一体的需要,同时又不使个人失去他的完整和独立意识,这就是爱。爱是在保持自我的分离性和完整性的情况下,与自身以外的某个人或某个物的结合。"① "实现人的精神健全依赖于一种迫切的需要,即同他人结合起来的需要。在所有的现象背后,这种需要促成了所有的亲密关系和情感,这些在最广泛的意义上可以称之为爱。"② "人身上只有一种感情能满足人与世界结合的需要,同时还能使人获得完整感和个性感,这样的感情就是爱。""在爱的行动中,我与万物结合成一体,但我又是我自己——一个独特的、独立的、有限的、终有一死的人。确实,正是在分离与结合的两极中爱诞生,并再生。"再看百年中国,还在20世纪的初年,中国的美学家宗白华、方东美同样已经注意到爱的问题。例如,宗白华在20年代的书信里也曾经说:"我觉得这个'爱力'的基础比什么都重要。'爱'和'乐观'是增长'生命力'与'互助行动'的。'悲观'与'憎怨'总是减杀'生命力'的。"③

当然,这一切都不是偶然的。海德格尔在《存在与时间》中说过,"任何发问都是一种寻求。"④ 人类对于爱的"发问",也是"一种寻求"。"爱",是人类所发明的秘密武器。爱即信仰,爱即情感,爱即理想,爱即未来……总之,爱是一种态度,一种对所有对象包括自己的态度。它是人身上的一股积极力量,一种生命创造的积极力量。中国人常说,"天不生仲尼,万古长如夜",其实"天不生爱",也同样会"万古长如夜"。因此,尽管爱确实不是万能的,但是,没有爱却是万万不

---

① [美]埃利希·弗洛姆:《健全的社会》,欧阳谦译,中国文联出版公司1988年版,第29页。
② [美]埃利希·弗洛姆:《健全的社会》,欧阳谦译,中国文联出版公司1988年版,第28页。
③ 宗白华:《艺境》,商务印书馆2011年版,第31页。
④ [德]海德格尔:《存在与时间》,陈嘉映、王庆节合译,生活·读书·新知三联书店1999年版,第6页。

能的! 正如里尔克的诗歌所说,"灵魂失去庙宇,雨水就会滴在心上!" 人类的灵魂如果失去了爱,同样的,"雨水就会滴在心上!" 也因此,在轴心时代,人类曾经花费了很长的时间去为"欲"正名。然而,真正需要的,却是为"爱"正名。因为没有爱的市场经济要比计划经济坏一百倍,没有爱的市场经济就必然会走上彼此投毒乃至变相的自我投毒的绝路! 因此在新轴心时代,人类首先就要为爱正名。① 由此,我过去曾经说过,信仰的觉醒一定就是自由的觉醒。② 其实,自由的觉醒也一定伴随着爱的觉醒。爱是自由觉醒的必然结果,所以生命即爱,爱即生命。爱,是人类的自觉的标志,爱,其实就是人类的信仰,人类其实也就是在爱的信仰中去生活、去进化、去演进。

在这个意义上,我们再来看马克思的话,就实在犹如醍醐灌顶:"我们现在假定人就是人,而人同世界的关系是一种人的关系,那么你就只能用爱来交换爱,只能用信任来交换信任,等等。"因此,提倡爱,其实强调的就是一种"获得世界"的方式。正如西方《圣经》的《新约》说的:"你们必通过真理获得自由",也正如陀思妥耶夫斯基《卡拉马佐夫兄弟》中的佐西马长老说的:"用爱去获得世界"。或者,不是"我思故我在",而是"我爱故我在。"在这里,"爱"成为一种"觉",但不是先天的(先知)先觉,而是后天的(先知)先觉,而且先于实践的"积淀"。懂得了这一点,也就懂得了王阳明的"龙场顿悟",所谓"吾性自足"。换言之,其实在这里存在着一个西方积极心理学所提示的"洛萨达线"——一个消极情绪要以三个积极情绪来抵消。这是临界点。③ 西方心理学家萨提亚说,要生存,我们每天需要8个拥抱。要成长,我们每天需要12个拥抱。积极心理学家们说,每天拥抱5次,幸福指数可以大幅提高。因此,我们可以通过向积极情绪移动的方式来改变自己。因为这样的话,我们的作为创造力

---

① 电视连续剧《西游记》有一首主题歌,大家都会唱,可是,我却一直很不理解,它叫做:"敢问路在何方,路在脚下"。令人不解的是,路,又怎么会在脚下?! 路,只能在爱中。有爱的地方,才会有路!

② 参见潘知常《信仰建构中的审美救赎》,人民出版社2019年版。

③ [美] 马丁·塞利格曼:《持续的幸福》,赵昱鲲译,浙江人民出版社2012年版,第61页。

与可能性的心理杠杆就会变得更长，于是力量也就越大。最后，甚至可以撬动一切。这也就是人们往往会意外发现的所谓"爱能战胜一切"。事实上，是积极情绪在不断地创造和修正着我们的心理地图，帮助我们在这个复杂的世界中快乐的生活。失败不再被看作绊脚石，而被看作垫脚石。① 尽管"人生不如意事常八九"，但是也不再是"常念八九"，而是"常念一二"。犹如人之为人当然要首先满足衣食住行的欲望，但是重要的是我如何去满足衣食住行的欲望。在这个意义上，李泽厚提出"吃饭哲学"，恰恰就是从康德向黑格尔的倒退。因为，在衣食住行的欲望的背后，还存在着孔子所谓的"安与不安"。什么叫"安与不安"？这个东西不是实践"积淀"而来，而是人生而"觉"之的，是生命的自鼓励、自反馈、自组织、自协同的巨系统的呈现。它是"自然界生成为人"这篇大文章的直观的表现。因为，爱，就是"自然界生成为人"中所蕴含的作为最大公约数与公理的共同价值。这就意味着：在"自然界生成为人"的过程中，还存在着一个不可或缺的东西，这就是："爱"。电视连续剧《西游记》有一首主题歌，大家都会唱，可是，我却一直很不理解，它叫作："敢问路在何方，路在脚下"。令人不解的是，路，又怎么会在脚下?! 对此，我们思考一下西方学者阿瑞提出的"内觉"，一种"无定形认识、一种非表现性的认识——也就是不能用形象、语词、思维或任何动作表达出来的一种认识。"② 或许能够有所启迪？

还要提示的是，犹如泰戈尔在《吉檀迦利》中的咏唱："光明在勾拨我爱的心弦"，同样是在1991年，我已经就提出要"带着爱上路"："生命因为禀赋了象征着终极关怀的绝对之爱才有价值，这就是这个世界的真实场景"，"学会爱，参与爱，带着爱上路，是审美活动的最后抉择，也是这个世界的最后选择！"③ 可惜，那个时候还是也许太年轻了，因此根本没有人理睬我。知音少，年轻有谁光顾？知音少，弦断有谁听？不过，后来"带着爱上路"的思路也在逐渐拓展，大大

---

① 因此积极情绪与消极情绪之比应为11∶1，也就是说，也不能完全没有消极情绪。
② ［德］阿瑞提：《创造的秘密》，辽宁人民出版社1987年版，第70页。
③ 潘知常：《生命美学》，河南人民出版社1991年版，第296—298页。

拓展。这当然是因为意识到"'带着爱上路'的思路要大大拓展",因此,我2009年又出版了专著《我爱故我在——生命美学的视界》。①这也就是走向"我爱故我在"具体拓展。同时,我还提出了"万物一体仁爱"的生命哲学。在我看来,没有美学的哲学不是哲学,没有爱的美学也不是美学。我所提出的"万物一体仁爱"的生命哲学正是针对这个问题的关键起步。其中,"生生"—"仁爱"——"大美"一线贯穿。"我爱故我在"则是它的主旋律,爱即生命、生命即爱与"因生而爱""因爱而生"可以看作是它的变奏。如此,我所谓的生命哲学无疑已经不再是传统哲学的所谓"爱智慧"与智之爱了,而已经是焕然一新的"爱的智慧"与爱之智。当然,北京大学的张世英先生曾经提出过"万物一体"(或者"万有相通")的哲学。但是,我认为还远远不够。正如熊十力先生所发现的,只意识到了"万物一体"还不是真儒学,还要意识到"爱"。何况,全部的宋明理学也都在做这件事情,都在超越万物一体,也都已经推进到了"万物一体之仁",因此我们不应该只停留在"万物一体"的初级阶段。何况,我所做的,还是再进一步,是进而以"爱"释"仁",把传统的"万物一体之仁"的生命哲学提升为现代的"万物一体仁爱"的生命哲学。这也许就是歌德所呼唤的:"人类凭着聪明划出了种种界限,最后凭着爱,把它们全部推倒。"当然,顺理成章的是,这一生命哲学也已经作为生命美学的哲学基础。至于爱与美的内在关联,则是显而易见的。小说家米兰·昆德拉说:有人声称要爱人类,而有人反对说,我们只能爱单独的人,也就是说,爱这个或那个人。我赞同第二种观点,并愿意补充一点,对爱适用的对恨也适用。……试试把你的仇恨只集中在抽象的观念上——非正义、盲从、残酷——或者,如果你走得更远,发现人的本质就值得你仇恨,试试去仇恨人类。那个秤盘上的仇恨超过了人的能力,因此人减轻他的忿怒的唯一办法就是把忿怒集中在一个个人身上。"②所以我们应该说,美是爱的"存在的扩充"。具体的

---

① 参见潘知常《我爱故我在——生命美学的视界》,江西人民出版社2009年版。
② [捷克]米兰·昆德拉:《玩笑》,景黎明、景凯旋译,作家出版社1991年版,第270页。

论述，可以参看我的有关论著。

再次，美学还要走出"我实践故我在"的误区，走向"我审美故我在"的转换。

在实践美学一统天下的时候，"实践"成了人之为人的标志，所谓"我实践故我在"。今天的新实践美学、实践存在论美学也仍旧是"犹抱琵琶半遮面"，不敢走出"我实践故我在"的樊篱（因此它们的最大问题是解释不了实践活动之前的审美生成，也无法真正把实践活动与审美活动区分开来）。可是，在生命美学看来，却不但可以"我实践故我在"，而且也可以"我审美故我在"。"审美"，同样也是人之为人的标志。甚至，在生命美学看来，只有"我审美故我在"，才是人之为人的标志，"我实践故我在"则不是。当然，如果我们不想过早引起争论的话，那么起码也可以说：人是直立的人、人是宗教的人、人是理性的人、人是实践的人，人——也是审美的人。

而且，如果只强调人是实践的，只强调"我实践故我在"，其他的则都是派生的，包括审美与艺术，无疑就会产生很多问题。因为实践活动无论如何也解决不了的一个问题，就是自由的觉醒的理想呈现。这本来是只有在彼岸世界才能呈现的，也就是马克思所憧憬的"把人的世界和人的关系还给人自己"，或者是马克思所憧憬的"人是人的最高本质"。[①] 犹如席勒所说的，只有当人充分是人的时候，他才游戏；只有当人游戏的时候，他才完全是人。同样，只有当人充分是人的时候，他才审美；只有当人审美的时候，他才完全是人。在这个意义上，因爱而美与因美而爱也就完全等值；生命即爱、爱即生命与生命即审美、审美即生命同样完全等值；进而，"我爱故我在"与"我审美故我在"也完全等值。审美与艺术是自由的觉醒的"理想"实现，也是爱的"理想"实现。因为所谓审美无非就是爱的具体化或者象征。审美其实就是用对象化的方式使得"爱"得以落地。因此，如果我们今天在此岸世界就希望看到美的实现，那就只能借助审美与艺术。除此之外，别无他法。我们无法从实践活动中逻辑地推论出审美

---

① 《马克思恩格斯选集》第1卷，人民出版社2012年版，第16页。

活动，实践活动也不可能作为审美活动的根源。但是，在现实的层面无法实现的，出之于人类的超越本性，人类却可以去理想地想象它，而且理想地去加以实现。因为，区别于实践活动、认识活动，审美活动是以理想的象征性的实现为中介，体现了人对合目的性与合规律性这两者的超越的需要。它既不服从内在"必需"也不服从"外在目的"，不实际地改造现实世界，也不冷静地理解现实世界，而是从理想性出发，构筑一个虚拟的世界。这就是马克思说的"真正物质生产的彼岸"。而且，这也正是只有审美与艺术才能在"理想"的层面"把人的世界和人的关系还给人自己"、也才能呈现"人的自我意识和自我感觉"的原因之所在。

在这里，十分重要的是形式的生命与生命的形式。"我审美故我在"建构的是一个形式的世界。1991年出版《生命美学》的时候，我在封面上题了一句话："审美活动所建构的本体的生命世界"，其实正是对此的最早的觉察。① 也因此，审美与艺术都是形式对于内容的征服。并且，也因此而区别于内容的生命与生命的内容。人们发现，审美与艺术的世界往往与真的世界、善的世界无法重叠，例如曹禺的《雷雨》里的蘩漪在现实生活里应该是个坏女人，可是在曹禺的作品里却是个好人；托尔斯泰的安娜·卡列尼娜也是如此。《红楼梦》里的贾政在现实生活里是个好干部、好父亲。可是贾宝玉却认为他不可

---

① 我们的美学研究对此有所忽略，是没有注意到美学研究亟待从"大道至简"的"形式"开始。例如，对于音乐首先要作"减法"，要把音乐中的美术化的视觉形象、文学化的思想概念减掉，视觉化、概念化或者美术性、文学性，或者造型性、语义性，以及形象化的内容、概念化的哲理，都不属于音乐的美。应该去关注的，只能是音的高低强弱以及节奏、速度。但是，谁又能说这样的音乐里就没有哲学？"德国是高度追求纯音乐与绝对音乐性质的东西，而把音乐当成一种哲学式的东西来掌握的。"（日本野村良雄：《音乐美学》，第90页）莎士比亚在《威尼斯商人》里甚至说："坏人""灵魂里没有音乐，或是听了甜蜜和谐的乐声而不会感动"。在音乐里，人就是存在于节奏之中的。人是节奏的存在物。节奏也是音乐的灵魂。柏拉图认为：节奏和曲调会渗透到灵魂里面去，并在那里深深扎根，使灵魂变得优美。席勒认为：节奏中可以达到某种普遍的东西，也就是纯人性的东西。节奏使得审美者具有了一种完全不同的审美判断力，叔本华指出：节奏"在未做任何判断之前，就产生一种盲目的共鸣"以及"一种加强了的、不依赖于一切理由的说服力"，（叔本华）因此尼采总结说：思想不会步行，要借助韵律的车轮。广而言之，中国诗歌的四声八病，其实也是节奏，它是生命的节奏，也是节奏的生命。诗歌的魅力就来自这里。那么，这是否就是"我节奏故我在"？

爱。全世界的人写回忆录，大概很少有人说妈妈坏话的，"世上只有妈妈好"，坏的都是后妈，但是曹雪芹在回忆他的妈妈王夫人的时候，却也说她不可爱。还有，健康活泼的东施何以就不如病恹恹的西施美？号啕大哭的情感抒发何以就不是艺术？这就是美和善之间、美和真之间的误差。犹如我们在理解物质世界、动物世界的时候，往往是存在决定现象，可是我们在解释人的精神世界的时候，却是精神创造存在。例如，在求真向善的现实活动中，人类的生命、自由、情感往往要服从于本质、必然、理性，但在审美活动之中，这一切却颠倒了过来，不再是从本质阐释并选择生命，而是从生命阐释并选择本质，不再是从必然阐释并选择自由，而是从自由阐释并选择必然，也不再是从理性阐释并选择情感，而是从情感阐释并选择理性……正如费尔巴哈所发现的："心情厌恶自然之必然性，厌恶理性之必然性。"这当然是因为，在现实生活中，是内容决定形式，但是，在审美与艺术中，却是形式决定内容。

因此，在形式中存在、存在于形式中，无疑也是一种人之为人的生存方式。审美活动是这个世界得以"优化"、"自然界生成为人"的一个秘密：人类与动物的区别，就是因为他可以把物质世界作为形式来发生关系，而不作为内容来发生关系。因此，审美的情感愉悦是来自形式的愉悦，例如线条、色彩、明暗；节奏、旋律、和声；跳跃、律动、旋转；抑扬顿挫、起承转合……就是因为"我审美故我在"。那喀索斯看见了自己的水中倒影，从此就爱上了自己的倒影，这"水中倒影"不就是"我审美故我在"？皮格马利翁（Pygmalion）是古代塞浦路斯的一位善于雕刻的国王，由于他把全部热情和希望放在自己雕刻的少女雕像身上，后来竟使这座雕像活了起来。这座活了起来的雕像不也是"我审美故我在"？上帝第一天造了光；第二天造了空气；第三天造了地、海并地上的草木；第四天造了日月星辰；第五天造了水里的鱼和空中的飞鸟；第六天造了地上的牲畜、昆虫、野兽，并且照着自己的样子造了人。可是，什么叫"照着自己的样子"？由此我们不难受到启发，我们也经常会说：人像"样子"，或者不像"样子"，人有"人味"，或没有"人味"。可见，倘若我们能够活得有

"样子"、有"人味"而且又能够在形式中把它呈现出来,无疑也就正是"我审美故我在"。再联想一下人为什么要照镜子?为什么要找对象?黑格尔也曾经好奇:人为什么喜欢看投石头入河的涟漪?还有,儿童们为什么喜欢玩泥巴、堆沙子、捏面团?其实,也都是"我审美故我在"。至于真虾不是艺术,齐白石的虾却是艺术,以及打仗不是艺术,京剧的武打却是艺术,也只能从"我审美故我在"来加以解释。因此,克罗齐才会说:"正是一种独特的形式,使诗人成为诗人。"

进而,怎样才能"把人的世界和人的关系还给人自己"?怎样才能"获得""人的自我意识和自我感觉"?马克思剖析说,或者是"还没有获得自己"——"或是再度丧失了自己",那么,马克思所谓的"获得"又会如何?在我看来,这"获得"可以是通过自我设计而完成的自我认识,也可以是通过自我调节而完成的自我完善,但是,也可以是自我欣赏而完成的自我表现。"我审美故我在",就是自我欣赏,也是自我表现。它的前提是:自己的生命本身转而成为对象(动物的机体反应——自我感觉与对象感觉——无法被当作自我、当作对象)。不是借助于神性,也不是借助于理性,而是借助于情感来建构世界、理解世界,让自我被对象化,让世界成为生命的象征。于是,世界,"一方面作为自然科学的对象,另一方面作为艺术的对象",成了"人的意识的一部分",成为"人的精神的无机界"。[①] 而且,世界一旦成为人类的精神现象时,也就不再以现实的必然性制约人。在这个意义上,我们可以说:美是以"对象的方式现身的"人";我们也可以说:美是"自我"在作品中的直接出场。

遗憾的是,我们过去对"我审美故我在"关注不够。也始终未能敏锐意识到其中所蕴含的美学的全部秘密。以至于苏珊·朗格要告诫我们说:"哲学家必须懂得艺术,也就是,'内行地'懂。"因为仅仅客观地理解人的存在还是不够的,还亟待"主观地"理解、"内在地"理解。因此,歌德的一个提示就非常值得注意。前面我已经说过,1985年的时候,歌德的一句话对我影响很大。其实,后来歌德的另外

[①] 《马克思恩格斯全集》第42卷,人民出版社1979年版,第95页。

一句话同样也对我影响很大。他指出："直到今天，还没有人能够发现诗的基本原则，它是太属于精神世界了，太飘渺了。"① 我们只要把"诗的基本原则"理解为美的基本原则，一切也就清楚了。歌德还提示过："文艺作品的题材是人人可以看见的，内容意义经过一番努力才能把握，至于形式对大多数人是一个秘密。"② 歌德因此强调，生命只有在璀璨的回光里，在比喻象征里才能把握到，这里的"璀璨的回光"、"比喻象征"，显然是指的形式地生存于世界。这其实都是对形式的生命与生命的形式的重要提示，也都是对"我审美故我在"的重要提示。因此，正如同我经常说的那两句话：重要的不是"美学的问题"，而是"美学问题"；重要的不是"内容"，而是"形式"。审美与艺术是精神对世界的创造。如前所述，要解释物理的世界、动物的世界，那无疑应该是存在决定现象，但是，要阐释人类的世界，那就一定是意识"创造"存在。人之为人，一旦失去了这种精神的创造，也就失去了人的本性。这个本性，就是在形式中存在以及存在于形式中的本体存在，也是"我审美故我在"的本体存在。

最后，美学还要走出审美活动是实践活动的附属品、奢侈品的误区，走向审美活动是生命活动的必然与必需的转换。

前面的三个转换，最后必然走向新的转换：审美活动是生命活动的必然和必需。确实，一首诗、一部小说从来就没有阻止过一次劫机或一次绑架，但是陀思妥耶夫斯基却仍然坚持说："世界将由美拯救。"其实，他是有道理的。实践美学喜欢说"劳动最光荣"，可是如果我通知你说，你一辈子都不用劳动了，那么，你还劳动不劳动？这个问题，只要凭良心回答，答案不难想见。当然，我没有贬低"劳动"的意思，因为它也十分重要。但是，生命活动的最终完成，也确实是在劳动之外完成的。因为在未能到达"理想王国"之前，这个"完成"只能是在象征的意义上。因此，人类也就必然是为美而生，向美而在的。

---

① ［德］歌德：《诗与真》，刘思慕译，人民文学出版社1983年版，第445页。
② 转引自宗白华1961年11月《光明日报》编辑部召开的"艺术形式美"座谈会上的发言摘要，原载《光明日报》1962年1月8、9日。

这样一来，实践美学过于抬高实践，也过于贬低审美与艺术的缺憾就被暴露了出来。在实践美学，审美与艺术只是实践活动的奢侈品、附属品，或者是神性的奢侈品、附属品，或者是理性的奢侈品、附属品，总之"皮之不存，毛将焉附"，都是衍生性质的。当然，这并不正确。因为审美与艺术并不是实践活动的奢侈品、附属品，而是生命活动的必然与必需。因为审美活动并不在生命活动之外，生命即审美、审美即生命。它们彼此之间一而二、二而一，是一体的两面。这是因为，审美的发生肯定是与人类生命系统对于它的客观需要直接相关。审美活动应该就是对于这一客观需要的满足。社会发展的客观动力，例如生产力，我们都已经了然于心。但是社会发展的主观动力呢？我们却讳莫如深。在这里，存在着客观目的主观化的奥秘。因此从人类生命系统的主观动力的角度看，审美活动作为生命活动的必然与必需的根本特征才能够被呈现而出。

具体来说，审美与艺术作为生命活动的必然与必须，一方面可以从"因生命，而审美"中看到；另一方面也可以从"因审美，而生命"中看到。

"因生命，而审美"是指的人类的生命活动必然走向审美活动、审美活动是生命的理想本质的享受。可以简称为：生命的享受。它是从生命活动的角度看审美活动，涉及的是人类的特定需要，所谓"人类为什么需要审美"，直面的困惑是："人类为什么需要审美活动""人类究竟是怎样创造了审美活动""审美活动从何处来"。

在人的生命活动中，存在着一种超越性的生命活动，它是最适合于人类天性的生命活动类型，也是生命的最高存在方式，然而又是一种理想性的生命活动方式，一种在现实中无法加以实现的生命活动方式。理想本性、第一需要是它的逻辑规定，也是对它的抽象理解，自由个性则是它的历史形态，也是对它的具体阐释。在理想社会，它是一种现实活动，而在现实社会，它却是一种理想活动。审美活动，正是这样一种人类现实社会中的理想活动，也即是一种超越性的生命活动。

这是因为，尽管实践活动、理论活动和审美活动这三种基本的活动类型都同样是着眼于自由的实现，但是又有所不同。实践活动是人类生命活动的自由的基础的实现。它以改造世界为中介，体现了人的合目的性（对于内在"必需"）的需求，是意志的自由的实现。它并非物质活动，而是实用活动，折射的是人的一种实用态度。而且，就实践活动与工具的关系而言，是运用工具改造世界；就实践活动与客体的关系而言，是主体对客体的占有；就实践活动与世界的关系而言，是改造与被改造的可意向关系。不言而喻，在实践活动的领域，人类最终所能实现的只能是一种人类能力的有限发展、一种有限的自由，至于全面的自由则根本无从谈起，因为人类无法摆脱自然必然性的制约——也实在没有必要摆脱，旧的自然必然性扬弃之日，即新的更为广阔的自然必然性出现之时，人所需要做的只是使自己的活动在尽可能更合理的条件下进行。正如马克思所说："不管怎样，这个领域始终是一个必然王国。"①

理论活动是人类生命活动的手段的实现。它以把握世界为中介，体现了人的合规律性（对于"外在目的"）的需要，是认识自由的实现。它并非精神活动，而是理论活动，折射的是人的一种理论态度。而且，就理论活动与工具的关系而言，是运用工具反映世界；就理论活动与客体的关系而言，是主体对客体的抽象；就理论活动与世界的关系而言，是反映与被反映的可认知关系。不难看出，理论活动是对于实践活动的一种超越。它超越了直接的内在"必需"，也超越了实践活动的实用态度。理论家往往轻视实践活动，也从反面说明了这一点。但实现的仍然是片面的自由。

而且，实践活动是文明与自然的矛盾的实际解决，是基础，理论活动是文明与自然的矛盾的理论解决，是手段，但是，由于它们都无法克服手段与目的的外在性、活动的有限性与人类理想的无限性的矛盾，因此矛盾就永远无法解决，所以，就还要有一种生命活动的类型，去象征性地解决文明与自然的矛盾，这，就是审美活动的出现。

审美活动是文明与自然的矛盾的象征解决。它以理想的象征性的实现为中介，体现了人对合目的性与合规律性这两者的超越的需要，

---

① 《马克思恩格斯全集》第25卷，人民出版社1974年版，第927页。

是情感自由的实现。它以实践活动、理论活动为基础但同时又是对它们的超越，它既不服从内在"必需"也不服从"外在目的"，既不实际地改造现实世界，也不冷静地理解现实世界，而是从理想性出发，构筑一个虚拟的世界，以作为实践世界与理论世界所无法实现的那些缺憾的弥补。假如实践活动建构的是与现实世界的否定关系，是自由的基础的实现；理论活动建构的是与现实世界的肯定关系，是自由的手段的实现；审美活动建构的则是与现实世界的否定之否定关系，是自由的理想的实现。换言之，由于主客体在审美活动中的矛盾是主客体矛盾的最后表现，故审美活动只能产生于理论活动与实践活动的基础之上。必须注意的是，三者既是并列的关系，也是递进的关系，但绝不是包含关系。审美活动是对于人类最高目的的一种"理想"的实现。通过它，人类得以借助否定的方式弥补了实践活动和科学活动的有限性，假如实践活动与理论活动是"想象某种真实的东西"，审美活动则是"真实地想象某种东西"；假如实践活动与理论活动是对无限的追求，审美活动则是无限的追求。在其中，人的现实性与理想性直接照面，有限性与无限性直接照面，自我分裂与自我救赎直接照面。由此，马克思说的"真正物质生产的彼岸"或许就是审美活动之所在？而且，就审美活动与工具的关系而言，是运用工具想象世界；就审美活动与客体的关系而言，是主体对客体的超越；① 就审美活动与世界的关系而言，是想象与被想象的可移情关系。因此，假如实践活动与理论活动是一种现实活动，审美活动则是一种理想活动，在审美活动中折射的是人的一种终极关怀的理想态度。

事实也确实如此，假如从不"唯"实践活动的人类生命活动原则出发，那么应当承认，审美活动无法等同于实践活动（尽管它与实践活动之间存在着彼此交融、渗透的一面），它是一种超越性的生命活动。具体来说，在人类形形色色的生命活动中，多数是以服膺于生命

---

① 假如再作一下比较，则可以说：实践活动是实际地面对客体、改造客体，理论活动是逻辑地面对客体、再现客体，审美活动是象征地面对客体、超越客体。值得注意的是，范登堡指出：有三个领域能够把人类文化的自我投射推向极端，达到文化上的超越，它们是场景、内在的自我、他人的一瞥，不难看出，这三者正是审美活动的内容。

的有限性为特征的现实活动,例如,向善的实践活动,求真的科学活动,它们都无法克服手段与目的的外在性、活动的有限性与人类理想的无限性的矛盾,只有审美活动是以超越生命的有限性为特征的理想活动(当然,宽泛地说,还可以加上宗教活动)。审美活动以求真、向善等生命活动为基础但同时又是对它们的超越。在人类的生命活动之中,只有审美活动成功地消除了生命活动中的有限性——当然只是象征性地消除。作为超越活动,审美活动是对于人类最高目的的一种"理想"实现。通过它,人类得以借助否定的方式弥补了实践活动和科学活动的有限性,使自己在其他生命活动中未能得到发展的能力得到"理想"的发展,也使自己的生存活动有可能在某种意义上构成一种完整性。

需要强调,在这里,审美活动的超越性质至关重要。审美活动之所以成为审美活动,并不是因为它成功地把人类的本质力量对象化在对象身上,而是因为它"理想"地实现了人类的自由本性。阿·尼·阿昂捷夫指出:最初,人类的生命活动"无疑是开始于人为了满足自己在最基本的活体的需要而有所行动,但是往后这种关系就倒过来了,人为了有所行动而满足自己的活体的需要。"① 这就是说,只有人能够、也只有人必须以理想本性的对象性运用——活动作为第一需要。人在什么层次上超出了物质需要(有限性),也就在什么程度上实现了真正的需要,超出的层次越高,真正的需要的实现程度也就越高,一旦人的活动本身成为目的,人的真正需要也就最终得到了全面实现。这一点,在理想的社会(事实上不可能出现,只是一种虚拟的价值参照),可以现实地实现;在现实的社会,则只能"理想"地实现。而审美活动作为理想社会的现实活动和现实社会的"理想"活动,也就必然成为人类"最高"的生命方式。当然,这也就是说,"因生命,而审美",生命之为生命,从生命活动走向审美活动,因此也就是必然的归宿。这就正如安简·查特吉所发现的:"将艺术看作本能或演

---

① [苏]阿·尼·阿昂捷夫:《活动·意识·个性》,李沂等译,上海译文出版社1980年版,第144页。马克思也曾指出人所具有的"为活动而活动""享受活动过程""自由地实现自由"的本性,参见我的论著与论文。

化副产品的观点都不能令人满意。"① 也就正如维戈茨基所发现的："艺术是在生活最紧张、最重要的关头使人和世界保持平衡的一种方法。这从根本上驳斥了艺术是点缀的观点。"② 至于结论，则无疑应当是："人类经过演化，对美的对象产生反应，因为这些反应对生存有用。""我们觉得美的地方正是能够提高人类祖先生存机会的地方。"③

"因审美，而生命"，指的则是审美活动必然走向生命活动，审美活动是生命的理想本质的生成。可以简称为：生命的生成。它是从审美活动的角度看生命活动，涉及的是人类的特定功能，所谓"审美活动为什么满足人类生命活动的需要"，直面的困惑是："审美活动向何处去""审美活动为什么能够满足人类""审美活动如何创造了人类自己"。

在这方面，实践美学的"悦心悦意"之类的阐释，实在是很肤浅、很苍白，"以美启真、以美储善"之类，更是毫无道理。审美不是工具，艺术也不是婢女。如此来加以贬低排斥，却根本无视它在推动、调控人类自身行为方面的独立作用，是根本说不过去的。毕竟，审美活动并非实践活动的副产品，也并非无关宏旨。在生命的存在中，审美活动有其自身存在的理由，也是完全理直气壮的，无须像实践美学宣扬的那样像小媳妇一样地委身依附于物质实践。因此，重要的是要看到它在推动、调控人类自身行为方面的独立作用。人类是"因审美，而生命"，在审美活动中自己把握自己、自己成为自己、自己生成自己。

换言之，犹如直立的人、宗教的人、理性的人、实践的人都是人类生命进化的必然，审美的人，也是人类生命进化的必然。审美活动，不仅仅来自文化生命的塑造，也来自动物生命的"生物的"的或"自然的"进化，是被进化出来的人类生命的必不可少的组成部分。审美的人，在生命的进化之树上至关重要。因为，生命的进化，首先当然是自然选择，但是同时还不可或缺的，则是审美选择。审美被进化出

---

① ［美］安简·查特吉：《审美的脑》，林旭文译，浙江大学出版社2016年版，第6页。
② ［俄］维戈茨基：《艺术心理学》，周新译，上海文艺出版社1985年版，第346页。
③ ［美］安简·查特吉：《审美的脑》，林旭文译，浙江大学出版社2016年版，第71页。

来，就代表着人类生命的优化，倘若没有被进化出来，则意味着人类生命的"劣化"。因而，犹如自然选择的"用进废退"，在人类生命的审美选择中，同样也是"美进劣退"，美者的生命优存，不美者的生命也就相应丧失了存在的机遇，并且会逐渐自我泯灭。因此，审美的人不但代表着"进化"的人，而且还更代表着"优化"的人。

当然，审美活动也就因此而不可能只是我们过去所肤浅理解的"无功利性"的问题，而应该是生命进化中的某种自鼓励、自反馈、自组织、自协同的生命机制。它意味着：生命之为生命必然会是一种目的行为，也必然存在着目的取向。然而，这"目的"是如此难以把握，尤其是有诸多的选择都对于个体而言还有害无益，但是对于全体而言却是有益无害，或者，有诸多的选择都对于个体而言尽管有利无害，但是对于全体而言却是有害无益，置身其中，即便是借助理性甚至是高度发展的理性也仍旧是无法予以取舍。于是，作为某种自鼓励、自反馈、自组织、自协同的生命机制，它的必然导向目的的反馈调节就尤为重要。因为，具有意识能力的人类可以把目的主观化，更善于驱动着目的转而成为随后的行为，并且使之不致溢出必然导向的目的。

由此，不难联想，何以诗性思维要早出于抽象思维？我们如果不是从机械工业社会中所形成的类似电机、齿轮、转轴、驱动轮，传送带之间啮合传递的单向因果联系的旧式思维切入，应该就不难意识到：在诗性思维的背后，一定存在着一种逐渐形成着的重大的生命反馈调节机制。从动物祖先到早期人类，自然界的伟大创造一定在寻觅着潜在的生命机制指向未来的运行方向的校正方式。"自然界生成为人"，就是要"生成"出这一生命反馈调节机制。而所谓的脱离动物界，也无非是指的这一生命反馈调节机制的从完全不自觉到较为自觉再到基本自觉。而且，这一点在人类的身上又体现得最为突出。这就正如普列汉诺夫所指出的："需要是母亲。"客观的需要，迅即就会变为人类的主观努力。这是因为，就人类的生命机制而言，倘若没有内在的调节机制推动着他遥遥趋向于目的，那么在行为上也就很难出现相应的坚定追求，然而世界本身却不会主动趋近于人、服务于人，长此以往，生命难免就会颓废、衰竭乃至一蹶不振，甚至退出历史舞台。因此，随着意识能力的觉醒，在把客观目的变成主观意识、把生命发展的客观目的变成人类自我的主观追求的变客观需要为主观反映的过程中，人类无疑是最善于敏捷地将生命进化中的必然性掌控于自己的手中的。

因此，马克思说："人也按照美的规律来塑造物体"，其实也就是在提示我们：人类禀赋着把客观目的主观化的自鼓励、自反馈、自组织、自协同的生命机制，因此而可以去主动地确证着生命、也完满着生命，享受着生命、更丰富着生命……倘若不存在潜在地指向某一目的的自鼓励、自反馈、自组织、自协同的生命机制，难道生命的进化是可以想象的吗？在进化过程中大自然对于所有的动物的要求竟然是何等苛刻的——甚至苛刻到精确到小数点后面的很多很多位的地步。在这方面，不要说人类这样一种高级的生命系统了，即便是最简单的有机生命，也一定会进化出一种生命机制，一定存在自鼓励、自反馈、自组织、自协同，而且也一定是指向一定的目的的。不过，这"目的"不是一个主观范畴，也未必一定要被意识到。它是一个客观范畴，是生命进化在置身残酷无情的自然选择之时借助反馈调节而必然导向的目的。而且，这种自鼓励、自反馈、自组织、自协同的生命机制其实也并不神秘，借助今天的思想水准，也已经不难予以解释。"物竞天择，适者生存"，但是，却并没有"上帝"预先为我们谋划，也并非自身在冥冥中自我谋划，人类只是在盲目、随机中借助自我鼓励、自我协调的生命机制为生命导航。否则，或者并非真实的生命，或者是已经被淘汰了的生命。至于这是一个有意识能力的自鼓励、自反馈、自组织、自协同的生命机制还是一个无意识能力的自鼓励、自反馈、自组织、自协同的生命机制却并不重要，因为，它仍旧已经是生命。

这也许正是"爱美之心，人皆有之"的深意之所在。纵观东西南北，在世界的每一个角落，我们至今也都没有发现一个不追求美、不爱艺术的民族，尽管其意识觉醒程度各自高低不同，这意味着：审美活动犹如阳光、空气和水，不但并非偶然产生，也并非可有可无，而是人类须臾不可或缺的。而且，它也不是实践活动的副产品，不是实践活动的消极结果。在把客观目的主观化的过程中，在自鼓励、自反馈、自组织、自协同的生命机制里，它起着最为重要而且也无可替代的积极作用。而且，因为它是无法完全意识到的，因此才是"非功利性"的，因为它又是把人类生命中的客观目的转换为主观的情感追求的，因此，才又禀赋着"主观的普遍性"。

由此，只要我们不要像实践美学那样从人类的角度忽视了"自然界生成为人"、从个人的角度忽视了审美是生命的必然，只要我们去毅然直面这个"生成"与"必然"，就不难揭开审美之谜。如同历史上频繁出现的那些实体中心主义者一样，如果死死抓住"实践"要素不放，那就像盲人摸象的时候死死抓住的一条大象腿一样，其实，这充其量也只是审美活动作为生命机制的系统中的一端，但是却被错误地始终固执认定这就是全部，并且由此出发去解释审美之谜。然而，在简单的、直线的、单向的因果关系里，审美之谜却悄然而逝。

其实，审美活动关乎"自然界生成为人"中的"生成"。因此，生命诚可贵，审美价更高。这审美活动作为一种特定的生命自鼓励、自反馈、自组织、自协同的机制。它的存在就是为生命导航。人类在用审美活动肯定着某些东西，也在用审美活动否定着某些东西。从而，激励人类在进化过程中去冒险、创新、牺牲、奉献，去追求在人类生活里从根本而言有益于进化的东西。因此，关于审美活动，我们可以用一个最为简单的表述来把它讲清楚：凡是为人类的"无目的的合目的性"所乐于接受的、乐于接近的、乐于欣赏的，就是人类的审美活动所肯定的；凡是为人类的"无目的的合目的性"所不乐于接受的、不乐于接近的、不乐于欣赏的，就是人类的审美活动所否定的。伴随着生命机制的诞生而诞生的审美活动的内在根据在这里，在生命机制的巨系统里审美活动得以存身而且永不泯灭的巨大价值也在这里。

维戈茨基说："没有新艺术便没有新人。""艺术在重新铸造人的过程中""将会说出很有分量的和决定性的话来"。[①] 尼采说："没有诗，人就什么都不是，有了诗，人就几乎成了上帝。"[②] 不能不说，他

---

① ［俄］维戈茨基：《艺术心理学》，周新译，上海文艺出版社1985年版，第346页。
② 参见［俄］维戈茨基《艺术心理学》，周新译，上海文艺出版社1985年版，第327页。

们说得很有道理。

第三节　生命美学第三论题：生命视界、情感为本、境界取向

我所提倡的生命美学，可以被称为：情本境界论生命美学，或者情本境界生命论美学。其中涉及三个美学命题："生命视界""情感为本""境界取向"。

"生命视界"的提出，是在1985年。在《美学何处去》（《美与当代人》1985年第1期）一文中，我已经开始"呼唤着既能使人思、使人可信而又能使人爱的美学，呼唤着真正意义上的、面向整个人生的、同人的自由、生命密切联系的美学。"并且指出："真正的美学应该是光明正大的人的美学、生命的美学。""美学应该爆发一场真正的"哥白尼式的革命"，应该进行一场彻底的"人本学还原"，应该向人的生命活动还原，向感性还原，从而赋予美学以人类学的意义。"美学有其自身深刻的思路和广阔的视野。它远远不是一个艺术文化的问题，而是一个审美文化的问题，一个'生命的自由表现'的问题。"

美学的追问方式有三：神性的、理性的和生命（感性）的，所谓以"神性"为视界、以"理性"为视界以及以"生命"为视界。相当长的时间内，显而易见的是，美学都是在"神性"和"理性"的基础上来追问审美与艺术的。

在西方，"至善目的"与神学目的是理所当然的终点，道德神学与神学道德，以及理性主义的目的论与宗教神学的目的论则是其中的思想轨迹。美学家的工作，就是先以此为基础去解释生存的合理性，然后，再把审美与艺术作为这种解释的附庸，并且规范在神性世界、理性世界内，并赋予以不无屈辱的合法地位。理所当然的，是神学本质或者伦理本质牢牢地规范着审美与艺术的本质。由此，应该说，维科提出的"新科学"以及"诗性智慧"，已经开始实实在在地回到了生命活动的根源和本源，距离审美的真正根源和生命本源已经非常之近。鲍姆嘉登的成功则在于进入了最为接近"生命"的所在，也就是

人的心智分析，因此他所谓美是"研究完善的感性的学说"也实在不能算错，因为这正是在正确地提倡感性生命，遗憾的是没有发现感性生命的独立性，而且反而错误地称之为"低级的认识"。康德无疑也走在同样的道路之上。他找到了"趣味判断"，并且用四个二律背反确定了它的独立性。这其实就是找到了"感性生命"的独立性，无异于石破天惊！经过叔本华与尼采，又经过柏格森、怀特海，直到弗洛姆、马尔库塞……都是从"基于生命"的角度对于审美奥秘的揭示。我们看到，在上帝与理性之后，再也没有了救世主，人类将如何自救？既然不再以上帝为本，也不再以理性为本，以人为本的美学也就顺利登场。这意味着，从"理性的批判"到"文化的批判"，也从"纯粹理性批判"到"纯粹非理性批判"……总之是从"逻辑的东西"转向"先于逻辑的东西"，或者，转向"逻辑背后的东西"。因此，无论如何，有人说：人类关注的中心，在希腊，是"存在"；在中世纪，是"上帝"；在17、18世纪，是"自然"；在19世纪，是"社会"；在20世纪，则是"生命"；这话确实是很有道理！这样，也许在西方生命美学问世和思想的年代，属于它的时代可能还没有到来。它杀死了上帝，但却并非恶魔；它阻击了理性，但也并非另类。它是偶像破坏者，但是破坏的目的却并不是希图让自己成为新的偶像。它无非当时的最最真实的思想，也无非新时代的早产儿。它给西方传统美学带来的，是前所未有的战栗。在它看来，敌视生命的西方传统美学已经把生命的源头弄脏了，恢复美学曾经失去了的生命，正是它的天命。也因此，我们或许可以恰如其分地称它为：现代美学的真正的诞生地和秘密。

再回看中国。自古以来，儒家有"爱生"，道家有"养生"，墨家有"利生"，佛家有"护生"，这是为人们所熟知的。牟宗三在《中国哲学的特质》一书中也指出："中国哲学以'生命'为中心。儒道两家是中国所固有的。后来加上佛教，亦还是如此。儒释道三教是讲中国哲学所必须首先注意与了解的。二千多年来的发展，中国文化生命的最高层心灵，都是集中在这里表现。对于这方面没有兴趣，便不必讲中国哲学。对于以'生命'为中心的学问没有相应的心灵，当然亦不会了解中国哲学。"也因此，一种有机论的而不是机械论的生命观、非决定论的而不是决定论的生命观,就成为中国人的必然选择。在其中,存在着的是以生命为美,是向美而生,也是因美而在。在中国是没有创始神话的,无非是宇宙天地与人的"块然自生""生生之谓易"。一方面,是天地自然生天生地生物的一种自生成、自组织能力,所谓"万类霜天竞自由";另一方面,也是人类对于天地自然生天生地生物的一种自生成、自组织能力的自觉,也就是能够以"仁"为"天地万物之心"。而且,这自觉是在生生世世、永生永远以及有前生、今生、来生看到的万事万物的生生不已与逝逝不已所萌发的"继之者善也,成之者性也""参天地、赞化育"的生命责任,并且不辞以践行这一责任为"仁爱",为终生之旨归、为最高的善,为"天地大美"。这就是所谓:"一阴一阳之谓道"。重要的不是"人化自然"的"我生",而是生态平等的"共生",是"阴阳相生""天地与我为一,万物与我并存",是敬畏自然、呵护自然,是守于自由而让他物自由。《论语》有言:"罕言利,与命与仁。"在此,我们也可以变通一下:罕言利,与"生"与"仁"。在中国,宇宙天地与人融合统会为了一个巨大的生命有机体。而天人之所以可以合一,则是因为"生"与"仁"在背后遥相呼应。而且,"生"必然包含着"仁"。生即仁、仁即生。而所谓仁爱,其实就是对世界的正常、健康的感受。这种感受只能来自个体的生命,因为人类的生命正是由无数具体的个体生命所组成。而且,尊重了这种感受,也就尊重到人的个体,尊重了人的生命。这无疑就是"生"的美学,也无疑就是生命的美学。因此到了20世纪,这一美学更是引起来广泛的关注,王国维、宗白华、方东美……直到我所提倡的生命美学。"生命"视界,被高度关注。百年中国美学,也以"生命"/"实践"作为美学的"第一问题",对于生命视界的关注,也第一次成为美学自身的本体论的自觉。

显然,不论在西方的从康德、尼采起步的生命美学,还是在中国的传统美学乃至中国的现代美学,以"神性"为视界的美学已经终结了,以"理性"为视界的美学也已经终结了,以"生命"为视界的美学则刚刚开始。因此,理所当然的是,传统的从神性的、理性的角度去解释审美与艺术的角度，也就被置换为生命的角度。在这里，对审美与艺术之谜的解答同时就是对人的生命之谜的解答的觉察，回到生命也就是回到审美与艺术。生命因此而重建，美学也因此而重建。生命，成为美学研究的"阿基米德点"，成为美学研究的"哥德巴赫猜想"，成为美学研究的"金手指"。只有"生命"，可以撬动美学这个神秘的星球。从生命出发，就有美学；不从生命出发，就没有美学。它意味着生命之为生命，其实也就是自鼓励、自反馈、自组织、自协同而已，不存在神性的遥控，也不存在理性的制约。美学之为美学，则无非是从生命的自鼓励、自反馈、自组织、自协同入手，为审美与艺术提供答案，也为生命本身提供答案。在过去，美学关注的只是概念的、逻辑的和反思的，而生命美学却要求趋近使得概念的、逻辑的和反思得以成立的领域，因而也就是前概念的、前逻辑的和前反思的。它当然不是海德格尔在《真理的本质》一文中所说的"符合论"，但是却是他所关注的"敞开状态"或"活动着的参与"。这就是说，借助"生命"，生命美学意识到：过去的美学所要"积淀"到感性的所谓"理性"恰恰就是思想的最为顽固的敌人，由此，生命美学也就有可能真正开始思想。当然，这并不是放弃思想，而只是学会思想，并且比实践美学更为深刻地去思想。显然，生命美学提供的就是这样的一种全新的美学，它推动着我们去重新构架我们的生命准则，也推动着我们去重新定义我们的审美与艺术。外在于生命的第一推动力（神性、理性作为救世主）既然并不可信，而且既然"从来就没有救世主"，既然神性已经退回教堂、理性已经退回殿堂，生命自身的"块然自生"也就合乎逻辑地成了亟待直面的问题。随之而来的，必然是生命美学的出场。因为，借助揭示审美活动的奥秘去揭示生命的奥秘，不论在西方的从康德、尼采起步的生命美学，还是在中国的传统美学乃至中国的现代美学，都早已是一个公开的秘密。

毋庸置疑，几十年来，我的美学研究恰恰就是以"生命"为核心的，而且也是从生命本身来美学地理解生命的。我的美学思考，就是建基于"生命"之上；"生命立场"，是我的美学研究的必不可少的前提。具体来说，早在1995年的时候，在我的《反美学——在阐释中理解当代审美文化》①一书中，我就提出：只有实事求是地把审美活动看作生命活动系统中的一种自我鼓励、自我协调现象，才有可能破解人类的审美之谜。后来在《诗与思的对话——审美活动的本体论内涵及其现代阐释》、②《没有美万万不能——美学导论》③等著述中，我又继续深入阐述了自己的思考。

在我看来，在"自然界生成为人"的过程中，生命活动系统中的一种自我鼓励、自我协调现象至关重要。在生命诞生之前，"自然界"并不存在自我鼓励、自我协调现象，茫茫宇宙，也没有目的可言。在"自然界生成为人"的过程中诞生的生命系统则不同，一切都是未知，处处皆为变数，风险是家常便饭，何去何从更无人可以回答。设想未来的一切都像机器生产般的准确，甚至会分秒不差地准时到来，那只是决定论的臆想。所谓规律、必然，其实都是事后的总结，在当下所呈现而出的，大概除了灰度空间、统计规律，就还是灰度空间、统计规律。值此之际，倘若不存在潜在地指向某一目的的自我鼓励、自我协调的生命机制，难道生命的进化是可以想象的吗？只要想到在进化过程中大自然对于所有的动物的要求竟然是何等苛刻的——甚至苛刻到精确到小数点后面的很多很多位的地步，我们就会意识到，无论何种生命系统，都绝不可能出现失误的环节。一旦出现，最终的结果一定就可以想象：那就是被无情淘汰。至于奢侈的环节，则更加不可想象。因为在严酷的进化环境里，多一个环节，就多一份生存的艰难，多一份生命的负担，怎么可能允许生命去进行无谓的练习、无谓的浪费？无谓的消耗，显然是绝对不可能在生命进化过程中出现的，因为，它意味着自取灭亡！也因此，不难想象，不要说人类这样一种高级的生命系统了，即便是最简单的有机生命，其自身所进化出的任何一种生命机制，也都是一定是趋向着最优解的，而且也一定是指向一定的目的的。不过，这"目的"不是一个主观范畴，也未必一定要被意识

---

① 潘知常：《反美学——在阐释中理解当代审美文化》，学林出版社1995年版。
② 潘知常：《诗与思的对话——审美活动的本体论内涵及其现代阐释》，上海三联书店1997年版。
③ 潘知常：《没有美万万不能——美学导论》，人民出版社2012年版。

到。它是一个客观范畴，是生命进化在置身残酷无情的自然选择之时借助反馈调节而必然导向的目的。而且，这种自我鼓励、自我协调的生命机制其实也并不神秘，借助今天的思想水准，也已经不难予以解释。"物竞天择，适者生存"，并没有"上帝"预先为我们谋划，也并非自身在冥冥中自我谋划，人类只是在随机的灰度空间中借助自我鼓励、自我协调的生命机制为生命导航。否则，或者并非真实的生命，或者是已经被淘汰了的生命。至于这是一个有意识能力的自我鼓励、自我协调的生命机制还是一个无意识能力的自我鼓励、自我协调的生命机制却并不重要，因为，它仍旧已经是生命。诚如恩格斯所说："生命是整个自然界的一个结果。"① 生命：作为自生成、自组织、自调节、自鼓励内在机制。奉行的"两害相权取其轻，两利相权取其重"的基本原则。"天道"逻辑——"损有余而补不足"，类似一只神奇的看不见的手。生物学家弗朗索瓦·雅各布（Francois Jacob）就称之为："生命的逻辑"。由此，再去重审康德提出的"无目的的合目的性"，就不能不说，这实在是一个天才的洞察。而且，它不再是我们过去所肤浅理解的"无功利性"的问题，而是生命进化之中的必然与必需。它意味着：生命之为生命必然会是一种目的行为，也都存在着目的取向。

至于审美活动的出现，则无异于某种"造化的狡计"！它并不神秘，也无非就是一种特定的生命自我鼓励、自我协调的机制。它的存在就是为生命导航。因为生命不是在长江大河里航行，而是在太平洋里航行，因此也就亟待一种生命的导航。这就类似于导弹，而不是炮弹，自身必须存在着特异的"红外制导"系统。这个"红外制导"系统，无疑就是审美活动。人类在用审美活动肯定着某些东西，也在用审美活动否定着某些东西。从而，激励人类在进化过程中去冒险、创新、牺牲、奉献，去追求在人类生活里有益于进化的东西。因此，美是自然向人生成的生命隐喻。确证着生命也完满着生命，享受着生命更丰富着生命……因此，关于审美活动，我们可以用一个最为简单的

---

① ［德］恩格斯：《自然辩证法》，人民出版社2015年版，第68页。

表述来把它讲清楚：凡是人类乐于接受的、乐于接近的、乐于欣赏的，就是人类的审美活动所肯定的；凡是人类不乐于接受的、不乐于接近的、不乐于欣赏的，就是人类的审美活动所否定的。伴随着生命机制的诞生而诞生的审美活动的内在根据在这里，在生命机制的巨系统里审美活动得以存身而且永不泯灭的巨大价值也在这里。自然界向美而生，人类为美而在。而且，犹如一个具有同心圆的有机发展，生命美学首先把"生命"看作圆心，因此而把生命看作一个自组织、自鼓励、自协调的自控系统。它向美而生，也为美而在，关涉宇宙大生命，但主要是其中的人类小生命。其中的区别在宇宙大生命的"不自觉"（"创演""生生之美"）与人类小生命的"自觉"（"创生""生命之美"）。至于审美活动，则是人类小生命的"自觉"的意象呈现，亦即人类小生命的隐喻与倒影，或者，是人类生命力的"自觉"的意象呈现，亦即人类生命力的隐喻与倒影。这意味着：否定了人是上帝的创造物，但是也并不意味着人就是自然界物种进化的结果，而是借助自己的生命活动而自己把自己"生成为人"的。这样一来，审美活动与生命自身的自组织、自协同的深层关系就被第一次地发现了。审美与艺术因此溢出了传统的樊篱，成为人类的生存本身。并且，审美、艺术与生命成了一个可以互换的概念。生命因此而重建，美学也因此而重建。同时，生命美学再从"生命"这个"圆心"逐渐向外拓展，从而，生命美学的全部体系、全部问题都得以以更加深刻和原初的方式在全新的意义上被追问、被建构。

也因此，在我看来，给出美学的理由的，不是"实践"，而是"生命"。生命，而不是神性、理性（或者实践），才是美学之为美学的先天条件。因此，相对于宗教美学、科学美学的"知识的觉醒"，生命美学则是"生命的觉醒"。过去的那种置身生命之外去观察和抽象的研究，无疑是荒谬的，正确的方式，只能是在生命之中去体验、去直觉。由此，长期以来，我才一再警示：以宗教美学、科学美学为代表的传统美学，都只是假问题、假句法、假词汇。事实上，在现实世界根本没有"真理"，只有"真在"，只有"生命"。因此"真理"必须变成鲜活的"生命"才是真实的。换言之，实事求是而言，根本没有"物自体",也没有"现象界",甚至也不可能"相对于实践",而只能是"相对于生命"。维特根斯坦断言:想象一种语言就是想象一种生活方式。确实,对于我而言,想象一种美学就是想象一种生命、想象一种生存方式。维特根斯坦还断言:神秘的不是世界是怎样的,而是它是这样的。对于我而言,神秘的也不是世界是理性的,而是它就是生命的。对知识之谜、理性之谜的解答的前提都是于人的生命之谜的解答。要把握本体的生命世界,理性,只是辅助型的工具,而且,它还是一柄双刃剑,还存在着把人类带入歧途的可能。唯一的方式,就是回到生命,而回到生命也就是回到审美。也因此,审美与生命也就成了彼此的对应物,两者互为表里。当然,这就是审美之所以与生命始终相依为命的根本原因。

换言之,审美与艺术的秘密并不隐身于上帝的追问,也不隐身于理性的追问之中,也与实践的追问无关,而是隐身于生命的追问之中,这是一种在实践关系、认识关系之外的存在性的关系。在逻辑、知识之前,"生命"已在。人在实践与认识之前就已经与世界邂逅,"我存在"而且"必须存在"才是第一位的,人作为"在世之在",首先是生存着的。在进入科学活动之前生命已在;在进入实践活动之前生命也已在。这正如王阳明所说,"今看死的人,他这些精灵游散了,他的天地万物尚在何处?"(《传习录》下)也因此,对于生命美学而言,"宗教视界""科学视界""实践视界"都是必须被"加括号"、必须被"悬置"的。唯有如此,才能够将被实践美学遮蔽与遗忘的领域,被实践美学窒息的领域,以及实践美学未能穷尽的领域、未及运思的领域展现出来,由此,生命美学从一般本体论——实践本体论转向"基础本体论"——生命本体论。借助胡塞尔"回到事实本身"的说法,生命美学不但是在超越维度与终极关怀的基础上("一体仁爱"的新哲学观)的对于美学的重构,也是从生命经验出发的对于美学的重构,是从理论的"事实"回到前理论的生命"事实"。因此,生命美学"基于生命"也"回到生命",所谓源于生命、因于生命、为了生命,是生命的自由表达。天地人生,审美为大。审美与艺术,就是生命的必然与必需。在审美与艺术中,人类享受了生命,也生成了生命。这样一来，审美活动与生命自身的自组织、自协同的深层关系就被第一次地发现了。

也因此，审美和艺术的理由再也不能在审美和艺术之外去寻找，这也就是说，在审美与艺术之外没有任何其他的外在的理由。生命美学开始从审美与艺术本身去解释审美与艺术的合理性，并且把审美与艺术本身作为生命本身，或者，把生命本身看作审美与艺术本身，结论是：真正的审美与艺术就是生命本身。人之为人，以审美与艺术作为生存方式。"生命即审美""审美即生命"。也因此，审美和艺术不需要外在的理由——说得犀利一点，也不需要实践的理由。审美就是审美的理由，艺术就是艺术的理由，犹如生命就是生命的理由。对于审美与艺术之谜的解答同时就是对于人的生命之谜的解答，对于美学的关注，不再是仅仅出之于对于审美奥秘的兴趣，而应该是出之于对于人类解放的兴趣，对于人文关怀的兴趣。借助审美的思考去进而启蒙人性，是美学的责无旁贷的使命，也是美学的理所应当的价值承诺。美学，要以"人的尊严"去解构"上帝的尊严""理性的尊严"。过去是以"神性"的名义为人性启蒙开路，或者是以"理性"的名义为人性启蒙开路，现在却是要以"美"的名义为人性启蒙开路。是从"我思故我在"到"我在故我思"再到"我审美故我在"。这样，关于审美、关于艺术的思考就一定要转型为关于人的思考。美学只能是借美思人，借船出海，借题发挥。美学，只能是一个通向人的世界、洞悉人性奥秘、澄清生命困惑、寻觅生命意义的最佳通道。

"情感为本"的提出，是在1989年。

不难想到，要回到生命，无疑就不可能回到实践美学所谓的理性，而是回到情感。因为人是情感优先的动物（扎乔克），也最终是生存于情感之中的。情感的存在，是人之为人的终极性的存在也是人的最为本真、最为原始的存在。所谓理性和思想，"都是从那些更为原始的生命活动（尤其是情感活动）中产生出来的"[①]。"海德格尔主张，

[①] ［美］朗格：《艺术问题》，腾守尧等译，中国社会科学出版社1983年版，第23页。

我们对世界的知觉，首先是由情绪和感情揭开的，并不是靠概念。这种情绪和感情的存在方式，要先于一切主体和对象的区分。"① 而且，情感自由比理性自由更为根本，情感启蒙也要远为重要于理性启蒙。情感自由，是生命无限敞开的途径，也是未来社会的立身之本。当然，正是出于这个原因，关于情感的哲学思考，也就成为一个重要的哲学方向。这样，尼采的提醒也就不再无足轻重："我们何时方能去掉自然的神性呢？我们何时方能具备重新被找到、重新被解救的纯洁本性而使人变得符合自然呢？"②

而且，熟悉生命美学的发展情况的学人一定知道，情感为本，还是生命美学的一贯主张。早在1987年，我就已经明确提出了"情感为本"的问题。在黄河文艺出版社1989年出版的拙著《众妙之门——中国美感心态的深层结构》里，我就已经指出：情感"不但提供一种'体验—动机'状态，而且暗示着对事物的'认识—理解'等内隐的行为反应。""过去大多存在一种误解，认为它只是思想认识过程中的一种副现象，这是失之偏颇的。""不论从人类集体发生学或个体发生学的角度看，'情感—理智'的纵式框架都是'理智—情感'横式框架的母结构。"③

当然，我从一开始就知道：这一定会遭到传统的美学思考的坚决反对。因为在传统美学看来，"理智-情感"才是"情感-理智"的母结构，而且，对事物的"理性-真理"才是第一位的，至于情感，则不但不是"'体验—动机'状态"，而且还仅仅是理性的副产品、理性的消极结果，以至于，情感之为情感都要被"积淀"进理性才能够被予以首肯，否则，就难逃"动物性的本能冲动、抽象的生命力"以及"原始的情欲"……的贬斥。然而，传统美学的以"理性—真理"作为母结构却难以令人信服。传统美学遵循的是知识论框架，而审美活动却是无法纳入知识论框架去考察的，其结果就导致了对审美活动

---

① ［美］宾克莱：《理想的冲突》，马元德等译，商务印书馆1983年版，第215页。
② ［德］尼采：《快乐的科学》，黄嘉明译，华东师范大学出版社2007年版，第194页。
③ 潘知常：《众妙之门——中国美感心态的深层结构》，黄河文艺出版社1989年版，第72、73页。

本身的扭曲。例如，知识论框架的最大缺憾是缺失了生命活动的动力系统这最为根本的一大块内容。从知识论框架，我们无论如何也无法回应人类生命活动的动力何在这样一个关键问题。它确实在描述着实践与认识，但是，人类为什么要实践？又为什么要认识？却统统从不涉及。类似电脑，我们固然研究了它的软件系统，但是却从来就没有意识到其中的电源系统的至关重要。这样一来，在解释作为动力系统的审美活动的时候，就难免会捉襟见肘，也难免会处处碰壁。

幸而，生命美学自诞生之日起，就没有陷入传统美学的困境。时间同样还是很早，还在1995年的时候，我在《反美学——在阐释中理解当代审美文化》一书就又进而指出："人类对于情感需要的渴望，来源于人类的生命机制。当代心理学家已经证实：就人类生理层面而言，作为动力机制的因此也就最为重要的是情感机制，而不是理性机制。过去，为了论证人类理性的伟大，美学家曾经过分重视新皮质而忽视皮下情感机制。把大脑新皮质的功能看作是审美活动的复杂过程的唯一中心，现在看来，是一个方向性的错误。就探讨审美活动的根源而言，真正的重点不是理性的机制而是情感的机制。其中，神经系统和内分泌系统是两大关键。"为此，我的结论是简单明确的："情感机制是人类最为根本的价值器官"。为此，生命美学从一开始就是非常看重"为传统美学所忽略了的功利性"的，并且认为：对于功利性的忽视是"传统美学的一个从柏拉图开始的重大的美学失误。"当然，也是实践美学的重大失误。那么，审美活动的功利性何在？我的回答是，"这所谓美学的功利性就是：对于人类的情感的满足。"①

生命美学的直面情感，其实也就是直面生命。这就类似《象与骑象人》这本书中所说，在人的生命活动中，理性只是骑象人，它只是顾问、仆人，不是国王，也不是总裁，情感则是大象本身，它承担了主要的、根本的工作。可是我们在现实生活中却往往忽视了这一点，本来，情感其实就是我们看到时立即就油然而生的"喜欢"或者"不

---

① 参见潘知常《反美学——在阐释中理解当代审美文化》的第五章："根源探寻：生命的诱惑与死亡的阴影"，学林出版社1995年版。

喜欢",但是如果让我们说出理由,那就只能由骑象人来出面了,因为大象尽管起着决定作用,但是却不会说话。遗憾的是,骑象人却往往不是代"象"立言,而是自说自话,并且只是把其中的理性可以表达的部分演绎出来。结果,就像一则西方谚语讲的:醉汉站在路灯下到处找车钥匙,警察问,你的车钥匙掉在这里了吗?这个醉汉回答:"没有,我把车钥匙掉在后面巷子里了,但是这里有路灯,比较好找。"显而易见,传统美学就是只会与骑象人对话,也只是习惯于在"比较好找"的地方去寻找答案。例如,实践美学误以为只要"积淀"一下,就可以把复杂的大象——也就是情感本身的困惑解决了。生命美学不然,它要坚决地避开骑象人,去直接与大象对话,去直接阐释大象的作用,也就是直接阐释情感的秘密。

这也就是说,过去我们习惯于声称宗教创造了人、理性创造了人,或者,实践创造了人。其实,却大多都是没有经过深思熟虑的思考的。就以劳动创造了人为例,与其说劳动创造了人呢,莫不如说情感创造了人。因为"劳动"既然能够创造人,那就说明劳动的产生应该是在人之前。那么,是谁创造了"劳动"呢?"劳动"就意味着能制造工具,这显然是有意识的有目的的行为,而且,这种行为非人莫属。这说明人之所以能"劳动",是因为人的有意识、有目的的行为已经产生。正是因此,人才能够去劳动、去制造劳动工具。如此不难看出,有目的的行为应该是早于劳动的,那么,毫无疑问的是,情感的产生也应该是早于劳动的。因为意识肯定是在情感之后的。所以中国人才说:合情合理。因此,与其说劳动创造了人,远不如说情感创造了人。

更何况,生命系统置身一个灰度空间的世界,亟待寻求的,不是完美答案,而是最优解。这样,选择而不是服从,就变得异常重要。存在即选择,选择也即存在。但是"选择"又一定是导源自"目的"的。没有"目的",也就没有"选择"。"选择",代表着自我鼓励、自我协调的生命机制,它的实现与否,则预示着生命本身的满足或者匮乏乃至目的的实现与缺失。由此,人类不但要建构一个"是如何"的知识论框架,还要建构一个"应如何"的价值论框架。与此相应,人与世界的关系也不仅是认识关系,而且还是价值关系。我们置身的世界，不仅是一个物理的世界，而且还是一个价值的世界。试想，人类的认识活动如果没有价值活动的协同，又有什么存在意义？难道它不是着眼于人类向前向上的价值活动的吗？因此，即便是就哲学而言，如果只有认识论但是没有价值论，恐怕也只是一个先天不足的跛子。认识的动因何在？目的何在？归宿何在？总不能是为认识而认识吧？但是，一旦加上价值活动，情况就截然不同了。它让我们意识到：原来"理性—真理"的功能类似于电脑的软件系统，而价值活动的功能却类似于电脑的电源系统。两者不能混同，尤其是不能把价值活动混同于认识活动——因为这实在是太常见了。众所周知，"认识世界是为了改造世界。"改造世界，那又如何可以离开生命的向前向上？这当然就要穷尽全力去创造更多的理想价值，同时也要被更多的价值理想所吸引，离开了这一环节，任何的改造世界也就统统都不会发生，而只会出现类似于动物般的消极适应。无疑，既然如此，情感的至关重要，也就清晰地显现出来。情感之为情感，与人之为人直接相关。情感生命从压抑走向解放，与人性压抑走向解放同步。情感的存在以人的存在为本原，柏拉图在《斐德若篇》中认为情感是人类心灵中的"顽劣"之马，只能去靠理性驭手去驯服，[①] 是完全错误的。事实上，情感是人类的立身之本，是生命无限敞开的途径，也是人类与世界之间联系的根本通道，人类弃伪求真、向善背恶、趋益避害，无不以情感为内在动力。从表面看，情感的职能只是满足主体需要，其基本调质，是快感和不快感。但是，面对自然万物，人显然不能盲目行使自身情感，而是一定要只将情感射向那些对自身需要有满足效用的对象，或根据自身需要创造合目的的对象。[②] 这就意味着，情感的指向受限于一种价值评价，是主体以自身需要为依据对客体的意义加以全面评价的结果。这就犹如，我们往往会误以为是因为某某东西好吃，我们才会喜欢吃它。其实，却是恰恰相反，是因为这个东西吃了对自己的身体有好处，因为吃这个东西符合自己的生命需要，所以我们才会喜

---

① [古希腊]柏拉图：《柏拉图文艺对话集》，朱光潜译，人民文学出版社1959年版，第120—132页。

② 潘知常：《众妙之门——中国美感心态的深层结构》，黄河文艺出版社1989年版，第73页。

欢吃它。因此，当世界符合我们的生命的时候，我们得到的是正面情感；当世界背离了我们的生命的时候，我们得到的是负面的情感，当世界既符合我们的生命也背离我们的生命的时候，我们得到的就是既正面又负面的复杂情感，所谓悲喜交加。因此，我们必须看到，情感所建构起来的是一个价值论框架，并且因此而截然鲜明地区别于理性所建构起来的知识论框架。并且，顺理成章的是，情感所建构起来的价值论框架自身也决定了：它绝不可能仅仅作为消极结果、作为理智和思想的副产品而存在。较之理智和思想，情感总是潜在地满足着生命的"优化"。①

　　由此再回到生命美学与传统美学的论争，我不得不说，未能关注到"情感—价值"动力系统，无论如何都是传统美学的一大遗憾。它的未能最终站住脚，并且被不断地改来改去，都与此有关。审美活动不属于"理性—真理"系统，而是"情感—价值"系统。不从动力机制、导航机制的角度去考察，就无法趋近正确的答案。然而，在传统美学，对于"情感—价值"系统的研究始终被视而不见，审美活动也被逼迫得从"情感—价值"系统中退了出去，委身于"理性—真理"系统，被当成了一种"以美启真、以美储善"的工具。所以，我在1985年发表的文章《美学何处去》中，就痛心地指出，传统美学把生机勃勃的世界变成了"冷冰冰"的世界，也把生机勃勃的美学变成了"冷冰冰"的美学。确实，离开了"情感—价值"系统，世界与审美活动都像一台没有电源的电脑，中看，但是却根本就用不起来。

　　这当然也与人类对于"情感—价值"的滞后有关，一开始，往往关注到的都是认识、知性、理性、逻辑，这并不奇怪。后来的鲍姆加登开始有所涉及，但也只是蜻蜓点水，仅仅触及了"感性"而已。并不深入，更不具体。相比之下，康德1790年出版的《判断力批判》

---

①　尤其是伴随着快乐心理学、积极心理学的诞生，人们逐渐发现：犹如原来地球是围绕太阳旋转，成功原来也是围绕快乐与爱等积极情感旋转。于是，人们对情感的关注从消极情感转向了积极情感，不再是把-8的人提升到-2，而是把+2的人提升到+8。审美情感恰恰正是积极情感，由此，生命美学的"情感为本"就更加容易理解了。

则深入了很多,在他看来,人类的情感活动并不只是肤浅的"感性",而是主要集中在情感领域,也就是所谓的"情感判断"。他所洞察到的,正是审美活动中的"谜样的东西",也就是"主观的普遍必然性"("主观的客观性")。例如,他的哲学亟待思考的三大问题:我能认识什么?我应做什么?我希望什么?也可以理解为:"自由(上帝)是无法认识的"(《纯粹理性批判》),但是必须去相信"自由(上帝)"的存在(《实践理性批判》),而且,借助审美直观,"自由(上帝)"是可以直接呈现出来的(《判断力批判》),无疑,这其实也就是在说:唯有在审美情感之中,自由才可以直接呈现出来。由此,康德第一次为美学学科争取到了自己的独立的研究空间。也因此,康德不把自己的著作称为《美学》,但是却恰恰就是美学,鲍姆加登把自己的著作称为《美学》,但是却偏偏就不是美学。因此,尽管康德仍旧是将审美活动看作联结"认识活动"和"实践活动"的纽带,置身"知性"与"理性"之间、"规律性"与"目的性"之间、"感性世界"与"超感性世界"之间、"科学认识"和"伦理实践"之间,但是却毕竟为人类的情感活动开辟出了美学学科得以奠基其上的独立的活动空间。因此,"康德既是第一个把美学建立在情感基础上的人,也是把情感一般地引入到哲学中来的第一个人,这绝不是偶然的"。[①] 至于后来的黑格尔,从表面看是转而走向了"艺术",但是其实却是因为发现了康德对于"情感判断"的发现过于狭隘而且没有自己的立足之地,因此才走向了"美的艺术"——"情感艺术"。因为艺术恰恰是人类情感体验的集中体现,而且还是人类情感体验的二度建构。"音乐的独特任务就在于它把任何内容提供心灵体会……按照它在主体内心世界里的那种活生生的样子",[②] "音乐的基本任务不在于反映出客观事物而在于反映出最内在的自我。"[③] 这样,我们从鲍姆加登的"美学"到康德"情感",再到黑格尔的"艺术",不难发现,只要让"艺术"和"情感"回到"美学"中原有的地位上来,也就是把艺术按其本意理

---

① [德]盖格:《艺术的意味》,艾彦译,译林出版社2012年版,第98页。
② [德]黑格尔:《美学》第3卷(上),朱光潜译,商务印书馆1979年版,第344—345页。
③ [德]黑格尔:《美学》第3卷(上),朱光潜译,商务印书馆1979年版,第332页。

解为"情感+形式"(情感的形式+形式的情感、有意味的形式+有形式的意味),美学之为美学也就不难理解。所谓"美学",其实也就是审美哲学,它直面的是进入情感关系的生命活动,是关于进入狭义的情感关系亦即审美关系的生命活动的哲学思考。它所研究的主要对象是情感的形式+形式的情感、有意味的形式+有形式的意味(因此有不少人才误以为美学的研究对象是"艺术",其实不然,美学的研究对象应该是世界的形式化+形式的世界化)。① 进入情感关系的生命活动的研究,这就是美学。② 可惜的是,叔本华、尼采等生命美学的开创者,尽管眼光敏锐,但是却也并没有最终意识到这一点。因此往往片面地贬低理性和片面地抬高非理性,结果,从一个正确的起点出发,却遁入了左道旁门。③ 但是,现在我们却无论如何都不能让这种情况再继续下去了。为此,我才自1985年开始,始终反复倡导要将美学的立足点从实践美学的"理性—真理"转向生命美学的"情感—价值"。在我看来,这个立足点的乾坤大挪移在美学研究中极为重要,堪称关键的关键。如果打个比方的话,那大概应该是相当于从托勒密的"地球中心论""乾坤大挪移"为哥白尼的"太阳中心论"。因为,究其根本,美学并不属于"理性-真理"系统,而是属于"情感—价值"系统。美学也亟待从"理性-真理"系统立即回到"情感—价值"系统。在我看来,这一点应该成为美学界的共识。而且,这一

---

① 必须强调的是,生命美学的对于情感的重视,其实与中国古代美学的对于"兴"的重视直接相关,所谓"兴",叶嘉莹先生总结为"生命感发":"对于所谓'兴'的自然感发之作用的重视,实在是中国古典诗论中的一项极值得注意的特色《比兴之说与诗可以兴》,见《光明日报》1987年9月22日。叶嘉莹教授在《中国古典诗歌中形象与情意之关系例说》一文中也指出:"至于'兴'之一词,则在英文的批评术语中,根本就找不到一个相当的字可以翻译。"这其实是对于人与世界之间的以世界的形式化+形式的世界化为特色的生命交流、情感交流的发现。犹如前面郑重提及的"生","兴",也是中国美学独有的范畴,也是中国美学的特殊贡献。

② 人类社会从对于宗教判断的关注,到对理性判断的关注,再到对情感判断的关注,是一个重要的哲学方向的转换。情感自由比宗教自由、理性自由无疑更为根本,关于情感的哲学思考,或者说,情感启蒙,作为美学的思考,也就因此而成为第一哲学的思考。

③ 实践美学的后期走向了"情本体",但是这仍旧问题重重。因为在李泽厚先生那里,"情本体"其实是一个"情—理结构",其思维逻辑是悄悄地将情积淀为理,也就是将价值论归入认识论,附属于认识论,充其量也只是一种大认识论、广义认识论。出发点也无非是试图弥补认识论的缺陷,进而去完善认识论,仅此而已。因此,实践美学的"情本体"与生命美学的"情感为本"完全不是一回事,也完全不在一个层次之上。

"转向"也必然会给美学研究本身带来生机。美学本身也因此而禀赋了一种理论的彻底性。

更为重要的是,审美与人类解放之间的内在关系,也可以因此而得到解释。"情感为本"提示我们,一方面,情感与人类解放有关,压抑情感就是压抑生命,解放情感也就是解放生命;另一方面,情感也与人类的审美有关,压抑情感就是压抑审美,解放情感也就是解放审美。西方文艺复兴的时候复调音乐取代单音音乐、多声部音乐对于教堂音乐的单调与平淡的突破,就都与神性衰落、人性复苏的人类解放密切相关。显然,审美的解放、情感的解放与人类的解放,三者其实就是一体的。"我们觉得美的地方正是能够提高人类祖先生存机会的地方。""我们的祖先在具有生存价值的对象中找到快乐,……我们通常会接近让人愉快的对象。""艺术让我们的生活更美好。"①"审美感情使我产生称之为审美享受的特殊愉悦。"② 因此审美也与人类解放存在着内在关联。这无疑就是审美活动的立身之本,也即是审美活动的价值之所在。传统美学忽视了这一点,固执地以"理性为本"。鲍桑奎就发现:西方人的美学始终受"道德原则"的制约,"背着道德主义考虑的包袱",③ 如此一来,当然也就看不到审美活动的特殊价值,而是认为情感没有独立价值,只是副产品。或者把审美活动作为理性的特殊表现方式,例如形象思维,采取夸大情感中的理性因素的方式,事实上还是将情感作为理性的附庸,柏拉图就曾经要求音乐要抛开表现悲哀的利底亚式和混合利底亚式之类的乐调,④ 卢梭也曾经要求音乐的和声要少用转位和变化音,旋律也不能过于装饰,音域还要不高不低,使用一般的音阶,他们的理由都是音乐只是抒情工具,维护理性的手段,是情附属于理、服务于理的。因此审美活动如果不

---

① [美]安简·查特吉:《审美的脑》,林旭文译,浙江大学出版社2016年版,第49、71、177页。
② [爱沙尼亚]斯托洛维奇:《审美价值的本质》,凌继尧译,中国社会科学出版社1984年版,第231页。
③ [英]鲍桑奎:《美学史》,张今译,商务印书馆1985年版,第26—27页。
④ [古希腊]柏拉图:《柏拉图文艺对话集》,朱光潜译,人民文学出版社1959年版,第58页。

能有助理性，那就毫无价值。其实，犹如情感无须依附理性，审美也无须依附理性，审美的价值是在理性之外的。因此在离开了理性的前提以后，就像情感仍然还有价值一样，审美也仍然还有价值。贝多芬声称："我的领土在旁的境界内扩张得很远；人家不能轻易打倒我的王国"，① 正是指的情感的王国。恩斯特·迈耶尔也声称："音乐的真正的生命因素并不是感官感觉中的现实的写照，不是它们的机械的接受和复制，而是它们的情感内涵，它们内在的情感生命。"② 他们所指向的，都不是审美活动的情感表现方式问题，而是审美活动的情感表现本体问题。只有从本体论转换的角度重新思考审美问题，只有坚定不移地高举"情感为本"的旗帜，才能够洞察到审美活动与人类解放之间的内在一致。希腊以来一直都在被关注着的审美"净化"作用，由此不难得到解释。审美活动的独立品格，由此才得以确立。审美活动以最为接近生命本性的方式满足着人类自身的需要、审美活动昭示着人类进步的方向这一根本特性，也最终得以确立。

"情感为本"还意味着美学学科的确立。这是因为，在"情感优先"之中，审美情感更是优先中的优先。由功利、概念引发的情感固然重要，但是却是明确的；与欲望引发的情感固然重要，但是也是明确的。因此尽管它们都是通过情感传达以满足生命的需要，但是，却都不需要我们去研究。未知并且异常神秘的，只是特殊的"情感快乐"——"美感"，也就是"由形象而引发的无功利的快乐"，或者，因为"美与不美"而引发的"无功利的快乐"。审美与艺术的关键就在于人的愉快不愉快这个层面，如果不顾及这一点硬而要使美学担负起它无法胜任的现实使命，那最终也只能拖垮本来就十分脆弱的美学自身。而且，因为"人的愉快不愉快"只是一种内在的综合体验，在一定程度上，还只是一种"黑暗的感觉"，要使它得以表现，又只有借助被创造的形象才是可能的，这就是所谓"澄怀味象"的内在奥秘

---

① 贝多芬：《致威廉·葛哈特》，转引自［法］罗曼·罗兰《贝多芬传》，傅雷译，人民音乐出版社 1978 年版，第 78 页。

② ［德］恩斯特·迈耶尔：《音乐美学若干问题》，姚锦新、蓝玉崧译，人民音乐出版社 1984 年版，第 32 页。

之所在。这使得审美情感必然会是一种共鸣的情感或对情感的情感，一种自由情感的体验或情感的自由体验，必然会是一种情感的客观化、对象化，一种情感的被咀嚼、被品味、被回味，即"情感反刍"。因此审美活动也就成了一种在某一对象上寄托自我情感然后再从某一对象上去感受到自我情感的活动。因此在审美活动中，时间空间、相互关系、各种事物间的界限都被打破了，都已经统统依照情感重新进行了分类。苏联心理学家维戈茨基发现：真正的情绪是在审美活动之中的。"在抒情体验中起决定性作用的是情绪，这种情绪可以同在科学哲学创作过程中所产生的附带的情绪准确的区分开来。"① "审美情绪不能立刻引起动作。"② 卡西尔也指出："我们在艺术中所感受到的不是那种单纯的或单一的情感特征，而是生命本身的动态过程。""在艺术家的作品中，情感本身的力量已经成为一种构形的力量。"③ 在审美活动中，"我们所听到的是人类情感从最低的音调到最高的音调的全音阶；它是我们整个生命的运动和颤动"④。换言之，美学研究的核心问题其实就是对象的形式如何引发主体的情感问题，也就是与我们没有直接关系的对象的形式如何引发主体情感的问题。由形象引发的超功利情感，就是美学的研究对象。因为审美情感的产生只与对象的外在形式有直接的必然联系。黑格尔就曾经一再提醒我们，在审美活动中存在着的不是内容情感，而是形式情感。汉斯利克也指出，巴赫的十二平均律钢琴曲的四十八个赋格和前奏曲中，没有一首是具有可以被称为内容的情感的。在审美活动中，"音乐的"与"声音的"并不是一回事。其中有着"指定意义"与"具现意义"的区别，有着"物的直接经验"与"物的情感属性经验"的区别，也有着"参照性情感体验"与"非参照性情感体验"的区别。"音乐的"是意向性的对象，也是"视界融合"的产物。是情感形式或者形式情感。"音乐和情感的联系是怎样的，一定的音乐作品与一定的情感的联系又是怎样的，

---

① ［苏］维戈茨基：《艺术心理学》，周新译，上海文艺出版社1985年版，第37页。
② ［苏］维戈茨基：《艺术心理学》，周新译，上海文艺出版社1985年版，第333页。
③ ［德］恩斯特·卡西尔：《人论》，甘阳译，上海译文出版社2013年版，第254页。
④ ［德］恩斯特·卡西尔：《人论》，甘阳译，上海译文出版社2013年版，第256页。

这种联系按照什么艺术法则形成的。"①

情感的满足意味着价值与意义的实现，这，当然也就是境界的呈现，也就是我所谓的"境界取向"。

"境界取向"其实就是价值世界的被发现。我从1985年就指出：人不但是现实存在物，而且还是境界存在物。从1988年开始，我就提出：美在境界。② 1989年，我正式提出：美是自由的境界："因此，美便似乎不是自由的形式，不是自由的和谐，不是自由的创造，也不是自由的象征，而是自由的境界。"③ 1991年，我又提出了"境界美学"："中国美学学科的境界形态，所谓境界形态是相对于西方美学的实体形态而言的。"④ 并且指出：美学并"不是以认识论为依归，斤斤计较于思维与存在的同一性，而是以价值论为准则，孜孜追求着有限与无限的同一性。"⑤ 美学"以意义为本体而不是以实存为本体"、"旨在感性生命如何进入诗意的栖居"⑥ "为宇宙人生确立生命意义，寻找永恒价值，挖掘无限诗情。"⑦ 并且批评传统美学的偏偏"抛却自家无尽藏，沿门乞讨效贫儿"，以至于在美学的学科形态上幻想寄居科学的屋檐下并觅寻一席容身之地。于是，在无条件地接受西方科学思维的基础上接受了西方实体形态的美学学科。而且又天真地认定，只有这样才够得上现代气派，才称得上"最科学"，因此不惜彻底否定自己，数典忘祖。⑧

"境界取向"的提出，当然是源于对于一个引人瞩目的美学误区的消解。这就是：把"美学之为美学"首先理解为对于"美学是什

---

① ［奥］爱德华·汉斯立克：《论音乐的美——音乐美学的修改新议》，杨业治译，人民音乐出版社1987年版，第3页。
② 参见潘知常《游心太玄——关于中国传统美感心态的札记》，《文艺研究》1988年第3期。
③ 潘知常：《众妙之门——中国美感心态的深层结构》，黄河文艺出版社1989年版，第3页。
④ 潘知常：《中国美学的学科形态》，《宝鸡文理学院学报》1991年第4期。
⑤ 潘知常：《众妙之门——中国美感心态的深层结构》，黄河文艺出版社1989年版，第96—97页。
⑥ 潘知常：《众妙之门——中国美感心态的深层结构》，黄河文艺出版社1989年版，第97页。
⑦ 潘知常：《众妙之门——中国美感心态的深层结构》，黄河文艺出版社1989年版，第94页。
⑧ 犹如"生""兴"等美学范畴，对中国美学传统中的"境"的范畴的开创性吸取，也是生命美学的一个工作。

么"的追问,而不是首先理解为对于"美学何为"的追问。其实,"美学是什么",是一种错误的知识型的追问方式。按照维特根斯坦的提示,知识型的追问方式来源于一种日常语言的知识型追问:"这是什么(Was ist das)?"在这里,起决定作用的是一种认识关系。而被追问的对象则必然以实体的、本质的、认识的、与追问者毫不相关的面目出现。在其中起决定作用的仍旧是一种认识关系,关注的也是已经作为对象存在的"美学",而并非与追问者息息相关的"美学"。如此一来,美学对于"美是什么""美感是什么"……的追问,就都是顺理成章的事情了。这就是所谓的"实体美学"。然而,"美学之为美学",首先却必须被理解为对于"美学何为"的追问。这意味着一种本体论型的追问。在其中,起决定作用的不再是一种认识关系,而是一种意义关系。追问者所关注的也是美学的意义。以海德格尔为例,他就曾明确地指出在追问"哲学之为哲学"时,至关重要的不应该是"什么是哲学"(Was ist Philosophie?),而应该是"什么是哲学的意义(Was ist die Bedeutung der Philosophie?)",也就是说,只有首先理解了哲学与人类之间的意义关系,然后才有可能理解"哲学是什么"。美学也如此。当我们在追问"美学之为美学"之时,首先要追问的应该是、也只能是"人类为什么需要美学"即"美学何为"。只有首先理解了美学与人类之间的意义关系,对于"美学是什么"的追问才是可能的。

　　中国古代哲人朱熹曾经指出:"古之学者为己,欲得之于己也;今之学者为人,欲见知于人也。""古之学者为己,其终至于成物;今之学者为物,其终至于丧己。"(《朱子语类》卷二)这里的"古"与"今",当然与今天的"古今"概念不能等同,但这里的"为己"之学与"为人"(他人)之学,却恰好与境界状态的美学和实体形态的美学相互对应。并且,"其终至于成物","其终至于丧己",也可以说是中国古代哲人为今天的美学讨论所预设的答案。所谓美学,美学家们说法无疑各异,但无论如何,美学都总是与人类对于自身的根本困境、对于生存意义的深刻思考密切相关。美学的"形而上学"本性决定了,它必然是人的根本属性的理论体现,也必然是人从非人不断提升为人的理论体现。

这当然因为，人的根本属性是"自为"的，所谓"块然自生""怒者其谁邪"，并非来自神赐予，也并非来自理性赐予，而是人在自己的生命活动中自我建构起来的。例如，根本无法想象动物会向自己提问"我是什么"，但是人却不然，他不但要向自己提问"我是什么"，而且还要进而提问"我将会成为什么""我应该成为什么"。人之所以为人、人之所以成为人、人之所以能够成为人……就都是一再被反反复复地予以追问的。因此，从不反思的动物自然不需要哲学，自觉反思的人类却一定需要哲学。人需要在哲学反思中认识自己、反思自己、成就自己、提升自己。在这一意义上，可以说"哲学"与人的内在本性直接相关。哲学即人，人也即哲学。费尔巴哈提示说："真正的哲学不是创作书，而是创作人。"加缪也说：判断生活值得过还是不值得过——这就是在回答哲学的基本问题，① 都是值得我们注意的金玉良言。何况，黑格尔早就指出："人从各方面遭到有限事物的纠缠，他所希求的正是一种更高的更有实体性的真实境界，在这境界里，有限事物的一切对立和矛盾都能找到它们的最后的解决，自由能找到它的完全的满足。"② 这是因为，"时代的艰苦使人对于日常生活中平凡的琐屑兴趣予以太大的重视，现实上很高的利益和为了这些利益而作的斗争，曾经大大地占据了精神上的一切能力和力量以及外在的手段。"③ 可是，人之为人额，是一定要有"境界"、有"形而上"的追求的，也是一定要有内在生活的。这是所谓的意义世界、精神世界。"人既然是精神，则他必须而且应该自视为配得上最高尚的东西，切不可低估或小视他本身精神的伟大和力量"。鲁道夫·奥伊肯也指出："这乃是有理性的人的渴望，他不能完全沉湎于流逝的瞬间，而必须追求某种包罗一切的目标"（鲁道夫·奥伊肯：《生活的意义与价值》，上海译文出版社1997年版）与人的境界性质相同，哲学境界表达了人的"内在"生活。"就是在异己的东西里认识自己本身，

---

① 转引自《哲学译丛》1990年第1期。
② ［德］黑格尔：《美学》第1卷，朱光潜译，商务印书馆1979年版，第127页。
③ ［德］黑格尔：《哲学史讲演录》第1卷，贺麟译，商务印书馆1983年版，第1页。

在异己的东西里感到是在自己的家里"（达默尔：《真理与方法》上卷，上海译文出版社1992年版，第17页。）在"异己的东西"里能够认识自己本身，就使"异己"的自在性质加以扬弃，而成为精神视阈里的"对象"；在"异己的东西"里感到如在自家似的，表明人的精神要从自身的本性要求去"构建"不同于"异己"的"对象"，实质上是确立与"异己"存在相关，同时又否定"异己"存在的"境界"。马克思经常这样问道："人不是一直努力想在更高的水平上重新创造自己的真实存在"吗？萨特也同样提示过我们："人无非就是自己所造就的东西"。人无非就是自己用价值所造就的自己。所谓价值，就是人所追求的目的物。而且，人所共知，这个目的物必须源自人的理想本性，应该是人的理想本性的投影。它不应是"事实如此"，而一定是"理应如此"，就像黑格尔说的："意志的努力即在于使世界成为应如此。"① 因此，哲学一定并非求器之术，而是悟道之学。作为人类精神生活的自我反思，哲学总是要千方百计地以不同的途径、不同方式去表达人的超越性精神追求、穷根究底的追问，而且去不断趋近人生终极问题的觉醒。换言之，人是以境界的方式生活在世界之中的，是一种境界性的存在，它出之于人类的一种"形而上学欲望"——"导致产生世界意义和人类存在意义问题（现在这些问题或者是被明白地提出来，或者更经常的是作为一种伴随日常生活过程的负担而被感受到）的'形而上学欲望'"，② 为此，马克思在《〈黑格尔法哲学批判〉导言》中曾经说过:："理论在一个国家的实现程度……光是思想竭力体现为现实是不够的，现实本身应当力求趋向思想。"在这里，"思想竭力体现为现实"与"现实本身应当力求趋向思想"是同样重要的。显然，谈到"思想竭力体现为现实"的时候，马克思谈的是哲学的前提；谈到"现实本身应当力求趋向思想"的时候，马克思谈的却是哲学的境界。正是它，促使我们"思考着未来，生活在未来，这乃是人的本性的一个必要部分"③。正如卡西尔所提示的："人的本质不依赖

---

① ［德］黑格尔：《小逻辑》，贺麟等译，商务印书馆2014年版，第42页。
② ［德］施太格缪勒：《当代哲学主流》上卷，王炳文等译，商务印书馆1986年版，第25页。
③ ［德］恩斯特·卡西尔：《人论》，甘阳译，上海译文出版社2013年版，第90页。

于外部的环境,而只依赖于人给予他自身的价值。"① 在这里,就世界作为"自在之物"而言,是物质世界在先,精神世界在后;而就世界作为"为我之物"而言,则是精神世界在先,物质世界在后。所谓境界,就是精神世界的敞开。借助它,精神世界的无限之维也才敞开,人之为人的终极根据也才敞开。而哲学,则是这一境界存在的理论表达,也是人的"形而上学欲望"的理论表达,可以被看作是形而上"觉"(形而上学有"知识"与"觉悟"两重含义)。

美学也可以被看作形而上"觉"。罗素曾经说:"一个未经哲学熏陶的人,他的终身将限制在各种偏见中,这些偏见或得自于普通观念,或得自于年龄与国籍形成的习惯性信仰,或得自于(未经理性作用)而在脑中塑成的见解。在这种人看来,这个世界似乎是有限的、确定的、简单的;普通观念似乎是不成问题的,而其他不常见的种种可能被轻蔑地否定了。相反的,当我们开始'哲学化'时,我们只发现,即便是日常生活中最普通的事物也会发生问题,对这些问题我们始终无法找到完全的答案。"② 这里的"哲学化"十分重要。倘若我们仅仅满足于日常生活的狭小天地,满足于日常生活的"习惯成自然",那么,也许我们只是"活着",但是我们却没有"生活"。③ 因此生活必须哲学化,哲学也必须生活化。因此,也许确如利奥塔所感叹的:"恋爱中的人没有一个参加哲学家的宴会"。"可是谁又敢说,对生命做出理论性的思考不也是生活,或许还是更丰盛的生活?"加塞尔认为:"哲学就是生活",④ 当然是有道理的。不过,黑格尔又提醒得很好:"哲学的工作实在是一种连续不断的觉醒"。⑤ 我们常说,人生的境界具体可以分为:欲望的境界—现实的境界—道德的境界—审美的境

---

① [德]恩斯特·卡西尔:《人论》,甘阳译,上海译文出版社2013年版,第13页。
② [英]伯特兰·罗素:《罗素回忆集》,林衡哲译,志文出版社1984年版,第179页。
③ 把生活美学搅拌成美学的心灵鸡汤,就更没有必要了。心灵鸡汤从来就不属于美学。它告诉人们的,是一个固定的思路,以让人放弃思考为目标,而且是心灵的治愈。美学却是启发人们的思考,是头脑的启迪。而且,心灵鸡汤充其量也只是画饼充饥,是只要你如何如何去做,生活就一定不会负你的虚假允诺。美学则应该是一大串的疑问与困惑。
④ [西]加塞尔:《什么是哲学》,商梓书等译,商务印书馆1994年版,第130页。
⑤ [德]黑格尔:《哲学史讲演录·导言》,贺麟等译,生活·读书·新知三联书店1956年版。

界。哲学之为哲学，无疑是欲望的境界—现实的境界—道德的境界—审美的境界的"连续不断的觉醒"，美学之为美学，则正是其中的作为最高境界——审美境界的"连续不断的觉醒"。或者，是人"所希求的正是一种更高的更有实体性的真实世界"。① 换言之，美学就是审美境界的理论表达。美学即人，人也即美学。美学的自我演进也就是人的自我生成，人的自我生成也就是美学的自我演进。美学，应该是一门生命自我开掘、自我提升的境界提升之学，它是"为己"之学，而不是"为人"之学。

美学作为一门生命自我开掘、自我提升的境界提升之学，必然是反思的、批判的、理论的。常见的一种做法，是把美学作为一门知识之学，或者混同于"美化学"即美化生活之学，但是却忽视了"美化学"是出于"爱美之心"，而美学却是出于"爱美学之心"；或者混同于"艺术学"，但是却忽视"艺术学"是出于"爱艺术之心"，而美学却是出于"爱美学之心"。其实，美学之为美学，首先就必然是出之于一种反思的态度。美学是从省察生活开始的，而不是从认识生活开始的。借助美学，我们要回应的是，对一切未经省察的生活都要去问的那一个为什么，而且，还要回应的是，唯有经过美学反思过的生活才是生活。希腊哲人喜欢说：未经省察的生活不是生活，未经省察的生活也不值得去生活。那么，什么样的生活才是美学的生活？显然，这正是我们所要求于"美学"的。由此可见，所谓"美学"，应该是出之于一个反思的框架，即便是对于生活而言，它的存在也是为了反思生活，而不是为了"装饰"生活。其次，"美学"还必然是出之于一种批判的态度。这意味着，所谓的省察还一定是出于一种批判的态度。它所秉持的，也一定是"理应如此"的立场。进入"美学"的视界生活，就肯定已经不再是现成的、既定的，而必然会成为价值的、超越的。"美学"的作用也不是去如实地描述生活，更不是去美化生活，而是立足于人类"理应如此"的期待，去呈现人类对现实生活的超越。"美学"的属人性格决定了，"应该如何""可能如何"，是其中

---

① ［德］黑格尔：《美学》第1卷，朱光潜译，商务印书馆1979年版，第127页。

必不可少的价值尺度。因此，美学不应该去维护生活、描述生活，而应该去批判生活、改造生活。它的功能也不是为现实生活辩护，而是对现实生活的超越。因此，对于生活而言，美学的真实面目理应是啄木鸟、是牛虻，理应去催促奋进，理应在人不满足"是其所是"而是不懈追求"不是其所是"的道路上奋力前行。于是，真正的生活美学一定是"日常生活批判"的，也一定是"意识形态批判"的，还一定是"生存批判"的，总之，一定是"价值批判"的。对此，马克思也早就警示过我们：人不能非批判地接受现状，而应当使"现存世界革命化，实际地反对和改变现存的事物"，① 因此，美学往往总是要顽强的表达着对"不在场"的价值追求、价值获得、价值满足的不懈向往，往往会是对于一种子虚乌有的乌托邦的不懈向往，当然，它也同样真实，也同样为人类所必需。再次，"美学"还必然出之于一种理论的态度。这意味着所谓省察一定还是眼光的改变，而不是眼睛的改变。"爱美之心"不同于"爱美学之心"。"爱美学之心"是一种面对美学之时的必需的理论态度。它不是因为功利，不是因为生活需要，更不是以实用、世俗态度去看待生活的结果，而是以理论的态度去看待生活的结果。它所面对的，也不是确定性的东西，而是不确定性的东西。休谟说："我们如果在手里拿起一本书来……那我们就可以问，其中包含着数和量方面的任何抽象推论么？没有。其中包含着关于实在和存在的任何经验的推论么？没有。那么，我们就可以把它投在烈火里，因为它所包含的没有别的，只是诡辩和幻想。"② 当然，这就是所谓理论的态度。因此，犹如西方的所谓问题会分为多种，比如question、problem、issue、trouble，这都是"问题"。但是，一种是现实的问题，比如problem、trouble；还有一种，则是理论的问题，比如question、issue。美学所关心的，主要应该是后者。

这样，美学也就亟待从作为宾语的对象性的美学转向作为谓语的反思性的美学。时至今日，如果美学还仍旧抱着追求终极答案、永恒

---

① 《马克思恩格斯选集》第1卷，人民出版社2012年版，第155页。
② ［英］休谟：《人类理解研究》，关文运译，商务印书馆1981年版，第145页。

真理或者提供知识、概念的观念和想法，那么，它其实已经毫无意义可言了，而且也必然要及时退出舞台了。"作为学科"的美学，在当代社会其实已经终结了。美学只能是"作为问题"的美学，也亟待意识到自己的特殊性格、特殊的功能并且主动承担起全新的重任。这就要求美学必须及时从根本上改变自己的理论形态，着眼于升华人性、塑造精神，着眼于超越自身、升华自我，着眼于生命的不断释义，不断构建，着眼于价值追求、价值获得、价值满足的不懈向往。就美学而言，一切未经美学反思的东西、被误以为是天经地义的东西。诸如此类的问题，当然也可以不回答，因为即使是不回答，我们也可以照样吃饭、呼吸，也并不影响我们的生活，可是，对于人类来说，这却万万不能。人类绝对不会允许自己如此浑浑噩噩地存在于世，人类也必须捍卫自己的尊严，因此，只要有人类存在，只要有爱美学之心存在，就必须有美学存在，就必须回答人类为什么非爱美学不可这个问题。这就像是古希腊出现的那个斯芬克斯之谜，回答那个斯芬克斯之谜又有什么意义呢？影响人类的生活吗？其实并不影响。但是，这个谜语却是必须回答的，因为回答它是人类"在路上"的全部理由，人类对自己的所有困惑都要有所回答，试想，如果我们这样一个如此智慧的人类却连人类最根本的困惑都回答不了，那是不是一种自我羞辱？回答了这个问题，无疑也可以使得人类更聪明，也更明白。西方有一句话，非常著名：人一思考，上帝就发笑。可是，假如不"思考"，那么我们还是"人"吗？美学，让我们更加深刻地理解人生，生活得更聪明，也生活得更明白。因此，美学是智慧，而不是知识。美学不能使我们多知，却能使我们多思，不能告诉我们世界是什么样的，但是能告诉我们应以什么样的眼光来看待世界。美学，让我们学以致智，但却不让你"学以致用"。程颐说："读《论语》，未读时是此等人，读了后又只是此等人，便是不曾读。"美学也如此，研究美学，未研究时"是此等人"研究以后"又只是此等人，便是不曾"研究。①

---

① "知行合一"，是我所提倡的生命美学的一大特色。

美学还亟待从作为名词的美学转向作为动词的美学。为什么人非爱美学不可？爱美学之心为什么对于人类至关重要？无非就是因为美学还是一种生活方式。所以，美学不仅仅是名词，而且还是动词，只有把美学理解为动词，理解为"每一个人的事业"，才有可能真正理解美学。人生活在世界上，可以"浑浑噩噩"，也可以"轻松明白"，前者是盲目的，后者是自觉的。也因此，事实上也并不存在是否需要美学的问题，而只存在需要什么样的美学的问题，或者说，只存在需要好的美学还是坏的美学的问题。而且，我们可以离开某一种美学，但是我们却不能离开美学。我们接受了一种美学，也就接受了一种生活方式，接受了一种对于生活的领悟，于是，我们的人生就开始"美学"起来了。同样，我们可以离开某一种美学，但是我们却不能离开美学。事实上，不论何人，不论他是否学习过美学，在他进行审美活动的时候，都必然是美学的。这也就是说，每个人都是美学地进行着审美活动。换言之，每个人都并不存在是否需要美学的问题，而只存在需要什么样的美学的问题。是好的美学？还是坏的美学？是真正的美学？还是虚假的美学？每个人都有美学，只不过大多数人所拥有的只是一种坏美学。也因此，我们接受了一种美学，也就接受了一种生活方式，接受了一种对于生活的领悟，于是，我们的生活就开始"美学"起来了。艾德勒说："哲学是每一个人的事业。人都具有从事哲学思索的能力。在日常生活中，我们多多少少都要介入哲学的思考。"而且，"只认清这点还不够。我们还有必要了解为什么哲学是每一个人的事业，哲学的事业是什么。""以一个词来回答，是观念（ideas）。以两个词来回答，答案是大观念（greatideas）——这些观念对于了解我们自己，我们的社会，以及我们居住的世界，是基本而且不可缺少的。""我们将看到，这些观念构成了每一个人思想的词汇。这些词汇不同于特殊学科的概念，都是日常使用的词汇。它们不是术语，不属于专业知识的私人术语。每个人在日常会话中都用到它们。不过，并不是每一个人都能了解它们的含意，而且也不是每一个人都能对这些大观念所引起的问题给予足够仔细的考虑。为了要能了解它们的含意，思索由它们引起的问题，并能够尽可能找到这些问题彼此冲突的答案，就要从事哲学思维。"① 这段话也十分适用于美学。美学也是"每一个人的事业"。美学是对于一种生活方式的选择。人类提升自己的重要方式，就是美学；放弃自己的方式，就是不美学。人是一种美学动物。只有通过美学，人才开始具备了发现远方的能力。在美学中，远方才出现了。人生活在世界里，也生活在美学里。人置身于生活里，也置身在美学里。当然，美学也没有为你的人生增加什么。金银财宝、美女香车，美学都无法给你。但是，未曾接触美学，你看待世界的眼光却是黑白两色的，一旦接触美学，你看待世界的眼光就开始变成了彩色的，美学令你"聪明"和"明白"。苏东坡说："庐山烟雨浙江潮//未到千般恨不消/到得还来别无事/庐山烟雨浙江潮。"这里的"庐山烟雨浙江潮"从字面上固然没有变化，可是，我们务必要知道的是，在美学了以后，看待"庐山烟雨浙江潮"的眼光却已经全然不同了。禅宗有两句话也说得非常精彩：一句是说，领悟了人生的真谛以后，感觉是什么呢？"如人骑牛至家"，这地方当然是十分平常，但是也十分不平常。平时也骑牛回家，今天学了美学之后还是骑牛回家。两者真的完全相同吗？还有一句是说，"后山几片好田地，几度卖来还自买"。后山那片良田本来就是你的，偏偏你却不知道它的宝贵价值，偏偏你却把它卖了，后来，在学习了美学之后，你才幡然醒悟。于是，你又把它买回来了。当然，买回来了也就是买回来了，如此而已，但是，一切都没有根本的不同吗？如果没有不同，那你过去为什么要"卖"，而现在为什么却要"买"呢？无疑，其实一切都已经完全不同。

最后要说的是美学的理论形态。

"美学"一词之出现，在西方始于近代的鲍姆加登。在中国则迟至20世纪末才为学人所习用。不过，对于美学的研究，在中西方却堪称古已有之。值得注意的是，在不同的美学看来，美学学科即"美学之为美学"的规定性又截然不同。在传统美学，它是一门知识性的学科，以对象世界的美和如何把握美为特定视界。习惯于执一面之见，做一曲之士，倾尽心力于一个专门的问题，论述务求精细，诠释务求

---

① ［美］艾德勒：《六大观念》，郗庆华等译，生活·读书·新知三联书店1991年版，第3页。

透辟，说理务求清晰，思路务求独到，然后就完事大吉。生命美学则不然，它被作为一门存在性的学科来看待。（盖中国古代的所谓"学"，其本意并非爱智之意，而是做人之道。朱子解"学"为"效"，颇能说明这里的细微差别）因此，生命美学绝不走上为知识而知识的道路，也并不斤斤计较于思维与存在的同一性，而去孜孜追求有限的同一性，追求感性个体如何进入诗意的栖居。因此而形成的美学关于自身的构成规定，我称之为美学学科的境界形态。这所谓境界形态，是相对于传统美学的实体形态而言的。它沉浸于生命的深处，穷通于生命的广处，飞升于生命的高处，不屑于厘定定义、字斟句酌，不屑于认识论的析理、心理学的描述、社会学的说明、人类学的叙述，而是层层内转，瞩目于生命精神的弘扬，瞩目于生命的超越、生命的提升、生命的调协、生命的安顿。传统美学基于"爱智"，生命美学并非不"爱智"，但更重"闻道"（"朝闻道，夕死可矣"）；传统美学基于"真知"，生命美学并非不爱"真知"，但更重"真人"（"有真人而后有真知"）；传统美学基于"分别智"，生命美学并非不爱"分别智"，但更重"共命慧"。生命美学并非传统美学那样的价值中立系统，而是一个"闻道"与"爱智"、"真人"与"真知"、"共命慧"与"分别智"相融通的价值非中立系统。它以真善统一、彻悟生命真谛为旨归。

海德格尔曾经深切反省了西方实体形态的美学的失误，指出，有两种思想家即抽象思想家和实存思想家。前者只是埋头于抽象的逻辑思维过程，而把自己全部个人的现存在排除在外。用一种形象的说法就是，他在自己的思想中建筑宫殿，但自己并不住入其中，因此，即使宫殿被烧光，对他也不会发生什么影响。相反，对于实存的思想家来说，则是从自己最为内在的生存困境出发，因而也并不把自己全部个人的现存在排除在外，犹如在自己的思想中建筑宫殿，而且自己也住入其中。毋庸讳言，海德格尔的区分有助于我们对于传统美学与生命美学之间的差异的理解。在生命美学，根本不存在传统美学的平面推进，存在着的，是立体的提升。这意味着并不考虑美学学科的平面推进，而是把平面转成立体，直上直下，直接与人生打通，从而把美学研究作为人生证悟的一种方式。程伊川指出:"有'有德'之言,有'造道'之言"。王阳明说:"吾与诸公讲致知格物,日日是此,讲一二十年,俱是如此,诸君听吾言实去用功,见吾讲一番,自觉长进一番。否则只作一场话说,虽听之亦何用。"(《传习录》下)生命美学并非意在立说的"造道"之言,而是意在立德的"有德"之言,着眼的也是生命的"长进一番"。孟子说:"君子深造之以道,欲其自得也,自得之,则居之安,居之安,则资之深,则取之左右逢其源,故君子欲其自得之也。"(《孟子》)生命美学也恰恰出之于生命的"自得"。由此我想到:卡西尔在揭示儿童最初的对于范畴的使用时说过:"一个儿童有意识地使用的最初一些名称,可以比之为盲人借以探路的拐杖。而语言作为一个整体,则成为走向一个新世界的通道。"① 波普尔也发现:生命就是发现新的事实、新的可能性。美学作为人类生命的"连续不断的觉醒",正是对于人类生命存在的不断彻悟、不断提升,也正是人类生存"借以探路的拐杖"和"走向一个新世界的通道"。因此生命美学不仅仅是一系列概念的组合、调协,而是生命精神的弘扬,而且有生命血脉的撑持,有诗意体验的撑持,因此它处处化解生命的障碍、闭塞、固执,使之空灵、通脱、飞升,并且时时回到"无",回到超越本身,瞩目于生命的超越、生命的提升、生命的调协、生命的安顿,从而使得生命空灵、通脱、飞升。周濂溪指出:"圣人之道,入乎耳,存乎心,蕴之为德,行之为事业。"在我看来,生命美学,也无疑理应"入乎耳,存乎心,蕴之为德,行之为事业。"②

"生命视界""情感为本""境界取向"当然又并不是生命美学的全部,而只是生命美学中鼎立的三足。要之,无论生命还是情感、境

---

① [德]恩斯特·卡西尔:《人论》,甘阳译,上海译文出版社2013年版,第227页。
② 因此美学也没有必要总是板着面孔,更无须令八股式的问题大行其道。《庄子·天下》指出:"古之道术有在于是者,庄周闻其风而悦之,以谬悠之说,荒唐之言,无端崖之辞,时恣纵而不傥,不以觭见之也。以天下为沉浊,不可与庄语,以卮言为曼衍,以重言为真,以寓言为广。"《寓言》中也指出:"寓言十九,重言十七,卮言日出,和以天倪。"这里的"傥言""觭言""庄语",是指从正面对美学加以阐释,正与西方美学传统的分析的方法契合。其实,既然美学采取的是非分析的方法,即正言若反的诡辞方法。那么,所谓"谬悠之说,荒唐之言,无端崖之辞",所谓"寓言""重言""卮言",也就都应该是可以允许的。

界，都是指向人的，而且也都是三而一、一而三的关系：生命是情感的生命、境界的生命；情感是生命的情感、境界的情感。境界是生命的境界、情感的境界。而且，生命的核心是超越，"从经验的、肉体的个人出发，不是为了……陷在里面，而是为了从这里上升到'人'"，① 而"思考着未来，生活在未来，这乃是人的本性的一个必要部分"② 情感的核心是体验，是隐喻的表达，境界的核心是自由。因此才人心不同，各如其面。简单来说，如果生命即超越，那么情感就是对于生命超越的体验，而所谓境界，就是对于生命超越的情感体验的理论呈现。由此，形上之爱，以及生命—超越、情感—体验、境界—自由，在生命美学中就完美地融合在一起，无疑，这就是我从 1985 年发表《美学何处去》一文以后的全部论著的所思所想。

总之，美学家应该关心那些能够被称之为美学的东西，而没有必要去关心那些被人们称之为美学的东西，也应该去关心怎样去正确地说话而没有必要去关心怎样说十句正确的话。同时，我们也才有可能理解：为什么美学会与人类生存俱来，会使得那么多的人竟为之"衣带渐宽终不悔，为伊消得人憔悴"。尤其是为什么会出现"美学热"与"热美学"？施莱格尔说得何其机智："对于我们喜欢的，我们具备天才。"③ 那么，对于既古老而又年轻的美学来说，它之所以能够如生活之树一样历千年百代而不衰，或者说，在美学的研究中我们之所以"具备天才"，是否可以说，唯一的原因就是因为这是人类的一种最为根本的境界提升的需要，就是因为"我们喜欢"？！

---

① 《马克思恩格斯全集》第 27 卷，人民出版社 1972 年版，第 13 页。
② ［德］恩斯特·卡西尔：《人论》，甘阳译，上海译文出版社 2013 年版，第 90 页。
③ 转引自［西］何·奥·加塞尔《什么是哲学》，商梓书等译，商务印书馆 1994 年版，第 2 页。

第二篇

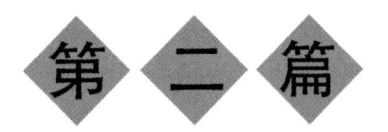

美学作为审美哲学初论

第三章 性质视界：审美的人

第一节 审美活动的内在描述①

一 共时维度

从本章开始，我们将正式讨论美学的基本问题。不过，在此之前，我们首先要问的却是：美学研究应该从何处开始？

胡塞尔在1906年的日记中强调："只有一个需要使我念念不忘：我必须赢得清晰性。否则我就不能生活；除非我相信我会达到清晰性，否则我是不能活下去的。"美学研究也是如此。在正确的做事之前先要知道去做正确的事，可是众多的美学研究者却不是这样，以至于他们的研究从一开始就是错的。盖格尔注意到：美学研究的第一步应该是首先"将审美经验从一般经验中剥离出来"，但是，实际上我们却很少能够看到这个方面的努力。恰恰相反，我们所看到的，偏偏却是将"审美经验"混同为"一般经验"，是误"把审美现象贬低到日常生活的领域之中"②，或者"把奇迹当作自然现象来解释"③，是"审

---

① 对于美学的研究，本书奉行的是"从抽象上升到具体"的方式，这"是思维用来掌握具体并把它当作一个精神上的具体再现出来的方式"，[《马克思恩格斯全集》第46卷（上），第38页] 犹如马克思先研究一般的人性，然后再去研究"在每个时代历史地发生了变化的人的本性"，（《全集》第23卷，第669页注）我们也首先从价值抽象中导出价值一般，先考察审美活动的存在以及它的基本特征（"是什么"），然后再把它展开在时空中加以具体化（"怎么样"），继之，再从因"生命而审美"和因"审美而生命"的角度去深入阐释（"为什么"与"如何是"）。

② ［德］莫里茨·盖格尔：《艺术的意味》，艾彦译，华夏出版社1999年版，第21页。

③ ［德］莫里茨·盖格尔：《艺术的意味》，艾彦译，华夏出版社1999年版，第21页。

美现象本身所具有的特殊本性首先被剥夺"①。例如，直接把劳动成果的愉悦等同于审美活动的愉悦，就是一个普遍可见的例证；再如，直接把游戏等同于审美，但是却忽视了"向构成物的转化"②的伽达默尔的告诫，也是一个普遍可见的例证。为此，生命美学的对于美学基本理论的思考，就既不是从抽象的"概念"或"定义"出发，也不是从实证科学意义上的"事实"或"经验"出发，而且既不是形而上学方法的"自上而下"，也不是经验科学和心理学方法的"自下而上"，而是"本质直观"的方法，是从"审美现象"出发。首先，"将审美经验从一般经验中剥离出来"。这意味着，生命美学必然是从两个基本原则出发的。其一是"提纯原则"，也就是为审美现象做减法，而且一直减到再无可减为止；其二是"全称原则"，也就是这个一直减到再无可减的审美现象又要能够与所有的审美现象彼此对应。克罗齐曾经提出过所谓的"坚果的美学"，我们这里所"剥离"出来的审美现象也应该是一个类似"坚果"的审美对象。

由此，我们看到，一个古今中外概莫能外的共同事实是："爱美之心，人皆有之"。这是一种必不可少的通过情感创造以满足灵魂生命的需要。这就类似黑格尔的一个十分发人深省的观察："人有一种冲动，要在直接呈现于他面前的外在事物中实现他自己，而且就在这实践过程中认识他自己。"③亚理士多德也说：爱美是人类的天性。更远的是柏拉图，早在古希腊的时候他就已经发现："自从爱神降生了，人们就有了美的爱好，从美的爱好诞生了人神所享受的一切幸福。"④比较近的例如马斯洛，这是一个人们都很熟悉的心理学大师，他也说："从最严格的生物学意义上，人类对于美的需要正像人类需要钙一样，美使得人类更为健康。"⑤ 还有一个心理学家布罗日克，他也指出："对于发达社会中的人来说，对美的需要就如同对饮食和睡眠的需要

---

① [德] 莫里茨·盖格尔：《艺术的意味》，艾彦译，华夏出版社1999年版，第21页。
② [德] 伽达默尔：《诠释学Ⅰ：真理与方法》，洪汉鼎译，商务印书馆2013年版，第163页。
③ [德] 黑格尔：《美学》第1卷，朱光潜译，人民文学出版社1957年版，第36—37页。
④ [古希腊] 柏拉图：《柏拉图文艺对话集》，朱光潜译，人民文学出版社1983年版，第249页。
⑤ [美] 马斯洛：《人性能达到的境界》，林方译，云南人民出版社1992年版，第194页。

一样，是十分需要的。"① 美学家的看法当然就更加积极，卡里特就说："没有某种来自想象美的刺激或抚慰，人类生活就几乎不可想象的。缺少这样一种盐，人类生活就会变得淡而无味。"② 这是不是有点神奇？他们不约而同地分别借助于在日常生活中必不可少的"钙""饮食和睡眠""盐"作为参照，把"爱美之心"与这四者完全并列了起来。看来，"爱美之心"的至关重要，是无可置疑的了。

然而，这样的无可置疑却并没有让我们得以放松下来，恰恰相反的是，反而使我们更加紧张起来。因为，这"爱美之心"偏偏是一种"由形象而引发的无功利的快乐"、一种审美的情感愉悦。可是，如果是逐利的情感愉悦、求真的情感愉悦或者向善的情感愉悦，倒都是没有什么问题，因为都很容易就可以得到圆满的解释，但是，审美的情感愉悦却不然，其中实在是令人疑窦丛生。康德就发现了这个问题，他称之为"主观的普遍必然性"。我们知道，这是被黑格尔热情地赞誉为美学家们有史以来所说出的"关于美的第一句合理的话"的。苏联心理学家维戈茨基也同样关注到了这个问题，他曾经引用俄国文艺学家奥夫夏尼科－库利科夫斯基的话说，在人类的一切创作中都有情绪，但能够称为真正的情绪活动的，只有艺术的——形象的创作，而不是科学或哲学，因为科学或哲学创作的情绪，仅仅是与这些专业有关的特殊情绪。"在抒情体验中起决定性作用的是情绪，这种情绪可以同在科学哲学创作过程中所产生的附带的情绪准确的区分开来。"③ 可是，"这种情绪"又应该如何去如何解释？试想，由形象引发的情感愉悦，竟然是一种只与对象的外在形式有直接的必然联系的情感愉悦。审美活动既不能吃又不能穿也不能用，也就是没有什么诸如功名利禄之类功利的回报，可是为什么人们却又要把生命"浪费"在审美活动上？"画饼"不是为了"充饥"，"望梅"不是为了"止渴"，那么，为什么还要"画"？为什么还要"望"？这就正如叔本华所发现的："关于美的形而上学，其真正的难题可以以这样的发问相当简单

---

① [捷克] 布罗日克：《价值与评价》，李志林、盛宗范译，知识出版社1988年版，第76页。
② [英] 卡里特：《走向表现主义的美学》，苏晓离译，光明日报出版社1990年版，第23页。
③ [苏] 维戈茨基：《艺术心理学》，周新译，上海文艺出版社1985年版，第37页。

地表示出来：在某一事物与我们的意欲没有任何关联的情况下，这一事物为什么会引起我们的某种愉悦之情？"① 显然，这就是美学之为美学所必然要面对的问题，因为它不仅仅是人类生命中的一种神奇，而且还一定隐含着人类进化的根本奥秘。或许，它还可能是最为引人入胜的"造化的诡计"？

在审美活动的背后，首先引起我们关注的，是它的"喜欢但不想要"。

在这个方面，其实我们也真是已经见惯不惊了，如果假设有外星人从太空中看我们，那他一定是会觉得人类太奇怪太奇怪了：他们竟然会围在一起听声音（音乐），会把几块石头供奉在城市中心（雕塑），会看着几个人在台子上跳来跳去（舞蹈），会挤在大厅里看几张纸上的线条颜色（绘画），会躲在家里为一本书上的文字而神魂颠倒（文学）……莫里茨·盖格尔就谈到过自己的困惑："有一些索然无味的人——我们任何时候在荷兰都会遇上这样的人，我们走来走去，根本不会留意他们那呆板的面部表情；之后，伦勃朗径直向我们走来，他以完全相似的形象再现了这些人，而现在，我们站在这些平庸者的肖像面前都感到快乐和狂喜，虽然这些绘画所表现的人的庸俗作为活生生的存在使我们极度厌恶。再举一个例子，我们为什么关心某一个青少年对一位少女的普通的爱情呢？虽然民间歌曲用它那粗俗的语词描述他们的爱情，但是，我们仍然会闻而怦然心动。石头——一只不过是普通的石头——叠压着石头，但是，它们在一起却符合于我们对一座哥特式城堡的不断变化的体验。人们用各种乐音构成交响乐、用线条构成各种装饰品，而且不论在哪里，人们的经历都是相同的——这些色彩、线条、音响、石头对我们施加了某种令人难以置信的影响。这种事情是怎样发生的呢？产生了这样一种奇迹、产生了从性质上来说与我们一般所体验到的任何东西都不相同的效果、只有对宗教情感的理解和对形而上学方面的学习的理解才能与之相提并论的这种精神过程，其本质是什么呢？"② 进化心理学告诉我们：人的大脑有两套奖

---

① ［德］叔本华：《叔本华思想随笔》，韦启昌译，上海人民出版社2005年版，第33页。
② ［德］莫里茨·盖格尔：《艺术的意味》，艾彦译，华夏出版社1999年版，第139—140页。

励系统:"喜欢"系统与"想要"系统,这两套系统彼此靠近,通常一起运作。结果就有了人类的四种基本活动模式:"想要喜欢的"——"喜欢想要的"——"不喜欢但是想要的"(吸毒)——"喜欢但是不想要的"。其中最为不可思议的当然是最后一种:"喜欢但是不想要的"。可是,人类的审美活动就恰恰是人类自己所"喜欢但是不想要的"。

在审美活动的背后,其次引起我们关注的,则是因为它的"无私属性"。

让我们回想一下莎士比亚笔下哈姆莱特的话,在第二幕第二场,当他听到演员关于特洛亚王后——赫卡柏的独白后说道:赫卡柏对他有什么相干,他对赫卡柏/又有什么/相干,他却要为她流泪?这确实是十分令人不解。中国也有一句老话:"看《三国》掉眼泪,替古人担忧"。日本作家川端康成就描述过这一特点:"当你欣赏雪景的美或月亮的美时,总之,当你为四季的美所震颤时,当你面对美而感到满足时,你特别会想起朋友们:想同他们分享快乐。观赏美会激起对人最强烈的同情和爱,那时'朋友'一词成为'人'这个词。"① 这就是所谓"独乐乐,不如与人乐乐"?"与少乐乐,不若与众乐乐"?韩愈在题为《早春呈水部张十八员外二首》中要老朋友张籍分享他寻春的喜悦,而不是把美感藏起来独自享受:"莫道官忙身老大,即无年少逐春心。凭君先到江头看,柳色如今深未深?"刘因告诉我们:"邻翁走相报,隔窗呼我起:数日不见山,今朝翠如洗。"(刘因《村居杂诗四首》)陆游甚至感叹:"谁琢天边白玉盘,亭亭破雾上高寒。山房无客儿贪睡,长恨清光独自看。"(《秋夜观月》)李白、白居易也为此心有未甘:"今日明光里,还须结伴游。"(李白《宫中行乐词八首》)"人道秋中明月好,欲邀同赏意如何?"(白居易《华阳观中八月十五日夜招友人玩月》)甚至,一旦没有同伴共享,美感也会大大减弱。白居易就有这样的体会:"春来无伴闲游少,行乐三分减二分。何况今朝杏园里,闲人逢尽不逢君!"(《曲江忆元九》)"暮春风景初三

---

① 转引自[爱沙尼亚]斯托诺维奇《审美价值的本质》,凌继尧译,中国社会科学出版社1984年版,第235页。

日,流世光阴半百年。欲作闲游无好伴,半江惆怅却回船。"(《三月三日》)对此,美学家也已经予以关注,例如,苏联的斯托诺维奇就指出:"这种需要是艺术创作的动力之一:在艺术作品中艺术家描写自己的审美关系,以便把它传达给其他人。然而,即使不创造艺术作品,我们也体验到一种需要:想使其他人看到展现在我们面前的世界的审美丰富性。当一个人审美地感知世界时,总是这样或那样地感觉到同其他人的联系,而审美感知的对象仿佛成为人们之间交际的原因。"①

在审美活动的背后,再次引起我们关注的,则是因为它的"情感愉悦"。

这当然就是我们时常所说的所谓"一睹为快"。杜甫在《后游》诗中回忆:"寺忆新游处,桥怜再渡时。江山如有待,花柳更无私。野润烟光薄,沙暄日色迟。客愁全为减,舍此复何之。"方泽在《武昌阻风》中描述:"江上春风留客舟,无穷归思满东流。与君尽日闲临水,贪看飞花忘却愁。"当年苏辙登"豁然亭",遥望城南城北的景致,心中大快,也顿觉心意豁然开朗:"南看城市北看山,每到令人意豁然。"(《绩溪二咏豁然亭》)英国诗人渥兹渥斯在谈到诗人创作的时候也并非只是强调"诗是强烈情感的自然流露",他更强调了诗歌"起源于平静中回忆起来的情感。诗人沉思这种情感直到一种反应使平静逐渐消逝,就有一种与诗人所沉思的情感相似的情感逐渐发生,确实存在于诗人的心中。一篇成功的诗作一般都从这种情形开始,而且在相似的情形下向前展开;然而不管是一种什么情绪,不管这种情绪达到什么程度,它既然从各种原因产生,总带有各种的愉快;所以我们不管描写什么情绪,只要我们自愿地描写,我们的心灵总是在享受的状态中。如果大自然特别使从事这种工作的人获得享受,那么诗人就应该听取这种教训,就应该特别注意,不管把什么热情传达给读者,只要读者的头脑是健全的,这些热情就应当带有极大的愉快。②

---

① [爱沙尼亚]斯托诺维奇:《审美价值的本质》,凌继尧译,中国社会科学出版社1984年版,第235页。
② [英]渥兹渥斯:《"抒情歌谣集"序言》,《十九世纪英国诗人论诗》,人民文学出版社1984年版,第2页。

而且，不但是优美、崇高、喜剧等可以带来审美愉悦，而且连丑、悲剧、荒诞等也同样可以带来审美的愉悦情感。例如，看到死亡和痛苦，心中自然会极为不快和沉重，但是自古以来人类的审美活动却始终热衷于悲剧题材、悲剧情节。罗密欧和朱丽叶的死亡、安娜·卡列尼娜的自杀和恰巴耶夫的毁灭，却同样能够给人以审美愉悦。几乎可以称作：愉悦的恐怖，或者恐怖的愉悦。托尔斯泰为此干脆建议艺术家要像写鲜花那样去写死刑。布瓦洛也为此提示我们："没有一条蛇，没有一个丑恶的怪物不会在艺术再现中不被人们所喜爱。"

斯托诺维奇的总结十分到位："这些感情尽管有明显的区别，它们仍是同一类型的。当我们憎恶丑、嘲笑喜、怜悯悲时，我们在情感上评价不同的现象，而且从我们关于美的概念和美的理想的观点来评价它们。因此审美感情使我产生称之为审美享受的特殊愉悦。"① 法国学者于斯曼的总结也同样到位："艺术情感的形式仅只有一种，一切情感都纳入了这种实证的易感性：喜悦。"②

美国的情感社会学家特纳指出：人类的基本情感可以分为喜、怒、哀、惧四种，其中有三种情感是负面的，具有破坏性，因此很难将人类社会组织联合起来。而且这三种负面情感的互相复合，将会产生三种极具破坏性的个人和社会情感——羞愧、内疚和疏离，其中疏离感是最具破坏性的。这也就是说，自然形态的情感往往更多地带有刺激人、折磨人的特性，而很少带有可供享受欣赏咀嚼乃至品味回味玩味的特性。就是身边的朋友奋不顾身救助他人，当时尽管令你感动，但是却也仍旧无法"欣赏"，更无法去"享受"，也谈不上咀嚼乃至品味回味玩味。但是，在审美活动中，人们却不再被缚于情感，而是把自己的情感外化放置于对象的位置，从而使自己自然形态的情感获得宣泄与升华，并且转换为观照和表现的对象来享受欣赏咀嚼乃至品味回味玩味。为此，我们看到，人们每每都在提示着从自然情感向审美情感的提升与转换。例如，立普斯在《再论"移情作用"》中一再强调，

---

① ［爱沙尼亚］斯托诺维奇：《审美价值的本质》，凌继尧译，中国社会科学出版社1984年版，第231页。

② ［法］于斯曼：《美学》，栾栋、关宝艳译，商务印书馆1995年版，第90页。

在审美活动中所产生的情感与一般感受所产生的情感是不同的。在感受过程中,主体面对客体,主、客体是分离的。而在移情过程中,主体被移入客体之中,主、客体融合为一。他举例说:"如果我在一根石柱里面感觉到自己的出力使劲,这同我竖立石柱或毁坏石柱的出力使劲是不大相同的。再如我们在蔚蓝的天空里面以移情的方式感觉到我的喜悦,那蔚蓝的天空就微笑起来。我的喜悦是在天空里面的,属于天空的。这和对某一个对象微笑却不同。"① 苏珊·朗格指出:"一个艺术家表现的是情感,但并不是象一个大发牢骚的政治家或是象一个正在大哭或大笑的儿童所表现出来的情感。"② 她举例说:"一个嚎啕大哭的儿童所释放出来的情感要比一个音乐家释放出来的个人情感多得多,然而当人们步入音乐厅的时候,绝没有想象到要去听一种类似于孩子的嚎啕的声音。假如有人把这样一个嚎啕的孩子领进音乐厅,观众就会离场。"③ 同样的道理,久旱逢甘霖、他乡遇故知、洞房花烛夜、金榜题名时、寡妇携儿泣、将军遭敌擒、失恩宫主面、落第举人心、幼年丧母、少年丧父、中年丧妻、老年丧子……作为一种自然的感情,也能感染人打动人,但它还不是审美情感。更不要说,"你是否在你的朋友或情人刚死的时候就作诗哀悼呢?不会的。谁在这个当儿去发挥诗才,谁就会倒霉!"实际上,"如果眼睛还在流泪,笔就会从手里落下,当事人就会受感情驱遣,写不下去了"。④ 因此鲁迅才深有感触地说:"我以为感情正烈的时候,不宜做诗,否则锋芒太露,能将'诗美'杀掉。"⑤ 而这也正如傅雷所感受的:"真正的艺术家、名副其实的艺术家,多半是在回想和想象中过他的感情生活的。唯其能把感情生活升华,才给人类留下这许多杰作。"⑥

---

① 李醒尘主编:《十九世纪西方美学名著选》,复旦大学出版社1990年版,第610页。
② [美]苏珊·朗格:《艺术问题》,滕守尧、朱疆源译,中国社会科学出版社1983年版,第25页。
③ [美]苏珊·朗格:《艺术问题》,滕守尧、朱疆源译,中国社会科学出版社1983年版,第23—24页。
④ [法]狄德罗:《狄德罗美学论文选》,张冠尧、桂裕芳译,人民文学出版社2008年版,第305页。
⑤ 《鲁迅全集》,人民文学出版社2005年版,第99页。
⑥ 傅雷:《傅雷家书》,生活·读书·新知三联书店1983年版,第123页。

毫无疑问，没有功利却又乐此不疲，甚至"不图为乐之至于斯也"；而且还不但自得其乐，更乐于与人分享，这所谓的审美活动是否令人困惑？是否甚至令人疑窦丛生？人之为人何其斤斤计较，时时处处都不惜精兵简政，甚至不惜"断舍离"，但是却为什么又要如此地"多此一举"？为什么又要竟然不遗余力地去置身审美活动？在生活中人们只有自然情感，没有审美情感。而且审美情感也不是自然情感的传达，而是全新的创造。因此就如同艺术真实来源于生活真实但又不等同于生活真实一样，审美情感来源于生活中的自然情感但又不等同于生活中的自然情感。这也就是说，实际生活中的快乐、愤怒、恐惧和悲哀，都还不是艺术所必需的审美情感。由此，传统美学的那种认为把自己心中涌动着的某种自然情感真实地表现、释放出来就是审美、审美就是情感的表现，审美的本质就在于传达情感等的想法，或者认为审美活动就是把事先"积淀"起来的情感传达出来的想法，显然都是没有根据的，也是不符合事实的。可是，令人困惑的是，如果真的不存在功利的问题，那人类为什么要如此这般地这样去做？为什么就不能在自然情感中得到满足？换言之，人类为什么就非审美不可？人类为什么就非要把自己的自然情感再"反刍"一次？蔡琰在丢开亲生子女返国之后，为什么还要写《悲愤诗》？杜甫在"入门闻号啕，幼子饥已卒"之后，又为什么还要写《自京赴奉先咏怀五百字》？果真没有功利的追求吗？那么，在审美情感中得到满足又是什么？为什么倘若不能实现情感"反刍"人类就不能满足？

这所谓的审美活动更令人困惑甚至更令人疑窦丛生的是，尽管从表面上看它没有功利性，但是却又每每令人洗心革面，给人以潜移默化的影响。莫里茨·盖格尔就发现：在审美活动中，"我们恰恰变成了我们在日常生活中所不可能是的人——变成品格高尚、庄严宏伟的人类。在审美经验中，这是一个决定性的关节点——自我的转变受到了影响，自我的实在超越了它自身，人们在日常生活中不可能接近的那些深层自我被激发出来了，自我所具有的那些在其他条件下容易处于沉睡状态的存在层次也受到影响。"① 那么，这一切又

---

① ［德］莫里茨·盖格尔：《艺术的意味》，艾彦译，华夏出版社1999年版，第180页。

是来自哪里？高尔基曾为此而困惑过，在第一次读小说后，为文学的魅力所震撼，但是又不知道原因在哪里，他干脆就把书放到阳光下面去照，希望看到文字的背后到底还有着什么样的奥秘。海涅也为此而困惑过，他看《堂吉诃德》时非常激动，情不自禁地大声朗读，他觉得，小鸟树木花草都为之动容。歌德也是如此，他在看了莎士比亚的作品后说，它仅仅是被看了一眼，就让人终生折服。他自己就仿佛一个盲人，由于神手一指而突然得见天光，甚至，他觉得自己"有了手和脚"。为此深陷困境的，则也许是帕格尼尼，在他临死前，有神父拼命追问他，你的小提琴里放了什么？他厌烦至极，于是气愤地回答说：魔鬼。神父信以为真，竟然不许他的尸体安葬。中国的大文豪苏东坡也写过一首名为《题沈君琴》的诗，表达的同样是自己的困惑：若言琴上有琴声，放在匣中何不鸣？若言声在指头上，何不于君指上听？

确实，在我看来，审美活动之为审美活动，就是它是在所有的功利之外仍然存在着的某种"功利"，这个东西吸引着你，然而一旦去掉这个东西，它就不再是审美活动了。反过来说或许更为清楚，假如说在生命活动中存在着一种在去除了功利之后还值得去追求的"功利"，那肯定就是审美活动所追求的"功利"了。斯托诺维奇正是在这个意义上看待审美活动的："审美体验的无私性并不意味它的无效用。恰恰相反。只是这种效用不是功利的，而是精神的。审美关系以看不见的纽带把个人和社会联在一起。在审美体验中一个人把别人的生活当作自己的生活来过。甚至他本人都不知不觉地就加入到体现在对象和现象的审美价值里的社会关系中。"① 列夫·托尔斯泰也曾自陈："如果有人告诉我，我可以写一部长篇小说，用它来毫无问题地断定一种我认为是正确的对一切社会问题的看法，那么，这样的小说我还用不了两小时的劳动，但如果有人告诉我，现在的孩子们二十年后还要读我所写的东西，他们还要为它哭，为它笑，而且热爱生活，

---

① ［爱沙尼亚］斯托诺维奇：《审美价值的本质》，凌继尧译，中国社会科学出版社1984年版，第234页。

那么，我就要为这样的小说献出我整个一生和全部力量……"[①] 显然，在托尔斯泰的眼中，审美活动也并非真的就毫无"功利"可言。

我们对于审美活动的考察之所以首先从审美活动"是什么"开始，原因无疑也在这里。

不过，在这个维度，审美活动又可以区分为内在描述与外在辨析两个层面。

首先来看审美活动的内在描述。

假如把审美活动区分为一个十字打开的结构，那么，存在着两个维度：其一是横向的共时维度（共时轴）；其二是纵向的历时维度（历时轴）。

审美活动的共时的维度（共时轴）有四个特征：同一性；永恒性；直觉性；体验性。

审美活动的同一性是指在精神关系的解放中、在追求生命的意义、人生的价值生成的过程中与对象交融统一的境界。

同一性是与另外一个概念相互对立的，这就是"对立性"。"对立性"使得审美活动成为不可能，"同一性"则使得审美活动成为可能。人类置身世界，存在着两种关系，一种是"我—它（他、她）关系"。这是一种从空间去割裂、区分世界的"物"的关系。因此，"对立性"意味着生命活动中的主客对立的关系。本来人与物、人与人之间是目的与目的的关系，但在主客对立的关系里却成为手段与手段的关系，所有的对象都被当成实现生命需要的手段，人与物、人与人之间被对立起来，成了占有与被占有的关系。置身其中，"世界不能满足人"，人外在于世界，世界也外在于人。西方人喜欢说："我思故我在。"可是，"我思"却恰恰是对"我在"的谋杀，是庄子所谓的"以物累形""以心为形役"。帕斯卡尔曾深感困惑地自诘："我不知道谁把我置入这个世界，也不知道这世界是什么，更不知道我自己"；加缪也告诫每一个人，"当有一天他停下来问自己，我是谁，生存的意义是什么，

[①] ［俄］列夫·托尔斯泰：《托尔斯泰书信选译》，转引自《文艺理论译丛》第1册，人民文学出版社1957年版，第224页。

他就会感到惶恐",发现"这是一个完全陌生的世界","比失乐园还要遥远和陌生就产生了恐惧和荒谬",朱光潜干脆说:"这丰富华丽的世界便成为一个了无生趣的囚牢",因此,也就"我思故我少在"(克尔凯戈尔)。还有一种关系是"我—你关系"。这是一种在空间上与世界无割裂、无区分的"人"的关系。过去的一切的"它(他、她)"现在转而都成了"你",也都成了第二个"我",用庄子的话说,就是:"物物而不物于物"。这就是所谓的"不相同而相通"。我和大自然是不相同的,我和他人也是不相同的,但是,我们之间却仍旧"相通"。而且,从"相通"的角度,我们彼此又是彼此一致的。我与所有的对象,比如说,与自然、与社会、与他人,都处于一种互为目的的关系。人与物、人与人之间成为目的与目的的关系。

然而,在人类的现实生命活动中无法实现同一性,也无法置身"我—你关系",能够使得生命从"对立性"转向"同一性"的,是审美活动。而这,也正是审美活动之所以能够满足人类的特殊需要、根本需要的原因之所在,审美活动之所以能够应运而生的原因之所在。金圣叹说过:"人看花花看人,人看花,人到花里去,花看人,花到人里来。"(《鱼庭贯闻》)试想,花怎么到人里来呢?人又怎么到花里去呢?从"对立性"的角度看,是一定不"相通"的,但是从同一的角度,却又可以实现其中的"相通"。在审美活动中,人自身刹那间超升进入超越、整全、空灵、理想之境,人我同一,物我同一。"何方可化身千树,一树梅花一放翁",或者,"人看花,花看人。人看花,人到花里去;花看人,花到人里来"。"山川脱胎于予,予脱胎于山川","窗外竹青青,窗间人独坐,究竟竹与人,元来无二个"。李白《独坐敬亭山》说:"众鸟高飞尽,孤云独去闲,相看两不厌,只有敬亭山。"但是,我看敬亭山而不厌,这算不上什么怪事,可是,敬亭山看我却也不厌,这可就有点奇怪了。敬亭山不是人,它怎么也会看我而不厌呢?其中的原因,正是源于彼此之间的"相通",也就是互为目的。中国人在讲到人生的境界的时候也会说,第一境界是"落叶满空山,何处寻行迹",这是韦应物的一句诗。仔细体会一下,不难发现,其中却仍旧有人的存在,因为还有一个人的焦灼的眼睛存在。显然，诗人还没有把大自然看成自己的朋友，看作第二个我。如果是朋友，那一定就是亲密而无间的，可是，这时却还要焦灼的张望，要紧张地"寻"。第二境界是"空山无人，水流花开"，这来自苏轼的一首诗。其中已经没有了人的焦灼，坦然，淡然，超然，但是，却仍旧还有悄然的执念潜在。第三境界是"万古长空，一朝风月"，此时，自己也已经融入了一切一切，成了一切一切，一切一切也已经融入了我自己，成了我自己。

审美活动的永恒性是指在精神关系的解放中、在追求生命的意义、人生的价值生成的过程中超越时空的境界。

同一性是与另外一个概念相互对立的，这就是"暂时性"。同一性与对立性是从空间的角度来规定人，永恒性与"暂时性"则是从时间的角度来规定人。"暂时性"使得审美活动成为不可能，"永恒性"则使得审美活动成为可能。

在现实生活中，人们都是从"暂时性"的角度去看待一切，也都是把时间认定为从过去—现在—未来的线性之流。而且，还是以"现在"为核心的。"过去"无非已经过去了的"现在"，"未来"则无非是尚未到来的"现在"。在这里，重要的只是现在。过去的已经不存在，完全可以"遗忘"，未来还没有到来，只需要去"期待"，因此，最重要的是抓住现在，占有现在。可是，正如艾略特明确指出的："一个没有历史的民族，从时间中得不到拯救。"同样，一个没有未来的人，从时间中也得不到拯救。那种不问青红皂白地对现在的占有，作为一种生命存在方式，意味着不是把自身看作人的全面和丰富性的积极承担者，而是把自身看成依赖自身以外的"现在"的无能之"物"。他把人生的价值和意义寄托在异己之物身上，并对之卑躬屈膝。由此推演，便极其自然地用把握外在生命的方式去把握内在生命，极其自然地成为在精神上的爬行动物。当然，这绝非真正的人生。真正的人生一定是应该战胜时间的。

艾略特因此而认为，生命固然由时间构成，但时间却由意义构成。他说："我们有过经验，但未抓住意义，面对意义的探索恢复了经验。"还从我前面讲到的时间的曾在、现在、将在来看，"抓住意义"，将在对于曾在、现在的统摄，意味着必须带着无限性上路，事先从无限性来设定自己。"时间现在和时间过去，也许都存在于时间将来。"显然，要战胜时间，就要去把握生命的意义，或者，去创造生命的意义。王蒙举过《红楼梦》的例子："当宝玉和黛玉在一个晌午躺在同一个床上说笑话逗趣的时候，这个中午是实在的、温煦的、带着各种感人的色香味的和具体的，而作为小说艺术，这个中午是永远鲜活永远不会消逝因而是永恒的。当众女孩子聚集在怡红院深夜饮酒作乐为'怡红公子'庆寿的时候，……这是一个千金难买、永不再现的、永远生动的瞬间，这是永恒与瞬间的统一，这是艺术魅力的一个组成部分。"① 这就类似人们日常所说的"喝酒喝厚了，赌博赌薄了"，生命中真的是有"厚"有"薄"的，有的时候"瞬间"却可以"永恒"。罗曼·罗兰说"最高的美能赋予瞬间即逝的东西以永恒的意义。"宝玉和黛玉的"这个中午"就是如此。这就正如朱光潜所概括："在观赏的一刹那中，观赏者的意识只被一个完整而单纯的意象占住，微尘对于他便是大千；他忘记时光的飞驰，刹那对于他便是终古。"② 或者，也正如王夫之所概括："有已往者焉，流之源也，而谓之曰过去，不知其未尝去也。有将来者焉，流之归也，而谓之曰未来，不知其必来也。其当前而谓之现在者，为之名曰刹那；谓如断一丝之顷。不知通已往将来之在念中者，皆其现在，而非仅刹那也。"③

审美活动的直觉性是指精神关系的解放中、在追求生命的意义、人生的价值生成的过程中自身独立自足的境界。

---

① 王蒙：《红楼启示录》，生活·读书·新知三联书店1991年版，第302页。类似的感受也可以参看卢梭如花妙笔的描述："有这样一种境界，心灵无须瞻前顾后，就能找到它可以寄托、可以凝聚它全部力量的牢固的基础；时间对它来说已不起作用，现在这一时刻可以永远持续下去，既不显示出它的绵延，又不留下任何更替的痕迹；心中既无匮乏之感也无享受之感，既不觉苦，也不觉乐，既无所求也无所惧，而只是感到自己的存在，同时单凭这个感觉就足以充实我们的心灵；只要这种境界持续下去，处于这种境界的人就可以自称为幸福，而这不是一种人们从生活乐趣中取得的不完全的、可怜的、相对的幸福，而是一种在心灵中不会留下空虚之感的充分的、完全的、圆满的幸福。"[法]卢梭：《漫步遐想录》，徐继曾译，人民文学出版社1986年版，第68页。

② 朱光潜：《文艺心理学》，《朱光潜美学文集》第1卷，上海文艺出版社1982年版，第17页。

③ 王夫之：《尚书引义》卷五，《船山全书》第二册，岳麓书社2011年版，第389—390页。

直觉性是与另外一个概念相互对立的，这就是"概念性"。同一性与对立性是从空间的角度来规定人，永恒性与"暂时性"是从时间的角度来规定人。"直觉性"与"概念性"则是从把握世界的途径的角度来规定人。同样，"直觉性"使得审美活动成为不可能，"永恒性"则使得审美活动成为可能。

在现实生活里，从把握世界的途径的角度看，存在一种内在的偏颇。它假定存在一种脱离人类生命活动的纯粹本原、假定人类生命活动只是外在地附属于纯粹本原而并不内在地参与纯粹本原。因此，从世界的角度看待人，世界的本质优先于人的本质，人只是世界的一部分，人的本质最终要还原为世界的本质，就成为这种把握世界的方式的基本特征。而且，既然作为本体的存在是理性预设的，是抽象的、外在的，也是先于人类的生命活动的，因此显然也就只有能够对此加以认识、把握的认识活动才是至高无上的，至于作为情感评价的审美活动，自然就不会有什么地位，而只能以认识活动的低级阶段甚至认识活动的反动的形式出现。但是，人却不能生活在概念的世界里，不能是"在世界外"，而是"在世界中"，也就是与世界直接照面。在这个意义上，世界犹如我们的老朋友，心领神会可矣，无须去分析，更无须去研究。宋代的青原行思大禅师说："老僧三十年前来参禅时，见山是山，见水是水；及至后来亲见知识，有个入处，见山不是山，见水不是水；而今得个休歇处，依然见山还是山，见水还是水。"《五灯会元》卷十七《惟信》这里的"见山是山，见水是水"，都是借助抽象的概念思维去把握的世界，是字典里面的"山"和字典里面的"水"，其实它并没有看到"山""水"，看到的只是"山""水"的概念。至于这里的"见山不是山，见水不是水"。则是"矫枉必须过正"的结果。既然"山""水"的概念并不是真正的世界，那么我就干脆反过来称呼，它不是"山"，它不是"水"，可是，问题会因此而得到解决吗？根本没有。仔细品味一下，会发现他还是在用概念去思维，只不过现在是在用否定的概念的方法去思维，也就是说，他仍旧还是在概念的世界里挣扎，只不过是用否定的方式去和概念对话。这里的"见山还是山，见水还是水"，是禅宗师傅一朝彻悟看到的世界，此时的"山"

"水"已经从概念世界中剥离出来，而只是自己的旷世知己，因此也只需心有戚戚焉地去上前互相拥抱和相互招呼。所谓"一见倾心"。

事实上，我们与世界之间不仅仅是求知的关系，彼此的关联也不仅仅是为了得到真理或者真知。更多的时候，只是"一默如雷"。这个时候，更为重要的是"意味无穷"，因此也没有必要总是去打破砂锅问到底，更为需要的是，其实是"此中有真意，欲辨已忘言"。就像中国古代的大哲朱熹说过的："须是踏翻了船，通身都在那水中，方看得出"。因此，"一见倾心""一见钟情"……都是生活中的常态。审美活动则无非是回到这种生活中的常态。东山魁夷说得好："倘使没有人的感动为基础，就不可能看到风景是美的。可以说，风景是人心中的祈愿。"① 西班牙哲人乌纳穆诺甚至认为："能够区分人跟其他动物是感情，而不是理性。"② 所以，"生命就是在体验中所表现的东西"，"生命就是我们所要返归的本源"。③ "在科学中，我们力图把各种现象追溯到它们的终极因，追溯到它们的一般规律和原理。在艺术中，我们专注于现象的直接外观，并且最充分地欣赏着这种外观的全部丰富性和多样性。"④ 此时此刻，已经不再需要概念演绎作为"中介"，而只需要当下的直接经历，因为"所有被经历的东西都是自我经历物，而且一同组成该经历物的意义，即所有被经历的东西都属于这个自我的统一体，因而包含了一种不可调换、不可替代的与这个生命整体的关联"。⑤ 这就是王夫之所发现的："身之所历，目之所见，是铁门限。"（《姜斋诗话》卷二）中国魏晋南北朝的钟嵘则深刻地称之为："直寻"。

审美活动的体验性是指精神关系的解放中、在追求生命的意义、人生的价值生成的过程中自身终极价值实现的境界。

---

① ［日］东山魁夷：《美的情愫》，唐月梅译，广西师范大学出版社2002年版，第6页。
② ［西］乌纳穆诺：《生命的悲剧意识》，段继承译，花城出版社2007年版，第5页。
③ ［德］伽达默尔：《真理与方法》上卷，洪汉鼎译，上海译文出版社1999年版，第77—90页。
④ ［德］恩斯特·卡西尔：《人论》，甘阳译，上海译文出版社2013年版，第290页。
⑤ ［德］伽达默尔：《真理与方法》上卷，洪汉鼎译，上海译文出版社1999年版，第85—86页。

"同一性"是从空间的角度来规定人,"永恒性"是从时间的角度来规定人,"直觉性"是从把握世界的途径的角度来规定人,体验性则是从成果的角度来规定人。这是一个与"反映性"相对的概念。"反映性"使得审美活动成为不可能,"体验性"则使得审美活动成为可能。这是一个完整的生命经验,或者,是一个价值理想的完形建构。过去我们从对象的属性获得的,都是认识论的"本质建构",因此涉及的其实是对象的认识属性,但是审美活动的体验性却不同,它从对象的属性所获得的,是价值论的"完形建构",因此涉及的其实是对象的价值属性,因此已经不是一种"模仿",而是一种"完形"。这"完形"赋予既经验以形式,也赋予经验以价值。意大利的美学学者马里奥·佩尔尼奥拉在其所著的《当代美学》中追问:"如果说(审美)经验是伴随着对现实的一种仰慕,感动和满足式的欣赏之情产生的,那它的形成应具备的特殊性是什么?换句话说,沉思一个观点和吃到一个披萨这两件事情,是一样的吗?欣赏一幅画作和沉湎于肉体的快感,这二者也是一样的吗?审美快感到底是在什么地方区别于其他类型的快感呢?"① 其实,关键的区别就在于精神世界的满足。它已经不是借助对物质性的东西的改造去满足肉体的快乐,而是借助物质的形式去达成情感的自由呈现,从而满足人类自身的精神需要。

因此,体验性的成果就已经不是与原本的同一或者原本的复写,而是原本的扩充。伽达默尔说:"艺术一般来说并在某种普遍的意义上给存在带来某种形象性的扩充(einenZuwachs an Bildhaftigkeit)。语词和绘画并不是单纯的摹仿性说明,而是让它们所表现的东西作为该物所是的东西完全地存在。"② 在这里,"某种形象性的扩充"无疑十分重要,因为它强调的恰恰并非"符合"也就是所谓"反映",而是"去蔽"亦即客观世界的作为价值物的意义呈现。"正是艺术运用其幻想,把物质材料未尝拥有的特征赋予它们,从而保证了艺术作品的艺术实在性,并把

---

① [意]马里奥·佩尔尼奥拉:《当代美学》,裴亚莉译,复旦大学出版社2017年版,第14页。
② [德]伽达默尔:《真理与方法》第1卷,洪汉鼎译,台北时报文化出版有限公司1993年版,第204页。

艺术的实在性增添到世界的真实的事物之上，我们称之为价值。"① 这应该就是王阳明说的"一时明白起来"中的"明白"，也应该是海德格尔所瞩目的"去蔽""澄明""敞亮""绽出"……我们常说风"声"、日"光"、月"影"、佛"像"……也常说米开朗基罗的世界、贝多芬的世界……显然都已经不再是物理学的和字典里的世界了，而是作者的生命世界的呈现，也应该从这个角度去理解。因为它们都已经成为人类借助形式生产（符号生产与符号想象、隐喻生产与隐喻想象）所创造出来的精神愉悦的对象。沉浸其中，人类玩味自得，并且其乐无穷。所以苏轼说："西湖天下景，游者无愚贤，深浅随所得，谁能识其全。"（《怀西湖寄晁美叔同年》）这就正如卡西尔所指出的：正是审美活动的体验性使得我们"不再生活在事物的直接实在性之中，而是生活在诸空间形式的节奏之中，生活在各种色彩的和谐和反差之中，生活在明暗的协调之中。"② 卡西尔并且提醒我们：万万不可"忽略了艺术在塑造我们人类世界中的构造力量"，③ 因为它是"一种新的力量——建设一个人自己的世界，一个'理想'世界的力量"④。

二　历时维度

作为一个十字打开的结构，审美活动在横向的共时维度（共时轴）之外，还存在着纵向的历时维度（历时轴）。

在这一维度，审美活动与非审美活动在动机、态度、过程、能力、对象、内容、成果诸方面表现出明显的不同。

从动机的角度看：审美活动严格区别于非审美活动，⑤ 非审美活动，一般是为了满足"粗陋的实际需要"而去刻意片面占有、拥有、

---

① ［英］萨缪尔·亚历山大：《艺术、价值与自然》，韩东晖译，华夏出版社2000年版，第36页。
② ［德］恩斯特·卡西尔：《人论》，甘阳译，上海译文出版社2013年版，第259页。
③ ［德］恩斯特·卡西尔：《人论》，甘阳译，上海译文出版社2013年版，第286页。
④ ［德］恩斯特·卡西尔：《人论》，甘阳译，上海译文出版社2013年版，第389页。
⑤ 这里的"非审美活动"仅仅是就与审美活动处于彼此对立的现实活动一级而言，而对其中与审美活动边界较为模糊的科学创造、宗教信仰、道德修养之间的区别暂时忽略不计，拟在下一节具体讨论。

享受对象，要受"必需和外在目的规定"的限制，因而是一种外在的、生存性的动机，又是一种自私的动机，渊源于一种乔装打扮了的无法最终区别于动物的"生存竞争"意识。因此，"不管怎样，这个领域始终是一个必然王国"（马克思）。在审美活动，其动机却是内在的和超越性的，出于一种超出了"粗陋的实际需要"的全面发展的自我实现的需要。① 这也就是马克思所深刻洞见的："事实上，自由王国只是在由必需和外在目的规定要做的劳动终止的地方才开始，因而按照事物的本性来说，它存在于真正物质生产领域的彼岸。"② 可见，审美活动的动机是对自然必然性（"必需"）和社会、理性必然性（"外在目的规定"）的超越。也正是因此，审美活动的动机必然是无私的，必然渊源于一种最为深挚、最为广博的人类之爱。它是作为无私的人类之爱在现实的人性废墟上出现的。审美活动是人类最高的生命存在活动。它自我规定、自我发现、自我确证、自我完满、自我肯定、自我观照、自我创造，是一种马克思称之为"享受"的活动："按人的含义来理解的受动，是人的一种自我享受。"③ 怀特海也认为："自我创造的过程就是将潜能变为现实的过程，而在这种转变中就包含了自我享受的直接性。"④ 因此，在审美活动中，人们不再瞩目于"粗陋的实际需要"，不再瞩目于片面地拥有对象，而是瞩目于"发展人类天性的财富这种目的本身"（马克思），瞩目于自由的生命活动本身。⑤

从态度的角度看，审美活动的态度不同于非审美活动的态度，这不同，在主体方面表现为：充分消解了现实的功利性目的，并且从中超越而出，成为审美主体。用中国美学的话说，是变"骄佚之目"为"林泉之心"，周敦颐《爱莲说》中说，莲花"可远观而不可亵玩焉"，这就是审美态度。当然，这里审美主体的对于功利性的消解同样是本

---

① 马克思说："自我实现是作为内在的必然性，作为需要，而存在的。"（转引自［苏］里夫希茨·米编《马克思恩格斯论艺术》第1卷，曹葆华译，人民文学出版社1960年版，第278页。）
② 《马克思恩格斯全集》第25卷，人民出版社1974年版，第926页。
③ ［德］马克思：《1844年经济学哲学手稿》，人民出版社2018年版，第82页。
④ 转自［美］怀特《分析的时代》，杜任之译，商务印书馆1981年版，第84页。
⑤ 如前所述，中国美学把现实活动的动机称为"适人之适""射之射"，把审美活动的动机称为"无适之适""无射之射"。

体论的而不是认识论或价值论的。在客体方面则表现为：不再是"占有"或"使用"的对象，而是生命意义的显现，或者说，是主体自身的价值对象。它不再服膺外在的必然性，而服膺内在于人的自由性，不再是外在于人的必然王国，而是内在于人的自由王国。这样，审美客体便并非以实在的对象身份存在，而是以理想的对象身份存在。因此，从态度的角度来看，审美活动意味着主客体关系的转换。我们看到，在审美活动中，根本就不存在现实活动意义上的主体与客体的划分，不但不存在，而且审美活动必然要把主客体的对峙"括出去"，必然要从主客体的对峙超越出去，进入更为源初、更为本真的生命存在，即主客"打成一片"的生命存在。假如一定要强迫审美活动构成主客对峙，就难免"一叶障目"，导致审美活动本身的失落："先生游南镇，一友指岩中花树问曰：'天下无心外之物，如此花在深山中自开自落，于我心亦何相关？'先生曰：'你未看此花时，此花与汝同归于寂，你来看此花时，则此花颜色一时明白起来；便是此花不在你的心外。'"① 这里有审美主体和审美客体吗？显然没有。所有的只是既同生共灭又互相决定、互相倚重、互为表里的审美自我与审美对象。它们一旦"打成一片"，"则此花颜色一时明白起来"，反之，假如强行插入一个对峙着的主客体，不难想象，则"此花与汝同归于寂"

从过程的角度看：首先，非审美活动是一种乏味的、片面的体力或智力的消耗，是一种片面分工的活动，是把自由活动贬低为单纯的手段，从而把人类的生活变成维持人的肉体生存的手段，是外在于人的、与人对立的活动，是使人以物而非以人的面目出现因而并不符合人类天性的活动；其次，非审美活动又是一种屈从于外在必然性的追求合规律性或者合目的性的活动，因而是一种听命于他者的被动的活动，只是自由的前提，但却不是自由本身；再次，因为以满足人类的"粗陋的实际需要"为目的，这就决定了非审美活动必须以对象性思维（主体思维或者客体思维）为基础，因为只有通过对作为对象的客体或主体本身的对象性把握才能实现对对象的占有，并有效地加以改

---

① 王阳明：《传习录》下，《王文成公全书》卷三。

造。但审美活动则不同。审美活动不再是一种手段,而直接就是目的本身,人在审美活动中不瞩目于"粗陋的实际需要",也不瞩目于片面地拥有对象,而是瞩目于"发展人类天性的财富这种目的本身"(马克思)。人本身成为目的,而不是作为手段;人成为他自己,而不是成为他人。甚至可以说,审美活动使人实现了自由的全面发展这一人类理想,是对真正的人的价值的创造和消费。因此,人从非审美活动所导致的任何一种功利性中超越而出,成为一种虚灵昭明的真正意义上的存在。"每种我们能够进入的新的状态都使我们返回到某种原来的状态,要消除这一状态就需要另外一种状态。只有审美状态是在自身中的整体,因为它本身包括了它产生和继续存在的一切条件。只有在这里我们才感到我们是处于时间之外,我们的人性以一种纯粹性和整体性表现出来,好像它还没有由外在力量的影响而受到损害。"①在审美活动中,人是以理想的人而非以现实的人的面目出现,因而在其中人才真正感到自己是一个自由的存在物。他以"充分合乎人性"的方式去活动。这是一种独特的不可重复的活动,充溢着人的欢乐的活动。其次,审美活动也是超越外在必然性的活动,外在规律被它超越为自由规律,内在目的被它超越为自由目的,因而审美活动的对象并非客观存在的客体,而是主体自身的价值对象,它不单与客体的必然性无关,而且充分地显示了主体的自由本性,是主体的自由本性的自我建构起来的。而审美活动的主体,由于也是从自我实现这一最高需要出发自我建构起来的,因此,也就完全超越了实用性、功利性、单向性、有限性等必然性,成为自由的主体,这样,在审美领域,主体与客体也就同时消解了内外必然性,从而不再是自由的前提,而成为自由本身,因而是一种绝不听命他人的活动。再次,由于审美活动是着眼于这个世界同人自身的存在和发展的关系,着眼于确定世界和人生的意义,因此,着眼于世界与人生之意义的审美体验便成为它的基础。在这里,终极关怀的内在尺度是判断世界与人生有无意义的根

---

① [德]席勒:《美育书简》,徐恒醇译,中国文联出版公司1984年版,第112页。

本尺度。它"实际上是表示物为人而存在"①。此时，不是把握作为对象的客体或主体本身固有的属性，而是从理想的终极关怀的尺度出发，去审美地解读世界和人自身，即用理想的尺度去阐释世界和人自身，从而使世界真正地成为世界，使人真正地成为人。

从能力的角度看：可以分为两个层面，从能力本身看，非审美活动的能力因为未能全面实现"个体的一切官能"，只与对象建立了一种"直接的、片面的享受"关系②，所以只是一种片面的能力。审美活动的能力则不然，它突破了能力的有限性、单项性、功利性，使"个体的一切官能"，如"五官感觉""精神感受""实践感觉"，等等，都展现出丰富的内涵，是个体的感性存在的象征性实现。对此，可以从两个方面去理解：首先，审美活动是一种建立了全面的对象性关系的活动，它并非片面的、乏味的、机械的、外在于人的，而是全面的、愉快的、自觉的、内在于人的，充分合乎人性。其次，审美活动是一种建立了丰富的感性世界的活动。德拉克罗瓦说过："一幅画首先应该是眼睛的一个节日。"审美活动正是对"个体的一切感官"的"节日"。在审美活动之中，"个体的一切感官"都从现实的片面功利中超逸而出，以充分合乎人性的方式"观古今于一瞬，抚四海于须臾"。而从能力的中介看，现实活动的能力的中介是思维器官，运用的是工具语言、逻辑语言，审美活动的中介则是感觉器官，运用的是审美语言，是一种借助象征符号而完成的精神生命的生产。

从对象的角度看：首先，由于非审美活动是一种由外在必然性规定的活动，因此它的对象并非人的全面本质的对象，只体现着人的片面发展的本质力量（"简单粗陋的实际需要"），只具有有限的价值和意义（"世界不能满足人"）。审美活动则不同，它"高瞻远瞩，认清在物的物性中值得追问的东西到底是什么"（海德格尔），因而它的对象不是外在的现实对象，而是理想性的对象，是自身的价值对象。它是对必然性的超越，理想地运用对象，自由地展现自由，是自由本性

---

① 《马克思恩格斯全集》第26卷Ⅲ，人民出版社1974年版，第326页。
② ［德］马克思：《1844年经济学哲学手稿》，人民出版社2018年版，第81页。

的自我建构，体现着理想本性的价值和意义，因此，又可以说是某种心理事实和内在意象。歌德说：人有一种构形的本性，一旦他的本性变得安定之后，这种本性立刻就活跃起来，只要他一旦感到无忧无虑，他就会寓动于静地向四周探索那可以注进自己精神的东西。康德也说过：在审美活动中，事物按照我们吸取它的方式显现自己。这就意味着，它不服膺现实的种种规律（自然的、社会的、理性的），而只服膺全面发展和自由理想的内在规律，它是在想象中经过体验而自由地领会的，并以情感的需要重新熔铸的灵性世界，是我们以充分合乎人性的主体标准建立的作为人类现实命运的参照系的精神家园。法国美学家杜夫海纳在剖析梵高笔下的椅子时，曾颇具深意地向我们提示着这个不同于现实活动的对象的审美活动的对象："梵高画的椅子并不是向我叙述椅子的故事，而是把梵高的世界交付予我：在这个世界中，激情即是色彩，色彩即是激情，因为一切事物对一种不可能得到的公正都感到有难以忍受的需要。审美对象意味着——只有在有意味的条件下它才是美的——世界对主体性的某种关系，世界的一个维度；它不是向我提出有关世界的一种真理，而是对我打开作为真理泉源的世界。因为这个世界对我来说首先不完全是一个知识的对象，而是一个令人赞叹和感激的对象。审美对象是有意义的，它就是一种意义，是第六种或第 N 种意义。因为这种意义，假如我专心于那个对象，我便立刻获得它，它的特点完完全全是精神性的，因为这是感觉的能力，感觉到的不是可见物、可触物或可听物，而是情感物。审美对象以一种不可表达的情感性质概括和表达了世界的综合整体：它把世界包含在自身之中时，使我理解了世界。同时，正是通过它的媒介，我在认识世界之前就认出了世界，在我存在于世界之前，我又回到了世界。"① 其次，不同于现实活动的通过内容与世界建立起一种对象性关系，在审美活动不是通过内容而是通过对象本身与世界建立起一种对象性关系的。② 显然，人类生存活动是一种双重的活动，它首先在现

---

① ［法］杜夫海纳：《美学与哲学》，孙非译，中国社会科学出版社 1985 年版，第 26 页。
② 假如实践活动是指向"事"的，科学活动是指向"理"的，审美活动则是指向"对象本身"的。

实活动中变"自然"为"世界",使它适应自己的物质需要,亦即功利地占有"自然",继而又在审美活动中变"世界"为"境界",使它适应自己的精神需要,亦即理想地欣赏"世界"。与此相应,占有的快感与欣赏的美感也就成为人类的两大生命愉悦(只是,欣赏的美感在后)。因此,非审美活动——例如物质活动本身并不就是审美活动,只有扬弃它的功利内容,把它转化为一种"理想"的自我实现的过程,从而不再功利地占有对象,转而对世界本身进行自由的欣赏,追求一种非实用的自我享受、自我表现、自我创造——所谓"澄怀味象"时,才是审美活动①,而且,在变"自然"为"世界"中人处处受到压抑,不可能也不允许理想性地发挥想象力,但在变"世界"为"境界"时却可以做到理想性地发挥想象力,因此理想地面对世界,本身就是一种对于现实的反抗、一种理想的追求。

从内容的角度看,审美活动不同于非审美活动,不去面对那个普遍陷入计算、交易、推演的现实世界,也不是对于现实世界的追逐、企求、占有、利用,而是对于恬美澄明的理想境界的创造。这理想境界是最高的生存宇宙,是充满灵性、充满感受性的内在领域,是人的真正留居之地,是充满爱、充满温柔的情感、充满理解的"世界内在空间",是人之为人的根基,人之生命的依据,是灵魂的归依之地。

进而言之,这恬美澄明的理想境界自然不是一个物理的世界,但也不是一个精神的世界,而是一个意义的世界。所谓审美活动就正意味着一个意义的世界的创造。人类正因为在自己的生命中孕育出了一种神圣的意义世界,才有可能完成对生命的有限的超越。犹如里尔克在临终时所郑重告诫世人的:

> ……我们的使命就是把这个羸弱、短暂的大地深深地、痛苦地、充满激情地铭记在心,使它的本质在我们心中再一次"不可见地"苏生。我们就是不可见的东西的蜜蜂。我们无终止地采集

---

① 在这个意义上,可以说,欣赏的美感,是人类的超越性的生存活动的开始。它的秘密就是审美活动的超越本性的秘密。破译这个秘密,应该说,是我们终于意识到了的美学之为美学的天职。

不可见的东西之蜜，并把它们贮藏在无形而巨大的金色蜂巢中。①

在这里，所谓"不可见的东西"正是指的生命的意义，而真实地生存着的人类正是"无终止地采集不可见的东西之蜜"的"蜜蜂"，人类把被自己创造出来的生命的意义"贮藏在无形而巨大的金色蜂巢中"，从而使自己的生命成为理想的生命、审美的生命。

不过，审美活动所创造的意义的世界，又是一个唯一而又不可重复的意义的世界。对于生命意义的创造不同于对科学知识的学习，也不同于对道德伦理的服从。后面两者都是群体性的，就像"1＋1＝2"对任何人来说都有效。但生命意义的创造却必须是个体的。它必须是唯一的，又必须是不可重复的。换句话说，只有这种唯一而又不可重复的并且唯独属于个体的生命意义的创造，才是真正的创造。或许正是有鉴于此，高尔基才这样告诫后人："大多数人是不提炼自己主观印象的；当一个人想赋予自己所感受的东西尽量鲜明和精确的形式的时候，他总是运用现成的形式——别人的字句，形象的画面，他正是屈从于占优势的，公众所公认的意见，他形成自己个人的意见，就像别人的一样。"摆在审美活动"面前的任务是找到自己，找到自己对生活、对人、对既定事实的主观态度，把这种态度体现在自己的形式中，自己的字句中"。② 因此，进入审美创造的人，从本体论角度讲，是一个唯一的人。应该承认，正如歌德在《说不尽的莎士比亚》中感叹的，在现实生活中"不容易找到一个跟他一样感受着世界的人，不容易找到一个说出内心感觉，并且高度地引导读者意识在世界的人"。甚至，我们还可以引用美国心理学家阿瑞提的看法，把这一问题表述得更为绝对一些：

毫无疑问，如果哥伦布没有诞生，迟早会有人发现美洲；如果伽利略、法布里修斯、谢纳尔和哈里奥特没有发现太阳黑子，

---

① ［奥地利］里尔克：《杜伊诺哀歌》附录之四，1939年德、英对照本，第59页。
② ［苏］高尔基：《文学书简》上册，曹葆华译，人民文学出版社1962年版，第426页。

以后也会有人发现。只是让人难以信服的是，如果没有诞生米开朗基罗，有哪个人会提供给我们站在摩西雕像面前所产生的这种审美感受。同样，也难以设想如果没有诞生贝多芬，会有哪位其他作曲家能赢得他的第九交响曲所获得的无与伦比的效果。①

也正因此，我们才把对生命的独特的、不可重复的理解看作对生命的一种创造，②才把不断地为生命创造一种全新的意义的生命活动看作审美活动。孟德斯鸠说过这样一句名言：女人只能以一种方式显得美丽，却能以十万种方式变得可爱。在我看来，这里的"以一种方式显得美丽"就并非审美活动，而"以十万种方式变得可爱"则是不折不扣的审美活动，真正的审美活动。

从成果的角度看：非审美活动的成果与人建立的只是一种非人的、片面的和不自由的关系，是一种低级和可以片面占有的财富。……因此，它并不涉及生命的意义，也无法等同于人的理想本性，只能作为功利性的成果去占有。而审美活动的成果满足的是人的最高需要——自由本性的理想实现的需要，因此，可以说是一种最高的财富。对此，马克思早有明确阐释："所谓财富，倘使剥去资产阶级鄙陋的形式，除去那在普遍的交换里创造出来的普遍个人欲望、才能、娱乐、生产能力等等，还有什么呢？财富不就是充分发展人类支配自然的能力，既要支配普遍的自然，又要支配人类自身的那种自然吗？不就是无限地发掘人类创造的天赋，全面地发挥，也就是发挥一切方面的能力，发展到不能用任何一种旧有尺度去衡量那种地步么？不就是不在某个特殊方面再生产人，而要生产完整的人么？不就是除去先行的历史发展以外不要任何其他前提，除去以此种发展本身为目的外不服务于其

---

① ［美］阿瑞提：《创造的秘密》，钱岗南译，辽宁人民出版社1987年版，第387页。
② 这涉及两个美学问题。其一是共同美的问题。共同美与唯一而又不可重复并不矛盾，它只是说引起共同的愉悦，但并非引起一致的愉悦。另外，不同民族、不同人的出发点、着眼点、取舍点均不同。要认识到其中的"同中有异"和"异中有同"的辩证关系。其二是"百听不厌"与"见异思迁"的辩证关系。它们一者关注的是深度，在深度上总是"见异思迁"，所以才"百听不厌"；一者关注的是广度，在广度上总是"百听不厌"，所以才"见异思迁"。这在认识经验中很难理解，因为它是"狗熊掰棒子"。新与旧、稳定与变化在审美活动中是一致的。

他任何目的么？不就是不停留在某种既成的现状里而要求永久处于变动不居的运动之中么？"① 值得注意的是，这最高财富不可能在改造自然推进文明的现实活动中实现，而只能在审美活动中实现——尽管是以象征的方式。道理说来也很简单，只有在审美活动中，"需要和享受失去了自己的利己主义性质，而自然界失去了自己的纯粹的有用性，因为效用成了人的效用。"② 其成果才能成为最高的财富。强调一句，这就意味着：人"以全部感觉在对象世界中肯定自己"，而且，既然它的成果是满足人的全面需要，当然就不可能被片面占有，因此，它既属于全人类，也属于自己。

三 超功利性

进而言之，在横向的共时轴与纵向的历时轴的基础上，不难发现，审美活动的一个根本特征应该是：超功利性。这是从"本质直观"出发并"将审美经验从一般经验中剥离出来"之后可以看到的最为符合"提纯原则""全称原则"的一个类似"坚果"的审美现象。

也因此，毋庸讳言的是，对于审美现象的非功利性的发现，确实曾经是美学历史上的最大发现，也是美学家们相对而言的最无争论的共同选择。"自从18世纪末以来，有一个观点已被许多持不同观点的思想家所认可，那就是……'审美的无功利关系'。"③ 而康德美学的意义也正表现在这里。他在《判断力批判》中综合前人的研究提出的"鉴赏判断的第一契机"——"美是无一切利害关系的愉快的对象"④，堪称是传统美学正式诞生的关键。它揭示了审美活动的本质特征⑤，作为一个重大的美学命题，它的诞生也就是近代美学的诞生。

为什么这样说呢？主要是因为它从外在和内在两个方面在根本上完成了近代美学的建构。在外在方面，近代美学与近代资产阶级的兴

---

① ［德］马克思：《政治经济学批判大纲》第3分册，人民出版社1976年版，第105页。
② ［德］马克思：《1844年经济学哲学手稿》，人民出版社2018年版，第82页。
③ 彼得·基维语，转引自朱狄《当代西方美学》，人民出版社1984年版，第280页。
④ ［德］康德：《判断力批判》，宗白华译，商务印书馆1985年版，第98页。
⑤ 这本质特征，海里克曾通俗地比喻云："嘴唇只在不接吻时才唱歌"。

起密切相关。这使得它必须着眼于主体性、理性以及从耻辱感向负罪感的转换的美学阐释、必须着眼于资产阶级的特定审美趣味的美学阐释，换言之，使得它必须在美学领域为资产阶级争得特定的话语权。由此，对审美与生活之间的差异（以及艺术与生活之间的差异）的强调，就成为其中的关键。康德之所以对所谓"低级""庸俗"趣味深恶痛绝，之所以大力强调真正的美感与"舌、喉的味觉"等肉体性的感觉的差异，之所以要强调先判断而后愉悦，简而言之，之所以强调审美活动的非功利性，原因在此。

而在内在方面，则与对于审美活动乃至美学的独立地位的确立有关。美学固然在1750年已经由鲍姆加登正式为之命名。但他对审美活动的理解却很成问题，所谓"感性认识的完善"，仍旧是把美感与认识等同起来，把审美活动从属于认识活动，并且作为其中较为低级的阶段，这样，美学不过就是一门"研究低级认识方式的科学"；另外，在英国经验主义则把审美活动与功利活动混同起来，刻意突出审美活动的"快感"，但就美学本身而言，却仍旧没有找到自身的独立地位，因为它研究的对象——审美活动只是生命活动的低级阶段。康德提出审美活动的非功利说，所敏捷把握的正是这一关键。他指出："快适，是使人快乐的；美，不过是使他满意；善，就是被他珍贵的、赞许的，这就是说，他在它里面肯定一种客观价值。在这三种愉快里只有对于美的欣赏的愉快是唯一无利害关系的和自由的愉快；因为既没有官能方面的利害感，也没有理性方面的利害感来强迫我们去赞许。"① 这样，康德就从既无关官能利害（用"生愉悦"把审美活动与"功利欲望快感"相区别）又无关理性利害（用"非功利"把审美活动与"感性知识完善"相区别）这两个层次把美与欲、美与善同时区别开来。审美活动因此而第一次成为一种独立于认识活动、道德活动的生命活动形态（在此意义上，假如说康德是以第一批判为求真活动划定界限，从而确定其独立性，以第二批判为向善活动划定界限，从而确定其独立性，那么第三批判就是为审美活动划定界限，从而确定其独立

---

① ［德］康德：《批判力批判》，宗白华译，商务印书馆1963年版，第46页。

性。因此，与其说它是美学的，毋宁说它是哲学的)，美学学科也因此而真正走向独立。

然而，我们又必须看到，对于审美活动的"非功利"的发现却又毕竟只是传统美学而并非美学本身的完成形态，也毕竟只是一种权力话语而并非真理，因为美感不但有其非功利的一面，而且还有其功利的一面。这无疑又是一个无可辩驳的事实。

首先，从横向的角度看，功利的内涵可以分为个人、社会、人类三个方面。当它们邂逅的功利与审美活动相矛盾时，无疑是妨碍审美的，但假如与审美活动不相矛盾，就不会妨碍审美。"美的欣赏与所有主的愉快感是两种完全不同的感觉，但并不是常常彼此妨碍的"。①车尔尼雪夫斯基的看法不无见地。例如，从个人自身内部的物质与精神的关系看，其功利包括物质需要与精神需要，显然，审美活动与物质需要是矛盾的，从这个角度，无疑会得出审美非功利的结论。然而从审美活动与精神需要来看，彼此之间却是并不矛盾的。从这个角度，无疑又会得出审美活动有功利的结论。②在这方面，康德就做得不够。因为他没有注意区别实用功利与精神功利，审美活动其实并非与人没有"一切功利关系"。心理距离说的缺憾也如此。它只注意了区别，没有注意统一，结果把与功利、实用的差别绝对化了。事实上在审美活动中应该是既有距离又无距离，前者是指审美活动的前提，后者是指审美活动的状态。再如，从个人与社会的关系看，所谓功利更十分复杂。例如，与个人功利无关，但与社会功利有关；与短期功利无关，

---

① 车尔尼雪夫斯基语。见北京大学哲学系美学教研室编《西方美学家论美和美感》，商务印书馆1980年版，第258页。
② 可以举一个有趣的例子。在自然之中，颜色往往与性的追求密切相关。五彩缤纷的花朵偏偏是植物的生殖器官，动物的羽毛最为色彩鲜艳的时候，也是其生殖的高峰期。再如，自然界基因生存机器的所有成功的生存策略，都是矛盾折中的产物。像雄孔雀的美丽的长尾巴，就意义深远。从表面看，它并无用处，而且对于生存极为不利。因为不但影响了行动的敏捷，而且给捕食者创造了方便条件。但是这反过来说明它的强大。拖着这么长的尾巴，仍然生活得很好，这不是十分自豪的事情吗？于是就会被雌性选中。没有长尾巴的雄孔雀，就得不到雌性的垂青，虽然比较灵活，但是基因传不下去，堪称是生不如死。有长尾巴的雄孔雀，虽会为自己带来杀身之祸，但是在死亡之前，基因已经传下去了。堪称死胜于生。结果，长尾巴就在这种性选择中得以进化了。

但与长期功利有关；与直接的功利无关，但与间接的功利有关；与今天的功利无关，但与昨天的功利有关。又如，就个人与人类的关系而言，功利性就真的一无是处吗？在远古时代，人类不就是因为游戏而成为人的吗？我们有什么理由否认：当代人就不能通过游戏而成为更高意义上的全面发展的人呢？

其次，从纵向的角度看，应该说，人类的审美活动就是在漫长的生命进化的功利活动中逐渐形成的。我们已经讨论过，人类的进化过程是十分严峻而苛刻的。人类生命的进化奉行的是"用进废退"的原则、"精兵简政"的原则。但是偏偏在诸多功能的"用进废退""精兵简政"的同时，人类却不惜一切代价地为自己进化出审美活动，其中无疑是有其深刻的生命奥秘的，绝对不可能是人类的率性而为。① 没有功利的生命活动是绝对不可能保留下来、更不可能进化出来。看来，它应该不是什么奢侈品、副产品，而一定是有其功利性存在的。或许，只是此功利非彼功利而已。而且，在宗教时代与科学时代，审美活动不被重视，应该也是一个它不得不以"非功利"的面目出现的重要原因。既然如此，那么一旦进入美学时代，审美活动的"功利"面目无疑就会真实地呈现出来。

何况，我们不能只是在意识水平上理解"功利"。实际上，人类生命活动是宇宙间的一大创造，它并非一个机械的世界，而是一个概率的世界，一个自组织、自控制、自协调的世界，因此是一个"系统"而不是"系综"。在其中，不是所有的功能与目的都是严格对应的。所以，我们面对生命活动时不能只注意到事实、实体而偏偏忘记了系统和关系。例如，所谓功利就是可以在生理、心理、意识三层水平上存在的。其中在生理、心理两个层面上存在的功利一般都只是一种隐秘的存在。尽管它深刻地影响着生命活动的发展，然而长期以来我们总是把人类生命活动预设为实体、事实的存在，而并非系统、关系的存在，因此往往只是在意识水平上来理解"功

---

① 人类的进化史告诉我们，它绝对不会允许任何一点毫无用处的东西的存在。即便是阑尾也不例外。过去一直以为无用，后来科学家发现，还是有用的。审美活动显然不会成为人类进化史中的一个疏忽，更不会毫无用处。

利"，把"功利"看作可以意识到的东西，然而生理、心理层面的"功利"却是意识不到的，所以，就认定审美活动是非"功利"的。实际上，审美活动还是有功利的，只是，这种功利不在意识水平上出现而已。

所以，从功利到非功利，固然是人类历程中的一大进步，从非功利到有功利，或许也是人类历程中的一大进步。承认审美活动的功利性的一面，既是一种逻辑的必然，也是一种历史的选择。我们看到，这一历史选择从叔本华、尼采就已经开始了。从叔本华开始，源远流长的彼岸世界被感性的此岸世界取而代之，被康德拼命呵护的善失去了依靠。在康德那里是先判断后生快感的对于人类的善的力量的伟大的愉悦，在叔本华那里却把其中作为中介的判断拿掉了，成为直接的快感。尼采更是彻底。康德也反对上帝，但用海涅的话说，他在理论上打碎了这些路灯，只是为了向我们指明，如果没有这些路灯，我们便什么也看不见。尼采就不同了，他干脆宣布："上帝死了！"应该说，就美学而言，关于"上帝之死"的宣判不异于一场思想的大地震。因为在传统美学，上帝的存在提高了人类自身的价值，人的生存从此也有了庄严的意义，人类之所以捍卫上帝也只是要保护自己的理想不受破坏。而上帝一旦死去，人类就只剩下出生、生活、死亡这类虚无的事情了，人类的痛苦也就不再指望得到回报了。真是美梦不再！但是，一个为人提供了意义和价值的上帝，也实在是一个过多干预了人类生活的上帝。没有它，人类的潜力固然无法实现，意义固然也无法落实。但上帝管事太多，又难免使人陷入依赖的痴迷之中，以致人类实际上是一无所获。这样，上帝就非打倒不可。不过，往往为人们所忽视的但又更为重要的意义在于："上帝之死"事实上是人类的"自大"心理之死。只有连上帝也是要死亡的，人类数千年中培养起来的"自大"心理才被意识到是应该死亡的，一切也才是可以接受的。难怪西方一位学者竟感叹："困难之处在于认错了尸体，是人而不是上帝死了。"只有意识到这一点，我们才会懂得尼采何以混同于现实，反而视真善为虚伪，并且出人意外地把美感称之为"残忍的快感"。到了弗洛伊德等一大批当代美学家，则真正开始了对审美活动的功利性的一面的考察。以弗洛伊德为例，他所关注的人类的无意识、性之类，正是意在恢复审美活动的本来面目。或许，在他看来，审美走向神性，并不就是好事，把审美当作神，未必就是尊重审美。而他所恢复的，正是审美活动中的人性因素。因此，注重审美活动的功利性一面的考察理应是美学之为美学的题中应有之义。这绝非对审美活动的贬低，而是对于审美活动的理解的深化。只有如此，审美活动才有可能被还原到一个真实的位置上。① 其中的原因十分简单，康德独尊想象、形式、自由以及审美活动的自律性，强调现实与彼岸、感性与理性、优美与崇高、纯粹美与依存美、艺术与现实、想象与必然性、艺术与大众的对立，并且把审美活动与求真活动、向善活动对峙起来，固然有其必要性，但是却毕竟是幼稚、脆弱、狭隘而又封闭的，充满了香火气息。审美活动不但要借助于"无目的的目的性"从现实生活中超越而出，与求真活动、向善活动对峙起来，而且更要借助"有目的的无目的性"重新回到现实生活（这就是我们所看到的美学时代的到来），与求真活动、向善活动融合起来。

那么，怎样描述这一现象呢？在我看来，片面地强调审美活动的功利性，或者反过来片面地强调审美的非功利性，其实都是一种非此即彼的知性思维方式，也都遮蔽了其中需要回答的真正的美学问题。实际上，"功利"的外延很广，内涵也十分不确定。上述两种看法之间的焦点也恰恰在于对功利的理解的不同，而不在于功利本身的有无。因此，我们与其在功利性与非功利性之间做出选择，不如直面问题本身，径直称之为"超功利性"。这意味着：审美活动既有功利又无功利，所谓"无用之用"。它在意识水平上无功利但是在生理、心理水平却有功利；在物质需要上无功利但是在精神需要上有功利；等等。换言之，美感并非不去追求功利，它只是不在现实活动的层面上去追求功利性，而是在理想活动的层面上去追求功利，而且，它不是从外

---

① 当然，弗洛伊德的情欲满足说、谷鲁斯的内模仿说，只是抓住了动物性的自然快感，也是片面的。须知，美感既是动物性的自然快感，也是社会性的心理快感。顺便强调一下，弗洛伊德强调的是怎样把诗人降低为普通人，而本书强调的是为何普通人会被提高为诗人。

在的层面上去追求功利，而是从内在的层面上去追求功利。因此，它不再以外在的功利事物而是以内在的情感的自我实现、不再以外部行为而是以独立的内部调节来作为媒介。美学家经常迷惑不解：为什么在美感中情感的自我实现能成为其他心理需要的自我实现的核心或替代物呢？为什么在美感中情感需要能够体现各种心理需要呢？为什么美感既不能吃又不能穿更不能用但人类却把它作为永恒的追求对象？在我看来，原因就在这里。试想，对于自由生命的理想实现的追求，不就正是人类的最大功利吗？

进而，在审美活动的超功利的背后所蕴含着的，正是人之为人的奥秘：审美的困惑，其实都是人的困惑。审美活动，正是人之为人的必然，也正是人之成长的必然。因此，破解审美的奥秘，其实就是破解人的奥秘——人之为人的奥秘。重要的不是直面"审美如何、审美怎样"，而是直面"人如何、人怎样"，直面"人为什么非审美不可"？可是我们过去却因为置身宗教时代或者科学时代，因此就忽视了其中的深层的关涉人的奥秘的根本问题。我们误以为审美活动是上帝规定的，或者是理性指定的，因此不是从审美活动自身乃至从人自身去寻找答案，而是转而从宗教或者科学去寻找答案。"美是数的和谐"（毕达哥拉斯学派）、美在"理式"（柏拉图），就是把美放置在他们所认定的宇宙本体之中，并且从中去寻找审美现象发生学解释。从机械唯物论去解释审美活动，或者从客观唯心论去解释审美活动，也同样远离了正确的答案。美不在"心"那就一定在"物"，这无疑是离题太远。审美活动是不能够被放在认识论框架去把握的。审美活动不是形象思维，甚至连"审美反映"都不是。认识论框架是面对"知"的，但是却并不面对"情"。"知"与"情"只能是二水分流。各司其职，各尽其用。认识论框架是无法揭示审美活动的秘密的。情感法庭与知识法庭、价值王国与知识王国、人文模式与知识模式……也实在是泾渭分明，各不相关。因此，诸如此类的看法也都有一个共同之处，就是把审美活动看作为低级、辅助的生命活动，看作为一种附属品、奢侈品。最为典型的，是中国的美学家们都十分熟悉的实践美学的看法。在实践美学看来，所谓审美活动，无非就是看到"钢花飞舞、麦浪连天"时的陶然自得,就是看到劳动成果时的嫣然一笑……因此,审美活动的非功利性就十分容易被特别关注,但是,审美活动的功利性却往往会被忽视。博尔赫斯在《诗艺》中说:"我只要翻阅到有关美学的书,就会有一种不舒服的感觉,我会觉得自己在阅读一些从来都没有观察过星空的天文学家的著作。"[1] 坦率说,当我在阅读过去的美学著作的时候,也难免会有相同的感觉。

  问题的最终解决,则是只有回到对人之为人的奥秘的洞察。在这个方面,为几乎所有的美学家们所忽略了的,是人类无疑是最善于敏捷地将生命进化中的必然性掌控于自己的手中,从而在生命的进化中主动地生成着生命的。具有意识能力的人类可以把目的主观化,而且善于驱动着目的转而成为随后的行为,使之不致溢出必然导向的目的。就人类的生命机制而言,倘若没有内在的调节机制推动着他遥遥趋向于目的,那么在行为上也就很难出现相应的坚定追求。因此,人类禀赋着的把客观目的主观化的自我鼓励、自我协调的生命机制就显得异常重要。而且,在把客观目的变成主观意识、把客观需要变成主观反映、把生命发展的客观目的变成人类自我的主观追求的过程中,自我鼓励、自我协调的生命机制无疑起着最为重要而且无可替代的积极作用。在这里,人类生命存在的客观需要得以以主观的情感追求的方式加以实现。客观的生存需要被隐秘地转化为情感追求,从而推动着人们进退取舍,成为向前向上的动力。这种神奇的自组织、自鼓励、自协调,是人类独有的,也是进化的神奇,所谓"造化的狡计"。它不是出于强制,并没有"上帝"预先为之谋划,也没有理性从中予以取舍,而全然是出于自觉,出于生命自控系统的客观目的的情感追求。而且,因为它是无法完全意识到的——仅仅只能勉强做到把生命发展的客观目的一部分变成人类自我的主观追求,其背后的根本利益则是看不见摸不到的——因此尽管在审美活动中人们能够甘之若饴,主动

---

[1] [阿根廷]豪·路·博尔赫斯:《博尔赫斯全集·诗艺》,陈重仁译,上海译文出版社2016年版,第2页。

去追求，但是只能表现为"非功利性"的，不过，因为它又是把人类生命中的客观目的转换为主观的情感追求的，因此，才又必然是"功利性"的。由此观之，不能不说，康德提出的"无目的的合目的性"实在是一个天才的洞察。生命之为生命必然会是一种目的行为，也必然存在着目的取向。只是，这"目的"不是一个主观范畴，也未必一定要被人意识到。它是一个客观范畴，是生命进化在置身残酷无情的自然选择之时借助反馈调节所必然导向的目的。因此，它是"无目的"的，但又是"合目的"的。

审美活动的"超功利性"就正是对"无目的的合目的性"的深刻把握。它并不回避审美活动的过程中所必须直面的二律背反：审美活动既是非功利的又是有功利的，但是却又指出，这其实只不过是在认识论框架的基础之上才得以形成的一个误区而已，是因为固执上帝规定或者理性的优先指定才会出现的误区。倘若我们跳出审美活动去看审美活动而不是就审美活动研究审美活动，倘若我们把生命作为一个自我生成的自控系统，则就不难看出，生命在趋近客观目的时所借助的自鼓励、自组织、自协调生命机制，就正是审美活动。在这里，存在着"实在"与"存在"、实物中心与关系中心、自然的存在与属人的存在、自然质与关系质的根本区别。是生命自控系统内部的相互联系、相互作用的耦合而成，才出现了生命系统的耦合价值。这耦合价值仅仅是为满足生命需要而产生的关系质、系统质，也是一种客观的新质、一种"整体大于部分总和"或者"1+1大于2"的新质。它随着关系的产生而产生，也随着关系的消失而消失。审美活动作为自组织、自鼓励、自协调的生命机制所体现的正是这一耦合价值、这一关系质、系统质。遗憾的是，我们在理性的层面无法予以令人信服的解释，所以就把它"非功利化"了，神秘化了。其实，根本就不存在什么"非功利"，而只是认识不到功利，也根本就不存在审美"无目的"，而只是无法认识"目的"。所谓审美活动，其实就是去耦合"整体大于部分总和"或者"1+1大于2"的新质、去耦合关系质、系统质。这是一个宗教与科学都无法去完成的使命，却又是审美活动的真正使命。正是它，激发着生命、调节着生命、生成着生命、推动着生命。

由此，我们发现，越过康德、超越康德，也就成了我们的历史使命。重要的不是"鉴赏判断力"，而是"万物一体仁爱"的生命力，重要的也不是认识论框架，而是生命自控系统。离开生命自控系统，则无所谓美丑。① 审美活动是对于人类根本目的的趋近。这当然是一种功利，但是与眼前的功利无关，而与人类的根本功利有关。趋近生命系统的目的的，就是肯定性价值；背离生命系统的目的的，就是否定性价值。审美活动是对于肯定性价值对象的积极适应，也是对于否定性价值对象的积极规避。凡是人类乐于接受的、乐于接近的、乐于欣赏的，就是人类的审美活动所肯定的；凡是人类不乐于接受的、不乐于接近的、不乐于欣赏的，就是人类的审美活动所否定的。它借助于爱美弃丑去推动人类向前向上的健康发展，社会一旦美丑不分，其实也就是社会的自我调节功能的紊乱。其结果则必然影响社会的健康发展。审美活动类似于晴雨表，预示着社会的"崩溃"。至于审美活动的娱乐作用乃至审美活动的政治工具作用、道德教化作用、宗教宣传作用，都不过是审美向其他领域的渗透而已，绝不是它的根本功能。②

总之，不是"物竞天择，适者生存"，而是"物竞天择，美者生存"，只有把审美活动看作生命活动系统中的一种自我组织、自我鼓励、自我协调现象，才有可能破解人类的审美之谜。人类通过生命中的那些肯定性价值的东西，以之为美，从而又去进而创造新的肯定性价值对象。由此，生命得以重建，也得以持续攀升。这，堪称生命进化中的鬼斧神工。

---

① 为什么在西方美学中主观论盛行，但是却忽视了背后的客观性？为什么在美学研究所谓的"主客观统一说"只能被视为一种偷懒的思考？其实都是因为忽略了自身生命自控系统去思考问题。美学要以理论的方式展开的就是这个"自我享受的直接性"。这是一个内容十分丰富的世界，又是一个从未被触及的世界，更是一个美学家可以大显身手的世界，而且也有着诸多的工作要做。

② 彼得罗夫斯基指出："情感及其各种各样的体验形式，不仅执行着信号机能，而且也执行着调节机能。它们在一定程度上决定着人的行为，成为人的活动和各种动作（以及动作完成的方法）的持久的或短时的动机，从而产生追求所提出的和所想到的目的的意向和欲望。"［苏］彼得罗夫斯基：《普通心理学》，朱智贤等译，人民教育出版社1981年版，第395页。

第二节 审美活动的外在辨析

一 基础·手段·理想

在完成了审美活动的内在描述之后,从外在的角度对审美活动加以辨析也十分重要。

对于审美活动的外在辨析可以分为三个层面:活动类型的外在辨析;价值类型的外在辨析;评价类型的外在辨析。

审美活动是人类生命活动的一个类型,假如说后者处于一级水平,那么前者则处于二级水平。与审美活动同样处于二级水平上的,应该说,还有实践活动、理论活动。这样,要从活动类型的角度对审美活动"是什么"加以辨析,就必须从与实践活动、理论活动的比较入手,考察它们所面对的共同问题是什么,分别面对的具体问题是什么,它们所采取的解决方式又是什么。而要做到这一点,首先就要弄清楚作为一级水平的总的活动类型的人类生命活动所面对的问题是什么,以及解决方式又是什么。

作为一级水平的总的活动类型的人类生命活动,它所面对的问题是自由的实现,它所采取的解决方式则是通过实践活动、理论活动、审美活动三种方式来实现自由。

人类生命活动面对的问题是自由的实现,这应该是没有争论的。然而,关于何为自由,就不能说没有争论了。自古以来学者给出了大量定义,并且自以为已经有了答案,但是认真推敲一下,会发现它们大多没有讲出什么是自由,而只是讲出了实现自由的条件,即在哪些条件下人是自由的。细细一想,这也难怪,自由之为自由,就在于它的不可定义性、不可规定性、无限可能性。自由之为自由就决定了无法在概念上给出定义,否则自由就成为大前提,就成为必然,成为"只能如此"和"不得不如此"的存在,也就是反而却成为不自由了。有鉴于此,学者建议对自由只能做一个全称否定判断。例如能量守恒定律的全称否定判断是没有任何办法造出第一台永动机;狭义相对论的相对性原理的全称否定判断是没有任何办法能测出绝对速度;在宇宙学中，宇宙基本原理的全称否定判断是没有任何一个点是宇宙中心。对自由的表述最好也如此。然而在我看来，这样做同样没有导致问题的解决，因为既然说不清什么是真正的自由，什么不是真正的自由事实上也很难真正说清楚。

我所采取的办法是从描述的角度去考察自由。

在我看来，关于自由，古今中外的定义固然很多，但是从最根本的内涵来看，无非两个方面，其一是强调自由的主观性、超越性，例如古希腊的伊壁鸠鲁就曾经从原子的偏斜运动来描述自由。其二是强调自由的必然性、客观性。它们无疑都有其缺陷。例如就前者而言，无疑忽视了手段，是一种自由意志论意义上的自由，可是，它所要超越的对象是什么？没有对象的超越未免令人费解。就后者而言，是忽视了目的，是一种外在决定论意义上的自由。例如，"自由是对必然的认识"。但这个定义实在有点"事后诸葛亮"的味道，与其说是对自由的定义，不如说是对自由的嘲讽。因为人类永远无法最终认识自由，那么按照这个定义，人类岂不是永远无法得到自由，或者，岂不是只有上帝才有自由吗？再者，假如自由只是对于必然的把握的话，那么它就只是虚假的承诺，而且自由与不自由之间的区别顶多也就只是自觉的奴隶与不自觉的奴隶之间的区别，却与人之为人的未特定性渺不相涉。换言之，对于必然的把握只是人之为人的必要条件，却绝非充足条件，只能决定人不能如何，却不能决定人应当如何。人们片面强调对它的服从，正因为忽视了两者的根本区别。何况，人的主观性、超越性是无法还原为必然性、客观性的，因此即便是认识了必然，也只是认识了实现自由的条件，但却绝对不是实现了自由。自由与必然是一种对立的关系。自由是对必然的超越。如果万物都处在必然规律性的支配下，那根本就谈不上什么自由。因此在必然范围内的自由不是真正的自由。对必然的改造也不是自由。自由是最高价值，假如说自由应该有其限制，那也只能是来自自由本身。然而，它们却毕竟抓住了自由之为自由的两个关键性的环节。首先，作为一种只能以理想、目的、愿望的形式表现出来的人类本性，自由只能是主观性的、超越性的。由于这种主观性、超越性正是人类生命活动的必然结果和根本特征，因此是无法还原为客观性、必然性的。在这个意义上，对于必然的超越，正是人类生命活动的根本规定，无疑也应该成为自由的根本规定。其次，人类生命活动虽然是没有前提的，然而人类生命活动的实现却是存在着前提的。对于必然性的改造、认识，就正是这样的前提。由此我们看到，人类生命活动所面对的自由，无论它的内涵如何难以把握，但却必然包含着两个方面。这就是：对于必然性的改造、认识，以及在此基础上的对于必然性的超越。前者是自由实现的基础、条件，后者则是自由本身。

因此，人之自由就在于：在把握必然的基础上所实现的自我超越。在这里，对于必然的把握只是实现自由的前提，而对必然的超越才是自由之为自由的根本。① 马克思指出："自由不仅包括我靠什么生存，而且也包括我怎样生存，不仅包括我实现自由，而且也包括我在自由地实现自由。"② 这里的"靠什么生存""实现自由"就是指的对于必然的把握，而这里的"怎样生存""自由地实现自由"，则是指的在对于必然的把握的基础上所实现的自我超越。③

因此，人的自由就既区别于上帝也区别于动物。上帝的自由由于无须借助手段而成为一种自由意志的实现，动物的自由由于失去了目的而成为盲目的服从。人则不然。也因此，人的以自由为核心的生命活动也就既区别于上帝也区别于动物。它是"是什么"与"应如何"的统一，也是"描述性"范畴与"规范性"范畴的统一。换言之，人类生命活动既以对于必然的把握为基础，同时，又以对于必然的超越为导向。假如说，前者意味着人的现实性，那么，后者就意味着人的

---

① 马克思在谈到人的本质是一切社会关系的总和时，曾特别要加上限定语："在其现实性上"，正是因为"现实性"反映的是人类本性中的现实性、确定性的一面，即对必然的把握的一面。这并不意味着他认定人只能如此。准确地说，马克思是从历史性、现实性、可能性三个方面来强调人的本质的。在历史性上，人是以往全部世界史的产物；在现实性上，人是一切社会关系的总和；在可能性上，人是自由生命的理想实现。

② 《马克思恩格斯全集》第1卷，人民出版社1956年版，第77页。

③ 也因此我们所说的自由不是消极自由而是积极自由。消极自由只是对自由的一种空洞规定，没有任何积极内容，在霍布士、斯密、休谟、康德、费西特那里可以看到。"人不是由于逃避某种事物的消极力量，而是由于有表现本身的真正个性的积极力量才得到自由。"（《马克思恩格斯全集》第2卷，人民出版社1957年版，第167页），这就是积极自由。

理想性；前者意味着有限性，那么，后者就意味着无限性；前者意味着人的自我分裂，那么，后者就意味着人的自我救赎。

至于人类生命活动在自由的实现的过程中所采取的解决方式，则是通过实践活动、理论活动、审美活动三种方式在不同层面上分别实现自由。之所以如此，有其内在的根据：人的生命活动，区别于上帝与动物，是一种以对于必然的把握为基础又以超越对于必然的把握为导向的生命活动，然而，这毕竟只是一种逻辑的剖析，也毕竟只是就生命活动的整体功能而言，就现实而论，则应该看到，不论是人的现实性与理想性，抑或人的自我分裂与自我救赎，都实际上处于一种对峙的状态中。之所以如此，原因在于，人的生命活动已经不同于原始的混沌状态，为了在把握必然的基础上实现自我超越，它必须分化为不同的活动类型。

大体来说，人类生命活动分化出来的活动类型有三种：实践活动、理论活动、审美活动。①

做出上述划分的依据可以从两个方面来看，首先，这是马克思的实践范畴的逻辑推演。马克思的实践范畴蕴含着双重规定：其一是对所谓"从客体的或直观的形式去理解"的近代唯物主义的继承。近代唯物主义把实践看作改造外在世界的外部能动性、主宰外部世界的外部能动性，突出的是纯粹受动的能动性。这能动性包括实用活动的自由、认识活动的自由。其二是对所谓"从主观方面去理解"的德国古典哲学的继承，马克思继承了近代唯物主义的实践观，但又有所批判，而这批判，正是在德国古典哲学中获得的启发。德国古典哲学把实践

---

① 关于人类生命活动类型的分类，马克思曾有所提示："从理论领域来说，植物、动物、石头、空气、光等等，"都是"自然科学的对象"；"从实践领域来说，这些东西也是人的生活和人的活动的一部分"；同时，自然界还是人类"艺术的对象"（《马克思恩格斯全集》第42卷，人民出版社1979年版，第95页）。此外，还有著名的关于四种把握方式的划分。康德也说过："对外界事物的依赖性，使人很早就发展了取得生活必需品的能力。有些人就停留在这种发展阶段上。而把抽象的概念联系起来，以及通过理智的自由运用来控制情感，这样一种能力，发展较晚，在有些人身上则一辈子也不会有；在所有人身上这种能力也总是很薄弱的。"（［德］康德：《宇宙发展史概论》，上海外国自然科学哲学著作翻译组译，上海人民出版社1972年版，第209页）同样分为实用、理论、审美三种。实用活动、理论活动、审美活动，各自都有其独立的存在价值、独立的发展规律、独立的功能意义。

看作一种内在的能动性,强调内在精神自由比外在功利自由更为重要,突出的是纯粹能动的能动性。这能动性指的是精神活动的自由。马克思的实践观正是对这两者的融合。我们可以看到,在《1844年经济学哲学手稿》中,突出的是后者,在《神圣家族》中突出的是前者,而在《关于费尔巴哈的提纲》《德意志意识形态》中突出的则是能动与受动的统一。马克思吸取了两者的真理性的因素,抛弃了两者的抽象性。既主张从人的精神自由的角度来理解人,但又反对德国古典哲学对人的精神自由的抽象理解,强调从现实活动的角度来理解人的精神自由。结果,在实践活动的双重规定中必然同时包括三方面的内容:其一是实用活动的自由,其二是理论活动的自由,其三是精神活动的自由。这样,一旦把实践活动展开为人类的生命活动,它们就必然成为人类生命活动的三种不同类型:实践活动、理论活动、审美活动。其次,这是从主客体关系角度做出的一种活动分类。我们知道,人类生命活动可以从不同角度分类,例如,从主体角度分类,根据主体形式的不同,可以划分为个体活动、集体活动、社会活动三类;从客体角度分类,依据客体形式的不同,可以划分为物质活动、社会管理活动、精神活动三类。本书是从主客体关系的角度去分类,在这个角度,依据主客体关系的不同:可以划分为以主体为主、以客体为主、以主客体同一为主的三种活动。不难看出,它们正是:实践活动、理论活动、审美活动。

这样我们就顺理成章地转入了对于审美活动与实践活动、理论活动的差异的外在辨析。毫无疑问,它们所面对的共同问题是自由的实现。然而,为了实现自由,它们所面对的具体问题是什么,它们所采取的解决方式又是什么?

其一是实践活动。从人类生命活动的角度,否定了对于实践活动的优先地位的抽象理解,并不意味着否定实践活动的优先地位本身,也并不意味着在人类生命活动中对实践活动不具体地加以肯定,只不过这种肯定从人类生命活动的外部的优先地位,转向人类生命活动的内部的优先地位而已。实践活动是人类生命活动的自由的基础的实现。它以改造世界为中介,体现了人的合目的性(对于内在"必需")的需求,是意志的自由的实现。它并非物质活动,而是实用活动。所谓物质活动是一种对于生命活动的抽象理解,在现实生活中并不存在。实践活动折射的是人的一种实用态度。而且,就实践活动与工具的关系而言,是运用工具改造世界;就实践活动与客体的关系而言,是主体对客体的占有;就实践活动与世界的关系而言,是改造与被改造的可意向关系。不言而喻,在实践活动的领域,人类最终所能实现的只能是一种人类能力的有限发展、一种有限的自由,至于全面的自由则根本无从谈起,因为人类无法摆脱自然必然性的制约——也实在没有必要摆脱,旧的自然必然性扬弃之日,即新的更为广阔的自然必然性出现之时,人所需要做的只是使自己的活动在尽可能更合理的条件下进行。正如马克思所说:"不管怎样,这个领域始终是一个必然王国。"①

其二是理论活动,理论活动是人类生命活动的手段的实现。它以把握世界为中介,体现了人的合规律性(对于"外在目的")的需要,是认识自由的实现。它并非精神活动,而是理论活动。所谓精神活动也是一种对生命活动的抽象理解,在现实生活中并不存在。理论活动折射的是人的一种理论态度。而且,就理论活动与工具的关系而言,是运用工具反映世界;就理论活动与客体的关系而言,是主体对客体的抽象;就理论活动与世界的关系而言,是反映与被反映的可认知关系。不难看出,理论活动是对实践活动的一种超越。它超越了直接的内在"必需",也超越了实践活动的实用态度。理论家往往轻视实践活动,也从反面说明了这一点。但实现的仍然是片面的自由。②

其三是审美活动,实践活动是文明与自然的矛盾的实际解决,是基础,理论活动是文明与自然的矛盾的理论解决,是手段,但是,由于它们都无法克服手段与目的的外在性、活动的有限性与人类理想的无限性的矛盾,因此矛盾就永远无法解决,所以就还要有一种生命活动的类型,去象征性地解决文明与自然的矛盾,这,就是审美活动的

---

① 《马克思恩格斯全集》第25卷,人民出版社1974年版,第927页。
② 理论活动是一种关于对象的活动,又是一种设定对象的活动。它以物质世界的逻辑作为先在前提。因此它描述的永远是结果而不是过程,只是末而不是本。因为物质世界可以外在于人,但不能先在于人,外在于人是指与人构成相互依存、互为前提的一个方面,但先在性则是指逻辑上在先,逻辑上独立于人。

出现。① 审美活动是文明与自然的矛盾的象征解决。它以理想的象征性的实现为中介，体现了人对合目的性与合规律性这两者的超越的需要，是情感自由的实现。它以实践活动、理论活动为基础但同时又是对它们的超越，② 它既不服从内在"必需"也不服从"外在目的"，既不实际地改造现实世界，也不冷静地理解现实世界，而是从理想性出发，构筑一个虚拟的世界，以作为实践世界与理论世界所无法实现的那些缺憾的弥补。假如实践活动建构的是与现实世界的否定关系，是自由的基础的实现；理论活动建构的是与现实世界的肯定关系，是自由的手段的实现；审美活动建构的则是与现实世界的否定之否定关系，是自由的理想的实现。换言之，由于主客体在审美活动中的矛盾是主客体矛盾的最后表现，审美活动只能产生于理论活动与实践活动的基础之上。三者是并列的关系，也是递进的关系，但绝不是包含关系。③ 审美活动是对于人类最高目的的一种"理想"的实现。通过它，人类得以借助否定的方式弥补了实践活动和科学活动的有限性，④ 假如实

---

① 在这方面，人类的宗教活动的意义或许是一个启示。宗教活动并非18世纪法国唯物主义者所说的那样，是骗子与傻子的相遇，而是出之于人类面对现实的不自由所产生的一种以虚幻甚至歪曲的形式使自由得以理想地实现的努力。所以马克思说："只有当实际日常生活的关系，在人们面前表现为人与人之间极明白而合理的关系的时候，现实世界的宗教反映才会消失。只有当社会生活过程即物质生产过程的形态，作为自由结合的人的产物，处于人的有意识有计划的控制之下的时候，它才会把自己的神秘的纱幕揭掉。但是，这需要有一定的社会物质基础或一定的物质生存条件，而这些条件本身又是长期的、痛苦的历史发展的自然产物。"（《马克思恩格斯全集》第23卷，人民出版社1972年版，第96—97页）审美活动是人类面对现实的不自由所产生的一种使自由得以理想地实现的努力，但不像宗教那样采取虚幻甚至歪曲的形式。

② 由此可见，直接套用实践活动的研究成果来解释审美活动之谜是不行的。审美活动一旦从中独立出来，就只是在整体上并且通过一系列中间环节才为实践活动所决定了。

③ 因此，审美的必定是自由的，但是自由的未必是审美的。而且，由此我们看到：自由总是与条件联系在一起的，总是具体的、相对的、历史的、辩证的。

④ 这里的"有限性"不同于马克思的"异化"概念。与卢梭的"社会异化"、黑格尔的"理念异化"、费尔巴哈的"宗教异化"不同，马克思的"异化"概念从一开始提出就主要是一个经济问题，这从《1844年经济学—哲学手稿》的书名中就可看出，而在后来的《政治经济学批判大纲》《资本论》中就更是把"异化"与劳动价值理论、剩余价值学说联系而论，而且，就"异化"的两个前提来看（商品生产的具体劳动与抽象劳动的分裂；使用价值与价值的分裂），也是纯粹经济学的内容，而且是只有在资本主义社会才同时具备的两个前提。资本之谜即异化之谜。因此，异化是一种具体的不自由，而并非一般的不自由，不宜作宽泛理解，尤其不宜作美学发挥。其次，再顺便强调一下，"人的本质力量的对象化""美的规律""劳动创造了美""自然的人化"……其前提都是异化劳动理论，都是一种经济学的讨论，故对于美学的研究虽然具有重大意义，但却毕竟只具有方法论意义，绝对不能代替美学的研究本身。

践活动与理论活动是"想象某种真实的东西",审美活动则是"真实地想象某种东西"。假如实践活动与理论活动是对无限的追求,审美活动则是无限的追求。在其中,人的现实性与理想性直接照面,有限性与无限性直接照面,自我分裂与自我救赎直接照面,马克思说的"真正物质生产的彼岸",或许就是审美活动之所在?而且,就审美活动与工具的关系而言,是运用工具想象世界;就审美活动与客体的关系而言,是主体对客体的超越;① 就审美活动与世界的关系而言,是想象与被想象的可移情关系。因此,假如实践活动与理论活动是一种现实活动,审美活动则是一种理想活动,在审美活动中折射的是人的一种终极关怀的理想态度。

审美活动是一种超越性的生命活动。具体来说,在人类形形色色的生命活动中,多数是以服膺于生命的有限性为特征的现实活动,例如,向善的实践活动,求真的科学活动,它们都无法克服手段与目的的外在性、活动的有限性与人类理想的无限性的矛盾,只有审美活动是以超越生命的有限性为特征的理想活动(当然,宽泛地说,还可以加上宗教活动)。审美活动以求真、向善等生命活动为基础但同时又是对它们的超越。在人类的生命活动之中,只有审美活动成功地消除了生命活动中的有限性——当然只是象征性地消除。作为超越活动,审美活动是对于人类最高目的的一种"理想"实现。通过它,人类得以借助否定的方式弥补了实践活动和科学活动的有限性,使自己在其他生命活动中未能得到发展的能力得到"理想"的发展,也使自己的生存活动有可能在某种意义上构成一种完整性。例如,在求真向善的现实活动中,人类的生命、自由、情感往往要服从于本质、必然、理性,但在审美活动之中,这一切却颠倒了过来,不再是从本质阐释并选择生命,而是从生命阐释并选择本质,不再是从必然阐释并选择自由,而是从自由阐释并选择必然,也不再是从理性阐释并选择情感,

---

① 假如再作一下比较,则可以说:实践活动是实际地面对客体、改造客体,理论活动是逻辑地面对客体、再现客体,审美活动是象征地面对客体、超越客体。值得注意的是,范登堡指出:有三个领域能够把人类文化的自我投射推向极端,达到文化上的超越,它们是场景、内在的自我、他人的一瞥,不难看出,这三者正是审美活动的内容。

而是从情感阐释并选择理性……①这一切无疑是"理想"的,也只能存在于审美活动之中,但是,对人类的生命活动来说,却因此而构成了一种必不可少的完整性。

需要强调,在这里,审美活动的超越性质至关重要。审美活动之所以成为审美活动,并不是因为它成功地把人类的本质力量对象化在对象身上,而是因为它"理想"地实现了人类的自由本性。阿·尼·阿昂捷夫指出:最初,人类的生命活动"无疑是开始于人为了满足自己在最基本的活体的需要而有所行动,但是往后这种关系就倒过来了,人为了有所行动而满足自己的活体的需要。"②这就是说,只有人能够、也只有人必须以理想本性的对象性运用——活动作为第一需要。人在什么层次上超出了物质需要(有限性),也就在什么程度上实现了真正的需要,超出的层次越高,真正的需要的实现程度也就越高,一旦人的活动本身成为目的,人的真正需要也就最终得到了全面实现。这一点,在理想的社会(事实上不可能出现,只是一种虚拟的价值参照),可以现实地实现;在现实的社会,则可以"理想"地实现。而审美活动作为理想社会的现实活动和现实社会的"理想"活动,也就必然成为人类"最高"的生命方式。

同时,更为重要的是,审美活动的超越性质还使它与纷纭复杂的审美形态严格地区分开来,从而真正摆脱了审美主义或者审美目的论的纠缠。我们已经看到,长期以来,传统美学把人类的主体性的活动,或者对象化的活动与审美活动等同起来,但事实上,它们之间固然在一定时期内相互交叉,但毕竟相互区别,而且在更多的时候甚至背道而驰。正如我已经指出的,主体性的世界,"对象化"的世界,固然是人类的本质力量的"类化"的结果,但更是人类自身被束缚的见证。因此,它本身就蕴含着自我解构的因素,甚至蕴含着"伪造人类

---

① 参见拙著《众妙之门——中国美感心态的深层结构》,黄河文艺出版社1989年版,第327—338页。
② [苏]阿·尼·阿昂捷夫:《活动·意识·个性》,李沂等译,上海译文出版社1980年版,第144页。马克思也曾指出人所具有的"为活动而活动""享受活动过程""自由地实现自由"的本性。

历史"的非人性因素。审美活动无疑并非如此，它是人类在理想的维度上追求自我保护、自我发展从而增加更多的生命机遇的一种手段。正是在这个意义上，可以说，是生命活动选择了审美活动，生命活动只是在审美活动中才找到了自己。也正是在这个意义上，还可以说，审美活动本身是一种超越性的生命活动，它与主体性的活动或者对象化的活动并非一回事，尽管后者在一定时期可以成为审美活动的特定形态。推而广之，人类的许许多多的生命活动在一定时期都可能成为审美活动的特定形态，但也同样并不就是审美活动本身。

例如，从大的方面说，人类的生命活动可以分为从自然走向文明（对实现了的自由的赞美）和从文明回到自然（对失落了的自由的追寻）两种类型，这两种类型在人类审美活动的东方、西方形态与传统、当代形态中都可以成为审美活动，但也都可以不成为审美活动。在东方形态中，从自然回到文明就成为审美活动的特定形态，而从自然走向文明则没有成为一种审美活动的特定形态。但在西方形态中，情况却恰恰相反。在传统形态中，从自然走向文明就成为一种审美活动的特定形态，但从文明回到自然则没有成为一种审美活动的特定形态。但在当代形态中，情况又恰恰相反。再从小的方面说，一种真正充满生命力的审美活动，必然应该是有其丰满的表现形态，就一个时代的审美活动看是这样，就整个人类的审美活动看也是这样。就前者而言，斯宾格勒曾经举过一个极好的例子："西方的灵魂，用其异常丰富的表达媒介——文字、音调、色彩、图象的透视、哲学的传统、传奇的神话，以及函数的公式等，来表达出它对世界的感受；而古埃及的灵魂，则几乎只用一种直接的语言——石头，来表达之。"[①] 道理很清楚，"西方的灵魂"之所以能够延续至今，就是因为它不是只是用"石头"这一种形态"表达它对世界的感受"。就后者而言，人类的审美活动无疑也有其丰富的表现形态。空间上的东方与西方形态，时间上的传统与当代形态，古典主义、现实主义、浪漫主义、现代主义与后现代主义，理性层面与感性层面，观照层面与消费层面，艺

[①] ［德］斯宾格勒：《西方的没落》，陈晓林译，黑龙江教育出版社1988年版，第135页。

与生活,和谐与不和谐,完美与不完美,主体性与个体性,深度与平面,美与丑,雅与俗,创造与复制,超越与同一,无功利与功利,距离与无距离,反映与反应,结果与过程,形象与类象,符号与信号,完美与完成,风花雪月与理论概念,中心性与非中心性,确定性与非确定性,整体性与多维性,秩序性与无秩序性……诸如此类的一切都可以成为审美活动的特定形态,但又都不是审美活动本身。它们的美学属性可以从审美活动的超越性中得到深刻的说明(对于审美活动来说,它们是互为前提的,缺一不可,但是在不同情况下可以有所侧重),但审美活动的超越性却不可能在它们身上得到完整的说明。

而审美活动千百年来最为令人迷惑不解的奥秘也就在这里。它可以是一切,但它并不就是一切,原来,作为一种不是因为创造对象而去自我确证而是因为自我确证而去创造对象的审美活动,世界的一切都是它"理想"地实现人类的自由本性的媒介,或者说,都是它的特定形态,但又并不就是它本身。假如我们把审美活动与任何一种特定的审美形态等同起来,都难免造成对审美活动的误解。例如,传统美学对人的人类性的赞颂,是相对于当时要比人类强大百倍的肆虐的大自然而言的,是人类要"理想"地实现自由本性的需要,当代美学对人的自然性(个体性)的赞颂,则是相对于现在的几乎已经把人类自身完全束缚起来的人类"文明"而言的,同样是人类要"理想"地实现自由本性的需要。只有这种"理想"地实现人类的自由本性的需要才是审美活动的真正内涵,至于对人的人类性的赞颂与对人的自然性的赞颂,则只是审美活动的特定形态而已(对于审美活动来说,人类性与自然性、个体性是互为前提的,缺一不可。但是在不同情况下可以有所侧重,例如在古代社会或当代社会)。因此,审美活动是人类的一种超越性的生命活动,它是对现实的否定,但这种否定却不同于革命,后者是现实的否定,当然也不同于宗教,它是被现实否定,审美活动的否定却是因为现实暂时还无法否定才会出现的一种否定。显而易见,审美活动的否定只是一种"理想"的否定。宗教的价值形态是一种虚幻的形态,它的出现也不是为了直接地改变现实,而是为了弥补无力改变现实的遗憾,疏导失望、痛苦、绝望、软弱情绪。审美活动是对生命的一种鼓励。当然，它不可能现实地改变社会，而只能通过改变生命活动的质量的方式来间接地唤醒社会，因此，它不可能是一种审美主义的或者审美目的论的存在，因为它一旦得以实现，就不再是审美活动了。在这个意义上，我们可以说，即便是到了人类的理想社会，人类的审美活动还只能是一种"理想"性的存在。审美活动就是因为它永远无法变成现实活动才是审美活动，它一旦变成了现实活动，就不再是审美活动了！而美学的全部任务，无非也就是从不同角度、不同层面、不同领域去揭示这样一种作为超越性的生命活动的审美活动的全部秘密！

　　由此，我们看到，在人类生命活动类型中，面对文明与自然的永恒矛盾，不论作为实用活动的实践活动，还是作为认识活动的理论活动，抑或作为理想活动的审美活动，都是一种不可或缺的生命努力，都是人类生命活动的一种自我设定、自我选择，都是获得自由的表现，但也都是片面的有限的自由，只有三者的统一才是自由本身。它们不论作为矛盾解决的基础，手段抑或理想，彼此之间也都是互为前提的。而且，审美活动之所以成为审美活动，一方面在发生学的层面上虽然确实要受实践活动的制约，但另一方面，在本体层面它又确实有其相对的独立性；① 一方面不能成功地达到人类的自由本性的现实实现，另一方面，它却可以使人类的自由本性"理想"地得以实现。② 作为一种生命活动的类型，审美活动使人在其他生命活动中未能得到展现的一面，诸如理想性、无限性、自我救赎得到了"理想"的展现，也使人的生命活动有可能构成一种完整性——尽管只是在象征的意义上。③ 因此，它是人类理想的生命方式，也是人类最高的生命方式。

---

　　① 审美活动有其特殊的精神需要即"是什么"，也有其特殊的满足精神需要的方式即"怎么样"，还有其特殊的满足精神需要的功能即"为什么"。

　　② 假如还借助耗散结构的阐释角度，那么可以说，审美活动正是因为在达成生命活动的动态平衡中起到了根本的作用，因而才成为人类的永恒需要。人类固然可以不断超越外在世界，也可以不断超越内在世界，但这超越本身却是不可超越的。这就造成了审美活动的意义：超越之超越或者说使超越本身理想地实现。

　　③ 举一个有趣的例子，人类为什么需要"节日"？这是一种人为的推翻日常生活的瞬间的需要，从而使人类恢复生命的活力。审美活动不就是人类的节日？

这意味着，审美活动不仅是一种操作意义上的把握世界的方式，而且首先是一种本体意义上的生命存在的最高方式。它是自由生命活动的理想实现，是从绝对的价值关怀的生命存在方式的角度对"生命的存在与超越如何可能"这一终极追问、终极意义、终极价值的回答（所以席勒说"美先于自由而行"）。审美活动从终极关怀出发，坚决地拒斥有限的生命，无情地揭示出固执着有限的自我的濒临价值虚无的深渊、自我的丑陋灵魂、自我的在失去精神家园之后的痛苦漂泊的放逐、自我的生命意义的沦丧和颠覆，并且着力去完成自由生命的定向、自由生命的追问，自由生命的清理和自由生命的创设，从而在生命的荒原中去不断地叩问精神家园，不断向理想生成，不断向自由的人生成。

二 向善·求真·审美

从审美活动的价值类型来看，审美活动与向善活动、求真活动①处于同一系列，但又明显区别于向善活动、求真活动。

具体来说，所谓"处于同一系列"，是指审美活动与向善活动、求真活动一样，是人类生命活动中最为基本的三种价值追求，是人类生命活动中的最为积极的成果。例如，就范围而言，它们都不表现在某种文化类型、某种专业学科之中，而是表现在所有文化类型，所有专业学科之中。正是在这个意义上，美国学者阿德勒才称之为"大观念"。就性质而言，它们应该说是三种最为根本的需要，因而与人的自我实现的联系最为密切。求真活动是认知活动意义上的自我实现，向善活动是意志活动意义上的自我实现，审美活动是情感活动意义上的自我实现。就内涵而言，求真活动、向善活动、审美活动是生命活动的最高理想——自由的不同表现形态。可以说，在求真的意义上，自由是对世界的合乎规律性的认识，在向善的意义上，自由是对世界

---

① 关于真、善、美，看法有两种，其一是它们同为价值，但却是不同价值类型，其二是真不是价值，因此它们之间是价值与非价值的关系。第一种看法中又有三种不同看法：其一是绝对价值，德国价值哲学的创始人认为：真、善、美是一种绝对的判断，是作为最高目的、独立自存的价值意识，思想的目的为真，意志的目的为善，感情的目的为美（参见［美］梯利《西方哲学史》下册，葛力译，商务印书馆1979年版，第270页），其二是基本价值，其三是精神价值。

的合乎目的的改造，在审美的意义上，自由是对合规律性与合目的性的超越。它们既是人类生命活动中实现自由的三个层面，也是人类生命活动中实现自由的三个条件，同时还是人类生命活动中实现自由的三个阶梯（因此三者之间可以彼此渗透，例如科学美、道德美。实际上，假如离开求真与向善活动，审美活动就成为某种虚幻的抽象了，在美学时代，三者之间的渗透也是一个重大课题，更是人类生命活动的巨大进步，限于篇幅，本书暂不涉及）。

而所谓"明显区别"，则是指审美活动与向善活动、求真活动又有其不同：

这不同，从横向的角度，表现为活动过程、活动心理、活动角度、活动原则、活动结果等各个方面。

就活动过程来看，它们表现为主体与客体之间的三种关系。求真活动是主体认识客体，向善活动是主体改造客体，审美活动则是主体超越客体。我们还可以把它们的关系表述为：求真活动所建构的主客体关系是外在的，向善活动所建构的主客体关系是内在的，审美活动建构的主客体关系则是既外在又内在既不外在又不内在的。同时，也可以表述为：求真活动是主体统一于客体即合规律性，向善活动是客体统一于主体即合目的性，审美活动是主客体的同一即对合规律性与合目的性的超越。

就活动心理来看，它们表现为三种不同的心理状态，例如就心理活动而言，求真活动是认知活动，向善活动是意志活动，审美活动是情感活动。就心理驱力而言，求真活动是认知力，向善活动是意志力，审美活动是情感力。就心理需要而言，求真活动是认知需要，向善活动是意志需要，审美活动是情感需要。就心理因素而言，求真活动是知，向善活动是意，审美活动是情，等等。

就活动角度看，求真活动是从客体认识世界，强调的是人类只能看到什么或世界是什么，向善活动是从主体评价世界，强调的是人类应当看到什么或世界对于人有什么意义，审美活动是从主客体统一感受世界，强调的是人类喜欢看到什么或人对世界有什么感受。或者说，求真活动是对自身自由行为的认识，向善活动是对自身自由行为的选择，审美活动是对自身自由行为的体验。

就活动原则看，求真活动体现的是必然之法、客体性原则（无我）、认识的最高价值，向善活动体现的是应然之理、主体性原则（无物）、行为的最高价值，审美活动体现的是理想之则、主客体统一原则（无我与无物的统一）、情感的最高价值。

就活动结果来看，审美活动与向善活动、求真活动表现为三种不同的理想境界。求真活动是主体与客体之间的矛盾即主观与客观矛盾在认识活动中的解决，是主客体在认识活动中的统一，是认识成果。向善活动是主体与客体之间的矛盾即自由与必然的矛盾在实践活动中的解决，是主客体在实践活动中的统一，是评价成果。审美活动是主体与客体的矛盾即理想与现实矛盾的解决，是主客体在审美活动的统一，是审美成果。

审美活动与向善活动、求真活动的不同，从纵向的角度，则表现为在它们之间所存在着的彼此不容替代，但是又以审美活动为出发点、为归宿与指向的关系。因此只看到"以美入真"或者"以美贮善"是不够的，还要看到的是：始于审美活动，归于审美活动。真和善都最终必然要统一于美。① 只有审美活动才是生命之为生命的本体论的存在。求真活动也要合目的，向善活动也要合规律。前者如果离开了合目的，后者如果离开了合规律，一旦它们相互外在，相互对立，非此即彼，生命活动本身就会出现"抽象化"的问题，例如，前者就会导致人的自然化、物化，后者就会导致人的神化，因此就必须是从审美活动出发，必须是以审美活动为基础。求真活动的合规律性是抽象的，是人的自然化、物化；同样，离开了审美活动，向善活动的合目的也是抽象的，是人的神化。从审美活动出发，才有求真活动与向善活动。以"审美"活动为归宿也才有求真活动与向善活动。庄子说"原天地之美而达万物之理"，很有道理，"万物之理"，其实是隐含在"天地

---

① 梯利曾批判康德认为道德是理性的说法："道德判断……是建立在感情上的。……虽然道德意识中存在一种理性的或认识的成分，它却不是道德意识的全部。……一个人应当追求什么最高目的不是一个推理证明的问题，而是一个感情的问题。"参见［美］弗兰克·梯利《伦理学概论》，何意译，中国人民大学出版社1987年版，第56、57、164页。

之美"之中的。

为了能够把审美活动与求真活动、向善活动辨析得更为清楚，我们不妨回到审美活动本身，就审美活动与求真活动、向善活动的差异再作考察。

就审美活动与求真活动而言，审美活动所关注的是美与丑，而并非求真活动所关注的真与假。求真活动意义上的真与假，作为某种价值尺度，固然不能说与审美活动毫无关系，但却毕竟不能等同于审美活动，① 正像狄德罗宣布的：一切都是真实的，但不是一切都是美的。相对而言，求真活动的真假判断关注的是"对象是什么"，而审美活动关注的却是"对象怎么样""对象对于人的意义是什么"，进入审美活动之后，对象已经不是"对象"，而是另一个我了。它已经是超越的、自由的，也已经离开了字典的含义。在这方面，我们过去往往把审美活动同求真活动等同起来，把美同真等同起来、同主观统一于客观等同起来，把不美同假等同起来、同主观未能统一于客观等同起来，这是非常错误的。对此，最为简单的反诘是，假如二者可以等同起来，可以如此在逻辑上同义反复，审美活动的存在岂不就是十分可疑的了？事实上，求真活动虽然是审美活动的基础。但它们毕竟不同。分析这"不同"，正是美学大显身手之处。这就是我所强调的对于审美活动的特殊性的分析。②

在我看来，审美活动只是与求真活动在某一点上的互相适应、互相契合、互相同化、互相选择，在此之外的东西则或被排除，或被突出，或被强化，或被排斥，或被弱化，结果，互相弥合的那一点就成为一个新的世界，那是被情感激活的世界，既不是纯主观的，也不是纯客观的，也不再是几何空间的准确性，而是心理空间的准确性。形

---

① 注意，假如只是意识到三者之间的横向差异，是肤浅的，还应该深入三者的递进问题，否则就无法在完全的意义上把握审美活动的真谛。

② 就像研究地球不能只注意到它是围绕着太阳公转，而且要注意到它的自转。也曾有学者举例云："酒是什么"，假如我们回答说是粮食，那无疑是错误的，因为酒虽然来源于粮食，但已经不是粮食。那些公式化的审美，正是因为把求真活动直接搬到审美活动之中，结果反而就成为假的了。而且，假如审美活动的美不能在自身找到衡量尺度，而要在自身之外去找一个非审美的客观尺度，那只能是美之毁灭。

象不再是抽象，典型也不再是公式，展现的是境界的真实、假定的真实，因此只能接受假定性逻辑的检验，而不能接受现实逻辑的检验。例如，罗汉豆的味道都是一样的，但是鲁迅却说：只有看社戏后撑着船回家的孩子从地里偷来的罗汉豆最好吃。又如，马克思这样表达他对爱妻燕妮逝世时的感受：她的眼睛比任何时候都更大、更美、更亮。再如，普希金曾经在家里举行扮演普希金的比赛，他本人也参加，但却只得了第三名。当然，审美活动也不是完全与求真活动无关，甚至完全脱离求真活动，其中的奥秘在于："不似之似"。审美活动的魅力就在于"是"与"不是"之间。

　　进而言之，审美活动所关注的并非生命的真与假，而是生命的可能与不可能。这是两个完全不同的问题。假如前者关乎生活的有限，后者则关乎生命的有限。这意味着，现实世界不是审美活动的内容，而是审美活动的媒介。这样，现实世界的真假，在审美活动中并没有根本的作用。审美活动虽然离不开现实世界，但却并不僵滞于其中，而是把现实世界的实用内容剥离出去，对物之为物作理想性的解读，从而使之成为超越生命的有限的象征。卡西尔指出："在科学中，我们力图把各种现象追溯到它们的终极因，追溯到它们的一般规律和原理。在艺术中，人们专注于现象的直接外观，并且最充分地欣赏着这种外观的全部丰富性和多样性。"① 这正是对审美活动与求真活动的深刻辨析。而求真活动的真假标准之所以不能成为审美活动的标准，正根源于此。有人曾问马蒂斯面对西红柿时看到了什么，他回答说：颜色。人们在市场上买那些不光溜的橘子，说是"有吃相没看相"，但丰子恺先生为了画画，却偏要买那些光溜的橘子，道理在此。须知，现实世界的实用解读，往往是人类分门别类加以界定的结果。以"竹子"为例，按照字典里的分门别类，它的含义是固定了的，但当杜甫写出"日暮倚修竹"的诗句时，这"竹子"的含义就不再等同于字典了。瑞典学者沃尔夫林也曾经说过，这个世界有"入画"和"不入画"之分。由此来看，"竹子"也有"入画"和"不入画"之分。

---

① ［德］恩斯特·卡西尔：《人论》，甘阳译，上海译文出版社2013年版，第290页。

"入画"的"竹子",已经跟它的植物属性无关,而与作者的价值评价有关,例如,是正直的,美好的,是饱经沧桑的,等等。中国人很喜欢丑石和老树枯枝,道理也如此。石头,按照我们的想法,应该是特别光滑的石头最"入画",但是恰恰相反,中国人喜欢的石头偏偏要"透"、要"漏"、要"皱"、要"瘦",因为它体现了自然而然的生命。老树枯枝也是如此。那些年轻的朝气蓬勃的树固然很美,但是老树枯枝生命经历可能会更加引起画家的关注。显然,在这里,更为重要的已经不是可信、逼真,而是"发人深思"与"玩味无穷"。因此,在审美活动中,虽然不离开现实世界,但对其中的一切都不再是用分门别类的字典含义来阐释了,因此,美丑与真假并不对应。爱因斯坦就说过:重力无法对人何以坠入爱河负责。这恰恰道出了真假判断与审美判断之间的不同。审美活动往往难以理喻,但是却"无理而妙"。因为,它所显现的不是实在性真理,而是启示性真理。熊十力先生认为,有可以实证的"量智",也有不可以实证的"性智"。审美活动所关注的,其实就是不可以实证的"性智"。"海上生明月,天涯共此时",稍有一点科学知识的人都会知道,"天涯"并不"共此时",可是,这样说尽管不合理,却确实更为合情。尽管不合理,却更为合情,这正是审美活动超出于求真活动的地方。为什么对于审美活动而言,"天可问,风可雌雄","云可养,日月可沐浴焉"?为什么"吾知真象非本色,此中妙用君心得。苟能下笔合神造,误点一点亦为道"(皎然《周长史昉画毗沙门天王歌》)?为什么杜甫在《冬日洛城北谒玄元皇帝庙》诗中会说"碧瓦初寒外"、在《夔州雨湿不得上岸》中会说"晨钟云外湿"?应该说,也根源于此。所以,韦勒克与沃伦在谈及狄更斯和卡夫卡的创作时才会出人意外地认为:"这两位小说家的世界完全是'投射'出来的、创造出来的,而且富有创造性,因此,在经验世界中狄更斯的人物或卡夫卡的情境往往被认作典型,而其是否与现实一致的问题就显得无足轻重了"①鲍山葵也才会如此痛快淋漓地

---

① [美]韦勒克、沃伦:《文学理论》,刘象愚等译,生活·读书·新知三联书店1984年版,第239页。

指出：审美活动所面对的世界"丝毫不是从属于真正事实和真理的整个体系。它是一个代替的世界，固然是根据同样的最根本基础构成的，但是有它自己的方法和目的，而且它的目标是取得另一类型的满足，不同于肯定事实后所取得的那种满足。"①

同样，审美活动的美与丑也不能等同于向善活动意义上的善与恶。向善活动意义上的善恶只是对生活的有限的评价，审美活动的美丑则是对生命的有限的评价。善与恶只是对生命的现实关怀，美与丑才是对生命的终极关怀：生命可能或生命不可能。因此，从善恶的角度看待审美活动也是非常错误的。

我们总是习惯于从"善"、"恶"或者"好人"、"坏人"的角度去看待世界，正像张爱玲早在20世纪初就批评的那样，国人从八九岁的孩子时就形成了一种惯性，"看见一个人物出场就急着问：'是好人坏人？'"可是在真正大师的作品里，我们却往往会发现，里面往往没有好人也没有坏人。以至于我多年来会有一个十分简单的直觉，如果在哪个人的作品里一眼就看见了坏人，那就可以立即做出判断：这肯定不是好作品。显然，审美活动关注的是一些更为重要的东西，也是一些与"善"、"恶"或者"好人"、"坏人"的评价完全不同的东西。由此我们看到，犹如审美活动的根本不服从于所谓的合规律性（真假），审美活动也根本不服从于所谓的合目的性（善恶），后者无疑是完全违背了审美活动的终极关怀的基本原则的。何况，即便是生活里的坏人，一旦进入了文学作品，评价也会不同。例如曹禺的《雷雨》中的著名人物繁漪，曹禺就提示我们：繁漪的可爱并不在她的可爱处，而在她的不可爱处。（参见曹禺《雷雨序》）因为，正是她的"不可爱"，繁漪这个人的反抗精神、自由独立精神特别强，这就是我们在作品中所看到的她的生命力之旺盛，但是她碰到了一个特别霸道的老公，他只会用特定的方式来爱她，却没有意识到，这样的爱反而恰恰是迫害。于是，她明明是情感饥渴，但是她老公却认为是因为她的身体有病，于是就每天逼她吃药，结果这样一逼二逼三逼的，就把她逼

---

① ［英］鲍山葵：《美学三讲》，周煦良译，上海译文出版社1983年版，第15页。

得铤而走险了，犹如潘金莲的遭遇，当一个社会没有给一个女性提供任何的自由舒展自己的生命的机会的时候，那么，这个女性的任何一点追求自由生命的努力就必然只能够通过"恶"的方式，也就是犯罪的方式。繁漪也是如此。因此，繁漪让我们看到了社会深层的一种隐秘的"不可爱"，人性深层的一种隐秘的"不可爱"，因此反而也就看到了她的生命力之可爱。《红楼梦》中的凤姐也如此，过去有过一句这样的话，"恨曹操骂曹操，不见曹操想曹操"，后来有一个评论家把这句话转送给了凤姐，这就是所谓"恨凤姐骂凤姐，不见凤姐想凤姐"。为什么会如此？道理也是一样。凤姐跟繁漪一样，都有一个共同的特征，就是生命力特别顽强，其实也就是特别希望施展自己的抱负，酣畅淋漓地实现自己的人生。但是，在封建社会，她作为一个女人，却没有施展自己的才能的机会。但是，她非常不甘心，她就是要施展，她就是觉得自己比一万个男人都要强，男人能，凭什么我就不能？从表面看，凤姐特别喜欢"弄权"，最明显的就是不惜"玩火于掌上"，但是凤姐却并不是一个坏人，而是因为这个社会不给她人生的舞台，于是，她只好用做坏人的办法来做好人。由此，让我们看到了社会深层的一种隐秘的"不可爱"、人性深层的一种隐秘的"不可爱"，因此反而也就看到了凤姐的生命力之可爱。再比如《安娜·卡列宁娜》，在道德排名榜里，卡列宁是全俄罗斯排名一流的模范丈夫，作为一个省市级的领导，他的人生很成功，而且，他对安娜也特别好。可是，安娜还是固执地就是要红杏出墙。从道德上看，安娜当然是错的。而且，一开始甚至连作家托尔斯泰本人也是这样看的，可是，这只是从道德法庭上来看，转过来在审美法庭上思考一下，情况就完全不同了。其实，卡列宁才是错的，因为他根本就不懂爱情。卡列宁特别喜欢对安娜宣称："我是你的丈夫，我爱你。"可是，安娜的评价却截然不同："爱，他能够吗？爱是什么，他连知道都不知道。"安娜为什么会"红杏出墙"，就是因为卡列宁不可爱："沽名钓誉，飞黄腾达——这就是他灵魂里的全部货色，""至于高尚的思想啦，热爱教育啦，笃信宗教啦，这一切无非都是往上爬的敲门砖罢了。""我明明知道他是一个不多见的正派人，我抵不上他的一个小指头，可我还是恨他。""我恨就恨他的道德!"但是,她又没有办法摆脱。要知道,卡列宁这个人不可爱到了极点,他想学耶稣,面对安娜的"红杏出墙",他仍旧不肯放过她,他说,即便是你跟别人好了,我还是宽恕你。安娜说,你别宽恕我,离婚算了。卡列宁说:不能离婚。安娜因此而百思不得其解。她说,你只要放了我,我就幸福了。卡列宁说:那不行,我像耶稣一样受尽苦难,你怎么出轨、怎么给我戴绿帽子,我也不会放你,因为这正好是修炼我的道德的最好机会。由此不难看出?在道德的法庭上,固然可以宣判卡列宁为善,但是,在审美的法庭上,卡列宁却应该被审判为不美。这个结论是无可置疑的。

  类似的例子还有很多,例如为什么宝玉的"至奇至妙"偏偏在他的"说不得善、说不得恶"(脂砚斋)?为什么唐明皇与杨玉环的爱情在现实生活中明明造成了巨大的灾难,却又被诗人千秋传颂?为什么苔丝因杀人而犯下大罪,但在作者眼里却是"躺在祭坛上面"的一种美?一方面,伦理法庭审判着他们的恶;另一方面,审美法庭却又赞扬着他们的美。之所以出现这种奇观,也无非是因为他们虽然踏进了道德评价的恶的雷区,但同时又点燃了审美评价的生命的火炬。因此,从道德评价的角度看固然是恶,但从审美评价的角度看更是不折不扣的美。伦理法庭审判着他们的"恶",审美法庭却在赞扬着他们的"美"。例如朱自清先生的散文《女人》。在这篇散文中,朱先生坦露心迹说,他"一贯地欢喜着女人"。而且,"女人就是磁石,我就是一块软铁"。"在路上走,远远地有女人来了,我的眼睛便像蜜蜂们嗅着花香一般,直攫过去",就是这样,有的女人,他"看了半天"或"两天",有的女人,他竟然能"足足看了三个月",……你看,假如从伦理活动的眼光看,朱先生不是有点太"那个"了吗?或者说,朱先生是不是个坏人呢?其实,从审美活动的眼光看,朱先生却又一点也不"那个"。为什么呢?答案在于:在伦理活动中,"看"这个动作确实与现实的功利关系——占有密切相关。因此,一旦违背了社会的成文或不成文的规定去"看",当然应该说是一种恶,否则,孔夫子就不会那样拼命地强调"非礼勿视"了。但审美活动却不然,它也"看",但却"看"的是人类生命在女性身上的伟大创造,"看"的是人类生命史上的"一种奇迹般"的胜利。伦理的

"看"和审美的"看"的内涵截然相异。①

同时，还需要指出的是，在现实的审美活动中，类似于求真活动与审美活动的混淆，向善活动也会与审美活动混淆起来。例如，有美学家就认为，真的、善的其实就是美的。这显然是把美学的问题简单化了。美是必须有其感性形象的，言语、行为、声音、表情、颜色、韵律、线条等，也必须诉诸人们的感性直观，否则便不成其为美。抽象的科学知识、逻辑的思想演绎，当然也自有其社会价值，但是却谈不上审美的价值，也不能以美相称。还有美学家认为，美是真与善的感性显现。这其实就是在说美是真或者善的内容与与美的形式的统一。可是，难道美学就没有自己的独立的内容吗？美的东西当然要有美的形式，但是，我还要强调的是，它也必须有自己的独立的美的内容。例如作为善的"无私奉献""舍己为人"就不能直接进入审美，因为它毕竟还是存在物我两分、主客二分，还只是"应该"，而当"无私奉献""舍己为人"进入审美活动之后，则已经不复存在物我两分、主客二分与"应该"了。此时的关键已经不是"是什么"，而是"如何是"，也已经不是刻意而为的有心为善，而是自然而然的无心为善了。由此，也可以解释在日常生活中人们对于求真活动或向善活动的误认，那无非是因为人们在无意之中对其加以"形式化"的结果，是一种"形式通感"，例如从善的高尚境界转向美的崇高境界②等，总之，美之为美，必须是同时地超越了真与善的内容与形式。美也必须是独立的美的内容与独立的美的形式的统一。

最后，审美活动的价值尺度又不能等同于历史意义上的进步与落后之类价值尺度。进步与落后是一个集求真活动与向善活动的真假与善恶于一体的一个综合性的标准，合规律与合目的的统一（既真且善）称之为进步，否则便称之为落后。然而，合规律性与合目的性的

---

① 还有一种情况，是伦理法庭的否定性审判与审美法庭的否定性审判的同步进行，这种情况更为复杂。可参见《潘知常美学随笔》中的《怎样在美学上去反省"南京大屠杀"》（凤凰文艺出版社2022年版）一文，第303—3123页。

② 而且就心理而言，对于善的感受是出自内在的道德感，对于美的感受却是出自内在的美感。两者的发生、内涵、心理特征都截然不同。实践美学误以为是"以美储善"，其实是忽略了其中的真正问题，亟待展开的理应是切合实际的认真研究。

统一,真与善的统一,并不就是美,比如说,我们说封建社会比奴隶社会进步,因为它即合规律性又合目的性。我们说资本主义社会比封建社会进步,理由也是这样的,但是当我们进行审美活动的时候,却是不服从于这样的规定的,否则很多文学作品中的审美评价就会令人难以理解。在这里,进步与落后的标准绝对不能等同于审美标准。实际上,进步的也可能不美,落后的也可能偏偏就美。帕斯捷尔纳克曾经被斯大林蔑称为"天外来客",肖洛霍夫曾痛斥他是"寄居蟹",还有某些评论家更是指责他脱离人民,他的声音也"经常被时代的进行曲和大合唱所淹没",但是在二战期间的1935年夏天,他临时被派去参加巴黎和平代表大会,会议中全世界的作家都在酝酿要组织起来反法西斯,帕斯捷尔纳克却说:"我恳求你们,不要组织起来。"无疑,这正是帕斯捷尔纳克的深刻。因为在作家的眼睛里战争不只有正义与非正义之分,借用雨果的话来说,在战争之上,其实还应该有一个人道主义的标准。而作家是完全可以人性、美学地审判战争的,因此他们还有什么必要再去组织起来呢?卡夫卡的做法也同样能够说明问题。第一次世界大战爆发的时候,卡夫卡的日记里只有这样寥寥两句:"上午世界大战爆发,下午我去游泳"。再如,人工驯养的猪仍然不美,人类发明的细菌武器也仍然不美,但张家界没有人为改造,却很美;反之,不真不善也可能美;还有,美而不善,也是存在的,例如有毒的花;美而不真,同样存在,例如人工制作的花;故三者有联系,但也有区别。简单等同是不行的(而国内之所以往往产生误解,关键在于把实践活动的对象化等同于审美活动,实际上,对象化只是审美活动产生的条件)。

在很多人那里,进步与落后的标准是等同于审美标准的,这又是一种错误的看法。实际上,同上述善恶、真假标准一样,进步与落后关注的只是现实对象的世界内容,是对这一世界内容的认识和评价,而审美活动关注的则是现实世界的境界形态,是对这一境界形态的体验,因此,二者是不能等同的。它们的区别正类似于席勒提出的"诗意的真实性"与"历史的真实性"的区别。雨果在论及审美活动与历史活动的区别时,也曾明确指出,在审美活动,是"千真万确"与

"不可能"的统一。它"恢复编年史家所省略的,对他们所剥脱了的使之调和起来,猜测他们的遗漏而为之修补,以具有时代色彩的想象去填补他们的缺陷,把他们所听其散乱的集合拢来,把推动人类傀儡的神为的提线接续起来,在一切上面,都笼罩以一种同时是诗的而又自然的形式,并界之以这个产生幻觉的真理及跃进的生命"①。不难看出,雨果在这里指出的为历史活动所"省略""剥脱""遗漏""缺陷""散乱"了的,为审美活动所"恢复""调和""修补""填补""集合""接续"了的,其实正是审美活动超出了历史活动的地方。因此,从审美活动的角度去看历史与从历史活动的角度去看历史就有着根本的差异。例如,尽管从历史的角度我们肯定秦始皇而否定孟姜女,但从审美的角度我们却只能肯定孟姜女而否定秦始皇。而且,从审美活动的角度去看待历史,又必须剥去历史的实在内容,而使其内在的美学内涵呈现出来。这就决定了在审美活动中不能也没有必要过分拘泥于史实。黑格尔把这史实称之为历史的外在现象的个别定性,并且正确地指出,连伟大的莎士比亚也未能很好地予以解决:"莎士比亚的历史剧里有许多东西对于我们是生疏的,不能引起多大兴趣的。这些历史事实读起来固然令人很满意,上演时就不然。批评家和专家们固然认为这种历史上的珍奇事物为着它们本身的价值也应搬上舞台去,而碰到听众对这些事物感到厌倦时,就骂听众趣味低劣,但是艺术作品以及对艺术作品的直接欣赏并不是为专家学者们,而是为广大的听众,批评家们就用不着那样趾高气扬,他们毕竟还是听众中的一部分,历史细节的精确对于他们也就不应有什么严肃的兴趣。"② 不过,对这个问题从美学角度讲得最清楚的,还是中国的王夫之。他在评价左思的《咏史》诗时指出:"风雅之道言在而使人自动则无不动者,恃我动人亦孰令人动哉?太冲一往全以结构养其深情。"(《古史评选》卷4)这里的"结构"正是审美价值尺度。因此,审美活动虽然同样面对历史事实,但却是"以史为咏、正当于唱叹写神理"(《唐诗评选》

---

① 古典文艺理论译丛编辑委员会编:《古典文艺理论译丛》第2册,人民文学出版社1961年版,第136页。

② [德]黑格尔:《美学》第1卷,朱光潜译,商务印书馆1979年版,第351页。

卷2),其"妙处只在叙事处偏著色,搅碎古今巨细,入其兴会"(《明诗评选》卷2)。

在这方面,世界文学中的优秀之作,诸如《战争与和平》《永别了,武器》《这里的黎明静悄悄》《生命中不能承受之轻》,可以作为借鉴,一般的战争文学,往往瞩目于历史事件的陈述,以及对正义一方的英雄的歌颂。如此一来,历史评价与审美评价就被混同起来了。但在上述名著则完全不同了。它们面对的是人性和战争的关系,是人类与战争的关系,而不是正义战争与非正义战争的关系。这就是所谓审美价值尺度。例如《这里的黎明静悄悄》,它没像其他反映战争的作品那样,着力于描写战争的正义与非正义,也没有着力于塑造正义战争中的英雄,而是着力于描写五位年轻的女战士,她们的青春是那样灿烂,她们的生命是那样美丽,她们的理想是那样动人,突然之间,却被战争之神粗暴地踩躏了……这正是一种审美的眼光。《这里的黎明静悄悄》之所以感人至深,与此密切相关。《生命中不能承受之轻》也是一部十分成功的作品。苏联出兵捷克,是一件轰动世界的大事。在历史家那里固然可以大书特书。但在作者的手里,这一切都被轻轻放过,他更看重的是在这事件背后的"生命如何可能"的本体论的诘问。"无论有意还是无意,每一部小说都要回答这个问题:'人的存在究竟是什么?其真意何在?'"于是,作者展开了轻与重、非如此不可与别样也行、抵抗者的悲哀与欢乐,灵与肉以及俄狄浦斯、媚俗、上帝、动物与人等形形色色的生命困境……毫无疑问,这也正是一种审美的眼光。

因此,审美活动就是审美活动。它的意义主要不是外在的,例如以美导真,以美储善之类,"它本身就是它的目的"。黑格尔说得十分出色:"如果艺术的目的被狭窄化为教益,上文所说的快感、娱乐、消遣就被看成本身无关重要的东西了,就要附庸于教益,在那教益里才能找到它们存在的理由了。这就等于说,艺术没有自己的定性,也没有自己的目的,只作为手段而服务于另一种东西,而它的概念也要在这另一种东西里去找。在这种情形之下,艺术就成为用来达到教训目的的许多手段中的一个手段。这样,我们就走到了这样一种极端:把艺术看成没有自己的目的,使它降为一种仅供娱乐的单纯的游戏,或者一种单纯的手段。"① 而马克思也一再强调:"密尔顿出于同春蚕吐丝一样的必要而创作《失乐园》,那是他天性的能动表现。""诗一旦变成诗人的手段,诗人就不成其为诗人了"。据说在日本,有一个名画家画了一幅画,上面只有三粒豆,标价为六十万元。某商人见到竟惊叹说:"这种豆真稀奇,一粒就值二十万元!"而拜伦的葬仪在伦敦举行时,也有商人惊叹:"诗人是做什么生意的人?"其实,审美活动是不能从外在的功能、意义的角度去规定的,它不是手段而是目的。它既是一种创造,又是一种消费,消费存在于创造之中,创造也存在于消费之中,以全面的、自由的发展为最终的归依之地。因此,不能隶属于任何一种外在的意义。不过,另一方面又应该说,审美活动也有其意义。区别于外在的意义,审美活动的意义可以称之为内在的意义。它是手段与目的的同一,即赋予生命以灵魂。在审美活动中,人实现了自己的最高生命,但这实现本身也正是对最高生命的创造。它规定着生命,又发现着生命;确证着生命,也完满着生命;享受着生命,更丰富着生命……因此,审美活动固然不会只是导致导真、储善之类的作用,但却可以去塑造人的灵魂,塑造人的最高生命,这正是审美活动的往往不为常人所理解的意义。②

另一方面,审美活动尽管并不具备外在的意义,但却并不是说,审美活动对社会现实毫无作用。因为审美活动固然无法直接作用于社会现实,但却可以直接作用于创造社会现实的人,并借此去间接地作用于社会现实。"曾经沧海难为水,除却巫山不是云。取次花丛懒回顾,半缘修道半缘君。"经过在审美活动中对自身的发现、完满、丰富,③ 当人们

---

① [德] 黑格尔:《美学》第 1 卷,朱光潜译,商务印书馆 1982 年版,第 63 页。
② 在这个意义上,我们才能真正理解审美教育的深刻含义。参见潘知常等《人之初:审美教育的最佳时期》,海燕出版社 1993 年版。
③ 马斯洛发现:人们看到什么,他就是什么。人知觉到的世界越是完整,人自身也就越是完整。人自身越是完整,世界也就越是完整。卡西尔发现:"艺术家选择实在的某一方面,但这种选择过程同时也就是客观化的过程。当我们进入他的透镜,我们就不得不以他的眼光看待世界,仿佛就像我们以前从未从这种特殊方面来观察过这个世界似的。"([德] 恩斯特·卡西尔:《人论》,甘阳译,上海译文出版社 2013 年版,第 249 页)歌德也发现:"人每发现一个新的事物,就意味着在自我中诞生了一个新的器官。"(歌德。转引自滕守尧《审美心理描述》,中国社会科学出版社 1985 年版,第 368 页)审美活动的意义由此可见。

以新的面目重返社会现实，无疑不会继续容忍它的局限、板滞和对于生命的种种有限的固执，而会毅然对之加以改造。正像马克思所指示的："钢琴家刺激了生产，一方面是由于能使我们成为更其精神旺盛、生气勃勃的人，一方面也是由于（人们总是这样认为）唤醒了人们的一种新的欲望，为了满足这种欲望，需要在物质生产上投入更大的努力。"① 并且，要强调指出，审美活动对社会现实的间接作用并不意味着它的可有可无、无足重轻，恰恰相反，这正证实了审美活动的意义是由不可偏废的直接作用和间接作用这两个方面组成的，忽视任何一个方面，都会导致错误的结论。对审美活动的间接作用，古今中外的美学家往往有所误解。有些人就坚持否认审美活动的间接作用，例如瑞恰兹就认为：当我们看一幅画或读一首诗或听音乐，我们并没有做什么不同于去展览会或早上穿衣的活动。席勒则认为："甚至那摇尾乞怜的、充满铜臭的艺术，如果让审美趣味给加上翅膀，也会从地上飞升起来。只要审美趣味的手杖一碰，奴役的枷锁就会从有生命和无生命的东西上脱落。"② 其结果只能使审美活动或者等同于现实，或者完全脱离现实。于是，审美活动便成为一种极度脆弱的乌托邦。实际上，对于审美活动的追求固然是人的天命，但审美活动本身却必须以社会现实为基础，否则，这追求就成了无源之水，无本之木。还有一些美学家则片面强调审美活动对于社会现实的作用，把它直接化、实用化，结果，审美活动被贬低为科学、道德或历史活动。实际上，审美活动对于社会现实的作用要明显区别于科学、道德，或历史活动的作用。首先，它是从人类最高的生命存在方式出发，从人类的自身价值出发，从人类的终极关怀出发，因而对于社会现实的作用。不能类比于从人类的一般生命存在方式出发，从人类的外在价值出发、从人类的现实关怀出发的现实活动。其次，审美活动对于社会现实的作用表现为赋予它以灵魂。审美活动不是要把社会现实变成艺术，而是说要为社会现实命名，要破解社会现实的板滞、封闭，使其中不能言的

---

① 马克思语。转引自［法］柏拉威尔《马克思和世界文学》，梅绍武译，生活·读书·新知三联书店1980年版，第394页。

② ［德］席勒：《美育书简》，徐恒醇译，中国文联出版公司1984年版，第147页。

东西被说出来，尚付阙如的东西被呼唤出来，使不可见的东西变成可见的，使虚无的东西变成意义的。于是，它最终得以维护着生命的冥思、激情、灵性，允诺着人生的幸福、社会的美好和人类的未来，也拒斥着罪恶、残暴、无耻、卑下和虚无。

这样，与现实活动相比，审美活动固然显得异常软弱——它使人想起莱辛的一句名言："上帝创造女人，用了过分柔软的泥土。"但谁能说，软弱就是无用？何况，从人的角度看，这软弱又正是审美活动的宝贵品格。正如陀思妥耶夫斯基所庄严表述的："目睹着人的罪孽，人们往往怀疑，一个人究竟应该报之以强力还是施之以谦逊的爱，要打定主意，永远以谦逊的爱与之战斗，这种爱是最有感染力的、最可怖的、最有力的，世界上任何其他力量都难以攻克的。"① 审美活动在现实活动的标准之外，为人们树立起美的标准。假如说现实活动的标准是相对标准，美的标准则是绝对标准。"君子之仕，行其义也，道之不行，已知之矣。"这就是审美活动的历史命运。黑格尔对此深有体味："精神的生活不是害怕死亡而幸免于蹂躏的生活，而是敢于承当死亡并在死亡中得以自存的生活，精神只当它在绝对的支离破碎中能得全自身时才赢得它的真实性，精神是这样的力量，不是因为它作为肯定的东西对否定的东西根本不加理睬，犹如我们平常对某种否定的东西只说这是虚无的或虚假的就算了事而随即转身他向不再询问的那样，相反，精神所以是这种力量，乃是因为它敢于面对面地正视否定的东西并停留在那里。精神在否定的东西那里停留，这就是一种魔力，这种魔力把否定的东西转化为存在。"② 在现实活动中，在全社会像一部开足马力的机器尽其所能为私欲奔波时，审美活动亟须满怀着对人类终极价值的关注，倾尽血泪造就一双整合这些不自觉活动所产生一切后果的无形的冥冥之手，推动着它向更合乎人性的方向发展。它是人性的悬剑！

---

① ［俄］陀思妥耶夫斯基：《中短篇小说选》下卷，曹中德译，人民文学出版社1982年版，第655页。

② ［德］黑格尔：《精神现象学》上卷，贺麟等译，商务印书馆1981年版，第21页。

三 现实超越·宗教超越·审美超越

从外在辨析的角度考察审美活动，还要涉及的一个问题是：从评价类型的类型的角度对审美活动加以辨析。

所谓评价类型，意味着生存方式的选择，是指"生命活动如何可能"，不过，这里要强调指出，本书所谓的"生命活动如何可能"，是就人类生命活动的本性即自我超越而言，不是就人类生命活动的基础而言，也不是就人类生命活动的手段而言，"生命活动如何可能"即人类生命活动的自我超越如何可能。当然，"生命活动如何可能"问题在某些哲学著作中可能会着重考察它的整体或者它的基础如何可能，在某些科学著作中可能会着重考察它的手段如何可能。这无疑都是可以的。而就美学著作而言，"生命活动如何可能"就往往只可能去考察它的自我超越如何可能。而且，在这种考察中丝毫也不意味着对自我超越的实现与基础、手段的实现的必然联系的忽视。因为没有后者的实现，前者的实现无异于纸上谈兵。

然而，这毕竟并不意味着人类生命活动中的自我超越问题就不重要了。在不少研究者那里，往往只强调人类生命活动中的基础、手段的重要，但却不敢理直气壮地强调自我超越的重要，这似乎是一种非常有害的心态。在他们看来，自我超越问题是一个可以还原为基础、手段的不值一谈的问题。然而，重大的失误正是由此而生。自我超越实际上是无法还原的。自我超越并非一个空洞的范畴，也绝不是一个可以靠还原就可以躲避的矛盾。它的产生固然以基础、手段为前提，但它的解决也只能以基础、手段为前提。基础、手段的解决毕竟不能代替它的解决。正如主观性理想并非直接从客观性、现实中引申出来，而是人类生命活动共同造就了主观性与客观性、理想与现实之间的对立，因此把主观性、理想还原为客观性、现实是荒谬的一样，自我超越也并非直接从基础、手段中引申出来，而是人类生命活动共同造就了基础、手段、自我超越之间的对立，因此把自我超越还原为基础、手段也同样是荒谬的。换言之，这就是说，自我超越作为人类生命活动的产物，有着自己的不可还原性、不可替代性，以及独特的性质、功能、意义。而对美学研究者来说，首先强调基础、手段的初衷也正是要看到以此为背景所展开的自我超越的广阔空间，正是要看到自己在面前所展开的美学研究的广阔空间，而不可能也不应该是抹杀、否定这个广阔空间的存在。①

进而，自我超越的问题之所以十分重要，还因为在从群体的角度、从人类生命活动所造成的在集体的生命活动过程中所出现的基础、手段、自我超越的分裂的角度论证了自我超越的出现的必然性之后，还必须看到：从个体的角度、从人类生命活动所造成的在个体的生命活动过程中所出现的有限与无限的分裂的角度，自我超越的出现的必然性更加重要。

就个体而言，在生命活动的基础上产生的文明与自然的矛盾具体呈现为有限与无限的矛盾。简而言之，每一个人都是生而不幸而又生而有幸，所谓生而不幸，是说每一个人一生下来就无异于被判了"死缓"，最终都是必死的，而且是知道自己必死的。这里的"死"，从狭义的角度可以理解为肉体的消解，世上万物，唯有人类自知生命的必然结束。在生命的万里云天，偏偏鼓动着死亡之神的黑色翅膀。生命从一个无法经验的诞生开始，又以一个必须经验的死亡结束。对于死亡的恐惧，作为一切生命的内心痛苦和自我折磨的最初和最后之源，缓缓地从过去流向未来，负载着生命之舟，驶向令人为之怵然的尽头。有谁能说，这一切不是人类的最大不幸呢？② 但从广义的角度则可以理解为生命的有限。死亡之神，不仅无情消灭了血肉之躯，而且更无情地践踏了这血肉之躯的劳动成果。后者，才是人生之最大不幸！因此，在个体，所谓生而不幸，就绝不仅仅意味着意识到生命的无法逃避的死亡，而首先是意识到生命的无法逃避的有限。

这生命的无法逃避的有限，是一种生命本体意义上的"沉沦"。

---

① 这是中国当代的美学研究中普遍存在的缺陷。实践美学是把审美活动直接还原为实践活动，认识论美学是把审美活动直接还原为认识活动。然而事实上审美活动是不可还原的。

② 卡尔·萨根发现："伴随着前额进化而产生的预知术的最原始结论之一就是意识到死亡。人大概是世界上唯一能清楚知晓自己必定死亡的生物。"（[美]卡尔·萨根：《伊甸园的飞龙》，吕柱等译，河北人民出版社1980年版，第73页）

它横逆而来，把人生天平的一端沉重地压了下去。人一旦屈从于此，便会坠入万劫不复的深渊，使生命的存在与超越成为不可能。在这个意义上，它相当于基督教中作为人与上帝间相互区别的标志：罪。因此，不能把这种生命的无法逃避的有限所导致的生命本体意义上的"沉沦"简单等同于历史意义上的"落后"，向善意义上的"恶"，求真意义上的"假"，后者并非生命的有限，而是生活的有限。所谓生活的有限是一种有具体对象的有限，也是完全可以避开的，因而并未涉及"生命的存在与超越如何可能"这类本体意义上的诘问。生命的有限面对的则是一种没有具体对象的有限，受到威胁的不是生命的某一部分，而是生命的本身，不是生命与世界的某一方面的关系，而是生命与世界的整个关系通通成为可疑的了。而且，生命的存在就意味着有限，有限就意味着使生命的存在与超越成为不可能的沉沦的可能。卑贱者固然如此，伟人也无法例外——伟人之所以为伟人，只是因为他的头抬得更高而已，他的脚毕竟还是与卑贱者站在一起的。因此，伟人也无法避免生命的"沉沦"。岂止是无法避免，伟人的"沉沦"更为可怕，反而需要一颗真正伟大的灵魂才能使之升华。显而易见，伟人也正是因此而成为伟人。

另外，人生而不幸，固然反映了生命的真实，但却毕竟只是问题的一个方面，而另一个方面，人又真是生而有幸。所谓生而有幸，是指人虽然必须承领生命的有限，但也正是这生命的有限逼迫人去孕育一种东西来超越生命的有限，最终使生命的存在与超越成为可能，最终使人成之为人。具体来说，人禀赋着无法逃避的生命的有限，一旦自知这生命的有限，就会把生命推向雅斯贝斯所谓生命的"边缘状态"，为没完没了的生命痛苦所震撼。托尔斯泰笔下的列文就有过这种感受："他现在才第一次意识到，在未来，等待着包括他在内的每个人的不是别的，而是痛苦、死亡和永远的灾难。因此他决定，他不能再这样生活下去，除非找到生命的意义，否则他必须杀死自己。"可见，生命的有限又是作为生命存在的背景而存在的，每一个人正是从这里艰难起飞，冲破种种羁绊和桎梏，追寻着生命的存在与超越的可能。

这样看来，犹如上帝为人类送来了洪水，但又为人类送来了挪亚方舟，人之为人，虽然为自己带来了痛苦，但也为自己带来了希望。这正是人类生命的二律背反的奇观。而且，这种生命的二律背反的奇观又是生命中的一种永恒的现象：生命的有限期待生命的超越，但这种超越转瞬又会成为新的有限，又会期待着新的超越，如此往复，以至无穷……由此我们看到，对于生命的有限的超越，正是生命活动的自我超越的真实含义。

不过，对于生命的有限的超越，还有真实与虚假之分。真正的超越固然可以推动着生命不断地作出选择，走向生命的无限，最终使生命升华而出，使生命成为可能，但虚假的超越反而会僵滞于生命的有限，最终使生命趋于毁灭，使生命成为不可能。因此，在我们考察真正的对于生命的有限的超越方式是什么之前，首先需要考察的是：虚假的对于生命有限的超越是什么？

就价值类型而言，我已经剖析过，在人类生命活动中存在着三种最高的价值类型。然而在考察人类的评价类型之时，却又并非如此。所谓评价类型，是指对于"生命如何可能"或"生命的超越如何可能"的回应，面对的是终极追问、终极意义、终极价值。在此意义上，生命的求真活动、向善活动固然是人类的生命活动，但人类的生命活动并不就是求真活动、向善活动。求真活动、向善活动面对的是被分解了的生命活动，因而是被排斥在生命的终极追问、终极意义、终极价值之外的。相比之下，倒是现实超越、宗教超越可以与审美超越并列，成为人类评价方式的三种类型。

在这里，所谓宗教的超越是以一种虚幻的价值关怀的生命存在方式对生命的终极追问、终极意义、终极价值的回答。蒂利希就认为：宗教不是人类精神生活的一种特殊机能，而是人类精神生活所有机能的基础，是一种终极眷注。从表面上看，它也是对于生命的有限的超越，但实际上却不但并未超越，而且反过来庇护和容忍了生命的有限，因为它的价值关怀的尺度是虚幻的。马克思就批评说：宗教是"人的自我异化的神圣形象"[①]，"是还没有获得自身或已经再度丧失自身的

---

① 《马克思恩格斯选集》第1卷，人民出版社2012年版，第2页。

人的自我意识和自我感觉","是人的本质在幻想中的实现",是"锁链上那些虚幻的花朵"。① 显然,在宗教那里,价值关系是存在的,但却是被颠倒了的;自我意识也是存在的,但也是被颠倒了的。所以尼采才会揭露说:宗教是生命的引诱,是自我欺骗的登峰造极的精致形式。它提供一种虚幻的生命存在方式去超越生命的有限,但实际上却不但并未超越,而且反过来庇护和容忍了生命的有限。尼采确实也说了不少错话,但是这句话却是完全正确的:宗教是生命的引诱,是自我欺骗的登峰造极的精致形式。确实如此。因此,宗教的超越显然同样是虚妄的。虚无的超越、宗教的超越则是一种虚假的超越。它们反而僵滞于生命的有限,最终使生命趋于毁灭,使生命成为不可能。

而从宗教超越与审美超越的比较而言,我们看到,宗教超越是以神为本体,审美超越却是以人为本体。宗教超越的神本体是对人本体的否定,例如基督教,救赎要靠神恩,是对人的自由意志的否定的结果,审美超越不然,它是以人为本的,是爱的救赎,是对人自身的有限的超越,也是对人的自由意志的提升。而且,一般而言,宗教超越是一个精神与肉体的剥离器,灵魂与肉体、精神与现实在其中都被剥离得截然分明,有限与无限也都被剥离得截然分明。但是,审美超越却不同,在任何时刻,它都不会把灵魂与身体、精神与现实截然两分,也都不会把有限与无限截然两分。它的使命只是见证,是在身体中见证灵魂、在现实中见证精神,也是在有限中见证无限。也因此,在宗教超越中不需要去主动地在想象中去构造一个外在的对象,而只需直接演绎甚至宣喻,例如将意义人格化。它们的意义生产方式是挖掘、拎取、释读、发现(意义凝结在世界中),审美超越却不然。尽管同样是瞩目彼岸的无限以及人类的形而上的生存意义,但是它却是通过主动地在想象中去构造一个外在的对象来完成的(犹如在这里自我必须对象化、审美超越也必须对象化),是将意义形象化。而且,它的意义生产方式也是创生、共生的,不是先"生产"后"享受",而是边"生产"边"满足"。这是因为,在宗教超越中,其表达方式大多

---

① 《马克思恩格斯选集》第1卷,人民出版社2012年版,第1、2页。

都为直接演绎甚至宣喻，然而，彼岸的无限以及人类的形而上的生存意义却又毕竟都是形而上的，都是说不清、道不明的，可是，人类出之于自身生存的需要，却又亟待而且必须使之"清"、使之"明"，那么，究竟如何去做，才能够使之"清"、使之"明"呢？审美超越所禀赋的，就正是这一使命。

再看所谓现实的超越，它是以一种中止价值关怀的生命存在方式对生命的终极追问、终极意义、终极价值的回答，是价值关怀的阙如。准确地说，这只是一种虚无的超越，是以不超越取代超越的"超越"，也是以生命的占有代替生命的超越。① 它心甘情愿地承领生命的有限，并且与之同流合污。毛姆的名著《人性的枷锁》中有一个主角叫菲利浦，他有一段自白："人生并没有什么意义，而且人活着没有什么目的。""一个人生下来了，或者没有生下来，他是活着还是死了，都无关紧要，活着不足道，死了无所谓。"这就是一种虚无的超越。《浮士德》中的恶魔靡非斯陀也曾经宣称："过去和全无，完全是一样东西！永恒的造化何有于我们？不过是把创造之物又向虚无投进。事情过去了！这意味着什么？这就等于从来未曾有过，又似乎有，翻来复去兜着圈子，我所受的却是永恒的空虚。"这也是一种虚无主义的超越，这种超越无疑是虚妄的。

虚无的超越是一种对于生命的有限的认同，它或者对生命的有限一无所知（帕斯卡尔称之为："鄙视的可怜"），或者在生命的有限中陶然忘返（帕斯卡尔称之为："悲悯的可怜"）……其共同之处则是满足于人类禀赋的不可逾越的有限性，却丝毫不去顾及生命之虚妄、欢乐之虚妄、幸福之虚妄。伏尔泰不是就曾经说过："与其因为不幸和生命短促而自怜，不如为我们的幸福和长寿而惊喜。"② "我们不应当因为人类不能认识一切，就阻止人类去寻求于自己有用的东西。让我

---

① 不难猜想，占有作为生命存在，实际是用占有物来逃避成为人，用占有有限来逃避企达无限。然而，它所导致的却偏偏是有限生命的迅速消解，偏偏是"物人"的应运而生。参见拙著《生命美学》，河南人民出版社1991年版，第84—88页。

② ［法］伏尔泰：《哲学通信》，高达观等译，上海人民出版社1963年版，第134页。

们考察我们力所能及的事情罢"。① 上帝为人类缔造了短促、不幸的生命，但人类却不但不能反过来与此抗争，反而要衷心地感谢上帝没有把生命缔造得更短促更不幸，这就是伏尔泰和伏尔泰们的共同的心声，也是虚无的超越的根本标志。在生命的有限的泥淖中，人们由苟延残喘到和平共处到幸福歌唱、生命的感觉被整个地扭曲了：最初是幻想从有限的生活中榨取出各种各样的欢乐和幸福，然后又把这幻想视作真实的生活。幻想被视作真实，真实反而就被视为不真实，犹如歧途被视作正路，正路反而也就被视为歧途。最终，生命进入了一种死寂的情景。沉沦的生命和沉沦的感觉令人意外地一致了起来。值此时刻，应该承认，生命无可挽救也无须挽救了！

不难看出，虚无的超越正是奠基于沉沦的生命和沉沦的感觉两者的相互一致的基础之上，它是自然形态的生命的盈足和赞歌，是有限的绝对化，是个体生命的适性得意的悦乐，是无条件地执着现实人生、接受现实人生，是用逃避黑暗的方式强化黑暗，是从个我本己的自性欲求和生命活力出发去弘大或固持本己的生命，是从价值生命回归到自然生命，是天人混淆的自怡……总而言之，虚无的超越认定：生命是由作为有限存在和可以任意选择的人所组成，它没有意义。因此，奋力反抗这种没有意义的生命固然没有意义，即便为它追加任何价值信念——美丑、苦难、温爱也仍旧没有意义。人们所能做的只是：放弃希望、放弃拯救、放弃任何的价值关怀，以无意义抗击无意义。这样，不论是中国的儒家还是道家，也无论是西方的施蒂纳或者萨特，尽管他们在进入国家、进入历史、进入人伦社会或者退出国家、退出历史，退出人伦社会上存在差异，在弘扩自然生命或者保养自然生命上存在差异，但在认可一维的自然生命上，却又是全然一致的。②

审美超越与宗教超越与现实超越不同。对审美活动来说，超越之为超越的根本内涵，是生命超越和超越生命，或者说，是出世而又居

---

① ［法］伏尔泰：《哲学通信》，高达观等译，上海人民出版社1963年版，第143页。
② 关于这个问题的讨论，限于篇幅，不便在这里展开，可参见潘知常《生命美学》一书，河南人民出版社1991年版，第61—70页。

世。正因此，超越之为超越，是因为在现实生命中生命并不存在（这类似于海德格尔的名言：为什么"存在"在但"在"却不在），真正的"居世"，只有动物才能做到，现实超越无视的正是这一点；对审美超越来说，超越之为超越，又是因为生命并不离开现实生命而存在，真正的"出世"，只有神才能做到，宗教超越无视的正是这一点。因此，在现实的领域，人类的生命活动没有意义，在超现实的领域，人类的生命活动也没有意义，人类的生命活动只是因为既在现实生命之中同时又反抗着现实生命，因此才有意义。而要进入这既在现实生命之中同时又反抗着现实生命的人类生命活动，首先就要进入审美活动，或者说，实际上就是要进入审美活动。因此，不是"我占有，故我在"，也不是"我信仰，故我在"，而只能是："我审美，故我在"。

那么，审美超越的具体内涵何在呢？

首先，审美超越不是对生命活动的全面超越而是对生命活动的最高超越。其中，涉及的问题主要有二。其一是审美活动的超越性的存在并非否定实践活动在实现人类生命活动的自由中的基础作用，也不是否定理论活动在实现人类生命活动的自由中的手段作用，而只是针对人类生命活动中的自由的理想的实现而言。换言之，不是针对自由的基础、手段而言，而是针对自由的自我超越本性而言。它意味着，自由的自我超越本性只能在审美活动的超越之中得以实现。反过来也是一样，审美活动的超越性所实现的自由的自我超越内涵，正是审美活动本身所禀赋的本体论内涵。其二是审美活动的超越性的存在并非否定规律性、必然性在实现人类生命活动的自由中的条件作用。规律性、必然性是存在的，也是人类生命活动中的不可或缺的条件和必要条件，但却并非决定一切的前提和充足条件。它固然能够规定人类生命活动"不能做什么"，但是却不能规定人类生命"只能做什么"。在"不能做什么"与"只能做什么"之间还存在着一个广阔的创造空间。人无法超越饮食男女这些基本经济条件，但是在满足了这些基本经济条件之后，人能够自我实现到什么程度，却有着极大的自由度，人无法超越外在社会条件的种种限制，但是在这充满了种种限制的社会条件下，人能够作出什么样的贡献，仍有着极大的自由度……显而易见，这个自由度的最高表现就是审美超越。何况，在不同的领域，规律性所起作用的情况也有不同。一个明显的事实是，越是在精神的领域，生命运动的方式越是复杂，规律性的作用就越是弱化，而人的自由度也越是强化。显而易见，在这里，这个自由度的最高表现还是审美超越。因此，自由的自我超越的本性和自由度的最高表现，这就是本书所说的审美超越。

其次，审美超越不是对物的超越而是对人的超越，在这个意义上，超越只意味着人的生命存在方式的提升，意味着不再以现实的生命存在方式置身生命世界，不再以现实生命的眼光来看待生命世界，而是以最高的生命存在方式置身生命世界，以最高生命的眼光看待生命世界。强调这一点，主要是为了与传统美学区别开，传统美学（例如德国古典美学、中国当代实践美学）也强调超越，但却往往误解超越的含义，以为是指对物（诸如自然环境、工作环境、社会环境、科学技术之类）的超越，其实不然。对物的改造并未涉及直接超越问题，或者说，对物的改造还主要的是一个实践活动的问题。事实上，中国古代美学早就指出：审美超越不应该是"适人之适"，也不应该是"自适之适"，而应该是"忘适之适"；不应该是"以系为适"，而应该是"以适为系"；不应该是"留意于物"，而应该是"寓意于物"；也不应该是"射之射"，而应该是"无射之射"。① 以后者为例，"射之射"是指满足于具体目标的实现，因而徘徊于横向的东西南北的路向的选择，或"殉利"、或"殉名"、或"殉家"、或"殉天下"，整个生命都维系于此，然而目标一旦实现或消失，生命的安顿便瞬间震撼动摇，甚至崩溃瓦解。孔子疾呼："君子不器""君子不径"，就是有鉴于此。而"无射之射"却只关注生命本身的纵向的"上"与"下"，而把生命的东西南北的路向的选择置于生命的"上"与"下"的选择之中。"利""名""家""天下"之类，不再成为关注的重点，而是返身内转，涵摄全部生命，致力于自身生命的开拓、涵养，使被尘浊沉埋的

---

① 参看《庄子·田子方》中的"列御寇为伯昏无人射"的寓言。

生命得以自我转化，由下至上地超拔、提升、扩充。① 在这个意义上，生命世界的改变只能是生命存在方式的改变，生命世界的超越也只能是生命存在方式的超越。"世界没有意义，为此埋怨它实在愚蠢。"（尼采）生命世界的从无意义到有意义，只能以生命本身的被赋予意义为根据，而不能指望外在于人的对象性存在。同样，生命世界的被超越，也只能以生命存在方式的超越为根据，而不能指望对物的占有。

　　同样毫无疑问，正是由于超越与非超越共处一个生命世界，由于只有在不可能出现审美超越的地方审美超越才必然出现（难怪席勒会认为"美先于自由而行"），最高意义上的审美超越往往只能以批判的名义出现，这就类似于上帝之所以要降临在世人厌恶的地方，基督之所以要诞生在污秽不堪的马槽里。正因为世界在意义上是虚无的，才最需要审美超越的显现或到场。正因为世界在受难，才最需要审美超越去参与这受难。须知，正是审美超越的承领苦难，才使得世界的受难最终具有了意义。而在这个意义上，审美超越本身无疑就既是这个世界上的"先知先觉者"，又是这个世界的"守望者"。它一方面守望着漫漫长夜和无数的昏昏睡去的"后知后觉者"，另一方面分担着世界的苦难，流着泪亲吻受难的大地，并且主动选择无怨无悔的自我奉献，主动地选择柔弱、温暖、眼泪和受难。"我们的地球上，我们确实只能带着痛苦的心情去爱，只能在苦难中去爱！我们不能用别的方式去爱，我不知道还有其他方式的爱。为了爱，我甘愿忍受苦难，我希望，我渴望流着眼泪只亲吻我离开的那个世界，我不愿，也不肯在另一个地球上死而复生。"② 应该说，这正是审美超越想说的话。而且，审美超越既然以参与人类的痛苦作为灵魂再生之源，它就必须为终极目标的惠临而付出代价。这代价就是因为不被理解导致的撕裂心肺的痛苦。这是一种因为远离终极目标所导致的痛苦，也是一种因

---

　　① 参见潘知常《中国美学精神》，江苏人民出版社1993年版，第254—262页。对于"超越"的关注，1994年以后，逐渐有了超越美学。我对审美活动的"超越"属性的关注从1991年就已经开始了，在《生命美学》（河南人民出版社1991年版）一书中曾对此专门予以阐释。

　　② [俄] 陀斯妥耶夫斯基：《中短篇小说选》下卷，曹中德译，人民文学出版社1982年版，第656页。

为被抛弃于生命边缘导致的痛苦。而对于每一个审美者来说,进入审美超越之路就意味着含着隐秘的泪水进入羞涩的虔敬之路,就意味着承担重负进入不屈跋涉之路,就意味着横遭弃绝而又顽强地进入救赎之路。

四 终极关怀

综上所述,借助审美活动的外在辨析,不难看出,审美活动之为审美活动,是一种终极关怀。

终极关怀,一般而言,人们是在20世纪的西方著名基督教神学家保罗·蒂里希的作品中第一次见到。当然,后来《蒂里希选集》的编者何光沪先生也曾提出,"终极关怀"这个术语翻译得并不太好,更为恰切的翻译,应该是"终极关切"。因为"终极关切"的主语是人;而"终极关怀"的主语却是神。此说很有道理,可是,在国内学界真正流行的,却仍旧是"终极关怀"。在本书中,我们也沿用"终极关怀"的说法。同时,终极关怀这个术语目前只是在国内的宗教学领域、哲学领域使用频率比较高,在牟宗三之后的新儒家的著作中较为常见。例如余英时、刘述先等人,就常提及。一些中国哲学史专家也时常提及,例如张岱年先生,等等。不过,在美学领域,终极关怀的使用频率却并不太高,关注这个问题的学者也暂时还比较少,而且还应该是以我的提倡为首创。我从20世纪90年代初就开始关注这个问题,而且在之后的学术著述中也每每把它作为我所提出的生命美学的核心概念去加以讨论。而且,随着美学研究的深入拓展,我始终都深感终极关怀在美学研究中的意义十分重要。

那么,何谓终极关怀?

终极关怀指向的都是生存的终极困惑与终极目标。相比之下,终极关怀远比存在论的"终极存在"、知识论的"终极解释"、意义论的终极价值要更为根本,也更为不可言喻,类似于中国美学所体察到的"无理而妙"。既不可言喻,又有其超越了存在论的"终极存在"、知识论的"终极解释"、意义论的终极价值的"玄妙"。它是世间唯有人自身才去孜孜以求的问题。源于人类精神生活的根本需求,指向人类生存的根本问题,例如,我是谁?我从哪里来?我到哪里去?以及"人类希望什么"、"人类将走向何处"之类从"人是目的"出发而导致的意义困惑。总之,它是人类一旦为自身赋予无限意义之时就会出现的对于这无限意义的再阐释与再解读。所以,所谓"终极关怀",又可以简单理解为对于"关怀"的"关怀"。在这里,犹如所谓"终极",意味着穷尽、最后,既代表开始又代表结束,既代表至高无上又代表至深无底,所谓"关怀",当然是关心、关注的意思,意味着人类一旦为自身赋予无限意义之时就会出现的对于这无限意义的关心、关注。

进而,终极关怀无疑也关乎一定的"道理"。但是,这"道理"又与我们日常生活里所说的"道理"之类完全不同,是一种不讲"道理"的"道理",或者,是一种讲"道理"的不讲"道理"。一般所谓的"道理",都是有"道理"的,而审美活动的"道理"却是没有"道理"的。它仅仅出自"人是目的"这一不容置疑的人性预设。这个人性预设不能告诉我们世界是什么样的,但是,它却能告诉我们应以什么样的眼光来看待世界。这个人性预设也不能规定我们想什么和做什么,但是,它却能规定我们去怎样想和不去怎样想,以及去怎样做和不去怎样做。它是我们生存的根据,也是我们生存的限度。这"根据"与"限度"最终究竟是否能够实现,又是完全未知的——尽管可以坚信它必然实现。

西方大作家卡夫卡说过一句很有哲理的话,无疑非常有助于我们去理解这里所谓的"根据"与"限度":"生活意味着:处于生活的中间;用那种我创造了这种生活的眼光去看它。"① 这里的"创造了这种生活的眼光",其实就是"根据"与"限度"。

要"尽力做到像人那样为人生活",西方哲学家史怀哲则以这样一句很有哲理的话,表述着所谓的"根据"与"限度",这里的"像人那样为人生活",其实也就是"根据"与"限度"。

---

① [奥]卡夫卡:《卡夫卡全集》第5卷,洪天福等译,河北教育出版社1996年版,第69页。

还有西方哲学家丹尼尔·贝尔，他是这样讲的："每个社会都设法建立一个意义系统，人们通过它们来显示自己与世界的联系。"① 这里的"意义系统"，当然也还是"根据"与"限度"。

终极关怀与活动类型中的实践活动、理论活动无关，后者只是现实关怀，终极关怀也与价值类型中的求真活动、向善活动无关，后者也只是现实关怀，终极关怀还与评价类型中的宗教超越、现实超越无关，后者尽管与终极活动接近，但是却或者是伪终极关怀，或者是终止终极关怀的终极关怀。这是因为，人与世界之间，在三个维度上发生关系。首先，是"人与自然"，这个维度，又可以被叫作第一进向，它涉及的是"我—它"关系。其次，是"人与社会"，这个维度，也可以被称为第二进向，涉及的是"我—他"关系。同时，第一进向的人与自然的维度与第二进向的人与社会的维度，又共同组成了一般所说的现实维度与现实关怀。

现实维度与现实关怀面对的是主体的"有何求"与对象的"有何用"，都是以自然存在、智性存在的形态与现实对话，与世界构成的是"我—它"关系或者"我—他"关系，涉及的只是现象界、效用领域以及必然的归宿，瞩目的也只是此岸的有限。因此，只是一种意识形态、一个人类的形而下的求生存的维度。而且，置身现实维度与现实关怀的人类生命活动都是功利活动。也因此，在现实维度与现实关怀的基础上，生命活动本身往往只能处于一种自我牺牲（放弃成长性需要）和自我折磨（停滞在缺失性需要）的尴尬境地，所谓实践活动、理论活动、求真活动、向善活动，就都是如此。

人与世界之间至为重要的第三个维度——人与意义的维度就不同了。这个维度，应该被称作第三进向，涉及的是"我—你"关系。它所构成的，正是所谓的超越维度与终极关怀。

意义，应该是出自人类生命的根本需要。从表面看，人的生命活动似乎与动物的生命活动差几相似，然而，这却是一种极大的误解。

---

① ［美］丹尼尔·贝尔：《资本主义文化矛盾》，赵一凡等译，生活·读书·新知三联书店1989年版，第197页。

人和动物虽然都和物质世界打交道，但实际并不相同。动物所追求的，只是物质本身，人不但追求物质本身，而且要追求物质的意义。这意义借助物质呈现出来，但它本身并非其中某种物质成分，而是依附于其中的能对人发生作用的信息。人不仅仅生活在物质世界，而且生活在意义世界。进而，人还要为这意义的世界镀上一层理想的光环，使之成为理想的世界，从而又生活在理想的世界里。并且，只有生活在理想的世界里，人才真正生成为人。

意义先于事物，应该也必须成为阐释审美活动的必经途径，一种生存论的阐释路径。在这里，"此在与世界"的关系先于"主观与客观"的关系；人与世界的生存关系，也先于人与世界的认识关系。人无须进入先验自我，而是径入生活世界，在这当中，万事万物自有意义，无须实践创造，也无须认识，而只需人去领悟。这意义居于实践活动之前，先于主客观，但却并不高于主客观，构成了一个我思维之前的世界，亦即我生活的世界。

置身超越维度与终极关怀的人类生命活动是意义活动。人类置身于现实维度，为有限所束缚，却又绝对不可能满足于有限，因此，就必然会借助于意义活动去弥补实践活动和认识活动的有限性，并且使得自己在其他生命活动中未能得到发展的能力得到"理想"的发展，也使自己的生存活动有可能在某种层面上构成完整性。正是意义活动，才达到了对于人类自由的理想实现。它以对于必然的超越，实现了人类生命活动的根本内涵。

对于"意义"的追求，将人的生命无可选择地带入了无限。维特根斯坦说："世界的意义必定是在世界之外。"① 人生的意义也必定是在人生之外。意义，来自有限的人生与无限的联系，也来自人生的追求与目的的联系。没有"意义"，生命自然也就没有了价值，更没有了重量。有了"意义"，才能够让人得以看到苦难背后的坚持，仇恨之外的挚爱，也让人得以看到绝望之上的希望。因此，正是"意义"，才让人跨越了有限，默认了无限，融入了无限，结果，也就得以真实

---

① [奥]维特根斯坦：《逻辑哲学论》，郭英译，商务印书馆1985年版，第94页。

地触摸到了生命的尊严、生命的美丽、生命的神圣。

借助中国人所熟知的马克思的话来说，在终极关怀，是"假定人就是人，而人同世界的关系是一种人的关系，那么你就只能用爱来交换爱，只能用信任来交换信任，等等。"① 无疑，这就是从"人是目的"、"人是终极价值"、从世界之"本"、价值之"本"、人生之"本"去转而看待外在世界。

在这方面，颇具启迪的，是对于纯粹的红、纯粹的白、纯粹的圆、纯粹的方的关注。科学家告诉我们，其实大自然里是并没有纯粹的红、纯粹的白、纯粹的圆、纯粹的方的，只是因为人类渴望纯粹的红、纯粹的白、纯粹的圆、纯粹的方，所以才会转而以纯粹的红、纯粹的白、纯粹的圆、纯粹的方来衡量现实的一切。这当然是人类的虚拟，但也是人类的一种价值预设。其中存在着某种高于、多于具体事物的东西，而这"多于"和"高于"，就类似于人类的终极关怀。人们可以从现实的红、现实的白、现实的圆、现实的方来考察问题，但是，也可以从纯粹的红、纯粹的白、纯粹的圆、纯粹的方来考察问题，无疑，一旦从后者出发来考察问题，就意味着必须转过身去考察问题。它考察的是：现实中形形色色、纷纭万状的现实的红、现实的白、现实的圆、现实的方，是接近于纯粹的红、纯粹的白、纯粹的圆、纯粹的方，还是远离纯粹的红、纯粹的白、纯粹的圆、纯粹的方。

终极关怀也是如此，它追求的是无限大，大到全人类都毫无例外地予以认可追求？也是最完美，完美到全人类都毫无例外地无限向往。它需要去做的，仅仅是去见证人之为人的绝对尊严、绝对权利、绝对责任，仅仅是去见证人之为人的成为"人"而不是成为"某种人"，为此，它不惜去逆向观察，去从未来看现在、从超越来看现实、从无限来看有限。由此，与现实关怀截然不同，在终极关怀，是先满足超需要，然后再满足需要；先实现超生命，然后再实现生命。而且也是不再从"肉"的角度来评价自身，而是从"灵"的角度来评价自身；不再从自然世界的角度来评价自身，而是从精神世界的角度来评价自

---

① 《马克思恩格斯全集》第42卷，人民出版社1979年版，第155页。

身。它孜孜以求于如何在生命的虚空里去不懈打捞"爱与美"的意义,孜孜以求于人类之为人类的像"人样"或者不像"人样"、有"人味"或者没有"人味",孜孜以求于是否"昧着良心"与"麻木不仁",孜孜以求于在人之"所是"、"所以是"之外的"所应当是"以及在人类亟待证实的东西之外的人类亟待证明的东西。

审美活动恰恰是一种使对象产生价值与意义的活动,一种解读意义、发现意义、赋予意义的活动。在审美活动中,人与世界之间是一种意向关系,也就是意义关系,而不是实体的关系。这也就是说,意义比认识更加重要,更加根本。至于审美活动所构成的,那当然是人类的超越维度,它面对的是对于合目的性与和规律性的超越,是以理想形态与灵魂对话,涉及的只是本体界、价值领域以及自由的归宿,瞩目的也已经是彼岸的无限。因此,超越维度是一个人类的形而上的求生存意义的维度,用人们所熟知的语言来表述,亦即所谓的终极关怀。

在这个意义上,终极关怀对于审美活动,就意味着绝对的地平线,按照罗洛梅的说法,是"被假定的生活的意义";按照萨特的说法,是:"被赋予的先天的存在";按照基耶斯洛夫斯基的说法,是:"绝对参照点"。对审美活动来说,永远坚信"这世界并非都是埃及",永远要"出埃及",尽管它根本就不知道眼前的道路该向何处去,但是,终极目标确是确定无疑的。它面对的是在生活里没有而又必须有的至大、至深、至玄的人类生存的终极意义。这个终极意义,必须是具备普遍适用性的,即不仅必须适用于部分人,而且必须适用于所有人;也必须是具有普遍永恒性的,即不仅必须适用于此时此地彼时彼地,而且必须适用于所有时间、所有地点;还必须是为所有人所"发现"而且也为所有人所坚信的。或者说,这个终极意义,就是以"人是目的""人是终极价值"来定义国家、社会与人生。俄罗斯哲学家别尔嘉耶夫指出:"只有在人与上帝的关系上才能理解人。不能从比人低的东西出发去理解人,要理解人,只能从比人高的地方出发。[①]"他相

---

① [俄]别尔嘉耶夫:《论人的使命》,张百春译,学林出版社2000年版,第63—64页。

信的是人类灵魂的无限力量,这个力量将战胜一切外在的暴力和一切内在的堕落,他在自己的心灵里接受了生命中的全部仇恨,生命的全部重负和卑鄙,并用无限的爱的力量战胜了这一切,"索洛维约夫对于陀思妥耶夫斯基的剖析何其深刻,"陀思妥耶夫斯基在所有的作品里预言了这个胜利。"① 在电影《末日危途》里,孩子曾经问爸爸:"任何时候我们都不应该变成坏人,是吗?""任何时候。"这就是爸爸的回答。于是"你必须守住内心的火焰",就成为父子间的生死约定。电影《斗牛》中也有一句台词十分精辟:"看这里人活得不像人,狗不像狗。"显然,在这里,亟待去做的,是不再关注现实的价值标准,而去转而关注终极的世界之"本"、价值之"本"、人生之"本",作为依据的,也已经不是现实的道德与政治标准,而是终极的人之为人的绝对尊严、绝对权利、绝对责任。

陀思妥耶夫斯基的《卡拉马佐夫兄弟》中的人物说:"我看得见太阳,即使看不见,也知道有它。知道有太阳,那就是整个的生命。"终极关怀,也是审美活动的"整个的生命"。它关怀的是人类的精神生命是爬行的还是站立的、人是使自己成为人还是不成为人、人是面向有限资源还是面向无限资源,简单说,关怀的是人类生命超越的"可能"与"不可能"以及"爱"与"失爱"。它追求的毕竟是一种在生活里没有而又必须有的东西。为此,人类要永远的在路上,要永远的在过程之中。然而,也因此,人类就必须永远地带着审美活动上路,因为犹如日常生活中的照镜子,人类的灵魂也亟待照镜子。因为人毕竟还不是"人",人也不确知什么才是"人",因此,就更加需要时时刻刻都能够见到自己、见证自己、勉励自己、督促自己。而这正是审美活动得以存在的全部理由。在人类对于无限性的追求中,审美活动像啄木鸟、像牛虻,也像啼血的杜鹃,是盛世危言,也是危世盛言,以"不信东风唤不回"的执着,永远激励着人类去毅然豪赌无限,从而为生命导航。我们会从现实生活的场景里撤退出来,会像上帝像人类的代言人那样来居高临下地询问自己的生活:"我这样生活,

---

① [俄]索洛维约夫:《神人类讲座》,张百春译,华夏出版社2000年版,第213页。

有意义还是没有意义?""我这样生活,有价值还是没价值?""我这样生活,究竟是有人味还是没有人味?"我们事实上就进入了终极关怀。

以文学艺术的创作为例,按照西方的神话传说,我们的始祖是由于偷食而被上帝逐出了伊甸园的,当然,我们绝对不会心甘情愿地接受这样的现实,我们始终坚信:自己终将重返伊甸园,不过,却是一定要在维纳斯和缪斯的陪伴之下。正是因此,古今中外的名家与名作,尽管成功的路径各异,创作的经历不同,在终极关怀的问题上,却有着出奇的一致。对此,俄罗斯的思想家别尔嘉耶夫曾经做过一个很好的解释:"把约伯痛苦和快要自弑的托尔斯泰的痛苦相比较是很有意思的。约伯的喊叫是那种在生活中失去一切,成为人们中最不幸的受苦人的呐喊。而托尔斯泰的呐喊是那种处在幸福环境中,拥有一切,但却不能忍受自己的特权地位的受苦人的呐喊。"① 这确实是一个很有趣味的角度,"人们中最不幸的受苦人的呐喊""处在幸福环境中,拥有一切,但却不能忍受自己的特权地位的受苦人的呐喊",两种"呐喊"截然相反,但是,却都是"呐喊"。显然,这正是因为它们都是终极关怀。作家伍尔夫把终极关怀比喻为蝎子式的追问,并且指出,在契诃夫、陀思妥耶夫斯基、托尔斯泰那里,"在所有那些光华闪烁的花瓣的中心,总是蛰伏着这条蝎子:'为什么要生活?'""莎士比亚、塞万提斯和歌德三个名字总是并举齐称的,隐然有什么绳子把他们串在一起。"海涅发现:"他们的创作里流露出一种类似的精神:运行着永久不灭的仁慈,就像上帝的呼吸;发扬了不自矜炫的谦德,仿佛是大自然。"② 而俄罗斯的一位思想大家舍斯托夫在谈到果戈里的《死魂灵》时也指出:果戈里在《死魂灵》里不是社会真相的"揭露者",而是自己命运和全人类命运的占卜者。契诃夫、卡夫卡在谈到自己的时候,也不约而同地称自己为:一只与夜莺完全不同的乌鸦。王国维也称中国的李后主的作品是"以血书","俨有释迦、基督担荷人类罪恶之意"。显然,这里的"占卜者""乌鸦""以血书","俨有

---

① [俄]别尔嘉耶夫:《俄罗斯思想》,雷永生、邱守娟译,生活·读书·新知三联书店1995年版,第139页。

② 张玉书编选:《海涅文集》(批评卷),人民文学出版社2002年版,第415页。

释迦、基督担荷人类罪恶之意",都可以看作是终极关怀的别名。

例如,巴尔扎克曾经自称为"书记官",恩格斯也认为从他的作品中学到的甚至比经济学著作还要多,但这并不意味着他的创作就与终极关怀无关,对此,巴尔扎克在《人间喜剧·序言》中就有着明确的陈述,倒是我们的许多理论家对此有意视而不见。他说,他写作《人间喜剧》"这个念头来自人类和动物界之间进行的一番比较",① 也就是说,他是要看看各个社会在什么地方离开了永恒的法则,离开了美,离开了真,或者在什么地方同它们接近。这正是出于一种审美活动的终极关怀。西方的哲学家史怀哲说过一句很有美学意味的话,非常有助于我们理解巴尔扎克的想法,他说:要"尽力做到像人那样为人生活",这里的"像人那样为人生活",其实也就是巴尔扎克所说的"比较""离开"与"接近"。当然,这种"比较""离开"与"接近",其实都只是关于"人类希望什么""人类将走向何处"之类"人是目的"的某种不容置疑的人性预设,至于最终究竟是否能够实现,则是完全未知的。但是,也正是因此,它才会"无理而妙"。

而从作家与作家之间的区别,也可以看出终极关怀的重要性。屠格涅夫尽管与托尔斯泰并称双雄,就当时的社会影响而言,他却是在托尔斯泰之上的。托尔斯泰对于信仰与爱的尊崇,还曾经令他大为不安,以至于他不惜亲自出面,给托尔斯泰写信,苦口婆心地劝他回到文学方面去。可是,历史已经证明,最终胜出的却是托尔斯泰。而今我们在全世界范围内遴选十大长篇小说名著,托氏一人竟然可以以两部作品入选,难道是偶然的吗?无疑恰恰与信仰与爱所给予托尔斯泰的在审美活动的终极关怀上的滋养密切相关。

陀思妥耶夫斯基的经历也很有启迪。他一直觉得自己不如屠格涅夫,因为他没有遵从当时的社会要求,去写重大题材的小说,他甚至非常忌恨屠格涅夫,而且自己也做了充分的准备,要写一本叫作《无神论》(后来又改名为《一个大罪人的生平》)的涉及所谓重大题材的

---

① [法]巴尔扎克:《人间喜剧》第一卷《人间喜剧前言》,丁世中、郑永慧、袁树仁译,人民文学出版社 1997 年版,第 1 页。

小说，幸而，他并没有倒退回去写这类重大题材的小说。因为，而今他的名声已经远远超出了屠格涅夫。为什么会如此？无疑也是因为他在创作中坚持了终极关怀。"我看得见太阳，即使看不见，也知道有它。"陀思妥耶夫斯基的《卡拉马佐夫兄弟》中的人物说，"知道有太阳，那就是整个的生命。"其实，这也正是在屠格涅夫的创作中有所匮乏而在他的创作中却一贯坚持着的东西。

具体来看，但丁曾经说过："人或因其功，或因其过，在行使其自由选择之时，或应受奖，或应受罚。"必须去"天天面对永恒的东西，"海明威也曾经说，"或者面对缺乏永恒的状况"，应该说，作为两位文学大师，他们已经把审美活动的具体内涵讲得再清楚不过了：在审美活动中，终极关怀就是对于爱（肯定性情感）的赞美以及对于失爱（否定性情感）的拒绝。

审美活动首先应该是人类追求无限性的见证、激励与呈现，审美活动也是人类之爱的见证、激励与呈现。我在前面讨论过，人们在审美活动中把自我变成了对象，变成了自己可以看到也可以感觉到的东西。无疑，其中首先就应该是把人类对于无限性的追求变成对象，变成自己可以看到也可以感觉到的东西。帕斯卡尔提醒过：人是一个废黜的国王。在我看来，这是一个非常重要的比喻，它要求我们务必要对得起自己的精神生命的站立。电影《肖申克的救赎》中，也有一句话，同样可以看作是对于我们的重要提醒："有一种鸟是关不住的，因为它的每一片羽毛都闪着自由的光辉。"这也是一个重要的比喻，也是在要求我们务必要对得起自己的精神生命的站立。甚至，我觉得连电影《肖申克的救赎》本身都是一个比喻：所有的心灵都面临着艰难的越狱、永远的越狱。我们必须从自己心灵的黑暗所铸就的动物性的地狱中越狱而出。诗人们喜欢说，人生的美丽，就因为他是永远地在路上，我过去也说过，人永远生活在过程之中，可是，现在我要说，人生是在越狱的路上，也是越狱的过程之中。

在这个意义上，审美活动就是一种储蓄，一种生命的储蓄，一种美的储蓄。进入审美和没有进入审美，人类生命的丰富程度完全不同的。西方有一个女性叫梅克夫人，她举例说：一个罪人的灵魂听了柴可夫斯基的音乐，也会颓然而倒，因为里面充满了爱的力量。人类必须让自己的生命里充满了这样的爱的力量。现在有物理的银行、金钱的银行，但是还应该有爱的银行、美的银行。每一个人都应该给自己储蓄一点爱，储蓄一点美。犹如里尔克在临终时所郑重告诫世人的：我们的使命就是把这个羸弱、短暂的大地深深地、痛苦地、充满激情地铭记在心，使它的本质在我们心中再一次"不可见地"苏生。我们就是不可见的东西的蜜蜂。我们无终止地采集不可见的东西之蜜，并把它们储藏在无形而巨大的金色蜂巢中。

其次，审美活动又是人类拒绝追求无限性的见证、鞭策与呈现。这是因为尽管我们期望自己"尽力做到像人那样为人生活"，但是，事实上这却毕竟只是理想，现实的状况是：我们根本无法像人那样活着。正如哲学家马克斯·舍勒尔所说，人相对他自己已经完全彻底成问题了。而问题的关键，就是爱的阙如。

帕斯卡尔说过："人既不是天使，又不是禽兽；但不幸就在于想表现为天使的人却表现为禽兽。"① 确实，人类不但有在精神上站立的艰辛努力，而且也有精神上的爬行。法国有一位罗兰夫人，她临刑前的一句名言早已广为流传：自由，多少罪恶假汝之名以行。可是，她还有一句名言，世人中却知之不多："认识的人越多，我就越喜欢狗"。人何以还不如狗？无非是因为太多太多的人在精神上还是爬行的，而且，他们的表现甚至还不如狗。这让我想起，其实马斯洛也有同样的感慨，他说：所谓人类历史，不过是一个写满人性坏话的记事本。因此，我们对于人本身必须予以正视，必须清醒地意识到：每个人的天堂之路都必须穿越自己的地狱。

审美活动之为审美活动的最为可贵之处就在这里。它不但见证着我们距离在精神上的站立有多近，而且更见证着我们距离在精神上的站立有多远。西方哲学家雅斯贝斯说过："世界诚然是充满了无辜的毁灭。暗藏的恶作孽看不见摸不着，没有人听见，世上也没有哪个法院了解这些（比如说在城堡的地堡里一个人孤独地被折磨至死）。人

---

① ［法］帕斯卡尔：《思想录》，何兆武译，商务印书馆1985年版，第161页。

们作为烈士死去,却又不成为烈士,只要无人作证,永远不为人所知。"① 这个时刻,或许人类再一次体验到了亚当夏娃的那种一丝不挂的恐惧与耻辱,然而,审美活动却必须去做证。它犹如一面灵魂之镜,让人类在其中看到了自己灵魂的丑陋。

这就正如一篇哀悼萤火虫的科普文章所告知我们的:尽管萤火虫很微不足道,但是却要比华南虎等动物都更加重要,因为它属于"指示物种"。萤火虫在自然界是一个鲜明的标志,假如它濒临绝境,那么,就见证着生态环境也已濒临绝境。美的濒临绝境,也类似萤火虫的濒临绝境。审美活动的为美的濒临绝境做证,其实也就是为于人类自身的精神生态作证。高尔基就赞扬契诃夫善于随处发现"庸俗"的霉臭,甚至能够在那些在第一眼看来好像很好、很舒服并且甚至光辉灿烂的地方,也能够找出霉臭。高尔基还指出,作家之为作家,其实就是能够对人们说:"诸位先生,你们过的是丑恶的生活!"②

再回到我在前面所提及的审美活动是我们去把握"一分为三"、"三值逻辑"的"灰度空间"的最佳方式,也是我们直面概率分布、概率优势的最佳方式,还是我们直面最优解的最佳方式。审美活动相当于导弹的"红外制导"系统,无疑正可以加深我们对于审美活动作为终极关怀的深刻理解。显而易见的是,所谓审美活动的终极关怀就正是遥遥指向最优解的。例如,在丑恶的现实面前实现华丽转身,在很多的文学艺术家那里都是大为困惑甚至疑惑不已的,因为这似乎无助于丑恶的解除。为他们所始料不及的却是,在华丽转身之后的对于终极关怀的关注,其根本意义却并不在于丑恶的解除,而在于让人类转而感受到美好的存在。哈姆雷特曾经长期生存在生命的现实关怀之中,但在突然之间被"一件重大的罪行"震惊之后,他成了"疯子",这使得他终于可以从另外一个角度——终极关怀的角度重新看待这个世界:"无上的神明啊!地啊!再有什么呢?……是的,我要从我记忆的碑版上,拭去一切琐碎愚蠢的记忆、一切书本

---

① [德]雅斯贝斯:《悲剧知识》,转引自《人类审美困境中的审美精神》,刘小枫编,知识出版社1994年版,第457页。
② [俄]高尔基:《文学写照》,巴金译,人民文学出版社1985年版,第112页。

上的格言、一切陈言套语、一切过去的印象，我的少年的阅历所留下的痕迹……啊，最恶毒的妇人！啊，奸贼，脸上堆着笑的万恶的奸贼！我的记事簿呢？我必须把它记下来：一个人可以尽管满面都是笑，骨子里却是杀人的奸贼，……现在我要记下我的座右铭；那是：'再会，再会！记着我'。我已经发过誓了。"李尔王也是如此。当他从生命的沉沦中惊醒，人生向他呈现的竟然是这样一种惨景，他也疯了："当我们生下地来的时候，我们因为来到了这个全是傻瓜的广大的舞台之上，所以禁不住放声大哭。"他对自己的存在竟然厌恶到了这样的程度，以至当葛罗斯特要吻他的手时，他回答说："让我先把它揩干净；它上面有一股热烘烘的人气。"……这一切，正如帕斯卡尔所指出的："当一切都在同样动荡着的时候，看来就没有什么东西是在动荡着，就象在一艘船里那样。当人人都沦于纵欲无度的时候，就没有谁好象是沦于其中了。唯有停下来的人才能象一个定点，把别人的狂激标志出来。"① 显然，无畏地揭露生命的沉沦所蕴含的虚妄的人，正是"停下来的人"！人伦世界的肮脏、残暴、荒唐、混乱、疯狂、阴冷……一下子被暴露出来。这时，只有在这时人类才会恍然大悟：人，"这个不仅不能掌握自己，而且遭受万物的摆弄的可怜而渺小的生物自称是宇宙的主人和至尊，难道能想象出比这个更可笑的事情吗"？（蒙田）于是，因为能够在文学艺术作品中把自己的人生理想转而提高到自身的现实本性之上，能够在文学艺术作品中不再为现实的丑恶而是为人类的终极目标而受难、而追求、而生活，我们也就进入了一种真正的人的生活。转瞬之间，我们已经神奇地把自己塑造而为一个真正的人，犹如纯粹的红、纯粹的白、纯粹的圆、纯粹的方。这样一来，我们也就不再可能回过头来再次置身于现实中那些低级、低俗的东西之中了。我们被有效地从动物的生命中剥离出来。为人们所熟知的从希腊开始的对于人类精神生命的悲剧"净化"的发现，道理就在这里；为人类所孜孜以求但是却百思不得其解的审美活动的神奇魅力，道理也就在这里。

---

① ［法］帕斯卡尔：《思想录》，何兆武译，商务印书馆 1985 年版，第 382 页。

陀思妥耶夫斯基曾经专门告诫说：人类获得世界的方式究竟是什么？人类得以真正获得生命的概率分布、概率优势乃至最优解的方式究竟是什么？他的回答是：爱与信仰，他并且把它命名为一种"更高的获得"。

这个"更高的获得"，无疑也就是终极关怀的"获得"，因此，也就是审美活动的"获得"！

第四章　形态取向：美在境界

第一节　审美活动的历史形态

一　中西形态："法自然"与"立文明"

从"审美现象"起步，我们一开始是从审美活动"是什么"开始，首先从审美活动自身的共时与历时维度去考察，这是审美活动与人类生命活动之间内在关系的考察，或者从审美活动与其他生命活动的类型的区别去考察，这是审美活动与人类生命活动之间外在关系的考察，但是，这还不够，因为我们面对的还只是审美活动的抽象内涵，不难想象，对于审美活动的考察，假如只停留在这个层次上，是无法解开审美活动这个斯芬克斯之谜的。黑格尔指出："关于精神的知识是最具体的，因而也是最高的和最难的。"①"最高的和最难的"也是"最具体"的，确实如此。而且，"最高的和最难的"也一定要从"最具体"的开始。因此，从本篇开始，我们要从"最具体"入手，"从抽象上升到具体"，从对审美活动的性质的考察转向对审美活动的形态的考察，也就是审美活动所构成的内容的考察。

审美活动的形态是审美活动的具体化。它涉及审美活动的"是什么"是"怎么样"在形形色色的具体的审美活动之中展现出来的，犹如"水果"是在具体的"苹果""香蕉""鸭梨"……中展现出来的一样，要研究"水果"就必须从研究具体的"苹果""香蕉""鸭梨"……入

---

①　[德]黑格尔：《精神哲学》，杨祖陶译，人民出版社2005年版，第1页。

手，要研究审美活动，也必须从研究它的种种具体展现开始。审美活动是"怎么样"在形形色色的具体的审美活动中之中展现出来的？只有充分把握了形形色色的具体的审美活动，才有可能做到对审美活动的深刻把握。

一般而言，审美活动的"怎么样"可以分为两类，即历史形态意义上的"怎么样"与逻辑形态意义上的"怎么样"。前者是指审美活动在历史上"曾经怎么样"，后者是指审美活动在逻辑中"应当怎么样"。

本章考察审美活动在历史上"曾经怎么样"。

审美活动在历史上曾经以四种形态出现，这就是：东方形态、西方形态、传统形态、当代形态。关于这四种形态的考察，在美学研究中一直未能引起应有的重视，以至于有不少所谓的美学体系，实际上却只是某一种审美活动的形态的理论总结。例如，实践美学就只是审美活动的西方古代形态的理论总结，十分遗憾的是，这些创建体系的美学家对此却往往并不自知。事实上，真正的美学建构，是必须建立在对于这四种审美活动形态的理论总结基础上的，也必须是来自对于这四种审美活动的形态的准确的把握。

首先考察东西形态。不过，由于本书毕竟是立足中国，故这里东方形态只考察中国，因此，可以称之为：中国形态。

显而易见，不论是审美活动的中国形态还是西方形态，一定都有其共同之处。这就是：把审美活动作为生命超越的一种方式。无视这一点，就会导致一系列的错误认识。例如，有学者就过分强调中国美学或者西方美学自身的"特色"，以为"特色"就是一切。甚至，还竟然把"特色"抬高到"国粹"的地步，误以为"国粹"就是无价之宝、"国粹"就是永远正确。只要是老祖宗留下来的，就是好的。其实，"国粹"的关键不是"国"而是"粹"。"国粹""国粹"，重要的是"粹"而不是"国"，如果不"粹"，什么样的"国"都没有用。即令不"国"，也不能不"粹"。这也就是说，不同文化背景、不同民族背景的审美活动固然都有其自身的"特色"，但是，却又有其共同的内涵。这共同的内涵，是不同文化背景、不同民族背景的审美之中所蕴含的最大公约数、所蕴含的最大公理。著名心理学家荣格说过：

"既然地球和人类都只有一个，东方西方就不能把人性分裂成彼此不同的两半。"① 中国人也常说："味之于口，有同嗜焉"。不同文化背景、不同民族背景的审美因为根源于生活在这个地球上的人所本有的那种休戚相关的共同性、根源于人类生存和文明存续的普遍需要，也一定蕴含着最大公约数、所蕴含的最大公理，这无疑是我们所必须予以正视的。世界是平的，审美也是平的。在审美之为审美的问题上，是绝对不允许有审美"钉子户"的存在的。

不过，我们所谓的最大公约数与最大公理也并不与审美多样性彼此抵触，甚至，不但不抵触，我们所谓的最大公约数与公理而且恰恰就应该来自多样性的审美。在这当中，最大公约数与最大公理无非就是从多种多样的审美中通约出来的"公分母"，而那些相对而言无法通约的部分，则就是所谓的多样审美了。而这也就构成了我们考察形形色色的具体的审美活动的理论前提。

具体来看，审美活动的中国形态与西方形态尽管都是生命超越的方式，但是，在超越什么上，却有着显著的不同。

这当然是由于世界观的根本不同。西方的世界观无疑千差万别，但是究其根本而言，却应该说，都往往是出自"造物观"。在西方人看来，世间的万事万物包括人在内，都是"造出来"的，因此，就需要造物主："凡是创造出来的东西都必然是由于某种原因而被创造出来的。因此，我们现在的任务就是要来发现这个世界的创造主和父亲。"② 而要有"造物主"也就一定要有"被造物"，因此，"造物主"与"被造物"的割裂，也就成了西方人的世界观的基本特征，与此相关的，是精神与物质的割裂、唯心与唯物的割裂、宗教与科学的割裂、彼岸与此岸的割裂……的机械二元论。在这背后的，是因为人没有办法全面把握人的生命之时的尴尬，是只能以两极化的片面形式把人的本性割裂为神性与物性。因此我们看到，在"造物观"的制约之下，西方首先是以"神创论"作为主导，这是一种"活力论"的世界观。

---

① 荣格语。转引自刘小枫《拯救与逍遥》（修订本），上海人民出版社2001年版，第24页。
② ［古希腊］柏拉图：《蒂迈欧篇》，《古希腊罗马哲学》，北京大学哲学系编译，生活·读书·新知三联书店1957年版，第208页。

在世界是物质的与世界是精神的、世界是物质化的精神或者精神化的物质之间，西方首先选择了世界是精神的、是精神化的物质。因此也就选择了"宗教"。人的"生命充满了宗教经验"。①"宗教"成了"人的生活无可争辩的中心和统治者"，也成了"人生最终和无可置疑的归宿和避难所。"② 宗教就是一切的一切的"精神容器""精神模子"。与此相应，西方人的"红外制导"系统也就设置为一套"神学系统"，一切的根本困惑也就都是借助这一套"神学系统"加以解释与解决的。只是，随着自身的不断成熟，西方"人在寻求自身的人类完善时，就将不得不自己去做以前由教会不自觉地通过其宗教生活这种媒介替他做的事。"③ 这就正如恩格斯所指出的："在法国为行将到来的革命启发过人们头脑的那些伟大人物，本身都是非常革命的。他们不承认任何外界权威，不管这种权威是什么样的。宗教、自然观、社会、国家制度，一切都受到了最无情的批判；一切都必须在理性的法庭面前为自己的存在作辩护或者放弃存在的权利。"④ 于是，西方人的"活力论"又转而成了"构成论"，这是一种"机械论"的世界观。生命中充满也已经不是宗教经验，而是知识经验。科学，成为"人的生活无可争辩的中心和统治者"、成为"人生最终和无可置疑的归宿和避难所"。科学就是一切的一切的"精神容器""精神模子"。这意味着，过去关注的是"造物主"、精神、唯心、宗教、彼岸，而现在关注的却是"被造物"、物质、唯物、科学、此岸，指导行动的"红外制导"系统也转而被设置为一套"知识系统"。不过，尽管如此，西方人的世界观却仍旧是"造物观"。在长期的精神生活中，它都无疑是一种"新的积极的人类自由的表现"，⑤或者，是一种"巨大而有力的实在"，都"将人的生命安置于一个有终极意义的秩序中"，并且为人的生命提供抵抗有限，世俗的"终极

---

① ［英］怀特海：《宗教的形成　符号的意义及效果》，周邦宪译，译林出版社2014年版，第30页。
② ［美］威廉·巴雷特：《非理性的人》，杨照明等译，商务印书馆1995年版，第24页。
③ ［美］威廉·巴雷特：《非理性的人》，杨照明等译，商务印书馆1995年版，第24—25页。
④ 《马克思恩格斯选集》第3卷，人民出版社2012年版，第391页。
⑤ ［德］恩斯特·卡西尔：《人论》，甘阳译，上海译文出版社2013年版，第185页。

保护物"。①

中国人的世界观与西方不同,中国人的世界观无疑千差万别,但是究其根本而言,却应该说,都往往是出自"生成观"。在中国人看来,世间的万事万物包括人在内,都是"生出来"的,因此,就不需要任何的造物主——"宗教"或者"科学"的造物主都不需要。因此不是什么机械二元论,而是生命一元论。世界就以生命为本原。因此,区别于西方的造物假设,中国的假设却是"块然自生"。第一推动力是来自内在的生命自身,而不是来自外在世界。生命之为生命,是一个自组织、自鼓励、自协调的自控巨系统。正如庄子提示的:"至阴肃肃,至阳赫赫。肃肃出乎天,赫赫发乎地,两者交通成和而物生焉。"(《庄子·田子方》)也正如《周易》提示的:"天地之大德曰生"(《系辞下》),"生生之谓易","一阴一阳之谓道"(《系辞上》)。由此,生命,成为"人的生活无可争辩的中心和统治者"、成为"人生最终和无可置疑的归宿和避难所"。生命就是一切的"精神容器""精神模子"。指导行动的"红外制导"系统也因此被设置为一套"生命系统"。在长期的历史进程中,它都无疑是一种"新的积极的人类自由的表现",②或者,是一种"巨大而有力的实在",都"将人的生命安置于一个有终极意义的秩序中",并且为人的生命提供抵抗有限,世俗的"终极保护物"。③

在中国,"生命视界"正是因此而得以大大突出。这是因为,在中国,本体只有对人来说才成为一个哲学问题,世界统一于生命,而不是世界统一于物质。既然如此,那也就必须处处以生命的感觉为限,必须去感受而不是去知道。一切的一切都不能被化约为概念的存在,都必须从"本质在世"回到"生命在世",也都必须在生命的"濠上"去直接地感受与分享,所谓"请循其本"(庄子)。生

---

① [美]彼得·贝格尔:《神圣的帷幕》,高师宁译,上海人民出版社1991年版,第33—34页。
② [德]恩斯特·卡西尔:《人论》,甘阳译,上海译文出版社2013年版,第185页。
③ [美]彼得·贝格尔:《神圣的帷幕》,高师宁译,上海人民出版社1991年版,第33—34页。

命的"鱼之乐"已经"知之濠上"了,这才是最为重要的。至于理论的"然不然""可不可",应该都是排在"物故有所然,物固有所可"之后的事情。更何况,"天地之大德曰生"。"生",创造了有形的物质世界和无形的价值世界。因此,生命在,天地万物才在。这就要求我们去无限地珍惜生命。珍惜生命,才是真正地珍惜了人,所谓爱之欲其生,或者,恨之欲其死。这里的"珍惜",其实就来自一种健康的对于世界的生命感受,也就是孔子所总结的"仁"。这是一种内在的"群"的觉醒,用今天的话说,也就是"类"的觉醒、"爱"的觉醒。一方面,"己所不欲,勿施于人","我不欲人之加诸我也,吾亦欲无加诸人";另一方面,"己欲立而立人,己欲达而达人"。于是,中华民族的生命从"单数"变成了"复数"。"视天下犹一家""中国犹一人"。人人各得自由、物物各得自由,以尊重所有人的生命权益作为终极关怀,也以尊重所有物的生命权益作为终极关怀。到了宋代,更是把"仁"与"视天下无一物非我"联系起来。强调万物一体共生,认为万物一体不能是一般意义上的万物一体,而必须是以仁爱为基础的万物一体。孔子的"天下归仁"在王阳明进而成了天下归于吾人,"归仁说"和"万物一体说"被结合了起来。天下归于仁爱。借用陀思妥耶夫斯基《卡拉马佐夫兄弟》中的佐西马长老:所说的"用爱去获得世界",在中国,则是:"用仁去获得世界"。此之谓"一视同仁",或者,"苟志于仁矣,无恶也。"(《论语·里仁》)

中西方之间的关于审美活动的不同看法,也正是因此而生。

在西方,自从走上文明旅途,"造物观"就如影随形。对西方人而言,既然不再想匍匐于大地,不再想等同于动物,就一定要站立起来,就一定要与自然脐带彻底断裂,"造物主"的观念恰恰因此而生,意味着只有虚拟出"造物主",才能借以在其身上发现自己的理想形象。发现"神性",其实也是意在发现"人性"。"很久以前,基督教曾完成一场伟大的精神革命,它从精神上把人从曾经在古代甚至扩散到宗教生活上的社会和国家的无限权力下解放出来。它在人身上发现了不依赖于世界、不依赖于自然界和社会而依赖于上帝的精神性因素。"① 其中"起拯救作用的,并不是宗教本身,而是宗教信仰所提倡推行的仁爱与正义。"② 因此,"宗教自由是世俗自由的源泉",也是"所有自由之母"③。总之,由神开始而不是由人开始,"成神",是"成人"的必经之途。

这样,自然而然的,在西方美学看来,美,也必然是价值关系的生成、结晶,审美活动则是价值活动的设立、超越。因此,审美活动所着眼的也往往是"人化自然"的问题,或者说,后天自然的问题。

为什么呢?联系上述超越根据的讨论,不难发现:这正是超越根据中的人本精神的合理推演。人类自身虽然拜倒在上帝之下,但却又高踞于万物之上。神说:"我们要照我们的形象,按我们的样式造人,使他们管理海里的鱼、空中的鸟、地上的牲畜和土地,并地上所爬的一切昆虫。"④ 上帝—人—万物,秩序井然。这样,为了抬高人类自身的位置,西方美学就必然刻意去强调人与万物的区别:"跟属人的灵魂相比,太阳、月亮和地球算得了什么呢?世界正在消逝,唯独人是永恒的。基督教使人跟自然毫无共通之处,因而陷入鹤立鸡群式的极端,反对把人跟动物作任何细小的比较,认为这样的比较,是对人的尊严的亵渎。"⑤ 那么,人为什么与万物"毫无共通之处"呢?关键在于:人是价值存在,而万物只是自然存在。由此,价值就成为先于存在的东西、成为第一位的东西,不断地化自然之物为价值之物,就成为时时刻刻要加以关注的人类进程。最初,万物在西方眼里还只是一个"饮食男女"的对象,只是禀赋着使用价值,而借助使用价值,西方为自己确立的是物质性的存在。继而,万物的存在方式在西方眼里又难以满足,西方不能不向万物提出一个更高的合目的性要求,不能不在万物之上打上意志的印痕。这标志着西方所创设的第二个价值范

---

① [俄]别尔嘉耶夫:《精神王国与恺撒王国》,安启念等译,浙江人民出版社2000年版,第34页。
② [法]让·博泰罗等:《上帝是谁》,万祖秋译,中国文学出版社1999年版,第161页。
③ [英]阿克顿:《自由与权力》,侯健等译,商务印书馆2001年版,第76、399页。
④ 《旧约全书·创世记》第1章第26节。中国基督教协会1988年印本。
⑤ [俄]费尔巴哈:《费尔巴哈哲学著作选集》下卷,涂纪亮译,商务印书馆1984年版,第185页。

畴：善的价值。而借助善的价值，西方为自己确立的是自由意志的存在。又继之，西方向万物提出合规律性要求，这就是西方实际征服万物的开始。它又必然要使合目的性要求在万物中获得合规律性形式，要求人对万物的把握从纷繁杂乱的现象深入本质，获得规律性知识，并运用它来指导实践，使万物被剥落种种假象、外在性、虚无性，成为真实的存在。这标志着西方所创设的第三个价值范畴的应运而生：真的价值。借助真的价值，西方为自己确立的是自由理性的存在。再继之，既然人对万物的把握从纷繁杂乱的现象深入本质，获得合规律性形式，并运用它来指导实践，使万物被剥落种种假象、外在性、虚无性，成为真实的存在。另一方面，万物又实现了人的目的，合乎人的意志，就必然导致合目的性（善）与合规律性（真）相统一，这就意味着西方所创设的第四个价值范畴的应运而生：美的价值。借助于美的价值，西方为自己确立的是自由感性的存在。最后，西方虽然能够不断地从自我走向自由，然而，由于西方毕竟是此岸的有限存在，这使得西方最终所能获得的也只是有限的自由。至于无限的自由，则只能存在于彼岸世界的渴慕。这就催生了西方的第五个价值范畴：信仰的价值。借助信仰范畴，西方为自己确立的是理想人格的存在。这理想人格的确立，把彼岸世界的渴慕转化为此岸世界的狂热行动，推动着西方在向价值存在生成的过程中，不断否定和跨越自身的自然存在而走向自由王国。

这样，我们看到，对于西方美学来说，至关重要的是经自然而达到的后天自然。其中，人的自由是一个决定因素，自然则不过是一个有待否定和跨越的中介。另一方面，当自由被表述为人的目的，又不能不是遥遥指向天国的。它赋予自由以形而上学的、超验的属性。这就决定了西方美学的价值取向，必然是指向人的主体性以及世界的积极否定的超验品格的。

在中国，自从走上文明旅途，"生成观"就如影随形。对中国人而言，人本来就是于自然一体的，都来自同一个共同体，因此也就没有必要去与自然脐带彻底断裂，亟待去做的，无非只是呵护生命，是以万物为一体的仁爱的实现，是人与万物、我与他人的共在，是以通过自我的创造性转化来实现天人合一的终极关怀,是参赞天地化育的天人一体的审美境界。也因此,中国美学所直面的从来就不是文学艺术,而是包含文学艺术在内的"爱的智慧"与"爱之智"。人作为"有生之最灵者",(《列子·杨朱》)所谓的审美活动也无非就是"赞天地之化育"。中国人不把物看作与自己相对的外物,而要视己与物为一体,要将宇宙万物都视为自己的肢体而加以珍惜,要把自己和宇宙万物都看成息息相关的一个整体,把宇宙的每一部分都看成和自己有直接的联系,看成自己的一部分。南宋罗大经《鹤林玉露》云:"周(敦颐)、程(程颢、程颐)有爱莲观草、弄月吟风、望花随柳之乐。"(内编卷二)"明道不除窗前草,欲观其意思与自家一般。又养小鱼,欲观其自得意。皆是于活处看。故曰:"观我生,观其生"又曰:"复其见天地之心。"(乙编卷三)草之生、鱼之生、我之生,其实都是与宇宙生命共生,并且彼此生生相应,都是宇宙生命大家庭中的生命与生命的交往。而且,这"万物一体之仁"直接孟子的"仁者以其所爱及其所不爱"(《孟子·尽心下》),它并不完全局限家庭之内,而是一种始于家庭成员又超越家庭之爱的普遍之仁,是普遍的爱和普遍的责任相结合的普遍仁爱。既爱人又爱天地,既有益人类又养育万物。所谓亲亲仁民爱物。从人到天向上拓展与从我到物向外拓展,直到最后的"万物一体之仁"。

这样,自然而然的,在中国美学看来,美是价值关系的否定、逆转,审美活动则是价值活动的消解、弱化。因此,中国的审美活动着眼的只是"人的自在"的问题,或者说,是先天自然的问题。换言之,西方美学的价值取向是从自在到自为,中国美学的价值取向则是从自为到自在。两者的抉择是完全相反的。

不难看出,这正是中国美学的超越根据的根本精神的合理推演。我们已经知道,中国美学虽然也追求自由,而且也以自由的获得作为美的实现,但对自由的理解却大相异趣。中国美学的自由是一种向自然的复归。在这里,自由完全是一种反价值存在的东西。第一位的不是价值的生成,而恰恰是价值的消解。因此,不断地化价值之物为自然之物,就成为中国美学中的自由进程。而不断地从真的价值回到善的价值，再从善的价值回到使用价值，最后从使用价值回到美的价值，就成为中国美学中的自由进程的唯一内容。

结果，我们看到了与西方美学完全相反的一幕：在中国美学，审美活动作为一种自由的生命活动，竟然不是人类向自然提出的要求，而是人类向自身提出的要求，是人类要求把自身作为非自然的因素消解掉。在这里，所谓"自由"实际就是"自然"本身。从自然到自由，根本不存在西方式的价值中介，更不存在西方式的价值生成过程。自由先天地就等同于自然，人们所要做的显然就不是西方那样的推进价值的生成，而是反过来否定自身、消解自身，主动、自觉地不去从事任何价值创造，以便在美的王国中安身立命。结果，假如说西方美学的中心是人的自由，自然只不过是一个有待否定和跨越的中介，中国美学的中心则是自然，人反过来成为一个有待否定和跨越的中介。毫无疑问，这必将导致人的消解、导致中国美学的前主体性的理论内涵。另一方面，假如西方美学的自由被表述为人的目的，中国美学的自由则被表述为手段。在西方，自由是不可实现的、彼岸的，因而是形上性的、外在超验的。在中国，自由（自在）则是可以实现的、此岸的，因而是形下性的、内在超越的，这又必将导致中国美学的超越的理论内涵。显而易见，中国的审美活动形态，只有从这样一个特殊的背景出发才有可能得到切合实际的说明。

具体来说，对于中西审美活动的形态，可以从两个角度来考察。

从横向的角度，中西审美活动的形态在审美活动的外延方面存在着明显的差异。在西方，审美活动与非审美活动、艺术与非艺术之间界限十分清楚。审美活动、艺术活动的被职业化，就是一个例证。而在中国，审美活动与非审美活动、艺术与非艺术之间却界限十分模糊。这是因为，中国美学并不以艺术作为目的，而是以艺术作为体道的方式，期冀由"技"进"道"，求得生命的安顿。也因此，"喜尚形似""吟风弄月"，"执情强物""看朱成碧"。为诗却偏偏被"伤性害命"，这都是中国人所不齿于为之的。真正的"美"、真正的"善"，必须是与道同一的，是空灵、通脱、飞升的，一旦被用"知"的特定标准去界定，生命就被界定在障碍、闭塞、固执的狭小格局之中，就被束缚住了。"君子可以寓意于物，而不可以留意于物。"真正的艺术，在中国美学看来，又可以不是艺术；真正的诗人，在中国美学看来，又可以不是诗人："所谓诗人者，非必其能吟诗也，果能胸境超脱，相对温雅，虽一字不识，真诗人矣。如其胸境龃龉，相对尘俗，虽终日咬文嚼字，连篇累牍，乃非诗人矣。"①"林间松韵，石上泉声，静里听来，识天地自然鸣佩；草际烟光，水心云景，闲中观去，见乾坤最上文章"（《菜根谭》）。"世间一切皆诗也。"此之谓中国的"艺术"。因此，孔子甚至不赞成把生命执着于任何一个环节，故言："君子不径"，又主张："君子不器"。孟子也主张"大而化之"，"圣而不可知之"，这就使得美有了无限拓展的可能。老子则认为："天下皆知美之为美，斯恶已"。总之是要"一切放下"，不断地做减法，减而又减，从而得以抓住其中的优先级，得以"一切提起"，成就一个诗意的、审美的人生。因此，西方美学所谓艺术，往往就是作为一个外在的对象，然后去认识、把握、创作；中国美学则不然，在中国美学看来，这无异于"造新业""磨砖作镜""骑驴觅驴"。中国美学时时告诫说：固然"人穷能诗"，但是也"诗能穷人"。一旦误认艺术为生命本身，一旦误认艺术就是那个更高更美好的世界，那个人类栖居的圣地，就难免"错把他乡做故乡"，反而越发"穷踬其命而怫戾所为"。这就是所谓"诗能穷人"（周必大）、"诗之穷人"（欧阳修）。这样，宇宙生命的"生生"繁衍以及族群自身生命的"生生"繁衍就是"中华民族特有的生存之道"，它"是一种对于宇宙融镕直贯的全部人生的执着肯定的生命意识，简而言之，是生命的谢恩。""而人立身宇宙之中，作为万物之灵，就不能不纵身大化，与物推移；不能不参赞化育，与天地同其流。换句话说，'阳舒阴惨，本乎天地之心'。"② 顺理成章的，一种有机论的而不是机械论的生命观、非决定论的而不是决定论

---

① 王西庄语。转自袁枚《随园诗话》卷九。
② 潘知常：《众妙之门——中国美感心态的深层结构》，黄河文艺出版社 1989 年版，第 79—80 页。关于中国传统美学是生命美学的看法，在这本书里就已经系统地论述过。因此，在改革开放的新时期美学中，该书应该是最早提出中国传统美学是生命美学的看法的。

的生命观，①就成为中国人的必然选择。在其中，存在着的是以生命为美而不是以机器为美，也是生命的眼光而不是技术的眼光，是"生"而有之而不是"造"而有之（世界是生命的不是物质的），例如易之变易，简易，不易，就无非是以简易的生命方式显示生命的无穷变易去呈现宇宙生命的永恒不易之理。所谓"盈天地之生，而莫非吾身之生"。②而且，一方面，是天地自然生天生地生物的一种自生成、自组织能力，所谓"万类霜天竞自由"；另一方面，也是人类对于天地自然生天生地生物的一种自生成、自组织能力的自觉，也就是能够以"仁"为"天地万物之心"。而且，这自觉是在生生世世、永生永远以及有前生、今生、来生看到的万事万物的生生不已与逝逝不已所萌发的"继之者善也，成之者性也"、"参天地、赞化育"的生命责任，并且不辞以践行这一责任为"仁爱"，为终生之旨归、为最高的善，为"天地大美"。这就是所谓："一阴一阳之谓道"。不是"人化自然"的"我生"，而是生态平等的"共生"，是"阴阳相生""天地与我为一，万物与我并存"。重要的是敬畏自然、呵护自然的"物我合一"，重要的是守于自由而让他物自由。《论语》有言："罕言利，与命与仁。"在此，我们也可以变通一下：罕言利，与"生"与"仁"。在中国，宇宙天地与人融合统会为一个巨大的生命有机体。为什么天人可以合一？就是因为"生"与"仁"在背后遥相呼应。而且，"生"必然包含着"仁"。生即仁、仁即生。③

此处的关键，是"天地人神"与"天地人道""天地人仁"的差异。"神性"的追问一定是由于"绝对的他者"的存在。而且，也恰恰就是因为这个"绝对它者"的存在，一切一切的美才都集中到了彼

---

① 因此，在中国是没有创始神话的，因为宇宙天地与人都是"块然自生"。
② 罗汝芳：《盱坛直诠·上卷》，见方祖猷等编校《罗汝芳集》（上），凤凰出版社2007年版，第387页。
③ "君子无终食之间违仁，造次必于是，颠沛必于是"，是中国文化的"活的灵魂"：在无边的亲情世界中"成为人"。"古之遗爱也"，《左传·昭公二十年》这是孔子赞美子产的话，其实，这也应该是夫子自道。何况，后世的扬雄也曾赞美曰："仲尼多爱"。扬雄：《法言·君子》。孔子之为孔子，就是"撒向人间都是爱"。

岸的一边，至于此岸的这边，则只有丑陋。于是，审美与非审美、艺术与非艺术，在西方都被截然分开。"人性"的追问不同，"仁"与"道"既然无法"成神"，因此也就没有了"绝对的他者"，而只存在"现实他者"，也只体现了人性尺度。所以，由"绝对的他者"道出的，人类自己却一切都只能聆听，得以道出的也只是因为聆听，因此，也就既不是"我"，也不是"它"，而只是——"你"，然而，一切由人说出的也就只能是人，诸如，儒家说出的是自在的"我"，道家说出的是自然的"我"，如此等等，总之都是发自人自身的自言自语，也无非是为了人自身的自言自语。于是，中国美学敏锐发现了人与世界之间的一个归宿——逍遥，可是，却又忽视了人与世界之间的另一个归宿——拯救。于是，在逍遥中高蹈游世、陶然自得，满足于在生活中的"无处不诗、无时不诗"，也就成为中国美学的必然选择。对中国人来说，弹琴放歌、登高作赋、书家写字、画家画画，与挑水砍柴、行住坐卧、品茶、养鸟、投壶、覆射、游山、玩水……一样，统统不过是生活中的寻常事，不过是"不离日用常行内"的"洒扫应对"，如此而已。朱熹说得好："即其所居之位，乐其日用之常，初无舍己为人意"。以"艺术"为例，与西方的"艺术"完全不同，中国的艺术与非艺术并没有鲜明界限，"林间松韵，石上泉声，静里听来，识天地自然鸣佩；草际烟光，水心云景，闲中观去，见乾坤最上文章。"①"世间一切皆诗也"，这就是中国的"艺术"。进而言之，艺术作为生命回归安身立命之地和最后归宿的中介，只是中国人求得生命的安顿的一种方式。因此，艺术不是外在世界的呈现，而是解蔽，是一种"敞开"，也是一个过程、一种生存方式。它犹如生命的磨刀石，是生命升华的见证，又是生命觉醒的契机。"进无所依，退无所据"的千年游子之心，"迷不知吾所如"的永恒生命之魂，由此得以安顿和止泊。不难看出，中国美学的博大精神正胎息于此。对此，美国学者列文森倒是独具只眼，他指出：中国绘画有一种"反职业化"倾向，重视"业余化"，以绘画为"性灵的游戏"。此

---

① 洪应明：《菜根谭》第64则，中华书局2016年版。

言不谬。

从纵向的角度，中西审美活动的形态在审美活动的内涵方面也存在着明显的差异。

我们看到，在西方，审美活动追求的是生命的对象化，是对世界的占有，因而刻意借助抽象的途径去诘问"X"，即生命活动的成果"是什么"；在中国，审美活动追求的则是生命的非对象化，是对人生的不断超越，因而刻意借助消解的途径去诘问"S"，即生命活动的过程"怎么样"。因此，在西方是以超验为美，以"为学日益"为美，以结果为美；在中国，是以超越为美、以"为道日损"为美、以过程为美，简而言之，以道为美。道之为道（道＝曲线，是过程的象征）即美之为美。中国美学并不把审美活动作为一种把握方式，也不把审美对象作为一个对象化的物，因此，并不考虑审美本身的平面推进，而是把平面转成立体，直上直下，直接与人生打通，使审美活动成为人生证悟的一种方式，成为生命回归安身立命之地和最后归宿的安顿。因此，审美活动不是外在世界的呈现，而是解蔽，是一种"敞开"，也是一个过程、一种生存方式。它犹如生命的磨刀石，是生命升华的见证，又是生命觉醒的契机。

这样，相对于西方的"绝力而死"，走上"畏影恶迹而去之走"的道路，中国则走上"处阴以休影，处静以息迹"①的道路。在它看来，生命中最为重要的就是使一切回到过程、回到尚未分门别类的"一"。就生理活动而言，是"负阴抱阳"，即使生命停留在一个既"负阴而升"又"负阳而降"的过程。有眼勿视，有耳勿听，有心勿想，有神不驰，把日常的生理心理过程都颠倒过来（中医的阴阳五行、五脏六腑与科学世界观与常识因此都是几乎相反的）。或者说，其心理是退缩型的，区别于西方的选择外倾型，中国选择的是内倾型。外倾型，充盈的是阿尼姆斯情结，是自我的扩张，是观察者的自我（I）的突出，是向前寻求父亲，也导致感知信赖。内倾型，却充盈的是阿尼玛情结，是自我的萎缩，是被观察者的自我（me）的突出，是

---

① 《庄子·渔父》。

向后寻求母亲，导致则是感知恐惧。① 中国因此转向"心眼""心耳"，"肉眼闭而心眼开""官知止而神欲行"，转向"封死则道亡""是非之彰也，道之所以亏也"，"上下与天地同流""天人合一"，都可以由此得到解释。就审美活动（价值活动）而言，则是化世界为境界，化手段为目的，化结果为过程，化空间为时间（毫无疑问，这一切也与西方几乎相反），因而拒绝单维许诺多维、拒绝确定许诺朦胧、拒绝实在许诺虚无、拒绝因果许诺偶然……并以此作为安身立命的精神家园。不难看出，这精神家园就存在于我们身边，极为真实、极为普遍、极为平常（因此没有必要像西方浮士德那样升天入地，痛苦寻觅），只是由于我们接受了抽象化的方法，它才抽身远遁，变得不那么真实、不那么普遍、不那么平常了，也只是由于我们接受了抽象化的做法，才会从中抽身远遁，成为失家者。正如老子所棒喝的，追名逐利者只能置身于"徼"的世界，却无法置身于"妙"的世界。原因何在？从抽象的角度去"视"、去"听"、去"搏"，当然"视之不见""听之不闻""搏之不得"，但从消解的角度去"视"、去"听"、去"搏"，却又可"见"、可"闻"、可"得"，这就是中国人在爱美，求美、审美的路途中所获取的公开的秘密。因此，与西方人的为美而移山填海、改天换地相比，中国人在审美的路途中只是"损之又损，以至于无为"。所谓"反者道之动"。而置身于艺术过程中的中国人面对自然而然的自然境界，要做的也并不是调整自然，而是调整自己，须知这不是人向世界的跌落，而是人向境界的提升。一旦拯拔血脉，勘破人的主位，自由人生的全幅光华顷刻喷薄而出，拓展心胸，精神四达并流而不可以止。因此，如果没有这心灵的远游，没有在大自然的环抱中陶冶性情，开拓胸襟，去除心理沉疴，沐浴灵魂四隅，心智将因封闭、枯竭而死亡。又借助什么去提升精神境界，又何以为人？幸而一切都并不如此。在自然而然的境界中，中国人处处化解生命的障碍、闭塞、固执，使之空灵、通脱、飞升，被尘封已久的心灵层层透出，一层一层溶入大自

---

① 笔者在《众妙之门——中国美感心态的深层心态结构》一书中，曾经专门提出并讨论过这个问题。潘知常：《众妙之门——中国美感心态的深层心态结构》，黄河文艺出版社1989年版，第166—175页。

然，因此也就一层一层打通心灵的壁障。而且，这"打通"无时无刻不在进行。生命不息，"打通"不已。孔子慨叹：登东山而小鲁，登泰山而小天下；李白放歌："何处是归程？长亭更短亭"；王之涣痛陈："欲穷千里目，更上一层楼"；司空图立誓："大用外腓，真体内充，返虚入浑，积健为雄"……时时刻刻关注的都是人生境界的超拔与提升。不言而喻，这正是中国人在艺术活动过程中的最高追求。

具体来说，就内容而言，西方的价值取向是"立文明"，中国的价值取向则是"法自然"。

犹如西方的那个著名的"不朽的培根公式"所声称的"艺术是人与自然相乘"，西方的审美活动也是"人与自然相乘"。在这里，存在着的是"造物模式"，或者是对于"造物主"的赞美，或者是对于"被造物"的赞美。结果，审美活动的内容也就统统集中在了彼岸。而且因为倾尽全力于对"造物"的赞美，因此也就往往更多地考虑对于自然的索取，而并非责任。但是，我们却又要看到。从表面看，造物主是高踞于彼岸，但是它毕竟是人类的理想投影，因此，它其实也就是人类自身的理想属性。因此，我们在西方的审美活动中看到的其实恰恰是对于"做一个（理想的）人"的预期。在其背后，则是"本质在世"乃至"本质优先"的彰显，是外在超越，也是对话式超越。外在的美、超验的美、彼岸的美，成为潜在的审美价值标准。绝对价值、终极价值也因此而被突出出来，人之存在的全部可能性和丰富性也因此而得以呈现。当然，最初在希腊美学，这一点毕竟还是不彻底的，仅仅是"美的精神"，洋溢其中的，也是酒神精神，也是世俗人本主义。它所面对的，还毕竟只是"人是谁"。迄至希伯来美学，一切却就不同了，从"人本"到"神本"，从"美的精神"转向"基督精神"，"人是谁"的困惑变成了"我是谁"的困惑。"有死的肉体"被"不死的灵魂"完全取代，彼岸的美、神性的美、美的神圣性也就应运而生。充斥其中的，是日神精神，也是宗教人本主义。当然，此后还有由神到人与由人到神的区别，也还有从客观模式到主观模式的区别，但是，彼岸的美、神性的美、美的神圣性，却是其中的万变中的不变。其内在核心，也始终都是：

"救赎"。① 这个方面，只要熟悉柏拉图有关审美教育的途径的思考者，就不难心领神会："第一步应从只爱某一个美形体开始"，"第二步他就应该学会了解此一形体或彼一形体的美与一切其他形体的美是共通的。这就是要在许多个别美形体中见出形体美的形式"，再进一步就要学会"把心灵的美看得比形体的美更可珍贵"，由此，进而再由"行为和制度的美"到"各种知识的美"，最终就达到理念世界的最高形态，"这种美是永恒的，无始无终，不生不死，不增不减的"。② 显然，在这种不断地抽离、不断上升攀升的过程中，审美活动不仅逐渐被从感性生命中剥离出来，而且甚至完全走向了它的反面。显然，这也正是西方人"做一个（理想的）人"的审美活动的先声。

中国美学当然不是如此。它所谓的审美活动并非"人与自然相乘"，而是"人与自然相通"。因此，尽管在西方是以生命为负，但是在中国却是以生命为正。而且，区别于作为西方美学的"本质在世"，中国美学却是"生命在世"——是生命本身而不是生命中的高出于人的东西的"在世"。由此，透过中国人的审美活动，我们所看到的，就是对于此岸的陶然自得，就是满足于"是一个（现实的）人"，而不是渴望去追求远在彼岸的未来，渴望去"做一个（理想的）人"。显然，中国美学关注的始终是人性的追问而并非神性的追问。在这里，存在着的不是"造物模式"，而是"生命模式"。西方的"模仿""抒情"乃至"再现""表现"也被中国的三个西方美学所没有的美学范畴"生""兴""境"一线贯穿。③ 而且，尽管在中国美学也出现过"美大圣神""悦志悦神"之类的讲法，因此很多美学家也曾顺理成章地认定在中国也存在"神性"。其实，中国美学中根本就没有神性一

---

① 因为是从神性之维出发，因此而导致了对希腊以来的人类自身的自信心、虚荣心的深刻反省，即便是不懈追求，人类却依旧渺小，这应该是美学的最为重大的发现。而且，正是因为发现了神圣之美只存在于彼岸，而此岸唯余丑恶，于是，人类才会去依然担当苦难，也才会彻底地反省自己。

② ［古希腊］柏拉图：《柏拉图文艺对话集》，朱光潜译，人民文学出版社1963年版，第271—272页。

③ 我所提倡的生命美学就是奠基于"生""兴""境"之上的，因此才被称为"情本境界论生命美学"。但是，当然对"生""兴""境"又都有所改造与提升。

维，而只有人性一维。中国美学关注的也不是人与神的区别，而是人与动物的区别。儒家没有"神"人，只有"圣"贤，道家没有"神圣"，只有"神秘"（禅宗更是既无"神"也无"神秘"），总之都没有"神"。所谓"天地人仁""天地人道"，但是却并不存在"天地人神"。其中的关键，是人性之维，也是"人问"，而不是神性之维，所谓"神问"。人仅仅被作为万物之中的一份子，而且还被置入有机宇宙去与万物彼此贯通、互相影响，甚至不惜忘怀于我是蝴蝶还是蝴蝶是我，不惜去向动物学习七十二变，然而，由于人与动物都是有限的存在，现实本性也是完全不可能"自然而然"或者"顺其自然"地生长为超越本性的。因此，与万物为"伍"，结果就是与万物一样去为"无"。在此基础上，中国美学其实也只是泛神论、泛物论的美学，只是建立在人性之维基础上的美学，而不是建立在神性之维的基础上的美学。① 区别于西方美学的外在超越、对话式超越，在中国美学中我们看到的是内在超越、境界式超越；区别于西方美学的"神人"精神，在中国美学中我们所看到的只是"人神"精神；区别于西方美学的"天路历程"，在中国美学中我们看到的也只是"心路历程"。而且，尽管没有神性一维，这导致了中国人无法"成神"但是却并不影响中国人的"成圣"。因此，区别于西方美学的"救赎"，中国美学必然是只能是："逍遥"。

清人刘熙载有云：书当造乎自然。蔡中郎但谓书肇于自然，此立天以定人，尚未及乎由人复天也。（《艺概·书概》）这段话虽以书法而言，但所言却不限于书法，也不限于文艺，而可以看作对上述中国人心目中的审美活动的简明概括。人既然"肇于自然"，也就应"造

---

① 在这方面，中国美学的"传神写照"是一个值得重新反省的问题。顾恺之说：传神写照，尽在阿堵中。眼睛，因此被中国美学格外突出了出来。然而，终极关怀的美学道路也就被意味深长地阻断了。希腊的雕塑突出的是"动态的瞬间"，而中国，则是"静态的瞬间"，其中颇富深意。其实，躯干、四肢和头颅都一样重要，西方意在突出神性的东西，因此这一切都可以被借助。也因此，西方的雕塑都是没有眼睛的，因为它要突出神性的东西。而中国意在突出人性，因此也就特别突出眼睛。由此，不难想到，西方雕塑的美学风格之所以是"静穆的哀伤"，"静穆"，当然是由于其中的"神性"，至于"哀伤"，则是指的人类的身体总是欲表现"神性"而又未能如意。这样的"哀伤"，中国美学中自然不会出现。

乎自然"。所谓"肇",是从开始讲;所谓"造",则是从归宿讲。这就是说,自然界不但是人之本原,而且还是人之归宿,"由人复天""与天为一"。而我在1989年的时候也已经说过:在中国,"元气淋漓的诗心的影现,作为宇宙创化的产物,人的审美愉悦,也就对应着这宇宙的自由活泼的生命韵律和元气淋漓的诗心。正像中国人一再慷慨宣言的:'诗者,天地之心。'"[①] 回想一下苏轼笔下竹子的"必先得成竹于胸中,执笔熟视,乃见其所欲画者,急起从之,振笔直遂,以追其所见,如兔起鹘落,少纵则逝矣",我们不难意识到:在中国,重要的不是"作",而是"生"。犹如明代学者宗臣所说:"今夫人性之有文也,不犹天之云霞、地之草木哉!云霞丽于天也,是日日生焉者也,非以昔日之断云残霞而布之今口者也;草木之丽于地也,是岁岁生焉者也,非以今岁之萎叶枯株而布之来岁者也。人性之有文也,是时时生焉者也,非以他人之陈言庸语而借之于我也。"(明·宗臣《总约·谈艺》)、"天地有大美而不言"(《庄子·知北游》)、"乐者,天地之和也。"《乐记·乐礼》)、"大乐与天地同和。"(《乐论》)在西方,毕达哥拉斯学派认为:"事物由于数而显得美。"在中国,实物却是由于生命而显得美。美不是统一于数,而是统一于生命。至于审美活动,那则是"通神明之德""类万物之情",将"生生之谓易"转化为"生生之谓艺",而且"日日生""岁岁生""时时生",在在揭示的都是永不停息的推陈出新、永无休止的新鲜活泼的生命。类似的,黄宗羲也十分强调"夫文章,天地之元气也。"(《斜皋羽年谱游录注序》)王思任则认为文学艺术的"创作"是在"玄空中增减圬塑,而以毫风吹气生活之者","从筋节窍髓以探其七情生动之微"(王思任语)。石涛和郑板桥也声称:"此道见地透脱,只须放笔直扫。千岩万壑,纵目一览,望之若惊电奔云,屯屯自起。"(《论画》)"古之善画者,大都以造物为师。天之所生,即吾之所画,总须一块元气团结而成。"(《题兰竹石二十七则》)古人称绘画为"以一管之笔,拟太虚

[①] 潘知常:《众妙之门——中国美感心态的深层结构》,黄河文艺出版社1989年版,第83—84页。

之体"（王微《叙画》）。因此，这已经不是西方的"头脑化",① 而是中国的"生命化"了。对此，只要联想一下庄子"轮扁斫轮"的"得之于心而应之于手"、"庖丁解牛"的"以神遇而不以目视"、"梓庆削木为锯"的"斋以静心""以天合天"、"宋元君将画图"的"解衣盘礴"、"佝偻者承蜩"的"用志不分，乃凝于神"、"津人操舟若神"的"外重者内拙"、"一丈夫蹈水"的"从水之道而不为私焉"、"工倕旋而盖规矩"的"指与物化而不以心稽"……或者联想一下庄子的"游于濠梁之上"的"鯈鱼出游从容，是鱼之乐也"、程颢面对野草和小鱼的"观其生"、"观我生"乃至"见天地之心"、罗汝芳的"当下生意津津，不殊于禽鸟，不殊于新苗"、郑板桥的"非唯我爱竹石，即竹石亦爱我也"……就一切都会明白。

就形式而言，西方关注的是"形式"，中国关注的则是"超形式"。

美在形式，是西方美学的共同特征。亚里士多德从西方美学之初就提出要区分"质料"与"形式"，"由于形式，故质料得以成为某些确定的事物"；美的事物自然也不例外，"一个美的事物"，"不但它的各部分应有一定的安排，而且它的体积也应有一定的大小，因为美要依靠体积和安排"②。亚里士多德还专门曾就柏拉图的"理念"论说道："多数的事物是由于分有和它们同名的理念而存在的。只有'分有'这个词是新的，因为毕达哥拉斯学派说事物是由'模仿'数而存在的，柏拉图则说事物由'分有'而存在，只是改变了名称而已。但对于形式的分有或模仿究竟是什么，他们并没有说明。"③ 这里，亚里士多德将柏拉图的"理念"、毕达哥拉斯学派的"数"以及自己的"形式"都放在了一起。而且，这"数""理念""形式"都完全一样。都是来自外在的控制力量，堪称"第一本体"。即便是到了现代美学，也还是认为美是情感的形式、有意味的形式。"艺术家能够用

---

① [日]铃木大拙、[美]弗洛姆：《禅与心理分析》，孟祥森译，中国民间文学出版社1986年版，第168页。
② [古希腊]亚里士多德：《诗学》，罗念生译，人民文学出版社1984年版，第25页。
③ [古希腊]亚里士多德：《形而上学》，转引自蒋孔阳等主编《西方美学通史》第一卷，第286页。

线条、色彩的各种组合来表达自己对'现实'的感受，而这种现实恰恰是通过线、色揭示出来的"。例如，不"把风景看做田野和农舍"，而"设法把风景看成各种各样交织在一起的线条、色彩的纯形式的组合"。所以，欣赏艺术品"无须带着生活中的东西"，"也无须有关的生活观念和事物知识"，"只需带有形式感、色彩感和三度空间感的知识"，① 当然，这还仍旧是"造物"与"被造物"的制约所致。但是，在中国美学，却不去区分"质料"与"形式"，而是去区分"形"与"神"。无疑，这正是中国美学的"生命视界"的眼中之物。换言之，这正是一种"生命"的眼光。"质料"与"形式"，是指的所有的对象，可是，"形"与"神"却指的是生命的对象。《庄子》说过："所爱其母者，非爱其形也，爱使其形者也。"（《庄子·德充符》）这里的"使其形者"，正是"生命"。因此，中国美学也就不是为形式而形式，而是为生命而形式。就像"江宁之龙蟠，苏州之邓尉，杭州之西溪，皆产梅。或曰：'梅以曲为美，直则无姿；以欹为美，正则无景；以疏为美，密则无态。'"但是倘若"斫其正，养其旁条，删其密，夭其稚枝，锄其直，遏其生气，以求重价，而江浙之梅皆病。"（龚自珍《病梅馆记》）这当然是因为，形式的背后已经没有了生命。庖丁解牛，人赞曰："嘻！善哉！技盖至此乎？"庖丁答云："臣之所好者，道也，进乎技矣。""进乎技"就是生命超越形式（技）。梓庆削木为锯，人问之："子何术以为焉？"答云："臣，工人，何术之有？虽然，有一焉。"这里的"一"就是"道"，也是生命超越形式（技）。佝偻者承蜩，或问："子巧乎？有道邪？"佝偻者的回答也丝毫不涉及"巧"，而只是说："我有道也。"总之，"为之踌躇满志"，却又"所好者道也"。

由此而想到当下人们所津津乐道的所谓"意象"。其实，在中国美学看来，"意象"也并非结果，而只是生命与生命交往的呈现，是宇宙生命对人之生命的感发，也是人之生命对宇宙生命的倾诉，是心我双方在生命交往中的共生与生命期待。何况，"意象"必须是有生

---

① ［英］克莱夫·贝尔：《艺术》，周金环、马钟元译，中国文艺联合出版公司1984年版，第17页。

命的，因而较之"意象"更为根本的，无疑是"生命"。生命，才是意象的基础。因此中国美学只能是生命美学，但是却不可能是意象美学。再如"真实"，中国美学所追求的真实并不是对既定的外在世界的加工、提炼，而是对外在世界的消解。西方的"天使"借助外在的生理之力"有翼而飞"，这是从西方美学眼中看到的真实。中国的"飞天"借助内在的心理之力"无翼而飞"，这是从中国美学眼中看到的真实。它消解了生活常识所建构的既定的世界，却"于天地之外，别构一种灵奇"，"总非世间所有"，但却是艺术家"灵想之所独辟"。显然，"技"作为消解"有"、"无"的"无无"，其本身就也要被消解（"破破""随说随划"）。或许正是在这个意义上，老子才会说："为者败之，执者失之"？《庄子》才会把"解衣般礴"者称为"真画者"？石涛也才把"了法"奉若神明？"何谓无法之法""生""拙""愚""钝"？其中固然有西方意义上的技巧的熟练到了忘记的程度的意思，但更主要的还是指"有经必有权，有权必有化"，不为技巧所"役"，是技巧的实现融化到生命的实现之中，"脱天地牢笼之手归于自然"（石涛）。犹如如"灵感"。以西方的灵感论来衡量中国的灵感论，是错误的。中国的灵感论是生命意义上的，而西方则是技巧意义上的。在中国，所谓灵感是指在生命立体层面上的超拔、飞升中随之而来的一种人生彻悟，是非对象性的而不是对象性的，至于艺术的使命则就是要使这电光石火的瞬间完整地呈现出来。这样中国的艺术家所关心的就不是反映现实对象，而是使"胸中有余地，腕下有余情，看得眼前景物都是古茂和蔼，体量胸中意思全是恺悌慈祥"（何绍基），然后以无挂无碍的至人心境，去谛听大自然最深的生命妙乐，在草长莺飞、杨花柳絮、平野远树、大漠孤烟之类平凡事物中去颖悟其内在的超越品格、诗性魅力。没有"慧心慧眼人"，又怎么会有"天开图画"？这种境界，显然并非技巧意义上的灵感所能达到。其次再如用线条消解块面、①用无色消解五色，用神消解形，用虚灵消解实有，用意境消解

---

① 这不仅仅限于书画，音乐中对于旋律的重视（西方是重视和声），以及小说、戏剧中对于历时性的描写的重视（西方是对于共时性描写的重视），都是如此。

意象，用景物消解情思，用妙消解美……这一切，都是中国审美活动对于"技"的"随说随划"，因此也就同样是"道"的体现。

综上所述，我们看到，中西方虽然都以生命的超越作为自己的本体视界，但由于对本体的阐释不同，因而就导致在"超越什么"方面的根本的差异。就西方而言，它的本体是预设的，这就隐含了借助形式逻辑证实或证伪的问题，隐含了固执追求本原之真，透过现象达到本原的澄明状态——真理这一根本特征。西方的审美活动之所以更多地与宗教活动、认识活动混淆在一起，之所以与现实生活对立起来，道理在此。由此入手，我们可以把西方审美活动所要超越的"什么"规定为"自然"，把西方审美活动规定为从"自然走向文明"的活动。就中国美学而言，它的本体只是一种伪本体，只是一种承诺，不是"陈述"，而是"予名"。一旦设立起来，马上就转向对于禀赋着本体性质的世界图景、生命图景的勾勒。本体被融于现实之中。这就隐含着世界的诗化、生命的诗化这一根本要求，中国的审美活动之所以与伦理活动混淆在一起，之所以与生活同一，之所以成为中国人最高的生存境界，① 道理在此。由此入手，我们可以把中国审美活动所要超

---

① 沈宗骞强调："在天地以灵气而生物，在人以灵气而成画，是以生物无穷尽而画之出于人亦无穷尽，惟皆出于灵气，故得神其变化也。"（《芥舟学画编》）这种以"生命为美"的思想是中国的一大传统。例如重视四时、时空合一、以时统空、时间的节奏化、四方是生命的四个方位；以生命作为分类的标准，在时间维度上创造生命，在空间维度上展开生命；重视生姿、生意、生趣、生机，化静为动、转实为虚、点枯为生；区别于西方的感知信赖的感知恐惧；区别于西方的感觉真实的想象真实；区别于西方的"死亡意识"的"生命意识"；区别于西方的空间地考察世界的时间地考察世界；区别于西方的以悲剧为中心，重人与自然的对峙，重个体与社会的抗争，强调充满绝望感、幻灭感、恐怖感的外在冲突，而以喜剧为中心，重人与自然的融合，重个体与社会的互润，强调充满安宁感、梦幻感、超越感的内在和谐；区别于西方常见的那种在自然的粗暴又复狂虐的巨大力量面前的恐惧、幻灭、压抑和千方百计的征服，而推崇一种"山林与! 皋壤与! 使我欣欣然而乐与!"的亲切、相契、慰安和"独与天地精神往来"的心心相印；区别于西方自我扩张的外倾心态的自我萎缩的内倾心态；区别于西方的情感宣泄基础上的外在冲突情感节制基础上的内在和谐；区别于西方的往往外在地征服自然、征服生命、征服人生的往往是内在地享受自然、享受生命、享受人生；区别于西方的往往满足于"有什么"的往往着眼于"是什么"；区别于西方的侧重从个体情感需要的角度去力求理想人格的实现和追求美的历史价值；区别于西方的焦点透视的散点透视；区别于西方的"厄运""断裂""个体救赎""开天"，"悲剧"的"幸运""循环""集体救赎""补天""喜剧"；区别于西方的"美"的"妙"……，参见我的著作：《中国美学精神》《美的冲突》《众妙之门——中国美感心态的深层结构》《生命的诗境》。

越的"什么"规定为"文明",把中国审美活动规定为从"从文明回到自然"的活动。

这样,我们看到,中西方的作为历史形态而展开的审美活动,显然都是围绕着文明与自然的矛盾展开的。就"超越什么"而言,或者偏重文明一方,如西方形态;或者是偏重自然一方,如中国形态,但就超越性本身而言,却是完全一致的。这"一致",正是我所讨论的审美活动的本体论内涵。不过,作为审美活动的"曾经怎么样",其内涵又有其不足。例如,西方强调从"自然走向文明",最终势必走向审美与生活的对立,中国强调"从文明回到自然",最终也难免与作为自由基础的实践活动和作为自由手段的理论活动彼此脱节。例如,审美活动本来应当是自由与意志的融汇统一,但是,在中国却是无意志的自由(道)或者无自由的意志(儒),是恪守自觉原则和忽视自愿原则,其中始终不存在自由意志的觉醒。因此,各有所长,各有所短,自有其是,也自有其非,就如同柯拉柯夫斯基所指出的:"犹太—基督教传统大大激励推进了西方文明日后借以建构的科学和技术的进步,……推崇生命统一和对生命表示一视同仁的尊重的各种宗教,不适应于增进对物质的技术的征服。"[1] 相形之下,我们可以将中国美学看作是前主体性的和超越性的,而将西方美学看作是主体性的超验性的,然而,这却并不意味着对于两者的全盘否定或者全盘肯定。因为从现代美学的角度看,否认自然向价值生成固然构不成审美活动,肯定自然向价值生成同样构不成审美活动。审美活动只能是一种后主体性的自由,只能是在从先天自然向价值生成的基础上的向后天自然的复归。因此,假如说西方美学因为其对先天自然的批判而构成了一种伪美学(混同于科学活动、物质活动),中国美学则因为其对价值生成的批判而构成了一种前美学(反科学活动、物质活动)。真正的美学,无疑则正在对于这两者的否定之中。

---

[1] [波兰]柯拉柯夫斯基:《宗教:如果没有上帝…》,杨德友译,生活·读书·新知三联书店1997年版,第42页。

二 古今形态:从"镜"到"灯"

审美活动的古今形态,① 也有截然的差异。

与审美活动的中西形态一样,审美活动的古今形态也仍旧同样是围绕着文明与自然之间的张力展开的,都是以生命的超越作为自己的本体视界的,它们之间的差异只是在"超越什么"的问题上,或者超越"自然",或者超越"文明",或者"从自然走向文明"(对实现了的自由的赞美),表现为肯定性的审美活动,或者"从文明回到自然"(对失落了的自由的追寻),表现为否定性的审美活动。

审美活动的古代形态无疑形形色色,但是,"从自然走向文明",却是其中的共同特征。如前所述,传统美学立足于"造物观",是"创生"与"救赎"的结合,也是"超验维度"与"神本追问"的结合。它习惯于从造物主或者被造物的角度去进行审美活动,也以"从自然走向文明"为基本参照,并且指向着自由中的必然性——文明的实现。尼采称之为"审美苏格拉底主义"、"最高原则大致可以表述为'理解然后美'",应该说,是完全正确的。② 由此,传统美学也就必然形成自己的"逻辑的预设"——对于人类自身的一种"本质在世"的假设、一种为现象世界逻辑地预设本体世界的假设:确信造物主与被造物的万能、至善和完美、确信人的本质存在的优先地位、确信人无所不能、确信"人类自由的进步"可以等同于"人类文明的进步"、确信"从自然走向文明"的必然归宿。但是,与审美活动的古代形态相反,审美活动的当代形态却是出之于截然相反的"逻辑的预设"——对于人类自身的一种"生命在世"的假设、一种不再为现象世界逻辑地预设本体世界的假设:万能、至善和完美的造物主与被造物并不存在、人的本质存在的优先地位并不存在、人无所不能的神话并不存在、"人类自由的进步"也无法等同于"人类文明的进步"、人类社会的必

---

① 因为中国美学的古今形态的差异是以西方美学作为中介的,问题极为复杂,而且当代中国美学与西方美学又存在着较多的共同性,因此本节仅以西方美学中的古今形态的差异为对象加以探讨。

② [德]尼采:《悲剧的诞生》,周国平译,生活·读书·新知三联书店1986年版,第52页。

然归宿也只存在于"从自然走向文明"与"从文明回到自然"的张力之间。

从"本质在世"到"生命在世",其结果必然也是从理性主义转向非理性主义,从对于"无我之思"的考察转向对于"无思之我"的考察。人虽然有思想,但仍然是动物;人虽然发现了类,但仍然是自己。于是,人类不再吃力地生活在多少有些虚假的深度中,而是回过头来生活在难免有些过分轻松的平面,关注的不再是世界"是什么",而是世界"怎么样",不再是理性层面的那个确定性的、分门别类的世界,而是在此之前的、更为源初、更为根本的非确定性的流动状态的世界本身,是从对于世界的抽象把握回到具体的把握,从过程的凝固回到过程本身。审美活动的当代形态开始走出造物主与被造物的割裂,也以"从文明回到自然"为参照,并且指向着必然中的自由性——文明的超文明的实现。

与论述审美活动的中国形态的时候一样,在这里不希望被误解的仍旧还是"自然"。这是因为,这里的"自然"同样不是原始意义上的"自然",而是"自然而然"意义上的"自然"。它是对于僵化了的文明的解构,或者说,是对文明的不文明的消解。它意味着审美活动的当代形态已经把视线转向了"文明"的解构、文明的超越。当代形态的审美活动已不再满足于做一个一味赞美人类实现了的自由的歌者,因此所考虑的也已不是如何强化自己的主人地位,如何继续征服自然,而是如何在"文明"中保持自身的超文明的本质,如何在分门别类的"文明"中保持自己的个性、创造性。显而易见,此时此刻,当代形态的审美活动面对的困惑甚至已经既不是不文明的自然环境也不是不文明的社会环境,而就是"文明"本身。在此,文明是天堂同时也是地狱,文明既是一个幸福的源头,又是一个不可跨越的永劫。①

至于审美活动的当代形态自身,则始终贯穿着一个核心,这就是

---

① 需要说明的是,在我的学术著作中,"文明"是一个经常使用的范畴。这是一个德国哲学家经常使用的范畴,必须与"文化"范畴相对地加以理解。简而言之,假如说"文化"是指的过程、目的、超越、创造、突破、灵魂,那么"文明"则是指的结果、手段、适应、模式、积淀、肉体。

反传统（美学形态）。

这是因为，审美活动的当代形态使我们意识到：美学已经不"美"。美学本身必须以更博大、更深刻的智慧，去更新美学的思考。而且，作为靠一系列假设支撑着的美学传统无疑具有着极大的可证伪性，然而，在它初建之际，人们却很难意识及此。因此总是期望着它会像它所允诺的那样解决所有的难题与困惑。当然，其结果最终肯定是事与愿违。它无疑可以解决相当多的难题与困惑，但是却不可能解决所有的难题与困惑。最后，人们难免就会对它尤其是支撑着它的那一系列假设产生怀疑，并且转而把注意力集中到如何确定这些假设的有限性以及怎样摆脱这些假设的伪无限上来。于是，庞大的美学传统的大厦就迅即土崩瓦解了。毫无疑问，这正是所谓美学的当代重建的开始，也正是美学尝试着追求更为根本、更为重大的理论智慧的开始。

"自古希腊以来，西方思想家们一直在寻求一套统一的观念，……这套观念可被用于证明或批评个人行为和生活以及社会习俗和制度，还可为人们提供一个进行个人道德思考和社会政治思考的框架。"① 但是，而今情况出现了根本的变化。对此，诸多的研究者都已经明确提示。例如，贝尔纳·迈耶说："20世纪的艺术之所以惹起许多混乱和非议，是由于人们习惯用评论文艺复兴艺术的标准和概念来评论今天的艺术。这种做法正如以网球比赛的规则来裁判一场足球比赛，是得不出结果的。毕加索说：'我们确实与过去作了深刻的决裂'。事实证明，这是带有根本性的革新。就是说，所有表达艺术概念的词汇（素描、构图、色彩、质感）都改变了它原来的含义。"② 维纳说："20世纪的发端不单是一个百年间的结束和另一个世纪的开端，……（它）完全可能是导致了我们今天在19世纪和20世纪的文学和艺术所看到的那种显著的裂痕。"③ 法国文学史家批·布瓦代弗说："今天，在传统小说

---

① ［美］罗蒂：《哲学和自然之镜》，李幼蒸译，生活·读书·新知三联书店1987年版，第1页。

② ［英］贝尔纳·迈耶尔等编：《麦克米伦艺术百科词典》，舒君等译，人民美术出版社1992年版，第258页。

③ ［美］维纳：《人有人的用处》，陈步译，商务印书馆1978年版，第1页。

与……贝克特等作家的试验小说之间,在……'巴尔扎克式'的巨幅画面与纳塔莉·萨洛特、米歇尔·比托尔或阿兰·格里耶的微观分析之间,则存在着一道深渊。"①

至于其中的根本变化,目前有所谓非理性的转向、语言论的转向、批判理论的转向……种种说法,其中究竟哪一种转向更为深刻、更具有划时代的意义,则至今也无从得知,更无法取得一致的意见。然而,不容忽视的是,在这种种的各不相同、各不相容之中,却存在着某种基本观念层面上的一致性。这就是:它们都宣判了西方思想传统的终结(而并非某一理论的终结),也都谋求着西方哲学、美学的当代转型——是格式塔式的转型、范式式的转型,而并非一般意义上的转型。美学方面也如此。从理论的角度看,分析美学对于传统美学的"命题"的可能性的剖析,语言美学对于"语言"的表达思想的可能性的剖析,存在美学对于"存在"的可能性的剖析,解释学美学对于"理解"的可能性的剖析,事实上都存在着某种基本观念层面上的一致性,这就是:拒绝美学传统的基本前提。而从审美实践的角度看,则正如白瑞德所提示的:"在艺术中,我们发现事实上有许多和西方传统决裂的迹象,或者至少跟一向被认为是独一无二的西方传统决裂;哲学家必须悉心研究这项决裂,如果他想要对这个传统重新赋予意义。"②

审美活动的当代形态无疑也并非铁板一块,具体而言,其中存在着50年代以前的现代主义美学与50年代以后的后现代主义美学两大阶段。前者关注的中心是:"上帝之死"。在现代主义的美学家看来,人没有固定的、永恒不变的本质,理性也不再是人类生活的独一无二的中心。因此,通过否定对象世界的方式从而把对象与自身割裂开来,并且进而寻求自身与自身的统一,换言之,消解理性的人,就成为责无旁贷的使命。"类"的、"主体性"的人被"孤独的个体""意志""超人""利比多""存在""集体无意识""生命"取而代之。后期以

---

① 批·布瓦代弗:《20世纪法国文学发展趋势》,载《外国文学报道》1982年第6期。
② [美]白瑞德:《非理性的人》,彭镜禧译,黑龙江教育出版社1988年版,第57页。

后现代主义为代表。后者关注的中心是:"人之死"。后现代主义的美学家坚持了现代主义思想家对于人的否定的思路,但是,在他们看来,现代主义思想家的否定还远说不上彻底,还存在着福柯所谓"人类学的沉睡"的弊病。因为非理性的人仍然是一个实体,仍然是一种不是本质的本质,仍然是从理性与非理性二元对立的思维框架出发去理解人的存在。然而,重要的却恰恰是铲除这一二元对立的思维框架得以存在的根基。而要做到这一点,就必须坚持人的一种未完成的状态,反对关于人的任何观念、范畴、结构的合理性,从而不再试图以非理性的本体来取代理性的本体,而去寻找一个视角,以说明一切都是流动的,根本没有超越其他现象的根本的性质,甚至看问题的视角也是多元中的一个,也是可以超越的。人不是理性的,人也不是非理性的;人不能够被理性地解释,人也不能够被非理性地解释;人以无本质为本质、以无中心为中心、以无基础为基础、以无目的为目的;人应该从中心位置滚向 X。

然而,在我看来,不论是 50 年代以前的现代主义美学与 50 年代以后的后现代主义美学,它们又一方面是如上所述的是"可分的",但是另一方面又是"不可分的"。从根本内涵而言,现代审美观念与当代审美观念还有着完全一致的地方,这就是:都以反传统作为自身的根本指向。只不过 50 年代以前的现代主义美学是(在美学传统之内)反传统美学,而 50 年代以后的后现代主义美学则是(在美学传统之外)反美学传统。在世纪初,还只是传统审美观念的内在的大幅度调整,50 年代以后,则已经是传统审美观念的外在的整体转型。这意味着,当代社会的转型,导致传统审美观念的方方面面都遇到了严峻的挑战。在当代社会,人们再也不能够借助传统审美观念去面对现实、阐释现实了,于是,不再像世纪初开始的那样只是反传统美学,而是反美学传统,不再像世纪初开始的那样只是传统审美观念的内在的大幅度调整,而是传统审美观念的外在的整体转型,就成为当代的美学家们的不约而同的选择。理查德·科斯特拉尼茨说:"美学家要不是从整体上忽视了自 1960 年以后的艺术,就是仍然在用一种过时的标准去对待它。应该是老老实实地承认:需要一种新美学,但这却是他们无法提供的。"① 富斯特也说："'反美学'表示美学这个概念本身，即它的观念网络在此是成困难的……'反美学'标志了一种有关当前时代的文化主张：美学所提供的一些范畴依然有效吗？"② "反美学，正是对50年代以后的后现代主义美学的精辟概括。

这是一个从透视镜（传统美学）到万花筒（现代主义美学）再到幻灯（后现代主义美学）的深刻转型，或者，是一个从高扬理性主体的优美、崇高到高扬非理性的主体的丑再到消解非理性主体的荒诞的深刻转型。

以后者为例，优美、崇高的对象是本质的、必然的。不过，优美是理性主体与客体的和谐，而崇高则是理性主体与客体的对立。面对不可表现之物，崇高力图通过"主观的合目的性"把它转化过来，并因而达到对主体的肯定，并且从痛感走向快感，从而完成对不可表现之物的正面表现。丑却不然，在丑中的客体已经是个别的、偶然的。这意味着开始以非理性的实体取代理性的实体，以盲目的本质取代自明的本质，以非理性的形而上学取代理性的形而上学。而且，由于是通过高扬非理性主体的方式去进入审美活动的，传统的强大客体因此而被消解了。不可表现之物被与非理性的主体等同起来；同时因为非理性的主体事实上是无法表现的，因此对它的表现就只能是一种强硬的表现，所以，丑对于非理性主体的表现是永远不可能成功的，而且也不可能达到对主体的肯定，而只能暴露非理性主体的孤独、无助，因而成为对不可表现之物的否定表现。荒诞的出场，则意味着其中的客体已经什么也不是了。实体性中心为功能性中心所取代，是从实体的非理性转向了功能的非理性、从非理性的理性转向了理性的非理性、从无意识状态的非理性转向了有意识状态的非理性，从有内容的非理性转向了无内容的非理性。荒诞的根本特征，是不再用一种非理性的本质来取代理性的本质，而是用理性的有限性和非稳定性来考察非理性，因此既不赞成理性主义的逻各斯中心主义，也不赞成非理性主义

---

① 理查德·科斯特拉尼茨。见朱狄《当代西方艺术哲学》，人民出版社1994年版，第67页。
② 富斯特。参见王岳川等编《后现代主义文化与美学》，北京大学出版社1992年版，第260页。

的在场形而上学。总之，假如说丑认为世界是一个需要修补的世界，那么荒诞则认为世界是一个无法修补的世界；假如丑认为非理性主体是可以依赖的，荒诞则认为连非理性主体也是不可依赖的。既然如此，荒诞就干脆走向了对于不可表现之物的不可表现性的承认，换言之，荒诞是对不可表现之物的拒绝表现。

而这就必须注意到审美活动的当代形态的回到美学的边缘、在美学的边缘处探索这一根本特征。所谓美学的边缘，是相对于美学的中心而言。美学的中心，是指美学为自身所确定的研究对象，美学的边缘则是指美学的研究对象与非研究对象之间的界限。美学的中心无疑是通过对美学的边缘的确立面形成的。例如美学的本体视界，是通过在审美活动与非审美活动之间的界限的确立而形成的；美学的价值定位，是通过在审美价值与非审美价值之间的界限的确立而形成的；美学的心理取向，是通过在审美方式与非审美方式之间的界限的确立而形成的；美学的边界意识，则是通过在艺术与非艺术之间的界限的确立而形成的。然而，随着当代审美实践的不断丰富，美学的边缘地带却会日益模糊，以至于审美活动与非审美活动之间的交融导致了本体视界的转换，审美价值与非审美价值之间的碰撞导致了价值定位的逆转，审美方式与非审美方式之间的会通导致了心理取向的重构，艺术与非艺术之间的换位导致了边界意识的拓展……甚至，通过对美的压抑而界定了丑，通过对非功利性的压抑而界定了美感，通过对精英艺术的压抑而界定了大众艺术，等等。

首先是纵向的层面，假如前者是"非如此不可"的"沉重"，后者就是"非如此不可"的"轻松"。

从审美活动的内涵角度看，人类一直以能超出自然而自豪，以会思想而自豪，也以有理性而自豪，而审美活动正是这一"自豪"的特殊载体。它与人类对于自身的理性本质密切相关，抬高审美活动就是抬高人本身，强调审美活动的深度就是强调人的理性的深度。而今人类终于意识到：人虽然有思想，但并不等于思想，人虽然发现了类，但仍然是自己。于是，人类不再吃力地生活在多少有些虚假的理性深度中，而是回过头来生活在难免有些过分轻松的平面里。丹尼尔·贝尔概括得十分深刻:"在制造这种断裂并强调绝对现在的同时,艺术家和观众不得不每时每刻反复不断地塑造或重新塑造自己。由于批判了历史连续性而又相信未来即在眼前,人们丧失了传统的整体感和完整感。碎片或部分代替了整体。人们发现新的美学存在于残损的躯干、断离的手臂、原始人的微笑和被方框切割的形象之中,而不在界限明确的整体中。而且,有关艺术类型和界限的概念,以及不同类型应有不同表现原则的概念,均在风格的融和与竞争中被放弃了。可以说,这种美学的灾难本身实际上倒已成了一种美学。"[①] 对于这种"美学的灾难",人们往往难以理解,甚至颇不以为然。实际上,假如我们意识到对于西方当代美学来说个别本来就是最真实的,原本无须一般的提携,意识到在传统美学中人与异己文明的关系总是通过一些相对固定的类型体现出来,意识到在当代美学中人同异己文明已经一同成为被消解的对象,就不难理解这种"美学的灾难"的意义。原来,它关心的是如何在文明中保持自己的超文明的本性,如何"从文明回到自然"。当然,这里的"自然"不是原始意义上的"自然",而是"自然而然"意义上的"自然"。它是对僵化了的文明的解构,或者说,是对文明中的不文明因素的消解。美、美感、文学、艺术都曾经是一种以个别表达一般的准知识。而在当代美学,则走向了传统美学的美、美感、文学、艺术都是一种以个别表达一般的准知识的命题的否定方面。美、美感、文学、艺术不再是一种以个别表达一般的准知识,而是一种独立的生命活动形态、一种个别对于一般的拒绝以及个别自身的自由表现。

由此去看,审美活动的当代形态所导致的审美内涵的具体演变也就不难理解了。

首先,是内容方面的深度理想与广度理想的差异。古代的深度的理想是以对广度的压抑作为前提的,本质先于现象、必然先于偶然、目的先于过程、理性先于感性、灵先于肉,审美活动被极大地神圣化、深度

[①] [美]丹尼尔·贝尔:《资本主义文化矛盾》,赵一凡等译,生活·读书·新知三联书店1989年版,第95页。

化了。而当代却回到了广度的理想。是以压抑深度为前提的，现象先于本质、偶然先于必然、过程先于目的、感性先于理性、肉先于灵。审美活动被极大地通俗化、广度化了。我们所看到的历史从家史中退出、爱从婚姻中退出、情节从故事中退出、思想从对话中退出、精神从肉体中退出、美从艺术中退出、崇高从平庸中退出、理性从感性中退出、牺牲从死亡中退出……就是例证。对此，不能简单地说是无深度感。当代美学并非真的不需要深度，而只是不再相信传统美学关于深度的种种神话。传统美学往往只关注世界的纵向关系，在由此而形成的现象与本质、意识与潜意识、确实性与非确实性、所指与能指等种种关系中，关于本质、意识、确实性、所指的答案无疑只能是唯一的、封闭的。当代美学关注的是世界的横向关系，也就是现象与现象的关系。在世界这个大系统之中，它们涉及的是一种关系性属性，无疑也是"平面"的。当代美学强调：真正的本质在于现象，就是着眼于此。

其次，是形式方面的封闭结构与开放结构的差异。从深度理想出发，古代形态的审美活动，把世界看作一个有秩序的结构，一个整体。宇宙被从低到高排列，价值标准也被从低到高排列，所以人物、情节、故事、主题……有高低之分、美丑之分、雅俗之分。以和谐有序的经典形式为基础的堂皇叙事：前后相继的时间感，井然有序的空间感，过去、现在、将来三位一体的彼此相互关联，连续性、同一性、对称性、封闭性、清晰性，开头、起伏、转折、高潮、结尾，再现、表现、情节、性格、主题、元叙事、焦点透视……。当代形态的审美活动却不再如是认为。精神运动不再是垂直运动，而是水平发展。由此，可以说，以一种系统的看法看待世界是古代审美活动的态度，而以支离破碎的态度看待世界则是当代审美活动的态度。因为不再从肯定性层面考察审美活动，这意味着必然是不再以美为中心。于是，从美走向了丑，丑如何可能就是美的否定方面如何可能，而丑的走向极端，就是荒诞。缘此，审美活动的内涵第一次被根本性地加以逆转。从审美活动的肯定性质到否定性质，于是一系列被传统美学压抑到边缘的而且连崇高也容纳不了的并且对传统美学构成内在否定的东西，在当代被突出出来。其中值得注意的是：对主体的"我思"的否定，走向了我思前的我思即非理性，非理性的主体因此而取代了理性的主体，而对客体世界的否定导致了无形式的对象的出现，结果长期以来一直被压抑着的大量的反"合目的性"的东西一下子涌进了美学。美走向了反面，意义被全面消解。真正的丑因此而出现，并作为独立的王国和美的对立面而大肆泛滥。不难看出，作为对于不可表现之物的否定性表现，丑的出现必然导致形式的从封闭转向开放（非和谐、非对称的非形式）。至于荒诞，就更是如此了。不但客体被消解了，主体也被消解了，这样一来，所谓形式（无形式），也就只能是开放的而不可能再是封闭的了。例如，传统的透视法被打破，所有的面都夷平到图画的平面上来，过去、现在的事情仿佛是同时发生的。因为在他们看来，世界是我的感觉，过去的事情在我现在的感觉里，所以都是现在。例如，在小说里就是把历时性的事物挤压在同时性的平面上来。在绘画中也如此，在它之外的事物有大、小、高、低之分，而现在只要进入作品，只要扮演的是同一造型角色，就都同样的重要。苹果与人头是同一价值的存在，因为同样是一个圆形；而山脉与女人的曲线也同样是曲线。结果，叙述的完整性被叙述的片段性取代，零散化的意象、浮萍式的人物、作品整体形式的消解、无意识的拼凑、历史感的断裂、物与物的世界（不再是人与物的世界）、人物与人物行为统一性的丧失、作品叙事的客观化、非情感化、非个性化……都是如此。

　　再次，是美感方面的理性愉悦与感性愉悦。在传统美学，是以理性活动为基础，正如康德指出的：美感是一种"反思性"的判断力，是美感产生的必要条件。而当代美学的美感全然不同。它意味着审美活动从"反映"到"反应"的内在转换。前者是不顾生活中的实际感受，接受某种抽象的定点——这抽象的定点是一切对象的判断者，而不仅是个别画家的眼睛，从而形成一种因画面向自身深度的收敛而得到的统一的绘画空间。它是观照一个人所构造的自然的镜像，它有一个与世界有一定距离的完整的、内在统一的结构，例如画框、舞台的存在就意味着结构的存在，其深层的秘密则是生命节奏感的存在，此之谓"反映"。后者则是在接触一个真实的现实，既不需要一个有距离的结构，也没有生命的节奏感，充溢其中的是一种令人眼花缭乱的无机性节奏，可长可短，可激烈可平缓，一切视需要而定。此之谓"反应"。再者，前者的表现形式与内容之间，可以描述为一种异质同构的关系，内容是人的心灵状态外化为具有空间形态的观照对象，通过形式化，人的精神被纯粹化了，是一种恒定的模式，客观的形式，空间的造型，是有意识要构成的，而观众的任务则是站在一个指定的位置上去解读这个模式，传统的"作品表现了什么"之类的追问正是作者与读者之间形成的默契，后者的表现形式与内容则可以描述为一种同质同构的关系，是为表现而表现，同样是超越日常生活经验，但它的方向是回归到本能，读者追求的也只是瞬间的刺激。又如，前者以理性构成的客体为中介，通过"模仿""再现"给人以知识，从而修正心中的既成的认识图式。读者一定记得，亚里斯多德就把这种通过观照客体而拓展经验领域的过程称作"求知的快感"，后者却不再以理性构成的客体为中介，人们无法检验、修正既成的认知图式，故审美活动只是主观图式的外化，恰似幻灯一样把自我投射于外部世界。前者是以人类对外部世界的一种发现为美，后者则是以自我幻想的满足为美，前者是自然的一面透视镜，后者则是心灵的幻灯，是凭藉着自居心理而产生的一种审美愉悦。

从横向的角度，传统审美活动形态与当代审美活动的形态在审美活动的外延方面也存在着明显的差异。假如前者是"艺术与生活的对立"，后者就是"艺术与生活的同一"。

传统美学关于审美活动的外延的考察基本上不是源于审美活动的事实，而是源于一个变相的知识论框架。在这个变相的知识论框架之外的新鲜活泼的审美活动只是因为被当作准知识才可以被理解。与此相应，在传统美学，审美活动与非审美活动、艺术与非艺术之间界限十分清楚。例如，美学与非美学、审美与非审美、审美文化与非审美文化、艺术与非艺术、文学与非文学之间，存在着鲜明的界限，其基础，就在于美学、审美、审美文化、艺术、文学对于非美学、非审美、非审美文化、非艺术、非文学的超越。前者是中心，后者只是边缘；前者是永恒的，而后者只是暂时的。相对于后者，前者禀赋着持久的价值和永恒的魅力（本杰明称之为"美的假象"、艺术的"光晕"），是在时间、空间上的一种独一无二的存在。这是永远蕴含着"原作"的在场,对复制品、批量生产品往往保持着一种权威性、神圣性、不可复制性,从而具有了崇拜价值、收藏价值。①

换言之,审美活动本身,也不只是一种超然的审美趣味,而已经是一种美学特权、理论话语。尽管它隐藏在无意识化了的审美观念背后,以至于令人难以察觉。它之所以被独尊,不仅仅是因为它毕竟道破了审美活动的某种内在禀性,而且是因为它是一种特定的美学编码。对此,在当代的美学家中已经逐渐有所察觉。杜夫海纳指出:康德审美判断的普遍性来自"社会惯例的权威性","是专家们的一致,而这些专家们本身更多地不是如休谟所说,是由他们发达的审美力所决定的,而是由他们的社会地位决定的。"② 朱狄也引用斯坦克劳斯的研究指出:在审美活动中,对音乐、舞蹈、雕塑的欣赏往往只限于有钱的少数在经济、文化上享有特权的人,"绝大多数美国和欧洲美学家今天还是白种人,并且在经济上和社会地位上是高度享有特权的人,他们和普通老百姓是不来往的。"因此,提倡审美判断没有标准倒是对特权阶层的一种反抗。③ 由此出发,传统美学把某种类型的审美活动确定为审美活动(其他类型的审美活动则被排斥),并且作为人们进入审美活动的唯一反应模式,然后再以它为尺度将审美与非审美、艺术与非艺术乃至雅与俗、精英与大众分开,并且将其中的后者作为一种反面的陪衬。我们承认这样做在美学史上意义重大:从此审美有了独立性。然而,由于这种独立性并非真正的独立性,而是在理性主义的保护之下实现的,一味如此,就难免使美学陷入困境,最终走向一个令人难堪的极端:具备了超越性,却没有了现实性;使自己贵族化了,却又从此与大众无缘;走向了神性,却丧失了人性。试想,假如

---

① 传统美学往往以艺术为核心,而排斥自然美、社会美。在它看来,真正的审美活动只是艺术活动,而自然美、社会美则只是附庸。因为它们所蕴含的美比较分散,不如艺术美所蕴含的美集中、纯粹。这样,本来应该通过人在现实中的审美活动来了解艺术审美活动,然而在传统美学中被颠倒了过来,成为通过艺术审美活动来了解人在现实中的审美活动。

② [法]杜夫海纳主编:《当代艺术科学主潮》,刘应争译,安徽文艺出版社1991年版,第95页。

③ 参见朱狄《当代西方美学》,人民出版社1984年版,第231页。

审美活动只会让别人去教会自己如何喜爱美的东西，从而在别人所期望的地方和时候去感受别人希望他感受到的东西，这实际上就不再是一种审美活动，而只是一种交易，一种可以在市场上卖来卖去的东西。事实上，要想在别人告知自己为美的东西之中感到一种真正的美、一种个人的东西，无疑是天方夜谭，也无疑是审美天性的异化。可见，通过片面的方式去膜拜审美活动，并不是对审美活动的尊重。通过片面的方式去强调审美活动的超越性，也无非是美学本身的画地为牢。审美活动或者是人类逃避现实的一种方式，或者是人类认识现实的一种方式，总之是人类离开现实（现象、非理性）进入概念（本质、理性）的结果，因此只成就了一种贵族的、高雅的美和艺术，而现在所亟待从事的，是把审美活动从对于现实的逃避或认识转向与现实的同一（体验）。

但是在当代审美活动形态，却不再把事物当作对象，把自身当作主体，而是把对象还原为事物，使之不再是知识论框架之中的符号而是知识论框架之外的一种真实。它不再为我们表演什么，而只是存在着。另一方面，当代审美活动形态又把主体还原为自身，不再面对对象，而是与事物共处，让事物进入心灵。不承认有一个原本的存在（对本源、原本的追求实际只是一种形而上学），不承认审美是生活的模仿。富柯说：本源就存在于不可避免要失去的地方；德里达说：不存在的中心不复是中心。不再是原本先于摹本，而是摹本包含了原本，所谓既是原本又是摹本。既然达·芬奇的原本——模特谁也没有见过，杜尚的摹本就很难被否定了。在此基础上，美学家对于审美活动的外延作出了全新的规定。其中的关键是：压抑理性的美以拓展非理性的美，压抑理性的美感以拓展非理性的美感，压抑理性的艺术以拓展非理性的艺术。也正是因此，当代美学对于审美活动的外延的界定十分宽泛。美与非美、美感与非美感、文学与非文学、艺术与非艺术之间界限模糊不清，形形色色的审美活动的实践因此而大多被容纳在内。审美与现实、艺术与生活的同一性开始显现出来。传统的对于审美活动的神圣话语权被现在的机械性的复制取代了。美和艺术可以以任何长度的时间存在；可以依靠任何材料而存在；可以在任何地方存在；

可以为任何目的存在；可以为任何目的地（博物馆、垃圾堆）而存在。美学与非美学、审美与非审美、审美文化与非审美文化、艺术与非艺术、文学与非文学……通通混淆起来。彼此之间不但可以互换，而且昔日的所有樊篱都被拆除了。艺术疆域从根本上发生了改变：不仅审美，而且审丑，还有非美非丑、美丑之间、美丑同一，不仅仅以艺术本体为核心，而且向商品、科技、传媒、劳动、管理、行为、环境、交际……渗透。毕加索说过一句耐人寻味的话：我从来就不知什么是美，那大概是一个最莫名其妙的东西吧？抒发的或许就是当代人的这种共同感慨。

例如，审美活动的当代形态就从"强者"的美学转向了"弱者"的美学。西方美学有史以来第一次令人吃惊地转过身去，开始关注弱者的存在（作为对比，不妨回顾一下中国美学家庄子所推崇的轮人、庖丁、吕梁丈夫、津人等一大批公然宣称"吾有道矣"的弱者）。假如说，强者是巴尔扎克所说的"我粉碎了每一个障碍"的那一代人，那么，弱者就是卡夫卡所说的"每一个障碍都粉碎了我"的那一代人。这是比普通人还要弱小的一代人，是传统意义上的人的反面，是反英雄，也是从来不被重视的小写的我（然而我们每一个人都是小写的我）。现实总是与这弱者过不去。这弱者是丑陋的、滑稽的、不可理喻的、毫无意义的、荒诞的。这弱者也总是处于被告的地位，总是莫名其妙地被审判。我们在《诉讼》《城堡》《变形记》《判决》中看到的就是这样的一幕。然而，这又是人类的最为真实的存在。而且不是"竟然如此"，而是"就是如此"！在过去，西方迷恋于铁和血的双色之梦，弱者被传统美学说成是微不足道的，并且被强者、英雄、理想……轻而易举地取而代之。同样，也因为强者的宏伟叙事的不复存在，我们看到，在相当长的时间里，审美活动的古代形态在二元的灵与肉、精神与物质的对立中，把欲望给了肉体、物质，这无疑是错误的。例如阿多尔诺就批评这是"肉体的否定性的缺席"，是一种"被阉割了的享乐主义悖论"。结果，审美活动的当代形态关注的不再是彼岸的神圣，而是此岸的诗情，不再是"神圣叙事"而是"欲望叙事"。例如马斯洛的需求理论就把精神需要也作为人类的欲望。审美活动的目的转而着眼进入此岸，而不是向彼岸的超越。弗洛伊德也如此。他认为，对当代美学来说，当然不再是对欲望的压抑，然而也并不是对欲望的放纵。其中的关键是力图成功地把欲望转换为叙事的问题。从而既保证感官欲望的满足（细节的放纵），又加以叙事上的升华。对此，弗洛伊德的解决方法为：既通过自由联想来满足肉体欲望的隐秘快感，又借助"超我"的力量来达到升华的目的。由此，也就形成了欲望叙事的基本结构。

我们最终看到的是：从艺术与生活的对立到艺术与生活的同一——是审美的生活化，也是生活的审美化。特雷斯坦·查拉就指出：现代美学观念的根本原则是"生活比艺术更有兴味。"审美活动的当代形态对于艺术与生活之间的同一性的强调，并不就是反对"艺术"这一谁也说不清的东西，而是要无限制地跨越传统的艺术观念所划定的边界，并光明正大地反对西方传统的关于艺术是独立于生活之外的精神产品的艺术观念。换言之，艺术与生活事实上不可能完全等同，当代艺术强调它们的等同只是为了揭示过去长期被掩饰的艺术与生活之间的同一的一面。在当代社会，生活一次又一次地突破传统的艺术观念。而当代艺术作为全新的艺术与其说是为了争取成为艺术，毋宁说是意在从传统艺术的任何一种定义中解脱出来。

到了当代社会，文化引人瞩目地回到了生活本身，成为一种生活方式。人类审美观念的演变正与此有关。在传统美学，关于审美与生活之间的统一性关系存在着一种贵族化的观念。在这方面，实际上，传统美学是用贵族化的态度（只面对艺术而拒绝面对生活）来掩饰自己潜意识中存在着的对于日常生活的恐惧以及认为日常生活必然无意义的焦虑。在传统美学，日常生活往往只被看作有待改造的对象。它本身一直无法获得独立性，无法获得意义。然而为传统美学所始料不及的是，以日常生活为"人欲横流"，正是站在生活之外看生活的典型表现（即便在中国的"文革"期间，日常生活虽被人为地组织起来，也仍然非但没有接近深度目标，而且反面离它越来越远）。这样，日常生活就成为一块失重的漂浮的大陆，成为"无物之阵"，以致美学根本无法把握到它的灵魂、内涵。而这一偏颇一旦不被限制而且反而被推向极端，就不但会导致传统美学的无法影响日常生活，而且会导致传统美学的凌空蹈虚并远离坚实的生活大地。

因此如何克服日常生活中的平庸但又不是回到传统的"平凡而伟大"或者宗教的"拒绝平凡"的道路，① 对于每一个人来说，就不能不是一场挑战。由此，人们发现：丧失意义的日常生活与丧失日常生活的意义都是无法令人忍受的。并且，以意义来控制日常生活或者以日常生活来脱离意义，肯定是错误的。在日常生活之外确立意义，一旦达不到就仇视日常生活，也肯定是错误的。日常生活并非人类的敌人。而且，即便是日常生活的平面化、无意义、缺乏深度，也不可怕。日常生活即便是丑陋的、滑稽的、不可理喻的、毫无意义的、荒诞的，然而，这同样是人类的最为真实的存在，意识到此，就正是一种意义与深度。意义与深度并不排斥平庸。结果，西方美学家理直气壮地宣称：生活无罪！

由此，艺术与生活的传统关系被改变了。倘若杜威说"经验即艺术"，当代艺术则说一切艺术都是经验，艺术与经验之间的所有界限通通被一笔勾销。当代艺术激烈地抨击艺术的"等级地位"和"自封崇高"，而且也不再将艺术独立于生活之外，而是融洽于生活之中，使之成为生活的一部分。生活进入艺术，艺术进入生活，并置在一个同格的平面之上。这样，艺术甚至无法去反映生活了，② 但它却就是生活。艺术毫无顾忌地回到了生活本身。

艺术与创造的传统关系被改变了。所谓创造实际上是一种无中生有的审美活动，它所面对的并非世界本身，而是理性主义所预设的世界的本质。当代艺术观念是从非理性的角度考察创造活动，更多地强调世界的非决定性的一面、偶然性的一面，时间的先后、空间的顺序、因果的联系，同质的衔接，都被东拼西贴，生拉硬凑，以及随心所欲地掠夺、盗用、借用、组合、转化……取代。"创造"不再是理性意义上的创造，而是非理性意义上的创造。假如说前者是无中生有，那么，后者则是有中生有。在传统艺术观念，所谓创造是指想象中的虚

---

① 某些传统美学的捍卫者所开展的美学"圣战"正是如此。其实，以崇高的名义宣判普通人有罪，这事实上就是宣判日常生活有罪。

② 艺术家不再是站在一定距离之外的一个观察点，自然也就不可能成为一面"镜子"。

构，是指创造一个新世界，关心的是审美活动的对象性。在当代艺术观念，所谓创造却是指一种自我表达，甚至是一种复制，是指创造一种新境界，关心的是创造活动的过程性即时间经历本身。

艺术与创作技巧的传统关系被改变了。模仿自然的古训一旦被推翻了，技巧也就必然失去了市场。何况，作品甚至已经被现成品代替了，现成品不再是技巧创造的结果，而成为创造的根据，于是，也就只剩下作家的行为本身而不是技巧本身具有创造性的品格了。当代艺术家因此把技巧看作"无生殖力的重复"，主张"彻底解放视觉的想象"，"孩子般单纯"地面对世界，强调要降低技巧，甚至以非技巧作为技巧。

艺术与媒介的传统关系被改变了。本来，人们可以说，我在画一匹奔马，这幅画的存在理由应该从奔马身上去找，但现在却是：是我在画。画，赋予奔马一个二维平面的解释，画面上的奔马只是一个符号阐释，而不是一个实体。艺术活动者要完全靠自己去担负起创造的责任。自然，媒介就被重新思考了。媒介自身被强调出来，任何一个词汇、色块、音符，都有权力成为中心，都可以获得强度和延伸度。像在诗歌中玩弄音位、双关语和象声词，在文学中大量使用形容词或一个句子达四十页而又不加一个标点，在音乐中采用抽象音响，不稳定音，半音在乐句的中间或结尾不断使用，① 在舞蹈中充分突出人体的贡能，使得每一个动作都具备骨骼、肌肉和神经的内在强度，在绘画中利用材料拼图，在雕塑中则是突出其中的"石感"（亨利·摩尔）……而且，媒介的范围也被极大地扩大了，活人体可作雕塑，垃圾、农田、山谷、商品包装材料都被用作雕塑材料，槽钢、废旧汽车轮胎、大张的薄铁皮也进入了乐器的行列。艺术与作品的传统关系被改变了。"只在此处，别无它处"，"只此一幅，决不再有"。当代的作品不再有永恒标准，也没有统一规范，而成为碎金散玉。结果，或者在破碎的形式的基础上重新对形式加以整合，这就是所谓反形式的艺术作品，或者在破碎的形式的基础上反对对形式加以任何整合，这就是所谓现成品。

---

① 尤其是摇滚，完全是以媒介的力量去撼动听众。

艺术与作者的传统关系被改变了。作者扮演的是一个全知全能的"准上帝"的角色。文本成为一种对话过程、一种叙述过程、一种语言的游戏、一种个人的私事。这意味着一种艺术的还原。创作作品的过程成了目的，写作也不再是全知全能的，而成为一种对话，不再是高于叙事并站在生活世界之外来看待艺术世界，而是与叙事等值并且叙述人就在文本之中。

艺术与读者的传统关系被改变了。它邀请读者参加审美的盛大宴会，但条件却是这个宴会必须由读者自己举办。于是，作者与读者之间的不可逆关系被转换为可逆关系。作者与读者之间成为舞伴关系。不再是言者—听者，而是言者—言者了。至于艺术的意义，则等于作者赋予的意义和读者赋予的意义的总和。

总之，以上的一切改变都意味着一个共同的转变：艺术与美的关系从同一关系转变为断裂关系，艺术与生活的关系从对立关系转变为同一关系。

弗莱德·多迈尔指出："假如这个作为现代性根基的主体性观念应该予以取代的话；假如有一种更深刻更确实的观念会使它成为无效的话，那么这将意味着一种新的气候，一个新的时代的开始。"① 显然，我们所看到的，也已经是一个审美活动的当代形态的开始。

为此，拉尔夫·科恩在谈到自己为什么要主编《文学理论的未来》一书时就曾经强调说："为什么要编选这部选集呢？因为，人们正处于文学理论实践急剧变化的过程中，人们需要了解为什么形式主义、文学史、文学语言、读者、作者以及文学标准公认的观点开始受到了质疑、得到了修正或被取而代之。因为，人们需要检验理论写作为什么得到修正以及如何在经历着修正。因为人们要认识到原有理论中哪些部分仍在持续、哪些业已废弃，就需要检验文学转变的过程本身。"② 显然，他所着眼的，正是当代美学理论的对于当代审美观念中

---

① [法] 弗莱德·多迈尔：《主体性的黄昏》，万俊人等译，上海人民出版社1992年版，第161页。
② [美] 拉尔夫·科恩主编：《文学理论的未来》，程锡麟等译，中国社会科学出版社1993年版，第1页。

的积极因素吸收。英国美学学会会长奥斯本的想法也是如此。他也曾感叹：在当代社会所发生的审美观念的转型目前尚未被吸收进美学理论的结构中去。

审美活动的当代形态无疑不容忽视，而且也亟待予以总结。我们知道，任何文化方面的进步都同时以文化的退步为代价，这是人类历史中的一个无法避免的缺憾。它所导致的，正是人类文化世界的分裂、失衡、悖谬。回望历史，最初在古希腊神话中，人类往往持一种"不断退步"的观念。从黄金时代—白银时代—青铜时代—白铁时代，其中以黄金时代为最完美，这，可以称之为"黄金时代论"。迄至近代，人类转而往往持一种"永恒进步"的观念。从过去—现在—未来，其中未来为最完美，这，可以称之为"乌托邦论"。——不难注意到，即使是卢梭的对于人类文化的彻底批判也仍旧是站在历史进步论的基础上的。而在当代，人类却又一次回到了"不断退步"的观念。值得注意的是，与古代不同的是，在当代社会人类对黄金时代的期待也开始逐渐有所怀疑了。而且，这也并非毫无道理。20世纪人类文化的发展，堪称人类文化之巅。然而恰恰就在人类的物质文化尤其是精神文化甚至使人误以为一个真正自由的世界即将来临的时候，20世纪的集中营、大屠杀、原子弹、世界大战、生态危机……却使人类一下子倒退回血雨腥风的动物世界。有一位西方学者指出，20世纪的人类，即使是逃过了两次世界大战的炮弹，也仍旧被战争毁灭了。确实如此。人类文化的每一次进步同时也都是被出卖的进步。对人的最有效的征服和摧残恰恰发生在文明之巅，而且，往往为人类所始料不及的恰恰是，人类称之为文化、文明的东西，竟然也是为人类带来不幸的根源。其结果是，天堂之路与地狱之门同时向人类敞开。看来，人类文化本身并非想要什么就有什么的"如意乾坤袋"，而是"鱼与熊掌不可兼得"，进而言之，人类所向往的东西永远只能部分的得到，而且，在这当中，所失去的东西不会比所得到的东西少。在这个意义上，可以而且也只能认为，人类文明既是一个"得乐园"的神话，又是一个"失乐园"的神话。

而我们所看到的审美活动的当代形态，也正是围绕着人类文明的

"失乐园"的神话展开的,这就是所谓的"从文明回到自然"的审美活动。自然而然的是,当美成为伪美,当恶披着美的外衣出现,当"黑暗以阳光的名义,公开的掠夺",当美成为一种超凡脱俗、高高在上的一种甚至开始敌视人类的现实生活的存在,人类有什么理由反而只能忍气吞声地以身饲之呢?当恶以美的名义去征服美,当人类对理想的狂热追求反而毁灭了人类的理想本身的时候,真正要审美的人,又怎么能够对此再去加以赞颂呢?唯一应该去做的就是揭露伪美。因此,在当代社会,审美活动只能表现为一种神圣的拒绝、一种对"神圣"的拒绝。过去我们强调审美对文明的依赖性,反映性,但现在我们要强调的是审美对"文明"的批判性,超越性。它固执地对"文明"宣称:不!我们固然无法去拯救这个世界,但我们却可以把这个时代的荒谬揭露出来,把这个世界所散布的种种甜蜜的谎言揭露出来(要知道,这些谎言也是一种暴力,它把我们与真实的世界隔离开来),不论过去审美活动曾经怎样为文明服务过,也不论今天审美活动怎样被"文明"践踏,审美活动都将走向这一前景,都将始终在失衡的困惑中寻找新的支撑点,在与传统审美活动相对抗的逆向维度中拓展当代审美活动。它不再着眼于人的社会地位、政治地位、经济地位,而是着眼于人的全面的感觉能力的唤醒,不再像黑格尔那样接受现实,而是解构现实,结果,审美活动就成为当代社会中的人性的不屈呻吟。劳伦斯也指出:"任何一件艺术品都不得不依附于某一道德系统,但只要这是一件真正的艺术品,那么它就必须同时包含对自己所依附的道德系统的批判……而道德系统,或说形而上学,在艺术作品中承受批判的程度,则决定了这部作品的流传价值及其成功的程度。"① 确实如此!

然而。在世纪之交,当我们再次回顾人类文化的这一历史进程之时,无疑也不必简单地重复前人的选择,更没有必要简单地以为从"从自然走向文明"转向"从文明回到自然"就是审美活动的题中应

---

① 转引自〔英〕弗兰克·克默德《劳伦斯》,胡缨译,生活·读书·新知三联书店1986年版,第29页。

有之义的全部。事实上,在人类文化的发展进程中,进化与退化同在、繁荣也与衰落同在。这仿佛是一个硬币的正面与负面。而且,其中的关键正是在进化中发现退化,同时又在退化中发现进化。因此,并非单纯的悲观主义抑或乐观主义,也并非单纯的退化论抑或进化论,更并非"从自然走向文明"抑或"从文明回到自然"。至关重要的,只能是对于上述对立的超越。这,正如恩格斯所强调的:"只有用辩证的方法,只有经常注意产生和消失之间、前进的变化和后退的变化之间的普遍相互作用才能做到。"①

审美活动与文明之间存在着一种错综复杂的关系,并非简单的同步关系,而是有时同步,有时却不同步,有时则甚至是完全背道而驰。一切的一切是因为,文明与自然的矛盾,恰是就是人之原罪。② 一方面,人不得不依赖于自然,否则就无法生存;另一方面,人又必须超越于自然,否则就同样无法生存。一方面,要考虑人类对自然的"自

---

① 《马克思恩格斯选集》第3卷,人民出版社1972年版,第62页。
② 所以弗罗姆说:"一旦丧失了天堂,人就不能重返天堂。"([美]弗罗姆:《逃避自由》,莫乃滇译,台湾志文出版社1984年版,第12页)这种情况,令人不禁想起《安提戈涅》中克瑞翁与安提戈涅的争执。它是历史与人道的争执,又是文明与自然的争执。而且,正如美国学者哈迪森的深长喟叹:"这种状况已反复多次地出现——而且还重复——在人类的每一次运动中和地球的每一片区域里。人类仿佛处在于一个上升的坡面上,永远见不到平顶。每一次外表的平衡都被证明是一种假象,一次加速变异过程中的暂时休息。结果总是精神世界和客观世界——由传统形成的统一性和被现实打破的同一性——之间距离的扩大。这给社会和个人带来了巨大的压力。就社会一方而言,问题积累着,但解决被一次又一次证明是不得要领的,社会好像不是面对着有关的现实事物,而宁愿与那暮色中的阴影角斗。就个人一方而言,问题与解决之间的不一致引起了关于未来的焦虑和过去的怀念,因为在过去,精神和现实二者之间曾经,或者好像有过彼此相映的美好图景。"([美]哈迪森:《走人迷宫》,冯黎明译,华岳文艺出版社1988年版,第3—4页)在这里,还需要解释的是"文明"的内涵。文明,英文为 eivilization,来自拉丁文 civitas。在流行看法中,往往把它与理想的实现等同起来,这是一个理论误区。对此,可以从两个方面加以讨论。首先,"文明时代,完成了古代氏族社会完全做不到的事情。但是,它是用激起人们的最卑劣的动机和情欲,并且以损害人们的其他一切禀赋为代价而使之本加厉的办法来完成这些事情的。卑劣的贪欲是文明时代从它存在的第一日直至今日的动力"。(《马克思恩格斯选集》第4卷,人民出版社2012年版,第170页)这说明,所谓"文明"也并不纯粹。其次,"事实上,每一种文化,与广延、与空间,都有一种深刻的象征性的、几乎神秘的联系,经由广延与空间,它努力挣扎着实现自己。这一目标一旦达到了——它的概念、它的内在可能的整个内涵,都已完成,并已外显之后——文化突然僵化了,它节制了自己,它的血液冷冻了,它的力量瓦解了,它变成了文明。"([德]斯宾格勒:《西方的没落》,陈晓林译,黑龙江教育出版社1988年版,第96页)这说明,所谓"文明"也会异化。

由自觉"的主权（人类一旦穿上文明的红舞鞋，就只能不断"跳"下去）；另一方面，又要考虑自然本身的再生能力以及恩格斯所一再强调的"大自然的报复"。人要实现文明，但却要首先面对自然。而且，人在多大程度上实现了文明，同时也就必须在多大程度上面对着自然。这意味着对人与世界的存在的合理性、合法性的同时确认。因此，人之为人，不在于摆脱自然界，而在于凭借自己的活动越来越广泛地利用自然界，但人对自然的依赖与人对自然的征服并非互不相关，应该说，人对自然的依赖正是以人对自然的征服为前提的——动物就不存在对于自然的依赖，因为它们从未有过对于自然的征服。所以，人正是因为超越了自然，才要反过来在更广阔的领域依赖自然。① 一味强调建立在人的主体性被绝对确立以及由主体对客体的作用指向所决定的人对世界的改造活动的基础上的"人的本质力量的对象化"，只能造成人的本质力量与大自然的同时"劣化"。②

换言之，在人与自然的关系中存在着两种互为依靠、彼此关联的关系，其一是自然对于人而言的基础关系，其二是人对自然而言的主导关系。就前者而言，人来源于自然，也依赖于自然，就后者而言，人不但要出于生存、繁衍的需要而适应环境，而且要出于生存、繁衍的需要而改造环境以适应自己的需要。这就意味着，人只能从自己的需要出发去选择自然，换言之，自然的发展只能以人的需要、人的发展作为主导。自然只能通过人来自觉地认识自己、调解自己、控制自己。因此，人在世界中的使命事实上应该是两重的。其一是自然的消费者，其二则是自然的看护者，而且，应该以后者为主。所谓人是万物之灵，也只能从这样的角度去理解：人是宇宙中唯一的觉醒者，他

---

① 人类总是两重存在，作为自在之物的自然存在，与作为自由主体的超越性存在；也总是两重原则，其一是适应性原则即保存和维持人的物理的或生物存在，自我保存原则，其二是超越性原则，自我实现原则。人类的超越不是独自完成的，而是与它的同道——大自然一同完成的，人类对自然存在的超越事实上也是自然存在对自身的超越。注意，广义的自然包括人类社会，也包括文明，狭义的自然才只指人类社会之外的宇宙。

② 强调人之为人，并不意味着强调"人是大自然的主人"，也并不以对于必然性的战而胜之为标志。在我看来，这种"强调"和"战而胜之"无异于一种变相的动物意识。只有动物才总是幻想去主宰世界。就像猫主宰着老鼠那样。

肩负着看护包括自身在内的自然这一神圣使命。在这里，看护自身与看护自然是统一的，看护自身就是看护自然，看护自然也就是看护自身。过去，由于我们只是从生态危机的角度意识到人要看护自然的生存，把人为什么要这样去做理解为一种权宜之计，因而很难提高到美学的角度来思考。现在，当我们意识到人类的天职就是自然的看护者，其中的美学内涵也就十分清楚地显示出来了。事实上，审美活动的本体论内涵正是在于：它是人类自身与自然的看护者。

所以我们在文明中往往会看到"文化"与"反文化"两种情况。所谓反文化，无疑并不是文化的倒退，更不是消灭文化，而是对文化中产生的恶果进行批判。文化的正向发展是为了文化的发展，文化的反向发展也是为了文化的发展。反文化是文化内部的一种免疫系统，在于抵消运转过程中产生的弊端。文化中总会存在一些矛盾的因素，而文化的进一步发展肯定就是从合理地解决这些矛盾入手。反文化正是对于这一点的提示。另外，文化发展中靠无视一方来发展另外一方的方式是激化矛盾的方式而不是解决矛盾的方式。只承认一种合理性而不承认另外一种合理性。这恰恰说明这里的所谓"理性"是脆弱的。只有当一方承认另外一方的规定性，并且给另外一方以发展时，文化本身才会得到发展。这使我想起弗罗姆说的人类有两种本性即创造性与破坏性，其实它们都是为完善人类服务的。人类要超越自然创造文化，而且要超越文化超越自我。这对于人类来说都是创造性行为。第一种破坏了自然的原始完整，而第二种破坏了文化传统。故有一定的反文化特征。然而这正是为进一步的创造提供条件的。"反者有不反者存"，信然。

美学也是如此。传统美学或许能够讲清楚传统社会对审美活动的需要，但却无法讲清楚人在当代社会对于审美活动的需要，当代美学则恰恰相反，它往往把审美活动与人类文明对立起来，认为审美活动就是对人类文明的批判。人类文明一片黑暗，毫无可取之处，只有审美活动能够消除黑暗，给人以一线未泯的生机。现实中一切对立、一切矛盾、一切罪恶……在审美活动中通通可以消除，在生活中是断片，在审美活动中却可以取得完整。这种看法看上去是强调了审美活动的独立性，但是因为忽视了人类现实活动的独立性，忽视了人类现实活动的基础地位和进步意义以及审美活动的非现实性质，因而也就最终忽视了审美活动的独立性本身。事实上，犹如西西弗斯神话，或者推石上山，或者石头滚落，审美活动原来竟置身于这样一个文明与自然互倚互重的歌德尔怪圈！而审美活动的历程，原来竟是在这歌德尔怪圈中艰难穿行！因此，审美活动实在是一只"不死之鸟"；"'这不死之鸟'，终古地为自己预备下火葬的柴堆，而在柴堆上焚死自己，但是从那劫灰余烬当中，又有新鲜活跃的新生命产出来。"① 它一方面为自然与文明的进化而欢欣鼓舞，另一方面为自然与文明的退化而痛心疾首，然而又只有通过它，人类生命活动才得以理想地实现自己的理想。在我看来，这就是从人类生命活动的背景——自然与文明的关系中所看到的审美活动的本体论内涵。

还以人与文明的关系为例，文明可以服务于人类（传统美学应运而生），也可以束缚着人类（当代美学应运而生）。在相当长的时间内，大体上是文明服务于人类的时期，于是审美活动这个人类的"俄狄浦斯王"就不断地挣脱自然逃向文明（与此相应，我们看到的是审美活动的对实现了的自由的赞美）；进入当代社会之后，文明束缚着人类的一面日益暴露出来，于是审美活动这个人类的"俄狄浦斯王"又不断地挣脱文明逃向自然（与此相应，我们看到的是对失落了的自由的追寻）。② 不言而喻，假如传统的美学意味着对第一个"挣脱"和"逃向"的总结，那么当代的美学呢？显然就意味着对于第二个"挣脱"和"逃向"的总结。③ 那么，这两个不同的"挣脱"与"逃向"是否应该用一个统一的关于审美活动的内涵来说明呢？在这方面，倒

---

① [德] 黑格尔：《历史哲学》，王造时译，商务印书馆1956年版，第114页。

② 或许可以从劳伦斯笔下的康妮——这个20世纪的夏娃身上得到启示：她的美，就正在于：她不是文明的一个合格的妻子，但却是自然的一个合格的情人。当代西方的作家注重从反小说的角度去从事小说创作，去展开一种"诗情的诅咒"，也是为此。昆德拉也发现：18世纪以来，到处都在奢谈人类的进步，而文学自司汤达和雨果以来，却一直在揭示人类的愚昧。确实，俄底浦斯的悲剧告诉我们的：不正是"人类一思考，上帝就发笑"吗？

③ 上述区分是宏观的，就具体的审美活动来说，则上述两个"挣脱"与"逃向"可以同时存在于同一时期的不同审美活动之中。审美活动越是成熟，就越是如此。

是马尔库塞看得更深刻。他强调：美与社会有两种基本关系。在同质性的社会里，审美与社会是和谐的；在异质性的社会里，审美与社会是对抗的。审美活动禀赋着超越与文明的进化同步的属性，也禀赋着与文明的进化无法同步的属性，但就其本质来说，美与人类的远大目标是一致的。因此审美活动不应该是一种或者"从自然走向文明"或者"从文明回到自然"的单方面的追求，而应该是一种在此基础之上的顺应时代演变的全新的提升。

美学的出路，无疑就在"从自然走向文明"的审美活动（对实现了的自由的赞美）与"从文明回到自然"的审美活动（对失落了的自由的追寻）之间，在审美活动的古代形态与审美活动的当代形态之间，也在审美活动的西方形态与审美活动的东方形态之间。

看来，问题的答案在于："应该是老老实实地承认：需要一种新美学。"①

第二节　审美活动的逻辑形态

一　纵向层面：美、美感、审美关系

本章谈审美活动在逻辑形态中"应当怎么样"。

审美活动的逻辑形态是通过"应当怎么样"具体展现出来。其中又分为三个方面，即纵向的具体化：美、美感、审美关系；横向的具体化：丑—荒诞—悲剧—崇高—喜剧—优美；剖向的具体化：自然审美、社会审美、艺术审美。

本节从纵向层面讨论美、美感、审美关系问题。

在纵向的层面，审美活动具体展现为美、美感、审美关系。它们分别是审美活动的外化、内化和凝固化。当我们从审美活动的角度去考察它们之时，意味着要考察的是：审美活动怎样造就了审美活动中的客体效应：美；审美活动怎样造就了审美活动中的主体效应：美感；审美活动又怎样造就了审美活动中的主客体结合效应：审美关系。这

---

① 理查德·科斯特拉尼茨。见朱狄《当代西方艺术哲学》，人民出版社1994年版，第67页。

就是所谓美、美感、审美关系如何可能这类追问的真实内涵。①

众所周知，关于"美"，现在已经很少讨论。在有些人看来，也许这已经是一个假问题，因此而不屑于去讨论。但是，我的看法却有所不同。在我看来，关于"美"，在当代已很少再被讨论，这无疑是一个事实，然而，其原因却并不像很多人所强调的那样，是因为它是一个假问题，而是因为过去对于美的问题的讨论都是在"物的逻辑"与"物的思维"的基础上展开的，始终都没有转向"人的逻辑"与"人的思维"，因此也就无法推动问题的解决。但是无论如何，问题的无法解决与假问题，却毕竟是两回事。事实上，当代美学对于美的问题的回避，恰恰是因为在更深层次与更多联系上发现了美的问题所带来的困惑，也因为自身学术准备的不足而无法去正面应对这些问题，因此而采取了一种回避的态度。本来，我们应该去正视"更深层次与更多联系"，并且去进而在"更深层次与更多联系"的基础上去考察美的问题，而不是在无视"更深层次与更多联系"的基础上反而忽略了美学的问题。

关于美，需要从三个层面去讨论：美在哪里、美之为美、美怎么样。

美在哪里涉及的是美的根源，亦即美从根本上是如何可能的。过去的美学研究或者认为美在心，或者认为美在物，或者认为美在实践活动，互相攻击，各不相让，然而，真正的美却并未被把握住，或者说，它悄然隐匿起来了。之所以如此，存在两个方面的原因。

其一，就美在心、在物而言，与长期以来的错误的追问方式有关。人们总是将美作为一个既定的存在，去追问"美是什么（'美之为美'、'美怎么样'）"，但是却忽略了"美为什么会是""美如何可能"这一更为根本的问题。结果，或者用对于美之为美的追问（美在心），或者用对于美怎么样的追问（美在物），来取代对于美在哪里的追问。其实，美与美感的诞生不过是审美活动的展开的结果，犹如物质与精神不过是生命活动的展开的结果。在"美是什么"之前，还有一个

---

① 过去，我们只注意到美（美的本质、美的性质、美的对象）或者美感（广义美感：审美意识系统，狭义美感：审美感受过程）之类的讨论，然而，离开了审美活动如何可能，美或美感的如何可能是无法得到深刻的说明的。

"美如何可能"的问题。所谓美在哪里的追问,就应是对此的追问、对美的存在根据的追问。但是,现在的问题却是,美成了先于审美活动而存在的东西,成了世界上的一种客观存在,成了美学研究中最为内在、最为源初而且自我规定、自我说明、自我创设、自我阐释的东西。至于审美活动和艺术活动,则转而成了对于美的反映。

其二,就美在实践活动而论,则与长期以来的对美的存在根据的不同层次的根本误解有关。一些美学家不满足于美在心、在物的传统看法,在马克思实践观的启发下,提出美在实践活动,其根据是实践活动创造了现实世界,当然也创造了美。然而,他们忽视了:美与现实世界并非同一层次,或者说,美并不属于现实世界。因此,实践活动即便是被看作美的根源,那也顶多只能是间接的根源,美的直接根源无疑不应该是实践活动,而只能是审美活动。因此,正确的提法应当是:审美活动才是美的直接根源。这些美学家显然是把美的存在根据的不同层次混淆起来了,结果,美本来是因为永远无法变成为现实才成为美的,现在却成为一种现实的东西,却被放在现实的层面,却被看作实践活动所直接创造的东西。这其实是把"产品"误认作"作品",结果无异于踏上了一条美学的不归路。

例如,关于美是什么,美学界出现了形形色色的定义。就中国来说,最为著名的定义,在我 1989 年提出生命美学的关于美的定义之前,是这样两个,其一,是李泽厚先生的定义:美是自由的形式,李泽厚先生是 20 世纪实践美学的开创者。不过,就像他的实践美学一样,他的这个定义也存在根本的缺憾。例如,这里的"形式"其实意味着一个客观的存在,再如,这里的"自由"也是指的对于必然的把握。因此,他的言下之意是:因为把握了必然,因此而得以进而改造了世界,美,则正是这一改造的成果。例如钢花飞舞,例如麦浪连天,遗憾的是,这其实只是一个关于"产品"的定义,而不是一个关于"作品"的定义。显然,这个定义是错误的。其二,是高尔泰先生的定义:美是自由的象征,他的失误,则在于"象征"。高尔泰所说的"自由"是基本正确的,也基本类似于我前面说的自我的超越,但是,所谓的"象征"就有问题了。因为完全忽略了审美对象的要素的客观存在。那也就是说，他所说的美已经完全成了主观心灵的产物，成了我认为什么美，则什么就会美、我认为什么不美，则什么就会不美。这无疑也不符合我们所看到的审美事实。想象一下，你能拿一根树枝拉出最美好的二胡乐曲吗？你能够把癞蛤蟆看作是美的吗？你能够把狗尾巴草送给情人吗？另外，在我1989年提出生命美学的关于美的定义之后，1993年蒋孔阳先生在他的《美学新论》中，也为美学下了一个定义：美是自由的创造。可惜的是，这个定义尽管"后来"但是却并未"居上"。蒋孔阳先生无疑是看到了李泽厚先生的定义的不足，因此想更多地去侧重强调"生成"，这当然是对的，但是，忽视了美与现实层面的区别，即便是强调"生成"，也仍旧是于事无补。

问题的关键在于，要毅然走出机械决定论的、孤立的、二元的形而上学的思维方式。在我看来，机械决定论的、孤立的、二元的形而上学的思维方式无异于美学的死敌！这一点，正如今道友信所概括的：

> 美学作为近代基本思维方式——形而上学的一种产物，在审美现象的一切领域，明显或含而不露地规定着当今我们的根本思想。
>
> 但是最近，人们对形而上学的僵化深恶痛绝，结果使现代哲学家们认为这种基本思维方式本身就有问题，似乎对所谓美学家从根本上加以反省的时机来到了。我们想了解现代思想家代表之一的海德格尔艺术论的理由也就在这里，他就是深切忧虑潜伏在近代基本思考方式中的问题，并苦心于其超脱的哲人。不，他不局限于对现代思考的反省，而试图超脱自从古希腊以来贯穿在谓之形而上学哲学的全部历史中的基本思维方式。在他看来，近代形而上学所体现的思维方式，不过是柏拉图所确立的形而上学全部过程的尾声。①

---

① ［日］今道友信：《存在主义美学》，崔相录等译，辽宁人民出版社1989年版，第77—78页。

世界之为世界，根本不存在外在的推动力量，而是"块然自生""怒者其谁邪"。一切的一切都是自组织、自鼓励、自协调的，因此充满了不确定性、随机性、偶然性、震荡、涨落、干扰、偏离……因此只能被称作一个完全不同于"一分为二"的黑白世界的"一分为三"的灰度世界。由此，对于其中的最优解的寻觅，对于其中的"合目的性"的追求，也就必然会与审美活动相伴而生。

因此，审美活动也就必然来自价值世界而不是来自认识世界。"一分为二"的黑白世界是实物中心的，是自然的存在，因此是一个认识世界。"一分为三"的灰度世界不然，它是关系中心的，是属人的存在，因此是一个价值世界。价值，是自组织、自鼓励、自协调以及"合目的性"的必然产物。由此，认识世界不再是唯一的，而且，认识世界也不再凌驾于价值世界之上，它们彼此之间成了并列关系，而不再是从属关系。并且，认识世界还是服务于价值世界的。前者涉及的是工作机制、是"如何"，后者涉及的则是动力机制，是"为何"。为我们所熟知的真假、善恶、美丑……也都是出自关系中心，是世界与人之间关系的自组织、自鼓励、自协调，是因此而产生的价值。知识世界也是服务于这个价值世界的。在这个意义上，我们必须看到，唯有将世界真实地看作一个不断构建价值世界的自控生命系统，才是更加接近本来意义的真实的。为此，就亟待从"事实世界"转向"价值世界"、亟待去关注在世界的认识属性之外的价值属性。康德的《判断力批判》何以如此振聋发聩、何以如此深刻？其实也就在于他抓住了审美活动背后的人与世界的价值关系。这是一个全新的美学框架，从康德开始，直到尼采，成了美学之为美学的一线血脉。从"功利"与"非功利"来区别审美活动，尽管还并非问题的真正解决，但是不再从客体对象的角度来直面审美活动，而是从主体情感的角度来直面审美活动，却确确实实给予了后来者尤其是生命美学以极大的启迪。

作为审美活动所造就的审美活动中的客体效应，美在哪里的问题恰恰与价值世界息息相关。美从根本上是如何可能的，正是来自价值世界从根本上是如何可能的。自古就有荷塘月色，但是只是借助朱自清先生的生花妙笔，才会出现"美丽的荷塘月色"。法国的杜夫海纳也曾经感叹："谁教我们看山呢？圣维克多山不过是一座丘陵。"① 其中的关键是价值关系的构建以及对于其中的价值属性的评价。难怪庄子会说：毛嫱、西施都是绝代美女，可是鸟看见她们会飞走，麋鹿看见她们会逃跑。原来，就是因为鸟和麋鹿与她们之间无法建立起一种意义关系，也无法对她们的价值属性加以评价。美学主要关注的是人与世界的价值关系，而不是人与世界的认识关系。审美活动所涉及的也并不是对象本身，而是对象的价值属性。在审美活动中，外在对象被价值关系将它从"对方"转化为"对象"，并且反转过来，把审美对象看成是对"对方"的价值评价，从而被赋予了一种能够满足人类自组织、自鼓励、自协调以及"合目的性"需要的价值属性。换言之，就外在世界而言，当它显示的只是它自己"如何"的时候，是无美可言的，也并非审美对象，而当它显示的是对我来说"怎样"的时候，才有了一个美或者不美的问题，也才成为审美对象。因此，客观世界本身并没有美，美并非客观世界固有的属性，而是人与客观世界之间的关系属性。也因此，客体对象当然不会以人的意志为转移，但是，客体对象的"审美属性"却是一定要以人的意志为转移的，因为它只是客体对象的价值与意义。在审美活动之前，在审美活动之后，都只存在"对方"，但是，却不存在"对象"。当客体对象作为一种为人的存在向我们显示出那些能够满足我们需要的价值属性，例如，不再是"房屋"而是"家"、不再是"娱乐"而是"愉快"、不再是"书籍"而是"智慧"、不再是"伙伴"而是"朋友"、不再是"身体"而是"灵魂"……的时候，当它不再仅仅是为人类而存在而且也是通过人类而存在的时候，也就被赋予了一种能够满足人类自组织、自鼓励、自协调以及"合目的性"需要的价值属性。

在这个意义上，我们所考察的美，其实并不是作为客体的符合人的根本需要的价值属性，那应该是对于"审美对象"的讨论；也并不是作为形形色色的符合共同价值属性的客体，那应该是对于"美的"

---

① ［法］杜夫海纳：《美学与哲学》，孙非译，中国社会科学出版社1985年版，第37页。

讨论。我们所考察的，是作为审美对象的符合人的根本需要的共同价值属性，也就是所谓的"美"。我们已经知道，是世界的价值属性引发了审美活动。没有价值属性的"对象"是不会引发审美活动的。所以，审美活动与外在对象的价值属性密切相关，但是审美活动又必须通过将外在对象从"对方"转换为"对象"来实现。在这当中，审美对象间所蕴含的共同的价值属性，则就是我们所津津乐道然而又百思不得其解的美。审美活动是必须通过特定的对象来加以实现的，这也就是说，必须通过特定的客体对象的审美属性来加以实现，这样，关于客体对象的审美属性的讨论就必须进一步深化到关于审美对象的美的属性的讨论。由此我们看到，"美是什么"讨论的不是审美对象所呈现出来的具体的美，而是审美对象在审美活动中呈现出来的一种共同的价值属性，换言之，它指的是审美对象在审美活动中呈现出来的一种特定的能够满足人类自身的共同的价值属性。审美对象的共同的价值属性，就是美。它体现的不是具有价值的"对方"，而是对"对方"的价值评价，不是对象自己"如何"，而是对象对我"怎样"。它也与外在对象自身的那些特性无关，而与外在对象自身的那些能够充分满足人类的价值属性有关。美，不是审美对象所呈现出来的具体的美，而是客体对象在审美活动中呈现出来的一种共同的价值属性，亦即客体对象在审美活动中呈现出来的一种特定的能够满足人类自身的价值属性。

　　由此我们看到：美来自人类审美活动，也来自人与世界的价值关系。美伴随着"自然界生成为人"的过程而产生的能够满足人类自组织、自鼓励、自协调以及"合目的性"需要的价值存在物，由于价值关系较为内在，而且不易觉察，不似人与世界的认识关系那样置身于明处，因此认识世界才得以被首先发现。但是这却并不意味着美的被发现就并不重要。恰恰相反，美作为能够满足人类自组织、自鼓励、自协调以及"合目的性"需要的价值存在物，无疑是与真假、善恶等价值并存的，同时，美作为能够从根本上满足人类自组织、自鼓励、自协调以及"合目的性"需要的价值存在物，又无疑是超出于真假、善恶等价值的。因为作为能够从根本上满足人类自组织、自鼓励、自协调以及"合目的性"需要的价值存在物毕竟只是理想的、虚拟的，因此也就只能在自我的对象化中也就是"美"中看到。其中符合从根本上满足人类自组织、自鼓励、自协调以及"合目的性"需要的是正向的价值物，不符合从根本上满足人类自组织、自鼓励、自协调以及"合目的性"需要的则是负向的价值物。因此，美并不是任何活动的副现象。美不服务于任何既定目的。美就是美，美只是美。它从根本上呵护、推进、提升着人的发展，而且，美是审美活动的产物，美只相对于审美活动而存在。审美活动不存在，美自然也就不存在。在审美活动之前，在审美活动之后，都并不存在一个独立的美。这也就是说，不是先有了美，然后才有了审美活动，而是在审美活动中才有了美。美只存在于审美活动之中，美的本质之谜也就是审美活动的本质之谜。因此，美不是预成的，而是生成的，不是自在的，而是自为的；美也不是美学研究中最为内在、最为源初、可以自我说明、自我创设、自我阐释的东西，而是美学研究中外在的、第二性的，需要被规定、被说明、被创设、被阐释的东西。美的问题的答案必须从审美活动中去寻找。只有审美活动，才是美学研究中最为内在、最为源初，可以自我规定、自我说明、自我创设、自我阐释的东西。至于美，则不过是审美活动的外在化，不过是审美活动的逻辑展开和最高成果。无视这一点，去探讨美的根源与美的本质，无异于缘木求鱼。

其次，看美之为美与美怎么样。这是进而从美的价值属性的主观构成与客观构成的角度讨论美。其中，美之为美主要侧重讨论审美对象即美与审美态度、审美感受的关系。

在这方面，历史上的美的主观论者曾经做过大量有价值的讨论，而且确实给我们以深刻启迪。按照传统的说法，审美对象是客观的，可是，如果真是如此，那么人类的审美活动就是可重复的，而且应该是在任何时间任何地点都是结果完全一致的。然而，实际上我们却看不到这样一种情况。例如，在不想"找对象"的情况下，"对象"竟然就不出现。中国古代有一句诗，说的就是这种情况："年年不带看花眼，不是愁中即病中"。诗人剖析自己说，我这几年为什么总是没有看到美丽的春天呢？为什么鲜花盛开的春天也不再美丽呢？我的"看花眼"跑哪儿去了呢？我眼睛当然还在，可是，我的眼光何在呢？

后来,他给了自己这样的一个解释,他说,是因为我的心情不对。我要不就是有病,要不就是忧愁。结果,就是因为我没有这个心情,也不想去"找",结果春天的美也就没有出现。更多的例子则告诉我们,不同的心情,会导致不同的对象的出现,甚至要争论几百年。为什么蒙娜丽莎的微笑,让我们争论了几个世纪?为什么一个哈姆雷特,至今我们也说不尽道不完?显然,审美对象并不是客观的,而是特定心态下的产物。某些东西,本来只是"对方",可是,在特定的心境下,却就成了"对象"。可见,"对方"虽然是客观的,然而,"对象"却不是客观的。然而,历史上的美的主观论者也有其根本的缺陷。这主要表现在:忽视了美的价值属性的客观构成,也忽视了美的价值属性的价值构成。例如,高尔泰先生的"美是自由的象征"的定义就是由此失足的。而其中的根本缺憾,却仍旧还是机械决定论的、孤立的、二元的形而上学的思维方式。

美之为美无疑与审美活动中的审美态度、审美感受密切相关。但是,这其实只是因为人之为人在审美活动中的"自觉",然而却并不能因此就认定审美活动中的审美态度、审美感受就是美之为美的创造者。这是因为,美尽管确实是人类立足于主观维度而主动与世界建构起来的一种价值关系,但是这种"建构"却毕竟仍旧是"客观的",而并非是"主观的"。

人真是奇特的独一无二的动物。毋庸讳言,"人们为了能够'创造历史',必须能够生活"(马克思)。他运用自身的活动不断地促使着人和自然之间的物质交换,去维持吃、喝、住、穿的生存。在这方面,人类确实表现出了自己超常的力量,不但为自身赢得了生存的权利,而且为自身赢得了信心、荣誉和尊严。然而,它又使人们产生了一种错误的看法,错误地认定这就是一切。事实当然不是如此。人类的这种活动,并未使他最终超出动物的水平,或者说,超出野蛮人的水平。"像野蛮人为了满足自己的需要。为了维持和再生产自己的生命,必须与自然进行斗争一样,文明人也必须这样做。而且在一切社会形态中,在一切可能的生产方式中,他都必须这样做"。"事实是,自由王国只是在由必需和外在目的规定要做的劳动终止的地方才开始,因而按照事物的本性来说，它存在于真正物质生产领域的彼岸"。① 这彼岸是人类的自由的生命世界。或者说，是人类从梦寐以求的自由理想出发，为自身所主动设定、主动建构起来的价值关系。真正使人区别于动物的，是对于生命理想的追寻。人无法容忍没有理想的生命、虚无的生命，他必须不断为生命创造出某种理想，不断为生命命名，而且，正是对生命的理想创造，而不是对于外在物质世界的占有，才是人之为人的终极根据，也才使人最终超出动物的水平，或者说，超出野蛮人的水平。

在这里，很可能颇为令人迷惑不解的是，从表面看，人的生命活动似乎与动物的生命活动差几相似，都无非是在同物质打交道，因而都生活在物质世界之中。这其实是一种极大的误解。人和动物虽然都和物质打交道，但实际并不相同。动物所追求的，只是物质本身，人却不但追求物质本身，而且要追求物质的价值。这价值借助物质呈现出来，但它本身并非其中某种物质成分，而是依附其中的能对人发生作用的信息。因此，人就不仅仅生活在物质世界，而且生活在价值世界。进而，人还要为这价值的世界镀上一层美的光环，使之成为美的世界，从而又生活在美的世界里。并且，只有生活在美的世界里，人才真正生成为人。

这无疑使我们意识到了人所生活于其中的不同世界的存在。对于生活于其中的不同世界，古今的哲人早有种种猜测。例如，柏拉图就曾把它们区分为可感世界、灵魂世界和理念世界，弗雷格也曾把它们区分为外在世界、精神世界和意义世界，波普尔也曾经把它们区分为世界1、世界2、世界3："首先有物理世界——物理实体的宇宙……我称这个世界为'世界1'。第二，有精神状态世界。包括意识状态、心理素质和非意识状态；我称这个世界为'世界2'。但是，还有第三世界，思想内容的世界，实际上是人类精神产物的世界；我称这个世界为'世界3'。"② 卡西尔也曾把它们区分为"事物的领域""经验对

---

① 《马克思恩格斯全集》第25卷，人民出版社1974年版，第926页。
② [德]波普尔：《科学知识进化论》，纪树立译，生活·读书·新知三联书店1987年版，第409页。

象的领域""形式的领域"①。……尽管这些看法并不相同,而且即使同样三分世界,区分的内容也不尽相同。但隐现于其中的探索方向却是大体一致的,这就是把世界区分为客体的世界,主体的世界和主客体同一的(或超越于主客体之上的)世界。

对此,我们还可以从现代科学的角度予以说明。现代量子论、相对论的出现唤醒了人类对于一个不以人的意志为转移的绝对世界的迷梦。应该说,这是一个十分引人瞩目的启示。在相当时期内,人们往往把客体世界和主体活动对立起来,认为它完全独立于人类之外并且与主体活动无关。结果,使客体世界失去了"诗意的感性光辉",成为一个冷冰冰的物理世界,成为一个只剩下质量、广延、形状、数目等"第一性质"的世界。但现代科学却无情地推翻了这一偏见。在现代科学看来,这一偏见只是在宏观低速这一特定世界中才有其合理性。一旦把视野推广到世界的全景,就未免失之片面了。从质量、广延这类"第一性质"来说,表面上看是客体世界的固有属性,但相对论却提醒我们,随着运动速度的变化,它们都会发生变化;从微观世界来说,它们的属性,正像量子论强调的,也会受到观测仪器的干扰。因此,即便是客体世界,也无法做到完全独立于主体之上,尽管在这里主体的作用应该遵从客体的限定。可是,假如我们进一步推论,认为除了世界的"第一性质",世界的其他性质都是虚假的,则是错误的。恰恰相反,当我们从主体出发,建立起颜色、滋味、声音等"第二性质"的主体世界,显然不能简单地视之为一种主体的误差,而应视之为一种不同的"人的活动"所导致的"属人的现实"、一种真实的世界。再进一步,当我们从超越主客体或主客体同一的角度出发,建立起理想、想象等"第三性质"的生命的世界,尽管已经远离了客体世界,甚至也远离了主体世界,但由于它更深刻地触及人的本质,更全面地凝聚着人的特性,所以应同样视之为一种"人的活动"(审美活动)所导致的"属人的现实"、一种理想的世界。

显而易见,美正是隶属于这一"第三性质"的世界。

---

① [德]恩斯特·卡西尔:《人论》,甘阳译,上海译文出版社2013年版,第286页。

历史上的美的主观论者对于审美活动中的审美态度、审美感受的强调也正是起步于对此的洞察。如前所述，在很多人看来，甚至也包括不少美学家在内，往往都认为，美是"对方"、是客观存在的。在我们进行审美活动之前，它就存在；在我们进行审美活动之后，它仍旧存在。总之，美是先于审美活动而存在的，审美活动所能够做的也必须做的，也无非就是去反映它——也就是去"审"它。但是，眼见却并一定为实，就像水中的筷子，看上去是弯的，可是实际却并非如此。因此，事实并不一定等同于真实。何况，本质往往是深藏在现象后面的，也往往并不与现象一致。美在审美活动之前就已经存在就正是这样的一个假象，因为事实上根本不是如此。历史上的美的主观论者对于审美活动中的审美态度、审美感受的强调的可贵，也就正是在于他们对于这一流行看法的突破。然而，遗憾的是，他们也仅仅止步于此。为他们所忽略了的是，美之所以离不开审美态度、审美感受，其实并不是因为审美态度、审美感受创造了美，所谓"美是自由的象征"，而只是因为美归根结底不是审美客体的属性，也不是审美主体的属性，而是审美关系的属性。美不是实体范畴，而是关系范畴，类似于现代科学所谓的"系统质"，是世界作为"对方"与人自身发生关系之后所获得的关系性、对象性属性。它隶属于"关系"，一旦"关系"消失，它也会随之消失。但是，世界作为"对方"时本来禀赋着的属性则可以照样存在。相当长的时间内，众多的美学家们都固执传统的实物中心论的思维方式，往往只是因为在表面上看到审美活动一定会存在审美客体与审美主体，而且审美主体的审美愉悦显然是被审美客体的某种属性引发的，就误认为美是先于审美活动而存在的，但是却忽视了"关系"这样一个重要维度，其结果，无疑就是在这个问题上踯躅不前，以至于根本无法进入价值世界去重新思考美的问题。无论是"关系性、对象性属性"还是"系统质"，都根本就是被束之高阁于美学的视野之外的。因此，这样一种美学的思维方式既是单向的、直线的，又是孤立的、片面的，不是把价值归在主体一方（主观唯心论），就是把价值归在客体一方（机械唯物主义），或者立足内在的心理世界、或者立足外在的物理世界，但是却也从来没有意识到这两个方面的内在融合，更没有意识到关系性、对象性属性或者系统质的出现其实已经意味着一个全新的特殊价值物的诞生。因此既不能完全地把握事物的局部，更不能正确地把握事物的整体结构和功能，而且总是幻想可以将各成分拆开进行分析，然后再简单相加为整体。于是，本来就是隐秘存在着的涉及美之为美的内在奥秘的因果关系链条四散断裂，关系性、对象性属性、系统质更不复可见。其实，美不是实体的自然属性，而是在审美活动中建立起来的关系质，是在关系中产生的，在关系中才具备的性质。任何事物当然可以具有自己的某些内在属性，但同时，它也可以在与另一事物的复杂关系中产生以另一方为前提的对象性属性，因此也可以成为构成美的前提，不过，它一旦呈现为美就不再是物质存在，而成为审美存在，此即海德格尔所再三致意的"斧成石亡""庙成石显"。苏珊·郎格在谈到作为审美对象的舞蹈时，也说："虽然它包含着一切物理实在——地点、重力、人体、肌肉力、肌肉控制以及若干辅助设施（如灯光、声响、道具等），但是在舞蹈中，这一切全都消失了，一种舞蹈越是完美，我们能从中看到的这些现实物就越少。"① 这样看来，美无非是在审美活动中建立起来的关系性、对象性属性，也是在审美活动中才存在的关系性、对象性属性。它不能脱离审美对象而单独存在，是对审美活动才有的审美属性，是体现在审美对象身上的对象性属性。犹如我在有了自己的女儿之前，作为实体并非不存在，但作为"父亲"的属性却不存在，也犹如花是美的，但并不是说美是花这个实体，而是说花有被人欣赏的价值、意义。

其次，更是因为，在审美活动中出现的关系性、对象性属性、系统质都是新质、新属性。早在古希腊时期，亚里士多德就发现：事物的整体大于其各个部分之和，即整体不等于各个部分的简单相加，它的公式是 $1+1>2$。现代科学的发展更告诉了我们，审美活动并不是实践活动的消极结果，因为在审美活动中出现关系性、对象性属性、系统质都已经是全新的东西，都是一种创造。尼采曾经猜测：世界上存在着两个外观世界：逻辑化外观世界与审美化外观世界。在他看来，

---

① ［美］苏珊·郎格：《艺术问题》，滕守尧译，中国社会科学出版社1983年版，第5页。

逻辑化外观是一个工具价值世界，而审美化外观则是一个目的价值世界。当然，在尼采看来，这两类外观不是等值的。即使在肯定第一类外观对于生命的积极作用的时候，也必须把它看作从第二类外观派生出来的东西。这无疑正是对于在审美活动中出现的关系性、对象性属性、系统质都是新质、新属性的肯定。美是人与对象之间建立起来的一种新的意义关系，否则，怎么会"爱屋及乌"？怎么会"恶及余胥"？怎么会"月是故乡明"？怎么会"水是故乡甜"？显然，并不是单纯地与人的一方或者世界一方相关，而是与人与世界双方共同相关。美不决定于世界本身，而是决定于人与世界之间的关系。美也不决定于人自身，而是同样决定于人与世界之间的关系。美的客观论忽视了在审美活动中出现的关系性、对象性属性、系统质的主观属性，而仅仅简单地瞩目于在审美活动中出现的关系性、对象性属性、系统质的客观属性，美的主观论则忽视了在审美活动中出现的关系性、对象性属性、系统质的客观属性，错误地断定在审美活动中出现的关系性、对象性属性、系统质完全都是主观属性，都是审美者自己决定的。至于所谓的美的主客观统一说，其实也仍旧还是一个偷懒的思考，看似面面俱到，但是忽略了在审美活动中出现的关系性、对象性属性、系统质的共主体性与互主体性，以及因此而产生的关系性、对象性属性、系统质的新质、新属性。须知，客观世界本身并没有美，美并非客观世界固有的属性，而是人与客观世界之间的关系属性。也因此，客体对象当然不会以人的意志为转移，但是，客体对象的"审美属性"却是一定要以人的意志为转移的，因为它只是客体对象的价值与意义。因此，海德格尔才会说：动物无世界。但是，主观世界本身也并没有美，客体对象毕竟是不会以人的意志为转移的，主观的审美态度、审美感受所能够决定的，仅仅是人与客观世界之间的关系属性。也就是说，能够随着人的意志而转移的，只有客体对象的"审美属性"，由此，我们也可以理解，海德格尔何以会说：动物无世界。当然，这也是昔日的传统美学所无法虑及的。因为不论是美的主观论还是美的客观论，都是仅仅从局部来研究局部，而生命美学却是置身整体系统之中的，也是采取的系统分析的方法。生命美学是在生命系统的自组织、自控制、自调节的整体系统中来考察美的问题的，是从整体来研究局部。

再次，更为重要的，还是美的价值属性的主观构成的重要意义。这是因为，尽管我们对美的主观论者的过于推崇主观的审美态度、审美感受的决定作用，但是，却也必须看到，抛开主观、客观或者唯物和唯心的争执不论，过于推崇主观的审美态度、审美感受的决定作用的可贵之处恰恰在于：它并非是从谁更真实出发，而是从谁更有助于说明人出发。无论如何，美确实并非无病呻吟，更不是雕虫小技，它的出现，意味着人在精神上的站立，也意味着一种只能以理想、目的、愿望的形式表现出来的人类本性。这是一种主观性的、超越性的自由，但是由于这种主观性、超越性正是人类生命活动的必然结果和根本特征，因此，也恰恰是无法还原为客观性、必然性的。在这个意义上，犹如对于必然的超越正是人类生命活动的根本规定、自由之为的根本规定，美，也正是人类生命活动的根本规定、自由之为的根本规定。当然，由于种种原因，美的主观论者尽管已经发现了问题但是却也确实未能圆满予以解决。而在生命美学看来，问题的解决还仍旧是亟待走出机械决定论的、孤立的、二元的形而上学的思维方式。美的出现，必然与自组织、自鼓励、自协调的生命系统内在勾连。"合目的性"的不可或缺，导致了美的不可或缺。生命的不可或缺，也导致了价值的不可或缺。在生命系统的发展中无法缺失价值的滋润、营养，也无法缺失对于价值的追求和创造。事物的规律、性质无法引起我们的兴趣，但是那些肯定性价值或者否定性价值却会引发我们的行动，乃至创造或者改进我们的社会。生命系统的目的特征，必然导致对于价值物的追求。人类可以借助它们来校正方向。人们每每误以为存在外在的动力，因此也就对于实际起着动力作用的审美不屑一顾，其实，起着动力作用的，恰恰就是审美。美是生活中的肯定性价值或者否定性价值直接或者间接引发的情感价值物，是某种理想价值或者某种价值理想的体现，它的出现正是因为对于目的的趋近或者偏离，所谓肯定性价值或者否定性价值——或者美丑，就是这样出现的。趋近生命系统的目的的，就是肯定性价值，否则，就是否定性价值。倘若离开生命系统的目的，则无所谓肯定性价值或者否定性价值，也无所谓美丑。

而从主观的审美态度、审美感受来看，人之为人的成熟就在于能够在对象身上感觉到美，而动物却只能感觉到本能。从物理的世界进入价值的世界，人类借助于美来表达人与动物的不同，价值理想一旦被形式化，则就是美。美是主客体关系的一种特殊表达——价值表达。美不决定于对象本身，而是决定于人与世界之间的关系。有助目的的，就是肯定性价值，否则就是否定性价值。美因此而指向着人类理想的部分、未来的部分、自由的部分。因此，生命的动力驱动在价值，正如柏拉图在《理想国》中所说："哲学者，择善之学与善择之学。"人类世界须臾不可离开的是价值物，也不可离开对价值物的创造。生命的动力驱动也在美。立足于价值的世界、立足于美的世界，人才得以成之为人。因此，人类生命系统倘若没有特定的自我组织、自我鼓励、自我协调机制以使自己从感情上趋向于价值物，在行动上的对于特定价值的追求就是不可想象的。美对于人类的鼓励以及人类对于美的追求，都可以从这个方面得到深刻的阐释。

　　由此我们看到，为什么可以"因审美，而生命"？为什么人类生命系统对于审美对象潜存着一种客观需要？为什么审美对象可以推动着人类向前向上？这无疑是因为在审美活动中主体的感觉这一"主观"的东西蕴含着"普遍性"、偏偏蕴含着客观的标尺。我们在审美活动中体会到的美也都是主体自我的内在价值的对象化。于是，对于人类生命系统对象化在外界之中的主体自我的内在价值的审美把握，也就成为人类生命系统自组织、自控制、自调节的动力结构链条上的一个重要环节。人类历时的历史发展成了横向的客观目的，而人类竟能以"喜欢"来邂逅美，实在是生命中的鬼斧神工。而人类的生命系统或者为某种理想价值理想所引发，或者因追求某种价值理想而产生。在这当中，"上帝"已经不复成为需要了，人在审美活动中自己把握自己、自己成为自己、自己生成自己。理想价值与价值理想推动着人类去筹划未来，去把现实中还不存在而人类又亟待获得的价值物首先在审美活动中加以实现。并且，人类也以此来驱动自己、塑造自己、完善自己、提升自己。这就是所谓的植物向阳而生，也就是所谓的人类则向美而生。

　　在审美活动中，人类借助于美，依靠理想价值与价值理想，满足了在自然界中所无法所满足的那部分需要，并且最终得以超出于动物。因此，恰恰是"因审美，而生命"，而不可能是什么"以美启真、以美储善"，也不需要所谓的"以美启真、以美储善"①。由此，一方面，服膺于理想价值以重塑世界，排斥、消灭那些阻碍、损害人类生命进化的向前向上的负价值，创造更多的推动、驱使人类向前向上的正价值，另一方面，又遵从于价值理想以激发情感，这情感反馈着生命系统的目的，又不断萌发着全新的价值渴望。如此循环往复、生生不已，最终形成了一个自我鼓励、自我协调的生命动力环链。它功能耦合，首尾相应，是闭合的自组织，也是开放的生命体。生命系统的有序化发展得以成功形成。所谓见微知著，举一反三，一滴水可以见大海。不言而喻，如此这般的神奇，只能出现在审美活动之中。因此美无异于一面镜子，人类通过它来矫正生命、提升生命、驱动生命、完善生命。而且，美还无异于人类在审美活动中形成的"镜中之我"，这是一个理想自我，人类正是通过这种方式来回归自我，并且寻觅到生命的方向。因此，审美活动构成了自组织、自鼓励、自协调生命系统之中的重要一环，推动着人类去趋近目的。不可想象的是，倘若没有这样一个重要环节，人类生命系统将何以自我维持和自我发展。因此，绝对不可以因为仅仅看到了审美活动中的情感的愉悦，就误以为审美活动是"非功利"的，却忽视了在背后合目的地蕴含着的人类生命系统向前向上的深广宏远的根本追求。人类社会健康和谐发展至今，倘若没有审美在其中所起到的推动作用、是无法想象的。审美不仅能够享受生命而且还能够生成生命，使得理想成为现实，也使得社会优中更优。符合人类发展的根本需要的东西，被变成了有意味的形式，从而在完形体验中影响着人类的行为。

至于美怎么样，则主要侧重从美的价值属性的客观构成的角度讨

---

① "因审美，而生命"，还可以从解释学的角度来解释。实践美学认为，宇宙世界中只有事实，其实，更加真实的缺失"解释"。宇宙世界的意义是被"置入"的，本来就没有意义，有的只是"解释"。因此尼采才强调：人最终在事物中找出的东西，无非是他自己塞入其中的东西，而且艺术是"塞入"，科学却是"找出"。真理只是信以为真，其实并不"真"。人类认识到，其实只是审美活动"解释"过的世界。生命，正是在审美活动的"解释"中"生成"的。这就是"因审美，而生命"。

论美，即构成美的条件、因素、素质等客观因素是什么？

历史上的美的客观论者也曾对此作过大量讨论。例如认为美在形式、美在比例、美在和谐、美在形象、美在典型、美在"人的本质力量的对象化"……。这些看法虽然触及了美"怎么样"的某些方面，但却大多为片面之词。之所以如此，关键在于：美是审美活动的产物，而在审美活动中，外在世界，不论是形式、比例、和谐、形象、典型、"人的本质力量的对象化"……其实都只是必要条件而并非充分条件，"如果A不存在，B就不可能发生"，"如果A存在，B就可能发生"，仅此而已。但是，我们必须强调的是，它却绝非充分条件。事实上，外在世界是否能够成为审美对象，更与审美者自身的审美"眼光"是否独特密切相关。对于一般人来说，当然是鲜花、黄山、西湖尤其是文学艺术作品这类的外在世界最容易成为审美对象，但是，对于有些人来说，就完全未必了。例如陶渊明，就可以在弹奏无弦琴中或者在"卧对群山"中怡然自得。因此，美怎么样也就更适宜从审美活动的"生成"来把握。在这个意义上，美只能是一个流动范畴，不能用任何具体的东西来加以概括。而我们的美学研究的误区正在这里。例如，用美是"人的本质力量的对象化"来概括美，就只能够概括产品美。产品美确实是"人的本质力量对象化"的产物，但自然美就不能用"人的本质力量的对象化"来解释。再如，把人在产品中直观到的"人的本质力量"称之为美是对的，但认为在所有的美中看到的都是如此，则显然不符合实际。再如，把体现着人的自由本性的对象称之为美是对的，但有些对象并非人类的创造，因此无法体现着人的自由本性，但它本来就天然符合于人的自由本性，因此显然也应该是美的。再如，强调美在形式是对的，但美并不就在形式，例如我们在前面已经提到过的龚自珍1839年所写的《病梅馆记》中，就没有简单地把"斫其正，养其旁条，删其密，夭其稚枝，锄其直，遏其生气"的梅花称之为美，在某些情况下，美也在内容。再如，强调美是统一、平衡、对称……，无疑是对的，但在某些情况下，美也是不统一、不平衡、不对称……再如，美在典型是对的，但是，美在意象、美在意境，无疑也是对的。

那么，怎样对美"怎么样"做出一个合乎实际的理论说明和概括呢？在我看来，关键还是如前所述，仍旧在于思维方式的转换。例如，美是形式是西方美学的主要看法。在亚里斯多德那里已经可以看到，此后尽管情况不同，例如在古代是偏重于形式与内容的和谐，近代是偏重于形式与内容的分裂，现代是偏重于形式本身，但却大多没有离开过"形式"。但仔细考察一下，不难发现，这一切都决定于西方的实体思维，所谓原子、单子、理念、逻辑、形象、典型……都是一种实体。这当然是因为西方美学所主张的形式是来源于改造自然的路途中，是人类"从自然走向文明"的确证，但这又难免只注意到部分与整体、表层与深层乃至有限与无限、现实与超越、人类与自然的对立的矛盾，因此，只能代表美"怎么样"的一个方面。我已经说过，中国美学就很少关注"形式"问题。它认为美是"无"即对"形式"的超越：意境、气韵、元气、妙、道……都是一种"无"，所以孟子一再强调美的最高境界是"大而化之"，是"不可知之"。同样仔细考察一下，也不难发现，这一切又决定于中国的功能思维。显然，以对于"形式"的消解为美，是人类从文明回到自然的确证，但这又难免只注意到部分与整体、表层与深层乃至有限与无限、现实与超越、人类与自然的和谐，同样只能代表美"怎么样"的另一个方面。因此，今天我们在探讨美之为美的时候，如果一味在"美是形式"或"美不是形式"上苦苦求索，换言之，在"美是什么"上苦苦求索，就只能一无所获。问题的关键在于，说"美是什么"，本身就是一种错误。正确的追问方式应该是"美如何可能"。而当我们考察历史上的美的种种定义时，正确的方式也应该是："美曾以某某方式出现过"。把美作为一个固定的、静态的东西，而不去问它是怎么来的，是错误的，因为它们只是美的凝固但却不是美本身。古典的美以和谐的方式出现是自由本性的理想实现的一种表现，是人的敞开性的表现，现代的美以不和谐的方式出现也是自由本性的理想实现的一种表现，是人的敞开性的表现。同样，美不论是以形式或非形式、和谐或非和谐、形象或非形象、概念或非概念、思想或非思想、自然或社会……的方式出现，也都是自由本性的理想实现的一种表现，只有看到人的自由本性的理想实现，才堪称看到了问题的实质。这昭示着我们：在历史形态上我们确实看到了美以形式、形象、典型、意境等方式出现……，但我们却不能反过来说美就是这些东西。要对美怎么样做出概括，就必须在这些历史形态中找到某种共同的东西。那么，共同的东西是在什么地方呢？在我看来，就在于它们都是一种人的一种自由本性的敞开，而不在它们的表现形式。

也因此，作为美，它可以借助任何具体的东西而出现。它并不远离现实的世界，但又并不就是现实世界，例如，并不就是西湖、黄山……只要理想地加以运用，一切皆可以成为美，或者说，只要理想地加以运用，现实世界的一切都即可转化为美，犹如"道在屎溺"。这样，美的"形式"当然离不开现实世界，但这里的外在世界只具有"媒介"的意味，即只是用以显现美的"形式"的媒介。康德称之为"像似另一自然的对象"，席勒称之为"活的形象"，中国的美学家称之为"像外之像"。借用禅宗的语言，被理想地运用了的现实世界已经是"空中之音，相中之色，水中之月，镜中之象"。这"音"、这"色"、这"月"、这"象"，比现实世界中的"音""色""月""象"更为"透彻玲珑"，可以说是业已"到此境界"。这就是朱熹说的从自然山水中"随分占取，做自家境界"？借助禅宗龙树的话说："譬如静水中见月影，搅水则不见。无明心静水中，见吾我，娇慢诸结使影，实智慧杖搅心水，则不见吾我等诸结使影。"审美活动同样是不希望用现实的"实智慧杖"打杀和"搅"碎"水中之月"，而是希望把水澄得一碧万顷，用种种方式呈现出"水中之月"这一美的呈现。而净全禅师诗云："万古碧潭空界月，再三捞漉始应知。"此时的审美活动的"再三捞漉"，却不同于现实活动的"再三捞漉"，它使得"美怎么样"得以完美呈现。而这种"呈现"，已然是"空中之音，相中之色，水中之月，镜中之象"。席勒讲得何等深刻："事物的实在性是（事物）是自己的作品，事物的外观是人的作品。"① 这里的"事物的外观"正是"空中之音，相中之色，水中之月，镜中之象"，是人性觉醒的结

---

① [德] 席勒：《席勒美学文集》，张玉能编译，人民出版社 2011 年版，第 286 页。

果，也是人的自由本性的理想实现的呈现。

典型的例子：是月亮。天上的月亮，作为物质实在，只有一个，但在审美活动中它却在"再三捞漉"中不断变化。"中天悬明月"（杜甫）的弘阔、"斜月照寒草"（冯延巳）的幽戚、"月漉漉，波烟玉"（李贺）的舒卷，"我歌月徘徊"（李白）的悲壮，不是又显现出月亮的不同的"透彻玲珑"、不同的"到此境界"吗？颇有趣味的是，杜夫海纳和里普斯也作过类似的精辟阐释，前者在分析罗丹的青铜塑像的那只手时指出："这只手表现的是有力、灵活，乃至温柔；这只手背上突起的青筋诉说人类的苦难，诉说对平静的休憩的渴望。但这只手不涉及任何实事。它所表现的一切都寓于自身，也只有在它向我们打开的那个世界才真实。"① 后者分析米雍的掷铁饼者塑像的形象时也指出："这个人在雕像上并没现出实体而只现出形式或是人的空间意象，只有这个空间意象对于我们的幻想才是由人的生命所充塞起来的。大理石只是表现材料，表现的对象却是禁闭在那空间中的生命。"② 由此，不难看出，在审美活动中，现实世界的消解，就正是作为"空中之音，相中之色，水中之月，镜中之象"的美的开始。禅宗说："我若羚羊挂角，你向什么处扪摸。"看来，美也是如此！由此我们再来看黑格尔对于温克尔曼的赞叹，无疑也会深受启迪。黑格尔指出：温克尔曼第一个发现了希腊雕塑中的美学内涵。这就是温克尔曼所说的："只有用理智创造出来的精神性的自然，才是他们的原型。"③ 在这里，所谓"精神性的自然"，就正是作为"空中之音，相中之色，水中之月，镜中之象"的美。只要回忆一下最早的雕塑所共同存在的问题，这就是全身都是似乎被捆绑着的，西方雕塑如此，埃及雕塑如此，中国雕塑也如此，个个都是立正姿势，呆板、僵持，可是，倘若仔细看看《米洛的维纳斯》，就会发现，她的立姿是稍息的，而且身体已经站成了几个立面。人们都会说：《米洛的维纳斯》很有看头。什么叫有"看头"？还不是因为我们在她的身上看到了更

---

① ［法］杜夫海纳：《审美经验现象学》，英文版，1973年版，第76页。
② 里普斯．转引自《古典文艺理论译丛》第8辑，人民文学出版社1964年版，第42页。
③ ［德］温克尔曼：《希腊人的艺术》，邵大箴译，广西师范大学出版社2001年版，第7页。

多的东西?

当然,所有的审美对象之所以成为审美对象,不但是由于它们与我们对生命的美好期待完全一致,而且也因为它们自身的某些因素最容易诱发我的情感评价,所以,它们也就最容易成为审美对象。

而且,现实世界又不会自动转化为美的"形式",它"口欲言而嗫嚅","欲生"而又不得"生",只有人类"代言之"为之催"生"才会呱呱坠地。例如"水影""阳春"。它们统统是自然的造化,但却"欲生"而不能,只有人类的创造,才促其诞生。于是,"风乍起,吹皱一池春水","水影"始"生";"红杏枝头春意闹","阳春"始"生"。因此,李贺才会有"笔补造化"的诗句。在这里,从"造化"到"笔补造化",正是从现实世界到美的"形式"。它比"造化"更"造化",是"第二造化"——自由的"造化"。公元前3世纪古罗马建筑学家维特鲁威《建筑十书》提到:苏格拉底学派的哲学家阿里斯提普斯航海遇难,漂流到洛得斯海岸的时候,他看到了在沙子上描绘的几何图形,于是就跟同伴们说:有希望了,我们终于看到了人的踪迹。显然,这里的"几何图形"就是"第二造化"——自由的"造化"。情书何以只能感动自己的恋人,而情诗又何以能够感动所有的人?当然也是因为其中的"第二造化"——自由的"造化"。还有音乐里的旋律、节奏、和声,它们都不是声音里原有的东西,而是声音里"第二造化"——自由的"造化",可是也恰恰唯有它们,才是作为"空中之音,相中之色,水中之月,镜中之象"的美。所以卡西尔说:"艺术家是自然形式的发现者,正如科学家是事实或自然法则的发现者。"[①]

而且,严格说来,现实世界当然是会拒人类的自由理想于门外的,因此也就不可能成为象征着人类的自由理想的作为"空中之音,相中之色,水中之月,镜中之象"的美。换言之,任何作为"空中之音,相中之色,水中之月,镜中之象"的美都是人类的自由理想的实现的产物,都必然是从现实世界中超越而出的结果。西方美学家讲的"存

---

① [德]恩斯特·卡西尔:《人论》,甘阳译,上海译文出版社2013年版,第245页。

在的显现","本真的显现",应从这个意义上去理解;中国美学家讲的:"传神写照","气韵生动","美不自美,因人而彰。兰亭也,不右军,则清湍修竹,芜没于空山矣","天地之生是山水也,其幽远历险,天地亦不能一一自剖其妙,自有此人之耳目手足一历之,而山水之妙始泄。"也应从这个意义上理解,在这方面,讲得最为透辟的是王夫之:

> 两间之固有者,自然之华,因流动生变而成其绮丽。心目之所及,文情赴之,貌其本荣,如所存而显之,即以华奕照耀,动人无际矣。①

"自然之华,因流动生变而成其绮丽,"这正是现实世界中呼之欲"生"的作为"空中之音,相中之色,水中之月,镜中之象"的美,但它的真正诞生,却又只能是"心目之所及,文情赴之"的结果。因此,"华奕照耀,动人无际",就不能被看作外在世界的光辉,而只能被看作作为"空中之音,相中之色,水中之月,镜中之象"的美的光辉。这样看来,外在世界"口欲言而嗫嚅",只好由人起而"代言之",就只是审美活动中的表面现象。实际情况倒是:人类"口欲言而嗫嚅",巧借外在世界"代言之"。《传习录》中说,王阳明与人同游,友人指着岩中花树问:"天下无心外之物,如此花树,在深山中,自开自落,于我心亦何相关?"阳明答:"尔未看此花时,此花与尔心同归于寂。尔来看此花时,则此花颜色,一时明白起来。便知此花,不在尔之心外。"鲜花本来"在深山中,自开自落,于我心亦何相关",这无疑是一个事实。但是,也可以"此花颜色,一时明白起来"。因为,鲜花还可以因成了人类的代言而"一时明白起来"。

另一方面,又正如我在前面已经指出过的,"美怎么样"又确实是与外在世界息息相关。这一点,即便是在日常生活中,人们也都不

---

① 王夫之:《古诗评选》卷五。

难想见。例如,"脸谱化"自然是不对的,但是"脸谱"却是非常重要的。"贼眉鼠眼"与人品也未必就没有一点关系,再如给爱人过生日,无论如何都是要送鲜花而不能送狗尾巴草的。中国的诗人王禹偁《东邻竹》说:东邻谁种竹,偏称长官心,月上分清影,风来惠好音。低枝疑见接,迸笋似相寻,多谢此君意,墙头诱我吟。而王安石《南浦》也说:"南浦东冈二月时,物华撩我有新诗"。这里的"诱我吟"、这里的"撩我"的"物华",也都是不可或缺的。这当然是因为,审美活动必须是借助外在世界的,必须是"不睹不快"。因此,犹如树的年龄要通过它的年轮来表现,鱼的年龄要通过它的鳞纹来表现,马的年龄要通过它的牙齿来表现,出土文物的年龄要通过它的氧化程度来表现。审美活动一定存在一个审美对象,这是一个所有的美学家、所有的审美者都一致承认的事实。有一首流行歌曲这样唱道:"心要让你听见,爱要让你看见。"其实,审美活动也是一样,也要"让你听见""让你看见"。这就类似于我们日常生活里常说的"找对象"。对象,其实就是自己关于生命的美好想象的确证。所以柏拉图说:每个人的生命都是残缺不全的,要使之完整起来,只有通过找对象的方式,也就是要找到自己生命的另外一半。而且,西方哲学家罗兰·巴特也说,热恋中的人会像一部机器一样地拼命生产符号,这就是说,他或者她会把在想象中把自己的对象想象得非常美好。美国的一位美学家桑塔亚娜同样说,爱情的十分之九都是爱人自己创造的,只有可怜的十分之一,才靠被爱的对象。法国的罗洛·梅说得更加精辟:男人为什么会选择某一个女人?就是因为在她身上蕴含着自己的理想未来。他所选择的女人,正是他的理想人生的象征,这就犹如我们所时常表白的:《月亮代表我的心》。生命本身是永远说不清也道不明的,永远只能够借助"他者"来作为见证。因此我们永远要通过"找对象"的方式证明自己的存在,永远要在自己的"对象"身上才能看到理想的自己,要在审美对象身上才能看到理想的自己。因此,"对象"恰恰是"情人眼里出西施"的结果。由此,关于生命的美好想象变成了一个看得见、摸得到的世界。

换言之,在审美活动中的"先睹为快",其实只是因为在现实生活中的"不睹不快"。因此,人类就只能借助于创造一个非我的世界的办法来证明自己,也就是去主动地构造一个非我的世界来展示人的自我,主动展示人类在精神上站立起来的美好,以及人类尚未在精神上站立起来的可悲。不过,与通过非我的世界来见证自己不同,创造一个非我的世界,不是把非我的世界当作自己,而是把自己当作非我的世界,过去是通过非我的世界而见证自己,现在是为了见证自我而创造非我的世界。而且,把一个非我的世界看作自我,这只是我们日常所说的现实世界中的实践活动,但是把自我看做一个非我的世界,那可就是我们所说的审美活动了。这样,我们一定会联想到在世界的不同的地区,神话无疑都会有所不同,但是,在这些不同地区的神话里却都一定会出现创世神话。原因何在?其实就是因为人觉得自己与动物不一样,他想把这个不一样呈现出来,于是,就想到了在想象中创造世界的方式。因此,在创世神话中人类其实是要创造一个世界来确证人类自身、来提升人、让人成为人。审美活动的起源也是一样,模仿、游戏、表现……都仅仅是后人的猜测,其实,只要仔细思考,就不难发现,其中都存在着一个共同的取向,那就是:只有人才模仿、才游戏、才表现,在这一切背后的,恰恰是人类通过创造一个世界来确证人类自身、来提升人、让人成为人这样一个共同特征。显然,通过创造一个世界来确证人类自身,就正是审美对象的本质。因此,所谓"爱美之心",其实也就是对象性地去运用"自我"的需要,这当然是人的第一需要。因为,一个人只有当他懂得了把自我当作对象的时候,他才是"人"。

往往为人们所困惑不解的"皮格马利翁效应",无疑正是可以在这里得到合理的解释。而这就正是中国美学中所津津乐道的"澄怀味象"中的"味象"了。为什么一定要"味象"?或者,"味象"何以会如此重要?首先,当然是因为这个"象"——在无功利的心态中被创造出来而且被反复玩"味"的特定对象——是在审美活动中才被创造出来的。在这里,存在着一个重要的"哥白尼式的转换"。生命美学因此而与实践美学的看法完全不同,不是人围绕着审美对象旋转,而是审美对象围绕着人旋转。没有人,也就没有审美对象,是人的审美需要造就了审美对象，而不是事先存在着一个客观的审美对象等待着人去反映。审美的目的，也不是为了寻找外在的对象，而是为了创造出在外部或者内心中原来都并不存在的东西。创造的目的，也不是为了获得某种知识，而是为了表征某种内在生命的感动；不是为了形象地认识世界，而是为了自我欣赏、自由享受，无疑，生命美学对于实践美学的颠覆，正是从这里开始的。例如，"鲜花是红的"，这无疑是在鲜花的视觉图像之中的，可是，"鲜花是美的"却并不在鲜花的视觉图像之中，而是在我们对鲜花的情绪评价当中诱发出来的。它针对的也不是鲜花是怎样之类的特性，而是那些不是它自己是怎样的而是它对我们来说是怎样的特性。实践美学长期以来误以为"鲜花是美的"也在鲜花的视觉图像之中，就类似于人类曾经长期都以为地球是宇宙的中心一样。结果，对于审美活动的把握也就难称准确。其实，就像在癞蛤蟆的视觉图像上我们看到的是自己的不快情绪，而鲜花则是我们在鲜花的视觉图像上看到的自己的快乐情绪。因此，才会"此花颜色，一时明白起来"。这就类似歌德说的"我爱你，与你无关"，我们也可以说，我爱鲜花，与鲜花无关。①

美与一切相关，但是，美又与一切无关。这无疑是一个二律背反。然而，美的价值属性的客观构成的问题却又亟待解决。难道就果真"美是难的"？就果真"美学趣味无争辩"？当然不是。事实上，只要改变思路，我们就不难发现，美与一切相关但又与一切无关的二律背反其实都是在旧的思维模式的基础上产生的，倘若改变一下思维模式，也就是换道而行，那么就不难发现：问题是可以轻而易举地解决的。这，就是从"世界"到"境界"

境界，是中国美学的一个核心范畴，而且也是中国美学的主要贡献。区别于对于审美本质、审美本源、审美本根的讨论，境界的出现关乎的是审美本体。因此，它的最大贡献在于：为审美活动提供了审

---

① 黄山是客观存在的，但是，黄山的美却不是客观存在的；女性是客观存在的，但是美女却不是客观存在的；黄山美，应该准确地表述为："我觉得黄山美"，西湖美，也应该准确地表述为："我觉得西湖美"。审美对象只存在于审美活动之中，甚至，"年年不带看花眼，不是愁中即病中"。

美活动之为审美活动的本体存在的根据。①

境界一词，源于佛教。② 在进入中国美学的视野之后，也始终是中国美学的独创，并且始终为西方美学之所无。关于境界，我们可以类比于现象学的"意向性客体"，所谓"没有无对象的意识"，也可以借助唯识宗的"境不离识"来加以诠释。因此，所谓境界，我们又可以称之为：呈现于意识中的世界。一般而言，人是现实存在物，这是为人所共知的，也为西方美学家所共知，但是，人还是境界存在物，这就是西方美学家们所不知的了。其实，严格而言，说人是境界存在物是没有道理的，因为人是以境界的方式生活在世界之中的，是境界性的存在。人之为"人"，是一种意义性存在、价值性存在。境界，则是对于人的意义性存在、价值性存在等形而上追求的表达，是形而上"觉"（形而上学有"知识"与"觉悟"两重含义）。境界体现的不是具有价值的"对方"，而是对"对方"的价值评价，不是对象自

---

① 关于境界，作为"情本境界论"生命美学的提倡者，当然是我长期论述中的重中之重。例如，1985年，我在《从"意境"到"趣味"》（《文艺研究》1985年第1期）中已经论述了"意境"说在中国古典美学中的从"和"—"意境"—"趣味"的演进历程；1988年，我在《王国维"意境"说与中国古典美学》（《中州学刊》1988年第1期）中又论述了王国维"意境"说与中国古典美学的区别，以及所禀赋的"新的眼光"。同样在1988年，我在《游心太玄》中还指出了作为审美快乐的（逍遥）"游"是"一种最高的趋于极致的审美境界"，"一种人的最高自觉和人的价值的最完美的实现，一种人生的最高境界。"（《游心太玄》，《文艺研究》1988年第1期）1991年，我指出：要关注"中国美学学科的境界形态，所谓境界形态是相对于西方美学的实体形态而言的。"（《中国美学的学科形态》，《宝鸡文理学院学报》1991年第4期）还是在1991年，我在《生命美学》（河南人民出版社）一书中更是已经开始系统而且深入地讨论"境界本体"的问题了。在《生命美学》中，有专门一节，题目就叫作："美是自由的境界"（参该书第188—209页）。并且指出：自由境界是"一种本体意义上的形式"，（第199页），是"人之为人的根基，是人之生命的依据，是灵魂的归依之地。"（第191页）1993年，我在《中国美学精神》（江苏人民出版社）一书里明确提出了"境界美学"的概念，并且又集中讨论了中国美学所追求的自由境界，更集中探讨了西方存在主义－现象学美学与中国传统美学的"境界说"的融会贯通。例如：《海德格尔的"存在"与中国美学的"道"》《海德格尔的"真理"与中国美学的"真"》。进而，在第四章的"言—象—意—道"一节，还专门考察了"境界"中的"意象"与"意境"的区别。而在1997年出版的《诗与思的对话——审美活动的本体论内涵及其现代阐释》（上海三联书店）中，我更是全书都以"境界本体"作为"审美活动的本体论内涵"——其实也就是审美本体的内涵。并且，在该书的第241—256页，我并且又再一次专门论述了"美是自由的境界"这一基本看法。此后国内对于"美在境界"的思考才逐渐多了起来，甚至，还出现了"境界本体论美学"。

② 有关"境界"在中国美学史中的流变，请参阅我的《禅宗的美学智慧——中国美学传统与酚现象学美学》一文，载《南京大学学报》2000年第3期。

己"如何",而是对象对我"怎样"。境界与对象自身的那些特性无关,而与对象的那些能够充分满足人类的特性有关。因此,境界,就是客体对象在审美活动中呈现出来的一种特定的能够满足人类自身的价值属性。而美在境界,或者美怎么样就呈现为境界,则是其中的题中应有之义。换言之,从境界入手,应该是直面美怎么样、直面美的本体存在的一个全新思路。

不过,我们又不能干脆就简单而言:美是境界。这是因为,境界不仅仅存在于审美活动之中,它还存在于其他的生命活动之中,例如,我们不是也还经常说"人生境界"吗?不是也还经常说某人"活出了境界"吗?显然,这一切都不是美学的境界所能够涵盖的。再如,人们不是也经常说"宗教境界"、道德境界吗?王国维甚至说:"有诗人之境界,有常人之境界。"因此,我们还必须把美的境界与其他的境界加以区别。可是,如何去加以区别呢?我在前面已经讲过,美,是对人的自由理想的一种根本满足,是人类在精神上站立起来的需要,换言之,美,满足的不是人的现实需要,而是人的最高需要。我还说过,对于在精神上站立起来了的人来说,对象性地去运用"自我"的需要就是人的第一需要。因此,一个人,只有在懂得了把自我当作对象的时候,他才是人。这意味着,美的境界不但是意向性活动建构而成,也不但是"能感之""能写之",而且还是当审美活动通过超越性将"对方"转换为"对象"的时候,在"对象"中所赋予的一种能够满足人类的未特定性和无限性的价值境界。换言之,就外在世界而言,当它显示的只是它自己"如何"的时候,是无境界可言的,而当它显示的是对我来说"怎样"的时候,才有了一个境界的问题。因此,客观世界本身并没有美,境界并非客观世界固有的属性,而是人与客观世界之间的关系属性。也因此,客体对象当然不会以人的意志为转移,但是,境界的"审美属性"却是一定要以人的意志为转移的,因为它只是客体对象的价值与意义。在审美活动之前,在审美活动之后,都只存在"世界",但是,却不存在"境界"。只有当客体对象作为一种为人的存在,向我们显示出那些能够满足我们的需要的价值特性,当它不再仅仅是"为我们"而存在,而且"通过我们"而存在的时候,才有了能够满足人类的未特定性和无限性的"价值属性",这就是所谓的境界。当然,这也就一定会是一种唯独隶属于美的自由的境界。

毫无疑问,我们在审美活动中所看到的"美怎么样",就正是如此这般地呈现出来的:这正如王国维所指出的:"山谷有云:'天下清景,不择贤愚而与之,然吾特疑端为我辈所设。'诚哉是言!抑岂特清景而已,一切境界,无不为诗人设。世无诗人,即无此种境界。夫境界之呈于吾心而见诸外物者,皆须臾之物。惟诗人能以此须臾之物,诸不朽之文字,使读者自得之。遂觉诗人之言,字字为我心中所欲言,而又非我之所能自言,此大诗人之秘妙也。"(王国维《清真先生遗事尚论》)

首先,"一切境界,无不为诗人设。世无诗人,即无此种境界。"这一点,我在前面已经反复提及。简单地说,就是在审美活动之前,在审美活动之后,都不存在境界。境界之为境界,只存在于审美活动之中。

其次,更为重要的是,"夫境界之呈于吾心而见诸外物者,皆须臾之物。""须臾之物",是一个非常重要的提示。由于我们国家的美学研究水平始终没有提升上去,因此,对于境界的认识也始终停留在肤浅的层次上,例如,以"情景交融"来解读境界,就是其中的一个典型表现。其实,境界之为境界,根本就不是什么"情景交融",而是一个全新的世界(主客体互融的世界)的诞生,还是美学大师王国维目光如炬:"须臾之物",由此,精神世界的自由之维就被敞开了。结果它不但敞开了人的真实状态,而且也敞开了人之为人的终极根据。

再次,"惟诗人能以此须臾之物,诸不朽之文字,使读者自得之。"这段话涉及的是境界的基本内涵。一九一二年,王国维在一篇《此君轩记》中论画家画竹的时候还曾经谈道:"其所写者即其所观,其所观者即其所蓄也。物我无间而道艺为一,与天冥合而不知其所以然。故古之画竹者,高致直节之士为多"。结合这段话,围绕着"须臾之物",我们就不难把境界划分为"呈于吾心而见诸外物"的循序渐进的三个层面了。其中的第一境界,是"其所蓄",这有点类似于郑板桥所说的"心中之竹";第二境界,"其所观",这有点类似于郑板桥所说的"眼中之竹",到此为止,第一境界与第二境界应该是"诗人"与"常人"都共同存在的境界,也就是王国维所说的"有诗人之境界","有常人之境界",其中的共同之处,应该说,是人人的"心中所欲言",美学所关注的境界,正是这两个境界;第三境界,"所写者",这有点类似于郑板桥所说的"手中之竹",此时此刻,"惟诗人能以此须臾之物,诸不朽之文字",涉及的也是"大诗人之秘妙",因此,也主要是美学中的文艺美学所关注的意境。

由此,境界之为境界,作为审美本体,它的奥秘就在于:能够"呈于吾心而见诸外物"地循序渐进的呈于心而见于物的瞬间妙境。通过三个层面,把人类的在精神上的转换为能够看得见也能够摸得到的"须臾之物",把人类的超越性的自由实现的全部过程也转换为了能够看得见也能够摸得到的"须臾之物"。

这就意味着,在境界中,你可以在"在场"中看到"不在场",也就是说,它一定要在你身边的东西里呈现出背后的更广阔的世界。海德格尔说:动物无世界。之所以如此,就因为它只有"有"即眼前在场的东西,但是却没有"无"即眼前不在场的东西。人之为人就完全不同了,境界之为境界也就完全不同了,它"有"世界。因此尽管人与动物都在世界上存在,但是世界对于人与对于动物却又根本不同。对于动物来说,这世界只是一个局部、既定、封闭、唯一的环境。在此之外还有其他的什么,则一概不知。就像那个短视的井底之蛙,眼中只有井中之天。而人虽然也在一个局部、既定、封闭、唯一的环境中存在,但是却能够想象一个完整的世界。而且,即使这局部、既定、封闭、唯一的环境毁灭了,那个完整的世界也仍旧存在。这个世界就是海德格尔所说的"存在",这样,人就不仅面对局部、既定、封闭、唯一的环境而存在,而且面对"存在"而"存在"。

也因此,境界无疑应该是对在场的东西的超越(只有人才能够做这种超越,因为只有人才"有"世界)。它因为并非世界中的任何一个实体而只是世界(之网)中的一个交点而既保持自身的独立性,同时又与世界相互融会。所以,海德格尔才如此强调"之间""聚集"

"呼唤""天地神人"。在这里，我们看到，一方面，境界包孕着自我，它比自我更为广阔，更为深刻。境界作为生命之网，万事万物从表面上看起来杂乱无章、彼此隔绝，而且扑朔迷离，风马牛不相关，但是实际上却被一张尽管看不见但却恢恢不漏、包罗万象的生命之网联在一起。它"远近高低各不同"，游无定踪，拐弯抹角，叫人眼花缭乱。而且，由于它过于复杂，"剪不断，理还乱"，对于其中的某些联系，我们已经根本意识不到了。然而，不论是否能够意识到，万事万物却毕竟就像这张生命之网中的无数网眼，盛衰相关，祸福相依，牵一发而动全身。另一方面，每一个自我作为一个独特而不可取代的交点又都是境界的缩影，因此，交流，就成为自我之为自我的根本特征。显然，有限中的无限，无限中的有限，这一特征只有在审美活动才真正能够实现。而在在场者中显现不在场者，就正是境界之为境界。

因此，由于对象性属性的差异，现实世界被转化为理想境界的难易又有不同。换言之，"美怎么样"，也有其对于对象的美学规定，例如，从生成层面看，美应是从历史到社会到文化……的多层面的特殊沉积的一种瞬间生成。从类型的层面看，美主要表现为三种类型：意境、形象、意象。而且其中又有其具体差异，例如，从历史维度看，意境是中国传统审美实践的总结，形象是西方传统审美实践的总结，意象是西方当代审美实践的总结；从组合结构看，意境是意与象的交融，形象是象的突出，意象是意的突出；从主客体的角度看，意境侧重主客体的统一，形象侧重客体，意象侧重主体；从内容的角度看，意境侧重于对合规律性与合目的性的超越，形象侧重于对合规律性的超越，意象侧重于对合目的性的超越，等等。从内涵的层面，美起码包含三个由浅入深的方面：象内之象—象外之象—无象之象。……不过，这一切本书暂且不论。

这样，从"美在哪里"到"美之为美"再到"美怎么样"，在上述理论阐释的基础上，我们终于可以提出一个初步的关于美的定义，作为讨论的结束——

在第一个层面（美的根源），美是审美活动的外在化即逻辑展开和最高成果；

在第二个层面（美之为美），美是审美活动所建立起来的自由境界；

在第三个层面（美怎么样），美则是审美活动通过可感知的具体世界中符合人的自由本性要求而且能够激发审美愉悦的对象性属性所建立起来的自由境界。

这是一个融汇了前面两个层面的美的内涵的、更为深刻也更为具体的美的定义，也是适应面更为广泛的定义。

简单言之，也可以说：美是自由的境界！①

关于美感的讨论，同样是对审美活动的逻辑形态的考察的重要组成部分。

美感是审美活动所造就的审美活动中的主体效应。如前所述，美是伴随着"自然界生成为人"的过程而产生的能够满足人类自组织、自鼓励、自协调以及"合目的性"需要的价值存在物，与美相应，美感则是对于伴随着"自然界生成为人"的过程而产生的能够满足人类自组织、自鼓励、自协调以及"合目的性"需要的价值存在物——美的完形价值体验愉悦。② 而且，假如说美是在审美活动中围绕着"自然界生成为人"的过程而产生的能够满足人类自组织、自鼓励、自协调以及"合目的性"需要所建构起来的对象世界——一个境界形态的

---

① "美是自由的境界"，是我在1987年就在美学界第一个公开提出的。在1987年完成的《众妙之门——中国美感心态的深层结构》一书中，我就已经一再强调：美是"一定的意义—存在的全面的和最高的意义"的"呈现"。它不再把作为实体的客观世界以及人们对这世界的认识作为美学的对象和内容，而是把人的价值、生存的意义等作为对象性的本体，把主体对人生的价值、生存的意义领悟作为审美的根本目的。""人类实践并不创造存在本身，而只创造主体性的存在。这主体性的存在作为一定的意义呈现出来，并被主体在不同侧面和不同水平上加以阐释。这样，美作一种主体性的存在，便同样是作为一定的意义—存在的全面的和最高的意义，呈现出来。因此，美便似乎不是自由的形式，不是自由的和谐，不是自由的创造，也不是自由的象征，而是自由的境界。"（《众妙之门——中国美感心态的深层结构》，黄河文艺出版社1989年版，第3页）"美在境界""境界本体""境界美学"也是我在国内最先提出的。后来，国内的一些美学学者也开始关注到"美在境界""境界本体""境界美学"，但是却从不注明出处，让人误以为这是其本人的创新，未免令人遗憾。

② 审美活动与美感不能简单等同。审美活动是包括感知、想象、理解等多种心理功能在内的复杂的心理活动。美感则是对审美对象的愉快的感觉、欣赏的态度、肯定的评价。感知、想象、理解等多种心理功能是美感产生的条件，但不是美感本身。简单说，审美活动是全过程，美感只是其中的顶峰。

世界，①那么，美感则是在审美活动中围绕着"自然界生成为人"的过程而产生的能够满足人类自组织、自鼓励、自协调以及"合目的性"需要所建构起来的一种愉悦情感。简而言之，假如说美是自由的境界，美感则是自由的愉悦。②

从历史上看，美感的特性，美学界无疑众说纷纭，但大多是随机地甚至是随心所欲地罗列若干方面，特征之间缺乏逻辑联系，而且缺乏内在深度。在我看来，至今为止，仍旧是康德的从质—量—关系—模态出发的概括精到、深刻。因为他抓住了审美体验中的矛盾运动所形成的种种"悖论"。因此鲍山葵才会宣称：美感"自经康德深刻阐发之后，就永远不再被严肃的思想家所误解了。"③但康德的概括似又有重复之处，其实，可以把康德所阐释的质—量—关系—模态四契机概括为三种，把"无功利的快感"概括为非功利性，它区别于人类的实践活动，揭示的是人类的情感秘密；把康德说的"无概念的普遍必然性"概括为直接性，它区别于人类的认识活动，揭示的是人类的心理秘密；把康德的"无目的的合目的性"概括为超越性，它区别于人类的实践活动与认识活动，揭示的是人类的在情感与心理基础上所形成的审美活动的秘密。

其中的关键是美感的"非功利性"。至于美感的直接性、超越性则是广义的非功利性，（非"概念的普遍性"的功利性、非"合目的性"的功利性），因此，一旦真正把握了美感的非功利性，美感的直

---

① 这使我意识到：在美学研究中存在着两种情况，其一是对人对自然的人化的强调，突出了人对自然的作用，例如移情说；其二是对自然与人类之间联系的强调，突出了自然对人的反作用，例如内模仿说。而心理距离说是对两者的共同强调。马克思强调的"囿于"实际需要的感觉"只具有有限的意义"，"忧心忡忡的穷人"与"最美丽的景色"，"贩卖矿物的商人"与"矿物的美的特性"，都是强调如果只是抓住人化这个方面，忽视自然这个方面，是无法进行审美的。我们过去只把这句话理解为不能太功利，却忘记了这主要正是指的对自然太功利。

② 美感是在整个审美活动过程中所产生的生理成果、心理成果。过去只理解为狭义的即和谐的愉悦，是错误的。例如，人们往往用中国的"物我同一"来说明美感，但它只是注意到了美感的巅峰状态，整个过程不可能总是如此，而是既同一又不同一。卡西尔就一再致意："我们在艺术中所感受到的不是哪种单纯的或单一的情感性质，而是生命本身的动态过程，是在相反的两极——欢乐与悲伤、希望与恐惧、狂喜与绝望——之间的持续被动过程。"（[德]恩斯特·卡西尔：《人论》，甘阳译，上海译文出版社1985年版，第189—190页）我这里所说的愉悦是广义的。

③ [英]鲍山葵：《美学三讲》，周煦良译，上海译文出版社1983年版，第75页。

接性、非目的性也就得以被真正把握。

　　如前所述,美感的"非功利性"其实应该被准确地表述为:美感的超功利性。这是因为,从康德开始,对于美感的关注尽管已经有了一个全新的开始,但是,却也仍旧未能令人满意。其中的关键,在于思维模式的转换。在康德以前,未能将世界与价值世界予以明确区分,是普遍存在着的一个缺憾——"见物不见人"的缺憾。康德的贡献正是由此开始。但是,却也毕竟只是开始。例如,康德就未能明确指出:他所谓的不再从客体对象的角度来直面审美活动、所谓的转而从主体情感的角度来直面审美活动,其实就是换道而思、是从事实世界换道而为价值世界。事实上,只要换道而为价值世界,就不难发现,就过程而言,人是情感的存在物;就结果而言,人是境界的存在物。其中的津梁,则正是价值世界。美感之为美感,正是作为价值对应物而存在的,美感的追求也正是对于价值对应物的追求。并非所有的外在世界都能够引发美感,只有价值物才可以做到,也就是只有外在世界的价值属性才可以做到。

　　与美相同,美感同样只相对于审美活动而存在。这是因为,无论是作为审美活动所造就的审美活动中的客体效应还是作为审美活动所造就的审美活动中的主体效应,都是仅仅与人与世界之间价值属性而构建的关系质、系统质相关。因此这也就决定了:在审美活动之前、在审美活动之后都并没有美感。而倘若忽视了这一点,无疑也就难以解开美感之谜。例如,有不少美学家都是从实践活动去讨论美感问题的,因此也就把在审美活动中才产生的美感与实践活动中产生的满足感混同起来。但是,美感与满足感又如何可以相提并论?更何况,这样的相提并论也完全不符合审美活动的实际情况。"痛而后快",是圣·奥古斯丁提出的,他就发现,在现实生活中,"痛"并不快,但是在审美活动中,却偏偏是"痛而后快",恰恰是"痛并快乐着"。而且,在日常生活中没有人不憎恨苦难,但是在审美活动中人们却又喜欢观看悲剧。他们在看过美狄亚杀死自己的儿女或李尔王受到亲生女儿的虐待之后,才心满意足地离开剧院回到家里。为此,奥古斯丁在他的《忏悔录》里曾经自问:戏剧也曾使我迷恋,剧中全是表现我的痛苦的形象和激起我的欲望之火的形象。没有谁愿意遭受苦难,但为什么人们又喜欢观看悲惨的场面呢?他们喜欢作为观众对这种场面感到悲悯,而且正是这种悲悯构成他们的快感。确实,倘若在临近的广场处决犯人,那么剧场里就会马上空无一人。这说明在日常生活中人们其实是可以自觉或则不自觉地把满足感与美感予以区别的。就好像不少美学家所发现的:满足感使我们对客体采取行动,而美感则使我们和客体一起行动。在审美活动中,我们所邂逅的无疑正是美感。这是因为,没有人去为贾宝玉传递消息给林黛玉,而只会都同情地感受着林黛玉的焦虑和痛苦。人们也不会向黄世仁高喊:"住手!你这个坏蛋!"而却只会跟随白毛女,一起去受侮,一起去承受。而假如有小战士冒昧在剧场开枪,我们也只会笑话他的"出戏"。而不会予以褒奖。犹如我们对凡·高的一幅画中画的苹果,不会拿起水果刀去准备削皮一样。

美感与满足感的区别,在于欣赏、享受。满足感却不同,即便是身边的亲人奋不顾身地救助了他人,我们也往往只是感动,但是却无法"欣赏",更无法"享受"。何况,满足感还往往只带有刺激人、折磨人的特性、往往体现为一种心理折磨——例如边际效应所描述的满足之后的迅即失落,而不带有可供享受的特性。但是美感却全然不同,人们发现,它偏偏是在"无所为而为"地观赏外在世界。有美学家称之为"直觉的知识"。克罗齐指出:美感是直觉的知识,即"对于个别事物的知识"(knowledge of individual things),满足感却是名理的知识,即"对于诸个别事物中的关系的知识"(knowledge of the relations between them)。后者可以归纳为"A 为 B"的公式,事物"A"都要被归纳到概念"B"之中,前者则不然。直觉事物"A"时,全副心神就完全都被灌注在"A"本身。因此,在直觉事物"A"时,人们产生的是不是情感的转向行动,而是情感的"反刍"。"名理的知识"只是某种过渡,在接触到外在世界之后,就立即仓皇急促地开始了"A 为 B"的行动,而从来不会停留于"A",更不去欣赏于"A"、享受于"A"。美感不同,它偏偏是止步不前,偏偏是欣赏于"A"、享受于"A"。此时此刻,美感毅然从"A 为 B"的行动悬崖勒马,转而去玩味、去品味、去自我陶醉。体验着的情感则被转而放在客位，从而并不在其中过活，而却转而去欣赏之、享受之①。犹如一个孩子的"过家家"，或者犹如一个演员进入角色，都并不是意在任何的收获，而只是沉浸其中，只是在其中玩索、快乐。主位的行动者成了客位的享受者。后者是为活动而活动的，也是为愉悦而愉悦的。古董商和书画金石收藏家"奇货可居"态度何以不是美感，道理在此。我们重返故居，因此而产生的快感只是满足感，但是如果故居的装饰、颜色能够令自己愉悦，那就应该是美感了。"漂亮"与"美"也是如此。女性的"漂亮"是当她在我们心中居于主位的时候所给予我们的感觉，这个时候，我们是从是否值得占有、以及是否想拥有的角度去观察的，女性的"美"则是当她在我们心中居于客位的时候所给予我们的感觉，这个时候，我们是从作为一幅画卷的角度去观察的。我们并不想占有、拥有，而只是去欣赏、玩味。

进而，在现实社会中，现实活动的愉悦并非对人类的根本需要的满足、对人类的"主观的合目的性"的需要的满足，当然也并非审美愉悦的同义语。中国的美学家喜欢用马克思所说的"在他所创造的世界中直观自身"②一类论述来对审美活动加以说明，实际马克思这类论述显然存在着把现实活动描绘成抽象的、静态的、既定的东西的缺憾，从中不难看到人本主义的某些影响。何况，这种"直观自身"只是一种现实活动的愉悦，但是现实活动的愉悦并不就是美感。因此，首先，这类论述虽然有助于了解审美活动的发生历史，却并不是在为审美活动下定义。③其次，即便是注意到从现实愉悦向审美愉悦的转化，这类论述也只能说明审美活动存在自身欣赏自身这样一种情况，

---

① 在"A为B"的世界中，例如在实用的和科学的世界中，"A"事物只能寄人篱下地存在，只能依存于"B"事物而现身。但是在美感世界中A事物却能孤立绝缘地显现出自身的价值。由此，我们不妨说，美的价值才是事物的根本价值，美感也才是人生中最有价值的体验。

② 《马克思恩格斯全集》第42卷，人民出版社1979年版，第97页。

③ 从现实愉悦转化为审美愉悦，还需要一些中介环节，例如开始可能会在产品身上加以改造，使之满足自己的日益发展的审美需要，但后来可能就不满足于这种情况了，就会转而专门创造并不具备实用价值的专门用于审美活动的产品了，甚至专门去创造并不具备实用价值的专门用于审美活动的世界，具体内容可参看本书的第四篇，等等。

但不能从中推出，审美活动就只是局限于自身欣赏自身，只是局限于欣赏产品。否则，就会把审美活动狭隘化。试想，只强调去欣赏物化在对象身上的自己的力量，在线条、颜色、鲜花，万事万物身上，看到的都只是人的本质力量，例如把一块石头看成是"望夫石"，就完成审美活动了？审美活动有什么理由要搞得如此狭隘，人类又有什么必要气量狭隘得要到处看到自己的产品呢？人类当然可以通过欣赏已经被对象化的世界来丰富自己，但是否也可以通过那些还没有被对象化的世界来丰富自己呢？人类的审美愉悦固然是一种自我欣赏、自我直观的需要，但不更是一种自我丰富、自我提高的需要吗？再次，归根结底，用这类论述来说明审美活动，是混淆了创造产品的现实活动与创造美的审美活动这两种不同方式，因而也显然是错误的。直觉的与知识的（功利的、概念的）。

问题的关键在于形式愉悦。某些美学家之所以每每误将现实满足与审美愉悦彼此混同，正是因为没有能够将内容体验与形式体验明确予以区别。茶壶是用于茶饮的，但是却为何要孜孜以求于它的形式、花样、颜色？人在吃饱喝足之后，何以不像动物一样就去睡觉，而反而在吟诗、作画、歌咏中流连忘返呢？本来已经可以无所为，但是人类却又为何一定还是要去乐在其中地去有所为？何况，此时此刻的外在世界全然不是被"反映"的，而竟然是被"表现"的。这是一种从内容的占有到形式的玩味，也是一种对于形式的情感把握。克莱夫·贝尔发现："………艺术家的情感只有通过形式来表现，因为唯有形式才能调动审美情感。"① "如果艺术仅仅能启发人生之情感，那么一件艺术品所给予每一个人的东西就不会比每个人带在身上的东西多出多少了。艺术为我们的情感经验增添了新的东西，增添了某些不是来自人类生活而是来自纯形式的东西，正因为如此，它才那样深刻地而又奇妙地感动了我们"。② 苏珊·朗格也发现："凡是用语言难以完成

---

① ［英］克莱夫·贝尔：《艺术》，周金环、马钟元译，中国文艺联合出版公司1984年版，第37页。

② ［英］克莱夫·贝尔：《艺术》，周金环、马钟元译，中国文艺联合出版公司1984年版，第165页。

的那些任务——呈现情感和情绪活动的本质和结构的任务——都可以由艺术来完成。艺术品本质上就是表现情感的形式,它们所表现的正是人类情感的本质。"① 因此,美感之为美感即形式情感对内容情感的征服。以"情感"把握"形式"而产生的愉悦就是美感。美感将物质世界形式化、将人的情感也形式化,从而使人得以愉悦地存身其中,得以站在一定距离之外去体味它们、咀嚼它们、欣赏它们。以"情感"把握"形式",正是美感不同于快感的关键所在。在美感中,人们形式化地把握世界。作为内容的物质世界一瞬间也竟然神奇地转而作为形式而存在——形式化了的物质。在这里,至为重要的是仍旧是情感的从主位转而为客位,于是,被对象化的、形式化了的情感、找到了它的对应物的情感也就不再作为一种外在的力量控制着人的行为,而是变成了一个可以欣赏、可以玩味的对象。显然,审美活动不是一种情感的传达,而是一种情感的享受。在这享受的瞬间,审美者自己也被移入对象之中,并在对象中自我享受。这当然是一种客观化的自我享受。

而从心理体验而言,一般而言,生存需要的满足方式有二,其一是保存自己的满足,要靠占有外界来实现。可以称之为一种通过为自己增加包袱的办法来获得物质上的满足的方式;其二是宣泄自己的满足,要靠内在的表现自身来实现。可以称之为一种通过为自己扔掉包袱的办法来获得精神上的满足的方式。就信息系统而言,人类的理性活动属于前者,它是保存性的,其中占优势的是记忆规律;而审美活动则属于后者,是宣泄性的,其中占优势的是遗忘规律。在这方面,奥夫夏尼科-库科夫斯基发现非常值得重视:"我们的情感心灵简直可以被比作常言说的大车:从这大车掉下什么东西,就再也找不回来。相反,我们的心灵却是一辆什么东西也掉不下来的大车。车上的货物全部安放很好,而且隐藏在无意识的领域里,……如果我们所体验的情感能保存和活动在无意识的领域里,不断地转入意识(就像思想所做的那样),那么,我们的心灵生活就会是天堂和地狱生活的混合物,

---

① [美]苏珊·朗格:《艺术问题》,腾守尧等译,中国社会科学出版社1983年版,第7页。

即使最结实的体质也会经不住快乐、忧伤、懊恼、愤恨、爱情、羡慕、嫉妒、惋惜、良心谴责、恐惧和希望等等这样不断的聚积。不，情感一经体验，就不会进入无意识领域。情感主要是有意识的心理过程，与其说情感是积累心灵的力量，不如说它们是消耗心灵的力量。情感生活是心灵的消耗。"①

美感的奥秘就隐藏在这心灵消耗之中。从神经机制的角度看，审美活动的过程无疑正是神经能量的消耗、耗费和疏泄的过程。任何审美活动都是心灵的消耗，哪怕是诗歌语言的陌生化，也是意在使情感的宣泄增加难度，从而导致情感的被大量宣泄。审美活动较之诗歌语言简单化无疑要复杂得多，因此它的消耗也就更大。由此可见，审美活动是反节约力量原则的，是作为破坏而不是保存我们的神经能量的反应向我们显示出来的。它更像爆炸，不像斤斤计较的节约。但它又是以消耗为节约，看上去很不节约地消耗我们的情感，反而使我们轻装上阵，能够做更多的事情。弗洛伊德举过一个例子来说明：这种特殊的力量节约的方式就像一个家庭主妇的那种小小的节约，为了能够买到便宜一分钱的菜，不惜舍近求远跑到几里外的市场上去买，结果以这种方式避免了那种微不足道的花费。"对这种节约，我们早就摆脱了那种直接的、同时也是幼稚的理解，即希望完全避免心理消耗，而且是以尽量限制用词和尽量限制建立思维联系来取得节约。我们那时就已对自己说过：简洁、洗练还不就是机智。机智的简洁——就是一种特殊的、恰恰是'机智的'简洁。我们不妨把心理节约比作一家企业，当企业的周转额还很小的时候，整个企业的消耗当然也不会多，管理费也很有限。在绝对消耗额上还要精打细算。后来，企业扩大了，管理费的意义退居末位了。现在，只要周转额和收入大大增加的话，花费多大就不那么重要了。节约支出对企业来说就会微不足道，甚至干脆是文艺的事情了。"②

---

① 奥夫夏尼科-库科夫斯基。转引自［俄］维戈茨基《艺术心理学》，周新译，上海文艺出版社1985年版，第263—264页。

② 转引自［俄］维戈茨基《艺术心理学》，周新译，上海文艺出版社1985年版，第266—267页。

进而言之，神经能量消耗往往同时存在于外围和中枢这两极，因此，其中一极的加强就会导致另外一极的减弱，而一极的过多消耗也会导致另外一极的消耗的减弱。审美活动之所以可以以情感的自我实现为中介并且不导致外在行动（超功利），道理就在这里。我们的任何一种反应，只要它所包含的中枢因素复杂化，外围反应就会变得迟缓并丧失它的强度。随着作为情绪反应中枢因素的幻想的加强，情绪反应的外围方面就会在时间上延迟下来，在强度上减弱下来。谷鲁斯认为：在审美活动中和在游戏中一样，都是反应的延迟而不是反应的抑制。审美活动在我们身上引起强烈的情感，但这些情感同时又不会在什么地方表现出来。这正是审美情感与一般情感的区别的奥秘所在。前者也是情感，但又是被大大加强的幻想活动所缓解的情感。正是外在行动的迟缓才是审美活动保持非凡力量的突出特征。不是导致紧握拳头而是缓解，此即审美活动的超功利。狄德罗说得好：演员流的是真眼泪，但他的眼泪是从大脑中流出来的。①

而且，审美活动的奥秘还在于，它激起的是一种混合情绪。沮丧与兴奋、肯定与否定、爱与恨、悲与欢……交相融合在一起。达尔文就曾发现人类的表情运动存在对立的定律："有些心情会引起……一定的习惯性动作，这些习惯性动作在最初出现时乃至在现在也是有用的动作；我们会看到，如果有一种直接相反的思想情绪，就会有一种强烈的、不由自主的意向要做出那些直接相反性质的动作，即使这些动作从来不会带来丝毫好处。""显然，这就在于，我们在一生中随意地实现的任何动作总要求一定的肌肉发生作用；而在实现直接相反的动作时，我们就使一组相反的肌肉发生作用，例如，向右转和向左转，把一件东西推开或拉近，把重物举起或放下……因为在相反的冲动下做出相反的动作已经成为我们和低等动物的习惯性动作，所以，当某一类动作同某些感觉或情感活动联想起来的时候，自然可以假设，在直接相反的感觉或情感活动的影响下，由于习惯性联想的作用，完全相反性质的动作便会不由自主地

---

① 当然，这种中枢缓解在一般情感中也偶尔可以见到，但不典型。

发生。"① 不难想象，当审美活动把相反的冲动送到相反的各组肌肉上去，同时向右转、向左转、同时向上提、向下降……情感的外部表现自然会被阻滞。相互对立的情感系列，导致彼此发生"短路"从而同归于尽。这就是现代意义上的美学"净化"。因此，又可以说，审美活动中的最为深层的奥秘恰恰在于：作为任何情感的本质的神经能量的宣泄，在此过程中是在与此相反的方向中发生的，因此审美就成为神经能量最适当、最重要的宣泄的最为强大的手段。

由此我们又一次看到了审美活动与自由境界之间的内在联系。自由境界在审美活动中之所以被格外看重，正是因为只有它的出现，才能够把审美活动所激起的混合情绪设立在两个相反的方向上，形成两种情绪——审美情绪与内容情绪，从而使它们最终消失在一个终点上，就像消失在"短路"中一样。而且，在这两种情绪中，审美活动是采用审美情绪克服内容情绪（生活中只有内容情绪）的方式，使之从一种确定的情绪转而成为一种不确定的情绪。在这里，节奏、韵律能够引起与内容相反的某种情绪，引起情绪的"自燃"，从而达到净化情绪的目的。

因此，把审美活动和艺术作品理解为以情感人，② 是错误的。例如，托尔斯泰就曾对比两种艺术说：村妇们为祝福女儿出嫁而演唱的大型轮舞曲给他留下了深刻的印象，故是真正的艺术；贝多芬的《111号奏鸣曲》没有给他留下深刻的印象，故称不上是什么真正的艺术，但从上述分析来看，显然是不准确的。把审美作为一种情感表现，是一种误解。情感是一种内在心理过程，艺术作品则是一种物理事物，前者是内在的和个人的，后者则是外在的和公共的，那么，正如鲍山葵所反复自询的，情感是怎样进入物理事实中去的？结果，还是用艺术之外的东西来评价艺术。人们往往以为：战斗的音乐是为了引起战

---

① 达尔文。转引自［俄］维戈茨基《艺术心理学》，周新译，上海文艺出版社 1985 年版，第 280 页。
② 移情说的缺陷就在这里。它不但忽视了作为审美对象的自然属性的引发作用，更没有解决一般情感与审美情感的区别，审美活动并不是展示情感而是咀嚼情感，审美活动就是对一种情感的审美反刍。

斗的情绪，教堂的歌声是为了引起宗教的情绪，其实不然。假如艺术是为了传递感情，女性就更应该成为音乐家了，但事实上伟大的音乐家并没有女性。实际上，即便是军号也不是为了唤起战士的战斗情绪，而是为了使我们的机体在紧张的时刻同环境保持均衡，约束和调整机体的活动，使他们的情绪作必要的宣泄，驱除恐惧，从而为勇敢开辟一条自由道路。可见，审美不是为了从自身产生任何实际活动，它只是使机体去准备实现这一动作。弗洛伊德说：受惊的人一看到危险就恐惧、逃跑，在实际生活中，有用的是跑；在审美活动中正相反，有用的是恐惧本身，是人的情感宣泄本身，它只是为正确的逃跑创造条件而已。它们更多的是缓和和约束突发的热情，安抚紧张的神经系统，以便驱除恐惧。因而充其量也只是使战斗情绪容易表现出来，但它本身却并不直接引起这种情绪。

  这样看来，最真诚的感情也创造不了审美活动，要创造审美活动，还要有克服、缓解和战胜这一情感的活动，只有出现了这一活动，才能创造审美活动。审美活动只是在生活最紧张、最重要的关头使人类和世界保持平衡的一种方法，其中往往包含着两种天衣无缝地被编织在一起的相反的情感倾向，它的作用则是缓和这些情感。看来，审美活动有着比感染别人更为重要的作用。就像在原始劳动中的合唱能以自己的节拍协调肌肉的活动节奏，表面上无目的的活动的游戏符合锻炼和调整臂力或脑力的无意识的生理需要，缓和紧张的劳动。同样，大自然把审美活动交给我们，也是为了使我们更容易忍受生存的紧张和不堪。这就是审美活动之所以诞生的根本原因。以音乐为例，它既不使人高尚，也不使人卑鄙，它只是激励人们的灵魂而已。情诗也如此，人们以为它是直接唤起人们的情绪，但它实际是以完全相反的形式进行的。其中的审美情绪对于所有其他的情绪尤其是性欲起着缓和的作用，常常是麻痹着这些情绪。再如，阅读凶杀的作品不仅不会使人去凶杀，而且会使人戒除凶杀。我们已经知道，技术并不是简单地延长人们的手臂，审美和艺术也并不是简单的延长的社会情感。审美从来不是生活的直接表现，而是生活的转换，是我们的心理在日常生活中找不到出路的某个方面在艺术中的消耗。生活之中的恐怖、悲哀、我们避之唯恐不及，置身审美活动之中的我们却对此津津有味。看来它们也不一样。在审美活动中是让人观照的，而不是让人忍受或重新经历的。在审美活动中，表现一词的含义，不再是发泄，而是玩味，不再是通过释放得到外化，而是将之变成一种意象让人在心理距离之外来观照和反思。说出自己的情感，就意味着把它转化为一种可以控制的东西了。表现就是对情感的审美玩味。作为内心状态的东西，是作品的源泉，但不是作品的最后的东西，从因果表现论来理解审美活动所忽视的就是这一点。大家都高兴，就意味着共同享受同一种经验吗？只有同在一起讨论，共同交流，这情感才成为"共享"的东西，也才可以使情感成为可以控制的东西。换言之，世界上的任何事物都具有情感特征，其中的特殊意味会影响到人们的心理状态，然后借助公共的解释系统来解释之。审美活动的作用就在这里。它帮助人类解释自己的情感，是人类情感提升的主要来源。没有艺术家，普通人已经很难提升自己的情感了。再现教会我们看世界，表现教会我们感受世界。人们在表现自己的情感之前，并不知道情感是什么。情感是在表现中可以将自己对象化的东西。而这，不正是我们所说的美感吗？

不过，美感之为美感无疑也并非真的就是"无所为"、真的就是"无功利"。恰恰相反的是，审美活动无疑还是有功利的。只是，这个功利产生于价值世界，是二阶功利。而我们却在相当长的时间里都对价值世界一无所知，因此，才会产生美感"无所为""无功利"的误解。试想，人之为人，自然会有情感表现的需要、情感交流的需要。而这种情感需要一旦反过来生存在"我觉得"之中、客位之中，一旦为咀嚼、玩味、享受、欣赏而去咀嚼、玩味、享受、欣赏，其实也还是一种情感的生成。因为人们一旦不再为自身的现实情感所束缚，而是将现实情感"外移"出来，置放在客位去加以"反刍"，自身的情感乃至生命自身也就同时获得了解放。这"解放"，其实也就是生命美学所一再强调的审美自由。全新的情感——审美情感，也恰恰就在此时此刻应运而生。于是，在美感中人们得以愉悦地存身。曾几何时，在"有所为"的生命活动中，人只是现实生命的奴隶；但是在"无所为"的生命活动中，人却成了理想生命的主宰。从这一意义上讲，能否创造美和欣赏美，正是区分人与动物的标志之一。美的创造和美的欣赏就是人之为人的特权，也是人之为人的根本特征。人所以异于其他动物的就是于饮食男女之外还有更高尚的企求，美的追求就是其中之一。

推而广之，这是一种客观目的的主观化，我们的眼睛所看到的鲜花是没有美丑的，与动物的眼睛看到的鲜花是一样的，与原始人的眼睛看到的鲜花也是一样的，可是，我们为什么却偏偏要称鲜花为美呢？那就是因为我们一直都在想找一个"对象"，我一直想告诉别人，我关于生命的美好想象是什么，但是，我却一直说不清楚，现在，看到鲜花以后，我突然豁然大悟，原来我关于生命的美好想象就像鲜花一样。这样，当我说鲜花美的时候，完全不是因为我的眼睛看见它的结果，而是因为我的眼睛看见以后同时还对它有个评价，因为在我看来它恰恰能够满足我的生命需要。于是，我就在直觉中看到了它的美，或者，叫做"此花颜色，一时明白起来"。就以"鲜花是红的"和"鲜花是美的"为例，严格地说，"鲜花是红的"无疑是在视觉图像之中的，可是，"鲜花是美的"却并不在视觉图像之中，"鲜花是美的"是在我们对鲜花的情绪评价当中诱发出来的那些不是它自己是怎样的而是它对我们来说是怎样的特性，可是，我们长期以来误以为"鲜花是美的"也在鲜花的视觉图像之中，这就类似于我们长期都以为地球是宇宙的中心一样。其实，就像在癞蛤蟆的视觉图像上，我们看到的是自己的不快情绪，而鲜花，则是我们在鲜花的视觉图像上看到的自己的快乐情绪。并且转而影响自己的行为。其中的关键，是客观的生存需要被隐秘地转化为情感追求，从而推动着人们进退取舍，这种神奇的自组织、自鼓励、自协调，是人类独有的，也是进化的神奇。不是出于强制，而是出于自觉。因此，在鲜花的视觉图像上看到的其实只是自己的快乐情绪。这就用得上歌德说的一句话了：我爱你，但与你无关。现在，我们也可以说，我爱鲜花，但与鲜花无关。当然，这并不是说，鲜花自身就一点作用也不起，但是，在我爱鲜花之前，鲜花的美是不存在的，存在的只是鲜花的红。我爱鲜花，其实也只是我找到了鲜花这个"对象"的结果。这里的奥秘全在于：我觉得。庄子看到"鲦鱼出游从容",便觉得是"是鱼之乐也"也,其实,这只是庄子的"我觉得"。面对鲜花,我们也只能说"我觉得花是美的"。可是我们却通常都把"我觉得"三字略去,而直说"花是美的",于是在感觉中也就遂被误认为这里的"花是美的"是物的属性了。然而,其实当然不然。在"我觉得"的背后,是客观目的的主观化,也是人类在借助美感去趋近生命之为生命的最优解。

具体来说,在生命过程中,会出现两种情况,一种情况是对于外界的认识,还有一种情况却是对于外界的评价,就后者而言,其实它并不关注外界的客观状态本身,而只是关注外界对于自身生存的价值。比如水果,从表面上看是因为它好吃,因此我们才喜欢去吃,但是其实恰恰应该反过来,是因为我的身体需要它,所以我才觉得它好吃。美也是一样,并不是因为世界上有美,因此才需要我们不断去认识,而是因为我们永远需要"美"这样一个对象,因为它是我们生命中不可或缺的另外一半,而且还是更为重要的另外一半。因为我们生命中的另外一半是永远说不清也道不明的,永远只能够借助"他者"来作为见证。因此我们永远要通过"找对象"的方式来证明自己的存在。因此,犹如在生活中我们所喜欢、所接近的"对方",一定是我们最为需要的东西;在审美活动中我们所喜欢、所接近的"对象",也一定是最能证明我们自身存在的"他者"。例如黄山,天下无人不认为黄山是美的,这是一个没有人会否认的事实,可是,黄山为什么是美的呢?是因为符合了什么美的标准吗?当然不是,而是因为我们人类崇尚创造、创新,我们人类也从进化过程中知道了对称、比例、多样统一等对自身和世界的重要意义,因此,当我们在生活里看到了这样的对象的时候,就不由自主地愿意欣赏之,也愿意接近之,而黄山在这样的对象里,无疑应该是其中之最,也因此,我们也当然最愿意欣赏之、也最愿意接近之,而这也正是我们把黄山称之为美的根本原因。因为我们在黄山身上,看到了最想看到的一切。可见,在我们而言,凡是对人类根本有益的,就会以之为美。就主观而言,是情感的愉悦,就客观而言,却是导向人类的根本利益。因此美感当然不是非功利的,而只是我们局限于事实世界而自我隔离于价值世界之外,因此也就认识不到功利而已。美感的奥秘在于：人类生命存在的客观需要得以以主观的情感追求的方式加以实现。必然会导向一定的目的，实现稳态，实现高度有序化的必然。它正是借助自组织、自鼓励、自协调去在灰度世界中去趋近客观目的。而且，这是最好的也是唯一的方法。

审美活动是唯一能够把社会的根本需要从客观目的转化为情感追求的生命活动。社会发展的根本利益是看不见摸不到的，但是在审美活动中人们却能够甘之若饴，主动去追求。因此审美活动绝对不可以被看作是实践活动的副现象，审美自有审美的用处。换言之，只要自组织、自鼓励、自调节的合目的性的需要存在，审美活动在其中就不可或缺。因为它可以见微知著，举一反三，可以一滴水而见大海，没有审美活动，就没有人类社会。生命亟待将某些对象感知为美，然后去加以体验，并且因之而产生愉悦，从而对于自己的行为产生隐形的影响。人类社会健康和谐发展至今，倘若没有审美在其中所起到的推动作用、是无法想象的。在这当中，美感可以被看作生命的积极适应，可以被看作客观目的的主观呈现，人类通过美感来矫正生命、提升生命、驱动生命、完善生命。因此没有必要总是强调生产力改变生产关系，也不是只有经济动力才是动力，即便是客观目的，也亟待要转换为主观动力，否则就无法推动社会前进。更不要说，在人还没有在现实中成为理想的人之前，还只能借助形式（隐喻、符号）去在理想中首先成为人。而这也就意味着：只有借助形式（隐喻、符号），才有可能完成精神生命的生产。在这个意义上，人无疑还是一个生活在形式中的动物。形式生产，是人之为人的必要生产方式。生命美学所关注的精神关系的解放，恰恰在这里，终于得到了深刻的阐释。

审美关系同样只相对于审美活动而存在。

审美关系不可能是预成的，而只能是在审美活动中建立起来的。当然，对此，在美学界也有不同看法。例如，苏联美学家以及中国的蒋孔阳先生的看法就有所不同。"审美关系"这个概念是20世纪50年代在苏联美学界率先提出的——更早的时候，则是在法国美学家狄德罗那里已经有所涉及，这主要集中体现为苏联科学院哲学研究所、艺术史研究所等单位联合编写《马克思列宁主义美学原理》一书中的

"美学"定义上："美学这门科学所研究的是人对现实的审美关系的一般发展规律、特别是作为特殊的社会意识形态的艺术的一般规律。"①在蒋孔阳先生，则主要体现在他的《美和美的创造》一书之中："人对现实的审美关系才是美学研究的根本问题，是美学研究的基本范畴"。② 在我看来，这无疑是体现了蒋孔阳先生的艰难起步，是从"实践美学"转向"美学实践"的有益探索的开始，甚至可以被看作是"实践存在论"美学的先声。不过，却也毕竟缺乏坚实的根据。因为所谓"关系"，其实只是对审美活动的发生条件的考察，但却不是对于审美活动本身的考察。列宁说过：仅仅相互作用等于空洞无物。这无异于是在说，如果仅仅研究审美关系，那么，就还是远远没有涉及美学问题的本身，而且，"仅仅相互作用等于空洞无物"。在审美活动中并不存在"审美关系在先"的情况，这所谓的关系既看不见也摸不着的"关系"，哪怕它是"审美"的关系，却又无论如何都还是一种关系，既不是具体的，也不是形象的，在美学研究中仍旧是无法去具体加以把握的。然而，既然在美学研究中仍旧是无法去具体加以把握，那么，在这个问题得到彻底解决之前，一切的所谓研究其实仍旧不是美学的，也仍旧还是与美学无关的。

审美关系是审美活动造就的审美活动中的主客体结合效应。在审美活动之前，在审美互动之后，审美关系都并不存在，更不逻辑地在先。"人首先是要吃、喝等等，也就是说，并不'处在'某一种关系中，而是积极地活动，通过活动来取得一定的外界物，从而满足自己的需要。"③ 因此，任何一种关系都是人类在特定的活动中主动建构起来的。宏观地看，人类在"自然界向人生成"的历史进程之中，走过的都是否定之否定的历程。又并非任意的建构。从纵向的历史角度来看，人类为自己主动建构了三种关系，其一是原始关系；其二是现实关系；其三是理想关系。这在方方面面都可以看到，例如，从人与自

---

① 苏联科学院哲学研究所、艺术史研究所等联合编写：《马克思列宁主义美学原理》，陆梅林译，生活·读书·新知三联书店1960年版，第2页。
② 蒋孔阳：《美和美的创造》，江苏人民出版社1981年版，第7页。
③ 《马克思恩格斯全集》第19卷，人民出版社1963年版，第405页。

然的关系看：是从人依赖于自然的关系—人脱离自然的关系—人与自然和谐统一的关系；从人与社会的关系看：是从前资本主义社会形态—资本主义社会形态—共产主义社会形态；从人与自我的角度看：是从人的原始意识阶段—人的自我意识阶段—人的自由意识的阶段；从人与人类的关系看，是从人的原始性阶段—人的异化阶段—人的复归阶段。就目前而言，无疑是正居于这些关系中的第二种之中，即所谓现实关系从横向的现实角度看，也有三种关系：其一是原始关系即人依赖于自然的关系、人的原始性阶段、人的原始意识阶段，它在幼儿的活动及成人生活的某些方面存在；其二是现实关系即人脱离自然的关系、人的异化阶段、人的自我意识阶段，这是人们在现实社会中所普遍建构起来的关系；其三是理想关系即人与自然和谐统一、人的复归阶段、人的自由意识的阶段。

　　对此，马克思曾经对我们有所提示。众所周知，对于人类历史的分期，人们往往只注意到马克思关于原始社会、奴隶社会、封建社会、资本主义和共产主义的所谓"五分法"，并从中得出马克思主义与人的问题水火不相容的结论，其实，这是有失公允的。认真阅读一下马克思的著作，不难发现，他对人类历史的分期，不仅仅是"五分法"一种，还有把人类历史划分为"人的依赖关系"，"物的依赖性为基础的人的独立性"和"自由性"的"三分法"，以及把人类历史划分为"人类社会的史前时期"与人类社会的开始的"二分法"。并且，这三种分期在马克思主义中都有其特殊地位，功用不同，角度各异。

　　具体来讲，"五分法"是一个政治、经济概念，着眼于财产关系，是从"物"——经济形式的角度"用自然科学的精确性"对人类历史的阐释。"二分法"是一个人道主义概念，着眼于理想人性的实现程度，是从"人"——"占有自己的全面的本质"的角度对人类历史的阐释。"三分法"是一个综合的概念，着眼于历史进程中的人，是从"人"与"物"的关系的角度对人类历史的阐释。其中，形态的三分指向的三种不同的社会形态，第一个社会形态是指的前资本主义诸社会形式，资本主义属于第二个形态，第三种形态则是共产主义。

显而易见，假如"五分法"是从物的角度去看世界，"三分法"是从人（"社会关系的总和"）的角度去看世界，那么"二分法"则是从审美（"占有自己的全面的本质"的人）的角度去看世界。而且，不论是"五分法"、"三分法"还是"二分法"，关于理想社会，马克思在《共产党宣言》一书中所做的概括都是有效的："代替那存在着阶级和阶级对立的资产阶级旧社会的，将是这样一个联合体，在那里，每个人的自由发展是一切大的自由发展的条件。"①

这样，当我们用"五分法""三分法"看世界的时候，无疑不能轻易地去越过历史的任何一个环节。例如，资本主义的大工业生产、自由贸易、世界市场、自由党争、社会分工、科学技术，就是"一个都不能少"。因为它们都是意在破除血缘和地缘等自然纽带形成的人身依附关系，这或许就是马克思所盛赞的"资产阶级在历史上曾经起过非常革命的作用"。当然，因为这一切都毕竟是以私有制为基础，为独立个人所能提供的活动领域、发展条件都毕竟是有限度的，而且也大都是以扭曲的形式而实现的。因此其预设的功能也就是去促成独立个人的生成。而这样的个人一旦形成，它的历史作用也就立即终结。倘若不能让位于更高社会形态，则必然会变成严重的障碍。但是，这却又并不意味着人类就只能如是地坐以待毙。在审美活动中，人类毕竟还可以在现实地实现理想社会之前，先理想地实现理想社会。审美关系，就正是人类在审美活动中所主动建构起来的一种理想的关系。或者说，所谓审美关系，其实是现实社会中的理想关系，也是理想社会中的现实关系。

由此我们可以看到：认为"人对现实的审美关系才是美学研究的根本问题，是美学研究的基本范畴"，显然是不尽妥当的。而且还把美学从形而上的思考降低到了形而下的研究，给人的感觉是进入审美关系自然就会审美，丢进游泳池就会游泳，因此只需要去讨论怎样审美、怎样游泳即可，结果美学也就因此而失去了其应有的思想锋芒（相比之下，李泽厚先生则要深刻得多）。其实，所谓审美关系只是人

---

① 《马克思恩格斯选集》第1卷，人民出版社2012年版，第422页。

类进入审美活动之时所构建的一种关系，因此在考察审美关系时无论如何都不能离开审美活动。因为审美关系无非是一种在审美活动中所构建起来的感性关系。它立足于马克思所说的"视觉、听觉、嗅觉、味觉、触觉、思维、直观、感觉、愿望、活动、爱"①等的基础之上，而且体现的是"能成为人的享受的感觉，即确证自己是人的本质力量的感觉"②。马克思曾经指出：到了共产主义社会，劳动不再是异化状态，因此人类会"把劳动当成它自己体力和智力的活动来享受"③。这无疑是一种理想社会的现实关系，但是，其实也可以是一种现实社会中的理想关系。这当然还无疑只有在理想社会的现实关系中的"视觉、听觉、嗅觉、味觉、触觉、思维、直观、感觉、愿望、活动、爱"才"能成为人的享受的感觉，即确证自己是人的本质力量的感觉"，但是，却也可以借助现实社会中的理想关系去使之成为可能。当然，这样一来，审美关系就无非还是一种在审美活动中所构建起来的情感关系。何以只有在审美关系中才有美丑问题而在认识关系、伦理关系中只有真假问题、善恶问题，道理在此。而且，审美关系也无非是一种在审美活动中所构建起来的价值关系。因为它所面对的，已经不是满足的已经不是肉体组织的"满足"，而是精神机体的"享受"，已经与自然属性无涉，而与价值属性相关。最后，审美关系还是一种在审美活动中所构建起来的自由关系。尽管它只是一种精神关系的自由。这是因为，人之为人是无法通过理性"反映"来加以呈现的，因为人是无法与抽象本质相互等同的，以种或者属的形式出现，也同样是不可能的。在如此这般的人为设置的逻辑框架中，事实上人也就不见了，也就悄然远去了。因此，在现实社会，人的自由就只能去象征性地予以表现，这也就是审美地予以实现。换言之，人的自由本性只有在审美活动才能够得以实现，因此，所谓审美活动也就是一种自由的生命活动，显而易见，所谓在审美活动中所构建起来的审美关系无疑也就是一种自由关系。

---

① ［德］马克思：《1844年经济学哲学手稿》，人民出版社2018年版，第81页。
② ［德］马克思：《1844年经济学哲学手稿》，人民出版社2018年版，第84页。
③ 《马克思恩格斯全集》第23卷，人民出版社1972年版，第202页。

二 横向拓展： 美丑之间

从逻辑形态的横向层面，我们看到的是在审美活动中所构成的丑、荒诞、悲剧、崇高、喜剧、美（优美）。

这当然是因为，在逻辑形态的横向层面，审美活动也仍旧不是抽象的。我们看不到抽象的审美活动，我们所看到的审美活动都是具体的，例如，在传为司空图的《二十四诗品》中，审美活动就被区分为了形形色色的不同形态，在《歌德论艺术与文学》一书中，也是同样。不过，也存在着一个比较普遍常见的遗憾，那就是静止、直观地去观察种种各自不同的具体形态，并且只针对它们的独立特征去发表自己的意见，但是却忘记了它们之间的逻辑演进的内在关联以及历史必然性。或者说，在审美活动的横向拓展的背后潜存着深层的历史逻辑，倘若把审美活动从这深层的历史逻辑中剥离出来，所谓的研究也就成了"见物不见人"的研究，事实上，在逻辑形态的横向层面，一切的一切无非就是人与世界之间的不同关系所引发的不同情感（在它们背后蕴含着的，是形式与情感的审美关系）。无论它们之间存在多少不同，无非都是世界的被形式化。作为情感的对象物，则是不同中的相同。它们作为审美对象的一般属性，也都禀赋着共同的审美价值，也都产生着共同的审美愉悦，也是不同中的相同。犹如美女与猪八戒，在两者之间，作为审美对象，也存在着共同的美的属性。否则，美之为美，美学之为美学，也就统统都无从谈起了。换言之，在逻辑形态的横向层面，审美活动的"是什么"是"怎么样"展现出来的，涉及的是一个共同的"审美活动如何可能"乃至"自由的生命如何可能"的问题。犹如"自然界向人生成"，"审美活动如何可能"乃至"自由的生命如何可能"的永恒性、严峻性、艰巨性、复杂性不能不体现为不同的生成途径和在此基础上形成的不同的审美活动的具体生成。这就昭示我们：审美活动的分类原则必然是、也只能是：审美活动乃至自由的生命的生成的特定途径。

在这个层面，审美活动作为人的自由本性的理想实现，无疑会因为不同的实现方式而展现为不同的审美活动的类型。由此，我们首先可以把审美活动划分为肯定性的审美活动和否定性的审美活动两类。肯定性的审美活动是指在审美活动中通过对自由的生命活动的肯定直接上升到最高的生命存在，否定性的审美活动是指在审美活动中通过对不自由的生命活动的否定而间接进入自由的生命活动，最终上升到最高的生命存在。其具体特征可以表述为：肯定性的审美活动是将生活理想化，否定性的审美活动是将理想生活化。不过，对审美活动的分类又不能仅仅停留在这一层次。之所以不能，关键在于生命活动很难被净化为纯粹肯定或纯粹否定的类型。假如一定要这样做，就会使生命活动机械划一，并且远离五彩缤纷的大千世界。东西方美学史中的古典主义美学和类型化的性格理论就是如此。"文革"中那种把英雄和敌人、正面人物和反面人物截然对立起来，把纯粹肯定和纯粹否定截然对立起来的美学观也是如此。实际上，纯粹肯定和纯粹否定只是审美活动中的两个极端参照系数，两个静态的界线，① 在它们中间，还存在广阔的中间地带。对这中间地带的考察，就是我所说的"横向拓展"。

在这里，需要对中间地带稍加说明。在相当长的时期内，我们固执一种是即是、否即否、此即此、彼即彼、非是即否、非此即彼的传统知性思维，这种知性思维并不否认对立面的存在，但是却不承认对立面之间的内在的联系以及中间地带的存在。而且，尤为引人注目的是，尽管在人类美学思考的历程中早就开始了对它的某种批判，然而却毕竟未能给以足够的注意。可是，我又必须要说，这种批判，对美学思考的进步来说是极为重要的。例如，从康德开始，就已经提出把审美活动作为知与意的中间地带、把艺术作为概念与非概念的中间地带等看法。在席勒那里，更是明确提出"中间状态"范畴，并且同样把审美活动作为感性与理性的中间状态。到了黑格尔、恩格斯，就正式把中间状态上升为哲学范畴。黑格尔提出的用辩证法改造旧逻辑学以及"中介""第三者"的范畴，恩格斯提出的"一切差异都在中间阶段融

---

① "我们在艺术中所感受到的不是哪种单纯的或单一的情感性质，而是生命本身的动态过程，是在相反的两极——欢乐与悲伤、希望与恐惧、狂喜与绝望——之间的持续摆动过程。"（[德]恩斯特·卡西尔：《人论》，甘阳译，上海译文出版社2013年版，第254页）

合，一切对立都在中间环节互相过渡……"①，在我们对审美活动的横向层面加以考察时，也颇具参考价值。同样值得注意的是中国美学。它所提出的"执两用中""哀而不伤"，也是对于中间地带的说明。确实，在审美活动的横向层面的考察中，应该注意到肯定性与否定性审美活动的存在，然而同时又应该看到，没有两极之间的中间地带，肯定性与否定性这审美活动的两极，就根本无从谈起。它们彼此既互相区别，也互相包含，肯定性审美活动不是否定性审美活动，但又包含着否定性审美活动，反过来也是一样。这样，它们才都不是孤立的、静止的。

换言之，当我们指出某事物存在的对立的两极之时，只是从一种静态的、甚至是预设的角度言之，只是出于讨论问题的方便。其实，任何一个事物的实际存在都是十分模糊和不确定的。例如，不仅作为事物的变化发展存在着随机性，作为事物的内涵、外延存在着不确定性，即使是关于事物的思维的物质外壳——语言材料也是存在着模糊性的。例如"很高""很矮""不错""太好了"……其中的语义本身就根本是不清楚的。《巴黎圣母院》中的敲钟人，就是绝对的丑吗？他的健康的体魄，难道不包含着美的因素？再如善与恶的问题。我们往往认为事物不是善就是恶，结果，由于人们对于善的期望值往往比较大，一些无法被划分到善之中的东西，例如贪心、权欲、野心、自私、残忍、狠毒……就都被认为是恶。实际上它们未必就是恶。只要不违反法律，不损害他人，这些都是可以允许的。看来，社会生活远比二分法要复杂。在善与恶之间，还存在着非善但也非恶的中间地带。在此意义上，迈农所作出的划分很值得借鉴。他认为：在善的行为与恶的行为之间，是正当的行为和可允许的行为。结果，善和恶本身就从确定转向了不确定。

指出某事物存在的对立的两极，真正的意义应该是中间地带的确立。这意味着我们的思维要从二值逻辑发展到多值逻辑。二值逻辑是在A、B之中选择一个，非A即B，而多值逻辑则是在A、B之间选择，这"之间"就是中间地带。较之两极，中间地带远为真实、丰

---

① 参见［德］黑格尔《小逻辑》上卷，贺麟译，商务印书馆1980年版，第97页；［德］恩格斯《自然辩证法》，人民出版社2015年版，第84页。

富、广阔、博大。它与对立的任何一方都有联系，但又并不是对立的任何一方，具有两极的双重性质，但又不是任何一极的性质，而是亦此亦彼，非此非彼。这不是一个非黑即白的"一分为二"的黑白空间，而是一个"一分为三"的灰度空间。因此不存在百分百的标准答案，而只存在概率优势、只存在最优解。而这也正如我在前面谈及的，恰恰也就只能通过审美活动去趋近，审美活动犹如导弹自身携带的"红外制导"系统，可以使得我们的生命活动更加合目的性。由此我们看到，由于肯定性的和否定性的审美活动之间的冲突、纠葛以及由于这种冲突、纠葛所导致的量的变化，进一步又形成了丑、荒诞、悲剧、崇高、喜剧、美（优美）等不同类型的审美活动①。它们其实都是对生命活动中的概率优势与最优解的积极趋近。在这里，丑是美（优美）的全面消解，荒诞是丑对美的调侃，悲剧是丑对美的践踏，它们都是否定性的审美活动，崇高是美对丑的征服，喜剧是美对丑的嘲笑，美（优美）是丑的全面消解（如图），它们则都是肯定性的审美活动：

丑……美……丑—荒诞—崇高—悲剧—喜剧—美……丑……美

不难看出，在它们彼此之间，同样都是与对立的任何一极彼此联系，但又并不是对立的任何一极，而只是同样具有两极的双重性质。它们不是任何一极的单极性质，而是亦此亦彼，非此非彼。同时，如果从其中的历史逻辑来看，则又体现为从古代的美（优美）与崇高—现代的丑与悲剧—后现代的荒诞与喜剧的逻辑演进。当然，在它们彼此之间并不存在有我无它的更替，而只存在此起彼伏的叠加。而且，如果需要的话，我们还可以再进一步，在第三级、第四级……水平上把每一个范畴都再次加以展开。由此，构成审美活动的横向层面的丰富内涵。当然，从本书的角度，已经没有必要再这样去做了。

首先看古代社会的美（优美）与崇高。

美（优美）与崇高都是肯定性的审美活动。

---

① 在我们常说的创作方法的差异中也可以看出：其中肯定性与否定性审美活动的比例各不相同，但其中不可能没有作为两极的审美活动则是一样的。例如，写丑对美的战胜的是批判现实主义；写美对丑的战胜的是社会主义现实主义；直接写美的理想的是积极浪漫主义；间接写美的理想的是消极浪漫主义。

美（优美），是丑的全面消解。在古代社会，感性与理性不分、情感与理智不分、物我不分、知、情、意也不分。人类与自然、个体与社会之间的矛盾与并没有充分予以表现，主观与客观、目的性与规律性之间也还不存在不可调和的冲突。美丽与丑陋、善良与邪恶之间，也基本都是非黑即白的。美丽背后的丑陋、善良背后的邪恶，犹如文明背后的不文明、进步背后的落后，都还没有进入人们的视线。自然是进化的、社会是进步的，形式也是和谐的，这应该是人们心中的某种共识。因此，传统美学就是以美为中心的。这一点，不难从特洛伊王子帕里斯颁发金苹果的故事中看出，也不难从古希腊时代希腊人的曾经自豪宣称"我们是爱美的人"中看出，为此，他们甚至不惜在法律上明文规定："不准表现丑"！

就审美活动的类型而言，此时，外在的一切已经失去了它高于人、支配人、征服人的一面，不难迅即激起主体的快感，内在的自由生命活动因为没有了自己的敌对一面与自己所构成的抗衡而毫无阻碍地运行着，和谐、单纯、舒缓、宁静，同样不难激起主体的美感体验。"乐而不淫""哀而不伤""怨而不怒"……都是我们所十分熟悉的。"江南好，风景旧曾谙。日出江花红胜火，春来江水绿如蓝。能不忆江南？"世界的一切就是如此这般的和谐、温馨。孔子的"吾与点也"、陶渊明的"采菊东篱下，悠然见南山"、刘禹锡的"无丝竹之乱耳，无案牍之劳形"、司空图"玉壶买春，赏雨茅屋，坐中佳士，左右修竹"、周敦颐的"窗前草不除"……都如此。

就美的类型而言，勃兰兑斯曾描述说："没有地方是突出的巨大，没有地方引起人鄙俗的感觉，而是在明净的界限里保持绝对的调和。"① 因此，从浅层的角度看，优美意味着球形、圆形、蛇形线，意味着"杏花、春雨、江南"，突出的不是内容的深邃、深刻，而是感性特征的完整、和谐、单纯、自足、妩媚，易于接近、感知、把握。从深层的角度看，优美的形式对于内容的显示有其清晰性、透明性的

---

① ［丹麦］勃兰兑斯：《十九世纪文学主流》第1卷，刘半九译，人民文学出版社1958年版，第136页。

特点。其典范的文本则是：希腊神庙与希腊雕塑。

就美感的类型而言，优美则意味着"乐而玩之，几忘有其身"（魏禧）、"温柔的喜悦"（车尔尼雪夫斯基）。它是自由的恩惠、生命的谢恩，"乐""喜悦"的情绪始终贯穿其中，既无大起大落的情感突变，又无荡人心魄的灵魂震荡。其次，优美是一种心理诸因素的和谐。对此李斯托威尔概括得十分准确："当一种美感经验给我们带来的是纯粹的、无所不在的、没有混杂的喜悦和没有任何冲突，不和谐或痛的痕迹时也不难激起主体的情感体验，我们就有权称之为美的经验。"① 所谓的"八音克谐""神人以和"，或者，"毕达哥拉斯发现整数决定着音乐的和谐，这使他确信，复杂的宇宙背后是和谐与精心的安排。他推断，如果整数创造了与噪声迥然不同的和声，那么宇宙每一层面——从行星的轨道，到七弦琴的琴弦——的和谐必定也有数在起作用。"应该说，这是中国的孔夫子与西方的毕达哥拉斯之外，赫拉克利特、柏拉图、亚里士多德等美学家的共同看法。

崇高是美对丑的征服。

与美（优美）是丑的全面消解不同，在崇高之中，丑的因素明显增加。其实，传统美学竭力排斥丑，并不意味着在生活里就没有丑，② 而是说，在特定的传统美学的视野里，不可能看到丑，更不可能承认丑。但是，为什么会出现这种情况？传统美学又是怎样对丑加以排斥并且不予承认的？在崇高中，我们可以看得十分清楚。就以康德为例，康德所生活的时代，应该说是一个丑开始大肆泛滥的时代。康德在建构理论体系时，无疑会遇到丑的挑战。平心而论，在康德美学中也已经注意到了审美判断实际上具有肯定和否定两个方面。例如，在他的"快感"中就指的是美，在他的"不快感"中则指的是美的否定。但是遗憾的是，他并没有注意到"不快感"的积极意义以及在美学中的重要地位，也没有进而正面对它加以单独讨论，而只是对这否定方面

---

① [英]李斯托威尔：《近代美学史评述》，蒋孔阳译，上海译文出版社1980年版，第238页。
② 由于社会发现的限制，这个时候大多也只是关注到了人身上那些不利于自身进化的东西，例如身体的缺陷、性味的怪异，以及因此而引发的人之外的外在存在（例如动物）的畸形，而不是后来被充分展开了的价值范畴、伦理范畴的丑。

以否定态度去简单地加以否定。他的思路，开始于这段堪称经典的论断："为了判别某一对象是美或不美，我们不是把（它的）表象凭借悟性连系于客体以求得知识，而是凭借想象力（或者想象力和悟性的结合）连系于主体和它的快感与不快感。"① 在这里，"快感"与"不快感"的根本区别在于对象表象方面的合目的性。康德指出："意识到一个表象对于主体的状态的因果性，企图把它保留在后者里面，于此就可以一般地指出人们所称为快乐这东西；与此相反，不快感是那种表象：它的根据在于它把诸表象的状态规定到它们的自己的反对面去（阻止它们或除去它们）"②。简而言之，或者是"合目的性"，或者是反"合目的性"。对象不能与判断力的先验原理（"合目的性"）相和谐而产生了"不快感"，就是不美，就是美的否定。那么，"反合目的性"的"不快感"是不是美（广义的美）？显然，康德不愿意把"反合目的性"的"不快感"称作美，哪怕是广义的美。"一个本身被认做不符合目的的对象怎能用一个赞扬的名词来称谓它"？③ 这样，康德就面临着一大理论困境：面对美的否定，面对丑，面对"反合目的性"的"不快感"，判断力的先验原理所谓"自然的客观的合目的性"显然已经不再适用。这无疑是一种理论的难堪！为此，康德又提出了一个补充原理："主观的合目的性"。这样，"反合目的性"因为服膺于"主观的合目的性"，因此也仍然可以被称作美。于是与主体不相容的对象也被纳入了美。

不过，在这里，所谓"不美""不快感"地被"纳入"并不是直接地被接受，而是被扭曲。换言之，与主体不相容的对象被康德通过扭曲的方式纳入了美。这，就是康德美学中的崇高所面对的问题。康德所谓崇高，可以理解为能够转化为美的丑，也可以理解为向丑迈了一大步的美。因为"反合目的性"的存在意味着"合目的性"只在肯定性的层面中存在，而在否定性的层面就并不存在，这显然对康德提出的判断力原理构成了威胁。这是康德在考察美时要回避丑的原因，

---

① ［德］康德：《判断力批判》上卷，宗白华译，商务印书馆1985年版，第39页。
② ［德］康德：《判断力批判》上卷，宗白华译，商务印书馆1985年版，第57—58页。
③ ［德］康德：《判断力批判》上卷，宗白华译，商务印书馆1985年版，第84页。

也是康德在讨论崇高时要讨论丑的原因。而他的法宝,就是"主观的合目的性":"我们只能这样说,这对象是适合于表达一个在我们的心意里能够具有的崇高性;因为真正的崇高不能含在任何感性的形式里,而只涉及理性的观念:这些观念,虽然不可能有和它恰正适合的表现形式,而正由于这种能被感性表出的不适合性,那些理性里的观念能被引动起来而召唤到情感的面前。"① 原来,出于传统美学的预设前提,康德是不可能承认丑的合法性的。因此他没有走上否定性审美活动的路子,也没有承认丑的否定性审美活动的独立地位,而是设法把这不合目的的对象转换为合目的的对象。"主观的合目的性"作为"自然的客观的合目的性"原理的补充原理,就是这样出现的。至于康德对崇高的解释,则是众所周知的:相对于美的对于对象的直接认同,崇高则是对于对象的一种间接的愉悦。它首先是瞬间的生命力的阻滞,然后是因此生命力得到了超常的喷射。这是人对自身相对于任何外在世界的一种自豪感:"人们能够把一对象看做是可怕的,却不对它怕。""假使发现我们自己却是在安全地带,那么,这景色越可怕,就越对我们有吸引力。我们称呼这些对象为崇高,因它们提高了我们的精神力量越过平常的尺度,而让我们在内心里发现另一种类的抵抗的能力,这赋予我们勇气和自然界的全能威力的假象较量一下。"② 这样,因为被转换为(不如说是被扭曲为)崇高,康德就成功地把通向丑的道路堵死了。结果,不但维护了传统美学的权威性,而且"合乎逻辑"地把真正的丑排除在美学殿堂之外。

这显然具有典范的意义。原来,传统美学对于丑的美学思考偏偏并非在美学领域内进行。真正拒绝、排斥了丑的,与其说是传统美学,不如说是传统美学背后的源远流长的理性主义传统。这理性主义传统处处坚持自己的否定性主题和二元对立模式。既然人的意志、人的人类性、人的道德律令要处处行之有效,那么,人的理性首先就要处处行之有效。这理性使得他认定在世界与自身都应该是秩序井然的、可

---

① [德] 康德:《判断力批判》上卷,宗白华译,商务印书馆1985年版,第84页。
② [德] 康德:《判断力批判》上卷,宗白华译,商务印书馆1985年版,第100、101页。

以理解的。一切偶然性都要有其必然性的阐释，一切现象都要被赋予本质，一切快感都要被强加上理性的痕迹，一切否定的东西都要转换为肯定的东西。在此情况下，丑，显然就是它所根本无法接受的了。因为从否定性主题和二元对立模式出发，它不可能看到否定性的方面，更不可能把否定性的方面当作审美活动的一个组成部分。这，在古代就表现为对于丑的视而不见，在近代就表现为通过理性的直接参与把"反合目的性"转化为对理性的肯定即"主观的合目的性"。① 结果，本来应该是作为否定性审美活动的丑就只能表现为肯定性审美活动的崇高。

在古代社会的条件下，崇高的出现无疑是对美与丑之间的矛盾的一种调和。这调和，客观上扩大了审美对象的范围。从时代的角度，也隐含着对传统美学的突破，是对当时惊心动魄的革命的美学概括。从审美对象的角度，是冲破和谐、精致、典雅的传统，从重质的有形有限的对象转向重量的无形无限的对象，把令人恐惧的、激情的对象，以及非和谐的、粗糙的、简陋的、怪异的对象，纳入审美活动。从审美心态的角度，是从直接的快感转向间接的快感，从"积极的快乐"转到"消极的快乐"。从美学史的角度，是把崇高的本质规定为善，这比起传统的优美对于真的推崇，也堪称一大进步。

在这方面，最为典范的形象应该是歌德和海明威笔下的人物。歌德是西方近代文化的代表。他自己就是一个"大世界"（海涅），或者说，他活在一切之中，一切也活在他之中。他曾经宣布：

> 十全十美是上天的尺度，而要达到十全十美的这种愿望，则是人类的尺度。②

---

① 这也可以从席勒那里看到。席勒把"我们主体的道德优势"作为崇高的三个预设之一，着重强调了崇高的伦理内容、主体内容。"战胜可怕的东西的人是伟大的，即使自己失败也不害怕的人是崇高的。""人在幸福中可能表现为伟大的，仅仅在不幸中才表现为崇高的。"其一是"表现受苦的自然"，其二是"表现在痛苦时的道德的主动性"。[［德］席勒：《论崇高》，见蒋孔阳主编《十九世纪西方美学名著选》（德国卷），复旦大学出版社1990年版，第118、128页] 而莱布尼茨甚至把黑夜说成是最微弱的光线、最起码的光明，丑也被说成是最不美的美。

② ［德］歌德：《歌德的格言与感想集》，程代熙等译，中国社会科学出版社1980年版，第61页。

这是他自己的审美尺度,也是他那个时代的审美尺度。而他笔下的人物,最为著名也最具代表性的是:浮士德。在我看来,浮士德也是一个"大世界"。这就正像他自己所自述的:"凡是赋予人类的一切,我都要在我内心体味参详,我的精神抓住至高和至深的东西不放,将全人类的苦乐堆积在我心上……"而在这"大世界"中,最核心的东西是什么呢?显然是对于生命的有限的征服。

  有两种精神居住在我们心胸,
  一个要想同别一个分离!
  一个沉溺在迷离的爱欲之中!
  执拗地固执着这个尘世,
  别一个猛烈地要离去风尘,
  向那崇高的灵的境界飞驰。

而人类最大的不幸是什么呢?不是人的过失,而是"贪图安危":"人的精神总是易于驰靡,动辄贪爱着绝对的安静",而这无疑就造成"沉溺在迷离的爱欲之中,执拗地固执着这个尘世"的生命的虚无状态。浮士德显然无意于此。他毅然把《圣经》中"约翰福音"的开篇"太初有道"改译为"太初有为",显然集中体现了他的抉择。对他来说,人生最重要的是"为",是行动、是征服:"我要跳身进时代的奔波,我要跳身进时代的车轮、苦痛、欢乐、失败、成功,我都不问,男儿的事业原本要昼夜不停"。因此,"无论是人间或是天上,没有一样可以满足他的心肠"。正像巫女曼多深刻体察的:他"贪图不可能"。也正像歌德概括的:他是"这样一个人物,他在一般的人世局限中感到焦躁和不适,认为据有最高的知识,享受最美的财富,哪怕最低限度地满足他的渴望,都是不能达到的。"[①] ……就是这样,浮士德不断地面对着"知识悲剧""爱情悲剧""政治悲剧""事业悲剧",又不断征服着知识、爱情、政治、事业,最终溘然长逝于"你真美

---

① 转引自杨周翰等主编《欧洲文学史》下卷,人民文学出版社1964年版,第25页。

呀,请停留一下"的审美的光照之中。那么,浮士德是一个什么样的形象呢?显然是崇高的形象,浮士德的审美活动是一种什么样的审美活动呢?显然是崇高类型的生命活动。

海明威笔下的人物同样是十分典范的崇高的人物。德国学者齐·梭茨曾经发现:"海明威是打定主意只接受一个唯一的中心,而我确实证明了有不同的处于边缘的中心","他的风格对表现'边缘地带'却远不敷用。他忽略的和弃置的太多了"①。应该说,他的话是很有道理的,但从本书的角度,却又恰恰促使我们注意到:海明威确实是"打定主意只接受一个唯一的中心",并且是打定主意只接受崇高这一唯一的中心。在这方面,最为突出的代表当然是《老人与海》中的那个硬汉子——桑提亚哥。桑提亚哥是海明威心目中的英雄,是一头老狮子,是一个打不败的硬汉子:他"并不是生来要给打败的,你尽可以把他消灭掉,可就是打不败他"。他勇于向生命的有限挑战,因此,酷爱着生命活动中的征服——海上的征服、球场上的征服、掰腕子的征服……甚至连睡觉也只梦见狮子。他的这段话,或许就是为自己竖起的一根令世人瞩目的生命的标杆:"我也要它知道什么是一个人能够办到的,什么是一个人忍受得住的"。你看,他在神秘的大海上追逐着"美丽而崇高"的鱼,但却连续八十四天没钓着一条鱼,小船上的风帆,就像是"一面标志着永远失败的旗帜"。桑提亚哥是碰到生命的极限了。若换一个人,很可能便放弃任何努力,以"生命的极限不可抗拒"自慰了。但桑提亚哥却绝不屈服,他意识到这正是进入了生命的战场。于是,他毅然把小船驶进了大海的深处,驶出了生命的极限,结果是钓到了一条大鱼。凑巧的是,恰似桑提亚哥是人中的英雄,大鱼也是鱼中的英雄,于是,又展开了一场几天几夜的搏斗。尽管在这场超出了生命的极限的搏斗中,只要桑提亚哥主动割断钓绳,便可以退出来,但他却没有作出这样的选择,而是一直坚持到胜利。至此,看起来事情已经结束,其实却并非如此。他确实"走得太远了",大海深处的鲨鱼向他袭来。鱼叉折断了用刀子、刀子折断了用

---

① 转引自董衡巽《海明威研究》,中国社会科学出版社1980年版,第152页。

棍、木棍折断了用桨、用舵……在这场搏斗中他又一次生活在生命的极限之外，又一次征服了生命的极限。最终，当再一次回到岸上，他的船上只剩下一副"从鼻子到尾巴足有十八英尺长"的鱼骨。那么，桑提亚哥是失败了还是胜利了？从美学的角度看，无疑是胜利了。桑提亚哥的形象正是人类生命史上的一个极为典范的崇高的形象。他象征着人类不断地把探索的触角伸向生命的有限之外，不断地征服着生命的有限。而且，正是因为不断地走出生命的有限，生命才不再是平庸的生命，正是因为不断追求着生命的有限之外的失败，生命也才永远成功。这就是桑提亚哥身上所蕴含的真谛，也是崇高这一审美类型所蕴含的真谛。

崇高，就美的类型而言，像人们熟知的那样，是恐怖、堂皇、无限的巨大、深邃的境界，是"骏马、秋风、冀北"。其中，从浅层的角度看，是感性因素间的矛盾冲突，所以爱迪生才会称之为"怪物"，荷迦慈才会称之为"宏大的形状""样子难看"，博克才会称之为"大得可怕的事物"，康德才会称之为"无限"。从深层的角度看，是内容时时压抑着形式，准确地说，是形式缺乏一种清晰性、透明性，康德称之为"无形式"即缺乏某种可以准确表达内容的形式，因此，很难迅即激起主体的快感。其典范的文本是哥特式大教堂和浮士德形象。

就美感类型而言，则是"惊而快之，发豪士之气"（魏禧），是"惊惧的愉悦"（爱迪生），是努力向无限挣扎。此时，生命先是受到瞬间压抑，然后得以喷发。主体由矛盾冲突转向一种处于强烈的震撼，由痛感转向快感，并产生一种超越后的胜利感。因此，与优美感相比，崇高感不再是单纯的，而是充满着复杂性、矛盾性，不易迅即激起美感体验，而且，也不再是轻松的，而是深刻的，充满了巨大的主体力量。也因此，崇高感不再是单纯的喜悦，而是热烈的狂喜、惊喜。不过，崇高也不同于悲剧，后者是恐惧与怜悯，是毁灭中的净化，而前者是痛感与快感，是抗争中的超越。因此，崇高令你震颤，但不会令你震撼；令你惊骇，但不会令你惊惧。

就审美活动的类型而言，崇高是美对丑的征服。西方美学家在谈到崇高时，往往只是着眼于外在的"大"，以及对外在的"大"的超越,例如朗吉弩斯、博克。从康德开始才注意到内在的超越,后来黑格尔却把它阐释为对绝对理念的敬畏,车尔尼雪夫斯基则干脆又退回到外在的"大"。事实上,康德的看法才是最深刻的。只是,对"内在超越",还要加以阐释。歌德说:"人们会遭受许许多多的病痛,可是最大的病痛乃来自义务与意愿之间,义务与履行之间,愿望与实现之间的某种内心的冲突。"① 从现实活动的角度讲,这种"最大的病痛"就表现为个体生命对社会律令的冲突、感性生命对理性律令的冲突、理想生命对现实律令的冲突。而从审美活动的角度讲,这种"最大的病痛"一旦表现为个体生命对社会律令、感性生命对理性律令、理想生命对现实律令的理想征服的时候,就意味着人类的生命活动的理想实现。这就是所谓"内在的超越"。它是对生命的有限的超越。我们知道,在对外在世界的抗争中自由精神会凝聚为理性的力量,在对内在世界的超越中自由精神会凝聚为意志的力量,但这都是对生活的超越。而崇高则是对外在与内在世界的同时超越,其中自由精神会凝聚为情感的力量。朗吉弩斯曾经慷慨陈言:"作庸俗卑陋的生物并不是大自然为我们人类所订定的计划;它生了我们,把我们生在这宇宙间,犹如将我们放在某种伟大的竞赛场上,要我们既做它丰功伟绩的观众,又做它雄心勃勃、力争上游的竞赛者;它一开始就在我们的灵魂中植有一种所向无敌的、对于一切伟大事物、一切比我们自己更神圣的事物的热爱。因此,即使整个世界,作为人类思想的飞翔领域,还是不够宽广,人的心灵还常常超越整个空间的边缘。当我们观察整个生命的领域,看到它处处富于精妙、堂皇、美丽的事物时,我们就立刻体会到人生的真正目标究竟是什么了。"② 这里,"人的心灵还常常超越整个空间的边缘","观察整个生命的领域,看到它处处富于精妙、堂皇、美丽的事物",就是所谓"内在超越"。其中的关键是,不再仅仅是对社会律令、理性律令、现实律令的征服,而是对凌驾于这一切之上的生命的有限的征服。那么,什么是生命的有限呢?马斯洛

---

① 歌德。转引自宋耀良《艺术家的生命向力》,上海社会科学院出版社1988年版,第86页。
② 转引自伍蠡甫主编《西方文论选》上卷,上海译文出版社1979年版,第129页。

说过:"我们害怕自己的潜力所能达到的最高水平……我们通常总是害怕那个时刻的到来。在这种顶峰时刻,我们为自身存在着某种上帝最完美的可能性而心神荡漾,但同时我们又会为这种可能性而感到害怕、软弱和震惊。"① 生命的有限,就是"为这种可能性而感到害怕、软弱和震惊",而一旦理想地对此加以超越,而且为"自身存在着某种上帝最完美的可能性而心神荡漾",就是所谓崇高。因此,对社会律令、理性律令、现实律令的征服,是现实的征服,可以称之为伟大,对凌驾于这一切之上的生命的有限的征服,是理想的征服,可以称之为崇高。

其次看现代社会的丑与悲剧。

丑与悲剧都是否定性的审美活动。

丑是美的全面消解。

这当然还是接着康德讲的。如前所述,本来,他有机会去思考更为广阔的美学问题,尤其是可以越过审美活动的肯定性层面进入为传统美学所从未涉足的否定性层面,可惜,他却主动蒙上了自己的眼睛。康德的思考为康德的美学带来的,是莫大的遗憾。正如鲍桑葵在《美学史》中所评价的:一方面,在文克尔曼的影响下,康德是"把表面上的丑带进审美领域中的一切美学理论的真正先驱";然而另一方面,"这样消极地唤起的理性观念只能取得一种贫乏的道德胜利,并没有被承认具有复杂的秩序性和意蕴而普遍存在于可怖的广大无边的外部世界中。"② 确实,试想,按照康德的解释,丑的问题固然从表面上是可以被加以阐释了,然而,一方面在崇高中所能够容纳的丑只能是相对的,太丑的对象就根本无法容纳了,而且这对审美主体所提出的要求也实在太高了。面对丑,审美主体需要"一定的文化修养"和"众多的观念",然而假如一旦面对太丑的东西、"一定的文化修养"和"众多的观念"所根本无法无限提升的东西,不难想象,"主观的合目的性"就会顷刻瓦解了。而这无疑正是在审美活动中所

---

① 转引自[美]戈布尔《第三思潮:马斯洛心理学》,吕明等译,上海译文出版社1987年版,第66页。

② [英]鲍桑葵:《美学史》,张今译,商务印书馆1988年版,第357、361页。

面临的现实。恰似看到"一口痰"却不承认它是"一口痰"却要把它想象成"一朵花",何其难也。另外一方面,何况,即便是对丑的阐释,也只是在传统美学的意义上所作出的合乎逻辑的阐释,却并非对丑所作出的真正的美学阐释,因此,实际上丑依然存在着。

显然,丑的出现是"青山遮不住,毕竟东流去"的。这当然与感性与理性、情感与理智、物我、知、情、意之间的彼此割裂密切相关。人类与自然、个体与社会之间的矛盾被充分予以表现,主观与客观、目的性与规律性之间不可调和的冲突也日益凸显。美丽背后的丑陋、善良背后的邪恶以及文明背后的不文明、进步背后的落后,都进入了人们的视线。简而言之,正是这一系列的变化,推动着西方从对于理性的自由的追求转向了对非理性的自由的追求,从对美的追求转向了对丑的追求。不过,对于这方面的讨论并非本书的重点,在此我们要追问的是:从美学思考本身,丑是如何可能的?

丑如何可能,最为重要的是:要抛弃丑必须经过转化才能成为美的思路,也就是说,要抛弃从审美活动的肯定性层面去考察丑的传统思路。真正的丑必须真正具有否定性。否定否定性质的审美活动,就不可能有丑。正是因此,任何对这种否定性的转化,任何使其变为肯定性审美的努力,都只能是在崇高的诞生中导致真正的丑的丧失。进而言之,丑如何可能就是美的否定方面如何可能。缘此,审美活动的内涵第一次被根本性地加以扩展:从审美活动的肯定性质到否定性质。于是一系列被传统美学压抑到边缘的而且连崇高也容纳不了的与理性主义美学构成内在否定的东西,在当代被突出出来,并且跟随在丑的身后进入了美学的殿堂。

具体来说,丑如何可能实际上就是崇高如何不再可能。因此,对于丑的考察,也就顺理成章地从对于康德的崇高的突破开始。这是一种特殊的把握丑的美学方式。我们已经剖析过,康德崇高的关键之点是通过崇高对美和丑的调和。而且,这种调和并非在美学范围内进行,而是借助美学之外的理性主义的力量。这样,要瓦解康德通过崇高对美和丑的调和,关键是要对就"反合目的性"进行"主观的合目的性"的逆转的基点——理性加以消解。

而这正是从叔本华开始的所有美学家的共同选择。我们知道，西方传统美学从柏拉图开始就是以绝对理性作为本体的，这绝对理性的本体，可以说是西方传统美学的公开的秘密。到了席勒虽然开始以理性与感性的合一作为本体，但却并未出现根本的变化。真正的变化，是从叔本华开始的。在叔本华，本体不再是绝对理性，而成为绝对感性了。这实在是一个大变化。具体来说，在叔本华那里，本体从"理性"转向了作为西方现代哲学的转折点的"意志"。它的提出，与康德的自在之物直接相关。康德提出自在之物，无疑是意义深远的。因为它不是我们的对象，所以就不可能像独断论那样去做出独断，也无法像怀疑论那样去怀疑了。然而也有其消极的一面。所谓自在之物毕竟是一个非对象的对象，既无法肯定也无法否定，它与我们毫不相关，无异一个多余之物。于是，康德的本意本来是要为理性划定界限，然而，不料同时也把理性的局限充分地暴露出来了。"人类理性在它的某一个知识部门里有一种特殊的命运：它老是被一些它所不能回避的问题纠缠困扰着；因为这些问题都是它的本性向它提出的，可是由于已经完全越出了它的能力范围，它又不能给予解答。"① 结果在为理性划分界限时也为非理性腾出了地盘。既然理性无法解决"物自体"之谜，无法达到形而上学，非理性便呼之欲出了。换言之，理性既然无法突破经验世界以认识彼岸世界的理性本体，就干脆反过来在自身大做文章。问题十分明显，在理性之外谁能够去面对这个非同一般的领域呢？这显然已经不再是理性的话题，而成为非理性的话题了。理性主义哲学的大师就这样成了反理性哲学的前驱。

叔本华的敏锐恰恰表现在这里。他发现：重要的是非理性的主体。因此他在《作为意志与表象的世界》一书伊始就宣布了他的这一发现："那认识一切而不为任何事物所认识的，就是主体"②，于是不再借助于客体去达到对于主体的认识，而是直接去认识主体。"唯有意志是自在之物"，③"认识的主体"也向"欲求的主体"转换，这就是

---

① 参见［德］康德《纯粹理性批判》，蓝公武译，商务印书馆1997年版，第3页。
② ［德］叔本华：《作为意志与表象的世界》，石冲白译，商务印书馆1982年版，第28页。
③ 见［苏］贝霍夫斯基《叔本华》，刘金宗译，中国社会科学出版社1987年版，第16页。

叔本华提出的"我欲故我在"。对象世界被干脆利索地否定了，然而这样一来，理性主体本身也无法存在了。走投无路之际，干脆把它们一同抛弃。而这，正是非理性的思想起点。叔本华就这样顺理成章地走向了非对象的"我要"，即意志，也就是非理性。理性的思既然对于自在之物无能为力，就必然要被非理性的"要"代替。不再有对象，只有欲望，这就是叔本华的选择。在此意义上，可以看出叔本华的"意志"与自在之物之间的联系。就自在之物对于对象的否定而言，叔本华的意志说是继承了的，然而就自在之物对于理性的限定而言，叔本华的意志说则根本未予考虑。在他看来，重要的不是限制，而是干脆抛弃掉理性，转而以非理性代替之。结果，在康德是通过对于神性的抛弃走向了理性，使得信仰失去了对象，然而最终却导致了非理性，转而为非理性提供了可能。不再是"理性不能认识自在之物"而是"非理性能够认识意志"。最终，叔本华通过对自在之物的扬弃实现了从康德攻击的传统形而上学到现代非理性主义的转移，完成了从客体到主体的过渡，从理性到非理性的过渡，从正面的、肯定的价值到反面的、否定的价值的过渡，从乐观主义到悲观主义的过渡。

而在美学上对于丑的考察也就并非是一盘散沙，从"人的发现"——"人的觉醒"——"人的行动"——"人的困境"——"人的死亡"……只要抓住了非理性的生命活动，可以说就抓住了其中的根本线索。在传统美学，审美快感怎样具有理性，怎样通过理性的直接参与把反合目的性转化为对理性的肯定，转化为"主观的合目的性"，是根本之所在。它所导致的，无疑是美。而叔本华等人关注的却是审美活动本来就是非理性的，是在审美活动中对客体、理性的否定。这一切显然与从理性向非理性的转型密切相关。例如叔本华所强调的"壮美"。这"壮美"一方面与崇高相似，因为"欣赏对象本身对于意志有着一个不利的、敌对的关系"，但另一方面又与崇高不同，因为它的快感不是来自崇高的伦理的不可战胜，而是"主体自愿超脱了意志，处于超然物外的状态而争取到的。"① 这就是说，是来自非理性的实现。因此

---

① 参见［德］叔本华《作为意志和表象的世界》，石冲白译，商务印书馆1982年版。

壮美显然是更接近于丑。尼采的看法更为典型。他正式提出"上帝死了",这意味着理性形而上学的瓦解。对尼采来说,道德是预设的,善是预设的,因而都是虚假的。生命活动则与这一切完全对立,只有抗争才是唯一的对策。因此他所提倡的酒神精神和醉,实际上是完全非道德、非理性的,"反合目的性"直接就是美,而不必再进行"主观合目的性"的转换。他认为审美活动的目的就是激发醉境,"把'理想化的基本力量'(肉欲、醉、太多的兽性)大白于天下",① "丑意味着某种形式的颓败,内心欲求的冲突和失调,意味着组织力的衰退,按照心理学的说法,即'意志'的衰退。"② "在某种程度上,它在我们身上稍微激发起残忍的快感(在某些情况下甚至是自伤的快感,从而又是凌驾我们自身的强力感)"。③ 在审美活动中,传统的教化、熏陶、引导之类通通不存在了,只是一堆堆感受着环境的神经末梢。它成为宣泄个人情绪、沉醉生活、阴暗心理以及焦虑、恐慌、苦闷状态的生命活动。尼采认为,丑与崇高一样是间接性的,但是崇高是意在显示理性、道德的超越与胜利,丑却只是显示生命力的旺盛、勃发,是一种恶狠狠的、自虐性的快感。可以看作对此的剖析。由此,丑为自身奠定了独立地位,这正是康德当年所绝对不愿意承认的。

　　就是这样,美学一旦失去了源远流长的理性主义传统的保护,就会立即走向自己的反面。对客体世界的否定导致了无形式的对象的出现;对主体的"我思"的否定,走向了我思前的我思即非理性;非理性的主体取代了理性的主体;结果长期以来一直被压抑着的大量的反"合目的性"的东西一下子涌进了美学。美走向了反面,意义被全面消解。真正的丑因此而出现,并作为独立的王国和美的对立面而大肆拓展。④

　　不过,丑不但与美不同,而且与恶也不同。恶的内涵来自伦理学,针对的是对他人的伤害。丑的内涵则来自美学。它对他人并无伤害,

---

① [德] 尼采:《悲剧的诞生》,周国平译,生活·读书·新知三联书店1985年版,第367页。
② [德] 尼采:《悲剧的诞生》,周国平译,生活·读书·新知三联书店1985年版,第350页。
③ [德] 尼采:《悲剧的诞生》,周国平译,生活·读书·新知三联书店1985年版,第352页。
④ 丑,与美一样,都是根源在人。因此美学不去研究丑就有点类似伦理学不研究恶,实在也就难以被称之为美学或者伦理学了。

而只是针对自身缺乏生命的力度、自身的非自由状态。《浮士德》中的靡非斯特被称之为"否定的精神",很有道理。现实中确实充满了非人性的本质,然而之所以如此,关键正是人类自身充满了非人性的本质;现实对于人的异化,关键正是由于人自己对于人的异化,而丑正是这一事实的美学揭示。而这正意味着,丑起码与两种需要有关。其一是对虚假的无限性的洞察。这可以视作对自然、文明中的"退化"现象以及人类的本质力量的被束缚的直接揭示。而这正是丑的诞生。文艺复兴时期人类在洞察到自身的无限性之后说:人是天神,人是自己的上帝;当代人在洞察到自身的虚假的无限性之后说:人是野兽,人是自己的地狱!于是,丑也就随之而诞生了。其二,丑还是对于生命的有限性的洞察。假如在对虚假的无限性的洞察中,丑是直接揭露了自然、文明中的"退化"现象以及人类的本质力量的被束缚,那么在对生命的有限性的洞察中,丑就是间接揭露了自然、文明中的"退化"现象以及人类的本质力量的被束缚。人类的一切生命活动无非是在与生命的有限性进行殊死的抗争,然而,人们却往往会沉浸在自己为自己所设定的虚假的无限性之中,乐不思蜀,乃至忘记了这有限性的存在(其外在表现正是自然、文明中的"退化"现象以及人类的本质力量的被束缚)。这时,通过揭示这冷酷的有限性来唤起生命本身的觉醒,就是十分必要的。这正是丑的诞生。它不再在肯定现实生活中肯定生活的意义,而是在否定现实生活中揭示生活的无意义(从而也就间接揭露了自然、文明中的"退化"现象以及人类的本质力量的被束缚)。例如,在当代美学中往往偏重于对死亡的表现,道理就在这里。人类在爱生之余,为什么又会喜欢欣赏死亡?原因正在于死亡的阴影本身就是一种需要。人类主动地寻找它,正是出于激励生命的需要。犹如我们总是强调说:地狱是文明的产物。人类灵魂虽然向往着天堂,然而却时时堕入地狱。这是生命的警戒,也是生命的保护。只有参照这个世界,才会主动去寻找美,并进入一种美的生活。当人类意识到了自身的非理想性、非完善性,同时就意识到了自身的理想性和完善性。在当代美学中处处可见的罪恶感正由此而生。地狱无疑是鞭策人类的所在。通过这虚拟的、对象化的痛苦,不但满足了人类涤罪的需要,更激励了人类的生命的意志，由此，地狱成为天堂的入口。

由此我们可以联想一下当代人为什么会喜欢自己所害怕的东西？例如世界的荒诞、人生的无意义、主体的失落、人的绝望、精神的危机这类被阿多尔诺称为"20世纪的世界情绪"的东西，例如好莱坞中的噩梦、大白鲨，例如当代文学中对畸形、残缺、死亡、罪恶、贪婪、厌恶、嫉妒、奸诈、邪恶的展现。在英国小说家史蒂文生的《化身博士》中，我们甚至看到一个正派人竟然也想体会一下当恶棍的滋味。人类为什么喜欢欣赏这些东西？原来，它本来就存在于人类的心灵深处，象征着一种对于逼近了的威胁所产生的感觉、一种大难临头的感觉。人类对它的恐惧，实际上就是对虚无的恐惧，这是一种无法确定具体利害关系的无功利的恐惧，不同于对于功利性的现实的自然灾害、暴力、疾病、丑恶的恐惧。因此，这恐惧最终反而成为心理体验中的一次愉快的经历。因为人们否定的只是这类对象，而感兴趣的则是对于这类对象的态度体验。它将人类从日常的麻木状态中抛出，使人们体会到与外在世界的对立的自我的存在，以及自我的无助、孤独感，从而使人意识到日常生活中自己与他人共同生存状态的虚假性。因此，作为内在动机，死亡的最为重要的含义就是赋予了生以深刻的内含。不免一死的意识不仅丰富了生，而且建构了生。没有死的毁灭，就没有生的灿烂。死亡作为归宿，不仅浓缩了生，而且从根本上改变了人类对于生的态度。

首先，就美的类型而言，丑被看作反和谐、反形式、不协调、不调和的。第一，丑是一种变形、抽象、扭曲。它是对不可表现的表现，是要把不可表现的东西表现出来。换言之，是给一种无限的东西、无形式的东西以形式。在此，传统的理性意义上的一切可指称性的对象都被抛弃了，对象世界的约束不存在了，只能是自己与自己的对话。结果既非"自然的客观合目的性"，也非"主观的合目的性"，剩下的只是主体的直觉。而这抽象显然只能由不同于自然的抽象的形式加以表现。不过，这里的抽象又完全不同于传统意义上的抽象。它的根本特征是反造型性。所谓反造型性实质上是否定了恒定的精神需要与价值，将艺术的生命表现意蕴消解为完全时间化了的能量运动过程。例如毕加索立体主义就是绘画把立体的东西拆散后再拼组在二度平面上，重组的结果是生命感的消失，世界变得像积木一样简单。这是一种无机的特征，是追求反人性的、无机的状态，以象征否定表现，以变形否定自然，以平面否定立体，以二度空间否定三度空间，是死的艺术。① 第二，丑是一种非形式的变形、抽象、扭曲。丑之为丑的特征，是在形式上非形式地表现自己。换言之，是以形式的方式对非理性的东西加以表现。原因在于，对象的形式是在理性基础上出现的，理性一旦消失，对象的形式也就不再可能，因此只能非形式地表现自己。康德就认为丑是无形式的东西。这里的无形式即非自然的形式、非理性的形式。而且，既然是无法表现的东西但又要表现出来，这当然就要借助别的形式。这就要变形、抽象、扭曲。而且，形式只能表现具体的东西，要表现抽象的东西，还要变形、抽象、扭曲，再加上在这里所谓无法表现的东西是一个残缺不全的主体，非理性、无意识、孤独、不安、焦虑，要把它表现出来，只能是丑。最后，丑是一种非形式的变形、抽象、扭曲的成功的表现。对丑来说，是否与对象相符并不重要。重要的是，一种非形式的抽象是否成功地加以表现，只要是成功地加以表现的，就是丑的，当然也就是美（广义的）的。正是在这个意义上，丑成为可能，也最终决定了崇高、喜剧是美的变体，然而丑（当然还有西方后来提出的荒诞）却不是美的变体，独立的丑因此而成为可能。

其次，就美感的类型而言，第一，丑被看作是非道德、非理性的。

---

① 当代艺术中的刚性线条缘此而生。席勒说，有两种线条，蛇形线和锯齿形线，前者是美的，而后者是丑的（前者变化柔和，是古典趣味，后者生硬、平直、光滑、硬绷绷，是现代趣味，例如建筑、雕塑、家具、汽车外形、案头摆设，都如此）。"这两者之间的区别在于，前者方向的变化是突然的，而后者的变化是不知不觉的。因此，它们对审美情感作用的不同，只能建立在它们的特性的这种唯一明显的区别上。但是，一个突然改变方向的线条与强制改变方向的线条有什么不同呢？自然不喜欢跃变，如果我们见到这种情况，那表明它是由暴力产生的。相反，只有我们不能标出任一方向变化固定点的运动才表现出自发性。这就是蛇形曲线的情况，它仅仅通过自身的自由与上述线条才区别开来。"（［德］席勒：《美育书简》，徐恒醇译，中国文联出版公司1984年版，第174页）康定斯基也说："假如一种来自外部的力量使点按某种方向运动，那么就产生了线的第一种类型。方向一直保持不变，线即具有一直伸向无限的趋势。这就是直线，至于它的张力因而也在它最简洁的形式中表现出运动的无限可能性。"（［俄］康定斯基：《点·线·面》，罗世平译，上海人民美术出版社1988年版，第40页）"……假如两种力按不断施加压力的方式同时作用于直线的端点，使两端同样弯曲，那么一条曲线就形成了"。（［俄］康定斯基：《点·线·面》，罗世平译，上海人民美术出版社1988年版，第60页）我们甚至还可以说：正弦线、蛇形线提倡的是曲线美，非正弦线、非蛇形线提倡的则是曲线丑。

丑是对理性、道德的拒绝。它是非理性主体的自我表现。在对不可表现之物的非理性内容加以表现时，它失去了理性的制约，不再对非理性的"反合目的性"进行"主观合目的性"的转换。对于丑，西方往往冠之以"非""反""否"的内涵。它意在寻找美中的丑、理性中的非理性、道德中的非道德，试图解构一切传统中的被抑制的因素，在美感上非道德地、非理性地表现自己，过去被从肯定的方面加以肯定的规定，例如说人是理性的动物、道德的动物，现在都被从否定的方面规定，成为非理性的人，成为荒诞的人，虚无的人。人自身走向自身的反面。第二，丑被看作非理性、非道德的感性存在的释放。理性、道德既然已经不存在，只能把非理性、非道德的东西直接呈现出来。这是一种没有必然的自由、没有一般的个别、没有理性的感性、没有合规律性的合目的性，结果，无意识的升华与满足就会被当作美感的实现。这是一种使人难堪的美感，事实上是无意识对理性的反叛所带来的解放感、性兴奋、犯罪感、罪恶感、放纵感，"在艺术和自然中感知到丑，所引起的是一种不安甚至痛苦的感情。这种感情，立即和我们所能够得到的满足混合在一起，形成一种混合的感情……它主要是近代精神的一种产物。那就是说，在文艺复兴以后，比在文艺复兴以前，我们更经常地发现丑。而在浪漫的现实主义气氛中，比在和谐的古典的古代气氛中，它更得其所。"① 因此，相对于美，丑只是一种消极的反应，"一种混合的感情，一种带有苦味的愉快，一种肯定染上了痛苦色彩的快乐"，第三，丑被看作非理性、非道德的感性存在的成功释放。由于理性、道德都已经被彻底地抛弃掉（因为它们与整个当代"文明"一样，已经被作为异化的、人类感性存在的对立物），对丑的美感类型来说，是否与理性、道德相符就已经毫无必要，重要的只是非理性、非道德的感性存在的成功释放本身。而且，只要是成功地加以释放的，就肯定会因为能够成功地揭示人类自身而合乎了丑的美感，并从中产生审美愉悦。

在审美活动的类型上，丑是优美的全面消解，是不自由的生命活

---

① ［英］李斯托威尔：《近代美学史述评》，蒋孔阳译，上海译文出版社1980年版，第233页。

动的自由表现。这里的关键是以丑为丑。以丑为丑与以丑为美不同。以丑为丑所强调的，是丑在美学评价中的独立地位。对此，不能简单地痛斥为美学的病态和美丑颠倒、嗜痂成痴。应该说，这恰恰是美学的更为成熟。我们知道，欧米哀尔年轻时是十分美貌的，诗人龙李因此而称她为"美丽的欧米哀尔"，可是面对年老时的欧米哀尔，罗丹却把她雕塑成"丑陋的欧米哀尔"，然而正是因此，葛赛尔却称赞说"丑得如此精美"。为什么呢？正是因为罗丹没有赞颂她的美，而是真实地揭露了她的丑。推而广之，面对当代社会的生活的无意义、现实的非人性、文明的不文明，面对着一个平庸、病态、畸形的荒原，丑作为一种美学评价，不再是简单地回到传统美学，一味高扬美（狭义的）的大旗——这实在太廉价、太做作、太虚假，而是慷慨陈词：只爱美的人性是不完整的人性。在这里，丑不是要转化为美，而是要替代美。同时，因为在审丑的同时其实也就否定了丑，而对丑的否定无疑是符合人的理想本性的，所以痛感可以转化为快感；再者，审丑不仅揭示了坏人的丑，而且揭示了一般人的丑乃至自己的丑（通过自我亵渎而自我拯救），揭示了人性的共同弱点，于是审丑者就会在意识到自身的弱点被揭露的瞬间产生快感，在他人的境遇被揭示中产生同情，进而使自己的情感得到宣泄。有学者举鲁迅在讲到翻译马克思文艺理论时的例子说，打到别人的痛处时，就一笑；打到自己的痛处时，就忍痛，但也有既打到别人的痛处又打到自己的痛处的时候，大概就先是忍痛，后是一笑。并指出：痛中有笑就是审丑而能够得到美感的原因，我深以为然。可见，像美一样，丑既不消耗能量，也无实际的功利作用，又能够缓和心理的紧张，因此就能够使痛感最终转化为快感，做到在揭示自己的缺点中产生快感，在揭示丑中激发创造美的激情。它把"危机现实"转化为"危机的意识"，因为揭露了现实的丑恶并且为现实定罪，因此也就揭露了自身的丑恶并且为自身定罪，因为现实丑恶正是人类自身的丑恶炮制出来的。因此，所谓不自由的生命活动的自由表现是意在使生命受到一种出人意料的震撼，从而缓慢地苏醒过来。丑是生命的不完满、不和谐。它粗拙、壮阔、坦荡、博大，它使人触目惊心地洞见人生的一切悲苦，洞见对生命的有限的固执。

弄清了上述问题，一个颇为有趣的美学迷案——化丑为美便可以获得一个全新的答案。我们知道，对于化丑为美，虽然看法各异，但认为丑只是美的陪衬，却是其共同之处。这显然仍旧出自我们前边已经批评过的那种误解。而按我的看法，化丑为美的问题纯属子虚乌有，正确的问题应该是化假为丑、化恶为丑、化落后为丑。而从审美实践的角度看，之所以出现化丑为美的迷惑，则是因为在现实生活中作为真、善和进步而被肯定下来的东西，与自由的生命活动并无根本性的矛盾，因此不难直接进入审美活动，但假、恶、落后却由于自身的种种直接的功利性而无法与自由的生命活动并存，当然更不可能直接进入审美活动。而审美实践一旦把假、恶、落后作为解读的对象，某些并不真正理解丑的内涵的人便只好谓之为美对丑的战而胜之。实际上，它们之所以进入审美活动，并不是因为美对丑的战而胜之，而是因为从否定对生活的有限的固执进入否定对生命的有限的固执的结果，并且，在生活中越是假、恶和落后的东西，反而因为尖锐地逼近了生命的有限，因之越是容易转化为审美活动中的丑。人们或许都不会忘记席勒在这方面的深刻发现："譬如偷窃就是绝对低劣的，……是小偷身上永远洗不掉的污点，从审美的角度说来，他将永远是一个低劣的对象。……但假设这人同时又是一个杀人凶手，按道德的法则说来就应该受惩罚。但在审美判断中，他反而升高了一级。……由卑鄙行动使自己变成低劣的人，在一定程度上可以由罪恶提高自己的地位，从而在我们的审美评价中恢复地位。"① 当然，"可怖的大罪大恶"并不必然在"审美判断"中"升高了一级"，要实现这一点，还必须赋予这"可怖的大罪大恶"以审美的形式——对于生命的有限的固执的否定。当这"可怖的大罪大恶"以不同于现实生活的形式表现出来，便成为丑。波德莱尔在诗中吟咏道："那时，我，我的美人！告诉那接吻似地吃你的蛆虫：对于我那已经解体的爱情，我保留了它的形式和神圣的本质！"这真是石破天惊之语。这位审丑大师并没有把现实中

---

① 转引自朱光潜《悲剧心理学》，张隆溪译，人民文学出版社1983年版，第97页。

的假、恶、落后原封不动地移入审美活动,而是只"保留下它的形式和神圣的本质",这就是化假为丑,化恶为丑,化落后为丑。而丑因为已经脱离了生活的有限,因此也就脱离了直接的功利性。正像波伏瓦指出的:"能用语言表达出来的不幸不是真正的不幸,它已经变得并非难以忍受了。它应该谈论失败、丑闻、死亡。这不是为了使读者失望,相反是希望把人们从失望中解救出来。"① 从表面上看,它似乎只是清理出了生命的地基,或者说,只是暴露了生命的根本缺憾,与生命的艰难再造无甚关系,实际根本不是如此。丑是通过自我亵渎来实现自我拯救,通过它的非人性来保持对人性的忠诚,是一种在黑暗中对光明的渴慕,是一种在恶中对生命的挖掘。

简而言之,丑是生命的清道夫!作为对生命的不"全"不"美"的发现,丑所起到的正是为生命寻找赖以存在的根基这一神圣作用。因此,丑是生命的不完满、不和谐。它粗拙、壮阔、坦荡、博大,它使人触目惊心地洞见人生的一切悲苦、洞见对于生命的有限的固执。从表面上看,它似乎只是清理出了生命的地基,或者说,只是暴露了生命的根本缺憾,与生命的艰难再造无甚关系,实际却根本不是如此。歌德讲得好:"如果上帝活着,他一定是多种多样的,一定不仅创造他的神子和圣灵,还得创造魔鬼,并赋予他创造力。"丑正是这富于"创造力"的"魔鬼",它是一种在黑暗中对光明的渴慕,是一种在恶中对生命的挖掘。试想,当一个人毅然否定了罪恶、卑劣、贫困、病态的生命午夜,不就已经趋近了幸福、理想、快乐、健康的自由之旅了吗?当一个人毅然告别了一个冰冷、污秽、黑暗、浅薄的世界,不就已经企达了一个温暖、干净、光明、深邃的世界了吗?当一个人毅然开始了他的呼救、他的诅咒、他的叛逆、他的不安,不就也同时开始他的追求、他的挚爱、他的建构、他的升华了吗?生活在恶之中,却渴慕着美,植根于泥淖之中,却眷恋着绿洲,涉难十八层地狱,却向往着遥远的天堂,这难道不正是在审丑的直接否定中被间接肯定着的东西吗?这被间接肯定着的东西不就是人的最高的生命存在吗?就是这样,丑一次次地把生

---

① 转引自刘东《西方的丑学》,四川人民出版社1986年版,第260页。

命逼近"山穷水尽疑无路"的绝境,但也因此激起了更为广阔、更为深邃、更为震撼人心的生命波澜,使生命越发瑰丽、越发丰富、越发壮观、越发恢宏,一次次进入"柳暗花明又一村"的更为广袤的天地。

何况,在这里还要强调的是,作为生命的清道夫,丑的作用并不是一时一处,而是贯穿生命的全部进程的始终。原本那位一往无前的浮士德因此也就突然变成了劳而无功的西西弗。与其站在上帝的立场上去宣扬永恒的和谐,毋宁以人的血肉之躯去面对这些不可避免、难以回避的矛盾与冲突。在这种情况下,丑陋终于从一个附属或陪衬的角落里冒了出来,堂而皇之地走上艺术的殿堂,进入了艺术的领域。这就正如恩格斯所早已预言的:"人来源于动物界这一事实已经决定了永远不能完全摆脱兽性,所以问题永远只能在于摆脱得多些或早些,在于兽性或人性上的差异。"① 这种情况决定了丑的永恒,而且,正是因为丑永恒,生命才永恒。丑永远孕育着生命。人类不断地披荆斩棘,向无边无际的丑的荒原进军,而生命也就永远源源不断地从丑的母体中孵化而出。正是它们,构成了人类生命的令人眼花缭乱的五彩缤纷的永恒图景!

悲剧是丑对美的践踏。

悲剧是丑占据绝对优势并且无情地践踏美时的一种审美活动。这无疑是现代社会的一大发现。应该说,由于生命的有限性所导致的生命的苦难和毁灭,是生命活动中不可避免的现象。并且,这种生命的苦难和毁灭"似乎不能完全归结为罪过或错误,而更多是伴随任何伟大创举必不可免的东西,好比攀登无人征服过的山峰的探险者所必然面临的危险和艰苦"。② 因此,它是生命活动中的厄运。以利法在《约伯记》中陈述过自己的一段生命经历:"在思念夜中异象之间,世人沉睡的时候,恐惧、战兢,临到我身,使我百骨打战。有灵从我面前经过,我身上的毫毛直立,那灵停住,我却不能辨其形状。""我却不能辨其形状",这正是人类在悲剧中的命运。此时,丑竟然如此嚣张,

---

① 《马克思恩格斯全集》第20卷,人民出版社1971年版,第110页。
② 麦克奈尔·狄克逊语,转引自朱光潜《悲剧心理学》,张隆溪译,人民文学出版社1983年版,第91页。

它演出着邪恶的胜利、嘲笑着生命的痛苦、造就着不可逆转的失败，以至于在它面前，美犹如肥皂泡，吹得越大，就越为难逃粉身碎骨的天命。用布拉德罗在《莎士比亚悲剧的实质》中的话说，则是："不论你梦想做什么事情，他最终达到的总是他最少梦想到的事情，那就是他本人的毁灭。"

但悲剧的美学意义，却并不在于展现这种丑对美的践踏，而在于展现出美的一种有价值、有意义的东西的毁灭。这也就恰恰表现出"人在死亡面前做些什么"的不同。尽管，正像《堂·吉诃德》中安塞尔在宽恕自己失节的妻子时所说的："她没有义务创造奇迹。"对于一般人，我们确实应该说，他们"没有义务创造奇迹"，但对真正的人来说，他们却必须创造奇迹。正像俄狄浦斯宁愿刺瞎双眼、自放荒原也不愿隐匿生命的本来面目，苟且偷生，也正像哈姆雷特"在颤抖的灵魂躁动不安的运动中，依靠绝望的英雄主义和纯正的眼光"（雅斯贝斯），去反抗横逆而来的命运，真正的人必须对现实提出抗议、提出质疑，必须不惮于捅现实的马蜂窝，必须以生命的完结去否定那种"超过人类之上的残酷力量。"他们用对于现实的直接否定去间接地肯定理想，用对于阻碍着自由的生命活动的生命的有限性的直接否定去间接地肯定理想，用对于阻碍着自由的生命活动的生命的有限性的直接否定去间接地肯定自由的生命活动。弗洛姆发现："具有说声'不'字的能力，从意义上讲也蕴含说声'是'的能力"，因此，当他们勇敢地说声"不"的时候，实际上也更为勇敢地说出了"是"。

这里，有必要对生活的悲剧与生命的悲剧的区别略加说明。所谓生活的悲剧，是指从生活的角度去阐释悲剧。它侧重从外在的方面去看待丑对美的践踏。诸如镣铐、皮鞭、监狱、剥削、压迫、物质贫困，等等。例如，我们往往把镣铐、皮鞭看作厄运的标志，其实并非如此，镣铐皮鞭只是奴役的标志，但却绝非某种厄运的标志，只有当人已经遗弃了自己的理想本性，驯服地认可了镣铐皮鞭的时候，镣铐皮鞭才是某种厄运的标志。试想，在无畏地追求自由、追求向自我生成的人面前，镣铐皮鞭只能标志着什么？当俄国十二月党人的妻子们亲吻着丈夫脚上的镣铐时，镣铐又标志着什么？监狱也是如此，在有些人看来，被囚禁意味着某种厄运的开始，意味着不自由，其实，事情并不如此简单。监狱绝非厄运与非厄运之间的界限，读者一定记得卢梭的名言："如果我被监禁在巴士底狱，我一定会绘出一幅自由之图"。你看，这不是那个自由的、维护着人的尊严的卢梭吗？确实，监狱固然可以虐待人、残害人，但它并不能使人成为非人，它所虐待、残害的仍然是人，还有剥削压迫、物质贫困之类，也往往被作为现实生活的标志。中国人不就经常用"吃不饱，穿不暖""一无所有""当牛作马"来形容曾经有过的非人状态吗？这实在是一种深刻的错误，它一直延续到今天对现代化的理解，从审美角度看，所谓"旧社会"并不表现在剥削、压迫、物质贫困上，而表现在对人的自由的顽固拒斥上，表现在对人的不断向自我的生成的粗暴干涉上，它以人为工具，以看物的眼光来看人，因而也就使人僵滞在自我泯灭的状态中。至于剥削、压迫、物质贫困则只是这种状态的特定表现。因此，简单地把"新社会"理解为消除了剥削压迫、物质贫困，（所谓"翻身"）显然是极不准确的。

总而言之，上述分析告诉我们：现实悲剧的根本之处是内在的自我泯灭。它来自内在的束缚而不是来自外在的束缚。人们往往喜欢引用马克思的话，说：无产阶级在革命中失去的只是锁链，并因此认为束缚着无产阶级的只是锁链，其实，假如一定要引用这句话，那么也只能把这里的锁链理解为心灵的锁链。因此，生活的悲剧往往着眼于外在生命的终结。这种终结或者表现为生命的被束缚，或者表现为生命的被遏止，或者表现为生命的自然结束。而生命的悲剧却并非如此。生命的悲剧是指从生命的角度去阐释悲剧。它侧重从内在的方面去看待丑对美的践踏。这样，丑对美的践踏就并非生命存在的界线，而是生命存在的境界。在这里，人们不论怎样顽强搏击，去实现自由的生命活动，进入最高的生命存在方式，但却始终无缘成功，而且反而坠入死亡和毁灭之湖。生命的悲剧不在于生命的不自由（生活的悲剧则在于生命的不自由），而在于自由，在于从不自由走向自由的艰难历程。生命的悲剧不是生命不自由的象征（生活的悲剧则是生命不自由的象征），而是生命自由的象征。这就正如克利福德·利奇所发现的："一种没有悲剧的文明是危险地缺少着某种东西。"① 朱光潜也指出："悲剧走的是最费力的道路，所以是一个民族生命力旺盛的标志。"②

而且，悲剧作为一种对于生命的价值和意义的独到的审美解读，又必然表现为最激动人心的生命超越。它"使我们从平凡安逸的生命形式中重新识察到生活内部的深重冲突，人生的真实内容是永恒的奋斗，是为了超越个人的生命价值而挣扎，毁灭了生命，以殉这种超生命的价值，觉得是痛苦，觉得是超越解放"。（宗白华）有相当一部分人对此认识不足，例如把悲剧误解为"惨剧"，然而，惨剧仅仅是疾病、自然灾害、意外过错、过失造成的，纯属偶然的，可然可不然，因此当然不可能激起人们的深刻反思。再如把悲剧误解为"不幸"，"如果那件事不发生就好了"，但是，诸如此类之不幸，顶多也就是提醒自己，下次要认真总结经验，以便竭力避免不幸的再次发生，究其实质，与悲剧还是无甚关系。同时，悲剧也不是"悲观"，悲观是指人们对某人某事（尤其是未来的）比较消极，负面的态度，但是悲剧却并不如此，悲剧尽管所涉及的为人们难以接受的事实，但是，置身其中者却并不悲观，而是仍旧对爱充盈着美好的期待。在这方面，倒是被人誉为"20世纪的灵魂"的美国剧作家尼尔的自我表白令人耳目一新：

>人们责怪我过分阴郁，难道这就是对生活的悲观主义观点吗？我认为并非如此。有的乐观主义是肤浅的、表面的，而有的乐观主义是比较高级的，人们往往会把它和悲观主义混为一谈。对我来说，只有悲剧性才具有那种意义的美，而这美就是真理。悲剧性使生活和希望具有意义。最高尚的总是最具有悲剧性的。那些取得成绩以后就害怕最终遭到失败，不再有所追求的人是精神上的资产者，他们的理想毕竟非常空虚！……一个人只有在达不到

---

① ［英］克利福德·利奇：《悲剧》，尹鸿译，昆仑出版社1993年版，第45页。
② 朱光潜：《悲剧心理学》，张隆溪译，人民文学出版社1983年版，第231页。

目的时才会有值得为之生，为之死的理想，从而才能找到自我。在绝望的境地里继续抱有希望的人比别人更接近星光灿烂、彩虹高挂的天堂。①

确实，由于悲剧的血流成河，尸横遍野和生命中有价值的东西的毁灭，人们很容易"把它和悲观主义混为一谈"，甚至因此而厌恶悲剧、反对悲剧，因此主张用"乐观的东西来充当寄托、归宿和避难之所。然而，他们有所不知的是，恰恰是这种"乐观"的东西堵塞了生命的道路，导致了生命的弱化，扼杀了生命的自主性、独立性、创造性，最终使生命成为一种"肤浅的、表面的"存在。实际上，生命活动中是不能缺少悲剧的。正是悲剧，把生命逼进了绝望的境地，这绝望的境地迫使人们拼尽全力去跨跃——这是再生的一跃，超越的一跃，它是生命道路的敞开，是生命的强化，是生命的自主性、独立性、创造性的超水平发挥。这样看来，只有悲剧才是真正的乐观，而且，只有这种真正的乐观，才是生命的寄托、归宿和避难之所，也才是生命的最为激动人心的超越！

就美的类型而言，是命运对于人类的欺凌，是自由生命在毁灭中的永生。悲剧必须是庄严的。即便是坏人，也要具备"优良品格"或者"强大而深刻的灵魂"。② 因此，悲剧不可能是任何的"大团圆"。悲剧之为悲剧，关键在于"无缘无故"，在于双方的都无罪（都有自己的理由）也都有罪（都给对方造成了伤害）。因此，区别于"惨剧""不幸""悲观"一起都是不可以预测的、也是不可以预防的。因为，它"无缘无故"。"有缘有故"的东西，我们可以找到它的"缘"和"故"，因此我们迟早就可以战胜它，但是"无缘无故"的东西就不然了，它是不可战胜的，因为我们不知道它的"缘"在哪儿、也不知道它的"故"在哪儿。鲁迅说过一句话，应该是对于悲剧的很好的说明，这就是："无物之阵"。它说的是自己被置身于一场没有对象的战

---

① 转引自《美国作家论文学》，刘宝端等译，生活·读书·新知三联书店1984年版，第248页。
② 分别见［德］黑格尔《美学》第3卷下册，朱光潜译，商务印书馆1981年版，第284页；［俄］别林斯基《别林斯基》第2卷，满涛译，上海译文出版社1980年版，第117页。

争，因为根本就找不到对手，因此，除了束手就范，根本就没有别的结果。西方的大作家福克纳就说过，他说：人生"是一场不知道通往何处的越野赛跑"，而它的结果，当然一定会是悲剧，因为你尽管去跑来跑去好了，可是根本就没有任何意义。更何况，在悲剧中，人们所邂逅的，都是无罪之罪，而且，也人人都是无罪的罪人和无罪的凶手，造成悲剧的不是某个凶手、某个蛇蝎之人，而是社会所有力量的冲突碰撞的结果，是这个社会的合力，是共同犯罪的结果。例如《红楼梦》《金瓶梅》《悲惨世界》，其中的所有的人就都很努力，也都很勤奋，更都在拼搏，因为都希望自己过得更好一点——起码是要比别人过得更好一点，但是最终的结果是什么呢？是最终反而沦入了最坏的结果。尤其是《红楼梦》，曹雪芹呈现给我们的是所有双方的冲突都是无可无不可的，都是"是"和"是"的矛盾，而且所有的人都自以为"是"而不自以为"罪"，每一个人都追求自己所追求的，但是他又同时反抗别人所追求的，最终的结果是什么呢？就是悲剧。牟宗三总结为："有恶而可恕，哑巴吃黄连，有苦说不出"。因此，这个悲剧是没有原因的，也是"无缘无故"的，是所有人的共同犯罪，或者说，是这个世界里人们自以为"是"的那些"是"加到了一起，结果就变成了一个巨大的悲，这就是悲剧。后来，王国维作为曹雪芹的知音，也强调指出，这就是所谓的"彻头彻尾的悲剧"！悲剧的关键，是善与恶的冲突，也是善与善的冲突。①

就美感类型而言，悲剧是一种复杂的美感体验，其特点是在理性、

---

① 但是在《三国演义》《水浒传》中其中的一方却因为无辜而无罪，结果有罪的就只能是对方，这无疑并非真正的悲剧。于是，由于缺少对于责任的共同承担，人与人之间彼此隔膜、无法理解，灵魂的不安、灵魂的呼声几成绝响。而且，因为人人都害怕承担责任，都想方设法为自己辩护并把责任推给别人，于是，到处是自私的麻木、人性的冷漠，到处是无情的杀戮、卑劣的倾轧。而即便是杜甫诗歌，所面对的，始终也只是现实社会的问题。诸如"吃不饱、穿不暖""翻身得解放"，诸如法律关系的颠倒，政治关系的混淆，经济关系的混乱，等等，可是，这些东西充其量也只是"惨剧"，而不是悲剧。因为所谓的悲剧一定是因为心灵的"失爱"造成的，可是杜甫笔下的中国惨剧却是由社会的"动乱"造成的，或者是由社会的"混乱"造成的。当然，如果说社会兴衰、世态炎凉、民生疾苦、人生冷暖这一切都与美学毫无关系，也当然是不妥当的，但是，如果说美学所关注的就正是这一切或者就只有这一切，那就更不妥当了。

内容层面暴露人类的困境，而在情感、形式层面又融合这一"暴露"（西方重"暴露"，而中国重"融合"）。对此，亚里斯多德的"怜悯感"、拉法格的"恶意快感"、莱辛的"恐惧感"的说法，是较为典型的概括。在我看来，悲剧是悲喜交集、惧悦交集，是在怜悯、恐惧中使情感得到陶冶。

就审美活动的类型而言，悲剧是丑对美的践踏。悲剧是丑占据绝对优势并且无情地践踏美时的一种审美活动。应该说，由于生命的有限性所导致的生命的苦难和毁灭，是生命活动中不可避免的现象。并且，这种生命的苦难和毁灭"似乎不能完全归结为罪过或错误，而更多是伴随任何伟大创举必不可免的东西，好比攀登无人征服过的山峰的探险者所必然面临的危险和艰苦"。① 因此，它是生命活动中的厄运。此时，丑竟然如此嚣张，它演出着邪恶的胜利、嘲笑着生命的痛苦、造就着不可逆转的失败，以至于在它面前，美犹如肥皂泡，吹得越大，就越难免于粉身碎骨的天命。

再次看后现代社会的荒诞与喜剧。

其中，荒诞是否定性的审美活动，喜剧则是肯定性的审美活动。

荒诞是丑对美的调侃。

荒诞的诞生，无疑与文明的高度发展，与两次世界大战的爆发，与社会弊病的剧增密切相关。其中，最值得注意的，是文明的高度发展。例如，文明的高度发展，导致了从前工业社会和工业社会向后工业社会的转型。我们知道，前工业社会和工业社会主要处理的是人与自然的矛盾（在工业社会是人通过机器与自然的关系），面对的是"我—它"关系，创造的主要是一个生产世界、物质世界，理性主义传统也因此而诞生。人类因此而始终依赖于在预设的中心性、同一性、意义性、二元性的庇护之下，坚信一种超验的不容怀疑的本体，固执于基础、权威、统一，强调以主体性作为基础和中心，坚持一种抽象的事物观，高扬一种元语言，等等。而后工业社会主要处理的是人与

---

① 麦克奈尔·狄克逊语。转引自朱光潜《悲剧心理学》，张隆溪译，人民文学出版社1983年版，第91页。

人的关系,面对的是"我—你"关系,创造的主要是一个生活世界、精神世界,于是理性主义传统的崩溃也就成为必然。后工业社会是一个信息社会。信息社会是一个高技术社会、传播媒介社会。信息社会的信息爆炸、知识爆炸,瓦解了旧有的分类概念和标准,造成了理性主义的处处碰壁的窘境。福科曾描述说:"分类的主要目标乃是找出'个体'或'种类'之间的共同特征。并将之归入某一总类之下,使此一总类有别于其他总类。然后将这些总类排列成一个总表,在此表中,每一个个体或群体,不论已知或未知,都能各就各位。"①而在信息社会,分类崩溃了,事物之间互相类似、互相模仿,部分地失去了原来的含义。维纳也曾描述云:在信息社会,"发生了一个有趣的变化:从总体来看,在概率性的世界中,我们处理的不再是涉及一个特定的真实宇宙的数量和陈述,取而代之的是提出一些问题,这些问题在大量相似的宇宙中可以找到答案。因此,偶然性就不仅成为物理学的数学工具被接受下来,而且成了物理学的一个不可分割的组成部分。"② 这样,从实在论到存在论,从认识论到理解论,从绝对论到相对论,从决定论到选择论,总之是一切都走上了不归路。

于是,在理性主义时代被世界的连续性、一致性、稳定性人为压抑着的世界的间断性、差异性、多样性被特别地突出出来。犹如质与能之间没有根本区别;犹如电磁波既是波能又是粒子然而又不是二者;犹如我们既是观众又是演员;犹如我们在互补性原理中被告知的:我们分别测量坐标或者变量但是不能同时测量这两者;也犹如哥德尔定理中指出的:每一数学原理都肯定是不完全的。模棱两可成为新的真理,矛盾逻辑成为根本逻辑。A 和非 A 并不排斥,竟然就是人们要面对的现实。人类在历史上首次发现,现实并非一个圆形的足球,只存在着一个中心,而是一个椭圆形的橄榄球,存在着不同的圆心,因此每次落地反弹的方向都是不同的,根本无法预料,也不必去预料,因

---

① 转引自王治河《扑朔迷离的游戏》,社会科学文献出版社 1993 年版,第 16 页。
② [美] 维纳:《维纳著作选》,钟韧译,上海译文出版社 1978 年版,第 7 页。

为这是人类必须无条件加以接受的现实。①

这一切给人类带来的震荡不难想象。一旦离开了传统的客观性、因果性、确定性预设之后，人类必然感到无所适从。发现上帝不存在，就已经令人难以忍受了，现在却发现：人也不存在了。于是，困惑、焦虑、恐惧、焦灼无助、孤独……都是可以想象的。而在这一切的背后，则是人类美学评价意识的觉醒。这就是：从世界的确定性回到世界的不确定性，从世界的简单性回到世界的复杂性。

一般认为，在理性主义传统看来，世界必定事事皆有根据，处处确定无疑，一切都可以还原为简单。然而，事实上这样的世界是从未存在过的，只是一个杜撰的神话。"秩序的秩序""地平线的地平线""根据的根据"，也是出自人类的虚构。现在，把确定性还原为不确定性，把简单性还原为复杂性，从表面上看起来是像某些人所气急败坏地痛斥的那样，是把本来十分简单的世界搞复杂了，然而假若我们想到世界本来就是十分复杂的，一切也就释然了。事实上，世界本来就不像我们长期以来所想象的那样确定和简单。它本来就是不确定和复杂的。这正如伯纳德·威廉斯指出的："哲学是允许复杂的，因为生活本身是复杂的，并且对以往哲学家们的最大非议之一，就是指责他们过于简化现实了（尽管那些哲学家本人是神秘莫测的）。"② 因此，任何试图把"他人"变成自己之"总体谈话"的组成部分的企图，都是虚妄的。世界也不再是黑格尔骑着绝对精神的骏马无情地践踏许多无辜的小草的场所了。昔日被压抑着的边缘、次要、偶然、差异、局部、断裂、非中心化、反正统性、不确定性、非连续性、多元性……通通涌进了人类的视野。这固然令世界充满了矛盾，然而

---

① 科学家经过理论上的推算，把 -273℃ 这一温度称之为"绝对零度"，而当温度降低到 -100℃ 以下时，则会出现超低温，在超低温的世界里，软绵绵的铅会变得性情倔强，富于弹性；一个锡壶会变成一团粉末；水银在零下269摄氏度时会从液体变成固体，电流在通过这样的低温时，电阻会突然消失；铝、锌、锂等23种纯金属和60多种合金，在超低温的情况下，也会发生微妙的变化。在液态空气中，鸡蛋会放射出浅蓝色的荧光；鲤鱼会沉睡，生物的生殖细胞也会冬眠，生命速度会停滞在零摄氏度，在几十年后再复原。世界的间断性、差异性、多样性由此可见一斑。

② 伯纳德·威廉斯。见麦基编《思想家》，周穗明等译，生活·读书·新知三联书店1987年版，第195页。

毕竟比过去的隐匿矛盾、否定矛盾要真实得多。世界并不像想象的那样简单，这并不是坏事。没有了神，一切靠人自己，反而为人类开辟了创造性的广阔天地。世界开始充满挑战，但也未必不是充满机会。世界为什么就不能是马赶着自己的路，草也长着自己的草的世界呢？

而在这当中，对理性的限度与生存状态的非理性（即虚无）的意识，则是人类无可逃避的震撼与觉醒。① 就前者而言，世界的不确定性、复杂性暴露了理性长期以来一直自我遮蔽着的局限性。人类意识到：只有当理性能够认识非理性时，理性才能够获得新生，如果理性只能认识理性，那么被消解的就只能是理性。就后者而言，世界的不确定性、复杂性暴露了传统的意义预设的虚妄。人类意识到：世界的真实性实际上不但在"意义"之中，而且在"意义"之外。

毫无疑问，这一切为人类所提供的是一些全新的东西，全新的生活经验。它必然期待着一种全新的评价态度的觉醒。从美学评价的角度来说，这评价态度不但不同于作为在传统美学中觉醒的评价态度的美、崇高、悲剧、喜剧，而且也不同于作为在现代美学中觉醒的评价态度的丑。菲利浦·拉夫指出的正是这一点："光知道如何把人们熟知的世界拆开是不够的，……真正的革新者总是力图使我们切身体验到他的创作矛盾。因此，他使用较为巧妙和复杂的手段：恰在他将世界拆开时，他又将它重新组装起来。因为，倘若采取别的方式就会驱散而不是改变我们的现实感，削弱和损害而不是卓有成效地改变我们与世界的关联感。"② 这无疑意味着一种全新的评价态度，这种评价态度就是：荒诞。

荒诞是人对生活的空虚和无意义的一种审美把握。在荒诞之中，人所"受到威胁的不只是人的一个方面或对世界的一定关系，而是人的整个存在连同他对世界的全部关系都从根本上成为可疑的了，

---

① 这觉醒不是说要取代理性，而是要使理性从传统理性走向现代理性。
② 菲利浦·拉夫。转引自［美］迪克斯坦《伊甸园之门》，方晓光译，上海外语教育出版社1985年版，第235页。

人失去了一切支撑点，一切理性的知识和信仰都崩溃了，所熟悉的亲近之物移向缥缈的远方，留下的只是陷于绝对的孤独和绝望之中的自我"。① 因此，荒诞可以称为一种生存的焦虑。丑粗暴地践踏了所有的人寻觅而来幻想哪怕暂时停泊一下的港湾，把人们从所有的精神家园中驱赶出来，生命中的一切都成为毫不相关、互不沟通的，无价值、无意义、无目标、无高潮、无起讫……最终无可奈何地漂泊在漫无边际的虚无之中。在此意义上，西方荒诞派戏剧家为荒诞所下的定义，应该说是异常准确的："荒诞是指缺乏意义，……和宗教的、形而上学的、先验论的根源隔绝之后，人就不知所措，他的一切行为就变得没有意义、荒诞而无用。"②

其中的关键，在于非理性的实体的消解。

我们已经剖析过，从内在的角度看，现代主义美学对传统美学的批判，是以非理性的实体取代理性的实体，以盲目的本质取代自明的本质，以非理性的形而上学取代理性的形而上学。这无疑是一次思维方式的重大转型，并且为我们从否定性的层面考察审美活动，填补有史以来一直被遮蔽着的巨大的美学空白，作出了决定性的贡献。然而，平心而论，这种做法又实在并没有从根本上超出传统的二元对立模式，因此也就无法从根本上完全超出肯定性主题。为什么这样说呢？因为这种做法充其量无非以一种绝对取代另外一种绝对，仍旧是在寻求某种本质、某种实体，只不过是以非理性的实体取代了理性的实体而已。也因此，它理所当然地遭到了后现代主义者的猛烈抨击。在他们看来，现代主义无非以柏拉图方式反对柏拉图，无非非理性的柏拉图，并没有真正走出柏拉图的阴影，其中的不同只是在理念的位置上换上"意志""权力""生命""力比多"，也就是说，只是在旧形而上学的基础上提出了新问题，是一种非理性的理性主义，或者说，是接着非理性外衣的理性。维特根斯坦曾揭示其中的弊病说："凡是我们的语言暗示有一个实体存在而又没有的地方：我们就想说，

---

① ［德］施太格缪勒：《当代西方哲学主潮》上卷，王炳文等译，商务印书馆1986年版，第182页。

② 转引自伍蠡甫主编《西方文论选》下册，人民文学出版社1964年版，第358页。

有个精神存在。"① 德里达也认为：根本不存在既主宰结构又逃避结构的东西，中心在结构之内，又在结构之外，这是无法想象的。假如在结构之外，那就不成其为中心，假如在结构之内呢？又要受其他因素的制约，也不成其为中心。可见，非理性主义的本质也仍然是理性的一种形式，仍然在理性的范围之内，而且是理性构造出来的另一种理性——非理性。

针对现代主义的缺憾，后现代主义提倡一种"流浪汉的思维"。这是一种自由嬉戏的态度，既强化差异，又容忍差异，不赋予任何对象以特权，坚持一种未完成的状态。一切都是不固定的，流动就是一切，并且反对任何观念、范畴、结构的合理性。也因此，它既反对理性设计出来的理性，也反对理性设计出来的非理性，理性的家园不存在了，非理性的家园也不存在了。处处破坏、解构，破坏就是家园，解构就是家园。不再试图以非理性的本体来取代理性的本体，而是尝试着寻找一个视角，来说明一切都是流动的，超越其他现象的根本的性质根本不可能存在，甚至看问题的视角也只是多元中的一个，也是可以超越的。理性不是世界的本原、基础，非理性也不是世界的本原、基础，世界不能够被理性地解释，也不能够被非理性地解释。结果，无本质就是本质，无中心就是中心，无基础就是基础，无目的就是目的，甚至连消解也是不必要的，因为它本身也会成为一种限制，不再是自由的，而是必需的，以致出现强制性。

学术界一般认为：后现代主义与现代主义之间的根本差异是：实体性中心为功能性中心所取代。从实体的非理性转向了功能的非理性，从非理性的理性转向了理性的非理性，从无意识状态的非理性到转向了有意识状态的非理性，从有内容的非理性转向了无内容的非理性。与此相应，后现代主义的根本特征，就是不再用一种非理性的本质来取代理性的本质，而是用理性的有限性和非稳定性来考察非理性，既不赞成理性主义的逻各斯中心主义，也不赞成非理性的在场形而上学。

---

① ［英］维特根斯坦：《哲学研究》，汤潮等译，生活·读书·新知三联书店1992年版，第27页。

这样一来，在现代主义那里在场的内容与在场概念的功能之间的矛盾就被揭露出来而且被有效地加以克服。当然，在避免了现代主义的用理性设立一个在场的非理性的缺点之后，后现代主义的用理性批判理性还仍旧存在着重大的障碍，这就是在批判中要预先假定在批判中要否定的理性的有效性。这里存在着一个悖论：假如理性能够消解自身，这意味着理性本身的有效性，然而这就或者要证明理性的有效性，或者要放弃理性自我消解的企图。后现代主义的方法是只操作而不判断，让理性在操作过程中自我解构，而不去作任何的建构，不再以在场的非理性来取代理性，而是让理性在自我批判中展示自己的破坏性、游戏性、不确定性、差异性，以便自我摧毁、自我否定。就是这样，思维成为一张"无底的棋盘"，并且真正从"核桃模式"（或者是"象棋模式"）过渡到了"洋葱模式"（或者是"围棋模式"）。

在美学方面也如此。现代主义美学同样是以非理性的实体作为本体、基础，并且将其视为支持审美活动的唯一基础。我们可以把它概括为对笛卡尔"我思"主体的极端发展，或者片面否定客体，或者片面高扬非理性的主体。非理性的主体被加以极端化的发展，并作为审美活动的唯一源泉。这一点，在里普斯的"移情论"和沃林格的"抽象冲动"中，表现为美和艺术远离现实，对非理性的神秘内在加以体验；在精神分析中表现为把美建立在逃避理性监督的潜意识的罪恶快感体验上；在柏格森、克罗齐那里，是表现为把美看作非理性的产物；在表现主义美学那里表现为纯粹表现的主体；在符号美学那里表现为作为符号形式创造的主体。而为了保证这一本体、基础的稳固和能够自由的创造，客观的世界被抛弃了，客观的自然形式也被抛弃了，整个客观的对象世界消失了，无对象的世界成为可能。康定斯基说的"构成"的时代的到来，就是如此。这是一种非理性主体的"独白"。所谓艺术就是创造"有意味的形式"，就是经典的表述。当然，这一切对于建立美和艺术的独立自主性是必要的，对于把美和艺术从对现实的绝对依赖中解脱出来，也是必要的。然而，它仍旧存在着根本性的缺憾。在这里，以非理性为本体本身就是令人怀疑的，因为它既无自然世界的依托，也无理性甚至神性的支持，可以说是空无依傍。这一点，在19世纪的克尔凯郭尔那里就有所表现，在现代主义中就更是如此了。不过由于在20世纪初还主要是冲击僵化了的客体与理性主体，①因此其中的危机还没有被深刻、全面地意识到，一旦把非理性主体推到了极端，一旦客体与理性主体真的不存在了，非理性主体也就自我消解了。因为人毕竟是对象性的存在物，对象的解体必然导致主体的解体。

这一幕在20世纪中期果然出现了。由于对非理性的过分夸大，现代主义的根本缺陷的空洞与虚无很快就暴露了出来。非理性的实体作为本原的事实上的无法兑现，不能不导致对非理性主体的彻底否定。同时，也不能不导致由于主体与客体的不再对立和同时否定而形成无中心的差异状态（客体的否定导致客体无所指，主体的否定导致主体无所指）。我们在后现代主义美学中，尤其是在作为美学评价的荒诞中看到的，正是这一点。我们发现，非理性的意义本源不再存在，还发现意义的不确定状态与主体性的衰落，现象学美学、阐释学美学揭示的正是这一秘密。在其中，审美价值的确定性和美的普遍有效性被完全破除了。法兰克福学派也对恢复人的主体地位不再信任甚至绝望，并且因此而对主体性加以否定，主体的中心地位不再存在，意义本源不再存在，虚无主义成为根本特征。分析美学更是只相信语言，最大限度地贬低主体，并且不惜因为对本质哲学、对概念思维的消解而导致了美本身的消解。结构主义虽然坚持文本有一个产生意义的深层结构，但是同样没有主体，是文本结构在决定一切，人却被制约于结构。人与现实的关系，主体的作为本源，都被语言游戏和读者与文本关系取代。解构主义的"差异"也对一切总体挑战，处处都强调要"去中心"。而在德里达破坏了在场的本体论建构的同时，罗蒂也解构了先验的认识形式，于是，在后现代主义美学中我们同样看到了一个根本转换，这就是：从实体性中心转向了功能性中心，从实体的非理性转向了功能的非理性，从非理性的理性转向了理性的非理性，从无意识状态的非理性转向了有意识状态的

---

① 外在社会的一切都岌岌可危，只有回过头来寻找非理性的自我。这方面，孔德的实证主义、马赫的经验主义、维特根斯坦的逻辑实证主义对理性主体的批评，以及海德格尔从本体论的角度对于理性主体的批评，弗洛伊德从无意识的角度对于理性主体的批评，结构主义从语义学的角度对于理性主体的批评，值得注意。

非理性，从有内容的非理性转向了无内容的非理性。而在后现代主义美学中，美学对于文本、结构、阅读、语言、读者、敞开、显现、照耀、呼唤的讨论，尤其是对于荒诞的讨论，则正是这一转换的集中表现。

荒诞取代丑而成为当代美学的中心，大致是在20世纪中叶。二战以后，荒诞从一个不起眼的日常生活用词一下子成为中心范畴。像戏剧、悲剧一样，荒诞同样是来自戏剧。从狭义的角度说，荒诞主要表现在黑色幽默小说、新小说、荒诞派戏剧之中，广义地说，则在后现代主义的美学中都可以看到荒诞的存在。从语源上看，荒诞 absurd 来自拉丁字 absurdus，后者是悖理、刺耳的意思。在一般的字典中，荒诞被解释为不合逻辑、不合情理、悖谬、无意义、不可理喻、人与环境之间失去和谐后生存的无目的性、世界和人类命运的不合理的戏剧性，等等。显而易见，荒诞是丑的极端。在丑那里，是上帝死了，在荒诞那里，是人死了。阿诺德·P.欣奇利夫说："荒诞若存，上帝必亡，而且在意识到这一点之后还不能企图设想任何一个超验的'另一个我'来替代。"① 这里的"上帝"无疑也包括理性，而这里的"另一个我"则无疑也包括非理性的实体。长期在场的上帝终于让位于永远缺席的戈多。西方关于荒诞的定义尽管五花八门，但是却仍旧有其共同之处，这就是：荒诞虽然与丑一样，同样是一种否定性的审美活动，但又是丑的极端的表现。因而准确地说，应该是一种虚无的生命活动的虚无呈现。其根本特征为：不确定性和内在性。"在这两极中，不确定性主要代表中心消失和本体论消失之结果；内在性则代表使人类心灵适应所有现实本身的倾向。"② 在这里，"中心消失和本体论消失"意味着：世界既在理性之外，也在非理性之外。这样，在丑那里存在着的形式与内容的矛盾，就获得根本的解决。

就审美活动的类型而言，荒诞虽然与丑一样，同样是一种否定性的审美活动，但又是丑的极端的表现，在丑那里，是上帝死了，在荒

---

① 参见［英］阿诺德·P.欣奇利夫《荒诞派》，剑平等译，北岳文艺出版社1989年版，第1—2页。

② 参见［荷］佛克马等编《走向后现代主义》，王宁等译，北京大学出版社1991年版，第35页。

诞那里，是人死了，因而准确地说，应该是一种虚无的生命活动的虚无呈现，是丑对美的调侃。其根本特征为：不确定性和内在性。世界既在理性之外，也在非理性之外。这样，在丑那里存在着的形式与内容的矛盾，就获得根本的解决。在丑对于统一性、合理性的否定以及对不统一性、不合理性的发展的基础上，荒诞干脆把它推向了极端，走向对统一性、合理性和不统一性、不合理性的共同发展，从而导致一种综合倾向。然而，由于缺乏理性作为综合的基础，因而事实上这综合也无非只是混合。于是，在丑中出现的人妖颠倒、是非倒置、时空错位，在荒诞中干脆则是人妖不分、是非并置、时空混同。一切既然都不可思议，无可理喻，并且无须表现，也无可表现，我们唯一能够做的就只能是取消一切界限，抹平一切差别，填平一切鸿沟，把世界的既在理性之外又在非理性之外这一根本内涵直接呈现出来。这，就是荒诞。

就美的类型而言，是无形式、无表现、无指称、无深度、无创造。这是因为，第一，荒诞被看作是无可呈现、无以呈现、无从呈现、无力呈现、无意呈现的不得不呈现。我们已经看到，在西方，面对不可表现之物，崇高是通过"主观的合目的性"把它转化过来，并因而达到对主体的肯定，由痛感到快感，可以说是对不可表现之物的正面表现；在丑中由于已经不存在对立的双方，是把不可表现之物与非理性的主体等同起来，因此因为非理性的主体事实上是无法表现的，只能是一种强硬的表现，所以丑对非理性主体的表现是永远不可能成功的，而且也不可能达到对主体的肯定，而只能暴露非理性主体的孤独、无助，可以说是对不可表现之物的否定表现；荒诞则不然，假如说丑认为世界是一个需要修补的世界，那么荒诞则认为世界是一个无法修补的世界，既然如此，荒诞就走向了对于不可表现之物的不可表现性的承认，换言之，荒诞是对不可表现之物的拒绝表现。

第二，荒诞因此是无形式、无表现、无指称、无深度、无创造的。在荒诞中是反人物、反戏剧、反小说、反艺术、反技巧、反主题、反情节的。任何细节，在艺术中都地位同等，人与物毫无关系地、冷漠地并列在一起。传统的在存在与价值两极中把存在同一于价值转换为如今的把价值同一于存在，传统的对混乱的反抗转换为如今的对混乱的默认。深度、高潮、空间被夷平了；开头、中间、结尾，前景、中景和背景混同起来了；对称、平衡不复存在了；现象与本质、表层与深层、真实与非真实、能指与所指、中心与边缘也不复存在了；时间被消解了，连续性变为非连续性，过去和现在已经消失，一切都是现在；历史事件成了照片、文件、档案，历时性变成共时性；人的中心地位不存在了，人的为万物立法的特权也消失了；面对令人茫然的世界，精神的运动不再垂直进行，而是水平展开，高与低、远与近、过去与现在、伟大与平凡被平列在一起，消极空间（里面没有事物）的重要性与积极空间（物体的轮廓）相同了；人像则被分裂到画布的各个部位上，"类像"则成为一切艺术的徽章。

就美感类型而言，第一，荒诞被看作是无意义、无目的、无中心、无本源的。其内涵有二：一是这种无意义、无目的、无中心、无本源不是指生活的某一个方面或人与世界的某种关系，而是指生活的整个存在或人与世界的全部关系。精神的运动就不再垂直进行，而只是向平面展开。因此过去误以为现象背后有深度，就像是古希腊的魔盒，外表再丑，里面却会有价值连城的珍宝，重要的只是找到一套理论解码的方法。现在却发现，"本源"根本就不存在，一切都在平面上。而且，这里的平面不是指的现代主义所重新征服了的那种平面，而是指的一种深度的消失——不仅是视觉的深度，更重要的是诠释深度的消失。其特点是全称否定，即对所有的中心、意义的否定，没有深度，没有真理，没有历史，没有主体，同一性、中心性、整体性统统消解了，伟大与平凡、重要与琐碎的区分也毫无意义。二是在西方当代美学看来，这种空虚和无意义不是来自理性的某一方面，而就是来自理性本身。荒诞产生于面对非理性的处境而固执理性的态度。当理性固执于要不就一切清楚，要不就一切都不清楚的态度时，荒诞就应运而生了。它很快发现，世界并不像过去所说的那样黑白分明、真假易辨、善恶显然、美丑界清，而往往是互相融合、难分难解、好中有坏、坏中有好。美不一定与善相连，而是与恶甚至罪行相联。这犹如地球上的某个地方的白夜现象，谁能说清它是白天还是黑夜？也有些像奥古斯丁称异教徒的美德为"辉煌的罪恶",到底是"辉煌"还是"罪恶"(也犹如刘勰说的"谐隐",即"言非若是,说是若非")?究竟是"是"还是"非"?结果犹如西方逻辑学家发现了悖论,西方物理学家发现了佯谬,西方美学家也发现了荒诞。在这里,所谓荒诞不是靠正常事物的颠倒,而是本身就建立在矛盾的基础上。在没有矛盾的地方引入矛盾,在常识认为有矛盾的地方不引进矛盾。美国学者埃利希·赫勒说:荒诞是一种打开所有可以用得上的灯,却同时把世界推入黑暗中去的力量,确实如此。也因此,荒诞展示的正是生命中的理性限度和非理性背景。所谓荒诞,也无非就是对于生命中的理性限度和非理性背景的意识。它提示我们放弃理性的意识,从而重新走向生命。

第二,荒诞被看作一种生存的焦虑。既然无意义、无目的、无中心、无本源,因此荒诞感不再是单纯的快感或痛感,而是一种"亢奋和沮丧交替的不预示任何深度的强烈经验",杰弗逊称之为"歇斯底里的崇高"。欣奇利夫在比较布莱希特戏剧与荒诞派戏剧时也指出:"在布莱希特希望'激发观众批评的、理智的态度'时,荒诞戏剧则'对观众的心灵深处'倾诉,它激励观众给无意义以意义,迫使观众自觉面对这一处境而不是模糊地感受它,在笑声中领悟根本的荒诞性。"① 这是一种尴尬的感受,悲喜混合、爱恨交加、不置可否、没有褒贬、没有希望、无可奈何。不是哭,但也不是笑,而是哭笑不得。相比之下,在美感类型中,荒诞最为复杂。它的愉悦是一种理智的愉悦,与优美的情感的愉悦不同;它的笑是不置可否的笑;② 它的痛感是转向焦虑,与崇高的痛感转向快感更不同;它的压抑是在人类理性困乏时产生的,既轻松不起来,也优越不起来,永远无从发泄,也不像崇高的压抑可以一朝喷发。因此,它始终是一种疏远感、陌生感、苦闷感,而不是一种征服感、胜利感、超越感。荒诞是一种生存的焦

---

① 参见[英]阿诺德·P. 欣奇利夫《荒诞派》,剑平等译,北岳文艺出版社1989年版,第23—24页。

② 人们很难忘记贝克特的《最后的一局》中的主人公纳尔从垃圾桶里伸出头来高喊的:"没有什么比不幸更可笑了"。因为找不到出路,只好通过这种自我嘲笑与痛苦拉开距离,这就是荒诞的笑,与喜剧的开怀大笑不同;它的哭又是漫不经心的哭,与悲剧的痛楚的哭也不同(荒诞是"是"与"是"、"非"与"非"之间的冲突,而悲剧是"是"与"非"之间的冲突)。

虑。假如说丑尚属心态正常者的感受，那么荒诞则只能是心态不正常者的感受，是用不属于健康人而是属于重病患者的观点去分析理解问题，是理性的"呕吐"、"恶心"所导致的非理性的笑声，是一种虚无中的重负和恐惧的空洞！

喜剧是美对丑的嘲笑。

喜剧的美学规定决定于肯定性的审美活动——美和否定性的审美活动——丑之间的冲突、纠葛以及由于这种冲突、纠葛所导致的量的变化。因此，作为审美活动，喜剧虽然仍然是自由的生命活动，是最高的生命存在方式，但在肯定性的审美活动——美和否定性的审美活动——丑之间的冲突、纠葛以及由于这种冲突、纠葛所导致的量的变化之中，喜剧又有其特定的位置：喜剧是美对丑的绝对压倒，或者说，作为不自由的丑在喜剧中处于绝对的否定状态，作为自由的美在喜剧中则处于绝对的肯定状态。因此，丑对美的反抗、挑战，实际偏偏只是一种夸饰、虚幻、无力的代名词，这就不能不导致一种美对丑的强大、无情的嘲笑。并且，正是这强大、无情的嘲笑，使人栖居于自由的生命活动之中。确实，喜剧正是通过对丑的嘲笑而企达对于生命的终极价值的绝对肯定。因此，我们可以把喜剧称之为：生命的智慧。

值得注意的是，在当代，由于与荒诞的彼此渗透，喜剧越来越成为美学关注的中心。所以会出现这种情况，关键还是在于理性主义的被解构。传统美学更为推崇的往往是悲剧，原因在对于必然规律、理性法庭、道德尺度的超越的关注。而在当代美学看来：人类之所以要面对必然规律、理性法庭、道德尺度，并非因为它的毁灭，而是因为它在审美活动中从来就不存在。因此，"必然规律、理性法庭、道德尺度"之类东西一开始就有其虚假的一面，传统美学的悲剧所面对的，正是这虚假的一面。但实际上，把一切偶然解释为必然，是人类在为自己的失败寻找理由的一种常见的方式。在古代，基督教就曾把智慧与罪恶联系在一起。在近代，理性主义传统强调的社会悲剧，性格悲剧，同样是人类为自己的局限找到的理由，是为自身辩护。只是到了当代，人类才发现，真正的悲剧在于对自身的存在的一无所知。事实上，人类在某些方面无非是一个精神的盲者，没有理由一味崇拜自己，不论是高大，还是渺小，是痛苦，还是幸福。因此，人们不应像过去那样只是热衷悲剧的参与，有时还要转而束手旁观，不为所动；不应像过去那样只是以苦难为美，有时还要视苦难为平常；不应像过去那样只是把有价值的东西毁灭了给人看（因为有时根本就没有），而且还要把虚假的东西砸碎了给人看。"我得，我幸；我失，我命"，或者，"Anythinggoes"（什么都行），这就是喜剧中所蕴含的当代美学精神。① 由此，黑格尔的预见也就确实很有道理："喜剧性一般是主体本身使自己的动作发生矛盾，自己又把这矛盾解决掉，从而感到安慰，建立了自信心。"而且，"主体之所以能保持这种安然无事的心情，是因为它所追求的目的本来就没有什么实体性，或是纵然也有一点实体性，而在实质上却是和他的性格相对立的，因此作为他的目的，也就丧失了实体性；所以现时遭到毁灭的只是空虚的无足轻重的东西，主体本身并没有遭受什么损害，所以他仍安然站住脚。"因此，"喜剧用作基础的起点正是悲剧的终点：这就是说，它的起点是一种绝对达到和解的爽朗心情，这种心情纵使通过自己的手段，挫败了自己的意志，出现了和自己的原目的正相反的事情，对自己有所损害，却并不因此灰心丧气，仍旧很愉快。"②

喜剧，就美的类型而言，是一种"透明错觉"，是内容与形式、现象与本质、目的与手段之间的错位，毫无理由地自炫、自大，自以为是的优越，不致引起痛感的丑陋、背离规范的滑稽与荒谬。在此，有两点需要加以说明：其一，是必须强调美对丑的至高无上的优越感、戏谑感，在这里，美与丑的关系绝不是相互抗衡的，也不是不协调的，而是美占有了绝对优势，可以玩弄丑于股掌之中。车尔尼雪夫斯基指出："我们既然嘲笑了丑，就比它高明。譬如我嘲笑了一个蠢才，总觉得我能了解他的愚行，而且了解他应该怎样才不至于做蠢才——因此同时我觉得自己比他高明得多了。"③ 这种"高明得多"，就是我所

---

① 在这方面，米兰·昆德拉所再三致意的"喜剧智慧"，代表着人类的生存观念、审美观念的转型，给我们以极为现代的启迪，亟待认真挖掘。详见我的新著。
② ［德］黑格尔：《美学》第3册下卷，朱光潜译，商务印书馆1979年版，第315—316页。
③ ［俄］车尔尼雪夫斯基：《美学论文选》，缪灵珠译，人民文学出版社1959年版，第118页。

说的至高无上的优越感、戏谑感、谐趣感。假如忽略了这一点，就会使喜剧同其他审美活动的类型（例如崇高）在美学规定上混同起来。其二，是必须强调丑的夸饰、虚幻、无力。在喜剧中，丑已经失去了全部的生存根据。因此，只能用自己的消解来反证美的至高无上。假如忽略了这一点，同样也会使喜剧同其他审美活动的类型（仍如崇高）在美学规定上混同起来。不过，有必要提出的是，人们往往把马克思的一段话作为喜剧的定义。这段话是这样的："历史是认真的，经过许多阶段才把陈旧的形态送进坟墓。世界历史形态的最后一个阶段是它的喜剧。……为什么会出现这样的历史进程呢？这是为了人类能够愉快地同自己的过去诀别……"① 应该说，这是对喜剧的美学规定的深刻概括，但同时也应该说，这又并非对喜剧的美学规定的正面概括。在这段话中，马克思只是从人类历史的角度论及喜剧。在他看来，喜剧代表着"世界历史形式的最后一个阶级"，它"把陈旧的生活形式送进坟墓。"这无疑是十分正确的。不过，我们还应强调，作为一种生命存在方式或一种审美活动的喜剧，它的诞生无须等到"世界历史形式的最后一个阶段"，因此，喜剧中的丑，作为一种"陈旧的生活形式"，也无须等到"世界历史形式的最后一个阶段"才被"送进坟墓"。这也就是说，尽管从宏观角度看，丑占据绝对优势，并且一直要"经过许多阶段"这种绝对优势才会消失，但从微观角度看，在一定范围内，或者在一定条件下，丑又可能处于绝对劣势，处于夸饰、虚幻、无力的被嘲弄的地位。

就美感的类型而言，喜剧不像崇高那样由消极转向积极，而是直接表现为积极的过程；也不像崇高那样靠牺牲自己来换取对对象的肯定，即通过对自身的无能的否定来肯定对象的无限，而是通过否定不协调的对象来肯定自己；不像悲剧那样导致一种压迫感，而是一种由误解而产生的紧张；不像悲剧的美感是痛感中的快感，而是直接的快感。因此，喜剧的美感类型集中表现为笑（笑是人类的特权，动物并不会笑）。这是一种轻松愉快的笑、一种突然荣耀的笑，一种预期失

---

① 《马克思恩格斯选集》第1卷，人民出版社2012年版，第6页。

望的笑，一种通过夸张理想的方式来实现理想的笑，一种意识到自身优越性的笑。① 里普斯说："在喜剧性中，相继地产生了两个要素：先是愕然大惊，后是恍然大悟。愕然大惊在于，喜剧对象首先为自己要求过分的理解力；恍然大悟，它接着显得空空如也，所以不能再要求理解力了。"② 就是对此的揭示。

就审美活动的类型而言，首先，喜剧是一种生命的超越。喜剧中美对丑的嘲弄不同于现实中善对恶的嘲弄。后者是功利的，前者却是超越的。喜剧中美对丑的嘲笑是站在生命的至高点上鸟瞰人间一切生命活动中的丑。它以嬉戏的态度面对丑、赋予丑以特定的形式。因此，才不但能够笑别人，也能笑自己，更能容忍别人对自己的笑。其次，喜剧是生命的自由本性的绝对肯定。不论在何种逆境之中，喜剧都始终瞩目于生命的自由本性，绝对肯定着生命的自由本性。在这里，笑当然意味着自由生命的淋漓，意味着对生命的一种终极肯定，意味着对光明、理想、未来的赞美与憧憬。最后，喜剧同时又是对虚无本性的绝对否定。喜剧对自由本性的绝对肯定，同时就是对虚无本性的绝对否定。生命活动中的脓疮毒瘤和层层污垢，因为失去了现实社会关系和功利目的的庇护，而充分暴露出来，成了人人喊打的过街老鼠。正如莫里哀所说："一本正经的教训，即使最尖锐，往往不及讽刺有力量。规劝大多数人，没有比描画他们的过失更见效了。恶习变成了人人的笑柄，对恶习就是重大的致命打击。责备两句是人家容易受下去的，可是人受不了揶揄。人宁可做恶人，也不愿作滑稽人"。这也就是说，人宁愿上社会的法庭，也不愿上审美的法庭。为什么呢？在审美的法庭中，见惯不惊的虚无本性被彻底剥去了伪装，被强烈地揭

---

① 美学家喜欢说，悲剧是对于世界的悲剧性的体验，喜剧是对于世界的喜剧性的体验。在我看来，这种把它们对立起来的做法是错误的。实际上两者之间不仅有对立，如悲剧是通过各种方式直接否认肉体（生），间接高扬生命的超越本身，喜剧是通过各种方式夸大肉体（生），直接高扬生命的超越本身，而且更有同一。例如悲剧既展示悲剧性，又展示喜剧性，悲剧把世界的悲剧性当作直接的表现对象，而把喜剧性作为间接的表现对象，喜剧则正相反。再如同一题材，既可以写成悲剧，也可以写成喜剧（例如以夸大人类力量的方式）。事实上，人类最初较易发现世界的悲剧性，直到成熟之后，才会发现喜剧性，从而超越现实的悲剧性，发现悲剧背后的喜剧性。

② 里普斯。转引自《古典文艺理论译丛》第七辑，第84—85页。

示出来，令人震惊地暴露出它的荒唐、虚妄。

三 剖向转换：从自然、社会到艺术

在逻辑形态的剖向层面，我们所看到的，则是在审美活动中所建构起来的自然美、社会美、艺术美。[①]

自然美的存在是一个事实，然而对于自然美的看法却是各执一词，以至于往往被称之为美学学说的试金石，歌德也曾感叹：大自然对无能的人是鄙视的，只有对有能力的人才会泄露它的秘密。总的来看，大体是或者认为自然美与人无关；或者认为自然美与人有关（其中又分为两个方面：其一是认为与人类的实践活动有关，其二认为是与人类的意识活动有关）。在我看来，两者都有道理。前者使我们意识到自然美与社会美、艺术美之间存在着根本区别，后者则使我们意识到自然美与人有关。然而，它们又都有其不足。因为山水是可触的，但山水的"美"却是不可触而只可欣赏的。这说明"美"不存在于山水自身，而是存在于山水与人之间的关系之中。就后者而言，实践活动只能创造出自然，但无法创造出自然的美。至于说离开实践活动的意识活动创造了自然美，更是虚假的。而在这一切的背后，恪守传统的"认识—反映"框架、恪守存在决定意识、美感是对外在的美的反映之类"见物不见人"的美学铁律，则是隐秘的共同之处。例如认为自然美预先存在，然后才由人去反映之。可是，在朱自清之前，为什么有"荷塘月色"却没有"荷塘月色的美"？为什么鲜花亘古有之，但是鲜花的美却不是亘古有之？或者，为了弥补明显的漏洞，再提出所谓"人化的自然"以及"自然的人化"的思路。但是，疑惑却依旧存在。既然同为"人化的自然""自然的人化"，为什么有的自然是美的，有的自然却不是美的？还有，同一个自然，为什么白天是美的晚上却是不美的？而且，从"人化的自然""自然的人化"出发，那也应该是"人化"的程度越深就越美，"人化"的程度

[①] 严格地说，应该称之为自然审美活动、社会审美活动、艺术审美活动，但为与美学界的惯用范畴保持一致，故暂不作改变。

越浅就越不美,可是,月亮人化的程度就不深而浅,为什么它却偏偏很美?对此,有美学家从狭义的"人化自然"转向广义的"人化自然",做出"曲线救国"的解释:"人化自然"是一个哲学概念。天空、大海、沙漠、荒山野林,没有经过人去改造,但也是"自然的人化"。因为"自然的人化"是指人类征服自然的历史尺度,指的是整个社会发展达到一个阶段,人和自然的关系发生了根本的改变。所以,"自然人化"不能仅仅从狭义上去理解,仅仅看作是经过劳动改造了的对象。可是,这一补充却仍旧难以自圆其说。因为即便在同一个时代,那为什么自然对象却有美有不美?又为什么经过人的改造的偏偏不美,没有经过人改造的,偏偏却美?另外,还有一种解释,是所谓"人的自然化"。这是一个与"自然的人化"完全相反的概念,强调的不再是实践过程中自然合于人类、自然规律合于人类目的一面,而是实践过程中人类合于自然、人类目的合于自然规律的一面。可是,这仍旧无助于问题的解决。因为"人的自然化"是建立在"自然人化"的基础之上,例如动物就无所谓"动物的自然化"。正是由于"自然人化",人才可能也才需要"自然化"。然而,"人的自然化"却仍旧还是无法回答在同一个时代为什么自然对象有美有不美的困惑,也无法回答为什么经过人的改造的偏偏不美而没有经过人改造的偏偏却美的问题。

关于自然美的问题,可以从两个层面去考察。在第一个层面,是人类的现实活动创造了"自然"。没有人类的现实活动,就没有"自然"(对于原始人来说,就没有自然)。这不仅因为人类的现实活动既改造了外在自然,也改造了内在自然,而且因为只有在人类的现实活动的基础上,才会出现"社会",也才会出现与"社会"相对的"自然"。

在第二个层面,是审美活动创造了自然美。没有自然审美活动,就没有自然美。有人说自然美是自然人化的产物,这无异于说自然是人类的产品,显然是错误的。这种看法遮蔽了人的对于自然美的欣赏,使人无法去真正了解自然美的特性,甚至让人在自然美中仍然去欣赏抽象的观念、理论之类的内容。事实上,社会美才是人类的产品,自然美则只是人类的对象,换言之,自然美只是"属人化"的对象,社会美才是"人化"的对象。这意味着,自然美不是"人化"的产物(因此不能只强调社会性),但也不是自然的产物(因此不是只有自然性),而是"属人化"的产物。自然美是审美活动在进入人与自然的层面时所建构起来的。

必须强调,所谓自然美,只有在上述的审美活动的基础上才能够被正确地加以阐释。事实上,在审美活动之前,在审美活动之后,都只存在作为"对方"的自然,但是,却不存在作为"对象"的自然美。当客体对象作为一种为人的存在,向我们显示出那些能够满足我们的需要的价值特性,当它不再仅仅是"为我们"而存在,而且也"通过我们"而存在的时候,才有了能够满足人类的未特定性和无限性的"价值属性",当然,这就是所谓的自然美。因此,犹如审美对象涉及的不是外在世界本身,而是它的价值属性。自然美之类的审美对象因此也并不是客体的属性或者不是主体的属性,更并非实体属性,而是关系范畴属性——在审美活动中建立起来的关系属性。它是在关系中产生的,也是在关系中才具备的属性。它不能脱离审美对象而单独存在,是对审美活动才有的审美属性,也是体现在审美对象身上的对象性属性。犹如花是美的,但并不是说美是花这个实体,而是说花有被人欣赏的价值、意义。因此,客观世界本身并没有美,美也并非客观世界固有的属性,而是人与客观世界之间的关系属性。也因此,客体对象当然不会以人的意志为转移,但是,客体对象的"审美属性"却是一定要以人的意志为转移的,因为它只是客体对象的价值与意义。

由此,在"自然"业已存在的基础上,人为什么还要进行审美、还要把"自然"审成"自然美",也就十分清楚了。显然,这当然不是因为在自然中有"美"要去反映、要去欣赏。"万类霜天竞自由",无疑是"万物一体仁爱"的宇宙大生命的根本特征。它是人类小生命的母体,也是人类小生命的载体。不仅仅是单一的生命,而且是生命与生命之间、生命与非生命之间,生命的整体性与内在相关,作为一个生命的网络而鲜活地呈现而出。这无疑是宇宙大生命的最为深层的奥秘。罗瓦赫原野公园过去的标牌上写的是:"请留下鲜花供人欣赏",而现在写的却是"请让鲜花开放",就正是对此的深刻觉察。然而,自然审美活动却毕竟并非就是来自对"万类霜天竞自由"的"万物一体仁爱"的宇宙大生命的"反映"(按照某些生态美学研究者的话说,可以叫作"让自然自由自在地呈现"),而是来自对"万类霜天竞自由"的"万物一体仁爱"的宇宙大生命的自觉。"万类霜天竞自由"的"万物一体仁爱"的宇宙大生命毕竟是不"自觉"的。在这意义上,期冀借助"自然的复魅"来解释自然审美活动,其实是"此路不通"的。没有人类小生命的"自觉","自然复魅"又如何可能?热衷于反对人类中心、反对人类作为自然的主宰,热衷于自然的复魅自然也有其道理,可是,这所有的道理本身难道不都是需要借助人类、借助人类小生命的'自觉"?在这里,无疑存在着一个非常值得关注的"诠释学循环",要摆正人类在自然中的专属位置,就必须摒弃人类中心的传统思维,可是,同样是为了摆正人类在自然中的专属位置,同时又必须借助人类的现代思维,既然如此,自由自在的呈现的自然又如何可能?何况,什么是"自然"?什么又是"自然的自由自在地呈现"?这本身就是一个无人可以说清的问题。因为这里的"自然"、这里的"自然的自由自在地呈现",都已经包裹在人类的错综复杂的概念之中。甚至,即便是"自然"概念,其实也全然是人类的一种语言建构。因此,当人类切身进入自然之中,当人类的审美活动在自然中得以全面展开,在人与自然的关系中,又怎么样才能不包含人之为人的全部复杂性?又怎么样才能不包含人与社会、人与人之间的全部复杂关联?试想,除了在理论的讨论中之外,又有谁在现实的自然中果真见过能够不包含人之为人的全部复杂性的自然、能够不包含人与社会、人与人之间的全部复杂关联的自然?

再者,直接把自然对象阐释为一种审美对象,也仍旧还是在"见物不见人"的传统美学中苦苦挣扎,也仍旧没有走出"见物不见人"的传统美学的巢穴。须知,自然当然是自然对象,但却并不是审美对象。因此,自然充其量也只是"对方"而不是"对象"。并且,不但过去的机械论意义上的自然只是"对方"而不是"对象",现在的有机论意义上的自然也仍旧只是"对方"而不是"对象"。事实上,误以为从人类中心到生态中心、从自然人化和人的自然化的对立到自然人化和人的自然化的统一、从二元对立到超越主客二元对立,就是人类的自然审美活动奥秘的直接解决,其实恰恰是一种思维上的极不成熟。超越主客二元对立的世界就是审美的世界,其实是错误地把生态学的超越主客二元的世界与美学的超越主客二元的世界混同了起来。当然,走出主客二元对立是十分重要的。而且也为生命美学所一贯提倡。但是,走出主客二元对立的目的走出概念思维、走出知识论态度,走出在客观知识中寻求安身立命之地并且把人与世界的真正存在概念化为思想按照其自身逻辑形式可以直接接受的"本质"的道路、走出把人变成物乃至客观知识的客体的迷宫,但是,在生命美学看来,这当然是意味着必须退回到人之理性前、概念前的生存——也就是超越二元对立,但是却又更意味着:亟待从知识论进入生存论(所以叫作生命美学),从而在"存在"中而不是在"概念"中把握人与世界。由此,人与世界之间不再是认识关系,而是价值关系。自然审美活动所关注的,也恰恰是在主客相互从属、相互决定的直观中呈现出来的东西,这个"直观中呈现出来的东西",是一种固化了的意向性客体、对象化了的意向性客体,也就是所谓的审美对象。具体到美学,在人与自然的层面,此时的"自然"就已经不是"对方",而是"对象",已经不是自然属性,而是价值属性。遗憾的是,在那些强调"自然的复魅"的美学家那里,这个在"直观中呈现出来的东西",这个固化了的意向性客体、对象化的意向性客体,这个自然的价值属性却根本就不存在,存在的只是一个所谓的超越主客二元对立的世界。而且,因为这一看法的没有被贯彻到底,因此实际上也确实就是"见物不见人"的传统认识论美学的老调新谈。因此,我们还一定要强调的恰恰是:美并不是客观的存在。试想,柏拉图为什么会提示说,猴子本来是"最美的",但是与人相比却"还是丑"?他的言下之意,恰恰就正是在说明:美并不客观。外在的自然世界只是审美活动的发生条件,而且,也只是审美活动的必要条件,而不是充分条件,是审美对象产生的前提,但却不是审美对象本身。换言之,在自然审美活动中自然"对方"与审美"对象"并非一回事。自然对象是客观存在的,但是,因为自然"对方"而诱发的审美"对象"却不是客观存在的。至于审美愉悦的原因，那还只能是存在于审美活动自身。

因此所谓"自然复魅"、所谓"让自然自由自在地呈现"都其实只是海市蜃楼式的假象，也只是出之于一种常识的错误。类似筷子在水中弯曲、人在地球上，太阳从东方升起，都是常识，但是也都不正确。其实，自然之美当然是宇宙大生命的自由呈现，但是，这里的"自由"却并不是"自然"的，而恰恰是"自为"的。正如"花的红"是反映的结果，是客观存在，"花的美"却并非如此，也不是客观存在。引发自然审美活动的"对方"与自然审美活动的"对象"并不是一回事，如果只看到"花的红"的客观存在就以为"花的美"也是客观存在，那就大错特错了。真正的答案只能是，在审美活动之前，在审美活动之后，"花的美"根本就不存在。因此，"花的美"并不是自然所固有的，而只是在人与花之间所形成的某种价值属性。江河湖海也是客观存在的，但是江河湖海的美却并不是客观存在的，而且，它并非是"想出来的"，而是"想象出来的"，也就是全都是人们创造出来用于表达某种价值的。何况，曾经决溢1590次改道26次的黄河并没有体现"自然复魅"，更没有体现所谓的"自由自在地呈现"，但是，却仍旧可以在审美活动中成为审美对象，可是体现了"自然复魅"与所谓的"自由自在地呈现"的屎壳郎就没有这般好运了，它在审美活动中就始终无人以之为美；何况，黄山和回收的垃圾山、百灵鸟和毛毛虫、癞蛤蟆、玫瑰花和狗尾巴草都一样体现了"自然复魅"与所谓的"自由自在地呈现"，但是却或美或丑。"高峡出平湖"，有人从没有体现"自然复魅"与所谓的"自由自在地呈现"的角度出发，认为是不美的。其实，尽管现在从生态学的角度可能会对"高峡出平湖"有所否定，可是，一旦进入审美活动，我想，应该还是没有人能够不以之作为审美对象的。

误以为自然美就是实践活动的产物也是不符合实际情况的。自然之美，并非因为它是人类实践活动的产品。当然，能够注意到自然美与人的关系却是一个进步。因为自然美无疑是"自然界生成为人"的历史进程中的一个人性自觉的路标，也无疑是"在物种方面把人从其余的动物中提升出来"① 的历史进程中的一个人性解放的确证。但是，它却毕竟并非人类的实践活动的简单重复，也并非人类实践活动的附属品、奢侈品。我们必须看到，在实践活动业已创造了"自然"的基础上，人为什么还要进行审美、为什么还要把"自然"审成"自然美"？这当然不是出之对于作为人类产品的"自然"的欣赏，而是出之对于"自然"的审美。这个时候，"自然"已经被提升、升华了。至于"提升、升华"的原因，则当然是因为：人，是由原生命与超生命组成，这是一个二象性的奇特存在，犹如神奇的"波粒二象性"。当然，在其中起着主导作用的，是人的超生命。它是人之为人的根本，也是人之为人的灵魂，类似人之为人的精神面孔。遗憾的是，这一切却无法在非我的现实世界得以呈现，就犹如现实的镜子无法照出我们的精神面孔。那么，又应该如何去让这一切呈现而出呢？睿智的人类当然不可能因此而被难倒，而这，就是审美活动的出场。审美活动，其实也就是通过创造一个非我的世界来证明自己。这意味着，要去主动地构造一个非我的世界来展示人的超生命，主动展示人类超生命得以实现的美好，以及人类超生命未能得以呈现的可悲。不过，与通过非我的世界来见证自己不同，创造一个非我的世界，不是把非我的世界当作自己，而是把自己当作非我的世界，过去是通过非我的世界而见证自己，现在是为了见证自己而创造非我的世界。而且，把一个非我的世界看做自己，这当然是我们日常所说的现实世界中的实践活动，但是把自己看作一个非我的世界呢？那岂不正是我们所说的审美活动？

而且，自然审美还有其不同之处。例如，在艺术审美中，人类可以直接去创造一个非我的世界来见证自己，可是，在自然审美中人类却无法这样去做，而只能通过将"对方"转换为"对象"的方式来创造一个非我的世界以见证自己（它们同样都是审美活动，黑格尔认为自然审美只是艺术审美的雏形，是错误的）。这样，"万物一体仁爱"的宇宙大生命一旦进入审美活动，无疑就正是人类之为人类的一面镜

---

① 《马克思恩格斯选集》第3卷，人民出版社2012年版，第860页。

子。在这个意义上，所谓自然已经不是原来意义的自然，而已经被"形式化"了，已经成了自然之为自然的规律性的自觉，它已经成了人性的代言、人类的代言。因此，审美活动需要的不是去讴歌实践活动的种种胜利，而是去创造一个非我的世界来见证自己、去在自然中通过将"对方"转换为"对象"来见证自己。犹如花是美的，但并不是说美是作为"对方"的花本身，而是说花作为"对方"有被人欣赏的价值、意义，审美对象涉及的并不是鲜花本身，而是鲜花的价值属性。因此，在鲜花身上寻找一种美的客观属性，是不现实的。何况，鲜花尽管亘古如斯，然而却历经了"不美"到"美"的演进，对于今人，其中的美客观存在，对于古人，其中的美却客观不存在。显然，鲜花固有的自然性质尽管亘古存在，但是，美却并不亘古存在。当鲜花显现为美的时候，应该是审美活动在鲜花身上的审美创造，是因为人类在鲜花身上看到了乐于接近乐于欣赏的东西的结果。换言之，鲜花成为审美对象，并不来自具有价值的"鲜花"，而是来自审美活动对于"鲜花"的价值评价。鲜花所呈现的，也只是自身中那些远远超出自身价值的某种能够充分满足人类的价值，也就是某种能够满足人类自身的价值，而那种鲜花身上的某种能够满足人类自身的价值中的共同的价值属性则就是美。换言之，鲜花的美所体现的，不是自然对象的自然属性，而是自然对象的价值属性，是在审美活动中才存在的关系性、对象性属性。它不能脱离审美对象而单独存在，是对审美活动才有的审美属性。因此当我们说花美的时候，也并不是说美就是花这个实体，而是说花有被人欣赏的价值、意义。

　　法国画家德拉库瓦说得好："自然只是一部字典而不是一部书。"即便是在经过了实践活动的洗礼之后（且不去说实践活动的洗礼对于自然而言完全就是九牛一毛），在"自然"的"字典"中也仍旧没有《陶渊明集》、没有《瓦尔登湖》，自然也仍旧"不是一部书"。陶弘景：山水之美，古来共谈。但是，"共谈"的"对象"却又完全不同于"对方"（尽管都经过了实践活动的洗礼），圣维克多山不过是一座丘陵，位于法国南部塞尚家乡的附近，但是，在塞尚的名作《圣维克多山》问世之后，却成为一座名山。为此，法国美学家杜夫海纳曾经追问:"谁教我们看山呢?圣维克多山不过是一座丘陵。"在中国的羊祜、杜预之前,岘山也"不过是一座丘陵"。欧阳修在《岘山亭记》中说:"岘山临汉上,望之隐然,盖诸山之小者。而其名特著于荆门者,岂非以其人哉。""兹山待已而名著也"。① 同样,克伦堡不过是一座城堡,位于丹麦西兰岛北端,但是,玻尔在访问时曾对海森堡说:"凡是有人想象出哈姆雷特曾住在这里。这个城堡便发生变化,这不是很奇怪吗?作为科学家,我们确信一个城堡只是用石头砌成的,并赞叹建筑师是怎样把它们砌到一起的。石头、带着铜锈的绿房顶、礼拜堂里的木雕,构成了整个城堡。这一切当中没有任何东西能被哈姆雷特住过这样一个事实所改变,而它又确实被完全改变了。突然墙和壁垒说起不同的语言⋯⋯"显然,在自然审美活动中,人类全然是从生命的自觉的角度去看待自然。此时此刻,自然山水其实就是我们所找到的"对象"。何况,"万物一体仁爱"的宇宙大生命只是最为容易成为"对象"的。人类在其中得以看到自己、得以确证自己。正如伏尔泰所说的:大自然比教育更有力量。人们的观念在改变江河湖海,但江河湖海也在改变着人们的观念,并且通过改变人们的观念而改变人们的行为、人们的世界。因此,这也就犹如我们在不辞辛苦、不远万里地去"找对象"。在"对象"身上显示的也不是自身的价值而是对于我们的价值。自然也在向审美者显示着那些能够满足审美者的需要的特性,也显示着那些它对审美者来说是怎样的特性,柳宗元:"美不自美,因人而彰。兰亭也,不遭右军,则清湍修竹,芜没于空山矣。"道理恰恰在此。凡·高就一直在抱怨,在他之前就去过法国南部的画家们,始终没有把最美的东西表现出来,因此,他想让人们通过他的绘画而看到南方。王尔德指出:在惠斯勒画出伦敦的雾之前,伦敦并没有雾。梵高:他在委拉斯开兹那里看到了灰色的美,在莫奈那里看到了落日的美,在伦勃朗那里看到了晨光的美,在维米尔那里看到了阿尔勒镇的少女的美。在梵高画出普罗斯旺的柏树之前,普罗斯旺的柏树其实十分稀少。只是借助梵高的绘画认识到了柏树之美以

---

① 欧阳修:《岘山亭记》。

后,柏树在普罗斯旺才被广为种植。因此梭罗甚至声称:"哪里的风景都能相应地为我而发光。"中国的孔子也"登东山而小鲁,登泰山而小天下",这一切都可以理解为特定的外在事物对于某种自己的某种最为内在的生命追求的呼唤。凡·高疯狂描绘的阿尔的麦田也是如此,只是在凡·高反复描绘了这片平淡无奇的麦田之后,它也才从默默无闻中摆脱出来,成为一片令人趋之若鹜、流连忘返的麦田。

当然,在具体的审美活动过程中,自然美还可以再作区分,例如,可以区分为与社会美、艺术美相分离的自然美;与社会美、艺术美结合的自然美,还可以分为自然现象、自然景观、自然环境,等等。本书不再讨论。

其次看社会美。社会美的问题,在西方并没有被提及。在中国,是1948年出版的蔡仪所著的《新美学》一书第四章"美的种类论"第二节"自然、社会美和艺术美"中首先提出的。后来也命运多舛。因为他坚持的是认识论美学,为了证明美是客观的,艺术源于生活,因此提出了社会美。离开了认识论,社会美自然也就很难立足了。而在西方,因为在宗教时代、科学时代,审美与社会都水火不容直接相关,因此社会也从来就无美可言。倒是在中国,从没有宗教传统与科学传统的中国古代,没有看到审美与社会的脱节,相反,始终是鲜明的礼乐美学传统,因此倒是存在社会美的,不过,在其中却也美善不分。

当下对于社会美的关注,无疑与时代的转换相关。美学时代到来之后,美学地成为引导价值、主导价值,这就使得人与社会之间的审美关系也被提上了议事日程。

在传统社会,日常社会与审美、艺术始终是完全分离的。这一点只要从不论何时提及审美与艺术,总是要以它们的超越于日常生活作为最突出特征,就不难看出。由于物质生产与精神生产的分工,造成了物质享受与精神享受的分离,同时也造成了审美、艺术与日常生活的分离。简而言之,可以称之为"动脑"和"动手"的分离。对此,恩格斯早就提出批评:"在所有这些首先表现为头脑的产物并且似乎统治着人类社会的东西面前,由劳动的手所制造的较为简易的产品就退到了次要的地位;……迅速前进的文明完全被归功于头脑,归功于脑髓的发展和活动。"① 而马克思也提示我们，要注意传统社会"高傲地撇开人的劳动的这一巨大部分"②（即物质生产）这一根本缺憾。进入20世纪，由于社会的突飞猛进的发展，这一状况有了根本的转变。一方面，审美与艺术由于社会的发展而逐渐丧失了传统的神秘色彩，开始降低姿态，"飞入寻常百姓家"，换言之，审美与艺术开始社会化；另一方面，日常社会也因为社会的发展而逐渐加大了审美与艺术的含量，开始提升自身，日益蚕食着审美与艺术的边界。所谓"食必常饱，然后求美；衣必常暖，然后求丽；居必常安，然后求乐"。人们纷纷开始美化自己、美化生活，并且通过生活的审美化、艺术化来更大程度地解放自己。其结果，就是人人都开始从美学与艺术的角度发现自己、开垦自己、发现生活、开垦生活。日常社会中的审美与艺术，已经成为一个普遍存在的不争的事实。

这样，所谓社会美，也可以从两个层面去考察。在第一个层面，是人类的包括实践活动在内的现实活动创造了社会。没有人类的包括实践活动在内的现实活动，就没有社会。正是在这个意义上，我们说社会是"人的本质力量的对象化"。在第二个层面，是审美活动创造了社会美。没有社会审美活动，就没有社会美。与自然美一样，社会美间接产生于人类的包括实践活动在内的现实活动，直接产生于审美活动。因此，应该说，社会美是审美活动在进入人与社会的层面时所建构起来的。是审美活动创造了社会美。没有社会审美活动，就没有社会美。社会审美是审美活动置身人与社会的层面时的自我建构，涉及的是人与社会的审美关系，是"自然界向人生成"在社会层面的审美呈现，也体现着人类试图"在社会方面把人从其余的动物中提升出来"③的美学取向。而且，区别于自然审美的对于宇宙大生命的关注，社会审美是对人类小生命的关注；区别于自然审美的规律性的自觉，社会审美是关键是目的性的自觉；区别于自然审美的自然的被形式化运用，社会审美则是社会的被形式化改造。

---

① 《马克思恩格斯全集》第20卷，人民出版社1971年版，第516页。
② 《马克思恩格斯全集》第42卷，人民出版社1979年版，第127页。
③ 《马克思恩格斯选集》第3卷，人民出版社2012年版，第860页。

就自然美与社会美而论,两者都是自然性与社会性的统一,或者说,两者都既决定于自然属性,也决定于社会属性,但是侧重点有所不同。不同的自然属性与不同的社会属性的结合,或以自然属性为主,或以社会属性为主,就构成了自然美或社会美。甚至可以说,自然美与社会美是两个相对的范畴,都要相对于对方而存在,都是意在展示为对方所忽视了的另外一面。社会美是以对于自然的否定而成为可能的,自然美则是以对于文明的否定而成为可能的。换言之,从自然作用于人的角度有自然美;从人反作用于自然的角度有社会美。自然向人生成与人向自然生成的理想是双向循环过程:自然的属人化和人的自然化。社会审美活动侧重于展示审美活动的结果,自然在这里找到了人的本质;自然审美活动侧重于审美活动的过程,人在这里找到了自然的本质——附带说一句,这种两重性在审美活动中可以同时看到,在艺术活动中则在二重转换的意义上同样可以看到。总之,社会美是社会现象,也是自然现象——它要以自然性、真为中介;社会美是自然的人化,是从自然到社会的结果;社会美是以善的形式展现真的内容。是对善的超越,对内容的超越。

令人困惑的仍旧是,"社会"无疑已经是"对方",那么,为什么还要以社会为"对象"?相当多的美学家都曾经漫不经心地从这个问题一掠而过。在他们看来,作为"人的本质力量对象化"的产品,社会本身就理应成为审美活动所讴歌的对象,因此也就不可能存在什么再把"社会"审成"社会美"的区别。社会,也无疑就既是"对方"也是"对象"。然而,问题也恰恰就出现在这里。所谓"社会",指的是个体只有组织起来,只有联合而为社会共同体,才能与无比强大的自然抗衡,也才能生存与发展。因此"社会"只是一个组织,而不是归宿。它可以是"它"(工具,物我关系),可以是"他"(敌人,敌我关系),当然最好是"你"(朋友,你我关系)。社会之为社会,既有异化的一面,也有优化的一面,包含着"优化"与"异化"的两重属性。而人在其中,则始终应该是一个主动者,始终都应该把主动权控制在自己的手上。人与社会,不应该说只是认识关系,更应该是价值关系。在认识关系中,人可以是主体也可以是客体,但是在价值关系中，人却必须是主体，也只能是主体。换言之，社会必须为人类而存在，必须体现人的目的、价值，必须走在"优化"的道路之上。换言之，只有人才是社会的主体，这正如马克思所断言的："社会是人同自然界的完成了的本质的统一，是自然界的真正复活，是人的实现了的自然主义和自然界的实现了的人道主义。"① 在其中，"成为人"，是社会发展的最高目标。"作为市民社会成员的人是本来的人，这是和 citoyen［公民］不同的 homme［人］，因为他是有感觉的、有个性的、直接存在的人，而政治人只是抽象的、人为的人，寓言的人，法人。"② 因此，社会之为社会，仅仅只是人的存在方式，而不是独立于人的人格实体。为此马克思甚至明确地指出，"首先应当避免重新把'社会'当作抽象的东西同个人对立起来"。但是，实际情况却偏偏不是这样，人们往往把"社会"理解为一种"特殊的人格"，往往把人当作社会的工具，以至于马克思要批评说："在任何时代社会都不是自然界的正确反映"，③ 显然，"见社会不见人"，人在社会中成了达到社会目的的机器、工具、部件，是一种极为普遍的情况。"社会"被实体化、机械化了，并且成为超越于人、凌驾于人的独立存在。

社会的发展归根结底是人的发展，是为了人的发展，而且也只能是通过人的发展。"目的性"范畴因此也就尤其重要。它意味着人类社会的发展不同于物质世界的进化。后者只关联于自然的生命本能状态，并与价值关系无涉，因此只需要因和果、必然和偶然、量变和质变、连续和中断、遗传和变异等等范畴就可以描述，前者不然，它已具价值关系，涉及价值的创生。因此必须引进"目的性"范畴，引进理想、未来、选择、期待等"主观性"因素。"发展"就是"尚未实现"与"理想实现"，发展就是现实世界向理想世界的提升。它已经不再是过去对未来的支配，也不再是已然对于未然的支配，而是在因和果之间插入了一个"目的"，于是结果也就转而成了被目的和原因所共同主导。目的性范畴的创造作用与能动作用由此得以凸显。尚未

---

① 《马克思恩格斯全集》第 42 卷，人民出版社 1979 年版，第 122 页。
② 《马克思恩格斯全集》第 1 卷，人民出版社 1956 年版，第 443 页。
③ 《马克思恩格斯全集》第 3 卷，人民出版社 1960 年版，第 562 页。

存在的状态、尚未发生的事实、未来期望和理想以及人对未来的超前意识，都开始以意图、动机的方式提前出现，并且规范、主导着人类的活动。只有超越现实，才能认清现实、规划现实、指导现实、发展现实。可能如何、应该如何压倒了已然如何，成为符合人的主观追求的"理想存在"与超前预演，并且进而从未来规范现在。总之，区别于规律性范畴，目的性范畴驱动着人类社会朝向着使人成为"人"、使人向"人"生成、使人向无限敞开的未来挺进。人类的一切活动，也都朝向着自由自觉的活动；人类的任何劳动，更是都朝向着美的享受。这就正如马克思所预见的："共产主义是对私有财产即人的自我异化的积极的扬弃，因而是通过人并且为了人而对人的本质的真正占有；因此，它是人向自身、也就是向社会的即合乎人性的人的复归，这种复归是完全的复归，是自觉实现并在以往发展的全部财富的范围内实现的复归。这种共产主义，作为完成了的自然主义，等于人道主义，而作为完成了的人道主义，等于自然主义，它是人和自然界之间、人和人之间的矛盾的真正解决……它是历史之谜的解答，而且知道自己就是这种解答。"①

然而，目的性范畴作为主导的存在，又毕竟还只是主观性、观念性的东西，而非现实性的存在。一方面，它还必须借助"工具"的中介，通过现实的感性活动即包括实践活动在内的现实活动，才能转化为现实性的存在，这当然也就是理想社会的到来。另一方面，它也可以通过审美活动，在当下的现实社会去象征性地加以实现。在这个方面，正如吉尔兹所谓的"妥协和交易"、布尔迪厄所谓的"场"，马克思、恩格斯所谓的"合力与力的平行四边形"以及所谓的"相互联系"才是"事物的真正的终极的原因"，甚至也正如佛教所谓的"因缘合，诸法即生"，社会之为社会已经如此复杂，线性函数显然已经无效，而只能是非线性函数。而且"缘分"也较之"必然"更易于概括社会演变的奥秘（万物都从相互关联中派生出自身，但对自身来说，却是什么也没有）。更何况每个因素的变动都可能使结果的可能

---

① ［德］马克思：《1844年经济学哲学手稿》，人民出版社2018年版，第77—78页。

曲线弯曲。本来，社会的生产与消费是一个统一的过程，但是只有在动物那里，这生产与消费才是直接统一的。文明的进步则表现在社会的中介环节即符号系统的不断增加、不断扩展，其结果，竟然是生产与消费之间的分离，异化也正是因此而出现。社会的真正需要，人的真正需要都被中介化了，也都被物化了，目的性范畴更已经不复可见。这个时候，目的性范畴既可以是理想社会的现实尺度，但是也可以是现实社会的理想尺度。毫无疑问，这也正是社会审美活动的诞生。社会审美活动恰恰就是对于社会发展的概率优势、社会发展的最优解的无限趋近。在这个意义上，我们说。在其中，审美者从遥远的、未来的角度看过来，何者在社会中为美？何者在社会中为丑？何者在社会关系、社会实践、社会交往中是人类所乐于接近、乐于欣赏的？何者在社会关系、社会实践、社会交往中是人类所不乐于接近、不乐于欣赏的？这一切都期待着社会审美活动的回答。"他在现实中既作为社会存在的直观和现实享受而存在"，马克思提示说："又作为人的生命表现的总体而存在"，① 以此为准，审美活动将社会加以形式化的改造，从而开掘着社会生活中蕴含着的审美属性。

人的解放，因此也就成为社会审美活动的关注重点。鉴于人类社会生活必然地带有异化的性质，必然地只能是"它"或者是"他"，而并不可能一蹴而就地成为"你"。因此也就往往会是作为美的对立物而存在。而社会要走向"你"、走向"优化"，也就只能在社会审美中毅然为美转身，并且坚决地去抵制种种异化的社会现象，从而使得自身有效地从动物的生命中剥离出来。这正如茨威格指出的："自从我们的世界外表上变得越来越单调，生活变得越来越机械的时候起，（文学）就应当在灵魂深处发掘截然相反的东西。"② "当黑暗以阳光的名义，公开的掠夺"，人类有什么理由必须反而去忍气吞声以身饲之呢？唯一应该做的，应该是揭露伪美，应该是神圣的拒绝。我们确实无法改变这个世界，但是我们也没有必要因此而俯首称臣。置身现实

---

① 《马克思恩格斯全集》第 42 卷，人民出版社 1979 年版，第 123 页。
② ［奥］茨威格：《茨威格小说集（译文序）》，高中甫等译，百花文艺出版社 1982 年版，第 7 页。

社会，我们完全可以借助于社会审美活动去把这个世界的荒谬揭示出来，把这个世界的种种甜蜜谎言揭露出来。因此，在社会审美活动中，人们所亟待思考的，也不是强化自己的地位，吃饱穿暖，而是如何在文明中保持自己的非文明本质，如何在分门别类种保持自己的天性。这就是美学的救赎。在我看来，康德之所以嘲笑迎合社交乐趣的艺术，阿多诺之所以批判文化工业，杜夫海纳之所以强调要把艺术与人工制品区别开来，就正是出于这个目的。

　　社会审美活动不但不能转而成为对于审美与社会的对立一面的否定，而且还要意识到这本来就是意在抬高社会，然而一旦审美与社会根本不分，却又可能出人意料地在抬高社会的同时降低了审美，又可能播种的是龙种，收获的却只是跳蚤。因为审美与社会之间毕竟存在着鲜明的差异。作为一种应付社会的而并非针对审美活动的社会美学（美化生活之学），它或许无可指责。但是作为审美活动，它却存在着根本的缺憾。因为，在当代社会，所谓的社会审美活动，唯一应该去做的，就是"勇于不敢"，就类似西方的反小说所呼吁的"诗情的诅咒"。它必须从醉生梦死的"诗意""美化"中醒来，必须勇于充当报凶的乌鸦和啼血的杜鹃，去为人类敲响报警的钟声。社会审美活动作为人的自由本性的理想实现，关注的也已经不再是传统的将日常生活理想化、"日常生活审美化"，或者是对于人类在一定意义上实现了的自由的赞美，而是将理想日常生活化、"审美日常生活化"，应该是对于人类在一定意义上失去了的自由的追寻。它不再在肯定日常生活中肯定日常生活的意义，而是在否定日常生活中揭示日常生活的无意义（从而也就间接揭露了自然、文明中的"退化"现象以及人类的本质力量的被束缚）。

　　至于社会美的分类，则包括以面对外在对象、客体自然的实践活动（包括科学技术活动）为审美对象、以面对内在对象、主体自然的社会活动为审美对象、以面对外在对象、客体自然与内在对象、主体自然的统一——人体活动为审美对象三类。其中，人体美是社会美的最为集中的表现。不过，本书不去讨论。

　　艺术美问题，同样存在着两个层面。

在第一个层面，是艺术活动创造了艺术。没有艺术活动，就没有艺术。

艺术之为艺术，无疑是一个模糊范畴、一个开放的家族。因此，人们所谓的艺术观念，也无非是依照列维－斯特劳斯所说的"修补术"修补出来的。不过，就其根本立场而言，应该说，传统美学的艺术观念与当代美学的艺术观念又都有自身的一致性，这就是前者表现为艺术与美的同一，后者表现为艺术与美的断裂。艺术之诞生，与美本来并无直接的关系。在古希腊、罗马，人们关注的是艺术模仿的问题，例如模仿什么，怎样模仿，哪些模仿更好，等等，无人以美为艺术的特殊属性。古拉丁语中的 arts，类似希腊语中"技艺"（中国的"艺"也是指的技能，如"求也艺"，"艺成而下"），古拉丁语中的"诗人"则与"先知"同义。而柏拉图、亚里士多德在描述艺术的效果时所使用的快感、愉悦、净化等范畴也只部分地与美感的特性有关。到了中世纪，艺术一词的内涵开始升华，但也只是把文法、修辞学、辩证法、音乐、算术、几何学、天文学等称为"自由艺术"。真正把美与艺术联系在一起的，是近代。当时，为了把艺术从技艺的层面上提升起来，不得不求助于"美"。正如钱伯斯在谈到文艺复兴时所说的：文艺复兴的重要性并不在于古代遗迹的发掘，因为这些遗迹早已为人所知，而在于发现这些遗迹是美的。从此艺术就依靠美来征服人们，并使人们乐于接受。在这方面，弗朗西斯科·达·奥兰达可以说是最早使用"美的艺术"一词从而把"美"与"艺术"联系在一起的人。在此之后，"美的艺术"，就成为那个时代的共同看法。至于其中的分界，则可以法国美学家巴托1747年出版的《简化成一个单一原则的美的艺术》为代表，他不但正式使用了这一范畴，而且在使用这一范畴时把它分为五种：音乐、诗、绘画、雕塑、舞蹈。从此，"艺术"才成为"美的艺术"。于是，美成为艺术的根本，艺术活动也成为审美活动的典范表现。结果，艺术通过美学而终于为自己挣得了一席之地，艺术也通过美学使得自己切断了与善的联系、与真的相通，并且与生活拉开了明显的距离，划分了清晰的边界，从一个广阔的天地进入"画廊""展厅""沙龙"，从现实的天地升入"艺术乌托邦"。

进入当代社会,情况出现了变化。艺术家都纷纷与美脱钩并且以脱钩为荣。例如,"艺术学鼻祖"康拉德·弗德勒在19世纪下半叶就提出美学与艺术学的区别。由此,艺术也就从艺术与美的同一走向了艺术与美的断裂。在一定意义上,至此艺术活动已经是一种现实活动。当代美学家喜欢说艺术是一个"开放的家族",所谓"开放的家族",意味着当代美学关心的问题是"艺术如何",而传统美学关心的问题则是"艺术是什么"。在这里,存在着一个审美观念的转换,以及一种对艺术的完全不同的理解。当代美学是通过"艺术如何"来知道"艺术是什么",而在传统美学看来,"艺术是什么"是知道"艺术如何"的前提。在当代美学看来,"是"在这里仅仅只是一种假定,但是传统美学却把这个假定当作了真实。例如,传统的艺术观念是建立在理性主义基础之上的。在它看来,艺术无非是一种以个别来反映一般的准知识。是否能够体现"普遍""本质""本体""共性""根据""共名",是其艺术性的高与低的根本尺度。而传统的美就正是这一尺度的集中表现。认为艺术与生活相分离,认为艺术是独立于生活之外的天地,认为艺术高于生活,认为艺术是生活的参照系,认为艺术根本无须把生活纳入它的范围之内,却是其中的共同之处。而当代的艺术观念却是建立在非理性主义的基础之上的。在它看来,艺术不再是一种以个别表达一般的准知识,而是一种独立的生命活动形态,一种个别对于一般的拒绝以及个别自身的自由表现。事实上,艺术只存在相似性,不存在共同性。因此,在当代艺术家看来,对于艺术的追问,最为重要的是对艺术的描述,而不是对艺术下定义。他们追求的是作为活动的艺术,而不是作为知识的艺术。换言之,对于艺术的追问实际上是寻求"艺术"的实际用法,而不是寻求"艺术"的定义。我们只能在实际用法中得知一个词的意义。这就是说,重要的不是去追问什么是艺术,而是去问怎样使用艺术这个词。不是通过理性来认识艺术是什么,而是要在活动中创造艺术之所是。在这个意义上,艺术的与美主动拉开距离,也是完全可以理解的。而这也正是我所说的是艺术活动创造了艺术以及没有艺术活动就没有艺术的真实含义。

在第二个层面,但是我又要指出,是艺术审美活动创造了艺术美。

没有艺术审美活动，就没有艺术美。

艺术家都是但愿后有来者，但是绝对不愿前有古人。然而，看不到"美的艺术"的话语性当然是错误的，但是，看不到"美的艺术"的进步性却是更加错误的。必须指出，当代艺术观念对于艺术与生活之间的同一性的强调，并不就是反对"艺术"这一谁也说不清的东西，而是要无限制地跨越传统的艺术观念所划定的边界，并光明正大地反对西方传统的关于艺术是独立于生活之外的精神产品的艺术观念。换言之，艺术与生活事实上不可能完全等同，当代艺术强调它们的等同只是为了揭示过去长期被掩饰的艺术与生活之间的同一的一面。在当代社会，生活一次又一次地突破传统的艺术观念。而当代艺术作为全新的艺术与其说是为了争取成为艺术，毋宁说是意在从传统艺术的任何一种定义中解脱出来。也因此，另一方面，艺术作为一个"开放的家族"，也就并非不可以补充。对此，曼德尔鲍姆在《家族相似及有关艺术的概括》一书中反驳维特根斯坦时说得十分精辟：游戏并不是不可以界定的。维特根斯坦及其分析美学，"可能包含了严重的错误，并不是什么了不起的进步"。因为在家族相似的人之中并不决定于他们的外部特征，而决定于他们之间存在着某种血缘关系。他们都有共同的祖先。因此艺术并非只有"相似点"而没有"共同点"。同时，艺术也不像某些人说的那样，"同杂草无异"（艾利斯），根本不存在边界。因为即便是杜尚，在反叛传统艺术观念之前，也肯定存在着一种艺术观念。艺术与非艺术之间的绝对界限无疑不存在，但是相对界限却肯定存在。那么，这个相对界限应该是什么？在这方面，康德提出的"无目的的目的性"，给我们以启发。不过，正如我在前面已经剖析过的：康德的"无目的的目的性"存在着明显的局限。而在当代艺术中，至关重要的已经不是"无目的的目的性"，而是"有目的的无目的性"。这样一来，人与世界的更为丰富的关系也就展现出来了，事物的敞开、去蔽，本身就也可以成为艺术。我们看到，西方当代的文学与艺术就正是如此。当艺术家用特定的方式把现成品堆积起来时，也就取消了它们的有用性，使之成为可看的欣赏对象，呈现出其中从未为人所注意的特征。应该说，这也是艺术。这样，对于对象"何时为艺术"的追问,就不应该被误解为对象在任何时候都可以成为艺术。在此意义上,就西方当代的文学与艺术而言,应该说,"有目的的无目的性"就是其中的相对界限。

而这也就意味着:亟待从传统的"何为艺术"的追问方式转向当代的"何时为艺术"的追问方式。①"何为艺术"的追问方式,追问的艺术只是有关事物的共同本质的准知识。在追问中,"艺术"不但丧失了独立性,而且被视作一种知识形态、实体形态。其结果,是始终没有把握住艺术之为艺术的最为根本性的东西。长期以来,美学家们总是在追问艺术模仿着"什么"、再现着"什么"、表达着"什么",在潜意识中总是把艺术作为"什么"东西的替代品,但却忘记了艺术的更为根本之处在于它"是"。也因此,或者认为艺术是一种模仿形态,或者认为艺术是一种再现形态,或者认为艺术是一种抒情形态……然而却忽视了在艺术观念中要讨论的是艺术的"是之所是",而并非艺术的"是什么"。对于艺术的"何时为艺术"的追问却不同。在它看来,追问艺术的"是什么"只会导致艺术的凝固。事实上,"艺术"从来就没有死亡,也没有诞生,而只是如其所"是"而已。由此,以艺术为"现象",对之加以存在论的、意义的、描述的、"如何是"的研究,则是美学家们在讨论艺术问题时的共同路径。

这是因为,艺术的具体形态是会死亡的,但艺术本身却不会死亡,即所谓"生成"本身是不会死亡的。因此,对于艺术的"本源"的追问应该取代对于艺术的"本质"的追问。在这里,"本质"是名词性的,指定现象的东西、决定现象的东西;"本源"则是动词性的,是使存在者获得其自身本质的内在根源。"某件东西的本源乃是这东西的本质之源"。② 在这个意义上,艺术应该是什么呢?艺术就是在真之

---

① 西方当代美学对于艺术问题极为重视,也着重从各个方面对之加以研究。一般认为:生命美学、表现美学、自然美学研究了艺术创作;精神分析美学、人类学美学研究了艺术创作的动机;形式美学、分析美学、结构主义美学、解构主义美学研究了艺术的意义的构成;现象学美学、存在主义美学、西方马克思主义美学研究了艺术的功能;阐释学美学、接受美学研究了艺术的阅读,等等。

② [德]海德格尔:《海德格尔选集》,孙周兴选编,上海三联书店1996年版,第237页。

去蔽澄明的活动中，事物在无蔽状态中的出场。① 这意味着，在传统美学，艺术是"美的对象"；在当代美学，艺术则是"审美对象"。前者是一个给定的存在物，是以美的预成论为基础的，后者则只对人的审美活动而存在。② 总之，在这里"唯一仍然存在的并不是围绕对象的或在形相后面的世界，而是……属于审美对象的世界。"③ 它是通过审美活动并为了审美活动才存在，是一种超越性的存在。值得注意的是，它尽管首先是一种物，但并不就是物。遗憾的是，一般人注意到的只是它的物性，但其实，艺术却是物性之外的那个"别的什么"。正是这个别的什么，才使艺术成为艺术，才使艺术成其所是。

还是戈德曼说得深刻：重要的不应该问何为艺术，而应该问事物何时才成为艺术。关键的关键也不在于是否具备再现形态、表现形态、形式形态或其他什么形态，而在于它是否表现出一种必不可少的超越

---

① 例如伽达默尔就认为：在西方美学传统看来，艺术的本质在于以感性形式显现理念，然而西方当代艺术却是反形象化的。从传统看，艺术似乎不再是艺术。那么能否在传统的艺术观念之外来说明艺术呢？其中的关键是真理观念的转换，只有将艺术与认识的真理分裂开来，而与存在的真理联系在一起，才能对当代艺术予以准确的说明。在他看来，艺术不再是摆在那供研究的对象，而是真理发生的方式。伽达默尔分析了"游戏"，尤其是"游戏"的同一性特征。"游戏并不是一位游戏者与一位面对游戏的观看者之间的距离，从这个意义说来，游戏也是一种交往的活动。"（［德］伽达默尔：《美的现实性》，张志扬译，生活·读书·新知三联书店1991年版，第37页）并用"象征"的研究来说明在艺术中蕴含着的使得人类得以统一起来的东西。"现代艺术的基本动力之一是，艺术要破坏那种使观众群、消费者群以及读者圈子与艺术作品之间保持的对立距离。无疑，最近五十年来的那些重要的有创造性的艺术家正是在努力突破这种距离。……在任何一种艺术的现代试验的形式中，人们都能够认识到这样一个动机：即把观看者的距离变成同表演者的邂逅。"（［德］伽达默尔：《美的现实性》，张志扬译，生活·读书·新知三联书店1991年版，第38页）限于篇幅，对此本书无法予以展开讨论。

② 在这方面，维特根斯坦的思考颇具启迪，它曾经举著名的"鸭兔"为例，说明对象在很大程度上取决于如何去看（伊格尔顿甚至说火车时刻表也可以作为诗歌来读）。他在建立他的"语言游戏"理论时还运用过一个国际象棋的例子，他说"一个词的意思是什么"，就类似"象棋中的一个棋子是什么"，单独把国际象棋中的国王拿给别人去看并且宣布"这是国王"是毫无意义的。只有在知道某物可以用作某事之后才是真正知道某物。对此，斯坦·豪根·奥尔森阐发云："象棋中的国王就是一种惯例客体，它的存在要依赖于象棋游戏惯例的存在。""作者和读者有着一个共同的惯例框架，正是这种惯例框架才允许作者有意识地把文本当作文学作品，并同时使读者把文本当做有意而为之的文学作品来加以解释。把一个文本鉴定为一件文学作品，也就是去接受这种惯例管理解释和评述。"（斯坦·豪根·奥尔森。见朱狄《当代西方艺术哲学》，人民出版社1994年版，第151—152页）可见，离开特定的审美活动，什么是艺术，就是一个永远也说不清楚的谜。

③ ［法］杜夫海纳：《美学与哲学》，孙非译，中国社会科学出版社1985年版，第53—54页。

态度、一种终极关怀。因此，沿袭上述诸形态中任何一种的艺术未必就是艺术，但当代的干脆以现成物、现实生活为艺术，却因为体现了对僵化了的所谓现实生活的冲击而成为艺术。须知，当现实成为一种虚伪的东西，当"虚构"成为一种僵化的东西，艺术以"现实生活"来反映"现实生活"，以"现实"来冲击"虚构"（虚伪），就因为真实地阐释了已经出现但人们却始终未知的生活本身而成为一种更高意义上的"虚构"。在此意义上，简单地指责其为非艺术，是不明智的。以杜尚事件为例，模仿、再现、抒情无疑都无法加以解释，因为它显然不"是"艺术。然而站在当代艺术的角度，又可以说它显然可以"成为"艺术。艺术不再是未知的事实，而是不可知的事实。艺术的诞生就是一种新的眼光的诞生。换言之，艺术不再是认识的对象。所谓认识的对象，按照康德的看法，是我们立法的对象。与此相应，传统美学把自己也看成艺术的立法者。它之欣赏艺术无非是通过这一欣赏去对既定的理解方式去孤芳自赏，艺术因此被看作工具、手段，被看作有关事物共同本质的准知识。而现在，是艺术为我们的感性立法。在当代美学看来，不承认艺术为我们立法，就无法理解艺术，因为在欣赏艺术之前就已经拒绝了艺术。这无疑是艺术的千年误区。实际上，并非艺术感动我们，而是我们感动于艺术。艺术并没有再现、表现什么，而且即使艺术再现了什么、表现了什么也并不重要，重要的是它是什么和给予了我们什么。那么，它是什么？它就是"是之所是"，它给予了我们什么？它给予了我们一种生命的智慧。

这样，艺术问题也就又一次地回到了艺术之美。康德在把审美活动第一次抬高到至高无上的中介地位的同时，对艺术也曾从美学的角度做出了极大的肯定。伽达默尔对此颇有非议之词。在《真理与方法》《美的现实性》中，我们都不难看到这一点。但是毕竟应该说，康德的选择也并不意味着浅薄，而恰恰意味着深刻。因为他正是用这种特殊的方式强调了艺术的"美的"属性。因此，在艺术的存在有了合法性之后就开始否定自身的美学存在的合法性，未必就是可取的。因为当代艺术固然是"反美学"的，但当代美学就不是"反美学"的吗？须知，所谓"反美学"是反传统美学，而并不是反对美学本身。那么，当代艺术的"反美学"是反什么呢？无疑也只是反传统的美，而不应是美本身。因此，真正的回应"应该是老老实实地承认：需要一种新美学。"①而且，从艺术的本性要大于"美的"的角度而言，艺术就是艺术，而不应只是"美的艺术"，因此艺术应该从"艺术乌托邦"这样一种"传统"的象牙塔回到现实世界，艺术研究也应该回归于艺术哲学，②但是就艺术的本性仍然包含着美的属性而言，艺术又实在不应该与美完全对立起来。换言之，艺术美的研究，仍然应该是美学的重要研究对象。在这个意义上，我们经常说，文学艺术是人类的必需，中国有一句老话就说得很好，叫作："欲不死，生于诗"，这也就是说，一个人如果想不死，那最好就生存在文学艺术里，黄庭坚的《再次韵兼简履中南玉》更其精彩："与世浮沉唯酒可，随人忧乐以诗鸣。"晏几道的《临江仙·梦后楼台高锁》也令人难忘："琵琶弦上说相思。当时明月在，曾照彩云归。"而西方的看法其实也完全一样的。叔本华不是就说过："艺术是人生的花朵"？康定斯基不是也把艺术家称为："通向天堂的值得羡慕的建设者"？那么，这些看法说明了什么呢？说明文学作品都是人生的"对象"，都可以让阅读者在其中看到自己、确证自己，而且，相对于自然山水、相对于社会现象，由于文学艺术都是人类自觉地创造，因此，它也就较之自然山水、社会现象都远为纯粹，因而能够充分满足人类通过主动地构造一个非我的世界来展示自己、确证自己的生命需要。

艺术与美之间的关联因此也就仍旧是必需的。它是审美活动置身人与自我的层面时的自我建构，涉及的是人与自我的审美关系，是

---

① 理查德·科斯特拉尼茨。见朱狄《当代西方艺术哲学》，人民出版社1994年版，第67页。
② 这种"回归"，可以从一个重要的范畴看出，这就是"游戏"。在康德那里，"游戏"还隶属于一种审美主义的思考。离开了"自由""主体中心论""审美活动"……"游戏"就无法得到美学的定位。而"美的游戏"即"美的艺术"。在当代的美学大师里，情况出现了根本的变化。海德格尔、迦达默尔……在论及"游戏"时，都有意识地对其中的"自由""主体中心论""审美活动"的传统内涵加以清洗，"游戏"不再是"美的游戏"，而是就是游戏。一种人类的一般交流性质，取代了传统的单一的审美交流性质。结果，"游戏"即艺术，在此基础上的艺术研究，就不再是美学的，而是艺术哲学的。

"自然界向人生成"在自我层面的审美呈现，也体现着人类试图在自我方面"把人从其余的动物中提升出来"①的美学取向。假如说自然美面对的是人与自然的超越关系，社会美面对的是人与社会的超越关系，艺术美面对的则是人与自我的超越关系。艺术美是对于内容与形式的在感性符号层面的同时超越，②即对真与善的同时超越。艺术美也是通过自然的"人化"向自然的"属人化"的复归。假如说，审美活动象征的是人类既从自然走向文明同时又从文明回到自然的矛盾的解决，那么，一方面，在这个矛盾解决中，自然美与社会美各居一个侧面，艺术美则是借助感性符号对自然美、社会美的同时超越。社会美是改造自然，自然美是超越社会，艺术美则是既改造自然又超越社会，在社会美，因为它是人类的生产产品而感到美，在自然美，因为它不是人类的生产产品而感到美，在艺术美，则因为它既是人类的生产产品又不是人类的生产产品而感到美。艺术美是规律性与目的性的共同自觉。因此，不同于自然美的以肯定为主，社会美的以否定为主，艺术美则是以否定之否定为主。都是一面镜子。

而且，不同于自然美的宇宙大生命的形式化，也不同于社会美的人类小生命的形式化改造，艺术美则是生命（宇宙大生命＋人类小生命）的形式与形式的生命。它是我们所找到的最为理想的"对象"。而且也就是为了满足人类自身的情感享受而予以生产的。也因此，艺术的存在纯然是人类精神关系的解放的见证。它是精神生命的生产，尤其是审美生命的生产。马克思憧憬的"按照美的规律"去创造，只有在艺术作品中才真正得以实现。人类在艺术作品中呈现着生命、展示着生命、创造着生命，也实现着生命，并且"生成为人"。艺术作品是生命的享受，也是生命的提升。在这个意义上，艺术作品已经不是在进行作品的生产，而是在进行人的生命的生产，是生命的享受，也是生命的生成。借用席勒的话说，恰恰是在文学艺术的生产中，人

---

① 《马克思恩格斯选集》第3卷，人民出版社2012年版，第860页。
② 艺术美通过感性符号与世界发生关系，因此比自然美、社会美的影响更大，所谓"精神之浮英，造化之秘思"，（徐祯卿：《谈艺录》）因为感性符号使人可以发挥更集中、更富创造性的想象，这本身就是对现实的超越。

克服了自己感性的片面性和理性的片面性，成为游戏的人、自由的人，也即"审美的人"。这是马克思所预言的共产主义社会的全面发展的人、自由自觉的人也即"审美的人"的超前实现。也正是在文学艺术的生产中，人不断确证着自己的本质、不断肯定着自己的本质，不断发展着自己的本质、不断提高着自己的本质、不断丰富着自己的本质、不断升华着自己的本质，也不断观照欣赏着自己的本质。至于艺术作品，那其实也就是审美生命的结晶。它用刻刀、泥巴、金石、色彩、旋律声部、文字节奏显现出生命深渊中对世界的理解和解释。在这一特定的时刻，世界竟然会作为形式化了的世界而存在。画面上的女人永远不可能与你亲吻，银幕上的枪弹也绝对不可能射中你的心脏，那关闭了栅栏的白昼，那藏匿了影子的夜晚。那太阳、那云空。那树丫上被晾晒着的无人认领的思念的风。不也只在你的想象中诉说着生命的故事？还有艺术作品的欣赏，斯托诺维奇称之为一种人所独有的"审美享受的特殊愉悦"，一种"最高的享受"。① 然而，其实它也无非就是人的精神生命的二度创作、二度生产、二度创造，在第二次的想象中，文学艺术仍旧在呈现着生命、展示着生命、创造着生命，也实现着生命。

至于艺术美的分类，在我看来，则可以分为客体艺术（工艺、建筑、雕塑，作为外在客体、生命的客体的艺术）；主体艺术（人体装饰、舞蹈、戏剧，作为主体自身、生命的主体的艺术）；主客体艺术（绘画、音乐、文学，作为符号、生命的创造的艺术）；后艺术（摄影、电影、电视）；电脑艺术（电脑游戏、网络艺术）；设计艺术（工业设计、视觉传达设计、城市设计、策划与创意）。其中存在着从自然—人体—心灵的演进，也就是从原生命到超生命的演进、从生理到精神的演进。不过，这都是学术界的研究成果，在这个方面，我暂时卑之无甚高论，因此，也不再予以讨论。

---

① ［爱沙尼亚］斯托诺维奇：《审美价值的本质》，凌继尧译，中国社会科学出版社1984年版，第231、235页。

第三篇

美学作为审美哲学再论

第五章　根源层面："因生命，而审美"

第一节　审美活动的历史发生

一　先天性问题

从审美活动的性质即审美活动"是什么"追问到审美活动的形态即审美活动"怎么样"，关于"审美活动如何可能"的追问，还有待展开的，是审美活动的根源即审美活动"为什么"。

审美活动的根源意味着审美活动所禀赋的对自身作用的预先规定以及完成这种作用的特殊能力。而这就必然隐含着一个怪圈：从逻辑的角度看，是审美活动的性质规定着审美活动的根源，但从历史的角度看，却又是审美活动的根源，规定着审美活动的性质，因此，进而把审美活动的根源即人类为什么需要审美活动搞清楚，无疑有助于进一步对审美活动的性质、形态、方式的深刻把握。

审美活动的根源包括两个方面，即审美活动的历史的发生与逻辑的发生，也就是"爱美之心，人才有之"与"爱美之心，人皆有之"。不过，不论是历史的源头还是逻辑的源头，所涉及的都并不是传统的关于审美活动"是何时发生的"之类的问题，而是审美活动"为什么会发生"之类的问题。诸如"人类为什么需要审美""人类究竟是怎样创造了美""审美活动从何处来"的问题，是从生命的角度看审美活动。而最终的答案则无非是："因生命，而审美"，也就是人的生命必然走向审美活动，审美活动，是生命的最终归宿。

本节先从历史发生的角度考察。

人类对审美活动的关注是一个有目共睹的事实。西方的金苹果的故事，在权力、智慧与美中选择了美并非偶然。柏拉图曾自述："自从爱神降生了，人们就有了美的爱好，从美的爱好诞生了人神所享受的一切幸福。"中国的孔子在齐国也曾经闻《韶》乐而三月不知肉味。《列子》中也描述：韩娥之歌，余音绕梁，三日不绝。因此，借用希腊执政官伯利克里的名言，不论是西方还是东方，无疑都可以说：我们是爱美的人。再看一下美国哲学家艾德勒的电脑统计，也堪称一个有力的支持。艾德勒把全人类的所有的名词输入进去，然后来做一个统计，要看一看全人类最喜欢用的概念是什么。结果，他找到了六对概念："真、善、美、自由、平等、正义。"然后在这六对概念里又找到了三个全人类说得最多的概念，这就是："真、善、美。"看来，犹如对于阳光、空气与水的需要，在人类世界，还真是"人不爱美，天诛地灭"。①

显然，审美活动是人类文明的基础，也是人类尊严之所系，还是人类生命力的源泉。我们甚至可以说，审美还是一个神奇、一个奇迹。人的诞生本来就是奇迹了。人是从那里来的？人是谁？人又向何处去？这已经自古到今都让人百思不得其解了。可是，审美活动的诞生更是神奇中的神奇、奇迹中的奇迹。我们知道，人类生命活动是一个高度精密的有机结构，在严酷、苛刻的进化过程中，它要遵守的是高度节约的原则。就人类的进化而言，凡是存在的，就一定是合理的。这是因为，在社会进化的过程中，只要有一丝一毫的多余，就一定会被淘汰掉。而且，即便是人类的进化过程中刻意留下的若干缺陷，也是遵守的高度节约的原则。例如近视眼的遗传基因，例如心肌梗塞，老年痴呆的遗传基因，人类的进化为什么不把它们淘汰掉呢？原来，人类的进化还要本着节约的原因，如果进化成本太高，那就不如还是先不去淘汰。毕竟惨胜等于完败！这也就是说，成本太大的胜利还不如不胜利，因为，它实际正是失败。再比如说，人的食管跟气管通过的都是一个通道，都要在咽喉交叉。在吃东西的时候，要把气管关上，而在呼吸的时候，则要把食管关上。如何去操作呢？会厌软骨就是专门

---

① 台湾歌手蔡依林早年代表作《看我72变》中的歌词。

干这个工作的。可是，有的时候却会出现意外。可是，为什么大自然在进化的时候就不把这两个管道完全分开呢？不难想象，如果必须，那么人类在进化的过程中是一定可以找到进化的方法的，可是，人类却并没有这样去做。为什么呢？就是因为成本太高。而且这种情况并不影响绝大多数人的生存，因此，就不如宁可憋死极少极少的人也暂时不去进化。"两害相权取其轻"。人类进化的精确计算就是到了如此斤斤计较的程度。然而，究竟又是为了什么？人类竟然会不辞艰难地为自己进化出了审美活动的机制？无疑，这意味着人类所寻觅到的生命进化的道路——一条全新的道路。为此，人类不是去弯道超车，而是毅然而然地"换道超车"。昔日的"适者生存"一变而为"美者优存"。显然，这会令我们又一次想起不同于炮弹的导弹，尤其是想起在导弹的身上所携带的"红外制导系统"。

著名的全球史专家斯塔夫里阿诺斯曾写过一本书：《远古以来的人类生命线——一部新的世界史》，其中提及了人类在发展进化中的极为重要的四条生命线：生态、性别关系、社会关系、战争。他称之为："阿莉阿德尼之线"。① 在我看来，美，也是人类进化的"阿莉阿德尼之线"。就像爱默生所说："世界的存在于灵魂而言，是为了满足对美的渴望。"安简·查特吉也认为："将艺术看作本能或演化副产品的观点都不能令人满意。""人类经过演化，对美的对象产生反应，因为这些反应对生存有用。""我们觉得美的地方正是能够提高人类祖先生存机会的地方。""我们的祖先在具有生存价值的对象中找到快乐，……我们通常会接近让人愉快的对象。""艺术让我们的生活更美好。"② 而在盖亚·文斯的《人类进化史：火、语言、美与时间如何创造了我们》与普鲁姆的《美的进化》中，我们也看到了他们为人类进化所寻觅到的"阿莉阿德尼之线"："火、语言、美和时间"③ 或者

---

① ［美］L. S. 斯塔夫里阿诺斯：《远古以来的人类生命线——一部新的世界史》，吴象婴、屠笛、马晓光译，中国社会科学出版社1992年版，第19—21页。
② ［美］安简·查特吉：《审美的脑》，林旭文译，浙江大学出版社2016年版，第6、3、49、71、177页。
③ ［英］盖亚·文斯：《人类进化史：火、语言、美与时间如何创造了我们》，贾青青、李静逸、袁高喆、于小岑译，中信出版社集团2021年版，第162页。

"美的基因"。一个显而易见的结论无疑是：爱美，是生命的必然，也是生命的必需。人是理性的人、道德的人、实践的人……也是审美的人。

可是，困惑也始终存在。我们何以需要以审美的方式存在于世界？一个与美相关的世界意味着什么？它又何以竟然如此重要？甚至，人类为什么又竟然只能从审美中赎回人类的生命？审美活动"无用而又有大用"是每个人都会认可的，可是，如果认真追究起来，审美是什么却并不重要，审美让什么发生了，才是更为重要、也是真正重要的。通过审美，可以重建我们的生活，这是众所周知的，但是，也是美学所亟待回应的。于是，人们从来就不需要为宗教活动、科学活动……辩护，但是，却需要为审美活动的合法性辩护。在"审美如何、审美怎样"背后的，是"人为什么非审美不可"？或者，是美如何创造了人类自己？

当然，在相当长的时间内，人们都认为是有答案的。在宗教时代、科学时代，都曾经以为审美活动无非就是宗教活动、科学活动的附属品、奢侈品。中国的实践美学则是把审美活动作为实践活动的附属品、奢侈品。实践美学借助"实践活动"把人类与自然界一劳永逸地分开，认为审美活动完全就是实践活动的产物。可是，动物明明已经"制造工具"了几百万年，为什么却偏偏没有进化为人？而人类为什么通过"制造工具"就偏偏进化为人了呢？还有，本来已经被"制造工具"的实践"积淀"过的狼孩为什么无论怎么去教育都无法成为人？更不要说，在地震灾害降临的时候，在众多动物中，为什么最最愚钝无知的偏偏就是已经被"制造工具"的实践"积淀"过的人类自身？类似的困惑，都是实践美学所无法加以解释的。其实，审美活动与物质实践相同，都是起源于生命，也都是生命中的必须与必然。因此审美活动并非居于物质实践之后，并非仅仅源于物质实践，并非仅仅是物质实践的附属品、奢侈品。

与此相关的，是一些流行的看法。例如"模仿说"，审美活动就是模仿的愉悦？当然也不无道理。因为审美活动也确实存在再现生活的一面，可是，审美活动也还有并不再现生活的一面，像音乐，《十面埋伏》再现了秦汉相争的历史吗？那《二泉映月》又再现了什么呢？睿智的美学家如亚里斯多德就发现了其中的缺陷，他补充说，审美活动确实是模仿，不过，它模仿的不是现实而是理念、理想，后来的车尔尼雪夫斯基则干脆说：美是生活，但是，却是"应当如此的"生活。可是，理念、理想以及"应当如此的"生活还是现实吗？显然已经不是。因此，审美活动不是模仿。还有美学家说，审美活动就是表现的愉悦，这也同样具有一定的道理。可是，痛哭和欢笑也是表现，可是它们为什么却不是审美活动？看来，仅仅只是表现还是不够的，还要表现得"绕梁三日"，表现得令人回味、陶醉其中。遗憾的是，这里的"绕梁三日"以及"回味""陶醉"，都已经远远超出了"表现"的内涵。因此，审美活动不是表现。美学家还说，审美活动就是游戏的愉悦。确实，无功利而愉悦，在这个方面审美活动与游戏真的非常一致。可是，游戏却是为玩而玩，而且，玩过就算，审美活动也是这样吗？当然不是。审美活动还有让人咀嚼、反刍的一面。因此，审美活动也不是游戏。

何况，不论是模仿、表现还是游戏，无疑也还都不是审美活动的最为根本的源头，例如，我们还可以问：人之为人，为什么要模仿、为什么要表现、为什么要游戏？可见，在模仿、表现、游戏的背后还有着亟待首先去加以追问的问题。这就是：人之为人，为什么要去进行审美活动？模仿、表现、游戏追问的是审美活动出现于何处，可是，我们首先需要追问的却是审美活动为什么会出现。"人类为什么非审美不可"？"人类为什么需要审美"？无疑，在我看来，这些问题才是迫在眉睫的根本追问，也才是至关重要的原因。

我们的美学探索正是从神学美学、理性美学乃至实践美学的无能为力之处开始的。"没有神的光环，你我生而平凡。"在宗教时代与科学时代退场之后，我们发现，审美活动的历史发生，是一个曾经被长期遮蔽起来的问题。这"遮蔽"，表现为我们往往从还原论或非还原论的角度去对这一问题加以考察。所谓非还原论，是指的传统美学的看法，这种看法往往从人的"人性"的角度去考察审美活动的发生。强调审美活动的后天性，强调审美活动对于生命存在的超越性，强调人类的本质力量，强调对于现实生活的再造，强调审美活动的非功利性，强调审美活动的独立性。①而还原论则是当代美学的看法。这种看法往往从人的"本性"的角度去考察审美活动的发生。强调审美活动的先天性，强调审美活动对于生命存在的依存性，强调审美活动的现实性，强调人类的本能力量尤其是其中的"性"。②总而言之，还原论与非还原论的看法固然差异颇多，但说它们是各执对立的"本性"或"人性"一极，应该大致不差。而无法清楚地说明生物的生存方式、进化方式与人类的生存方式、进化方式之间的复杂关系，则是其共同的缺憾。

在我看来，审美活动的起源既不是非还原论的，也不是还原论的，然而却并不在这两者之外，审美活动并不是出之于"人性"，也不是出于"本性"，然而也并不在这两者之外。在我看来，前者揭示的是

---

① 这种看法的典型表现就是认为原始艺术的起源要先于原始审美的起源。然而首先，原始审美与原始艺术并非一回事。艺术成为"美的艺术"，是在近代之后才出现的。格罗塞在对原始艺术作了认真研究之后，也发现："原始民族的大半艺术作品都不是纯粹从审美的动机出发，而长时间想使它在实际的目的上有用，而且后者往往还是主要的动机，审美的要求只是满足次要的欲望而已。"（［德］格罗塞：《艺术的起源》，蔡慕晖译，商务印书馆1984年版，第234页）原始艺术可以说明巫术的起源、文化的起源，但是无法说明审美的起源。因此原始艺术与原始巫术、原始文化的联系要远远大于与审美的联系，用原始艺术去说明原始文化的起源、原始巫术的起源，要比用它去说明原始审美的起源更为合乎实际。其次，因此，原始审美的起源与原始艺术的起源之间也就并不存在某种严格对应的关系。例如，对于审美活动起源的说明的关键是从功利性到非功利性的转换的辨析，说明了这一点，就说明了审美活动的起源。而对原始艺术起源的辨析就不必着眼于此。以上事实并不难于辨析。然而很多学者却宁肯视而不见。原因何在呢？关键在于这些学者总是想把审美活动的产生辨析为后天的，这样，就必须找到一个原始审美得以产生的温床，这个温床，无疑只能是原始艺术。

② 审美发生的代表首先是达尔文的自然进化论，弗洛伊德、华生追随之。弗洛伊德指出："'美'和'魅力'是性对象的最原始的特征"（［奥］弗洛伊德：《弗洛伊德论美文选》，张唤民等译，知识出版社1987年版，第172页）。华生认为：性冲动在审美与艺术中扮演着"一个重要的角色"（转引自［美］查普林等《心理学的体系和理论》下册，林方译，商务印书馆1984年版，第130—131页）。其次是德谟克利特提出又经亚里斯多德发展的"模仿说"，认为审美活动是在人类的模仿、求知本能基础上产生的。再次是达尔文、谷鲁斯提出的"生物本能说"，认为审美活动是在出于性需要对声音、颜色、形状等的快感基础上产生的。席勒、斯宾塞提出的"游戏说"，认为审美活动是在游戏本能的基础上产生的。爱德华·泰勒、弗雷泽提出"巫术说"，认为审美活动是在情感本能基础上产生的。无疑，这些与审美活动的产生都有关系，它使我们看到审美活动产生的一般规律：与人类进化的关系。当代美学对于"本性"这一极端的强调，使得我们意外地发现：传统美学主张的非还原论实际上只是一种颠倒过来的还原论，是对"人性"这一极端的强调。

审美活动的起源的特殊规律，而后者揭示的是审美活动起源的一般规律。举一个相关的例子，长期以来，我们总是在达尔文的"自然进化论"与马克思的"劳动创造论"之间徘徊，片面地把人类的起源阐释为还原论的或者阐释为非还原论的。实际上，两者并不矛盾。前者是考察的是包括人在内的自然进化的普遍规律，后者考察的则只是人类自身的特殊进化规律。① 这样，当我们从自然进化的还原论的角度考察人类之时，固然要兼顾人类自身进化的特殊规律，然而也必须兼顾到自然进化这一自然进化的普遍规律。人不过是穿着裤子的猴子。② 显而易见，关于审美活动的起源的非还原论与还原论的争执，所揭示的也无非是审美活动的起源的特殊规律与一般规律。在这个意义上，应该说，审美活动的发生既是先天的，又是后天的。所谓先天，是指审美活动中的某些东西是先于劳动创造这一特殊规律的，然而却并不是先于自然进化这一普遍规律的；所谓后天，则是指审美活动中的某些东西是后于自然进化这一一般规律的，然而却并不是先于人类进化这一特殊规律的。而对于审美活动的起源的揭示，却恰恰应该在非还原论与还原论之间，在"人性"与"本性"之间。

---

① 有人把"劳动创造了人"作为一般规律，是不对的。劳动不可能为猿所有，但又不会独立于猿与人之外，假如说是劳动创造了人，那岂不是说：这创造了人的劳动本来就为人所具备？那么，是谁创造了劳动呢？在我看来，在从猿到人的过程中，应当承认是自然进化起着重要作用（本节考察在此阶段产生的先天性），劳动则起着关键作用（下节考察在此阶段产生的后天性）。应当指出，恩格斯在这个问题上的讨论是不尽清晰的。这表现在一方面承认猿的活动是劳动，另一方面又强调猿的活动是劳动；一方面承认在从猿到人的过程中的"手和脚的分化""直立行走""滥用资源"等关键性变化不是靠的劳动；另一方面又承认在从猿到人的过程中的人手的形成、语言的形成、猿脑髓转变为人脑髓等关键性变化是靠劳动完成的。

② 实践美学突出强调物质实践的作用。但是宇宙的年龄大约是150亿年，地球的年龄大约是46亿年，生物的年龄大约是33亿年，而人类的年龄则大约是300万年。试问，这300万年人类的生命是否已经自始至终都存在着？马克思指出："任何人类历史的第一个前提无疑是有生命的个人的存在。"那么，生命难道也不是物质实践的"第一个前提"？更何况，人类是在没有制造出石头工具之前就已经进化出了手，进化出了足弓、骨盆、膝盖骨、拇指，进化出了平衡、对称、比例……光波的辐射波长全距在10的负四次方与10的八次方米之间，但是人类却在物质实践之前就进化出了与太阳光线能量最高部分的光波波长仅在400毫米—800毫米之间的内在和谐区域；同时，温度是从零下几百度到零上几千度的都存在的，但是人类的却在物质实践之前就进化出了人体最为适宜的20—30摄氏度左右的内在和谐区域。再如，与审美关系密切的语言也不是物质实践的产物，而是缘于人类基因组的一个名叫FOXP2基因，它来自10万年—20万年前的基因突变。又如，决定着审美的触\视感也不是来自实践。

本节先从还原论的角度考察审美活动的先天性。

中国人自古以来就相信"人之初,性本善",因此普遍喜欢接受非还原论而不喜欢接受还原论。就好像在心理学中普遍喜欢接受马斯洛而不喜欢接受弗洛伊德,因为弗洛伊德的看法使人感到丢脸。然而,说到底人也只是懂得高尚的动物,至于人本身却无论如何都并不高尚。换言之,人之为人,并不是因为他高尚,而是因为他懂得高尚。

审美活动也是如此。人们总是喜欢把审美活动看作与自然彻底决裂的产物。然而必须指出,这只是一厢情愿。审美活动的最深的源头,不仅在于人类与自然的差异,而且还在于人类与自然的同一。审美活动是"自然界向人生成"的结果,

不妨从人本身的出现开始。人的诞生十分偶然,物理学中的人择原理说:人的诞生取决于物理常数取现在的值。而为什么要取这样的"值"呢?唯一的解释就是人类与宇宙之间的深刻的同一性。① 又如人类的大脑的出现。萧汉宁在《脑科学概论》中介绍说:在人的胚胎发育过程中,外胚层细胞逐渐转化为神经板,神经板产生于人胚胎第三周约长 1.5 毫米时,它大致与脑进化史中的神经网络时期相互对应;神经板的演化成果是神经管,大约完成于胚胎第四周约 5 毫米长时,

---

① 以时空四维为例,假如自然不足四维,人类生命不能够从中生长而出,超出四维,整个宇宙生命有机结构就会瓦解。宇宙中存在着种种不同的物理参数和初始条件,只有在物理参数和初始条件取特定值之时,人类才会产生。因此不但自然会选择人类,人类也会选择自然。进而言之,假如说地球的偶然性存在本身就几乎可以说是一种不可思议的奇迹,那么人类的出现则是偶然之中的偶然了。"生命是什么?按照我们的理解,它是某些特殊分子结构的表现,这些结构不断繁殖它们自己,并且按照一个既定的设计(因物种而异,但原则相似)诱导产生出其他的分子结构。只有在很特殊的条件下,原子才能聚集在一起而形成生物。温度必须足够的低,因而热运动不会破坏大分子的复杂结构。但又不能太冷,因为只有在蛋白质和核酸能够完成它们的化学合成的情况下才能有生命;对于这种活动,必须有一定的热运动。如果细胞物质冻结起来,那么所有的化学反应就会停顿下来。为了合成能量丰富的分子,必须取得阳光,但也不能太多,温度必须适中。"([美]韦斯科夫:《人类认识的自然界》,张志三等译,科学出版社 1975 年版,第 159 页)而且我们可以不断设想下去,假如宇宙中的某些物理常数稍有不同,假如电磁引力稍强些或稍弱些,假如地球离太阳稍远点或近点……人类都无从产生。因此,我们今天所说的人类的"劳动""进化",在我们的祖先那里,实在有可能是一种迫不得已。大自然并不懂得什么是"进化",它只懂得"适应"即"适者生存"。有时,这"适应"事实上是一种退化,但它也只好承受,否则,它就连命也保不住。在这个意义上,法国生物学家为之感叹说:人是"在蒙特卡洛赌窟里中签得彩的一个号码",也未必就一点道理也没有。

它与进化史中的神经链时期相似；神经管完成封闭之后，前端迅速膨胀，形成大脑后端则发育为脊髓，它与脊椎动物时期的进化对应。[1] 这样看来，人类的大脑也并不神秘。人类的大脑正是自然发展进化的最高成果。[2] 再如人类的精神的出现。人们往往把精神看作一种与自然完全对立的产物，是一种非物质的现象。实际这只是人类的"自恋"，只是人类的"自我中心主义"的典型表现。[3] 世界上没有非物质的东西，只有反物质的东西，它指的是一些基本粒子，其荷电量、质量与电子、质子、中子相同，但是符号相反。精神也不是非物质的东西，精神有主观性，但是没有非物质性。而且在自然与精神之间并不存在着一个截然的界限。因为物质也并非与精神完全绝缘。以记忆为例，树木有年轮，星系也有年轮，地质系统可以看作地球的历史，粒子也记载着宇宙的衰老程度，其中的操作、储存、提取方式与人类是相近的，杰芙达丽娜指出："在地球上，不仅在人类出现之前，而且甚至在出现生命以前的很多亿年的时间里，按实质说，已有比现代已知的所有信息传输系统更宏大的传送器在开始工作了。就像任何其他通信系统那样，这个传送器由编码组件和记忆装置所组成。在编码组件中依靠各种地质过程将地质学上过去的事件转换成各种信号，它们保存在记忆装置——地壳内。"[4] 因此，严格地说，精神同样是自然进化的结果，不过，需要补充的是，精神不是自然进化的一般结果，而是自然进化的最高成果。[5]

而就自然而言，它确乎不具备审美的自觉，但是却具备审美的天

---

[1] 参见萧汉宁《脑科学概论》，武汉大学出版社1986年版。
[2] 低等动物的大脑的各部分呈直线，这意味着大脑各部分的联系是直线的，高等动物的大脑进化为弯曲状。人的大脑最初呈馒头状，现代转为近似的球形。审美活动的出现与此有关，例如对曲线的欣赏、对复杂的音乐的欣赏。
[3] 人类曾经把地球、太阳、宇宙、上帝、人类作为中心，最后又把"精神"作为世界的中心。人类对审美活动的看法正与对"精神"的"神化"有关。在我看来，把审美"神化"也是对于审美的歪曲，其中审美者的人格是扭曲的。
[4] 杰芙达丽娜。转引自［苏］P. K. 巴兰金《时间·地球·大脑》，延军译，科学出版社1982年版，第21页。
[5] 这使人想起佛教中有"石头开口说话"、文学中也有"从石头中蹦出来的孙悟空"。地球冷却之后无非就是一块大石头，谁会想到从中会产生生命？对精神与物质之间的同一性之间的误解，就像对地球这块大石头与生命之间的同一性的误解。

性。应该说，整个自然就是一部敞开的"准"美学全书。就整体而言，我们知道，审美活动是生命的自由创造。事实上，自然本身在进化过程中也是充满了创造性的。由于充满了流动变化，自然万象日新、充满生机。在地球上最初并没有生命的存在，只是到了大约38亿年前，才由地球的化学动力机制产生了最简单、最原始的生命——无核单细胞生物。通过原始生命十多亿年的漫长进化，又产生了能够进行光合作用的蓝绿藻和细菌，于是给大气充氧，逐渐产生了大量的游离氧，从而为更为复杂的生命形式的诞生和发展创造了条件。而被生命改造了的新的宏观环境又推动着生命物种的微观进化，一旦微观进化产生出更新的物种以后，逐渐丰富起来的物种之间便建立起了一种复杂的关系，并共同改变着原有的环境。生命与环境就是在宏观与微观的相互交织、相互促进中共同进化的。这种共同进化，促进了真核细胞到生物的性征和异养性的产生，从而促进了复杂的多层次的生态系统的出现，最终产生出了植物（生产者）、动物（消费者）、微生物（分解者）、人类（调控者）这四极结构的地球生态系统。① 试想，这自然世界的盎然生机，假如离开了自然的创造性，又如何可能？

就部分而言，也是如此。在审美活动之中，以对于音乐的审美欣赏为最早。其原因在于生命本身就处于一种律动之中。而这律动正是自然的产物。基本粒子、生物大分子、细胞乃至整个生物体，又有哪一个不是处于生命律动之中？勃拉姆斯的摇篮曲可以把鲨鱼吸引过来，而且使得它昏昏欲睡，而现代摇滚音乐却可以使得鲨鱼惊退远去。印度科学家的实验表明：配音的含羞草的生长能力超过未配音的含羞草的生长能力的50%。更奇妙的是，科学家把DNA的四种碱基T、G、A、U按照配对原则构成的螺旋结构进行处理，以每个碱基代表一个音符，结果发现正是一首极为优美的音乐。而且有的DNA音乐与肖邦的《葬礼进行曲》不谋而合。再将人体中感染的白血病病毒的基因排列成顺序配成音乐，然后用电子乐器演奏，竟然是一曲缠绵悱恻的音乐。

在审美活动之中，对于对称、平衡、比例……的追求是不可或缺

---

① 参见余正荣《关于生态美的哲学思考》，见《自然辩证法研究》1994年第8期。

的，然而，这一切也仍旧是自然的造化。天体是球体对称，雪花是平面对称，包括人体在内的所有生物则是左右对称。"原生动物中的变形虫没有一定的形状，它没有前、后、左、右、上、下的区别，因此也不需要平衡感觉。水螅、水母，靠水的浮力进行漂浮运动，它们有了上、下区别，但无前、后、左、右之别，它们是辐射对称的动物。既然有上、下之别，就有了简单的平衡感觉。自扁虫以后，动物有了头尾之分，有了上、下、左、右、前、后的方向感，动物开始向左右两侧对称的方向发展，动物的平衡感觉也越来越敏锐。这种平衡感觉，正是动物偏爱左右对称，而不顾及上下是否对称的内在原因。一旦动物发展了视觉，能看清了物象，动物便本能地偏爱左右对称的形状。"① 诸如此类，正是审美活动对于对称、平衡、比例……的追求的根源。

　　审美活动中对于和谐的追求也如此。和谐并不自审美活动始。在自然中由于生命起源的同源性，因而从根本上保证了内在的和谐性。例如视觉，人类可以看见的光波波长仅在400纳米—800纳米之间。但光波的辐射波长全距却在10的负四次方—10的八次方米之间，二者比较一下，可知人类所占光波的有限。然而稍加比较，我们惊奇地发现，人类的视觉光谱范围，正是太阳光线能量最高部分的波长。显而易见，在视觉与光线之间存在着一种深刻的内在和谐。科学家发现：蜜蜂使用材料是最经济的，它的底部是三个棱形，每个棱形的内角与近代数学家精确计算出的数据——钝角109°28′、锐角72°32′完全相同，一分不差。具体来说，在自然生命的进化中，一方面通过遗传与环境的相互作用产生出日益多样的物种，它在垂直方向上造成了生命的分殊发展，然而在物种间又共同以亲和性来维护种群的利益；另一方面又在生命物种与环境之间建立起横向的信息联系（通过不断进化的感官和精神系统），它在水平方向上造成了复杂多样，然而在物种间还是共同以共生、互惠、互补来支持、协助对方的发展。② 而这两

---

① 刘晓纯：《从动物快感到人的美感》，山东文艺出版社1986年版，第181页。
② 参见余正荣《关于生态美的哲学思考》，见《自然辩证法研究》1994年第8期。

个方面的过程又是相互联系的。"系统发生的每一代都涉及生态系统的横向过程,系统发生中的微观进化和生态系统中的宏观进化以及整个生物圈都是相互关联的。"①

例如,曲线就在生命世界中普遍存在,更在实践问世之前就已然存在:"从宇宙大爆炸形成的旋涡星云,到形成生命的DNA、人体骨骼、贝类、植物、兽角等无不呈现出曲线","在这条曲线上,矗立着中国的太极图、古希腊的巴特农神庙、爱奥尼亚的柱头饰、法国布卢瓦的皇家建筑群等人间艺术奇葩;在这条曲线上,排列着植物叶序图、元素周期表、黄金分割率、人体比例图、费氏级数等自然规律和法则……"②

人,不过是穿着裤子的猴子。猴子,也不过是自然界孕育生成的一个产物。自然界,作为一个能量运行的自组织、自调节、自鼓励的生命结构,森罗万象,缤纷各异,从现象看,无疑各不相同,既无目的,也无方向,如水花四溅,如脱缰野马。柏格森比喻为爆炸的炮弹和烧开的水,很是形象。在此意义上,自然界的生命运行也可以称之为"天算",也就是大自然的算法。其中蕴含不可告人的天机,或者叫做:一以贯之的大道、生命创造的"源代码"。例如,为什么人算合于天算则昌,人算逆于天算则亡?为什么地球是绿色的?为什么动物没有消耗光所有的食物?等等,但是从本质看,却又异中有同、不离其宗。这就是:万物皆"变"、万物曰"易"、万物即"生"。其中的生命新陈代谢无疑演化相续,一脉相承,而且更逝者未逝,未来已来,又存在着潜在的目的和方向。生物学家弗朗索瓦·雅各布(Francois Jacob)称之为:"生命的逻辑"。它俨然就是"天道"逻辑——"损有余而补不足",奉行着"两害相权取其轻,两利相权取其重"的基本原则。类似一只神奇的看不见的手,掌控着自然界的万事万物的生命。这是一个生命哲学的自然界,也是一个生成哲学、创造哲学、有机哲学、过程哲学的自然界。我们知道,在西方,无论是柏格森、

---

① [美]埃·詹奇:《自组织的宇宙观》,曾国屏等译,中国社会科学出版社1992年版,第162页。

② [英]库克:《生命的曲线》,周秋麟等译,中国发展出版社2009年版,封底对于该书的介绍。

尼采还是海德格尔，都是非常重视世界背后的生命生成的。马克思、恩格斯也是如此。中国的庄子的所谓"天籁"、郭象所谓"独化"，也都是强调"岂复别有一物哉"，强调自然界的"块然自生"。

确实，自然界的生成、演进乃至进化，始终洋溢着一脉相传的生命创造。这在我们每每惊叹不已的"天工造化""鬼斧神工"赞叹中已经完全表露无遗。可是，往往为人们所忽略了的是，宇宙世界的"天工造化""鬼斧神工"所隐含着的，恰恰就是它的自我生成。从宇宙大爆炸到现在，已经137亿年了，在"自然界生成为人"的过程中，宇宙世界本身就是绵延不绝创演前行的。大自然中的一切，都是它自身发展进化的结果。它没有理性自觉，但是也仍旧潜存着"生命的向力"，所谓"生生之谓易"，在进化过程中充满了创造性。一旦置身于"自然界生成为人"的过程中，我们就不难看到自古到今绵绵不绝的"生命的向力"的存在。这就恰似罗杰斯所总结的："生物总在寻找，总在开拓，总是'有所企图'"。① 即便是一棵树，我们也看到："几乎所有植物都向着光弯曲……植物的这一行为就叫做向光性"。"植物能看、能嗅、能尝、能触、能听、能记。"有些基因"在植物和动物体内都存在"，"植物和动物之间的差异并不像我原来想的那么大"。"和我们有相同心理特征的不仅仅是黑猩猩和狗，还有秋海棠和巨杉。当我们凝视盛放的玫瑰树时，应该把它看作是久已失散的堂兄弟，知道我们能像它那样觉察复杂的环境，知道我们和它共有相同的基因。"②

大自然如此，人——也如此。人类自身的"小生命"与宇宙天地的"大生命"是息息相关的，是大自然发展进化链条中的一环。地球年龄已经45亿年，而人类的历史大约1500万年，如果比喻为一天，人类不过是4.8分钟，有文字的历史以5000年计算，也只是4.8分钟最后的28.8秒。作为宇宙世界发展进化链条中的一环，"所有的生命

---

① ［美］罗杰斯：《论人的成长》，石孟磊等译，世界图书出版公司北京公司2015年版，第94页。
② ［美］丹尼尔·查莫维茨：《植物知道生命的答案》，刘夙译，长江文艺出版社2014年版，第6、3、211页。

都由宇宙中的物质构成，人类就是广袤宇宙的一个缩影。沿海岸线分布的石灰石悬崖里的钙，也存在于人类骨骼中，来自恒星。起源于彗星的水，在地球上形成了奔涌的河流，以及流淌在人类体里的血液。"① 人类就像宇宙世界一样，本身在进化过程中也是充满了创造性的，潜存着"生命向力"，而且下意识地朝向有利于自身进化方向的概率优势与最优解。由此，试想，经过进化规律所一再肯定的东西怎么可能是人所不需要的呢？而且，即便是动物性的东西难道就可以不屑一顾吗？人类应该尊重人类自身的特殊进化规律，这是人类所共同认可的，但是，人类还应该尊重人类与动物共同的一般进化规律。只重特殊不重一般，是错误的。莫里斯说：这个出类拔萃、高度发展的物种，耗费了大量的时间探究自己的较为高级的行为动机，而对自己的基本行为动机则视而不见。这里的"基本行为动机"就是所谓一般。还说：人的本性使他能够有审美的趣味和观念。他周围的条件决定着这个可能性怎样转为现实。这里的"人的本性"也是所谓一般。我们过去只注意到"较为高级的行为动机"和"周围的条件"，只涉及高层与外部对它的制约，但却很少注意到"基本行为动机"和"人的本性"，也未涉及内部的动力。因此，我们也往往只注意到审美活动对"较为高级的行为动机"和"周围的条件"的满足，但却没有注意到审美活动对"基本行为动机"和"人的天性"的满足。这个重大的失误，今后不能再继续下去了！

二 后天性问题

不过，人类固然是一种自然存在物，人类与动物之间固然存在着异中之同，但还应该强调，人类又是一种非常特殊的自然存在物，人类与动物之间还存在着同中之异。因此，审美活动所具备的先天性也就不是一般的先天性而是特殊的先天性。过去我们总是从后天性上去强调人类与动物在审美活动上的区别，在理论上显然是不彻底的。因

---

① ［美］盖亚·文斯：《人类进化史：火、语言、美与时间如何创造了我们》，贾青青、李静逸、袁高喆、于小岑译，中信出版社集团2021年版，第x页。

为这样反而无法说明为什么只有人类在生命活动的过程中最终得以创造了自身，从而也创造了审美活动，而动物却不可能做到这一点。在这里，真正造成了人类与动物的区别的，是人类所独具的那种特殊的先天性。

具体来说，就是人类在生命结构上的先天的"非特定化"。

哲学人类学的研究成果告诉我们，人之为人，其机体、生理、行为与环境之间在生存空间、感受模式、效应行为、占有对象等方面存在一种弱本能化的关系，即未特定化的关系，而动物的机体、生理、行为与环境之间在生存空间、感受模式、效应行为、占有对象等方面却存在一种强本能化的关系，即特定化的关系。后者的先天化、固定化、本能化、封闭化，使得它驯顺地与世界之间保持一种彼此对应的非开放性。就一般情况而论，毫无疑问，特定化正是动物在世界上占有其生存特权的原因所在。然而，世界并非一个恒定不变的环境，于是，随着环境的改变，一部分动物就会被迫丧失自己的生存特权。然而，求生的本能又会反过来逼迫它去寻求新的更复杂、更灵活的生理反应与行为反应系统等非本能的进化途径和适应模式。显而易见，人，正是这被迫丧失了自己的生存特权而又顽强地去寻求新的更复杂、更灵活的生理反应与行为反应系统等非本能的进化途径和适应模式的动物中的成功者。而未特定化，则是人类自身所赋予的全新的性质。

这样，相对于动物而言，人确实是一种不"完善"的、有"缺陷"的和"匮乏"的存在，例如，面对特定的环境，动物必有特定的器官与之相适应。而且，动物的特定生存方式也就决定于这一特定器官，例如鱼的鳃。而人类却没有完全适应于某一特定环境的特定器官。自然没有对人类的器官应该做什么和不应该做什么，甚至连在什么季节生育都没有作出任何规定。因此，只依靠天然的器官，人类无法生存。可见人类在生物学意义上的生存能力是相当差的，没有多少生命的遗产。因此卢梭说人是被剥夺、腐烂的动物，格伦说人类是有缺陷的存在，莱辛说人类具有不可抵御的虚弱，赫尔德认为人类是世界上最孤独的儿童，确实不无道理。但另一方面，也正是因此，人又必须去不断创造自己的"完善"，不断克服自己的"缺陷"和"匮乏"。① 正如阿西摩夫发现的："随着智力的增进，动物倾向于越来越摆脱本能和生来的技巧。因此，无疑失去了某些有价值的东西。一只蜘蛛，尽管它从未见过织网，甚至根本没有见过蛛网是什么样子，却在第一次就能完美地织造出令人惊讶的复杂蛛网。人类在生下来时却几乎没有任何本事。一个新生儿能够自动地吸吮乳头，饿了会哭号，假如要摔落下来会抓住不放，除此而外，几乎不会做别的什么了。每个父母都知道，一个小孩要学会合适行为的最简单形式，也要经受如何的痛苦，要多么艰辛地努力，但是，一只蜘蛛或一只昆虫，虽然生来完美，但却不能由此偏离一步，蜘蛛能构织很漂亮的网，但这种预先注定的网假如不行，它就不可能学会构织另一种类型的网。而一个小孩却从失掉'生来的完美'得到了巨大的好处。他可能学习得很慢，或许充其量只能达到不完美的程度，然而，他却可以达到多种多样的、可由他自己选择的不完美。人类在方便和可靠方面所失去的东西，却从几乎是无限的灵活性中得到。"② 这意味着：人类必须借助于超生命的存在方式才有可能生存。正是生命功能的缺乏与生命需

---

① 从历史的角度看，人之为人，并非自然史的简单延伸，而是一次巨大的变异。我们知道，就动物而言，它的所谓"他养"的生存方式，本身就是对于植物的"自养"的生存方式的一种否定。正如科学家所发现的："事实上，植物是唯一的一种'生产性'的生命物质。它们借助于光从简单的矿物里制造出所有的它们的物质。一切其他的生命形式都是'破坏性'的。它们需要植物所形成的能量丰富的物质，用来生产它们自己的结构。动物和人是最厉害的'罪犯'。"（［美］韦斯科夫：《人类认识的自然界》，张志三等译，科学出版社1975年版，第159页）不难看出，这种"它养"的生存方式的奥秘在于：轻而易举地获得了植物的劳动成果，为自己向更高水平进化提供了时间。其中的道理正如阿西摩夫所发现的："随着生物体结构越来越复杂，似乎就越来越依靠从饮食中供应有机物，作为构筑其活组织所必需的有机'基砖'，理由就是因为它们已经失去了原始有机体所具有的某些酶。绿色植物拥有一整套的酶，可以从无机物中制造出全部必需的氨基酸、蛋白质、脂肪和糖类。……只有人类，则缺乏一系列酶，不能制造许多种氨基酸、维生素及其他种种必需物，而必须从食物中摄取现成的。这看起来是一种退化，生长要依赖于环境，机体便处在一种不利的地位。其实并非如此，如果环境能够提供这些'基砖'，为什么还要带用来制造这些'基砖'的复杂的酶机器？通过省免这种机器，细胞就能把它的能量和空间用于更精细、更特殊的效用。"（［美］阿西摩夫：《人体和思维》，阮芳赋等译，科学出版社1978年版，第1—2页）在我看来，这正是人类之所以进化成功的关键所在。假如说动物是无意识地利用了这一点，人类则是有意识地利用了这一点。在进化的道路上，人类是最为"精明"的，轻装上阵，就是他的制胜之道。

② ［美］阿西摩夫：《人体和思维》，阮芳赋等译，科学出版社1978年版，第154—155页。

要的矛盾使得人类产生了一种超生命功能的需要。结果，就必然出现这样的一幕：人类只有满足了超生命的需要才能够满足生命的需要。对于人类而言，第二需要是第一需要的基础和前提。因此人类的生命存在与物质活动必然是同构、同一的。在这个意义上，我们应该看到，人类并非只是接受了知识的动物。在动物，只能把对象体会为某种功能，但是却绝不可能把对象体会为具有不同功能的"功能中立"之物。蜘蛛对落在网上的苍蝇是认识的，但是对落在地上的苍蝇却一无所知，把整体事物从特定功能中分离出来，把事物的部分从它在整体中所扮演的角色中分离出来，对于动物，都是不可能的。然而，这一切对于人类来说，则是完全可能的。最终，人也就使自己区别于动物，人不再仅仅是一种有限的存在，而且更是唯一一种不甘于有限的存在。未完成性、无限可能性、自我超越性、不确定性、开放性和创造性，则成为人之为人的全新的规定。向世界敞开，就成为人类的第二天性，或者说，成为人类所独具的先天性。

不难看出，人类的这一使得自身在适应环境方面降到了最低极限的生命结构的"非特定化"，必然导致其自身为了维持生存而必然从生命的存在方式走向超生命、非本能的存在方式，以便从中求得生存与进化。① 这可以从阿德勒的自卑补偿说中得到启示。我认为，对于先天性的阐释，弗洛伊德的性欲升华说不如阿德勒的自卑补偿说更为符合实际。从表面上看，人类的行为受超越性的支配，人类的一切动机都是追求优越，甚至天生就是追求优越。然而实际上人类对于优越的追求正是来自对于自卑的解脱。这自卑源于人类在适应外在环境上的软弱与无能，从自卑感出发去追求优越感，是一种本能需要，所谓追求补偿的需要。自卑与优越是构成人类的两大基本动力。在人类身上存在着"非特定化"这一不可克服的缺点，它所引起的自卑驱使个体去进行某种活动以恢复心理平衡。在原始生活中人类的自卑可以在相当谦卑地把动物、植物当作自己的同类甚至当作神中看到，也可以

---

① 这一问题还可以从许多方面得到说明。限于篇幅，有兴趣的读者，可以参见［英］汤因比《历史研究》（曹未风等译，上海人民出版社1962年版），他对因为过于完美地适应于自然的鲨鱼、因纽特人、游牧人、斯巴达人最终"走进死巷"的剖析，是发人深省的。

在神话中看到。而在日常生活中的小女孩"过家家"中,也可以感受到她在生活中作为爱的被动的接受者的地位,以及幻想利用"过家家"这一游戏摆脱自己的自卑心境。

而这超生命、非本能的存在方式,必然使人类最终地走向审美活动。就审美活动而言,在我看来,它的起源正与这种一方面与自然保持着异中之同,另一方面又与自然保持着同中之异的先天性密切相关。至于审美活动的应运而生,则是因为自卑与优越之间的永恒性。用哲学术语来表述,可以说自卑与优越是一个不断循环的过程。其结果,凝聚为一种精神生存中的巨大困惑,这就是:不确定性。不确定性是一种使人恐惧的东西,令人不堪忍受。奥古斯丁就曾感叹说:人的一切都是为了不确定性的东西而努力的。由此,不确定性所构成的,正是一个两难的悖论。一方面因为不确定性我们才要不断地努力、拼搏、奋斗,另一方面又是不确定性构成了我们的一切努力的目标。人类只能在想象中才能理想地解决这一矛盾,审美活动因此而诞生。它时时鼓舞着人类从自卑走向优越。哪怕是在对于丑恶现象的审美中也是如此。例如,在审美中看到坏人就并不是要导致我们的行为出现,而是要从内部补偿我们精神上的自卑,使我们发现自己精神上的崇高的一面,肯定它并为它而自豪。

而且,审美天性不同于审美能力,单纯依赖先天性无疑不能造就审美活动本身。然而,一味坚持说如果把审美活动的后天性抽去,人类就只会剩下完全与审美活动无关的先天性,也是不对的。应该强调,这先天性恰恰是审美活动的后天性之所以能够产生的前提。而且,由于这先天性已经是自然进化的特殊成果,因此也就截然区别于动物的先天性。实际上,假如不是人类的先天性就已经不同于动物,为什么动物就不通过审美活动的后天性来发展自己的精神需要,而人类偏偏要通过审美活动的后天性来发展自己的精神需要,就会成为一个不解之谜。人类进行审美活动的可能性与必要性要深入先天性之内才是可以理解的。审美活动的重要性也只是针对审美活动的先天性才是存在的。对动物来说就并不存在。因此,人类的审美活动的先天性正是审美活动之所以产生的必要前提。

换言之，审美活动在形式上是先天的，在内容上是后天的。人类一生下来就有了潜在的审美可能、潜在的审美天性。这是自然进化与生命遗传的结果，是一个精神基因、审美基因。人们往往否认这一点，是不应该的。一粒种子确实只有在外在刺激之后才能发芽，但是种子之所以能发芽却是因为它自身中已经包含着芽的结构，否则它还是不能发芽。一个人可以在教育之后进行审美，然而动物却无论怎样教育也不会进行审美。因为它不存在审美的可能与天性。作为人，必须先天地获得审美基因，否则就不可能审美。在这方面，唯心主义美学的天赋论有其深刻的片面之处。康德就认为存在着先验时空图式。例如蜘蛛从来没有人教导，却会吐丝结网。审美活动对人类来说也是先天的、先验的，是一个从动物到人类在长期的进化过程中发展起来的一种"空"的形式系统，是先天的而不是学习的结果。当然，在教育之前，在社会现象刺激之前，审美活动的先天性、先验性只能是一种可能性，只能是一种形式，只有通过后天的内容才能显示出来。这一点，正如普列汉诺夫指出的："人的本性使他能够有审美的趣味和概念。他周围的条件决定着这个可能性怎样转变为现实。""人的本性（他的神经系统生理本性）给了他以觉察节奏的音乐性和欣赏它的能力，而他的生产技术决定了这种能力后来的命运。"[①] 在这方面，唯心主义美学的经验论也有其深刻的片面性。

我已经指出，审美活动的发生既是先天的，又是后天的。所谓先天，是指审美活动中的某些东西是先于人性进化这一特殊规律的，然而却并不是先于自然进化这一普遍规律；所谓后天，则是指审美活动中的某些东西是后于自然进化这———般规律的，然而却并不是先于人性进化这一特殊规律的。而对于审美活动的起源的揭示，却恰恰应该在非还原论与还原论之间，在"人性"与"本性"之间。这样，当我从自然进化的还原论的角度考察了人类的审美活动，从而试图对审美活动的起源的一般规律作出说明之后，还有必要从人性进化的非还原

---

① ［俄］普列汉诺夫：《论艺术》，曹葆华译，生活·读书·新知三联书店 1964 年版，第 16、37 页。

论的角度去考察人类的审美活动，从而试图对审美活动的特殊规律作出说明。

在我看来，相对于从自然进化的还原论的角度考察人类的审美活动，从人类进化的非还原论的角度去考察人类的审美活动，从而对审美活动的特殊规律作出说明无疑尤为重要。因为审美活动的诞生固然与自然进化相关，但是它毕竟是人类生命活动中的一项创造，并且唯一的属于人类自己。因此人类何以能够在自身的人性进化过程中把审美天性发展而为审美活动，就不能不是一个引人瞩目的课题。于是，问题就合乎逻辑地转向了对于审美活动的人性进化的考察。

何况，还原论毕竟只是一个比喻的说法。因为就方法论而言，非历史的还原论实际上是不可能的。换言之，人在历史上确实曾经与动物称兄道弟，但这并不意味着人类的生命过程可以还原为动物，达尔文的考察只是说明人的诞生与动物有关，不能说明人在本质上是动物。事实上只有人为的过程才是可以还原的，自然的过程则是不可逆的，因而也是不可还原的。广而言之，一切运动都是不可能被还原的。这样，对审美活动的一般先天性的把握就必须推进到对审美活动的特殊先天性的把握。因此，正如我已经一再强调的那样，人类的先天性毕竟不能与动物的先天性相提并论。而且，现在我还要补充加以说明：审美活动的特殊先天性只有在审美活动的后天性的基础上才能够加以说明。

审美活动的后天性来源于人类的超生命的生存方式。其根本原因在于：人类无法通过生物功能来满足生命需要，只有通过超生命、非本能的生存方式来满足生命需要，而这样一种超生命、非本能的生存方式无疑就预示了人类的超越性活动的出现。不过，人的生命毕竟不能被还原到身体的生物特性上。社会生物学的美学错误就在这里。何况，事实上，到古猿为止，动物的进化其实也已经竭尽了所能——即便是学会了制造工具却也仍旧未能进化为人。在希腊神话中我们就发现，爱比米修斯为什么竟然什么也没有给人类分？而普罗米修斯又竭力要去为人类盗取什么？显然，人的本质不是先在的，而是自我构建出来的。传统美学往往仅仅从功能角度去认识人，但是，却无法准确把握人之为人的根本特征。更为重要的，其实是结构。这个结构就是：人是动物与文化的相乘。这是人类自我建构起来的。其中关键的一步，来自文化的加入。这就正如兰德曼所发现的："人不是附加在动物基础之上，有着特殊的人的特征的一种动物；相反，人一开始就是从文化基础上产生的，并且是完整的。"① 也正如利基所发现的：人的生命，是"基于文化的进化，而不是被生物学的变化驱动的。"② 因此，"人们不是生存在肉体上，而是在观念上有其生命的。"③ 恩格斯也指出："政治经济学家说：劳动是一切财富的源泉。其实，劳动和自然界一起才是财富的源泉，自然界为劳动提供材料，劳动把材料转变为财富。但是劳动还远不止如此。劳动是整个人类生活的第一个基本条件，而且达到这样的程度，以致我们在某种意义上不得不说：劳动创造了人本身。"④ 显然，只是"在某种意义上"，人类才起源于劳动，而劳动之为劳动的关键却是把自然（材料）变为财富，这"财富"，就正是文化。显然，文化是随着人类的诞生而诞生的，没有人类，就没有文化。而且，我们也看到，古猿已经处在纯肉体进化的极点，也已经无路可走，如果还要继续发展，那就唯有另辟蹊径。这无疑就是比古猿在肉体上更为高级的动物至今也未能出现的根本原因。只有走上肉体与文化相乘的道路，会有未来。这就是人类毅然决然地走上文化发展之路的根本原因。这意味着，人类开始要在肉体之外去寻找发展的动力。人类的历程就是文化的历程，离开文化，无所谓人类。

  关于文化与人的关系，人们并不陌生。最著名的说法是人是文化动物。这已经较为深刻地揭示了文化与人的关系。而且，人类的发展是文化的发展。文化的起源就是人类的起源。也因此，人与动物的区别主要有两个方面：其一是，手足分工、制造工具，还有与此相应的劳动活动；其二是，语言的产生、大脑的发展，还有相应的思维和意

---

  ① 转印自欧阳光伟《现代哲学人类学》，辽宁人民出版社1986年版，第224页。
  ② ［英］理查德·利基：《人类的起源》，吴汝康等译，上海科学技术出版社1995年版，第61页。
  ③ ［日］西田几多郎：《善的研究》，何倩译，商务印书馆1983年版，第112页。
  ④ ［德］恩格斯：《自然辩证法》，人民出版社2015年版，第303页。

识活动。后者的发展正是文化的发展。过去我们总是要从生理方面去寻找原因，因此也就十分看重实践活动，其实实践活动只能改变生理结构，文化才能够改造生命。因此，用文化来规定人，把人看作一种超生命的物质形态，真正地从"生物"到"生命"，才是困惑的解决。而这也正是我把人的生命称之为原生命与超生命的协同进化的内在根据。

由此来看审美活动的诞生，应该也就立即脑洞大开。在传统美学，审美活动是物质劳动之后的附属品、奢侈品，或者，甚至还是宗教活动、科学活动的附属品、奢侈品，总之是"皮之不存，毛将焉附"的衍生品。然而，这样一种误解却恰恰就是来自对于人类生命的文化属性的误解。其实，倘若意识到文化生命也是人的生命的组成部分，那么，也就不难意识到：作为动物生命与文化生命的协同进化的集中代表的审美活动就也必然是普遍的、必需的。审美活动是人类的普遍行为。美既不能吃，又不能穿，也不能拿去赚钱。但是，在人类的生命之中，为什么却偏偏非爱美不可呢？为什么却偏偏没有美万万不能呢？其中的奥秘就在于：在人类的生命活动中，美确实不是万能的，但是，倘若没有美，却又是万万不能的。这样，在生命美学看来，人之为人，就必然是审美的人，审美活动是与人的生命俱来的。审美活动是生命的必然与必需。它是生命的动力、生命的导航、也是生命的褒奖。在茫茫宇宙中，人类其实无法预知应该何去何从，唯一的办法，就是：因美而生、向美而在。因此，人类不但需要吃饭、饮水、做爱，而且也需要审美。审美活动的剥夺与阳光、空气与水的剥夺是等同的。人们误以为"爱美"无非就是高级的吃喝玩乐，其实是毫无道理的。①

必须指出，人是"未特定化"的动物。他从"一无所能"到"无所不能"，最后，则从"不断超越自身"升华为"以超越为自身"。动物的最大失败在于它的成功，因为因此而墨守成规。人的可贵就在于：一开始是为了需要而有所创造，这当然是与动物一样的，可是最后却是为了创造而有所需要，甚至却是我的创造就是我的生命需要。这就

---

① 人类生命之中存在四个区域："重要紧急"—"不重要紧急"—"不重要不紧急"—"重要不紧急"。审美活动就属于"重要但不紧急"。可惜，人们往往看到的是"不紧急"但是却忽略了"重要"。

是所谓为创造而创造。人类亟待借助超生命的存在方式才能存在，也只有满足了超生命的需要才能满足生命的需要。这就使得人跟动物从根本上被区别开了。在这里，"存在先于本质"当然是不够的，还要"超越先于存在"（在这个方面，人类对于骰子、棋与牌的关注，值得深思）。《植物知道生命的答案》的作者查莫维茨发现："植物和人类都能觉察到丰富的感觉输入，但只有人类把这些输入转换成了一幅情绪图景。我们把我们自己的情绪负担投射到了植物身上，假定盛开的花比枯萎的花更快乐。""植物能感知叶片什么时候被昆虫的颚刺破，知道什么时候被一场大火所焚烧。在一场干旱中，植物知道什么时候缺水。但是植物不会痛苦。""无脑的植物恐怕不会担心自己有没有尊严。""有人身受各样病患折磨，却仍然觉得自己快乐，有人明明健康，心情上却痛苦万分。我们都同意快乐是一种精神状态。"[①] 显然，如前所述，宇宙大生命与人类小生命之间存在着深刻的一致。但是，由于文化的出现，宇宙大生命与人类小生命之间也存在着深刻的差异。这就是，宇宙大生命是"不自觉"的，而人类小生命的是"自觉的"。我们把宇宙世界称之为宇宙大生命（涵盖了人类的生命，宇宙即一切，一切即宇宙）的创演，而把人类世界称之为与人类小生命的创生。创演，是"生生之美"，创生，则是"生命之美"。它们之间既有区别又有一致。"生生之美"要通过"生命之美"才能够呈现出来，"生命之美"也必须依赖于"生生之美"的呈现，但是，也有一致之处，这就是：自生成的自组织、自调节、自鼓励内在机制。"自然界向人生成"是一个向美而生的过程，也是一个为美而在的过程。没有它，就没有世界。因此，与其说人创造了美，也就远不如说美创造了人。只有"原天地之美"，才能够"达万物之理"。只是，"生生之美"对于它是不自觉的，"生命之美"对于它则是自觉的。

以人的直立为例，黑格尔说过一段著名的话："人固然也可以像动物一样同时用手足在地上爬行，实际上婴儿就是如此；但是等到意

---

① ［美］丹尼尔·查莫维茨：《植物知道生命的答案》，刘夙译，长江文艺出版社2014年版，第208—209页。

识开了窍，人就挣脱了地面对动物的束缚而自由地站了起来。站立要凭一种意志，如果没有站立的意志，身体就会倒在地上。所以站立的姿势就已经是一种精神的表现，因为把自己从地面上提出来，这要涉及意志因而也就涉及精神的内在方面，就因为这个道理，一个自由独立的人在意见、观点、原则和目的等方面都不依赖旁人，我们说他是'站在自己的脚跟上'的人。"① 作为"一种精神的表现"，人类要"把自己从地面上提出来"，这无疑是"自然界向人生成"的概率优势与最优解。而这也恰恰是"生命之美"的对于"生生之美"的美学自觉。美之为美，正是遥遥指向着对于身体站立起来（超越动物）的鼓励。例如对于额头、脸、三围的审美，都与直立有关。爬行动物，十分重要的是嘴，一定要"嘴大吃遍天"，因此鼻子也是靠近于嘴的。但是对站立的人而言，嘴已经不那么重要了，因此作为人的第二张脸的额头（人类所谓的"大脑门"，动物则往往没有）也就被突出出来。"希腊式的鼻子"之所以美，正是因为它与额头的联系更为明显。看一下希腊的雕像，前额和鼻子几乎形成一条平直的线型，背后隐含的，正是在希腊人在站立的人中所发现的理想的美。皮肤也是这样。荀子把人的特征总结为"二足而无毛"。皮肤的多毛其实不是坏事，因为有利于在奔跑行走中保护皮肤，但是人类却偏偏没有向动物靠拢，而是以"无毛"而自豪，人类普遍认为，皮肤要干净、光滑、白嫩，才是美的，所谓"肤如凝脂"。还有，在人们看来，眼不能太大，否则就是牛眼；脸不能太长，否则就是驴脸；身体不能太胖，否则就是猪头，身体也不能太瘦，否则就是瘦猴。赫拉克利特不就宣布："最美的猴子与人类比起来也是丑陋的"！人类可以把猫、狗、虎、豹甚至老鼠当作审美对象，但却就是不愿意把自己的源头——猴子当做审美对象，而总是以它为丑，不惜想尽办法去耍弄、嘲笑，其实正是出于人类的美学自觉："我变了，我不再是动物而已经是人了！"恰如亚当和夏娃的因为自觉到了这一成果而为自己的身体怦然心动。而人之所以必须要有大长腿，也是因为人类对于"黄金分割"的美学自觉，还

---

① ［德］黑格尔：《美学》第3卷（上），朱光潜译，商务印书馆1979年版，第153页。

有对于"美臀"的审美，也是因为猿的骨盆窄而长，人需要的则是短而宽的骨盆，"爱神"，希腊文的意思就是赞美有美丽臀部的女神。与臀有关的胸、腰，是人体的三段乐章，所谓"三围"，也是因为腰椎曲度为45.5度的翘臀女性拥有进化优势，因为不必承受背痛和腰椎间盘突出之类的身体疾病。专家告诉我们：女性在怀孕期间，面临着身体重心迁移这一问题。腰椎弯曲度高的女性能够重新分配她们身体的重心，从而减少怀孕带来的压力。更不要说，美女帅哥五官对称、相貌端庄、高矮适中、不胖不瘦、眼睛明亮……都与遗产基因的优良密切相关。苏格兰斯特灵大学所作的研究发现，不论是英国人还是地处偏远的打猎民族哈德扎人，都不喜欢不对称的脸孔。"对称性对于许多动物来说，都是择偶的重要条件。"研究学者说。例如雌性的燕子就喜欢尾翼对称的雄性燕子。

法布尔在他的名著《昆虫记》声称：对一切有生命的东西来说，"来世间就是一件异乎寻常的大事"。确实，生命真是生于幸运，幸于幸运。因为审美与生命，是一而二、二而一的一体两面，是"我审美故我在"。说得更远一些，审美活动，是生命的神奇、生命的奇迹，是对于自然自身的创造力（生命向力：生生之美）的自觉运用（生命之美）。在进化的路途中，"生命选择了美感"，[①] 美感"为人类导航"，[②] 是一件十分重要的大事。因为美感正是"对于人类的有助于进化的审美行为的肯定和鼓励"，[③] 作为一个能量运行的自组织、自鼓励、自协调的生命自控结构，它所奉行的"两害相权取其轻，两利相权取其重"的基本原则被审美活动转化为了主观的愉悦。我们往往会误解，误以为是因为水果这类东西好吃，我们才喜欢吃它。其实，恰恰是因为这个东西吃了对我们有好处，符合我们的进化需要，所以我们才喜欢吃它。否则，人喜欢吃的东西狗为什么不喜欢吃呢？因此，什么东西对于趋利避害、趋生避死乃至创新、进化、牺牲、奉献有益，什么东西就有快感，什么东西对于趋利避害、趋生避死乃至创新、进化、牺牲、奉献

---

① 潘知常：《反美学》，学林出版社1995年版，第328页。
② 潘知常：《反美学》，学林出版社1995年版，第328页。
③ 潘知常：《反美学》，学林出版社1995年版，第321页。

有害，什么东西就有不快感，而不是相反。人为什么有美感而动物只有快感？就是因为人类要找到一种超生命的存在方式，就是因为人类必须先满足超生命的存在然后才能满足生命的存在。美感，就是对于这种超生命的存在方式的鼓励。美感，就是对"以超越为自身"的肯定。

总之，在"自然界生成为人"的进程中，审美活动就是人类主动进化出来的一个服务于生命的自组织、自鼓励、自协调的自控制系统的一个重要功能。它的意义在于：变动物的不自觉而为人的自觉。在审美活动中，体现了"自然界生成为人"的内在努力，因此，也无非就是把对于"自然界生成为人"的肯定称之为美，而把对"自然界生成为人"的否定称之为不美。审美活动事关人性的进化。审美活动，不仅仅来自文化生命的塑造，也来自动物生命的"生物的"或"自然的"进化，是被进化出来的人类生命的必不可少的组成部分。而且，审美的人不但代表着"进化"的人，而且还更代表着"优化"的人。审美的人，在生命的进化之树上至关重要。因为，生命的进化，首先当然是自然选择，但是同时还不可或缺的，则是审美选择。审美被进化出来，就代表着人类生命的"优化"，倘若没有被进化出来，则意味着人类生命的"劣化"。因而，犹如自然选择的"用进废退"，在人类生命的审美选择中，同样也是"美进劣退"，美者的生命"优存"，不美者的生命也就相应丧失了存在的机遇，并且会逐渐自我泯灭。也因此，在生命的存在中，审美活动自有其自身存在的理由，也是完全理直气壮的，无须像实践美学宣扬的那样像小媳妇一样地委身依附于物质实践。换言之，犹如直立的人、使用工具的人、语言的人都是人类生命进化的必然，审美的人，也是人类生命进化的必然。

换言之，自觉地与宇宙彼此协同。并且把宇宙生命的创演乃至互生、互惠、互存、互栖、互养的有机共生的根本之道发扬光大，① 这就

---

① 周辅成说：熊十力"觉得宇宙在变，但变决不会回头，退步、向下，它只是向前、向上开展。宇宙如此，人生也如此。这种宇宙人生观点，是乐观的，向前看的。这个观点，讲出了几千年中华民族得以愈来愈文明、愈进步的原因。具有这种健全的宇宙人生观的民族，是所向无敌的，即使有失败，但终必成功"。（周辅成：《回忆熊十力》，湖北人民出版社1989年版，第135页）

是生命美学所立足的生命哲学："万物一体仁爱""生生之谓仁爱"。①而这也正是审美活动得以诞生的历史使命。审美活动之为审美活动，无非就是宇宙世界向美而生、为美而在的自觉呈现。

三　从快感到美感

在从审美活动的先天性与后天性的角度对审美活动的历史发生作出说明之后，还有必要从正面对审美活动的历史发生加以说明，以求得一个完整的印象。

读者一定还记得我在本章伊始所提出的问题：审美活动是人类生命活动中自我进化的产物。人类生命活动是一个高度精密的有机结构，而且在严酷、苛刻的进化过程中要遵守高度节约的原则，任何一种功能、机制都要适应于生存、发展的需要，多余、重复的功能、机制，是绝无可能存在的。何况，人类在进化过程中本来是依靠轻装上阵的方法超出动物的。他把动物的许多东西都精简掉了，然而偏偏为自己进化出既不能吃、又不能穿的审美活动，显然绝对不会是一种"奢

---

① 就自然科学来看，我们注意到：传统的构成论已经转向了生成论。例如海森伯就曾注意到粒子产生的特有情景。它们竟然不是来源于互相的取代而是来源于互相的碰撞："……在（基本粒子相互）碰撞中，基本粒子确实也曾分裂，而且往往分裂成许多部分，但是这里令人惊奇的一点，就是这些分裂部分不比被分裂的基本粒子要小或者要轻。因为按照相对论，相互碰撞的基本粒子的巨大动能，能够转变为质量，所以这样巨大的动能确实可以用来产生新的基本粒子。因此这里真正发生的，实际上不是基本粒子的分裂，而是从相互碰撞的粒子的动能中产生新的粒子。……"（［德］海森伯：《普朗克的发现和原子论的基本哲学问题》，参见海森伯《严密自然科学基础近年来的变化》，上海译文出版社1978年版）在这里，因果决定论行不通了，线性进化论同样行不通了。生命的发展也并非如达尔文所说，是一个取代一个，适者生存，按照一个既定的模式不断有序前进，而是互相生成，在不同物体的偶然对话中产生。碰撞亦即一种对话因此而成为生命诞生与发展的规律所在。显然，这意味着：互生、互惠、互存、互栖、互养，应该成为大千世界的根本之道，意味着生命之为生命的最大可能是起源于不同物种之间的碰撞、拼贴、对话，这就是所谓有机共生。于是，对话而不是独白，就成为大自然演化中的公开的秘密。这一点，正如克勒斯特所指出的："从把数学和几何学结合在一起的毕达哥拉斯，到把伽利略的'抛射运动的研究'与开普勒的'星体轨道的均衡研究'结合起来的牛顿，再到把'质'与'能'同一起来的爱因斯坦，都可以发现一种统一的式样和说明一个同样的问题：创造活动不是按照上帝的方式，从无中创造出某物，它只是将那些已有的但是又相互分离的概念、事实、知觉框架、联想背景等结合、合并和重新'洗牌'。看来，这种在同一个头脑中的交叉生殖或自我生殖，就是创造的本性。对这种交叉生殖，我们可以称为'两极的联合'。"（克勒斯特。转引自滕守尧《文化的边缘》，作家出版社1997年版，第17—18页）

佗"，另外，也绝对不可能是一种重复，即一种形象的"思维"或者审美的"认识"，从而与认识功能重叠起来。这本身就是不可思议的事情。现在，我们已经知道了这"不可思议"与人类的先天性、后天性的内在关系，那么，是否还可以作出进一步的阐释呢？

显而易见，人类任何一种生命活动的历史发生都是存在着心理前提的，揭示这前提，事实上也就更为深刻地揭示了任何一种生命活动的历史发生。那么，在审美活动的历史发生的背后，是否也存在着心理前提呢？假如存在，那么揭示了这心理前提，不就更为深刻地揭示了审美活动的历史发生吗？

在我看来，审美活动的历史发生同样存在着心理前提。这前提，就隐含在人类生命活动中的从快感到美感的心理嬗变之中。

快感与美感都与人类的情感存在有关。我在前面已经指出：人是情感优先的生命存在，是情感的动物。情感的存在，是人的最本真、最原始的存在，终极性的存在。人最终是生存于情感之中的。因此直面生命，也就必须直面情感。这正是生命美学所谓的"情感为本"。

在考察审美活动的历史根源的时候，情感问题更是极为重要。这当然是因为，情感与人类生命的源头密切相关。从人类生命起源的角度看，"人生自是有情痴，此恨不关风与月"。情感较之理性的起源要远为悠久，维纳指出，在许多低级动物的行为中，初始的"情调"已在起作用。达尔文也指出，在动物行为中已经可以看到表情现象。科学家告诉我们，自动调节是一切生物的性质，植物往往不学而能。情绪更是动物之为动物的标志，在低级动物的阶段就开始了。德国生物学家恩斯特·海克尔甚至发现：稳定的向性在原生动物中就可以看到，"喜与厌这种基本情感"是原生动物身上就可以看到的。例如草履虫的避光、趋氧、趋弱酸、避正电荷。由于人类生命结构的"非特定化"特征所致，情感与人类生命活动的历史渊源更为突出。事实上，我们在原始生活的巫术活动、互渗心理中所看到的，都是一种极为迫切的情感抚慰的需要。在原始人的身体里，存在一个"喜欢计量表"。"喜欢"或者"不喜欢"的情感成为人类与世界之间联系的根本通道。人类弃伪求真、向善背恶、趋益避害，无不以情感为内在动力。因此，情感存在比理性存在更为根本。情感存在，是人类社会的立身之本，也是生命无限敞开的途径。

换一个角度，情感与人类生命活动的历史渊源，实际上仍可以在儿童的身上看到。儿童在零岁的时候，大脑迫切需要刺激才能发育，但是此时不要说思维、说话，就是视觉也不健全，那么，靠什么呢？情感的刺激。虽然不会思维、说话、看、听，但是已经有了情感交流的能力。这是一种人性的能力，是"情感之耳""情感之眼""情感的语言"，虽不会以理智去认识世界却会以情感去体验世界。1972年，心理学家雷特·戈德纳作过一次著名的"侏儒"实验。结果意外地发现，那些父母过早离异的孩子，或过早被父母中的一方抛弃的孩子，大多在身高和体重方面未能达标，他们的"骨骼年龄"远不及"实际年龄"。情感因素的剥夺，竟然导致了生理发育的迟缓，可见儿童在零岁的时候情感营养的重要。还有一个类似的例子，德国的一家孤儿院经过研究发现，如果把孤儿分为A、B两组，给他们配备相同的食物，但是A组配备一个温柔体贴的保育员，B组配备一个粗暴无情的保育员，结果B组的儿童的体重会明显地不如A组。科学家发现，人体皮肤的触觉是人类的第五感官，也是机能最复杂的感官，其中包含着至少几种截然不同的感觉，而且每一小块皮肤都有不同感觉职能和特点。同时人体皮肤又是"人脑的延伸"。这使我们意识到，母子之间之所以存在着经常的包括触觉在内的抚慰行为，实际是意在情感的直接交流。许多动物在分娩之后，母亲都要用舌头舔遍儿女的全身，假如不这样做，儿女就无法进行第一次的排泄，也就无法生存下去。而人虽然不用舔婴儿，但是当婴儿穿过狭隘的产道，实际也是一次舔婴儿。而不论是动物还是人类，这样做的唯一目的都是着眼于情感的抚慰。难怪西方学者会疾呼："'没有触觉'的社会是一种病态的社会，因为它脱离了人的肉体和情感系统的需要。"[①] 由此出发，我们可以合乎逻辑地推论说：没有情感交流的社会也是一种病态的社会。

进而言之，情感机制作为人类生命活动的历史渊源，可以从以下

---

① 转引自金马《生存智慧论》，知识出版社1987年版，第597页。

几个方面加以说明。

其一,可以从现代生理学的研究成果来说明。美国精神保健研究所脑进化和脑行为研究室主任麦克莱恩发现:人脑是进化的三叠体(三结构),或称三位一体脑结构。我们是通过完全不同的三种智力眼光来观察我们自己和周围世界的。脑的三分之二是没有语言能力的。人脑就像三台有内在联系的生物电子计算机。每台计算机都有自己的特殊智力,自己的主观性、时间和空间概念,自己的记忆、运动机能以及其他功能。脑的每一部分都同各自的主要进化阶段相适应。[①] 在这个三位一体的脑结构中,爬虫复合体、边缘结构都是脑的原始结构、人性与动物性的共同栖居地,也是人类情感的发源地(当代西方的神经生理和生化研究已经证明皮质下大脑组织对情感有决定性作用)。而大脑新皮质则是人类理性进化的堆积物,为人所独具。它只是思维的器官,不是情感的器官。人类的个体生成就是凭借着这三部分的协调来完成的。遗憾的是,我们人类往往数典忘祖,只看到了理性的、思维的世界,却疏忽了它实际只是人类在征服自然时积淀而成的生命世界。在这个世界之下,还存在一个远为博大、远为根本的情感的、直觉的世界。只有它,才是人类最为本源的生命世界。它不可以被舍弃或改变。正如卡尔·萨根在同一本书中所告诫的:"很难通过改变脑的深层组织结构达到进化。深层的任何变化都可能是致命的。"而且早在理性的思维的世界形成之前,它就已经开始了自己的生命历程。换言之,人类的与爬虫复合体、边缘系统等"脑的深层组织结构"紧密相连的情感的、直觉的生命世界,正是人类最为深层的东西。

其二,可以从文化人类学的研究成果来说明。文化人类学通过对原始人的思维的研究发现:原始人的思维并不是周密地运用概念进行推理判断的理性思维,而是情感思维。这一点,列维·布留尔在《原始思维》中作过详尽说明。从今天的眼光来看,显而易见,这种所谓的情感思维并非对于理性需要的满足,而是对于人类的情感需要的满

---

① [美]卡尔·萨根:《伊甸园的飞龙》,吕柱等译,河北人民出版社1980年版,第43—44页。

足。情感思维不是思维，而是体验。这也可以证明：人类的与爬虫复合体、边缘系统等"脑的深层组织结构"紧密相连的情感的、直觉的生命世界，正是人类最为深层的东西。

其三，也可以从现代神经生理学的研究成果来说明。现代神经生理学揭示了左脑与右脑的存在，以及右脑在生命活动中的重要地位，指出了左脑与右脑各有分工。并且，在现代社会中左脑也确实占有重要地位。然而，我们不能因此把右脑贬为"休闲脑""动物脑""劣性脑""备用的马达"，不能因此得出"人是理性的动物""人是语言的动物"之类的看法。因为它们都掩盖了这样一个事实：人的右脑绝不能等同于动物的大脑；右脑是潜意识活动的中枢，是精神生活的深层基础，擅长于对空间知觉、想象、隐喻、说话时的音调、面部表情、体态姿势的理解。我们知道，非语言活动是语言活动的基础，然而非语言活动恰恰是右脑的功能。而且，右脑是直觉思维的基础，是人与自然之间的最为原始的通道。因此，右脑的存在意味着人的感觉、情感活动同样是人的生命活动的一部分，而且是更为本体的一部分。何况，无论在人类或个体的生长过程中，右脑的诞生和成熟都早于左脑。这也可以证明：人类的与爬虫复合体、边缘系统等"脑的深层组织结构"紧密相连的情感的、直觉的生命世界，正是人类最为深层的东西。

其四，还可以从现代心理学的研究成果来说明。在相当一段时间内，我们十分推崇皮亚杰的儿童发展心理学的成果。皮亚杰片面地把成年人理性的、思维的生命世界作为幼儿的楷模，把认识结构作为生命结构，把情感现象作为认识现象的副现象或伴随物。相比之下，倒是一些深层心理学家，对此做出了重大贡献。例如，弗洛伊德针对上述错误看法，曾经明确表示：我作为一名精神分析学家当然应当对情感现象比对理智现象更感兴趣。由此，他率先绕过语言、理性的生成时期，去试图阐明个体的"情感""情绪"或"感受"的特性，以及它们与一生的错综复杂的联系。伊扎德则认为情感情绪的发生比理性认识的发生要早得多，资历也古老得多。它不但是人类进化过程中为适应生存而发生并固定下来的特性，而且是在脑的低级结构中固定下来的预先安排的模式。对于个体意识的产生来说，情绪是构成意识和意识发生的重要因素。情绪提供一种"体验—动机"状态，情绪还暗示对事物的认识——理解，以及随后产生的行为反应。以儿童为例，儿童最初的意识所接受的感觉材料是来自感受器和个体感受器。这些内源性刺激导致情绪体验发挥作用。这种作用的特殊意义在于它成为意识萌发的契机。也就是说，意识的第一个结构，其性质基本上是情感性的。这是因为婴儿最初和外界的联系、交往是同成人之间的感情性联系。早期婴儿（半岁以前）的知觉还不能提供足够的从外界而来的直接信息以产生意识，可见情绪作为动机就成为意识萌发的触发器。各种具体的情绪的主观体验都给意识提供一种独特的性质。随着情绪的分化和发展，意识在萌发。儿童对不同情绪的体验也就是最初的意识。① 这就是说，不论在人类或在个体的生成过程中，情感模式都是理智模式的母结构，② 这也就是说：人类的与爬虫复合体、边缘系统等"脑的深层组织结构"紧密相连的情感的、直觉的生命世界，正是人类最为深层的东西。

然而，情感自由又并非一蹴而就。人类最初的生命活动无疑是现实活动。其基本的评价功能则是快感，所谓快感，就是对于在进化过程中处在最优状态中的生命的生理能量的一种鼓励。我们知道，在大自然中，有机生命的出现完全是一种偶然，除了自己努力挣扎之外，不可能找到其他生存机遇。因此，生存就是战斗——不仅是为了自己，更是为了物种，就是一场不断地寻找生存的机会与可能的战斗。为此，生命可以说是武装到了牙齿，一切都要服从于维护和拓展生存这样一个根本的目的。在此之外的一切则无疑属于一种不必要的奢侈，都会被严酷的进化历程所淘汰。值得注意的是，快感却没有被淘汰，显然，它的存在不是一种奢侈。那么，快感的作用何在呢？就在于它是对于

---

① 参见孟昭兰《情绪研究的新进展》，载《心理科学通讯》1984 年第 1 期。
② 弗兰克·梯利："无论如何，我们都不可能通过理智来解释人的行为的最后目标。我们要把它完全提交给人的感情和情绪，而无须依赖于任何理性的能力。""道德判断……是建立在感情上的。……一个人应当追求什么最高目的不是一个推理证明的问题，而是一个感情的问题。"（[美] 弗兰克·梯利：《伦理学概论》，何意译，中国人民大学出版社 1987 年版，第 93、164 页）

这场战斗的鼓励。

快感是生命的一种自我保护的手段，它引导着肌体趋生避死、趋利避害，有个美国孩子叫保罗，天生没有快与不快的生命系统，拿刀砍手不知道疼，掉到坑里却仍旧大笑，因此也就每每闯祸，很早就夭折了。不过，这里的"自我保护"与时下的含义不同，它是旨在鼓励生命去与懒惰抗争，主动突破生命的疆域，迎接环境的挑战，以避免被严酷的进化历程所淘汰。有时，它鼓励的甚至是一种"化作春泥更护花"的自我牺牲精神。因此快感的真正含义，是对符合进化方向的冒险、创新、进化、牺牲、奉献的鼓励。快感是生命的一种自我鼓励的手段。在生命进化中，过分的自私只能走向灭亡，故快感要去鼓励一种无私。而快感或痛感的消失则是生命力衰竭的象征。我们看到，自然进化正是在用快感和恶感作为指挥棒来指导动物的行为，例如性快感，大多数动物的性行为都是机械的，没有性交前的抚爱，细菌、原生物甚至没有神经系统却也能完成性的交配，可见，性快感并不是性交之必需，至于珊瑚、蛤及其他无脊椎动物干脆把性细胞排入水中，显然无性繁殖也是存在的，而且，据科学家论证，无性繁殖反而更安全、健康、节能、利己，那么，性快感为什么会出现呢？原来，它是对于有性繁殖的鼓励。有性繁殖不安全、不健康、不节能、也不利己，但却可以创造出更多的适应环境的可能性、更多的选择机会，因而有利于生命进化。性快感正是对于这一有性繁殖的行为的鼓励。有一本行为学专著的封面上有这样一张照片：一只雄螳螂的下身在进行机械的交配动作的同时，头已被雌者吃掉了一半。头被雌者吃，一定会疼，但是雄者却乐此不疲，显然是为了延长交配时间，争取一击即中。快感的"快"，所谓"疼并快乐着"，正是对此的鼓励。而且，性快感总是鼓励雌性去寻找身强力壮者交配，原来，后者正是最适应环境的，因而也是最符合进化方向的。"孔雀和其他许多鸟类一样，会利用华丽的外表来展示自己健康的体魄。"出于这个原因，雌性孔雀逐渐进化到喜欢羽尾最华丽的雄性孔雀。如果一种动物能在华而不实的事物上浪费能量，比如色彩斑斓酷似"眼睛"的羽尾，那就表明它有大量的能量可以浪费。人类与孔雀不同，无论男性还是女性都可以自己选择性伴侣。所以我们可以推测,人类在男性和女性的脸上都寻找美的标准,就像孔雀的标准是漂亮的羽毛一样,人类的脸是健康的标志,很难伪装。漂亮的脸要有高度对称的面部和完美的肤色。其他灵长类动物也"以貌取人",和人类一样,恒河猴也更喜欢面部对称的伴侣,因为这样可以让后代的质量更高。"① 更为极端的例子是,人类的性快感四季均可出现,并可以升华为爱情,这是为什么?这就不但是为了鼓励有性繁殖,而且是为了鼓励稳固的性结合。确实,最没有社会性的动物肯定同时就是最不讲究交配仪式的动物。

再如,许多动物都是利用味觉快感去为生命导航的。鲑鱼是在淡水河中孵化成鱼苗的,但很快就要洄游到海洋中去觅食,直到产卵时,才又回到原来出生的河流中,相距遥远,它是怎样找到的呢?原来,是故乡河流中的特殊的气味,就是这种特殊的气味刺激着它,最终丝毫不差地回到家乡。成群鲸类集体冲上浅滩自杀的报道时有所闻,有人分析是鲸的回声定位系统在特殊环境下失灵导致,但他们尝试着把其中的几只鲸送入深水,以便让它们的回声系统开始工作,然后把其余的同类带出浅滩,却发现这几只鲸又奋不顾身地游了回来,仍然挤在伙伴身边。有人因此分析说:原因在于当一只鲸搁浅后,就发出求援信号,于是附近游弋的鲸纷纷赶来,保护物种的快感使它们奋不顾身,于是就演出了这样一幕动物王国的悲剧。动物母亲在抚育后代时还有一种追求超常刺激的快感,总是喜欢选择那些比正常的刺激要强烈得多的刺激。结果那些身上用来恫吓天敌、伪装自己的特征越是明显的后代,就越是会得到母亲的照顾。② 动物就是用这个办法进行择优汰劣的选择的。

痛感、饥饿感也是动物的一种自我保护手段。它们的出现,本身就是自然选择的产物。是否有一种喜与厌之类的情绪倾向,是一切生

---

① [英]盖亚·文斯(Gaia Vince):《人类进化史:火、语言、美与时间如何创造了我们》,贾青青、李静逸、袁高喆、于小岑译,中信出版集团2021年版,第167页。
② 杜鹃之所以能够把自己的蛋下在别的鸟类的窝里,而别的鸟类不但会抚育它,而且往往把自己的孩子忘掉,道理就在于小杜鹃的嘴张得尤其大,嘴的颜色也尤其鲜艳,是一种超常的快感刺激。

命体与无机自然界的根本区别。把木头烧成灰，木头不会表示喜与厌，但蠕虫在被火烧的时候肢体却会扭来扭去以表达自己的不适。而痛感、饥饿感也确实起着导航的作用。每当受到实在或潜在的危险时，就会有一种痛感，因此你才会避开它。饥饿感则逼迫我们不遗余力地去寻找食物从而维护了健康，每当我紧张地写作了一段时间之后，就会有一种要吃鱼的强烈感觉，我知道，这也是饥饿感在暗自导航，引导我去寻找含有某种元素的食物，而饱感则是对我的成功寻找的一种鼓励。

那么，作为审美活动的基本评价机制的美感呢？它似乎与快感不同，不像快感那样功能明确。但问题是：生命进化的事实是那样严酷，为什么会允许它进化出来而且遗传下去并且在人类延续至今的发展过程中始终没有无情地淘汰它？看来，它肯定不会是一种奢侈品，而是有助于人类的进化的，甚至应该是在人类进化中不可或缺的，只是它的作用与快感的作用有所不同而已。事实也正是这样。应该说，人类的审美能力正是在漫长的生命进化的活动中逐渐形成的。它是对于人类的有助于进化的审美活动的肯定和奖励。在这个意义上，美感与快感有着内在的同一性。当然，两者也有区别，这就是：快感是动物与人类所共有的一种一般的快感，而美感则是只属于人类的一种特殊的快感。

然而，美感并不直接来自快感，而是来自快感的一种高级形式——形式快感。快感最初是来自对功利外物的满足。① 然而当功利外物脱离了功利内容时，我们发现，动物仍然会从遗传出发感受到一种快感，这就是形式快感。② 《灵长类》一书作者科特兰德教授有一次发现：一只黑猩猩花了整整十五分钟的时间坐在那里默默地观看日落，它观看

---

① 有毒的蘑菇很漂亮，但人们产生的仍然是反感，可见人们首先要服从生存需要，《伊索寓言·野兔和猎狗》云：一只猎狗追赶一只兔子，但是没有追上，牧羊人嘲笑猎狗，猎狗却理直气壮地说：你可别忘了，为了吃饭是一回事，为了逃命又是一回事。可见生存需要更根本。

② 对于实际的对象器物装饰（如工具的韵律感、趋向光洁、有序、规则的石球、砍砸器、尖状器）的审视，可以说是人类最初的审美活动，一种与实践活动混淆在一起的审美活动，它的出现就与形式快感有关。人类的美感一旦产生并成熟，就转向了对于想象的对象的审视。此时，审美活动已经相对独立于实践活动了。不少美学家把两者混淆起来，而且把审美活动与实践活动等同起来，把对于想象对象的审视与对于实际对象的审视等同起来，是错误的。

天边的变幻的云彩，直到天黑的时候才离去。作者因此感叹说：一味认定只有人类才能崇拜和欣赏非洲的黄昏美景，那未免太武断了。《新的综合》一书也记录了一次灵长类绘画能力的实验：这些动物利用绘画设备画出线条、扇形甚至完整的圆形，宁可不吃东西，有时还因为停下来而大发雷霆。但十分经济的进化为什么会允许毫无用处的形式快感的存在呢？形式快感最终显然是源于动物的一次失误，但为什么这次失误偏偏被肯定下来了？看来它是被意外地发现了自身的可以满足人类的某种需要功能。

什么功能呢？有助于动物生命的自组织、自鼓励、自协调。有学者指出，在生命进化的长河中，动物生命的自组织、自鼓励、自协调的自觉比动物生命的自组织、自鼓励、自协调的不自觉的动物会更容易取胜，更容易被进化肯定下来。这就涉及一个现象："应激反应"。学者发现："恐惧反应"是高等动物的体液系统和神经系统对外界刺激做出的保护作用。一旦遇到危险，就要调动全身的能量应急。在原始的古代，可以想象，这种"恐惧反应"是频繁发生的。以睡眠为例，面对种种危险，动物往往在极度紧张中度过每一刻。像天敌最多的野兔每天就只敢睡两分钟，其他一些动物，鸟是两腿站得笔直地睡；马是用三只脚站着睡，另一只脚不沾地；蝙蝠是倒勾着睡觉，一旦有危险松开脚爪即可展翅飞走；海豚睡觉时是睁一只眼，闭一只眼；刺猬睡觉时是除了把嘴和鼻子露在外边之外，还把身体蜷成似是针刺的球型，以防突然袭击。而人类的原始时代更完全是在恐惧中度过的，直到现在儿童的梦的内容还常由蛇、蜘蛛、老鼠……组成，而现代的危险物如刀、枪、触电却从未梦见。这足以说明原始人的紧张程度。然而，生命活动却无法长期紧张下去，须知，有效的行为取决于恐惧的某种最佳水平，恐惧反应可以保护生命，导致身体免受外在损害，但也可以因为没有找到发泄的目标而把淤积的能量留在体内，从"惊慌反应"到"对抗反应"到"衰竭反应"，从而危及生命。因此，动物在遇到危险时，会产生恐惧反应。一旦无法实施，就要转向第二目标，否则就会出现问题。洛伦兹在《攻击与人性》一书中称之为"重新修正的活动"。例如，蜜蜂、蚂蚁、白蚁，在孤独的环境中根本就不能生存，有时只要伙伴少了一些（不能少于 25 个），它们就会不吃不喝，忧郁而死。在欧洲有一种毛虫，只能群居生长。它们一个个地紧挨着排成长长的纵队，从一棵树爬到另一棵树，把树叶吃得精光，但是后面的毛虫一旦掉队，就必定马上垂头丧气，代谢率降到最低点，直至死亡。这就是突然的应激反应所致。那么，怎样找到一种"重新修正的活动"呢？关键在于内部的反向机制的代偿。因此高度的恐惧机制必然需要一种作为代偿的高度的自组织、自鼓励、自协调方式。这很像身体内部的排汗机制。一个人活到七十岁，他一生排出的汗水大约有数十吨。排汗机制就是防止人体过热的一种代偿机制。在非洲丛林中对野生黑猩猩进行了十几年认真观察的英国女科学家珍妮·古多尔在《黑猩猩在召唤》一书中也披露：她曾几次看到黑猩猩在暴风雨中狂舞，她称之为神秘的"雨舞"。这正是黑猩猩在开始因为意识到危险而产生的"恐惧反应"被在代偿机制中加以宣泄的结果。

要强调的是，上述代偿机制还包括另外一个方面，这就是对于缺乏恐惧反应时的宣泄。人类的器官都是成双成对的，其中一个往往作为备用的器官储存起来。心理学家发现：人类的大脑有十分之九在沉睡，从进化的角度看，或许不会允许它不进化，唯一的解释是它们处在备用状态。因此缺乏信息刺激，也会使人产生病态心理。生活的空泛、单调、琐碎……也会使人产生一种心理失衡。借助形式快感可以展示出生活的丰富性、多样性，从而唤醒人们心中蛰伏的激情，也可以唤醒沉睡着的麻木不仁的情绪，鼓励他去冒险，去拼搏。它是对于从结构性生存中挣脱出来的一种鼓励。动物的生存往往陷入结构性的板结，不断重复着单调、无聊、停滞，最终导致衰退，形式快感则鼓励去追求变化、偶然、多样、差异。而且，作为一种演习，又可以提高人的生理唤醒阈值，增强机体对抗过激刺激的调解能力。这使我们意识到在紧张之外，还存在一段闲暇时间，这段时间怎样度过？或者消极休息，或者积极休息，生命进化的历程会鼓励哪一种呢？显然是积极休息。它并非不动，但又不是大动。一方面通过动的方式使生命时时处在一种"启动"的状态；另一方面又通过这种方式使生命得到更好的休息。这也是一种情绪需要。英国一家动物园让猴子看电视，发现猴子最喜欢看足球赛、拳击赛，这显然是不会导致实际行动的，但为什么猴子着迷于此呢？原来可以做到积极休息。其间，兴奋灶被严格限制而又不产生扩散，因此反而也就抑制了其他部分，使之得以休息。

形式快感正是一种最佳的代偿机制。形式快感是动物的失误吗？这需要加以讨论。它肯定是对生存有利的。它可以起到一种"搁置效应"，使动物暂时离开现实，暂时放弃进攻、追求。因为造成心理压力的负面情绪，诸如痛苦、焦虑、压抑、不安，常常是由于心理能量过度使用所致，适时中止日常追求，把实在世界搁置起来，转向一种心灵的想入非非，无疑有助于减轻心理压力，尽快从疲劳性精神病症中解脱出来，因此也就预防了形成精神性的病灶。例如，野狼有一种天然的群体认同的需要，这甚至超过了生存欲望，一旦长期得不到满足，就会导致激烈的"恐惧反应"，产生心理障碍，由此，我们不难解释野狼在荒野里的嚎叫以及"过杀行为"。人就更是如此了，情绪是无法长期受理性结构的制约的，更不肯完全被文化化，长期如此，会造成精神的紧张，造成心理的紊乱。形式快感对此可以起到有效的作用，可以使人得到一种"替代性的满足"，把那种可能会造成伤害性的情绪宣泄掉。

到了人类，无疑更是显然从内容的关注转向了形式的玩味，转向了从情感出发的形式愉悦这一特殊的生存方式。在这里，存在着从自我感觉到自我意识、从对象感觉到对象意识的根本转换。因此而出现的，是把自我当作对象来看待的心理的成熟，也就是自我的对象化。它对应着在自我认识—自我把握、自我完善—自我调节之外的自我欣赏——自我表现（求真活动的自我认识、向善活动的自我协调与审美活动的自我欣赏）。马克思指出："宗教是那些还没有获得自己或是再度丧失了自己的人的自我意识和自我感觉。"① 在这里，存在着动物的机体反应，对于动物而言，自我感觉与对象感觉还是尚不存在的，也无法导致自我感觉、对象感觉。这就是所谓的"还没有获得自己"。另外

---

① 《马克思恩格斯选集》第 1 卷，人民出版社 2012 年版，第 1 页。

一种情况是"或是再度丧失了自己"。这是自我感觉与对象感觉的消失，因此自我感觉、对象感觉还是不存在的。至于"人的自我意识和自我感觉"，则不同了。它可以是求真活动的自我认识—自我把握、向善活动的自我完善—自我调节，也可以是审美活动的自我欣赏——自我表现。

"形式愉悦"因此而走向了生命的舞台。它使自己的生命成为对象，也使自我成为对象，值此时刻，外在对象已经被形式化了，成了精神享受的对象，是人类自身出于自己的需要在对象身上创造出来的，也是人类对自己的精神进化的自我鼓励。痛苦的生活、空虚的生活，使我们陷入一种"自欺"，形式愉悦挺身而出，勇敢地为人类导航，它把人类不断带出精神的迷茫，带向未来，这是人类在精神的维度上追求自我保护、自我发展的一种手段。因为，缺乏形式快感是一个人精神萎弱的象征。正如快感鼓励动物进行有性繁殖，以提高生存机会一样，形式快感也鼓励人类的精神进行多种探索，以增加更多的生存下去的可能性。在这个意义上，可以说，是生命选择了形式快感，生命只是在形式快感中才找到了自己。而快感之所以同时属于动物和人类，形式快感却最终趋向于并且属于人类，更深的道理就在这里。同时，自然界一旦成为人类的精神现象，也就不再以现实的必然性制约人，而是转而成为情感的形式，让人类以超功利的态度面对世界。由此，人类得以成功地把自己的情感对象化到外在对象上，然后，"祭神如神在"，再成功地在这个外在对象身上感受到自己的情感。我们经常会把形式愉悦与照镜子、找对象、玩泥巴、堆沙子、捏面团联系起来，黑格尔也发现，孩子会十分喜欢看投石头入河溅起的层层涟漪，那喀索斯看见了自己的水中倒影竟然就从此爱上了自己，皮格马利翁也甚至爱上了自己雕刻的女性……显而易见，动物却始终却没有这样一些表现。无疑，对人而言，世界已经成为生命的象征。美，则是以"对象的方式现身的"人"；美，也是"自我"在作品中的直接出场。就是这样，人借助形式愉悦的方式，把自己与动物严格区分开了。

形式，蕴含着共同的情感；形式，是对情感的情感体验。当自然界成为一种观照对象，成为一种形式，也就与外在世界彼此区分开来了。现实世界成为非现实世界，功利的也就成为超功利的。马克思指出："植物、动物、石头、空气、光等等"，"一方面作为自然科学的对象，一方面作为艺术的对象"，成为"人的意识的一部分"，成为"人的精神的无机界"。① 这其实就是说，自然界一旦从"对方"转化为"对象"，也就成为人类的一种精神现象。这样一来，它也就不再以现实的必然性制约人了，而是让人类以超功利的态度去面对。这意味着：在"自然"之中加入了"非自然"的东西，"对象的尺度"转而服从"内在的尺度"，因此是"第二自然"。线条、色彩、明暗；节奏、旋律、和声；跳跃、律动、旋转；抑扬顿挫、起承转合……诸如此类与我们没有直接关系的对象形式却偏偏引起了我们的超功利情感，就是因为在它们的背后都是潜存着内容的。② 西方学者发现："空间单纯的几何形体，例如说，直线、正三角形或正方形、圆、圆柱、球体等等，有什么力量能让人的精神安定下来呢？当我们置身于原野上，极目远望，由于地表上的众多的物体，地平线显得曲曲折折，上下起伏；视线就会追随着起伏不定的地平线上下'颠簸'，'匍匐'而进，可以说是'一路劳苦'。但是，当我们把地平线大致想像成是一条几何水平线时，我们就能很容易地把远处那些显露出《星月夜》来的物体全部忽略掉，心神就不必追随那些杂乱无章的物体'颠簸'了。因为，摆在面前的是一条水平线，它的此处和彼处是完全一样的。此时，浮躁的心灵便平静下来。把广袤而变幻的大地抽象成一个正四方形的平面，把繁星密布、深邃无限的苍穹抽象成一个半圆球，或者把粗壮强悍的男性身体抽象成多利亚式的圆柱体，都是同样的道理。""小孩子画画很少"写实"，比如画一张脸，他们会把整个脸画成一个椭圆，把眉毛画成两条斜挑的短线，把眼睛画成两个小圆圈，把鼻子画成一个正立的三角形，把嘴巴画成一个平躺着的被压扁了的椭圆。尽管这张脸面和实际的人的脸面差得很远，但是，当看到自己能够以这样的方式把灵活的东西固定在纸上时，他们得意地笑了。"甚至，圆形与

---

① 《马克思恩格斯全集》第 42 卷，人民出版社 1979 年版，第 95 页。
② 美学研究的核心问题其实就是对象形式所引发主体情感的愉悦问题。审美活动就是因为形式而引发的生命愉悦。

方形作为形式也蕴含着不同的内容:"所有的温暖,所有的运动,所有的爱情都是圆的,至少是椭圆的,它们是沿着螺旋形、曲线形方向前进的!只有冷的、不运动的、无价值的、可恨的东西才像伸展的线那样笔直,那样有棱有角。倘若士兵们不站成行列而站成圆圈,那他们就跳起舞来,而不会去向敌人进攻了。所以说整个兵法的内容就在于角度的安排上……冰冷、固定、用以咬啮的牙齿是人体里唯一笔直的东西,而且大自然还把它们安排成一个半圆形呢!生是圆的,死是有角度的。"①托尔斯泰在《艺术论》中举过一个例子:有一个小伙子在森林中被一只熊追赶。如果他回到村子里仅仅叙述他被熊追赶和逃跑,那么他的叙述只是普通的语言,只是传达事实或思想的工具。但如果他叙述这次经历的过程,先是用漫不经心的口气,然后突然变得紧张和恐惧,好像熊真的出现了一样,并且叙述他在逃跑过程中的种种惊心动魄的体验,最后说到他终于逃走时松了一口气,这样,在叙述事情的过程中他听众分享了他的感情,那么这种叙述就是一件艺术品。换言之,如果这个小伙子讲这件事是为了促使村民们出去把熊杀了,那么,虽然他的讲述可能使用艺术的方式,但他的故事还不是纯粹的艺术作品;但是,如果这是一个寒冬的夜晚,一大伙人闲来无事,围着火炉烤火,这个小伙子为了欣赏这次历险而回忆他的经历,或者纯粹为了想象的情感的缘故,编造出了这个故事,那他的讲述就成了纯粹的艺术品。当然,这就是克罗齐发现的"只有经过形式的打扮和征服才能产生具体形象。"因为形式会创造自己的内容,形式也会重新赋予外在世界以意义。

而美感则是在形式快感的基础上产生的一种最佳的代偿机制。为什么进化会选择这样一种形式呢?原因无疑是因为美感比一般性的娱乐、休息或体育运动更能满足人类的情感需要。其中最为明显的,就是美感的内部自动调节性质与快感的外部人为调节性质的差异。快感满足的是外部的人为调节——现实活动,当某一功利事物被肌体所选

---

① 爱伦·克伊:《少数与多数》,见[德]玛克斯·德索《美学与艺术理论》,兰金仁译,中国社会科学出版社1987年版,第377页。

择并引起主体的心理能量从一般阈值向最佳阈值转移时，这一功利事物就必然会影响到主体心理能量的人为调节过程。它所引起的快感，就是机体对这一调节过程的生理鼓励。但当人类的应激反应从肌体转向信息系统的时候，它的调节机制也就从外在转向了内在——审美活动。美感应运而生。它不再以外在的功利事物而是以内在的情感的自我实现、不再以外部行为而是以独立的内部调节来作为媒介。美感的意义因此也就应该被理解为对生命进化中最佳状态的自我鼓励。它与快感有着内在的同一性，但是美感又是只属于人类的一种特殊的快感。它用美感来进行导航，也就是用美感来肯定或者否定某些东西。也就是说，美感是人类的一种精神现象，是对于外在世界的乐于接受的、乐于接近的、乐于欣赏或者不乐于接受的、不乐于接近的、不乐于欣赏的肯定性评价与否定性评价。当外在世界符合我们的生命的时候，我们得到的是正面情感、肯定性评价；当它们背离了我们的生命的时候，我们得到的是负面的情感、否定性评价；当它们既符合我们的生命也背离我们的生命的时候，我们得到的就是既正面又负面的复杂情感，所谓悲喜交加。当然，如果我们人为地制造一个情感评价的象征物也就是艺术作品的时候，其中的情感体验就会更加复杂。

具体来说，在进行审美活动时，兴奋灶会因为相互诱导而被严格控制并不被扩散，由此导致对其他部分的抑制，最终产生心理上的积极休息。有一个爱斯基摩青年随浮冰漂走，几天以后才靠了岸。后来，他却创作了一首嘲笑自己不幸的歌：

　　哎呀，我很高兴，这可真妙！
　　哎呀，我的周围除了冰没有别的，这可真妙！
　　哎呀，我很高兴，这可真妙！
　　我的大地除了融雪没有别的，这可真妙！
　　哎呀，我很高兴，这可真妙！
　　哎呀，这一切何处是尽头，这可真妙！
　　我总是注视着，等待着，这一切使我厌烦，这可真妙！

这首歌受到人们的喜爱，很快在所有爱斯基摩人中广为传唱。格罗塞也谈道：格累（Grey）有一次在路上不听同行土人的严重警告，

吃了禁忌的贻贝,结果直到夜深还听见他的恐怖的歌声:

唉!为什么要吃贻贝呢?

现在魔鬼的风暴和雷霆可来了。

唉!为什么要吃贻贝呢?

"他恐惧地歌唱直到睡熟"。显然,这形式多次重复的歌谣的反复吟唱,有助于减轻恐惧。这令我们想起古希腊中充当喜剧角色的"萨提儿"。长期在内心深处挤压起来的惊恐、忧虑、悲思、难堪等,竟然都可以"一笑了之"。这无疑是古人所寻觅到的一种排解心理障碍的便宜法门。惊恐、忧虑、悲思、难堪等等似乎是无法战胜的,它们高踞于人类之上,但是人类却可以通过把它们放置在对面的方式,让它们在笑声中烟消云散。再如,在音乐审美活动中会给人以解脱感、宁静感,这解脱感、宁静感就来自从过量的应激反应中的解脱以及解脱之后的宁静。局部的兴奋反而导致了其他部分的抑制,这抑制无疑会带来解脱与宁静。"各感觉间的相互作用,有时能使感受性提高(感觉增强),也有时能使感受性减低(感觉衰弱)。由此两种相对立的结果里,暴露出这个或那个结果必然还依赖于一系列远未研究透彻的规律。此处只能指出一条简单的规律,这规律在很多情景之下皆有效;微弱的刺激增大着对于其他同时发生作用之刺激的感受性;而强大的刺激则减少着这种感受性。"① 再如对于平衡、对称、比例、和谐的审美活动,以及对于稳定中的变化、简单中的复杂、对称中的不对称、平衡中的不平衡的审美活动也是如此。就前者而言,格式塔心理学发现:人类知觉中存在着一种简化的"心理需要"。规则图形比不规则图形在感觉上更为节能,兴奋的区域小,显然会被认为是美的。这一点与人类的心理完全一致。精神病人所画的线条往往是断裂的,因为他们内心深处是断裂的,而且无法缓解。好的、和谐的、美的心情,线条也是规则的;不好的、不和谐的、不美的心情,线条也是如此。陶渊明演奏时连琴弦也不要,说明他的心情是极为平静的,因此心理应激几乎不存在,琴弦自然是多余的。在这方面,格式塔心理学

---

① 何万福、赫葆源译述:《心理学》,上海商务印书馆1952年版,第123—124页。

美学的"完形压强"值得注意。其实，人类的审美活动本身的不需要经过概念，就已经意味着它是一种中间步骤简单、只需要一个兴奋灶、而不是需要几个的积极的心理调节方式了。

在这里，我们不难从历史发生的层面上看到审美活动应运诞生的本体论内涵。以原始文化中最为引人瞩目的人体审美为例。在美学研究中，我们往往比较多地注意到人类的手的作用，但实际上，就审美活动的历史发生而言，更为值得注意的，是人类的脚。人体的直立导致了生殖器的含而不露，结果，导致性行为的主要兴奋源也消失了。它导致了嗅觉兴奋的衰退，但也导致了性视觉的兴奋，身上的其他部位，例如臀部、乳房、嘴唇，就开始充当性的替代物，甚至衣服、文身的发明也是如此。我经常强调，衣服、文身在原始时代都是皮肤的延伸，实际也就是性器官的延伸。这种通过把原本只有单调颜色的皮肤变得五颜六色的努力，正是出于性刺激的需要，是通过欲扬先抑的"山重水复"的方式来强化性交活动本身。在这个意义上，把人类称之为"穿着衣服的猴子"，是恰如其分的。裸体的猴子并没有什么诸如天气寒冷之类（在此之前的几十万年中天气不也寒冷吗？可见不需要衣服）的物理因素迫使它穿上衣服，那么，为什么要穿上这多余的衣服？唯一的因素，是心理的。这是一件为脱而穿的衣服。难怪在原始部落中反而把穿衣服的人称为"下流"。显然，这一切就犹如一幕期待着最后高潮出现的戏剧，统统是服务于性交这一目的的。然而，它需要的毕竟是"山重水复"而不是"开门见山"。无疑，这在原始人那里难免会引起"性心理倒错"，以致出现激烈的心理应激。而人体审美的出现显然有助于这一由于性危机所导致的心理应激的宣泄。审美活动通过在一定程度上化解这种转移了的性兴奋防止了事态的逆转，而且成功地把最大的性兴奋留给性交活动。在这个意义上，应该说审美活动是在想象中为人类穿上的一件最完美的衣服。

当然，人类在生命的自我进化之中之所以会产生审美活动，之所以会从形式快感走向美感，还有其自身的原因。这就是：从肌体系统向精神系统的拓展。

生物分类学告诉我们的，在动物的进化中，精神系统的进化已经是一个重要方面。从没有神经细胞的原生动物到有神经索的环节动物、节肢动物等无脊椎动物，再从无脊椎动物到具有脑的脊椎动物，从低级脊椎动物发展到大脑具有发达皮层的人类，这整个过程都体现出精神系统进化的在动物进化中的明显优先的地位。而随着精神系统的日益庞大复杂，它的精神应激水平也在逐渐提高。例如原生物或海绵动物，并没有睡觉的需要，但对于具有大脑的人类，睡觉就不可或缺。其特征就是脑机能的暂歇。这使我们意识到，学者们在考察人类的生命发展过程之时，往往注重的是在肉体生存在生命进化历程中的重要作用，所谓"生物的生命"，然而却忽视了在人类的生命发展过程中同样重要的心理生存的重要作用，所谓"精神的生命"，这显然是一个不可原谅的"忽视"。

例如，长期以来，我们一直看重的是实践工具的作用，但是，其实原始人所要解决的关键问题并不是"饥饿"，而是"恐惧"。我多次强调，如果只是狭义工具，那么对于工具的强调就没有真正的意义。因为动物也运用使用实践工具。更何况，即便是工具，在其背后也必然蕴含着人类的内在动机。在创造实践工具之前，必须先把工具心理创造出来。没有工具心理的出现，又怎么可能有工具的出现？不能因为后来实践工具起了很大的作用，就倒退回去，片面强调工具的作用。而且，即便是工具，也不能被狭义化，因为在实践工具之外，还存在心理工具。前者针对的是"饥饿"，后者针对的却是"恐惧"。因为重要的不是吃饭，而是心理。只是吃饭，就始终都还是动物，只有心理才决定了人是人。因此，如果只是在狭义的角度使用"工具"一词，那么我们必须要说，人不是工具制造者与使用者，而是意义制造者与使用者或者符号制造者和使用者。例如，"所有的宗教都源于恐惧。"[①] 对人而言，意义、符号都是高于工具的。应该是先有意义、符号的制造与使用，然后才有工具的制造与使用。不能因为今天的人是使用工具的，就夸大工具的作用。在这个问题上，要把人当人看而不是当动物看是非常重要的。试想，在制作与使用工具之前倘若没有预先把相应的心理需要创造出来，

---

① ［德］恩斯特·卡西尔：《人论》，甘阳译，上海译文出版社1985年版，第145页。

倘若没有预先把内在的心理解释创造出来，倘若没有预先"意识"到工具的意义，一切又如何可能？对此，我们只要在任何一个历史博物馆去真正认真地观察一下，就不难理解。人并不是一个舞枪弄棒的猴子。因为在任何重要的场合，出现的都不是工具，例如在墓葬中出土的，就没有工具。如果工具真的对人十分重要，那为什么不带入墓葬？而且即便是工具，也不是实践工具而是生活容器。罐子、酒杯、粮仓、火塘、炉膛、房子……不难发现，人类最早制造出来的东西都与心理的安抚相关。最早的金属不是用来做枪，而是用来做首饰、项链、耳环、手镯之类的装饰品。看来，决定性的是心理，而不是双手。并且，心理也不是双手的产物。否则，珠宝又怎么可能会比武器更重要？

例如梦，梦，可能是人类要战胜的第一个对象，也可能是给人类的第一个启迪。"纵观全部人类历史，梦幻既为人带来启示，又给人类制造恐怖。而且，人类从中无论感觉受启发还是受惊吓，两种反应都各有道理：一方面，人类内心世界要比其外部世界更加可怕、更加无法理解，何况这情形恐怕至今依然如此！因此，古人类第一要务，不是制造工具去控制外部环境，而是首先要制造出更强大、更有约束力的手段去控制他自己；而且，首先就是要控制人类自身的无意识状态。因而，这类工具的发明和优化，包括古人的礼制、象征、符号、语言、文字、形象、行为规范和标准（古代民德）等等，才是古人类最首要的正经事儿——这里，我特别想明确这一点。道理很简单，对于维持自身生存来说，上述这类活动和工作，要比制造石器工具迫切百倍。而对其后来的发展进化，就更不可缺少。"① 梦与现实本来是两个世界，但是在原始人那里，却会被误认为一个世界。甚至，半梦半醒之间的人类，也许会误以为恰恰是在梦幻中的心理体验才更为根本，也才可能恰恰才是人类的常态。因此，芒福德就认为有"实在语言"和"鬼魅语言"。② 如此一来，梦，也就闯入了人类的心理世界，也威

---

① ［美］刘易斯·芒福德：《机器神话——技术与人类进化》，宋俊岭译，上海三联书店2017年版，第58页。
② ［美］刘易斯·芒福德：《机器神话——技术与人类进化》，宋俊岭译，上海三联书店2017年版，第60页。

胁到了人类的生存本身。一个奇怪的问题是，人为什么会喜欢喝酒？科学家发现，酒的出现甚至早于辣椒。显然，人是有意去求一醉的，以便进入与梦中世界同等的幻想世界。中国早期殷商社会的甲骨文远比实践工具要多得多，无疑也说明了对付梦的工作要更加迫切。只是当今梦已经退出了心理舞台，因此我们就往往想象不出原始人的"我怕"的生命忧患而已。

远古的祭祀与宗教也是如此。"饥饿"的工具当然重要，但却不是原始人生存的充分必要条件。恰恰相反的是，意义、符号之类的象征活动也许更加重要。我们看到的祭祀宗教活动工具要远比实践工具的发现要丰富，显然不是偶然的。这是因为，在"饥饿"之前，还有一个更大的困惑，就是"死亡"。卡西尔提示我们："对死亡的恐惧无疑是最普遍最根深蒂固的人类本能之一。"① "吃饭问题"是动物与人都会关注的问题，但是，为什么只有人才意识到了死亡？这显然是一个分水岭。死亡导致了恐惧，从死亡起步，人类开始发现了有限。然后，又通过与无限的和解，使得自己最终得以强大起来。直面恐惧，也就是直面完美、直面终极关怀，这正是只能够直面有限与现实关怀的动物所无论如何都无法做到的。最终，人因为意识到有限而走出了动物，远古的祭祀与宗教正是服务于此。柏格森发现：人有一种虚拟本能，这一本能催生出了神话。② 卡西尔发现："所有的宗教都来源于恐惧。"③ 祭祀与宗教就是"恐惧"的解决方案。祭祀和巫术，无异于神的第一次到来。把好吃的献给无限，这是祭祀；把赞美献给无限，这是巫术。祭祀与无限的沟通，也正是人借助无限而实施的自我成长。所谓的神，其实无非是人的自我意识。人与神的互为依存，也正是人类以示弱的方式来战胜弱，示弱，却是为了让自己以后不再"弱"，是为了扭转弱的命运。进而，宗教也是如此。宗教中的神无不是人类自己的完美形象，无不是自身精神的客观化。神的存在，使得自己的

---

① ［德］卡西尔：《人论》，甘阳译，上海译文出版社2013年版，第148页。
② 参见［法］亨利·柏格森《道德和神话的两个来源》的第二章，贵州人民出版社2000年版。
③ ［德］卡西尔：《人论》，甘阳译，上海译文出版社2013年版，第145页。

欠缺异常突出地暴露出来。走向神的努力，则其实也是超越不完美的自己的努力。因此，也就把自己成功地带出了"恐惧"。

除了梦与祭祀、宗教，原始人的烦琐之极的社会仪式也无疑要比物质劳动远为重要。从早到晚，我们看到的，都是他们的忙于各种仪式，而不是焦灼万分地忙于寻觅吃喝。原始人对于"载歌载舞"的热衷就是鲜明的例证。而且，沉浸其中的原始人的愉悦程度，就更是非常值得关注的。现在的美学家们喜欢津津乐道于物质实践，其实，远在物质实践成熟之前，原始人的烦琐之极的社会仪式所体现的象征性活动就早已经十分成熟。"礼制是文明之母，是文化一切支脉的总根。"①此言不谬！

更具说服力的，还是农业社会的诞生。在《枪炮·病菌与钢铁》中戴蒙德曾经发现，农业的发明是自从有人以来的最大错误。这曾经令很多学人震惊。可是，如果我们知道游牧民族每天只需要工作两小时多一点，每周只需要12—19小时的工作左右，就会发现，农业社会的"披星戴月"实在是难于理解了。还有学者统计，中国的汉朝是550美元（以1990年的美元为准），清朝道光年（1820年）是600美元。1950年，则是439美元。农业社会似乎生产率也并不高。还有，就是身高的下降，游猎时期女性平均身高1.68米，农业社会却是1.53米；游猎时期男人1.75米，农业社会却是1.65米。这说明"吃不饱，穿不暖"是普遍现象。而且，更是营养结构的单调。安全了，但是，引人瞩目的却是，全世界无论干冷、湿热、湿冷、干热，这四种气候类型却都走向了农业。从公元前3000年直到1500年，整整4000年，人类从南农北牧、南富北贫、南弱北强，逐渐转向了反面。最早的农业文明有五个，都处于北回归线与北纬35度之间的一个很小的区域，周围被游牧民族紧紧地包围着，几乎可以说是危在旦夕，但是4000年后，农业社会却取得了全面胜利。原因何在？我们不妨看一下人体骨骼的哈里斯数量，它意味着人类遭遇风险的次数，例如疾病次数，专

---

① ［美］刘易斯·芒福德：《机器神话——技术与人类进化》，宋俊岭译，上海三联书店2017年版，第71页。

家发现：原始社会的人有11条，农业社会的人却只有4条。看来，物质的"饥饿"问题并不十分重要，精神的"恐惧"才是最为重要的，中国人说："宁作太平犬，勿当乱世人"，这堪称肺腑之言。冯尼格的《第五号屠场》写道，主人公所生活的人类社会遭遇了一场兵荒马乱的不幸，于是男主角逃到了其他的星球。外星人问他：你认为什么最宝贵？这个男主角回答：和平地生活。这也堪称肺腑之言。

　　看来，在"饥饿"的背后，隐含着的，是"恐惧"。直面"恐惧"，才是人类走出动物的当务之急。因此，人类脱离动物，最为根本的不是靠工具活动，而是靠意义与符号等象征活动。而在意义与符号等象征活动的背后成长起来的，就是隐喻思维、诗性思维。人，就是这样地被自己创造了出来。在意义与符号等象征活动中，借助隐喻思维、诗性思维，人类得以不断追求更加完善的自己、更加完美的自己。匍匐在地的人类，也最终站立了起来。

　　还回到从肌体系统向精神系统拓展的讨论，不难看到，从动物到人，正是渊源于从以处理肉体生存为主到以处理精神生存为主的转换，人类的精神生存，才是人之为人的重要标志。在精神生存阶段，精神系统作为一种代偿机制，已逐渐成为生命活动的关键。与此相应，为人类所需要的代偿需要也逐渐从外部转向内部，成为内部的信息系统中枢的代偿。这是一种较之肌肉系统的工作要远为精密、复杂的代偿机制。而作为象征活动的典型表现的并且以隐喻思维、诗性思维为直接渊源的美感正是这样一种内部的代偿机制。其中的原因说来也很简单，人类的精神系统日益成熟，在广度和深度上更呈现出复杂的内涵，加上人类还会无端地"胡思乱想"，应激反应的强度也必然增加——它需要远为复杂的情绪能量，而且与控制身体相比耗费的情绪能量也要大得多。另一方面，社会的发展还先是从"人为"的角度然后是从"物为"的角度激起精神系统的应激反应。由此，产生了人所独具的心理症状——"焦虑"。

　　赫胥黎说："当宇宙创造力作用于有感觉的东西时，在其各种表现中间就出现了我们称之为痛苦或忧虑的东西。这种进化中的有害产物，在数量和强度上都随着动物机制等级的提高而增加，而到人类，则达到了它的最高水平。而且,这一顶峰在仅仅作为人的动物中,并没有达到;在未开化的人中,也没有达到;而只是在作为一个有组织的成员人中才达到了。"① 这心理焦虑,一般可以分为三种:现实性焦虑;神经性焦虑;伦理性焦虑。它是由于应激反应长期淤积而产生的一种畸形心态。这可以被称为:人类文明的负代价。但丁说:狼使人类想起野兽无和平。但实际上,真正造成了连绵不断的战争的,却不是狼,而是人类自己。而且,人类的存在本身就是自然世界的生态平衡的破坏的结果,是反自然的结果,因此人类的文明也无疑是如此(马克思在《资本论》中就说过,机器劳动使神经系统极度疲乏,也使筋肉极度压抑)。弄清楚这一点,对于当代美学的重建极为重要。而且,人类在其中左右为难。自我与理想不相符合,固然是极端苦恼,但据罗杰斯的一项研究表明:自我与理想高度统一的人,往往更会陷入一种病态,例如精神分裂症。②

对此,人类自然不会熟视无睹。眼泪也如此。人类不但会笑,而且还会哭。据介绍,过去认为眼泪是无用之物,顶多可以清洗眼球,20世纪初,科学家发现眼泪中的具有杀菌功能的"溶菌酶素"也证明了这一点。但在所有的动物中,为什么只有人会因情感的压力而流泪?70年代美国心理学家佛雷的研究确认:眼泪中所含锰的浓度比血清中的锰浓度高30倍。看来眼泪有排泄有害物质的作用,眼泪使我们减轻悲哀、抑郁、愤怒。无疑,这也是人类为找到精神系统的代偿机制所作的一次努力。

至此,从快感到美感,作为人类所找到的最佳的精神系统的代偿机制,也就彻底解开了它的谜底。

最后亟待讨论的,是快感与美感的根本区别。

对于生理的代偿机制——快感,我们已经十分清楚:生理进化是一次历险,因此要用快感来加以鼓励,否则动物和人无法在这场生存竞争中取胜;但人类在为自己设定了精神系统之后,就又面临着新的

---

① [英]赫胥黎:《进化论与伦理学》,本书翻译组译,科学出版社1971年版,第35页。
② 精神分裂症模式在当代文学中多有表现,估计与人与社会、自我的分裂有关;正如肺病模式在近代文学中多有表现,显然与人与自然的分裂有关。

历险，当他独自走上这条道路时，还要靠一种东西来不断地鼓励他，什么东西呢？正是美感！美感鼓励人们追求变化、偶然、多样、差异，乏味的生活、空虚的生活，使我们陷入一种"自欺"，美感挺身而出，勇敢地为人类导航，它把人类不断带出精神的迷茫，带向未来，这是人类在精神的维度上追求自我保护、自我发展的一种手段。因此，缺乏美感是一个人精神上的贫血，是精神萎弱的象征。正如快感鼓励动物进行有性繁殖，以提高生存机会一样，美感也鼓励人类的精神进行多种探索，以增加更多的生存下去的可能性。在这个意义上，可以说，是生命选择了美感，生命只是在美感中才找到了自己。而快感之所以同时属于动物和人类，美感却只属于人类，更深的道理是在这里。

进而言之，当人在人与自然之间插入了一个"精神"之后，他就走上了与动物不同的道路：人—精神系统—世界。因为精神只能以个体的方式存在。当人以精神为中介与自然发生关系时，就不仅是以类而且是以个体的名义面对世界，然而，在历史的实际发展历程中，人类却往往被迫以类的方式存在。为了争取真正属于人的存在，那些独一无二的东西、不可重复的东西、偶然的东西就必须成为目的，成为价值。人类必须打断必然的链条，为之加入偶然的东西，而且栖居于这些偶然的东西之上。美感正是对于这种努力的鼓励。它是一种派生的快感，但又是一种更为深刻的快感。应该说，从好奇心到科学假设、哲学探索，直到美感鼓励，都是一种更为深刻的快感。它们仍然是人的生存努力的一部分，仍然是为了增加生存的机会。而且这些为个体而努力的人，仍然是人这个物种自我设计、自我塑造的一种工具，个体发展快速的社会必然也是社会本身发展快速的社会。因此，快感把人作为手段是为了人的发展，美感把人作为目的也还是为了人的发展，它鼓励精神永远停留在过程中，不被任何僵化的结构束缚。因此，假如说，快感是肌体系统的副产品，美感则是精神系统的副产品。

然而，快感与美感又毕竟不同。比如，快感是类型的，美感是个体的。快感人人相同，但美感却不允人人相同。再如，快感是守恒的，美感是开放的。"动物，即使是最聪明的动物，也总是处于一定的环境结构中，在这种环境结构中，动物只获得与本能有关的东西作为抵抗它的要求和厌恶的中枢。相反，精神却从这种有机的东西的压力下解放出来，冲破狭隘环境的外壳，摆脱环境的束缚，因此出现了世界开放性。"① 例如加登纳就发现：动物的感知方式主要是"定向知觉"和"偏向知觉"，而人的感知方式除此之外还有"完形知觉""超完形知觉"和"符号知觉"三种。就快感而言，它满足于给定的条件，外在条件如果没有发生变化，我们会产生快感，发生了变化，则会产生痛感。它不怕重复，口味一变就说"吃不惯"，这并不是消极，因为在生理方面人类的变化需要较长时间的稳定性（生理的变化是以百万年计算的）。快感代表的是对于生理的边缘地带的维护，但这会使它的行为在人类看来显得十分刻板、笨拙，缺乏起码的应变能力，像大熊猫之与箭竹，像鱼之与水，② 美感则不如此。美感是面对未来的，因为精神的演变不需要那么长时间，故美感以开放为主，是对给定条件的放弃，是在不完美的基础上去追求完美，是对心理的边缘地带的探索。

进而，动物性的快感为什么不是美感？

首先，动物的快感主要是为群体的。人的美感，当然也是为了种族，但更是为了自己。因为只有在精神上创新了，你才是人，否则你就还不是人，这显然与动物不同，动物的快感只是出于动物种群的进化的需要。而动物的动物性只是通过个体表现出来的。其中并不存在亟待创新的生命需要。

其次，动物有生理快感，只是感觉到了对于它们的生命活动有利，但是却是与对象处于同一个自然过程。而没有走向自觉的意义、价值。例如，动物看到画上的食物就没有快感，但是人却不但会有快感，而且还会有美感。因此，生理快感当然是精神快感的基础，但也仅此而已。其中，"意识"，是区别它们的关键。在美感中，生命需要不再直

---

① 转引自［德］施太格缪勒《当代哲学主流》上卷，王炳文等译，商务印书馆1978年版，第161页。

② 幼小的鸣禽假如掉到地下，被冻得张不开嘴，母亲即便看到也不会再喂它，因为他只会按照机械的程序办事，谁张嘴就喂谁，不张嘴就是不饿，而杜鹃的后代虽然混在队伍里，但因为在饿了张嘴这一点上是一样的，而且它的嘴张得还更大，结果就专门去喂它吃东西。

接通过生命活动表现出来,而是通过意识表现出来。在这里,意识不只是反映,而且还是本体。它预示着:对生命的"有利"开始由意识而不是由本能来决定了。审美的对象是人类出于自己的"意识"而在对象身上"创造"出来的,也是人类对于自身的精神鼓励。此时此刻,人类已经不需要去寻觅一个实际的东西了,而完全可以通过自己的"意识"去把它创造出来。

最后,也不宜将审美活动与娱乐活动混同起来。因为娱乐活动是动物与人的共同创造,审美活动则是人自己的创造,而且两者的区别并不在于是否与人类的动物性有关,而是在于前者主要满足的是肌体系统的需要,后者主要满足的是精神系统的需要。① 假如说娱乐活动是通过功利事物的中介将外部的情况转到人的生理层面,使由于外部突发的、不稳定的刺激所导致的器官的不平衡、无规则的活动,得到消解,造成器官和谐正常的运动,起到平衡和调解机体各器官活动的作用,使之不致因为超常压力而发生毁灭性的破坏,不致畸形发展,从而避免因为经常承受超常压力、超常消耗所导致的器官变异,是谋生的需要;那么,审美活动则是通过情感的自我实现这一中介使身心从忽强忽弱的心理状态中甚至是紧张状态中解脱出来,从而得到松弛和休息。消极的心态可以使机体超负荷、破坏性地运转,审美活动则能使人的心理器官正常运转,解除掉一度绷得很紧的危及机体的紧张状态,使内分泌恢复到正常,免疫系统得到加强。总之,人们强烈地追求审美的无功利就是因为它引发的无功利可以导致机体的和谐运动,缓解了由实际运动带来的紧张感,使机体得到松弛和休息,从而产生快乐的体验。它是自我发展的需要,追求的是符合人性与正常发展的一面,在人的心理机制方面,起到了对抗将人完全物化为工具的作用,维护了人的精神的本质属性。因此,它与娱乐活动不同,影响的不是人的生命的存在,而是人的生命的质量。

---

① 在这个意义上,审美活动的诞生确实是一件大事,或者说是一个伟大的转折,是人类对动物性的精神上的一种征服,从而开辟了一个属于人类自己的世界。

第二节　审美活动的逻辑发生

一　人作为活动：审美活动与理想本性对应

在从审美活动的历史的发生的角度考察了审美活动的根源之后，还有必要从逻辑发生的角度考察审美活动的根源。

历史发生，讨论的是"爱美之心，人才有之"，这无疑十分重要，因为它直面了人的走出动物。但是，这却又毕竟并非问题的结束。因为如今人类已经走出了动物，可是，我们为什么还要爱美呢？这岂不是说，在人类进化过程中所进行着的那场既伟大又惊心动魄的美的赌博，直到现在也还仍旧在继续进行之中？可是，人类现在已经与动物截然不同了，这场既伟大又惊心动魄的美的赌博为什么却还仍旧在继续进行？

显然，假如过去的问题是"爱美之心，人才有之"，那么现在的问题就是："爱美之心，人皆有之"。

它们同样都与所谓根源有关，也都是动物之为动物、人之为人的基本假设。但是，又有不同。在第一节，我们已经看到，"人"与"动物"是不同的，我把这个不同称作审美活动的诞生的历史根源。但是，这还远远不够，因为它涉及的只是事实判断，事实判断是"摆事实"，要回答的是：是，或者不是，或者，涉及的只是"人"与"动物"的区别，但是却还没有涉及逻辑判断，逻辑判断涉及的是价值判断，是"讲道理"，要回答的是：应当，或者不应当，涉及的是"人性"与"动物性"的区别。对此，我称之为逻辑根源。

"动物性"与"动物"不同。凡是"动物"，当然一定会有"动物性"，但是，不是动物（狭义的），也未必就没有"动物性"。在这方面，最典型的例证，当然就是人自身了。人类当然是从动物脱胎而来，可是，脱离了动物的形体是否就意味着也已经同时就脱离了动物的属性呢？就以我在前面所特别强调的人类的"站立"为例，身体的站立，是人类脱离动物的关键一步。正是"站立"，使得人类最终从动物超越而出，可是，要知道，动物之所以是动物，绝对不只是因为它在身体上是爬行的，而且因为，它在精神上更是爬行的。再回顾一下的黑格尔的发现："人固然也可以像动物一样同时用手足在地上爬行，实际上婴儿就是如此；但是等到意识开了窍，人就挣脱了地面对动物的束缚而自由地站了起来。站立要凭一种意志，如果没有站立的意志，身体就会倒在地上。所以站立的姿势就已经是一种精神的表现，因为把自己从地面上提出来，这要涉及意志因而也就涉及精神的内在方面，就因为这个道理，一个自由独立的人在意见、观点、原则和目的等方面都不依赖旁人，我们说他是'站在自己的脚跟上'的人。"①请注意，"站立要凭一种意志"，"站立的姿势就已经是一种精神的表现"。因此，人类要真正地从动物超越而出，就不但要在身体上"站立"起来，还要在精神上"站立"起来。在身体上"站立"起来，是要脱离"动物"；在精神上"站立"起来，则是要脱离"动物性"。

可是，"动物"是什么？这比较简单，可以说是一目了然，"动物性"就不同了。假如说，"动物"是动物的"所然"，那么，"动物性"就是动物的"所以然"了。而且，要弄清楚"所然"，只需要"摆事实"就完全可以了，可是，要弄清楚"所以然"，"摆事实"就远远不能胜任了。

要弄清楚动物的"所以然"，也就是要弄清楚动物的"动物性"，需要的不再是"摆事实"，而是"讲道理"。

动物的"动物性"，就其自身而言，当然是不"讲道理"的，因为动物根本就没有理性思维，可是不"讲道理"却绝不意味着"没道理"。这就涉及动物生存的逻辑根源了。事实上，动物之为动物，也并不是就毫无"道理"的。动物之为动物，也一定存在着自己的基本假设。只是在远古时代，人类还没有能够深刻意识到动物关于自身的基本假设，或者说，由于那个时候人类还主要是在赌自己与动物的身体的不一样，因此，也就没有去直面动物关于自身的基本假设。但是，在人类在身体上已经远离动物以后，这一切就被提上了议事日程。于是，人类继在走出动物的同时，又开始了走出动物性的漫长历程。

---

① ［德］黑格尔：《美学》第三卷上册，朱光潜译，商务印书馆1979年版，第153页。

也因此，人类现在要直面的已经不是人之为人的"身体"，而是人之为人的"道理"。而且，这个"道理"与我们日常生活里所说的"科学道理"之类又是完全不同的，是一种不讲"道理"的"道理"，也可以说是一种讲"道理"的不讲"道理"。科学的道理，是在我给你讲了道理以后，你就真的可以认为确实是有道理的了，而这里的"道理"其实又是没有"道理"的。它只是一种假设，仅仅只是因为你愿意相信：理想的人生，一定是隐含在这场美学的豪赌的背后的。

在这里，重要的不是"讲道理"，而是在"讲道理"背后蕴含着的"应当"。

卢梭说：人是生而自由的，但却无往不在枷锁之中。在这里，"生而自由"就是人的"应当"，当然，因为人毕竟不是神，因此，这"应当"也就"无往不在枷锁之中"。可是，"应当"毕竟又就是"应当"，犹如一块金子，它总归要闪光。尽管"无往不在枷锁之中"，但是却要赌自己"生而自由"，这就是人类的"应当"。而审美活动就恰恰是对于这"应当"的满足，也就是对于人类的"生而自由"的满足。

精神的站立因此脱颖而出。这是人类的审美的根本标志（区别于动物的审美萌芽）。在"动物"之外，还存在着"动物性"，"动物性"，是人类在精神上"爬行"的原因。因此，人在进化中需要两次站立。肉体的站立——精神的站立。肉体的直立：是从"动物"到"人"的标志，精神的直立：是从"动物性"到"人性"的标志，也是人之为人的标志。从逻辑发生的角度考察审美活动的逻辑根源，其实就是考察人在精神上的"站立"。

从逻辑发生的角度考察审美活动的逻辑根源，包括了理想本性、最高需要、自由个性三个方面。

首先，从理想本性角度考察：审美活动与人的自由生命同在，是理想本性的全面实现。

我已经剖析过，人之为人，最为根本的就在于未来性。自身与生俱来的不完美，使得人天生就苦苦地去追求着完美。其中的道理，说来也十分简单：在现实世界中，人假如能够得到他所想要得到的一切，岂不就在世界上失去了主动的意义？因此，可以把人对于理想的追求看作一种必不可少的自我鼓励,看作人的一种不可缺少的理想本性。分析哲学曾经把任何一个形而上学都称之为"无意义的假问题",但是人却并没有因为他的追求的虚假而望而却步。看来,有些"无意义的假问题"也是有意义的。人的理想本性正是这样一个千万年来为人类苦苦呵护着的"假问题"。

人的生命是原生命,也是超生命。而且,只有所谓的超生命,才能够体现人的生命。前者意味着"人直接地是自然存在物"(马克思);后者意味着人更是"有意识的存在物"(马克思),人们日常所时常谈及的"一半是天使,一般是野兽"以及人面兽身的斯芬克斯像,应该都是对此的洞察。在这里,原生命仍旧是与动物自身所禀赋的有限性有关。这动物自身所禀赋的有限性,换一个词,应该就比较好懂。这就是:占有。也就是:适者生存、弱肉强食。显然,这正是动物的逻辑,也正是动物之所以在精神上始终爬行的原因。我们说人身上有丑恶的东西,我们说人要追求美好的东西,实际上都是指的什么呢?都是指的人要摆脱这样一种以"占有"作为生存目的的动物性。例如,在《水浒传》里,西门庆的眼睛就可以帮人"脱衣服"。他站在楼下看楼上的潘金莲,精神却没有"站立"而是"爬行"。因为在他的眼睛里,本来穿着衣服的潘金莲被看成了赤身裸体。人的眼睛竟然还是动物的眼睛,竟然是比 X 光都厉害,真不愧是"拾翠寻香的元帅"。石秀也一样,他眼中的潘巧云也被看成了赤身裸体,再如《罗密欧与朱丽叶》,当罗密欧的朋友马其提欧看到朱丽叶时,在他的眼睛里,本来穿着衣服的朱丽叶还是被看成了赤身裸体。

而从超生命的角度看,人的存在则截然区别于动物的存在。动物的存在既不是肯定的也不是否定的;既不是主动的也不是被动的;既不是创造的也不是被动的,而只是其所是,只是它自己,并且完全被自己充实、胶着住了。人则不然,他的诞生本身就是自然界的唯一的否定性举动,并且他自己也因此而被迫进入永恒的开始、永恒的建构、永恒的可能。所以,人不仅是一种已然,更是一种未然;不仅是一种现实,更是一种生成。不仅真实地生存在过去、现在,而且真实地生存在未来。① 因此，雅斯贝斯才会不断陈述说："人是一个没有完成而且不可能完成的东西，他永远向未来敞开着大门，现在没有，将来也永不会有完整的人。"② 不过，要强调指出，未来只是蕴含了无数可能性的中性概念。有活泼泼的未来，也有死寂的未来，有上帝的未来，或自然的未来，还有人的未来，其中的差异不容忽视。所谓上帝的未来，指的是与此岸世界绝对隔绝的彼岸世界，它是一个无法企及的所在，相比之下，人的任何努力和趋近都只能等于零。康德称之为"令人恐怖"的未来，黑格尔称之为"坏的无限"。所谓自然的未来，则是指固定不变的量的循环。动物的繁衍死灭、植物的开花结果、无机物的化合分解，都表明它们并非不能从一种存在进入另一种存在，从一种现实进入另一种现实，但它们之所以"进入"的原因却早已预先潜在于原因之中，因而只是同一过程的重复演出，不是真正意义上的未来，而毋宁是上帝的未来的此岸之翻版。而人的未来不是上述那种死寂的未来。它根源于人类的生命活动本身，是真正的未来，也是活泼的未来。这样，在人的未来的向度上，人本身得到了最为核心的规定。在生命活动中，人把先行进入未来作为自己的真正本质。这"本质"成为使自己成为永远比既定的现存者更加完美的存在，是成为充满生机的不确定性存在，成为禀赋无限可能性的开放存在。人永远走在自我超越的途中，永远高出于自己，永远屹立于地平线上俯瞰着自我，并且，一旦停留就不复为人。总之，人不是一种状态而是一种行为，人从来就是他之所不是而不是他之所是。

---

① 这样，假如说追问动物的时候是在追问动物"是什么"，那么在追问人的时候就只是在追问人之所"是"。值得注意的是，在古今中外的论坛上，几千年来，各家各派曾经争相发表意见，并为固执各自的意见而争辩得难分难解。但是，他们的意见虽然互不一致但在追问的路径上却又出人意料地保持一致；他们都处心积虑地要找出一个"什么"来指证人，并且都宣称唯有自己的探索真正找到了它，却从来不去顾及从"什么"出发，实在是人的一种价值退化，实在是一场摩菲斯特式的颠覆人的阴谋，也从来不去顾及一旦把人现实化、对象化、关系化，就无论再滔滔不绝地陈述多少辩证法，都实在不是把人作为人，而是把人作为动物，最终也无非是从一个前提滑向另一个前提，从一个"什么"滑向另一个前提，无法确立起人之为人的终极根据。殊不知，任何一个"什么"毕竟只是"什么"，而不是"是"，更不是人之所"是"。结果，对"人是什么"的追问成为一种无根的追问。越是追问，人就越不在；越是追问，人就越消解；越是追问，人就越晦蔽。

② 转引自徐崇温主编《存在主义哲学》，中国社会科学出版社1986年版，第233页。

法布尔在《昆虫记》里说，蟋蟀是一种你即使把它囚禁起来，也要嘹亮歌唱的昆虫，绝不会像别的动物一样郁郁而终。人更如此。他只追求天堂，而绝不追求地狱。就以人的寿命为例，人们常说"扶老携幼"，但是动物却从不"扶老"，只有人才会"扶老"。其中的原因就在于：人顽强地对抗着自然规律，并且绝对不向命运低头。欧洲人从青铜时代的平均年龄只有18岁，到古罗马时代的29岁、文艺复兴时期的35岁、18世纪的36岁、19世纪的40岁、1920年的55岁、1935年的60岁、1952年的68岁，再到当下的80岁左右……正印证着人的从他的"之所是"向他的"之所不是"跋涉的生命努力。再如人的登高。人为什么要不断向高度攀登？各种的原因也是因为海拔6200米是目前世界上种子植物分布的最高度，而人类永久居住的最高限度则不能超过海拔5500米。在这方面，动物同样存在着自己所无法逾越的生存高度，因为在生存高度以上，它们无法寻觅到取食、繁衍的栖息地。但是，人类却始终不屈服于此，始终坚持要向生命的禁区挑战、向生物圈挑战。这就是登山的魅力，其实也正是人的魅力。在这一切背后的，同样是人的从他的"之所是"向他的"之所不是"跋涉的生命努力。

　　为此，有哲学家专门总结了人无法忍受的五个方面（动物性）：无法忍受单一的颜色（喜欢丰富的世界与人生）；无法忍受凝固的时空（厌恶重复）；无法忍受存在的空虚（求意义）；无法忍受自我的失落（需要自我实现）；无法忍受有限的束缚（渴望不朽）……显然，人在这五个方面的无法忍受，正表征着人是一种超越性的存在。因此苏轼要慨叹："长恨此身非我有"，王国维要说"可怜身是眼中人"。而且，马克思还有"为活动而活动""享受活动过程""自由地实现自由"等一系列的说法，苏联学者阿·尼·阿昂捷夫的看法更是精辟：最初，人类的生命活动"无疑是开始于人为了满足自己在最基本的活体的需要而有所行动，但是往后这种关系就倒过来了，人为了有所行动而满足自己的活体的需要。"从"人为了满足自己在最基本的活体的需要而有所行动"到"人为了有所行动而满足自己的活体的需要"，也就是从"为需要而活动"到"为活动而需要"。

这当然昭示着人的精神"站立"。还是在《罗蜜欧与朱丽叶》里，在罗蜜欧的眼中，朱丽叶不但是穿了衣服的，而且还成了美的象征："喔！她真叫火炬燃得发亮/她似乎挂在夜的脸颊里/像是衣索匹亚人耳朵上的宝玉/甜得叫人发痴/美得叫人发愣。"无疑，此时此刻，生命开始有了尊严，也开始成了生命。西方人在描述上帝创造世界的时候会说：第一天是光；第二天是空气；第三天是旱地；第四天是光体；第五天是鱼和雀鸟；第六天是动物和人。而且，还是照着自己的"样子"创造了人。这里的"样子"十分重要，因为它正是人"站立"的样子。同样是人，我们有时候会斥责曰：不是"人"，没有"人味"，当然，这就是没有"人样"。孟子也说过："人之异于禽兽者几稀"。"几稀"之处，其实正是"人样"。苏联的著名女诗人茨维塔耶娃，是20世纪著名诗人里尔克的情人。她在写给里尔克的信中曾经说过：她喜欢他，其实是从他的《献给俄耳浦斯的十四行诗》的第一句开始的。这一句是："一棵树长得超出了它自己。"① 试想，一棵树怎么竟然可以长得超出了它自己？从物理的状态，这无疑是不可能的，甚至是荒诞的。然而，从精神的状态，却实在是可能的。犹如一个小个子，例如邓小平，我们却偏偏说他很"高大"，甚至偏偏要说他是个"巨人"。契诃夫在夸奖为人打抱不平的左拉时，也曾经说："左拉整整长高了三俄尺"。无疑，在这里所赞美的，实际都是精神"站立"、精神的高度。类似的是，一个人的生命不但可以有高度，而且还可以有重量。尼采就曾经表示：审美的人有"比人更重的重量"。无疑，从物理的状态，这无疑是不可能的，甚至是荒诞的。然而，从精神的状态，却实在是可能的。因为，在这里所赞美的，实际上是精神的重量。吉卜赛的著名谚语也十分类似："在我死后，请将我站立着掩埋，因为我跪着活完了一生。"这无疑是因为，尽管在生活中他是"跪着"的，但是他自认为自己在精神上却是"站立"的。正如诗人臧克家所说："有的人死了，他还活着；有的人活着，他已经死了。"康德也如此宣称：我对贵人鞠躬，但我心灵并不鞠躬。对于一

---

① 要说明一下的是，这句诗后来我看不少译本的翻译都不是这样翻的，一般的翻译都是"一棵树超越而生"或者说，"一棵树超越而在"，但是这个翻译尽管也可能不太像诗，但是翻译得真的是非常美学。

个我亲眼见其品德端正而使我自觉不如的平民，我的心灵鞠躬。显然，在这里存在着"爬行"与"站立"的不同，"动物性"与"人性"的不同。美国心理学家詹姆士说：人由灵魂、身体和衣服组成。雨果说：人赖肯定存在，比赖面包更甚。英国有个城市，曾经一度有少女相继自杀，而且一时无法解决，于是有人建议：再有自杀者就以裸体示众，结果，自杀者就没有了。这正如韩剧里说的："跳蚤也有脸"。《水浒》里面的阮氏三兄也会说："这腔热血只要卖与识货的。"显然，在这里人们看重的已经不是在要被淹死时喊"救命"的那个"命"，而是"士可杀而不可辱"的那个"不可辱"的"命"。正如茨维塔耶娃在自己的诗中所吟咏的："但是，帝王们，钟声高出了你们。""我可以活过1亿5000万条生命。"

在这方面，马克思的思考给我们以重要启示。马克思对人的本质，有许多重要的提法，如人是人的最高本质，人的本质是劳动，人的本质是社会关系的总和，人的本质是自由自觉的活动，人的需要即人的本性，人的本质在于人的主体性，等等，强调的重点与内容均有不同。这提示我们，人的本质在马克思的心目中并非一个抽象的东西，更非一个僵化、机械的东西，而是一个多维度、多层面、多角度的东西。其中，最值得注意的是人，是人的最高本质和人的本质是自由自觉的活动，前者是马克思在《"黑格尔法哲学批判"导言》中提出来的，马克思说："对宗教的批判最后归结为人是人的最高本质这样一个学说，从而也归结为这样一条绝对命令：必须推翻那些使人成为受屈辱、被奴役、被遗弃和被蔑视的东西的一切关系。"① 后者是马克思在《手稿》中提出来的，马克思说："一个种的整体特性、种的类特性就在于生命活动的性质，而自由的有意识的活动恰恰就是人的类特性。"②有人把上述看法与费尔巴哈的人本学等同起来，是不对的。联想到马克思在《巴黎手稿》中提出的把"人之感觉"变为"人的感觉"，把人的对象变为"属人的对象"，把人变为"作为人的人"，联系到在

---

① 《马克思恩格斯全集》第1卷，人民出版社1956年版，第461页。
② [德]马克思：《1844年经济学哲学手稿》，人民出版社2018年版，第53页。

《政治经济学大纲》中马克思提出的区别于"五分法""三分法"的人类历史"两分法",即把人类社会划分为共产主义之前的人类社会即人类社会的史前史和共产主义之后的人类社会,联想到马克思在《资本论》中还把资本主义的雇用劳动称之为"非人""异化"……可以看出,马克思所说的人是人的最高本质和人的本质是自由自觉的活动是从人的理想本性对人的一种规定,是从人类生命活动的整体观照的角度(区别于动物)和从人类生命活动的理想观照的角度(区别于现实的失去了自由性质的人类活动)对于人的洞察。它们是人类理想社会中的现实本性,又是人类现实社会中的理想本性。

事实也正是如此,恩格斯曾经说过:"历史同认识一样,永远不会把人类的某种完美的理想状态看作尽善尽美的;完美的社会、完美的'国家'是只有在幻想中才能存在的东西;反之,历史上依次更替的一切社会制度都只是人类社会由低级到高级的无穷发展进程中的一些暂时阶段。"① 然而,就人类本身而言,却永远会把"只有在幻想中才能存在的""人类的某种完美的理想状态看作尽善尽美的"。这正是人类的理想本性。"夸父追日""羿射九日""女娲补天""大禹治水""愚公移山"……折射的不就是人类的理想本性?因此人是存在于超现实的想象力之中的,是以终为始的。西方积极心理学家塞利格曼认为人不是"理智人",而是"期望人",就是这个意思。人最关心的是未来而不是过去。潘多拉的盒子最后放出来的,不还是希望?柯洁与人工智能阿尔法狗进行围棋三番棋高手比赛,结果三番都输掉了,柯洁为此伤心落泪,因为他怀抱希望而来;但是阿尔法狗却没有笑,因为它心中没有未来。我们也都知道西方有魔杖、中国有金箍棒。这也说明在速度和力量都不占上风的人类的心中,始终都是憧憬于未来的。何况,就人类的心理活动而言,其起源固然是社会的,其结构固然是中介的,其组织方式则是系统的。其中,起着重大的作用的是激活的网状结构,其来源包括三个方面:其一是人的机体本身的代谢过程;其二是机体所受到的外界刺激;其三就是人类的理想的远景、计划。"这些远景、计划就其发生

---

① 《马克思恩格斯全集》第4卷,人民出版社1958年版,第212—213页。

来说是社会的，首先是在外部语言然后在内部语言直接参加下实现的。"① 难怪歌德会说："到了我在实际生活中发现的世界确实就像我原来想象的，我就不免生厌，再也没有兴致去描绘它了。"② 也难怪米开朗基罗《被缚的奴隶》会吸引着人们的视线。主人公的如公牛般健壮的身体正在力图挣脱又岂止是身上的绳索？高昂的头颅、圆睁的双眸、坚毅的目光，流露出不也恰恰正是对于未来的渴望？

在人类的理想本性之中，最为核心的东西是：理想。在人的生命过程中，正是对于理想的追求使得人顽强地追求着一种理想的境界（人类的一大发明就是圆，然而自然界中却没有圆）。这理想进驻生命，成为生命活动中最为重要的组成部分，以至于一旦丧失对于理想的追求，生存就失去了发展的可能。而不能发展的生存，也就失去了生命存在的意义。而且，由于理想的永远的未来性，由于旧的理想的实现同时就是新的理想的实现的开始，又可以说，未来其实只是一种永远无法实现的理想。它是一团永不熄灭的生命之光，在文明与自然的永恒碰撞中迸发出耀眼的火光。而碰撞则是它的永恒不息的表现形式。在人的历史生成过程中，人正是这样被自己的理想本性一步步地带向永恒。

理想之所以是理想，就在于它是永远无法实现的，就在于它只能存在于遥不可及的未来。只有现实的才是存在的，而理想的就是不存在的。理想本性也是如此，它之所以是理想本性，就在于它是理想社会的现实本性，又是现实社会的理想本性，因而是不可能现实地实现的。那么，作为人之为人的一种必不可少的自我鼓励，理想本性是通过什么把人带向永恒的呢？审美活动。换言之，人类的理想本性，在社会生活中是通过什么表现出来的呢？在理想社会中，毫无疑问是通过人类的现实活动加以表现，但在现实社会呢？则只有通过审美活动了。在这个意义上，马克思所提示的对于人类生命活动的整体观照，

---

① 鲁利亚。转引自［苏］斯米尔诺夫等《心理学的自然科学基础》，李翼鹏等译，科学出版社1984年版，第77页。

② 转引自［美］阿瑞提《创造的秘密》，钱岗南译，辽宁人民出版社1987年版，第35—36页。凯恩斯曾经引用一首诗歌：天堂将再响起赞美诗和甜蜜的音乐，但我将必须不再唱歌。然而在现实中就必须唱歌。

就构成了审美活动的性质规定的一般根据,而马克思所提示的对于人类生命活动的理想观照,则构成了审美活动的性质规定的特殊根据。①

作为人的自由本性的理想实现,审美活动恰恰是人的理想本性的全面实现。②我们知道,理想的特点就在于它的可望而不可即,而它的可"望",则正是通过审美活动而实现的。审美活动就是一种为人类所不可或缺的"望"。理想之光通过审美活动照亮了我们的生命。没有审美活动,我们就无法达到理想的世界。生命也只有在审美活动中才能得到自己。"春归何处?寂寞无行路;纵有万种风情,只在弦上说相思!"审美活动正是当人意识到了自己的不完美之后对于完美的顽强追求。不完美而追求完美,这种需要只有人类才有,也只有在审美活动中才能得到满足。人不可能现实地实现理想的追求,但理想的追求却可以成为一种现实的象征,审美活动将人类的渴望、理想、憧憬这些不属于现实因此只能在非现实世界中才能实现的东西,借助一定的符号媒介加以实现,体现了人类的最为隐秘的要求:知其不可为而为之。③就是这样,审美活动令人痴迷地站在现实与理想的交叉

---

① 面对自然,或者改变主体的存在方式以适应对象,或者改变对象的存在方式以适应主体。人类走的是后一条路。开始只是附属于自然需要,随着生产力的发展、实践范围的扩大、认识能力的提高、操作能力的强化,结果在漫长的创造过程中,必然形成一种新的需要即创造的需要。在创造需要成为一种独立的需要的时候,审美活动的心理基础就出现了。正是因为自由理想的出现,人类才积极从事审美活动,反之,也正是因为审美活动,人类的自由理想才得以充分实现。所以马克思才说:消费音乐比消费香槟酒高尚。

② 马克思说资本主义在本质上是敌视美的,正是因为它敌视人的理想本性。而实践活动、理论活动则只能部分实现人类的理想。

③ 萨瓦托说得好:"人总是艰难地构造那些无法理解的幻想,因为这样,他才能从中得到体现。人所以追求永恒,因为他总得失去;人所以渴望完美,因为他有缺陷;人所以渴望纯洁,因为他易于堕落。"([阿根廷]萨瓦托:《英雄与坟墓》,申宝楼等译,云南人民出版社1993年版,第59页)具体来说,审美活动与理想的关系,是中西美学家所一直关注着的问题。以西方为例,"典型"范畴事实上就是"理想"范畴。这在柏拉图、亚里士多德、西塞罗、维柯、狄德罗、莱辛、康德、席勒、歌德、谢林、费西特、黑格尔的论述中都可以看到。朱光潜先生也曾指出:"'典型'(Tupos)这个名词在希腊文里原义是铸造用的模子,用同一个模子拖出来的东西就是一模一样。这个名词在希腊文中与 Idea 为同义词。Idea 本来也是模子或原型,有'形式'和'种类'的涵义,引申为'印象'、'观念'或'思想'。由这个词派生出来的 Idea 就是'理想'。所以从字源看,'典型'与'理想'是密切相关的。在西方文艺理论著作里,'典型'这个词在近代才比较流行,过去比较流行的是'理想';即使在近代,这两个词也常被互换使用,例如在别林斯基的著作里。所以过去许多关于艺术理想的言论实际上也就是关于典型的。"(朱光潜:《西方美学史》下卷,人民文学出版社1979年版,第695页)

点上，或者直接地展示理想，这是人的肯定性的审美活动，或者通过直接揭示现实的不完美从而间接地展示理想，这同样是审美活动——否定性的审美活动。确实，与理想同在，当然是美好的追求，对于理想的追求就更是美好的追求。①

我们知道，实践活动与理论活动关注的是现实，而现实总是一个有限的世界，故它在实现人类的理想的同时又限定了人类的理想，审美活动则不然，②它固然涉足于有限，但却并非着眼于有限，更不是为了一个有限的创造，而是为了通过这有限而达到无限的境界，故被创造出来的有限就只是达到无限的手段。康定斯基说："任何人，只要他把整个身心投入自己的艺术的内在宝库，都是通向天堂的金字塔的值得羡慕的建设者。"③梅洛·庞蒂也说："生命与作品相通，事实在于，有这样的作品便要求这样的生命。从一开始，塞尚的生命便只在支撑于尚属未来的作品上时，才找到平衡。生命就是作品的设计，而作品在生命当中由一些先兆信号预告出来。我们会把这些先兆信号错当原因，然后它们却从作品、从生命开始一场历险。在此，不再有原因也不再有结果，因与果已经结合在不朽塞尚的同时性当中了。"④其中，最为关键的就是：审美活动所涉及的不再是现实形象，而是审美意象。阿瑞德指出："意象具有把不在场的事物再现出来的功能，但也有产生出从未存在过的事物形象的功能——至少在它最早的初步形态中是如此。通过心理上的再现去占有一个不在场的事物，这可以在两个方面获得愿望的满足。它不仅可以满足一种渴望而不可得的追

---

① 当代审美活动、艺术活动，往往令我们困惑不解，但假如从对于理想的追求入手，就会发现，在其中我们看到的正是对于理想的追求。

② 理想本身也是有层次的，因主客体关系的层次和方面的不同，可以产生不同的理想。例如，科学理想、道德理想、美学理想。美学理想的特点在于它的超现实性、非现实性，也在于它的意象性、象征性、整体性。康德的"三大批判"主要解决：真的问题，"人知道什么"；善的问题，"人应当做什么"；美的问题，"人希望什么"。它们合起来才是："人是什么"。这里的"知道""应该""希望"就正是对于科学理想、道德理想、美学理想的区分。所以他说："只有'人'才独能具有美的理想，像人类尽在他的人格里面那样；他作为睿智，能在世界一些事物中独具完满性的理想。"（[德]康德：《判断力批判》上卷，宗白华译，商务印书馆1964年版，第71页）

③ [俄]康定斯基：《论艺术的精神》，查立译，中国社会科学出版社1987年版，第31页。

④ [法]梅洛·庞蒂：《塞尚的困惑》，载《文艺研究》1987年第1期。

求,而且还可以成为通往创造力的出发点。因此,意象是使人类不再消极地去适应现实,不再被迫受到现实局限的第一个功能。"①

由此,不难看到,审美活动的性质就在于它是人的自由本性的理想实现(注意:这里的"理想本性"是指人的超越性而不是什么抽象本质,因此它并非某种先在的理想本性)。假如实践活动是对于必然法则的抗争,理论活动是对于必然法则的认识,那么,审美活动则是对于必然法则的超越。用贝多芬的话说,审美活动是"向可怜的人类吹嘘勇气"。② 在人类社会的铁与血的洗礼中,历史关注的是铁,审美关注的则是血。实践活动从"人是什么"推论出"人还会是什么",审美活动则从"人应当是什么"推论出"人现在不是什么"。但同时,也正是因此,审美活动也就失去了它的现实性(但是,不能把审美活动与现实活动割裂开来,这不仅因为实践活动等现实活动与审美活动密切相关,而且因为审美活动本来就是人类理想地实现自己的一种广义的现实活动)。以理想的尺度去看待这个世界,成为它的基本立场。换言之,审美活动是对外在世界的征服,但也因此而丧失了实在的征服外在世界的能力。德国古典美学、中国的实践美学恰恰没有看到后者,结果把审美活动当作征服世界的工具,事实上,人类实际达到自由的工具,无疑不可能是以审美活动为主,以神圣的名义抬高审美活动的结果是实际上降低了审美活动本身。审美活动只是全面发展的人的理想实现。审美活动根源于现实活动又超越于现实活动,它的存在具有客观性,但这客观性不是来源于自身,而是来源于现实活动。再者,审美活动虽然根源于现实活动,但是现实活动本身还不就是审美活动,审美活动存在于超越的领域。因此它也就失去了实在需要,成为一种象征。因此,审美活动的可能恰恰证实了在现实中理想本性的不可能,审美活动要为人找到理想,恰恰因为在现实中缺少理想,审美活动要为人找到无限,恰恰因为在现实中没有无限……审美活动面对的是永远无法解决的问题,试想,假如不是因为永远也无法解决,

---

① [美]阿瑞德:《创造的秘密》,钱岗南译,辽宁人民出版社1987年版,第64页。
② 人们常说,"心安理得","心安"靠的是什么呢?正是审美活动。

"精卫填海"或者西西弗斯的推石上山又有何美可言呢？也正是因此，审美活动是一朵不结果的鲜花，它不是实在地改造世界，也不是客观地理解世界，而是按照理想去造就一个世界。① 贡布里希说："绘画是一种活动，所以艺术家的倾向是看他要画的东西，而不是画他所看到的东西。"② 审美活动也是如此。

因此，人之为人，才必须去创造美、发现美、欣赏美，必须去与美同在。因为只有人而并非动物，才出现了"是人""人样""人味""长得超出了它自己""站立着死去""心灵鞠躬"……的问题，以及在"身体死去"之前先"失去尊严""先作为人死去"……的问题。"是人""人样""人味""长得超出了它自己""站立着死去""心灵鞠躬"……的问题，以及在"身体死去"之前先"失去尊严""先作为人死去"……的问题，意味着人成为了一种精神"站立"的存在。审美活动是在一个对象上见证、确证了"是人""人样""人味""长得超出了它自己""站立着死去""心灵鞠躬"……以及在"身体死去"之前先"失去尊严""先作为人死去"……的生命活动。而在一个对象上见证、确证了"是人""人样""人味""长得超出了它自己""站立着死去""心灵鞠躬"……的，就是美的，在一个对象上见证、确证了在"身体死去"之前先"失去尊严""先作为人死去"……的，则是丑的。正如台湾诗人痖弦所说："观音在远远的山上／罂粟在罂粟的田里。"艺术，则是为了让他人看到"是人""人样""人味""长得超出了它自己""站立着死去""心灵鞠躬"，以及在"身体死去"之前先"失去尊严""先作为人死去"……诸如此类的一切而创造出来的精神产品。

英国小说家西雪尔·罗伯斯曾经为一句墓碑上的话而感动："全世界的黑暗也不能使一只小蜡烛失去光辉。"——美，就是那只小蜡

---

① 对此，很多美学家都有所认识。像康德、席勒、斯宾塞、朗格、迦达默尔等等，就很喜欢从"游戏"的角度去阐释审美活动，例如康德说：诗是"想象力的自由游戏"；音乐美术是"感觉游戏的艺术"；戏剧是"运动游戏"。其他美学家也指出：审美活动创造的是可能的世界，是"新的实在"（卡西尔）、"第二自然"（歌德）、"谎言"（毕加索）。又如，"艺术不就是真理。艺术是一种谎言，它教导我们去理解真理。"（见《欧洲现代派画论选》，宗白华译，人民美术出版社1980年版，第76页）

② ［英］贡布里希：《艺术与错觉》，林夕等译，浙江摄影出版社1987年版，第101页。

烛！"幸福是一种灵魂的香味。"（罗曼·罗兰）——美，也是"灵魂的香味"！审美活动是人类为了摆脱现实世界的束缚而借助自身理想的尺度而创造的精神实践活动；又是人为了超越自身发展的有限而按照理想的尺度自我创造的无限的精神实践活动。这就是人优于动物之处，也是美与人同源之处。而且，审美活动禀赋着超越对象的实体性的超越性，也禀赋着超越主体的现实关系的创造性。所以即便是审美与艺术对社会加以再现，也完全并非审美与艺术的本意，而只是为了重建自身的手段，其根本目的，仍旧是意在通过意象呈现去激发人的主体性的自由内涵。在现实的生命活动中，例如理性活动、道德活动……都只能片面地、局部地"成为人"，也就是都只能做到"生成为某种人"。于是，为了追求"生成为人"，人类就转而找到了一种理想的生命活动。这是一种只能借助象征、隐喻的方式去加以实现的生命活动。因此，人类所说的"美"，并不是一个本来就在那儿然后被我去发现了的东西。而是人类把自己对未来的寄托，对理性的寄托都投射在外在事物上，然后又亲自去发现的东西。在这个方面，它与宗教有些类似。但是，宗教活动是通过创造全部对象来确证自己，审美活动则是创造某一对象来确证自己，而且，宗教活动不一定需要对象，但是审美活动却一定需要对象。换言之，在现实社会，人还无法做到"生成为人"而只能做到"生成为某种人"，但是，却可以借助于隐喻、象征，在理想活动中先行"生成为人"。在人还没有在现实中"生成为人"之前，可以借助隐喻、象征，在理想中先"生成为人"。这种借助于隐喻、象征，在理想活动中先行"生成为人"的理想生命活动，就是审美活动。心理学家阿德勒说："由于企图达到优越地位的努力是整个人格的关键，所以我们在个人心灵生活的每一点，都能看到它的影像"① 作为生命活动的集中表现，这种"企图达到优越地位的努力"得以实现，就会愉悦，否则，则会不快。总的来说，"企图达到优越地位的努力"永远不会安于停滞。而在人类理想社会到来之前，它却只能求得精神上臻于理想之境。从而使得自身的精神解除现实的种种

---

① ［奥］A. 阿德勒：《自卑与超越》，黄光国译，作家出版社1986年版，第64页。

束缚，并且使得人的各种精神机能自由和谐地运动，在艺术活动中，人们不仅在精神上获得了未来的人"企图达到优越地位的努力"起码在精神领域内得以充分实现。因此，置身审美活动，无异于未来社会现实的预演，也无异于人类在精神上提前进入未来社会的捷径。人的情感解放，也恰恰可以于此得到实现。于是也就不仅仅使人的情感得到解放，而且还通过情感解放而使人的整个精神世界获得解放。

"如果'控制自己的命运'这种说法还能具有什么意义的话，那么可以说人控制着自己的命运，因为人所创造的人乃是人所创设的文化的产物。"哈佛大学的著名心理学家斯金纳指出："他产生于两种完全不同的进化过程：与人类种族相关的生物进化过程和由人类所实行的文化进化过程。"① 毫无疑问，"由人类所实行的文化进化过程"，其实也就是审美活动的过程。

二 人作为活动：审美活动与最高需要对应

其次，从最高需要的角度考察：审美活动与人的内在需要同在，是最高需要的全面实现。

从人的理想本性的角度讨论审美活动的性质，无疑有助于对审美活动的深刻把握，但又毕竟并非唯一的角度。为什么这样说呢？我们已经指出：人的理想本性在于自由本性的理想实现。那么，这种知其不可为而为之的自由本性的理想实现的源头何在？正如近现代科学研究的成果所证实的："任何生命机体的积极性归根到底都是由它的需要引起的，并且指向于满足这些需要。"② 这就意味着：人类的自由本性的理想实现的动力是人的某种特殊需要。或者，人的某种特殊需要正是人的理想本性的内在规定。因此我们有必要把对审美活动的性质的讨论深入到需要的层次。

需要并不是人类独具的禀赋。早在动物阶段，需要便已经产生。

---

① ［美］B. F. 斯金纳：《超越自由与尊严》，王映桥、栗爱平译，贵州人民出版社1988年版，第210页。

② ［苏］彼得罗夫斯基主编：《普通心理学》，朱智贤等译，人民教育出版社1981年版，第168页。

但人的需要又与动物的需要有所不同。这是因为，需要一定是源自客观目的，因此一定是源自自组织、自鼓励、自协调的生命自控系统。只有自组织、自鼓励、自协调的生命自控系统才是指向目的的，而需要则是来自对于客观目的的反馈、调节。非自控系统、机器系统又何谈需要？从生命自控系统出发，才出现了需要。没有客观目的，也就不存在反馈、调节，需要也就无从谈起。客观目的派生出了需要，目的是生命的合力，不是上帝的指定。非生命系统没有目的，因此也没有需要。目的决定了需要。"龙生龙凤生凤，老鼠生来会打洞。"这也是目的，因此动物也有需要。只是，这需要并非自觉而已。人的需要却是自觉的。简单而言，人的需要是指人同外部环境之间物质、能量、信息的一定必要联系，标志着人对外部环境的渴慕和欲望，它是人的丰富属性中最为基本、最为简单的规定。人的需要不同于动物的需要。首先，动物的需要是狭隘的、封闭的、有限的；人的需要却是丰富的、开放的、无限的。其次，动物的需要的产生是纯自然的，满足需要的方式也是纯自然的；人的需要的产生却不一定是纯自然的，满足需要的方式也不一定是纯自然的。例如，人的需要固然以物质需要为基础，但却并不局限于此，还有在物质需要基础上被人类自己不断创造出来的精神需要、创造需要、审美需要。又如，同为满足饮食需要，人的方式与动物的方式也并不相同。"它不再生吃食物，而必然加以烹调，并把食物自然直接性加以破坏，这些都使人不能像动物那样随遇而安。"①

那么，为什么如此呢？原因固然十分复杂，但关键之处却也十分简单，这就是：人的需要的发展所经历的总的途径，"无疑是开始于人为了满足自己最基本的活体的需要而有所行动，但是往后这种关系就倒过来了，人为了有所行动而满足自己的活体的需要"。② 在这里，所谓"往后这种关系就倒过来了"，就是说，人开始以作为自由本性的理想实现的生命活动作为"最高需要"。因此，至关重要的是人的

---

① ［德］黑格尔：《法哲学原理》，范扬等译，商务印书馆1961年版，第206页。
② ［苏］阿·尼·列昂捷夫：《活动、意识、个性》，李沂等译，上海译文出版社1980年版，第144页。马克思也曾指出人所具有的"为活动而活动""享受活动过程""自由地实现自由"的理想本性。

作为自由本性的理想实现的生命活动，正是这种生命活动，才使动物的需要成为人的需要，抛开人的这种生命活动，需要则只具有动物性质，这意味着：对需要的考察，必须从对人的自由本性的理想实现的生命活动的考察开始。

认清这一点极为重要。它昭示我们：就需要的深度而言，最高需要的实现，并不仅仅体现在对他人、集体、社会、人类的贡献上而且也体现在自身的活动中，亦即在满足他人、集体、社会、人类的同时，又不断做到自我肯定、自我确证，维护着自己自由本性的理想实现。就需要的广度而言，则与人的活动在什么层次上超出了片面需要密切相关。正如马克思所指出的："动物的生产是片面的，而人的生产是全面的，动物只是在直接的肉体需要的支配下生产，而人甚至不受肉体需要的支配也进行生产，并且只有不受这种需要的支配时才进行真正的生产。"① 因此，人的需要在什么层次上超出了片面的需要，人也就在什么层次上实现了最高需要，超出的层次越高，最高需要的实现程度就越高，一旦人的活动完全超出了片面需要，最高需要也就真正得到了实现。

显而易见，从本书所讨论的主旨来看，上述"昭示"十分重要。学术界正是根据人的活动在什么程度上摆脱了片面需要，把需要划分为若干层次。在这方面，马克思曾经提出了生存、享受、发展的划分，但语焉未详。倒是马斯洛的探索值得注意。他把人的需要划分为五个基本层次，即生存、安全、归属、尊重和自我实现。并且，又进一步划分为两类：缺失性需要和成长性需要。他解释说：前者犹如"为了健康的缘故必须填充起来的空洞，而且必定是由他人从外部填充的，而不是由主体填充的空洞。"② 后者却只是瞩目于自身固有本性的实现，瞩目于一种永无止境地趋向个人内心的统一、整合或和谐，并且存在一种"功能自主"或"自治能力"，可以相对独立地单独实现。

马斯洛的探索发人深省。毋庸讳言，成长性需要显然是在缺失性

---

① 《马克思恩格斯全集》第42卷，人民出版社1979年版，第97页。
② ［美］马斯洛：《存在心理学探索》，李文恬译，云南人民出版社1987年版，第19页。

需要的基础上产生的，但更重要的或许是，假如成长性需要不能满足，人就不成其为人。原因在于，任何一种人的需要固然都是对人的本性的规定，都可以引发人的活动，但严格说来，只有作为对产生需要和满足需要的生命活动——自由本性的理想实现的生命活动这作为"最高需要"的成长性需要，才是真正的本质需要。它集中了人的理想本性、集中了生命活动的全部内容。正如马克思指出的："富有的人同时就是需要有完整的人的生命表现的人，在这样的人身上，他自己的实现表现为内在的必然性，表现为需要。"① 在这里，"表现为需要"的"富有的人同时就是需要有完整的人的生命表现的人"的"实现"，正是我们所说的人的自由本性的理想实现，也正是人的作为"最高需要"的成长性需要的实现。因此，就理想的状态来说，要成其为人，就必须满足作为"最高需要"的成长性需要，然而，就现实的状态来说，在实践活动、理论活动中，又无法完全做到这一点，实体性的或主体性的活动方式，由于或者是指向物质客体，以改造世界为中介，体现了需要的合目的性、实用性，或者是指向精神客体，以求真的理性为中介，体现了需要的合规律性、反映性，使得它们主要以满足人的片面的需要为主，并且对作为"最高需要"的成长性需要有意无意地采取了一种漠然态度，而生命活动本身在实践活动、理论活动之中，也往往只能处于一种自我牺牲（放弃成长性需要）和自我折磨（停滞在缺失性需要）的尴尬境地。这个特定的需要，就是：低级需要。当然，这也是生命自身的一部分，但是，倘若再进而一味僵滞于此，而且不再向高级需要升华，生命的本质就会被极度的扭曲。不但愈活愈加艰难，还会失去人生的快乐，只能导致生命的浑浑噩噩和真正意义上的死亡。因为这只是一种"占有"的需要，一种源自动物的"有限性"的需要。首先，就人而言，如果执着于此，无疑就会停滞于占有物而无法成为人，也因为停滞于占有有限而无法企达无限。肯定自己的存在意义的，竟然不是自由的生命活动，而是物的占有（金钱、权力、地位、荣誉，等等），显然，这已经是生命的死亡。在这个阶段，

---

① 《马克思恩格斯全集》第42卷，人民出版社1979年版，第129页。

人和动物是完全一样的,都是用嘴来了解世界。能吃到的就是好的,吃不到的就是不好的。而且,也对吃不到的东西漠不关心。每个人都在以嘴巴也就是以能不能"吃"来衡量自己与世界的关系,比如,得势的时候就会说"吃"得开,不得势的时候就会说,"吃"不开,而在受到挫折的时候还会说,"吃"苦了。眼界就是碗口那么大,眼光也就是筷子那么长。整个世界也就是一个大的流动餐厅,需要的时候被推过来,不要的时候则被推走。"美能当饭吃吗?"也往往是他们天天都会挂在嘴上的困惑。甚至,连伊甸园里的那条蛇如果想要现身引诱,都肯定是没有可能的。因为一旦看到蛇,他们立刻就会把它捉来"吃"掉,根本就不会给它任何的引诱之机。对此,弗洛姆称之为"恋尸(死)的人"。而假如一定要说,占有什么也就是什么和成为什么,那么,这种占有物的生命存在无疑就意味着是物和成为物。可惜的是,在这种生命存在中,每个人都感到自己是个陌生人,或者说,每个人在这种生命存在中都变得同自己疏远起来。他感觉不到自己就是生命的中心,就是生命意义和价值的创造者,相反却感觉自己的生命应该溶解在外在的物质世界之中,以至看不到外在的物质世界实际正是他的生命创造的产物,并且反而认定它远远高出于自己并凌驾于自己之上,他只能服从甚至崇拜它。其次,再就社会而言,如果一切都是"民以食为天"。一切都是吃饭问题最大,风行的也是"吃饭哲学",这个社会就根本寸步难行。烟枪、酒囊、饭袋、茶壶、药罐……组成的社会又怎么可以被称作社会?只着眼于有限性,只有看得见的、摸得着的、能够吃的、可以占有的,才是有用的,也才是重要的,凡是看不见的、摸不着的、不能够吃的、不可以占有的,那就无疑是没有用的,也无疑是无足轻重的,例如信仰、例如爱、例如美。例如著名的梭罗所称道的那些生活中的"永不衰老的事件",那么这个社会则只能是"精神爬行"的社会。更不要说,如果一个社会的构成是以动物性为主,那么这个社会就一定是一个奉行丛林法则的动物社会。在这个社会里,麻木和冷酷比爱更容易"互相培养",创造能力也远不如伤害能力更加实用,仇恨、掠夺,因此而隆重出场,所有的人整天都是在时刻算计着吃人和时刻提防着不被别人吃掉。既然不能通过相互尊重、相互信任和相互帮助来获得安全感，那就只好诉诸阴谋、背叛、投机和其他种种无耻方式，以便来谋求个体的生存机会。一个必然的结果，则是"零和游戏"。或许，正是因为洞察及此，马克思才会指出：只有在理想社会，生命活动与最高需要才会达到同一。那个时候，人对自己本质的占有即是对自身需要的全面肯定和发展，他说："我们已经看到，在社会主义的前提下，人的需要的丰富性，从而某种新的生产方式和某种新的生产对象具有何等意义：人的本质力量的新的证明和人的本质的新的充实。"① 只有在这个时候，人的需要才不仅仅是占有、拥有、享受，而且成为"人以一种全面的方式，也就是说，作为一个完整的人，占有自己的全面的本质"，② 成为作为"最高需要"的成长性需要的全面实现。

还必须强调，最高需要还是对于人类自身的动物性、有限性的克服。

这当然是来源于人类自身的动物性、有限性的不可战胜。人们往往以为，人类自身的动物性、有限性是可以战胜的。但是却未能意识到，这其实是完全不可能的。"江山易改，本性难移"。人类自身的动物性、有限性完全是"无缘无故"的，而"无缘无故"自然也就是没有办法战胜的。如果有缘有故，那么你当然就有可能找到源头，能够找到源头，你也自然就有可能战胜它。然而，人类自身的动物性、有限性却是完全"无缘无故"的，它完全不同于生活中的那些"困难"与"灾难"，那都是有缘有故的，相形之下，而人类自身的动物性、有限性则是"苦难"，也是"无缘无故"的。无论如何，人类最终都会输在"无缘无故"四个字上。福克纳说过，人生"是一场不知道通往何处的越野赛跑"，《阿甘正传》中阿甘的母亲也说过："生活就像一盒巧克力，打开包装盒，你才发现那味道总是出人意料。"那么，什么叫"不知道通往何处"呢？什么又叫"那味道总是出人意料"呢？其实都是说的人类自身的动物性、有限性的"无缘无故"，也都是说的人类自身的动物性、有限性的不可战胜。没有人知道自己的归

---

① 《马克思恩格斯全集》第42卷，人民出版社1979年版，第132页。
② 《马克思恩格斯全集》第42卷，人民出版社1979年版，第123页。

宿是什么，也没有人知道自己的下一秒钟会遇到什么。任何的选择都是错误的，而当你想用下一个选择来弥补前一个选择的失误的时候，你也就一定已经犯了一个更大的失误。那么，既然无论作出什么选择最终都是一个"错"，最终都是无路可寻，人之为人，岂不是就被逼到了边缘情境？犹如哲学家马克斯·舍勒所说，人相对他自己已经完全彻底成问题了？确实如此。不过，绝路恰恰也就是生路，所谓"柳暗花明又一村"。人类并不知道未来的道路何在？但是，人类却天才地猜测到了一个最为重要的关键，那就是绝对不能与动物一样，否则，就无论如何左拼右突、困兽犹斗的"爬"来"爬"去，也是根本"爬"不出什么名堂的。于是，人类毅然决然地转过身去，直接与动物的爬行逆向而行。马斯洛注意到：高峰体验（审美体验是高峰体验的一种）会带来一种感恩的心情。马斯洛说，爱情（情爱和性爱）作为一种审美体验使人惊喜、钦慕、敬畏，并且产生一种类似伟大音乐所激起的感恩的心情。① 何谓"感恩的心情"？其实就是因为在这当中突然发现了人类有救、突然发现了"天无绝人之路"。这样，"精神的站立"，就在这毅然决然的转身一赌中出现了。其结果，就是人类的从动物中超越而出。显然，现在也应该是一样，人类如何从"动物性"超越而出呢？唯一的正确道路，就是从此不再在精神上爬行，而是在精神上站立起来。动物是爬行的，与之相反的当然就是站立。那么，动物是有限的，与之相反的应该是什么？当然就是无限。无非就是要求我们直接进入一种全新的生命的精神对话关系，毅然远离精神的爬行，毅然在精神上站立起来，毅然在当下就"像人那样"去生活，也毅然在当下就"为人生活"。

比如说，动物不创造，那么人就偏偏要创造。比如说，动物不爱美，那么人就偏偏要爱美。比如说，动物没有信仰，那么人就一定要有信仰。诸如此类，就构成了人类的成长性需要。为此，马克思才说，消费音乐要比消费香槟酒高尚。最终，美、爱、信仰等，也就成为我

---

① [美]马斯洛：《自我实现的人》，许金声、刘锋译，生活·读书·新知三联书店1987年版，第106页。

们的需要。其中，最为关键的是，当孩子知道了这个世界并不是他想要什么就能得到什么的时候，也就出现了两种可能：一种可能是拼命去抢，还有一种可能，则是转而去追求一些新的东西。试想一下，既然这个世界并不是我想要就能要，那我要不与动物一同爬行，我要希望毅然"站立"，那应该如何去做，才真正有可能做到呢？这个时候，成熟的人就会主动转过身去。他会这样去想：我要是也去追求吃的东西，喝的东西，总之是那些看得见、摸得到的东西，那肯定是我有你无，你有我无，有限资源争夺，结果也肯定就是你死我活。可是，我为什么就不能转过身去呢？比如说，我转过身去追求美、追求爱、追求信仰，这些东西都不会你有我无，我有你无，而且是可以全人类共享。仔细想想，假如我们人类都去更多地追求这些东西，我们不可以做到"精神的站立"吗？我们不就可以做到不与动物一同"爬行"吗？人生在追求的过程，应该与那些无限的东西同在。我们只有与那些无限的东西、那些充满了美的东西、那些洋溢着爱的东西同在，我们才能够快乐，也才能够最终在人类的进化中胜出。借助于这样的梦幻，我们就能够像贺拉斯那样，自豪地对自己宣称："我不会完全死亡！"因为，正如惠特曼所说："没有它，整个世界才是一个梦幻。"而当柏拉图坚定地认为人的灵魂不死时，他也是这样激励自己的："荣耀属于那值得冒险一试的事物！"这荣耀，在这里，也可以理解为：在无边的黑暗中，让"一只小蜡烛"照亮自己的生命。而且，这"一只小蜡烛"的星星之火，最终也得以在我们每一个人的内心中燃成燎原烈焰。

当然，这也就是在"人猿相揖别"之后的"仰天而问"与"仰天长啸"的区别。战胜人类自身的动物性、有限性的唯一良策，就是转过身去，与爱同行，与信仰同行。只有如此，才是对人类自身的动物性、有限性的唯一深刻的否定。所以，我们真正的超越恶的方式不是以恶抗恶，而是绝对不像恶那样存在。正如索洛维约夫所说："如果单纯地以为爱迄今为止从未实现过，就否认它的实现的可能性，那就大错而特错了。……在历史人类经历的较短几千年里，爱之不能实现，无论如何也没有给我们以任何理由，反对爱之将来实现。"① 在这里，与爱同行，与信仰同行，就是人类费尽千辛万苦为自己打造的精神面孔，这是一张动物所没有的精神面孔，也是真正属于人的精神面孔。而且，犹如"无缘无故的痛苦"，美、爱与信仰也同样是"无缘无故"的。它们来源于一种绝对责任的觉醒。这种绝对责任的觉醒使得人之为人意识到了存在的相关性，结果，他才去勇敢地承担一切，他也才会去笃信美、爱与信仰的一定会实现，并且，也才会从今天、从自己开始坚定不移地予以奉行。

由此，我们就又一次回到了关于审美活动的思考。显而易见的是，就理想的状态来说，要成其为人，就必须满足作为"最高需要"的成长性需要，在这个方面，我们已经知道，人类认识到了自己的有限性，结果就转过身去，在仇恨中寻找爱心，在苦难中寻找尊严，在黑暗中寻找光明，在寒冷中寻找温暖，在绝望中寻找希望，在炼狱中寻找天堂，最终融入了无限，触摸到了无限，这就是人类最为伟大的地方。它是人之为人的见证，是自由的见证。但就现实的状态来说，在实践活动、理论活动中，又无法完全做到这一点，那么，通过什么方式来解决这个难题呢？通过爱、通过信仰？这无疑都是可行的，但是，却也毕竟是失之于泛泛而谈，因为爱与信仰毕竟还是缺乏一个具体的载体。于是，审美活动，还是审美活动，也就因此而脱颖而出了。② 因为，作为"最高需要"的成长性需要，是一种自由地表现自己的生命的需要，一种超越现实性的理想性超越活动的需要，一种生命的享受、生命的自我实现的需要、一种没有直接功利性的以活动本身为目的、以活动为需要的需要，一种与世界建立起真正合乎人类理想的更为根本、更为源初、更为全面的关系的需要，同时，也是一种与世界本身

---

① ［俄］索洛维约夫：《爱的意义》，董友、杨朗译，生活·读书·新知三联书店1996年版，第56页。
② 人不可能像动物那样以驯顺地服从生命的有限作为生存的代价，也不应该反过来盘剥、掠夺和榨取自己有限的生命。对于人而言，既然生命是有限的，人就必须使之企达无限。这正是动物所做不到的。动物甚至也能在某些方面与生命的有限抗争，但却永远没有办法让生命澄明起来，意义彰显。能够做到这一点的，只有人。只有人，才能够不但征服生命，而且理解生命，与生命交流、对话，为生命创造出意义，为生命创造出从有限超逸而出的永恒的幽秘。而这一切，正是通过审美活动来达成的。

（即形式）进行"直接情感交流"的需要，① 它在理想的社会（事实上不可能出现，只是一种虚拟的价值参照），可以现实地实现；而在现实的社会，则只能"理想"地实现。而审美活动作为指向情感客体并且以情感形式为中介的体现了需要的合理想性、虚构性的活动，作为理想社会的现实活动和现实社会的"理想"活动，也就必然地与人的内在需要同在，必然地成为人的"最高需要"的全面实现。这就正如陀思妥耶夫斯基的发现："它相信的是人类灵魂的无限力量，这个力量将战胜一切外在的暴力和一切内在的堕落，他在自己的心灵里接受了生命中的全部仇恨，生命的全部重负和卑鄙，并用无限的爱的力量战胜了这一切，陀思妥耶夫斯基在所有的作品里预言了这个胜利。"② 毫无疑问，所有的审美活动也"预言了这个胜利"。审美生，人类亦生，审美在，人类就在。审美活动，是人类精神生命的生产。尽管它只是借助隐喻、符号的形式生产。但是人其实也是生活在形式中的动物。能够进行形式生产（符号生产与符号想象、隐喻生产与隐喻想象），也就是精神生命的生产，正是人之为人的根本特征。因此在人还没有在现实中成为理想的人之前，可以借助形式（隐喻、符号）在理想中先成为人。这也就意味着：可以借助形式（隐喻、符号）去完成精神生命的生产。审美之为审美，其实也就是精神生命的生产！克莱夫·贝尔指出："如果艺术仅仅能启发人生之情感，那么一件艺术品所给予每一个人的东西就不会比每个人带在身上的东西多出多少了。艺术为我们的情感经验增添了新的东西，增添了某些不是来自人类生活而是来自纯形式的东西，正因为如此，它才那样深刻地而又奇妙地感动了我们"。③

---

① 读者不难发现本书一直避免使用"形式"范畴，这主要是因为我对它在阐释审美实践的普适性方面持怀疑态度。其中的原因首先在于，所谓"形式"范畴与中国古代审美实践之间并不存在全面的对应关系；其次，所谓"形式"范畴与20世纪的当代审美实践之间同样不存在全面的对应关系（它只是现代美学的核心范畴），因此无论从历史、还是从现状角度看，形式范畴似乎都不具备普适性。

② ［俄］索洛维约夫：《神人类讲座》，张百春译，华夏出版社2000年版，第213页。

③ ［英］克莱夫·贝尔：《艺术》，周金环、马钟元译，中国文联出版公司1984年版，第165页。

康德曾经天才地发现，审美活动是贯通现实活动所造成的种种分裂的唯一途径。这奠定了近代以来美学思考的基本指向，正如黑格尔以其美学大师的敏锐一再向后人昭示的："我们在康德的这些论述里所发现的就是：通常被认为在意识中是彼此分明对立的东西其实有一种不可分裂性。美消除了这种分裂，因为在美里普遍的与特殊的，目的与手段，概念和对象，都是完全互相融贯的。"① 而在中国美学界，则把康德的这一发现概括为审美活动的"中介"。这无疑都是十分可贵的。要考察审美活动与人类最高需要的关系，也无疑离不开这从康德就开始了的关于审美活动的"融贯"性或"中介"性的讨论，然而，由于只是在现实活动的角度来讨论，审美活动的"融贯"性或"中介"性，就难免变成了"中间"性，显然无助于问题的讨论。实际上，审美活动的"融贯"性或"中介"性的秘密在于：它并非发生于现实生命活动的层面，它是一种超越性的生命活动，亦即一种自由本性的理想实现。② 在现实生命活动中造就了种种对立而又无法超越的内在的与外在的必然性，都被它在理想中加以超越。③ 这样，当审美活动实现着人类的超越性的生命活动的同时，又怎能不必然地实现着人类的最高需要。

三 人作为活动者：审美活动与自由个性对应

再次，从自由个性的角度考察：审美活动与自由个性同在，是理

---

① ［德］黑格尔：《美学》第1卷，朱光潜译，商务印书馆1981年版，第75页。
② 审美活动毕竟是人类的精神需要，而不是生理需要。正如马克思所说，对于生理需要来说，审美活动是人类才有的一种"奢侈"。因此，从社会性的角度乃至从意识形态性的角度考察审美需要，要远比从非功利性的角度考察要深刻得多。在这方面，恩格斯指出的自己坚持"从作为基础的经济事实中探索出政治观念、法权观念和其他思想观念"以及对于"只和思维材料打交道""不去研究任何其他的、比较疏远的、不从属于思维的根源"（恩格斯：《马克思恩格斯选集》第4卷，人民出版社2012年版，第501页）的玄思的批评，值得我们警惕。可惜学术界做得还很不够。
③ 需要越迫切，与这需要相关的情绪就越强烈，需要面越宽，与这需要相关的客观事物就越多，唤起情感的机会和可能性就越大。而审美需要是最为广泛的，因此也就最富于感情。被压抑的感情总是要找到一个突破口，而最容易找到的就是审美活动。审美活动的需要是几乎包含着所有需要的最宽泛的需要，随时随地都可以产生，随时随地都可以强化。其他需要也可以唤起情感，但是是一种专门的情感，而审美活动唤起的是一种对任何对象都产生感情的需要。

想自我的全面实现。

自由个性与审美活动的关系，可以从两个方面加以阐释：

首先，从逻辑的角度说，自由个性是理想本性和最高需要在个体身上的最终实现。这包括两层含义。第一层含义：自由个性是一个内涵与理想本性和最高需要完全一致的概念，但着眼点又有所不同。自由个性当然是人的理想本性，但二者又并不等同。自由个性不是理想本性的一般表现，而是理想本性在个体身上的最终实现，即人作为个体在建立和推进一定的对象性关系时表现出来的理想特质。自由个性当然也就是人的最高需要，但二者也并不等同。自由个性不是最高需要的一般表现，而是最高需要在个体身上的最终实现，这也就是说，作为生命活动的动力，尽管最高需要是动机、手段、目的三者的同一，但在每一个个体身上，又有其内涵上的必不可少的差异。进而言之，对于人的考察实际可以分为两个方面：人的活动的性质和人作为活动者的性质。应该说，前面主要是从人的活动的性质的角度着眼，讨论人和非人的关系，是相对于人而言的，而这里的自由个性则是从人的作为活动者的性质着眼，讨论的人的自我实现问题，是相对于个人而言，它和人的活动的性质尽管是同一个问题的两个方面，是同时产生、同步发展的，但又毕竟角度不同，层次各异。

第二层含义，就人类而言，当他作为受动的存在出现时，只意味着他的第一次诞生，此时他还未从动物性中升华出来，他可以有肉体的生长，有生理的童年—青年—中年—老年，但又可以没有灵魂、人格和自我，充其量只是动物人或活死人。真正的人出现在"第二次诞生"中，人不但有肉体的生长，而且有了精神的成熟，有了健全的灵魂、人格和自我。他不断地向理想生成，不断地超越形形色色的必然性，不断地满足和创造着生命的最高需要。不过，这又毕竟只是从抽象的、类的或人的活动的角度对人的性质的说明，而自由个性则是从个别的、具体的或人作为活动者的角度对人的性质的说明。从后一角度看，上述论述就显得过于空泛了。要对自由个性加以说明，就必须进一步指出：对于个别的、具体的人来说，在"第二次诞生"中实现的精神的成熟、健全的灵魂、人格和自我都意味着什么？

那么，意味着什么呢？意味着"进入个体性"和成为"有个性的人"（马克思）。值得注意的是，人们一般往往强调人的社会性，人的社会性固然很重要，但却毕竟是在动物阶段就有的，并且是从动物阶段进化而来的。个体性，只有个体性才是人的真正超越。它是大海上颠簸的希望，是暴风喧嚣中的崛起，是人类不屈不挠的生命的光荣凯旋，是人类漂泊流栖的灵魂的全部寄托。当它像一个温馨的微笑驱走了虚无，生命便在一个难忘的瞬间企达永恒。因此，每一个个别的、具体的人只有不失去自己的个体性才能不失去自身作为人的规定性；只有时时刻刻确证着自身的唯一性、神圣性和不可或缺性，才能时时刻刻实现自身作为人的规定性。或者说，只有进入个体才能最终实现理想本性，只有进入个体才能最终满足最高需要。克尔凯戈尔为什么要用"这个人"作为自己的墓志铭？达尔文为什么说在人的一端是几乎不使用任何抽象名词的野蛮人，在另一端却是一个牛顿或一个莎士比亚？陀思妥耶夫斯基为什么宣称："为众人自愿献出自己的生命，走向十字架或火刑场。这只有最高度发展的个性才能做到？"马克思为什么断言：共产主义社会将造就出"自由的个人"？应该说都是着眼于这一点。

其次，从历史的角度说，自由个性是人类向"每个人的全面而自由的发展"进化的最高成果。对此，只需举出马克思的一段名言，便足以说明："人的依赖关系（起初完全是自然发生的），是最初的社会形态，在这种形态下，人的生产能力只是在狭窄的范围内和孤立的地点上发展的。以物的依赖性为基础的独立性，是第二大形态，在这种形态下，才形成普遍的社会物质交换，全面的关系，多方面的需要以及全面的能力的关系。建立在个人全面发展和他们共同的社会生产能力成为他们的社会财富这一基础上的自由个性，是第三个阶段，第二个阶段为第三个阶段创造条件。"① 在这里，马克思为我们描述了一幅人类自由生命的实现和最高需要的满足的最终图景。这最终图景是什么呢？正是自由个性的诞生。

---

① 《马克思恩格斯全集》第46卷（上），人民出版社1979年版，第104页。

然而，正如我所一再强调的，这一切，在现实社会中根本无从谈起。换言之，自由个性在理想社会中是现实自我，但在现实社会中却只能是理想自我，那么，这理想自我在现实社会中通过什么去实现呢？还是审美活动。只有在审美活动中，理想自我才得以全面实现，自由个性也才得以理想地诞生。①

自由个性的人，因此也就是审美的人。

审美的人与现实社会并不彼此割裂。认为审美的人只是在文学艺术中才存在，是完全错误的。在现实社会中，审美的人也仍旧存在，而且也必须存在。这是因为，自由个性的人从"我们的觉醒"深化而为"我的觉醒"，从"认识目的"深化而为"个人是目的"，也从"人之为人"的反思转向了"自我之为自我"的反思。而且，还从"我是什么"走向了"我是"，也从"自我有什么"走向了"自我成为什么"。自由意志、自由选择，因此也就应运而生。但也正是因此，审美活动也就与自由个性严格对应了起来，顺理成章的事，审美的人也就与自由个性的人严格对应了起来。区别仅仅在于：审美的人是"以审美心胸，从事现实事业"。因此，审美活动与自由个性同在，是理想自我的全面实现。

不妨回顾一下马克思的话："人们的社会历史始终只是他们的个体发展的历史，而不管他们是否意识到这一点。"② "个性因而是人类整个发展中的一环，同时又使个人能够以自己特殊活动的媒介而享受一般的生产，参与全面社会享受"。在马克思看来，亟待为我们所密切关注的无疑应该"是对个人自由的肯定"。③ 而自由个性恰恰就生成在人类"享受一般的生产，参与全面社会享受"以及"对个人自由的

---

① 这里，有必要说明一下，人们经常把社会的进步与理想的实现等同起来，把理想理解为一种逐渐实现的进步。这当然有其根据。但进步永远不可能等同于理想，却是一个毋庸争辩的事实。理想毕竟是理想。旧的理想实现之日，就是新理想诞生之时（即便是在共产主义社会，也仍然如此）。因此，就作为人的不完整的生命活动的一种自我鼓励而言，理想是永远无法实现的，或者说，理想是永远只能在审美活动中实现的（而在实践活动、理论活动中则只能部分的实现，不可能全面实现）。

② 《马克思恩格斯全集》第27卷，人民出版社1972年版，第478页。

③ 《马克思恩格斯全集》第46卷（下），人民出版社1979年版，第473页。

肯定"的延伸线上，就犹如审美的人也生成在人类"享受一般的生产，参与全面社会享受"以及"对个人自由的肯定"的延伸线上，而无非是前者是从未来向人类"享受一般的生产，参与全面社会享受"以及"对个人自由的肯定"走来，审美活动则是从今天向人类"享受一般的生产，参与全面社会享受"以及"对个人自由的肯定"走去。因此，我们也可以说，今天的审美的人就是明天的自由个性的人，明天的自由个性的人也就是今天的审美的人。

由上所述，我们看到，在人的生命活动中，存在着一种超越性的生命活动，它是最适合于人类天性的生命活动类型，也是生命的最高存在方式，然而又是一种理想性的生命活动方式，一种在现实中无法加以实现的生命活动方式，理想本性、第一需要是它的逻辑规定，也是对它的抽象理解，自由个性则是它的历史形态，也是对它的具体阐释。在理想社会，它是一种现实活动，而在现实社会，它却是一种理想活动。而审美活动，正是这样一种人类现实社会中的理想活动。

第六章　方式维度："因审美，而生命"

第一节　审美活动的生成方式

对于审美活动，还可以从审美活动的特定方式的角度去考察。审美活动使自由生命的实现成为可能，那么，审美活动以何种方式使自由生命的实现成为可能呢？审美活动是怎样从现实生命中超越而出，进入自由生命、进入自由的境界的呢？或者说，审美活动的性质是通过什么样的特定方式显现出来的？由此我们也就从审美活动的"为什么"也就是"因生命，而审美"转向了审美活动"如何是"也就是"因审美，而生命"的考察。直面的问题也不再是"人类为什么需要审美""人类究竟是怎样创造了美""审美活动从何处来"，而是"审美活动向何处去""审美为什么能够满足人类""美如何创造了人类自己""审美活动究竟对我们做了什么""审美活动是如何帮助我们生存下去的""审美活动是如何拯救我们的"……诸如此类问题的追问，要求我们必须进而去对构成审美活动的东西（而不再是审美活动所构成的东西）加以考察，即从构成审美活动的特殊规律的角度去诠释审美活动的特殊存在根据，显而易见，在对审美活动的考察中，这是一个亟待回答而又无法回避的问题。

对于审美活动的方式的讨论包括两个层次的问题：其一是审美活动的生成方式，需要讨论的是审美活动的方式何以能够成为人类生存的最高方式？何以能够禀赋着本体论的内涵？其二是审美活动的结构方式,需要讨论的是审美活动的方式是如何实现人类生存的最高方式的?是如何体现本体论的内涵的?

本章先讨论审美活动的生成方式,即审美活动的方式何以能够成为人类生存的最高方式?何以能够禀赋着本体论的内涵?不过,要回答这个问题,首先还要回答:现实活动为什么不能成为人类生存的最高方式?为什么不能禀赋着本体论的内涵?

我已经剖析过,人类生命活动作为自由的生命活动,可以被分解为自由的基础、自由的手段,以及自由的理想,并在不同的生命活动类型中得以实现。其中,审美活动作为超越性的生命活动,是一种自由本性的理想实现的生命活动,它所创造的成果体现着人的自身价值,而实践活动、理论活动则是一种人的现实本性的现实实现的生命活动,它所创造的从生产关系到政治制度到文化形态和从思维机制到深层心态等则体现着人的外在价值。当然,这里的"自身价值""外在价值"都是一种人的需要,从现实的角度讲,没有高低之分,然而,从逻辑的角度看,它们的性质与功能又毕竟不同。这不同,正如我已经一再剖析过的,假如说,前者讲的是人之所"是"。后者讲的则是人是"什么"。而且,还不妨再作推论,假如前者是指的人的最高价值,后者则是指的人的次要价值,假如前者是指的人之为人的生成性,后者则是指的人之为人的结构性。并且,假如人的最高价值和人的次要价值的区分是着眼于生命的存在方式(审美活动"是什么"),人之为人的生成性和人之为人的结构性的区分则是着眼于生命的超越方式(审美活动"如何是")。

关于人的最高价值和人的次要价值,前面已经详瞻论及。这里要论及的是人之为人的生成性和人之为人的结构性。从生命的超越方式角度着眼,人的自身价值和外在价值由于在使生命成为可能的方式时的地位不同,而被区分为生成性和结构性两类。具体而言,人的自身价值是生成性的。它无所不在但又永不停滞,始终在创造的过程中跋涉,人的外在价值是结构性的,作为人的自身价值的对应物,它或者作为正在生成着的自身价值的最新成果,构成正在进行的自由的生命活动的一部分,或者作为已经完成的自身价值的既有成果,反过来阻碍着正在进行的自由的生命活动。但无论如何，人的外在价值都是现实的而不是理想的。就两者的关系而言，人的自身价值是创造的，人的外在价值是既成的；人的自身价值是超前的，人的外在价值是滞后的；人的自身价值是直接的，人的外在价值是间接的；人的自身价值是不可重复的，人的外在价值是可以重复的……因此，人的生命超越方式虽然是作为人的自身价值的生成性和作为人的外在价值的结构性的对立统一，但要使生命不断超越，则必须以作为人的自身价值的生成性为动力和主导方面。

也因此，人的自由生命的理想实现就只能通过作为人的自身价值的生成性来完成。而这作为人的自身价值的生成性，就正是本章要讨论的作为生命超越方式的审美方式。

遗憾的是，目前美学界对此却缺乏普遍的了解。最为常见的做法是把作为人的外在价值的结构性作为审美体验的基础，但却从未认真想过，作为人的外在价值的结构性固然可以导致自由的基础的实现，也固然可以导致自由的手段的实现，但是否可以导致自由的理想的实现？答案只能是否定的。自由的理想的实现只能是理想的（在自由王国），而不会是现实的（不会在必然王国），换言之，只能在作为人的自身价值的生成性的基础上实现，但却不能在作为人的外在价值的结构性的基础上实现。

作为人的外在价值的结构性，是人的现实生命活动的实现方式。它从作为外在价值的结构性出发，首先推出一个至高无上的思维结构——我思，把原为同一的主体与客体、人与世界分裂成两个对立的东西，然后以冷漠的态度对主体或客体、人或世界作出外在的描述、测量、说明。它不但把物当作一种认识对象，当作"什么"或存在物来考察，而且把人当作一种认识对象，当作"什么"或存在物来考察。结果，在成功地把握了物的同时，却全面地遗弃了人。那么，自由的理想呢？自由的理想却偏偏不在了。它徜徉远去并且自行隐匿起来了。

这种人的现实生命活动的实现方式，可以分成两种情况：即事与理。正像皮亚杰在分析儿童的心理发生时曾经深刻指出的："消除中心化过程同符号功能的结合，将使表象或思维的出现成为可能。"①在这里，前者是指主体在生命活动中"消除中心化"从而走向外在对象，即"事"；后者是指主体在主体活动中最终走向符号，即"理"。毋庸讳言，这种分化固然有其巨大的历史价值，但又毕竟是靠不断地舍弃自由的生命、舍弃对于人的自身价值的切实体验换取来的。就"理"而言，它指逻辑、一般、普遍、抽象或无差别，是以"理"统"事"。它是从有限的超越角度去完成生命的超越，因而是使生命成为可能的方式。但实际上这里对有限的超越是用形而上的有限取代形而下的有限，并且仍然是以这形而上的有限为客体，这就不能不构成生命灵性的灭顶之灾，生命意义的衰萎。就"事"而言，它指与逻辑、一般、普遍、抽象或无差别相对应的现实、现象、特殊、存在或差别，是以"事"统"理"。它用对外在对象世界的盘剥、占有、掠夺来僭越对自由生命的叩问、体味、持存，却丝毫未意识到生命灵性已陷入冥暗之中。于是，人成为工作的动物。

　　实事求是地说，"我思"的创造不失为人类的一个创造，它的诞生无疑使自由的基础、自由的手段的实现成为可能，但是，它又无法使自由的理想成为可能。对于"我思"的局限性的把握会使我们更为成功地使用这一武器，但对于"我思"的局限性的忽视却会使我们付出沉重的代价。而人的愚蠢和智慧就恰恰同时表现在这里。当笛卡尔自豪地断言："我思故我在。"有几个人又曾意识到这是一位人类的智者所说出的一句蠢话呢？其实，以二分的"我思"和"我思"的对象为基础的"我思"，恰恰是对"我在"的谋杀，因此，恰恰是"故我少在"。例如，从理想对象的角度说，"我思"使自然与我们之间，甚而至于在我们与我们自己的意识之间，都隔着一重帷幕，"我看，我听，我以为我看到了我所能看到的一切，我以为我是在省察我自己的心灵；然而，事实上我都没有做到……事物全按照我认为它们所具有的用途而加以分类。正是为了分类，于是我再也知觉不到事物的真相，除了仅仅留意到一样东西所属的类——也即我应该加到那样东西上的

---

① ［瑞士］皮亚杰：《发生认识论原理》，王宪钿译，商务印书馆1981年版，第24页。

标签之外，我简直看不到那一样东西。"① 兰逊则无比愤慨地说，我思使人类成了"谋杀者"："他们的猎物便是形象或物象，不管它们在哪里他们都会追杀，就是这种'见物取构'的行为使得我们丧失了我们想象的力量，不让我们对丰富的物性冥思。"② 于是，"世界不能满足人"了（马克思）。从理想主体的角度说，人们的感觉变得狭隘、自私、迟钝了。而从自由理想的角度说，人则成为工具、成为物、成为无家可归者。③

那么，审美活动的方式何以能够成为人类生存的最高方式？何以能够禀赋着本体论的内涵？

在我看来，要做到这一切，关键就在于把被割裂并被彻底颠倒的人的作为自身价值的生成性和作为外在价值的结构性重新弥合并颠倒过来，掉回头来，重新在作为人的自身价值的生成性的基础上去追问人的自由生命。那么，人的自由生命又是什么？正如我已经反复说明的，不正是"是"吗？这样讲，或许会给人以误解，以为实在只是某种毫无意义的循环论证，一切都等于没说。不过，它又从反面告诉我们：人的自由生命本身不可说。这正是人的自身价值与外在价值之间深刻的本体论差异。如是，"我思"也就面临着一场本体论上的革命转变：人不再是一个认识对象、一个"什么"或"存在物"，而是"存在"。④ 于是，相对于过去往往把人的本体规定为外在于人的实在的绝对本体，我们也可以把人的本体规定为人的超越性生成，即人的

---

① 休谟。转引自刘文潭《西洋美学与艺术批评》，中央文物供应社1983年版，第130—131页。

② 转引自叶维廉《寻求跨中西文化的共同文学规律》，北京大学出版社1987年版，第116页。

③ 在此意义上，当克尔凯戈尔勇敢地喊出："我思故我少在"，就不能不被全人类誉为智慧之语，确实，正是因为"我思"，存在物才在，存在才"少在"；人的外在价值才在，人的自身价值才"少在"，正是因为"我思"，帕斯卡尔才会深感困惑地自诘："我不知道谁把我置入这个世界，也不知道这世界是什么，更不知道我自己"；卡夫卡才会惊叫"无路可走"，"我们所称作路的东西，不过是彷徨而已"；加缪才会告慰每一个世人，"当有一天他停下来问自己，我是谁，生存的意义是什么，他就会感到惶恐"，发现"这是一个完全陌生的世界"，"比失乐园还要遥远和陌生就产生了恐惧和荒谬"。席勒才会哀诉："美丽的世界，而今安在？"海德格尔也才会感叹："无家可归状态成了世界命运。"

④ 在这个意义上，海德格尔才用下述语言来暗示它："隐匿自身者""应思的东西""无蔽中的在场""闻所未闻的中心""怡然澄明地自己出场"……

自由生命的理想实现。这当然意味着把一种传统的实在的绝对的本体论转换为一种人类的自由的生命活动的本体论、意味着人的自由生命的理想实现作为人生活于其中的世界的根据。再进一步，假如一定要仿效传统的模式指定一种可以把握或起码可以把握的东西的话，那也只能是人们创造于斯又栖居于斯的人的超越性的生命活动。人的生存，就是超越性生命活动的生存；人的实现，就是超越性生命活动的实现；人的创造，就是超越性生命活动的创造。这样，不难看出，真正意义上的生命超越方式，只能是追问着人的自身价值的生命超越方式，只能是自由生命的挺身而出，自由生命的亮光朗照，或者说，只能是自由生命的怡然澄明，换言之，只能是审美活动的出场。

至于审美活动究竟"如何是"，日本学者铃木大拙与中国学者刘熏的看法值得注意：

> 如何把所谓"悟"来下一个定义呢？这的确是非常困难的。但方便简单地说，悟，只是把日常事物中的论理分析的看法，掉过头来重新采用直观的方法，去彻底透视事物的真相。禅开启了迄今二元观的另一新看法，所以对迄今所见到的环境，亦可展开未曾预料到的新角度，而对于开悟的人来说，可说这世界已不是原来的世界了。虽然水照常流，火照常燃，但那不是悟之前的流法燃法了。至今在论理上二元上所见的事物，其对抗之相，矛盾之相亦复消失。处在原来的矛盾环境中，却能展开出不矛盾的境界来，这在一般人看来似奇迹，然而在禅者看来，这是应该的（当然）的，并没有什么奇迹存在，总之，这是必须经过一度体验才能获得的。①

请注意这里的"掉过头来"（消解掉对象性思维）和"处在原来的矛盾环境中，却能展开出不矛盾的境界来"，这正是审美活动之为审美活动的真谛之所在。刘熏也指出：

---

① ［日］铃木大拙：《悟道禅》。转引自皮朝纲《静默的美学》，成都科技大学出版社1991年版，第169页。

儿童初学，蒙昧未开，故懵然无知，及既得师启蒙，便能读书认字，驯至长而能文，端由此始，即悟之谓也，然此却止是一粗皮，特悟之小者尔。学道之士，剥去几重，然后逗彻精神，谓之妙悟，释氏所谓慧觉，所谓六通……世之未悟者，正如身坐窗内，为纸所隔，故不睹窗外之境。及其点破一窍，眼力穿逗，便见得窗外山川之高远，风月之清明，天地之广大，人物之错杂，万象横陈，举无遁形，所争惟一膜之隔；是之谓悟……惟禅学以悟为则，于是有曰顿悟，有曰教外别传，不立文字，有曰一超直入如来地，有曰一棒一喝，有曰闻莺悟道，有曰放下屠刀，立地成佛，既入妙悟，谓之本地风光，谓之到家，谓之敌生死。①

这里的"所争惟一膜之隔"，同样道出了审美活动之为审美活动的真谛所在。

在我看来，审美活动之所以能够成为人类生存的最高方式、之所以能够禀赋着本体论的内涵，道理正在这里。它能够使生命活动的方式重新从对立、片面回到融洽、整合的状态，正如伽达默尔和杜夫海纳所发现的："真正的精神潜沉（深层体验）敢于打碎它的现实性，以便在破碎的现实中重建精神的完整。能够这样携带着向将来开放的视野和不可重复的过去而前进，这正是我们称之为体验的本质。""审美活动，它不再要求两重性，而重新要求'失去的统一'，人与世界的统一。"② 显然，这就是审美方式中最为深层的秘密。在这里，至关重要的是主客间融合区域的凸出。不论是中国古代美学，还是西方现代的现象学美学，都意识到了在主客体契合的前提下研究审美活动。英加登指出："我们应该把艺术家或观赏者与某一对象（特别是艺术作品）之间的接触或交流这一基本事实，作为我们探求美学定义的出发点。"③ 而且他还专门指出：过去的美学研究机遇"主观与客观的内

---

① 刘熙：《隐居通义》卷一。
② ［法］杜夫海纳：《美学与哲学》，孙非译，中国社会科学出版社1985年版，第204页。
③ ［波兰］英加登：《现象学美学：其范围的界定》，见单正平《现象学与审美现象》，南开大学出版社2004年版，第18页。

在联系并未澄清"①遗憾的是，英加登说，在1956年于威尼斯召开的第三届国际美学会议上，他的这个"不同的美学方向或定义"的设想，被会议的领导人托马斯·门罗和埃蒂内·苏里奥（Etienne Souriau）一掠而过了。而今，我们的美学研究对此却绝对不可再掉以轻心。

与此相应的是审美体验问题。关于审美体验的讨论已经很多，但是实事求是而言，却大多言不及义。在我看来，审美体验的关键在于：它是完整的生命体验，或者，是价值理想的完形建构。在日常生活中，经验是随时随地都在发生着的，但是，又是断裂、破碎的。因为它不得不局限于知识论、心理学的樊篱。因此是感觉的、偶然的、个人的、主观的。但是审美体验却使得一个经验成为"经验"，因为它走出了单调、机械。这是一个水乳交融的经验。借用西方美学家杜威的话说，是"一个经验"。这是一个"完整的生命体验"、人之为人的生命体验，圆满、完整的、完美，能够被回味、咀嚼，能够令人愉悦，并且因此而区别于其他经验。因此，只要是"一个经验"，就是审美体验；只要是审美体验，就是"一个经验"。而且，一旦从这个特殊途径出发，审美体验的内涵也就易于界定了。区别于认识论的"本质建构"，审美体验无疑是一种"完形建构"。② "本质建构"是一种"反映"，是从对象的物理属性中获得的，是对于规律、本质的把握，审美体验不同。它不是从对象的物理属性获得的，也不是从对象的规律、本质

---

① ［波兰］英加登：《现象学美学：其范围的界定》，见单正平《现象学与审美现象》，南开大学出版社2004年版，第12页。

② "完形建构"，在西方美学家那里已经日益引起关注。歌德在他的论文《论德国建筑》中就已经提示说："艺术早在成为美之前，就已经是构形的了。……人有一种构形的本性，一旦他的生存变得安定，这种本性立刻就活跃起来"，（转引自［德］恩斯特·卡西尔《人论》，甘阳译，上海译文出版社2013年版，第240页）歌德还说："一当他无忧无虑之时，那些悄悄地产生的半神半人就在他周围搜集着材料以便把它的精神灌输进去。"（转引自［德］恩斯特·卡西尔《人论》，甘阳译，上海译文出版社2013年版，第241页）在歌德看来，美是一种"构造活动"，针对的是我一再强调的"恐惧"，也就是他所谓的"生存变得安定""无忧无虑之时"。而且，美感并非被动获得，而是需要有人的心灵积极参与。而卡西尔本人也认为："艺术家的眼光不是以被动地接受和记录事物的印象，而是构造性的，并且只有靠着构造活动，我们才能发现自然事物的美。美感就是对各种形式的动态生命力的敏感性，而这种生命力只有靠我们自身中的一种相应的动态过程才可能把握。"（［德］恩斯特·卡西尔《人论》，甘阳译，上海译文出版社2013年版，第58页）

的把握中获得，尽管对象仍旧是客观的，但是却只是"对方"，而并非"对象"。作为"对象"，它不是被"反映"出来的，而是被"建构"出来的。譬如《红楼梦》中的"沁芳""怡红快绿"……就都是"完形建构"起来的。是从人与对象的价值属性出发，而不是从人与对象的自然属性出发。而且，"完形建构"也不是模仿，不是表现，而是"构形"。这意味着在审美体验中"建构"的既不是给予的也不是自然生成的，而是由人自我创造出来的。就类似不是语言表征现实，而是语言构造现实。遵循的是审美的逻辑，不是自然的逻辑，也是赋予经验以形式，也就是通过"完形"而使得对象成为美的，并且从中体验到自己所向往的一切，从而令自己身心愉悦。对此，西方美学家帕克曾经举过几个例子来加以说明：

> 必须承认，大多数建筑物都是根本不美的。要想美，它们就应该是有生命的，而且处处有生命，像一件雕塑是有生命的一样，就应该没有冷漠的表面或细节。但是，我们的建筑物大多数是死的——死的墙壁，死的线条，长方形的房间，清洁宽敞，但却是死的。①

> 有什么活泼的想像力或情绪能够把这些死的空洞的堆块变成可以普遍感觉到的生命呢？然而，在人类拥有的最光辉的一系列艺术作品中，这种奇迹却达到了。希腊的庙堂和哥特式的大教堂就非常富于生命，以致好像不是用手建成，而是自己长出来似的。直线改造成了精巧的曲线，棱角让位于拱形，僵硬的和数学的东西变成运动和令人惊奇的东西，沉重的东西变得具有了精巧的平衡，或者得到克服，变成轻巧的东西，在人和动物的塑像和花卉雕刻的帮助下，无机的东西变成了有机的东西，就是墙壁和窗户的单调表面也利用绘画和有色玻璃，变得光彩夺目，具有了生命。②

帕克并且引用爱伦·凯的话说："一切温暖，一切运动，一切爱

---

① [美] H. 帕克：《美学原理》，张今译，广西师范大学出版社2001年版，第246页。
② [美] H. 帕克：《美学原理》，张今译，广西师范大学出版社2001年版，第247页。

都是圆的，或至少是椭圆的……只有冰冷、无动于衷、漠不关心和仇恨才是笔直的和方形的……生命是圆的，死亡是有棱角的。"① 这当然都是对于审美体验的"完形"的说明。美国抽象主义画家库宁也指出：如果你看一个人脸的素描，看到的是"人脸"，而不是"素描"，那么，你就不懂绘画。这当然也是对于审美体验的"完形"的说明。

审美体验因此也就与整体的"万物一体仁爱"的生命需要密切相关。从表面看，也许会误以为是由于"省力""平衡""对称"……的原则而导致的"完形体验"，实践美学则误以为是社会历史"积淀"到对象身上而导致的"审美反映"，其实，这只是价值建构的结果，是对于"有利于"自己的外在对象的价值属性的"完形建构"。费尔巴哈之所以说"动物只为生命所必需的光线所激动，人却更为最遥远的星辰的无关紧要的光线所激动"，其实也正是意识到了这里的对于"最遥远的星辰的无关紧要的光线"的价值属性的"完形建构"，但是却未能准确予以解释而已。相比之下，倒是马斯洛剖析得更加清楚："人有一种对理解、组织、分析事物、使事物系统化的欲望，一种寻找诸事物之间的关系和意义的欲望，一种建立价值体系的欲望。"② 显然，审美体验的"完形建构"构建的是价值关系，因此不是反映到了美，而是借助外在对象看到了使得自身精神愉悦的特征，愉悦的潜在动因，则是"万物一体仁爱"的生命需要。"较大的情调必定主要发生在有利于种族延续的场合"，维纳指出"尽管这不一定有利于个体"。③ 因此，审美体验的"完形建构"又可以被理解为人类根据自身的有利于自身生命活动的基本原则所建构起来的经验规则、生命语法。它是"自然界生成为人"的历生命进化中的最为神奇的"造化的诡计"。有了审美体验的"完形建构"，我们才更加是人。借助审美体验的"完形建构"，我们享受着更多的生活，也享受着更多的可能，因此是精神自由的实现。人类解放的道路也因此而敞开。在这里，视觉

---

① ［美］H. 帕克：《美学原理》，张今译，广西师范大学出版社2001年版，第246页。
② ［美］弗兰克·G. 戈布尔：《第三思潮：马斯洛心理学》，吕明、陈红雯译，上海译文出版社1987年版，第46—47页。
③ ［美］诺伯特·维纳：《控制论》，王文浩译，商务印书馆2020年版，第170页。

的完形被拓展而为生命自身的完形，从而成为对于生命有机组织的系统质的寻觅。既然整体不能通过各部分的相加而得到，那么，也就自然而然地走向了生命的完形。无疑，这是一条超越物质但是却并不抛弃物质而是让物质转而成为自我解放的媒介的道路。既然物质的世界事实上无法满足人，那么我们就借助于物质的形式去加以"构形"，使得情感自由可以完满实现，也使得精神自由完满实现。①

因此，审美活动的方式正是使自由生命的理想实现成为可能的生命超越方式，是使现实进入理想的生命超越方式，也是使理想进入现实的生命超越方式，它是对于人的自身价值的体验，是生命意义的发生、创造、凝聚，是使生命呈现出来的中介。晦暗不明的生命正是通过审美活动而进入了自身的透明性。② 它与现实活动的方式基于不同

---

① 关于"完形建构"的研究，给我们最大启迪的，是西方的精神分析学与格式塔心理学。其次是发生认识论。相比之下，诸如"内模仿""移情说""直觉说"，则都是肤浅的。尤其是发生认识论，例如，他的认识结构的"建构"说与"心"与"物"之间的"顺应""同化""平衡"的循环往复之关系，与王国维的"以我观物""以物观物""物我交融"思考的关系，与钱锺书"人事之法天，人定之胜天，人心之通天"的关系，等等，都值得深入研究。总之，皮亚杰已经揭示了人的认知心理结构图式，进而的任务，是揭示人的价值心理结构图式，这正是生命美学的任务，也是人的解放的重大课题。

② 审美活动的方式，又可以称之为审美体验。体验，在西方解释学美学中成为一个极为重要的范畴。德文"Enfahrung"兼具"感觉经验""人生经历"两方面的含义，英文"Experence"同样兼具"感觉经验""人生经历"两方面的含义。中国对此的区别较为清楚，一是"闻见之知"，一是"体验""感受""阅历""经历"。体验从内涵上看，不是一般感知，而是一种蕴含着阅历性、体验性的东西，是亲历一种生命、事件所直接形成的个体心理感受，是直接的而不是间接的，而且是语言概念难以把握的，先于理解、先于反思的。其内涵一是内在于生命活动即生命的经历，二是直接的生命活动，即生命的结果。黑格尔最早使用它。施莱尔马赫、狄尔泰把它正式命名为理论范畴，胡塞尔再从现象学的角度确立它的本质与功能，海德格尔则更为深入地阐明了它的本体地位。在西方文化中，体验总是伴随着个人的生命痛苦，矛盾，即一种否定的精神，黑格尔说过，感受痛苦（否定的感觉）是有生命之物的特权。因此，痛苦以及由于痛苦而导致的陌生感，是体验的产生的先决条件。比经验更为根本，是生存方式成为可能的根据，而不是认识成为可能的工具。其次，在美学史上，西方使用得较多的是美感、审美意识、审美经验等范畴。最初（从古希腊到17世纪）是美感，然后（从18世纪到19世纪）是审美意识，现在（20世纪）是审美经验。一般认为，美感侧重于主体的审美知觉的因素，审美意识侧重于主体与客体在审美关系中产生的整个意识过程与反映过程，审美经验则是审美实践经验（创造审美对象）和心理经验的统一。而我之所以不采取审美经验范畴，是因为这里的经验只是从主观的心理体验角度而不是从社会实践的角度来解释审美方式，也因为它只是从认识的附庸而不是从本体的角度来解释审美方式。二元化、主观化、形式化是其主导倾向。其主要观点，如快感说（桑塔耶纳）、移情说（费肖尔、里普斯）、距离说（布洛）、直觉说（克罗奇）、无意识说（弗洛伊德）、幻觉说（冈布里奇）、孤立说（文斯特堡）、完形说（阿恩海姆）、意向说（杜夫海纳）、信息说（理查兹），都存在着程度不同的缺憾。

的目的和功能，代表着人类精神的两面。不少美学家认为审美方式与认识方式之间没有区别。理查兹就说："实际上在我们看一幅画，读一首诗，听一段乐曲的时候，和我们早晨起来到阳台上去穿衣服等活动是没有什么根本区别的。"① 但更多的美学家却认为两者之间存在着区别。例如，布洛克认为两者存在推理性理解与直觉经验的差异，② 奥尔德里奇则把两者区别为"观察"与"领悟"的不同："在观察中，物质性事物的特质表现为对它进行'限定'的'特性'，而在领悟中，物质性事物的性质表现为'赋予它活力'的'外观'（客观印象）。"③ 英伽登说："一个实在对象（事物）的知觉在哪一点过渡到审美经验，从实际生活的自然态度或研究态度到审美态度的特殊变化，就是一个极有趣同时也极困难的任务。是什么造成了这种态度的变化？"④ 显然也认为存在着自然态度与审美态度的区别。在我看来，两者之间的区别无疑是存在的。假如说，现实方式满足的是人类进行演绎和归纳的需要，审美方式满足的则是人类自我表现的需要，前者的实用性、占有性很强，后者正好反之；前者是片面的，后者却是全面的；前者以论证的形式实现自己，后者以感受的形式显现自己。现实方式满足的是精神与外在物之间的协调、平衡的关系，审美方式则只顺从心灵的自由理想的需求，以心灵的自我满足为原则。以面对一朵花为例，在现实方式中会想到："它是什么"（实体思维）、"它作何用"（主体思维），是要认识花的客观属性，但在审美方式中想到的则是："它是否令我愉快"，是要发现花与人的关系。当然，另一方面，现实方式与审美方式又并非毫无关系。事实上，两者之间又存在着复杂的关系。起码，审美方式必须以现实方式为材料，是对现实方式的回味、反刍、体味，或者说，是对现实方式的二度感受、二度经验、二度知觉，只有现实方式，审美方式固然无法想象，没有现实方式，审美方式同样

---

① 转引自朱狄《当代西方美学》，人民出版社1984年版，第253页。
② ［美］H. G. 布洛克：《美学新解》，滕守尧译，辽宁人民出版社1987年版，第22页。
③ ［美］V. C. 奥尔德里奇：《艺术哲学》，程孟辉译，中国社会科学出版社1987年版，第22页。
④ ［波兰］英伽登：《对文学的艺术作品的认识》，陈燕谷等译，中国文联出版公司1988年版，第197—198页。

无法想象。

审美方式的特殊之处还在于：它不仅享受着生命，而且还生成着生命。恩格斯曾指出"世界不是既成事物的集合体，而是过程的集合体"，这也就是说，"自然界生成为人"的过程中，一切的一切都只能作为过程而存在、也作为过程而发展。事物之间往往都是九曲十八弯，相生相克、相互作用、相辅相成，呈现为立体结构、网状联系，因此，对于实物中心观的"本质"的把握也必须让位于有机组织的系统质的把握。然而，对于有机组织的系统质的把握却又无法借助理性来完成，因为它往往只能隐含于对于客观目的主观体验。在这个意义上，亚里士多德提出的动力因、目的因，值得我们借鉴。审美方式的重要意义，也因此而有了更加深刻的阐释。因为正是审美方式，使得人类将客观目的体验为美，并且产生愉悦。于是，一方面，推动着那些有利、有益于人类生命进化的向前向上的正价值，排斥着那些阻碍、损害人类生命进化的向前向上的负价值；另一方面，又因为这其中的正价值而得以激发情感，从而反馈着有机生命的目的，使之不断生成着全新的价值诉求……这是一个自组织、自鼓励、自协调的生命自控系统，循环往复、生生不已，而且功能耦合，首尾相应，从而创造或者改进着我们的社会，并且对于人类的行为产生隐形的影响。遗憾的是，由于"见物不见人"的思维方式作怪，也由于"实物中心论"的思维方式作怪，在很长时间内，我们却没有能够洞察到审美方式的推动力量，而每每误以为只有生产力改变生产关系才是动力，也只有经济动力才是动力。对于审美方式的动力作用却不屑一顾，而根本无视审美方式的对于生命的积极适应于动力作用。事实上，人类社会的健康发展、和谐发展，自古至今，倘若没有审美方式在其中推波助澜，那完全是不可想象的。而且，缺少了审美方式的社会也是不完整的。是审美方式才使得理想变为现实，也是审美方式才使得社会优中更优。为此，20世纪大儒马一浮先生一语中的：审美活动可以使我们"如迷忽觉，如梦忽醒，如仆者之起，如病者之苏"，俄罗斯的大作家陀思妥耶夫斯基更是语出惊人：世界将由美拯救！

综上所述，我们发现：审美方式正是人之为人的最为根本、最为源初、最为直接的存在方式，也是人之为人的既最简单又最艰难的存在方式。说它最简单，是因为它是人之为人所不学而能的，只要能够把该放下的（我思）暂时放下，该加括号的全加上括号，自然就会真正地面对万事万物、世界、人生。说它最艰难，则是因为人们往往不愿把该放下的暂时放下，把该加上括号的全加上括号，甚至反而在这该放下、该加上括号的东西中乐不思蜀，因此，再不愿面对、也不会面对万事万物、世界、人生。我们知道，在现代社会中，人们普遍认定："我思故我在。""我思"已深深浸透于人和世界的所有领域。生命被"我思"分门别类予以简约、概括，因而不再真实，心灵也已经呆滞、僵化、腐朽。这就更加亟须回到审美方式。可见，要使人成为全面发展的人，离不开审美方式；只有审美方式才能使世界的丰富性、全面性永存，使世界的诗意的光辉永存。在人的自由本性的理想实现中，不是"我思故我在"，而是"我审美故我在"。"我思"只是在"我审美"的基础上，对人与世界的某一方面的描述、说明和规定。它并非人类生存本身，而只是人类生存的一种工具、手段，故不能把"我思"等同于"我在"。"我审美"则不然。人必须最为根本、最为源初、最为直接地生存在审美体验之中。审美方式使人成之为人。审美方式即生存，审美方式即世界，真实地进入审美方式即理想地去生存。它是人之为人的根本，也是人类最为理想的生命存在本身。

审美活动的方式的内涵有二。其一是直接性，其二是超越性。

所谓直接性是指审美活动在形式上是一种直接的观物方式。审美方式无疑不是一种理性的观物方式，但也不是一种非理性的观物方式，因为把观物方式分割为理性与非理性，正是二分世界的产物。但审美活动却是超越于二分世界的产物。因此，它既不是理性的，也不是非理性的。用中国禅宗的话说，正是所谓"两头皆截断，一剑倚天寒"。打个比方，它类似禅宗强调的"非思量"："当药山坐禅时，有一僧问道：'兀兀地思量甚么？'师曰：'思量个不思量底。'曰：'不思量底如何思量？'师曰：'非思量。'"① 王夫之指出："俱是造未造，化未

---

① 《五灯会元》。

化之前，因现量而出之。一觅巴鼻，鹞子即过新罗国去矣"。① 所谓审美活动，正是指的"造未造、化未化"，即二分世界产生之前的一种观物方式。庄子也指出："古之人，其知有所至矣。恶乎至？有以为未始有物者，至矣，尽矣，不可以加矣。其次以为有物矣，而未始有封也。其次以为有封焉，而未始有是非也，是非之彰也，道之所以亏也。"② 假若二分世界产生于"有封"、"是非之彰也"的阶段，审美体验则产生于"未始有物"、"未始有封"的阶段。它既"莫若以明"又"照之于天"，而且"藏天下于天下"，较之二分世界也更为根本、更为源初、更为直接。在这个意义上，可以看出，审美活动针对的是先于二分世界的东西。说得更明确一些，它针对的是人与世界的关系，是人所看到的世界，而不是被二分世界所分门别类加以筛选、简约过的人与世界的某一方面的关系，某一方面的世界。

换言之，审美活动不再瞩目于现实世界的建构如何可能，以及如何认识现实世界，而是瞩目于理想世界的建构如何可能，瞩目于怎样进入理想世界、永恒价值、诗意的栖居。显而易见，审美活动正是完成这一转换的中介。审美活动，是对理想世界的寻找和表述，是生命之谜的破解，是人生与内在的生命之流的真实相遇。由此，审美活动虽然不是对有我（主体思维）的体验，但也不是对无我（实体思维）的体验，而是对超越于有我与无我（亦即主体与客体，人与世界）的对立的非我（亦即理想世界）的体验。这非我既非有我，又非无我，也非有我与无我的抽象本质，而是它们存在的根源和方式。因此，是一个"出外于相离相、入内于空离空"的"无"。

所谓超越性是指审美活动的直接性的内容和收获。因为消解了对象性思维的魔障，从形形色色的心灵镣铐中超逸而出，并且转而以活生生的生命与活生生的世界融为一体，所以，人才得以俯首啜饮生命之泉，得以进入一种自由的境界，得以禀赋着一种审美的超然毅然重返尘世。借助于荷尔德林的诗句，海德格尔说得何等潇洒：

---

① 王夫之：《题芦雁绝句序》。
② 《庄子·齐物论》。

……人诗意地栖居在大地上。

这正是审美活动的超越性。如是,审美活动便全身心地沉浸在生活之中,不旁逸斜出,也不再盘剥、占有。一切现成,一切圆满。

但另一方面,审美活动尽管全身心地沉浸在生活之中,但生活又不再是昔日的生活,而被赋予以全新的理解、诗意(审美)的理解。正像里尔克在1925年的一封信中陈述的:

一幢"房子",一口"井",一座他们所熟悉的尖塔,甚至连他们自己的衣服他们的长袍都依然带着无穷的意味,都显得无限亲切——几乎一切事物都蕴含着、丰富着他们的人性,而他们正是从它们身上发现了自己的人性。①

海德格尔则把这种对生活的全新的理解、诗意的理解,称之为对家乡的思念和追寻。在这里,家乡已经成为一个哲学概念,成为人之为人的根本,亦即"天道"。但它又并不必然彰显出来,而是隐显不定、或隐或显,这就需要人们去历经艰险寻找它。而审美活动与对象性思维的根本性区别正在这里。审美活动是超越性的。对它来说,虽然"房子""井""尖塔""衣服""长袍"与在对象性思维中看到的无甚不同,但后者只是按照日常标准去看待它,却对其中的"无穷意味"若明若暗。前者则不然,在这些平常的事物中,能够深味其中的"无穷意味"。于是,平常的事物便不再那么平常了:"一切都如此亲切,甚至一个匆匆的点头,似乎也是朋友的问候,每张脸上流露出情趣相投。"(荷尔德林)按照海德格尔的话说,似乎这就是:"你之所寻近在眼前,早已同你相会照面。"

进而言之,审美活动的超越性来源于世界的意义性,世界并非实体的,而是意义的。过去,我们把世界理解为实体,因而在人—符号—世界的关系中,以为人只要掌握了符号,诸如公式、概念、定义、语言……就可以把握世界。而这正是对象性思维的合法性根据,它着重处理的只是符号—世界的关系,至于人,则必须把自己转换为符号

---

① 转引自[德]海德格尔《诗·语言·思》,张月等译,黄河文艺出版社1989年版,第119页。

化的存在。而现在，世界被进而理解为意义的，成为有待于在掌握了的基础上的加以超越的对象，而这正是审美活动的合法性根据。审美活动着重处理的正是人—符号的关系。它是把长期遮蔽起来的人被等于符号的缺憾展现出来的结果。由此不难发现，卡西尔说人是符号的动物，尽管给美学界以极大的启发，但其中的缺点却被忽视了。这缺点就是：只注意到人与动物的矛盾的解决，却没注意到人与符号的矛盾的解决，即只注意到结构性的矛盾的解决，但却忽视了生成性的矛盾的解决。试想，人被等同于符号，这难道不是一种人的异化？人不但要使用符号以把握世界，而且要消解符号以超越世界。郑板桥诗云："十载扬州作画师，长将赭墨代胭脂；写来竹柏无颜色，卖与东风不合时。""横涂竖抹千千幅，墨点无多泪点多。"显然，对他而言，符号就没有凌驾于自身之上。我国工艺美术大师庞薰琹曾经回忆：他年轻时在英国卢森堡公园喷泉后面画风景。走来一个人，坐在他旁边，观看良久，然后告诉他："你还不是色彩的主人。"庞薰琹闻言立即虚心请教，那个人说："我看你用的颜色，几乎多数是从颜色瓶里挤出来的，而不是你自己在调色板上调出来的。"然后他又说："色彩最能表达作者的感情，瓶子里挤出来的颜色不表达什么感情。"普列汉诺夫对达·芬奇的《最后的晚餐》的剖析更是十分精辟。他首先问："光线是不是这幅著名的壁画的主角呢？"与许多人都认为的《最后的晚餐》的美在形式不同，他的回答是：不是。因为谁都知道，这幅壁画的主题是耶稣与他的门徒们相处的整个历史中的那个充满强烈戏剧性的瞬间，也就是耶稣对他的门徒们说"你们中间有一个人要出卖我"的那一瞬间。列奥纳多·达·芬奇的任务是要描绘由于自己的可怕的发现而深深感到悲痛的耶稣本人的心境，以及那些不相信在他们这样一个小小的家庭中竟会有叛徒存在的门徒们的心境。如果这位画家认为光线是画中的主角，那么他也就不会想到要去描绘这出戏剧了。① 总之，人靠文化脱离自然，但又会沉溺其中，以致丧失自己。

---

① ［俄］普列汉诺夫：《没有地址的信·艺术与社会生活》，人民文学出版社1962年版，第272页。

如何通过对于符号的消解,以实现人类自身的自由存在,这正是审美活动所面临的重大课题。

一　生命之思

审美活动的方式何以能够成为人类生存的最高方式?何以能够禀赋着本体论的内涵?从更深的角度看,首先在于它不仅在时间上先于对象性思维,而且在逻辑上先于对象性思维。

所谓在时间上先于对象性思维,是指从历史的根源看,审美活动是先于对象性思维的。对此,前面我已从现代生理学、文化人类学、现代神经生理学、现代心理学的最新成果的角度加以说明。这里,不妨再从人类历史的缩影——个体心理发生的角度来加以讨论。[1] 在这方面,值得注意的课题是:动作思维。

我们知道,洛克在其著名的《人类悟性论》中,曾经把幼儿的心灵譬喻为一块"什么字迹也没有的白板",这或许不尽准确,但洛克却毕竟揭示了一个往往被世人忽略过去的真理:经验先于认识。这也就是说,伴随着幼儿的情感感受出现的,是以动作与感知为主体的思维,而不是逻辑思维。

值得庆幸的是,洛克的发现逐渐已经得到了心理学家的证实。他们发现:幼儿心理的产生,并非先验的遗传,但也并非对外界的直观、机械的镜子般的反映。幼儿心理是在幼儿的积极活动,在主体与客体的相互作用中产生的。因此,幼儿从来就不是被动接受外界刺激,而是积极地与外界相互作用。即便在胎儿期间,我们也不难观察到他的最初的动作。[2] 幼儿出生后,便会出现哭叫、手脚乱动、吸吮等动作,这些都是以无条件反射为基础的。这些先天的无条件反射动作,很快就

---

[1] 美学界习惯于以宏观的对实践活动的考察来阐释审美活动的产生,因此往往批评专门研究个体心理发生学的皮亚杰忽视了实践活动的作用,而不是批评它的个体心理发生学本身有何缺陷。但事实上,审美活动总是个体的,因此,在实践活动的宏观生成角度之外,还必须从个体心理的微观生成角度考察审美活动的生成。为此,我写过一部学术著作《人之初——审美教育的最佳时期》,海燕出版社1993年版,请参看。

[2] 动作是人类机体生命的第一信号,也应该是审美生命出现的第一信号。舞蹈之所以在人类艺术中率先出现,值得注意。

和后天的条件建立各种不同的联系，形成各种条件反射。这就是在主体和客体相互作用中的一种智慧，其中主要的是感觉和动作，是后天获得经验的来源。与此同时，幼儿不但和外界事物建立条件联系，也在幼儿自身的各种感官机能之间建立条件联系，如手眼协调动作，等等。①

正是有鉴于上述事实，皮亚杰才把幼儿动作、感知的产生这一敏感期称之为"哥白尼革命"："从出生到学会语言的这个时期心理便有了异乎寻常的发展……这个发展就是利用感知和动作去征服周围整个实际的宇宙。"② 亦即用动作智慧去"征服周围整个实际的宇宙"。

所谓动作思维，是指幼儿动作不像成人那样，靠思维来支配动作，而是动作就是思维，思维就是动作。幼儿并不具备成人思维的那种超前性、虚拟性、预测性，而是借助外部或身体本身去解决问题，达到突然的理解或顿悟。

显而易见，动作思维的世界是一个直接动作的世界，它以自身动作为主要内容。之所以如此，关键在于婴儿的知识是来源于动作，而不是来源于对象世界。对婴儿来说，对象世界尚不存在，成人所说的对象世界都只能从它们与动作的联系中去考察。因为离开了自身的动作，婴儿的知觉就会像电视屏幕一样只能起到显示图像的作用，一旦信号中断，图像就会消失得不留任何痕迹。皮亚杰概括得十分精彩："幼年婴儿的世界是一个没有客体的世界，它只是由变动的和不实在的动画片所组成，出现后就会完全消失……"③

值得指出的是，关于动作思维，一直未能引起人们的注意。对成人而言，是往往意识不到动作思维的存在；对于一些心理学专家而言，则往往认为动作思维无非就是向成人思维的一种过渡，例如从动作性表象到图像性再现表象再到符号性再现表象。在我们看来，这无疑是错误的，并且统统是片面地以智能发展作为价值尺度的必然结果。其实，从人的自由发展、审美发展的角度考察，动作思维恰恰为人的本体生存提供了最为深层的根据，因而是十分重要的。

---

① 参见朱智贤《思维发展心理学》，北京师范大学出版社1986年版，第250—252页。
② ［瑞士］皮亚杰：《儿童的心理发展》，傅统先译，山东教育出版社1982年版，第12页。
③ ［瑞士］皮亚杰等：《儿童心理学》，吴福元译，商务印书馆1980年版，第21页。

不过，仅仅从心理学的角度去解释动作思维的为人的本体生存提供了最为深层的根据，是远远没有说明问题的，因此，还有必要作出更为全面的解释。

首先，从人的起源角度看，人的动作思维固然与动物的动作思维表面上相近，但实际上根本不同。我们知道，人是在生理尤其是大脑尚未成熟的状态下出生的。动物学家波特曼在对人类胎儿和动物胎儿详细调查后发现：人无疑是所有动物中最高级的，但恰恰又是出生最早的。例如，长颈鹿、大象、马等动物出生后马上就能站起来，并很快就能随父母行走，而人却还需要最少一年的时间才能够做到这一点，为什么呢？原来，从成熟程度的角度来推算，动物实际上在母体内所停留的时间要比人多一倍。波特曼指出：如果人也想达到它们的程度，起码要在母体内停留21个月。这是一个很有意思的现象。对人类来说，又实在是一个不幸中的万幸！可以设想一下，假如人类真的在母体内停留21个月，出来后会是一番什么景象：或许会达到其他动物那个程度，但却永远不会成为最高级的动物了。显而易见，正是这种先天的不成熟，造就了后天的突飞猛进的发展和真正意义上的成熟。动物也有自己的动作思维，但却是生而有之，虽然精确、完善，但却无法作出丝毫改进。人则不然。他虽然是在后天学习中学会了动作思维，但却并非不能改进。

其次，从心理发生的角度看，动作思维又是人类思维的基础。行为主义心理学家贾可布生和马克斯的实验证明：在思维中，与之相关的不仅是大脑，还有身体。在心理活动中，臂、腿、躯干的肌肉的紧张会增强。假如你想象举起一个重物，那么，在你的手臂上就能记录到动作的爆发，虽然你的手臂并没有动。在清醒思维时，也能从眼的外肌测出这一类潜能的频繁活动，即便在入梦时也不例外。皮亚杰也曾指出：一个人在想象一个躯体的运动时，与身体实际从事这一运动时，无论是在脑电图式或肤电图式方面，都伴随着同样的电波形式。由此不难推测，动作思维一定是其他思维形式的基础，否则，在其他思维形式中就不会看到动作思维的痕迹。因此，皮亚杰经过长期研究后指出：主观与客观之间"一开始起中介作用的并不是知觉，有如唯理论者太轻率地向经验主义所作的让步那样,而是可塑性要大得多的活动本身。知觉确也起着重要作用,但知觉是部分地依赖于整体性活动的……用一般的方式,每一种知觉都会赋予被知觉到的要素以一些同活动有联系的意义,所以我们的需要从活动开始。"① 这种活动,在婴儿那里最初只是一些本能活动,即"遗传性图式",只是随着不断的分化,才逐渐演进为多种图式的协同作用,并建立新的图式和调整原有的图式,对外界刺激再进行新的各种水平的同化。图式的这种不断分化、不断演进,使得自身日趋复杂,最后达到逻辑结构。这样,我们不难看出,人类思维之所以能取动作思维而代之,不仅因为克服了动作思维的局限性,而且更因为作为"以往全部世界史产物"的人类思维必然有动作思维沉淀其中。

最后,更为重要的是,从审美发展的角度看,动作思维是审美活动的形态结构的历史生成的基础。对审美活动来说,动作思维堪称它的原始形态,换言之,审美活动其实正是更高意义上的动作思维。

作为审美活动的形态结构的历史生成的基础,动作思维的影响可以从对于幼儿的审美能力的影响中看出,也可以从对于成年人的审美能力的影响中看出。

就前者而言,不难从幼儿的诗性智慧与符号体验能力的形成上看出。幼儿的诗性智慧是人们所熟悉的。原因何在?显然与动作思维有关。它是在动作思维基础上形成的一种异质同构的思维方式。它意味着:幼儿在面对外物时,并不按照人和非人、动物和植物、有机物和无机物、有用之物和无用之物之类的标准去对事物进行分类,而是按照它们所体现的情感表现性去对它们加以分类,也就是说,幼儿在思维时往往去寻找内在的情感结构与外在事物的形式结构之间的同构效应。

那么,如何阐释这一现象呢?在发生心理学、格式塔心理学和深层心理学的研究成果中,可以得到有益的启示。艾里克斯基成功地描述了幼儿生理机能与心理发展之间契合演进的蓝图:幼儿的活动行为

---

① [瑞士]皮亚杰:《发生认识论原理》,王宪钿译,商务印书馆1981年版,第22页。

首先集中在口腔期，然后转到肛门期，最后走向生殖器期。在口腔期，活动行为主要集中在两种方式上，一种是"得到"，属于被动摄取；一种是"获取"，属于主动寻觅。而这两种活动方式一旦转向食物之外的事物，同样会以"得到"或"获取"、被动或主动的两种方式去处理。在肛门期，则主要表现为"维持"与"排泄"，它们起初也只是与被排泄物有关，但随之也转向被排泄物之外的事物。最后是在生殖器期形成的"进入"与"包含"两种活动行为，也是如此。这看法固然有片面之处，但也发人深省：幼儿对世界的思考是出于对自己身体活动的体验，并寻求一种结构式的对应和阐释。正如加登纳在此基础上发现并描述的："（儿童）能不断以态式——向式方式（即异质同构——引者）与对象进行深入的缠结。一个听音乐和听故事的儿童，他是用自己的身体在听的。他也许入迷地、倾心地在听；他也许摇晃着身体，或行进着，保持节拍地在听；或者，这两种心态交替着出现。但不管是哪种情况，他对这种艺术对象的反应都是一种身体的反应，这种反应也许弥漫着身体感觉。"① 这段话清楚地道出了动作思维与诗性智慧之间的一致性和递进关系，为幼儿诗性智慧的产生做出了明确的阐释。也正是因此，加登纳最后评价并加以发挥说："艾里克斯基的贡献在于，他描述了最初与策动状态及身体式样相联系的那种心理学态式（它不应与感官态式相混淆）变成社会与文化形式——该幼儿体验其体外世界的方式——的过程。当把这种观点初步运用到艺术发展的领域之后，便使我们感到，一个幼儿不仅不断地经验到自己体内以及与环境相联系的态式，而且还倾向于区分他所见到的各种刺激物中相同的态式外形——包括符号对象——并以某种态式方式向外界对象施以行为。"② 应该承认，这个结论是令人信服的。

就动作思维对于成年人的审美活动的影响而论，应该说，成年人的审美活动不仅从纵向的角度是从诗性智慧、符号体验转换而来，而且应该说，成年人的审美活动从横向的角度更是动作思维在更高意

---

① [美] H. 加登纳：《艺术与人的发展》，兰金仁译，光明日报出版社1988年版，第199页。
② [美] H. 加登纳：《艺术与人的发展》，兰金仁译，光明日报出版社1988年版，第129页。

上的再现。事实上，审美活动作为一种精神实践，我们不能忽视的仍然是它的内在动作这样一个特性。须知，人类有现实的活动，即通过对对象的实际改造来完成，但也有想象的活动，它通过对对象的理想改造来完成。然而，不论是实际的抑或想象的活动，它们又都是一种活动。例如，皮亚杰就发现：一个人在想象一个躯体的动作时，与身体实际完成这个动作，无论是在脑电图或肌电图式方面，都表现为同样的电波形式。从中可以看到一种同源、同构、同质的对应性。谷鲁斯和浮龙·李的"内模仿"理论也如此。他们发现：在审美观照中，观看石柱会产生升腾运动感觉，观看花瓶会产生上提下压的感觉，它们包含着"动作和姿势的感觉（特别是平衡的感觉）、轻微的筋肉兴奋以及视觉器官和呼吸器官的运动。由此我们意识到，在审美活动中的经验并不只是一种专门的视觉经验，在审美活动中所感受的东西并不是由所见到的东西构成的，它甚至也不是由所见到的东西经过视觉想象的修正、补充和纯净之后所构成的。它不仅属于视觉，而且也（在一定场合甚至更主要地）属于触觉，属于我们动用肌肉活动四肢时所体验到的那种运动感觉。威廉·詹姆斯就曾经这样谈到过审美过程中的切身体验："当美激动我们的瞬息之际，我们可以感到胸部的一种灼热，一种剧痛，呼吸的一种颤动，一种饱满，心脏的一种翼动，沿背部的一种震撼，眼睛的一种湿润，小腹的一种骚动，以及除此而外的千百种不可名状的征兆。"① 而这，也就令人信服地证实了：审美活动的生成方式的在时间上的先在性。

所谓在逻辑上先于对象性思维，是指它比后者更为根本。② 对象

---

① 转引自杨健民《艺术感觉论》，人民文学出版社1988年版，第362页。
② "先于"即更为根本。这里，审美体验在"逻辑上的先于"十分重要。由于中国当代美学深受黑格尔主义的影响，因此很难理解，而且会想当然地把"逻辑上的先于"转换为"时间上的先于"。这使人想起：康德把"感性直观""知性范畴"称之为"先验形式"，就是一个"逻辑上的先于"，至于它从哪里来的问题，康德强调，根本不是他所关心的问题。他关心的问题是有了以后怎样运作的问题。但中国的美学家用实践论来批评之，从而把"逻辑上的先验"偷换成"时间上的先验"，这正是从黑格尔主义出发所产生的误解。看来，就康德、黑格尔而言，中国的美学家因为坚持从黑格尔入手了解康德，因此就不可能真正了解康德，因为不可能真正了解康德，因此也就不可能真正了解黑格尔。而中国又主要是通过认识黑格尔来认识西方美学的，而不是通过康德，因此也就误解了西方美学。重新认识康德，对中国当代美学十分必要。

性思维在现实活动中与两种思维形态有关,其一是实体性思维,以"事"为主,其二是主体性思维,以"理"为主。或者以世界为对象,或者以主体为对象,但究其实质,都是一种对象性思维。① 我已经一再指出:绝对不能否认对象性思维的特殊价值,不能否认对象性思维的历史贡献,何况,正是它,为人类带来了科学的高度昌明和物质的极大丰富。然而,站在美学的立场上,又不能不清醒地看到:在对象性思维之中,还蕴含着有可能造成生命的灭顶之灾的癌瘤,它的增殖必然威胁着人类的生存和发展。因为对象性思维固然造成了人与自然的一次成功对话,但又毕竟是靠远离活生生的生命活动、远离对于生存意义、生存价值的切实体验换取的。因此,它只能作为人类把握世界的一种方式或一种工具,却绝不允许把它作为人类生存的最高方式,否则,就无可避免地会造成一个沉默的生命世界。何止是沉默,简直可以说是被分门别类了的、被无情肢解了的生命世界。而常见的错误则在于不仅未能认识对象性思维的工具性质,而且进而借助它去把握内在世界的秘密。这就无异于把作为秘密的生命意义当作一个客体,当作一个问题去把握,毫无疑问,这只能使人陷入更深的失望。结果,人只是融解在外在必然的巨大阴影下的幽灵。他"不能哭、不能笑,只能理解";他活得侏儒样卑微和小心翼翼;他忘却了生命母语,被从大地上连根拔起;他被迫承认"现实"的必然性,被迫在理性的荒唐和谬误中沉睡、被迫穿上命运的甲胄,最终被掷回至高无上的无常命运。由是,世界必然变得荒凉起来。②

舍斯托夫曾经万分痛心地诘问:"当代科学和哲学的最著名的代表们都完全把他们自己的命运以及人类的命运交付给理性,同时都不知道,或不愿知道理性的权威和力量的界限,理性提出了它的要求,

---

① 人们经常从形象思维的角度入手,把审美活动说成是一种形象的对象性思维,这代表了理性主义时代美学思考的最高成果,但仍旧是错误的。审美活动并非形象思维。

② 难怪尼采要呼吁"不能靠真理生活",科恩要哀叹"完善的真理使人痛苦",马尔库塞要呼吁"理性的进化=奴役的扩大",爱因斯坦要痛陈:生活的机械化和非人化,这是科学技术思想发展的一个灾难性的副产品,真是罪孽!我找不到任何办法能够对付这个灾难性的弊病,马克思也要慷慨陈言:技术的胜利,似乎是以道德的败坏为代价换来的。我们的一切发现和进步,似乎结果使物质力量具有理智生命,而人的生命则化为愚钝的物质力量。

我们就无条件地同意了去神化石头、愚笨和虚无,没有人有勇气去问这样一个问题:是一种什么神秘的力量迫使人们放弃一切东西,我们在其中看到公正和幸福的一切东西呢?理性并不关心我们的希望或失望,它甚至于还严禁我们提出这样的问题,我们将对谁提这个问题?"① 确实,与时人一味推崇"知识就是力量",并简单地把知识的价值与人生的价值等同起来的做法相反,"我们觉得即使一切可能的科学问题都能解答,我们的生命问题还是仍然没有触及到"。② 因此,对象性思维还必须被超越。事实上,"千红万紫安排著,只待新雷第一声",当对象性思维一接触及到人生最为深层的存在,它就一方面把人逼进两难绝境、逼进生命死谷;另一方面又反而成为使生命意义的破释,成为由形而下的知的层面转移到形而上的思的层面、由科学的、价值的、理性的、分析的、逻辑的层面转移到生命的、悟性的、情感的、直觉的层面的契机。这或许就是中国古人讲的"转识成智"?换言之,对象性思维的努力毕竟不能导致人生全部意义的解决。人生的基本困惑,诸如有限与无限,短暂与永恒、生命与死亡、现实与超越……之所以被视为永恒的主题,关键就正是在于它不是对象性思维所能问津并解决的,正是在于它是"不可名言之理,不可施见之事,不可径达之情"。③ 它是一个丰富的感性存在,所谓"未始有物"(庄子)、"不期精粗"、"一片心理就空明中纵横灿烂"(王夫之),具有不可抽象化、解析化的特性,更不是一个可以简单地用"是"或"不是"来回答的问题,而是一个令人心折又复销魂的秘密。它应该有答案,否则人类无法生存下去,它又永远没有答案。否则人类同样无法生存下去。可是,它虽然是秘密,但毕竟要加以破释,由谁来完成呢?审美活动,显而易见,对于"不可名言之理,不可施见之事,不可径达之情"的彻悟和体味,这就是它——审美活动。在此意义上,我们可以说,审美活动的生成方式不是一种对象性思维,而是一种非对象性思维。而且,假如说对象性思维代表的是科学之知,非对象性思维代表的就是审

---

① [俄] 舍斯托夫。转引自《哲学译丛》1963年第10期。
② [奥] 路德维希·维特根斯坦:《逻辑哲学论》,郭英译,商务印书馆1985年版,第103页。
③ 叶燮:《原诗》。

美之思。对此，阿瑞提称之为"旧思维能力"，① 即一种根本性、创造性的思维能力，如果把这里的"旧"理解为"根本"，显然应予首肯。

严格说来，审美之思远比科学之知更为原初，更为本真。我们只能在前者的基础上去讨论后者，但却不能在后者的基础上讨论前者。审美之思与人类的每一新的生命起点密切相关，也与人类的根本目的密切相关。康德仅仅把它规定为手段与中介，是不妥的，鲍姆加登把它规定为感性过渡到理性的中介状态，席勒把它规定为感性与理性简单和解的中间状态，黑格尔把它规定为理性的一种形式，也是不妥的。事实上，它是手段也是目的，是动因也是归宿。就它作为一种区别于认识论意义上的感性而言，可称为"超感性"，就它具有理性因素而言，可称为"归纳性感性"。它不遵循概念、判断、推理等一般程序和思维规律，也不经过从感性到理性的深化过程，但却仍旧是一种"思"，而且是一种远为深刻的"思"。它"无理而妙"。其本体论内涵，可以从康德的"先验反思形式"，解释学的"前理解""解释的历史性"，荣格的"原型"，卡西尔的"隐喻"，叔本华、柏格森、克罗奇、桑塔耶那、朗格所反复讨论的"直觉"，阿恩海姆、门罗所一直推崇的"知觉"，科林伍德、萨特、瑞恰兹所着意挖掘的"想象"，茵加登、杜夫海纳所和盘端出的"意向"，海德格尔所再三致意的"思"以及中国的"立象尽意"等思考中看到。

而且，审美之思虽然不可能像科学之知那样带来问题的解决，但却能导致人生的彻悟。通过这彻悟，生命存在被异乎寻常地嵌入某种胜境。这胜境是一切创造的巅峰，是一切可能性的巅峰，也是一切自由境界的巅峰……此时此刻，人生犹如置身百尺竿头，经"彻悟"的一击，迅即超升而"更进一步"，结果惊喜地发现，自己已跌坐在美大圣神的莲花座上（不妨回顾禅家诗句："百丈竿头不动人，虽然得入未为真。百丈竿头须进步，十方世界是全身"）。而且，一旦达到这一胜境，人们便会以全然清新的身心，一种前所未有的凛冽心境毅然重返尘世。

审美活动的生成方式之所以能够成为人类生存的最高方式，之所

---

① ［美］S. 阿瑞提：《创造的秘密》，钱岗南译，辽宁人民出版社1987年版，第89页。

以能够禀赋着本体论的内涵,还在于他在外在方面与内在方面对于必然性所实现的美学转换。

具体来说,审美活动首先是对于内在必然性的超越。它对内建立了一个全面的内在世界。

关于内在的必然性,按照马克思的剖析,可以概括为五个方面:"是片面的";"只是在直接的肉体需要的支配下生产";"只生产自身";"产品直接属于肉体";"只是按照它所属的那个种的尺度和需要来构造"。在现实活动中,这五个方面是无法逾越的障碍,但在审美活动中却不然,上述五个方面都被加以超越,成为:"是全面的";"不受肉体的需要也进行生产";"再生产整个自然界";"自由地面对自己的产品";"按照美的规律来构造"。①

此时,审美活动不是在实现自由,也不是在认识自由,而是在自由地体验自由。它从实用性、功利性、合目的性的低级需要中超越而出,同时也从单向性、有限性的活动能力中超越而出,自我建构为一个超越性、超功利性、丰富性、全面性、自由目的性的生命存在。于是,它不再是生命的一般显现,而成为生命的最高褒奖,成为生命倾尽全力弹起的一朵灿烂的浪花,成为生命的一次动人心魄的飞翔——飞出了狭小的心灵幽室,获得了无限广阔的自由天地;飞出了封闭的灵魂死谷,融入了永恒的神圣生命。一方面,是以自由为需要,对于超越的超越,对于创造的创造,所谓"不是永恒的生命,而是永恒的创造",名正言顺地成为根本追求,这正如马克思所说的,之所以进入审美活动是"出于同春蚕吐丝一样的必要",是"他的天性的能动的表现"。② 另一方面,又是以自由为目的,"有音乐感音乐的耳朵。能享受形式美的眼睛,总之,那些能称为人的享受,即确证自己是人的本质力量的感觉",③ 这一切真正属于人的存在方式的东西,都被加以展现。再一方面,还是以自由为内容,进入生命,是人同一切动物共有的奇迹,但只有人才知道他同时是被超越者和超越者,因此也只有人才能够不但超越对象而且超越自己,从而最终超

---

① [德] 马克思:《1844 年经济学哲学手稿》,人民出版社 2018 年版,第 53 页。
② 《马克思恩格斯全集》第 26 卷,人民出版社 1972 年版,第 432 页。
③ [德] 马克思:《1844 年经济学哲学手稿》,人民出版社 2018 年版,第 84 页。

出动物王国，超出生存的被动性和偶然性，并孕育出自我确证、自我实现、自我超越、自我创造……这一生命活动中最为辉煌、最为神圣同时又只是在理想中才得以存在的内容，它的真正实现，正是在审美活动的过程中。

换言之，审美活动对于内在必然性的超越，表现为主体的转换，在《什么叫思想》一文中，海德格尔曾举例说，当我们相对一棵树而站时，树也面对着我们，我们看到树是因为树让我们看，向我们显示自己，因此，我们不能说，树是我们的判断对象，相反，我们使自己显身于此，而与此同时树也显身于我们面前，这个相互向对方显现自己的活动，与盘踞于我们头脑中的"观念"无关，而是来自对知识论意义上的主体的突破。

一般而言，主体活动往往与观念相伴，一旦达到再现就总想进行智力活动，所寻求的是关于对象的真理，或者是围绕着对象的真理。然而却忽视了这只是我们的生存世界的一部分，而且是不太重要的一部分。这是一个被"遮蔽"的世界。在这个被"遮蔽"的世界，由于我们的日常生活被知识论控制着，我们习惯于把自身作为主体，把事物作为客体，从而把它们纳入一种知识论的框架去把握。事物在彼处成为对象，因为它被限制在观察、征服、使用的观念之中，事物在我们的观念中被理解，是因为按照我们的观念，整体、圆融的事物在其中被分解、抽象化，被区分为不同的方面、层次、因素、结构。事物不再是原初的事物，因为感知也不再是原初的感知了——它暗示着人与事物之间存在的一种互相对立的关系，看不到事物的不可分解、不可还原、不可抽象的内涵，看不到面对的事物，只是看到这个事物的某些属性，以及与观念强加给它的抽象意义，因而无疑不具有美学意义。

在审美活动中，主体活动出现于知识论之外，是我们的生存世界的另外一部分，一个更为重要、更为根本的部分。在它看来，事物无须迎合我们，甚至为我们表现什么，而就是存在着。它不为客体立法，也不为自身立法。因为事物就其本身而言，就是事物，本来不可能从我们的经验中剥离出来，一旦脱离了生命本身，就成为死板的、无机的对象。实际上我们在观察时我们同时也在生活，我们在观察的世界，也与我们一起在生活。只是在知识论习惯中它才转化为对象。在知识论中，我们为事物立法，使得它有意义，但是在审美活动中，对象还原为事物，它为我们的心灵立法，使得我们的存在有意义。这样，真正的审美活动不是把我们的愤怒、不幸、欢乐倾泄给事物，而是敞开心灵，让事物进入心灵甚至改变心灵。在审美活动中我们与事物同在。我们进入事物。我们就是事物。在审美活动中，我们看到了事物的本来面目、事物的完整性、具体性。审美活动寻求的是属于对象的真理，在感性中被直接给定的真理。唯一存在的世界就是属于审美对象的世界。①

审美活动同时也是对于外在必然性的超越，它对外建立了一个全面的对象世界。

在现实生命活动之中，外在世界是一个体现着种种外在必然性的客体对象，只能满足人的低级需要，同时也处处给人以根本限制。但在审美活动之中就不然了，它以超越的视界去面对外在世界，此时外在世界只是作为刺激物而存在，人本身一旦进入自由存在，便围绕着外在对象转而自行其是，自由发展，成为一种自由的表现。这可以称之为一种"幻觉情感"，一种"有意识的自欺"，结果，外在世界被转换成为"幻觉对象"，成为一种虚幻的非现实的存在，也就最终做到了化外在的客体对象为主体的自由的价值对象，化客体的合规律性为自由规律，化现实世界为可能世界。正如黑格尔所说："审美带有令人解放的性质。它让对象保持它的自由和无限，不把它作为有利于有限需要和意图的工具而起占有欲和加以利用。"②

需要指出的是，对于外在必然性的超越，导致的必然是不再存在审美主体与审美客体的划分。不但不存在，而且审美活动的生成方式的根本特征正是表现在把主客体的对峙"括出去"，表现在从主客体的对峙超越出去，进入更为源初、更为本真的生命存在，即主客"同

---

① 在此意义上，诸如审美认识、审美判断、审美分析、审美思维、审美主体、审美客体、形象思维实在是十分可疑的范畴。

② ［德］黑格尔：《美学》第1卷，朱光潜译，商务印书馆1979年版，第147页。

一"的生命存在。结果,主客之间从主客对峙的关系回到前主客对峙的源初的关系;从对象性的我—它关系回到非对象性的我—你关系;从彼此的认识关系回到相互的对话关系。① 在这方面,中国美学有着丰富的研究成果。例如,吴乔指出:"叙景惟扩大高远,于情全不相关,如寒夜以板为被、赤身而挂铁甲。"② 王夫之指出:"夫景以情会,情以景生,初不相离,唯意所适。截分两橛,则情不足兴,而非情之景。""写景至处,但令与心目不相暌离,则无穷之情,正从此而生。一虚一实、一景一情之说生,而诗遂为阱为梏为行尸。"③ 又如,"意中有景,景中有意"(谢榛)、"情景齐到,相间相融"(刘熙载)、"景无情不发,情无景不生"(范文)、"情景互换"(李重华)、"情景相生"(黄图秘)、"情景双收"(王夫之)……在这里,被再三致意的是物我之间在意向性的水平上通过互观双会而各自向对方融契,以及交相融合、互相逗发、彼此往复、层层渗透。不仅仅是从物到我或从我到物的单向交流,而是既从物到我又从我到物的双向交流。一方面,审美自我融契为审美对象,"自有濠濮间想"(庄子)、"兀同体乎自然"(孙绰)、"浩然与冥滓同科"(李白)。例如,我观照青山,于是青山就不再是物质形态的对象,而成为境界形态的对象,我沉浸其中,抚摸这青山,想象这青山,"相看两不厌",最后,我化作了这青山,与它共同拥有着生命。"山性则我性,山情即我情";另一方面,审美对象融契为审美自我。李日华指出:"胸次高朗,涵浸古人道趣多,山川灵秀,百物之妙,乘其傲兀恣肆时,咸来凑其丹府。"④ 恽南田指出:"离山乃见山,执水岂见水?所贵玩天倪,观古尚吾美。何由镜其机,灵标趣来萃。"⑤ 正

---

① 王阳明的一段话有助于我们的理解。"先生游南镇,一友指岩中花树问曰:'天下无心外之物,如此花在深山中自开自落,于我心亦何相关?'先生曰:'你未看此花时,此花与汝同归于寂,你来看此花时,则此花颜色一时明白起来;便是此花不在你的心外。'"(《传习录》下,《王文成公全书》卷三)这里有审美主体和审美客体吗?显然没有。所有的只是既同生共灭又互相决定、互相倚重、互为表里的审美自我与审美对象。它们一旦"打成一片","则此花颜色一时明白起来",反之,假如强行插入一个对峙着的主客体,不难想象,则"此花与汝同归于寂"。
② 吴乔:《围炉诗话》。
③ 王夫之:《古诗评选》。
④ 《竹懒墨石题语》。
⑤ 《贻范生》。

因为审美对象"咸来凑丹府""灵标趣来萃",又反过来为人代言:"净几横琴晓寒,梅花落在弦间。我欲清吟无句,转烦门外青山。"① 杜夫海纳说:"价值表现的既非人的存在,也非世界的存在,而是人与世界间不可分割的纽带。""我在世界上,世界在我身上"。② 这使我们意识到:物我双方的融契所连接的,也并非别的什么,而是一根最具人性的审美纽带,一根确证着"人与世界之间不可分割的纽带"。正是这纽带,导致了审美活动的出场,或者说,使审美活动成为可能。

进而言之,任何一种客体对象,与理想自我之间都禀赋着一种全面的、丰富的关系,一旦把它放在对象性思维的层面上,不论把它"叫做什么""看作什么""当做什么",都只能是一种割裂、歪曲、单一的处理,都会导致全面的、丰富的关系的丧失。只有把"叫做什么""看作什么""当做什么"加上括号,根本就不把它"叫做什么""看作什么""当做什么",直接回到主客同一的源初层面,外在世界才会真实显现出来,理想自我也才能在全面的、丰富的关系中体验到真实的生命存在,体验到一种精神生命的自由、解放。③ 这就是所谓"世界的本来面目"。在道家是"有以为未始有物者,至矣尽矣,不可以加矣"④ 的源初世界,是"夫道未始有封"的源初世界。在禅宗,则

---

① 杨慈明诗。转引自罗大经《鹤林玉露》丙编卷五。
② [法] 杜夫海纳:《美学与哲学》,孙非译,中国社会科学出版社1985年版,第33页。
③ 在现实活动中,对于自身和世界的理解全然是通过把某一具体对象放到自己早已知道的类别中来完成的。如"这是一朵桃花",对于这朵花,我们并不进行全面、立体的审视,而是一瞥之中把握住那些为分类所必需的特征(如有根茎、有绿叶、有花蕾,等等),只是一朵字典意义上的桃花。它们本身的许多方面、许多特色都被省略了,都受到了压制,都被驱赶到未经释放的潜在背景中,只有一小部分(如社会的、认识的、道德的)进入了视野,故只看到了它们在类上的相同。在审美活动中则不然,然而,在审美活动中这一切却产生了神奇的变化。审美活动是对现实活动的拒绝,因而也必然会拒绝那种把某一具体对象放到自己早已知道的类别中的生存方式和观照方式。毋宁说,审美活动是一种"出类拔萃"的生命活动。它强调从"类"中超越而出,不再屈从于日常的分类,不再屈从日常的对于生命和世界的理解,而与生命和世界建立起一种更为根本、更为源初的关系,于是,生命和世界都在我们眼前焕发出美丽的光彩。审美活动使我们的眼睛、耳朵、心灵都恢复了人性的尊严,对象本身有机会被直接置入前景,恢复了自己的天性,使世界也恢复了人性的尊严。于是,我们不再仅仅关注对象的内容,仅仅满足对对象的内容的分门别类,而把焦点集中在对象本身,集中在对对象本身的无穷意味的理解上,或者说,不再关注对象的所指而去关注对象的能指。这样,对象本身和对象的能指的无穷意味就为人类的创造开创了广阔的天地,为生命、世界的人性内涵的不断生成开拓了广阔的天地。
④ 《庄子》。

是"万法明明无历事""混沌未分时""无佛无众生时""空劫前""洪钟未击"的源初世界。对于每一个人,它是"最亲近"的。人们只要放下对象性思维的重担,就不难"目击道存","寓目理自存"。正像圜悟禅师所说:"觌面相呈,即时分付了也。若是利根,一言契证,已早郎当,何况形纸墨,涉言诠,作露布,转更悬远。"① 这里的"形纸墨,涉言诠,作露布,转更悬远",不难看出,与海德格尔说的存在在对象性思维中转而与人"最遥远"也是完全一致的。所揭示的同样是一个在客体化、对象化、概念化之前的那个本真的、活生生的世界、"思想与存在同一"的世界、人与万物融洽无间的世界。它"无所不在",明明白白地呈现在我们面前,如果我们看不到它,则完全是自己的过错。"我来问道无余说,云在青天水在瓶"。这恰似:"宝月流辉,澄潭布影,水无蘸月之意,月无分照之心,水月两忘,方可称断。"

在这个意义上,审美活动无非是对于存在的一种惊奇。现实活动经常喜欢把世界划分成为一种虚假的真实:这是"是",那是"否",这是"肯定",那是"否定"。但存在的面目却绝非如此,它既非"是",也非"否",但又既是"是",又是"否"。一旦进入了审美活动,也就超越了这一切,不复去追问何为存在,而是直接呈现为存在,就是存在。审美活动中不存在主体与客体的划分,不但不存在,而且必然要把主客体的对峙"括出去",必然要从主客体的对峙超越出去,进入更为源初、更为本真的生命存在。这里的"源初"并不是指原始,而是指根本。它意味着:从被主客体的对峙抽象化、片面化了的存在,重返在此之前的感性之根。② 这

---

① 《圜悟心要》卷下。
② 正是因此,胡塞尔才会强调:"一个想看见东西的盲人不会通过科学论证来使自己看到什么,物理学和生理学的颜色理论不会产生像一个明眼人所具有的那种对颜色意义的直观明晰性。"([德]埃德蒙德·胡塞尔:《现象学的观念》,倪梁康译,上海译文出版社1986年版,第10页)梅罗—庞蒂也才会强调只有回到"概念化之前的世界",回到"知识出现前的世界",才能找到直觉的对象。"回到事物本身,那就是回到这个在认识以前而认识经常谈起的世界,就这个世界而论,一切科学观点都是抽象的,只有记号意义的、附属的,就像地理学对风景的关系那样,我们首先是在风景里知道什么是一座森林、一座牧场、一道河流的。"([法]梅罗·庞蒂:《知觉现象学》序言,英文版)杜夫海纳更是再三阐释:"审美经验揭示了人类与世界的最深刻和最亲密的关系。"([法]杜夫海纳:《美学与哲学》,孙非译,中国社会科学出版社1985年版,第3页)审美活动"所表示的主客关系,不仅预先设定主体对客体展开或者向客体超越,而且还预先设定客体的某种东西在任何经验以前就呈现于主体。反过来,主体的某种东西在主体的任何计划之前已属于客体的结构。"[[法]杜夫海纳:《美学与哲学》,孙非译,中国社(接下页)

样，作为超越性的生命活动，审美活动既然是对于内在、外在必然性的超越，最终也就必然深刻地区别于现实活动。它不像现实活动那样，是人类被动选择的活动方式，虽然是自由的前提、手段，但却毕竟不是自由本身，由于它的活动者是一个理想的存在，它的对象又是通过作为理想的存在的审美者建构起来的，是一个可能的世界，因此，它是人类主动选择的活动方式，它以自由本身作为根本需要、活动目的和活动内容，从而达成了人类自由的理想实现。

第二节 审美活动结构方式

一 意向层面、指向层面、评价层面

对审美活动的结构方式，需要讨论的是：审美活动的方式是如何实现人类生存的最高方式的？是如何体现本体论的内涵的？对此，我们可以从三个层面加以讨论：意向层面、指向层面、评价层面。

意向层面包括：审美无意识、审美欲望、审美兴趣、审美情感、审美意志、审美态度、审美期待，等等。①

在审美活动过程中，意向层面构成的是动力系统，是审美活动发生、发展、演进的推动力量。指向层面包括：审美感觉、审美知觉、审美表象、审美想象、审美理解，等等。在审美活动过程中，指向层面构成的是能力系统，是审美活动发生、发展、演进的操作力量。评价层面包括：审美趣味、审美观念、审美理想，等等。在审美活动过程中，评价层面构成的是反馈系统，是审美活动发生、发展、演进的协调力量。在审美活动过程中，这三个层面互相弥补、互相渗透，而

（接上页）会科学出版社 1985 年版，第 60 页］甚至声称："我在认识世界之前就认出了世界，在我存在于世界之前，我又回到了世界。"（［法］杜夫海纳：《美学与哲学》，孙非译，中国社会科学出版社 1985 年版，第 26 页）

① 在过去的研究中，往往忽视了这一层面，只重视眼、耳等感官在审美活动中的作用，是错误的。恩格斯说："庸人把唯物主义理解为贪吃、娱目、肉欲、虚荣、爱财、吝啬、贪婪、牟利、投机，简言之他本人暗中迷恋的一切……，而把唯心主义理解为对美德，普通人类的爱的信仰。"（《马克思恩格斯选集》第 4 卷，人民出版社 2012 年版，第 239 页）"庸人"的教训，是否值得我们注意？

又时有侧重,从而形成了丰富、多样、深刻、有序的审美活动本身。

审美活动的形态结构的二级转换,则构成了审美创造、审美欣赏、审美批评三个子结构。

限于篇幅,本书已无可能对上述问题详加探讨。这里,只能对由意向层面、指向层面、评价层面凝聚而成的美学范畴:审美意向、审美指向、审美评价,略加考察。

本节先讨论审美意向。审美意向是一个重要的问题。审美活动的愿望、需要、爱好、欲求是如何发生的?在相当长的时间内,美学家总认定是外界的刺激,毫无疑问,这是沿用了理性主义的"应激"的看法。①然而,在生活中我们发现:"视而不见""听而不闻""食而不知其味"的现象也并非个别。在审美活动中则尤其如此。这就提醒我们:在对于审美活动的推动力量的考察中,刺激性与意向性的共通才是真正的答案。而心理学家的研究也证实了这一点。勒温曾提出心理生态学说,用"心理生活空间"来补充"应激"的不足,B = F(PE),即认知行为(B)等于人(P)和心理环境(E)的函数。应该说,审美活动正是起源于心理环境。而且,所谓"感物而动"之类的古代美学的中国话语其实也并非真正触及问题的实质,更并非问题的解决。以为其中的关键应该是价值分析,只有价值物才能够感动人。审美活动的"兴发感动"只能是因为价值对应物而起。是事物的价值属性引发了审美活动,或者是审美活动使得事物产生了审美价值。这理应是美学之为美学的基本思路。"有关我买一所房子花了多少钱的问题和它值多少钱的问题并不是一回事",②盖格尔的提示十分重要。当下的美学流行从心理活动的角度去解释审美活动,例如在20世纪初就开始盛行的心理距离说、孤立说、

---

① 审美活动是一种极为复杂的生命活动。然而在相当长的时期中,人们往往把它简单化,试图用"美—审美"的反映方式把它规定为一种对世界的把握方式或认识方式,结果却恰恰遗忘了审美活动的最为根本的特性——自由生命的自我创造,遗忘了审美活动的深层动因,正像恩格斯所指出的:"人们已经习惯于以他们的思维而不是以他们的需要来解释他们的行为。这样,随着时代的推移便产生了唯心主义的世界观。"([德]恩格斯:《自然辩证法》,人民出版社2015年版,第311页)在我看来,审美活动不是一种对于世界的把握方式或认识方式,而是一种生命的最高存在方式,不是一种"美—审美"的反映活动,而是一种作为自由生命的理想实现的超越性的生命活动。

② [德]莫里茨·盖格尔:《艺术的意味》,艾彦译,华夏出版社1999年版,第53页。

静观说……。它们依据的角度是心理构成,是把审美活动看作一种特殊心理状态、特殊注意方式,并且,认为客体是被主体所决定的,主体要作为前提而存在。例如,学术界一般认为,距离说是从一种特别的心理状态的角度去讲审美眼光的出现,孤立说是从一种专注于对象的特殊的观看方式的角度去讲审美眼光的出现,静观说是从一种特别的精神境界的角度去讲审美眼光的出现。然而,事实上,正如我所强调的,特殊心理状态、特殊注意方式其实并不是最后的原因,审美眼光还要决定于外在对象的价值属性。"零落成泥碾作尘,只有香如故"。这里的"香",就是一种价值存在。因此审美活动首先是一种价值现象。当然,在审美活动中也有认识问题,但是就根本而言,主要的却是价值问题。这一点是绝对不能错的。没有价值属性的对象是不会引发情感反应的,也是不会进入审美活动的。在这个意义上,我们不妨说,美是价值存在物,审美活动属于情感—价值领域。审美活动的指向既不是客体也不是主体,而是一种特殊的现象,作为价值物的"意向性对象"。

意向,"是由于人与之发生相互作用的对象涉及他的需要和兴趣而产生的。这样在人身上所产生的多种多样的倾向在人的行为的有意识的或无意识的调节中得到了自己的有效的表现。"[①] 它是一种预备情绪,一种预在的构成性意识。而人之为人的关键,如前所述,是生活在可能性中间,这正意味着:意向是最有可能代表人的超越性的方面、最有可能体现人的理想性的东西。不难想象,审美意向在作为人的自由生命的理想实现的审美活动之中,会起到怎样的作用。确实,审美意向是人类意向之中最有独立存在的可能的意向。这里的"向"就是向着未来、向着理想的。那么,什么是"审美意向"呢?它指的是在最高需要的基础上形成的一种主客体之间的特定的能动意识——特定的意识行为和意识反应。这特定的能动意识不同于在一般需要的基础上形成的主客体之间的认识或实用的能动意识,在认识或实用的能动意识中,主体与客体之间是一种对峙、冲突的关系,外在必然性和内在必然性以客体的

---

① [苏]鲁宾斯坦:《存在和意识》,赵璧如译,生活·读书·新知三联书店 1980 年版,第 329—330 页。

名义与人遥遥相对，并束缚、控制、支配着主体。但在审美的能动意识中则不然，它是在最高需要的基础上形成的，外在和内在的必然性已不复存在，主客体之间也转而呈现一种同一的关系，并由此而导致一种今道友信所谓的"意识方位"的心理转换。① 其结果，按照英伽登的剖析，其一造成日常意向的中断。"这一情绪（它是一种使我们激动的特质或所谓格式塔唤起的，它同时包含了一种欲望，一种以直觉感到的特质中获得满足的渴望），使我们对某些事实或某些现实世界中的事实的自然态度，改变为对特质的直觉交流的态度。"其二推动着审美活动走向审美指向，并最终导致审美对象的建构。审美意向是一种特定的"寻求满足的急切欲望"，"这种欲望在我们为一种特质所骚扰、所激动，然而又未曾与它产生直接的和直觉的交流，因而也未能为之倾倒时就会产生。"它"引起了审美经验的过程，最后导致它的意向关联物——审美对象的产生"②。

　　由此我们看到，就积极方面而言，审美意向首先意味着一种肯定。它造就了审美活动的特殊动机——期待视界。这期待视界是一种对于生命的最高生存方式的认同，一种对于自我实现、自我发展、自我肯定的自由本性的理想实现的认同。它呼唤生命从出于狭隘功利目的和占有欲望或出于外在强制和自我否定的现实活动中超越而出，进入理想地表现自身的自由的生命活动，进入"最无愧于和最适合于他们的人类本性"的生命活动。美学家把这种肯定等同于对"非功利性"的肯定，无疑是一种误解。③ 正如马克思所说的："私有财产的扬弃，是

---

　　① 这心理转换可以称之为：审美态度，按照心理学家米尔纳的看法，它从心理姿态上看，是"解脱自我""伸展自我""放松自我"（参见［美］马斯洛《人的潜能与价值》，林方等译，华夏出版社1987年版，第427—428、428—429、434—435页）

　　② 转引自［美］李普曼编《当代美学》，邓鹏译，光明日报出版社1986年版，第293、290页。

　　③ 对此，古今中外的美学家都曾有过种种深长思考。在中国，从老子的"涤除玄览"开始，有"解衣盘礴""游心太玄""澄怀味像""澄心端思""散怀山水""林泉之心"等种种说法，在西方，从柏拉图提出在审美时应"像一个鸟儿一样，昂首向高处凝望，把下界一切轻之度外"开始，托马斯·阿奎那、夏夫兹博里、康德、叔本华、布洛等很多美学家也纷纷各抒己见。英国美学史家鲍山葵曾经总结他们的意见说："到目前为止，审美活动好像是这样的：贯注在一个愉快的情感上，体现在一个可以静观的对象上，因而遵守一个对象的那些规律；而所谓对象，是指通过感受或想象而呈现在我们面前的表象。凡是不能呈现为表象的东西，对（接下页）

人的一切感觉和特性的彻底解放；但这种扬弃之所以是这种解放，正是因为这些感觉和特性无论在主体上还是在客体上都变成人的。眼睛变成了人的眼睛，正像眼睛的对象变成了社会的、人的、由人并为了人创造出来的一样。……需要和享受失去了自己的利己主义性质，而自然界失去了自己的纯粹的有用性，因为效用成了人的效用。"[①] 正是由于生命活动从非自由的生命活动向自由的生命活动的转进，功利性才向非功利性转进；也正是因为对自由的生命存在方式的肯定，才导致了对于非功利性的肯定。这就告诉我们，审美活动对于自由的生命活动的肯定并不就意味着毫无价值和意义（仅仅从非功利性着眼，很容易导致这种看法。也因此，我把"非功利性"称为"超功利性"），更不意味着万念俱寂、心如死灰，而恰恰意味着生命的最大自由、最大解放，意味着最为充分的价值和意义。

就消极方面而言，审美意向又意味着一种拒绝——不是对某种把握方式或认识方式的拒绝，而是对某种生存方式的拒绝。上面谈到的美学家们所津津乐道的"审美活动的非功利性"正是这一拒绝的集中写照。不过正如我所强调的，这种"审美活动的非功利性"导致的不仅仅是把握方式或认识方式的转变而且是生存方式的转变。换言之，"审美活动的非功利性"不是某种把握方式或认识方式的尺度，而是某种生存方式的尺度。为什么这样讲呢？关键在于功利性本身就是一个本体论的而并非认识论或价值论的问题。因为狭隘的功利性正是把生命活动作为"维持肉体生存的需要的手段"（马克思）、作为片面的、占有的中介的必然结果，正是一种异化的生命活动所造成的对人的

（接上页）审美态度来说是无用的。"（［英］鲍山葵：《美学三讲》，周煦良译，上海译文出版社1983年版，第5—6页）不过，我又不能不指出：在这些有关审美活动的动机的看法中，大多停留在把握方式或认识方式的层次上。在这些人看来，审美活动意味着对一种独特的把握方式或认识方式的认同，通过这种独特的把握方式或认识方式，可以把实用的、功利的甚至对人有一种危险的对象世界推到一个适宜的位置，以便静静地观览。因此，他们的看法往往集中在三个问题上面：其一，对待世界的一种无功利的观审方式；其二，主体的洗涤心胸、虚廓情怀；其三，客体的去除物象、事事无碍。这样，尽管我们必须承认，他们对审美活动的起点的认识是达到了一定的深度的，但我们又无法否认，由于审美活动主要或者根本不是把握方式或认识方式层次上的问题，他们在这方面所取得的认识又是十分有限的和必须重新加以澄清的。

① ［德］马克思：《1844年经济学哲学手稿》，人民出版社2018年版，第82页。

感觉的异化。马克思讲得何其精辟:"私有财产使我们变得如此愚蠢和片面。以至一个对象,只有当它为我们拥有的时候,也就是说,当它对我们说来成为资本而存在,或者被我们直接占有,被我们吃、喝、穿、住等等的时候,总之,在它被我们使用的事后是我们的,……一切肉体的和精神的感觉都被这一切感觉的单纯异化即拥有的感觉所代替。"①于是,主体成为"占有""使用"的主体,对象成为"占有""使用"的对象。这就是我们在日常生活中所看到的所谓"功利性"。而要拒绝这种功利性,首先就要拒绝那种作为"维持肉体生存的需要的手段"和片面占有的中介的生命活动,拒绝那种造成人的感觉的物化的生命活动。所以马克思强调"自由王国只是在由必需和外在目的规定要做的劳动终止的地方才开始",英伽登也强调:"预备审美情绪(在一个人的经验系列中)的出现,首先中断了关于周围物质世界的事物中的'正常的经验'和活动。在此之前吸引着我们、对我们十分重要的东西突然失去其重要性,变得无足轻重。与这种中断同时发生的还有对有关现实世界的事物的实际经验的压制乃至完全消除。我们对世界的意识范围明显地缩小。……还可能产生一种对现实世界的假遗忘状态。"②——哪怕只是以理想的方式。

而从更为深刻的角度看,审美意向的拒绝在更为深层的意义上,恰恰意味着审美活动的缘由。根据在于:自我审判。所谓自我审判,是指对生命的有限(功利性的生存方式就表现为对于生命的有限的固执)的否定,换言之,也就是对世界说"不"。人们现在喜欢讲"生生"乃至"生生不息",其实,"生生"乃至"生生不息"只是对一切说"是",但是,更为重要的却是对一切说"不"。因为一切的"生生"乃至"生生不息"都是"是",世界之为世界当然离不开这一切,但是世界之为世界却毕竟并非只是这一切。因为它还是"不"。或者,世界既是"成",更是"生",是所谓"生成"。叶秀山先生称老子的"道""是为了'动',为了'生'"和'生命',是为'动'而留有

---

① 《马克思恩格斯全集》第42卷,人民出版社1979年版,第124页。
② [美]李普曼:《当代美学》,邓鹏译,光明日报出版社1986年版,第291页。

余地，是'保持''动'的'可能性'。"① 此话用来解释自我审判，是非常合适的，"天行健，君子以自强不息。""终日乾乾，反复道也。""止于至善"，"大成若缺"，"明道若昧"。"为道也屡迁，变动不居。周流六虚，上下无常，刚柔相易，不可为典要。唯变所适。"……诸如此类国人常说的话，也都是适宜于用来解释自我审判。所以，熊十力说："万流澎湃，过去已灭，现在不住，未来将新新而起。刹刹故灭新生。《易》家所以赞万物富有，《中庸》叹至诚无息也。"② 维特根斯坦也说："世界是一切发生的事情。""世界是事实的总体，而不是事物的总体。"③ 在这个方面，令我们想起的，无疑正是鲁迅先生在《写在〈坟〉后面》中所说的："一切事物，在转变中，是总有多少中间物的。动植之间，无脊椎和脊椎动物之间，都有中间物；或者简直可以说，在进化的链子上，一切都是中间物。"④

这样，所谓审美活动，其实就是从生命"有缘有故"回到生命的"无缘无故"。人类自身生命的有限被明确洞察，这正是那种往往为世人"所不能听见的微弱的声音"。它起源于对生命的有限的自我否定，起源于对于自我的濒临价值虚无的深渊、自我的丑陋灵魂、自我的在失去精神家园之后的痛苦漂泊和放逐以及自我的生命意义的沦丧和颠覆的无情揭示，起源于着力完成生命意义的定向、生命意义的追问、生命意义的清理和生命意义的创设，从而在生命的荒原中去不断地叩问栖息的家园的生命努力，因此，是生命的自我敞开、自我放逐、自我赎罪和自我拯救。正是在这个意义上，易卜生才会说出这样一句发人深省的名言：文学创作就是自我审判。⑤ 这无疑是十分令人信服的。

---

① 叶秀山：《叶秀山文集·哲学卷》（下），重庆出版社2000年版，第618页。
② 熊十力：《体用论》，中华书局1994年版，第68页。
③ [奥地利] 路德维希·维特根斯坦：《逻辑哲学论》，贺绍甲译，商务印书馆1996年版，第25页。
④ 《鲁迅全集》第1卷，人民文学出版社1981年版，第285—286页。
⑤ 美国作家尤金·格拉斯通·奥尼尔指出："今天的剧作家一定要深挖他们感到的今天社会的病根——旧的上帝的灭亡以及科学和物质主义的失败……以便从中发现生命的意义，并用以安慰处于恐惧和灭亡之中的人类。在我看来，今天凡是想干大事的人，一定要把这个大题目摆在他的剧本或小说中许许多多小题目的背后。"（转引自《外国现代派作品选》第2册，上海文艺出版社1981年版，第210页）俄罗斯作家格拉宁讲得更为清晰：人之所以需要文学、（接下页）

不过，我们还可以把这句名言合理地加以推演：审美活动就是自我审判。在我看来，这也应该是十分令人信服的。

在这个意义上，审美活动不可能从别的什么地方开始，它只能开始于对于自身的现实生命的拒斥。也不可能是别的什么，它只能是：自我审判。①

审美意向的本体论内涵有二。其一是孤独；其二是直觉。

对于孤独，西方美学家称之为"边缘处境""畏""痛苦""颓废""焦虑""恶心"，中国美学家则称之为"愁""穷"。"王东海登琅琊山，叹曰：'我由来不愁，今日直欲愁！'"②陈子昂《登幽州台》"前不见古人，后不见来者，念天地之悠悠，独怆然而涕下！"沈德潜"于登高时，每有今古茫茫之感。"③其中的极端的体验，则非"走投无路"莫属。司马迁在《屈原贾生列传》中说过："夫天者，人之始也；父母者，人之本也。人穷则反本，故劳苦倦极，未尝不呼天也；疾痛惨怛，未尝不呼父母也。"不回返"人之本"，自然无法领略真正的生命。盖世英雄项羽，也只有霸王别姬之时才会呼喊："此天之亡我，非战之罪也！"④对此，尤金·奥尼尔剖析说："一个人只有在达不到目的的时候才会有值得为之生、为之死的理想，从而才能找到自我。在绝望的境地里继续抱有希望的人，比别人更接近星光灿烂、彩虹高挂的天堂。"⑤日本学者三木清则指出："一切人间的罪恶都产生于不能忍受孤独"。"孤独之所以令人恐惧并不是因为孤独本身，而是由于孤独的条件。任何对象都无法使我超越孤独，在孤独中

（接上页）艺术和文化，是为了认识自己，认识自己的个性和内心世界，是为了理解别人和克服自己的局限性。这显然是对审美活动的深刻洞察。

① 要强调指出的是，在对于审美活动的缘由、根据的看法上还有一种观点是与本书针锋相对的，这就是：审美活动不是起源于自我审判而是自我认同。在它看来，人类最可悲的不在于无法主宰自己，而在于无法主宰人类，不在于只有拯救了自己才能拯救人类，而在于只有拯救了人类才能拯救自己。因此，它是用对于社会的审判来代替对于自我的审判，或者说，它是对作为客观存在的人类生活中美与丑的审判。对于这一观点的批评参见我的《生命美学》，河南人民出版社1991年版，第82—84页。

② 《太平御览》卷四六九引《郭子》。

③ 《唐诗别裁集》卷五评语。

④ 司马迁：《史记·项羽本纪》，见《二十四史·史记》，中华书局1997年版，第88页。

⑤ [美]尤金·奥尼尔：《天边外》，荒芜、汪义群译，漓江出版社1987年版，第100页。

我是将对象作为一个整体来超越。"① 在这里,"孤独"是一个本体论的范畴,是指的就最为根本的层面而言,审美活动起源于对于日常的"常态"的现实的超越。它因为包含着历史感、人生感、宇宙感,因而使人惆怅、孤独;因为从"我们"回到"我",从"有"回到"无",②因而使人惆怅、孤独。它意味着:审美活动要追求生命的意义、追求人生的永恒、追求对于生命的有限的真正的超越,首先就必须拒绝接受生命的有限。这就要无畏地揭露生命的沉沦所蕴含的虚妄,同样,这就要因为无畏地揭露生命的沉沦所蕴含的虚妄而进入孤独。

对于生命的沉沦的拒绝,也是对曾经失落了的生命的意义的追寻。孤独,是在生命的意义的毁灭中对生命的意义的固执。孤独,是在拒绝生命的沉沦时所面临的一种本体状态(孤独并不是自由的代价,而就是自由本身。越独立就越孤独)。它当然不是关于生命的沉沦的自由的感觉,而是关于生命的沉沦的不自由的感觉。但是,这种不自由的感觉却正是人类自由本性的证明。倘若面对生命的沉沦,人们却仍旧有一种自由之感,就只能意味着生命和死亡。孤独虽然从表面上看来是不自由之感,但它却展示出生命中可能成为自由的东西,因而是一种真正的自由之感。不妨回顾一下卡夫卡《变形记》中的那句著名的开头:"一天早晨,格里高尔·萨姆从不安的睡梦中醒来,发现自己躺在床上变成了一只巨大的甲壳虫。"从表面上看,格里高尔·萨姆因为成为异端而十分孤独,因而也十分不自由、十分不正常。但从深层看,在一个人人都已变形的生命的沉沦之中,难道不是只有发现了自己的变形的格里高尔·萨姆才是尽管十分孤独但又十分自由、十分正常的人吗?

而且,孤独是人类理想自我生成、自我确定的产生的前提,或者说,是人类生存通过自我生成、自我确定所获得的本体意识。它不是指的置身远离亲朋、孑然独处的生活环境中所产生的孤独,那不过是"生活的孤独",而是指的不论是否远离亲朋、是否孑然独处,是

---

① [日]三木清:《人生探幽》,张勤等译,上海文化出版社1987年版,第50页。
② 这里的"无"不同于"虚无",因为它有意义;但也不同于"有",因为它消解了科学、逻辑、知性的局限。这是一种形而上学的超越。自然无法用逻辑、知性去把握。

否置身闹市或旷野，一旦意识到生命的沉沦状态时所产生的一种本体的存在境遇，所谓"生命的孤独"。谁想拥有一个完整的世界，谁就该首先拥有一个独立的自我。谁想进入审美活动，谁就该首先面对"生命的孤独"。在这里，"生命的孤独"显然意味着忠实于理想自我。

换句话说，生命的孤独就并不是"采菊东篱下，悠然见南山"式地同人群相隔离，也不是生命陷入寂静境界的无力自拔，更不是形单影只的斤斤计较甚至向隅而泣，而是理想的境界、灵魂的独舞。生命的孤独不是执着于生命本身，而是执着于生命的意义。生命本无意义，只是一场虚无；但生命又必须有意义，否则，也只是一场虚无，生命的孤独正是生命的意义的赋予者。生命的沉沦所造成的理想自我的泯灭是可怕的，更可怕的是人不能自知这种可怕的理想自我的泯灭，偏偏在它导致的不自由中感受到了自由，以致最终"自由地"认可了自我泯灭。生命的孤独正是对这一现象的挑战。它从形形色色的必然性中超逸出来，以全新的形象莅临世界，并且庄严地宣喻世人："人活着可以接受荒诞，但是，人不能生活在荒诞之中"（马尔罗）。人的灵魂独舞，人与自己的自由本性的结合，远比与具体的自然状态、社会形态或理性形态的结合更为重要。① 同时，生命的孤独正是因为现实世界中生命意义的被遗弃而忧心憔悴，形单影只，但是他坚持不离弃生命的意义，被世人遗弃的生命意义的隐秘存在就是他在精神的漂泊中直观到的东西。在他那里，生命意义的阙如无论如何也是虚妄不实的，人们依依不屑于为之操心和忧虑的生命意义反倒是理想世界的根基，整个人类必须亲密而且自觉地维系在生命意义的亮光朗照之下。在这个意义上，生命的孤独实在是一种冒险、一种重建意义世界的冒险，一种对现实世界固执地加以拒斥的冒险，一种孤独地为世人主动承领苦难的冒险，一种为推进世界从自我泯灭的午夜回归自我复苏的黎明的冒险！荷尔德林有一句著名的诗："诗人是酒神的神圣祭司，在神圣之夜

---

① 当然，生命的孤独又并不因为对现实世界的拒斥便意味着与世隔绝，有未能独立的自我才是与世隔绝，因为它要处处借助"物"的媒介才能理解、接受并置身世界。

走遍大地，"我想这应该是对生命的孤独的最富启迪的阐释。

综上所述，不难看出，不论是"边缘处境""畏"，还是"痛苦""颓废""焦虑""恶心"，抑或是"穷"，都是关乎"生命的生存与超越如何可能"的本体意义的诘问，都意味着对生命的有限的拒斥，显然，也都意味着审美活动的起点。因为它让人意识到了"边缘处境"、"畏"以及"痛苦""颓废""焦虑""恶心"抑或是"穷"的永恒性，世界就是如此，世界本来如此，此所谓终极之"不"。在这所谓终极之"不"的面前，人们都是平等的。然而，它却并不必然导致审美活动。因为，要走向审美活动，不但要走入孤独，而且还要走出孤独。然而，何以走出孤独？只有借助直觉。

直觉是对生命本体的终极关怀，是一种形而上学的彻悟。我们知道，孤独是一种本体状态、本体意识。因此走入孤独就意味着面临困惑、焦虑。而这困惑、焦虑又会反过来成为一种内在的心理动力，推动着孤独者走向一种对于生命本体的终极关怀、一种对于形而上学的彻悟。这终极关怀、这彻悟，就是直觉。

需要强调，这里所说的直觉，是一个当代社会的范畴。在古代社会，孤独会导致模仿。因为古代社会是一个有限世界。通过对它的模仿无疑就可以走出孤独。在近代社会，孤独会导致想象。因为近代社会是一个无限世界。通过对它的想象就可以走出孤独。① 而在当代社会，孤独会导致直觉。因为当代社会是一个相对世界。既非有限也非无限，本质与现象、内容与形式、必然与偶然都是断裂的，要走出孤独，只有依赖直觉。正如海外华裔学者叶维廉所意识到的：

所有的现代思想及艺术，由现象哲学家到 Jean Duduffet 的"反文化立场"，都极力要推翻古典哲人（尤指柏拉图及亚里斯多德）的抽象思维系统，而回到具体的存在现象。几乎所有的现象哲学家都提出

---

① 不论是古代世界还是近代世界，都出之于对一种真实世界的强调。无论是黑格尔的辩证法、费尔巴哈的唯物主义、孔德的实证论、达尔文的进化论、法拉第的电学、门捷列夫的元素表，都以为为人类展示了一个真实的世界，巴尔扎克要写一部"历史学家忘了写的风俗史"、狄更斯"要追求无情的真实"、萨克雷要"表现自然，最大限度地传达真实感"、托尔斯泰要用艺术"揭示人的灵魂的真实"、罗曼·罗兰要用笔"对现代欧洲做出评判"，也是如此。在一定程度上，可以说，追求所谓真实感，正是人类的阿珂琉斯之踵。

此问题。①

应该说，叶氏的洞见是准确的。"回到具体的存在现象"，事实上就是回到直觉。例如，萨特指出："我们的每一种感觉都伴随着意识活动，即意识到人的存在是起'揭示作用'的，就是说由于人的存在，才有（万物的）存在，或者说人是万物借以显示自己的手段……这个风景，如果我们弃之不顾，它就失去见证者，停滞在永恒的默默无闻状态之中。"② 杜夫海纳也指出：审美活动"所表示的主客关系，不仅预先设定主体对客体展开或者向客体超越，而且还预先设定客体的某种东西在主体的任何经验以前就呈现于主体。反过来，主体的某种东西在主体的任何计划之前已属于客体的结构。"③ "它处于根源部位上，处于人类与万物混杂中感受到自己与世界的亲密关系这一点上。"而"回到具体的存在现象"这一美学转进的理论成果，无疑可以以风靡西方世界的现象学作为代表。"现象学并不纯是研究客体的科学，也不纯是研究主体的科学，而是研究'经验'的科学。现象学不会只注意经验中的客体或经验中的主体，而要集中探讨物体与意识的交接点。因此，现象学要研究的是意识的意向性活动，意识向客体的投射，意识通过意向性活动而构成的世界。主体和客体，在每一经验层次上（认识或想象等）的交互关系才是研究重点，这种研究是超越论的，因为所要揭示的，乃纯属意识、纯属经验的种种结构；这种研究要显露的，是构成神秘主客关系的意识整体结构。"④ 这里的"意识整体结构"，正是指的主体与客体同一的意向性活动——直觉。

直觉因此就是对于"现象"的自觉。不过，这"现象"又不可小觑。胡适先生举过一个例子："我们要明白事物必须先知道事物的真意义，不可因为晓得事物的名称就算完事。譬如瞎子，他也会说'白的''黑的'。但是叫他从两样事物中拣出那'白的'或'黑的'来，

---

① 叶维廉：《比较诗学》，台北东大图书公司1983年版，第56页。
② 萨特．转引自柳鸣九编《萨特研究》，中国社会科学出版社1981年版，第2—3页。
③ ［法］杜夫海纳：《美学与哲学》，孙非译，中国社会科学出版社1985年版，第8、60页。
④ 美国学者詹姆士·艾迪语．转引自郑树森《现象学与文学批评》，台湾东大图书公司1984年版，第2页。

他却不能动手,因为他实在没有知道黑白的真意义。又譬如一个会说话的聋子,他也会'小叫天''梅兰芳',但是叫他说出小叫天或梅兰芳的声调怎样好法,他就不能开口,因为他并没有知道'谭迷''梅迷'的真正意义。所以要明白事物,第一须知道事物对于我发生怎样的感觉。譬如'黑'在我身上的感觉是怎么样,'电灯'在我身上的感觉是怎么样。"① 这意味着,现象即本质,现象之外无本质,犹如海德格尔所说:"在现象学的现象"背后",本质上就没有什么别的东西。"② 因此也就没有必要总是去"透过现象看本质",因为本质就在现象之中,只是,它不再是昔日的本质,而是一种能动的、变化的本质。因此,对于审美活动、对于审美直觉,"我们不能运用某种固定不变的本质概念——这种本质概念的原型存在于数学之中——来研究它,而只能运用一种能动的本质概念来研究它。"③ 因此,"人们既不能通过演绎,也不能通过归纳来领会这种本质,而只能通过直观来领会这种本质。"④ 或者,"现象学方法的一个特色:它既不是从某个第一原理推演出它的法则,也不是通过对那些特定的例子进行归纳积累得出它的法则,而是通过在一个个别例子中从直观的角度观察普遍本质,观察它与普遍法则的一致来得出它的法则。"⑤

瑞士哲学家波亨斯基(Bochenski)在《当代思维方法》中指出:"'现象'经常与'实在'相对照;它被当作一种'假象'。这与该词的现象学意义毫不相干。所与的东西究竟是'实在的'、还是'仅仅假象的',这在现象学家的考虑中不起任何作用。对他们来说,唯一重要的是他们在此所涉及的应当是某种绝对所与的东西。"⑥ 在他看来,关键是将实在或存在放进括号,而去孜孜以求地关注"某种绝对所与的东西"。这无疑是一个重要的总结。就哲学而言,是所谓现象

---

① 胡适:《谈谈实验主义》,《容忍比自由更重要》,九州出版社2013年版,第25页。
② [德]海德格尔:《存在与时间》,陈嘉映、王庆节译,生活·读书·新知三联书店1999年版,第42页。
③ [德]莫里茨·盖格尔:《艺术的意味》,艾彦译,译林出版社2012年版,第13页。
④ [德]莫里茨·盖格尔:《艺术的意味》,艾彦译,译林出版社2012年版,第11页。
⑤ [德]莫里茨·盖格尔:《艺术的意味》,艾彦译,译林出版社2012年版,第10页。
⑥ 转引自洪汉鼎《现象学十四讲》,人民出版社2008年版,第47页。

学的经验；就美学而言，则是审美经验。其中值得研究的东西，也实在很多，例如，高尔泰先生认为是"美是自由的象征"，我一直不太赞成。其中的理由，伽达默尔《真理与方法》中就已经谈及了："象征并不意味着对所代表的东西的一种存在的扩充。存在于那里，所代表物就不再存在于那里。象征只是单纯的替代者。……绘画尽管也是代表，但是它是通过自身，通过它所带来的更多的意义去代表的。然而这就意味着，所代表的东西即"原型"，在绘画中是更丰富地存在于那里，更真实地存在于那里，就好像它是真正的存在一样。"①"绘画与原型的关系从根本上说完全不同于那种摹本与原型的关系。这不再是任何单方面的关系。绘画具有某种自身特有的实在性，这对于原型来说，相反地意味着，原型是在表现中达到表现的。原型是在表现中表现自身的。原型通过表现好像经历了一种存在的扩充（Zuwanchs Sein）"②显然，"一种存在的扩充"而并非"象征"，堪称现象直觉中的重要特征。进而，则是"向构成物的转化"。伽达默尔说："我把这种促使人类游戏真正完成其作为艺术的转化称为向构成物的转化（Verwandlung ins Gebilde）。只有通过这种转化，游戏才赢得它的理想性，以致游戏可能被视为和理解为创造物。"当然，这也就是"一种存在的扩充"而并非"象征"的"向构成物的转化"。③

至于从孤独走向直觉的心理条件，则包括内在条件、外在条件、实现媒介三个方面的含义。这一点，可以从欧阳修的一段话中看到：

> 凡士之蕴其所有，而不得施于世者，多喜自放于山巅水涯，外见虫鱼草木，风云鸟兽之状类，往往探其奇怪；内有忧思感愤之郁积，其兴于怨刺，以道羁臣寡妇之所叹，而写人情之难言。④

---

① ［德］伽达默尔：《诠释学Ⅰ：真理与方法》，洪汉鼎译，商务印书馆2013年版，第226—227页。

② ［德］伽达默尔：《诠释学Ⅰ：真理与方法》，洪汉鼎译，商务印书馆2013年版，第206页。

③ ［德］伽达默尔：《诠释学Ⅰ：真理与方法》，洪汉鼎译，商务印书馆2013年版，第163页。

④ 欧阳修：《梅圣俞诗集序》。

所谓"多自放于山巅水涯",是指外在条件的转变。它不再固着于某个具体对象,转而演变为与整个存在、宇宙、人生、社会的对抗,或者说,它不再是针对某个具体对象的愤怒,转而演变为作为一种"隐伏增长的、普遍渗透的、在危险世界中的孤独感和无助感"①的焦虑。

所谓"内有忧思感愤之郁积",则是指内在条件的转变。它意味着心理创伤在心中反复出现,不但挥之不去,而且迫使主体去不断地加以反刍、品味、咀嚼,直到从中升华而出。

显然,内外条件的转换必然推动着审美意向从孤独走向直觉。在这方面,中国的雍门子周为孟尝君鼓琴的故事,是典范的例子。正是雍门子周在鼓琴前的循循善诱,使孟尝君从生活的有限进入了生命的有限。请注意这一段:"千秋万岁之后,庙堂必不血食矣。高台既已坏,曲池既已渐,坟墓既已下而青廷矣,婴儿竖子樵采薪荛者,踯其足而歌其上,众人见之,无不愀焉为足下悲之,曰:'夫以孟尝君尊贵,乃可使若此乎?'于是孟尝君泫然泣,涕承睫而未殒,雍门子周引琴而鼓之,徐动宫徵,徵挥羽角,切终而成曲。孟尝君涕浪汗增,欷而就之曰:'先生之鼓琴,令文立若破国亡邑之人也'。"②结果,它使人有了卡夫卡所谓的"另一副眼光"。这"另一副眼光"能够透过、撕开遮蔽在现实之上的"覆盖层","在黑暗中的空虚时找到一块从前人们无法知道的、能有效地遮住阳光的地方。"(卡夫卡语)。奥尼尔指出:"今天的剧作家一定要深挖他们感到的今天社会的病根——旧的上帝的灭亡以及科学和物质主义的失败……以便从中发现生命的意义,并用以安慰处于恐惧和灭亡之中的人类。在我看来,今天凡是想干大事的人,一定要把这个大题目摆在他的剧本或小说中许许多多小题目的背后。"③格拉宁讲得更为清晰:人之所以需要文学、艺术和文化,是为了认识自己,认识自己的个性和内心世界,是为了理解别人

---

① 荷妮语。转引自[美]B. R. 赫根法《现代人格心理学历史导引》,文一、郑雪、郑敦淳等编译,河北人民出版社1988年版,第61页。

② 刘向:《说苑》卷十一《善说》。

③ 转引自袁可嘉、董衡巽、郑克鲁主编《外国现代派作品选》第2册,上海文艺出版社1981年版,第210页。

和克服自己的局限性。然而，只有进入"边缘处境"，只有"畏""痛苦""颓废""焦虑""恶心"，才有可能做到这一切。萨特的名著《恶心》中的主人公洛根丁就终于走向艺术，认定美不在现实中，而要在想象中去寻觅。因为美是与想象同时开始的，美是由想象的意识创造的。

内外条件的转换实在非同小可。不过，又并不仅仅如此，要真正实现审美活动，还需要辅之以实现媒介的转换。进而言之，这里的"穷"不可能实际地加以实现，只可能幻想地表现为自由的境界，亦即必须从"澄怀"走向"味象"。而这，就已经是下节的内容了，此处不赘。

二　"澄怀味象"

审美指向的含义与审美意向有所不同。它是一种在审美意向的基础上建立起来的一种特定的审美观照。十分值得注意的是，从表面上看，它与实践活动、理论活动的指向一样，同样面对着客观外界的实在对象，但实际上却并不指向这实在对象的某一功利方面，而是指向这实在对象本身。这就是所谓"澄怀味象"。在这里，"澄怀"是无欲无我，其目的则是为了"味象"即把审美目光集中在对象的形式上。在这方面，中国美学的论述很多。例如，郭熙指出："真山水之云气，四时不同。春融怡，夏蓊郁，秋疏薄，冬黯淡。尽见其大象，而不为斩刻之形，则云气之态度活矣。"① 皎然指出："兴者，立象于前。"② 《文镜秘府·论文章》指出："目击其物……以此见象。"姚最指出："立万象入胸怀。"王夫之指出："言情则于往来动止缥渺有无之中，得灵蛋而执之有象，取景则于击目经心丝分缕合之际，貌固有而言之不欺。"③ "目击其物……以此见象"；"兴者，立象于前"；"立万象入胸怀"；"诗本无形在窈冥，网罗天地运吟情""风雨晦明，山川之气象也"；"诗者，象其心而已矣"……所谓"唯蜩翼之知"，以便真实

---

① 《林泉高致·山水训》。
② 《诗议》。
③ 王夫之：《古诗评选》。

地生存于"象"的世界,而不是"物"的世界。

对于审美指向,人们往往从把握方式的角度去考察,然而却忽视了从生存方式的角度去加以考察。因此,往往忽视了后者的意义。事实上,就后者而言,审美指向是一种本体论意义上的"替代性满足"。弗洛伊德称之为:"投入能量以形成某个事物的意象。""消耗能量以针对能满足本能的事物发生动作。"① 康德称之为:"强有力的从真的自然所提供给它的素材里创造一个像似另一自然的对象。"② 席勒则称之为:创造一个"不会像认识真理时那样抛弃感性世界"的"活的形象"。③ 不过,在这里,"活的形象""既不是物理世界的模仿也不是强烈感情的流露,它是对实在的再解释";"它不是现实的模仿,而是现实的发现"④。人们在审美活动中正是通过对对象本身的发现赋予世界以意义,从而深刻地推进着自身自由的实现。因此,值得强调的是,审美活动的指向对象本身,并不意味着对人生的疏远甚至逃避,更不意味着生命的退化。恰恰相反,它是人性进化和人性觉醒的尺度,使对象从外在世界的分门别类的实在内容中分离、超越而出,这种分离、超越,只能理解为人性生成的开始,世界被赋予意义的开始。席勒讲得何其发人深省:"事物的实在性是(事物)自己的作品,事物的外观是人的作品。"⑤

审美指向有其内在的根据,卡西尔的研究表明:"在人类世界中我们发现了一个看来是人类生命特殊标志的新特征(与动物的功能圈相比),人的功能圈不仅仅在量上有所扩大,而且经历了一个质的变化。在使自己适应于环境方面,人仿佛已经发现了一种新的方法,除了在一切动物种属中都可以看到的感受器系统和效应器系统以外,在人那里还可发现可称之为符号系统的第三环节,它存在于这两个系统

---

① 转引自[美] C. S. 霍尔《弗洛伊德心理学入门》,陈维正译,商务印书馆1985年版,第34页。
② [德]康德:《判断力批判》上卷,宗白华译,商务印书馆1964年版,第160页。
③ [德]席勒:《美育书简》,徐恒醇译,中国文联出版公司1984年版,第130页。
④ [德]恩斯特·卡西尔:《人论》,甘阳译,上海译文出版社2013年版,第244、250页。
⑤ [德]席勒:《席勒美学文集》,张玉能编译,人民出版社2011年版,第286页。

之间，这个新的获得物改变了整个的人类生活。"① 这种"符号系统的第三环节"，显然也就是加登纳所讲的"符号知觉"，也就是夏特尔讲的"联向中心"，当然也就是我们所说的审美指向。因此，能够洞察对象的"象"，正是人类本性的丰富性的体现。歌德早就说过："人有一种构形的本性，一旦他的生存变得安定之后，这种本性立刻就活跃起来。"② 生命的本性是创造的，但在现实中实现不了这个创造，于是要在想象中实现，要在审美中实现。然而，实现的方式是什么？只能是在意象中得到满足（不论是直接建立一个理想的世界，或者是间接建立一个理想的世界，都如此）。

由此看来，对象可以以两种方式进入人类内心，其一是思想图式，其二是象征图式。就后者而言，应当强调，"象"与"物"不是一回事，"象"是从"物"中浮现出来的。它意味着，我们日常所关注的物的物质性、使用性、科学性，只是用命题陈述的形式向人类提供的一种真理，现在它已不再被关注，被关注的是物之为物本身。西方称之为"形式"，中国称之为"物色""景色"，而对它的把握，正是审美指向。在此意义上，不难看出，审美指向是一种意向性活动，正是它，使得"象"从"物"中浮现出来，使得"物"真正向人类敞开。因此，审美指向所指向的"象"正是在主客体之间的意向性结构中生成的，也只能在这里生成。"美感就是对各种形式的动态生命力的敏感性，而这种生命力只有靠我们自身中一种相应的动态过程才可能把握。"③

审美指向之所以能够实现从"澄怀"到"味象"的美学转换，要实现感知、语言、途径的三重转换。

首先，是实现感知的美学转换。感知，是认识经验的门户，也是审美活动的门户。就感知本身而论，它绝不像认识活动所要求的那样片面、简单，而是十分复杂、丰富的，是一个相对独立的世界。科学

---

① ［德］恩斯特·卡西尔：《人论》，甘阳译，上海译文出版社2013年版，第42页。
② 歌德。转引自［德］恩斯特·卡西尔《人论》，甘阳译，上海译文出版社1985年版，第179页。
③ ［德］恩斯特·卡西尔：《人论》，甘阳译，上海译文出版社2013年版，第258页。这个意向性结构正是审美活动的秘密，美学之为美学，最为根本的任务，事实上也就是要揭示这一秘密。

家告诉我们：假如人的一只眼睛的视值是1，那么两只眼睛所形成的多维感觉，其视值的相加，结果并不是2，而是7。科学家还发现：人类的五官感觉之间是互相渗透的。康德曾把视、听感官称为间接性感官，把触觉、嗅觉、味觉称之为直接性感官，并片面强调前者的作用，但实际上，前者与后者是彼此渗透的。例如，听觉神经与神经中枢的许多部位联系密切，在神经中枢的许多部位，可以发现听觉刺激的诱导电位。因此，任何感知事实上都是"牵一发而动全身"的。更为重要的是，感知还是一个能动的世界。那种"把知觉当做外界事物对被动地直觉到世界的主体所起的片面作用的结果"，是心理学家"需要整整一个世纪，才能使心理学摆脱"的误解。① 维特根斯坦就曾强调：甚至最大的望远镜都必须携带一个不大于人的眼睛的目镜。阿恩海姆也曾强调审美知觉具有完整性。因此，我们可以用既沉淀着过去的感知的丰富累积，又蕴含着现在的感知的多方位的渗透，同时，还往往会展现出全新的面貌的感知的全面创造，来加以概括。正如詹姆斯发现的：人类对每一事物的心理反应"总是独一无二的；……遇到同一事实再现的时候，我们一定要按新样子想它，从多少不同的观点看它，……经验每刹那都在改变我们；我们对每一事物的心理反应，实在都是我们到那个刹那止，对于世界的经验的总结果。"② 可见，感知之所以是一个相对独立的能动的世界，正因为它是一个融过去、现在、未来三维为一身的世界。

然而，感知在认识经验与审美活动中的遭遇又大不相同。在认识经验中，感知只是思维的跳板、中介，因此只能以扭曲的形式出现，但在审美活动中则受到重视。原因在于，审美活动源于人类的情感体验，我们已经讨论过，情感是人类与世界之间联系的根本通道。③ 这里，只需进一步指出：情感正是人类弃伪求真、向善背恶、趋益避害

---

① ［苏］列昂节夫：《活动·意识·个性》，李沂等译，上海译文出版社1980年版，第15页。
② ［美］詹姆斯：《心理学原理》，唐钺译，商务印书馆1963年版，第81—82页。
③ 审美活动与情感体验的关系颇值深究。例如历史悠久的宗教、神话中的迷信内容为我们所抛弃，但是对于它们的活动方式即情感体验，却不能简单抛弃，否则人类为什么会对此千万年保持着兴趣，是无法解释的。审美活动的应运而生，正与情感体验密切相关。

的动力。对此，只要回忆一下《圣经》中也把亚当与夏娃偷吃禁果的原因归之于受情欲的驱使，就可以了然。而心理学家也告诉我们："人的情感是人脑对客观现实和主体的具体关系的反映。""肯定性的情感是人脑对于客观现实和主体的和谐关系的特殊反映，否定性的情感是人脑对于客观现实和主体的矛盾关系的特殊反映。"① 人类进化过程中产生的情感在真与善、合规律性与合目的性之间所发挥的作用，由此可见一斑。同时，另一方面，人类文明的发展，又并非通过大量消耗能量换来的，而是靠提高能量的效率而达到的，其手段就是：分工、脑力劳动、以机器来代替人。可是，在几十万年、上百万年中进化而来的能量，尤其是情感，是不可能很快改变甚至消失的，那么，人体的能量何以宣泄？将向何处发泄？审美活动正是因此应运而生。因此，审美活动的需要不是对于认知的需要，而是一种内在情感的需要，即与对象本身进行"直接情感交流"的需要。② 同样，审美活动的方式也不同于认知的方式。在审美活动中时间空间、相互关系、各种事物间的界限都被打破了，统统依照情感重新分类。这样，对于对象的审美经验，显然不是直接的物的经验，而是物的情感属性的经验。列维－斯特劳斯发现："审美感本身就能通向分类学，甚至会预先显示出某些分类学的结果。"③ 正是有见于此。④

然而，情感体验作为内在的综合体验在一定程度上只是一种"黑暗的感觉"，要使它得以表现，就始终离不开感知。这就一方面使感知自身的属性，诸如历史性、现实性、超前性被充分地加以展示，正如杜夫海纳指出的："一般知觉一旦达到表象，就总想进行智力活动，它所寻求的是关于对象的某种真理，这就可能引起实践，它还围绕对

---

① 扬清：《心理学概论》，吉林人民出版社1981年版，第491页。
② 参见［美］李普曼《当代美学》，邓鹏译，光明日报出版社1986年版，第290页。
③ ［法］列维－斯特劳斯：《野性的思维》，李幼蒸译，商务印书馆1987年版，第18页。
④ 从情感体验的角度对审美活动加以考察。要注意美学史上的种种成果的得失。例如，在我看来，移情说偏重于主观情感，却忽视了对象形式本身的情感表现性，同构偏重对象本身形式的表现功能，却忽视了主观情感，把对象形式的可能性当做了现实性。因此，就移情说而言，是未能解决一般情感与审美情感的区别，审美活动并不是表现情感，而是理解情感。审美活动也无非是对情感的解读。同构说则忽视了一般形式与审美形式的区别。

象，在把对象与其他对象联系起来的种种关系中去寻求真理。而审美知觉寻求的是属于对象的真理、在感性中被直接给予的真理。全神贯注的观众毫无保留地专心于对象的突出表现，知觉的意向在某种异化中达到顶点。……对世界的信仰被搁置起来了，同时，任何实践的或智力的兴趣都停止了。说得更确切些，对主体而言，唯一仍然存在的世界并不是围绕对象的或在形象后面的世界，而是属于审美对象的世界。由于形象是富于表现力的，所以这个世界就内在于形象，它不成为任何论断的对象，因为审美知觉把现实和非现实都中立化了。"① 另一方面，更为重要的是，又使得感知被诱导到情感的领域。因为仅仅是感知，与审美活动是无关的。例如马克思就曾把科学研究在所谓"纯粹状态"下进行的观看称之为无感受的观看。美国记者马利根也曾说：假如一艘船失了火，记者的任务就是把读者带到那个场合，使他们看到火灾，闻到它的气味，听到警铃的响声，看到救生艇放下去的情景，感受到从舱口冒出的热浪，总之要诉诸所有的感官。这是审美活动吗？显然不是。洛尔伽说："诗人是他五官感觉的指导者。这五官，就是视觉、触觉、听觉、嗅觉和味觉。为了得到合乎理想的想象，他必须打开联系五种感官的大门；他常常必须凌驾于五种感觉之上……"② 怎样"打开联系五种感官的大门"而且"凌驾于五种感觉之上"呢？或者说，怎样完成感知的美学转换呢？正是通过情感的诱导。易卜生说：必须"清楚地区分被体会到的东西和被肤浅地经历过的东西，只有前者才能够作为创作的对象"，③ 赫拉普钦科说："被掌握的生活素材的规律和被体会到的东西的深度常常不相符合。作家的精神经验远不是经常跟他密切接触到那些重大现象和事件直接相符的。伟大作家有时是有伟大经历的人，有时却不是。果戈理、契诃夫的生平都不是以充满着外部重大事件见长的。不是这些外部事件决定着他

---

① [法] 杜夫海纳：《美学与哲学》，孙非译，中国社会科学出版社1985年版，第53—54页。
② 转引自中国社科院外文所外国文学研究资料丛刊编辑委员会编《欧美古典作家论现实主义和浪漫主义》第1辑，中国社会科学出版社1980年版，第205页。
③ 转引自[苏]米·赫拉普钦科《作家的创作个性和文学的发展》，上海人民出版社1977年版，第91—92页。

们的精神生活的强度,而是那种对于现实的深刻感受决定着他们的精神生活的强度,这种深刻的感受使一些卓越的作家从微小平凡的日常事物中看到并感受到伟大与不平凡的东西。"① 在这里,"被体会到的东西"和"对于现实的深刻感受",都显然来自情感。审美活动的特点正在于使感知向深层的情感渗透,从而进行再组织、再加工、再整理、再定性,结果,感知的客观性被超越,代之以感知的主观性。感知也因此而走向深刻和丰富,既不像过去那样浮浅而芜杂,也不像在认识过程中那样贫乏而抽象。

进而言之,作为一种特殊的情感体验,审美活动的起点是情感,终点也是情感。海德格尔称之为"领会":"领会总是带有情感的领会",② 它与自然情感不同,但又是自然情感的提升。自然情感无疑带有功利性,它的被压抑会形成阿瑞德所谓的"情感倾向"。这"情感倾向"要通过外向与内向两种方式宣泄,前者是现实的宣泄。而后者,却是审美的宣泄。杜卡斯说是"对情感的内在目的性的接受"③,在此意义上,审美活动的结构方式正是变自然情感为审美情感的必经之途。"如我们所看到的,一种未予表现的情感伴随有一种压抑感,一旦情感得到表现并被人所意识到,同样的情感就伴随有一种缓和或舒适的新感受,……我们可以把它称为成功的自我表现中的那种特殊感受,我们没有理由不把它称之为特殊的审美情感。"④ 对"审美情感",一般人无法体验,只有通过阿瑞德所谓"内觉体验"去把握。但是,这并不意味着"情感倾向"要向意识生成,而是意味着要向"象"生成,也就是要向"感知"生成。

由于对于感知的美学转换,审美活动才得以建立一个假定性的理想世界。由于感知向情感的升华和情感对于感知的诱导,审美活动才

---

① 转引自[苏]米·赫拉普钦科《作家的创作个性和文学的发展》,上海人民出版社1977年版,第91—92页。
② [德]海德格尔:《存在与时间》,陈嘉映等译,生活·读书·新知三联书店1987年版,第174页。
③ [美]C.J.杜卡斯:《艺术哲学新论》,王柯平译,光明日报出版社1988年版,第108页。
④ [英]罗宾·乔治·科林伍德:《艺术原理》,王至元等译,中国社会科学出版社1985年版,第123页。

建构起了自身历史、现实、未来的三维结构，不是被动地接受和记录对象的印象，而是创造性地建构对象。从而，不但能够保持对象的完整性、丰富性、多样性，而且能够深刻地体味着对象的完整性、丰富性、多样性。① 克罗奇在谈及"直觉品"时曾说："直觉品是：这条河，这个湖，这小溪，这阵雨，这杯水；概念是水，不是这水那水的个例，而是一般的水，不管它在何时何地出现；它不是无数直觉品的材料，而是一个单一常住的概念的材料。"② 审美活动所建构的对象正是这样的"直觉品"，它把感知在实践活动、认识活动中无法实现的无限的可能性加以实现。不过，克罗奇的看法又有不足，因为对审美活动来说，最为重要的不是"直觉品"，而是对"直觉品"的情感体验。由于情感的诱导，感知才会出现变异，摆脱了被动的生理物理感知的束缚。美国诗人黑尔克说：看任何事物就像这些事物刚刚被上帝创造出来一样。这里的"看"，正是在情感诱导下出现的。"昨夜雨疏风骤，浓睡不消残酒。试问卷帘人，却道'海棠依旧'，知否知否，应是绿肥红瘦。""海棠依旧"无疑尚未进入审美活动的视界，在情感诱导下出现的"绿肥红瘦"才不仅登审美活动之堂，而且入审美活动之室。③

其次，审美指向之所以能够实现从"澄怀"到"味象"的美学转换，还与对于语言的美学转换有关。语言是人类的生存方式，也是人类与对象世界发生联系的中介（在语言未曾诞生之前，人类只拥有一个世界，语言一旦诞生，人类就拥有了无限个世界），然而，在实践活动、理论活动中，语言成为一种"陈述"、一种"指称语言"，对立、片面的对象世界正是在此基础上建立起来的。审美活动要实现对

---

① 从感觉、知觉中派生出情感来，是必须的，所谓触景而生情。事实上，人们的感觉恰恰在此情况下比较敏锐、比较丰富。对自己的孩子爱得比较深，感觉得也就比较细致。对别人的孩子漠不关心，就不会有那么丰富、那么细腻、那么具体的感觉。

② ［意大利］克罗奇：《美学原理》，朱光潜等译，外国文学出版社1983年版，第29页。

③ 这里存在着"物"的世界与"象"的世界的差异。而且，"物"的世界只是一个，但"象"的世界却可以是无数个。例如实在的月亮与审美活动中的无数个月亮。中国美学强调的"澄怀味象""唯蜩翼之知""目击其物……以此见象""兴者，立象于前""立万象入胸怀"、"诗本无形在窈冥，网罗天地运吟情""风雨晦明，山川之气象也""诗者，象其心而已矣"……正是为了进入"象"的世界，而不是"物"的世界。

象世界的美学转换，无疑无须摒弃人与世界的联系，只须改变人与世界的联系，使语言成为"非指称语言"、成为"伪陈述"。应该说，我们在人类的审美活动中所看到的正是这一点。然而，由于理性主义的影响，历史上的美学家未能做出令人满意的阐释。

西方现代的美学家开始注意到这一重大课题。维柯提出了"诗性语言"，卡西尔提出了"隐喻思维"，海德格尔更注意到语言的"家"与"牢笼"、"澄明"与"遮蔽"的一身而二任，称它"既遮蔽又澄明"，是"最危险的东西"，同时又是"最纯真的活动"。这使我们意识到，在相当长的时间里，语言的存在呈现一种不尽正常的状况。从理性主义出发，人们把语言与对象世界等同起来，结果，在认识论方面，虽然造成了语言与人的统一，但在本体论方面，却造成了语言与人的对立。事实上，对于一个整体的、本体的、空灵的、先于逻辑的审美世界来说，语言显然是无能为力的。试想，当人类的视角转向那个最为内在、最为源初、最为直接的对象世界："那些似乎清醒和似乎运动着的东西，那些昏暗模糊和运动速度时快时慢的东西，那些要求和别人交流的东西，那些时而使我们感到满足时而又使我们感到孤独的东西，还有那些时时追踪某种模糊的思想或伟大的观念的东西……这些东西在我们的感受中就像森林中的灯光那样变幻不定、互相交叉和重叠，当它们没有互相抵消和掩盖时，便又聚集成一定的形状，但这种形态又在时时分解着，或是在激烈的冲突中爆发为激情，或是在这种种冲突中变得面目全非。"① 此情此景，惯于从机械的、实证的、确定的、逻辑的方式去网罗世界的语言无论如何也无法胜任。怎样解决这个矛盾呢？这就要"活看"语言，所谓"不立文字""不离文字"。什么叫"活看"语言文字？它意味着化解语言对于机械、实证、确定、逻辑的执着，使他不再指谓世界，而是显示世界，并且成为世界的一部分。它指向世界，维系于世界，并且只有透过世界才能呈现出来。这样，所谓"活看"语言，就无非是以语言消解语言。尽量利用语言的不确

---

① ［美］苏珊·朗格：《艺术问题》，滕守尧译，中国社会科学出版社1983年版，第21—22页。

定性、多义性、含糊性，以子之矛，攻子之盾，来打破对语言的"执著"。所谓"随说随划"。《金刚经》云："如来说世界，非世界，是名世界。"联想到西方维特根斯坦曾经倡导的"重要的胡说"，即把语言干脆作为一种"因指见月""到岸登船"的随说随划的"胡说"，利科尔曾经倡导的"有限工具的无限运用"，胡塞尔和海德格尔曾经倡导的"我不想教诲，只想引导，只想表明和描述我所看到的东西"，"关键不在于用推导方式进行论证，而在于用悬示方式显露根据"，联想到西方当代美学推出的种种"解数"："阐释循环"（海德格尔）、"语言游戏"（后期维特根斯坦）、"问答逻辑"（伽达默尔）、"活的隐喻"（保尔·利科尔）、"消解方略"（德里达）……似乎应该说，这"随说随划"，是可行的。

何况，语言本来就完全应该是另外一个样子。它实质上就是诗，是被扭曲了的、干涸了的诗。从现代语言学的最新成果的角度，我们看到，最早的语言就是情感的，或者说，就是诗的。索绪尔指出：语言由"概念"、"音响—形象"两者组成，这对我们启发很大。应该说，后者更为早出，也是语言的深层结构。卡西尔认为动物也有"符号化过程"，但又根据桑戴克、苛勒的研究成果介绍说："动物不会认为一物像一物，……它根本就不思考什么，而只认定什么。""它们的语音学的全部音阶是完全'主观的'，它们只能表达情感，而绝不能指示或描述对象。"① 维柯认为与"实践思维"相平衡的，是"实践的声音"，是"声音的语言"，是一种"诗性表达方式"。"以象（谐）声的方式发展出来，我们现在仍然看到儿童们恰当地用象声方式表达他们自己。"② 这似乎与中国的象形、形声关系密切。就美学而言也是如此。例如中国美学对于"兴"的强调。西方当代美学也意识到这一点，科林伍德说："语言就其原始性质而言，它所表现的不是这种狭义的思维，而仅仅是情感。"③ 朗格也说过："一切标示事物的性质的

---

① ［德］恩斯特·卡西尔：《人论》，甘阳译，上海译文出版社2013年版，第55、50页。
② ［意］维柯：《新科学》，朱光潜译，商务印书馆1989年版，第208页。
③ ［美］罗宾·乔治·科林伍德：《艺术原理》，王至元译，中国社会科学出版社1985年版，第258页。

字眼，同时又可以用来表示某种情感。……从词源学上来讲，形容词在最初都是同某种情感色彩联系在一起的，只是到了后来，它们才自由地和自然地与某些有助于解释这种情感色彩的事物之感性性质联系在一起。"① 当然，最早明确地从语言学的角度把以移情、隐喻为特征的审美思维提升为人类生存的根源的，是维柯。②

因此，"活看"语言无非是恢复它的源初形态，把它从扁的、平面的形态恢复为圆的、丰满的状态，亦即以共时的、感性的、偶然的、个别的、具体的、独创的、自由的、驳杂的、开放的、隐喻的语言，来取代历时的、理性的、必然的、普遍的、抽象的、既定的、稳固的、纯粹的、封闭的、转喻的语言。中国美学称之为"立象尽意"，这只有在审美活动中才能够做到。"我们可以为了陈述所引起的联想，不论真联想或假联想，而用陈述。这就是语言的科学用法。但我们也可以为了陈述引起的联想所产生的感情和态度方面的效果而用陈述。这就是语言的情感用法。"③ 这"语言的情感用法"一方面是自足的，不再确指对象，指称功能被弱化，语言是透明的，英加登称之为"透视缩短"，在指称对象的同时消解了自己，所谓对象的出场即语言的退场，所谓得鱼而忘筌，所谓文学就是用语言来弄虚作假和对语言弄虚作假（罗兰·巴尔特）。自身的表现功能和丰富内涵都充分暴露出来；另一方面又是不自足的，充满了需要读者连接、填补的空白，它是对语言的超越，淡化语言的逻辑功能概念的确定性、表达的明晰性、意义的可证实性，强化语言的多义性、表达的象征与隐喻、意义的可增生性，把语词从逻辑定义的规定性中，把语句从逻辑句法的局限中，把语言从语法的束缚中解放出来，从一种语言方式（与认识相对），

---

① ［美］朗格：《艺术问题》，滕守尧等译，中国社会科学出版社1983年版，第163—164页。
② 参见［意］维柯《新科学》，朱光潜，商务印书馆1989年版。值得注意的是，萨丕尔的看法似乎有所不同："绝大多数的词，像意识的差不多所有成分一样，都附带着一种情调，一种由愉快或痛苦化生的东西……，可是这种情调一般不是词本身固有的价值，它毋宁说是在词身上，在词的概念核心上长出来的情绪赘疣。"（［美］爱德华·萨丕尔《语言论》，陆卓元译，商务印书馆1985年版，第35页）
③ ［英］艾·阿·瑞恰慈。转引自《现代英美资产阶级文艺理论文选》，刘若端、罗式刚、卞之琳、杨周翰、袁可嘉等译，作家出版社1962年版，第99—100页。

回到一种言说方式（与本体相对），这是一种"陌生化""反常化"的美学转换。①雅可布逊就曾经指出："当一个词语被当作词语得到接受之时，而不是作为被命名物的简单替代物或某处情感的迸发；也就是说，当词语及其句式、含义，其外部和内部的诸形式不再是现实世界的冷漠的征象，而是具有其自身的分量和独特的价值，诗性便得到了体现。"②在这里，"一个词语被当作词语得到接受"，"具有其自身的分量和独特的价值"，就正是所谓圆的、丰满的状态。

不难看出，在这圆的、丰满的状态的基础上，审美活动所建构起来的必然是一个圆的、丰满的对象世界，一个从"澄怀"到"味象"的世界。

审美指向实现从"澄怀"到"味像"的第三度美学转换，是对媒介的美学转换。由于感知与语言的美学转换，审美活动的媒介也从实践活动、理论活动的概念、逻辑，转换为超概念、超逻辑。它不再在对立、片面的实践活动、理论活动角度去使用感知、语言，当然也就不再用间接的概念、逻辑中去看待世界，而是毅然冲破这间接的媒介，不透过任何的中间媒介而重返对立、分裂前的完整的、活生生的对象世界、重返生命中最为基本、最为源初的东西，直接啜饮甘甜的生命之泉。应该说，这就是中国古典美学强调的"直寻""现量""不隔"，也就是西方现代美学颖悟的"回到事物本身"，"呈现具体的存在"。③

---

① "陌生化""反常化"的看法古已有之。韩愈在《答刘正夫书》中就说："夫百物朝夕所见者，人皆不注视也。"在西方，锡尼德的"另一个自然"、卡斯特尔维屈罗的"新奇性"、诺瓦利斯的"奇异性"，以及康德指出的："新颖，甚至那种怪诞和内容诡秘的新颖，都使注意力变得活跃。因为这是一种收获，感性表象因而获得了加强。日常的和普通的事情则淡化这种现象。"（[德]康德：《实用人类学》，邓晓芒译，重庆出版社1987年版，第44页）也是如此。但这只是突出主体的创造力，是作为手段。而在当代的什克洛夫斯基那里，疏远化、陌生化已被证明为本体的，是审美之为审美的根本。"陌生化"、"反常化"背离了人们的日常经验，阻止了审美活动与所面对的现实之间的联系以及与其他意义的联系，解除了所指与能指的联系，使得能指具备了独立的价值。审美对象成为不及物的、自足的实体。

② [美]雅可布逊：《何谓诗》。转引自《马克思主义理论研究》编辑部编选德《美学文艺学方法论》下卷，文化艺术出版社1985年版，第530—531页。

③ 西方当代美学对此十分关注。Iu den sachen selhst（直面事物本身），这是胡塞尔在1900年喊出的美学最强音。Don't think，but look（不要想，而要看），这则是维特根斯坦晚年时发出的美学呼唤。

具体来说，假如以概念、逻辑为媒介是对于世界的"正读"，那么对于概念、逻辑的超越则是对于世界的"倒读"。它把以概念、逻辑为媒介的世界悬置起来，倒过来去读那本真的、源初的世界。假如说，前者是在不断地立、不断地设定对象、不断地征服世界，后者则是在不断地破、不断地揭示世界的本来面目、不断地重返源初的世界。因此，海德格尔和中国美学所谓的"真"，不是要得到些什么，而是要丢掉些什么。丢掉些什么呢？丢掉那个被对象化、片面化、概念化了的世界，丢掉那个被实用化、功利化、占有化的世界……于是，存在和道的世界就会自然而然地由隐而显地显现出来。这样，在海德格尔和中国美学眼中，审美活动就不是一种审美主体与审美客体的符合、反映，而是解蔽，是使美自行显现出来。陶渊明诗云："试酌百情远，重觞忽忘天。天岂去此哉，任真无所先"，①不但要"百情远"，而且要"忘天"，不过，不是要忘掉"天"本身，而是要忘掉那个对象化、片面化、概念化了的"天"，所谓"任真无所先"。如是，美才会显现出来。② 禅宗美学的一则公案则更具胜义：

  山一日举竹篦，问："唤作竹篦即触，不唤作竹篦即背。唤作什么？"师掣得掷地上曰："是什么？"

  （百丈）指净瓶问曰："不得唤作净瓶，汝唤作什么？"林曰："不可唤作木榾也。"丈乃问师，师踢倒净瓶便出去。③

在这里，竹篦、净瓶都是一个本真、源初的世界，"唤作什么"都是用对象性思维、用关于"真"的"理"去割裂它，只有把"唤作什么"加上括号，根本就不用对象性思维，不用关于"真"的"理"去把握它，它才会完整地显现出来。这正是在讲审美活动的解蔽。中国美学之所以时时强调"以造化为师""参造化""夺天地之功，泄造化之秘""窥天地之纯""以一管之笔，拟太虚之体""独得玄门"，

---

① 陶渊明：《连雨独饮》。
② 萧统说：陶渊明"论怀抱则旷而且真"。这里的"旷"也可与"倒读"和"解蔽"对看。
③ 《五灯会元》。

正是要揭示出那"人人心中所有,笔下所无"的存在之"真"、生命之"真"。你看:

（黄庭坚）往依晦堂,乞指径捷处。堂曰:"只如仲尼道,二三子以我为隐乎?吾无隐乎者。太史居常,如何理论。"公拟对,堂曰"不是!不是!"公迷闷不已。一日侍堂山行次,时岩桂盛放,堂曰:"闻木樨华香么?"公白:"闻。"堂曰:"吾无隐乎尔。"①

"吾无隐乎尔"（真实地呈显世界）,这就是审美活动。从正读的角度看,它或许是"无所作为",但从倒读的角度看,又实在是"无不为"的。它虽无言,却是"一默如雷","直得火星迸散"。因为正在这一瞬间,世界忽然回归本真、源初的面目。人们恍然大悟：原来只是自己有意闭上了眼睛,那充满生香活意的世界,是时时刻刻在源源不断地涌现出来啊。于是,"凡遇高山流水,茂林修竹,无非图画……"（唐志契）。正像王羲之所自豪宣称的:"仰视碧天际,俯瞰绿水滨,寥闲无涯观,寓目理自陈,大矣造化工,万殊莫不均,群籁虽参差,适我无非新。"②

审美指向对于媒介的美学转换,首先意味着时间的无阶段、无距离、无间隔、无中介、无空隙,直接接触、直接吻合。审美指向是发生在假定性的基础上的,因此,在审美指向与对象世界之间当然也就不存在阶段、距离、间接、中介、空隙之类时间的障碍。这很像中国的郭熙所指出的"可游可居""饱游饫看"。像西方现代美学一样,中国美学认为,看正产生于"可游可居""饱游饫看"的基础上的直接性:"鼻无垩,目无膜"（葛立方）;"只于心目相取处得景得句,乃为

---

① 《五灯会元》。
② 这里,要注意"我思故我在"与"我看故我在"之间的差异。我思只是在我看的基础上,对人与世界的某一方面的描述,说明和规定。它并非人类生存本身,而只是人类生存的一种工具、手段,故不能把我思等同于我在。我看则不然。它是人之为人的根本,也是人类根本的存在。它"不纯在外,不纯在内,或往或来,一来一往,吾之动几与天之动几,相合而成。"（王夫之）"目既往还,心亦吐纳"（刘勰）,"存在并不单单是人和事物的共同命运、人和事物并存。人愈深刻地与事物在一起,他的存在也愈深刻。"（[法]杜夫海纳:《美学与哲学》,孙非译,中国社会科学出版社1985年版,第50页）故人正是最为根本、最为源初、最为直接地生存在看之中,正是看使人成之为人。看即生存,看即世界,真实地去看真实地去生存、学会看即学会生存。

朝气，乃为神笔"，"以神理相取，在远近之间，才著手便煞，一放手又飘忽去。"（王夫之）"最妙的是此一刻被灵眼觑见，便于此一刻放灵手捉住，盖于略前一刻，亦不见，略后一刻，便亦不见，恰恰不知何故，却于此一刻忽然觑见，若不捉住，便更寻不出。"（金圣叹）"须在一刹那上揽取，迟则失之。"（徐增）

审美指向对于媒介的美学转换，其次意味着空间的非割裂、非局部、非片段、非枝节、非层次、非抽象。审美指向是发生在假定性的基础上，因此没有必要出现割裂、局部、片断、枝节、层次、抽象。这即中国美学强调的"以天下藏天下""大人游宇宙""万物归怀"。① 西方现代美学从康德美学开始，也提出审美观照的距离说、孤立说、直觉说、内模说和移情说，主张通过从对象性思维超脱而出，去重现整体的存在。迄至现象学美学和存在主义美学，这一主张更加蔚为大观。杜夫海纳十分强调审美主体与审美对象、"知觉"与"知觉对象"、"内在经验"与"经验世界"的"不可分"，强调审美活动"所描述的事物乃与人浑然一体的事物"，主张"追根溯源，返归当下，回到人与世界最原始的关系中"，并且大声疾呼：为了方便说明，我们立刻就提出现象学的口号：回到事物本身。② 梅洛·庞蒂的看法十分类似。他指出：审美活动的第一准则是："回到事物本身。"回到事物本身就是回到知识出现前的世界。因此，实体是只能描述的，不可以构筑和塑造。存在主义美学也指出，真实的世界是原初的世界，"全然是存在物本身的呈现"（海德格尔）。白瑞德对此曾作过详细剖析，他指出："在海德格尔看来，人与世界之间并没有隔着一个窗户，因此也不必像莱布尼兹那样隔着窗向外眺望。实际上，人就在世界中，

---

① 这很像云门提出的"一镞破三关"。"函盖乾坤，目机铢两，不涉世缘"，是著名的云门三关。后人德山进一步加以修改，就成为我们今天经常提到的"函盖乾坤，截断众流，随流逐浪"。一般认为，它们是指我即世界即佛的遍在性、超越性、内在性。在云门看来，这是成佛者必得通过的三个关口。然而却不能把它们看作互不相关的三个关口，否则它们就会成为彼此封锁、互相对立的三关，从而割裂了整体性。所以，云门提出要"一镞破三关"，亦即圆融无碍，一超直入，重新恢复整体性的绝对地位。

② ［法］杜夫海纳。转引自郑树森编《文学批评与现象学》，台湾东大图书公司1984年版，第2页。

并且与世界息息相关。故'现象'这个字——时至今日，这个字已经是所有欧洲语言中的日常用语——在希腊文里的意思是'彰显自己的事物'。所以，在海德格尔来讲，现象学的意义就是设法让事物替它自己发言。他说，唯有我们不强迫它穿上我们现成的狭窄的概念夹克，它才会向我们彰显它自己……照海德格尔的看法，我们之认识客体，并不是靠着征服式击败它，而是顺应其自然，同时让它彰显出它的实际状况。同理，我们自己的人类存在，在它最直接、最内部的微细差别里，将会彰显出它自己，只要我们有耳朵去聆听。"① 令人拍案惊奇的是，这些论述与禅宗关于妙悟的空间的直接性的看法竟有很大的相似之处。

审美指向对于媒介的美学转换，同时意味着意义的超逻辑、超概念、超历史、超物我、超区别。正如前边分析的，审美活动以假定性为基础，这样，它也就与逻辑、概念、历史、物我、区别暂时不存在直接关系，而直接关注于对象世界本身。而这样一种特殊的关注，使审美活动就不能不渗透着一种意义的直接性。卡西尔指出："在科学中，我们力图把各种现象追溯到它们的终极因，追溯它们的一般规律和原理。在艺术中，我们专注于现象的直接外观，并且最充分地欣赏着这种外观的全部丰富性和多样性。"② 英伽登指出："审美对象不同于任何对象，我们只能说，某些以特殊方式形成的实在对象构成了审美知觉的起点，构成了某些审美对象赖以形成的基础，一种知觉主体采取的恰当态度的基础。""因为对象的实在对审美经验的实感来说并不是必要的"。③ 而这样一种特殊的关注，使审美指向就不能不渗透着一种意义的直接性。正如卡西尔强调的："有一种概念的深层，同样，也有一种纯形象的深层。前者靠科学来发现，后者则在艺术中展现。"④

---

① [美] 白瑞德：《非理性的人》，彭镜禧译，黑龙江教育出版社1988年版，第216页。
② [德] 恩斯特·卡西尔：《人论》，甘阳译，上海译文出版社2013年版，第290页。
③ 转引自 [美] 李普曼《当代美学》，邓鹏译，光明日报出版社1986年版，第288、284页。
④ [德] 恩斯特·卡西尔：《人论》，甘阳译，上海译文出版社2013年版，第290页。

三 从"无明"到"明"

审美评价是审美意向与审美指向交融贯通、协调共生后所产生的动态心理要素,①属于审美活动中的协调范畴。而且它不像实践活动、认识活动那样侧重于对外在对象的认识评价,而是侧重对于外在世界的满足自身程度的价值评价。这价值评价,就其内容来说,源出于超越性的终极关怀;就其实现来说,则是一种生命的"大游戏、大慧悟、大解脱"。②

审美评价的内容为什么会源出于超越性的终极关怀,而不是功利性的现实关怀呢?原因在于:审美活动是人之为人的全部可能性的敞开,是人类自由的瞳孔、灵魂的音乐。它永远屹立在未来的地平线上。因此,审美活动一旦进入评价层面,就只能表现为一种超越性的终极关怀。③正如马克思所强调的:"我们现在假定人就是人,而人跟世界的关系是一种合乎人的本性的关系,那么,你就只能用爱来交换爱……"④那么,我们现在假定进入了自由本性的理想实现的层面,此时,"人就是人,而人跟世界的关系是一种合乎人的本性的关系",审美评价会如何呢?无疑是只能"用爱来交换爱"了。在这里,爱就是所谓超越性的终极关怀,它是超越现实法则和历史规定的生命存在的终极状态。它意味着不论何时都存在着一个自由本性的理想存在,意味着个体与这自由本性的理想存在的相遇。因此,它是在一个感受到世界的冷酷无情的心灵中创造出的温馨的力量、义无反顾的力量、自我牺牲的力量、无条件地惠予的力量、对每一相遇生命无不倾身倾心的力量。它永远不停地涌向每一颗灵魂、每一个被爱者,赋予被爱者以神圣生

---

① 中国美学讲的"无听之以耳,而听之以心,无听之以心,而听之以气。"(庄子)"故上学以神听,中学以心听,下学以耳听"。(王通)"直观感相的模写,活跃生命的传达,到最高灵境的启示"。(宗白华:《美学散步》,上海人民出版社 1981 年版,第 63 页)

② 《脂砚斋重评石头记》(庚辰本)第 19 回评语。

③ 在这里,所谓爱,不能等同于人们常说的"爱情"。"爱情"只是爱的海洋上溅起的一朵微末的浪花。爱要比爱情弘阔得多,深刻得多。参见拙著《生命美学》,河南人民出版社 1991 年版,第 296—298 页。

④ [德]马克思:《1844 年经济学哲学手稿》,人民出版社 2018 年版,第 142 页。

命，使被爱者进入一个崭新的生命。当然，应该承认，爱是柔弱的、幻想的，爱是一种乌托邦，不过，"天将救之，以慈卫之"①。爱又正因为是柔弱的、幻想的，是一种乌托邦，才能够成为现实世界中真正理想性的东西（这世界对我们是何等吝啬！）。爱是一根连接着人类与世界的脐带。没有爱的生命是残缺的生命，没有爱的灵魂是漂泊的游魂。在被功利主义、虚无主义包裹一切的世界大沙漠中，唯有爱才能给人一片水草。因此，学会爱、参与爱、带着爱上路，是审美活动的最后抉择，也是这个世界的最为理想化的抉择。

这样，从最为根本的角度言之，审美评价就只能从生命的本真状态——不确定性，可能性和一无所有出发，只能从超越性的生命活动即对于"生命的存在与超越如何可能"的超越追问出发。因此，就必然是一种终极关怀，而不可能是一种现实关怀。它敞开了人类的生命之门，开启了一条从有限企达无限的绝对真实的道路。它通过对于生命的有限的揭露，使生命进入无限和永恒；通过对现实的、占有的生命的拒斥，达到对于理想的超越的生命的肯定；通过清除生命存在中的荒诞不经的经验根据，进而把生命重新奠定在坚实可靠的超验根据之上。试想，假如人们不愿明察自身的有限，又怎么可能有力量追求完美？假如人们不确知自身的短暂，又怎么可能有力量希冀永恒？假如人们不曾意识到现实生命的虚无，又怎么可能有力量走向意义的充溢？假如人们不悲剧性地看出自身的困境，又怎么可能有力量走向内在的超越？

在此意义上，不难看出，审美评价类似于基督教的"末日审判"（但不是到了彼岸才进行，所以美学与宗教不同）。它是人类对生命的深切诘问，是知其不可为而为之的乌托邦式的阐释。然而，令人瞩目的是，只有立足于此，人们才会看清自己在现实活动中所形成的困窘处境和局限性，看清"在非存在的纯净里，宇宙不过是一块瑕疵"（瓦雷里），看清"最美丽的世界也好像一堆马马虎虎堆积起来的垃圾堆"。（赫拉克利特）为什么在有了改造对象推进文明的普罗米修斯之

---

① 《老子》。

后,还要有发现自己确定自己的俄耳甫斯和那喀索斯呢?为什么"欲过上一种新生活成为活生生的生命,我们必须再死一次"(铃木大拙)呢?不正是因为有了终极关怀这一审美评价的绝对尺度吗?因此,没有救世主,就无所谓堕落;没有上帝,就无所谓上帝的弃地;没有终极关怀,也就无所谓世界的虚无。

不过,这并不意味着审美评价逃避现实。恰恰相反,审美评价是最趋近现实的,它靠超越现实去趋近现实。审美评价一面超越现实,一面也就复现了现实。而这就已经涉及了审美评价的超前性。审美评价的超前性是指人的全部可能性的敞开。它意味着:审美活动是人类自由的瞳孔,它永远屹立在未来的地平线上,引导着人性的回归。它是我们为告别这个世界所描绘的一幅希望的肖像,又是我们对这个世界的一种终极关怀。它允诺着某种现实世界中所没有的东西,把尚未到来的东西、尚属于理想的东西、尚处于现实和历史之外的东西,提前带入历史,展示给沦于苦难之中的感性个体。在这个意义上,审美活动就成了这个世界的根据,或者说,审美活动的世界就成为现实世界的样板,审美活动昭示着这个世界的唯一真实——理想的真实。

因此,审美活动从来就是人类苦难的拳拳忧心。清醒地守望着世界,是审美活动的永恒圣职。在审美活动中,你可以看到生命的绿色、听到人类的欢乐和哭泣,感受到无所不在的挚爱,寻找到人类生存之根。审美活动决不会跪倒在"不能哭,也不能笑"的形形色色的必然性面前,更不会在"不能哭,也不能笑"的形形色色的必然性中昏昏睡去。恰恰相反,它裸露着滴血的双足,在冥夜的大地上焦灼地奔走,殷切地呼告人类从虚无主义的揶揄和狭小黑暗的心理囚室中解放出来。它"一面哭泣,一面追求"(帕斯卡尔),引导着人类的感性超越,守望着人类的精神家园,警醒人类从单向度的物质存在走向全面的价值存在。它在生命超越中体悟着生命,追问着生命意义的灵性的根据。即便是在一个异化的世界,在一个被物质欲望混淆了人性与兽性、正义与罪恶、价值生存与物质生存的界限的世界,审美活动仍然会艰难地寻找着人类的失落了的理想本性,并且凭借这找回的理想本性去找回失落了的世界。

因此，审美活动不仅是征服自然的普罗米修斯，而且是恬然澄明的俄耳甫斯和那喀索斯。审美活动穿越不透明的必然性的屏障，赋予人以超越必然规律划定的现实界线的尊严，使人从奴颜婢膝的束手待毙中傲然站立起来，使人成为人。在这个现实的世界上，有了审美活动，才有了一线自由的微光，才有了一个神圣的节日。冷漠严酷和同情温柔、铁血讨伐和不忍之心、专横施虐和救赎之爱，或者说，向钱看和向前看才永远不允等价；在蒙难的歧途上孤苦无告的灵魂在渴望什么、追寻什么、呼唤什么？在命运的车轮下承受碾轧的人生在诅咒什么、悲叹什么、哀告什么，才不再成为一件无足轻重或者可以不屑一顾的事情；人们也才不至因为一时的物质贫困而漫不经心地忘却掉回家的路。席勒讲得何其动人："人性失去了它的尊严，但是艺术拯救了它……在真理把它胜利的光亮投向心灵深处之前，形象创造力截获了它的光线，当湿润的夜色还笼罩着山谷，曙光就在人性的山峰上闪现了"。审美活动，正是人类的精神家园的守护神，正是"我们的第二造物主"①。

不难想象，真正进入审美活动的人，因此也就必然是能够从终极关怀的角度审视人生的人②。正如高尔基说："当你感受到生活印象在压抑着你的灵魂，就把灵魂提高起来，把它放得稍稍高出于你的经验之上。"③ 审美活动正是一种"把灵魂提高起来"的活动。它使得审美者禀赋着另外一种终极关怀的眼光。例如巴尔扎克，他曾经自称为"书记官"，恩格斯也认为从他的作品中学到的甚至比经济学著作还要多，但这并不意味着他的创作是出于一种现实关怀，对此，巴尔扎克在《人间喜剧·序言》中有明确的陈述，倒是我们的许多理论家对此有意视而不见。他说，他写作《人间喜剧》的动机"是从比较人类和

---

① [德] 席勒：《美育书简》，徐恒醇译，中国文联出版公司1984年版，第63、111页。
② "终极"，在这里是逻辑深度概念，不是时间概念。既然是"终极"，就不再是别的目的的手段。它存在于整个人类，而不是人类中的某个部分，例如民族、阶级、集团、家庭、个人；它存在于整个领域；它存在于人类的全部历程；它处于目的系列的终点。现实关怀则从不同的方向、角度、位置指向它。同时，它还涉及美的相对性与绝对性的关系。相对性是指美的程度是相对而存在的，绝对性则是指只要符合某种属性，就必然具备的美的属性。终极关怀，是讲的后者。
③ [俄] 高尔基：《文学书简》上册，戈宝权译，人民文学出版社1962年版，第308页。

兽类得来的"，是要"看看各个社会在什么地方离开了永恒的法则，离开了美，离开了真，或者在什么地方同它们接近"。① 无独有偶，舍斯托夫在论及果戈理的《死魂灵》时，也说过类似的警言：

> 果戈理在《死魂灵》中不是社会真相的"揭露者"，而是自己命运和全人类命运的占卜者。②

在这里，对"自己命运和全人类命运的占卜"，无疑正是一种"人类和兽类"之间区别的"占卜"，一种"各个社会在什么地方离开了永恒的法则，离开了美，离开了真，或者在什么地方同它们接近"的"占卜"。而中国古代的廖燕则从另一个角度对此作出精辟的说明：

> 余笑谓吾辈作人，须高踞三十三天之上，下视渺渺尘寰，然后人品始高；又须游遍十八重地狱，苦尽甘来，然后胆识始定。作文亦然，须从三十三天上发想，得题中第一义，然后下笔，压倒天下才人，又须下极十八重地狱，惨淡经营一番，然后文成，为千秋不朽文章。③

这无疑也是对作为终极关怀的审美活动的深刻洞察。

因此，所谓审美评价虽然并不超脱于现实之外，但却不再仅仅禀赋着一种执着的现实关怀，不再仅仅以科学意义上的真假，道德意义上的善恶以及历史意义上的进步落后去观照现实，而是从"永恒的法则"或从"三十三天上发想"，去审视"各个社会"，"自己和全人类"以及"十八重地狱"，去固执地追问着生命如何可能，呼唤着应然、可然、必然的理想本性，或者渴望洞彻：人类是在什么样的生命

---

① 转引自伍蠡甫主编《西方文论选》下卷，上海译文出版社1979年版，第184页。
② ［俄］舍斯托夫：《在约伯的天平上》，董友译，生活·读书·新知三联书店1989年版，第106页。
③ 廖燕：《五十一层居士说》，见《二十七松堂集》第3卷。

活动中，由于什么样的原因而僵滞在生命的有限之中，以致丢失了理想的本性，最终使生命成为不可能。借用王国维的话，它是"自道身世之戚""担荷人类罪恶之意""以血书"的"忧生"活动。奥登曾经赞美叶芝："疯狂的爱尔兰将你刺伤成诗。"疯狂的世界也将人"刺伤成诗"。

其次，审美评价的实现何以成为生命的"大游戏、大慧悟、大解脱"？第一，就"方式"本身而言，审美活动的评价方式独立于向善活动、求真活动的评价方式。恩格斯曾经谈到在巴尔扎克的《人间喜剧》看到了资本主义对于现实的人的人格的扭曲，而不是为历史学家、经济学家、统计学家所津津乐道的一大堆历史事件、经贸记录、统计数字，并且说这比从当时所有职业的历史学家、经济学家和统计学家那里所学到的全部东西还要多。在我看来，这里的"还要多"是非常值得注意的，也正是美学之为美学所要研究的重大课题。而审美活动之所以会在其中看到不同的东西，则是因为它自身评价"方式"的不同。具体来说，这不同起码表现在三个方面：内涵不同，以花为例，就理性思维而言，"这朵花是红的"，在这里主语"花"和宾语"红"都是一个一般概念，具体的花、具体的红都被抽象为分门别类的"花"和"红"了，就审美活动而言，则"这朵花是美的"，在这里主语"花"和宾语"红"都不是一个一般概念，花仍旧是具体的花，美也仍旧是具体的美。角度不同，对此，我已经反复强调，世界是"是"，是一个多维的存在，然而人们往往把它简化为某个"什么"，某个一维的存在，例如玻璃杯，列宁曾经剖析说："玻璃杯既是一个玻璃圆筒，又是一个饮具，这是无可争辩的。可是玻璃杯不仅具有这两种属性、性质或方面，而且具有许许多多其他的属性、特质、方面以及同整个世界的相互关系和'中介'。玻璃杯是一个沉重的东西，它可以用来作为投掷的工具，玻璃杯可以用来压纸，可以用来装捉到的蝴蝶。玻璃杯可以作为带有雕刻或图画的艺术品。"[①] 我们还可以补充说：杯子在几何学上的本质是圆柱体，在光学上的本质是透

---

① 《列宁选集》第4卷，人民出版社1972年版，第452页。

明体，在化学上的本质是玻璃，在经济学上的本质是商品……世界的多维性由此可见一斑。而具体到审美评价与理性评价的差异，我认为，理性评价强调的是在二元对立基础上的世界之所"是"，审美评价强调的是在天人合一基础上的超越于世界之所"是"的世界之所"不是"（所谓"适我无非新"）；理性评价强调的是站在世界之外来把握世界"是什么"，审美评价强调的是站在世界之内来体验世界"怎样是"，理性评价强调的是世界的把握，是"言说存在"，审美评价强调的是境界的提升，是"给神圣的东西命名"……这可以说是它们之间的重要区别。最后是标准不同。在这方面，我们也存在着误区，长期以来，我们往往以为标准只有一个。因此重要的不是去发现标准而是去掌握标准。于是理性评价的标准就堂而皇之地成为审美活动的标准。然而，事实上标准也是多种多样的。不同的标准，所看到的对象也就不同。例如：有人以为"钱"是万能的，是根本的标准，然而我们却发现，作为评价标准，金钱同样存在着盲区。正如人们常说的：钱可以买到"房屋"，但买不到"家"；钱可以买到"药物"，但买不到"健康"；钱可以买到"美食"，但买不到"食欲"；钱可以买到床，但买不到"睡眠"；钱可以买到"珠宝"，但买不到"美"；钱可以买到"娱乐"，但买不到"愉快"；钱可以买到"书籍"，但买不到"智慧"；钱可以买到"谄媚"，但买不到"尊敬"；钱可以买到"伙伴"，但买不到"朋友"；钱可以买到"奢侈品"，但买不到"文化"；钱可以买到"权势"，但买不到"威望"；钱可以买到"服从"，但买不到"忠诚"；钱可以买到"躯壳"，但买不到"灵魂"；钱可以买到"虚名"，但买不到"实学"；钱可以买到"小人的心"，但买不到"君子的志"……就审美活动而言也是如此。理性评价注重的是认识标准，审美评价注重的只是价值标准。因此，理性评价之所见，是审美评价所不屑见，而审美评价之所见，则是理性评价所不能见。"千万恨，恨极在天涯。山月不知心里事，水风空落眼前花，摇曳碧云斜。"（温庭筠）或许，前面的几种"恨"是理性评价所能把握的，然而"摇曳碧云斜"却绝非理性评价所能够把握的，那正是审美评价大显身手的所在。"花不知名分外娇"（辛弃疾），理性评价只能够把握知名的花，然而，最为娇艳的鲜花却偏偏是不知名的，那也正是审美评价大显身手的所在（"碧瓦初寒外""晨钟云外湿"也如此）。

而且，更为重要的是，较之理性评价，审美评价与人类生存的关系要远为根本。这一点，在中国美学中应该说是公开的秘密，然而在西方美学中却是一个巨大的盲区。在《神曲》中，作者设置了一个诗人维吉尔把但丁带到炼狱，又设置了一个作为爱和美的象征的比阿屈里契把但丁带入天堂。固然是看重审美活动，但却只是以之为中介。近代之后，审美中介论仍然是一个既成的模式。例如康德，就是把审美活动作为真与善、理论与实践、认识与欲求、自然与自由、感性与超感性之间的一个中介。至于把审美活动作为最为根本、最为内在的东西，则只是当代美学的事情。在这个意义上，我们应该说，正是在审美评价中，人类才一方面维护了世界的完整性、丰富性、多样性（可以借王阳明"此花颜色一时明白起来"来说明），一方面满足了生命的创造性、超越性、整体性（可以借禅宗"自己一段光明大事"来说明），也才有效地推进了自身的人性生成，从而安顿着生命、提升着生命、超越着生命。豪克在《绝望与信心》中指出："幻想使具有社会本质的人超越自身，在卡尔·马克思看来，幻想有助于'人性的丰富发展'。"① 显然，作为"幻想"的集中体现的审美评价无疑也是如此。但是，另一方面，也必须指出：审美不同于审美主义。所谓审美主义是审美评价的肆意"越界"。以理性评价取代审美评价是错误的，但是以审美评价取代理性评价也是错误的。审美评价并非"忘川"之水，以致借助它便可以自我幽闭于现实社会之外，审美评价也并非精神胜利法，以致天堂与地狱、悲剧与喜剧、善良与罪恶都只是"一念之差"，审美评价更并非变戏法，以至于"红肿之处，艳若桃花，溃烂之时，美如乳酪"（鲁迅）……审美评价的最为深层的动力，应该说，还是来源于凛然重返现实生活的生命需要本身。雅斯贝斯讲

---

① ［德］古茨塔夫·勒内·豪克：《绝望与信心》，李水平译，中国社会科学出版社1992年版，第67页。

得十分深刻:"世界诚然是充满了无辜的毁灭。暗藏的恶作孽看不见摸不着,没有人听见,世上也没有哪个法院了解这些(比如说在城堡的地牢里一个人孤独地被折磨至死)。人们作为烈士死去,却又不成为烈士,只要无人作证,永远不为人所知。"① 现实生活中的许多东西都与此类似,它的"无辜的毁灭"亟待作证。在此意义上,审美评价即作证。而作证的目的,则是为了获得对于世界加以现实改造的动力。犹如天上的云彩尽管十分漂亮,但最后还不免要化作雨点落在大地上,因为它无法逃脱地球的引力。席勒说:"恰好在这一点上,整个问题超出了美,如果我们能够满意地解决了这个问题,那么我们就能找到线索,它可以带领我们通过整座美学迷宫。"② 确实如此。

第二,就"方式"的实现而言,审美评价的实现不同于任何的理性评价、伦理评价、历史评价的实现。后者的实现无法理想地回答生命的全部意义,一旦以之作为生命意义的回答,就反而会异化为一种占有。结果,不论它们的目光是何等的心平气和,都无异于一种禁锢、一种封闭、一种标签、一种惰性力量。审美评价的实现当然不是如此。它是永恒的缄默、永恒的追求、永恒的身心参与、永恒的生命沉醉、永恒的灵魂定向,因此需要永远重新开始,永远重新进入生命。借此,在审美评价中才有可能消解理性评价、伦理评价或历史评价所导致的对于人类理想生存本身的揶揄,趋近隐匿的生命幽秘,为生命世界确立福祉、救赎、祈求与爱意,使疲惫的灵魂寻觅到一片栖居之地。当然,这并不是说审美活动就与理性、伦理和历史方面的因素毫无关系,③ 审美评价当然也要借助理性、伦理和历史方面的因素,但却毕竟只是以它们为媒介,只是消解中的借用和借用中的消解,所谓"既写出又抹去"(海德格尔),所谓"随说随划"(颜丙),所谓"就我来说,我所知道的一切、就是我什么也不知道"(苏格拉底)。审美活

---

① [德]卡尔·雅斯贝斯:《悲剧知识》。转引自刘小枫主编《人类困境中的审美精神》,知识出版社1994年版,第457页。
② [德]席勒:《美育书简》,徐恒醇译,中国文联出版公司1984年版,第98页。
③ 克罗奇提出美感是形象直觉的产物,对传统的认识愉悦说是一个突破,但缺点恰恰表现在忽视了渗透其中的理性因素,忽视了形象直觉是途径,理性认识是基础。美感的深度与广度来源于理性因素的介入。

动与理性、伦理、历史的关系也是这样。似有非有，似无非无，或者说既有既无，既无既有。说它有，是因为它毕竟不得不借助理性、伦理、历史的因素，毕竟与理性、伦理、历史的因素存在着某种一致性，说它无，又是因为从它的本性看，理性、伦理、历史的因素毕竟并非根本。并且，归根结底，它与理性、伦理、历史的因素既殊出而又不同归。

既然审美评价的实现不同于理性评价、伦理评价或历史评价的实现，那么，它的实现表现为什么呢？我认为，表现为生命从"无明"到"明"的生成。审美活动不同于科学知识，道德修炼或历史进步，它是生命的自我拯救。在理性、伦理和历史活动中，目标集中在作为对象的问题之上，一旦解决了，也仅仅是解决了而已，并不影响自身的生命存在。但在审美活动中，目标却集中在作为自身生命意义的秘密之上，一旦洞彻，无异于生命的再造。试想，人的自身价值原来是人的根据，但由于虚无生命的迷妄，却使之备受阻碍，无从自由展开，所谓"无明"。现在，一旦清除迷妄、单调、乏味的生命，空虚无聊的生命摇身一变，成为丰富多彩的生命、自由自在的生命。这不是从"无明"到"明"又是什么？不过，从"无明"到"明"又并非天地之隔，更不存在此岸与彼岸的区别。世界是一个世界，生命是一个生命，"无明"破除就是"无明"破除，从"无明"到"明"也就是从"无明"到"明"，并不是在此之外还能有所得或有所建树。正像佛家讲的：佛虽成佛，"究竟无得"。也正像孟子讲的"予，天民之先觉者也"。[①] 苏东坡有诗云："庐山烟雨浙江潮，未到千般恨不消，及至到来无一事，庐山烟雨浙江潮。"这就是从"无明"到"明"。神会禅师说："如暗室中有七宝，人亦不知所，为暗故不见。智者之人，燃大明灯，持往照燎，悉得见之。"[②] 这也就是从"无明"到"明"。因此，从"无明"到"明"，就是使生命真正落到实处，真正有所见。

---

① 何谓"天民之先觉"？程子释之曰："天民之觉，譬之皆睡，他人未觉来，以我先觉，故摇摆其未觉者，亦使之常，及其觉也，元无少欠，盖亦未尝有所增加也，通一般尔"。（《遗书》第 2 卷）

② 《五灯会元》。

当然，说生命在从"无明"到"明"的过程中无所得或无所建树，也只是从日常的功利的角度言之。其实，从"无明"到"明"，假如从非日常、超功利的角度言之，应该说，还是有所得和有所建树的。这有所得和有所建树就是：人们缘此而"成就一个是"，缘此而"方成个人，方可柱天踏地，方不负此生"，缘此而"不离日用常行内，直到先天未画前"。这就是所谓"大游戏、大慧悟、大解脱"。

需要强调指出的是，长期以来，有些人已经习惯于从现实活动的角度去看待审美评价，因此不但拒绝它的倾身惠顾，而且蔑视它遥遥送来的福祉和爱意。在他们看来，在这个世界上，绝对神圣而又至高无上的东西只是人的现实本性，至于人的自由本性，则是一个天方夜谭式的神话。审美活动呢？不过是"文化搭台，经济唱戏"的组成部分而已。因此，或者是地位、头衔、职务、文凭、权力……，或者是金钱、美女、享乐、花天酒地……，面对这一切，他们宁肯奴颜婢膝，言听计从，却从不允许流露出一丝不满，更遑论任何实际的反抗。

而从现实情景看，这种理论误导的后果是异常严重的。其中，尤以后者为烈。金钱、美女、享乐、花天酒地……诸如此类的字眼儿，竟被镀上了一层神圣的色彩。为了这一切，人们"脸不变色心不跳"地从血泊和眼泪中昂首走过，父子可以反目，夫妻可以成仇，一些人可以盘剥、利用、欺骗另一些人。并且，只要以上述一切的名义，就无论做什么都被认为是合理的。至于爱心、温情、善良、谦卑、宽恕、仁慈，则统统不过是多愁善感者的愚蠢。由是，人生成了一场巴尔塔萨狂宴，愚昧无明，自我亵渎，金钱、美女、享乐、花天酒地……之类，则成为生命意义的来源、人生之旅的终线。它要求人们把自我永远隐匿起来，跪倒在世俗圣殿的门前，无条件地奉献出全部忠诚。而在这一切面前，有些人也逐渐学会了精神的爬行，学会了屈从于一切外在的力量，学会了承领一无所有的灵魂空虚，学会了对凄苦、痛楚、血泪、哀告不屑一顾，学会了伪善、虚妄、专横、欺骗、无耻、怯懦、缄默、忍受、玩世不恭和口是心非。

然而，不难看出，虽然谁也不敢宣称自己能抗击种种必然（例如经济的必然）的铁与血的步伐，谁也不敢宣称冷酷无情和血泊淤积的

"恶"不会为人类带来最终的希望之光。但是，即便这铁与血，即便这冷酷无情和血泊淤积不以人的意志为转移，是否就一定需要一笔勾销其中非人的丑恶，并且屈辱地承认"成者王侯败者贼"？是否就一定需要人们驯顺地泯灭自我，自愿地沦为奴隶呢？是否就一定需要人们无条件地放弃对自由生命的理想实现的终极关怀呢？

问题很简单，谁有胆量对上述诸问题作出肯定的回答，谁就应该有胆量承受痛苦、血腥、人性退化和夜的荒原，有胆量承认这个世界没有什么符合人性还是违逆人性、探索还是盲从、正直还是卑鄙、正义还是犯罪、崇高还是卑下之类的终极差异。既然个人不过是服膺必然性的手段和工具，既然一切都是必然的，每个人就不必为自己的抉择和行为负责，如果他见钱眼开、坑蒙拐骗、卑鄙、犯罪或杀戮，也统统不过是必然进程中的产物，不过是一种无须用也不允许用终极关怀的价值尺度去衡量的东西。

事实当然并非如此。正像阿多尔诺讲的，并非所有历史都是从奴隶制走向人道主义，还有从弹弓时代走向百万吨炸弹时代的历史。在我看来，只要人本身尚未经过改造，任何单纯的经济进步都不能改善人类的根本困境，只要人类不把理想自我重新带回灵魂的地平线，一切的一切就有可能是痛苦和罪恶，有可能是"涕泣之谷"，有可能是无可逃避的深渊，有可能是不值得留恋和苦难的炼狱。并且，在经济时代，尽管它会产生出像人一样活动的物，但也会生产出像物一样活动的人；尽管它可以僭妄地宣称"给我规格，我就会给你人"，但又可以卑怯地承认"人是物质的一种疾病"；尽管它能够扩大人的工具职能，但同样还能扩大人的灵魂虚无……在它的放纵之下，任何一次历史演变的结果都仍旧是"怎样服役、怎样纳粮、怎样磕头、怎样颂圣"（鲁迅）。"经济必然"成了绝对的检验尺度。它说明一切、检验一切、横扫一切。面对它，我们命中注定"不能哭、不能笑，只能理解"。取上帝而代之，"经济必然"成了我们这个世界的独裁者和统治者。

正像马克思指出的："技术的进步，似乎是以道德的败坏为代价换来的。""我们的一切发现和进步，似乎结果使物质力量具有理智力量，而人的生命则化为愚钝的物质力量。"① 为什么爱默生要痛斥"物居于马鞍上驾驭人类"？为什么托马斯·曼要疾呼"收回贝多芬第九交响乐"？为什么爱因斯坦要震惊："人比他所居住的地球冷却得更快"？千万不要以为这只是西方的流行病。要知道，这正是人类只要盲目信奉"经济必然"的力量就不能不导致的瘟疫，它们的根源都在于人自身，在于人这个丧失了理想本性的动物。

勃洛克的诗句何其深刻："我们总是过迟地意识到奇迹曾经就在我们身边。"确实，我们似乎从来没有认真而又独立地思考过：是否所有的经济进步、生活提高都蕴含着价值真实，是否所有的经济进步、生活提高都拥有至高无上的权力，迫使我们非接受不可，并且，是否任何经济进步、生活提高都是不容加括、不可悬置、不容反驳的。我们无条件地接受这一切，但却从未意识到：这同时意味无条件地接受愚昧、蜕化、自戕的信条，接受无意义的妄念。这使人不禁想起了克尔凯戈尔对黑格尔的讥讽："在黑格尔之前，曾经有哲学家们企图说明……历史。看到这些企图，神明只能微笑，神明没有立刻大笑起来，乃是因为这些企图还有一种人性的忠厚的诚意。但对黑格尔！……天神们是怎样的大笑呵！这样一个可怕的区区教授，他只从眼前的一切的需要来看一切。"② 不难猜想，对于我们，"天神们是怎样的大笑呵"！

毫无疑问，上述情景是绝对不能接受的。然而，在这样的时刻，究竟是谁将成为使人站出来生存的救赎之星？究竟是谁将敢于拉开帷幔去窥视美杜莎的头而不惮于化作岩石？究竟是谁将成为挺身而出承担绝对责任、绝对自由的俄瑞斯特斯？难道不正是人们自己吗？既然是人单方面不负责任地扼杀了生命，那么，他就必须独自远征去领承再造生命的天命。一切取决于人们对人之为人的终极根据的笃信和祈祷，一切取决于用复苏的终极关怀来重新俯瞰人生，一切取决于每个人我行我素和义无反顾地固守圣洁的天国，一切取决于毅然终止无谓

---

① 《马克思恩格斯选集》第1卷，人民出版社2012年版，第776页。
② 转引自田汝康等选编《现代西方史学流派文选》，上海人民出版社1982年版，第162页。

的聒噪并保持超然的沉默,一切取决于远离灵魂的猥琐而走进怡然澄明,这是人们迅速逃离困境的重要途径。①而这一切,不又通通要以重新理解"生命的存在与超越如何可能"作为辉煌起点,作为绝对尺度吗?而审美活动不也正因此而成为生命的源泉和推动力量,因此而成为生命的再生之地和理想目标吗?

因此,我们不仅需要种种必然的铁与血的步伐,不仅需要冷酷无情和血泊淤积的"恶",而且更需要爱心、需要温情、需要善良、需要关怀、需要仁慈、需要梦、需要诗、需要美;②我们不仅需要面对"功利性"的"无所住心",而且更需要"虽九死而犹未悔"的拳拳忧心;③我们不仅需要"雄关漫道真如铁"式的跨越,而且更需要莫大的忧心、需要不惜承担一切苦难地在幽夜中对精神家园的守望。我想说,守望于幽夜是一种最大的幸福,怕就怕在幽夜中人们都睡熟了……

这一切,使我不能不想起那个敢于从"流血的头撞击绝对理性的铁门"的著名思想家舍斯托夫,想起他那令世人灵魂震撼的"约伯的天平",尤其是想起他曾经描述过的陀思妥耶夫斯基的一次灵魂的搏击,它给人的印象实在是刻骨铭心:

他在凝思而忘记了世上的一切,干自己唯一重要的事情:同自己历来的敌人——"二二得四"进行没完没了的诉讼。天平一端盘上放着沉甸甸的不动的"二二得四"及传统"自明"的全部构成物,——他颤抖的双手急急忙忙给天平的另一端放上"没有重量的

---

① 根本的途径,当然还是作为基础的实践活动、作为手段的理论活动、作为理想的审美活动。

② 换言之,审美活动使我们进入了生命活动的极深处、极高处、极广处。在范围上具有整体性,在深度上具有超越性。此即审美活动的理想性。

③ 在某种时刻,这拳拳忧心甚至表现为:哭泣。因为,哭泣正是对失落了的生命灵性的隐秘的呼唤,哭泣意味着人性的馈赠、意味着生命的拯救!它驱动着人们重返故里、重返童贞。"一位腐儒看见梭伦为了一位死去的孩子而哭泣,就问他说:'如果哭泣不能挽回什么,那么,你又何必如是哭泣呢?'这位圣者回答说:'就是因为它不能挽回什么'……是的,我们必须学习哭泣!也许,那就是最高的智慧。"([西]乌那穆诺:《生命的悲剧意识》,《上海文学》杂志社1986年印本,第17页)而且,中国的刘鹗不也说过:"哭泣也者,因人之所以成始终也,……盖哭泣者,灵性之现象也,有一份灵性即有一份哭泣,而际遇之顺逆不与焉"吗?(刘鹗:《老残游记》自序)

东西"——即凌辱、恐惧、喜悦、吉利、绝望、未来、丑、奴役、自由以及普罗提诺用"最受尊敬的"一词所包罗的一切。任何人都不怀疑,二二得四的重量不仅超过陀思妥耶夫斯基一天之内七拼八凑的一堆"最受尊敬的"东西,而且超过世界史的全部事件。难道二二得四动了半毫分吗?……

一个盘上放着巨大的、不可计量的、沉甸甸的自然及其法则,这是聋子、瞎子、哑巴;另一个盘上,他放上了自己的没有重量的、无法保护也保护不了的"最受尊敬的"东西,并屏住呼吸,全神贯注地期待着,看看到底哪一端的重量大。①

在我看来,陀思妥耶夫斯基的灵魂搏击实在是一个美学的隐喻和象征,因此,完全有理由称之为一场全人类的历史性的和世纪性的灵魂搏击。在这场灵魂搏击中,一端是"沉甸甸的不动的'二二得四'及传统'自明'的全部构成物",一端是那些"没有重量的、无法保护也保护不了的'最受尊敬的'东西"(无疑也包括人类的审美活动),那么,二者究竟孰轻孰重?或者,人类究竟何去何从?这,确实还是一个问题。弗洛姆说过:人类正处在一个十字路口,迈出错误的一步,就是迈出最坏的一步。面对上述问题,我也想说:人类正处在一个十字路口,因此,在作出抉择之前,务必要慎之又慎,千万不要迈出错误的一步。因为,迈出错误的一步,就是迈出最坏的一步!

---

① [俄]舍斯托夫:《在约伯的天平上》,董友等译,生活·读书·新知三联书店1989年版,第67、72页。

第四篇

美学作为第一哲学

第七章　通过审美获得解放

第一节　"让一部分人先美学起来"

一　"溢出"了自身的学科的宗教

审美活动"是什么""怎么样""为什么"以及"如何是"是审美活动之为审美活动的展开，回答的是人类为什么需要审美活动、审美活动为什么能够满足人类的需要的问题，就一般的美学基本理论研究的专著而言，或许到此为止，也就可以宣布全书的结束了。然而，就本书而言，却并非如此。因为我们还亟待回答的是新"轴心时代"、新"轴心文明"为什么更需要审美活动以及审美活动为什么能够满足新"轴心时代"、新"轴心文明"的需要。

这当然是因为美学在新"轴心时代"、新"轴心文明"中的从自身学科的"溢出"，也当然是因为"美学热"与"热美学"的"溢出"。在新"轴心时代"、新"轴心文明"之中，美学已经不仅仅只是一个学科，而且还正在成为新"轴心时代"、新"轴心文明"中的主导价值、引导价值的引领者。《全球通史》一书曾经提出过一个意味深长的问题：是什么"塑造了世纪历史"？并且说：并不是哥伦布的向西航行，"11世纪时维京人也曾在美洲登陆过，并花了一个世纪的时间来维持他们在当时的定居点，但他们最终还是失败了。"① 在新

---

① ［美］斯塔夫里阿诺斯：《全球通史》下，董书慧等译，北京大学出版社2005年版，第385页。

"轴心时代"、新"轴心文明",我们所看到的恰恰是:是美学"塑造了世纪历史"。而在人类美学的历史长河中,从康德、席勒开始的"美学热"与"热美学",以及在"美学热"与"热美学"中的叔本华、尼采、海德格尔、法兰克福学派以及福柯等诸多思想大家的思想取向,无疑也正是对于美学"塑造了世纪历史"、美学正在成为新"轴心时代"、新"轴心文明"中的主导价值、引导价值的引领者的热切关注。

在这个意义上,所谓"美学热"与"热美学",其实都恰恰是我们所置身的特定时代的理论诉求,而对于"美学热"与"热美学"的回应,其实也都恰恰是以美学的方式对于我们所置身的特定时代的挑战的理论表达。这意味着,我们不仅要回答美学对于人类意味着什么,要回答"一般"的问题,而且还要回答美学对于我们所置身的特定时代意味着什么,还要回答"特殊"的问题。假如说,前者是美学家的美学,后者则是哲学家的美学;或者,假如说前者是"作为学科"的美学,后者就是"作为问题"的美学。

这样一来,所谓美学亟待实现的"合法完成"或者美学亟待完成的"思的任务",就起码包含了两个层面:第一个层面:作为新"轴心时代"、新"轴心文明"中的主导价值、引导价值的引领者,美学所蕴含的主导价值、引导价值究竟是什么?第二个层面:新"轴心时代"、新"轴心文明"中的主导价值、引导价值的引领者,美学的主导价值、引导价值所建构的世界应该是什么。而且,还要进而将这一主导价值、引导价值辐射到主体,这就是所谓的"人成之为人"的重建自我的问题,同时,还要将这一主导价值、引导价值辐射到客体,这就是所谓的"世界成之为世界"的重建自然、重建社会、重建艺术的问题。

毫无疑问的是,如果我们承认自己的美学是从康德、席勒、叔本华、尼采、海德格尔、法兰克福学派以及福柯等诸多思想大家"接着讲"的,那么,我们也就必须承认,只有回答了上述的问题,才堪称真正的美学家。而且,也只有能够回答了上述问题的美学,才堪称真正的美学。

本章首先回答的是：作为新"轴心时代"、新"轴心文明"中的主导价值、引导价值的引领者，美学所蕴含的主导价值、引导价值究竟是什么？

然而，对于作为新"轴心时代"、新"轴心文明"中的主导价值、引导价值的引领者，美学所蕴含的主导价值、引导价值究竟是什么的回答却又要从新"轴心时代"、新"轴心文明""塑造了世纪历史"的为什么是美学开始。

对于这个问题，我们已经并不陌生。"作为一个整体的人类文化，可以被称作人不断解放自身的历程。"① 而且，在这一"人不断解放自身的历程"中，在文化的"组成部分和各个扇面"，不同的历史时期还存在着不同的主导性、引导性的文化。在新"轴心时代"、新"轴心文明"，主导性、引导性的文化就是美学。美学，就是新"轴心时代"、新"轴心文明"中的主导价值、引导价值的引领者。

相关的阐释，无疑可以写几部大书，而且也理所应当。就我本人而言，也曾经从不同角度予以说明。例如，在我看来，充分市场化、极大技术化以及彻底全球化，在其中起到了极为重要的影响，就是一个重要的方面。新"轴心时代"、新"轴心文明"，不但是一个为审美活动提供特殊载体的自然人化的过程（以符号交流的信息世界取代实体交流的自然世界）、一个为审美活动提供特殊内容的个体社会化的过程（以等价交换原则实现人的全部社会关系），还是一个为审美活动提供特殊视角的世界大同化的过程（以开放、流动的公共空间取代封闭特定的私人空间与共同空间）。在这当中，不但审美的本源被技术化加以转换、审美的能力被市场化加以转换，审美的领域也被全球化加以转换。② 美学的成为新"轴心时代"、新"轴心文明"中的主导价值、引导价值的引领者，因此也就势所必然。再如美学作为新"轴心时代"、新"轴心文明"中的主导价值、引导价值的引领者还是无神时代的必然结果。20世纪之初，哥白尼的日心说、达尔文的进化

---

① ［德］恩斯特·卡西尔：《人论》，甘阳译，上海译文出版社2013年版，第389页。
② 参见潘知常《美学的边缘——在阐释中理解当代审美观念》，上海人民出版社1998年版，《大众文化与大众传媒》，上海人民出版社2002年版。

论、马克思的唯物史观、爱因斯坦的相对论、尼采的酒神哲学、弗洛伊德的无意识学说、分别从地球、人种、历史、时空、生命、自我等方面把神——进而把人从神圣的宝座上拉了下来。"生命的英雄维度的失落，人们不再有更高的目标，不再感到有某种值得以死相趋的东西。"① 因此，也就"不承认任何约束的边界，不承认任何给定的、我在行使自觉选择时不得不尊重的东西"，② 由此，虚无主义也就应运而生。它堪称人类在对"人的自我异化的神圣形象"的批判中所出现的"非神圣形象中的自我异化"。③ 由此，在消解了"非如此不可"的"沉重"之后，人类又必须开始面对着"非如此不可"的"轻松"。以莎士比亚的哈姆雷特和加缪的西西弗斯为例。按照昆德拉的说法，前者可以称之为"重"，后者则只能称之为"轻"。因此，无论作为"人的自我异化的神圣形象"的"神"的生存，抑或作为"非神圣形象中的自我异化"的"虫"的生存，也都已经不复是人类的理想。值此之际，美学作为主导价值、引导价值的引领者，也就登上了历史舞台。美学从自身学科的"溢出"，诸如"美学热"与"热美学"的出现，诸如西方从康德、席勒、叔本华、尼采、海德格尔、法兰克福学派以及福柯等诸多思想大家的以美为尊，也诸如中国的"以美育代宗教"（蔡元培）的从"以科学代宗教"（陈独秀）、"以伦理代宗教"（梁漱溟）、"以哲学代宗教"（冯友兰）、"以主义代宗教"（孙中山）……中的脱颖而出，就都不难得到合理的解释。

不过，我过去的阐释都集中在新"轴心时代"、新"轴心文明"为什么需要以美学作为新"轴心时代"、新"轴心文明"中的主导价值、引导价值的引领者，但是却未能进而阐释：美学为什么能够作为新"轴心时代"、新"轴心文明"中的主导价值、引导价值的引领者。

这当然还要从宗教为什么能够作为"轴心时代"、"轴心文明"中的主导价值、引导价值的引领者说起。已如前述，在人类历史上，第一个"溢出"了自身的学科的，是宗教。在古代中国，是"以天

---

① ［加］泰勒：《本真性的伦理》，程炼译，上海三联书店2012年版，第4页。
② ［加］泰勒：《本真性的伦理》，程炼译，上海三联书店2012年版，第83—85页。
③ 《马克思恩格斯全集》第1卷，人民出版社1956年版，第453页。

为宗",在近代的西方,则其实就是客观化、世俗化了的基督教地域。甚至"实际上欧洲的文艺复兴并不是以科学为导向的",① 而是"宗教改革代表了现代民族国家的演进史中的一个时代。"② 例如英语短语,不论是"西班牙式价值观"还是"英国式价值观",都与宗教有关。因此。它的"重要性在于它有能力为个人或群体提供一个关于世界、自身以及他们之间的关系的普遍而独特的概念的源泉。一方面是它的属于模型;另一方面是它的为了模型,即根本的、明确的'心智'的气质。反过来,由这些文化功能又产生了它的社会和心理的功能。"③

宗教作为"轴心时代""轴心文明"中的主导价值、引导价值的引领者无疑也有其历史的合理性。即便是后来科学的问世曾经与宗教出现过激烈的对抗,对于这一历史的合理性,我们也还是要予以正视。这是因为,宗教代表着人类所自我建构的第一个超自然超现世的根本价值,也代表着人类的第一次觉醒。生命不再是自然的、有限的,而是灵魂的、无限的。"成神"而不是"成人",由神开始而不是由人开始,因神而生而不是因理性而生,诸如此类的思考,也成为人类的一种全新的抉择。它代表着"神性"的被绝对化,也代表着人文理性对于人的"内在自然"的征服,这就正如爱德华·泰勒指出的:宗教起源于万物有灵的观念,因此,其本质乃是"对于精灵实体的信仰"。詹姆斯·弗雷泽也指出:宗教是对超人力量讨好并祈求和解的一种手段:"我说的宗教,指的是对被认为能够指导和控制自然与人生进程的超人力量的迎合或抚慰。"④ 当然,这一切也并非事出无因。在人类文明之初,由于种种条件局限,不得不置身于马克思所谓的"人依附于自然"的发展阶段,自然也无力支配自己的命运,值此之际,人类

---

① [美] 斯塔夫里阿诺斯:《全球通史》下,董书慧等译,北京大学出版社2005年版,第373页。
② [美] 斯塔夫里阿诺斯:《全球通史》下,董书慧等译,北京大学出版社2005年版,第383页。
③ [美] 克利福德·格尔茨:《文化的解释》,韩莉译,译林出版社1999年版,第151页。
④ [英] 詹姆斯·弗雷泽:《金枝》上卷,徐育新等译,中国民间文艺出版社1987年版,第7页。

只能在幻想中以一种极端的方式表达自己对于理想与超越的希冀与追求。而"宗教是人的本质的异化",在马克思看来,"宗教是被压迫生灵的叹息",是"人的自我异化的神圣形象""宗教是还没有获得自身或已经再度丧失自身的人的自我意识和自我感觉""宗教是人的本质在幻想中的实现",是"锁链上那些虚幻的花朵"① 作为以异化形式达到的自我意识、否定性的自我意识,宗教把"人的本质变成了幻想的现实性",是人的本质在神圣形象中的自我异化。人类的超越本性在异化了的神圣形象得到抽象的表达。这表达,为人类提供虚幻的精神支撑,也成为人类的精神天空。②

人似乎天生就有宗教的因子,也天生就潜存着宗教的宿命。舍勒的看法就是如此:"人的生成与神的生成从一开始就是互为依存的。"③而且,说到底,神其实还是人的精神,"神即精神,神在一切宗教中均为精神。"④ "精神就是人身上的神性因素,是体现神性的自由。"⑤ 因此,神的出现与人的自我意识的出现其实互为表里。神,无非就是人的内在的理想世界、精神世界的客观化,也象征着人的自我意识的日趋成熟。为了见那地走出黑暗而且漫长的生命隧道,人必须站立起来了,必须不再匍匐于大地,也必须脱离动物,并且进而与自然脐带彼此断裂,这就必须虚拟出神。因为,只有在神的身上,人才得以发现自己的神性,也才能够看到自己的未来,看到自己的理想形象。而且,神既然如此完美,人自然也就愿意让自己神化,从而借助人与神的关系去解决自身的根本困惑。"人只有使能动性走出他自身,投射于外,才能理解他的能动性;这种投射产生出神的形象","因为我,人的真正'自我',只有通过神性自我迂回地发现自身。从完全特殊的神(局限于狭小活动领域)过渡到个性神,表明在通向直观自由主

---

① 《马克思恩格斯选集》第1卷,人民出版社2012年版,第2页。
② 在中国与西方,宗教形态又各有不同。在中国,宗教的本质是"还没有获得自身";在西方,宗教的本质是"已经再度丧失自身"。
③ [德]舍勒:《舍勒选集》,刘小枫选编,上海三联书店1999年版,第1360—1361页。
④ [德]黑格尔:《宗教哲学》,魏庆征译,中国社会出版社2005年版,第247页。
⑤ [俄]别尔嘉耶夫:《精神王国与凯撒王国》,安启念等译,浙江人民出版社2000年版,第28页。

体性的道路上迈出新的一步。"① 这"新的一步"当然就是神的出场的高级阶段,也就是宗教阶段。对此,众多学者都已经有所论述:"尽管每个宗教都有自己独特的发展道路,但其萌发的种子却到处都是一样的,这个种子就是无限观念。"② "而宗教的对象或知识范围是无限。"③ "真正的宗教本能即动因,只能是无限观念。"④ 因此,宗教的"上帝"只是为人而造,是人创造了"上帝"。"上帝"的全知全能全善只是人的渴望的投射,也只是因为我们还达不到,因此才把它投射到外面,加以客观化,非人化,然后,再去顶礼膜拜自己的这一投射。在这当中,最为关键的是,人与人的关系被人与神的关系取代。人首先要直接对应的是神,至于与他人的对应,则必须要以与神的对应为前提,这样,因为每个人都是不再经过任何中介地与绝对、唯一的神照面,每个人都是首先与绝对、唯一的神相关,然后才是与他人相关,每个人都是以自己与神之间的关系作为与他人之间关系的前提,而人与神之间的直接对应,无疑应该是自由者与自由者之间的直接对应,因此人也就如同神一样,先天地禀赋了自由的能力。于是,也就顺理成章地导致了人类生命意识的幡然觉醒。人类内在的神性,人之为人的不可让渡的绝对尊严、绝对权利,第一次被挖掘出来。这也正是所谓的以"宗教的名义"为人的解放开辟道路。

宗教之为宗教因此也就必不可免地带有极大的主观性,并且主要表现为一种精神文化。这是因为,宗教事实上正是人类为自己所建立起来的一个超出于二维平面的三维空间——精神空间。这完全是"不依赖于世界、不依赖于自然界和社会而依赖于上帝的精神性因素",因此"实质上……是一个有思维的精神"。⑤ 人是自然的一部分,但是

---

① [德]恩斯特·卡西尔:《神话思维》,黄龙保等译,中国社会科学出版社1992年版,第224—225页。

② [英]麦克斯·缪勒:《宗教的起源与发展》,金泽译,上海人民出版社2010年版,第31页。

③ [英]麦克斯·缪勒:《宗教的起源与发展》,金泽译,上海人民出版社2010年版,第15页。

④ [英]麦克斯·缪勒:《宗教的起源与发展》,金泽译,上海人民出版社2010年版,第237页。

⑤ [德]黑格尔:《哲学史讲演录》第三卷,贺麟等译,商务印书馆1954年版,第417页。

在人自身也还有超出自然的部分。超出自然的部分无疑不能用自然的方式来表达，因此，也就只能从精神的方式去阐释。正如卡西尔所说"人的本质不依赖于外部的环境，而只依赖于给予他自身的价值。"①而这"自身的价值"，则必须是自己规定自己，而不应是他物规定自己，也必须是超越作为他物规定的感性，必须是来自精神的自我理解，来自对于自身的精神的反思，来自对于自己完全自由的以及自己的一切都来自精神而不是来自自然的深信与确认。这无疑是一个"大写的人"。它通过对于上帝的信仰而升华了人的存在，意味着精神与自然的截然区分，意味着精神的高于自然，意味着精神对于自己完全自由的以及自己的一切都来自精神而不是来自自然的深信与确认。而这也就必然地导致了世界的"绝对的形式化"。一切的一切都以人的情感为内在动因和内容。万事万物都成了精神传达的要素、符号、象征……前逻辑思维的类比律、渗透律渗透其中。贝尔纳指出："人类同自然界最早的接触几乎谈不上有什么科学性质。人类在最早同自然界接触的时候，一定是先接触到自然界中同他有最直接关系的事物，即他自己的那一群人，他需要用来作为食物和用来加工制成其他产品的动植物。我们现在知道：这些是自然界中最复杂的部分，我们至今在很大程度上还无法用纯科学技术加以控制。所以，太古人以大不相同的方法来应付它们是不足为奇的，而且事实上也是绝对必要的。……因此，最初人们不可避免地要从社会行为的角度来解释外部世界，也就是说，把动植物甚至无生命的东西都看作是人，理应受到部落非正规成员的待遇。在这个阶段，逻辑和科学思想不仅是不可想象的，而且也是毫无用处的。"②"从社会行为的角度来解释外部世界"的方法，其实是一种前逻辑思维的拟人化方法。因为宗教是"信以为真"的，本来是情感对象，但却往往"信"以为认识对象、往往"信以为真"。这当然是主观想象的产物，既与可靠的感性材料无关，也与严谨的逻辑思维无缘。由此描绘而出的世界图画也仅仅是人的主观创造，但是，却具备了极

---

① [德] 恩斯特·卡西尔：《人论》，甘阳译，上海译文出版社2013年版，第13页。
② [英] J. D. 贝尔纳：《科学的社会功能》，陈体芳译，张今校，商务印书馆1982年版，第50页。

大的精神感召力，也彰显着人的主观精神世界的巨大威力。因此从一定的意义上讲，无疑是具有积极性的，也是一种文化进步的表现。而且，从人类宗教的对于更加超越、更加美好和更加重要的价值的认同角度而言，这也是无可非议的。

宗教在"轴心时代""轴心文明"的作为主导价值、引导价值的引领者，因此也无疑是显而易见的。这就犹如西方人类学家瓦茨剖析的："要衡量一个民族的文明程度，几乎没有比这更可靠的信号和标准的了——那就是看这个民族是否达到了这一程度，纯粹的道德命令是否得到了宗教的支持，并与它的宗教生活交织在一起。"① 尤其是，正如佛洛姆所提示的："我们必须看到隐藏在其背后的、真正的宗教结构，虽然我们并没有意识到这一结构本身，只有这种宗教性的性格结构中所固有的人的能量成为炸药，并要去摧毁现存社会—经济条件时，我们才能意识到它。"② 在这方面，广而言之，应该说，"宗教自由是世俗自由的源泉"，也是"所有自由之母"。③ 因此，它对于社会崛起的重大推动作用，也就在于其中"起拯救作用的，并不是宗教本身，而是宗教信仰所提倡推行的仁爱与正义。"④ 由此出现的以人为终极价值的，以人为目的，就是其中的共同价值。唯有它，才堪称为世界各民族所共同"发现"，也为各民族所共同"认可"。因此而引发的人类生活世界的种种变革，则都可以看作是宗教"神学系统"的推演。人类社会的政治制度、市场观念、国家政体、法律条文、科学技术教育方针、道德信念、审美趣味……全都难免宗教"神学系统"的制约和影响。甚至，人类一切的愿望均可由宗教来实现，人类一切的困难也均可由宗教来解决。人们对宗教的评价、期望、信赖，可以称之为对于宗教的迷信与崇拜。

具体言之，我们则不能不举出基督教的例子。在这方面，韦伯关

---

① 瓦茨。转引自[德]包尔生《伦理学体系》，何怀宏等译，中国社会科学出版社1988年版，第355页。
② [美]埃里希·弗洛姆：《占有还是生存》，关山译，生活·读书·新知三联书店1989年版，第263页。
③ [英]阿克顿：《自由与权力》，侯健等译，商务印书馆2001年版，第76、399页。
④ [法]让·博泰罗等：《上帝是谁》，万祖秋译，中国文学出版社1999年版，第161页。

于新教与资本主义精神的经典研究,是一个人所共知的例证。"很久以前,基督教曾完成一场伟大的精神革命,它从精神上把人从曾经在古代甚至扩散到宗教生活上的社会和国家的无限权力下解放出来。它在人身上发现了不依赖于世界、不依赖于自然界和社会而依赖于上帝的精神性因素。"① 应该说,别尔嘉耶夫的这段话所道出的,正是新教与资本主义精神的内在奥秘。诸如正义优先、民主制度、市场经济。"契约"社会、"开放社会",以及"上帝面前人人平等""法律面前人人平等",也应该说,都与基督教作为引领者直接相关。总之,就正如威廉·巴雷特在论及宗教的历史贡献的时候曾经所断言"这个转变是有决定性的。"② 由此,我们才会理解,为什么尼布尔会表彰:"正是基督教信仰把个人从政治集团的暴政中解放出来,并使个人有一种信念:借此个人便能公然蔑视强权的命令,使国家企图将他纯粹当做工具的企图落空。"③ 黑格尔又为什么会断言:"单个人独立的本身无限的人格这一原则,即主观自由的原则,以内在的形式在基督教中出现","主观性的权利连同自为存在的无限性,主要是在基督教中出现的"。④ 而我本人也一直都在呼吁,在"民主""科学"背后,还存在着为我们所忽视了的基督教的强大作用力。总之,威尔·杜兰把基督教与新文明之间的关系比喻为母子关系⑤而汤因比则直接把近代西方文明称为基督教文明的说法,十分值得我们注意。

作为主导价值、引导价值的引领者,宗教自然也并不十全十美。从人类进化史的角度讲,宗教的进步意义当然不容抹杀。例如,宗教的对于精神的崇尚,无疑极大抑制了人的动物性,特别是在人类社会的早期,没有极大的文化约束,人的动物性是不可能自觉收敛的。当然,实事求是而言,基督教自身也还确实存在根本不足。其中最主要的,就是宗教自身被完全彼岸化了,也被完全神化了。在其中,"精

---

① [俄]别尔嘉耶夫:《精神王国与恺撒王国》,安启念等译,浙江人民出版社2000年版,第34页。
② [美]威廉·巴雷特:《非理性的人》,杨照明等译,商务印书馆1995年版,第95页。
③ 转引自刘小枫《走向十字架上的真》,上海三联书店1995年版,第238页。
④ [德]黑格尔:《法哲学原理》,范扬等译,商务印书馆1961年版,第200—201页。
⑤ [美]威尔·杜兰:《世界文明史》,幼狮文化公司译,东方出版社1999年版,第62页。

神不能依赖于自然界和社会,并由它们来决定。精神是自由,但精神在历史上的客体化过程中产生了许多使权力的威信得以巩固的神话。这就是宗教领域的最高统治权的神话。"① 而且,"……宗教自称拥有一种绝对的真理,但它的历史却是一部有着错误和邪说的历史。它给予我们一个远远超出我们人类经验的超验世界的诺言和希望,而它本身却始终留在人间,而且太人间化了。"② 这就是说,基督教希冀维护人的神圣性、人的精神因素,这并不能算错,但是,一旦片面地将之完全终极化。而且以主体牺牲自己的独立作为代价,这就完全令人无法接受了。也因此,宗教作为引导者,在对于主导价值、引导价值的影响方面,也产生了极为严重的消极作用。它的被作为后继的引导者——科学取代,也是顺理成章的事情。

还顺便要指出的是,无论是科学还是美学,在宗教都只能作为辅助型的因素而存在。科学不成其为科学,美学也不成其为美学。其中的原因,当然是因为情感因素与认识因素的混淆不分。不过,这并非宗教自身所蓄意,而是进化过程本身使然。人类思维的不发达,恰恰是从情感与认识混淆不分开始的。宗教立足于这"混淆不分",是历史的局限,而不是自身的错误。科学文化与审美文化因此而仅仅作为从属的文化存在,也是必然的。宗教的走出教堂与宗教的对于美学的殿堂、科学的课堂的扭曲,同样是必然的。具体来说,宗教以情感为内容而以认识为形式,在科学的问题上,会以情感尺度取代认识尺度,强行把情感的结果作为认识的结果公之于世,而且只能笃信、膜拜,不容质疑、异议,更不允许提出不同于宗教的意见。因此科学成为神学的婢女,宗教教条却摇身一变成了绝对真理。而在美学的问题上,尽管宗教没有像反对科学那样地反对美学,但是对于自身的崇尚情感一无所知,以至于硬是要将认识成果当作情感成果。在阻碍科学发展的同时,也阻碍了美学的发展。宗教中的情感的因素,作为情感的表现形式,最终却并不是走向审美活动,而是以认识尺度取代了情感尺

---

① [俄]别尔加耶夫:《精神王国与凯撒王国》,安启念等译,浙江人民出版社2000年版,第41页。

② [德]恩斯特·卡西尔:《人论》,甘阳译,上海译文出版社2013年版,第122页。

度，走向了为宗教服务的死路。

二　"溢出"了自身的学科的科学

在人类历史上，第二个"溢出"了自身的学科的，是科学。

随着社会的逐步发展，从19世纪之初开始，哥白尼的日心说、达尔文的进化论、马克思的唯物史观、爱因斯坦的相对论、尼采的酒神哲学、弗洛伊德的无意识学说，分别从地球、人种、历史、时空、生命、自我等方面把"宗教"从神圣的宝座上拉了下来，因而也在一点点地打破着这个人们曾经见惯不惊的"人的生活无可争辩的中心和统治者"、"人生最终和无可置疑的归宿和避难所""精神容器"或"精神模子"。

历史何其残酷！作为一个脱离了现实世界的孤立的抽象个体，西方人本来是希冀在虚幻的王国内寻求来世的幸福，可是，现在社会的发展却无情地粉碎了这个虚幻的王国。我们看到，"到17世纪末，它就开始失去对西欧知识阶层的统治力量。在以后的三个世纪中，基督教的衰败趋势越来越广泛，以至扩大到西欧社会的各个阶层。与此同时，在占人类多数的西欧以外的各个民族，……他们从自古以来就沿袭下来的宗教、哲学的统治中解放了出来。这就是说，俄国的东正教、土耳其的伊斯兰教，还有中国的儒教都失去了统治力量。"① 正如海因里希·奥特所说："今天，谁要谈论上帝，谁要思考上帝问题，他就必须明白一点：上帝在我们这个时代被打上问号了。"也正如巴雷特所指出："西方现代历史——我们这里所指的是从中世纪末到现在这漫长的时期——的处于中心地位的事实，无疑是宗教的衰微。"② 对此，我们可以看作是宗教自身的"祛魅"。例如，"新教教义成功地促进了资本主义的兴起，但也为自己敲响了丧钟。"③ "当竭尽天职已不

---

① ［英］汤因比、池田大作：《展望21世纪》，荀春生译，国际文化出版公司1985年版，第379页。
② ［美］威廉·巴雷特：《非理性的人》，杨照明等译，商务印书馆1995年版，第23页。
③ ［美］史蒂文·塞德曼：《有争议的知识》，刘北成等译，中国人民大学出版社2002年版，第40页。

再与精神的和文化的最高价值发生直接联系的时候,或者,从另一方面说,当天职观念已转化为经济冲动,从而也就不再感受到了的时候,一般来讲,个人也就根本不会再试图找什么理由为之辩护了……财富的追求已被剥夺了其原有的宗教和伦理含义,而趋于与纯粹世界的情欲相关联。"① 但是,我们也可以看作是新的"统治力量"对宗教的取而代之。这个新的"统治力量",布热津斯基称之为"越来越自由放纵的文化":"越来越自由放纵的文化利用政教分离的原则,把宗教的因素挤了出去",② 马克思则称之为"自然科学":"自然科学虽然不得不那样直接地完成着非人化过程,但它却更加以工业为媒介实践地透入和改造人的生活并且准备着人的解放。"③

世界之为世界,曾经是宗教的一统天下。但是,现在却开始遭遇了挑战。1799 年前后,拉普拉斯完成了自己的巨著——《天体力学》。当他把新著送给自己昔日的学生拿破仑的时候,后者却十分困惑:这里面怎么没有上帝呢?拉普拉斯的回答是:"陛下,我不需要这个东西了。"1833 年,在剑桥召开的一次英国科学促进会的会议上,著名科学史和科学哲学家威廉·休厄尔建议:可以仿照"艺术家"(artist)一词创造出一个新词:"科学家"。因为,发现世界的本质曾经始终是宗教的工作,现在,科学挺身而出:只有科学才能够发现世界的本质。也因此,从宗教进入科学的人们也期待着为自己命名。就是这样,科学,在宗教之后成了主导价值、引导价值的引领者,也就是所谓的"人的生活无可争辩的中心和统治者"、"人生最终和无可置疑的归宿和避难所""精神容器"或"精神模子"。而且,"科学"也堂而皇之地成了一个形容词、一个副词:"科学的""科学地",例如科学地看世界、科学精神、科学态度。甚至,人类的"生命充满了科学经验",俨然也已经是一个时代的必然。这就正如巴雷特所发现的:现在,

---

① [德]韦伯:《新教伦理与资本主义精神》,于晓等译,生活·读书·新知三联书店 1987 年版,第 142—143 页。
② [美]兹比格涅夫·布热津斯基:《大失控与大混乱》,潘嘉玢等译,中国社会科学出版社 1994 年版,第 82 页。
③ 《马克思恩格斯文集》第 1 卷,人民出版社 2009 年版,第 193 页。

"人在寻求自身的人类完善时，就将不得不自己去做以前由教会不自觉地通过其宗教生活这种媒介替他做的事。"① 在过去，"由教会不自觉地通过其宗教生活这种媒介" 当然是主导价值、引导价值，而现在，这个 "不得不自己去做" 的 "媒介" 又是什么呢？当然就是科学。科学，现在已经一跃而成了在宗教之后的主导价值、引导价值的引领者，成了世界观。这就是施泰格缪勒所瞩目的 "世界观哲学"："我们首先遇到的是世界观哲学，它想要取代宗教满足人们对形而上学的需要，企图对那些不能再从宗教找到支持的人给以支持。"② 这也是怀特海所钟情的 "哲理性神学"："在一个表面上以各种无情的强制冲突为基础的世界，让人们理性地理解文明的兴起以及生命本质的脆弱性，这正是哲理性神学的任务。"③

科学作为主导价值、引导价值的引领者的核心是："信以为真"。

我们知道："文化观念方面的变革具有内在性和自决性，因为它是依照文化传统内部起作用的逻辑发展而来的。在这层意义上，新观念和新形式源起于某种与旧观念、旧形式的对话与对抗。"④ "信以为真" 就是缘起于与宗教的 "信以为神" 的 "旧观念、旧形式的对话与对抗"。这是 "依照文化传统内部起作用的逻辑发展而来的"，也是科学为自身所寻觅到的一种得以自明、得以自立的逻辑支点、一种为阐释自身的合理性而自我设定的阿基米德点。它是逻辑的而并非实在的，是功能的而并非实体的，是预设的而并非现实的。这当然是因为，在宗教而言，是人类意识的认识与情感的尚未分化，而且认识与情感也均不发达。因此主观的情感评价被误认为客观认识就是完全无法避免的，在神性与物性的对抗中走向神性也是完全无法避免的。在科学而言，却是认识因素从情感因素的剥离，也是认识因素从情感因素的独立。而且，认识因素还迅即沿着自己的道路迅速发展起来，从宗教的

---

① [美] 威廉·巴雷特：《非理性的人》，杨照明等译，商务印书馆1995年版，第24—25页。
② [德] 施泰格缪勒：《当代哲学主流》上卷，王炳文等译，商务印书馆1986年版，第1—2页。
③ [英] 怀特海：《宗教的形成 符号的意义及效果》，周邦宪译，译林出版社2014年版，第185页。
④ [美] 丹尼尔·贝尔：《资本主义文化矛盾》，赵一凡等译，生活·读书·新知三联书店1989年版，第101页。

"神创论"的世界走向了自己的"构成论"的世界。绝对客观、毫无情感因素的掺杂,以符合客观为荣,也以不符合客观为耻,这当然已经是对于"物性"而并非"神性"的关注。世界不再是精神的而是物质的。"上帝死了",现在需要的只是工具理性对于人的外在自然的征服,所有的问题因此而有了新的解决方向,而且还是与宗教的解决方向完全不同的。宗教时代因此而被科学时代取代,"见神不见人"因此而被"见物不见人"取代。过去是"上帝就是力量",现在,却已经是"知识就是力量"了。"信仰的人"摇身一变,成了"知识的人"。科学,成了一切价值中的最高价值。人类因此而从"宗教时代"跨入了"科学时代"。

理所当然的是,曾经的"神性"被"理性"取而代之。

理性,是科学时代高扬的一面旗帜。按照卡西尔在《启蒙的哲学》中的描述,理性是整个科学时代"统一的核心观点",它表达了那个时代的"热望"与"奋斗目标"。因此,康德曾经大声疾呼:"要有勇气使用你自己的理性!"[①]

由此而最终形成的,当然就是以片面高扬人的理性性质为特征的思想传统。它约束着人们的想什么与不想什么,也约束着人们的怎样想与不怎样想。前者,是所谓的思维取向,后者,则是所谓的思维模式。

所谓的思维取向,意味着外在的对象性思维的建构。

外在的对象性思维是一种把一切都看作对象的对于世界、人生的解读方式,也是一种"见物不见人"的对于世界、人生的解读方式。这是一种揭示对象在时间历程中表现出来的普遍必然的因果关系的方式。简单来说,在理性主义传统,不论其中存在着多少差异,在假定存在一种脱离人类生命活动的纯粹本原、假定人类生命活动只是外在地附属于纯粹本原而并不内在地参与纯粹本原方面,则是十分一致的。因此,从世界的角度看待人,世界的本质优先于人的本质,人只是世界的一部分,人的本质最终要还原为世界的本质,就成为理性主义的

---

① [德]伊曼努尔·康德:《道德形而上学基础》,孙少伟译,九州出版社2007年版,第169页。

基本的特征。而且，既然作为本体的存在是理性预设的，是抽象的、外在的，也是先于人类的生命活动的，显然只有能够对此加以认识、把握的认识活动才是至高无上的，至于作为情感宣泄的审美活动，自然不会有什么地位，而只能以认识活动的低级阶段甚至认识活动的反动的形式出现。当然，这是完全合乎理性主义传统的所谓理性逻辑的。在历史上，我们看到的，也正是这样的情景。可以说，从亚里士多德的"'何谓实是'亦即'何谓本体'"，一直到笛卡尔的"我思故我在"，都是从理性、本质的角度对于巴门尼德的"能被思维者和能存在者是同一的"这一命题的片面阐释。总而言之，只有理性本身才是世界的本体、基础。它或者是在客体中表现为必然性，与人对立，或者是在主体中表现为理性，与感性对立。至于审美活动，则只能是一种作为本体的理性世界的附庸的生命活动。因此，"对象的客观合目的性"，"绝对精神的感性显现"，就是它最好的定义。审美活动是认识活动的低级阶段，也就成为对于审美活动的本质规定了。当然，传统美学也可以承认直觉，例如柏拉图，但是却只是出于要证明审美活动不具备尊贵的理性地位的狭隘目的，因此，也就谈不上承认它的独立性、本体地位了。

换言之，外在的对象性思维的核心是为现象世界逻辑地预设本体世界。因此它要求从千变万化的现象、经验出发，去把握在它们背后的永恒不变的规律性、本质性的东西——现象后面有本质、表层后面有深层、非真实后面有真实、能指后面有所指。由此推演，理性主义为自己确立了一系列独特的规范。例如，对普遍有效的真理的追求，对不变的知识基础的执着，对永恒的理性本体的迷恋，是它的根本特征；主体对客体、思维对存在加以把握的最终根据，是它所关注的焦点；主观与客观的严格区别所导致的主客二分的认识框架和二元对立的思维方式，是它的致思趋向；通过对人类认识的本质的反思找到知识确定性和思想客观性的最终根据，从而对人类认识的永恒性的理性基础作出最终阐释，是它的思想前提；确定理性的本体（本体论），考察认识主体怎样把握这一本体（认识论），考察达到对于本体的把握的方法与手段（方法论），是它的哲学使命；而理性万能、理性至善、理性完美,则是它的根本内涵。

不难看出,在外在的对象性思维的背后,是一种人类的"类"意识的觉醒、本质力量的觉醒。为了摆脱长期以来的依附于自然的屈辱地位,强调自身与自然的差异与对立,人类不惜采取彻底隔断理性与非理性、心灵与肉体的密切联系的断然措施,这正是理性主义出现的权力基础。结果,人类首先为自然强加上自己的"本质",断言"每一种殊异都有齐一性,每一种变化都有恒定性",① 一方面把纷纭复杂的自然世界在空间上逻辑地预设为一种被解构了对立差异关系的抽象的必然的同一对应关系(作为一种殊异现象中所存在的齐一性,实际上只有通过抽象思维及其逻辑过程才能被揭示并把握);另一方面把千变万化的自然世界在时间上逻辑地预设为一种预成论意义上的必然的因果对应关系(作为一种发展变化中所存在的恒定性,实际上只有通过抽象思维及其逻辑过程才能被揭示并把握)。其次人类又为自己所强加的"本质"作出了价值判断。所谓"人是理性的存在物",理性即人的本质,理性即善,从而在时间维度和空间维度上为历史、进步、文明、现代化……一系列范畴的问世奠定了基础。我们不会忘记,M. 兰德曼剖析进化论时就曾指出,它是"从单纯地考察形态上的相似进到研究遗传的发展,从'此后'进到'因此'"。② 在这里,自然、历史发展的前后顺序都被赋予一种内在的因果必然联系,从而有了一种评价意蕴。弗雷泽在谈到人类的进化时也曾说:"人类的思想在构筑自己最初的粗糙的人生哲学时,在许多表面上的歧异下边,有一种根本的类似性。"③ 这样一来,不同民族之间的特殊差异也都被赋予一种内在的普遍必然联系,从而也有了一种评价意蕴。最后,人类还从历史目的论的角度对理性加以确认,指出理性的力量即人的本质力量,理性的实现即人的本质力量的确证,因此,"前途是光明的,

---

① 转引自北京大学哲学系外国哲学史教研室编译《西方哲学原著选读》下卷,商务印书馆1982年版,第38页。
② [德] M. 兰德曼:《哲学人类学》,张乐天译,上海译文出版社1988年版,第156页。
③ 弗林泽语。转引自[英]埃里克·J. 夏普《比较宗教学》,吕大吉等译,上海人民出版社1988年版,第118页。

道路是曲折的，"社会是线性地从落后走向进步，人类是线性地从愚昧走向文明，人类的明天肯定优越于今天。结果，绝对肯定理性的全知全能、关注人的主体性，呼唤对于自然的征服，并且刻意强调在对象身上所体现的人"类"的力量，就必然成为理性主义的唯一选择。

由此我们看到，按照黑格尔的分析：在近代，尤其是"从宗教改革的时候起"，人才"发现了自然和自己"，① 于是，随着科学时代的到来，被基督教孜孜以求地加以虚构的"大写的人"解体了，真实的个体被逐渐剥离而出。昔日的"上帝"变成了现在的"自己"；过去的"成为一个基督徒"变成了现在的"成为一个人"。不过，置身于理性主义的背景之中，这个人本身又是被"理性化"了的，并且与人类对于自身的理性本质的强调密切相关。人类开始以能超出于自然而自豪，以会思想而自豪，也以有理性而自豪，坚信理性可以包容一切、阐释一切、从容不迫地傲视一切。其中充满了对自身的自恋与自信。例如，当彼特拉克说：我不想变成上帝……属于人的那种光荣对我就够了。这是我所祈求的一切，我自己是凡人，我只要求凡人的幸福。学者们也就合乎逻辑地将他称之为："第一个近代人"。联想到法国革命时的把巴黎圣母院改为理性之殿，以及巴黎公社社员高唱的"从来就没有什么救世主"，联想到卢梭、伏尔泰、孟德斯鸠、费尔巴哈、狄德罗的把罪恶归因于社会，以及以人间天堂僭代上帝之城、以英雄僭代圣人，以人神僭代神人。这一点无疑是显而易见的。不过，科学时代关注的毕竟仅仅是"理性的人"。它的抬高人，确实抬高的也毕竟仅仅是人的理性的深度。这当然是为了摆脱长期以来人类依附于神的屈辱地位，所以，爱因斯坦才会说：只有两种东西是无限的；宇宙和人类的愚蠢。《巴黎圣母院》中有一句歌词也才会这样去唱：人类妄图企及星辰的高度，将自己的名字镌刻上教堂的石碑！

因此，十分显然的是，外在的对象性思维关心的是如何看待一般与个别的关系，以及如何达到一般知识。在这里，知识是有关一般的知识，只有关于一般的知识才是知识，只有知识才是善，只有善才是

---

① ［德］黑格尔：《哲学史讲演录》第4卷，贺麟等译，商务印书馆1997年版，第3—4页。

正当的，因为只有有关一般的知识才有存在的必要。结果，"人是什么"这一提问方式成为基本的提问方式。在这里，"什么"代表着一种对于作为一般知识的"普遍""本质""本体""共性""根据""共名"的追问。最终，绝对肯定理性的万能、至善和完美，绝对肯定人的理性存在的优先地位，关注人的主体性，关注主体与客体的二元对峙，确信"人是世界的主人"，确信"人类自由的进步"可以等同于"人类理性的进步"，呼唤对于自然的征服，并且刻意强调在对象身上所体现的人"类"的力量，就成为传统哲学的必然选择。因此，外在的对象性思维的核心是为现象世界逻辑地预设本体世界，而且从千变万化的现象、经验出发去把握在它们背后的永恒不变的本体世界。然而，由于事实上这一本体世界不可能是"天赋"的，而只可能是"人赋"的。因此，这"逻辑的预设"实际上就意味着对于人类自身的一种"力量假设"：认为人无所不能，认为"一切问题都是可以由人解决的"。① 结果，必然导致一种人类的"类"意识的觉醒、本质力量的觉醒。笛卡尔提出的"我思故我在"，这一"觉醒"的痕迹清晰可见。而到了黑格尔，则干脆将笛卡尔的"我思"中的"我"再次加以阉割，使得"思"得以更为片面地突出，从而把理性纳入本体论的高度。随之而来的，自然就是"根据纯粹的理性，即根据哲学，自由地塑造他们自己，塑造他们的整个生活，塑造他们的法律。"②

所谓的思维模式，则意味着二元的对立性思维的建构。

与理性主义密切相关，二元的对立性思维的成熟应该以笛卡尔的出现作为标志。具体来说，西方的思辨历程伊始，就与对世界的一种抽象的理解相关。所谓"抽象的理解"即从对于世界的具体经验进入对于世界的抽象把握，这无疑是人类文明的一种"觉醒"。黑格尔就提出未经展开、未经概念整理的直觉只能是充分展开的、经过概念整理的思维的低级阶段，概念比直觉更真实，用概念加以陈述的东西比

---

① ［美］埃伦费尔德：《人道主义的僭妄》，李云龙译，国际文化出版公司1988年版，第14页。
② ［德］埃德蒙德·胡塞尔：《欧洲科学危机和超验现象学》，张庆雄译，上海译文出版社1988年版，第8页。

直观到的浓缩的东西更深刻。"抽象的理解"最初是指向抽象的外在性——这意味着实体性原则的诞生，意味着尽管抓住的只是世界的某一方面，一种有限的东西，但是却要固执地认定它就是一般的东西、无限的东西。当然，在人类从自然之中抽身而出的古代社会，这样刻意强调人同自然的区分，显然是一大进步——由此我们不难理解希腊哲学家泰勒斯声称"水是万物的本原"，为什么在西方哲学史中总是被认定为哲学史的开端，并且享有极高的地位，它意味着西方人真正地走出了自然，开始把人与自然第一次加以严格区分，开始以自然为自然，不再以拟人的方式来对待自然——但却毕竟只是一种抽象的自然，而且无法达到内在世界。在近代，则转向了抽象的内在性：这意味着主体性原则的诞生，意味着尽管抓住的只是主体的某一方面，或者是人区别于动物的某一特征，如理性、感性、意志、符号、本能，等等；或者只是人的活动的某一方面，如工具制造、自然活动、政治活动、文化行为……，然而却同样要固执地认定它就是一般的东西、无限的东西。无疑，这在强调人同内在自然的区分上是十分可贵的，通过这一强调，人才不但高于自然，而且高于肉体，精神独立了，灵魂也独立了。"目的"从自然手中回到了人的手中，古代的那种人虽然从自然中独立出来但却仍旧被包裹在"存在"范畴之中的情况，也发生了根本的改变。通过思维与存在的对立，人的主体性得到了充分的强调。不言而喻，它的标志就是笛卡尔的"我思故我在"。至于唯理论与经验论，无非是对于主体性的两个方面的强调。康德虽然进而把认识理性与实践理性作了明确划分，从而成功地高扬了人类的主体能动性，但也毕竟仍是一种抽象的主体。到了后康德哲学则开始尝试从抽象的外在性与抽象的内在性的对立走向一种具体性，以达到对于人类自身的一种具体把握。还有黑格尔和费尔巴哈，前者把历史主义引进到纯粹理性，以对抗非历史性，提出了所谓思想客体，后者则引进入的感性的丰富性以对抗理性主义对人的抽象，提出所谓感性客体，但他们所代表的仍旧是唯心主义或唯物主义的抽象性，也仍然是二元对立的模式。

二元的对立性思维是一种以建构为主的肯定性的思维模式，其中的关键是将"存在"确定为"在场",是所谓"在场的形而上学",于是世界万物的本质是什么以及人是否能够和如何认识世界万物的本质,就成为它所关注的中心。具体来说,它以经验归纳法(在其中普遍规定作为结果出现)和理性演绎法(在其中普遍规定作为自明的预设前提而存在)作为基本的思维途径,以普遍性作为基础,以与普遍性之间存在着指定的对应关系并且不存在开放的意义空间的抽象符号作为语言,以同一性、绝对性、肯定性作为特征,以达到逻辑目标作为目的。例如,孟德斯鸠在《论法的精神》中说:"每一种殊异都有齐一性,每一种变化都有恒定性"。① 这正是从空间和时间两个维度对抽象普遍性这一理性规定的揭示,即首先为自然强加上自己的"本质",断言"每一种殊异都有齐一性,每一种变化都有恒定性",从而一方面把纷纭复杂的自然世界在空间上逻辑地预设为一种被解构了对立差异关系的抽象的必然的同一对应关系(作为一种殊异现象中所存在的齐一性,实际上只有通过抽象思维及其逻辑过程才能被揭示并把握);另一方面把千变万化的自然世界在时间上逻辑地预设为一种预成论意义上的必然的因果对应关系(作为一种发展变化中所存在的恒定性,实际上只有通过抽象思维及其逻辑过程才能被揭示并把握)。我们在日常生活中经常会认定存在着关于世界的客观真理、认定思维之为思维就在于认识这个真理,返回真理,并且不作任何歪曲地直接面对真理,原因就在这里。显然,二元的对立性思维在西方社会与文明的进程中起到了重要的作用,而且至今也有其积极意义,然而,由于在二元的对立性思维中一切都是被"看作"的,因此它虽然可以成功地教人去借此获取知识,可以使人类去"分门别类"地把握世界,但一旦被推向极端就会导致一种先设想可知而求知,在可知中求知的考察,一种对于确定无二、只有一种可能性的 X 的求解,在某种意义上甚至可以说会导致一种懒惰的、"无根"的思维,枝干式的思维。

---

① 北京大学哲学系外国哲学史教研室编译:《西方哲学原著选读》下卷,商务印书馆1982年版,第38页。

二元的对立性思维的内涵包括三个层面。

首先是外在性。二元的对立性思维强调在实然世界的背后存在着一个应然世界,在我的背后存在着一个完美的"它者",因此在考察问题时坚持以外在的理性本体作为超验的预设。一方面,这理性本体在经验之外,是所谓"长存实体":"他们认为,一切可感觉的事物始终处于流变状态之中,因此,如果认识或思维要有对象,那么,除了可感觉事物之外,一定还存在着某些别的长存实体;因为,对于处于流变状态的事物,是无知识可言的。……他们赋予共相和定义以单独存在,而这也就是他们称之为形式的那种东西。"① 显而易见,在这里,"长存实体"就是理性本体。柏拉图的"理念"、亚里士多德的"形式因"、黑格尔的"绝对精神"都是如此,它是不证自明的,是一种不容反驳的假定,是在人的认识过程之前就存在的、预先设定的终极存在。另外一方面,这理性本体又在经验之中,正如文德尔班指出的:"亚里士多德则断言真正的现实(现存的东西)是在现象本身中发展的本质。他否认那种将不同于现象的东西(第二世界)当作现象之因的企图,并教导说,用概念认知的事物存在所具有的现实性只不过是现象的总和,而事物存在即在现象中自我实现。作这种认识之后,存在就完全具有本质的品格,本质是构成个别形体的唯一根源,然而只有在个别形体本身中本质才是现实的、真实的;并且一切现象的出现都是为了实现本质。"②

其次是二元性。既然在考察问题时坚持以外在的理性本体作为预设前提,在进一步考察研究对象时,就必然只能着眼于对象的静态内容的考察。二元的对立性思维正是这样做的。它首先推出一个至高无上的思维结构——"我思"和"我思"的对象,因此也就相应地把浑沌不分的世界割裂成思维主体和思维对象、思维的人与思维的世界,从而把浑沌的世界理性地剥离开来,建构为主体与客体,并"以消除这一对立"并且统一这二者作为自己的任务,而"这个统一,就是某

---

① [古希腊]亚里士多德。见周昌忠《西方科学的文化精神》,上海人民出版社1995年版,第12页。
② [德]文德尔班:《哲学史教程》上卷,罗达仁译,商务印书馆1993年版,第189页。

一假定客体的进入意识",① 马尔库塞说得更为清楚："西方文明的科学理性在开始结出累累硕果时,也越来越意识到了它所具有的精神意义。对人类和自然环境进行理性改造的自我表明,它自身本质上是一个攻击性的、好战的主体,它的思想和行动都是为了控制客体。它是与客体相对抗的主体。这种先天的对抗性经验既规定了我思也规定了我在。自然(自我本身及其外部世界),作为某种斗争、征服,甚至侵犯的对象而被'赋予'自我,因此它是自我保存和自我发展的前提。"② 继而,要保证主体与客体的对立,就必须把主体"看作"一种现成的、内在的认识者,把客体"看作"现成的、外在的被认识者,使得两者处于一种外在的关系之中,结果,就可能出现一个重大的误区:进行认识的主体(只有形式的同一性)与被认识的主体(具有内容的同一性)被混淆起来,都作为实体性的东西(康德就开始批评笛卡尔的"我在"是实体性的存在了)而被肯定下来。于是,在千变万化的现象背后去思考统一的永恒不变的存在,也就是对象的静态内容,也就成为可能。

最后是抽象性。既然在考察问题时坚持以外在的理性本体作为预设前提,并通过二元性的剥离分解以着重把握对象的静态内容,就必然导致把握方式的抽象性。这抽象性表现在,首先,在思维过程中固执的是以外在他律或者独立于人的外在世界作为自己的最终尺度,而与主观随意性截然对立,这必然导致认识上的客观主义态度即价值无涉或价值中立原则。不言而喻,这种价值中立原则只有在考察预设的对象的本质时,才可能实现。我们注意到,由于二元对立模式的渗透,西方所有的学科都在不遗余力地致力于把握现象后面的本质即本体,区别只是在于或者研究本体的不同性质,或者用不同性质去把握或刻画本体,道理就在这里。其次,在二元的对立性思维中坚持的是一种认识结果的普遍有效性。这种抽象普遍性只有通过理性能力对客体对象的解构才能实现,是理性的一个本质规定。它把对象所包含的对立

---

① [德] 黑格尔:《哲学史讲演录》第4卷,贺麟等译,商务印书馆1997年版,第5—6页。
② [德] 马尔库塞:《爱欲与文明》,黄勇等译,上海译文出版社1987年版,第77—78页。

（相异规定）和同一（相同规定）分离开来，使之成为互为外在的关系，然后，又舍弃相异规定，而唯独把相同规定剔除出来。显然，这相同规定不随时间的变化而变化，是在时间之外去思考对象的结晶。在此意义上，可以说，所谓静态内容，就是把实在的客观事物的本质从主观理性的角度加以建构，使之成为主体的对象。再次，在二元对立模式中需要借助概念，并且把本体世界呈现于概念，在这里，所谓概念不是常识意义上的，而是反常识意义上的；不是外延意义上的，而是内涵意义上的。这样，抽象性就有可能导致对于逻辑至上的态度的强调，对于逻辑、永恒、规律、本质、判断的强调，对于人性的本质性、抽象性的强调，对于意义、中心、先验、绝对、深度、一元、一般的强调。其中有可能出现的偏颇是：复杂的世界被简单化了，动态的世界被凝固化了，完整的生命被分门别类化了。所谓此是此，彼是彼，而且只有当世界先进入稳定状态之后，它才去加以研究。

更值得关注的，是作为主导价值、引导价值的引领者，科学所产生的重大影响。

乔治·萨顿说过，科学的历史虽然只是人类历史的一小部分，但却是本质的部分，是唯一能够解释人类社会的进步的那一部分。自然，他说的主要是西方人和西方的历史。但是也未尝不可看作是近代以来的人类历史。这就正如黑格尔所说："如果在一开始不把思想、理性认识列入世界历史，那末至少也应当这样对待世界历史：坚信其中有理性，或者坚信智力和自觉意志的世界不是偶然事件的牺牲品，而是应当显现在自知的概念的光辉中。"① "知识就是权力（力量）"的观念成为一种新的信念。宗教—形而上学的统一世界观让位于理性—形而上学的统一世界观，"那是一个拥有原理和世界观的时代，对人类精神解决它的问题的能力充满信心；它力图理解并阐明人类生活——诸如国家、宗教、道德、语言—和整个宇宙。"② 从自由、平等、博爱，到人权、理性、科学，种种新思潮极大地冲击了旧的封建秩序和

---

① 转引自［苏］列宁《哲学笔记》，人民出版社1974年版，第353页。
② ［美］梯利：《西方哲学史》，葛力译，商务印书馆1995年版，第421页。

价值体系。数字成了启蒙的规则,数学方法成了思想上的仪式,而且,甚至也支配着资产阶级的法律和商品交换。"理性成了用来制造一切其他工具的一般的工具。"①"技术的逻各斯被转化为持续下来的奴役的逻各斯。技术的解放力量——物的工具化—成为解放的桎梏;这就是人的工具化。"②

已如前述,理性主义是一种揭示对象在时间历程中表现出来的普遍必然的因果关系的方式,不难看到,西方的各门学科的名字的后面都有一个后缀 - logy,这表明西方任何学科都是对于某知识的逻辑体系。霍林格尔说:"自苏格拉底以来,哲学家们就渴望诉诸超历史的(或至少是普遍必然的)定义、标准和理论来为文化及其所有产物奠定基础"。③ 在近代社会,理性主义则渗透到了几乎所有的方面。例如经济的市场化、工业化,政治的民主化、法制化,社会生活的世俗化、文化的科学化、哲学的理性化,都是它的外在表现。具体来说,经济上是从农业经济到工业经济。例如复式记账法,它应合了把一切定量化、可衡量化、有价的对象。"产生伽利略和牛顿体系的精神,也就是产生复式簿记的精神,它类似于现代物理学和化学学说。它使用相同的手段,将各种各样的现象构建成巧妙的系统,而且,人们可以将它作为以机械学思想原理为基础构筑的第一座宇宙建筑物加以论述。"④ 政治上是从身份到法律的变化,社会开始通过法律来维持,而定律是 Law,法律的英文单词也是 Law,它们是同一个词儿,这当然事出有因。"法律至上"也就是"规律至上"。古罗马思想家西塞罗曾指出:"法律是最高的理性"、"真正的法律……适应于所有人且不变而永恒。"⑤ 孟德斯鸠也指出:"一般地说,法律,在它支配着地球上所有人民的场合,就是人类的理性。"⑥ 卢梭更把作为契约的法律看作

---

① [美] 梯利:《西方哲学史》,葛力译,商务印书馆 1995 年版,第 26 页。
② [德] 马尔库塞:《单面人》,左晓斯等译,湖南人民出版社 1988 年版,第 136 页。
③ 霍林格尔。转引自王治河《扑朔迷离的游戏》,社会科学文献出版社 1993 年版,第 35 页。
④ W. 桑巴特。转引自 [荷] O. T. 海渥《会计史》,文硕等译,中国商业出版社 1991 年版,第 10 页。
⑤ 转引自《读书》1992 年第 6 期。
⑥ 转引自严仲义《孟德斯鸠》,商务印书馆 1984 年版,第 23 页。

"人民公意",这是理性之抽象普遍性的政治表达。把个别意志(特殊规定)与公意(普遍规定)剥离开来,是对特殊性的过滤。社会生活上是从出世到入世的变化。过去是以信仰为基础,现在是以肉体为基础。肯定肉体的方式只能是理性的。对事业的追求、对创造的追求,是入世之必须,因为这是满足入世生活的保障。所谓成就欲、创造欲。"人们接受了科学思想就等于是对人类现状的一种含蓄的批判,而且还会开辟无止境地改善现状的可能性。"① "追求名声和成功的欲望、劳动的冲动就是现代资本主义赖以发展的力量;没有这些和人的一些其他力量,人类就不会有按照现代商业与工业制度的社会和经济要求采取行动的推动力"。② 文化层面上从伦理型文化转向科学型文化。哲学上是从封建愚昧到理性独断,转而以理性解释一切,即理性从非自足状态转向自足状态,成为理性的泛化。"我思故我在",在此,"我思"是不能怀疑的。

而在《资本论》一书中,马克思也讲过一段非常重要的话:"在商品生产者的社会内,社会的生产关系一般是这样形成的:他们把他们的产品,当作商品,也就是当作价值,并且在这个物质形式上,把他们的私人劳动,当作等一的人类劳动来相互发生关系。"③ 由此我们看到,在马克思看来,所谓商品社会,存在着四个关键词,这就是:"当作""等一""人类""抽象人"。

所谓"当作",是指商品社会中商品交换者的意识。在马克思看来,"在商品生产者的社会内,社会的生产关系"之所以形成的心理前提是:"他们把他们的产品,当作商品,也就是当作价值"。因为一件产品可以被"当作"商品,也可以不被"当作"商品。在原始社会中,"产品"并不被"当作商品",虽然有产品间的交换,那也只是建立在互通有无的基础上,交换的是使用价值,满足的则是使用上的需要。而"在商品生产者的社会内","产品"却被"当作商品"。在这当中,无疑隐含着一个心理意识的嬗变。

---

① [英]贝尔纳:《科学的社会功能》,陈体芳译,商务印书馆1982年版,第513页。
② [美]弗罗姆:《逃避自由》,莫乃滇译,台湾志文出版社1984年版,第26—27页。
③ [德]马克思:《资本论》第1卷,郭大力、王亚南译,人民出版社1953年版,第55页。

所谓"等一",正是对心理意识的嬗变的发现。它意味着:在把产品"当作商品"时,不再关注产品的使用价值,而只关注产品的交换价值。"它不承认任何阶级差别,因为每个人都像其他人一样只是劳动者"。① 社会特权、等级地位,都让位于彼此承认对方有独立的人格,都让位于"把他们的私人劳动,当作等一的人类劳动来相互发生关系"。

而这就涉及"人类"和"抽象人"。所谓"等一",即认为所有的人均为一类。这意味着从"类"的角度来看"人","人类"的概念便应运而生。于是,犹如只有从特定的目标出发,利用一点不及其余,物才成其为"物";也只有从特定的目标出发,利用一点不及其余,人才成其为"人"。在这里,男人、女人、有社会特权的人、无社会特权的人,以及那一切只属于个人的个性、魅力、幽秘,都被归纳、抽象、普遍化为一个共同的类。实际上,这无疑是一种人的物化。因为只有物才谈得上类。人要归纳、抽象、普遍化为一个共同的类,就必须首先把人等同于物。毋庸置疑,此时,"人类"正是"抽象人"。这"抽象人"把人分裂为对峙、冲突的两个极端:一端是把人等同于物("事"的抽象),以人为工具,以人为手段,以人为劳动时间的对等物;但另一方面,人又毕竟不是物,人又毕竟渴望着只属于个人的个性、魅力、幽秘。这样,就又导致了另外一端——把人认同为神("理"的抽象)。跻身宗教,这或许是商品社会中人恢复为人的第一步,也是唯一一步。难怪马克思会说:"崇拜抽象人的……教,是最适合的宗教形式。"

由上所述,我们或许终于可以恍然大悟:商品社会、市场经济之所以诞生的心理前提,正是这样一种"等一"意识、"人类"意识、"抽象人"意识。它是商品社会、市场经济得以产生的心理前提。为简明计,可以概括为:抽象化。抽象化是一种把一切都"当作"对象的对于世界、人生的解读方式。本来,万物皆流,任何人都无法再次踏入同一条河流。因此,人与物之间无法建立任何关系(不确定的人

---

① 《马克思恩格斯全集》第 19 卷,人民出版社 1963 年版,第 22 页。

与不确定的物之间无法对话），人与人之间也无法建立任何关系（不确定的人与不确定的人之间也无法对话）。然而，人类社会的发展又要求建立起各种关系。怎么办呢？只有通过分门别类的方式，抽刀断水，强行为世界、人生立法，把它们凝聚为一个又一个不同的对象，规定为一个又一个的物，才可能认定它们这些一直都在流转不已、变迁不已者始终是同一个对象。例如，一件产品，不论损坏到什么程度，在被交换之前，须归同一个人所有；一个变了心的丈夫，只要法定关系没解除，他就仍然是丈夫；一个离散多年的妻子，一旦重逢，虽然她的音容笑貌、身体发肤都发生了很大变化，却仍是妻子。在此基础上，商品社会、市场经济才建立起各种社会关系，如法律关系、法权关系、财产关系、交换关系、主客关系、契约关系直至建立起商品关系、私有制关系。显而易见，没有这种对于"对象"的固执，就没有商品社会、市场经济。

进而，按照美国汉学家郭颖熙先生的界定，作为主导价值、引导价值的引领者，科学之为科学，可以被归纳为一种"把所有的实在都置于自然秩序之内。并相信仅有科学方法才能认识这种秩序的所有方面（即生物的、社会的、物理的或心理的方面）的观点"。① 对此，美国当代汉学家费正清与史华慈的入门弟子艾恺（Guy Alitto）曾经用六个字加以概括，这就是："擅理智，役自然"。所谓"擅理智"，是指的亟待倾尽全力去高扬发挥人的理性；所谓"役自然"，则是指的一切的一切都亟待服从于人类的意志。具体来说，它包括：

1. 经济增长压倒一切，自然环境只是理应受人支配的资源。

2. 对科学技术的信念是有利可图；市场为追求财富最大化敢于冒最大风险。

3. 崇尚快速便捷的生活方式，人人只关注个人当下的权利、需求与幸福。

4. 生产与消费的增长永无极限，科技进步可以解决社会发展中的一切问题。

---

① 郭颖熙：《中国现代思想中的唯科学主义》，江苏人民出版社1995年版，第17页。

5. 强调竞争与民主、专业与效率、等级制度与组织控制。①

海德格尔的概括则是："明显和真正形成体系，在西方开始乃是作为追求数学的理性体系的意志。"它是"今天各门科学产生和存在的前提"。其中包括：1. 数学作为知识尺度占优势统治地位。2. 知识的自我确信的优先地位。3. "我思"的自我确信。4. 思维的本质规定成为存在的法庭。5. 知识与信仰的分裂。6. 人的解放与由之而来的征服与控制及重新赋形。②

随之而来的一切无疑都是有目共睹的。按照恩格斯的说法：自从哥白尼的学说动摇了宗教文化的根基，"从此自然科学便开始从神学中解放出来"。③按照贝尔纳的说法："从这时起科学就稳固了，科学已成为最关生死、最积极、又最有利润的事业——贸易和战争——所必需的了。到后来，科学的服务能够推广到制造、农业、甚至医学上去。……科学正开始在历史上树立标帜了。"④在科学时代，人类开足马力向自然进军，改天换地、填海造田，一心一意地要在人间建造天堂，世界也确实发生了天翻地覆的变化。由此，科学被理解成生产力、被理解成为"知识就是力量"。以至于在许多人看来，"赛先生"就是"赛菩萨"，科学就是新时代的《圣经》。科学唯一正确、唯一值得相信。科学至高无上。由此，对于科学的新迷信、新崇拜也日益增长。

然而，作为主导价值、引导价值的引领者，毋庸讳言的是，"科学在许多至关重要的方面都出了错。"⑤德国著名社会学家贝克甚至认为，科学是人类文明大规模不幸与苦难的"潜在原因"。⑥更不必说，"理性主义打破了宗教和教会对人思想的垄断以后，自己也变成了一种教条式的意识形态，同样不允许对它的假定进行检查，也同样不容

---

① ［美］查尔斯·哈珀：《环境与社会》，肖晨阳等译，天津人民出版社1998年版，第60—61页。
② ［德］海德格尔：《谢林论人类自由的本质》，薛华译，辽宁教育出版社1999年版，第52页。
③ ［德］恩格斯：《自然辩证法》，人民出版社1971年版，第8页。
④ ［英］贝尔纳：《历史上的科学》，伍况甫等译，科学出版社1959年版，第232页。
⑤ ［美］斯普瑞特奈克：《真实之复兴》，张妮妮译，中央编译出版社2001年版，第24页。
⑥ 转引自王治河等《第二次启蒙》，北京大学出版社2011年版，第16页。

异见。"①

平心而论，科学在人类的思维历史中，无疑有其积极的意义。然而，毋庸置疑，也存在着不可忽视的局限。一般而言，人类的任何一次洞察都同时又是一次盲视，任何一次成功的"开端"也必然是有效性与有限性共存。"洞察"和"有效性"造成了它的贡献，"盲点"和"有限性"也造成了它的困境。遗憾的是，过去我们往往把对于科学的"洞察"当作真理而不是当作视角，因此有意无意地忽视了这个问题。而一旦由此出发，就不难发现，实际上科学所造成的困难要比它所能够解决的问题更多。躲藏在理性主义襁褓之中，固然一切都可以自圆其说；超出理性主义的襁褓，一切则都令人难免疑窦丛生。例如本体理性就存在着内在的悖论：它具备可能性但却不具备现实性，因此又是需要证明的。然而理性主义的预设本来应该是不证自明的，现在又要理性本身来证明，这岂非无效的循环？理性主义可以怀疑一切，但是却不能怀疑自己预设的理性本体。这恰恰说明：所谓理性本体只是赖欣巴哈所揭露的那种用来满足人类要求普遍性冲动解释的"假解释"。又如，二元对立模式用来克服本体理性的内在的悖论的办法是强化主客分离。主客分离无疑是自我意识觉醒的标志，它使得主体可以更好地实现自我，发展自我，也可以更好地把握对象。但是，首先，同样也十分重要的情感、意志难免会被理性主义从认识的整体关系中分离出去，肆意贬抑，甚至加以否定，这必然导致人类生存中的另外一种悲剧。其次，虽然万物都可以因为被放在对象的位置上而得到描述、规定、说明，但由于这只是一种对物的追问方式，一旦扩大到对人的追问，就造成人类生存活动的盲区、人类自我的盲区。越追问，人反而就越是不在。因为它在思考人类的生存活动时，是通过把它对象化并加以分门别类的方式实现的，但是真正的自我绝不会在对象性思维中出现，总是伫立在被对象化的那个自我的背后，这样，尽管我们可以一再地后退以便使自我对象化，不断地在对象化中思考："我

---

① ［英］阿伦·布洛克：《西方人文主义传统》，董乐山译，生活·读书·新知三联书店1907年版，第176页。

的自我"——"思考我的自我的我的自我"——"思考我的自我的我的自我的我的自我"……然而那已不是现在的自我而是刚才的自我了。就是这样,在无穷的后退中,我们永远也得不到真正的自我。于是,我们自以为是在思,实际上只是渴望思,却不能够思,实际根本没有走向思之路,更没有思进去,因为思无所思,思本身也就被二元对立模式消解了。总之,恰恰在抽象性之中,含蕴着理性主义自身的毒瘤,含蕴着暴力因素、极权因素。抽象性从本质上说是对现象、偶然、个别、感性、不确定性、模糊性……的压抑与蔑视,因此尽管在具体问题上它并不处处强调自己忽视现象、偶然、个别、感性、不确定性、模糊性……,但是它毕竟总是从总体上理解世界,毕竟总是从根本外在于现象、偶然、个别、感性、不确定性、模糊性……的某种普遍、客观的东西中去寻找世界的本质,毕竟总是以绝对的普遍理性作为世界的合法性、合理性的根据,毕竟总是假设在认识之前就存在着绝对真理,而认识的任务就是不断向它趋近。① 这样,它所面对的作为抽象状态存在的生命与世界实际上只能是凝固的即处在"假死"状态时的生命与世界,在时间维度上成为某种永恒本质显现自身的工具,在空间维度上成为一种对象性的存在,丰富性被逻辑性所取代。显然,这最终必然导致"我"与"思"的分裂,而"思"即理性一旦无能为力,则会沿着其自身的逻辑走向反面,亦即走向"我"即非理性。抽象性有什么权力高居于人类之上?1+1=2为什么就应该而且能够支配人类的命运?甚至,人类有什么理由把理性主义供在祭坛的中心?理性主义的特权地位是合法的吗?理性主义的预设前提是经过批判考察的吗?至此,科学自身的丧钟也就迅即敲响了。

首先,必须看到,科学的发展的确功德无量,但同时也不容忽视,随着科学的发展,社会问题却并没有因此而减少,恰恰相反的是,社会问题却偏偏是因此而大大增加了。这无疑也是一个不容忽视的事实,

---

① 例如,它假设历史规律外在于人类的活动,在活动之前就已经存在,是一种与逻辑的理性分析的内在统一,至于与人类的多样化的活动的统一则只是一种外在的统一。它只承认在认识过程中认识者的能动作用,却忽视了在认识过程中认识者的"为我"的意义、以及在认识结果中认识者个人的贡献。

以至有人预言：人类将毁灭于自己所创造的科学成果之中。显然，科学并不像人们原先想象得那样万能，它有能解决的问题，也有不能解决的问题，更有因此而产生的问题，因此科学并非灵丹妙药，更不是"赛菩萨"。也许正是因此，爱因斯坦才会感叹：我们切莫忘记，任凭科学与技术并不能给人类的生活带来幸福和尊严。伽达默尔的劝告当然更加沉重："中国人今天不能没有数学、物理学和化生学这些发端于希腊的科学而存在于世界。但是这个根源的承载力在今天已枯萎了。科学今后将从其他根源寻找养料，特别是从远东寻找养料。"① 至于科学的"溢出"，那问题就更是十分严重。例如，"科学如同一切人类行为一样，也会服从政治上的压力、内在的需求和文化上的影响。再有，科学怎么也回避不了这样的事实，即它把自己卖给了政治意识形态、军事力量和公司的利益"。② 这样的"溢出"显然就不值得赞美。更不要说，人们已经发现："科学在很大程度上是由三个国家级的驱动所导航的。它们是：经济增长、军事行动和名誉。科学家成为魔术师的跟班。今天世界上大约一半的科学家和技术人员被雇从事军事研究和发展。投身贫困，饥饿和"适当技术研究的科技人员少得可怜。"③ 还有学者在认真研究了科学的"成功"和欧洲殖民扩张的关系之后，也令人遗憾地发现：作为现代性的两个重要过程，"科学在欧洲的成功"和"欧洲在海外的殖民扩张"之间竟然存在着内在的关联性，它们是相互成就、狼狈为奸的关系。④ 因此，有学者直接质问道："有谁能对邪恶的政治家、军事家和跨国公司滥用现代科学不痛心流泪，进而不去审视现代科学的哲学和主流文化呢？难道暴力的根源就不能在科学的本性里找找吗？"⑤ 至于科学在其他方方面面的"溢出"所导致的严重问题，那就实在是数不胜数了，限于篇幅，我们不再一一详述。

其次，也必须看到，科学的发展倘若失控，最终必然会酿成不可

---

① 洪汉鼎：《百岁西哲寄望东方》，《中华读书报》2001年7月25日。
② [美] 斯普瑞特奈克：《真实之复兴》，张妮妮译，中央编译出版社2001年版，第102页。
③ 伯奇（Charles Birch）。转引自王治河等《第二次启蒙》，北京大学出版社2011年版，第298页。
④ 转引自王治河等《第二次启蒙》，北京大学出版社2011年版，第298页。
⑤ [美] 斯普瑞特奈克：《真实之复兴》，张妮妮译，中央编译出版社2001年版，第75页。

控的灾难。这是因为，科学无疑会提高人类的物质生活水平，但是满足的却毕竟是人类的物质欲望。科学也无疑会推进人类的解放，但是却也仅仅是人之为人的动物性的解放。科学所能够提供的，也无非就是一个大餐厅。当然，低级需要的满足也是生命自身的一部分，但是，倘若一旦僵滞于此，不再向高级需要升华，生命的本质就会被极度地扭曲，于是，低级需要的满足也就不再蕴含生命的意义，不但不蕴含，而且它还反而意味着人的整个生命活动都已经远离了自由，已经成为一种因为放弃高级需要而导致的自我异化和因为停滞在低级需要而导致的自我折磨。这也就是说，如果人类只是为了满足低级需要而活着，只是用嘴来了解世界。能吃到的就是好的，吃不到的就是不好的。而且，也对吃不到的东西漠不关心。眼界永远是碗口那么大，眼光也永远是筷子那么长。只着眼于有限性，只有看得见的、摸得着的、能够吃的、可以占有的，才是有用的，也才是重要的，凡是看不见的、摸不着的、不能够吃的、不可以占有的，那就无疑是没有用的，也无疑是无足轻重的，长此以往，不要说因为科学提供的仅仅是有限的资源，因此只能是"你有我无""你死我活""你多我少"……因此就只能走上杀鸡取卵、竭泽而渔的道路。而且因为"边际效应递减"的原因，结果却又必然是欲壑难填。最终结果，则是人类自身的"零和游戏"。而且，即便是从对于人类自身的满足来看，因为科学能够满足的毕竟还只是有限的物质，是低级生存需要，为了有限的物质它可以牺牲性命，得到有限的物质它可以沾沾自喜。但是，也正是因此，它们也就永远都不可能进化起来。在这当中，低级的物质的满足会僭替高级的生命的满足。而且，最终"我们的消费方式必然导致我们永不满足，因为我们不是以真实具体的人来消费真实具体的物。于是，我们一天比一天需要更多的东西、更多的消费"，"市场上任何最新式的东西是每个人的梦想；相形之下，在使用中所体验到的真正的乐趣倒是次要的了。如果现代人敢于明白道出他心目中的天堂，那么，他会描绘出这样一种景象：天堂就像世上最大的百货公司，里边有各种新东西、新玩意儿，而他自己则有足够的钱来购买这些东西、只要里边总有更多、更新的东西可买，而且，也许他口袋里的钱又比邻人的多一点,他就会兴奋地在商品的天堂里东逛西逛。"① 然而,这个"逛来逛去"在物质的世界寻求着无穷的满足的形象,恰恰是动物的形象而并非人的形象。对此,弗洛姆称之为"恋尸(死)的人"。"恋尸的人被一种把有机物转化为无机物的欲望所驱使,以机构的方式看待生活,仿佛所有的人都是物一样。所有有生气的变化、情感的思想都被转化为事物。记忆而不是经验,占有而不是存在,变成了重要的东西。恋尸的人能够同一件物品——一朵花,或一个人有关系,仅当他占有这件物品时;因此,对他的占用物的威胁就是对他本身的威胁;如果他失去了占有物,他就失动去了同这个世界的关系,这就是我们发现的下述荒谬反应的原因:他宁肯失去生命也不肯失去占有物,尽管一旦失去了生命,有所占有的他也就不复存在了。"② 人所能做的无非是用认识物的方式去认识生命,用物的占有去等同于生命的实现。这样,假如占有什么也就是什么和成为什么,那么,这种占有物的生命存在无疑就意味着人类的是物和成为物。而从社会的角度来看,一个必然的结果,则是走向奉行丛林法则的动物社会。在这个社会里,麻木和冷酷比爱更容易"互相培养",创造能力也远不如伤害能力更加实用。所有的人整天都是在时刻算计着吃人和时刻提防着不被别人吃掉。仇恨,也因此而隆重出场。

再次,还必须看到,人类亟待选择的,必然是易道而行。既然我们已经知道了科学的局限,那我们就同样必须知道,科学的"溢出"已经完成了它的历史使命。事实证明:犹如宗教的无法拯救人,科学也无法拯救人。也因此,时下的所谓"可持续性发展"就也非万全之策。而且充其量也只是延缓死亡的疗法。无非是"发展第一,环保第二""一手保护,另一只手破坏""先发展后环保,先污染后治理"或者"边污染边治理"。尽管克制住了"增长癖""GDP崇拜",但是却仍旧坚信"发展是硬道理"。其实,唯一的选择只能是另觅出路。从

---

① [美]埃里希·弗洛姆:《健全的社会》,孙恺详译,上海译文出版社 2018 年版,第 109、110 页。
② [美]埃里希·弗洛姆:《人心》,范瑞平、牟斌、孙春晨译,福建人民出版社 1988 年版,第 27 页。

"远水不解近渴"转向"远水才解近渴",从有限资源的满足转向无限资源的满足,转向信仰与爱,转向美与艺术,转向梭罗所称道的那些生活中的"永不衰老的事件"。美国当代作家詹姆斯·莱德菲尔德在他的小说《塞莱斯廷预言》中曾经向美国民众指出:人们对物质生活的关切已演变成一种偏执。我们沉湎于构造一种世俗的、物质的安全感,来代替已经失去的精神上的安全感。我们为什么活着,我们的精神上的实际状况如何,这类问题慢慢地被搁置起来,最终完全被消解掉。现在该是从这种偏执中觉醒,反省我们的根本问题的时候了。① 确实,人们常常无知而言:"民主能当饭吃吗?""自由能当饭吃吗?""美能当饭吃吗?"人们也偶尔有感而问:"你理解了太阳、大气层和地球运转的一切问题,你仍然可能遗漏了太阳落山时的光辉。"②

由此,美学的登场、美学的"溢出",也就成了必然。

三 "溢出"了自身的学科的美学

在人类历史上,第三个"溢出"了自身的学科的,是美学。

昆德拉曾经说过:"我不想预言小说未来的道路,对此我一无所知;我只是想说,如果小说真的要消失,那不是因为它自己用尽自己的力量,而是因为它处在一个不再是它自己的世界中。"③ 美学也是如此。尽管它自问世以来就从未"真的要消失",但是却也从未真正"到位",而始终作为宗教抑或科学的附庸而存在。这当然是因为它一直遗憾地"处在一个不再是它自己的世界中"。然而,历史也毕竟是公正的。中国古代有"礼失而求诸野"的说法,在失去了宗教和科学作为主导价值、引导价值的引领者之后,人类也开始又一次地"求诸野",开始倾尽全力打造新的"精神容器""精神模子",并且开始寻觅新的"人的生活无可争辩的中心和统治者""人生最终和无可置疑

---

① [美]詹姆斯·莱德菲尔德:《塞莱斯廷预言》,唐建清、张健民译,昆仑出版社1996年版,第29、31页。
② 参见[英]怀特海《科学与近代世界》,何钦译,商务印书馆1984年版,第191—193页。
③ [捷克]米兰·昆德拉:《小说的艺术》,孟湄译,生活·读书·新知三联书店1992年版,第16页。

的归宿和避难所"。美学,因此也就脱颖而出,从"学科"被提升为"问题",在哲学家们的一致首倡之下,逐渐成为"人的生活无可争辩的中心和统治者"、作为"人生最终和无可置疑的归宿和避难所"与"精神容器""精神模子"。无可避免的,人类从"信以为神"——"信以为真"的时代进入了"信以为美"的时代,也从"让一部分人先宗教起来"——"让一部分人先科学起来"走向了"让一部分人先美学起来"。美学,在经过了漫长的徘徊与等待之后,终于开始真正置身于"自己的世界"。

  但是这也并非就是对于宗教的作用与价值的全盘否定,而只是使得宗教回到了真实的自己、回到了教堂,并且重新予以审视。一个无可置疑的事实是,即便是在科学作为主导价值、引导价值的引领者的时代,宗教也只是不再走出教堂,不再"溢出",但是信教的人数却也并未锐减。在教堂之内,宗教仍旧有重要的影响。当年恩格斯就曾经断言科学"没有给造物主留下一点立足之地",这无疑是一个令人乐观而且产生无限遐想的论断,但是时过境迁,而今回首前尘,我们却又必须要说,这又是一个略显冒进、略显激进了的论断。即便是科学"溢出",即便是科学成了主导价值、引导价值的引领者,也仍旧没有彻底击败宗教,没有将宗教赶出教堂。因此,相比之下,倒是康德的思考十分从容淡定。因为他敏锐地预见到:要为宗教留地盘。还有海涅,他也指出:"悲痛的讣告恐怕需要几个世纪之久才能被一般人所知悉——但我们早就穿了丧服。""它袭击了天国,杀死了天国全部守备部队,这个世界的最高主宰未经证明便倒在血泊中了"。但是,上帝很快就又一次地复活:"就像用一根魔杖一般使得那个被理论的理性杀死了的自然神论的尸体复活了。"以至于,在他看来,一个令人可以接受的说法是:因为康德身边的老仆人老兰培还希望有上帝。"老兰培一定要有一个上帝,否则这个可怜的人就不能幸福。"[①] 显然,科学可以将宗教赶回教堂,但是却不能将宗教赶出教堂。宗教的以情

---

  ① [德]亨利希·海涅:《论德国宗教和哲学的历史》,海安译,商务印书馆1979年版,第111—113页。

感为内容而以认识为形式当然经不起科学的摧枯拉朽，宗教因此而导致的愚昧无知更是经不起科学的无情打击。但是，这只是因为宗教的内容被"溢出"到了科学，而在情感的范围之内，作为信仰、作为情感慰藉，宗教却并未颜面尽失。何以在科学时代人们却并未拒绝教堂？何以课堂并未成功地驱逐教堂？何以并不仅仅是知识浅薄之士而是饱学之士都仍旧在教堂乐而忘返？看来，宗教作为信仰，宗教作为情感，还是须臾不可或缺的。科学的崛起，物质的享乐，反而昭示着精神的空虚。信仰的失信并不意味着信仰的消失，情感的扭曲也并不代表着情感的退出。恰恰相反，在认识的形式逐渐淡化之后，信仰也不再盲目地依托于认识，而是转而完全背靠于情感。宗教，开始以情感为内容而且也以情感为形式而存在。只是，他仍旧还是固执着情感的"真实"、情感的"神圣"。不同于美学的以情感为象征、为想象，宗教却是以情感为"真实"、以情感为"神圣"。因此，宗教尽管已经不再可能"溢出"教堂，但是，却也无法再走出教堂。

同样，这也并非就是对于科学的作用与价值的全盘否定，而只是使得科学回到了真实的自己、回到了课堂，并且重新予以审视。曾几何时，人们曾经认定，科学的成就就是人类最高的文化成就。科学所给予人类的物质财富，也就是人类的全部财富本身。因此，科学无疑是至高无上的。这当然不无道理。因为科学毕竟是比宗教更为深刻地激发了人类的生产力，而且较之宗教，科学也确实是创造了美轮美奂的全新世界。在这个世界之中，倘若仅就物质享乐而言，则也必须说，科学也已经提供了无以复加的欲望满足。这意味着，在"学科"的意义上，在课堂之内，科学是无可指责的，也是贡献巨大的。因此，只要科学退回课堂之内，它自身也就无可指责。科学的问题主要是出自它的"溢出"。这是因为，物质享乐固然重要，但是却也毕竟并非唯一，而且毕竟并非最高。在物质享乐之上，还有精神享乐。更不要说，物质享乐还是你有我无，我有你无的，而精神享乐却不但是你我共享，而且还是越共享也就越无穷无尽的。也因此，科学之为科学，毕竟只是不尽充分的文化。何况，科学还是人类将认识与情感完全加以剥离的结果。科学是以认识为内容也以认识为形式。由此,尽管固然被赋予了远为准确的认识功能。但是,却又正如诺贝尔奖获得者温伯格所说:在科学的世界里,宇宙没有故事,只有定律。理性,因此也就成了科学的必杀技。这样一来,世界之为世界的客观一面得以充分暴露。世界的客观属性也因此而被高度关注。本来,倘若不"溢出"于自己的课堂,这倒也没有什么。但是,倘若以为这就是唯一,问题也就变得严重了。毕竟,认识只是工具,世界的客观性也只是为了认识世界的需要而被科学自我建构起来的。而且,在解构宗教的虚妄与主观之时,笛卡儿、斯宾诺莎等高举认识与客观的大旗,也确实是势如破竹。然而,世界的主观属性一面其实也无论如何都不可忽视。而且,从"内在的""主观的"方面去理解世界,也无论如何都不可忽视。我们看到:不论是叔本华的以"静观"超越"理性",还是尼采的以"沉醉"超越"理性"、柏格森以"绵延"超越"理智"、弗洛伊德的以"无意识"超越"意识",抑或克罗齐以"直觉"超越"认识"……都是在伸张人类的这一权利。在理性思维之前,还有先于理性思维的思维,在我思、反思、自我、逻辑、理性、认识、意识之前,也还有先于我思、先于反思、先于自我、先于逻辑、先于理性、先于认识、先于意识的东西。只有后者,才是最为根本、最为源初的,也才是人类真正的生存方式。因此,也就必须把理性思维放到"括号"里,悬置起来,而去集中全力研究先于理性思维的东西,或者说,必须从"纯粹理性批判"转向"纯粹非理性批判",必须把目光从"认识论意义上的知如何可能"转向"本体论意义上的思如何可能"。

不过,相当多的学人——尤其是西方的生命哲学却误以为:既然如此,那么,就应该在认识活动中高扬情感、高扬非理性,却也未免因噎废食。其结果,其实无非是又一次回到了宗教的老路,是从课堂的后门拐进了教堂的正门。必须看到,有人一看到"非理性主义"之类字眼就以为一定是根本否定理性的,实际不然,非理性主义仍然是一种理性思维,只是在学理上否定理性主义对于理性的奉若神明,着眼于揭露理性的有限性、非完备性,其目的则是试图恢复一个有弹性的世界、一个能够在其中遭遇成功与失败的世界，因此同样是非常严肃的学术讨论。而在非理性主义的背后，则意味着人类的一场新的思想历程，这就是：从理性万能经过对于理性的有限性的洞察，转向对于非理性的认可；从理性至善经过对于理性的不完善性的洞察，转向对于理性并非就是人性的代名词的承认；从乐观的历史目的论经过对于历史的局限性的探索，转向对于一种积极的人类历史的悲剧意识的合理存在的默许。总之，是从传统理性走向现代理性，从理性主义回到理性本身。于是，承认理性的并非万能、至善和完美，承认人的存在不可能从理性中演绎而出，而只能出自"在世界中"的体验，就成为当代哲学的必然选择。显然，这也就意味着，理性与非理性不但有对立的一面，而且还有统一的一面。事实上，理性与非理性只是一个非常相对的概念。因为，极端的理性与极端的非理性是相通的。理性的极点必然是非理性，非理性的极点必然是理性。例如道德方面的许多要求事实上都是没有理性的答案的，只是一种不证自明的前提。这意味着理性必须以非理性为前提。科学方面的许多结论也是如此，也同样建立在一种不证自明的前提之上，这就是科学之所以一旦被推到极端就成为宗教的原因。其二，理性与非理性不但是相通的，而且是相辅的。生命活动中只有以理性或者以非理性为主的活动，没有纯粹理性或者非理性活动。这恰似磁铁中的 S 极与 N 极事实上根本无法分开一样。纯粹的理性，纯粹的非理性都并不存在。

那么，既然如此，为什么会出现理性主义或者非理性主义呢？其中的失误不在于要不要理性或者要不要非理性，而在于只要理性或者只要非理性。例如，非理性主义对理性主义的批判就是如此。有人一看批判理性主义就以为是要批判理性，这是典型的无知。实际上非理性主义批判的只是对理性的神化，或者说，它批判的只是理性的异化物即泛逻辑思维模式。海德格尔不就一再声称：批判理性主义是为了恢复思维的本来面目？祁雅理不也强调说批判理性主义是为了拒绝接受把一个活生生的现实归结为概念游戏？因此，正是在非理性中我们看到了其中蕴含着的理性的根本精神。而且归根结底，非理性的胜利还是人类理性的胜利。它的重大意义在于启发我们重新思考理性与非理性的关系，在于通过非理性层面扩展出新的研究领域。然而，对于理性主义的批判又有其限度，而且，严格地说，对理性主义的批判仍旧应该由理性来进行。把理性神圣化固然不对，把非理性神圣化，并且通过这一方式以达到批判理性的目的，同样不可取。马克思在批评青年黑格尔派视批判为一切时说过：这种批判实际是"极端无批判的批判""极端非批判"。非理性主义在批判理性主义时也有类似倾向。通过把非理性神圣化的方式去或者划定理性的界限，或者转而关心非理性的方面，并且借助于对这些方面的夸大，达到一种把人类从理性神话中唤醒的效应，是可以的，但也仅此而已，因为它毕竟只是抓住了非基础性的方面。正如施太格缪勒说的：存在哲学和存在主义的"本体论都企图通过向前推进到更深的存在领域的办法来克服精神和本能之间的对立。"① 何况，在其中理性的困惑依旧存在。

因此，理性与非理性之间关系的真正解决，必须从超越理性与非理性的抽象对立开始。既然没有非理性的理性是苍白的，没有理性的非理性是盲目的，两者彼此包含，彼此补充，那么作为矛盾的积极扬弃，就应该是学会比理性主义更会思想，而不是简单地拒绝思想。在此意义上，超越理性与非理性的抽象对立，就成为一个更为深刻的时代主题。白瑞德说："非理性主义把思想领域交给了理性主义。因此也就秘而不宣地分享了论敌的假定。需要一种更加根本的思想，把这两个对立方面的根基都挖了。"② 人不是理性的，人也不是非理性的；人不能够被理性解释，人也不能够被非理性的解释。理性与非理性之间的抽象对立是历史地产生和形成的，也是历史地分裂的结果。现在要根除两者之间的抽象对立，只能通过解除理性与非理性之间的抽象对立而达到一种具体性——达到一种对于人类自身的具体的把握，也达到一种必需的共识：人以无本质为本质、以无中心为中心、以无基础为基础、以无目的为目的；人应该从中心位置滚向 X。而这，当然只有在审美活动中才能够做到。在审美活动中，不再用一种抽象性取

---

① ［德］施太格缪勒：《当代哲学主流》，王炳文等译，商务印书馆1986年版，第168页。
② ［德］白瑞德：《非理性的人》，彭镜禧译，黑龙江教育出版社1988年版，第218页。

代另一个抽象性，抽象的理性与抽象的非理性真正统一起来了，转而成为审美活动的两种因素，理性与非理性的同时超越也得以实现，理性主义的误区才能够真正得到根除。

当然，更为重要的是精神享乐的满足。犹如不可能在科学中弘扬情感，无疑也无法在科学中提供精神享乐的满足。这也正是所有的学者都钟情于审美的原因。贝尔断言："美学成为生活的唯一证明"，①可以从这个角度去理解。因此，"人对美的领悟就成为一种力量"② 例如，马尔库塞的美学就被称之为"思想的力量"。③ "美学的选择是一种高度的个人选择，美学的体验也永远只是个体的体验……一个人对于美学的体验越成熟，他的爱好会越广泛，他的道德观念会更集中，他的精神也会更自由。"④ 这样，犹如海德格尔的引入"存在"，我们要引入的则是："美学"。美学也就顺理成章地成了全新时代的主导价值、引导价值的引领者。

不过，需要强调的是，美学并非宗教或者科学的补充。它的崛起，也并非人类的"弯道超车"，而是人类的"换道超车"。这就正如爱因斯坦所发现的："这个世界不会通过运用导致这一状况的同一种思维而度过当前的危机。"⑤ 斯普瑞特奈克也曾经追问："难道我们还要在科学中另设一个诺贝尔奖才能使物种和地球共同体幸存下来吗?"⑥ 答案当然是肯定的。"艺术不是在宗教艺术的范围内占据一席地位，而是取代宗教"⑦ 这是人们的共识。艺术不是在科学艺术的范围内占据一席地位，而是取代科学，这也是人们的共识。如前所述，科学文化并不是宗教文化的直接继承。宗教文化虽然十分发达，但是却毕竟并

---

① ［德］丹尼尔·贝尔：《资本主义文化矛盾》，赵一凡译，生活·读书·新知三联书店1989年版，第98页。
② ［美］斯特伦：《人与神》，金泽等译，上海人民出版社1991年版，第248页。
③ ［德］赫伯特·马尔库塞：《艺术与解放》，朱春艳、高海青译，人民出版社2020年版，第223页。
④ 《二十世纪诺贝尔文学奖颁奖演说词全编》，毛信德等译，百花洲文艺出版社2001年版，第822页。
⑤ 转引自王治河等《第二次启蒙》，北京大学出版社2011年版，第1页。
⑥ ［美］斯普瑞特奈克：《真实之复兴》，张妮妮译，中央编译出版社2001年版，第105页。
⑦ ［德］彼得·比格尔：《先锋派理论》，高建平译，商务印书馆2002年版，第95页。

非科学文化的直接来源。现在也是如此。科学文化尽管十分发达,但是却毕竟并非美学文化的直接继承。不但不是,而且美学文化还是科学文化的转型的产物。从认识性文化到情感性文化,从崇尚理性到崇尚情感,从主体服从客体到客体服从主体……价值取向截然不同。因此,尽管美学文化也必不可免地汲取了科学文化的营养,也必不可免地汲取了宗教文化的营养,但是,却绝对不可与宗教文化、科学文化同日而语。它开创了一个全新的时代。

也因此,美学自身也要克服自身长期以来的非美学化倾向,美学也要非神性化、非理性化。美学不再是神学的婢女、科学的附庸(认识论美学、实践美学等)。美学也不能以不变应万变。过去是因为置身宗教或者科学的屋檐之下,仅仅起着辅佐的作用。因此只有宗教的美学、科学的美学,却没有美学的美学。而在宗教退回教堂、科学退回课堂的今天,美学无疑亟待回归本位。当然,美学并不需要转而去反对宗教、反对科学(这正是西方生命哲学的错误),而是引领宗教、引领科学。并且让宗教与科学在美学的引领之下充分发挥积极的作用。

问题还是要回到人是文化的人。我已经反复强调,人作为一种特殊动物,他与其他动物彼此相区别的标志,就是文化。正如兰德曼所说:"人不是附加在动物基础上,有着特殊的人的特征的一种动物;相反,人一开始就是从文化基础上产生的,并且是完整的。"① "人 = 动物与文化的相乘"。人是在古猿的尽头脱颖而出的。在肉体已经毫无作为的情况下,文化的被创造,使得古猿摇身一变转而成人。这就是所谓的"肉体与文化相乘"。显然,在这当中,文化的作用才是决定性的。因此人不是"文化动物",而是"动物 + 文化"。由此,我们已经不能再称人为动物,而只能称之为人——文化的人。人是文化的存在,不是动物的存在。人不再属于动物,而属于较之动物要远为高级的存在。甚至,我们也不能用"身体"来规定人,而要用"文化"来规定人。人的历程,就是文化的历程;人的发展,就是文化的发展;

---

① 转引自欧阳光伟《现代哲学人类学》,辽宁人民出版社1986年版,第224页。

人的规定，就是文化的规定。离开了文化，人自身根本就无从规定。同时，就所谓的"人＝原生命与超生命的相乘"而言，人其实不是"生物"，而是"生命"。或者说，是超生物的存在物。"人们不是生存在肉体上，而是在观念上有其生命的。"① 这意味着：人类必须借助于超生命的存在方式才有可能生存。正是生命功能的缺乏与生命需要的矛盾使得人类产生了一种超生命的存在方式。结果，就必然出现这样的一幕：人类只有满足了超生命的需要才能够满足生命的需要。对于人类而言，第二需要是第一需要的基础和前提。或者，人在一开始还是为了需要而有所创造，类似于动物，可是，到了后来就转变为为了创造而有所需要，最后，更干脆就是我的创造就是我的生命需要了。前苏联学者阿·尼·阿昂捷夫指出：最初，人类的生命活动"无疑是开始于人为了满足自己在最基本的活体的需要而有所行动，但是往后这种关系就倒过来了，人为了有所行动而满足自己的活体的需要。"② 用今天的时髦语言说，这应该叫：为创造而创造！然而，超生命的生命何在？无疑，恰恰就在于文化。实践美学的所谓"物质实践"隶属于人的现实性，与人的超越属性无关，因此也就尽管可以使得人成为高级动物，但是却仍旧还是动物，其深刻缺憾也恰恰就在这里（例如，没有文化的造就，尽管身上同样积淀了物质实践的要素，但是，"狼孩"就始终都是"狼孩"）。但是，文化则有所不同（最初是借助巫术文化），它是作为先天不足的人之为人的未特定性的弥补，更是作为先天不足的人之为人的未特定性的提升，由此，人类才最终地走向了文化。

人类因此也就必然地最终走向美学。美学文化恰恰与人是文化的人彼此严格对应。我们知道，宗教文化只能压抑人的物质欲望，科学文化只能满足人类的肉体欲望，因此也就都是只能在动物水平上满足人，而无法把人最终提升为人、更无法最终去满足人。美学文化不然，它是对于人类精神的满足，也是在人的水平上的对于人的满足，从而，

---

① ［日］西田几多郎：《善的研究》，何倩译，商务印书馆1983年版，第112页。
② ［苏］阿·尼·列昂捷夫：《活动、意识、个性》，李沂译，上海译文出版社1980年版，第17页。

也就能够把人提升为人。美学文化是人类文化的最高阶段，也是人类文化的最终归宿。美学文化是真正的人的文化。它是情感的自由表现，也是情感的自由象征，还是情感的自由愉悦。它是作为自由情感得以表现的审美活动，也是作为自由情感对象化的客观呈现的美，还是作为自由情感对象化时的主观享受的美感。从而，世界之为世界已经不再是意在满足人类自身肉体的要求，而是意在满足人类自身的精神需要："一方面作为自然科学的对象，一方面作为艺术的对象"，成了"人的意识的一部分"，成为"人的精神的无机界"。这就是说，自然界一旦成为人类的精神现象时，也就不再以现实的必然性制约人。作为一种非现实的现象，让人类以超功利的态度面对世界。① 有学者称此时此刻的人为"现代人"："后现代人在世界中将拥有一种在家园感，他们把其他物种看成是具有其自身的经验、价值和目的的存在，并能感受到他们同这些物种之间的亲情关系。借助这种在家园感和亲情感，后现代人用在交往中获得享受和任其自然的态度这种后现代精神取代了现代人的统治欲和占有欲。""这种与自然融为一体的后现代意识同实利主义的现代意识之间有着天壤之别。……（它）否认人类是"创造之君"，其他东西都是为他使用而设，……它把对人的福祉的特别关注与对生态的考虑融为一体。"②

显然，在审美活动中，物质世界全然被形式化了。这是一种"按照美的规律的建造"。自然进化的方式已经无法满足人，通过改造物质世界的方式也还是已经无法满足人。在走过了宗教文化与科学文化的漫漫长途之后，人类已经完全意识到了物质世界的不足，以及在物质世界中去寻求满足的无奈。于是，也就开始走向了借助物质世界去创造一种形式的物质世界从而使得情感得以自由展现的全新道路。这是一个意识"创造"存在的世界。精神为内容，物质为形式，是精神化的物质，也是物质化的精神。在这里，人类的真正解放和充分发展全然并不于在物质世界的改造与物质世界的享乐，而在于超越物质世

---

① 《马克思恩格斯全集》第42卷，人民出版社1979年版，第95页。
② ［美］大卫·雷·格里芬编：《后现代精神》，王成兵译，中央编译出版社2005年版，第22页。

界的改造与物质世界的享乐,让物质世界彻底精神化。这种"精神化",使得物质世界因此也就不再作为内容而起支配作用,而是作为形式而转而被支配。同时,这种"精神化"也并不是按照人的主观意愿去改造物质世界,而是以物质为形式、以精神为内容,从而彻底摆脱物质世界的纠缠,推动着物质世界变成形式世界来为人类的精神满足服务。物质世界转而神奇地作为形式而存在,而不再作为内容而存在。形式化了的物质,使得情感在其中得以自由呈现,也使得人的精神进入一个自由天地,从而满足人类自身的精神需要。

博伊斯断言:"世界的未来是人类的一件艺术作品。""美学的问题"正是因此应运而生的。并且,它因此而"溢出"了美学学科,成了一个"大时代"的"大问题"。

这,就是美学的崛起。

第二节 没有美万万不能

一 审美形而上学

在回答了新"轴心时代"、新"轴心文明""塑造了世纪历史"的为什么是美学之后,作为新"轴心时代"、新"轴心文明"中的主导价值、引导价值的引领者,美学所蕴含的主导价值、引导价值究竟是什么,也就被提上了议事日程。

答案当然是也只能是:生命!

无论是在宗教时代还是在科学时代,尽管都无疑有其自身的特殊历史贡献,其基本特征却毕竟都无疑是反生命的,也都是拒绝生命、蔑视生命、否定生命、敌视生命的。我们称之为:非生命模式。"非生命模式"奉行的是"物的逻辑",尊崇的则是"物的价值"。而"非生命模式"与"物的逻辑"、"物的价值"的"越界"、"溢出"则导致了"见物不见人"、"见物不见生命"的轴心价值的形成,也导致了从"对象"的角度、"抽象"的角度去考察世界,也从"自然""物""神"的角度去界定世界的基本思维路径。潜在于其中的,是神学本体论、逻辑本体论,或者立足统一的同一律、立足目的的因果律。

现代主义者就将"科学和理性主义"描写为"现代性的神智健全的岛屿",而将美和浪漫主义描写为围绕该岛屿的"头脑糊涂的海洋"。①在这当中,"救世主"的观念起着重要的作用。或者是上帝,或者是理性,或者是"上帝的人",或者是"知识的人",总之都是必须有一个彼岸,都必须有一个外在的推动者。人们甚至已经形成了一种救世主依赖。第一推动力总是来自自己之外、自己之上,柏拉图在思考世界如何发生的问题的时候,就认为一切看得见、摸得着的具体的东西都是"创造出来的",而"凡是创造出来的东西都必然是由于某种原因而被创造出来的。因此,我们现在的任务就是要来发现这个世界的创造主和父亲"。②"所以,创造是一个很难从人民意识中排除的观念。自然界和人的通过自身的存在,对人民意识来说是不能理解的,因为这种存在是同实际生活的一切明摆着的事实相矛盾的。"③

本来,我们发明宗教和科学这样的东西,都是用来保护我们的生命的,也都是出于生命的需要,要战胜恐惧当然也就要首先定义恐惧,可是,结果却是对于我们的生命的否定,也都成了与我们的生命相互对立的概念。生命的需要却被引上了否定生命的歧路。其实宗教与科学都是来源于人对自身有限存在的恐惧和焦虑,也是一种想象和虚拟,但是却偏偏以想象和虚拟为真实,真实的生活世界反而被看成是虚假的世界。例如,虚妄地把生命活动的需要夸大为世界的本质,怯于承认自己是在解释世界,因此宁肯以认识世界自居,不惜以"虚构的世界"为"真实的世界"、唯一的世界,并且以之作为最终的根据。宗教的"信以为神"当然是出于心理安全的需要,是所谓的"神创论",也就是不承认宇宙自有生机,更不承认万物皆有生命。科学的"信以为真"也是如此,是所谓的"构成论",还是不承认宇宙自有生机,更不承认万物皆有生命。科学的世

---

① [美] 斯普瑞特奈克:《真实之复兴》,张妮妮译,中央编译出版社2001年版,第169页。
② [古希腊] 柏拉图:《蒂迈欧篇》,见北京大学哲学系编译《古希腊罗马哲学》,生活·读书·新知三联书店1957年版,第208页。
③ [德] 马克思:《1844年经济学哲学手稿》,人民出版社1985年版,第86页。

界无非就是用逻辑手段虚构的世界，却又奉之为最高价值，变成了偶像，伪装成世界的、永恒的客观真理，相形之下，置身其中的现实世界却被断然否决。一旦以这样的"信以为真"来约束人，人与世界之间的关系也就全被颠倒了。别尔嘉耶夫就曾给予黑格尔哲学以严厉批评，认为他最大的问题就在于"把存在变成概念，把概念变成存在"① 怀特海也指出："在一个表面上以各种无情的强制冲突为基础的世界，让人们理性地理解文明的兴起以及生命本质的脆弱性，这正是哲理性神学的任务。"② 彼得·科斯洛夫斯基则将之归结为"技术模式"："现代的文化在其基本原则上是技术型的。它把技术的、无机的模式转而用于对人的则统摄一切。自身理解以及人对世界和他者的关系。"③ 而"技术和科学不能创造任何有机的生命联系。"④ "自然在那里存在，它并不是由我们创造出来的。如果我们不重视这种自然权利，我们将在毁灭自然生命的同时毁灭我们自己的生命"。⑤ 而所谓"技术模式"，其实也就是按照人制作机器的模式来考虑所有问题。

总之，"神的逻辑""神的价值"与"物的逻辑""物的价值"必然会使人的存在"片面化"，也必然不可避免地会使人"失落""物化"或"非人化"。在宗教与科学那里，"真正的世界"被无视，反倒是处处与生命为敌，把生命宣布为罪恶，甚至向一切生命复仇。非要让人类自认为生命有罪、生命不洁、生命罪恶，也非要让人类萌生普遍的对生命的恐惧，误以为有生命的地方就有罪恶。精神创造力的颓废相应而生，衰退、虚弱、疲惫、伪善、怨恨、守旧的生命因此也就成了常态，因此上帝、科学从哪里开始，生命就从哪里结束。它们都是有

---

① ［俄］别尔嘉耶夫：《末世论形而上学：创造与客体化》，张百春译，中国城市出版社2003年版，第79页。
② ［英］阿尔弗雷德·诺思·怀特海：《宗教的形成　符号的意义及效果》，周邦宪译，译林出版社2014年版，第185页。
③ ［德］彼得·科斯洛夫斯基：《后现代文化》，毛怡红译，中央编译出版社1999年版，第41页。
④ ［德］彼得·科斯洛夫斯基：《后现代文化》，毛怡红译，中央编译出版社1999年版，第149页。
⑤ ［德］彼得·科斯洛夫斯基：《后现代文化》，毛怡红译，中央编译出版社1999年版，第24页。

害于生命的，也都是生命的最大异议，还都是生命的颓废形式。作为生命的蔑视者，在充分肯定它们的历史地位与贡献的基础上，我们也不能不说，它们是一种破坏生命的危险力量，一种极大地损害了人类自身生命力量的危险力量。

然而，世界的本质毕竟是阐释的。"先验的本质"并不存在，存在着的只有"阐释的本质"。在这个方面，尼采的"生成的无罪"给我们以深刻启迪。世界是生成着的，而不是一个实体。世界的价值也在于我们的解释。因此不是"它已经如此"，而是"我愿它如此"；不是"某物是什么"，而是"我把它看成什么"；不是"某物是真的"，而是"我把它看作是真的"。在"这是什么"的背后，其实是"这对我是什么"。没有事实，只有解释；没有本文，只有解释；没有真理。只有解释。因此宗教与科学自身就蕴含着价值沦丧的必然性。而且，它们的前提也是要接受质疑与批判的。反省宗教的非宗教起源，反省逻辑的非逻辑起源，都会被最终归结为对世界的某种解释。它们都无非是披着"绝对真理"的外衣，实际却不过是历史的产物而已。然而，"解释"被"真理"化的结果无疑是灾难性的。认真说来，例如就科学而言，脱离生命活动的纯粹认识活动根本就不存在，与生命活动无关的"先天纯形式"也根本就不存在。我们看到，康德尽管还认为它们是因果关系，也是先天形式，但是尼采却坚决认为，它们都是后天形成的。由此，上帝与理性的生命根源也就无可遁形。要做什么，必须先知道什么是什么。重要的也不是"因何而自由"，而是"为何而自由"。其实，上帝与理性的安排根本就不存在。所谓理性，无非是因为人类使用起来比较得心应手，便于操作，如此而已。它绝非万能。理性被作为目的、作为理想而赋予人类，仅仅是因为它是我们认识世界的地平线，但是却完全不是因为它是真理。就其本质，"思"的根源不在理性，而在生命。这样，随着时代的发展，众多的征兆都开始启迪着我们，犹如一场洪水、一次地震、一次日食，宗教或者科学作为最高价值开始急剧贬值，宗教或者科学作为主导价值、引导价值的引导者也一朝崩溃。上帝的死亡、科学的死亡，使得我们面临了叔本华的困境："生存究竟有一种意义吗？"生存失去重心，不知何去何从。形而上学的崩盘与虚无主义的成熟同步。价值真空出现了，"重新洗牌"也开始了。宗教退回教堂、科学退回课堂，生命源头的污染源不存在了，生命蓬勃展开的束缚也不存在了，提出新解释的历史机遇也应运而生。

这当然也就是美学时代的到来。在美学时代，至关重要的是把被颠倒了的思考重新颠倒过来。例如，从否定性的自我意识颠倒为肯定性的自我意识，从超人间的力量颠倒为人间的力量。唯其如此，人类关于第一推动力的思考才第一次不再被扭曲、不再被异化，并且，过去的第一推动者也从上帝、理性的手中回归于生命活动自身。也许，这就是庄子所孜孜以求的"在宥"？生命的自因、自性、自律、自在终于浮出水面。救世主的天空被生命活动自身的天空取而代之。一切的一切因此也就只能自"己"，不能被给予。怀特海在《符号的意义及效果》中就曾把"活动"解释为"自生"（self-production）。怀特海说："活动一语是自生的别名。"① 马克思也指出，只有"社会主义的人"才能认识到"整个所谓世界历史不外是人通过人的劳动而诞生的过程，是自然界对人来说的生成过程"。② 中国古代哲学家则称之为："块然自生""怒者其谁邪"。就生命活动而言，目的不是上帝规定的，也不是理性指定的，而是生命自控系统自我生成的。因此，人的奥秘在没有决定者的生命自身。由此，"非生命模式"也亟待被生命模式取而代之。正如德国学者彼得·科斯洛夫斯基所提示的：值此之际，已经不复以"技术模式"为导向，而应该以"生命模式"为导向。③ 在"生命模式"，奉行的是生命逻辑，这是一种精神化了的逻辑、生命化了的逻辑，也是一种精神辩证法、生命辩证法，是将人理解为人，而不是仍旧理解为物。因此，也就从神本思维—物本思维—人本思维。而从尼采"生成之无罪"出发，当然唯有把我们自

---

① [英]怀特海：《宗教的形成 符号的意义及效果》，周邦宪译，译林出版社2014年版，第22页。
② [德]马克思：《1844年经济学哲学手稿》，人民出版社2018年版，第89页。
③ [德]彼得·科斯洛夫斯基：《后现代文化》，毛怡红译，中央编译出版社1999年版，第79页。

己变成上帝，才配得上这个时代剧变。由此，人也就成为"人神"，不靠上帝、理性的慰藉，真诚前行，自我重建最高价值，并且以"生命"充当最高价值。这意味着，在无神论的背景下，人类自己去做自己的先知，第一次地恢复了"生命"作为价值设定的根本动力的至尊地位，以"生命"作为解释动力，也以"生命"作为解释的最高标准。

  不过这生命又并非生物意义上的。尼采称之为"超过人类和时代六千英尺"，或者，尼采也称之为"强力意志"。也许，我们可以称之为"生命力"。它是维持生命活动的能力，也是生存发展的能力，或者，是生命作用力，享受生命的能力、拓展生命的能力、创造生命的能力。它是人类文明的基础，也是人类尊严之所系，还是人类生生不息的源泉。尽管宇宙大生命是不自觉的，人类小生命则是自觉的，两者存在着一定区别，但是，同属自控制的生命系统，却是其中的一致之处。自组织、自鼓励、自协调，也是完全一样的。而且，生命的充溢、生命的超越，生命的高度、力度、纯度，也都是最值得赞美的。在这个方面，与达尔文的"生存竞争"、斯宾诺莎的"自我保存"、叔本华的"生命意志"，也是存在根本差异的。因为它不是求自保而是求创造的生命力量。何况，如果不是必须有它，也就不会有它。因此，它还是最高的价值尺度，是价值为价值的原动力。我们曾经看到，宗教与理性出之于生命的需要也曾解释生命，也都是生命的表达，但是，由于只是把解释的某些结果形而上学化，因此也就远离了生命，甚至戕害着生命，因此也就在转而指导生命的同时窒息了、弱化了生命，而且实际上忽视了远为根本的生命本身。现在不然，犹如尼采所说，"一切皆允许"。因为不存在真理，生命无须再从神性或者从逻辑出发去把握和判断世界，生命自身也就得以脱颖而出。人类自己开始自由决定着自己。于是，自由即创造，创造即解释。生命开始直接与价值相关。价值如何，生命就如何。生命如何，价值也就如何。生命名正言顺地成了解释之为解释的原动力，成了世界存在的归宿与根本。而所谓的解释，也是意在解放生命的，并且忠实于生命的，是为了生命，也服务于生命的。生命，是解释所借以出发又以之为归宿的所在。解释是否成立、缘何成立，都决定于生命。而且，解释也把导致解释的生命动力形而上学化，给予了生命范畴以形而上的地位。生命，因此而成为根本问题、根本路径，也成为根本回答。

而作为新"轴心时代"、新"轴心文明"中的主导价值、引导价值的引领者，美学自身的脱颖而出，也正是因为它所蕴含的主导价值、引导价值，也就是对于"生命"的弘扬。它是为世界的审美辩护。它把对上帝与科学的批判与对一切价值的批判结合起来，也把对生命的弘扬与对一切价值的重估结合起来。作为对宗教解释与科学解释的狭隘视界的突破，美学因此而也走出了神学化、理性化的老路，走向了生命化。也因此，是否有利于生命，被作为全新的价值等级秩序、全新的评价标准，也被归结为最为根本的美学密训。曾经的"对什么有价值"的问题转换成为"对什么样的生命有价值"的问题。不再贬低和否定生命的意义和价值，而是反过来积极地肯定它。众所周知，在西方是，是"上帝死了"；在中国，则是"天塌了"。但是，即便如此也并非无路可寻。生命的提高、生长与生命的衰落、倒退，已经脱颖而出。真假、善恶不复重要了，重要的是生命的利弊强弱。没有先在真理，只有是否有利于生命健康的最优解，归根结底，就是一个生命问题。从生命的需要出发，满足为美，否则为丑；有利于生命为美，否则为丑。一切以生命价值的权衡为准。只要有利于生命自身的弘扬与提升，就是有价值的，也是美的；只要不利于生命自身的弘扬与提升，就是没有价值的，也是丑的。生命衰弱、生命异化，无疑就是丑的；生命创造、生命超越，则无疑就是美的。卢梭指出："凭着这些感情，我们才能认识我们与我们应当尊重或逃避的事物之间的适合或不适合。""无论使我们存在的原因是什么，这个原因曾经给予我们一些适合我们天性的感情，使我们得以自保"。[①] 这里的"适合或不适合"以及是否"得以自保"，也可以用来考量生命的上升路线与下降路线。在此基础上，尼采所瞩目的"价值重估"也就指日可待。由

---

① 北京大学哲学系外国哲学史教研室编译：《西方哲学原著选读》下卷，商务印书馆1985年版，第85页。

此，我们可以去构造一个世界，然后，去重建一切价值。①

舒马赫提出："我们这一代的任务，就是要重建形而上学。"② 美国学者斯特劳逊也同样主张："我们应为一种已被清洗过的形而上学保留一块地盘。"③ 这当然也就是对于在1.0版的宗教生存智慧和2.0版的科学生存智慧基础上的3.0版的美学生存智慧的追寻。正如小约翰·柯布发现的："面对今天的问题，我们需要新的智慧。"④ 我看到，虽然有的思想家如贝克（U. Beck）喜欢用"生态理性"，有的思想家如马尔库塞（Herbet Marcuse）则喜欢用"审美理性"来表示，美国1969年颁布的《环境政策法》也已经列入了"审美欣赏"，在我看来，其实可以统称为"美学智慧"。这正是美学在新"轴心时代"、新"轴心文明"中"溢出"的必然结果。而且，美学的智慧就是生命的智慧。

---

① 在这里存在着的，是人类思想的根本转换。"康德以后"，是发现了人类的理性无法寻觅到生命的意义。"尼采以后"，则是进而发现：这所谓的生命的意义其实并不存在。因此人类需要的不是"弯道超车"，而是"换道超车"，去重新寻找生命的意义。但是萨特却只看到了结束旧道路的方面，没有看到开创新道路的方面。因此走向了"价值虚无主义"。这就是所谓的无神论存在主义。然而，重估一切并不是否定一切，转向多元的阐释也并非转向信口雌黄。有为所欲为的自由更不等于就有了为所欲为的理由。加缪的无神论的人道主义、后现代的人道主义由此而问世。不过，它并不是简单地回到"原罪—忏悔—救赎（上帝）"的路子，更不是立足于彼岸世界的"原罪"、"忏悔"……当然，更没有走向价值虚无主义，而是走向了"自由—反抗—救赎（审美）"，走向固执地立足于有死之身、有限之生，毅然在无望的世界奏响生命的凯歌。这令人不禁想起了中国的"唯此为大""生无可息""视死如归"以及"存，吾顺事；殁，吾宁也。"道路不是曲折的，前途也不是光明的，而是道路即前途，前途即道路。同样，生命即意义，意义即生命。生命的舞台就是"今天"，没有"过去"，没有"未来"。不是永恒的生命，而是永恒的创造。不欲其所无，穷尽其所有。人世之上没有幸福，晨昏之外别无永生。不朽就是日复一日的日子。因此，不存在完美的答案，能够寻求到的也只有最优解。这样，重要的也就只是：对生命说"是"，对现在说"是"，而对未来说"不"。其中的核心，是从有限游戏向无限游戏的转换，也是从追求有限价值向追求无限价值的转换。对此，可参见我的《生命美学》（河南人民出版社1991年版）、《诗与思的对话——审美活动的本体论内涵及其现代阐释》（上海三联书店1997年版）、《没有美万万不能——美学导论》（人民出版社2012年版），同时可参见［法］加缪《西西弗神话》，杜小真译，商务印书馆2018年版以及［美］詹姆斯·卡斯《有限与无限的游戏》，马小悟、余倩译，电子工业出版社2013年版。

② ［英］E. F. 舒马赫：《小的是美好的》，李华夏译，译林出版社2007年版，第76页。

③ ［美］麦克斯韦·约翰·查尔斯沃斯：《哲学的还原》，田晓春译，四川人民出版社1987年版，第201页。

④ ［美］小约翰·柯布：《从怀特海过程哲学角度审视现代化》，"建设性后现代主义与中国的现代化"国际学术研讨会主题发言，2006年12月16—18日，美国克莱蒙。

由此我们看到，海德格尔曾经提示："哲学必须摆脱把艺术问题当作美学问题来提出的习惯。"① 这无疑颇为令人踌躇。既然不能"把艺术问题当作美学问题来提出"，那么，又应该把什么"当作美学问题来提出"呢？原来，能够被"当作美学问题来提出"，正是"生命问题"。显然，这其实也是要求美学家们去自觉地以"生命问题"来重构美学，并且以美学来重构社会。马尔库塞说："社会批判理论没有概念可以作为桥梁架通现在与未来。"② 这当然已经是过去时。因为这个"可以作为桥梁架通现在与未来"的"概念"已经被我们找到，它恰恰就是"生命"。这无疑是一个时代的重大转折。难怪爱因斯坦要提示我们："这个世界不会通过运用导致这一状况的同一种思维而度过当前的危机。"③ 神性思维——理性思维就是"导致这一状况的同一种思维"，要"度过当前的危机"，亟待取而代之的，正是生命思维。因此，众多的学者都已经意识到："从机械宇宙到生物宇宙最终将要求一种新的哲学综合。"④ "我们需要在机械世界之上培育一种新的有机世界的观念。"⑤ 因此，正是"审美（美与艺术）—生命—形而上学"的三位一体，使得我们在宗教退回教堂、科学退回课堂之后，最终得以毅然自立。宗教曾经就是力量，科学也曾经就是力量，而今，美也已经就是力量。所以，马尔库塞的美学就被称之为"思想的力量"⑥ 因此，正如 J. M. 费里预言说："无足轻重的事件可能会决定时代的命运：'美学原理'可能有一天会在现代化中发挥头等重要的历史作用；我们周围的环境可能有一天会由于'美学革命'而发生天翻地覆的变化……环境整体化不能靠应用科学知识或政治知识来实现，只能靠应用美学知识来实现。"⑦

---

① ［加］埃克伯特·法阿斯：《美学谱系学》，阎嘉译，商务印书馆2011年版，第357页。
② 转引自王治河等《第二次启蒙》，北京大学出版社2011年版，第15页。
③ 转引自王治河等《第二次启蒙》，北京大学出版社2011年版，第1页。
④ 德鲁克，转引自王治河等《第二次启蒙》，北京大学出版社2011年版，第16页。
⑤ ［美］托马斯·贝里：《伟大的事业》，曹静译，生活·读书·新知三联书店2005年版，第175页。
⑥ ［德］赫伯特·马尔库塞：《艺术与解放》，朱春艳、高海青译，人民出版社2020年版，第151页。
⑦ J. M. 费里：《现代化与协调一致》，载《神灵》（法国）1985年第5期。

在这方面，我们理应给予充分关注的，是怀特海。在本书中我已经反复提及了康德、席勒、叔本华、尼采、马尔库塞，等等，他们都对美学作为新"轴心时代"、新"轴心文明"中的主导价值、引导价值的引领者以及美学所蕴含的主导价值、引导价值做出了深刻的论述，但是，其实还应该着重提及的，还应该有柏格森，还应该有怀特海。以后者为例，他对于美学的关注，无疑就十分发人深省："的确，如果美学论题得到了充分的探讨，那是否还有什么东西需要讨论就是可疑的了。"①"作为完整宇宙论的目标之一，就是要建构起一种观念体系，把审美的、道德的、宗教的旨趣同来自自然科学的那些世界概念结合起来。"②怀特海这样论及自己的哲学："在现在，因为大家的忽视，最富成果的起点是那个我们称之为美学的价值理论那一部分。"③而且，"艺术服务于文明的优点在于它的人工性和它的有限性。它向意识表现了人类为了在自身有限范围内达到自身的完善所做的那一点有限的努力。"④当然，这里的美学以及艺术都是与有机世界、有机生命密切相关的。怀特海说："对价值的认可会给生命增添难以置信的力量；没有它，生活将回复到较低层次的被动状态中。这种力量的最深刻的表现就是美感，对于所实现的完美境地的审美感。"⑤"可将艺术表述为种族对其生存压力的变态反应"。"当没有对'真'的确信时，艺术的这一变态功能便失去了。正是在此处，把艺术看成是追求'美'这一概念是肤浅的。当艺术似乎在一刹那间揭示了关于事物性质的本质的、绝对的'真'时，它在人类的经验中便有一种治疗病痛的功能。艺术的这一作用甚至受到关于琐屑事物平凡真实的阻碍，这

---

① ［美］阿尔弗雷德·诺思·怀特海：《观念的冒险》，周邦宪译，译林出版社2012年版，第291页。

② ［美］阿尔弗雷德·诺思·怀特海：《过程与实在》，李步楼译，商务印书馆2011年版，第2页。

③ ［美］阿尔弗雷德·诺思·怀特海：《怀特海文录》，陈养正等编译，浙江文艺出版社1999年版，第78页。

④ ［美］阿尔弗雷德·诺思·怀特海：《观念的冒险》，周邦宪译，译林出版社2012年版，第298页。

⑤ ［美］阿尔弗雷德·诺思·怀特海：《教育的目的》，庄莲平译，文汇出版社2011年版，第54—55页。

种不足道的、追求与琐屑事物一致的做法突出了感觉经验中的表面性事物。而具有揭示事物本质这一伟大作用的艺术，则是文明的精华。随着这种艺术的生长，精神的冒险超越了生存的物质基础。"① 艺术"是文明的精华"，这就是怀特海的结论。而且，会不禁使人想起杜威关于艺术是"文明发展的轴心"的观点。

再来看一下怀特海的研究者的发现，问题也就更加清楚了。菲利普·罗斯指出：怀特海的后期哲学"旨在发展出一种植根于审美价值经验的形而上学和宇宙论体系。"② "怀特海宣称，最好把人类和世界的历史都描述为对美的追求。用中世纪美、善、真的三分法来说，美或审美和谐成了三者中最具广延性和效验性的一方，从而成为另外两方的条件。"③ 这里明确指出的是，怀特海的宇宙论"植根于审美经验"，也就是说，怀特海有机哲学是以审美经验的理论为出发点的。"对怀特海而言，从本质上看，一个因果关系就是一个可感的价值关系，及受影响的感觉关系。受影响的关系被规定为一种审美关系，这种关系需要一个'感觉'或'定向'中心作为结果的居所。"④ 唐力权也指出："怀特海形上学在其根本精神上乃是'审美的'（aesthetic）"。⑤ 郝大维和安乐哲把理性秩序与因果思维联系起来，同时把美学秩序和关联思维联系起来。⑥ 他们区分了两种世界观，一个叫 Aesthetics harmony（美学和谐），另外一个叫 logical harmony（逻辑和谐）或 scientific harmony（科学和谐）或 ra-tional harmony（理性和谐）。理性和谐是单向度的，美学和谐则是多维的，它是一种 co-create（协同创造）的和谐。⑦ 这显然也是受了怀特海美学秩序（和谐）

---

① ［美］阿尔弗雷德·诺思·怀特海：《观念的冒险》，周邦宪译，译林出版社 2012 年版，第 300 页。
② 田中裕：《怀特海有机哲学》，包国光译，河北教育出版社 2001 年版，第 1 页。
③ ［美］菲利普·罗斯：《怀特海》，李超杰译，中华书局 2002 年版，第 88 页。
④ ［美］菲利普·罗斯：《怀特海》，李超杰译，中华书局 2002 年版，第 34 页。
⑤ ［美］唐力权：《脉络与实在》，宋继杰译，中国社会科学出版社 1998 年版，第 27 页。
⑥ ［美］郝大维、［美］安乐哲：《期望中国——中西哲学文化比较》，学林出版社 2005 年版，第 138—139 页。
⑦ 参见［美］安乐哲《当代西方的过程哲学与中国古代哲学》，载《中国思想史研究通讯》2007 年第 3 辑。

和有机秩序（和谐）思想的启发和影响。

显然，在这里，美学的生命觉醒与生命的美学觉醒是统一的。审美活动既源于生命、同于生命，也为了生命。因此，找回生命，就是找回美学，也是找回美学的生命。每个时代都有每个时代的美学问题。生命问题的应运而生，就是当今时代的美学问题。回应生命问题，就是时代地回应美学问题。当然，这不但就是当代美学的历史使命，而且也就是生命美学的任务。

二 审美生产力

以生命作为最高价值，意味着以生命去为美学赋值，同时也意味着以美学为人之为人、世界之为世界赋值。对于生命的维持生命活动的能力、生存发展的能力乃至生命作用力的肯定，对于享受生命的能力、拓展生命的能力、创造生命的能力的肯定，简而言之，对于生命力的肯定，也就是美学的对于人之为人、世界之为世界的肯定。在这个意义上，生命力就是审美生产力。这就正如马尔库塞所明确指出的：审美活动已经"成为另一个社会借以被设计出来的生产力"[①]"艺术应当不仅在文化上，并且在物质上都成为生产力"。[②] 因此，解放生命力也就是解放生产力、释放生产力、提升生产力。由此，适者生存，美者优存。没有"美"万万不能。人的为美而生、世界的向美而在，其实也就是人的为"生命（力）"而生，世界的向"生命（力）"而在，这，就是美学"溢出"。

首先，美是生命的竞争力。

美，指向生命的根本需要与发展方向。曾几何时，我们往往以为上帝就是力量、知识就是力量，然而，真正有力量的却是美。美才是力量。尼采大声疾呼："不能靠真理生活"，而要靠艺术生活！艺术比真理更神圣，更有价值。"生命通过艺术而自救"、艺术，是"最强大的动

[①] [德]赫伯特·马尔库塞：《艺术与解放》，朱春艳、高海青译，人民出版社2020年版，第241页。

[②] [德]赫伯特·马尔库塞：《审美之维》，李小兵译，生活·读书·新知三联书店1989年版，第114页。

力"、是"使生命成为可能的伟大手段，求生的伟大诱因，生命的伟大兴奋剂。"因此，美的人生才值得一过。这正是在强调美的力量。

然而，人们却往往以为美只是一个辅助性的工具，即便是美学家，也往往误以为美只能是"以美启真、以美储善"，这实在毫无道理。美不是工具，美也不是婢女，在推动、调控人类自身行为方面，美有其独立的不可取代的作用。是什么东西支撑了人类的生命？是科学吗？是宗教吗？过去当然会如此回答。但是，宗教的作用，就其根本而言，只能是让人的生命活动处于一种放弃成长的需要的尴尬境地，真正的驱动力量，是来自上帝。科学的作用，就其根本而言，也只能是让人的生命活动处于一种自我折磨的尴尬境地。而且，它其实本来只是现实关怀，却被人为地误认为终极关怀。"学好数理化，走遍天下都不怕"。但是，真的"什么都不怕"吗？无疑不是。起码，生命的根本问题，科学就始终都没有触及。因此，科学和宗教无法最终拯救人，因为它们"见神不见人"，"见物不见人"。美却不同。符合人的根本需要的客体属性，就是"美"，而符合了这个属性的客体，就是"美的"。因此，美满足了对于某种符合人之为人的价值属性的需要。人类每每把自己对未来的寄托、对最美好事物的寄托放在外在事物上。这就类似于所有神话都有"创世"神话，"创世"神话恰恰就是通过人类所创造的对象世界来确证自己。当然，审美活动与宗教活动也有区别：尽管都是自我确证，审美活动是创造某一对象来确证自己，宗教活动却是通过创造全部对象来确证自己。因此宗教信仰不一定要有对象，而且，宗教的对象也未必有力量，但是审美活动却一定要有对象，而且审美活动的对象也一定是最有力量的。因为客观世界本身并没有美，美也并非客观世界固有的属性，而是人与客观世界之间的关系属性。这个关系属性无疑正是人之为人的根本属性，也是世界之为世界的根本属性。因此，美最有力量，美也是生命中最具竞争力的竞争力。美是世界之本、价值之本、人生之本，没有美，是人之为人的贫血，也是世界之为世界的贫瘠。在当代社会，美之所以从"美丽"到"美力"就是因为美不仅仅美丽，而且还有力量。而且，在宗教退回教堂、科学退回课堂之后，美自身所禀赋着的竞争力也已经无可取代。也许，这就是帕克所发现的："信仰所丧失的又重新为美所取得。"① 乔布斯在每一件新产品酝酿出炉的时候总会提出："还应该再完美一点！"就正是因为看到了美的竞争力量。在乔布斯眼中，产品如果不是完美无缺，那就和垃圾没什么两样。

更为重要的是，美是生命的竞争力，还在于它所禀赋的"品值"。在当代社会，商品每每被认为是竞争力的化身，因为它有价值。但是，其实更有竞争力的是美，因为它不但有价值，而且还有"品值"。拒绝美的商品属性，是传统美学的公开的秘密。曾经，人类最为神圣的两个领域，大自然和审美活动是始终被严格地排除在社会——尤其是市场经济社会之外的。然而，正如马克思在剖析商品拜物教的秘密时说过的：人类劳动的产品"一旦作为商品出现，就变成一个可感觉而又超感觉的物了。"② 显而易见，这个无往而不胜的"可感觉而又超感觉的物"，不可能不影响到人类的审美活动。换言之，人类的审美活动也不可能不蕴含着商品属性。其实，按照马克思的考察，在商品经济出现之后，包括审美观念在内的一切价值观念，应该说，都无非是商品经济在价值领域里的"另一次方"③。遗憾的是，在相当长的时间内，什么活动都是在市场经济之外进行与展开的，不得不采取的，是"体外循环"的道路，然而，这无疑并非真实。值得庆幸的是，市场经济最终使得人类的审美活动回到了"体内循环"的正确道路。

首先，这意味着审美活动已经开始在市场之内加以培育、发展；某个阶层、某些人对于审美活动的资源、资本、资格的控制、操纵不再成为可能；市场作为看不见的手，主宰着审美活动资源、文化、审美活动资格本身；审美活动有了独立的自主权；非人格化的审美活动市场出现了；人类的审美活动从被动转向主动，人性本身也不再处于压抑状态。当然，这一切都无疑十分重要。例如，在审美活动的需要方面，市场经济就起到了特殊的作用。正如马克思所指出的：它"第一，要求扩大现有的消费量；第二，要求把现有的消费推广到更大的

---

① ［德］帕克：《美学原理》，张今译，广西师范大学出版社2001年版，第294页。
② 《马克思恩格斯全集》第23卷，人民出版社1972年版，第87页。
③ 《马克思恩格斯全集》第46卷（上），人民出版社1979年版，第197页。

范围，以便造成新的需要；第三，要求生产出新的需要，发现和创造出新的使用价值"。① 与此相关，"个性因而是人类整个发展中的一环，又使个人能够以自己特殊活动的媒介而享受一般的生产，参与全面社会享受"，因此，市场经济"是个人自由的实现"。② 这意味着："自由"是个人参与全人类的创造性生产和享受的必然派生物，是通过市场交换充分满足自己对各种使用价值的需要的必然结果，因此"自由"首先就与人的物质享受有关。这无疑是对"享受"的正面意义的肯定。然而在有"洁癖"的传统美学看来，"享受"只能是被无条件地加以贬斥的。由此，市场经济在拓展审美活动的需要方面的积极意义不难看到。再如，在审美活动的主体方面，"商品是天生的平等派"，③ 商品属性的拓展使得审美活动者摆脱了自然经济的"人的依赖关系"，成为人格独立的自由生产者，正如马克思所说：市场经济"培养社会的人的一切属性，并且把他作为具有尽可能丰富的属性和联系的人，因而具有尽可能广泛需要的人生产出来——把他作为尽可能完整和全面的社会产品生产出来（因为要多方面享受，他就必须具有享受的能力，因此他必须是具有高度文明的人）"，而这正是"个性在社会生产过程的一定阶段上的必然表现"。④ 而且，商品属性的拓展也造成了"工人"与"奴隶"之间的一个重大区别，这就是前者得以"分享文明"。这一切，必然导致传统美学所竭力维护的"审美的特权地位"不再合法，同时也导致传统美学在19世纪最终论证完成的审美无功利性与审美活动的自律性不再合法，于是，审美与非审美活动之间的交融，就构成了当代审美活动的特定景观。由此，审美活动才得以获得广泛的自由度，得以相对于过去远为充分地施展自身的审美潜能，也就是充分地施展自身的巨大力量。

其中最值得注意的，是人的全面发展问题。这个问题，我们往往简单地放在个人本身的抽象发展进化中来考察。实际上，人的全面发展这

---

① ［德］马克思：《政治经济学批判》，人民出版社1976年版，第78页。
② 《马克思恩格斯全集》第46卷（下），人民出版社1980年版，第473页。
③ 《马克思恩格斯全集》第23卷，人民出版社1972年版，第103页。
④ 《马克思恩格斯全集》第46卷（上），人民出版社1979年版，第392页。

一美学的目标，只有在商品社会的条件下才能够提出并实现。因为，首先，这一观念本身就是商品社会的产物，正是商品社会造成的人的片面化发展，促成了对人的全面发展的呼唤。而且，不像"自由""平等"那样是从商品社会的正面效应得出的，人的全面发展这一美学的目标更是从负面效应的沉痛教训中得出的。这样理解，就比把全面发展作为人的预设前提要真实得多。其次，这一观念本身的实现只有通过商品社会才有可能。因为它已经不再是审美乌托邦，而是完全真实的。在其中，个人"以物的依赖性为基础"，而拥有着"人的独立性"。[①] 这样一来，审美活动的意义也就更为真实也更为现实了。

当然，其中的原因还在于审美活动对于商品交换活动的超出。

首先，从性质看，相对于商品交换活动所体现的商品价值，应该说审美活动所体现的审美价值才是建构现代意识的核心，缺乏这个核心，现代的成熟的文明观念就不可能理想地建立起来。例如，商品大多是物质的，是对于物质需要的满足，因此利益、效率、利润、金钱、竞争等价值观念应运而生。审美活动则是精神的，是对精神需要的满足，因此终极关怀、人类之爱等价值观念应运而生。一般商品的价值决定于生产同类产品的社会平均必要劳动时间，而审美活动却是独一无二、不可重复的，因此也就无法用生产同类产品的社会平均必要劳动时间来计算。而且，在商品交换领域，是以量对质，以量的关系抹杀质的关系，"正如商品的一切质的差别在货币上消灭了一样，货币作为激进的平均主义者把一切差别都消灭了。"[②] 而在审美活动领域，则是以质对量，以质的关系带动量的关系。何况，商品的实现是表现为物品能量的消耗，而审美活动的实现则表现为精神境界的提升。因此，不论在当代审美活动中必须采取什么形态，但却仍旧必须"出于同春蚕吐丝一样的必要而创作"，审美活动仍旧是目的而不是手段。

其次，从层次看，在商品交换活动与审美活动之间，还存在着递进的关系。它们不但都是人类文明的基本内容，都是人类意识的基本

---

① 《马克思恩格斯全集》第46卷（上），人民出版社1979年版，第104页。
② 《马克思恩格斯全集》第23卷，人民出版社1972年版，第152页。

组成部分，而且在人类文明与人类意识之中，彼此的位置也各有不同，存在着递进制约的关系。商品交换活动是效用价值的实现，缺乏效用价值的文明，不可能是人类文明。但只有效用价值的文明，也不可能是人类文明。而且，由于商品交换活动是以利益、效率、利润、金钱、竞争为核心，因此在人类文明中又毕竟是低层次的。审美活动是最高价值的理想实现，也是人类文明的核心，因此，它在人类文明中是高层次的。假如说在商品交换活动中是透过人去看物，那么在审美活动中就是要透过物去看人。在商品交换活动中，"人们信赖的是物（货币），而不是作为人的自身。但为什么人们信赖物呢？显然，仅仅是因为这种物是人们之间互相间的物化的关系，是物化的交换价值，而交换价值无非是人们互相间生产活动的关系。"① 可见，在商品交换活动中沉淀的是人的物性化意识，而在审美活动中信赖的则是人本身，沉淀的是人的精神化意识。也因此，商品需求与精神需求等值这一逻辑前提不能成立。审美活动的商品属性固然是审美活动的社会属性之一，但是毕竟不是审美活动的本质属性。它只是审美活动的外部属性之一，审美活动还有其自身的本质属性。审美活动必然要带上商品属性，但这只是展示出了审美活动的复杂性、多面性，然而并没有改变审美活动的本质属性。只要稍加注意，我们就会发现，在商品交换中实现的只是特定的使用价值，而不是审美活动的本身的美学价值。把复杂的问题简单化，是要犯错误的。例如票房价值就是特定使用价值的实现。但实际上它根本就不可能真正反映审美活动在满足人们精神需要时的程度。"叫好"要比"叫座"更加重要，也更具力量。

再次，从内涵看，在商品交换活动与审美活动之间，还存在着宽窄的不同。毕竟，商品交换活动中还存在着贬低人的价值的因素，而审美活动却是着眼于目的本身的人的发展，这种以人为目的和以财富为目的，就构成了审美活动与商品交换活动的内涵的差异，这就是面对商品交换活动，审美活动不但有其肯定性的一面，而且有其否定性

---

① 《马克思恩格斯全集》第46卷（上），人民出版社1979年版，第107页。

的一面。审美活动要求在财富中实现人的目的,而商品交换活动的局限正表现在对审美活动的内涵的限制上。在这个意义上,审美活动的意义也正表现在它是对商品交换活动的限制即对商品交换活动的局限的限制之上。这是商品社会发展的必不可少的前提。审美活动不但以肯定性去消极适应商品社会,而且以否定性去积极适应商品社会,去限制和揭露商品社会的有限性,从而起到必不可少的制衡作用,为人类精神的丰富发展准备和创造条件。因此,审美活动当然要适应商品社会的发展,但是又不是以商品社会的泛化的方式来实现的,而是以审美活动自己的方式实现的。换言之,正如商品社会的存在是审美活动的必要条件,审美活动的存在也是商品社会的必要条件,谁能说商品社会确实在筛选着审美活动,但审美活动不同样也在塑造着商品社会?

最后,审美活动的最为重要的内涵还在于它对于人的全面发展所具有的意义。谋求"超出对人的自然存在直接需要的发展",即"发展不追求任何直接实践目的的人的能力和社会的潜力(艺术等,科学)。"① 这无疑也是商品交换活动本身所不具备的内涵,同时,面对商品社会,审美活动还以精神化的形式来表现人的特点,反映着人的超出了物质利益的追求,审美活动因此而具备着更为根本的为商品交换活动所不可能具备的超越性内涵。

因此,美不但具有价值,而且具有品值。这样,美的竞争力也是必然的,而且,还是引导的、主导的竞争力。马克思曾经指出:"资本不可遏止地追求的普遍性,在资本本身的性质上遇到了界限,这些界限在资本发展到一定阶段时,会使人们认识到资本本身就是这种趋势的最大限制,因而驱使人们利用资本本身消灭资本。"② 而且,资本不但消灭资本,资本还创造文化:"正是因为资本强迫社会的相当一部分人从事这种超过他们的直接需要的劳动,所以资本创造文化,执行一定的历史的社会的职能。"③ 这无疑就是马克思所瞩目的"资本创

---

① 《马克思恩格斯全集》第47卷,人民出版社1979年版,第216、215页。
② 《马克思恩格斯全集》第46卷(上),人民出版社1979年版,第393—394页。
③ 《马克思恩格斯全集》第47卷,人民出版社1979年版,第257页。

造文明"。当然，资本也创造美。它为美作为美学时代的主导价值、引导价值奠定了坚实的基础。

其次，美感是生命的创造力。

与美不同，美感是立足于生命的根本需要与发展方向。人的本质并非固定。人是 x。因此，人并不是一个舞枪弄棒的猴子。这当然就是有狼孩为什么没有狼猪的原因。因为后者的本质本来就已经是固定的了。而神学与科学之所以与生命的创造力无关。当然也是因为它们从根本上就是误解了生命之为生命的。传统的美学也是如此。因为或者是宗教的附属、或者是科学的附属，因此也只能是神性或者理性的奢侈品，自然也与创造无关。但是，在宗教退回教堂、科学退回课堂之后，我们不难发现："人是人的作品，是文化、历史的产物"。① 因此，"生命比生命更多"，生命也是"超越生命"的生命。人并没有固定的本质，恰恰相反的是，人怎样去创造自己的生活，人也就有着怎样的本质，人是人自己的作品。人与物的根本不同，就在于物之为物是本质先于存在的，而人则是存在先于本质。萨特把"存在先于本质"看作"存在主义的第一原理"，提示的就是这个道理。这即是说，与物的本质的前定、设定、固定不同，人的本质是人自己创造的结果，人是按照自己的自由意志而造成他自身，因而一个人不仅就是他自己所设想的人，而且是自己所志愿变成的人。人的本质是自己选择的，人的未来是自己造就的，人的前途和命运也是自己决定的。换言之，人是开放、生成、变化的。人的自由也是绝对的。人能够在许多可能性中进行选择，人也能够创造自己的本质。人把自己创造为人。人创造自己的本质、自己的本性、自己的目的。创造，是对于可能性的寻找，因此也就必然地与创新、开拓、超越相关，更必然地远离本质。必然无法用一个定型的现成的东西来说明人自身。更不要说，这多维的创造还更多地与文化相关。实践活动只能改变人的生理结构，文化活动才能改造生命。这也正是我始终都没有用

---

① ［德］费尔巴哈：《费尔巴哈哲学著作选集》上卷，荣震华、李金山译，商务印书馆1984年版，第247页。

"身体"的人来规定人,而是用"文化"的人来规定人的原因所在。人类是一种超生命的物质形态,从"生物"到"生命"。原生命与人无法分离,超生命则是相对独立的,可以与人分离。文化正是人的非肉体的组成部分,也是更为根本的组成部分。因此,人是文化的存在。

  值得注意的是,在文化活动的对于人的生命的改造之中,美感具有着至关重要的作用。甚至应该说,在生命活动中,存在着不断否定和不断超越,所谓"不是永恒的生命,而是永恒的创造",创造生命,是人同自然界共有的奇迹,所谓"自然向人生成",但只有人才知道他同时是被创造者和创造者,因此也只有人才能够不但创造对象而且创造自己,因此,恰恰只有美感,才是对于人的生命的改造的根本途径。只有进入审美创造的人,从本体论角度讲、才是一个唯一的人,也才是一个真正的人。甚至,我们还可以引用美国心理学家阿瑞提的看法,把这一问题表述得更为绝对一些:"毫无疑问,如果哥伦布没有诞生。迟早会有人发现美洲;如果伽利略、法布里修斯、谢纳尔和哈里奥特没有发现太阳黑子,以后也会有人发现。只是让人难以信服的是,如果没有诞生米开朗基罗,有哪个人会提供给我们站在摩西雕像面前所产生的这种审美感受。同样,也难以设想如果没有诞生贝多芬,会有哪位其他作曲家能赢得他的第九交响曲所获得的无与伦比的效果。"[①] 同样的话,孟德斯鸠也曾经说过:"一个女人只有通过一种方式才能是美丽的,但是也可以通过十万种方式使自己变得可爱。"因此,所谓文化创造了人,就其根本而言,毋宁说是美感创造了人。在美感中,人才成之为人,人也才得以改变自己、塑造自己、提升自己、涂改自己、超越自己。人没有超验的本质,因此要在美感中创造;人没有超验的目的,因此要在美感中确立;人也不是存在而是生成,因此要在美感中完成。所谓超越、所谓自由、所谓幸福、所谓爱……因此也就都可以在美感中达到。同样,人的未完成性、不确定性、无限开放性……也都可以在美感中得以实现。

---

① [美] 阿瑞提:《创造的秘密》,钱岗南译,辽宁人民出版社1987年版,第387页。

美感因此也就成了对于生命的鼓励。对此，我们可以在美感对于"过程"的赞美中洞察。索洛古勒曾经赞美托尔斯泰：您真幸福，您所爱的一切您都有了。托尔斯泰却纠正说：不，我并不具有我所爱的一切，只是我爱我所具有的一切。西方电影大师文德斯则说：我比较喜欢"旅行"，而不喜欢"抵达"。另外一位电影大师茂瑙则说：不管在哪儿，我都不在家。中国的李白说得更为精彩："何处是归程？长亭连短亭。"确实，生命就在长亭短亭之间，美也就在长亭短亭之间。对于动物而言，归程是肯定的，因此过程可以忽略不计，但是对于人类来说，却恰恰相反，过程是肯定的，归程却可以忽略不计，因为，"归程"已经成为"过程"，"归程"也已经被延伸成为"过程"的一个组成部分。过程，就是一切。在这个意义上，过程就是美，过程就是天堂，结果则是地狱。事实上，这也正是美感对于"过程"的赞美的最为根本的理由。人类是生活在过程里的，而这种过程又意味着什么呢？意味着人类永远不满足，永远希望追求更美好的和最美好的东西。而审美活动则把这一切都酣畅淋漓地表达了出来。换言之，对于这种生命过程的关注，就使得人类开始关注到了人类在动物身上永远找不到的创造的属性、开放的属性、创新的属性、面向未来的属性和追求完美的属性。而这些根本的东西，当它表现在审美活动里的时候，就成了审美活动的至高无上的使命。美感的对"鲜花"的赞美也是如此。为什么鲜花永远会激起无尽的美感？当然正是因为它最精彩也最深刻地体现了美感的根本特征。不难看出，人类对鲜花的追求，其实也就是对自己的生命过程的追求。所有的动物对鲜花都是没有兴趣的。花开花落，永远也不会打动它们，但是人却不同，正是在鲜花的身上，人类意识到了自己的生命真谛，那就是远较结果更为动人心魄的开花。它代表着偶然，冒险、革新、反抗、开拓、进取、挑战……对于人类而言，使自己光荣的不是从何处来，而是向何处去。因此，人类永远也不满足于现状。因此，创造的人生才值得一过。因此，人类的未来在美感中造就，人类的未来也要到美感中去求解，美感鼓励了生命，美感与创新、进化、牺牲、奉献同在。

遗憾的是，在美学界充斥了大量的粗放式的形而上学的思辨研究，例如实践美学，每每以"积淀说"来提示美感里积淀着的先定的本质，并且认为，美感正是因为感受到了这先定的本质而愉悦。这当然是宗教时代、科学时代的美学思考的必然产物。在美学时代，我们亟待从形而上学的思辨转换为形而上的辩证分析。其实，美感的内容都是在美感的创造中生成的，在美感之外、美感之前、美感之上，都没有所谓的内容。因此，美感也就无论如何都不可能出自"积淀"，而只能出自对"积淀"的"扬弃"，亦即不能出自决定性而只能出自非决定性。而且，不是实践活动论，也不是"实践生成论"，而是生命活动论、"活动生成论"，在其中起着根本的作用。因此，在实践美学看到"积淀"的地方，生命美学看到的却是"创造"。在美感中，其实都是双向建构、双向创造的，既类似于"找对象"，也类似于"谈恋爱"，既"随物婉转"，又"与心徘徊"。因此美感并非先在、永恒，更非事先积淀，而是在形式创造的现场即时即兴地不断加以生成。换言之，美感不是先"生产"后"享受"，而是边"生产"边"享受"，是在美感的形成中形成的愉悦。海德格尔之所以把真理的原始显现（在作品中形成的真理，作品就是真理）称为"艺术真理"，并且区别于具有派生性质的"理论真理"，正是这个意思。美感之外无内容，这就类似《海上钢琴师》中的钢琴神童，他的生命中只有八十八个钢琴键，因此，他创作的审美愉悦，也就都与这八十八个钢琴键有关。所谓的美感，无疑也就是出自这八十八个钢琴键的创造过程。

尤其值得指出的是，众多的学者们都已经在美感的延长线上深入而且全面地讨论着"快乐竞争力""积极情绪的力量""潜意识的力量""专念""情商"①……人区别于动物，其脑量一开始只有500毫

---

① ［美］肖恩·埃科尔：《快乐竞争力——赢得优势的7个积极心理学法则》，师东平译，中国人民大学出版社2012年版；［美］芭芭拉·弗雷德里克森：《积极情绪的力量》，王珺译，中国人民大学出版社2010年版；［美］约瑟夫·墨菲：《潜意识的力量——吸引法则背后的秘密》，李展译，印刷工业出版社2012年版；［美］埃伦·兰格：《专念——积极心理学的力量》，王佳艺译，浙江人民出版社2012年版；［美］丹尼尔·戈尔曼：《情商：为什么情商比智商更重要》，杨春晓译，中信出版社2018年版。

升，但是人的成熟却需要1500毫升，因此，人只是早产儿，因此未成年人连犯罪都不需要承担责任，而且不但要"十月怀胎"，而且还要三翻六坐八爬。这就必须要依靠后天的学习。何况生命的病态与虚弱，有时会颓废到比动物更加孱弱，这当然也就需要美感的鼓励。更不要说，无数的曾经被认为是正确的东西在事后却发现，其实都完全是错误的，这就要求我们在精神上务必要保持开放、创造的心态。而这当然是宗教与科学所无法取代的。因为在宗教而言生命完全不需要创造，在科学而言生命无非只是动物生命的放大版，但是，美感却不然了。在美感中，不是"已经如此"，而是"我愿如此"，也不是"我应"，而是"我要"。这是一种主动的评价、一种价值赋予。在其中，目的和原因都在同时起作用，因此现实不仅仅是与过去有关，而且也与未来有关。未来在美感中以主观目的的方式出现。这是站在未来的角度来看现在，也是对于现实的超前改变，符合人类主观理想的存在超前地在美感中予以呈现。人们发现，在美感中人能够自觉地把自己当作人来看，"他在现实中既作为社会存在的直观和现实享受而存在，又作为人的生命表现的总体而存在"。[①] 因此，就"快乐竞争力""积极情绪的力量""潜意识的力量""专念""情商"……而言，美感有助于提升创造力和幸福感。因此不必去问"那怎么可能"，而要去问"为什么不能"，这是一种"积极的共鸣"，也是一种人类的潜意识在美感的触动下所产生的力量。美感可以诱发积极情绪，例如喜悦、希望、敬佩、宁静、激励、快乐、满意、兴趣、自豪、感激、爱……美感还是推进生命的创造力的杠杆，美感扩展了人们的心理资源。席勒说：审美是我们的第二创造者，但是却毕竟只是猜测与向往，而今在"快乐竞争力""积极情绪的力量""潜意识的力量""专念""情商"的讨论中，却已经完全成了现实。人生不是乐园，而是舞台大自然只塑造了人的一半，人不得不上路去寻找那另外一半，在美感中，我们所看到的，恰恰就是这另外的一半。

最后，审美力是生命的软实力。

[①] 《马克思恩格斯全集》第42卷，人民出版社1979年版，第123页。

区别于美与美感，审美力是根源于生命的根本需要与发展方向。它是一种精神的财富。以往我们对于精神乃至精神财富的考察往往更多地倾向于对于物质的依赖，但是对于精神乃至精神财富的重要意义却往往未予重视。而且对于精神乃至精神财富随着人类的灭亡而无谓的消失，也同样未予重视。这无疑是一个缺憾。恰如马克思所批评的："如果一个人只是由于他追求'理想的意图'并承认'理想的力量'对他的影响，就成了唯心主义者，那么任何一个发育稍稍正常的人都是天生的唯心主义者了，怎么还会有唯物主义者呢？"① 卡西尔也曾经以"数"的概念和"乌托邦"的概念为例，指出数学和伦理观念最有力地证明了人具有"建设一个他自己的世界，建设一个"理想的"世界的力量"。他们所提示的，其实都是精神乃至精神财富。克尔凯戈尔说："人的基本概念是精神，不应当被人也能用双脚行走这一事实所迷惑"。② 舍勒也认为，人的本质在"生命"之外，因为人是"精神生物"，人和动物的本质区别在于人的"精神"。恩格斯甚至强调："因此，物质虽然必将以铁的必然性在地球再次毁灭物质的最高精华——思维着的精神，但在另外的地方和另一个时候又一定会以同样的铁的必然性把它重新产生出来。"或者，尽管"旧的目的论已经完蛋，但是现在有一种信念是确定不移的：物质依据这样一些规律在一定的阶段上——时而在这里时而在那里——必然地在有机物中产生出思维着的精神。"③ 为此，恩格斯还告诫我们："政治经济学家说：'劳动是一切财富的源泉。'其实劳动和自然界一起才是财富的源泉，自然界为劳动提供材料，劳动把材料变为财富。"④ 人类起源于劳动，劳动又把自然（材料）变为财富。当然，这财富包括物质财富与精神财富。在轴心时代、轴心文明，物质财富无疑是主要的，但是，在新轴心时代、新轴心文明精神财富却异军突起。而且，在轴心时代、轴心文明，主要面对的是物质财富，因此无疑应当是存在决定精神，但是，在新轴心

---

① 《马克思恩格斯选集》第4卷，人民出版社2012年版，第238页。
② [德] 克尔凯戈尔：《颤栗与不安》，陕西师范大学出版社2002年版，第46页。
③ [德] 恩格斯：《自然辩证法》，人民出版社2015年版，第27页。
④ [德] 恩格斯：《自然辩证法》，人民出版社2015年版，第303页。

时代、新轴心文明，主要面对的是精神财富，一切的一切就一定要颠倒过来了，就一定要转而成为精神"创造"存在。而且，这里的精神"创造"存在还是生命之所以为生命的根本。一旦失去了它，也就失去了生命的本性。正如卡西尔所提示的："人的本质不依赖于外部的环境，而只依赖于人给予他自身的价值。"① 物质财富与人建立的只是一种非人的、片面的和不自由的关系，是一种低级和可以片面占有的财富，并不涉及生命的意义，也无法等同于人的理想本性，只能作为功利性的成果去占有。精神财富"超出对人的自然存在直接需要的发展"，是"不追求任何直接实践目的的人的能力和社会的潜力（艺术等等，科学）。"② 对此，马克思早有明确阐释："所谓财富，倘使剥去资产阶级鄙陋的形式，除去那在普遍的交换里创造出来的普遍个人欲望、才能、娱乐、生产能力等等，还有什么呢？财富不就是充分发展人类支配自然的能力，既要支配普遍的自然，又要支配人类自身的那种自然吗？不就是无限地发掘人类创造的天赋，全面地发挥，也就是发挥一切方面的能力，发展到不能用任何一种旧有尺度去衡量那种地步么？不就是不在某个特殊方面再生产人，而要生产完整的人么？不就是除去先行的历史发展以外不要任何其他前提，除去以此种发展本身为目的外不服务于其他任何目的么？不就是不停留在某种既成的现状里而要求永久处于变动不居的运动之中么？"③ 值得注意的是，这精神财富不可能在宗教活动或者科学活动中实现，而只能在审美活动中实现——尽管是以象征的方式。其中的原因十分简单，这是因为在审美活动中，"需要和享受失去了自己的利己主义性质，而自然界失去了自己的纯粹的有用性，因为效用成了人的效用。"④ 人"以全部感觉在对象世界中肯定自己"。

智力社会的出现，更是软实力的强劲背景。它意味着精神属性比实践属性更为重要。无疑，生命美学正是因此而区别于实践美学。我

---

① ［德］恩斯特·卡西尔：《人论》，甘阳译，上海译文出版社2013年版，第13页。
② 《马克思恩格斯全集》第47卷，人民出版社1979年版，第216、215页。
③ ［德］马克思：《政治经济学批判大纲》第3分册，人民出版社1976年版，第105页。
④ ［德］马克思：《1844年经济学哲学手稿》，人民出版社2018年版，第82页。

常说，人的秘密是生命的秘密，其实，生命的秘密则是精神的秘密。人的能力包括体力和智力两类，其中的体力与我所谓的"原生命"有关，而智力却与我所谓的"超生命"有关，"智力"起到的作用越来越大，"体力"起到的作用越来越小，也可以看作"超生命"起到的作用越来越大，"原生命"起到的作用越来越小。或者，"恐惧"起到的作用越来越大，"饥饿"起到的作用越来越小。与此相应的，是物质让位于精神，体力劳动让位于脑力劳动，"人的自由自觉的活动""自觉的能动性""创造符号的能力"，三者都脱颖而出。"马克思所谓的"脑力工人阶级"日益成为劳动解放的主导力量。当然，"脑力工人阶级"意味着"武器的批判"，意味着人类为自身的解放所铸造的"物质武器"，"实践的人道主义"则意味着人类为自身的解放所塑造的"精神武器"，是"批判的武器"。无疑，"批判的武器"当然不能代替"武器的批判"，物质力量只能用物质力量去来摧毁，但是"批判的武器"一经掌握群众，也会推动"武器的批判"。总之，人因为创造而超出动物，也因为"智力"而超出动物。而今，这一切都逐渐成为现实。我所强调的美学的引导价值、主导价值，强调美学对于世界的美学建构，不但正是着眼美学的改变世界而不是解释世界。而且着眼于软实力背后的智力社会。

在此意义上，"人对美的领悟就成为一种力量。"① 审美力就是生命的软实力。"软实力"是一种文化力量、无形的力量。显然，在人类社会，最初的软实力是来自宗教，继而的软实力是来自科学，而在美学时代，文化也成了"软实力"。当然，"它们每一个都是能创造并设定一个它自己的世界之力量"，② 区别于硬实力，"软实力"以影响力、吸引力、同化力著称。"润物细无声"，无处不在，无时不有，无所不为、无所不能，无形而强大，是超越一切武器之上的"武力"，堪称征服人心的力量。人们常说：19世纪是靠军事改变世界，20世纪是靠经济改变世界，21世纪要靠文化改变世界。文化改变世界，文

---

① ［美］斯特伦：《人与神》，金泽等译，上海人民出版社1991年版，第248页。
② ［德］恩斯特·卡西尔：《语言与神话》，于晓等译，生活·读书·新知三联书店1988年版，第36页。

软实力无疑就要首当其冲,成为改变世界的另一种力量。从"政治中国"—"经济中国"—"文化中国",文化软实力逐渐从后台走向前台,越来越成为增强综合国力的优先级,也越来越成为民族复兴的胜负手。因此,一个国家,如果军事力量不强,就可能"挨打";如果经济发展不好,就可能"挨饿";如果文化素质不高,那就可能会"挨骂"。这可以被称为一个"国力方程"。而且,倘若缺乏"硬实力"是缺钙,那么缺乏"软实力"就是缺氧;为此,未雨绸缪,抢滩坐庄,也就成为当务之急。跳出硬实力竞争的赛道,进入软实力竞争的赛道,"换道超车",更是迫在眉睫。我们发现,对于软实力的广泛关注,无异于一次同步跃迁。至于审美力,则当然是文化"软实力"的凝练与升华,审美"软实力"的长足增长也是文化"软实力"长足增长的根本。总之,审美力作为审美"软实力",理应成为文化"软实力"的完美体现。黑格尔在谈到"审美力"的时候曾经说:"哲学家必须和诗人具有同等的审美力。我们那些哲学家们是些毫无美感的人呢。精神哲学是一种审美哲学。一个人如果没有美感,做什么都是没精打采的,甚至谈论历史也无法谈得有声有色。"[1] 完全相同的是,一个国家、一个民族,乃至人类本身,倘若没有"审美力","如果没有美感",同样也会"做什么都是没精打采的"。因此,"在我们的文明的发展中,艺术总是起决定性作用的"[2] 而"用艺术控制知识",要把艺术当成可以取代理性主义哲学的新文化,也就至为关键。[3] 马克思指出:"人只有凭借现实的、感性的对象才能表现自己的生命"。[4] 凭借审美"软实力","人将最深处的情感客观化了。他打量着自己的情感,好像这种情感是一个外在的存在物。"[5] 因此,审美力作为审美"软实力",是在人类自身发现的"不依赖于世界、不依赖于自然界和

---

[1] [苏]阿尔森·古留加:《黑格尔小传》,刘半九、伯幼等译,商务印书馆1978年版,第20页。

[2] [美]房龙:《人类的艺术》(下册),衣成信译,中国和平出版社1996年版,第796页。

[3] [德]尼采:《哲学与真理》,田立年译,上海社会科学院出版社1993年版,第9页。

[4] 《马克思恩格斯全集》第42卷,人民出版社1979年版,第168页。

[5] 转引自[德]恩斯特·卡西尔《语言与神话》,于晓等译,生活·读书·新知三联书店1988年版,第153页。

社会"而依赖于美学的"精神性因素",是智力文明优先、精神文明优先。由此,人类有了一个可以发挥自己的主观创造作用和满足主体需要的意义世界、价值世界。而且,这一世界无疑并非手段性价值,而是属于自身关系的目的性价值。更何况,当今之世,"物质文化需要"被提升为"美好生活需要","落后的社会生产"也转换为"不平衡、不充分的发展"。这意味着:当我们从"新时期"进入"新时代",更加精准的经纬度已然呈现,昔日陈旧的航海图也不复有效,以"增长率"论英雄更已经成为明日黄花。审美力作为审美"软实力"就更加意义重大。

三 "实践的批判"

当然,美学作为新"轴心时代"、新"轴心文明"中的主导价值、引导价值的引领者,美学在新"轴心时代"、新"轴心文明""塑造了世纪历史",也并不意味着美学就可以去包打天下。时刻注意去把作为审美形而上学的美学与作为审美主义的美学乃至泛审美精神的美学去加以严肃的区别,也是十分重要的。

审美主义,按照美国学者麦吉尔的看法,我们可以定位为一种"尽力扩展美学疆域至包括整个现实世界的努力",① 而西方法兰克福学派的马尔库塞无疑就正是审美主义的美学的典范,在他看来,美学是可以包打天下的。为此他直接走上历史舞台,高高举起艺术革命的旗帜,组织起一支强大的艺术救世军。显然,在他看来,对现实社会进行革命改造的任务是完全可以交给美学的。泛审美精神的美学则以"日常生活审美化"作为代表,目前大行其道的生活美学、身体美学,等等,都可以归入其中。然而,在我看来,真正可以作为新"轴心时代"、新"轴心文明"中的主导价值、引导价值的引领者的美学、真正在新"轴心时代"、新"轴心文明""塑造了世纪历史"的美学却应该是审美形而上学的美学。区别于审美主义的美学与泛审美精神的美学,审美形而上学的美学强调的是美、艺术与

---

① 转引自李晓林《审美形而上学》,人民出版社2015年版,第26页。

形而上学的彼此关联，[①] 对应的是人类的形而上学的天性，而不是现实的冲动或者形而下的冲动。当然，这里的审美形而上学也不再是传统的形上美学——尽管它关注的仍旧是形而上学，因为形上美学关注的只是形而上学的知识，只是"知识形而上学""终极知识"，但是审美形而上学关注的却是形而上学的价值，是"生存形而上学""终极关怀"。

也因此，本书当然也注意到了人们的诸多困惑。例如，帕克就曾经反思：莫奈的一幅睡莲池画讲出了什么普遍的真理呢？[②] 奥登也曾感叹："我在30年代写的一切诗、采取的一切立场，连一名犹太人也解救不了。"[③] 还有当代德国批评家拉尼茨基的困惑：莎士比亚的悲剧和历史剧能阻挡得了哪怕一桩谋杀吗？莱辛的《智者纳旦》限制住了哪怕一点点18世纪不断增长着的反犹太人主义吗？歌德的《伊菲格涅亚》使人变得人道了一点吗？读了他的诗后至少有一个人变得高贵、乐于助人和善良吗？果戈理的《钦差大臣》能够减轻一点点沙皇俄国的贿赂吗？斯特林堡改善市民婚姻生活成功了吗？在无数国家几百万的观众看了贝托尔特·布莱希特的剧本，但有一个观众因此改变了他的政治观点，或经受了一次考验了吗？[④] 但是，倘若我们不是从现实的冲动或者形而下的冲动的角度去看待美学，那么其实我们也可以说，美学就是美学，它是人类自身的一种至尊至高的形而上学的冲动，因此，它没有必要去"理论联系实际"，更没有必要去"学以致用"，因为它并不需要去改变现实，而只需要去改变置身现实中的人们的价值观念，只需要规范着人们去怎样想，也规范着人们不去怎样想、规范着人们去怎样做，也规范着人们不去怎样做。所以萨特说"人无非就是自己所造就的东西"。换言之，人无非就是自己用价值所造就的东西。因此"美学"就是"人学"，面对"美学"，其实就是面对"人

---

① 从关注"美、艺术与形而上学的彼此关联"而言，美学时代的美学可以称之为审美形而上学、艺术形而上学，因此我所提倡的生命美学也理应隶属于审美形而上学、艺术形而上学。但是，仅仅是因为力求简捷的要求，本书一般将美学时代的美学统称为审美形而上学，特此说明。

② ［美］H. 帕克：《美学原理》，张今译，广西师范大学出版社2001年版，第45页。

③ ［美］阿瑟·丹托：《艺术的终结》，欧阳英译，江苏人民出版社2001年版，第2页。

④ ［德］马塞尔·拉尼茨基：《我的一生》，余匡复译，上海译文出版社2003年版，第395页。

学"。我们怎么看待"人学",也就怎么看待"美学",反过来也是一样,我们怎么看待"美学",也就怎么看待"人学"。由此,美学之为美学,必然是出之于一种反思的、批判的、理论的态度。它的问世,只能是源于"自知己无知",只能是源于对于"未经省察"的生活的反省,而这就必然是一种反思的批判的理论态度。希腊哲人喜欢说:未经省察的生活不是生活,未经省察的生活也不值得去生活。那么,什么样的生活是生活,什么样的生活值得去生活?显然,这正是我们所要求于"美学"的。于是,相对于审美主义的救世行动,审美形而上学往往只是坐而论道;至于在泛审美精神那里作为天经地义、见惯不惊的东西被接受了下来的生活,在审美形而上学,却恰恰是亟待去反思的前提。总之,所谓"美学",应该是一种形而上学的思考,即便是对于生活而言,它的存在也只是为了"省察"生活,而不是为了"装饰"生活。

由此,本书还有必要再次提及马克思提出的"实践的人道主义"。

在第一篇的第三章,我已经谈到过马克思的"实践的人道主义"。在我看来,这就是马克思的人的解放的哲学,而且,因为审美活动是最接近人的解放的,因此,这也就是马克思的美学。贺麟先生认为,有"实证性"的科学的共产主义,也有"理想性"的哲学的共产主义。就后者而言,"这里的'共产主义',与马克思以后的一些经济科学著作里的'共产主义'大有区别,虽然本质是一致的,但着重点不同。这里强调的'共产主义'是一种哲学的理想性,他理想解决的是人和自然界、人和人、存在和本质,对象化和自我确证、自由和必然、个体和类等哲学的根本问题,共产主义成为哲学的理想范畴。以后的'共产主义'大多是强调社会制度、所有制等经济科学意义上的'共产主义'"。[①] 这对于我们准确、深刻地理解马克思的哲学与美学,是十分有益的。过去我们只看到马克思的"实践的唯物主义"、以物为本的唯物主义,并且以此发展曾经占主流地位的实践美学,但是却忽视了,这其实是因为马克思侧重于从物质角度揭示资本主义的物化与

---

① 贺麟:《辩证法与哲学的理想性》,《新华文摘》1988 年第 4 期。

异化的缘故，是"从当前的经济事实出发"，而且，也毕竟只是"实证科学"。所谓"剩余价值"就主要是针对资本主义的。因此，恩格斯曾经明确地把它们划入"实证科学中去"。但是"实践的人道主义"则不同，是从"人的本质出发"，所谓"实践"指的是"行动着""实现着"，亦即以扬弃私有财产为中介的"实践"、以实现人的解放为中介的"实践"。"实践的人道主义"则是以人道主义观去行动、去实现，是以借助人道主义来校正航向，也就是关于人的解放的人道反思，价值批判，类似于啄木鸟、牛虻。显然，在这里，任何"关于总联系的任何特殊科学都是多余的了"，哲学退回到了价值领域，完全是人文性质而不是科学性质的。哲学之为哲学，无非就是人道主义的反思。①

令人困惑的原因来自马克思的思维指向是"改变世界"而不是"解释世界"。倘若还是固执"解释世界"的传统哲学的角度，当然不会认为马克思"实践的人道主义"就是马克思的哲学思考乃至美学思考。但是倘若知道这里存在着的是"实践的批判"与"理论的批判"、"武器的批判"与"批判的武器"的差别。就会知道，无论哲学还是美学，都已经不再是形上哲学、形上美学的玄谈，而只是"理论的批判"与"批判的武器"。"实践的人道主义"关乎的是以"自然界生成为人"为核心的人的解放——人成之为人乃至世界成之为世界这一人类之为人类的根本问题。一切的一切都要接受人道主义的批判："人本身是人的最高本质"。"必须推翻那些使人成为受屈辱、被奴役、被遗弃和被蔑视的东西的一切关系。"② 这是"应然"对"实然"的批判，也是从"实践应如何"对"实践是什么"的批判，是"批判的武器"对于"武器的批判"的批判，是意在为"武器的批判"导航的批判。而且，关注的无疑不是实践如何去顺应于人的自由解放，而是对

---

① 值得注意的是，"实践的人道主义"尽管主要体现在早期的马克思的研究之中，但是，却也毕竟毕生并未放弃。例如，即便是后期的《资本论》，其副标题也仍旧是"政治经济学批判"，"政治经济学批判"，这当然已经不是对于剩余价值的研究了，而是要进而研究剩余价值所导致的人的异化以及人从中的解放。显然，最后仍旧是"实践的人道主义"。

② 《马克思恩格斯选集》第1卷，人民出版社1973年版，第9页。

实践的价值批判与价值评价，是去为实践导航，而且为人类提供走向未来的价值地图。实践自身可以自由为善也可以自由为恶，对之加以省察的，是哲学与美学，省察的标准则是"人是目的""人的自由发展"。显然，改变世界中的价值问题，才是马克思"实践的人道主义"关注的重点。它是人文性质的，而不是科学性质的。是对于实践的"从主观方面去理解"，其实也就是对于实践的从价值批判的角度去理解，是从"人的本质"出发的"人道主义"对"人类实践"的价值反省。[①]

我所力主的生命美学无疑可以因此而得以彰显。因为它其实恰恰就是"实践的人道主义"的理论表达，也恰恰就是"完成了的人道主义"的理论表达。美学必然是属人的，也必然与人密切相关。"美学"必然禀赋着特定的素质、特定的精神。它所秉持的，也一定是"理应如此"的态度。这是为"美学"的属人性格决定的，"应该如何""可能如何"，则是美学固执的必不可少的价值尺度。因此，美学不会去维护生活、描述生活，而必然会去批判生活、改造生活。美学的功能也不是为现实生活辩护，而是对现实生活的超越。于是，真正的美学一定是"日常生活批判"的，也一定是"意识形态批判"的，还一定是"生存批判"的，总之，一定是"价值批判"的。正如我在前面已经引用过的马克思的警示：人不能非批判地接受现状，而应当使"现存状况革命化，实际地反对和改变事物的现状"，因此，对于生活而言，美学的真实面目理应是啄木鸟、是牛虻，理应去催促奋进，理应在人不满足"是其所是"而是不懈追求"不是其所是"的道路上奋力

[①] 马斯洛指出："人有一种对理解、组织、分析事物、使事物系统化的欲望，一种寻找诸事物之间的关系和意义的欲望，一种建立价值体系的欲望。"（见［美］弗兰克·G.戈布尔《第三思潮：马斯洛心理学》，上海译文出版社1987年版，第46—47页）这当然就是"实践的人道主义"的目标。不过，我们也不能因此而简单地认为"哲学就是人学"、"美学就是人学"。因为"人学"是包括宗教、科学也都在内的。我们必须说：哲学就是"实践的人道主义"、美学就是"实践的人道主义"。联想一下恩格斯为什么不用"消灭私有制"来概括马克思主义？显然是因为这只是狭义的共产主义、科学的共产主义，而不是广义的共产主义、哲学与美学的共产主义。"每个人的自由发展是一切人的自由发展的条件"，恩格斯认为唯有这句话才可以代表马克思。其中，"一切人的自由发展"是目标，"每个人的自由发展"则是对于为人的解放而"行动着""实现着"之际的价值要求。因此，还是"实践的人道主义"。

前行。在美学的背后，隐含的是人类对价值追求、价值获得、价值满足的不懈向往。因此，美学往往总是要顽强的表达着对"不在场"的价值追求、价值获得、价值满足的不懈向往，往往总是要与对于一种子虚乌有的乌托邦的不懈向往同行。马克思鼓励我们，要"在批判旧世界中发现新世界"，这当然就是美学。但是，它同样真实，也同样为人类所必需。而且，美学并不需要去与生活的实际相联系，它需要的，是与理论的实际相联系，也就是说，它关注的重点在智慧的提升，也就是让你变得更聪明、更明白，让你学以致智，但却不让你"学以致用"。联想到黑格尔所强调的："哲学的工作实在是一种连续不断的觉醒"。① 我们又应该说，何止是哲学，美学的工作难道不也"实在是一种连续不断的觉醒"？因此，我们的美学完全应该走向"实践的批判"，也就是"实践的人道主义"。它代表着：当今生命中难以解决的东西，都首先可以在美学中得以象征性地解决，昔日宗教的神奇作用当今也已经被美学取而代之了。因为在美学中"必须以这种或那种形式感受纯与不纯，感受正直与罪孽，感受善与恶"。② 而且"在重新铸造人的过程中"，美学"将会说出很有分量的和决定性的话来"。因为"没有新艺术便没有新人。"③ "没有诗，人就什么都不是，有了诗，人就几乎成了上帝。"④ 人们生而自由但是却并非生而自觉到自由；生而爱美但是却并非生而自觉到爱美。如何在以扬弃私有财产为中介的"实践"、以实现人的解放为中介的"实践"中维护生命、守望生命、提升生命，维护生命的绝对尊严、绝对价值，美学责无旁贷。有一篇哀悼萤火虫的科普文章告诉我们，尽管萤火虫很微不足道，但是却要比华南虎等动物都更加重要，因为它属于"指示物种"，这就是说，

---

① ［德］黑格尔：《哲学史讲演录·导言》，贺麟等译，生活·读书·新知三联书店1956年版。

② ［意］贝内代托·克罗齐：《美学或艺术和语言哲学》，黄文捷译，中国社会科学出版社1992年版，第9页。

③ ［苏］列夫·谢苗诺维奇·维戈茨基：《艺术心理学》，周新译，上海文艺出版社1985年版，第346页。

④ 尼采的话，引自［苏］列夫·谢苗诺维奇·维戈茨基《艺术心理学》，周新译，上海文艺出版社1985年版，第327页。

它在自然界是一个鲜明的标志,假如它濒临绝境,那么,就见证着生态环境也已濒临绝境。美的濒临绝境,也类似萤火虫的濒临绝境。也因此,美学通过拯救濒临绝境的美,也就拯救了人类本身。高尔基就赞扬契诃夫善于随处发现"庸俗"的霉臭,甚至能够在那些在第一眼看来好像很好、很舒服并且甚至光辉灿烂的地方,也能够找出霉臭。他指出,作家之为作家,其实就是能够对人们说:"诸位先生,你们过的是丑恶的生活!"① 在这个意义上,美学,其实就是以扬弃私有财产为中介的"实践"、以实现人的解放为中介的"实践"的坐标、航标与警世钟。它并非安乐颂、光明行,也并非报喜不报忧的喜鹊、盲目乐观的麻雀,而更接近于杜鹃啼血、布谷鸣春,矢志不渝地固守着人类文明的底线、人性的底线,就是它的天命。②

进而,作为新"轴心时代"、新"轴心文明"中的主导价值、引导价值的引领者,"实践的人道主义"的美学也是一种"实践的美学智慧"。

我已经反复提及,世界与人生都是并非一个黑白空间,而是一个灰度空间。或者,世界是一个一分为三的世界。左右中、上中下……此之谓"中道"。"三生万物""得其环中,以应无穷",天的功能是"化""化生",地的功能是"育""养育",人的功能则是"赞",三者相"参"。就是"参赞化育"。老子发现:后其身、外其身、无其

---

① [苏]高尔基:《文学写照》,巴金译,人民文学出版社1985年版,第112页。
② 必须看到,既然宗教、科学的心理拐棍不再需要,无神论哲学也就应运而生。萨特一再说,这就是他的历史使命:"我对无神论的书一无所知,在我看来我正从事的是一项新的事业。""对我来说,一种伟大的真正的无神论哲学还是一个空白。现在一个人应该努力的方向正是干这个工作。"[法]波伏娃:《同让—保尔—萨特的谈话》,西蒙娜·德·波伏娃:《萨特传》,黄忠晶译,百花洲文艺出版社1996年版,第504页。但是,无神论哲学却并无拒绝形而上的思考的理由,更不应该走向价值虚无主义。无疑,这正是从萨特的无神论存在主义转向加缪的无神论人道主义的思想逻辑。加缪称之为:"地中海思想""正午的思想"。这令人想起中国儒学思想的"绝地天通"。而且也恰恰可以看出:在将康德、怀特海、杜威、海德格尔甚至萨特引入中国之后,将加缪引入中国,密切关注儒家与加缪思想的相互阐发,并且因此而关注到中国的儒家所提出的无神论人道主义的"文明方案",关注到中国的儒家为世界文明所可能作出的贡献。相对而言,"轴心时代"的结束,可以说是出自无神论存在主义之手,但是,轴心时代的高光时刻却毕竟应属无神论的人道主义。所谓人间信仰、人的宗教。在中国,这意味着从仁学革命向人学革命的演进,也意味着中国文化在孔子伦理学转向之后的美学转向。美学,因此而成了第一哲学。

身,则可以"参";先其身、存其身、有其身,则不能"参"。佛教有三宝:佛法僧;道教有三气:玄元始,也很值得注意。由此就要说到"实践的美学智慧"。显而易见,既然一切都类似一个"黑箱",认识活动往往只能洞悉其中的部分内涵,更多的内涵根本不可能出现在意识水平的视线,顶多也只能在多次耦合中调整方向,机制缺失或者紊乱、目的偏离、增熵、随机涨落、振荡……则是随时随地在发生着,那就亟待反馈调节。否则一定会被淘汰,被清除出地球。同样,既然一切都是"一分为三"的,因此,就要"以他平他谓之和"。人们常说的"参考""参加""参议""参赞""参政""参谋""参验""参贰""参两"……都无非是"执两用中""祸福相依""知雄守雌""居安思危""乐而不淫"……总之,"一分为二"的眼中是"机器";"一分为三"的眼中则是"生命"。因此,"舍其所以参,而愿其所参,则惑矣!"(《荀子·天论》)

总之,通过审美,可以重建我们的生活。可是,这样一来,美学也就与传统美学截然不同。而且,人们从来就不需要为物理学、数学、化学……辩护,但是,现在却需要为美学的合法性辩护了。一个显而易见的结论无疑是:爱美,是生命的必然,也是生命的必需。人是理性的人、道德的人、实践的人……也是审美的人。"实践的美学智慧"就是人类因此而主动进化出来的一个服务于生命的自组织、自鼓励、自协调的自控制系统的一个重要功能,也正是对于人类的"思想"与"视野"的改变。借助它,人类才得以去把握"一分为三""三值逻辑"的"灰度空间",显然,这是直面概率分布、概率优势的最佳方式,也是直面最优解的最佳方式。由此而产生的效应大多是超前效应、纠偏效应,因此表面看起来没有效应,其实却大有效应,是二阶的效应!它是马克思所谓的"感觉变成理论家",爱因斯坦所谓的从陀思妥耶夫斯基的著作中,他学到的东西"比任何科学家都多,比高斯还多",还是马克思和恩格斯所谓的从巴尔扎克著作中,他们了解到的经济学知识比经济学家们的经济著作还多……"爱美"是生命的根本需要。它是生命的动力、生命的导航、也是生命的褒奖。在茫茫宇宙中,人类其实无法预知应该何去何从,唯一的办法,就是:因美而生、向美而在。"爱美才会赢"！在这个意义上，"实践的美学智慧"恰恰就堪称一种比思想还要深刻的思想。①

---

① 就美学而言，康德的贡献在于发现了理性的限制，这使得叔本华从此知道了理性的无能。但是，令人遗憾的是，叔本华却因此而冒昧地离开了理性。因此，也就未能为审美活动走上美学时代的历史舞台奠定合法性根据。其实，理性固然是有限的，但是，又绝对不可须臾离开的。当然，亟待去做的绝对不是再走柏拉图的进而寻找终极的理性根据的老路，但是，也绝对不是雅斯贝尔斯、克尔凯格尔、后期海德格尔等人的所谓"跳跃"，也与萨特的无神论存在主义的价值虚无主义无关。一个令人瞩目的可贵探索，是加缪所开辟的无神论人道主义的道路。在加缪看来，人的理性固然有限，但是，我们却也不能就离开理性的有限。借助理性的有限（类似中国的实用理性），我们确切地知道了存在着人的仁爱、人的尊严，但是这也一切足矣，完全不必再去进一步去加以论证，而只需要去义无反顾地去维护之、珍惜之。这令人想起中国儒家的所谓"善缘"、所谓"不忍之心"："子曰：'仁远乎哉？我欲仁，斯仁至矣。'"《论语·述而》或者，"祭神如神在"即可。这就是生命美学所关注的灰度世界的"三值逻辑"、"一分为三"，或者，就是在"理性"和"感性"之外的"第三性"："仁性"。与之相应的，是一切的一切都力求在自我之内、社会之内、自然之内去予以解决，也就在"生存"之内去予以解决，因此，"生存的虚无"又奈我何？因为一切的一切都根本并非是在"虚无"之内去予以解决的。而不是在虚无之内寻求解决。当然，这也就是美学的解决，更是美学得以作为第一哲学的内在根据。

第八章 美学与人类的未来

第一节 "天下归美"

一 "重估一切价值"

在回答了作为新"轴心时代"、新"轴心文明"中的主导价值、引导价值的引领者，美学所蕴含的主导价值、引导价值究竟是什么之后，还亟待回答的，是美学的主导价值、引导价值所建构的世界"理应""应该"是什么？具体来说，其中包括：美学的主导价值、引导价值所建构的主体世界"理应""应该"是什么？美学的主导价值、引导价值所建构的客体世界"理应""应该"是什么？这当然是对美学从美学学科"溢出"之后，如何主导社会、引导社会的深入思考。因为在美学时代。美学之为美学，不但如前所述，俨然已经是一座辉耀时代的光芒万丈的灯塔，而且还俨然已经是一座贯通整个时代自身的五脏六腑并且使得其中每一个细胞都拥有了源头活水的水塔。

这当然是正如海德格尔所反复郑重提示过我们的：人"有"世界，动物却"没有"世界。而且，正是因为人"有"世界，因此我们就不但要居住这个世界，不但要改造这个世界，而且更要在"居住"和"改造"之前就首先去"解释"这个世界，让世界成其为世界。遗憾的是，尽管众多的思想家都逐渐意识到了美学时代的到来，而且也都在以不同的方式关注着美学对这个时代所已经或者即将产生的影响，例如康德、例如席勒、例如叔本华、例如尼采、例如马尔库塞，甚至还有不少学者干脆把眼光投向了形而下的生活美学、身体美学、生态美学、环境美学等,但是,却至多关注到了美学自身的批判价值,对于美学自身的建构价值,却往往视而不见。至于美学的主导价值、引导价值所建构的世界"理应""应该"是什么,却始终未能顾及。而且,甚至根本就没有意识到以美学眼光来重构世界的重要意义。因此,美学自身的建设还实在是任重道远。1795年的时候,席勒展望美学的艰难历程,曾经预计说这是一项要用一个多世纪时间的任务,而今来看,这未免是有点过于乐观了。

其中的关键无疑是:"价值转换"。众所周知,过去的世界始终都是宗教与科学的"理应""应该"的世界。这显然是人类文明的一个一再被重构的"驯化"过程,一步一步被变形、一步一步被重构。就以我们最为熟悉的科学时代为例,胡适曾说:"我们观察我们这个时代的要求,不能不承认人类今日最大的责任与需要是把科学方法用到人生问题上去。"[①] 但是,人类却从未对于科学的这种"把科学方法用到人生问题上去"的做法有过微词,以至于"赛先生"最终甚至变成了"赛菩萨"。但是,为我们所忽视了的却恰恰是,这只是一种以科学眼光的对于世界的重构,是借助逻辑范畴和逻辑推理来指导生活,当然,一切存在都有其合理性,以科学眼光重构世界也如此。但是,一旦时过境迁,我们也必须看到,科学给了人类以尘世福利,可是却剥夺了人类的生命快乐。把某物当作真的,但是,某物却不是真的。即便是先天综合判断,其实也只是"信以为真"。为我们所熟知的同一律和因果律、"同一"和"因果",本来也只是理性的虚构。可是,我们却没有如其本然地认定其为虚构,却偏偏去颠倒结果为原因,然后再把这原因扩大到全世界,并且强以之作为形而上学。为我们所忘记了的是,这其实仅仅是出自生命的需要。本来都是源自生命,不论同一律还是因果律,都是源自生命,然而现在却被当作是先验的,于是,逻辑的功用性起源被忽视了。世界哪里会有原因,更没有结果,因果解释都是自我安慰而已。因此因果范畴都是空洞的,没有实质内容。世界不存在原因,只存在作用。因此,X个世界是存在的,"世界

---

① 欧阳哲生:《胡适文集》(三),北京大学出版社1998年版,第152页。

x"是不存在的。只是因为世界需要整理、需要秩序，我们才削长就短，歪七扭八，不惜将相似物作为相同物，不惜对于一切都加以缩写、概括、简化处理。其目的，本来都只是希望通过整理世界的手段，从中抽出因果关系，使得世界能够进入概念、逻辑的铁床，例如，宗教是内在世界的缩写、概括、简化处理，科学是外在世界的缩写、概括、简化处理。然而，结果却出现了反客为主，理性反而凌驾于生命。这就是"存在"对"生成"的遮蔽、确定性对不确定性的遮蔽，科学的非功用性起源转而被诉诸形而上学，冒充形而上的根据，并且自己为自己伪造了一份形而上学的谱系。这样的先把个别物绝对化、再从绝对者中衍生出有限者的越权行为当然不值得鼓励，遗憾的是，我们看到的却是不但不知悬崖勒马，而且反而还一意孤行，"把科学方法用到人生问题上去"、用到一切问题上去。结果只能是生命本能的衰退——颓废，精神生活的衰退——鄙俗，自我封闭于概念王国而且麻木不仁，"学遍数理化"，但是却没有"文化"，甚至是文化市侩、文化寄生虫、唯利是图的吸血蝙蝠。无疑，以科学眼光重构世界的做法其实只是一种幼稚病，因为，"理性的王国不过是资产阶级的理想化的王国"。[①]

幸而，人类对于世界的重构并非一劳永逸。曾经被解释的还会被再解释。没有唯一世界，也没有真实世界。在宗教时代、科学时代之后，我们仍旧有着通过"解释"来决定人类自身命运的自由。当然，这其实还不是所谓的"在真理面前人人平等"，而是根本就不存在真理，因此当然也就人人平等。因此，我们无疑也可以从自己的生命需要出发，重估一切价值，并且重建一切价值。毕竟，宗教时代、科学时代只代表着某种价值系统的崩溃，而不是世界的崩溃。值此之际，恰恰需要的，正是价值的自觉翻转，也正是"重估一切价值"。"翻转"与"重估"的标准，当然只能是"生命"！价值的自觉翻转、"重估一切价值"的原动力的前提和基础都是生命，也都是生命力所推动的对于世界的诠释，是以生命为引线，也是从生命活动去寻找答案。

[①] 《马克思恩格斯选集》第20卷，人民出版社1971年版，第20页。

以"人的发展为中心",人民高兴不高兴、满意不满意、答应不答应,就是精神指南,立身之本。因此,当然也就要走出"唯经济的增长和发展""唯科学主义""唯经济主义""唯享乐主义""拜物教主义""拜金主义"……的歧途,走出"无发展的增长"的企图。压制生命还是捍卫生命,疏通生命的源泉还是遏制生命的源泉,则是价值重估的衡量标准。尤其是当我们想到,尽管"上帝死了""科学死了",可是上帝、科学的影子却仍旧还在作祟,这更催促着去迅即把地面打扫干净,去填补因此而出现的价值真空。一切的一切到现在都还是一个问题,一切的一切到现在都还是答案阙如。这更期待着我们拿起美学的锤子,不破不立,把被颠倒的评价重新颠倒过来,否定一切被肯定者,肯定一切被否定者,让有价值的东西无价值化,然后再对迄今为止无价值的东西进行价值重估。这是对传统的颠倒,也是新的价值和理想的重构。地平线得以重新开拓,海洋也得以重新敞开。或许,这就是尼采所竭诚期待着的哲学的正午、美学的正午?

重估价值就是重估生命,也是重新定义价值。由此,世界不复是宗教的世界,也不复是科学的世界,而成为美学的世界。当然,这也并不意味着宗教世界、科学世界的一无是处,而只意味着"视界融合"。但是,人类视界的提高毕竟是来自对前此的狭隘视野的克服,来自视野的拓展,来自新的地平线的开辟。这是人类的另一个1517年(马丁路德《九十五条纲领》)、另一个1844年(马克思《巴黎手稿》)另一个1776年(亚当·斯密《国富论》)、另一个1859年(达尔文《物种起源》)……由此我们发现:前此我们对于美学的种种讨论其实只是美学的主体建筑,而现在,随着讨论的从美学作为新"轴心时代"、新"轴心文明"中的主导价值、引导价值的引领者所蕴含的主导价值、引导价值究竟是什么到美学的主导价值、引导价值所建构的世界"理应""应该"是什么,我们也已经从美学的主体建筑来到了美学的大厅。在这里,所有的讨论无疑还都是美学的,但是却又毕竟有所不同。

这是因为,首先,在这里,毫无疑问的是,所有的讨论与思考还都完全是美学的。这是因为,"天下归美"(类似孔子呼唤的"天下归仁"），也已成为美学时代的主旋律。从"赛先生"到"美先生"，一切都似乎是合乎逻辑的，也是必然的，是"把美学方法用到一切问题上去"，也是审美"在重建文明中起到决定性的作用"。① 难怪有人会追问："一个压抑美、拒绝美的价值的社会，若想可持续发展可能吗？""如果我们否认美的价值，我们能成功地向一个可持续的社会迈进吗？"② 更为重要的，当然是马克思的判断："按照美的规律建造"世界，看来，马克思所谓的"自然界生成为人"理应被我们理解为"自然界生成为美"，"自然界生成为美的人与美的世界"，这才是核心的核心，也才是根本的根本。这就是所谓"没有美万万不能"，所谓"我美故我在"，所谓"我审美故我在"。"维持这个梦想，以反对没有梦想的社会，这仍然是伟大艺术的颠覆功能"，马尔库塞也指出："然而，保持梦想的同时，逐步实现梦想仍然是建立一个历史上第一次使所有男人和女人作为人来生活的更好的社会的奋斗任务。"③ 也因此，或许，我们可以称之为"审美优先"的美学＋时代的到来。④

不过，其次，我们又必须看到，"天下归美"的突出，却也并不意味着就要走向审美主义，或者走向形而下的美学冲动，否则，"美先生"就会又一次地变成了"美菩萨"。对此，我已经多次说过，人类真正予以关注的，只是"美学热"与"热美学"，它不是美学家的美学，而是哲学家的美学；不是"小美学"，而是"大美学"；也不是关注文学艺术的美学，而是借助关注文学艺术去进而关注人的解放的美学。美学讨论的是审美现象，但是导致的却是人的自觉、人的觉醒、人的解放。而且，美学的思考要比哲学的思考更加深刻，是"重估一切价值"（尼采），也是"为审美世界物色一部法典"（席勒）。由此，

---

① ［德］马尔库塞：《审美之维》，李小兵译，生活·读书·新知三联书店1989年版，第56页。
② 卢巴斯基：《美对我们究竟有多重要？》，王璐译，《世界文化论坛》2014年第11期G12。
③ ［德］马尔库塞：《艺术与解放》，朱春艳、高海青译，人民出版社2020年版，第242页。
④ 我1993年就开始思考"当代审美文化"的问题了，从"当代审美文化"到"美学时代"，三十年中，逻辑线索是十分清楚的。参见潘知常《关于审美文化的随想》，《福建论坛》1993年第1期。

亟待转向的，是哲学的思考。因此，在实践美学与生命美学的长期论争之后，激辩双方却又不约而同地转向了哲学，也绝对不是偶然的。它意味着：在"天下归美"的基础上的哲学的重建。换言之，是在"天下归美"的基础上重新把真善美统一起来，也重新把人的价值观统一起来。

而这也就是在"价值重估"中"万物一体仁爱"观的问世。换言之，美学的主导价值、引导价值所建构的世界"理应""应该"是一个"万物一体仁爱"的世界。因为，既然要从美出发，那么，从美出发的真、善、美的统一"理应""应该"统一于什么？就是统一于"万物一体仁爱"。"万物一体仁爱"既是美，又是真，也是善：就一事物之真实面貌只有在"万物一体仁爱"之中，在无穷的普遍联系之中才能认识到（知）而言，它是真；就当前在场的事物通过想象而显现未出场的东西从而使人玩味无穷（情）而言，它是美；就"万物一体仁爱"使人有"民胞物与"的责任感与同类感（意）而言，它是善。同样，既然要从美出发，那么，从美出发的"一切价值的重估""理应""应该"从何处出发？无疑应该是从"万物一体仁爱"出发。从"万物一体仁爱"中，才能够最终完成一切价值的重估。

这就是美学为人类提供的智慧。也许，我们还可以称之为"中华梦"。它区别于作为"第一次启蒙"的"美国梦"。"美国梦"是"物质主义"的，是以"经济人"去重构主导价值、引导价值。其核心价值、引导价值是"竞争"，是以"最大自由去挣最多的钱"。"美国梦"的精神原则则是自由主义、个人主义、实用主义。"活着为了工作"。同时，它也区别于作为"第二次启蒙"的"欧洲梦"。"欧洲梦"是"精神主义"的，是以"文化人"去重构主导价值、引导价值。其核心价值、引导价值是"平等"。"欧洲梦"更加协调于闲适和深度游戏，主张"工作为了生活"。这是一种基于"生活质量"而非个人无限财富聚敛的新的历史观。但是"中华梦"不同，它要建立的是一个既不同于西方也不同于中国古代的"中国式的现代化"的新中国，也是一个具有"新中国精神"的新中国。"中华梦"强调的是"天下归美"，是以"审美人"去重构主导价值、引导价值。其核心价值、引导价值是"仁爱"，也是向美而在，为美而生。这样，如果说"美国梦"和"欧洲梦"各代表着一个历史阶段，那么"中华梦"是不是有可能代表一个新的历史时期呢？它既借鉴了美国式的竞争，又试图借鉴欧洲式的平等，并且希望能够为人类的"大同梦"带来积极贡献，并对整个人类的未来产生深远影响。因此，它是以中国的方式为中国想象一个未来，进而，也是以中国的方式为人类想象一个未来。由此，新轴心时代—美学时代—"生命模式"—生命美学—中国美学—"中华梦"，在本书中陆续出现的这一系列概念，也就得以完美地被整合到了一起。

作为根本性的价值重建，"万物一体仁爱"还包含了三个互不可分的内在环节：1."创造性的生命"（生生）；2."本体论的平等"（共生）；3."关系中的自我"（护生）。也就是：创造—对话—仁爱。以下，还有必要对这三个互不可分的内在环节再做阐发。

二 生生："创造性的生命"

"万物一体仁爱"的第一个内在环节，是"创造性的生命"。

"创造性的生命"包括：生成、生态、生命。具体而言，我们已经熟知："自然界生成为人"。在其中，"生成"，不论在宇宙大生命，还是人类小生命，都作为第一要义而存在，它的展开则是"生态"与"生命"，此所谓"生生"。由此，进入宇宙论的途径不是"存在"，而是"生命"。"万物一体仁爱"所立足的也是宇宙生成论，而不再是宇宙结构论。它并非外在客体存在意义的生命本体论，而是一种互为主体的价值意义的生命本体论（因此不能简单地等同于《周易》的"生生之谓易"，也鲜明区别于早期方东美、宗白华等的生命本体论），一种本体与价值目标完全等同的生命本体论。

生生意味着生命的"块然自生"，亦即没有原因、没有理由的生，也就是"块然自生"，或者"独化""自尔""化生"，例如，在怀特海看来，"生命提出的问题就是，怎么会有原创性的？"[①] 当然，也正

---

① ［英］阿尔弗雷德·诺斯·怀特海：《过程与实在》，李步楼译，商务印书馆2011年版，第162页。

如他所给出的答案："活动一语是自生的别名。"① 而且，马克思也早已提示："生命如果不是活动，又是什么呢？"② 因此，马克思把人的感性存在理解为一种高级的"生命活动"，而且指出："人作为自然存在物，而且作为有生命的自然存在物，一方面具有自然力、生命力，是能动的自然存在物；这些力量作为天赋和才能，作为欲望存在于人身上；另一方面，人作为自然的、肉体的、感性的，对象性的存在物，和动植物一样，是受动的、受制约的和受限制的存在物。"③ 可见，这"活动"，在他看来是既包括宇宙大生命也包括人类小生命的。生命的自因、自性、自律、自在终于浮出水面，生命的自我演化、自我创造、自我超越、自我协调也终于浮出水面。这意味着，我们不再把世界看作是看作"神创论"的，也不再把世界看作"构造论"的，而是看作"生命论"的。它是一个活生生的、有生命的存在物，是"生"而有之而不是"造"而有之，所谓"万类霜天竞自由"，同时，也是对"万类霜天竞自由"的自觉。因此，一种有机论的而不是机械论的生命观、非决定论的而不是决定论的生命观，就成为必然选择。在其中，存在着的是以生命为美而不是以神为美、以机器为美，也就是存在着的是生命的眼光而不是技术的眼光。由此，使生命成之为生命的第一推动力、第一推动者，第一次地回归于生命活动自身。救世主的天空被人类自己的天空取而代之。一切的一切都只能自"己"而不能被给予。

对作为"创造性的生命"的"生生"的尊崇无疑意义重大。

这是因为，"机械论的出发点不能解释真正的有机体，而有机体的立足点则可以解释世间出现的所有机械现象。"④ 例如，怀特海就曾经自问："有了物理学定理所规定的物质形态再加上空间的运动之后，生命机体应当怎样解释？"⑤ 这显然涉及从"生生"出发的"一切价值

---

① [英]阿尔弗雷德·诺斯·怀特海：《宗教的形成　符号的意义及效果》，周邦宪译，译林出版社2014年版，第22页。
② [德]马克思：《1844年经济学哲学手稿》，人民出版社2018年版，第51页。
③ [德]马克思：《1844年经济学哲学手稿》，人民出版社2018年版，第124页。
④ [美]大卫·雷·格里芬编：《后现代科学》，马季方译，中央编译出版社1998年版，第22页。
⑤ [英]阿尔弗雷德·诺斯·怀特海：《科学与近代世界》，何钦译，商务印书馆2012年版，第49页。

的重估",至于其中的答案也十分显而易见。这就是:创造。

具体来说,人类第一次地自己去独立面对世界,第一次把"块然自生"的宇宙大生命与人类小生命的"创演"权力从上帝与科学的手中夺回,并且重新予以阐释。首先要亟待走向的,就是创造。怀特海指出:"在有机哲学中,这种终极的东西叫做'创造性'。"① 而且,他还进而把"创造性"阐释为"审美"。而在我们看来,人的本质既非上帝赐予也非自然前定,而且也不是一经确定便永不改变的。人的本质是掌握在人自己的手中的。因此,人从成为人之日起,就突破了物种规定的限制,人之为人,是在自己的生存活动中一面创造着人的生活,一面创造着对象世界,同时也在创造着人作为人的本质。所以对人来说,人的本质是怎样的,这要看人怎样去创造,怎样去实现,即决定于人自己的价值选择性活动。动物无须去"做动物",人却必须去"做人",只有会做人的人,才能成为真正称得起人的人。于是,生命不再是自然的、有限的,而是精神的、无限的,不再以自然本性而是以超越本性、不再以有限而是以无限、不再以过去而是以未来为天命。人的存在成为永远高出于自己的存在,永远是自己所不是并非自己之所是的存在。这也许就是马克思所说的人的"自由和自觉"?

既然如此,人之为人,也就只能按照自己的意愿行事,所谓区别于"我不得不"的"我本应该""我应该",它是对一切因果必然性的无视,是不受因果性法则的支配,以自我决断的方式置身其外,不惜以中断自然的方式毅然说"不"。"非如此不可"的选择不但不被遵守,"天命""天意""天亡我也"之类也并不复存在。每个人都是不可入的原子,不可替代、不可让渡,独一无二,可以拒绝、可以抗拒,可以全然只从意志自身出发去给出行为的最后根据,给出行动的最后原因,也可以去直接决断自己的行动、直接给出自己的行动,因此,人把自己置之于自己的意志,完全可以被称为生命的

---

① [英]阿尔弗雷德·诺斯·怀特海:《过程与实在》,李步楼译,商务印书馆2011年版,第15页。

第一原则。① 它是出于人类自己的意志，来自对因果必然性的突破。或者，每个人都按照自己的意愿去行动，每个人都是自己造成的自己，那么，每个人也就有必要去为自己的行动承担任何的应尽责任。每个人都是自己行动的唯一原因，当然每个人也就都是行动的唯一责任人。这样一来，与"在灵魂面前人人平等"直接相关的绝对责任就出现了。于是，为一个充分保证每个人都能够自由自在生活与发展的社会共同体所必需的对于他者的要求固然可以达成，对于自身的要求同样也可以达成，这就是绝对权利，也是绝对责任。最终，不但自身的自由存在被全力维护，而且他者的自由存在同样也得到全力维护。

然而，在封闭社会，人之为人的绝对尊严、绝对权利、绝对责任不被关注，人与人被束缚桎梏于一种非自由关系中，因而也不可能使得每一个人的创造性得以充分施展。这样，不管是一个国家，还是一个民族，都也只是一个彼此钩心斗角各自心怀鬼胎的团伙，而不是一个精诚团结一往无前的团队，也都是置身于一个弱肉强食的生物链，1+1+1……的结果，却偏偏是小于1，自然也就无法施展出强大的力量。而在一个开放社会，人人生而自由，人人自己就是自己的存在目的。任何个人都禀赋自身为自己的存在之根据的权利，都只能以自身为目的，每一个体的自由存在。都是绝对的，也是普遍的，不可剥夺，不可让渡。一方面把他人当作"人"来看待；另一方面也把自己当作"人"来看待。在不妨碍他人同样的权利的前提下的凭自己进行选择、从自身出发进行选择、不借助任何外在事物进行选择、自己愿意要什么与不愿意要什么都完全凭借自己意志决定的选择，而完全不必去顾及行动的条件如何，这无疑是一种与"在灵魂面前人人平等"直接相关的绝对权利。而且，人之为人的绝对尊严、绝对权利、绝对责任都是完全来自独立自由的自己，也是独立自由的自己才是导致社会关系成为自身的社会关系的前提，而不是社会关系才是自身的自由存在的前提。人的本质不再是上帝规定的结果，而是自己选

---

① 自由意志不是"随心所欲"，也不是"随意所欲不逾矩"。对此，熟悉中国文化的人可能比较难以理解。因为在中国古代并没有自由意志，只有无意志的自由（道家）与无自由的意志（儒家）。

择的结果。它是开放、生成、变化的。人只能按照自己的自由意志造成他自身，因而，一个人不仅就是他自己所设想的人，而且是自己所志愿变成的人。结果，就不可能是预设的，更不可能是被"积淀"的，而只是出自一种生命的探索。这是唯一值得肯定和尊重的，也是唯一不能被蔑视、被剥夺的基本人权。因为唯有人的自我目的性，才是唯一值得肯定和尊重的，也是唯一不能被蔑视、被剥夺的基本人权。只有围绕着它来确立社会关系、推动社会生产、提升社会生活、规范社会行为，任何一个国家或民族，才不再是一个彼此钩心斗角各自心怀鬼胎的团伙，而是一个精诚团结、一往无前的团队，1＋1＋1……的结果，也才得以神奇地开始大于无限，更开始施展出强大的力量。

创造的展开，即自由。在任何一个国家，所有人都必然要有一个共同的位置，这就是自由。在自由这个位置上，每个人都能够只从自己出发决定自己的意愿与行动。对国家来说，再没有比维护和捍卫所有成员个体的基本自由权更为重要的任务。因为只有在这个基础上，国民的幸福、安全以及其他福祉才是有保障的，也才与人的尊严相匹配而值得人享有。"人是目的本身"。每个人的自由存在本身都是唯一的，因而每个的生活才有绝对的价值和意义。没有一个人有理由和权利剥夺他人的自由，除非这个（些）他人侵害了别人的自由。否定个人的自由，也就否定他的存在理由的唯一性，从而否定个人存在的绝对尊严和绝对价值。实际上，任何侵害个人之自由，或者把他人仅仅当作工具对待的行为，都是对人类普遍而绝对的尊严的损害。自由意识作为人的本相不仅使每个人的存在获得了绝对尊严与绝对价值，而且使每个人获得了一种绝对权利：在不妨碍他人同样的权利的前提下，每个人都能够（被允许）只根据自己的意志（愿）生活和行动。每个人都以超越本性为天命，以无限为天命，以未来为天命。人的存在成为永远高出于自己的存在，永远是自己所不是而不是自己之所是的存在。借助追问自由问题而殊死维护人之为人的不可让渡的无上权力、至尊责任。个人的存在，应该是自由的存在。由此，个人在进入与他人的关系之时，也就必然是以自身的无上权力、至尊责任作为必然的前提，人之为人，也就必然会义无反顾地与人之为人的种种角色脱钩，而仅仅与人之为人的自由存在直接有关。因为，"人是目的"。每个人的降生意味着为人类增添了一种与众不同的新生命。每个人不可替代、不可重复、独一无二。他是历史上的唯一一个、空间上的唯一一点、时间上的唯一一瞬。我不在，（我的）世界就不在，我消失，（我的）世界也就消失。倘若把人仅仅当作工具对待，也就必然否定了人的自由。存在的意义和理由不再源于自己，而要取决于他对他者的功能。取决于他对以他为工具的他者的功能。一旦他不再对他者发挥某种功能，那么，他也就失去了存在的理由和意义。

换言之，作为一个人的存在的意义和根据，就在于自身的自由存在。自身的自由存在就是一切关系存在的前提，也是使社会关系成为社会关系的前提。除了自身的自由存在，任何的东西都不能成为他作为人而存在的意义和理由。因此，他没有必要、也不可能从任何的东西那里去寻找自己作为人存在的意义和根据。一个人，无论他在现实中被赋予了多少角色，他都绝不仅仅就是他被赋予的这些角色。无论角色如何众多，也都完全无法穷尽他的存在。他的存在，无论如何都会多于、大于他被赋予的众多角色。社会关系的总和以及众多角色的相加，也仍旧永远无法等同于他的存在本身。放弃这众多角色，退出一切社会关系，我自身也仍旧存在，我还是我自己。而且，作为种种角色，每个人的自身存在都是可替代的，而不是唯一的。但是，在这众多角色背后的自由存在，则绝无由他人越俎代庖的可能；每个人的自由存在都是唯一的，也都是神圣的。人性也因此而成了一个无法用一套外在的现实手段去加以规定的东西，人之为人从各种功利角色、功利关系中抽身而出，从关系世界中抽身而出，是自由的自己、无角色、无关系的自己。自由始终居于优先的、领先的位置，每一个人也因此而真正获得精神上的自由和灵魂得救的自主权。

于是，地无分南北，人无分东西，一旦走出蒙昧，一旦幡然醒悟，毫无例外的，都必然体现为对于"自由"的追求，也就是都必然体现为对人的绝对尊严、绝对权利以及人人生而自由、生而平等的共同价值的追求，对"人是目的"的共同价值的追求，而且，这也就正是人类现代化道路中最大的公约数、最根本的公理。① 一个可以导致充分保证每个人都能够自由自在生活与发展的社会共同体被成功地建构起来，人之为人的无限发展、无限创造的通道也被成功地建构起来。经济上的生产资料所有权，政治上的国家权力，文化上的真理裁判权，社会领域的公民权利，都回到自由存在的个人手中。作为自由存在的个人的生存诉求的"人权"，作为自由存在的个人的政治诉求的"平等"，作为自由存在的个人的经济诉求的"市场经济"，作为自由存在的个人的权利诉求的"民主"，作为自由存在的个人的制度诉求的"宪政"，也都应运而生。而且，人的自由存在是先在于社会制度的，而人的自由存在的权利则是进入社会后才被赋予的，因此，一个好的社会必须是一个坚定地去维护人们的那些绝对不可让渡的自由权利的社会，这应该是国家制度安排中的根本前提。而这也就是"在法律面前人人平等"的积极意义。它体现了对"最大多数人的最大幸福"的保护。由此，个人的自由的多寡，个人的价值与尊严的多寡，成为关注的焦点，"在法律面前人人平等"，被予以应有的关注。权力，被关进牢笼。人们需要去做的，仅仅是通过权利来化恶为善，通过权利来以恶制恶。社会成功地从"零和博弈"转向"多赢模式"。公共权力的失范、公共产品的匮乏，公共社会的萎缩也被从根本上加以抑制。现在，终于可以不是因为权势而致富而是因为自由而致富了。在小政府背后的大社会，开始以无限的青春活力，进入了人们的视野。

三 共生："本体论的平等"

"万物一体仁爱"的第二个内在环节是"本体论的平等"。

这是因为，就"万物一体仁爱"而言，所谓"生生"还只是生命自身，更为重要的是，还要走向"生命间"，还要尊重生命与生命之间的互动与互补，这就是所谓的"共生"。

传统的思维源自"独白"。这是一种"老子天下第一""唯我独

---

① 有美国人曾说：我们不怕中国人学习我们的科学与技术，但是却害怕中国人学习我们的《独立宣言》，这也从反面印证了这个道理。

尊""谁胜谁负""定于一尊"的思维方式，有我无你。争高避低，好是躲非，争强离弱。这显然与理性主义密切相关：严格地区分世界为二元，例如中心与边缘、绝对与相对、一元与多元、本质与现象、西方与东方、古典与当代、美与美感、作者与读者、创造与接受，等等，并且在其中区分高下，把一方界定为主要的、主动的，把另外一方界定为次要的、被动的，例如在中心与边缘的对立中突出中心、在绝对与相对的对立中突出绝对、在一元与多元的对立中突出一元、在本质与现象的对立中突出本质、在西方与东方的对立中突出西方、在古典与当代的对立中突出古典、在美与美感的对立中突出美、在作者与读者的对立中突出作者、在创造与接受的对立中突出创造……在其中，作为中心的一方事实上不受任何条件制约，与绝对、支配、制约同义，它与被支配的一方则是一种不可逆的决定关系。[①] 结果，所获得的答案事实上也就只能是固定的，所谓"不是……就是……""有我无你"。然而，完全正确的成为完全不正确的，最理所当然的成为最不理所当然的，这样一来，也就往往逃避了更为深刻的真理。

人类的价值追求是多方面的，也是多元共存的，彼此之间的通约事实上是不可能的。在"分门别类"中求得生存，惯于从一个固定的视角看问题，无非是出之于一种懒惰。倘若无视于此，首先去寻找某种终极价值，作为自身最为根本的东西，然后再按照罗尔斯所揭示的"词典式序列"的方式，把所有的价值观念按照其重要性的大小加以排列，最终形成所谓答案。贯穿于其中的，无疑是一种"独白"的智慧。它强调人类的各种价值追求无法同时代表真理，或者无法同时具备真理性，因而往往固执地去作非此即彼的选择，不同价值标准追求之间的冲突也被等同于真理与谬误之间的冲突，从而，以自己为真理，以他人为谬误，处处着眼于一致、统一、相符以及谁胜谁负，也就成为必然。而且，即便是所谓的"辩证"其实也只是只"辩"不"证"，因为本来应该事先并不知道结果，而现在是事先就知道自己正确，对

[①] 善先于恶、肯定先于否定、纯粹先于杂多、简单先于复杂、本质先于偶然，也是理性主义常常出现的谬误。这是一种将复杂性还原为简单性的做法。

方不正确，从一个已知的结果出发，最终当然又会回到这个结果，这样做的结果充其量只是"雄辩家"而已。由此，人们逐渐习惯了区别真假、善恶、美丑、敌友，以一元压抑另外一元，主体与客体、主观与客观、有限与无限、物质与精神、内容与形式、能指与所指、崇高与卑下、艺术与科学、文科与理科、教师与学生、男性与女性、工作与娱乐、群体与个体、生产与消费、认识与情感、进步与落后……最终，必然是将整个社会卷入"手段支配目的""工具—目的合理性统领价值合理性""形式合理性霸占实质合理性"的歧途，导致文明的出轨、文明失序。生态危机、社会危机、人际危机、文化危机等种种危机，也就应运而生。阿恩海姆称，这是一种病态文化，斯诺也称这是一种文化分裂病，确实不无道理。

进入美学时代，人们发现，事实上所有的价值追求之间是无法通约的，也无法决定在这当中谁最重要，将其中的一种价值追求加以还原、合并为另外一种价值追求的工作根本无从谈起（例如丑就无法还原为美），寻找终极价值的工作根本无从谈起，罗尔斯所揭示的"词典式序列"式的把所有的价值观念按照其重要性的大小加以排列的方式也根本就用不上，那么，怎样去处理所面对的困境呢？唯一的办法就是对之加以整合。这有点类似中国的"反者道之动"，这里的"反"，无疑是一种自我的易位，是站在对方的立场来看问题，并在阐释中理解别人看问题的角度，从而挑战自我，转而同自己对话。而就双方的角度而言，则是各自离开自己的疆域，进入两极之间的边缘地带，与另外一极进行对话。由此，它不再无视各种价值追求中彼此之间的不可通约的实际存在，而是去呈现各种价值追求中彼此之间的不可通约的实际存在，因此一方面注意解构各种价值追求自身被人为赋予的绝对性，另一方面又注意划定各种价值追求自身的领域、范围、合理性，以便在此基础上展开丰富多彩的交流。一方的自觉交流，与另外一方的主动参与，是其典型的内在要求。以"相对之我"的身份发言，认为自己不可能像上帝一样完全从逻辑上把握对象、规定对象、制约对象，因此而自我非中心化，并且主动从语言转向话语，从语言理论转向话语理论，转而对特定的交流情境、语境的关注，同时，从非理性转向超理性,从文化批判转向文化整合。这,也就是从"独白"到"对话"的转换。

原来,任何一种理论都不过是人们阐释世界的一种模式,都必须被视角化,因为它实质上也是一种视角。在一元论(那是什么)的背后实际预设了多元论(对于我那是什么)。不存在这样一个固定的视角。使不确定成为绝对,使确定成为相对。不存在完美的追问,只存在追问的完美,不能被普遍化、绝对化,而只能被问题化、有限化。因为任何理论都是有边界的。"对话"逻辑不同于"独白"逻辑,也不同于"独白"逻辑的所谓"辩证"。人们过去往往十分欣赏黑格尔骑着绝对精神的骏马无情地践踏着许多无辜的小草的姿态,然而,而今看来,马就不能赶自己的路,草也长着自己的草吗?事实上,任何把"他人"变成自己之"总体谈话"的组成部分,都是不可理喻的。那种以真理代言人自居的姿态也早已过时,米德曾经举例说:"消除男女性别人格间的差异,也许意味着文化复杂性的随即丧失"。[①] 因此,有必要在阅读中加上误读一极,在沟通中加上差异一极,在解释中加上消解一极,注意给予不同的参照系、不同的范式之间的不可替代性、不可比性、不可通约性以充分的宽容;注意尽量不倒向任何一个极端,并且在两个极端之间找到一种张力,例如,在注意同质性、统一性、整体性、必然性、连续性、普遍性的同时,也应注意异质性、不统一性、个体性、偶然性、断裂性、非连续性。传统的着眼于同一性要转向当代的着眼于差异性。不是旨在所谓"不破不立""先破后立",而是旨在"立而不破"。而且,更要时时注意避免独断论。即便是科学,其实也是无政府主义的事业。1+1=2,有时候是如此,有时候就未必如此。

而且,生命的发展也并非如达尔文所说,是一个取代一个,适者生存,按照一个既定的模式不断有序前进,而是互相生成,在不同物体的偶然对话中产生。不再区分世界为二元,而是着眼于呈现世界自

---

① [美]米德:《三个原始部落的性别与气质》,宋践等译,浙江人民出版社1988年版,第301—302页。

身的多极互补状态，着眼于维护一种"必要的张力"。因此，"对话"强调的不是"主""仆"之间的换位，例如，过去是以传统文化为主，现在就干脆以当代文化为主。而是对话的双方各自从自己狭小的世界里走出来，在一个广阔的开放的中间领域相遇。结果正如中国文化所发现的：从"阴中有阳，阳中有阴"到"阴阳互生"，从"刚中有柔，柔中有刚"到"刚柔相济"。也就是所谓的"执两用中"。它无法用是与非来回答，而是问中有答，答中有问，回答同时就是提问，提问同时就是回答。庄子说："果且有彼是乎哉？果且无彼是乎哉？彼是莫得其偶，谓之道枢，枢始得其环中，以应无穷。"① 在这里，对话的双方只有特点之别，没有高低之分，只有双方的相互启发，没有双方的龙争虎斗。因果决定论行不通了，线性进化论同样行不通了。一切创造都不再是绝对真理的发现，而成为文本间的一种对话的结果，而且还是双向的活动——既阐释对方同时也为对方所阐释，从而将分离的二元重新融合起来，让它们在融合中生出新的性质和功能。过去是道不同不相与为谋，现在是道不同而相与为谋，而且是正因为道不同才相与为谋。② 正如老子所指出的："天地不交而万物不通也，上下不交而天下无邦也"。

显然，这意味着：互生、互惠、互存、互栖、互养，应该成为大千世界的根本之道，意味着生命之为生命的最大可能是起源于不同物种之间的碰撞、拼贴、融合，③ 这就是所谓有机共生。于是，即便是在自然界，对话而不是独白，也已经成为大自然演化中的公开的秘密。传统的构成论也已经转向了生成论。海森伯就曾注意到粒子产生的特有情景，发现它们竟然不是来源于互相的取代而是来源于互相的碰撞。至于人类，就更是如此了。对话，同样是生命诞生与发展的规律所在。

---

① 《庄子》。

② 这方面，维特根斯坦的"家族相似"是一个重要的看法。家族成员之间存在着这样那样的相似，但是却不存在一个实体化的共相。所以胡塞尔也说："不要想，而要看"。在此，"想"是追求共同本质、普遍性，"看"则是着眼于形形色色的相似、形形色色的差异、形形色色的现象，是"看"事物的如其所然。

③ 在大千世界中，物种的消失也并非完全因为"弱"即"弱肉强食"，而是还决定于生态环境的转换。

因此，也亟待走向"主体间性"或"交互主体性"，走向理想的"交往原则"与"交往原则"的理想、"理想的交往共同体"，走向"融合的发展"与"发展的融合"，走向"去分化"抑或"消除差异"的"文化间性"的对话，而人类的真正使命，也就不再是解释世界，而是解释对于世界的解释。

而这无疑正是所谓"融合视界"。兼容并包、向他者敞开，我们在世界之中，世界也就在我们之中，既成全个体也成全整体，不是"独乐乐"，而是"众乐乐"，"你中有我，我中有你"。不是独生，而是合生。存在即互在，存在即共在。从"高扬自我"到"尊重他者"，从"生存竞争，适者生存"到"和者生存"、"尚和意识"，从傲慢的人类中心主义到有机共同体主义。万物互联，万物互涵，伴随"德先生"和"赛先生"闪亮登场的是"和而不同"的"和先生"，应运而生的则是"关系思维"和"有机思维"，两极思维走向中介思维，以及你中有我、我中有你的交流互鉴。主题成为主体间、文化成为文化间、文明成为文明间……毫无疑问的是，这意味着一种美学时代的再现代化，关注的是宇宙大生命与人类小生命的共同福祉，尤其是对于"他者"的关注。因为"没有他者的启蒙"，"把他们转变成我们"已经此路不通。因此不再是"市场中的个体"，而是"共同体中的人"。显然，在这个方面，还有大量的工作要做。其中的关键，则是从"倡导对话"和"欣赏差异"到互补并茂。不但不再是你死我活、一个吃掉一个，而且还要是一分为三，达到对立双方的自我超越，也就是一种"全面的现代性"、更高的现代性。其中包括：人与自然之间的共生、东方与西方之间的共荣、自由与责任之间的共惠、民主与道义的共存、理性与感性之间的共融乃至我与他者之间的共在……当代社会中矛盾激烈的南北问题、东西问题、男女问题、雅俗问题、黑白问题、人我问题，也理应予以合理解决。总之，这个所谓共生的"本体论的平等"的"生命间"的世界，可以在西方人萨米尔·阿明所提倡的"人道主义全球化"以及中国人钱学森所提倡的"世界社会"中得到启迪，或许，我们称之为："全球自由人生命共同体"或者"全球自由人情感共同体"。

四 护生："关系中的自我"

"万物一体仁爱"的第三个内在环节是"关系中的自我"。

从"生命"到"生命间"的生命，当然并不是结束。因为还要面对"生生"何以"不已"的问题。在这个方面，中国美学给予我们以深刻启迪。《周易》的"生生之谓易"堪称中国美学的开端，现在国内也有学者由此出发建构了"生生美学"，但是，其实这只是问题的发端。从《周易》到宋明理学，在"生生"的基础上又追加了一个"仁"，是把孔子的"天下归仁说"与"万物一体说"结合起来，推动"生生"向生命本体论拓展，强调"万物一体"必须以"仁"为基础，并且以此作为宋明理学"自明吾理"的关键所在。因此，倘若只在"生生"的基础上去建构美学，无疑是对于中国美学的过度阐释，其实，我们的远古先贤开创的是"生命美学"而不是"生生美学"。生态的前提是生命，生命的前提则是"仁"，所谓"万物一体之仁"，这才是完整中国美学，也才是真正的中国美学。换言之，生命美学从来就没有忽视"生生之美"的问题。只是，在生命美学看来，"生生之美"毕竟要靠人来实现。宇宙天地与人为什么能够融合统会为一个巨大的生命有机体？天人为什么可以合一？"生生"何以"不已"？就是因为"生"与"仁"在背后的遥相呼应。"生"即"仁"、"仁"即"生"。而且，这里的"仁"还并非是伫立于我—它之间、我—他之间，而是伫立于我—你之间，也就是"生命间"的。

美国学者安乐哲指出："西方绝大部分伦理学是建立在个人主义的基础之上，而儒学中的'个人'是处于关系中的'个人'，强调人的关系性、共生性。这个理念非常健康，它向我们提供了一个更美好的世界图景。"① 见解十分深刻。如果把其中的"关系"从人与社会扩大到人与自然，就不难发现，"关系中的自我"，应该是对于"万物一体之仁"之中的"仁"的一个准确定位。而且，借助于王阳明的看法，这个"仁"还是"非意之""本若是""莫不然"的，也就是本

---

① ［美］安乐哲：《儒学，为我们提供更好的世界图景》，载《光明日报》2008 年 6 月 24 日。

来如此，无须刻意去人为意识的。不过，正如我多次指出过的：这里的"仁"毕竟还是等差之仁，因此还有必要在直接"天之所与我者"（《孟子·告子上》）的中国美学的源头活水的基础之上，将"仁"扩充为"仁爱"，进而以"爱"释"仁"，从王阳明的"万物一体之仁"走向"万物一体之仁爱"，也就是从自在走向自由，从自在的、他律的仁走向自为、自律的爱。这也就是天下归于"仁爱"，同心圆之仁被打破了，平面的二维世界被提升为立体的三维世界，因此从无自由的意志（儒）或无意志的自由（道）走向自由意志。这当然是凤凰涅槃，也当然是脱胎换骨。古人云："孝悌也者，其为仁之本欤"《论语·学而篇》），而今却要反过来了，要为爱转身：仁爱者，其为孝悌之本欤？"天命之谓性"一变而为"天命之谓爱"。无疑，这就是"因人而生"，更是"因生而爱"。

"关系中的自我"当然是"护生"的。

首先，它必然是"以人为本"的。它把世界看作自我，把自我看作世界。世界之为世界，成为一个充满生机、生化不已的泛生命体，人，则是其中的"万物灵长""万物之心"，既通万物生生之理，又与万物生命相通，既与天地万物的生命协同共进，更以天地之道的实现作为自己的生命之道。换言之，自然界的一切存在都应当是和自我一样的价值存在，与我的生命共生共感，构成一个有机关联的宇宙整体。由此我们注意到，孔子的"天下归仁"在王阳明那里，就成了"天下归于吾人"，"归仁说"和"万物一体说"被结合了起来，这其实就是在强调亟待去以"仁"面对万物，所谓"万物一体之仁"。南宋罗大经《鹤林玉露》云："周（敦颐）、程（程颢、程颐）有爱莲观草、弄月吟风、望花随柳之乐。"（内编卷二）"明道不除窗前草，欲观其意思与自家一般。又养小鱼，欲观其自得意。皆是于活处看。故曰："观我生，观其生"又曰："复其见天地之心。"（乙编卷三）草之生、鱼之生、我之生，其实都是与宇宙生命共生，并且彼此生生相应，都是宇宙生命大家庭中的生命与生命的交往。仁者不把物看作与自己相对的外物，而要视己与物为一体，要将宇宙万物都视为自己的肢体而加以珍惜，要把自己和宇宙万物都看成息息相关的一个整体，把宇宙的每一部分都看成和自己有直接的联系，看成自己的一部分。因此，"民，吾同胞；物，吾与也。"

其次，它还必然是"以人人为本""以所有人为本"的。宇宙还是一个泛生命共同体，有他人，也有他物，但是，在生命的层次上，彼此都是平等的，都具有生命的价值与尊严。天地万物一体，彼此关联，人要让自己生存，就也要让他人生存，人若要让自己生存，就也要让他物生存。它也意味着以尊重所有人的生命权益作为终极关怀，也以尊重所有物的生命权益作为终极关怀。并且，以尊重为善，以不尊重为恶，人人各得自由、物物各得自由。于是，万物一体生命从"单数"变成了"复数"。"视天下犹一家""中国犹一人"。再联想一下孟子的"仁者以其所爱及其所不爱"（《孟子．尽心下》），道理也是一样。这里的"所爱"而且还可以不完全局限家庭之内，而推及一种始于家庭成员又超越家庭之爱的普遍之仁，也就是"亲亲""仁民""爱物"。一方面从人到天向上拓展；另一方面从我到物向外拓展，既爱人又爱天地，既有益人类又养育万物，而且超越"大人"与"小人"，从"以人为本"到"以人人为本"、"以所有人为本"，也当然也就是普遍之爱和普遍责任融汇一体的普遍仁爱，也就是"万物一体之仁爱"的"仁爱"。

"关系中的自我"因此而成为"创造性的生命"与"本体论的平等"的拓展，当然也成为对于自由的拓展。自由的觉醒必然伴随着爱的觉醒。爱的觉醒，才是自由的觉醒的完成。爱的发现，是自由被贯彻到底的必然归宿。能够进而将自由进行到底的，就是爱。真正的爱，是人类在此岸世界发现的秘密武器，也是自由的提升版。爱，正是守于自由而让他人自由。"你要别人怎样待你，你就要怎样待人"，这是西方提出的可以称之为以肯定性、劝令式的方式来表达的"爱的黄金法则"；而"己所不欲，勿施于人"，则是以否定性、禁令式的方式表达的中国的"爱的黄金法则"。一方面，"己所不欲，勿施于人"，"我不欲人之加诸我也，吾亦欲无加诸人"；另一方面，"己欲立而立人，己欲达而达人"。从狭义说，它是守于自由而让他人自由；从广义而言，它是守于自由而让他物自由。因此，爱不是把人作为工具的人，而是把人作为人本身；也不是把人作为自己达到目的手段，而永远只是把他看作他自己。在爱之中，没有人被别人当作手段，也没有人把自己当作手段。爱自己与爱别人是一体的。爱自己，也同时把他人当作自己去爱，反之，把自己当作他人去爱又才是真正的爱自己。而且，这里的爱他人还并非是爱自己的前提，而只是因为，爱自己与爱他人是一致的。真正的爱自己，也就是真正的爱他人；真正的爱他人，也就是真正的爱自己。总之，从自由而言，对他人的爱，就是让他人自由：让他人各安其位，各在其在。值此之际，他人都是作为"你"而与我相遇，因此而并非因为任何的比较优势——身份、地位、亲疏、美丑等而存在，而仅仅因为他是一个人——一个自由的人。无疑，对于他物而言，也是同样。在此基础上，所谓爱，其实也就是指的这种将自由进行到底的无功利的相互玉成的一种"类"的觉醒，一种从"我—它关系"、"我—他关系"到""我—你关系"的觉醒。

更何况，犹如硒、锌等维生素一样，爱，在人类进化过程之中还是不可或缺的。爱，是人类进化中的超越性需要。在人类的生命进化中，人是一种没有爱就无法生存的存在。爱不是万能的，但是，没有爱却是万万不能的。进化过程中人与他人、人与世界之间相互玉成、相互连接的纽带何在？人与他人、人与世界之间携手共进倾力向前的动力何在？柏格曾将之作为"生命冲力"而去苦苦寻找，其实，它无疑就是来自人类自身的生命力。也就是爱的能力、爱的生命力。因此所谓的"适者生存"固然不可忽视，但是真正推动世界进化的，却是"爱者优存"。世界是通过"爱"去"优胜劣汰"、去"优存"的。我们看到，在自然界中真菌和海藻，胶树和蚂蚁，蜂蜜与花朵；等等，莫不是自私者之间完美合作的典范。它们遵循的也是爱的进化论。而在为人所熟知的"自然选择""随机变异"之外，其实也还存在着更为重要的"爱的变异"。所以，晚年的达尔文甚至相信：人类文明的最后一跃所凭借的是"爱"的推动力，而不是"自私基因"。他从人类强烈的性本能、亲子本能和社会本能这三大本能中发现，它们都体现为"自然界生成为人"的过程，也都是指向"爱"的。确实，世界和人类发展的推动力和最终趋向并不是你死我活的竞争关系，而是互利共赢的合作关系,亦即"非零和博弈"。在这里,真实存在着的,是正数的互利利他、正数的利益总和。爱是"宇宙酸",是世界与人类共同进化的提升机。① 在这个意义上,我们对于马克思关于联合体的预言也就理应理解更为深刻:"代替那存在着阶级和阶级对立的资产阶级旧社会的,将是这样一个联合体,在那里,每个人的自由发展是一切人的自由发展的条件。"② 显然,这里的"联合体"就是一个世界与人类的"生命联合体"——而且,还就是一个"爱的生命联合体"。在这个"爱的生命联合体"中,人将"以一种全面的方式,也就是说,作为一个完整的人,占有自己的全面的本质。"③

遗憾的是,长期以来,我们的哲学研究往往把爱排斥在外,没有意识到"我爱故我在",而误以为"我思故我在"。爱的研究,更多地成为宗教学与科学的附庸,而对它的解决,则可以称之为传统的人道主义的1.0版以及传统的人道主义的2.0版,例如为我们所熟悉的法律和理性的人道主义,它突出的是启蒙与人权,因此也还说不上就是对于"爱"的发现,当然,对于人的关怀、爱护与尊重已经依稀可见。为我们所熟悉的还有法国大革命中提及的人道主义,例如雨果在《九三年》里就大声疾呼过:"在革命之上还有人道主义"。但是,那又具体体现为自由、平等和博爱,也还仍然不是我们现在所强调的"爱",因为它着眼的主要是不平等的社会制度,凸显的也只是"我思故我在"的思想起点。令人欣慰的是,而今我们已经无须再假道于宗教或者科学,也已经无须借助神性或者理性来予以呵护,借助上帝来

---

① 我们当下所看到的在个别地方存在着的彼此投毒乃至变相的自我投毒现象,就是一个反证。在市场经济社会,爱虽然不是万能的,但是,没有爱却是万万不能的。因为——没有爱的市场经济要比计划经济坏一百倍,没有爱的市场经济就必然会走上彼此投毒乃至变相的自我投毒的绝路!无爱的市场经济,会令人一边在批判别人对我们投毒,一边又在对别人投毒。"我"当然不吃自己生产的奶粉,可是"我"却又在吃"他"生产的大米、又在享用"他"生产的咸鸭蛋、辣椒酱;而"他"虽然不吃自己生产的大米、咸鸭蛋、辣椒酱,但是却在吃"我"生产的奶粉。于是,投毒就成为彼此投毒,也成为变相的自我投毒。显然,在市场经济的背后,还存在一只"看不见的手"。这就是人性的底线和爱的准则及时建立为市场经济所必需的人性底线与爱的准则。

② 《马克思恩格斯选集》第1卷,人民出版社2012年版,第422页。
③ 《马克思恩格斯全集》第42卷,人民出版社1979年版,第123页。

变相呵护的，现在则直接由人自己来出面呵护了。爱内在地靠近人类的根本价值，也内在地隶属于人类的根本价值，"我爱故我在"。"以爱的方式理解人、以爱的方式理解世界"，正是"新轴心时代"、"新轴心文明"的起点。我所力主的"万物一体仁爱"生命哲学正是由此开始的一个起步。其中，"生生"—"仁爱"——"大美"一线贯穿。"我爱故我在"是它的主旋律，爱即生命、生命即爱与"因生而爱"、"因爱而生"则是它的变奏。而且，它已经不再是传统哲学的所谓"爱智慧"与智之爱，而已经是焕然一新的"爱的智慧"与爱之智。所谓"我爱故我在"，"让一部分人先爱起来"，这可以称之为3.0版的人道主义。① 这代表着重建人类的爱的巴别塔的努力，也代表着历史所昭示于我们的一种打开世界的中国方式。

第二节　人成之为人

一　以"美的名义"重建自我

美学的主导价值、引导价值所建构的世界"理应""应该"是什么，还具体包括美学的主导价值、引导价值所建构的主体世界"理应""应该"是什么以及美学的主导价值、引导价值所建构的客体世界"理应""应该"是什么？但是，这个问题无疑十分复杂，也无疑属于生命美学的下一站有待去认真加以研究的内容。因此，限于篇幅，在本书中只能略陈己见，介绍一下日后研究的基本思路

首先看美学的主导价值、引导价值所建构的主体世界"理应""应该"是什么。

这个问题涉及的是以"美的名义"重建自我，也是美学作为主导价值、引导价值所给予"人成之为人""人其人"的重要启迪。

具体来说，它意味着：借助美，这本来就是自我建构的最佳途径。

---

① 在此基础上可做的工作很多。例如，西方学者卡雷尔·瓦萨克就已经注意到人权的提升。他提出了"三代人权"的概念，从第一代的公民权和政治权到第二代的经济权、社会权和文化权再到第三代的协同权（solidarity）。当然，还要从第一代的公民权、政治权到第二代的经济权、社会权、文化权再到第三代的民族自决权、发展权、环境权、团结权；等等。

通过改变自己来改变人生、通过改变"眼光"来改变世界，审美活动无疑最为适宜。管理、法律、金融、医学甚至数理化……固然"有用"，但是却只是谋生工具。我们是通过它们获得人生的成功，然后再享受到人生的愉悦，这岂不是绕了一个大圈子？岂不是先通过改变外在世界然后才获得享受到人生愉悦？但是，其实本来也可以通过改造内在世界而直接获享受到人生愉悦的。这就是借助审美活动。中国的《庄子》早就发现："方舟而济于河，有虚船来触舟，虽有惼心之人不怒。有一人在其上，则呼张歙之；一呼而不闻，再呼而不闻，于是三呼邪，则必以恶声随之。向也不怒而今也怒，向也虚而今也实。人能虚己以游世，其孰能害之！"原来，我们的自我是为对面的船上是否有人来决定的。既然如此，倘若我们不去考虑对面的船上是否有人，而是"虚己以游世"，那么岂不就可以控制住自己的自我了。其实，生活中的很多烦恼中仅仅只有10%是由发生的事情所构成，另外的90%则是由你对所发生的事情如何反应所构成。犹如香水95%都是水，只有5%的秘方不同，但是关键性的差异却恰恰就在这5%。可是过去我们往往以为是受外界影响所致，现在却知道，其实原因在于自己，是封闭型人格限制了自己的头脑，例如"非此即彼"，"他认为""他想"，"我应该""我需要""我必须""我绝不"……例如心理学的"乐观教养ABC"发现：A（adversity）代表发生在我们身上不好的事情；C（consequences）代表后果，在不愉快的事件发生之后，我们的感受与行为；B（beliefs）是对不幸事件（A）的看法与解释，这会引起某种特定的后果（C）。我们当然无法决定坏事（A）的发生，但是我们却可以通过改变对于坏事的看法（B），从而改变这件坏事给我们带来的感受（C）。可是，我们却往往陷入了错误的解释：永久性、普遍性、个人化。因此，至关重要的无疑是建构成长型人格。因为，有好的解释就有好的人生，关键是要重定定义、重新评估自己。这当然也就可以发现美学的用武之地。

尤其是情感问题，这更是美学可以大显身手的领域。不难发现，关于情感问题的看法，美学无疑是与社会心理学家的发现完全一致的，例如，扎乔克就发现：人是情感优先的动物。情绪（emotion）的词源来自拉丁语"motere",意为"行为、移动",加上前缀"e",就含有移动起来的意思。这意味着,情绪都隐含着某种行为的倾向,情绪导致行为。这一点,在动物或儿童身上表现得最为明显。至于审美活动,其实也无非是根据身体的种种不同感受进行组装的结果,我们不是用眼睛看世界,而是用站在地上的身体上的眼睛看世界。我们种种不同的感受都是首先被体现为情绪的。情绪会告诉我们的身体去做什么或者不去做什么。因此,我们理应意识到:人是一种情感动物,只有情感教育才是改变一个人的根本途径。然而,在宗教时代或者科学时代,情感都没有获得独立的价值,而只是被作为"神性"或者"理性"的"副产品"(即便是在当代的实践美学,情感也还是被作为副产品看待)。它自身的存在意义,也只是依据于是否有益于"神性"或者"理性"的存在。事实当然不是这样。列宁坚持认为:"没有'人的感情',就从来没有也不可能有人对真理的追求。"① 彼得罗夫斯基等则指出:"情感及其各种各样的体验形式,不仅执行着信号机能,而且也执行着调节机能。它们在一定程度上决定着人的行为,成为人的活动和各种动作(以及动作完成的方法)的持久的或短时的动机,从而产生追求所提出的和所想到的目的的意向和欲望。"② 这种判断显然更具合理性。在日常生活中我们不是也经常说:"感情用事"?还有军事上常说的"哀兵必胜""置之死地而后生",文学上常讲的"发著书""不平则鸣"……都是在提示情感对人的行为本身的推动作用,也在提示着我们:恰恰因为情感的存在,人的生命才严格区别于冷冰冰的机器的存在,也恰恰因为情感的存在,才得以为人的存在提供了必不可少的动力机制。而且,即便是消极情感,也是必不可少的。因为按照萨特的看法,消极情感产生于人们的行为受阻之时,值此之时,消极情感的产生,无疑就会产生人类自身对于行为的积极调整。显然,行为的受阻意味着对人类进一步行动的抑制,这无疑会使得人类免遭更大的牺牲,因此也就十分重要。总之,情感与人生之间,无疑也本

---

① 《列宁全集》第20卷,人民出版社1958年版,第255页。
② [苏] A. B. 彼得罗夫斯基主编:《普通心理学》,朱智贤等译,人民教育出版社1981年版,第395页。

来就禀赋根本意义。作为情感判断，美丑之辩之所以能够与真假之辩、善恶之辩三峰并立（当然，这是康德的功劳），道理也在这里。情感是人类与世界之间联系的根本通道，人类弃伪求真、向善背恶、趋益避害，无不以情感为内在动力。情感作为人的行为的调节机制，使得人的行为有可能逾越机械理智和严苛意志的束缚，使得人有可能超越自己、提升自己、升华自己，使得怯懦者变得勇敢、软弱者变得刚强、心胸狭小者变得胸襟开阔，从而最终成就惊天动地的伟业、成为审美的人生。

由此反观人类的美学思想的演进，我们就会发现，人类的美学解放每每围绕着情感的解放展开，实在是大有深意。例如中国的明清美学。在此之前，儒家美学是"发乎情，止乎礼"，道家美学是"发乎情，止乎游"，禅宗美学则是"发乎情，止乎觉"，但是，明清美学却是"发乎情，止乎情"。李贽说："氤氲化物，天下亦只有一个情"，① 汤显祖也提出"因情成梦"，冯梦龙更是力主"情教"。情先于礼，从仁本体到情本体，情本哲学、情本美学成为整个时代的抉择。李贽强调："盖声色之来，发于情性，由乎自然，是可以牵合矫强而致乎？故自然发于情性，则自然止乎礼义，非情性之外复有礼义可止也。惟矫强乃失之，故以自然之为美耳，又非于情性之外复有所谓自然而然也。"② "非情性之外复有礼义可止"，这把儒家美学彻底抛在了身后；"非于情性之外复有所谓自然而然"，这就又把道家美学"虚静恬淡寂寞无为"彻底抛在了身后。到了《红楼梦》，更是情的福音书。它不惜为无情之天补"情"，亦即以"情性"来重新设定人性（脂砚斋说：《红楼梦》是"让天下人共来哭这个'情'字"）。昔日的"天命之谓性；率性之谓道；修道之谓教"，被曹雪芹一字千钧，易"性"为"情"，成为"天命之谓情；率情之谓道；修道之谓教"。"情不情"、"证情"，曹雪芹俨然已经是"情教"的"立教之人"，也是"情教"的"教主"。而这一切的背后，则是美学在人性解放的历史变革中所充当重要的角色的历史呈现。充沛旺盛的生命力是人类社会进步的动

---

① 转引自萧萐父、许苏民主编《明清学术流变》，辽宁教育出版社1995年版，第12页。
② 《焚书》卷三《读律肤说》。

力。而情感则是人的充沛旺盛的生命力的直接体现。情感被压抑当然就是生命被压抑，情感被剥夺当然也就是生命被剥夺。压抑情感、剥夺情感的社会自然也说不上人道，更说不上繁荣与进步，因此，美学的从情感寻找突破口，其实并非一个纯粹的心理学的问题，而是一个亟待进入哲学本体论的问题，一个关乎社会解放的问题。人的解放，就是应该从情感被扭曲为"神性"或者"理性"的"副产品"开始，从情感的独立属性的确立开始。

康德当年的思考从关于情感能力的批判考察开始，无疑其中的深意也就在这里。这就是所谓情感启蒙。情感本来只是被作为消极因素，被作为被限定、被制约、被歧视甚至被消除的因素，但是现在却成了思想解放的先锋。思想的启蒙亟待从情感的启蒙开始。不仅仅是康德，即便是在他的思想导师卢梭那里，这一点也已经昭然若揭。这当然是因为过去的宗教时代或者科学时代的对于情感的无视乃至扭曲，然而，人毕竟是情感的动物，一旦失去了情感的纯粹自由，就难免失之于狂热、偏执、无聊、乏味。一个没有情感自由的人，命中注定会是一个自私、狭隘、愚昧、奴性的人。而且，要在理性的角度达到自主、自律、自在、自然亦即达成理性的启蒙其实并不困难，而且也仅仅是启蒙的开始，只有进而达到情感的自由、自主、自律、自在、自然才是启蒙的深化，也才是人的真正成为自己，真正成为人。它意味着人的成其为人、人其人，也意味着人的成熟、强大与自由。当然，这也是从美学走向哲学，是让美学成为第一哲学。然而，其实也还有另外一个层面，就是从美学回到人，回到那个美学作为主导价值、引导价值所建构的"理应""应该"的主体世界。

由此我们也就不难意识到，事实上历史上美学家们借助于审美活动所关注着的人的情感解放，其实是一直都在期待着一个毅然重返尘世的契机。一俟条件成熟，推动着情感解放从审美活动进入现实人生，把人生打造为审美的人生，才是"理应""应该"的归宿。人归根结底是一个美学动物，因此又有什么理由总是把审美的人与现实的人区分开来？审美为什么就始终只能进入文学艺术但是却始终无法进入现实人生？在美学时代，一切皆有可能！何况，我们已经知道，人的情感并非天生的,也非命定的,而是被自我主动建构起来的。对此,我们往往存在着一个错觉,就是我们的各种各样的情感都是事先储藏于心,一旦遭遇具体表现的事件,就会被自然而然地激发出来。科学家们把这种现象叫作"情绪指纹"。可是,其实这种"情绪指纹"并不存在。人类的情感都是自我主动建构起来的。不是收到外界信息后,被激发出来的,而是由你主动创造的。犹如俗话所说:一个巴掌拍不响。而这当然也就为从美学的角度去主动建构情感提供了可能。值得注意的是,莉莎·费德曼·巴瑞特所著《情绪》一书指出:人类大脑有一个核心能力,这个核心能力能够对未来进行主动预测。这种预测能力,是确保人类生存的一项必不可少的能力。换言之,你的大脑每时每刻,都在评估和预测着你正在做的事情,来计算它需要耗费多少能量,通过改变心率、血压等指标,满足你的生理需要。巴瑞特教授认为,情绪的产生,有三个关键要素:大脑的预测能力、我们身体的内感受,以及储存在头脑中的不同情绪的概念。整个过程是,我们会对正在发生的事情进行预测,从而调节自身的系统,产生内感受。当这种预测和感受,与我们头脑中原有的情绪概念相匹配时,便构建出了某种特定的情绪。因此,我们的情绪并不是受到外界刺激而被激发出来的,而是我们的大脑通过预测,主动建构出来的。① 这样一来,与过去我们所认为情绪都是被动的而且很难去控制完全不同,我们其实是有着调节情绪、控制情绪乃至掌控情感的主动权的。不是我们每天所遭遇的事情影响了我们的情绪,而是我们的情绪影响了我们对于事件的看法。过去我们都是以为事情是受别人的影响所致,因此总是从别人的身上去找原因,然而现在我们知道了其实原因在自己。不是被人的行为导致了自己所导致的结果,而是自己的情绪所导致的结果。

而在情绪的陶冶中,最为关键的却是表达,而不是管理。美学的作用因此也就脱颖而出。俗话说:人生如戏,戏如人生。为什么可以"戏如人生"?就是因为在文学艺术的作品中可以成功地将把潜意识拎出来,

---

① 参见[苏]莉莎·费德曼·巴瑞特《情绪》,周芳芳、黄扬名译,中信出版集团2019年版。

并且接受意识的修复。荣格发现：人人都有一个"内心的小孩"，只有文学艺术，才能够与其对话。我们内心中有着大量的还没有成为故事的事件，更无疑都亟待文学艺术的宣泄。这就类似镜子的工作，每一个人都是在镜中才得以看见自己的方方面面，因此也就会反省、就会进步。甚至是身体的舞蹈，俗话说"手舞足蹈"，为什么会如此？也无非就是为了宣泄。所以陈慧琳才会唱到："聊天倒不如跳舞，让自己觉得舒服。"再如中国的红木椅子，坐上去并不舒服，其良苦用心也是为了达成男性的身体训练，是一种美学"规训"。还有中国的脸谱、茶道、礼仪……也都是身体美学、行为美学的"规训"。乍一看，这类美学行为都是外在的，但是都类似心理刮痧、心理按摩，触及的是心理穴位，都是为了去对话，去宣泄，也是为了接纳自己、了解自己。

　　进而，"虚己以游世"的情感的建构，也并非只有在审美活动中才有可能。事实上，也是可以进入现实人生的。这里的关键，就是积极情感的强化。所谓审美活动本来就并非来自白日梦想，也不是来自诗意的比喻，而是来自人类的积极情感的提升。因此，所谓审美活动，就情感而言，无非就是积极情绪存在的形式。当然，这里的积极情绪也不宜简单理解为消极情绪的反面镜像。所谓积极情绪，绝对并不就是说，我们"理应""应该"去遵循那些逆来顺受或者乐而忘忧的格言，显而易见的是，那无非都是一些"鸡汤"。积极情感也并非快感，相对而言，快感倒是更接近于消极情绪，因为快感导致了眼光的狭窄、局限，顶多只是不积极的积极情绪，这显然称不上什么积极情绪，而只能被称之为消极情绪的伪装。因此，以至于快感所驱动的也往往只是一个生命的恶性循环。甚至，还会导致细胞的衰退。审美活动作为积极情感。它所驱动的，是一个生命的良性循环。这就类似于我们所时常看到的植物的"向光性"，所有的植物都会尽量的获取阳光，并且主动朝向阳光将自己伸展开来。人类的积极情感也是一样，就类似于植物的向光性。生命朝向着积极情感的成长，是必不可少的，它可以将生命延伸开来，这在心理学上被称之为"扩展效应"。积极情绪在改变人生的广度和边界上有着不可取代的积极作用。它拓宽了生命的视野，也改变了生命的未来。

　　当然，生命中的积极性情绪是可以打开也可以关闭的，恰恰是在审美活动的诱导之下，我们得以发现了主动打开生命中的积极情感的极端重要。所谓情感的建构，其实就是要学会主动应用积极情感、强化积极情感，并且将这种积极情感重复延续并最终成为一种习惯，使之累积起来、储存起来，从而完成审美的人生的建构。这使人想起行为心理学提出过的所谓的"助推理论"。人无疑是无法消除自己的消极情感的，因为"江山易改，本性难移"，而且，人的消极情感事实上也是多于积极情感的，人类的四种基本情感"喜怒哀惧"，后面三种显然就是消极情感，这正是为人的动物本性所决定的，但是，人之可贵，却在于学会了去借助积极情感的塑造去平衡或抵消消极情感。现在无非是由过去打造，未来也无非是由现在所奠定。在其中，积极情绪改变了一切。在这里，我们需要的可能只是一个能够撬动人生的足够长的杠杆和支点。我们无法改变世界，但是我们却可以改变应对世界的方式。为什么给我一个支点我就能够撬动地球？道理就在这里。因此，借助美学的启迪，我们完全可以通过积极地向积极情感移动我们的支点，以便使得我们的杠杆变得更长，更被放大，这样一来，我们也就拥有了改变未来的可能，并且因此而可以撬动一切。换言之，只要我们改变看待世界的眼光，我们就能够改变世界。决定我们命运的，也不是逆境本身，而是我们对待逆境的方式。或者说，决定我们把命运的并不是世界，而是我们所能够寻找到的支点和杠杆。一旦有了这个支点与杠杆。我们也就可以极大地提高积极情绪。而且也就可以以积极的方式去思考世界，即便是令人不快的消极情绪，我们也可以去以积极的方式重新加以定义，于是，悬崖成了跳台，失败也不再被看作是绊脚石，而被看作是垫脚石。最终，因为我们能够不断地借助积极情感去创造和修正我们的心理地图，能够变消极为积极，从而也就帮助我们在复杂的世界中去快乐的生活。①

---

① 审美活动与积极情绪、快乐心理的关系值得认真考察。过去我们注意的只是人类有什么毛病，也只是改正缺点，是把 -8 的人提升到 -2，因此美学好像派不上什么用场。但是现在我们发现，重要的是人类有什么优势，是增大优势而不是补救缺点，因此也转而关注如何把 +2 的人提升到 +8，如何让正常人更强大和更具创造力，如何把爱、快乐与审美与人类的成长联系起来。这样一来，美学也就派上了用场。

二 "孩子"和"舞蹈"

不过，遗憾的是，关于美学作为主导价值、引导价值所建构的主体世界"理应""应该"是什么，美学家们却毕竟还研究得不够，而且，即便是关于积极情绪的研究，中外的心理学家们所进行的研究，也仅仅只相当于研究消极情绪的14分之一。

值得注意的还是尼采。它曾经举过"孩子"和"舞蹈"的比喻，作为它对于美学作为主导价值、引导价值所建构的主体世界"理应""应该"是什么的基本设想，显然，其中的"孩子"代表着生命的最为真实的审美状态，"舞蹈"则代表着生命的最为真实的审美状态的最好表达，但是，却也毕竟没有详细展开。其实，在我看来，所谓"孩子"，应该是尼采对于主体世界建构的前提——生命回归为生命的洞察，所谓"舞蹈"，也应该是尼采对于主体世界建构的方向——生命提升为生命以及主体世界建构的基础——生命拓展为生命的洞察，它们或者是高度的拓展，或者是广度的拓展。

生命回归为生命涉及的是主体世界建构的前提。

这当然是指的向儿童生命也更是向人的生命的回归。

人的生命，无疑是儿童与审美之间的关系最为直接。这当然是源于情感与人类生命活动之间的历史渊源。儿童在零岁的时候，大脑迫切需要刺激才能发育，但是此时不要说思维、说话，就是视觉也不健全，那么，靠什么呢？情感的刺激。虽然那个时候还不会思维、说话，但是已经有了情感交流的能力。这是一种人性的能力，是"情感之耳"、"情感之眼"、"情感的语言"——尽管不是以理智去认识世界，却是以情感去体验世界。父母过早离异或过早被父母中的一方抛弃的孩子，大多在身高和体重方面未能达标，"骨骼年龄"也远不及"实际年龄"。情感因素的剥夺，竟然导致了生理发育的迟缓，可见对于儿童而言情感营养的重要。同时，还因为人体皮肤的触觉是人类的第五感官，也是机能最复杂的感官，所谓"人脑的延伸"，倘若没有了情感的抚慰，儿童的心理健康也同样是不可想象的。发展心理学家鲍尔拜就认为："儿童社会化最初的和首要的方面是儿童情绪的社会化，母婴依恋是儿童情绪社会化的桥梁。"① 更为重要的是，在儿童的生命中，还存在着审美的关键期。据我所知，就智力而言，皮亚杰并不认为儿童的成长发展中存在着"关键期"。他的合作者英海尔德在1943年出版的名著《智力迟钝者的推理的诊断》中就指出，可能有些儿童会被暂时划分为"智力迟钝者"，但也只是"假迟钝"，因为他们迟早还是会赶上智力正常发展的儿童。② 但是，就审美而言却不然，在儿童的身上，我们是明显可以看到情感乃至审美的"关键期"的。因为恰恰就在这个阶段，人的情感乃至审美的发展是最为正常的。而且也是以后很难弥补的。在这个阶段，胎儿期堪称生物史的复演，童年期则堪称人类史的复演。例如，皮亚杰在《儿童心理学》中指出，二岁到七岁之间，幼儿会出现"泛灵论"和"目的论"倾向，这显然是情感乃至审美的雏形。而且，儿童的感知一运动阶段（出生到二岁）、前运算阶段（二岁到七岁）也隶属"动作—直觉思维阶段"与"具体形象思维阶段"，并且截然区别于"抽象理性思维阶段"。联想一下列维-布留尔在《原始思维》中发现的原始人的"互渗律"与"原逻辑"，也不难找到对于这一"关键期"的强力支持："在那里，原始人和我们一样，是根据直接的直觉、直接的知觉、对所感知的东西迅速的几乎是瞬息之际的解释而行动的……在这些情形下，原始人是受着一种特殊的感觉或者触觉的支配。经验发展了这个触觉并使之精细，使它能够变得正确无误而又与真正的智力机能没有丝毫共同之处。当智力机能一出场，则这两类思维之间的差别就显得如此清楚。"③ 当然，从美学的角度，我们十分清楚，作为情感判断的方式，审美活动毕竟并不同于认知的方式。在审美活动中时间空间、相互关系、各种事物间的界限都被打破了，统统依照情感重新分类。这样，对于对象的审美经验，显然不是物的直接经验，而是物的情感属性经验。这无疑也与"互渗律"与"原逻辑"关系极为密切。

---

① 孟昭兰主编：《情绪心理学》，北京大学出版社2005年版，第125页。
② [美] 瓦兹沃斯：《皮亚杰的认知和情感发展理论》，徐梦秋、沈明明译，厦门大学出版社1989年版，第222—223页。
③ [法] 列维-布留尔：《原始思维》，丁由译，商务印书馆1981年版，第425页。

也因此，主体世界建构也就亟待给予儿童的情感乃至审美生命以充分的关注。这就正如奥地利医生兼心理学家蔼理斯所提示的："如儿童在需要想象时读不到童话，吸收童话的力不久消失，这方面精神的生长大抵是永久地停顿了。"① 而且，还更亟待向儿童的情感乃至审美生命回归，因为这同时就是向人的生命的回归。因此，周作人指出："我们姑且不论任何不可能的奇妙的空想，原只是集合实在的事物的经验的分子错综而成，但就儿童本身上说，在他想象力发展的时代确有这种空想作品的需要，我们大人无论凭了什么神呀皇帝呀国家呀的神圣之名，都没有剥夺他们的这需要的权力，正如我们没有剥夺他们衣食的权力一样。"② 这意味着，儿童的情感乃至审美生命才是生命中最最重要的事情，也才是我们时时刻刻都要回归的所在。

它意味着：人的审美权利神圣不可侵犯。人类从自然状态的走出，意味着人自身的一部分权利的被转交给政府，但是，其中有三个权利是绝对不能转交的，这就是：生命、财产、自由，却是神圣不可侵犯的，所谓的天赋人权。而且，它们也是先于法律契约的，不是所谓获得性的权利（所以哈贝马斯才提出：把人权确认为更高法）。因此，任何时候、任何情况下都不得以任何名义去加以侵犯。人的审美权利也如此。它隶属于人类的生命与自由，同样是所谓的天赋人权，同样是先于法律契约的，也同样并非所谓获得性的权利。为此，1948年通过的《世界人权宣言》第27条就对艺术做了具体规定："（一）人人有权自由参加社会的文化生活，享受艺术，并分享科学进步及其产生的福利。（二）人人以由于他所创作的任何科学、文学或美术作品而产生的精神的和物质的利益，有享受保护的权利。"这也就是说，审美，是人类的不可让渡、不允侵犯、不容剥夺的权利，不再生活在动物的食物链之中的人类，只有在享有了这一切之后，才是真正享有了自己人之为人的尊严。屠格涅夫为什么在看到维纳斯像时会说：她比人权宣言更不容置疑？不就正是因为在他看来维纳斯像就是形象的人

---

① 转自《周作人散文全集》第三卷，广西师范大学出版社2009年版，第478页。
② 转自《周作人散文全集》第二卷，广西师范大学出版社2009年版，第530页。

权宣言?再回想一下,为什么屈原竟然宣布"余幼好此奇服兮,年既老而不衰"?为什么子路会信守"君子死而冠不免"?为什么孔子会声称"微管仲,吾其披发左衽矣"?为什么胡诠痛斥秦桧的罪恶行为时会认为他是要使"天下之士大夫皆裂冠毁冕,变为胡服"?为什么清人入关时第一件事情就是要强迫汉人蓄辫?而为什么汉人又不惜以头颅去拒绝那根辫子?无疑,这里的关键并不在冠冕、服装、辫子,而在于在这一切背后的神圣而不可侵犯的审美权利。它们是尊严的象征。一旦连冠冕、服装、辫子都要被指定,则尊严一定早已荡然无存。由此,摧毁一种文明,可以从冠冕、服装、辫子开始,呵护一种文明,也必然从冠冕、服装、辫子开始。俗语说,打人不打脸,审美权利,就是一个人、一种文明的"脸"。它是立身之本,不可让渡、不允侵犯、不容剥夺。也因此,维护神圣不可侵犯的审美权利,就是美学的神圣天命,更是人之为人的神圣天命。

生命提升为生命涉及的是主体世界建构的方向。

正是从儿童的身上,我们知道了儿童的主体世界是一个"延迟模仿"和"象征性游戏"的世界。这是一种在离开了外物的直接刺激后仍旧乐于从事的活动。尽管离开了外物的刺激,满足的也不再是即时的快乐,但是却还是在"延迟模仿"中去象征性地独自玩乐。① 这无疑是个意义十分重大的世界。但是长期以来都被我们忽视了。这就类似于我们只习惯与牵象人对话,却不懂得与大象本身对话。其实,专家告诉我们,大象所使用的语言十分简单,就是"喜欢"或者"不喜欢","接近"或者"离开"。在它的身体里,存在一个"喜欢计量表",这可以谓之曰:"情感启动效应"。人也一样。进化心理学告诉我们:人的大脑有两套奖励系统:一套是"喜欢"系统,另外一套则是"想要"系统。这两套系统彼此靠近,通常一起运作,导致的结果是四种状态:"想要喜欢的"——"喜欢想要的"——"不喜欢但是想要的"(吸毒)——"喜欢但是不想要的"。显然,儿童的主体世界的"延

---

① 参见[瑞士]皮亚杰、B. 英海尔德《儿童心理学》,吴福元译,商务印书馆1986年版,第24、42—43页。

迟模仿"和"象征性游戏"是属于"喜欢但是不想要的"。这是人类生命中的一种神奇：一种由形象引发的情感愉悦、一种只与对象的外在形式有关但与对象的内容无关的情感愉悦。因此，它可以"延迟模仿"，也是"象征性游戏"。

遗憾的是，人们往往把"喜欢但是不想要的"作为审美活动去加以研究，但是却忽视了，其实，它还是一种生存方式。并且也在生命活动中普遍存在。在这当中，物质世界全然被形式化了，意在借助物质世界去创造一种形式的物质世界，以便使得情感得以自由展现。因此，是意识"创造"存在，而不是存在"创造"意识，是以精神为内容，物质为形式。因此而产生的"喜欢但是不想要的"的情感愉悦也是源于物质世界的彻底精神化。物质世界不再作为内容而起支配作用，而是作为形式去转而被支配。同时，这种"精神化"也并不是按照人的主观意愿去改造物质世界，而是以物质为形式、以精神为内容，从而彻底摆脱物质世界的纠缠，推动着物质世界变成形式世界来为人类的精神满足服务。至于它的意义，当然也并不在于"游戏"（从席勒开始，美学家们都是仅仅理解为"游戏"），而是在于内在的心理需要：自然进化的方式已经无法满足人，亟待走向一种"按照美的规律的建造"——按照"喜欢但是不想要的"的"规律建造"的心理需要。换言之，是人类的在对"饥饿"的克服之外的对"恐惧"的直面。然而过去因为对"神性"与"理性"的误信，因此始终都忽视了这样一种十分重要的心理需要。

由此我们想起叔本华初涉生命美学之时的一个重要发现："衡量一个人的一生是否幸福，并不是以这个人曾经有过的欢乐和幸福为尺度，而只能视这个人一生缺少悲哀与痛苦的程度。"这是因为："我们对痛苦的敏感几乎是无限的，但对享乐的感觉则相当有限"，他解释道："人和动物之所以表现出不尽相同的情形，首先是因为人想到了过去的和将来的事情——这样，经过思维的作用，所有一切都被增强了效果。也就是说，由于人有了思维，忧虑、恐惧和希望也就真正出现了。这些忧虑、恐惧和希望对人的折磨更甚于此刻现实的苦、乐，但动物所感受的苦、乐则只是局限于此刻的现实。也就是说，动物并没有静思回想这一苦、乐的浓缩器,所以动物不会把欢乐和痛苦积存起来,而人类借助回忆和预见却是这样做的。对于动物来说,现时的痛苦也就始终是现时的痛苦,哪怕这种痛苦无数次地反复出现。"① 我始终认为,在这段话中潜藏着生命美学得以诞生的全部秘密。联想一下积极心理学家所发现的物种设计原理:对坏事的反应要强于对好事的反应,所谓的"负面偏好"原则。原来,人有两个相反的动机系统,一个是趋近系统,会引发正面的情绪反应,让人想接近特定的事物;另一个是"逃避系统",会引发负面的情绪反应,让人想避开特定的事物。可是,人的情绪深处有"红色预警"却没有"绿色预警"。这意味着发现负面事物的时间要远远地快于发现正面事物的时间。由此我们不难想到所谓的"边际效应",也不难想到积极心理学家在谈到情绪管理的原则时发现的"适应原则"以及每个人心中都存在着的"幸福基准线"。我们知道,它使得我们被困在所谓的"幸福水车"上。踩水车时,我们误以为只要自己加快速度,就可以离开,其实却始终都停留在原地。在现实的人生里,我们也以为只要拼命努力,累积大笔财富,就可以幸福。其实我们却永远不会比累积大笔财富之前更加幸福。我们所做的,无非是徒然的追逐,期望让自己成为人生游戏中的赢家,并且因此而不断追逐,其实却就像一只在转轮上跑个不停的仓鼠,寸步也未向前。当然,这其实就是人的"悲哀与痛苦的程度"。那么,何以解脱呢?唯一的良策,就是进入"喜欢但是不想要"的主体世界。既然物质世界已经无法满足人,那就让它转而作为形式而不再作为内容去存在。借助形式化了的物质,使得情感在其中得以自由呈现,也使得人的精神进入一个自由天地。从而着满足人类自身的精神需要。

这其实正是从缺乏性满足到成长性满足的转变。前者是指"以排除缺乏和破坏、避免或逃避危险和威胁的需要为特征的动机。它包括生存和安全的一般目的。缺乏性动机是以张力缩减为目的的。"② 在

---

① [德] 叔本华:《叔本华思想随笔》,韦启昌译,上海人民出版社2005年版,第385页。
② [德] 克雷奇等:《心理学纲要》下,周先庚等译,文化教育出版社1981年版,第388页。

"恐惧"的时候,心理会失去平衡,于是就转而以具有明确目标的动机与行为去重获安全,并且解除心理紧张。这也就是"想要喜欢的"、"喜欢想要的"与"不喜欢但是想要的"(例如吸毒)。后者却不同。它在物质世界的满足中毅然转过身去,断然走上精神满足的漫漫长途。我们看到,心理学中有著名的"洛萨达线":一个消极情绪要以三个积极情绪来抵消。而且,这还只是临界点。倘若一个消极情绪能够有六个积极情绪来抵消才是最佳状态。心理学家还经常提醒我们:要生存,我们每天需要8个拥抱;要成长,我们每天需要12个拥抱。甚至佛教也提醒我们:"救人一命,胜造七级浮屠"。由此再看美学家所描述的审美活动的特征,例如"有喜欢的感觉,却没有想要的欲望",例如美是"积极的强化物","这些对象奖励我们重复那些能带来奖赏的行为",例如"艺术让我们的生活更美好。"① 无疑也就不难从"溢出"美学学科的角度对审美活动有了更加深刻的理解。

进而,我们也熟知马蒂斯的"第一只眼睛"与"第二只眼睛"的说法、巴尔扎克的"第一视觉"与"第二视觉"的说法,我也已经讨论过,自然形态的情感往往带有刺激人、折磨人的特性,而不带有可供享受、咀嚼、玩味的特性。在审美活动中却出现神奇的变幻,转而成了一种客观化的自我享受。然而,人为什么要把自我移入一个与自我不同的对象(自然、社会、艺术中的事物)中去,又为什么要在对象中玩味自我? V. C. 奥尔德里奇发现,其中出现了区别于"物理客体"的"审美客体":"同一个物质性事物,在人们的知觉中,或者实现为物理客体,或者实现为审美客体。这就关系到两种不同种类的知觉方式。"② 鲁道夫·阿恩海姆发现,在世界的再现性之外,出现了"表现性":"表现性在人的知觉活动中所占的优先地位,在成年人当中已有所下降,这也许是过多的科学教育的结果,但在儿童和原始人当中,却一直稳固地保留着。按着维尔纳和柯勒收集的资料,儿童和

---

① [美] 安简·查特吉:《审美的脑:从演化角度阐释人类对美与艺术的追求》,林旭文译,浙江大学出版社2016年版,第73、111、177页。
② [美] V. C. 奥尔德里奇:《艺术哲学》,程孟辉译,中国社会科学出版社1986年版,第30页。

原始人在描述一座山岭时，往往把它说成是温和可亲的或狰狞可怕的；即使在描述一条搭在椅背上的毛巾时，也把它说成是苦恼的、悲哀的或劳累不堪的等等。"① 这其实是因为情感判断作为内在的综合体验，在一定程度上，又只是一种"黑暗的感觉"，要使它得以表现，就始终无法外在感知。情感判断，只有借助被创造的形象才是可能的，精神世界所追求的超越性价值、绝对价值、根本价值也只有在被创造的形象中，才可以成为被直观到的东西。

由此，我们最终看到，"喜欢但是不想要的"正是主体世界建构的方向所在，这也就是生命提升为生命。它是人所拥有的一个借以提升生命、成就生命的强大工具。借助"喜欢但是不想要的"，人类得以捍卫生命的尊严，维护生命的权利，激发自由生命的潜能，提升生命的品质。安东尼·罗宾曾说过：成功的秘诀是知道如何控制疼痛和喜悦的力量，而不是反抗这种力量。显然易见的是，我们如果能够做到，无疑也就能够把握自己的人生。反之，人生也就无法把握。这样，人类终于找到了生命中那扇被长期隐藏的神秘之门。审美活动，因此也就成了一个转化性的隐喻，它遥遥指向着人类的重大发现——"喜欢但是不想要的"、指向着一个人类为自身所创造的关于生命上升、生命升华的故事。

生命拓展为生命涉及的是生命建构的基础。

区别于生命提升为生命所关注的生命的高度，生命拓展为生命所关注的，是生命的广度，是从广度维度上对人的情感进行重新塑造。

当然，这就已经涉及了人的解放。不过这无疑不是指的人的宏观的历史解放，而是指的人的微观的心理解放。具体来说，就是宣泄与升华。如前所述，"喜欢但是不想要的"是主体世界建构的方向，然而一旦进入现实人生，那显然就必须在两个层面展开，这就是情感的宣泄与升华。人有一种趋优本能。这就正如心理学家阿德勒的发现：

---

① [美]鲁道夫·阿恩海姆：《艺术与视知觉》，滕守尧、朱疆源译，中国社会科学出版社1984年版，第619页。

"由于企图达到优越地位的努力是整个人格的关键,所以我们在个人心灵生活的每一点,都能看到它的影像"① 但是,我们首先亟待去做的却是宣泄。这是一个从亚里士多德开始美学家们就在关注的问题,但是却一直没有解释清楚,因此也就一直未能"溢出"美学的书本而长驱直入现实生活。我们知道,美国的情感社会学家特纳将人类的基本情感分为喜、怒、哀、惧四种,其中有三种情感是负性的,具有破坏性,很难将人类社会组织联合起来。这三种负面情感的互相复合,将会产生三种极具破坏性的个人和社会情感——羞愧、内疚和疏离,其中疏离感是最具破坏性的。再加上生活中的种种不如意,既然如此,及时地将这些在现实生活中积累、淤积起来的垃圾情感用某种方式宣泄出来,对于身心健康无疑十分重要。在情感的发泄中每每伴随着一种如释重负的快感,道理就在这里。但是,这也是人们力求通过各种方式发泄情感的一个原因。但是,倘若依照弗洛伊德的深层心理学以至于走向一种泛性主义,其实也未必就是上策。这就类似"创伤后应激障碍""创伤后成长",最好的方式,还是重新讲述创伤故事,为什么对于所有人来说,不论是杀人者,被杀者,乃至被威胁者,都需要作为受创者,在战争文学中重讲战争故事?因为这是情感管理的最好方式,也是情感选择的最好方式。因此,情感宣泄的真正上策,就是借助审美活动的启迪,让在现实生活中积累、淤积起来的垃圾情感不再作为一种左右人的力量而存在,而是空间大挪移为主体所控制,所静观的客体。这当然是一种释放,不如此,就不足以将积蓄的能量释放出来,也无法从失衡恢复平衡。但是却又完全不同于大哭一场。因为痛苦的情感在其中已经不占极大比重。它仅仅是大哭中的快感的提升。由于自己与情感已经彼此相对,自己也就因此而置身其外,于是,大哭的原因不再重要。大哭本身的刺激力量却被极大强化,因此,被激起的痛苦情感越是强烈,反而就越是能够带来情感的愉悦。这应该就是所谓的"痛快"?进而,在生活中,我们也就完全可以像在审美活动中一样,像一个旁观者一样慢慢地咀嚼它、玩味,享受其中甜酸

---

① [奥]阿尔弗雷德·阿德勒:《自卑与超越》,黄光国译,作家出版社1986年版,第64页。

苦辣所带来的愉悦，使得自然情感得以升华，情感当作一种对象进行"反观"、玩味、咀嚼。因此，梦中的意象呈现都并非"想出来的"，而是"想象出来的"。狄德罗甚至会说，一个坏人从剧院里走出时，似乎也变得不那么倾向于作恶了。这是将情感的宣泄提高到审美的水平上，将生理和心理快感转化为审美愉悦，因此，也当然就是人的"解放"。

我们其次亟待去做的是升华。在原始社会与儿童那里，情感的升华无疑也是现实生活中的重要部分，不过，却大多是在"游戏"等活动中完成的。但是且不要说"游戏"无法做到升华，更为尴尬的是，诸多的高级情感也已经很难在游戏这种简单、直接的形式中升华了。值得注意的是弗洛伊德的努力，它力图沟通生理的人与精神的人之间的联系的探索，给我们以深刻的启迪。但是，弗洛伊德所说的升华，却未能将其中的原发过程（无意识的欲望、情绪的躁动）与继发过程（升华）完美融合起来。在弗洛伊德看来，升华无非是人的低级情欲的改头换面。以梦为例，弗洛伊德认为，其实梦都是一种被"伪装"了的潜在意识（荣格也说，梦其实是一种潜在意识的"揭示"），这显然并未道破其中的秘密。但是，另一方面，却也不能再次重复过去的将生理快感与美感割裂开来的做法。在这个方面，阿恩海姆的巨著《艺术与视知觉》已经迈出了关键的一步。其实，其中的关键在于亟待借助审美活动的启迪。审美活动只是一种更高级、更复杂的情感表现方式，我们注意到克莱夫·贝尔所说的："如果艺术仅仅能启发人生之情感，那么一件艺术品所给予每一个人的东西就不会比每个人带在身上的东西多出多少了。艺术为我们的情感经验增添了新的东西，增添了某些不是来自人类生活而是来自纯形式的东西，正因为如此，它才那样深刻地而又奇妙地感动了我们"。[①] 这就是说，审美活动中不仅仅是在激发着心中已有的情感，而且还在生产出来的心中本来没有的情感归结为艺术形式的产物，却未免狭隘了。因为，我们也完全可以尝试在生活中也如此这般地去做。一旦如此，我们将不仅仅是在对

---

① ［英］克莱夫·贝尔：《艺术》，周金环、马钟元译，中国文联出版公司1984年版，第165页。

自然之情冷眼旁观，而且是去对自己的情感加以咀嚼、玩味，而所产生的心理反应也不仅仅只是理解和同情，而且还更是主动的抒情。"一个儿童大哭之后的破涕一笑，我们在感情激动之后体会到的平静和愉快，就是典型的例子。"① 此时此刻，登东山而小鲁，登泰山而小天下，会当凌绝顶，一览众山小。生理的快感已经被提高到心理愉悦的水平。自然情感也不再作为一种力量制约着自身，而是变成了一个可以让人轻松愉快地观照、玩味的对象，由于已经隔断了其中的利害关系，因此一种全新的情感也就油然而生。鲍山葵认为："美是情感变成有形。"② 看来，确实是如此。

三　看待、对待与善待

美学作为主导价值、引导价值所建构的主体世界无疑十分重要，因为它固然不能改变人生的长度，但是却确实可以改变人生的宽度和厚度；它固然也不能改变人生的起点，但是却确实可以改变人生的方向和终点。

这当然是为美学作为主导价值、引导价值所建构的主体世界自身的重要意义所决定。中国人有"心房"一词，更有"心有千千结"的说法。"心房"无疑区别于"住房"的，但是其重要性却又并不亚于"住房"。中国人也有"人面兽心"一说，这又意味着：人有"兽心"，也有"人心"。而这就涉及心理能量的凝聚、心理能量的淤积、心理能量的转移，以及因此而形成的创造性形态或者破坏性形态。"我的病就是没有感觉"就是一种破坏性心态。破坏性心态如果再过于严重，就会转向对于自己的压抑，这就是所谓的"麻木不仁"，当然，这也就已经是一种心理病症，象征着已经放弃了心灵的完整性，已经出现严重的心理障碍。浑浑噩噩，对于他人的痛苦毫无同情心，对于自己的痛苦也没有知觉，而且，主体的世界显然也与客体的世界存在鲜明的区别。例如专家研究后就发现，就主体的世界的感觉而言，5

---

① 朱光潜：《悲剧心理学》，人民文学出版社1985年版，第163页。
② ［英］鲍山葵：《美学三讲》，周煦良译，上海译文出版社1983年版，第51页。

岁的儿童，一年等于一生的20%，50岁的成人，一年等于一生的2%，再看人的一生，第一个20年，也已经是人生的一半。这就类似爱因斯坦举过的著名的例子：与恋人在一起，一小时就像一分钟；跟仇人在一起，一分钟就像一小时。而且，在这方面，我们虽非科学家，可是也会有同样的感觉。例如小别胜新婚，再例如，"月是故乡明"。"哀莫大于心死""一朝被蛇咬，十年怕井绳""杯弓蛇影""草木皆兵、风声鹤唳"……也如此。因此，情感教育才是人的解放的关键之关键。怀特海说："在任何理解之前要先有表达，而在任何表达之前，先要有对重要性的感受。"这实在是至理名言。因为其实"理性是激情的奴隶"（大卫·休谟）。遗憾的是，不论是在宗教时代还是在科学时代，我们都极大地忽视了"对重要性的感受"。

何况美学作为主导价值、引导价值对于主体世界的建构也并不容易。人是人的作品（费尔巴哈），人不是先天预成的，而是通过自身的后天努力而"生成为人"的。但是"生成"又需要一种心有灵犀、以心会心的情感语言、灵魂的语言，一种心灵的象形文字，因为它需要的是彼此心灵、灵魂之间的交流（为什么是"感动"而不是"感知"？就是因为我们是在潜意识世界、情感世界里交流的，心理学家说，就好像单身囚牢里的犯人听到了隔壁犯人敲墙的声音）。例如古代的交感巫术，就是意在对潜意识世界、情感世界中出现的问题施加影响甚至治疗，因此才会注意去通过象征物宣泄、转移内在的心理焦虑。再如不谈鬼神的中国为什么对"礼乐"格外重视？同样也是意在通过特定的心理意象去宣泄、转移内在的心理焦虑。"礼乐"当然是外在的客观对象，但是，其实也是内在的心理意象。诸如"礼乐"中对于身体的关注就是如此。创造性的心态与破坏性的心态，完全可以通过身体行为表现出来。心理压抑是可以转化为身体的压抑的，也是可以躯体化的。宦官放弃身体器官，也就类似于人们放弃尊严，中国古代社会的要面子但是却不在乎尊严，也是心理压抑的外在化，用受虐的行为来表达自己对于父母的孝顺，还是心理压抑的外在化。过去的极左政治运动中的"脱裤子""割尾巴""阴阳头""坐飞机"，同样是通过对于身体的虐待来达到进而虐待心灵的目的。《史记秦始皇本纪》记载：甚至连受到嬴政重用的尉缭对他都没有留下好印象，认为秦王为人，蜂准，长目，鸷鸟膺，豺声。少恩而虎狼心，居约易出人下，得志亦轻食人。这里的"豺声"，显然就是秦始皇的心理高度压抑的身体显现、声音显现。与此类似的是，西方的奥威尔也说过："正步走是世界上最为恐怖的景象之一，甚至比俯冲轰炸机更令人感到恐怖，这是一个赤裸裸的权力的宣言，相当明确而刻意存在于其中的是这个靴子直冲我们脸庞而来的景象，它的丑陋是其存在的一部分，因为它正在宣称的是：'是的，我很丑，但是你不敢嘲笑我'。""靴子直冲我们脸庞而来"，这是在宣示："是的，我很丑，但是你不敢嘲笑我。"由此而建立的"法西斯美学"其实已经走在了所有美学家们的研究的前面。当然，弗洛伊德、荣格等人是个例外，弗洛伊德的"梦的解析"，就十分重要。因为它完全就是心灵圣殿的建设者、心灵面孔的美容师乃至心灵垃圾的清道夫的先声。其中的如何进入主体世界、如何建构主体世界的"建构"探索，也是非常值得我们去认真学习的。必须看到，这理应是美学家们的研究主题，美学必须参与现实，美学必须介入公共生活，美学也必须成为一种建设性的重要力量，这是美学亟待自我建构的实践智慧（所以生命美学始终不渝地以"知行合一"作为立身之本），总之，美学必须主动走出见惯不惊的"概念游戏"，并且义无反顾地挺进社会现实的"深水区"，否则，在美学时代，美学之为美学，就很难担负起自己的历史重任。可惜，美学家们之间还尚未把这个问题提上议事日程。

由此相关的，是"情绪粒度"问题。这其实就是美学作为主导价值、引导价值对于主体世界的建构的美学化呈现。情感启蒙、情感建构的重要性在于，可以提供一种健康的情感经验、真实的情感经验、免于恐惧的情感经验。情感反应是深入骨髓的，也是根深蒂固的，非常难以"返观""反刍"，但是，这"返观""反刍"又极为重要。因为这个问题如果不解决，其实就根本谈不上理性思考、道德反省。俗话说，"合情合理"，"情"被排在前面，是因为切身感受的必然结果。一个人无法辨识情感，自然也就无法控制情感。他的情感管理就会一塌糊涂。比如有些遭遇挫折的人为什么会吃得非常肥胖？其实就是因为他们无法辨识害怕、愤怒与饥饿感，以至于诸如此类的感受都一概被看作饥饿的信号，一旦出现情绪不安，结果就是饮食过量。还有些人一旦遭遇挫折就会做出过激反应，例如跳楼、自残，等等，其实也是因为他们无法辨识自己所遭遇的情感挫折本身，因此也就往往会陷入一种恶性循环，完全在负面情绪中无法自拔，最终成了情感的俘虏。所以，苏联心理学家鲁克说："个人的情绪经验愈是多样化，就愈容易体会、了解、想象别人的精神世界，甚至会有'密切的情感交流'。"① "心理正常的人在任何活动中都富于情感，他不论做什么，从来不以漠不关心、无动于衷的态度去对待，而是以活泼的情感倾注在任何工作中。这样的人对待周围的人总是表露出友好的情谊。"② 这无疑是很有道理的。而在这当中，注意提高自己的"情绪粒度"，也就十分关键。心理学家在统计中就发现：成就较大的20%人与成就较小的20%人之间，最明显的差别并不在于智力水平，而是在于是否具有良好的情感管理的能力。犹如专业的品酒师，不同的红酒，能够品出不同的味道。面对情感，我们也必须学会去加以辨识。这就是一个人的"情绪粒度"。例如同样是高兴，在"情绪粒度"高的人看来，就可以区分为开心、愉快、得意、振奋，以及欣喜若狂。因此"情绪粒度"就是情绪词汇，学习外语，人人都知道词汇量的重要，其实，对于每一个人而言，情绪词汇的词汇量也十分重要。是否能够针对自己的情感予以具体准确的辨识，并且迅即准确找到对应的解决办法，是否能够有效管理情绪、控制情绪并接纳他人情绪，其根本前提，无疑就正是情绪词汇的词汇量。换言之，也就是"情绪粒度"的高与低。

具体来说，美学的介入，让我们学会如何看待人生。"看待"，指的是怎么看，是观点或者世界观。例如：我们该怎么看待审美（观点：审美对于个人的成长是十分必要的，也是十分必需的）。从表面看，把生命浪费在美好的事物之上，而不是消费在有用的事物上，似乎是一种奢侈，其实不然。因为审美为人类树立了一个精神高度，使

---

① ［苏］A. 鲁克：《情绪与个性》，李师钊译，上海人民出版社1987年版，第236页。
② ［苏］A. 鲁克：《情绪与个性》，李师钊译，上海人民出版社1987年版，第237页。

得人类因此而有了方向感，或者，使得人类得以而找到了方向，并且可以在冥冥之中去寻觅到最优解。① 当然，这并不是因为美学可以直接地指导人生，而是因为情感被净化以后，全部的人生也随之而脱胎换骨了：我们因此而得以"把自己身上的奴性一点一滴的挤出去"，然后，"在一个美丽的早晨醒来，觉得自己的血管里流的已经不是奴隶的血，而是真正人的血了"② 就人生而言，站得高才能看得远。"站得高"包括：看问题的高度、深度、广度、厚度……这就涉及了"眼睛"与"眼光"的区别。何况，眼光也有只能看到世界的一个扇面、一个侧面的"直角"，还有只能看到世界的一个方面的"广角"，但是，也有能够看到的整个世界的"全角"。美学的眼光恰恰就能够看到的整个世界的"全角"。人生中诸多无法超越的极限，其实都只是我们自己创造编织出来的假象。美学的眼光，可以引导着我们去突破和超越这些假象。而且，"眼光"，让我们的人生多了一份"宽容"。因为生命的"情绪粒度"只能通过生命隐喻、生命脚本、生命故事去建构，改变了生命隐喻、生命脚本、生命故事也就改变了生命。因此，美学的重要性也就脱颖而出了。人类提升自己的根本方式是美学，人类放弃自己的根本方式则是不美学。在美学中，不但有诗，而且更有"远方"。曾经有一个记者为了写一篇题为《伟大的科学家所提的伟大问题》的专题报道而采访阿尔伯特·爱因斯坦。他说："爱因斯坦博士，我只有一个问题问您，我们想对每位被采访的科学家问一个最关键的问题，这个问题就是，科学家所能提出的最重要的问题是什么？"发人深省的是，阿尔伯特·爱

---

① 罗马的哲学家鲁齐乌斯·安奈乌斯·塞内加说过：何必为部分生活而哭泣？君不见全部人生都催人泪下？德国哲学家叔本华也说过：倘若一个人着眼于整体而非一己的命运，他的行为就会更像是一个智者而非一个受难者了。这是一种区别于"小聪明"的"大智慧"。因为能够看到整个人生的全景和高度，于是也就得以与一切"灾难"、"不幸"都拉开了距离，并且达成和解。这是跳出局部看全局，也是立足全局看局部。角色、职称、金钱、儿女等等，也就通通不会再被放大，所谓"跳出三界外，不在五行中"。而这当然也就亟待审美活动的提升、亟待审美活动把自己从有限的人生中剥离出来。有人问斯多噶派创始人芝诺："谁是你的朋友？"他回答："另一个自我。"又有人问犬儒派创始人安提西尼："哲学给你带来了什么好处？"他回答："与自己谈话的能力。"美，就是"另一个自我"——另一个更高的"自我"。美，也是"与自己谈话"——与另一个更高的"自己谈话"。

② [俄] 契诃夫：《契诃夫论文学》，汝龙译，人民文学出版社1958年版，第141页。

因斯坦静静地思考了十分钟后,继续沉默,又深深地思考了几分钟……记者充满期待地等着听到某个重要的数学公式或者量子理论的假设。然而记者得到的答案却让全世界一直思考至今:"年轻人,"爱因斯坦沉声说道,"任何人所能问出的最重要的问题就是:这个世界是不是一个友善的地方。""您的话是什么意思?"记者问,"最重要的问题怎么会是这个呢?"爱因斯坦郑重地答道:"因为对这个问题的回答决定了我们如何去生活。如果世界是个友善的地方,我们就会花时间去搭建桥梁。否则,人们会穷尽一生修筑高墙。这,取决于我们自己。"显然,为了回答这个问题,美学不可或缺。它引导着我们去关注生命进化历程中的那些高光时刻。"这个世界是不是一个友善的地方"?通过美学,我们就能够找到生命中那扇被隐藏的神秘之门。

美学的介入,还让我们学会如何对待人生。"对待"指的是怎么做,是对策或者方法;例如:你打算怎么对待审美(对策:我打算认真学习审美,让自己的生命更加璀璨夺目)。世上的"成功"只有一种,就是用自己喜欢的方式走过人生的漫漫长途,而且不盲目顺从,而只遵从内心的感受。何况,每天发生在我们生命中的一切,其实有99%都可有可无,真正有须臾不可或缺的,只有1%。因此,艾德勒提示我们:在人类的生命活动中存在着"需要"和"想要"两个选择:"所有的人具有相同的人类特定的需要,但有关他们所想要的事物却因人而异。"① 从"需要"("喜欢但不想要")出发,就会使得人生多了一份"包容",从此变得十分智慧;从"想要"出发,却会变得贪婪、焦虑、妒忌,最终因为心理压力过大而动作变形、而手足无措。心理学家的研究还告诉我们,人类不但走出了动物的第一驱动力,这是所谓的生物驱动力,也是驱动力的1.0版本,而且也走出了人自身的第二驱动力,所谓物质驱动力,它提倡的是成功在先,快乐在后,导致的结果也是工作成为苦工,这是驱动力的2.0版本,而今已经走向了全新的第三驱动力,所谓精神驱动力,3.0版本,它提倡的是快

---

① [苏]穆蒂莫·艾德勒:《六大观念》,郗庆华译,生活·读书·新知三联书店1998年版,第92—93页。

乐驱动，是快乐在先，成功在后，导致的结果是游戏成为工作。因此我们必须看到：就像哥白尼发现地球实际上在围绕着太阳旋转一样，而今我们也发现，所有的成功其实都是在围绕着快乐旋转的。在人生的各个方面，快乐都能够带来成功，成功，却不一定带来快乐。因此，我们亟待从"以结果为导向"回到"以过程为导向"，从"伪自我"回到"真自我"，从"外部动机"回到"内部动机"，也亟待把工作变成喜欢，把喜欢变成工作。而所谓的快乐，恰恰就是一种积极情绪，因此快乐就是力量，是所谓的快乐竞争力。由此，人之为人也就更加强大、更加富有创造力，人的潜力也得以发挥。由此，我们得以走出"自我诱导型依赖"、走出"习得性无助"。毫无疑问，这一切都离不开美学的介入。美学，就是生命的酵母。

美学的介入，也让我们学会了善待人生。"善待"：指的是以无私的爱心去成就自己。心理学家告诫我们，人生必须"要获得三种最重要的生活成果：与他人联系，追求意义，追求某种程度的快乐或满足。"① "追求意义"是指的"看待人生"，"追求某种程度的快乐或满足"是指的"对待人生"，"与他人联系"，则是指的"善待人生"。正如弗洛姆所指出的："只有一种感情既能满足人与世界成为一体的需要，同时又不使个人失去他的完整和独立意识，这就是爱。"② 这也就是我在本书中反复强调的："为爱转身""爱者优存"。真正的"生命力"无疑就是爱的能力。何况"人生不如意事常八九"，因此我们就一定要"常念一二"，一定要一点一滴地为自己储蓄爱，为自己打造一个爱的银行。"精致的利己主义者"，既无爱心，也不通人性，处处以自我为中心，无疑是"适者生存"的产物。他们是"小公主""小皇帝"，是"寄生虫"、"寄居蟹"，也就是所谓的"巨婴"。《巴黎圣母院》中的副主教在迫害吉卜赛女郎埃斯米拉达的时候，也曾经彻夜难眠，痛苦反省，但是最终找到的理由却是："谁让你那么美丽"。这显然是爱的匮乏所致。如同"海德格尔主张，我们对世界的知觉，

---

① ［美］C. R. 斯奈德、［美］沙恩·洛佩斯：《积极心理学》，王彦、席居哲、王艳梅译，人民邮电出版社2013年版，第16页。
② ［美］埃利希·弗洛姆：《健全的社会》，欧阳谦译，中国文联出版公司1988年版，第29页。

首先是由情绪和感情揭开的,并不是靠概念。这种情绪和感情的存在方式,要先于一切主体和对象的区分。"① 而这里的"情绪和感情的存在方式"首先就是爱的"情绪和感情的存在方式"。或者,我们可以称之为:共情的力量。"共情是头脑能做的第二伟大的事情。"② "共情"置身于"冷漠"(无视他人)与"同情"(安慰他人)之间,当然,共情力就是生命力。我们要能走进他人的世界,也要能从他人的世界里走出来。要把自己当别人、把别人当自己,把自己当自己,把别人当别人。而这,当然就亟待美学的介入,因为美学所呼唤的恰恰就是爱的获得,就是共情的力量。

美学作为主导价值、引导价值所建构的主体世界无疑十分重要。人们都说,一只蝴蝶扇动翅膀能在半个地球之外引起龙卷风,这就是著名的蝴蝶效应。那么,而今美学也已经成了这只蝴蝶,当它扇动翅膀,也可以在地球上、在人类生命之中引起龙卷风。我们对此务必要有清醒的自觉。尤其是在当下,我们又一次开始了新时代的"扫盲"——不再是扫"文盲",而是扫"美盲"。这要求我们:务必要关注低美感的教育、低美感的社会乃至无美感的教育、无美感的社会。相对而言,我们过去较为重视的往往是科学知识、文化知识,但是,却往往忽视了人文素养,尤其是美学的素养。结果我们所培养的学生尽管有专业知识,但是却程度不同地患有"人类文明缺乏症,人文素质缺乏症,公民素养缺乏症",有知识,却没有是非判断力;有技术,却没有良知。为此,爱因斯坦曾经警示我们:我们究竟是要培养"一只受过很好训练的狗",还是培养"一个和谐发展的人"?英国著名学者汤因比也曾提出过"与灾难赛跑的教育"。在我看来,这无疑是一个严峻的拷问。因为,我们要把什么样的世界留给后代,其实关键是取决于我们要把什么样的后代留给世界。因此,美学的介入,也俨然已经成了与人的解放人的美好生活密切相关的进步事业,并且,还任

---

① [美] L. J. 宾克莱:《理想的冲突》,马元德、陈白澄、王太庆译,商务印书馆1983年版,第215页。
② 威廉·伊克斯语,转引自[美]亚瑟·乔拉米卡利等《共情的力量》,王春光译,中国致公出版社2019年版,第10页。

重而道远。

第三节 世界成之为世界

一 自然成之为自然

美学的主导价值、引导价值所建构的世界"理应""应该"是什么，除了包括美学的主导价值、引导价值所建构的主体世界"理应""应该"是什么之外，还包括美学的主导价值、引导价值所建构的客体世界"理应""应该"是什么？但是，与前面论及美学的主导价值、引导价值所建构的主体世界的时候说过的一样，这个问题无疑也十分复杂，也无疑属于生命美学的下一站有待去认真加以研究的内容。因此，限于篇幅，在本书中只能略陈己见，介绍一下日后研究的基本思路。

美学的主导价值、引导价值所建构的客体世界"理应""应该"是什么，涉及的是美学作为主导价值、引导价值所给予"世界成之为世界""世界其世界"的重要启迪，是以"美的名义"对"世界成之为世界""世界其世界"的人道省察，也是以"美的名义"对"世界成之为世界""世界其世界"的重建。

这个问题无疑十分重要。当今世界的主题是和平与发展。其中和平指的是人与人的关系——国家与国家的关系——民族与民族的关系，发展则是指的再从人与人的关系——国家与国家的关系——民族与民族的关系——人与自然的关系。这就犹如中国古代的"万物一体之仁"要从"亲亲"要扩大到"仁民""爱物"。在此意义上，"世界成之为世界""世界其世界"，也就"理应""应该"是把包括从人与人的关系—国家与国家的关系—民族与民族的关系—人与自然的关系在内的世界按照"美的规律"去予以重建。因此，相对于美学的主导价值、引导价值所建构的主体世界的以"美的名义"重建自我，美学的主导价值、引导价值所建构的客体世界则是以"美的名义"重建自然，以"美的名义"重建社会，以"美的名义"重建艺术。

不过，艺术的问题前面实际上全书都在导论，限于篇幅，这里就不再去说了，需要去说的，只是重构自然、重构社会。

首先看重构自然。

关于自然，人类无疑须臾也不敢忽视。但是对于自然的看法却也时有不同。简单归纳一下，也许可以区别为：从"自然到文明"与"从文明到自然"。然而，仔细思考一下，就不难发现，它们其实都是片面的。而现在借助于美学的介入，才使得我们可以"以美的名义"去重新思考，并且得以深刻意识到其中的核心问题——自然与文明之间的永恒矛盾，以及隐含其中的美学最优解。

对自然的思考，离不开文明的参照物。人是从动物界分化而来，但实际上，人之为人就在于对于给定性的否定。人只能通过否定自然、通过扬弃自然的直接存在形态并使之成为人类的合目的性之物而存在，由此，人才把自己从动物王国提升出来，打破了原始的人与自然的统一。然而自然并非为人而存在的，不但不是，而且是先于人而存在的，因此，它不可能不抵制人所强加于它的主观目的，与人处于一种对立之中。这，就导致了人之原罪：文明与自然的矛盾。"自在"与"自觉"的统一以及"自在"与"自觉"的对立，则是永恒的困惑。

文明与自然的矛盾，意味着人类总是两重存在，作为自在之物的自然存在，与作为自由主体的超越性存在；也总是两重原则，其一是适应性原则即保存和维持人的物理的或生物存在，自我保存原则，其二是超越性原则，自我实现原则。而且，人类的超越不是独自完成的，而是与它的同道——大自然一同完成的，人类对自然存在的超越事实上也是自然存在对自身的超越。一方面，人不得不依赖于自然，否则就无法生存；另一方面，人又必须超越于自然，否则就同样无法生存。所以弗罗姆说："一旦丧失了天堂，人就不能重返天堂。"① 一方面，要考虑人类对自然的"自由自觉"的主权（人类一旦穿上文明的红舞鞋，就只能不断"跳"下去）；另一方面，又要考虑自然本身的再生能力以及恩格斯所一再强调的"大自然的报复"。人要实现文明，但却要首先面对自然。而且，人在多大程度上实现了文明，同时也就必

---

① ［美］埃里希·弗罗姆：《逃避自由》，莫乃滇译，台湾志文出版社1984年版，第12页。

须在多大程度上面对着自然。这意味着对人与世界的存在的合理性、合法性的同时确认。因此，人之为人，不在于摆脱自然界，而在于凭借自己的活动越来越广泛地利用自然界，但人对自然的依赖与人对自然的征服并非互不相关，应该说，人对自然的依赖正是以人对自然的征服为前提的——动物就不存在对于自然的依赖，因为它们从未有过对于自然的征服。所以，人正是因为超越了自然，才要反过来在更广阔的领域依赖自然。一味强调建立在人的主体性被绝对确立以及由主体对客体的作用指向所决定的人对世界的改造活动的基础上的"人的本质力量的对象化"，只能造成人的本质力量与大自然的同时"劣化"。①

换言之，在人与自然的关系中存在着两种互为依靠、彼此关联的关系，其一是自然对于人而言的基础关系，其二是人对自然而言的主导关系。就前者而言，人来源于自然，也依赖于自然，就后者而言，人不但要出于生存、繁衍的需要而适应环境，而且要出于生存、繁衍的需要而改造环境以适应自己的需要。这就意味着，人只能从自己的需要出发去选择自然，换言之，自然的发展只能以人的需要、人的发展作为主导。自然只能通过人来自觉地认识自己、调解自己、控制自己。因此，人在世界中的使命事实上应该是两重的。其一是自然的消费者，其二则是自然的看护者，而且，应该以后者为主。所谓人是万物之灵，也只能从这样的角度去理解：人是宇宙中唯一的觉醒者，他肩负着看护包括自身在内的自然这一神圣使命。在这里，看护自身与看护自然是统一的，看护自身就是看护自然，看护自然也就是看护自身。过去，由于我们只是从生态危机的角度意识到人要看护自然的生存，把人为什么要这样去做理解为一种权宜之计，因而很难提高到美学的角度来思考。现在，当我们意识到人类的天职就是自然的看护者，其中的美学内涵也就十分清楚地显示出来了。事实上，审美活动的本体论内涵正是在于：它是人类自身与自然的看护者。

---

① 强调人之为人，并不意味着强调"人是大自然的主人"，也并不以对于必然性的战而胜之为标志。在我看来，这种"强调"和"战而胜之"无异于一种变相的动物意识。只有动物才总是幻想去主宰世界。就像猫主宰着老鼠那样。

由此可见，文明与自然都是一种永恒的存在。有人把它们之间理解为一种先后关系，是错误的，应该是以人为轴心的互补关系。它们是人要真实地生存所必须面临的前后两极。前面是文明，后面是自然，或者，前面是自然，后面是文明。而永恒地奔波其间，似乎就是人之宿命。幻想有朝一日能够终止其中的任何一极，并且以此作为人之为人的现实目标，都只能是一种自杀行为，也只能以人自身的终止作为代价。事实上，正是这种永恒的矛盾为人本身提供了永恒的生命空间。而且，正是因为这种矛盾是永恒的，人本身才是永恒的。

同时，所谓"生态人文主义"的缺憾也因此而暴露出来。

"生态人文主义"认为此前的美学都是以人的视角、立场、价值观去评价看待自然的存在，自然的合法性以及有用程度，都决定于人，人和自然被对立起来，并强分高下，人被片面拔高，自然被片面贬低，因此，现在应该转而遵循一种新的生态的视角、立场、价值观：世界之为世界，相互依赖，相互呵护，相互作用，相互交流，共同组成一个存在之网和生命链条，一个巨大的有机生命体，至于人类，则只是其中的一个组成部分，因此，自然是一个自由存在的生命主体、自然蕴含着内在价值、自然也蕴含着内在的审美价值，所以，在审美活动中，应该从整体、系统的角度去看待人与自然的关系，不再把自然视作人类改造、役使、敌对的对象，而是视作人类的朋友，因此，应该让自然自然而然的存在，也让自然的美自然而然地呈现。

遗憾的是，从表面上看，上述看法自然是十分动人，也十分有道理，可是，其实却颇值商榷。人类中心主义固然是不对的，但对人类中心主义的批评却也只能应该是仅仅意在提醒人类在自然面前要谦恭谦卑，仅仅意在提醒人类不要颐指气使，但是，却丝毫不意味着在自然面前人类就应该放弃自己的责任、自己的价值关怀，更不是人的黯然退出和生态的独擅胜场。而且，一旦这样去做，则必将把人等同于自然，这样一来，即便是把"万物相通"讲得天花乱坠，剩下的也都只是自然，因为人已经没有了。尽管我们不去强调说人的生命并不比其他生命优越，但是，人却毕竟较之外在自然要禀赋着不可推卸的责任。"自然的权利"、"万物相通"或者"天人合一"，都是要假手人类才能够完成的,这也就是说,自然的权利又是必须通过人类的赋权来加以实现的。在人与自然的关系里,人的作用不可或缺。因此人对自然的态度,其实折射的是人对自身的自我意识。这样看来,把人与自然剥离开来并且对于自然予以征服固然轻率,但是把自然从人性中剥离开来并且对自然予以迁就其实也未必高明。换言之,自然的权利其实是也只能是人的权利,是人所理当拥有的健康环境的权利。自然的生存权利就是人的生存权利,1992年,地球首脑会议发表了《关于环境与发展的里约热内卢宣言》,其中对"环境权利"的阐释,就恰恰是"人类拥有与自然协调的、健康的生产和活动的权利"。这是因为,为众多专家所热衷提及的人类对自然的"盘剥""奴役"以自然对人类的"反抗""报复"其实全都是一种想象之词,实际上,这"盘剥"、"奴役"与"反抗"、"报复"都是通过人与自然的关系所折射出的人与人的关系。也因此,对自然的关注,必然也就是对自然背后的人的关注。舍此而去煞有介事地谈论保护环境、保护自然,却根本无视一部分人的骄奢淫逸以及另一部分人的食不果腹,充其量也只是"看起来很杞人忧天"。最终也无非还是改头换面的"泛神论""物活论"而已。

就以"生态人文主义"尊为神圣的"天人合一"乃至"万物相通"为例,究其实质,它其实恰恰是因为,在中国文化中人始终都并没有意识到唯独自己才是主体,因此才转而将自己隶属于自然并且误以为自己是被自然规定、决定的必然结果。因此,由这个"天"而延伸出的"万物相通",也就完全谈不上任何的精神内涵,充其量仅仅是一种变相的巫术意识、一种完全低于自由意识的自然意识。须知,要解释物理的世界、动物的世界,那无疑应该是存在决定现象,但是,要阐释人类的世界,那就一定是意识"创造"存在。人之为人,一旦失去了这种精神的创造,也就失去了人的本性。由此,在所谓的"天人合一"乃至"万物相通"之中,所有的内容其实还只是被思想达到的某种东西,但还远没有被当作思想本身、当作精神的东西来认识。充其量也只是意识的自在分裂,只是意识在最高实体中的泯灭,而未能真正超出自然状态,也只是非人格性的抽象本质,而并非个体性的人格，所谓的"天"也无非是把一种直接的有限的自然物抬出来作为无限物、绝对物。可是，究其实质，它却只是一种抽象的自然实体，也只具有一种抽象的普遍性。本来，只有精神才具有实体性、独立性、现实性，才也是真正的自为存在，现在所谓的"天"竟然成为精神的绝对本质，精神竟然反而仅是它的显现，也反而被它规定；无精神的有限的自然物也被当做了有精神的东西，当做了神。这无疑只是一种并不自由的自然思维。有限的、自然的东西本来是必须被思想所超越的，现在思想却被这些感觉的东西束缚住了，自然也就无法达到自由而纯粹的思想本身。换言之，所谓"天"其实就是一个直接、有限的自然物，体现的也只是自然实体精神。它尽管貌似无限物，然而却没有任何超自然的精神因素，全然是无精神的物、无机的物。人之为人的高于自然、高于动物的精神在其中全无体现。这样，在思维的层面，也就始终处在理性思维的初级阶段，没有能够脱离感性水平，也无法摆脱感觉的束缚，其结果，则是必然陷入恶的无限循环。

其实，对人而言自然不再是异己的，也不再是陌生的，也并不意味着"天人合一"乃至"万物相通"，而是意味着人之为人最终在对于自然的关系中获得了自由，这当然就是精神的诞生。它是对自然性与实体性的超越，也是只以自身为依据的无限物。它是先验的、超越的，自己规定自己，不受他物规定。无疑，这是人从动物世界超越而出的关键一步。由此，开始了以自身为对象，开始了对自己的纯粹意识、纯粹规定，开始了自己规定自己。感性的自然因此而被超越。自然的亦即自然性的、实体性的，没有自己的"实体的思想"消失了，因为它既没有从自然世界里摆脱出来，也没有从感性直观里超拔出来，没有能够发展到思维的纯粹性，没有同时把纯思维理解为真正的客观对象，蕴含着必然性或宿命精神的自然态度也消失了，一种神圣的对自然的自由态度最终得以诞生。因此，人类中心主义固然是不对的，但对于人类中心主义的批评却也只能应该是仅仅意在提醒人类在自然面前要谦恭谦卑，仅仅意在提醒人类不要颐指气使，但是，却丝毫不意味着在自然面前人类就应该放弃自己的责任、自己的价值关怀，就应该回到"天人合一"乃至"万物相通"。①

事实上，生态危机的出现，并不能简单归咎于人类中心主义，生态危机的解决，也不能简单寄托于生态中心主义。这是因为，在生态危机的背后，真正的原因，应该是一种"他律"的责任观与价值观。把自然视作人类改造、役使、敌对的对象，其实并非自由的人类所作所为，而是不自由的人类的所作所为，这里的改造、役使、敌对，都是一种外在于人类的功利意志，一种置身于人自身之外的"他律"。在这样一种"他律"之中，人类之为人类，不但没有获得自由，而且反而还丧失了自由，人类与自然之间构成的，也不是"目的王国"，而是"自然王国"，而它的直接恶果，当然就是所谓生态危机的出现。显然，在这里，关键不在于是否以人类为中心，而在于以什么样的人类为中心。

同样，生态中心主义也并不意味着生态危机的解决。当然，现在关注的已经不是自然对于人类的价值，而是自然本身的价值，然而，自然本身的价值也仍旧是置身于人自身之外的"他律"，当然，不再是它对我的价值，但是，却仍旧是它自身的价值，因此，也还仍旧是用人自身之外的"他在"为人自身立法。在这样一种"他律"之中，人类之为人类，不但没有重获自由，而且反而还沦入了另外一种丧失自由的境遇，人类与自然之间构成的，同样也不是"目的王国"，而仍旧是"自然王国"，因此，生态危机的解决仍旧还是没有希望。显然，在这里，关键不在于是否以生态为中心，而在于以"自律"还是以"他律"作为根据。倘若将生态的根据放在自然本身，而不是放在人类内在的自由意志本身，不是人为自身立法，而是让自然为人类立法，无疑，这样的生态即便是以生态为中心其实也仍旧并不"生态"。

---

① 而且，人类的成长也只能借助于与自然抗衡来完成。在马克思看来，这就是"资本的伟大的文明作用"的力量："只有资本才创造出资产阶级社会，并创造出社会成员对自然界和社会关系本身的普遍占有。由此产生了资本的伟大的文明作用；它们创造了这样一个社会阶段，与这个社会现象阶段相比，以前的一切社会阶段都只表现为人类的地方性发展和对自然的崇拜。只有在资本主义制度下的自然界才不过是人的对象，不过是有用物；它不再被认为是自为的力量；而对自然界的独立规律的理论认识本身不过表现为狡猾，其实目的是使自然界服从于人的需要。"[《马克思恩格斯全集》第46卷（上），人民出版社1979年版，第393页] 也因此，一味地去加以批评，是没有必要的。

在此，我不得不说，所谓的生态中心主义其实是"美则美矣，了则未了"。试想，人类中心主义既然不行，那么，当然也可以去反人类中心主义、非人类中心主义，可是，这里的"反"要靠谁来"反"，这里的"非"又要靠谁来"非"？是不是还是要靠人类自己？自然本身既不能"反"也不能"非"，这是显而易见的。而且，生态中心主义果真就可以贯彻到底吗？在自然中固然要相互依赖，相互呵护，相互作用，相互交流，但是，在其中万物以及人本身的位置却毕竟又有所不同，在此意义上，所谓生态中心、生态整体，都无非只是一句大而化之的话而已，一旦要具体讨论，那就还是要讨论万物与人在其中的专属位置以及各自的作用，彻底的生态中心主义，其实是完全不可能、也完全没有必要的。

由此可见，面对生态危机，其实，亟待转换的，应该是从一种"他律"的责任观与价值观到一种"自律"的责任观与价值观。

在这当中，人类自由地决定自己的行为、自己为自己立法的自由意志的存在非常关键。因为，自由意志的合法性、正当性是人类的责任与价值观关怀得以成立的根本前提。要应对生态危机，就必须立足于自由意志的基础上。只有立足自由意志，才能够导致人与自然之间的责任与价值关怀关系的主动调整。没有自由意志，又谈何生态文明？！

而且，生态文明的建设也并不意味着人类的改造自然、利用自然的终止，在与自然维持和谐、平衡的限度内去改造、利用自然，坚持"双赢"原则，是生态文明的题中应有之意。逼迫自然成为人类谋求一己私利的对象，逼迫自然屈从于人，固然不妥；在自然面前一味放弃自己的应尽责任，一味屈从于自然，更是不妥。改造、利用自然的人类活动，是人类之为人类的天命，重要的，只是应该怎样去进行改造、利用自然界的活动，应该怎样去做到人与自然之间的双赢，这，则是人类的自由意志的主动选择的结果。因此，生态文明必须是人类自由精神的体现，必须是人类的自我立法和自我规定。必须是人之为人的自由象征，必须是在满足人类的本性的同时又满足自然的本性，必须是在让人类自己活的同时也让自然活，必须是对于在与自然和谐、平衡的基础上进行改造、利用自然界的人类活动的选择。

由此不难看出，我们所置身的自然当然问题重重，但是这完全是人自身问题重重的必然结果。所以，自然问题的关键是人的问题。凡是自然出现问题，其实都是人自身出现了问题。因此人类置身环境之中时就始终置身于一个万劫不复的悖论之中：要发展，就要破坏自然，就必然危及人类的生存；不发展，当然不会破坏自然，但是也同样必然会危及人类的生存。所以，尽管我们不能"过分陶醉于我们人类对自然界的胜利"①，但是，也不能自命清高，因为这样做尽管"紧紧地抓住了自然界和人，但是，在它那里，自然界和人都是空话"，而且忘记了，"从经验的、肉体的个人出发，不是为了……陷在里面，而是为了从这里上升到'人'"②试想，人类倘若从一开始就处处保持于自然的"天人合一"，那么，随之而来的生命进化又从何谈起？而"上升到'人'"，则是对人的在改造自然的同时的对于自然的保护的责任的自觉。人当然要改造环境，但是人也要对于自己的改造给以及时而且必要的评估、制约与规范，"想要"是人之所欲，"需要"则是人之所求，"有所为"是必须的，"有所不为"则是必然的。作为自然权利的代言人，自然生命的保护人，对于"需要"以及"有所不为"的清醒意识，正是关键的关键。

当然，我也注意到，"生态人文主义"中也有"人文"二字。不过，概念的转换并无助于困惑的解决。因为现在的问题并不在于是生态中心的东西多一些还是人类中心的东西多一些，也不在于把两者拼合在一起，而在于是"他律"还是"自律"，是自由意志的匮乏，还是自由意志的充盈。让自然自由自在地呈现。可是，没有人的参与，自然又怎样才能够自由自在地呈现？本来应该是回到"自律"的人的自由生命，但是偏偏去回避"自律"的人的自由生命，可是，这一切又如何可能?!

试问，究竟应该生命优先？还是应该生态优先？显然，"让自然自由自在地呈现"，其实只是人类自身的一种一厢情愿，其实，自由

---

① ［德］恩格斯：《自然辩证法》，人民出版社 2015 年版，第 313 页。
② ［德］《马克思恩格斯全集》第 27 卷，人民出版社 1972 年版，第 13 页。

自在的呈现的自然是根本就不存在的。"生态人文主义"热衷于反对人类中心、反对人类作为自然的主宰，热衷于自然的复魅，可是，这所有的提倡本身，难道不都是需要借助人类本身、借助人类"自律"的自由生命？没有人类以及人类"自律"的自由生命，"自然复魅"又如何可能？因此，在这里无疑存在着一个非常值得关注的"诠释学循环"，要摆正人类在自然中的专属位置，就必须摒弃人类中心的传统思维，可是，同样是为了摆正人类在自然中的专属位置，同时又必须借助人类的现代思维，既然如此，自由自在的呈现的自然又如何可能？

何况，什么是"自然"？什么又是"自然的自由自在地呈现"？这本身就是一个无人可以说清的问题。因为这里的"自然"、这里的"自然的自由自在地呈现"，都已经包裹在人类的错综复杂的概念之中。甚至，即便是"自然"概念，其实也全然是人类的一种语言建构。因此，当人类切身进入自然之中，在人与自然的关系中，又怎么样才能不包含人之为人的全部复杂性？又怎么样才能不包含人与社会、人与人之间的全部复杂关联？除了在理论的讨论中之外，又有谁在现实的自然中果真见过能够不包含人之为人的全部复杂性的自然、能够不包含人与社会、人与人之间的全部复杂关联的自然？

何况，事实上，生态危机仅仅是表面现象，在生态危机背后的，是"生存危机"，这就是我在前面所说的自由意志的匮乏、他律的匮乏。因此，面对生态危机，不宜头疼医头、脚疼医脚，需要的也不是表层的生态关怀，而是深层的生命关怀。在这个意义上，对于"生命"问题的关注也远比对"生生"问题的关注要深刻。重要的是因为关注了人类的生存危机而关注了生态危机，也因为关注了人类的生命存在而关注了人类的生态存在，而不是转而限制主体的发展。人与自然的关系出了问题，其实是人与人的关系出了问题，是人与人之间掠夺的继续，因此重要的是要进一步去提升人。所谓"生生"，把人和万物作为同根同性的存在来处理，必然的结果，可是四季周而复始的循环、万物荣枯生灭的轮回，甚至也可以是生生死死、分分合合之类的变化，但是，可以有循环相生、阴阳相克的理念的行世，却不会有

"发展""创新""否定"理念的诞生,充其量是一个"动物乐园"的未来,而且根本就并不现实。在这个方面,费孝通提出的对于人与自然环境之间的"共存"问题的研究(所谓生态研究)与对于人与人之间的"共荣"问题的研究(所谓心态研究)的并重,以及强调我们的研究亟待从人与环境的"生态"关系研究推进到人与人的"心态"关系研究,给我们以重要启迪:"物质资源的利用和分配还属于人同地的关系,我称之为生态的层次。""小康之后人与自然的关系的变化不可避免地要引起人与人的关系的变化,进到人与人之间怎样相处的问题。这个层次应当是高于生态关系。在这里我想提出一个新的名词,称之为人的心态关系。心态研究必然会跟着生态研究提到我们的日程上来了。"而且,费孝通还"急切盼望新时代的孔子的出现",不过,这个"新时代的孔子"也是侧重解决人类的心态关系的孔夫子,而不是侧重解决人类生态关系的孔夫子。① 由此我们看到,这其实就是我所提出的"万物一体之仁爱"的深意。让他人、让他物自由毕竟要靠人来实现。一方面,是天地自然生天生地生物的一种自生成、自组织能力,所谓"万类霜天竞自由";另一方面,也是人类对天地自然生天生地生物的一种自生成、自组织能力的自觉,也就是能够以"仁爱"为"天地万物之心"。

在此基础上,我们所亟待要做的,也不是空谈什么让"自然的自由自在地呈现",20世纪70年代英国科学家詹姆斯·拉夫洛克曾经提出过著名的"盖亚定则"。所谓"盖亚定则"又称"地球生理学",也就是以大地女神盖亚来比喻地球,意在告诫我们:地球是一个有生命的机体,它时时刻刻在通过大地植被接受阳光,并且借助光合活动产生养分,去哺育万物,同时也不断排除废物,以维持自身的健康。由此出发,詹姆斯·拉夫洛克还提示:千万不要由于环境污染而导致地球母亲的不健康,导致地球母亲的病患。这无疑都是正确的。同样是在20世纪70年代,欧洲人权会议也已经制定并通过了《欧洲自然资源人权草案》,明确将环境权作为新的人权,并认为应将其作为《世

---

① 费孝通:《孔林片思》,《读书》1992年第9期。

界人权宣言》的补充。1969年，美国的《环境政策法》写入了"审美愉悦"。1972年联合国召开了第一次人类环境会议，会议通过的《人类环境宣言》也明确规定："人类有权在一种能够过尊严的和福利的生活环境中，享有自由、平等和充足的生活条件的基本权利，并且负有保证和改善这一代和将来时代环境的庄严责任。"并且，它甚至被誉为继法国《人权宣言》、苏联宪法、《世界人权宣言》之后的第四个里程碑。也无疑代表着人类对于这个问题的关注。毫无疑问的是，人类再也不能采取过去的那种癌细胞似的生长方式，再也不能无限生长、唯我独尊了。例如，干脆把农业建立在石油的基础上，搞什么农业。但是，具体的发展道路却还毕竟要积极予以探索。简单地回到陶渊明时代是不行的。开着汽车，穿着皮衣，吃着山珍海味，去开生态文明会议，其实也是一个讽刺。这只是玩弄生态话语去进行学术表演，谈不上问题的解决。

因此，倒是西方学者弗洛姆的告诫值得我们记取："人失去了与自然的一体性，但又没有得到完全脱离自然而生存的手段。""人生活在伊甸园中，他与自然和睦相处而不知自己为何物，他通过反抗上帝的意志这一最早的自由行动翻开了自己的历史。随之，他认识到自己，认识到自己与自然的分离和无能；他被逐出天堂，两名天使手持火红的剑挡住了他的退路。"① 对此，他不惜称之为"人的存在的二律背反"。那么，人类何去何从呢？"人的进化表现在，他失去了原有的家——大自然，他永远不能再变成动物。"弗洛姆建议："他只有一条路可走：那就是完全脱离他自然的家，去寻找一个新的家——他通过使世界变成一个人的世界，使自己变成真正的人，而创造一个家园。"② 显然，人类已经"失去了原有的家——大自然"已经是一个共识，只要不是蓄意去学术表演，也就实在没有必要再在这个问题上去痛不欲生、去悲天悯人、去高唱"归去来兮"。真正需要的，是"去寻找一个新的家"、"创造一个家园"，而其中唯一的道路，就是"通过使世界变成一个人

---

① ［美］弗洛姆：《健全的社会》，欧阳谦译，中国文联出版公司1988年版，第22页。
② ［美］弗洛姆：《健全的社会》，欧阳谦译，中国文联出版公司1988年版，第23页。

的世界，使自己变成真正的人"。那么，究竟应该如何去做？弗洛姆的思路启迪着我们：我们已经退无可退。当然，更进无可进。事实证明：犹如宗教的无法拯救人，科学也无法拯救人。科学的"溢出"已经完成了它的历史使命。也因此，时下的所谓"可持续性发展"就无论如何都非万全之策。而且充其量也只是延缓死亡的疗法。无非是"发展第一，环保第二"、"一手保护，另一只手破坏"、"先发展后环保，先污染后治理"或者"边污染边治理"。这种做法，尽管克制住了"增长癖""GDP崇拜"，但是究其实质却仍旧坚信的是"发展是硬道理"的思路，而没有认识到：改天斗地，移山填海，玩弄自然于股掌之中，这完全是人类在宗教时代、科学时代所信奉的价值观。因此，对我们而言，至关重要的其实应该是"易道而行，另觅出路"。这意味着人类自身价值观的根本转换，不再是盲目追求有限资源、有限价值，而是转而追求无限资源、无限价值。过去往往是"远水不解近渴"，而现在却亟待转向"远水才解近渴"。人之为人，关键不在物质改造，物质享乐，而在于精神解放、精神愉悦。过去我们的错误在于从动物水平去满足自己，于是也就必然体现为对于物质的依赖。而今我们亟待实现的根本转变是：要从文化的水平满足自己。这样，物质的法则也就不再有效，重要的是精神的法则、美学的法则。因此，我们要转向信仰与爱、转向美与艺术等无限资源、无限价值，转向梭罗所称道的那些生活中的"永不衰老的事件"。这样，自然也就不再是以内容来与我们发生关联，而是以形式来与我们发生关联。过去我们关注的只是自然的消费价值——自然在被使用中才能够体现的价值，这当然也不能说不是自然的价值，但是，自然的在消费价值的背后生命价值却被我们有意无意地忽略了。但是，相对于自然的消费价值，自然的生命价值毕竟才是自然的价值之中的终极价值。而现在，我们要做的，也就是让自然的生命价值——这一自然价值之中的终极价值完全得以呈现而出——就类似自然在审美活动中的呈现。这样，自然也就最终得以与人类一样，同属于宇宙大生命与人类小生命的生命共同体之中的一个必不可少的亲密成员，从而也就得以"溢出"审美活动、"溢出"艺术作品，第一次在现实世界中也以形式化自然的面目出现。或许，这就是所谓的"相看两不厌"、所谓的"明月清风我"?!①

二 社会成之为社会

其次看重构社会。

这意味着以"美的名义"对于"社会"的人道省察，也意味着以"美的名义"对于"社会"的重建，是"自然界向人生成"在社会层面的审美呈现，也是人类试图"在社会方面把人从其余的动物中提升出来"。②

社会的发展本来就是人自身创造为人的历程，因此也只能是作为人的存在方式而存在。但是在宗教时代、科学时代，由于只看到了人的本能需求对社会发展所起到的导引作用，而未能看到人的真正需求对于社会发展所起到的导引作用，因此也就往往将社会自然化、实体化。忽视了人对于社会的创造，社会反而成了超越个人之上的人格实体，于是也就难免会"见社会不见人"，以人为机器甚至机器的一个工具。于是怎么推动机器的运转也就怎么推动社会的运转，机械决定论就是指导理论。而且，这所谓的社会也只是"群体"，其中的每一分子也只有"个体"差异，而没有"个性"的差异。然而，随着历史的进步，人们发现：所谓社会，其实只是个体结合而成的一种组织方

---

① 在生命美学看来，生态美学的诞生无疑十分值得重视，也意义重大。不过，生态美学理应隶属于美学的环境美学，与生活美学、技术美学、身体美学等并列。作为环境美学的一个组成部分，生态美学关注的是环境美学的形上层面，是生态学与环境美学的结合。而且，生态美学作为环境美学的形上层面，主要应隶属于美学的应用，是美学"按照美的规律构造"世界的历史性工作的一个重要组成部分。因此，生命美学不赞同把生态美学抬高为、拔高为一种美学观、一种美学基本理论。因为人类面对的是人与自然、人与社会、人与自我的三大危机，生态危机只是其中之一，因此仅仅直面生态危机却忽视了另外两大危机的生态美学不足以代表人类的美学观以及美学基本理论本身。而且，美学自身体现的是"万物一体仁爱"的世界观，其中包含了三个互不可分的内在环节：1."创造性的生命"（生生）；2."本体论的平等"（共生）；3."关系中的自我"（护生）。尤其是"创造"——"对话"——"仁爱"，更是美学之为美学的三个重要范畴，然而毫无疑问的是，这一切却无法在生态美学中完全并且完美地体现出来。因此，必然是"生命在先"，而不可能是"生态在先"！也必然是美学基本理论在先，而不可能是作为部门美学的生态美学在先！

② [德]恩格斯：《自然辩证法》，人民出版社2015年版，第23页。

式,也是人这种特有的生命联合体的特殊存在方式,是实现人这种特有的生命联合体的生命活动的社会形式。因此必须看到,它仅仅是最坏中的不坏,也是最坏的选择中的最好的选择,而且,它无论如何都不是最好。以国家为例,作为社会机器,国家的产生是人性进步的结果。个人让渡少部分的权利给国家,只是为了得到更多的权利。个人不得不借助"国家"这样的工具来限制自己,但是个人又一定要限制国家的作用,绝对不能让它从有限的工具变为无限的工具。因为,国家机器是一个自然的东西,人类倘若以自然的力量来遏制自然的力量。就像靠瞎子来带领瞎子走出黑暗,这样做的结果就只能是在遏制恶的过程中又造就出新的恶和更大的恶。这也就是说,如果放纵国家权力,那肯定就是人类之祸。因此,国家只能行使为个人在公共生活所必需的底线权力,而不能允许它以任何方式来限制和干预个人。无论如何,个人权利对于国家来说,是一个不可越过的障碍,是一个不可动摇的前提。个人是国家得以可能的圆点与基石。是国家的出发点,也是国家的归宿。个人的权利是不证自明的。但是国家的权力却需要证明。个人必然是原因,国家只能是结果。个人的权利神圣都不可侵犯。个人的权利是国家所绝对不能干涉的。

显然,社会之为社会,根源在人。历史的黑暗是因为人性的黑暗。先有罪性,然后才有罪行。只有人们心中都失去了"怕",这个社会才会"可怕"。"火"和"剑"无法改变社会。要"救世",先"救人"。人的原罪先于社会的原罪。不过,也不能归咎于"坏人"。更不能设想只要一旦把坏人铲除殆尽也就会光明在前。整个社会的所有人都会把社会的黑暗面推给对方,都将对方作为"替罪羔羊",都认为"杀尽不平方太平"。对自己,是"问心无愧",对他人,是"罪责难逃",这无疑是错误的。孝惠帝看到吕后将情敌戚夫人残害为"人彘"时曾大哭说:"此非人所为。"① 这无疑是正常的生命感觉。但是吕后擅自做主把汉家的第一功臣韩信杀掉,刘邦的反应是什么呢?司马迁形容他是"且喜且哀"。好好的一个人被以"莫须有"的罪名给杀掉

---

① 司马迁:《史记》第2卷,中华书局1982年版,第397页。

了，他却是"且喜且哀"，这就已经不是生命的正常感觉了。还有张爱玲，有一次，她看到警察在随便打人，心里特别气愤，但是很奇怪的是，她却并没有去上前制止，而是幻想说：我一定要想办法嫁一个大官儿，当个官太太，然后我就可以去"扁"那个警察了（《打人》）。显然，这也已经不是生命的正常感觉了。难怪英国学者叫思贝尔斯会说："什么样的人民配有什么样的政府"，看来确实如此。统治者的统治方式往往也恰恰就是被统治者所希望的方式。由此，就不能不说到鲁迅先生关于"铁屋子"的著名反思的遗憾。因为鲁迅先生始终在追问的都是"我们怎么出去"，然而，这个问题的实质却偏偏应该是："我们是怎么进去的"。换言之，我们的心灵黑暗是怎么造成的？其实，它恰恰是因为我们心灵自己把它造成的。社会的黑暗是失爱的必然结果。世界的黑暗并不是高俅造成的，而是人性黑暗造成的，而人性的黑暗却是我们所有人的"共同责任""共同犯罪"，我们也都是"无罪的罪人""无罪的凶手"。所有人彼此间的既贱视自己的生命更无视他人的生命导致了心灵黑暗，结果，整个社会的相互钩心斗角、相互斤斤计较也就成为必然。而且，人与人之间既然无法通过相互尊重、相互信任和相互爱护来谋求生存机遇，那当然就只能转而借助冷漠、倾轧、仇恨和其他的种种彼此之间互相伤害的方式来为自己谋求生存空间。而这也就是"铁屋子"的出现。所以，它是我们自铸自造的。这样，只要我们每一个人都先拯救我自己，都先爱起来，那所谓的"铁屋子"自然也就不复存在。

这也就是说，自由意志的存在使得人区别于兽，但是，也疯狂于兽。自由意志是恶的根源，也是善的动力。人可以自由为恶，但是也可以自由向善。因此所有的人都有自由为恶的可能，也有自由为善的契机。至于究竟为恶还是为善，则取决于众多的内在与外在的必然或者偶然的因素，换言之，每个人都同时可能是光明中人和黑暗中人，也都同时具备人之为人的两大无限性：堕落的无限性与拯救的无限性。也因此，当某人做了好事或者做了坏事，你都不能简单判断说，做了坏事的人就是坏人，做了好事的则是好人。因为，做了好事或者坏事的，不是好人或者坏人，而都是——人。犹如做了好事的是我们自己，做了坏事的，也是我们自己。雨果在作品中指出：天生的万物中，放出最大光明的是人心；不幸的是，制造最深黑暗的也是人心。牟宗三先生阅读《红楼梦》的体会尤为值得关注，他说，人们习惯于把其中的某些人称为"坏人"，但这些所谓"坏人"，在曹雪芹的笔下，其实都是一些"有恶而可恕，哑巴吃黄连，有苦说不出"者，都是一些"无罪的罪人""无罪的凶手"，而绝对并非什么"坏人"。苦难之为苦难，并非源于社会，并非源于坏人，而是源于人自身，借用《红楼梦》中的贾探春的总结，是源于人类自身的"自杀自灭"。换言之，人性的向善是行善之渊，人性的向恶则是作恶之源。人性的向善使国家的产生成为可能。要遏止绝对的权力，遏制国家的那些罪恶的因素的宣泄，就要靠人性的向善，也就是说，要靠人的不断向前向上的那种人性的力量来推动国家向前向上。对于一个国家来说，人性的向善就是必须要使人成其为人，必须要保证人性的监督、人性的推动、人性的制衡。人性的向善是国家产生的动力与保证。至于国家的失职，那也一定是与人性向善的缺席、不断向前向上的人性力量的缺席密切相关。当所有的人都以"欺骗"来肯定自己，所有的人都在作恶中寻求快感，所有的人都在屈辱的活着，所有的人都在满怀敌意地看待世界。那也就必然会出现贪官淘汰清官，劣币淘汰良币，坏人淘汰好人……的悲剧。

美学作为主导价值、引导价值的引领者的作用正是因此应运而生的。因为这一切的一切恰恰就呼唤着美学的出场。美学无法改变社会，但是美学可以改变人性。人性一旦被改变，社会也就有了被改变的可能。社会的黑暗来自哪里？还不是来自我们的内心。凡是有人性迷失的地方，就一定会有社会的"乱世"。在历史"铁与火"背后，起着至关重要的，是人类的"血与泪"。尽管任何一个作品都没有阻挡过战争，任何一首诗也都没有阻挡过屠刀，但是陀思妥耶夫斯基却竟然断言："美，能拯救世界。"同样，给法国带来革命的是拿破仑，但是拯救法国的却是雨果，拿破仑代表了一个制度、一个政党、一个阶级、一个军团，而雨果只是一个人，法国人甚至还曾经把他流放，但是最终法国人接受的却仍旧是雨果的宣判。雨果逝世后之所以能够享受拿破仑的待遇——通过凯旋门，而且能够得以进入法国最最尊贵的先贤祠，应该不是偶然的。同样面对国家兴亡、制度更替，雨果、陀思妥耶夫斯基并没有干脆把书斋改成堡垒，并且趴在壕堑里向无处不在的敌人猛烈开火，而只是拿起了他们手中的笔，但是却真正改变了历史。英国诗人奥登称赞叶芝："疯狂的爱尔兰将你刺伤成诗"。俄罗斯的帕斯捷尔纳克慨然宣称："世世代代将走出黑暗，承受我的审判。"① 必须看到，他们无疑并不身处现实法庭，但是却高踞于美学法庭。他们进行的是真正的社会重建，以至于雨果会感叹："赶走民族的敌人只需十五天，而推翻一个封建王朝却得用 1500 年。"确实，正如俄国作家赫尔岑所说：我们不是医生，是疾病。美学之为美学，不但是伟大的法官，而且还是伟大的犯人。美学把个人的觉醒推进到民族的和国家的觉醒，美学也从历史原罪的反省转向个体原罪的反省。作为一个作家、一个艺术家，也许他们并不知道现实社会的是是非非，但是，他只要能够做到让自己的作品有"人味"，只要能够做到让自己的作品论如何都应该给人以尊重，只要能够做到让自己的作品无论如何都应该充满了爱心地去面对伤害而且绝对不去伤害别人，只要能够做到让自己的作品灵魂的疾病绝对不能以专制与暴力的方式去治愈，只要能够做到让自己的作品清算的对象永远只能是心灵中的恶而不是人的肉体……社会就能够因此而得以改变。须知，用刀剑来让弱者翻身解放，弱者固然可以因此而受益，但是新的弱者又会出现，只不过是原来的强弱关系发生了轮换而已，美学亟待去做的只是唤醒人性。社会不公正是被我们心灵的冷漠造成的。人世充满了苦难，但是假如我们不仅仅承受苦难，更不让苦难把我们摧毁，而用我们的爱心去超越苦难，在超越苦难中来体验做人的尊严与幸福，那么无论现实有多可怕，或者如何无意义、如何虚无、如何绝望，在审美活动中都会使它洋溢着人性的空气，这无疑已经在内心中孕育了在精神上得到拯救的可能，也无疑不会自铸铁屋来禁锢自己。鲁迅先生说：祥林嫂"未必知道她的悲哀经大家咀嚼赏鉴了许多天，"注意，他人的悲哀却被"大家咀嚼赏鉴了许多天"，这恰恰是一个已经丧失了生命力的社会的最为深

---

① ［苏］帕斯捷尔纳克：《日瓦戈医生》，蓝英年等译，漓江出版社 2002 年版，第 535 页。

刻的揭示。"大家"已经根本就没有了什么同情心，而只是"咀嚼赏鉴"，而且又"早已成为渣滓，只值得烦厌和唾弃"。那么，这个时候人们的笑容又如何呢？祥林嫂的感觉很值得我们注意："又冷又尖"，于是，祥林嫂知道，"自己再没有开口的必要了"。而且，在鲁迅先生的笔下，全篇没有"吃人"字样，茶房说"还不是穷死的"。鲁四奶奶说"你放着吧，祥林嫂"，鲁四老爷更只是"皱了皱眉"。可是，这"皱了皱眉"犹如"又冷又尖"的笑容，整个社会就是在这当中轰然倒塌的。还有人们的喜欢把一切都当做"看戏"的冷漠。鲁迅先生也曾经深刻揭露说："群众，——尤其是中国的，——永远是戏剧的看客。牺牲上场，如果显得慷慨，他们就看了悲壮剧；如果显得觳觫，他们就看了滑稽剧。北京的羊肉铺前常有几个人张着嘴看剥羊，仿佛颇愉快，人的牺牲能给予他们的益处，也不过如此。而况事后走不几步，他们并这一点愉快也就忘却了。对于这样的群众没有法，只好使他们无戏可看倒是疗救"。同样还是鲁迅，他曾经不遗余力地瞩目于与"栋梁"相对的"野草"。在中国，又有谁愿意去歌颂"野草"呢？唯有白居易歌颂过"离离原上草"，但是他着眼的还是那种"春风吹又生"的野草，而不是鲁迅的"根本不深，花叶不美"的野草。但是鲁迅先生却截然不同。何况，在鲁迅先生的那个到处贩卖廉价的"黄金世界"、"新纪元"、"新世界"、"新方案"和"新蓝图"的时代，那个充斥着冠冕堂皇的论述和说辞、装神弄鬼的历史目的论、历史进化的憧憬、美好未来的希望的时代，鲁迅先生在其中看到的却是十分不屑的"做戏的虚无党"的所作所为，用鲁迅的话来说，他所看重的完全不是这样一种所谓的"歌唱"，而是一种令人惊悚的"叫"。因为，鲁迅先生就是要"叫出没有爱的悲哀，叫出无所可爱的悲哀"，叫出"无所不爱，然而不得所爱的悲哀"。① 这是一种没有人熟悉的"叫"法，为此，鲁迅先生对猫头鹰寄予了无限的期望，并且追问："只要一叫而人们大抵震悚的怪鸱的真的恶声在那里!?"② 显然，在鲁

---

① 《鲁迅全集》第1卷，人民文学出版社1981年版，第323页。
② 《鲁迅全集》第7卷，人民文学出版社1981年版，第54页。

迅先生,"野草"也罢、"只要一叫而人们大抵震悚的怪鸱的真的恶声"也罢,其实都是对于奔放恣肆的生命力的激情呼唤。人们没有称其他的政治家、革命家乃至科学家等为"中国魂",但却众口一词地称鲁迅先生为"中国魂",道理恰恰就在这里。无疑,为社会改造指明方向的,不是其他的政治家、革命家乃至科学家,而是作为美学家的鲁迅先生。

由此,社会之为社会的被重建也就成为可能。

首先,是社会的重建一定要以人为主。

到五四为止,中国文化有两大发现,其一是发现了"国将不国",结果我们有了救亡的体系,有了启蒙的体系,有了翻身的体系。其二是发现了"人已不人"。而且,在"国将不国"之前早就"人已不人"了。这个"人已不人"的发现者就是鲁迅。这无疑是一个重要发现。20世纪的中国,一般人讲存在两大主题,就是启蒙、救亡,但是我觉得存在三大主题,就是启蒙、救亡和翻身。它同时意味着中国的三大意识的觉醒。人的意识、民族意识和阶级意识。启蒙意味着人的意识的觉醒,救亡意味着民族意识的觉醒,翻身意味着阶级意识的觉醒。在这三大意识里,最重要的是启蒙,那么启蒙的目标是谁呢?无疑是"人"。启蒙的目标主要是由三个人来完成的,梁启超、严复和鲁迅,梁启超和严复只注意到了群体的觉醒,所以他们说:"社会要改革要进步,靠什么呢?靠民族的觉醒。"从鲁迅开始,群体觉醒进而变成个人觉醒。他说这个社会要改革要进步,靠什么呢?靠个人的觉醒。这正是鲁迅最伟大的地方。这个个人的觉醒使得鲁迅区别于新文化运动的所有人。1998年诺贝尔经济学奖得主阿蒂亚·森(AmartyaSen)也曾对饥荒问题作过深入研究,他认为世界上绝大多数的饥荒是人为导致的,大饥荒不会饿死人,只有人才饿死人。人类的绝大多数问题是人自身造成的。"出自造物主之手的东西,都是好的,而一到了人的手里,就全变坏了。"[1] 社会的发展必须以人的发展为主题,为目的,为动力,为归宿,为尺度;城市就必须被真实地还原为人类自由

---

[1] [法]卢梭:《爱弥儿》上卷,李平沤译,商务印书馆1978年版,第5页。

生命的象征，必须被真正地还原给人本身。马克思说：人只有凭借现实的、感性的对象才能表现自己的生命，那么，谁才是人的"现实的、感性的对象"呢？这个人的"现实的、感性的对象"正是形形色色的社会形态。而现代社会的实质，无疑也就在于：要充分保证每个人都能够自由自在生活与发展。这是一个"自由的社会共同体"，也是一个"自由的生命共同体"。有无这样一个"自由的社会共同体""自由的生命共同体"，是社会是否得以成功重建的根本标志。就一个国家而言，这则是"大国"与"好国"的根本区别。如果没有人的尊严，如果人活得像动物而不像人，或者根本就是藐视人的，这样的社会，即便是所谓的"大国"那也不是"人世"。导致豹子头林冲在杀人之前却要大叫一声："惭愧"的社会无疑并非真正的社会——而只是一个黑社会。因此"国家崛起"不等于"国民崛起"，国家崛起了，但是国民却没有崛起，其结果往往也只能是一场盲目的崛起，最终更只能是一"蹶"不振。海明威在《丧钟为谁而鸣》里举了一个例子，他说乔丹面对即将飘然而至的死亡的时候说了一句话：我已经为我自己的信念战斗了一生了，如果我能在这里打赢，在任何别的地方也一定能够胜利。世界如此美好，真值得为它而战，我真不想离开。所谓的社会也理应如此，它必须是不以罪恶为罪恶，不以羞耻为羞耻，也不以丑恶为丑恶，更不能是所有人在下意识里所想的解决办法都只是一个——那就是"我要比你更坏"，而应该是认为它"如此美好"，而且发自内心地愿意"为它而战"！①

其次，社会的重建要以人的精神价值为主。

社会之为社会，还存在着一个极为重要的变化，就是加进了目的、

---

① 社会发展就是为了热爱生命，为了给生命一次机会。在这方面，例如法国的加缪、汉娜·阿伦特、乔治·奥威尔，就都保持着清醒的头脑。事实上，把对于生命的热爱投入到一个对象的身上，这无疑就是所谓的创造。因此，把对于生命的热爱投入到社会的身上，无疑也就是社会的重建。无论如何，历史规律都不能成为践踏人的生命、人的尊严的借口。这正是法国革命、俄国革命与英国革命的根本区别。何况，我们当然相信正义，但是在捍卫正义之前，我们首先要捍卫的，却只能是生命！在人的生命与尊严死去了的地方，根本不可能有社会的存在。由此我们不难想起的，是史怀哲提出的"敬畏生命"。只有敬畏一切生命，才能够尊重生命。即便是动物园，也不应成为让人们看动物的地方，而应成为让人们学会看待动物的地方。

理想、计划、选择、意志等"主观性"因素的作用。"目的"的引入，把人类的发展过程同自然物质的运动过程区别了开来。因果律在此业已无效。因为它体现的是过去对未来的支配，也是已存对未存的支配。"目的"指向的则是尚未存在的状态、尚未发生的事实，它表现的是人的期望和理想，是人对未来的超前预测。结果，在社会的因和果的链条中就一定会插入目的。而且，原因也是被目的和原因共同支配的。这样，"发展"也就既不同于"运动"也不同于"进化"，只能以超越自然的手段去满足，具有了"追求价值""创造价值"的性质和意义。而且，"运动"或"进化"体现的是自然的生命本能变化，"发展"体现的则是则属于追求价值的创生活动。由此，必须看到，社会的发展亟待去追求的已经不是人的物质生命、有限价值，而是人的精神生命、无限价值，所谓精神价值。在人类历史上，不论是社会还是个人，大凡追求精神生命、无限价值者，都必将最终胜出，这俨然已经是一个历史演进进程中的公开秘密。在社会发展中过度关注物质生命、有限价值，如果是出于生活的逼迫那无疑该当别论，可是，倘若一旦专注于此，一旦倾尽全力，一旦孜孜以求，那就会反过来把自己搞垮。因为这意味着，其中人与人之间的关系必然会是一种零和博弈。因为彼此之间都是以有物质生命、有限价值作为最高目标，而物质生命、有限价值却毕竟都是"你有我无"或者"我有你无"的，我全得你必然全失、我全失你必然全得，因此彼此之间最为根本的关系就只能是"巧取"或者"豪夺"，或你死我活，或两败俱伤，总之，最终共同进入一个逆反馈和逆淘汰的恶性循环，也都必然是彼此归零，必然是彼此都从头再来。同样，以物质生命、有限价值作为最高目标的国家也是如此，它必然会以权力作为一切，必然是生杀予夺集于一身。可是，始料所不及的是，这也培养了所有人的对于权力的崇拜，以及对于权力和暴力的热爱。于是，国家也就因此而完成了对于所有人的权力教育与暴力教育，因此也就摧毁了人与人之间的与人为善的纽带，建立起一个充满自私和敌对的社会。因此，互相伤害也就成为最为根本的手段，不论是谁要出人头地，都必须要靠伤害别人的方法来实现，而不论谁面对别人的伤害，都只有一个办法保护自己，就是用加倍地伤害别人的方法来保护自己。这就是我们所看到的所谓"勾心斗角"和"人事倾轧",也就是鲁迅笔下的阿Q的"大欲遂偿"。对于精神生命、无限价值的追求则不然。你占有的多并不影响我的占有,我占有的多也不影响你的占有,而且,可以双赢、多赢,我全得你也可以全得,因此,完全不必拼抢、争夺,而完全可以和谐共存。例如,对于爱、对于信仰、对于美的追求就是如此。

再次,社会的重建要以人的精神产品为主。

对于物质产品的瞩目曾经是社会瞩目的核心。中国人"民以食为天",英国人"以食为乐",法国人"食以为乐",这曾经是天经地义的,也曾经是一切思考的前提。人们也往往坚定地以为:物质产品的满足将会给人类带来"快乐"。生产物质财富、消费物质财富、追求和占有物质财富、物质财富决定一切……这种物质生产至上的直线发展观,也渗透到了人们的思想和价值观念的方方面面,但是却没有看到人类存在着的向更高方向的进化以及"换道超车"的可能性。例如李泽厚先生的实践美学就只考虑"弯道超车",只考虑"积淀"、只考虑"吃饭哲学",因此也就完全与生命美学不在一个档次之上。其实,目前物质产品问题在世界的北部世界已经基本解决,在世界的南部世界也已经开始解决。但是,期盼已久的"快乐"却没有来到。20世纪初的众多思想家就发现:物质产品问题解决以后,却仍旧并不"快乐",甚至更不"快乐"!例如,国际比较研究表明,在低收入国家,增加人民收入会迅速增加人民的"快乐",到了中等收入国家,这一关联性却稍稍下降,而在高收入国家人民收入增加和"快乐"之间却几乎没什么关系。在温饱线下,收入对"快乐"起一定作用,在温饱线上,收入对"快乐"就不再起作用。今天的"快乐"程度比不上五十年前,这众所周知,但是人们的收入却已经是当年的数倍以上,这也同样众所周知。看来,通过经济增长来促进人类幸福的可能性,应该说是完全为零。①

---

① 例如,第一个包子最香,越往后,味道越次之。东德生活水平1990年以后大幅提高,但事实却不幸福,因为不再跟苏联比,而是跟西德比。你的收入增加1%,幸福感会增加三分之一;所有人的收入都增加,则比你自己的收入提高少了三分之二。因此,社会比较是(接下页)

无疑，如果一个时代出了问题，那么就一定是那个时代的价值观出了问题，也一定是那个时代的文明出了问题。在这个方面，凯恩斯在1932年发出的惊世预言值得我们注意："经济问题可能在100年内获得解决，或者至少是可望获得解决。这意味着，如果我们展望未来，经济问题并不是"人类永恒的问题"。……回首过去，就会发现，迄今为止，经济问题、生存竞争，一直是人类首要的、最紧迫的问题——不仅是人类，而且在整个生物界，从生命最原始形式开始莫不如此。……因此显而易见，我们是凭借我们的天性——包括我们所有的冲动和深层的本能——为了解决经济问题而进化发展起来的。如果经济问题得以解决，那么人们就将失去他们传统的生存目的。……那些经过无数代的培养，对于普通人来说已是根深蒂固的习惯和本能，要在几十年内悉数抛弃，以使我们脱胎换骨、面目一新，是难乎其难的。……当从紧迫的经济束缚中解放出来以后，应该怎样来利用它的自由？科学和复利的力量将为他赢得闲暇，而他又该如何来消磨这段光阴，生活得更明智而惬意呢？"① 同样值得注意的是，未来学家阿尔文·托夫勒在《未来的冲击》中也提醒我们："我们正从"肠子"经济前进到"精神"经济，因为要填满的肠子只有这么多。"② 那么，正确的回应何在？西托夫斯基的看法是："如何将快乐引进经济学？"在这里，所谓"快乐"，也可以理解为马尔库塞的"非压抑的文明"的改造，它是一种"超压抑的文明"。具体来说，西托夫斯基认为，人类的商品和服务分为两类：一类是起着降低心

（接上页）经济增长不能带来相应的幸福的重要原因。当个人变得比其他人更加富裕，他会更加幸福；当整个社会都变得富裕，人们却没有变得幸福。在不发达的国家，自杀的人很少；在发达的国家，自杀的人却很多。其次，是习惯性适应。今年多得一美元，实质所得会至少上升0.4美元，但是明年就会用高于0.4美元的标准衡量我的所得，这样，今年的所得至少40%都会在明年被取消。（使用时可以引用原文，以便错误。51页）结果生活与工作都被扭曲。更富有与更少工作之间要形成张力。美国的幸福感没有提升，欧洲却提升了，原因在此。收入减三分之一，幸福指数下降两分，离婚，却下降五分。损失一百块比得到二百块要情绪低落两倍。幸福指数高、美感指数高，失去一件东西的痛苦是得到一件东西的快乐的两倍。只要走在你的窗户外的基本都是你的邻居，你的心理疾病就会下降25%。失业比失去工资更加严重，因为与所有人的关系断了。

① 转引自［美］提勃尔·西托夫斯基《无快乐的经济》，高永平译，中国人民大学出版社2008年版，第2页。

② ［美］阿尔文·托夫勒：《未来的冲击》，孟广均等译，新华出版社1996年版，第199页。

理兴奋程度作用的，所谓舒适的商品和服务；另一类是起着刺激心理兴奋程度作用的，所谓刺激的商品和服务。前者，西托夫斯基称为"防御性产品"；后者，西托夫斯基称为"创造性产品"。遗憾的是，人类迄今为止所取得的最大成功，都基本是"防御性产品"的极大丰富。"无快乐的经济"，就是西托夫斯基对当下经济所作的判断。① 而今我们亟待去做的，应该是"创造性产品"的极大丰富。这也就是所谓的"快乐经济"。

"将快乐引进经济学"，也给我们的社会重建以深刻启迪。它使我们意识到：一个社会的发展，需要的绝不仅仅是物质产品的极大丰富，而且还应该是公共产品的极大丰富。这是公平、正义的社会得以实现的根本保证。比如，政治要廉洁，法律要严明，教育要平等，医疗要保证，住房要透明……比如，学有所教、劳有所得、病有所医、老有所养、住有所居……国家之为国家，必须要为所有人提供象征着公平和正义的公共产品，一个成功的社会，也必须要为所有人提供丰富的公共产品。尤其是文化艺术产品，更是须臾不可或缺。这就正如我在前面已经论及的，人类所面对的，并不只是"饥饿"，而是还有"恐惧"。或者说，更为重要的是"恐惧"。因此，人类也就必须及时将"恐惧"心态的安抚提到议事日程上来。人不仅仅是工具制造者与使用者，而且尤其是意义制造者与使用者、符号制造者和使用者。并且，在这当中，符号的使用是高于工具的使用的。这是一种在生产性成本之外的非生产性成本，但是又是一种更为重要的成本。成本最低，回报最大。生产性成本最大化不如非生产性成本最大化，提高非生产性成本比提高生产性成本更重要。农业社会之所以能够取代游牧社会，关键在此。反之，一个社会如果不能提供充足的公共产品，那么这个社会就一定是最最糟糕的，就是"自作孽，不可活"。它会切断所有的发展机遇，也会极大提高所有的发展成本，同时，还会完全敞开"作恶"的通道，使得所有的人都意识到：行善的成本最高，作恶的

---

① 参见［美］提勃尔·西托夫斯基《无快乐的经济》，高永平译，中国人民大学出版社2008年版。

成本最低。结果，作恶就成为社会中能够"活着"乃至"快活"的唯一通道。吏治腐败、司法腐败、社会腐败、制度腐败；穷者越穷、富者越富；少劳多得、多劳少获、劳而不获；起点不公、机会不公、规则不公、结果不公……百姓无辜被鱼肉，自由、平等、公义无处可寻。最终，人们不得不高呼："是日何时丧？予与女皆亡！"（《史记·夏本纪》）由此开启的当然必然是恶之渊而非爱之源，最终的结果，就是所有人性的深处都成为地狱，就是整个社会的崩盘。

最后，社会的重建要以人的精神生产为主。

这无疑是对教育观的颠覆，或者，是从"小教育观"走向"大教育观"。"望子成龙""望女成凤"是社会中的一种普遍现象。就整个社会而言，所需要的也只是"成材"。然而，这其实是完全不够的。我在前面已经讨论过，社会的建设离不开美好的人性，但是，美好的人性是需要培养的。正如余英时所言："17世纪的文化史告诉我们，当时欧洲人在积极方面推广种种崇高的价值，以求人与人之间及国与国的相互了解，在消极方面则努力克制人性中兽性与暴戾的一面，这才使得近代文明的产生成为可能。"[①] 当今之世也必须是这样，例如，由社会问题而引发的"愤恨"到"怨恨"，就是一个严重的问题。"愤恨"当然是一种道德上的情感，而且还是一种社会进步的正能量。但是"怨恨"却不然，因为它觉得自己被社会羞辱，因此而不分青红皂白地进行错误归因，因此而产生时间滞后与延宕的"报复冲动"。还有"羞耻"，它同样会造成社会的不正义。努斯鲍姆指出，当我们无力追求完美而感到羞耻时，就会去寻找替罪羊为我们的无能辩护，并借此获得安全感。这就是社会意义上的"污名"（stigma）。甚至会从"羞耻"到"耻辱"到"无耻"。还有就是生活中常见的所谓"圈子心态"。这是一种小圈子道德，"非我族类，其心必异"，因为没有公德，大家都是各为其主。尽管都是风风火火，可是却你闯你的九州，我闯我的九州，最后便是把九州闯了个稀巴烂。结果，整个社会也就

[①] [美]余英时：《工业文明之精神基础》，载《文史传统与文化重建》，生活·读书·新知三联书店2004年版，第57页。

失去了应有的事关安危的敏感。然而，这个社会一旦不再敏感，其惨痛结果就是这个社会迟早有一天会因为一点风吹一点草动而立即彻底崩盘。阿玛蒂亚·森指出，一方面，"对某一特定身份的关注可丰富我们与他人的联系的纽带，促使彼此互助，并且可帮助我们摆脱狭隘的以自我为中心的生活"；但另一方面，"认同感可以在使我们友爱地拥抱他人的同时，顽固地排斥许多其他人"，在某种极端情况下，身份认同甚至会"肆无忌惮地杀人"。① 森甚至还尖锐地指出："如果20世纪30年代的纳粹党人的所作所为使得今天的犹太人除了认为自己是犹太人外没有其他身份，那才是纳粹主义的永久胜利。"② 也许，这可以被称作身份政治的狭隘视野。其他诸如在南北问题、男女问题、黑白问题、高雅与大众……的问题上也会出现类似的问题。总而言之，可以叫作："根本恶"的问题。这个问题是康德在《单纯理性限度内的宗教》中提出的。其中有"禽兽般的恶习"，也有"文化的恶习"，借用形容词"根本的"来修饰"恶"，则无非是在强调：它根植于人性，完全无法被根除。但是，却当然可以被抵消、被转化。

在这当中，情感教育的重要性也就亟待注意。《一九八四》中所描述的"大洋国"就在儿童成长的关键阶段阻碍了温斯顿的成长。"大洋国所做的，正是切断这一情感的发展。原始的自恋情结一直存在着。在恐怖、需求和唯我独尊的感情支配下，其他人都变成了工具。他人不再是一个完整或者完全独立的个体"。③ "虽然温斯顿已经超越了原始的自恋阶段，但他的个人发展在一个关键点上停滞不前，这让他很容易向自恋的方向发展，并最终崩溃"。④ 显然，正如温尼科特指出的："婴儿可以在没有爱的情况下被养育，但是这种无爱和非个体

---

① [印] 阿玛蒂亚·森：《身份与暴力：命运的幻象》，李凤华等译，中国人民大学出版社2009年版，第2页。
② [印] 阿玛蒂亚·森：《身份与暴力：命运的幻象》，李凤华等译，中国人民大学出版社2009年版，第7页。
③ [美] 玛莎·努斯鲍姆：《同情心的泯灭：奥威尔和美国的政治生活》，选自《「一九八四」与我们的未来》，阿伯特·格里森等编，董晓洁等译，法律出版社2013年版，第310页。
④ [美] 玛莎·努斯鲍姆：《同情心的泯灭：奥威尔和美国的政治生活》，选自《「一九八四」与我们的未来》，阿伯特·格里森等编，董晓洁等译，法律出版社2013年版，第312页。

化的养育不能够使孩子成为一个有自主感的人"。① 温斯顿的人生就是如此，他的人生因此而"无法找到通向新世界的道路，而在那个世界里，人们能够接受其他人的缺陷，学会道歉，宽恕他人攻击性的言词举动。"②

  由此我们想起了卢梭。卢梭对情感的推崇众所周知，在他看来，人最初是起步于感情，而不是理性。"同情，而不是理性，创造了人"③ 在《爱弥儿》中，他也指出：人的情感先于理性。人们往往是首先要看"这些事物使我们感到愉快还是不愉快，其次要看它们对我们是不是方便适宜，最后则看它们是不是符合理性赋予我们的幸福和美满的观念"④ 为此，他旗帜鲜明地提出了情感教育的方法，而对当时举行的洛克式的理性教育方法不屑一顾。在他看来，只是因为依托于情感，"我们才摆脱了这种可怕的哲学的玄虚，我们没有渊博的学问也能做人，我们才无须浪费我们一生的时间去研究伦理，因为我们已经以最低的代价找到了一个最可靠的向导指引我们走出这浩大的偏见的迷津"。⑤ 为此，卡西尔甚至说，卢梭代表了一种"新的革命力量"。而且，这也是我们亟待大力弘扬的"新的革命力量"。希腊复仇女神为什么一开始怒火满腔，但是最终却能够愿意听从雅典娜的建议，"你似乎已把我感动，怒火已平息。"⑥ 其中正暗示着一种情感的力量。在社会生活中，如果一个人能够意识到自己脱离了母亲的乳房，也不再"寻求政治上或者人际交往的完满、主宰或者完美。他将是一个接受了人性的人"。⑦ 这当然就是来自社会的对于人性的培养，以及社会的

---

  ① ［英］W. D. 温尼科特：《游戏与现实》，卢林等译，北京大学医学出版社2016年版，第140页。
  ② ［美］玛莎·努斯鲍姆：《同情心的泯灭：奥威尔和美国的政治生活》，选自《「一九八四」与我们的未来》，阿伯特·格里森等编，董晓洁等译，法律出版社2013年版，第314页。
  ③ ［法］卢梭：《论语言的起源》，洪涛译，上海人民出版社2003年版，第14页。
  ④ ［法］卢梭：《爱弥儿》上卷，李平沤译，商务印书馆1978年版，第8—9页。
  ⑤ ［法］卢梭：《爱弥儿》下卷，李平沤译，商务印书馆1978年版，第417—418页。
  ⑥ ［古希腊］埃斯库罗斯等：《古希腊悲剧喜剧全集》（第1卷），王焕生译，译林出版社2015年版，第504页。
  ⑦ ［美］玛莎·努斯鲍姆：《同情心的泯灭：奥威尔和美国的政治生活》，选自《「一九八四」与我们的未来)，阿伯特格里森等编，董晓洁等译，法律出版社2013年版，第320页。

试图用同情与爱等积极的情感的对于消极情感的抵消与转化。亚里士多德发现:"一个人如果从来不会发怒,他也就不会自卫。而忍受侮辱或忍受对朋友的侮辱是奴性的表现"。这无疑是对情感的重要性的肯定。亚里士多德还发现:如果情感得不到发泄,"这样的人对自己、对朋友都是最麻烦的"。① 这则无疑是对情感的抵消与转化的重大意义的提醒。在当代社会,它的重要性正在越来越明显地呈现出来。

三 生活之为生活

生活之为生活隶属于重建社会。但是,因为生活的重建毕竟距离我们更近,以至于在美学自身还会出现"生活美学"去专门加以考察,因此我们最后再在前面重建社会的讨论的基础上再专门进而予以讨论。

众所周知,远在20世纪,生命美学的领唱者叔本华、尼采就曾不约而同地追问:日常生活为何失去了艺术性?我们的生活在何种程度上远离了艺术?

确实,生活本来就应该是审美的,这本来完全不应该成为一个问题。但是,长期以来,"生活"却偏偏在美学中毫无地位。在几乎所有的美学家那里,生活都被不屑一顾地漠视、压抑。借助貌似神明的"审美非功利说",美与生活之间的联系被无情切断。美与生活完全对立起来,彼此成为互相独立、各不相关的两个领域。即便是在柏拉图的《会饮篇》里,维纳斯也被分为两个:一个是"天上的",一个是"世俗的",所谓"神圣的维纳斯"和"自然的维纳斯"。而且,"世俗的""自然的维纳斯"显然也并不能被列入美的疆域。后来的车尔尼雪夫斯基尽管在美学史中第一次提出了"美是生活"的命题,但是,犹如"世俗的""自然的维纳斯"其实并不"维纳斯",车尔尼雪夫斯基所谓的"生活"其实也并不"生活"。

其中的奥秘,在于美学家内心深处的对于日常生活的恐惧以及认

---

① [古希腊]亚理斯多德:《尼各马可伦理学》,廖申白译,商务印书馆2003年版,第115—116页。

为日常生活必然无意义的焦虑。于是，生活被人为地梳理为过去、现在、将来，并且线性地向前发展。在此逻辑系列中，关系是确定的，因果是预设的，这样一来，生活也就不断后移。它永远到来于明天："生活在明天""理想在明天""幸福在明天"……如此一来，所谓"生活"其实就已经完全并非生活，而是"非如此不可"的"沉重"，对它而言，现实的生活永远并非"就是如此"，而是"并非如此"。而且，对于现实的生活，它永远说"不"，而对理想生活，它却永远说"是"。或者，生活的"是这样"和"怎样是"并不重要，重要的是生活"应当是这样"和"必须怎样是"。所以，生活犹如故事，重要的不在多长，而在多好。小说《组织部新来的年轻人》中就有这样的感叹："我们创造了生活，而生活却反而不能激励我们……"在小说《人生》中也有这样的哀怨："这样活着有什么意思。"而在马雅可夫斯基的诗篇《关于这个》中，更是把日常生活视为最为凶恶的敌人，因为它使自己变成小市民。诗人诅咒说："这一切，／像一群卑微的蚊虻。／甚至／成为日常生活／散落到我们／红旗制度上"。于是，"火中凤凰""锁链上的花环"……也就成为始终不渝的追求，废墟上的"蓝花"和"彼岸世界的枷锁"，更是最为人们所津津乐道的。例如，托尔斯泰就渴望"在清水里泡三次，在血水里浴三次，在碱水里煮三次"的生活。马克思也曾经赞美"锁链上的花环"和"彼岸世界的枷锁"。总之，"生活"在现实的生活出现之前就已经存在了。它是被预设的，并且内在地决定着现实的生活。至于现实的生活，则充其量也只是它的象征。而倘若未能成为这象征，则根本就不值一顾，因为无疑就只能是"人欲横流"而已，不但无法获得独立性，而且无法获得意义——以至于，每每要被人们去处心积虑地加以改造。

由此，美与生活的脱节也是必然的。

我们已经指出，传统的美学追问方式无非是两种：神性的或者理性的。也就是说，或者以"神性"为视界，或者以"理性"为视界。而且，在这当中，"至善目的"与神学目的是理所当然的终点，道德神学与神学道德，以及理性主义的目的论与宗教神学的目的论则是其中的思想轨迹。美学家的工作，就是先以此为基础去把生活神性化或者理性化,然后,再把审美与艺术作为这种解释的附庸,并且规范在神性世界、理性世界内,并赋予以不无屈辱的合法地位。理所当然的,是神学本质或者伦理本质牢牢地规范着审美与艺术的本质。于是,生活的就肯定不是美的,美的则肯定不是生活的。当然,这也就是叔本华这个诚实的欧洲大男孩之所以出来一声断喝的原因:"最优秀的思想家在这块礁石上垮掉了"。①

令人欣慰的是,在20世纪,在"生活世界的理论"即现象学美学、"以生活为中心的美学"即实用美学、"以人的存在为中心的美学"即生存美学之中,我们开始看到了全新的颠倒。例如,杜威提出了"原经验"、詹姆斯提出了"纯粹经验",指向的,显然是理智、意志、情感世界以及真、善、美世界浑然未分时的产物;海德格尔发现了作为形而上学的基础的充满"烦"的"此在",也无疑是为人类提供了透视生活的窗口。显然,他们都追随于叔本华、尼采身后,开始了美学家走向生活的努力。

于是,所谓"生活"不再是被预设的,而成为被实实在在地度过的。正如尼采所敏锐发现的:所谓宗教,其实只是"投毒者",所谓道德,则也只是"蜘蛛织网":"在奥林匹斯众神引退的地方,希腊人的生活也更加暗淡、更加充满恐惧。……基督教完全压扁了人类,粉碎了人类,使人类深深地陷入烂泥里……它要消灭人,粉碎人,使人麻醉,使人陶醉。"② 然而,事实上生活根本不需要在自身之外去高悬一个所谓的意义,更不需要在这个意义一旦未能达到之时就转而迁怒于生活。生活,并非人类的敌人。因此,根本就没有必要去把生活与自身对立起来,更没有必要与生活为敌,而应转而与生活为友。而且,即便是因此而导致了生活的平面化、无意义、缺乏深度,也并不可怕。生活中的确定性被还原为不确定性、简单性被还原为复杂性,无疑并不像某些人所气急败坏地痛斥的那样,是把本来十分简单的生活搞复杂了。那无非是因为,生活本来就是复杂的。事实上,生活本来就不

---

① [德]叔本华:《自然界中的意志》,任立等译,商务印书馆1997年版,第146页。
② [德]尼采:《人性的,太人性的——一本献给自由精灵的书》,杨恒达译,中国人民大学出版社2005年版,第95页。

像我们长期以来那样的以外在的意义去加以规定后的确定和简单。它本来就是不确定和复杂的。生活中何尝存在种种人为的精心安排乃至理想归宿、何尝存在什么光明的前途、大团圆的结局？与其隐匿矛盾、否定矛盾，毋宁实事求是。生活并不像想象的那样美好，这并不是坏事。由此而展开的，是广阔天地而不是穷途末路。当然，生活会因此而充满挑战，但也必须看到，这也未必不是充满机会。爱默生说"凡墙都是门"，加缪说：这恰似一个人满怀痛苦地鼓足勇气在澡盆里钓鱼——尽管事先就完全知道最终什么也钓不上来。于是，生活无罪，也就成为人所共知的事实。

换言之，在传统美学看来，日常生活必然只是有待改造的对象。它本身一直无法获得独立性，无更法获得意义。然而为传统美学所始料不及的是，以日常生活为"人欲横流"，正是站在生活之外看生活的典型表现（即便在中国的"文革"期间，日常生活虽被人为地组织起来，也仍然非但没有接近深度目标，而且反而离它越来越远）。这样，日常生活就成为一块失重的漂浮的大陆，成为"无物之阵"，以致美学根本无法把握到它的灵魂、内涵。而这一偏颇一旦不被限制而且反而被推向极端，就不但会导致传统美学的无法影响日常生活，而且会导致传统美学的凌空蹈虚并远离坚实的生活大地。当代美学正是震惊于这一同一性的尴尬，同时面对着当代社会中的日常生活的崛起，用生活"是这样"以及生活"怎样是"（重特殊与个别）拒绝了生活"应当是这样"和"是什么"（重一般与抽象）等"乌托邦"和"罗曼蒂克"。

无疑，这也意味着以"神性"为视界与以"理性"为视界的美学的终结。事实上，它们都只是令人眼花缭乱的美学谎言。审美根本就无须宗教或者理性来保证。只有刨掉这个总根子，生活之树才会长青。也许，这就是尼采大声疾呼"不要再自欺欺人"的全部理由。宗教与理性在直面生命的名义下遮蔽了生活，生命力因此而衰落。生活也因此而颓废。艺术更是成为仆人、吹鼓手、侍从。叔本华提示的"摩耶之幕"，也就正是这样一种令人们误以为真的生活。然而，其实宗教和理性都只是生活之太阳的光辉的折射，犹如月亮的光辉。以"生命"为视界的美学则全然不同。生活本身不再作为桥梁，而是成了观察世界的阿基米德点。没有非生活的艺术，也没有非艺术的生活。尼采转再从生产者和创造者的角度出发，而不是从接受者的角度出发，道理应该在此。这意味着传统美学毅然走出了康德的"无功利关系说"，康德的"伦理应然"的设定也被毅然让位于尼采的"审美生存"的设定。美学家们终于发现：天地人生，审美为大。审美与艺术，就是生活的必然与必需，人类的生活也无非就是一次审美与艺术的实验，是"重力的精灵"与"神圣的舞蹈"。在审美与艺术中，人类享受了生命，也生成了生命。这样一来，审美活动与生活自身的自组织、自协同的深层关系就被第一次地发现了。于是，审美与艺术因此而溢出了传统的樊篱，成为人类的生存本身。并且，审美、艺术与生活成了一个可以互换的概念。生活因此而重建，艺术因此而重建，审美也因此而重建。在这里，对审美与艺术之谜的解答同时就是对于人的生活之谜的解答的觉察，回到生活也就是回到审美与艺术。由此，审美和艺术的理由再也不必在审美和艺术之外去寻找，而是毅然决然地回到审美与艺术本身，从审美与艺术本身去解释审美与艺术的合理性，并且把审美与艺术本身作为生活本身，或者，把生活本身看作审美与艺术本身。结论是：真正的审美与艺术就是生活本身。人之为人，以审美与艺术作为生存方式。"生活即审美""审美即生活"。也因此，审美与艺术自身不存在任何的外在规范，审美就是审美的理由，艺术就是艺术的理由，犹如生活就是生活的理由。对于一体的审美、艺术与生活而言，没有任何的外在理由，也不需要借助任何的有色眼镜，完全就可以以审美阐释审美、以艺术阐释艺术、以生活阐释生活。因此，尼采才瞩目于希腊人："现在我们来评价那些创造了科学的例外的希腊人的伟大吧！谁谈论他们，谁就谈论了人类精神最英勇的历史！"①安简·查特吉也才说："艺术让我们的生活更美好。"②

于是理所当然的是，美学的生活或者生活的美学就终于进入了我

---

① ［德］尼采：《人性的，太人性的——一本献给自由精灵的书》，杨恒达译，中国人民大学出版社 2005 年版，第 386 页。
② ［美］安简·查特吉：《审美的脑》，林旭文译，浙江大学出版社 2016 年版，第 177 页。

们的视界。

有一个猴王年迈力衰，自然也就被新猴王打败了，它的众妻妾也归了新猴王。它很伤心，在野地里号啕大哭。结果被上帝看到了，因为可怜它，就告诉它：你不要哭，我把你变成人吧。老猴王很高兴，它说：谢谢上帝，现在我终于可以把母猴子全夺回来了。显然，没有美学的生活无疑也只能如此。在另外一个方面，希腊哲学家皮朗有一次乘船旅行遇到了大风暴。所有的乘客都为此都惊慌失措，害怕那脆弱的船不堪汹涌怒潮一击。只有一名乘客没有失态，静静地坐在一角，表情泰然自若。人们定睛一看，那是一头猪。但是，人类却最终也做到了"富贵不能淫，贫贱不能移，威武不能屈"，做到了不食"嗟来之食"。显然，生活的美学就理应如此。

当然，问题的关键在于：人是否有权利为自己而活着？人固然没有理由只为自己而活着，但是，假如一味强调不能为自己活着，这恐怕也会导致另外一种失误，导致对于人类的尊严的另外一种意义上的贬低。应该说，回答这个问题的前提在于无我与唯我之间的"存我"。所谓"存我"来源于我的正当性、生活的正当性。生活的权利意味着每个人都有权利作出自己的选择，有权利正当地创造、享受、实现自己的生命。有权利各竭一己之能力，各得一己之所需，各守一己之权界，各行一己之自由、各本一己之情感。在这方面，马尔库塞强调的"人的自由不是个人私事，但如果自由不也是一件个人私事的话，它就什么也不是了"，弗洛姆强调的从自私走向自爱，生命与自私对立，但是与自爱并不对立，生命自爱但是并不自私，也应该赋予人们以重要的启示。生活的全部乐趣首先在于生活本身就有乐趣。因此生活不是被想象出来的，而是被实实在在地度过的。人们经常发现：人们总是渴望另外一种生活，但是却总是过着这一种生活，因此所谓的另外一种生活，事实上也只能是这一种生活。因此如果这一种生活是荒诞的，那么另外一种生活也只能是荒诞的。而且，相比之下，某一瞬间的沉重打击倒是易于承受的，真正令人无法承受的是无异于一地鸡毛的日常生活。它使人最难以忍受，同时给人的折磨也最大。而无意义的日常生活恰恰是一个从未触及的而且是用理性无法阐释的课题。如何克服日常生活中的平庸但又不是回到传统的"平凡而伟大"或者宗教的"拒绝平凡"的道路，对于每一个人来说，就不能不是一场挑战。由此，人们发现：丧失意义的日常生活与丧失日常生活的意义都是无法令人忍受的。并且，以意义来控制日常生活或者以日常生活来脱离意义都肯定是错误的。在日常生活之外确立意义，一旦达不到就仇视日常生活，也肯定是错误的。日常生活并非人类的敌人。而且，即便是日常生活的往往平面化、无意义，缺乏深度，也统统都并不可怕，意识到此，就正是一种意义与深度。结果，美学家终于可以理直气壮地宣称：生活无罪！

这让我们想起，在传统美学，对深度的关注也确实并非完全无懈可击。因为它往往更多关注的是本质与现象的差异，这难免导致对生命存在的挑三拣四、挑肥拣瘦，以及对生活的重新组合，一旦加以绝对化，以至于认为所有的人类生命活动都是对于深度的追求，只有深度才是生活如何可能的标志，也才是生活之为生活的永恒的动机，这实际上就成为一种荒诞不经、滑稽可笑的深度，成为一种疯狂的乌托邦。一切就正如叔本华所声称的："缺乏美的青春仍然具有诱惑力，但缺乏青春的美却什么也没有。"① 美学家马克斯·里普曼也曾指出：画得好的白菜头比画得坏的圣母像更有价值。② 无疑，他们所提倡的正是日常生活中的诗情以及日常生活无罪的观念。甚至，某女明星为了不愧对生活，干脆把自己的自传命名为《日子》，从中不难看出美学转型的轨迹。

但是，人类的"在生活中"这一事实，却必须由"美"来揭示。其中的区别，犹如我们经常提及的"美"与"漂亮"的区别。倘若仅仅面对的是"漂亮"，则并非在"生活中"，因为"a"转化为"b"，犹如流氓看到美女就会立即想到了"性"；只有直面了"美"，才是"在生活中"，因为"a"就是"a"。因此我们切切不可简单地认为，一切"看上去很美"的东西就都是美的，一切"漂亮"和"好看"的

---

① [美] 杜兰特：《哲学的故事》，朱安等译，文化艺术出版社1991年版，第323页。
② [匈] 阿诺德·豪泽尔：《艺术社会学》，居延安译，学林出版社1987年版，第64页。

也都是美的。例如盆景，无疑十分漂亮，但是却不美。因此龚自珍在《病梅馆记》中会批评说："江宁之龙蟠，苏州之邓尉，杭州之西溪，皆产梅。或曰：'梅以曲为美，直则无姿；以欹为美，正则无景；以疏为美，密则无态。'固也。"在生活中，人们往往以"斫其正，养其旁条，删其密，夭其稚枝，锄其直，遏其生气"的梅花为"漂亮"，可是，龚自珍却认为，这其实不是美，而是丑："江浙之梅皆病"。因为它象征着被扭曲了的生命形象。当然，从美化生活的角度，盆景其实也毋庸全盘否定。但是，生活的美中所蕴含的奥秘却绝非盆景所可以替代，这却是毫无疑问的。这就类似口技与交响乐。前者可以称之为"漂亮"，后者却只能称之为美。

在这里，亟待提示的是生活本身。它并非甜点，而是酸甜苦辣五味俱全。例如悲欢离合，我们无疑不应选择性地闭目无视。否则，我们也许就只是"活着"，但是却没有"生活"。生活中并不都是鲜花，而应该也充满了荆棘。因此亟待排斥的也不应该是完美或不完美，而只应该是"虚假"，因为它充其量也就是一场"庸俗的市侩的戏剧"（赫尔岑）。虚假的完美和虚假的不完美都不是生活。使完美者真正地做到完美，使不完美者真正地做到不完美，才是生活。因此王国维在《〈红楼梦〉评论》中说，生活之苦痛"由于自造"，因此"解脱之道不可不由自己求之"。世界并没有意义，为此埋怨它实在愚蠢，但假如不知道世界又必须由人赋予意义，也许更是愚蠢。生命的伟大难道不正在于它"不得不"面对无望的处境，而又能够坦然地予以"承当"？维特根斯坦说过，哲学是"给关在玻璃柜中的苍蝇找一条出路"，阿德勒也说过，说这话的人自己就是这样的一只苍蝇，而波普尔则说甚至在维特根斯坦的后期也没有找到让苍蝇从瓶中飞出去的途径。借用加缪的妙喻，则恰似一个人满怀痛苦地鼓足勇气在澡盆里钓鱼，尽管事先就完全知道最终什么也钓不上来。而且，即便如此又如何？尼采借助查斯图斯特拉之口不就声称："这就是生命吗？那再来一次！"

更为重要的是，当代美学亟待否定的恰恰的是人类的虚假的希望、人类的自以为是的乐观主义，从而直接地面对人类的失败，人类的希望的无望,人类的悲剧性命运。而且,人即悲剧,悲剧即人,舍此一切都无法想象。那么,是"以跳跃来躲避",还是"接受这令人痛苦却又奇妙无比的挑战"(加缪)?须知,需要一种更伟大的生活但也并不就需要生活之外的另外一种生活。人生有意义,所以才值得一过,人生没有意义,同样值得一过。爱默生说"凡墙都是门",因此也可以把这种"不得不"转化为一种乐意、一种无所谓、一种反抗(把宿命转化为使命)。这对事实来说当然无意义,因为无论如何都改变不了事实,但是对人来说却有意义,因为它在造成人的痛苦的同时也造成了人的胜利。其中的关键是:"承当"。于是人类发现命运仍旧掌握在自己的手里。蒂利希称之为"存在的勇气",确实很有道理!

当然,这也并非易事!

一切的一切都是因为,而今我们所面对的,已经不是"神圣形象中的自我异化"(马克思)的生活,而是作为"非神圣形象的自我异化"的生活。以莎士比亚的哈姆雷特和加缪的西西弗斯为例,按照昆德拉的说法,哈姆雷特无疑"拒不承认有限性",而且总是要在人生中追求一种可能的意义,因此时时面对着的是"非如此不可"的"沉重";西西弗斯则恰恰相反,他是"拒不承认无限性",而且总是拒绝在人生中追求一种可能的意义,因此时时面对着的是"非如此不可"的"轻松"。既然如此,我们不但要成功地走出"神圣形象中的自我异化"以及"生命中不可承受之重",也要成功地走出"非神圣形象中的自我异化"以及"生命中不可承受之轻",而且,还要成功地从"神"或者"虫"的生活进入"人"的生活,这,无疑是一个亟待解决的严峻问题。

就以成功地走出"非神圣形象中的自我异化"以及"生命中不可承受之轻"也就是走出"虫"的生活而论,一方面,必须承认,在当代社会,生活之为生活出现了一个根本的转向,也就是韦伯所谓的"解魅化"。"生活"成了生活,成了"非如此不可"的"轻松"。对它而言,现实的生活永远不是"并非如此",而是"就是如此",而且,对于现实的生活,它永远说"是",而对理想生活,它却永远说"不"。或者,生活的"应当是这样"和"必须怎样是"并不重要,重要的是生活"是这样"和"怎样是"。所以,生活犹如故事,重要的不在多好,而在多长。于是,在生活的世界中,"是"和"不"被第一次地颠倒了过来。另一方面,"上帝死了"或者"天塌了",尽管当然是一件好事,但是这本来应该是进而意识到从此自己要为自己负责,但是倘若干脆放纵自己,普罗米修斯盗来的圣火,被用来在冬天取暖,安徒生童话的夜莺,被塞进了千家万户的烤箱。吃不在营养,而在口味;穿不在保暖,而在露富;性不在爱情,而在刺激。"换一种活法""没有钱万万不能""生活总是美丽的""何不游戏人生管他虚度多少岁月……""娱乐人生""跟着感觉走""潇洒走一回""玩的就是心跳""过把瘾就死"甚至"我是流氓我怕谁"……这无疑是大错而特错的。既然过去是大修道院,现在干脆就是大妓院,没有了灵魂、没有了意义、没有了理想,一切只是潇洒、过瘾、开心;世界丧失了意义,人类丧失了家园,反抗丧失了理想,行动丧失了未来,评价丧失了历史,事物丧失了意义、反叛丧失了对象、行动丧失了目标、存在丧失了依据……《魔鬼辞典》就会成为新时代的《圣经》。

有一部美国影片,名字叫《生活在发臭》,"非如此不可"的"轻松"的生活无疑也在"发臭"。因为,其中的快乐是用对于意义的"逃避"换来的。用对未来的牺牲换来今天的享乐,这不是慢性吸毒又是什么?既然外在的意义已经不再,于是就误以为对于意义的寻觅本身都是可疑的,甚至无所不可;既然外在的意义无法控制生活,那么生活本身的意义也就无足轻重。为生活而生活,以丧失意义的生活为生活,生活成为唯一目的,也成为一种新的时尚。只要以生活的名义,当然就可以无所不为。至于生活的真正内涵以及生活与意义的内在关系,则已经没有必要去关注,亟待关注的,就是一味去拼命追赶变来变去的生活,一味以自己的不落伍作为能够追赶上生活的标志。生活的艺术取代了艺术的生活,微笑地活着取代了诗意的思。唯一关心的,是如何被生活接受,如何博得喝彩,如何在时尚中"合时"而不是"合适"。生活于其中,人们会沉浸在一种只有吸毒才会出现的病态的兴奋之中,尽管时刻都在虚伪的忙碌、奔波中生活,但是却是在"朝三暮四""暮四朝三"中徘徊,剩下的只是肉体自娱,也只是为了"无罪地享受罪孽"（卡夫卡）。其结果，则正如帕斯捷尔纳克在《日瓦格医生》中慨叹的："希腊就这样变成了罗马……"

看来，以什么情怀去面对"非神圣形象中的自我异化"以及"生命中不可承受之轻"的生活、"虫"的生活，无疑是关键之关键。正确的答案是：人活着，可以接受"非如此不可"的"轻松"，但是却不能生活在"非如此不可"的"轻松"之中。试想，生活中就没有任何罪孽与丑行？生活就只是对于自身的抚慰与抚摸？生活就只是教人更快活、更幸福的调节剂？生活中只存在对精神的放逐而不存在对精神的恪守？昆德拉所疾呼的去"顶起形而上的重负"难道就不是生活？知足常乐地微笑着走向生活的同时，不要忘记，还存在着闻一多先生所更为激赏庄周、东方朔式的"狂笑"着走向生活。庞德曾经大声疾呼：人类要当心自己的子孙变成虫子，现在，在"非如此不可"的"轻松"之中，人类要当心的恰恰正是自己的子孙变成虫子。

换言之，在这里，生活与美的内在勾联在于：从"生活的问题"到"生活问题"。"生活的问题"涉及的大多都是一种聪明的生活策略，"交往的艺术""讲演的艺术""生活的艺术""爱情的艺术"，等等，满足的也仅仅是指导一下人们如何穿衣打扮，如何饮酒品茶……充其量也只是对于生活的抚慰、抚摸，是对精神的放逐，而不是对精神的恪守，也根本不会去关注人类的任何罪孽和丑行。当然，在生活中可以不妨现实一点，更没有必要去与生活处处较真。但是，在审美活动中却无论如何都绝不允许。审美活动永远要牢记的，就是自己的高贵血统。它绝对不会强迫自己必须向平庸的生活认同，更绝对不会把自己稀释为"交往的艺术""讲演的艺术""生活的艺术""爱情的艺术"……因为，一旦如此，人类创造能力的迅速衰退和人类文化精神的胜利大逃亡就势必到来。它将预示着一个漫长的意义匮乏时代的开始。也因此，一旦提及生活的美，就往往会被要求去解决"美化"生活中的实际问题，然而，平心而论，在这方面，一个聪明的美学家实在是往往甚至都比不上一个蠢笨的家庭妇女。幸而，这并不是美学家的耻辱。因为美学家所思考的仅仅是观念形态上的东西，仅仅是人们进行审美活动的前提、根据。唯其如此，美学研究才会区别于生活常识研究，也才可能具备深刻的理论性。

具体来说，美学满足的是人类的"形而上学欲望"。在这个意义上，美学的生活一定是"反思"的生活。这也就要求我们去越过"生活的问题"而去直接面对"生活问题"。生活必然也有部分的丑陋，固执地将日常的生活与本体论的生活等同起来，最终无疑就会自相矛盾。何况，太多的生活常识都只是顺应日常生活之需而随机产生的，是"看"但是不一定是"看见"，是"听"，也不一定是"听见"。因此其实也未必就是真实的。例如，超声波我们就没有"听见"，红外线和紫外线我们也没有"看见"。我们在日常生活中的"耳闻目睹"，也仅仅是一些肤浅的东西，未必就是生活的本质属性。它固然与常识并不矛盾，但是却往往与"反思"矛盾。洛克在谈到借助文字表达思想时，就曾经提及：文字有两种用法，即通俗的用法和哲学的用法。必须看到，"生活"也有两种用法，即通俗的用法和哲学的用法。而且，即使在美学取代了常识的地方，美学也应该是关于常识的常识，而不是常识的改头换面。毕竟，我们以为生活是确定的、简单明了的，一切都不成问题，然而，一旦稍加反思，就会发现，在一切的不成问题的背后，都仍旧还是问题。

因此，加缪说过：判断生活值得过还是不值得过——这就是在回答哲学的基本问题。"生活问题"，应该就是对此的回答。至于生活的美，在其中也并非"镇静剂"，而是"兴奋剂"。它与"漂亮""好看"之类存在着严格的区别。后者缺乏的正是"存在的勇气"，每每是以逃向生活来逃避生活。而且，每每都是去保护希图努力避开痛苦的病弱者，以及对于痛苦的躲避者，导致的则是生命力的合法化的自我戕害。即便是面对虚无的深渊，也无非是凭吊而已。生活的美不是静观生命而是拥抱生命，也不是弱化生命而是强化生命。它努力以非罪的眼光看待生活，并且全力肯定生命、提升生命，而不是否定生命，也并且是在虚无深渊中提升自己，把生命演化成壮丽的艺术。由此，在生活中，美成为竞争力，美感成为创造力，审美力也成为软实力。

换言之，未经省察的生活不值得生活。关于生活的美的反思并不是生活的艺术之学，诸如家具的艺术、化妆的艺术、爱情的艺术，而是生活的反刍的艺术，因此，西方学者卢梭在《爱弥尔》中说："呼吸不等于生活"。确实，活着并不等于生活，我们亟待把"呼吸"变成"生活"、把"活着"变成"生活"。例如，对奥德嘉而言，"根本的现实不仅是我而已，也不是人，而是生命，他的生命"。① "生命是个动名词而不是名词。"② 对于齐美尔而言，"生命比生命更多"和"生命超越生命"，生活是机会。生活是我自己加上我的选择。苏轼也慨叹"长恨此身非我有"，王国维则感叹"可怜身是眼中人"。因此苏格拉底才会说："不是生命，而是好的生命，才有价值。""追求好的生活远过于生活。"尼采才会说：审美的人有"比人更重的重量"。老子也才会说："死而不亡者寿"。

当然，我们也深知，"恋爱中的人没有一个参加哲学家的宴会"（利奥塔）。"可是谁敢说，对生命做出理论性的思考不也是生活，或许还是更丰盛的生活？"（加塞尔）一位美国哲学家说："每个人都有哲学，不过大多数人只有坏哲学。"因此，把生活美学搅拌成美学的心灵鸡汤，就实在是没有必要了。心灵鸡汤从来就不属于美学。它告诉人们的，是一个固定的思路，是以让人放弃思考为目标，而且是反思的躲避。美学却是启发人们的思考，是头脑的启迪。心灵鸡汤充其量也只是画饼充饥，是只要你如何如何去做，生活就一定不会负你的虚假允诺。美学则应该是一大串的疑问与困惑。动辄"人们在明媚的阳光下生活，生活在人们的劳动中变样。老人举杯，孩子们欢笑；小伙弹琴，姑娘歌唱……"，最终仍旧难免抒情—造情—矫情的窘境，仍旧会生活的活力荡然无存。这就类似思慕蓉笔下的"戏子"："我只是个戏子/永远在别人的故事里/流着自己的泪。"所以，未经省察的生活不是生活，未经省察的生活也不值得去生活。而且，在"省察"之后，还很可能会毅然走向对于"生活"的拒绝。而且，即便是被"生活"贬斥为"怪人"与"异端"，也在所不悔。惠特曼说："我这

---

① [西]奥德嘉·贾塞特：《生活与命运——奥德嘉·贾塞特讲演录》，陈昇、胡继伟译，广西人民出版社2008年版，第37页。
② [西]奥德嘉·贾塞特：《生活与命运——奥德嘉·贾塞特讲演录》，陈昇、胡继伟译，广西人民出版社2008年版，第27页。

样做一个人，已经够了。"确实，生活的目标并非是为了给谁一个惊奇。生活不是碰巧强加给人类的，而是就是如此、只能如此、必须如此。接受生活，是生活，拒绝生活，也是生活。唯其如此，才是生活。

在这里，最为重要的是：审美活动可以走向泛美但是却绝不可以走向俗美，可以走向通俗化但是却绝不可以走向庸俗化。

所谓庸俗化，是一种从内部出发的对于审美活动的错误理解。它把审美活动简单地理解为一种生活中的技巧、方法、窍门，类似于所谓交往的艺术、讲演的艺术、语言的艺术，等等。它小心地避开一切不愉快的东西，故意简化、回避、遮盖痛苦、艰辛、困惑，又夸张、涂饰、虚构了快乐、潇洒、幸福，美好的未来仿佛就在眼前，充斥其中的都是最令人羡慕的生活形象，最为大众的文化符号……总之无非就是强迫文化必须向平庸的生活认同，意味着一种轻松、潇洒、逗乐、健忘、知足、闲适、恬淡、幽默的生活态度，对苦难甘之若饴，在生活的任何角落都可以发现趣味，追求的是"过把瘾就死"，"跟着感觉走"，而且"潇洒走一回"。可是，本来在审美活动中确实并没有必要时刻关注终极价值，但是，却不能须臾背离终极价值，更不能转而诋毁终极价值。遗憾的是，我们在"庸俗化"中仅仅看到了对于人们所亟待满足的"享乐的合理性"的提倡，但是，毕竟审美活动还有其远远高出于"享乐的合理性"的东西。生活中的"享乐的合理性"当然提供了一种快乐、一种幸福、一种真实、一种审美，但假如不对之加以引导、提高，相反却放任自流，甚至听任它肆意越过自己的边界，去侵吞审美的领域，就难免把审美赶入枯鱼之肆的结局，更难免不会成为一种伪快乐、一种伪幸福、一种伪审美。任何时候，生活之为生活，都不应成为唯一目的，都不应只要以生活的名义似乎就可以无所不为，也不能简单地以生活的艺术去取代艺术的生活。抬高生活的目的，必须是在更深刻的意义上抬高审美本身。否则，我们就会像鲁迅所预见的：我们失掉了好地狱！

所谓泛美，则是一种从外部出发的对于审美活动的理解。其根源，在于商品性与技术性（媒介性）的肆无忌惮的越位。在当代社会，由于商品借助技术增值，技术借助商品发展，无可避免会出现误区：消费与需要相互脱节,生产与消费也相互脱节,结果不再是需要产生产品,而是产品产生需要,欲望取代激情、制作取代创作,过剩的消费、过剩的产品,都纷纷以过剩的"美"的形象纷纷出笼,整个世界都被"美"包装起来(阿多尔诺称之为"幻象性的自然世界"),生活被庸俗化为一张宣传画。到处皆"美",以致幽默成了"搞笑",悲哀成了"煽情",审美的劣质化达到前所未有的地步,甚至成为美的泛滥、美的爆炸、美的过剩、美的垃圾……人人都是艺术家,艺术家反而就不是艺术家了;到处都是表演,表演反而就不是表演了。一方面是美的消逝;另一方面是美在大众生活中的泛滥。美成为点缀、成为装饰、成为广告,成为大众情人,美就这样被污染了。这无疑也是十分值得警惕的。

令人欣慰的是,与某些"生活美学"的提倡者截然不同,更多的美学专家已经走出了一条全新的为人们所深以为然的道路。在他们看来,在当代社会,作为一个时代,爱伦堡所谓的审美的"中午"已经降下了帷幕,这就正如米兰·昆德拉曾经疾呼的:"我们的文明平庸而病态,它不是活着而是存在着;它不开花,而只是在长高;它不长大树,而只长灌木。"与此同时,"人类正在成为一个娱乐至死的物种"(波兹曼),值此之际,人类务必谨记自己的高贵血统。因而,亟待选择的并不是叽叽喳喳献媚不停的麻雀,而是以叮咬来刺激人生的"牛虻",甚至是现代文明社会中的"拾垃圾者"(本雅明),就像在《金蔷薇》中帕乌斯托夫斯基讲述的"拾垃圾者"的故事中的老清洁工夏米,去竭尽全力把文明之筛筛落的"珍贵的尘土"再次拾起,打造成一个美丽的"金蔷薇"。这就正如茨威格所说:"自从我们的世界外表上变得越来越单调,生活变得越来越机械的时候起,(文学)就应当在灵魂深处发掘截然相反的东西。"尼采也说过:没有一个艺术家是容忍现实的。确实,没有人还可以再重复昔日的"牧师"身份,也没有一个人还可以轻易地容忍现实。

不过,这无疑并不是所谓的"日常生活审美化",也不是所谓的"生活美学",也就是说,不是审美与艺术的泛化,而是审美与艺术的深化;不是审美与艺术的世俗化,而是审美与艺术的拓展。因为,它要求的是：在每一权力的肆虐之处阻击权力，在任一技术异化之处去反抗技术，是细微之处的反抗，也是点点滴滴的改变，透过"拟象化"的世界，展现日常生活的精神匮乏，揭示日常生活中的卑微龌龊，消解日常生活的虚假一面。为此，哪怕发现日常生活其实无法令人悦服甚至根本无法忍受，哪怕暴露出来的是自己的卑微贫乏，哪怕最后自己只剩下虚无，但假如因此会使自己稍显真实，假如因此打击了由来已久的"漂亮"、"好看"等"看上去很美"的虚妄，那便已经获得了精神上的胜利。毕竟，借此我们反而就可以更不矫揉造作地看待日常生活，同时，也更不虚伪自欺地直面日常生活。

古罗马的塞内加在官场一度失意，甚至曾流放到荒凉的科西嘉，但是他却并不在意。最后，暴君尼禄上台，传令让他自杀，弟子们一片哭声，然而，他从容问道："你们的哲学哪里去了？"

是的，面对生活，难道我们不也应该问："你们的美学哪里去了？"

2022年岁末，于南京卧龙湖，明庐

附录　本书的基本参考文献

［德］阿多诺：《美学理论》，王柯平译，四川人民出版社 1998 年版。

［美］阿西摩夫：《人体和思维》，阮芳赋等译，科学出版社 1978 年版。

［美］埃利希·弗罗姆：《逃避自由》，莫乃滇译，台湾志文出版社 1984 年版。

［美］埃利希·弗洛姆：《健全的社会》，欧阳谦译，中国文联出版公司 1988 年版。

［美］埃利希·弗洛姆：《占有还是生存》，关山译，生活·读书·新知三联书店 1989 年版。

［美］埃伦·兰格：《专念——积极心理学的力量》，王佳艺译，浙江人民出版社 2012 年版。

［美］艾德勒：《六大观念》，郗庆华等译，生活·读书·新知三联书店 1991 年版。

［美］安简·查特吉：《审美的脑》，林旭文译，浙江大学出版社 2016 年版。

［西］奥德嘉·贾塞特：《生活与命运——奥德嘉·贾塞特讲演录》，陈昇、胡继伟译，广西人民出版社 2008 年版。

［德］奥斯瓦尔德·斯宾格勒：《西方的没落》，齐世荣、田农等译，商务印书馆 1963 年版。

［美］芭芭拉·弗雷德里克森：《积极情绪的力量》，王珺译，中国人民大学出版社 2010 年版。

［古希腊］柏拉图：《柏拉图文艺对话集》，朱光潜译，人民文学出版

社1959年版。

［英］鲍桑葵：《美学史》，张今译，广西师范大学出版社2001年版。

［英］鲍山葵：《美学三讲》，周煦良译，上海译文出版社1983年版。

［德］彼得·科斯洛夫斯基：《后现代文化》，中央编译出版社1999年版。

［美］大卫·雷·格里芬编：《后现代精神》，王成兵译，中央编译出版社2011年版。

［美］大卫·落耶：《达尔文：爱的理论——着眼于对新世纪的治疗》，单继刚译，中国社会科学文献出版社2014年版。

［美］丹尼尔·贝尔：《后工业社会的来临》，高铦等译，商务印书馆1984年版。

［美］丹尼尔·查莫维茨：《植物知道生命的答案》，刘夙译，长江文艺出版社2014年版。

［美］丹尼尔·戈尔曼：《情商：为什么情商比智商更重要》，杨春晓译，中信出版社2018年版。

［法］杜夫海纳：《美学与哲学》，孙非译，中国社会科学出版社1985年版。

［美］杜威：《经验即艺术》，高建平译，商务印书馆2005年版。

［美］E. 拉兹洛：《从系统论的观点看世界》，闵家胤译，中国社会科学出版社1985年版。

［德］恩斯特·卡西尔：《人论》，甘阳译，上海译文出版社2013年版。

［德］恩斯特·卡西尔：《语言与神话》，于晓等译，生活·读书·新知三联书店1988年版。

［德］费迪南·费尔曼：《生命哲学》，李健鸣译，华夏出版社2002年版。

［德］伽达默尔：《诠释学Ⅰ：真理与方法》，洪汉鼎译，商务印书馆2013年版。

［德］盖格尔：《艺术的意味》，艾彦译，华夏出版社1999年版。

［英］盖亚·文斯：《人类进化史：火、语言、美与时间如何创造了我们》，贾青青、李静逸、袁高喆、于小岑译，中信出社集团2021年版。

高清海：《高青海类哲学文选》，人民出版社 2019 年版。

［德］歌德：《诗与真》，刘思慕译，人民文学出版社 1983 年版。

［德］海德格尔：《存在与时间》，陈嘉映、王庆节合译，生活·读书·新知三联书店 1999 年版。

［德］海德格尔：《存在与时间》，陈嘉映等译，生活·读书·新知三联书店 1987 年版。

［德］海德格尔：《尼采》，孙周兴译，商务印书馆 2014 年版。

［美］赫伯特·马尔库塞：《爱欲与文明》，黄勇薛民译，上海译文出版社 2012 年版。

［美］赫伯特·马尔库塞：《单向度的人》，张峰等译，重庆出版社 1988 年版。

［美］赫伯特·马尔库塞：《审美之维》，李小兵译，广西师范大学出版社 2001 年版。

［美］赫舍尔：《人是谁》，隗仁莲、安希孟译，陈维政校译，贵州人民出版社 1994 年版。

［德］黑格尔：《美学》第 1 卷，朱光潜译，商务印书馆 1979 年版。

［美］怀特海：《思想方式》，韩东晖译，华夏出版社 1999 年版。

［英］凯伦·阿姆斯特朗：《轴心时代》，孙艳燕等译，海南出版社 2010 年版。

［德］康德：《论优美感和崇高感》，何兆武译，商务印书馆 2001 年版。

［德］康德：《判断力批判》（上），宗白华译，商务印书馆 1964 年版。

［德］康德：《实践理性批判》，韩水法译，商务印书馆 1999 年版。

［英］克莱夫·贝尔：《艺术》，周金环、马钟元译，中国文艺联合出版公司 1984 年版。

［美］L. S. 斯塔夫里阿诺斯：《远古以来的人类生命线——一部新的世界史》，吴象婴、屠笛、马晓光译，中国社会科学出版社 1992 年版。

［奥］L. V. 贝塔朗菲：《生命问题》，吴晓江译，商务印书馆 1999 年版。

［德］兰德曼：《哲学人类学》，张乐天译，上海译文出版社 1998 年版。

［苏］列昂节夫：《活动·意识·个性》，李沂等译，上海译文出版社

1980年版。

［法］列维-布留尔：《原始思维》，丁由译，商务印书馆1981年版。

［美］刘易斯·芒福德：《机器神话——技术与人类进化》，宋俊岭译，上海三联书店2017年版。

［奥］路德维希·维特根斯坦：《逻辑哲学论》，郭英译，商务印书馆1985年版。

［美］罗伯特·赖特：《非零和博弈——人类命运的逻辑》，赖博译，新华出版社2019年版。

［美］罗杰斯：《论人的成长》，石孟磊等译，世界图书出版公司北京公司2015年版。

［德］马克思：《1844年经济学哲学手稿》，人民出版社2018年版。

［德］马克斯·韦伯：《新教伦理与资本主义精神》，于晓等译，生活·读书·新知三联书店1987年版。

［美］马斯洛：《人性能达到的境界》，林方译，云南人民出版社1992年版。

［德］尼采：《悲剧的诞生——尼采美学文选》，周国平译，上海人民出版社2009年版。

潘知常：《生命美学》，河南人民出版社1991年版。

潘知常：《信仰建构中的审美救赎》，人民出版社2019年版。

潘知常：《走向生命美学——后美学时代的美学建构》，中国社会科学出版社2021年版。

潘知常：《我爱故我在——生命美学的视界》，江西人民出版社2009年版。

［瑞士］皮亚杰：《发生认识论原理》，王宪钿译，商务印书馆1981年版。

［德］舍勒：《人在宇宙中的地位》，陈泽环、沈国庆译，上海文化出版社1989年版。

［德］叔本华：《作为意志与表象的世界》，石冲白译，商务印书馆1982年版。

［美］斯塔夫里阿诺斯：《全球通史》，董书慧等译，北京大学出版社2005年版。

［爱沙尼亚］斯托诺维奇：《审美价值的本质》，凌继尧译，中国社会科学出版社1984年版。

［美］苏珊·朗格：《艺术问题》，腾守尧等译，中国社会科学出版社1983年版。

［美］提勃尔·西托夫斯基：《无快乐的经济》，高永平译，中国人民大学出版社2008年版。

王国维：《王国维文集》，中国文史出版社1997年版。

王阳明：《王阳明全集》，吴光等编校，上海古籍出版社2012年版。

［美］威廉·巴雷特：《非理性的人》，杨照明等译，商务印书馆1995年版。

［美］韦斯科夫：《人类认识的自然界》，张志三等译，科学出版社1975年版。

［俄］维戈茨基：《艺术心理学》，周新译，上海文艺出版社1985年版。

［德］沃尔夫冈·韦尔施：《重构美学》，陆扬等译，上海译文出版社2006年版。

［德］席勒：《美育书简》，徐恒醇译，中国文联出版公司1984年版。

［德］席勒：《席勒美学文集》，张玉能编译，人民出版社2011年版。

［美］肖恩·埃科尔：《快乐竞争力——赢得优势的7个积极心理学法则》，师东平译，中国人民大学出版社2012年版。

熊十力：《新唯识论》，中华书局1985年版。

［英］伊格尔顿：《美学意识形态》，王杰等译，广西师范大学出版社1997年版。

［法］于斯曼：《美学》，栾栋等译，商务印书馆1995年版。

［美］约瑟夫·墨菲：《潜意识的力量——吸引力法则背后的秘密》，李展译，印刷工业出版社2012年版。

朱光潜：《朱光潜全集》，中华书局2012年版。

宗白华：《宗白华全集》，安徽教育出版社1994年版。

后记　四十年磨一剑

——关于我的"生命美学三书"

四十年里，几乎一直都在以不同的方式写这本书。

这一次已经不是在与蔡元培先生对话（《信仰建构中的审美救赎》），也不是在与李泽厚先生对话（《走向生命美学——后美学时代的美学建构》）而是在与自己对话："人之病，只知他人之说可疑，而不知己说之可疑。试以诘难他人者以自诘难，庶几自见得失。"①

从《信仰建构中的审美救赎》到《走向生命美学——后美学时代的美学建构》，现在再到《我审美故我在——生命美学论纲》。三本书 + 四十年，这几乎就是我全部的美学生命了。

我因此称它们为我的"生命美学三书"！整整二百万字，从"美学问题"到"美学的问题"，全部的美学，在我看来，主要就是这样的两个问题。而今，我已经都交了答卷。

1807 年，贝多芬的《命运交响曲》顺利完成。后人因此而评价道："贝多芬就是在这部交响曲上成为巨人的。"我常常想，这个评价何其精彩！一个艺术家要"成为巨人"，唯一的方式，就是借助自己的作品。其实，对于一个美学学者而言，也同样是如此。

遗憾的是，这实在是一项不讨好的工作，远远不如游走于各种学术会议或者按照项目指南拼抢各种课题来得简单，这就正如黑格尔所

---

① 黎靖德编：《朱子语类》第 1 册，岳麓书社 1997 年版，第 167 页。

抱怨的:"常有人将哲学这一门学问看得太轻易,他们虽从未致力于哲学,然而他们可以高谈哲学,好像非常内行的样子。他们对于哲学的常识还无充分准备,然而他们可以毫不迟疑地……走出来讨论哲学,批评哲学。"① 然而,"百上加斤易,千上加两难"。做学问,也许应该紧紧盯着不放的,就是"千上加两"。为此,就一定要真正解决问题、一定解决真问题、一定把问题真正加以解决。而且,还一定要一往无前。一定要义无反顾。

四十年,1982—2022年,从1985年的一声呐喊,到1991年的涓涓细流,直到今天的二百万言的"生命美学三书"。生命美学从此已经可以无愧于世。但是,真诚期待的,仍旧是来自学界的批评。黑格尔说:"对那具有坚实内容的东西最容易的工作是进行判断,比较困难的是对它进行理解,而最困难的,则是结合两者,作出对它的陈述。"② 这就犹如,我们在学界惯常所见的往往是缺乏对于理论创新的同情与理解的高傲的判断,缺少的,却是必要的谦卑与深入的讨论。可是,这一切又十分重要。

最后要说的是,也许,已经到了与生命美学暂时说一声"再见"的时候?

由此不由想起的,是叔本华的话:"我现在以沉重严肃的心情献出这本书,相信它迟早会达到那些人手里,亦即本书专是对他们说话的那些人。此外就只有安心任命,相信那种命运,在任何认识中,尤其是在最重大的认识中一向降临于真理的命运,也会充分地降临于它。这命运规定真理得有一个短暂的胜利节日,而在此前此后两段漫长的时期内,却要被诅咒为不可理解的或被蔑视为琐屑不足道的。前一命运惯于连带地打击真理的创始人。但人生是短促的,而真理的影响是深远的,它的生命是悠久的。让我们谈真理吧。"③

叔本华还说:"当这本书第一版问世时,我才三十岁;而我看到这第三版时,却不能早于七十二岁。对于这一事实,我总算在彼得拉

---

① [德] 黑格尔:《小逻辑》,贺麟译,商务印书馆1980年版,第42页。
② [德] 黑格尔:《精神现象学》(上卷),贺麟、王玖兴译,商务印书馆1979年版,第3页。
③ [德] 叔本华:《作为意志与表象的世界》,石冲白译,商务印书馆1982年版,第8页。

克的名句中找到了安慰；那句话是："谁要是走了一整天，傍晚走到了，就该满足了。"①

我，也该满足了！

2022 年岁末，于南京卧龙湖，明庐

---

① ［德］叔本华：《作为意志与表象的世界》，石冲白译，商务印书馆1982年版，第29页。